数控编程从入门到精通

刘蔡保 编著

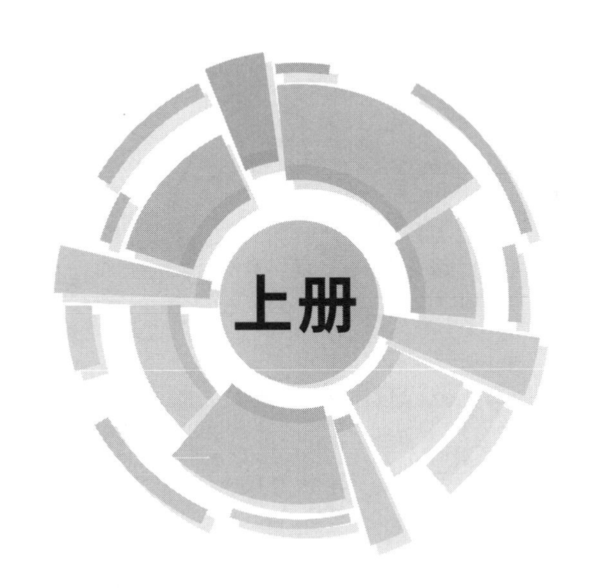

化学工业出版社

·北京·

本书以实际生产为目标，从学习者的角度出发，从数控机床的结构讲起，以分析为主导，以思路为铺垫，用大量通俗易懂的表格和语言，以“入门概述＋理论知识＋精讲表格＋加工实例＋经验总结”的模式，逐步深入地讲解了数控机床的概念、操作、维修、工艺、编程的方法以及各类典型零件的加工工艺与编程。

本书适合于从事数控加工的技术人员、编程人员、工程师和管理人员使用，也可供高等院校、职业技术学院相关专业师生参考。

图书在版编目（CIP）数据

数控编程从入门到精通/刘蔡保编著．—北京：化学工业出版社，2018.9（2025.1重印）
ISBN 978-7-122-32577-8

Ⅰ.①数…　Ⅱ.①刘…　Ⅲ.①数控机床-程序设计
Ⅳ.①TG659

中国版本图书馆 CIP 数据核字（2018）第 152116 号

责任编辑：王　烨　张兴辉　　加工编辑：陈　喆
责任校对：宋　夏　　装帧设计：刘丽华

出版发行：化学工业出版社（北京市东城区青年湖南街 13 号　邮政编码 100011）
印　　装：大厂回族自治县聚鑫印刷有限责任公司
787mm×1092mm　1/16　印张 40¾　彩插 1　字数 1142 千字　2025年 1 月北京第 1 版第 13 次印刷

购书咨询：010-64518888　　售后服务：010-64518899
网　　址：http://www.cip.com.cn
凡购买本书，如有缺损质量问题，本社销售中心负责调换。

定　　价：99.00 元

前言

写在前面——初学者如何从入门到精通

天下事有难易乎？ 为之，则难者亦易矣；不为，则易者亦难矣。 人之为学有难易乎？ 学之，则难者亦易矣；不学，则易者亦难矣。 因此，本书以实际生产为目标，从学习者的角度出发，从数控机床的结构讲起，以分析为主导，以思路为铺垫，用大量通俗易懂的表格和语言，使学习者能够达到自己会分析、会操作、会处理的效果，以期对后面的数控编程能够学会贯通、灵活运用。

本书以“入门概述+ 理论知识+ 精讲表格+ 加工实例+ 经验总结”的方式逐步深入地引领读者学习数控机床的概念和编程的方法，结构紧凑、特点鲜明，编写力求理论表述简洁易懂、步骤清晰明了、便于掌握应用。

本书具有以下几方面的特色。

◆开创性的课程讲解

本课程不以传统的数控机床结构为依托，一切的实例操作、要点讲解都以加工为目的，不再做知识点的简单铺陈，重点阐述实际加工中所能遇见的重点、难点。 在刀具、加工方法、后处理的配合上独具特色，直接面向加工。

◆环环相扣的学习过程

针对数控机床和编程的特点，本书提出了“1+ 1+ 1+ 1+ 1”的学习方式，即“入门概述+ 理论知识+ 精讲表格+ 加工实例+ 经验总结”的过程，引领读者逐步深入地学习数控机床和编程的方法及要领，图文并茂，变枯燥的过程为有趣的探索。

◆简明扼要的知识提炼

在数控编程章节中，以编程为主，用大量的案例操作对编程涉及的知识点进行提炼，简明直观地讲解了数控车削和数控铣削的重要知识点，有针对性地描述了编程的工作性能和加工特点，并结合实例对数控编程的流程、方法做了详细的阐述。

◆循序渐进的内容编排

数控编程的学习不是一蹴而就的，也不能按照其软件结构生拆开来讲解。 编者结合多年的教学和实践，推荐本书的学习顺序是：按照本书编写的顺序，由浅入深、逐层进化地学习。编者从平面铣、曲面铣的加工到后处理的应用，对每一个重要的加工方法讲解其原理、处理方法、注意事项，并有专门的实例分析和经验总结。 相信只要按照书中的编写顺序进行编程的学习，定可事半功倍地达到学习目的。

◆独具特色的视频精讲

针对数控编程的重头戏——数控车床编程，笔者录制了课堂授业的全套近 4G 的视频，将指令讲解与实例分析相结合、理解思路与开拓思维相交融，配合本书第 7 章 FANUC 数控车床编程的内容，相信假以时日，读者定可融会贯通，得学习之要点、领编程之精华。

其后，针对数控自动编程，在第 13 章讲解最新的 UG NX11. 0 数控自动编程软件，也录制有从平面加工到曲面加工，再到数控零件以及模具零件加工的整套视频精讲。 使读者通过对本章学习，达到对机编程序的入门和深入理解，可以应对实际加工的一般工件、复杂形状的曲面、型腔以及模具进行自动加工编程，为数控编程的学习做好更进一步的保障和升华。

◆详细深入的经验总结

在学习编程的过程中，每一个入门实例和加工实例之后都有详细的经验总结，读者需要好好掌握与领会。 本书的最大特点即是在每个实例后都进行了经验总结，详细叙述了笔者对数控编程的经验、心得以及对编程的建议，使读者更好地将学习的内容巩固吸收，对实际的加工实践过程有一个质的认识和提高。

所谓“不积跬步，无以至千里；不积小流，无以成江海；骐骥一跃，不能十步；驽马十驾，功在不舍；锲而舍之，朽木不折；锲而不舍，金石可镂。”学习者需要放正心态，一步一步地踏实学习，巩固成果，才能使新的知识为我所用，也希冀读者采得百花成蜜后，品得辛苦之中甜。

最后本书编写之中得到内子徐小红女士的极大支持和帮助，在此表示感谢。 另，鄙人水平之所限，书中若有舛误之处，实乃抱歉，还请批评指正。

刘蔡保

二零一八年九月

目录
CONTENTS

上册 入 门 篇

第1章 数控机床概述 / 2

第2章 数控系统 / 20

第3章 数控伺服系统 / 31

第4章 数控机床机械结构 / 63

第5章 FANUC数控机床系统的编程与操作 / 93

第6章 数控车削加工工艺分析 / 124

第7章 FANUC数控车床编程 / 155

第9章 FANUC数控铣床（加工中心）编程 / 226

上册/入门篇

第1章　数控机床概述

1.1 数控机床的概念

普通机床经历了近两百年的历史。传统的机械加工是由车、铣、镗、刨、磨、钻等基本加工方法组成的，围绕着不同工序人们使用了大量的车床、铣床、镗床、刨床、磨床、钻床等。随着电子技术、计算机技术及自动化，以及精密机械与测量等技术的发展与综合应用，普通的车、铣、镗、钻床所占的比例逐年下降，发展出了机电一体化的新型机床——数控机床，包括数控车床、数控铣床立式加工中心、卧式加工中心等。

图 1-1 所示为数控车床，图 1-2 所示为数控铣床，图 1-3 所示为加工中心。数控机床一经使用就显示出了它独特的优越性和强大的生命力，使原来不能解决的许多问题有了科学解决的途径。

图 1-1　数控车床

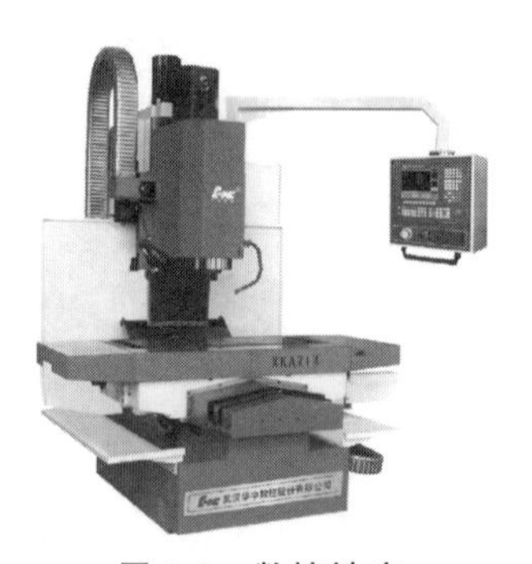
图 1-2　数控铣床

图 1-3　加工中心

1.1.1 数控机床和数控技术

数控机床是一种通过数字信息控制机床按给定的运动轨迹进行自动加工的机电一体化的加工装备。经过半个世纪的发展，数控机床已是现代制造业的重要标志之一。在我国制造业中，数控机床的应用也越来越广泛，是一个企业综合实力的体现。而数控技术是控制数控机床的方法，两者之间既有联系又有区别，见表 1-1。

表 1-1 数控技术和数控机床的内容

<table>
<tr><th>序号</th><th>内容</th><th colspan="2">详细说明</th></tr>
<tr><td>1</td><td>数控技术</td><td colspan="2">是通过数字来控制和操控某项指令的技术，简称数控，是指利用数字化的代码构成的程序对控制对象的工作过程实现自动控制的一种方法
简单来说，数控技术是操作的手段，而数控机床是操作的对象</td></tr>
<tr><td rowspan="6">2</td><td rowspan="6">数控机床</td><td colspan="2">国际信息处理联合会(IFIP)第五技术委员会对数控机床定义如下：数控机床是一台装有程序控制系统的机床，该系统能够逻辑地处理具有使用号码或其他符号编码指令规定的程序。这个定义中所说的程序控制系统即数控系统
我们可以简单理解为：用数字化的代码把零件加工过程中的各种操作和步骤以及刀具与工件之间的相对位移量记录在介质上，送入计算机或数控系统，经过译码运算、处理，控制机床的刀具与工件的相对运动，加工出所需的零件，这样的机床就统称为数控机床</td></tr>
<tr><td>数字化的代码</td><td>即我们编制的程序，包括字母和数字构成的指令</td></tr>
<tr><td>各种操作</td><td>指改变主轴转速、主轴正反转、换刀、切削液的开关等操作。步骤是指上述操作的加工顺序</td></tr>
<tr><td>刀具与工件之间的相对位移量</td><td>即刀具运行的轨迹。我们通过对刀实现刀具与工件之间的相对值的设定</td></tr>
<tr><td>介质</td><td>即程序存放的位置，如磁盘、光盘、纸带等</td></tr>
<tr><td>译码运算、处理</td><td>指将我们编制的程序翻译成数控系统或计算机能够识别的指令，即计算机语言</td></tr>
</table>

1.1.2 数控技术的构成

机床数控技术是现代制造技术、设计技术、材料技术、信息技术、绘图技术、控制技术、检测技术及相关的外部支持技术的集成，其由机床附属装置、数控系统及其外围技术组成。图 1-4 所示为机床数控技术的组成。

1.1.3 数控技术的应用领域

数控技术的应用领域见表 1-2。

表 1-2 数控技术的应用领域

序号	应用领域	详细说明
1	制造行业	制造行业是最早应用数控技术的行业，它担负着为国民经济各行业提供先进装备的重任。现代化生产中很多重要设备都是数控设备，如：高性能三轴和五轴高速立式加工中心、五坐标加工中心、大型五坐标龙门铣床等；汽车行业发动机、变速箱、曲轴柔性加工生产线上用的数控机床和高速加工中心，以及焊接设备、装配设备、喷漆机器人、板件激光焊接机和激光切割机等；航空、船舶、发电行业加工螺旋桨、发动机、发电机和水轮机叶片零件用的高速五坐标加工中心、重型车铣复合加工中心等
2	信息行业	在信息产业中，从计算机到网络、移动通信、遥测、遥控等设备，都需要采用基于超精技术、纳米技术的制造装备，如芯片制造的引线键合机、晶片键合机和光刻机等，这些装备的控制都需要采用数控技术
3	医疗设备行业	在医疗行业中，许多现代化的医疗诊断、治疗设备都采用了数控技术，如 CT 诊断仪、全身伽马刀治疗机以及基于视觉引导的微创手术机器人等
4	军事装备	现代的许多军事装备都大量采用伺服运动控制技术，如火炮的自动瞄准控制、雷达的跟踪控制和导弹的自动跟踪控制等
5	其他行业	采用多轴伺服控制（最多可达几十个运动轴）的印刷机械、纺织机械、包装机械以及木工机械等；用于石材加工的数控水刀切割机；用于玻璃加工的数控玻璃雕花机；用于床垫加工的数控绗缝机和用于服装加工的数控绣花机等

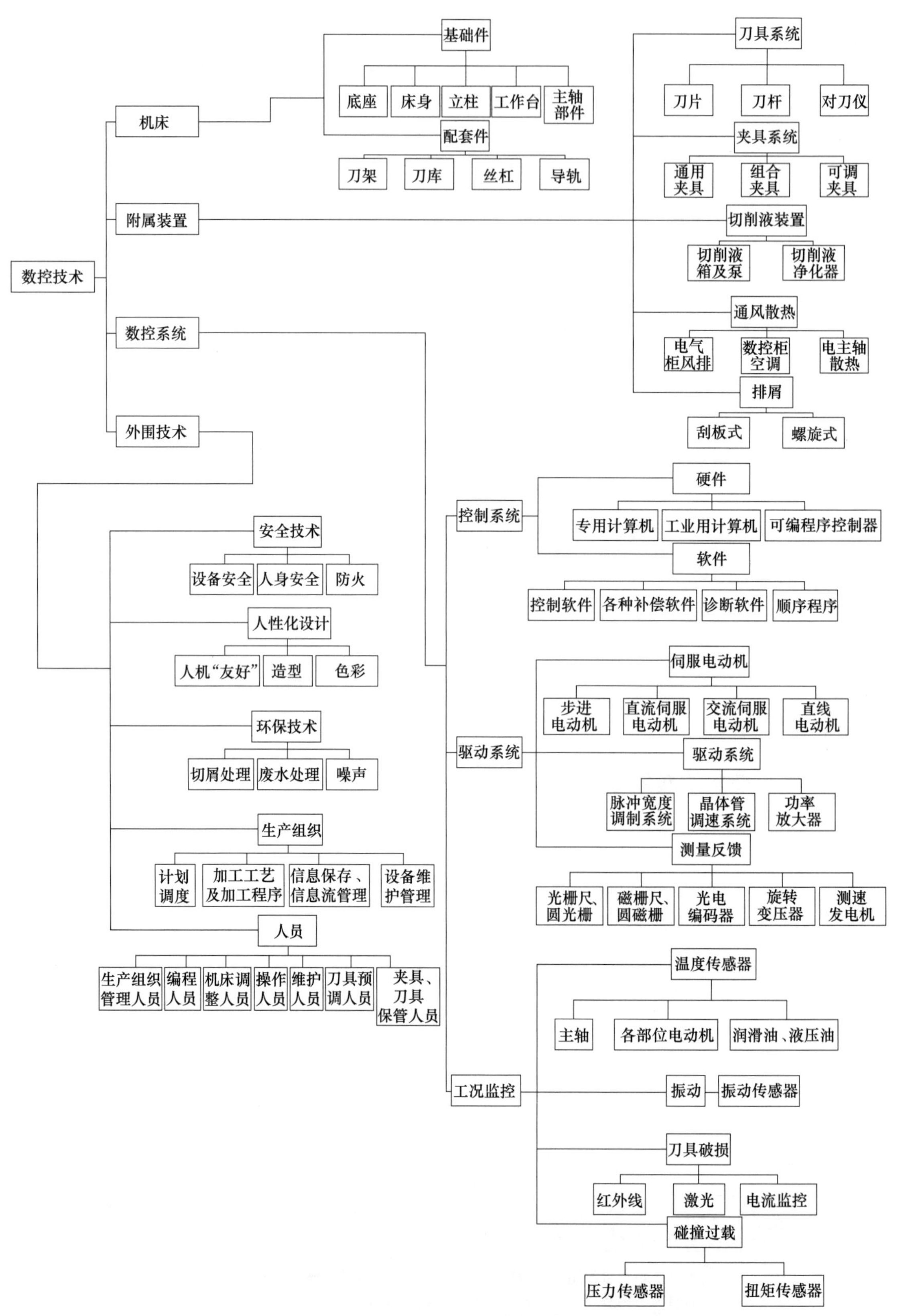

图 1-4 机床数控技术的组成

1.2 数控机床的组成及工作原理

1.2.1 数控机床的组成

数控机床是用数控技术实施加工控制的机床，是机电一体化的典型产品，是集机床、计算机、电动机及其拖动、运动控制、检测等技术为一体的自动化设备。数控机床一般由输入/输出（I/O）装置、数控装置、伺服系统、测量反馈装置和机床本体等组成，如图 1-5 和图 1-6 所示。表 1-3 所示为数控机床各组成部分的详细介绍。

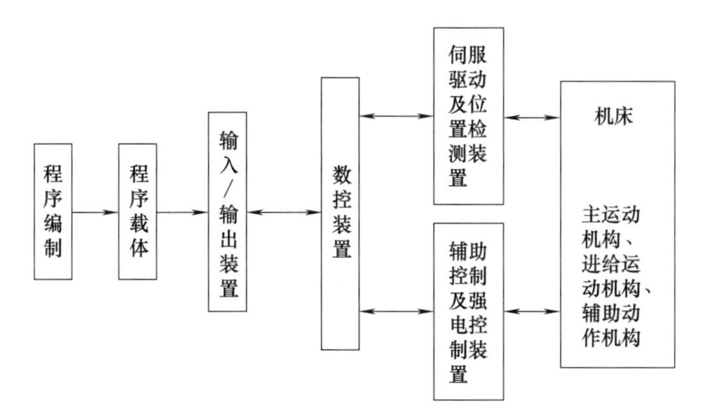

图 1-5 数控机床的组成简图

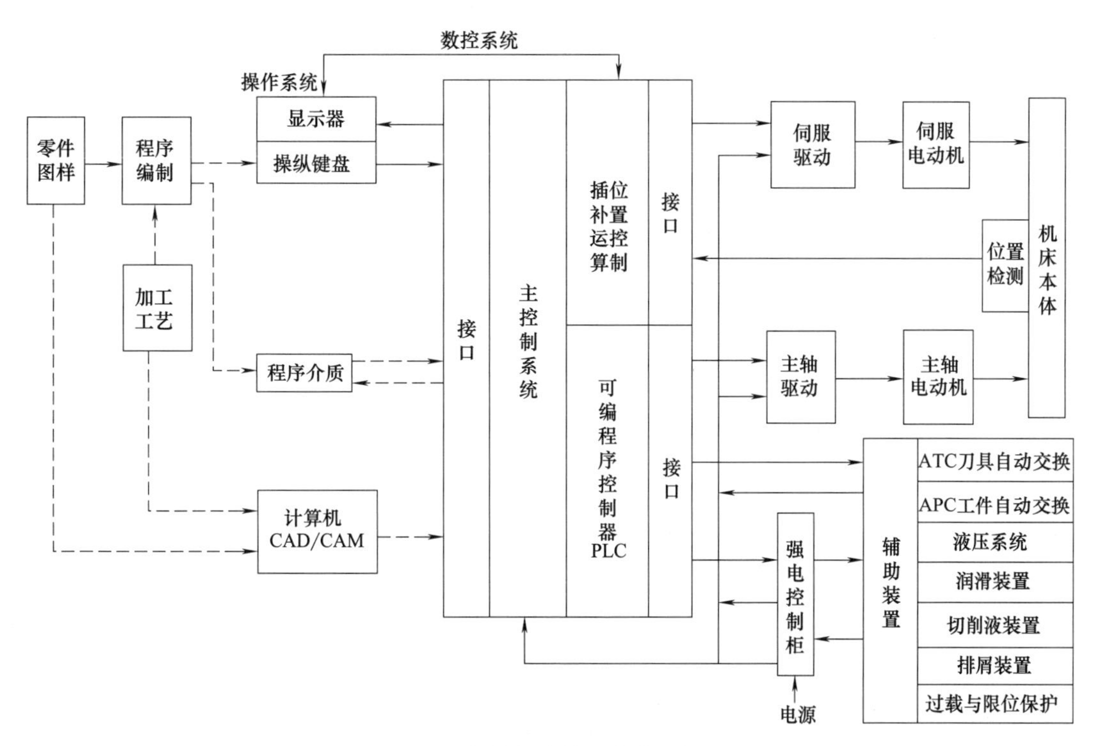

图 1-6 数控机床的组成详细框图

表 1-3　数控机床各组成部分的详细介绍

序号	内容	详细说明
1	输入/输出装置	数控机床工作时，不需要人去直接操作机床，但又要执行人的意图，这就必须在人和数控机床之间建立某种联系，这种联系的中间媒介物即为程序载体，常称为控制介质。在普通机床上加工零件时，工人按图样和工艺要求操纵机床进行加工。在数控机床加工时，控制介质是存储数控加工所需要的全部动作和刀具相对于工件位置等信息的信息载体，它记载着零件的加工工序 数控机床中，常用的控制介质有：穿孔纸带、盒式磁带、软盘、磁盘、U 盘、网络及其他可存储代码的载体。至于采用哪一种，则取决于数控系统的类型。早期使用的是 8 单位(8 孔)穿孔纸带，并规定了标准信息代码 ISO(国际标准化组织制定)和 EIA(美国电子工业协会制定)两种代码。随着技术的不断发展，控制介质也在不断改进。不同的控制介质有相应的输入装置：穿孔纸带，要配用光电阅读机；盒式磁带，要配用录放机；软磁盘，要配用软盘驱动器和驱动卡。现代数控机床还可以通过手动方式(MDI 方式)、DNC 网络通信、RS-232C 串口通信甚至直接 U 盘复制等方式输入程序
2	数控装置	数控装置是数控机床的核心。它接收输入装置输入的数控程序中的加工信息，经过译码、运算和逻辑处理后，发出相应的指令给伺服系统，伺服系统带动机床的各个运动部件按数控程序预定要求动作。数控装置是由中央处理单元(CPU)、存储器、总线和相应的软件构成的专用计算机。整个数控机床的功能强弱主要由这一部分决定。数控装置作为数控机床的“指挥系统”，能完成信息的输入、存储、变换、插补运算以及实现各种控制功能。它具备的主要功能如下： ①多轴联动控制 ②直线、圆弧、抛物线等多种函数的插补 ③输入、编辑和修改数控程序功能 ④数控加工信息的转换功能，包括 ISO/EIA 代码转换、公英制转换、坐标转换、绝对值和相对值的转换、计数制转换等 ⑤刀具半径、长度补偿，传动间隙补偿，螺距误差补偿等补偿功能 ⑥具有固定循环、重复加工、镜像加工等多种加工方式 ⑦在 CRT 上显示字符、轨迹、图形和动态演示等功能 ⑧具有故障自诊断功能 ⑨通信和联网功能
3	伺服系统	伺服系统由伺服驱动电动机和伺服驱动装置组成，是接收数控装置的指令驱动机床执行机构运动的驱动部件。它包括主轴驱动单元(主要是速度控制)、进给驱动单元(主要有速度控制和位置控制)、主轴电动机和进给电动机等。一般来说，数控机床的伺服驱动系统要求有好的快速响应性能，以及能灵敏、准确地跟踪指令的功能。数控机床的伺服系统有步进电动机伺服系统、直流伺服系统和交流伺服系统等，现在常用的是后两者，都带有感应同步器、编码器等位置检测元件，而交流伺服系统正在取代直流伺服系统 机床上的执行部件和机械传动部件组成数控机床的进给系统，它根据数控装置发来的速度和位移指令控制执行部件的进给速度、方向和位移量。每个进给运动的执行部件都配有一套伺服系统。伺服系统的作用是把来自数控装置的脉冲信号转换为机床移动部件的运动，它相当于操作人员的手，使工作台(或溜板)精确定位或按规定的轨迹作严格的相对运动，最后加工出符合图样要求的零件
4	反馈装置	反馈装置是闭环(半闭环)数控机床的检测环节，该装置由检测元件和相应的电路组成。其作用是检测数控机床坐标轴的实际移动速度和位移，并将信息反馈到数控装置或伺服驱动装置中，构成闭环控制系统。检测装置的安装、检测信号反馈的位置，取决于数控系统的结构形式。无测量反馈装置的系统称为开环系统。由于先进的伺服系统都采用了数字式伺服驱动技术(称为数字伺服)，伺服驱动装置和数控装置间一般都采用总线进行连接。反馈信号在大多数场合都是与伺服驱动装置进行连接，并通过总线传送到数控装置的，只有在少数场合或采用模拟量控制的伺服驱动装置(称为模拟伺服装置)时，反馈装置才需要直接与数控装置进行连接。伺服电动机中的内装式脉冲编码器和感应同步器、光栅及磁尺等都是数控机床常用的检测器件 伺服系统及检测反馈装置是数控机床的关键环节
5	机床本体	机床本体是数控机床的主体，它包括机床的主运动部件、进给运动部件、执行部件和基础部件，如底座、立柱、工作台、滑鞍、导轨等。数控机床的主运动和进给运动都由单独的伺服电动机驱动，因此它的传动链短，结构比较简单。为了保证数控机床的高精度、高效率和高自动化加工要求，数控机床的机械机构应具有较高的动态特性、动态刚度、耐磨性以及抗热变形等性能。为了保证数控机床功能的充分发挥，还有一些配套部件(如冷却、排屑、防护、润滑、照明等一系列装置)和辅助装置(如对刀仪、编程机等) 对于加工中心类的数控机床，还有存放刀具的刀库、交换刀具的机械手等部件。数控机床的机床本体，在其诞生之初沿用的是普通机床结构，只是在自动变速、刀架或工作台自动转位和手柄等方面作些改变。随着数控技术的发展，对机床结构的技术性能要求更高，在总体布局、外观造型、传动系统结构、刀具系统以及操作性能方面都已经发生很大的变化。因为数控机床除切削用量大、连续加工发热量大等会影响工件精度外，其加工是自动控制的，不能由人工来进行补偿，所以其设计要比通用机床更完善，其制造要比通用机床更精密

1.2.2 数控机床工作过程

数控机床加工零件时，首先必须将工件的几何数据和工艺数据等加工信息按规定的代码和格式编制成零件的数控加工程序，这是数控机床的工作指令。将加工程序用适当的方法输入到数控系统，数控系统对输入的加工程序进行数据处理，输出各种信息和指令，控制机床主运动的变速、启停和进给的方向、速度和位移量，以及其他如刀具选择交换、工件的夹紧松开、冷却润滑的开关等动作，使刀具与工件及其他辅助装置严格地按照加工程序规定的顺序、轨迹和参数进行工作。数控机床的运行处于不断地计算、输出、反馈等控制过程中，以保证刀具和工件之间相对位置的准确性，从而加工出符合要求的零件。

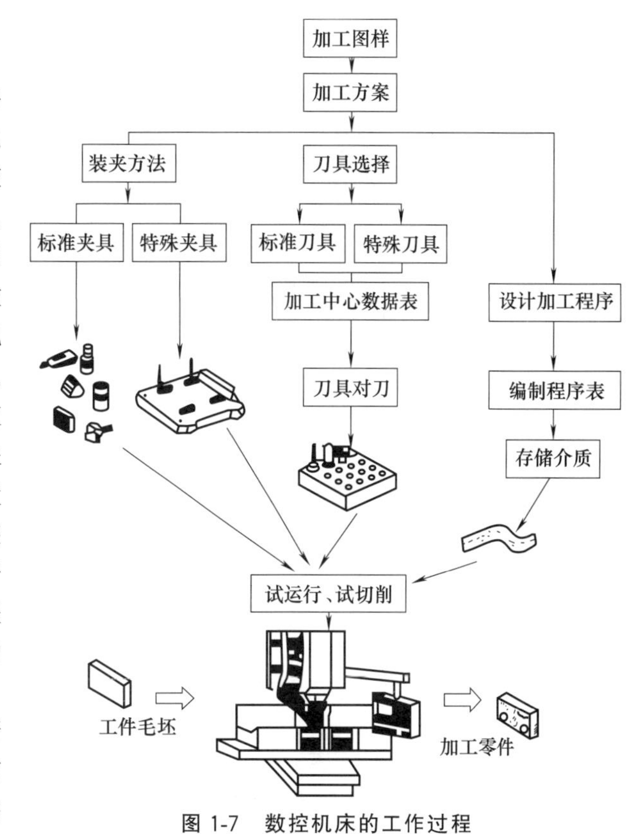

图 1-7 数控机床的工作过程

数控机床的工作过程如图 1-7 所示，首先要将被加工零件图样上的几何信息和工艺信息用规定的代码和格式编写成加工程序，然后将加工程序输入数控装置，按照程序的要求，数控系统对信息进行处理、分配，使各坐标移动若干个最小位移量，实现刀具与工件的相对运动，完成零件的加工。

1.3 数控机床的特点及分类

1.3.1 数控机床的特点

数控机床是以电子控制为主的机电一体化机床，充分发挥了微电子、计算机技术特有的优点，易于实现信息化、智能化和网培化，可较容易地组成各种先进制造系统，如柔性制造系统（FMS）和计算机集成制造系统（CIMS）等，能最大限度地提高工业生产效率；硬件和软件相组合，能实现信息反馈、补偿、自动加减速等功能，可进一步提高机床的加工精度、效率和自动化程度。

数控机床对零件的加工过程，是严格按照加工程序所规定的参数及动作执行的。它是一种高效能自动或半自动机床。数控机床加工过程可任意编程，主轴及进给速度可按加工工艺需要变化，且能实现多坐标联动，易加工复杂曲面。其在加工时具有“易变、多变、善变”的特点，换批调整方便，可实现复杂零件的多品种中小批柔性生产，适应社会对产品多样化的需求。

与普通加工设备相比，数控机床有如下特点，见表 1-4。

表 1-4　数控机床的特点

序号	内容	详细说明
1	有广泛的适应性和较大的灵活性	数控机床具有多轴联动功能，可按零件的加工要求变换加工程序，可解决单件、小批量生产的自动化问题。数控机床能完成很多普通机床难以胜任的零件加工工作，如叶轮等复杂的曲面加工。由于数控机床能实现多个坐标的联动，因此数控机床能完成复杂型面的加工。特别是对于可用数学方程式和坐标点表示的形状复杂的零件，其加工非常方便。当改变加工零件时，数控机床只需更换零件加工程序，且可采用成组技术的成套夹具，因此，生产准备周期短，有利于机械产品迅速更新换代
2	加工精度高，产品质量稳定	数控机床按照预先编制的程序自动加工，加工过程不需要人工干预，加工零件的重复精度高，零件的一致性好。同一批零件，由于使用同一数控机床和刀具及同一加工程序，刀具的运动轨迹完全相同，并且数控机床是根据数控程序由计算机控制自动进行加工的，因此避免了人为的误差，保证了零件加工的一致性，质量稳定可靠 另外，数控机床本身的精度高、刚度好，精度的保持性好，能长期保持加工精度。数控机床有硬件和软件的误差补偿能力，因此能获得比机床本身精度还高的零件加工精度
3	自动化程度高，生产率高	数控机床本身的精度高、刚度高，可以采用较大的切削用量，停机检测次数少，加工准备时间短，有效地节省了机动工时。它还有自动换速、自动换刀和其他辅助操作自动化等功能，使辅助时间大为缩短，而且无需工序间的检验与测量，比普通机床的生产效率高 3～4 倍，对于某些复杂零件的加工，其生产效率可以提高十几倍甚至几十倍。数控机床的主轴转速及进给范围都比普通机床的大
4	工序集中，一机多用	数控机床在更换加工零件时，可以方便地保存原来的加工程序及相关的工艺参数，不需要更换凸轮、靠模等工艺装备，也就没有这类工艺装备需要保存，因此可缩短生产准备时间。大大节省了占用厂房的面积。加工中心等采用多主轴、车铣复合、分度工作台或数控回转工作台等复合工艺，可实现一机多能，实现在一次零件定位装夹中完成多工位、多面、多刀加工，省去工序间工件运输、传递的过程，缩减了工件装夹和测量的次数和时间，既提高了加工精度，又节省了厂房面积，提高了生产效率
5	有利于生产管理的现代化	数控机床加工零件时，能准确地计算零件的加工工时，并有效地简化检验、工装和半成品的管理工作；数控机床具有通信接口，可连接计算机，也可以连接到局域网上。这些都有利于向计算机控制与管理方面发展，为实现生产过程自动化创造了条件 数控机床是一种高度自动化机床，整个加工过程采用程序控制，数控加工前需要做好详尽的加工工艺、程序编制等，前期准备工作较为复杂。机床加工精度因受切削用量大、连续加工发热量大等因素的影响，其设计要求比普通机床的更加严格，制造要求更精密，因此数控机床的制造成本比较高。此外，数控机床属于典型的机电一体化产品，控制系统比较复杂、技术含量高，一些元器件、部件精密度较高，所以对数控机床的调试和维修比较困难

1.3.2 数控机床的分类

现今数控机床已发展成品种齐全、规格繁多、能满足现代化生产的主流机床。可以从不同的角度对数控机床进行分类和评价，通常按如下方法分类，见表 1-5。

表 1-5　数控机床的分类

序号	内容	详细说明	
1	按工艺用途分类	一般数控机床	这类机床和传统的通用机床种类一样，有数控的车床、铣床、镗床、钻床、磨床等，而且每一种数控机床也有很多品种，例如数控铣床就有数控立铣床、数控卧铣床、数控工具铣床、数控龙门铣床等。这类数控机床的工艺性与通用机床的相似，所不同的是它能加工复杂形状的零件
		数控加工中心	数控加工中心是在一般数控机床的基础上发展起来的。它是在一般数控机床上加装一个刀库(可容纳 10～100 把刀具)和自动换刀装置而构成的一种带自动换刀装置的数控机床，这使得数控机床更进一步地向自动化和高效化方向发展 数控加工中心与一般数控机床的区别是：工件经一次装夹后，数控装置就能控制机床自动地更换刀具，连续地对工件的各加工面自动完成铣、镗、钻、铰及攻螺纹等多工序加工。这类机床大多是以镗铣为主的，主要用来加工箱体零件。它和一般的数控机床相比具有如下优点： ①减少机床台数，便于管理，对于多工序的零件只要一台机床就能完成全部加工，并可以减少半成品的库存

续表

序号	内容	详细说明	
1	按工艺用途分类	数控加工中心	②由于工件只要一次装夹，因此减少了多次安装造成的定位误差，可以依靠机床精度来保证加工质量 ③工序集中，缩短了辅助时间，提高了生产率 ④由于零件在一台机床上一次装夹就能完成多道工序加工，因此大大减少了专用工夹具的数量，进一步缩短了生产准备时间 由于数控加工中心机床的优点很多，因此在数控机床生产中占有很重要的地位 另外，还有一类加工中心是在车床基础上发展起来的，以轴类零件为主要加工对象，除可进行车削、镗削外，还可以进行端面和周面上任意部位的钻削、铣削和攻螺纹加工，这类加工中心也设有刀库，可安装 4～12 把刀具。习惯上称此类机床为车削加工中心
		多坐标数控机床	有些复杂形状的零件，用三坐标的数控机床还无法加工，如螺旋桨、飞机曲面零件的加工等，需要三个以上坐标的合成运动才能加工出所需形状。于是出现了多坐标的数控机床，其特点是数控装置控制的轴数较多，机床结构也比较复杂，其坐标轴数通常取决于加工零件的工艺要求。现在常用的是四轴、五轴、六轴的数控机床（图 1-8 为五轴联动的数控加工示意图）。这时 X、Y、Z 三个坐标与转台的回转、刀具的摆动可以联动，可加工机翼等复杂曲面类零件 **图 1-8　五轴联动的数控加工**
2	按运动控制的特点分类	按对刀具与工件间相对运动轨迹的控制，可将数控机床分为点位控制数控机床、直线控制数控机床、轮廓控制数控机床等	
		点位控制数控机床	这类数控机床只需控制刀具从某一位置移到下一个位置，不考虑其运动轨迹，只要求刀具能最终准确到达目标位置，即仅控制行程终点的坐标值，在移动过程中不进行任何切削加工。至于两相关点之间的移动速度及路线则取决于生产率，如图 1-9(a)所示。为了在精确定位的基础上有尽可能高的生产率，两相关点之间的移动先是快速移动到接近新定位点的位置，然后降速，慢速趋近定位点，以保证其定位精度 点位控制可用于数控坐标镗床、数控钻床、数控冲床和数控测量机等机床的运动控制 用点位控制形式控制的机床称为点位控制数控机床
		直线控制数控机床	直线控制的数控机床是指能控制机床工作台或刀具以要求的进给速度，沿平行于坐标轴（或与坐标轴成 45°的斜线）的方向进行直线移动和切削加工的数控机床，如图 1-9(b)所示。这类数控机床工作时，不仅要控制两相关点之间的位置，还要控制两相关点之间的移动速度和路线（轨迹）。其路线一般都由与各轴线平行的直线段组成。它和点位控制数控机床的区别在于：当数控机床的移动部件移动时，可以沿一个坐标轴的方向进行切削加工（一般地也可以沿 45°斜线进行切削，但不能沿任意斜率的直线切削），而且其辅助功能比点位控制的数控机床的多，例如主轴转速控制、循环进给加工、刀具选择等功能 这类数控机床主要有简易数控车床、数控镗铣床等。相应的数控装置称为直线控制装置
		轮廓控制数控机床	这类数控机床的控制装置能够同时对两个或两个以上的坐标轴进行连续控制，如图 1-9(c)所示。加工时不仅要控制起点和终点，还要控制整个加工过程中每点的速度和位置，使机床加工出符合图样要求的复杂形状的零件。大部分都具有两坐标或两坐标以上联动、刀具半径补偿、刀具长度补偿、数控机床轴向运动误差补偿、丝杠螺距误差补偿、齿侧间隙误差补偿等系列功能。该类数控机床可加工曲面、叶轮等复杂形状的零件 这类数控机床典型的有数控车床、数控铣床、加工中心等，其相应的数控装置称为轮廓控制装置（或连续控制装置） 轮廓控制数控机床按照联动（同时控制）轴数可分为两轴联动控制数控机床、两轴半坐标联动控制数控机床、三轴联动控制数控机床、四轴联动控制数控机床、五轴联动控制数控机床等。多轴（三轴以上）控制与编程技术是高技术领域开发研究的课题，随着现代制造技术领域中产品的复杂程度和加工精度的不断提高，多轴联动控制技术及其加工编程技术的应用也越来越普遍

续表

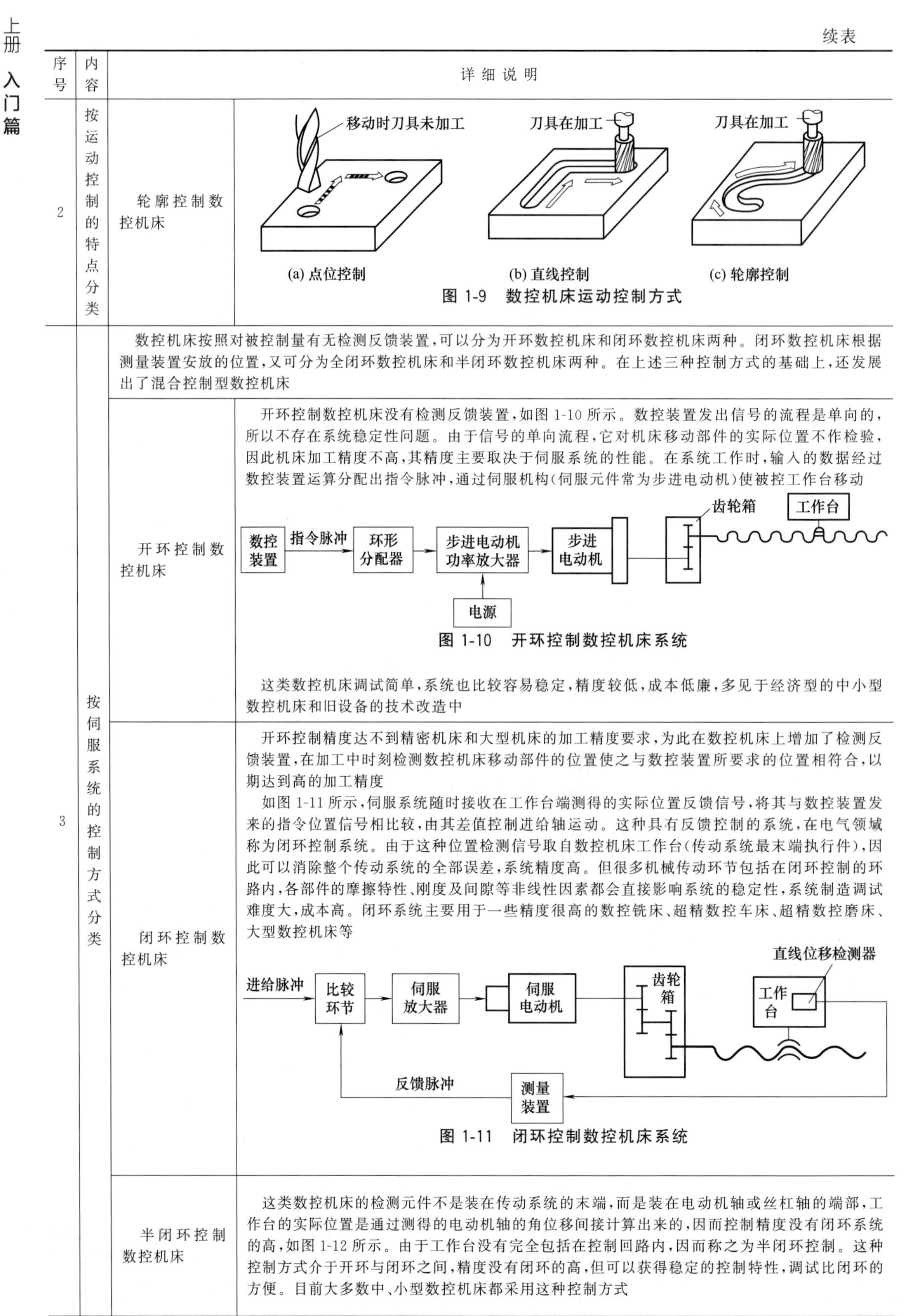

序号	内容		详细说明
2	按运动控制的特点分类	轮廓控制数控机床	移动时刀具未加工　刀具在加工　刀具在加工 (a) 点位控制　(b) 直线控制　(c) 轮廓控制 图 1-9　数控机床运动控制方式
3	按伺服系统的控制方式分类		数控机床按照对被控制量有无检测反馈装置，可以分为开环数控机床和闭环数控机床两种。闭环数控机床根据测量装置安放的位置，又可分为全闭环数控机床和半闭环数控机床两种。在上述三种控制方式的基础上，还发展出了混合控制型数控机床
		开环控制数控机床	开环控制数控机床没有检测反馈装置，如图 1-10 所示。数控装置发出信号的流程是单向的，所以不存在系统稳定性问题。由于信号的单向流程，它对机床移动部件的实际位置不作检验，因此机床加工精度不高，其精度主要取决于伺服系统的性能。在系统工作时，输入的数据经过数控装置运算分配出指令脉冲，通过伺服机构（伺服元件常为步进电动机）使被控工作台移动 数控装置　指令脉冲　环形分配器　步进电动机功率放大器　步进电动机　齿轮箱　工作台　电源 图 1-10　开环控制数控机床系统 这类数控机床调试简单，系统也比较容易稳定，精度较低，成本低廉，多见于经济型的中小型数控机床和旧设备的技术改造中
		闭环控制数控机床	开环控制精度达不到精密机床和大型机床的加工精度要求，为此在数控机床上增加了检测反馈装置，在加工中时刻检测数控机床移动部件的位置使之与数控装置所要求的位置相符合，以期达到高的加工精度 如图 1-11 所示，伺服系统随时接收在工作台端测得的实际位置反馈信号，将其与数控装置发来的指令位置信号相比较，由其差值控制进给轴运动。这种具有反馈控制的系统，在电气领域称为闭环控制系统。由于这种位置检测信号取自数控机床工作台（传动系统最末端执行件），因此可以消除整个传动系统的全部误差，系统精度高。但很多机械传动环节包括在闭环控制的环路内，各部件的摩擦特性、刚度及间隙等非线性因素都会直接影响系统的稳定性，系统制造调试难度大，成本高。闭环系统主要用于一些精度很高的数控铣床、超精数控车床、超精数控磨床、大型数控机床等 直线位移检测器　进给脉冲　比较环节　伺服放大器　伺服电动机　齿轮箱　工作台　反馈脉冲　测量装置 图 1-11　闭环控制数控机床系统
		半闭环控制数控机床	这类数控机床的检测元件不是装在传动系统的末端，而是装在电动机轴或丝杠轴的端部，工作台的实际位置是通过测得的电动机轴的角位移间接计算出来的，因而控制精度没有闭环系统的高，如图 1-12 所示。由于工作台没有完全包括在控制回路内，因而称之为半闭环控制。这种控制方式介于开环与闭环之间，精度没有闭环的高，但可以获得稳定的控制特性，调试比闭环的方便。目前大多数中、小型数控机床都采用这种控制方式

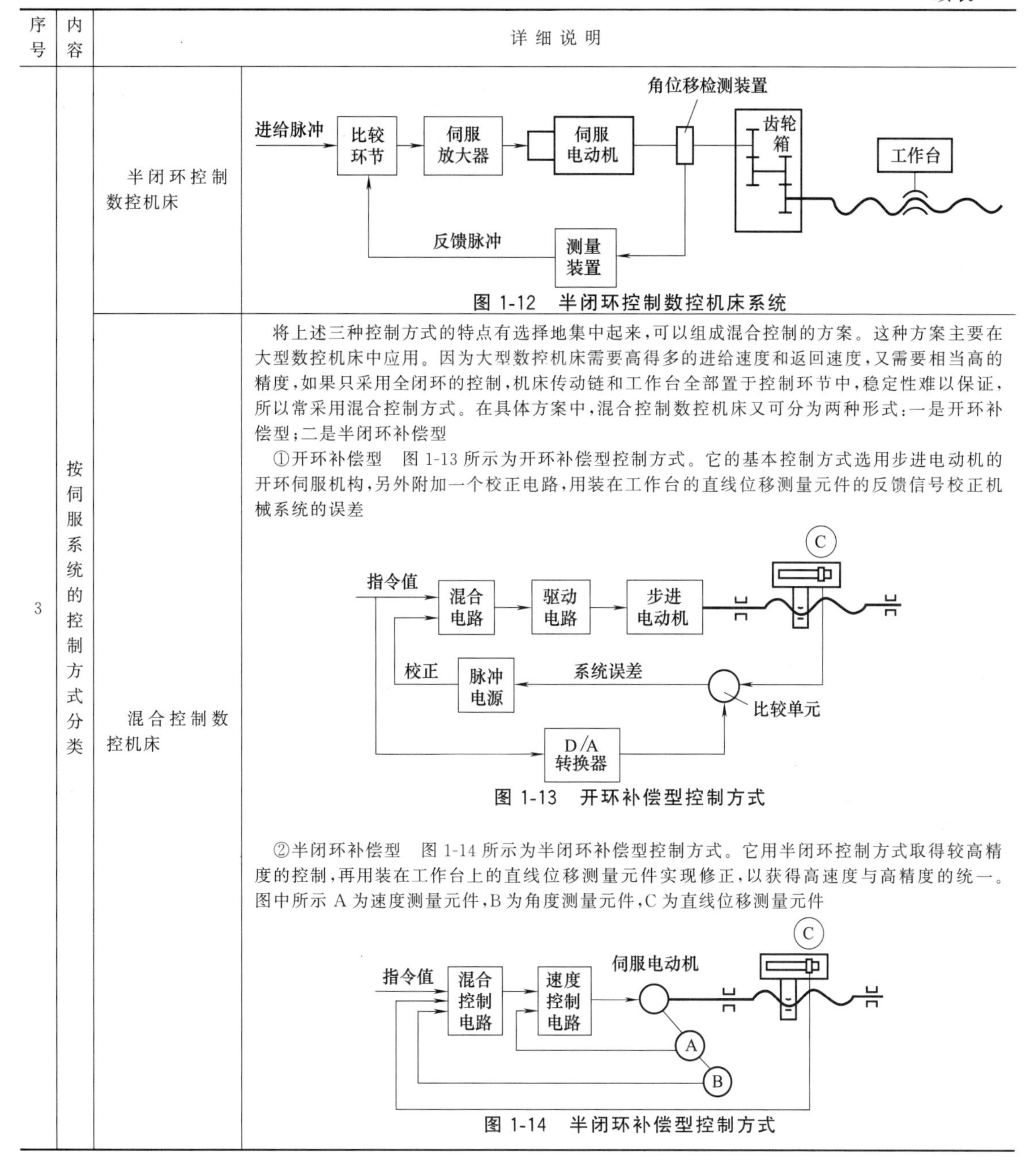

续表

序号	内容	详细说明	
3	按伺服系统的控制方式分类	半闭环控制数控机床	进给脉冲 → 比较环节 → 伺服放大器 → 伺服电动机 → 角位移检测装置 → 齿轮箱 → 工作台；测量装置；反馈脉冲 图 1-12 半闭环控制数控机床系统
		混合控制数控机床	将上述三种控制方式的特点有选择地集中起来，可以组成混合控制的方案。这种方案主要在大型数控机床中应用。因为大型数控机床需要高得多的进给速度和返回速度，又需要相当高的精度，如果只采用全闭环的控制，机床传动链和工作台全部置于控制环节中，稳定性难以保证，所以常采用混合控制方式。在具体方案中，混合控制数控机床又可分为两种形式：一是开环补偿型；二是半闭环补偿型 ①开环补偿型 图 1-13 所示为开环补偿型控制方式。它的基本控制方式选用步进电动机的开环伺服机构，另外附加一个校正电路，用装在工作台的直线位移测量元件的反馈信号校正机械系统的误差 指令值；混合电路；驱动电路；步进电动机；C；校正；脉冲电源；系统误差；比较单元；D/A 转换器 图 1-13 开环补偿型控制方式 ②半闭环补偿型 图 1-14 所示为半闭环补偿型控制方式。它用半闭环控制方式取得较高精度的控制，再用装在工作台上的直线位移测量元件实现修正，以获得高速度与高精度的统一。图中所示 A 为速度测量元件，B 为角度测量元件，C 为直线位移测量元件 指令值；混合控制电路；速度控制电路；伺服电动机；C；A；B 图 1-14 半闭环补偿型控制方式

1.3.3 常用的数控机床

表 1-6 列出了实际加工生产中所常用的数控机床。

表 1-6 常用的数控机床

序号	数控机床类型			控制方式	详细说明
1	数控车床	卧式	卡盘式	点位、直线	用于加工小型盘类零件，采用四方刀架或转塔刀架
				轮廓	
			卡盘、顶尖式	轮廓	用于加工盘类、轴类零件，床身有水平、垂直和斜置之分，采用四方刀架或回转刀库
		立式		轮廓	用于加工大型连续控制盘类零件，采用转塔刀架

续表

序号	数控机床类型			控制方式	详细说明
2	车削中心			轮廓，3～7 轴或多轴	集中了车、钻、铣甚至磨等工艺，回转刀库上有动力刀具，有的有多个回转刀库，有的有副主轴，可进行背面加工，实现零件的全部加工；是钻、铣、镗、加工中心之外技术发展最快的数控机床，其结构、功能、变化最快，新品不断推出，是建造 FMS 的理想机型
3	数控铣床	立式		点位、直线	铣削（也可钻孔、攻螺纹），手动换刀
				轮廓（多轴联动）	铣削、成形铣削（也可钻孔、攻螺纹），手动换刀
		龙门式		点位、直线	用于加工大型复杂零件，手动换刀
				轮廓（多轴联动）	用于加工大型、形状复杂的零件，手动换刀
4	数控仿形铣床	立式		轮廓（多轴联动）	用于加工凹、凸模，手动换刀
		卧式			用于加工大型凹、凸模，手动换刀
5	加工中心	立式		轮廓（多轴联动）	钻、镗、铣、螺纹加工，孔内切槽；有多种形式的刀库；分机械手换刀和无机械手换刀
		卧式			钻、镗、铣、螺纹加工，孔内切槽；有多种形式的刀库；分机械手换刀和无机械手换刀
		立、卧主轴自动切换式			钻、镗、铣、螺纹加工，孔内切槽；可五面加工；多种形式刀库；机械手换刀
		主轴倾角可控式			钻、镗、铣、螺纹加工，孔内切槽；可五面加工；可铣斜面；多种形式刀库；机械手换刀
		其他			可倾工作台上有圆工作台，有多种形式的刀库，机械手换刀；圆工作台可从立置切换为卧置；侧置圆工作台可上下移动，便于排屑；突破传统结构上的六杆加工中心和三杆加工中心
6	数控钻床	单工作台		点位、直线	钻、铰孔，攻螺纹；转塔主轴或手动换刀
		双工作台			钻、铰孔，攻螺纹；两个固定工作台，一个用于加工，另一个用于装卸零件；直线刀库
7	数控镗床	立式		点位、直线	用于加工箱体件，钻、镗、铣，手动换刀
		卧式			
8	数控坐标镗床	立式		点位、直线	用于加工孔距要求高的箱体件，手动换刀
		卧式			
9	数控磨床	平面磨床	立轴圆台	点位、直线、轮廓	适合大余量磨削；自动修整砂轮
			卧轴圆台		适合圆离合器等薄型零件，变形小；自动修整砂轮
			立轴矩台		适合大余量磨削，自动修整砂轮
			卧轴矩台		平面粗、精磨，镜面磨削，砂轮修形后成形磨削；自动修整砂轮
		内圆磨床			用于加工内孔端面，自动修整砂轮
		外圆磨床			用于加工外圆端面，横磨、纵磨、成形磨、自动修整砂轮；有主动测量装置
		万能磨床			内、外圆磨床的组合
		无心磨床			不需预车直接磨削，无心成形磨削
		专用磨床			有丝杠磨床、花键磨床、曲轮磨床、凸轮轴磨床等
10	磨削中心			点位、直线、轮廓	在万能磨床的基础上实现自动更换外圆、内圆砂轮（或自动上、下零件）
11	数控插床			轮廓	加工异形柱状零件
12	数控组合机床	数控滑台、数控动力头组合机床		点位、直线	使组合机床、自动线运行可靠，调整、换产品快捷
		自动换箱组合机床			零件固定（或分度）自动更换多轴箱，完成零件的各种加工

续表

序号	数控机床类型		控制方式	详细说明
13	数控齿轮加工机床	滚齿机	直线，齿形展成运动；（有数控和非数控之分）	在滚齿机上可切削直齿、斜齿圆柱齿轮，还可加工蜗轮、链轮等。它是用滚刀按展成法加工直齿、斜齿和人字齿圆柱齿轮以及蜗轮的齿轮加工机床。这种机床使用特制的滚刀时也能加工花键和链轮等各种特殊齿形的工件 普通滚齿机的加工精度为 7～6 级（JB 179—83），高精度滚齿机为 4～3 级。最大加工直径达 15m
		插齿机		它是使用插齿刀按展成法加工内、外直齿和斜齿圆柱齿轮以及其他齿形件的齿轮加工机床。插齿时，插齿刀作上下往复的切削运动，同时与工件作相对的滚动 插齿机主要用于加工多联齿轮和内齿轮，加附件后还可加工齿条。在插齿机上使用专门刀具还能加工非圆齿轮、不完全齿轮和内外成形表面，如方孔、六角孔、带键轴（键与轴连成一体）等。加工精度可达 7～5 级（JB 179—83），最大加工工件直径达 12m
		磨齿机		分成形磨削、蜗杆磨削、展成磨削
14	数控电加工机床	线切割机床	轮廓（多轴联动）	加工冲模、样板等，分快走丝和慢走丝线切割机床。快走丝线切割机床切割速度快，表面粗糙度比慢走丝线切割机床略差
		电火花成形机床	点位、直线	用于凹、凸模数控成形，便于自适应控制
15	数控激光加工机床	钻孔	点位、直线	用于钻微孔及在难加工材料上钻孔，孔径为 10～500μm，孔深（在金属上）为 10 倍孔径
		切割	轮廓	板材切割成形精度高
		刻划		刻线机用于刻写标记，速度很快
		热处理、焊接	3D 机器人	用于局部或各种表面淬火，各种材料（包括钢、银、金）的焊接
		铣削	轮廓	是近年出现的机床，可铣出 0.2mm 的窄缝或更窄的凸筋，“刀具”直径小，不磨损，切削内应力小
		激光分层制模		将对紫外激光敏感的液体塑料放在一个容器内，先使数控升降托板与液面平齐。紫外激光射线按程序扫硬第一层，托板下降再扫硬第二层，循环往复，直至成形。完成后再在紫外激光炉内进一步硬化，上漆，成为置换金属（如熔模铸造）的模型
16	数控压力机		点位、直线、轮廓	用于对板材和薄型材冲圆孔、方孔、矩形孔、异形孔等
17	数控剪板机		点位、直线	用于剪裁材料
18	数控折弯机		点位、直线	用于折弯成形
19	数控弯管机		连续控制（多轴联动）	用于各种油管、导管的弯曲
20	数控坐标测量机		点位、连续控制	用于对零件尺寸、位置精度进行精密测量，或用测头“扫描”生成零件加工程序

1.4 数控机床的发展和未来趋势

1.4.1 数控机床发展

20 世纪中叶，随着信息技术革命的到来，机床也由之前的手工测绘、简单操作逐渐演变为数字操控、全自动化成形部件的数控机床。

1946 年诞生了世界上第一台电子计算机，这表明人类创造了可增强和部分代替脑力劳动的工具。它与人类在农业、工业社会中创造的那些只是增强体力劳动的工具相比，有了质的飞跃，为人类进入信息社会奠定了基础。

6 年后，即在 1952 年，计算机技术应用到了机床上，在美国诞生了第一台数控机床。从此，传统机床产生了质的变化。半个多世纪以来，数控系统经历了两个阶段和六代的发展。

表 1-7 详细描述了数控机床的发展过程。

表 1-7　数控机床的发展过程

<table>
<tr><th>序号</th><th>发展阶段</th><th colspan="2">详细说明</th></tr>
<tr><td rowspan="4">1</td><td rowspan="4">数控（NC）阶段（1952～1970 年）</td><td colspan="2">早期计算机的运算速度低，对当时的科学计算和数据处理影响还不大，但不能适应机床实时控制的要求。人们不得不采用数字逻辑电路“搭”成一台机床专用计算机作为数控系统，被称为硬件连接数控（Hard-Wired NC），简称为数控（NC）</td></tr>
<tr><td>第 1 代数控系统</td><td>始于 20 世纪 50 年代初，系统全部采用电子管元件，逻辑运算与控制采用硬件电路完成</td></tr>
<tr><td>第 2 代数控系统</td><td>始于 20 世纪 50 年代末，以晶体管元件和印刷电路板广泛应用于数控系统为标志</td></tr>
<tr><td>第 3 代数控系统</td><td>始于 20 世纪 60 年代中期，由于小规模集成电路的出现，其体积变小，功耗降低，可靠性提高，推动了数控系统的进一步发展</td></tr>
<tr><td rowspan="3">2</td><td rowspan="3">计算机数控（CNC）阶段（1970 年至今）</td><td>第 4 代数控系统</td><td>到 1970 年，小型计算机业已出现并成批生产。于是将它移植过来作为数控系统的核心部件，从此进入了计算机数控（CNC）阶段。到 1971 年，美国 INTEL 公司在世界上第一次将计算机的两个最核心的部件——运算器和控制器采用大规模集成电路技术集成在一块芯片上，称之为微处理器（microprocessor），又可称为中央处理单元（简称 CPU）</td></tr>
<tr><td>第 5 代数控系统</td><td>到 1974 年微处理器被应用于数控系统。这是因为小型计算机功能太强，控制一台机床能力有富裕（故当时曾用于控制多台机床，称之为群控），不如采用微处理器经济合理。而且当时的小型机可靠性也不理想。早期的微处理器速度和功能虽还不够高，但可以通过多处理器结构来解决。由于微处理器是通用计算机的核心部件，故仍称为计算机数控</td></tr>
<tr><td>第 6 代数控系统</td><td>到了 1990 年，PC 机（个人计算机，国内习惯称微机）的性能已发展到很高的阶段，可以满足作为数控系统核心部件的要求。数控系统从此进入了基于 PC 的阶段</td></tr>
</table>

注：虽然国外早已改称为计算机数控（即 CNC）了，而我国仍习惯称数控（NC）。所以我们日常讲的“数控”，实质上已是指“计算机数控”了。

1.4.2　我国数控机床的发展

数控机床是一种高度机电一体化的产品，在传统的机床基础上引进了数字化控制，将以往凭借工人经验的操作变为数字化、可复制的自动操作，其加工柔性好，加工精度高，生产率高，减轻操作者劳动强度、改善劳动条件，有利于生产管理的现代化以及经济效益的提高。数控机床的特点及其应用范围使其成为国民经济和国防建设发展的重要装备。目前，工业发达国家机床产业的数控化比例通常在 60%以上，在日本和德国更是超过了 85%。

我国真正的工业化进程起始于 20 世纪 50 年代。由于种种原因，我们错过了 20 世纪 70～80 年代的新型工业化大发展时期，导致我国的机械装备制造产业到现在为止仍然在赶超发达国家的阶段。自 20 世纪末开始，我国开始了大规模引进西方技术，同时在引进技术的基础上吸收、融合、创造，最终发展出我们自己的数控机床制造产业。这一时期，我国的整体制造业也开始逐渐由制造大国向制造强国迈进，机床制造业也跟着取得了数控机床快速增长的业绩。机床的发展和创新在一定程度上能映射出加工技术的主要趋势。近年来，我国在数控机床和机床工具行业对外合资合作进一步加强，无论是在精度、速度、性能方面还是智能化方面都取得了相当不错的成绩。

目前，国内生产的数控机床可以大致分为经济型机床、普及型机床、高档型机床三种类型。经济型机床基本都是采用开环控制技术；普及型机床采用半闭环控制技术，分辨率可达到1μm；表1-8详细描述了我国不同档次机床的使用现状。

表1-8 我国不同档次机床的使用现状

序号	机床的档次	使用现状
1	经济型机床	经济型数控机床是指具有针对性加工功能但功能水平较低且价格低廉的数控机床，它主要由机械和电气控制两大部分组成。国产的经济型数控机床已经在国内机床生产企业得到了很好的应用，经济型数控机床基本都是国内产品，不管是从质量上还是从可靠性上都可以满足大部分机床用户的需要
2	普及型机床	国内普及型数控机床中大约有60%～70%采用的是国内产品。但是需要指出的是，这些国产数控机床当中大约80%的数控系统都在使用国外产品，国内机床企业将各个子系统进口后进行拼装，组成最终的成品机床。我国部分中档普及型数控机床在功能、性能和可靠性方面已具有较强的市场竞争力
3	中、高档型机床	高档型机床采用闭环控制，以计算机程序来实现全过程无人控制，具有各种补偿功能、新控制功能、自动诊断，分辨率可以达到0.1μm
		在中、高档数控机床如四轴、五轴联动机床等高端产品方面，国产产品与国外产品相比，仍存在较大差距。高档机床方面国产产品大约只能占到10%，大部分都是靠进口。数控机床的核心技术——数控系统由显示器、伺服控制器、伺服电动机和各种开关、传感器构成，我国更是几乎全部需要国外进口。目前，我国在沿海发达地区建数控机床生产厂的大多是国外厂家，大部分核心技术都被外方掌握。国内能做的中、高端数控机床，更多处于组装和制造环节，普遍未掌握核心技术

1.4.3 数控机床未来发展的趋势

表1-9详细描述了数控机床未来的发展趋势。

表1-9 数控机床的发展趋势

序号	发展趋势	详细说明
1	继续向开放式、基于PC的第六代方向发展	基于PC所具有的开放性、低成本、高可靠性、软硬件资源丰富等特点，更多的数控系统生产厂家会走上这条道路。至少采用PC机作为它的前端机，来处理人机界面、编程、联网通信等问题，由原有的系统承担数控的任务。PC机所具有的友好的人机界面将普及到所有的数控系统。远程通信、远程诊断和维修将更加普遍
2	加工过程绿色化	随着社会的不断发展与进步，人们越来越重视环保，所以数控机床的加工过程也会向绿色化方向发展。比如在金属切削机床的发展中，需要逐步实现切削加工工艺的绿色化，就目前的加工过程来看，主要是依靠不使用切削液手段来实现加工过程绿色化，因为这种切削液会污染环境，而且还会严重危害人们的身体健康
3	向着高速化、高精度化和高效化方向发展	伴随航空航天、船务运输、汽车行业以及高速火车等国民及国防事业的快速发展，新兴材料得到了广泛的应用。伴随着新兴材料的发展，行业对于高速和超高速数控机床的需求也越来越大。高速和超高速数控机床不仅可以提高企业生产效率，同时也可以对传统机床难于加工的材料进行切削，提高加工精度 数控机床最大的优势和特点在于其主轴运动速度转速和进给速度大。现在使用的数控机床通常采用64bit的较高的处理器，未来数控机床将广泛采用超大规模的集成电路与多微处理器，从而实现较高的运算速度，使得智能专家控制系统和多轴控制系统成为可能。数控机床也可以通过自动调节和设定工作参数，得到较高的加工精度提高设备的使用寿命和生产效率 以加工中心为例，其主要精度指标——直线坐标的定位精度和重复定位精度都有了明显的提高，定位精度由±5μm提高到±0.15～±0.3μm，重复定位精度由±2μm提高到±1μm。为了提高加工精度，除了在结构总体设计、主轴箱、进给系统中采用低热胀系数材料、通入恒温油等措施外，在控制系统方面采取的措施是： ① 采用高精度的脉冲当量。从提高控制入手来提高定位精度和重复定位精度 ② 采用交流数字伺服系统。伺服系统的质量直接关系到数控系统的加工精度。采用交流数字伺服系统，可使伺服电动机的位置、速度及电流环路等参数都实现数字化，因此也就实现了几乎不受负载变化影响的高速响应的伺服系统

续表

序号	发展趋势	详细说明
3	向着高速化、高精度化和高效化方向发展	③ 前馈控制。所谓前馈控制，就是在原来的控制系统上加上指令各阶导数的控制。采用它，能使伺服系统的追踪滞后1/2，改善加工精度 ④ 机床静摩擦的非线性控制。对于具有较大静摩擦的数控设备，由于过去没有采取有效的控制，使圆弧切削的圆度不好。而新型数字伺服系统具有补偿机床驱动系统静摩擦的非线性控制功能，可改善圆弧的圆度
4	向着自诊断方向发展	随着人工智能技术的不断成熟与发展，数控机床性能也得到了明显的改善。在新一代的数控机床控制系统中大量采用了模糊控制系统、神经网络控制系统和专家控制系统，使数控机床性能大大改善。通过数控机床自身的故障诊断程序，自动实现对数控机床硬件设备、软件程序和其他附属设备进行故障诊断和自动预警 数控机床可以依据现有的故障信息，实现快速定位故障源，并给出故障排除建议，使用者可以通过自动预警提示及时解决故障问题，实现故障自恢复，防止和解决各种突发性事件从而进行相应的保护 现代数控系统智能化自诊断的发展，主要体现以下几个方面： ①工件自动检测、自动定心 ②刀具磨损检测及自动更换备用刀具 ③刀具寿命及刀具收存情况管理 ④负载监控 ⑤数据管理 ⑥维修管理 ⑦利用前馈控制实施补偿矢量的功能 ⑧根据加工时的热变形，对滚珠丝杠等的伸缩实施补偿功能
5	向着网络化全球性方向发展	随着互联网技术的普及与发展，在企业日常工作管理过程中网络化管理模式已经日益普及。管理者往往可以通过手中的鼠标实现对企业的管理。数控机床作为企业生产的重要工具也逐渐进行了数字化的改造。数控机床的网络化推进了柔性制造自动化技术的快速发展，使数控机床的发展更加具有信息集成化、智能化和系统化的特点 数控机床的网络化发展方向也体现在远程监控与故障处理上。当数控机床运行过程中出现故障后，数控机床生产厂家不用直接亲临现场就可以通过互联网对故障数控机床进行远程诊断与故障排除，这样不仅可以大大减少数控机床的维修成本，而且还可以大大提高企业的生产效率。数控机床的网络化发展方向还表现在远程操作与培训上，可以通过把数控机床共享到网络上，从而实现多地、多用户的远程操作与培训，甚至可以依靠电子商务平台任意组成网上虚拟数控车间，实现跨地域全球性的CAD/CAM/CNC网络制造
6	向着模块化方向发展	模块化的设计思想已经广泛应用于各设计行业。数控机床设计也不例外地广泛使用模块制造功能各异的设备。所设计的模块往往是通用的，企业用户可以根据生产需要随时更换所需模块。采用模块化思想的数控机床提高了数控机床的灵活性，降低了企业生产成本，提高了企业生产效率，增强了企业竞争的能力。严格按照模块化的设计思想设计数控机床，不仅能有效地保障操作员和设备运行的安全，同时也能保证数控机床能够达到产品技术性能、充分发挥数控机床的加工特点；此外，模块化的设计还有助于增强数控机床的使用效率，减小故障率，提高数控机床的生产水平
7	极端制造扩张新的技术领域	极端制造技术是指极大型、极微型、极精密型等极端条件下的制造技术，是数控机床技术发展的重要方向。重点研究微纳机电系统的制造技术，超精密制造、巨型系统制造等相关的数控制造技术、检测技术及相关的数控机床研制，如微型、高精度、远程控制手术机器人的制造技术和应用；应用于制造大型电站设备、大型舰船和航空航天设备的重型、超重型数控机床的研制；IT产业等高新技术的发展需要超精细加工和微纳米级加工技术，研制适应微小尺寸的微纳米级加工新一代微型数控机床和特种加工机床；极端制造领域的复合机床的研制等
8	五轴联动加工和复合加工机床快速发展	采用五轴联动对三维曲面零件的加工，可用刀具最佳几何形状进行切削，不仅光洁度高，而且效率也大幅度提高。一般认为，1台五轴联动机床的效率可以等于2台三轴联动机床，特别是使用立方氮化硼等超硬材料铣刀进行高速铣削淬硬钢零件时。五轴联动加工可比三轴联动加工发挥更高的效益。但在过去因五轴联动数控系统、主机结构复杂等原因，其价格要比三轴联动数控机床高出数倍，加之编程技术难度较大，制约了五轴联动机床的发展。当前出现的电主轴使得实现五轴联动加工的复合主轴头结构大为简化，其制造难度和成本大幅度降低，数控系统的价格差距缩小。这促进了复合主轴头类型五轴联动机床和复合加工机床（含五面加工机床）的发展 目前，新日本工机株式会社的五面加工机床采用复合主轴头，可实现4个垂直平面的加工和任意角度的加工，使得五面加工和五轴加工可在同一台机床上实现，还可实现倾斜面和倒锥孔的加工。德国DMG公司展出DMU Voution系列加工中心，可在一次装夹下五面加工和五轴联动加工，可由CNC系统控制或CAD/CAM直接或间接控制

续表

序号	发展趋势	详细说明
9	小型化机床的优势凸显	数控技术的发展提出了数控装置小型化的要求，以便机、电装置更好地糅合在一起。目前许多数控装置采用最新的大规模集成电路（LSI）、新型液晶薄型显示器和表面安装技术，消除了整个控制机架。机械结构小型化以缩小体积。同时伺服系统和机床主体进行了很好的机电匹配，提高了数控机床的动态特性

1.5 数控机床的安全生产和人员安排

安全生产是现代企业制度中一项十分重要的内容，操作者除了掌握好数控机床的性能、精心操作外，一方面要管好、用好和维护好数控机床；另一方面还必须养成文明生产的良好工作习惯和严谨的工作作风，应具有较好的职业素质、责任心和良好的合作精神。

1.5.1 数控机床安全生产的要求

表1-10详细描述了数控机床安全生产的要求。

表1-10 数控机床安全生产的要求

序号	安全生产要求	详细说明
1	技术培训	操作工在独立使用设备前，需经过对数控机床应用必要的基本知识和技术理论及操作技能的培训；在熟练技师的指导下实际上机训练，达到一定的熟练程度。技术培训的内容包括数控机床结构性能、数控机床工作原理、传动装置、数控系统技术特性、金属加工技术规范、操作规程、安全操作要领、维护保养事项、安全防护措施、故障处理原则等
2	实行定人定机持证操作	参加国家职业资格的考核鉴定，鉴定合格并取得资格证后，方能独立操作所使用的数控机床。严禁无证上岗操作。严格实行定人定机和岗位责任制，以确保正确使用数控机床和落实日常维护工作。多人操作的数控机床应实行机长负责制，由机长对使用和维护工作负责。公用数控机床应由企业管理者指定专人负责维护保管。数控机床定人定机名单由使用部门提出，报设备管理部门审批，签发操作证；精、大、稀、关键设备定人定机名单，设备部门审核报企业管理者批准后签发。定人定机名单批准后，不得随意变动。对技术熟练能掌握多种数控机床操作技术的工人，经考试合格可签发操作多种数控机床的操作证
3	建立使用数控机床的岗位责任制	数控机床操作工必须严格按“数控机床操作维护规程”“四项要求”“五项纪律”的规定正确使用与精心维护设备。实行日常点检，认真记录。做到班前正确润滑设备，班中注意运转情况，班后清扫擦拭设备，保持清洁，涂油防锈。在做到“三好”的要求下，练好“四会”基本功，做好日常维护和定期维护工作；配合维修工人检查修理自己操作的设备；保管好设备附件和工具，并参加数控机床维修后的验收工作。认真执行交接班制度和填写好交接班及运行记录。发生设备事故时立即切断电源。保持现场，及时向生产工长和车间机械员（师）报告，听候处理。分析事故时应如实说明经过，对违反操作规程等造成的事故应负直接责任 具体要求见表1-11
4	建立交接班制度	连续生产和多班制生产的设备必须实行交接班制度。交班人除完成设备日常维护作业外，必须把设备运行情况和发现的问题详细记录在交接班簿上，并主动向接班人介绍清楚，双方当面检查，在交接班簿上签字。接班人如发现异常或情况不明、记录不清时，可拒绝接班。如交接不清，设备在接班后发生问题，由接班人负责。企业对在用设备均需设交接班簿，不准涂改撕毁。区域维修部（站）和机械员（师）应及时收集分析，掌握交接班执行情况和数控机床技术状态信息

1.5.2 数控机床生产的岗位责任制

表1-11详细描述了数控机床生产的岗位责任制。

表 1-11 数控机床生产的岗位责任制

序号	岗位责任制		详细说明
1	三好	管好数控机床	掌握数控机床的数量、质量及其变动情况，合理配置数控机床，严格执行关于设备的移装、调拨、借用、出租、封存、报废、改装及更新的有关管理制度，保证财产的完整齐全，保持其完好和价值。操作工必须管好自己使用的机床，未经上级批准不准他人使用，杜绝无证操作现象
		用好数控机床	正确使用和精心维护好数控机床生产应依据机床的能力合理安排，不得有超性能使用和拼设备之类的短期化行为。操作工必须严格遵守操作维护规程，不超负荷使用及采取不文明的操作方法，认真进行日常保养和定期维护，使数控机床保持“整齐、清洁、润滑、安全”的标准
		修好数控机床	车间安排生产时应考虑和预留计划维修时间，防止机床带病运行。操作工要配合维修工修好设备，及时排除故障。要贯彻“预防为主，养为基础”的原则，实行计划预防修理制度，广泛采用新技术、新工艺，保证修理质量，缩短停机时间，降低修理费用，提高数控机床的各项技术经济指标
2	四会	会使用	操作工应先学习数控机床操作规程，熟悉设备结构性能、传动装置，懂得加工工艺和工装工具在数控机床上的正确使用方法
		会维护	能正确执行数控机床维护和润滑规定，按时清扫，保持设备清洁完好
		会检查	了解设备易损零件部位，知道检查项目、标准和方法，并能按规定进行日常检查
		会排除故障	熟悉设备特点，能鉴别设备正常与异常现象，懂得其零部件拆装注意事项，会做一般故障调整或协同维修人员进行排除
3	四项要求	整齐	工具、工件、附件摆放整齐，设备零部件及安全防护装置齐全，线路管道完整
		清洁	设备内外清洁，无“黄袍”，各滑动面、丝杠、齿条、齿轮无油污、无损伤；各部位不漏油、漏水、漏气，铁屑清扫干净
		润滑	按时加油、换油，油质符合要求；油枪、油壶、油杯、油嘴齐全，油毡、油线清洁，油标明亮，油路畅通
		安全	实行定人定机制度，遵守操作维护规程，合理使用，注意观察运行情况，不出安全事故。
4	五项纪律		凭操作证使用设备，遵守安全操作维护规程
			经常保持机床整洁，按规定加油，保证合理润滑
			遵守交接班制度
			管好工具、附件，不得遗失
			发现异常立即通知有关人员检查处理

1.5.3 数控加工中人员分工

表 1-12 详细描述了数控加工中的人员分工。

表 1-12 数控加工中的人员分工

任务 \ 人员	数控加工编程人员	机床调整人员	机床操作人员	刀辅夹具准备人员
加工程序编制	●		○	
加工程序检验	●		○	
加工程序测试	○	●	●	
加工程序修改	○		○	
加工程序优化	●		○	
加工程序保管	●			
机床调整		●	○	
机床整备		○	●	
机床操作			●	
工作过程监视			●	
程序输入			●	
零件校验			○	
刀辅具运输			○	
刀辅具保管				○
刀具预调(对刀)			○	●
夹具运输			○	●

续表

任务 \ 人员	数控加工编程人员	机床调整人员	机床操作人员	刀辅夹具准备人员
夹具保管				●
夹具组装				●
夹具整备				●

注：●—主要工作，○—可能参与的工作。

具体组织生产时，可灵活变通，机床台数较少时，有可能令编程人员或机床操作人员承担上述全部工作；机床较多时，机床调整工作及刀具、辅具、夹具准备工作也交由一人承担。

1.5.4 数控加工对不同人员的要求

表1-13详细描述了数控加工对不同人员的要求。

表1-13 数控加工对不同人员的要求

序号	人员分工	专业知识			个人素质
		基本知识	工艺知识	加工程序知识	
1	数控编程人员	①阅读生产图样 ②利用公式、图表进行计算 ③几何图形分析计算 ④能运用CAD软件获取相关点的坐标，能运用CAD/CAM软件生成数控加工程序	①机床控制系统的结构和工作原理 ②机床的加工范围、机床能力 ③正确选择刀具及相应的工艺参数、切削用量 ④正确选择定位、夹紧部位及正确地选用夹具	①正确使用循环加工程序和子程序 ②会手工编程和使用计算机辅助编程 ③熟知安全操作规程，能排除突然出现的故障和使用事故	①细心、缜密、精确 ②逻辑思维能力强 ③反应敏捷 ④概括能力 ⑤工作积极 ⑥能承担重任 ⑦利用信息的能力 ⑧与人沟通合作的能力
		生产加工应知应会		加工程序应知应会	
2	机床操作人员	①能读懂加工图样 ②掌握基本数学、几何运算 ③熟悉机加工工艺 ④会使用机床键盘及操作面板 ⑤会维护保养机床 ⑥正确安装调整零件 ⑦正确向刀库装刀 ⑧正确使用测量工具进行测量 ⑨必要时进行尺寸修正 ⑩具备零件材料方面的知识 ⑪ 知晓安全操作规程及应急措施		①加工工艺过程 ②正确合理地使用刀具 ③与加工程序有关的数学、几何运算 ④按机床编程说明书进行手工编程	①责任心 ②严格认真 ③能承担重任 ④思维、动作敏捷 ⑤独立工作能力 ⑥团队精神
3	维修人员	①掌握机械、液压、气动、电工、电子、计算机、伺服控制的基本知识 ②熟知机床和附属装置、机械结构和信号点、动作联锁关系 ③熟知控制系统结构，印制电路板上设置开关及短路棒的使用，功能区(或功能模块)及发光二极管指示的工作状态 ④熟知机床参数的设置；熟知键盘、操作面板的功能及信号流向 ⑤会编制、测试、修改加工程序 ⑥正确使用维修中用到的各种仪器仪表			①细心、缜密、精确 ②逻辑思维能力强，推理能力强 ③思维敏捷、善于透过现象深入本质 ④记忆和联想能力 ⑤善于学习总结经验 ⑥钻研精神 ⑦向困难挑战的精神 ⑧利用信息的能力 ⑨与人沟通合作的能力
		生产技术方面			
4	车间管理人员	①组织程序编制 ②熟知数控机床工艺特征 ③刀具和夹具的特性及使用 ④生产、经营数据的收集分析 ⑤生产调度 ⑥经济地使用数控机床			①责任心 ②承担重任 ③创见性 ④预见性 ⑤自觉性 ⑥团队组织能力

第2章 数控系统

2.1 数控系统的概念

2.1.1 数控系统的总体结构

在数控机床上加工零件，首先必须根据被加工零件的几何数据和工艺数据按规定的代码和程序格式编写加工程序，然后将所编写程序指令输入到数控机床的数控系统中，数控系统再将程序（代码）进行译码、数据处理、插补运算，向数控机床各个坐标的伺服机构和辅助控制装置发出信息和指令，驱动数控机床各运动部件，控制所需要的辅助运动，最后加工出合格零件。这些信息和指令包括：各坐标轴的进给速度、进给方向和进给位移量，各状态的控制信号。

现代数控系统由硬件和软件组成，其基本结构如图 2-1 所示。硬件部分包括计算机及其外围设备。外围设备主要有：显示器、键盘、面板、可编程逻辑控制器（PLC）及 I/O 接口等。显示器用于显示信息和监控；键盘用于输入操作命令、输入和编辑加工程序、输入设定数据等；操作面板供操作人员改变工作方式、手动操作、运行加工等；可编程逻辑控制器主要用于开关量的控制；I/O 接口是数控装置与伺服系统及机床之间联系的桥梁。软件部分由管理软件和控制软件组成。管理软件主要包括输入/输出、显示、自诊断等程序；控制软件主要包括译码、插补运算、刀具补偿、速度控制、位置控制等程序。

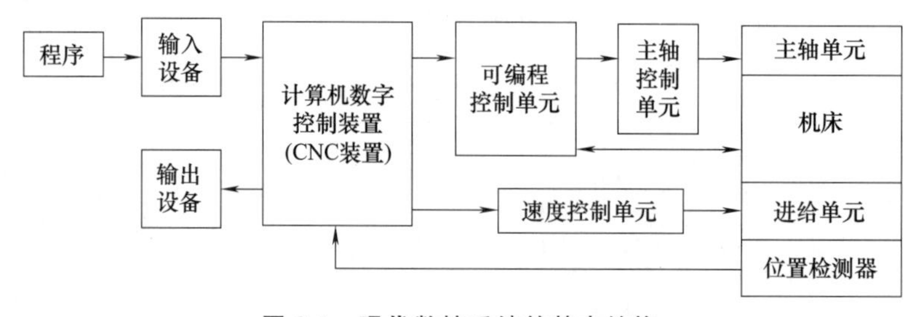

图 2-1 现代数控系统的基本结构

数控系统的核心是数控装置，数控装置是由硬件（通用硬件和专用硬件）和软件（专用）两大部分组成的一台专用计算机，所以现代数控系统也称为CNC系统。系统软件在硬件的支持下运行，离开软件硬件便无法工作，二者缺一不可。

随着计算机技术的发展，数控装置性能越来越高，价格越来越低。其部分或全部控制功能通过软件来实现。只要更改控制程序，无需更改硬件电路，就可改变控制功能。因此，数控系统在通用性、灵活性、使用范围等方面具有更大的优越性。

表2-1详细描述了数控系统的优点。

表2-1 数控系统的优点

序号	优点	详细说明
1	具有灵活性和通用性	数控系统的功能大多由软件实现，且软硬件采用模块化的结构，使系统功能的修改、扩充变得较为灵活。数控系统的基本配置部分是通用的，不同的数控机床仅配置相应的特定的功能模块，以实现特定的控制功能
2	数控功能丰富	①插补功能：二次曲线、样条曲线、空间曲面插补 ②补偿功能：运动精度补偿、随机误差补偿、非线性误差补偿等 ③人机对话功能：加工的动、静态跟踪显示，高级人机对话窗口 ④编程功能：G代码、图形编程、部分自动编程功能
3	可靠性高	数控系统采用集成度高的电子元件、芯片，可靠性得以保证。许多功能由软件实现，使硬件的数量减少。丰富的故障诊断及保护功能（大多由软件实现），可使系统的故障发生的频率降低，发生故障后的修复时间缩短
4	使用维护方便	①操作使用方便：用户只需根据菜单的提示操作，便可进行正确操作 ②编程方便：具有多种编程的功能、程序自动校验和模拟仿真功能 ③维护维修方便：部分日常维护工作自动进行（润滑、关键部件的定期检查等），数控机床的自诊断功能可迅速实现故障准确定位
5	易于实现机电一体化	数控系统控制柜的体积小（采用计算机，硬件数量减少；电子元件的集成度越来越高，硬件体积不断减小），使其与机床在物理上结合在一起成为可能，减小占地面积，方便操作

2.1.2 数控系统的功能

数控系统的功能是指满足用户操作和机床控制要求的方法和手段。数控系统的功能包括基本功能和选择功能。不管用于什么场合的数控系统，基本功能都是必备的数控功能；选择功能是供用户根据机床特点和用途进行选择的功能。

表2-2详细描述了数控系统所具有的主要功能。

表2-2 数控系统的主要功能

序号	主要功能	详细说明
1	控制功能	数控系统能控制和能联动控制的进给轴数是数控系统的重要性能指标 数控系统的控制轴有：移动轴（X、Y、Z）和回转轴（A、B、C）；基本轴和附加轴（U、V、W） 数控车床一般只需X、Z两轴联动控制。数控铣床、钻床以及加工中心等需要三轴控制以及三轴以上联动控制。联动控制轴数越多，数控系统就越复杂，编程也越困难
2	准备功能（G功能）	指令机床动作方式的功能。它包括基本移动、程序暂停、平面选择、坐标设定、刀具补偿、镜像、固定循环加工、公英制转换、子程序等指令
3	插补功能和固定循环功能	插补功能是数控装置实现零件轮廓、（平面或空间）加工轨迹运算的功能。实现插补功能的方法有逐点比较法、数字积分法、直接函数法和双DDA法等 固定循环功能是数控装置实现典型加工循环（如钻孔、攻螺纹、镗孔、深孔钻削和切螺纹等）的功能
4	进给功能	进给功能是指进给速度的控制功能，它包括以下内容： ①进给速度：控制刀具相对工件的运动速度 ②同步进给速度：实现切削速度和进给速度的同步，单位为mm/r。只有主轴装有位置编码器的机床才能指令同步进给速度 ③进给倍率：人工实时修调预先给定的进给速度。机床在加工时使用操作面板上的倍率开关，不用修改零件加工程序就能改变进给速度

续表

序号	主要功能	详细说明
5	主轴功能	主轴功能是指数控系统的主轴的控制功能，它包括以下内容： ①主轴转速：主轴转速的控制功能 ②恒线速度控制：使刀具切削点的切削速度为恒速的控制功能。该功能主要用于车削和磨削加工中，使工件端面质量提高 ③主轴倍率：人工实时修调预先设定的主轴转速。机床在加工时使用操作面板上的倍率开关，不用修改零件加工程序就能改变主轴转速 ④主轴准停：该功能使主轴在径向的某一位置准确停止。加工中心必须有主轴准停功能，主轴准停后实施卸刀和装刀等动作
6	辅助功能（M 功能）	辅助功能是指用于指令机床辅助操作的功能。它主要用于指定主轴的正转、反转、停止、冷却泵的打开和关闭、换刀等动作
7	刀具管理功能	刀具管理功能实现对刀具几何尺寸、寿命和刀具号的管理 ①刀具几何尺寸（半径和长度），供刀具补偿功能使用 ②刀具寿命是指时间寿命，当刀具寿命到期时，CNC 系统将提示用户更换刀具 ③刀具号（T）管理功能用于标识刀库中的刀具和自动选择加工刀具
8	补偿功能	①刀具半径和长度补偿功能：实现按零件轮廓编制的程序控制刀具中心轨迹的功能 ②传动链误差：包括螺距误差补偿功能和反向间隙误差补偿功能 ③非线性误差补偿功能：对于诸如热变形、静态弹性变形、空间误差以及由刀具磨损所引起的加工误差等，CNC 系统采用补偿功能把这些补偿量输入后保存在其内部存储器中，在控制机床进给时按一定的计算方法将这些补偿量补上
9	人机对话功能	人机对话功能实现的环境包括：菜单结构操作界面，零件加工程序的编辑环境，系统和机床参数、状态、故障信息的显示、查询或修改页面等
10	自诊断功能	数控装置自动实现故障预报和故障定位，数控装置中安装了各种诊断程序，这些程序可以嵌入其他功能程序中，在数控装置运行过程中进行检查和诊断
11	通信功能	通信功能是指数控系统与外界进行信息和数据交换的功能。通信功能主要完成上级计算机与数控系统之间的数据和命令传送

2.2 数控系统的硬件

按数控装置内部微处理器（CPU）的数量，数控系统可分为单微处理器系统和多微处理器系统两类。现代数控装置多为多微处理器模块化结构。经济型数控装置一般采用单微处理器结构，高级型数控装置采用多微处理器结构。多微处理器结构可以使数控机床向高速度、高精度和高智能化方向发展。

2.2.1 单微处理器和多微处理器结构的数控装置

表 2-3 详细描述了单微处理器和多微处理器结构的数控装置。

表 2-3 单微处理器和多微处理器结构的数控装置

序号	处理器类型		详细说明
1	单微处理器	单机系统	整个数控装置只有一个 CPU，它集中控制和管理整个系统资源，通过分时处理的方式来实现各种数控功能。该 CPU 既要对键盘输入和 CRT 显示进行处理，又要进行译码、刀补计算以及插补等实时处理，这样，进给速度显然受到影响
		主从结构	数控系统中只有一个 CPU（称为主 CPU）对系统的资源有控制和使用权，其他带 CPU 的功能部件只能接受主 CPU 的控制命令或数据，或向主 CPU 发出请求信息以获得所需的数据，处于从属地位，故称这种结构为主从结构，它也归类于单微处理器结构

续表

序号	处理器类型		详细说明
2	多微处理器	多CPU结构	多微处理器结构的数控装置是指CNC装置中有两个或两个以上的CPU,即系统中的某些功能模块自身也带有CPU,根据部件间的相互关系又可将其分为多主结构和分布式结构两种
		多主结构	系统中有两个或两个以上带CPU的模块部件对系统资源有控制或使用权。模块之间采用紧耦合(关联与依赖),有集中的操作系统。通过仲裁器来解决总线争用问题,通过公共存储器进行交换信息
		分布式结构	系统有两个或两个以上带CPU的功能模块,各模块有自己独立的运行环境,模块间采用松耦合,且采用通信方式交换信息

2.2.2 单微处理器结构系统

单微处理器结构的数控系统由微处理器、总线、存储器、I/O接口、MDI接口、CRT或液晶显示接口、PLC接口、进给控制、主轴控制、纸带阅读机接口、通信接口等组成。其构成的CNC系统结构如图2-2所示。表2-4详细描述了单微处理器结构的基本功能模块。

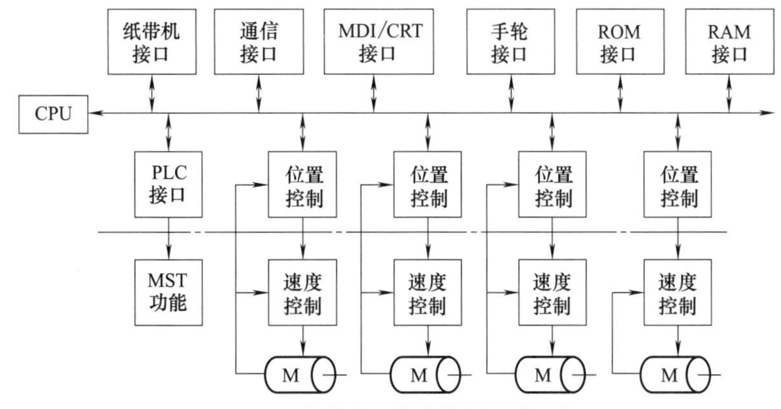

图2-2 单微处理器数控装置的结构

表2-4 单微处理器结构的基本功能模块

序号	基本功能模块	详细说明
1	微处理器	微处理器CPU是CNC装置的核心,主要由运算器和控制器两部分组成。运算器含算术逻辑运算、寄存器和堆栈等部件,对数据进行算术和逻辑运算。控制器从存储器中依次取出组成程序的指令,经过译码,向CNC装置各部分按顺序发出执行操作的控制信号,使指令得以执行。同时接收执行部件发回来的反馈信息,控制器根据程序中的指令信息及这些反馈信息,决定下一步命令操作
2	总线	总线是由赋予一定信号意义的物理导线构成的,按信号的物理意义,可分为数据总线、地址总线、控制总线三组。数据总线为各部件之间传送数据,数据总线的位数和传送的数据宽度相等,采用双方向线传输。地址总线传送的是地址信号,与数据总线结合使用,以确定数据总线上传输的数据来源地或目的地,采用单方向线传输。控制总线传输的是管理总线的某些控制信号,如数据传输的读/写控制、中断复位及各种确认信号,采用单方向线传输
3	存储器	存储器用于存放数据、参数和程序等。系统控制程序存放在可擦写只读存储器(EPROM)中,即使系统断电,控制程序也不会丢失。程序只能被CPU读出,不能随机写入,必要时可用紫外线或电擦除EPROM,再重写监控程序。运算的中间结果存放在随机存储器(RAM)中。存放在RAM中的数据能随机地进行读/写,但如不采取适当的措施,断电后存放信息会丢失
4	I/O接口	CNC装置和机床之间的信号一般不直接连接,而通过I/O接口电路连接。接口电路的主要任务如下: ①进行必要的电气隔离,防止干扰信号引起误动作 ②进行电平转换和功率放大

续表

序号	基本功能模块	详细说明
5	MDI/CRT 接口	MDI 手动数据输入是通过数控面板上的键盘操作的。当扫描到有键按下时，将数据送入移位寄存器中，经数据处理判别该键的属性及其有效性，并进行相关的监控处理。CRT 接口在 CNC 系统控制下，在单色或彩色 CRT(或 LCD)上实现字符和图形显示，对数控代码程序、参数、各种补偿数据、坐标位置、故障信息、人机对话编程菜单、零件图形和动态刀具轨迹等进行实时显示
6	位置控制模块	位置控制模块是进给伺服系统的重要组成部分，是实现轨迹控制时，CNC 装置与伺服驱动系统连接的接口模块。每一进给轴对应一套位置控制器。位置控制器在 CNC 装置的指令下控制电器带动工作台按要求的速度移动规定的距离。轴控制是数控机床上要求最高的控制，不仅对单个轴的运动和位置精度的控制有严格要求，而且在多轴联动时，还要求各移动轴有很好的配合
7	可编程控制器	可编程控制器替代传统机床强电继电器逻辑控制，利用逻辑运算实现各种开关量的控制。可编程控制器接收来自操作面板、机床上的各行程开关、传感器、按钮、强电柜里的继电器以及主轴控制、刀库控制的有关信号，经处理后输出去控制相应器件的运行
8	通信接口	当 CNC 装置用作设备层和工作层控制器组成分布式数控系统(DNC)或柔性制造系统时，还要与上级计算机或直接数字控制器 DNC 进行数字通信

2.2.3 多微处理器结构系统

在多微处理器结构的 CNC 装置中，有两个或两个以上的 CPU，多重操作系统有效地实行并行处理。

(1) 多微处理器结构的 CNC 装置基本功能模块

表 2-5 详细描述了多微处理器结构的基本功能模块。

表 2-5 多微处理器结构的基本功能模块

序号	基本功能模块	详细说明
1	CNC 装置管理模块	CNC 装置管理模块实现管理和组织整个 CNC 系统工作过程所需要的功能。如系统初始化、中断管理、总线裁决、系统出错识别和处理
2	CNC 装置插补模块	该模块完成译码、刀具补偿计算、坐标位移量的计算和进给速度处理等插补前的预处理；然后再进行插补计算，为各坐标轴提供位置给定量
3	位置控制模块	插补后的坐标位置给定值与位置监测器测得的位置实际值进行比较，进行自动加减速、回基准点、伺服系统滞后量的监视和漂移补偿，最后得到速度控制的模拟电压，驱动进给电动机
4	PLC 模块	零件加工中的某些辅助功能和从机床来的信号在 PLC 模块中作逻辑处理，实现各功能与操作方式之间的连接、机床电器设备的启停、刀具交换、转台分度、工件数量和运转时间的计数等
5	操作与控制数据 I/O 和显示模块	该模块实现零件加工程序、参数和数据、各种操作命令的输入/输出，以及显示所要求的各种电路
6	存储器模块	该模块是指存放程序和数据的主存储器，或功能模块间数据传送的共享存储器

(2) 多微处理器结构的优点

与单微处理器结构数控装置相比，多微处理器结构 CNC 装置有以下优点，见表 2-6。

表 2-6 多微处理器结构的优点

序号	优点	详细说明
1	运算速度快，性能价格比高	多微处理机结构中每一微处理机完成某一特定功能，相互独立，并且并行工作，所以运算速度快。它适应多轴控制、高进给速度、高精度、高效率的数控要求，由于系统共享资源，因此性价比高
2	适应性强、扩展容易	多微处理机结构 CNC 装置大都采用模块化结构。可将微处理机、存储器、输入/输出控制分别做成插件板，或将其组成独立的硬件模块，相应的软件也是模块结构，固化在硬件模块中，这样可以积木式组成 CNC 装置，具有良好的适应性和扩展性，维修也方便
3	可靠性高	由于多微处理机功能模块独立完成某一任务，因此某一功能模块出故障，其他模块照常工作，不至于整个系统瘫痪，只要换上正常模块就解决问题，提高了系统可靠性
4	硬件易于组织规模生产	一般硬件是通用的，易于配置，只要开发新的软件就可以构成不同的 CNC 装置，便于组织规模生产，保证质量，形成批量

2.2.4 多微处理器的 CNC 装置各模块之间的结构

多微处理器的 CNC 装置各模块之间的互联和通信主要采用共享总线和共享存储器两类结构，详情见表 2-7。

表 2-7 多微处理器各模块之间的结构

序号	模块之间结构	详细说明
1	共享总线结构	共享总线结构如图 2-3 所示，总线将各模块连在一起，按要求传递信号，实现预定功能。共享总线结构系统配置灵活，结构简单，容易实现。其缺点是各主模块使用总线时会引起“竞争”，使信息传输效率降低；总线一旦出现故障，会影响全局。但由于其结构简单、系统配置灵活、实现容易、无源总线造价低等优点而常被采用 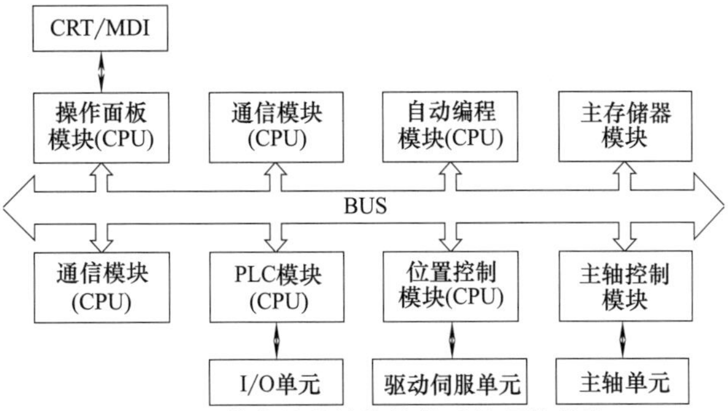 图 2-3 共享总线结构数控系统硬件结构
2	共享存储器结构	共享存储器结构如图 2-4 所示，采用多端口存储器来实现各微处理器之间的互连和通信，每个端口都配有一套数据、地址、控制线，以供端口使用访问。由于多端口存储器设计较复杂，而且对两个以上的主模块，可能会因争用存储器造成存储器传输信息的阻塞，因此这种结构一般采用双端口存储器（双端口 RAM） 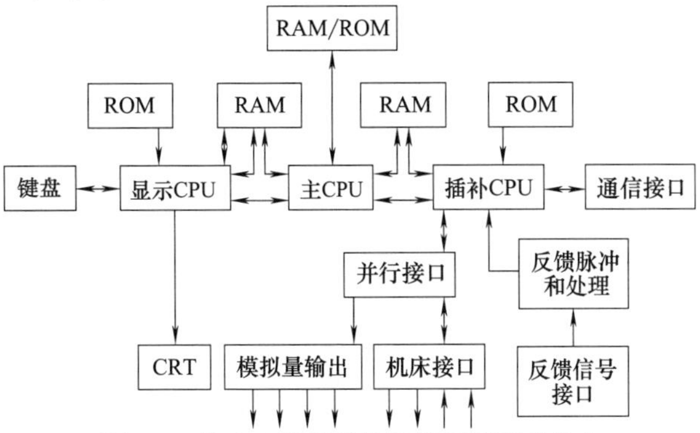 图 2-4 共享存储器结构数控系统硬件结构

2.3 数控系统的软件

2.3.1 数控系统软件的基本任务

数控系统软件可分为管理软件和控制软件两部分。管理软件主要包括 I/O、显示、自诊断等程序；控制软件主要包括译码、插补运算、刀具补偿、速度控制、位置控制等程序。其组成如图 2-5 所示。

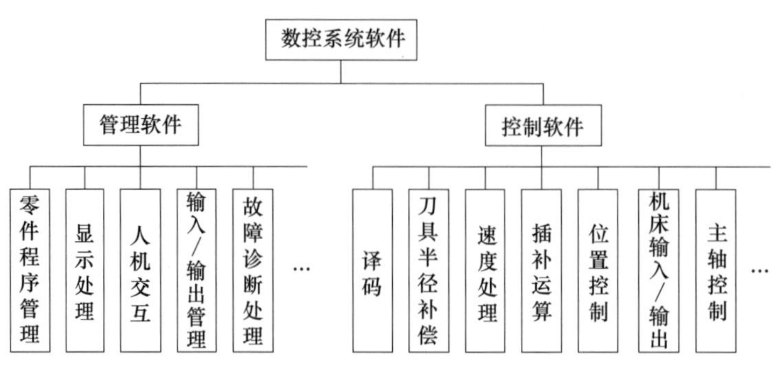

图 2-5 数控系统软件任务框图

CNC 装置的软件是为完成数控机床的各项功能而专门设计和编制的，是一种专用软件，其结构不仅取决于软件的分工，也取决于软件本身的结构特点。软件功能是数控装置的功能体现。一些厂商生产的数控装置，硬件设计好后基本不变，而软件功能不断升级，以满足制造业发展的要求。

数控系统是一个典型而又复杂的实时系统，要完成的基本任务如下，见表 2-8。

表 2-8 数控系统软件的基本任务

序号	基本任务	详 细 说 明
1	加工程序的输入	数控加工程序可通过键盘、磁盘和 RS-232C 接口等输入，这些输入方式一般采用中断的形式来完成，每一个输入对应一个中断服务程序。在输入加工程序时，首先输入零件加工程序，然后存放到缓冲器中，再经输入缓冲器存放到零件程序存储单元中
2	译码	译码是指以一个程序段为单位对零件数控加工程序进行处理，把输入的零件加工程序翻译成数控装置要求的数据格式的过程。在译码过程中，首先对程序段的语法进行检查，若发现错误，则立即报警；若没有错误，则把程序段中的零件轮廓信息（如起点、终点、直线或圆弧等）、加工速度信息（F 代码）和其他辅助信息（M、S、T 代码等）按照一定的语法规则解释成微处理器能够识别的数据形式，并以一定的数据格式存放在指定的内存单元，准备为后续程序使用
3	数据预处理	数据预处理通常包括刀具长度补偿、刀具半径补偿、反向间隙补偿、丝杠螺距补偿、过象限及进给方向判断、进给速度换算、加减速控制及机床辅助功能处理等 刀具长度补偿的作用是把零件轮廓轨迹转换成刀具中心轨迹。刀具长度补偿处理程序主要要完成：计算本段零件轮廓的终点坐标值；根据刀具的半径值和刀具补偿方向，计算出本段刀具中心轨迹的终点位置；根据本段和下一段的转接关系进行段间处理 数据预处理程序主要完成本程序段总位移量和每个插补周期内的合成进给量的计算
4	插补和位置控制	①插补是在一条给定了起点、终点和形状的曲线上进行“数据点的密化”的过程。根据给定的进给速度和曲线形状，计算一个插补周期内各坐标轴进给的长度。插补处理要完成的任务有： a. 根据速度倍率值计算本次插补周期的实际合成位移量 b. 计算新的坐标位置 c. 将合成位移分解到各个坐标方向，得到各个坐标轴的位置控制指令 ②位置控制在伺服系统的每个采样周期内，将插补计算出的理论位置与实际反馈位置信息进行比较，其差值作为伺服调节的输入，经伺服驱动器控制伺服电动机。位置控制通常要完成位置回路的增益调整、各坐标的螺距误差补偿和反向间隙补偿，以提高机床的定位精度。位置控制是强实时性任务，所有计算必须在位置控制周期（伺服周期）内完成。伺服周期可以等于插补周期，也可以是插补周期的整数分之一
5	诊断	诊断程序包括在系统运行过程中进行的检查与诊断以及作为服务程序在系统运行前或故障发生停机后进行的诊断。诊断程序一方面可以防止故障的发生，另一方面在故障出现后，可以帮助用户迅速查明故障的类型和发生部位 从理论上讲，硬件能完成的功能也可以用软件来完成。从实现功能的角度看，软件与硬件在逻辑上是等价的。这两者各有其特点：硬件处理速度快，但灵活性差，实现复杂控制的功能困难；软件设计灵活，适应性强，但处理速度相对较慢

2.3.2 数控系统控制软件的结构

对于CNC系统这样一个实时多任务系统，在其控制软件设计中，采用了许多计算机软件结构设计的技术。在单微处理器数控装置中，常采用前后台型软件结构和中断型软件结构；在多微处理器数控装置中，由各个CPU分别承担一项或几项任务，CPU之间通过通信协调完成控制任务。以下主要介绍多任务并行处理、前后台型软件结构和中断型软件结构。表2-9详细描述了数控系统控制软件的结构。

表2-9 数控系统控制软件的结构

序号	软件的结构	详细说明
1	多任务并行处理	数控系统是一个独立的控制单元，在数控加工中，数控系统要完成管理和控制两大任务。管理软件要完成的任务包括I/O处理、显示、通信和诊断等。控制软件要完成的任务包括译码、刀具补偿、速度控制、插补和位置控制、辅助功能控制等 在大部分情况下，管理和控制中的某些工作必须同时进行，如显示必须与控制同时进行，以便操作人员了解系统的工作状态；零件的加工程序输入也要与加工控制同时运行；译码、刀具补偿和速度处理必须与插补运算同时进行，插补运算又必须与位置控制同时进行，使得刀具在各个程序段之间不会有停顿。数控加工的多任务常采用并行处理的方式来实现 并行处理是指计算机在同一时刻或同一时间间隔内完成两种或两种以上性质相同或不同的工作的方法。CNC系统中并行处理常采用资源分时共享和资源重叠流水线处理技术 资源分时共享是根据分时共享的原则，使多个用户按时间顺序使用同一设备的技术，主要用于解决单CPU的数控系统中多任务同时运行的问题。各任务使用CPU是通过循环轮流和优先级别相结合的形式来实现的，如图2-6所示 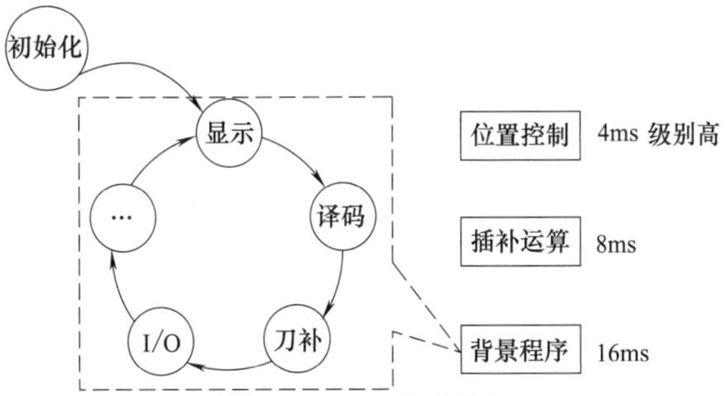 初始化 显示 译码 刀补 I/O … 位置控制 4ms 级别高 插补运算 8ms 背景程序 16ms 图2-6 CPU分时共享 资源重叠是根据流水线处理技术，使多个处理过程在时间上重叠，即在一段时间间隔内不是只处理一个子过程，而是处理两个或更多子过程。在单CPU的CNC系统中，流水处理时间重叠是在一段时间内，CPU处理多个子过程，各子过程分时占用CPU时间，如图2-7所示 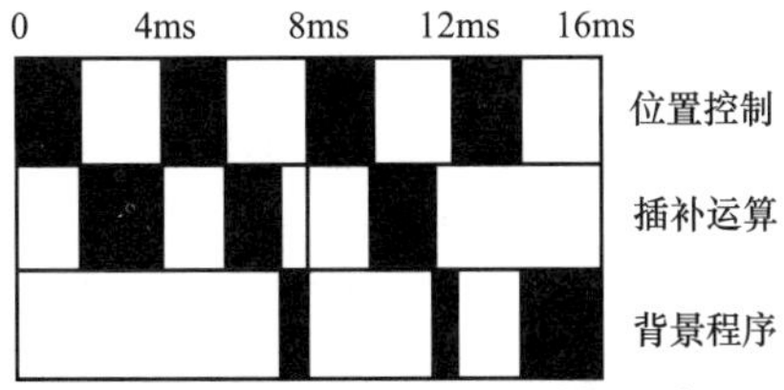 0 4ms 8ms 12ms 16ms 位置控制 插补运算 背景程序 图2-7 各任务占用CPU时间示意图
2	前后台软件结构	前台程序是与机床控制直接相关的实时控制程序，完成实时控制功能，如插补运算、位置控制等 前后台软件结构如图2-8所示。它是一个实时中断服务程序，以一定的时间间隔定时发生。后台程序是一个循环运行的程序，完成协调管理、数据译码、预计算数据和显示坐标等实时性要求不高的任务。在后台程序的运行过程中，前台中断程序间隔一定时间插入运行，执行完毕后返回后台程序，通过前后台程序的相互配合，共同完成零件的加工

续表

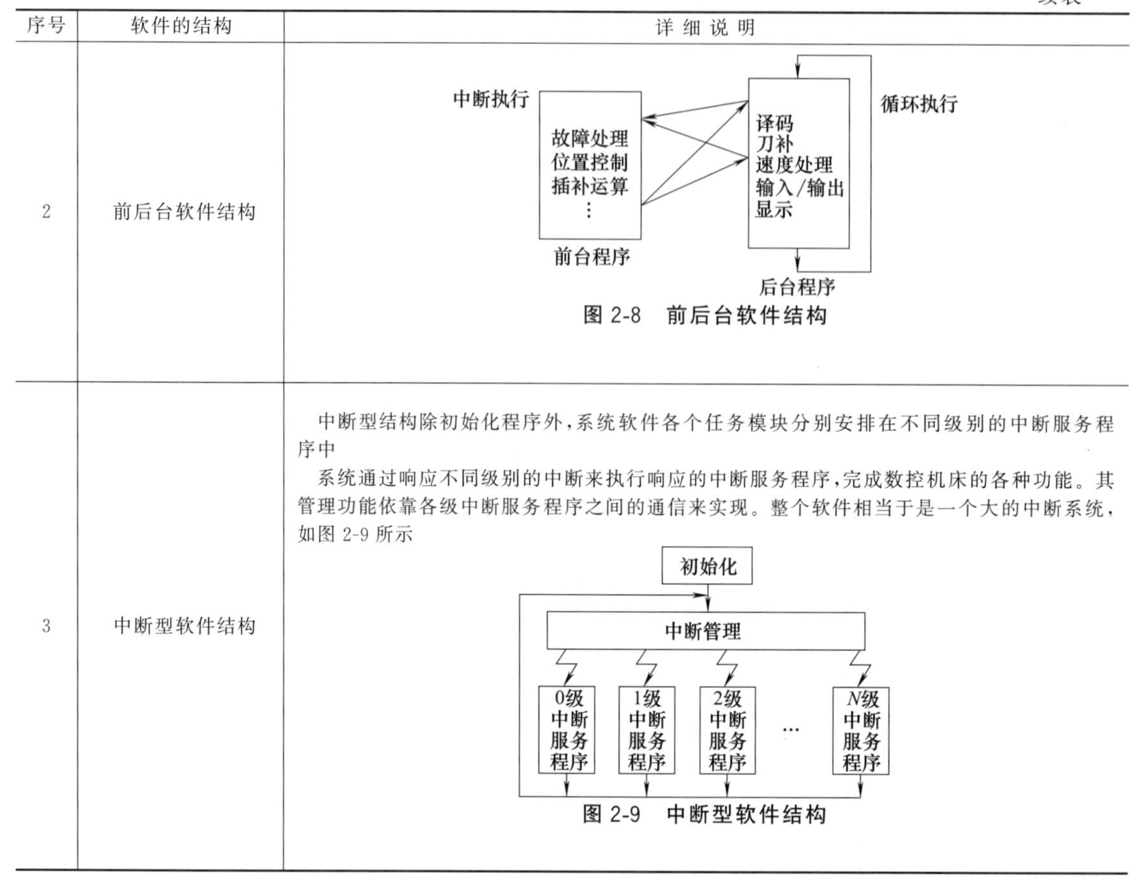

序号	软件的结构	详细说明
2	前后台软件结构	图 2-8 前后台软件结构
3	中断型软件结构	中断型结构除初始化程序外，系统软件各个任务模块分别安排在不同级别的中断服务程序中 系统通过响应不同级别的中断来执行响应的中断服务程序，完成数控机床的各种功能。其管理功能依靠各级中断服务程序之间的通信来实现。整个软件相当于是一个大的中断系统，如图 2-9 所示 图 2-9 中断型软件结构

2.4 数控系统的插补原理

2.4.1 插补的基本概念

插补，即机床数控系统依照一定方法确定刀具运动轨迹的过程。在数控机床中，刀具或工件的最小位移量称为分辨率（闭环系统）或脉冲当量（开环系统），又称最小设定单位。刀具或工件是一步一步地移动的，刀具的运动轨迹不可能严格沿着刀具所要求的零件轮廓形状运动，只能用折线逼近所要求的轮廓曲线，而不是光滑的曲线。机床数控装置根据一定算法确定刀具运动轨迹，从而产生基本轮廓线型，如直线、圆弧等，这种方式称为插补。

插补是指根据零件轮廓线型的信息（如直线的起点、终点，圆弧的起点、终点和圆心等），数控装置按进给速度、刀具参数和进给方向等要求，计算出轮廓曲线上一系列坐标值的过程。

数控机床上加工的工件，大部分轮廓都是由直线和圆弧组成的，若要加工其他二次曲线和高次曲线，可以由一小段直线或圆弧来拟合，因此 CNC 系统一般都具有直线插补和圆弧插补两种基本插补类型。在三坐标以上联动的 CNC 系统中，一般还具有螺旋线插补和其他类型的插补。为了方便对各种曲线、曲面的直接加工，插补方式一般分为：直线插补、圆弧插补、抛物线插补、样条线插补等。表 2-10 详细描述了插补的几种类型。

表 2-10 数控系统插补的类型

序号	插补的类型	详 细 说 明
1	直线插补	直线插补是车床上常用的一种插补方式，在此方式中，两点间的插补沿着直线的点群来逼近，沿此直线控制刀具的运动。所谓直线插补就是只能用于实际轮廓是直线的插补方式（如果不是直线，也可以用逼近的方式把曲线用一段线段去逼近，从而每一段线段就都可以用直线插补） 首先假设在实际轮廓起始点处沿 X 轴方向走一小段（一个脉冲当量），发现终点在实际轮廓的下方，则下一条线段沿 Y 轴方向走一小段，此时如果线段终点还在实际轮廓下方，则继续沿 Y 轴方向走一小段，直到在实际轮廓上方以后，再向 X 轴方向走一小段，依次循环类推，直到到达轮廓终点为止。这样，实际轮廓就由一段段的折线拼接而成，虽然是折线，但是如果每一段走刀线段都非常小（在精度允许范围内），那么此段折线和实际轮廓还是可以近似地看成相同的曲线的
2	圆弧插补	在此方式中，根据两端点间的插补数字信息，计算出逼近实际圆弧的点群，控制刀具沿这些点运动，加工出圆弧曲线。用直线运动的两个轴 X 和 Y 共同确定一个点，然后沿 X 轴直线运动，控制 Y 轴的坐标画圆 数控机床中圆弧插补只能在某平面进行，因此若要在某平面内进行圆弧插补加工，必须用 G17、G18、G19 指令将该平面设置为当前加工平面，否则将会产生错误警告。空间圆弧曲面的加工，事实上都是转化为一段段的空间直线构成的平面构造类圆弧曲面而进行的
3	复杂曲线实时插补算法	传统的 CNC 只提供直线和圆弧插补，对于非直线和圆弧曲线则采用直线和圆弧分段拟合的方法进行插补。这种方法在处理复杂曲线时会导致数据量大、精度差、进给速度不均、编程复杂等一系列问题，必然对加工质量和加工成本造成较大的影响。许多人开始寻求一种能够对复杂的自由型曲线曲面进行直接插补的方法。近年来，国内外的学者对此进行了大量的深入研究，由此也产生了很多新的插补方法。如 A(AKIMA)样条曲线插补、C(CUBIC)样条曲线插补、贝塞尔(Bezier)曲线插补、PH(Pythagorean-Hodograph)曲线插补、B 样条曲线插补等。由于 B 样条类曲线的诸多优点，尤其是在表示和设计自由型曲线曲面形状时显示出的强大功能，使得人们关于自由空间曲线曲面的直接插补算法的研究多集中在它身上

2.4.2 插补运算的方法

插补运算所采用的原理和方法很多，可分为脉冲增量插补和数据采样插补两大类型，表 2-11 详细描述了插补的运算方法。

表 2-11 插补的运算方法

序号	任务	详 细 说 明
1	脉冲增量插补	脉冲增量插补又称为基准脉冲插补或行程标量插补，每次插补运算只产生一个行程增量。插补运算的结果是向各运动坐标轴输出一个控制脉冲，各坐标的移动部件只产生一个脉冲当量或行程增量的运动。脉冲的频率确定坐标运动的速度，而脉冲的数量确定运动位移的大小。其插补比较的流程如图 2-10 所示 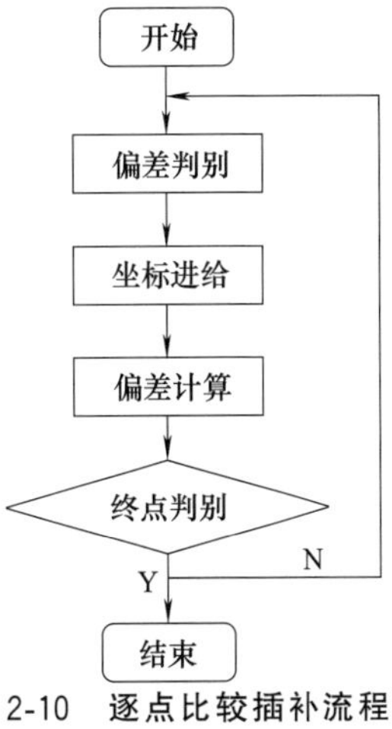 开始 偏差判别 坐标进给 偏差计算 终点判别 N Y 结束 **图 2-10 逐点比较插补流程图**

续表

序号	任务	详细说明
1	脉冲增量插补	这类插补运算简单，容易用硬件电路来实现，早期的硬件插补大都采用这类方法，在目前CNC系统中原来的硬件插补功能可以用软件来实现。这类插补适用于一些中等速度和中等精度的系统，主要用于步进电动机驱动的开环系统。也有的数控装置将其用作数据采样插补中的精插补 如图2-11所示的直线插补，刀具在起点O，要沿轨迹走到A点，先从点O沿$+X$向进给一步，刀具到达直线下方的点1；为逼近直线，第二步要向$+Y$方向移动，到达直线上方的点2；再沿$+X$向进给，到达点3；再继续进给，直到终点A为止 如图2-12所示的圆弧插补，与直线类似，不再赘述 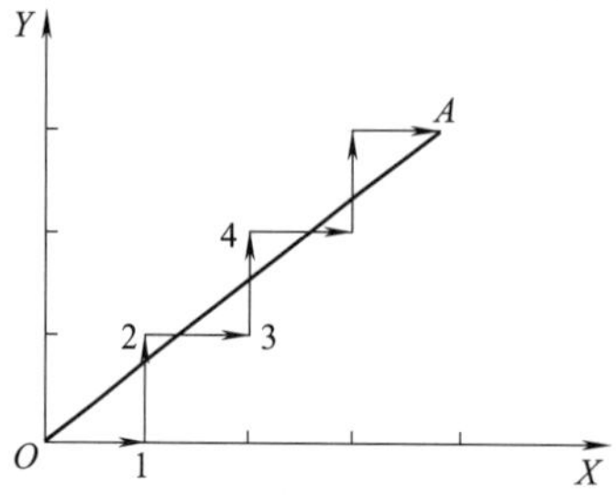 图2-11 脉冲增量的直线插补轨迹 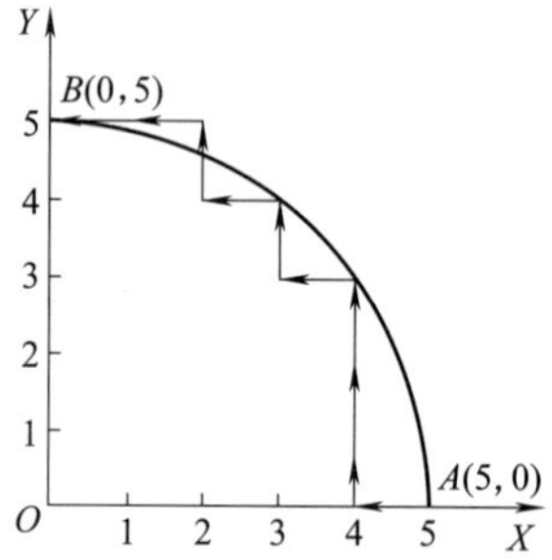 图2-12 脉冲增量的圆弧插补轨迹
2	数据采样插补	数据采样插补又称数字增量插补或时间分割插补，采用时间分割思想，其运算分两步完成。首先是根据编程的进给速度将轮廓曲线分割为每个插补周期进给的若干段微小直线段（又称轮廓步长），以此来逼近轮廓曲线。运算的结果是将轮廓步长分解成为各个坐标轴的在一个插补周期里的进给量，作为命令发送给伺服驱动系统。伺服系统按位移检测采样周期采集实际位移量，并反馈给插补器进行比较完成闭环控制。数据采样插补方法有直线函数法、扩展数字积分法和二阶递归算法等 直线插补不会造成轨迹误差。圆弧插补会带来轨迹误差 图2-13所示为数据采样的直线插补，图2-14所示为数据采样的弦线逼近的圆弧插补 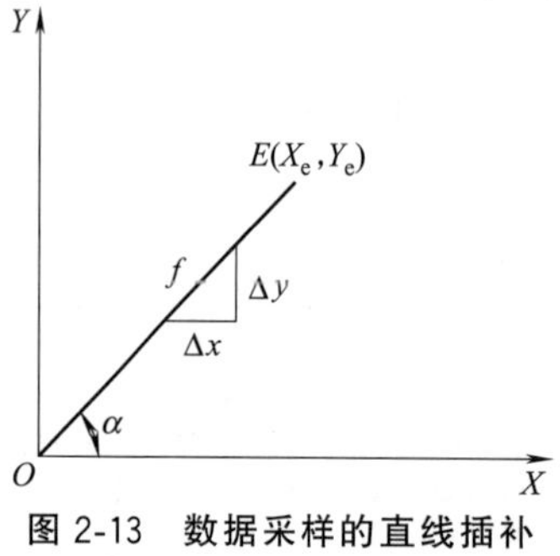 图2-13 数据采样的直线插补 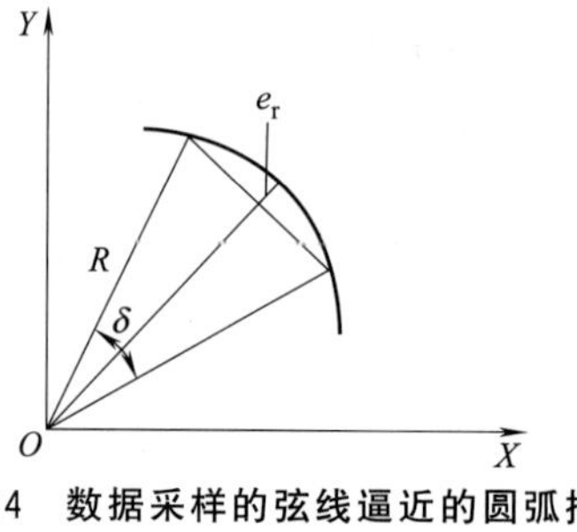 图2-14 数据采样的弦线逼近的圆弧插补

3

第3章　数控伺服系统

3.1 伺服系统的概念

数控机床伺服系统是以数控机床移动部件（如工作台、主轴或刀具等）的位置和速度为控制对象的自动控制系统，也称为随动系统、拖动系统或伺服机构。图3-1所示为典型的数控伺服系统的控制器和电动机。

数控机床伺服系统接收数控装置输出的插补指令，并将其转换为移动部件的机械运动（主要是转动和平动）。伺服系统是数控机床的重要组成部分，是数控装置和机床本体的联系环节，其性能直接影响数控机床的精度、工作台的移动速度和跟踪精度等技术指标。

图3-1　数控伺服系统的控制器和电动机

3.1.1 伺服系统的分类

伺服驱动系统的性能在很大程度上决定了数控机床的性能。数控机床的最高移动速度、跟踪速度、定位精度等重要指标都取决于伺服系统的动态和静态特性。首先，我们必须对伺服系统的种类有个详细的了解。

通常将伺服系统分为开环系统和闭环系统两类。开环系统通常主要以步进电动机作为控制对象，闭环系统通常以直流伺服电动机或交流伺服电动机作为控制对象。在开环系统中只有前向通路，无反馈回路，数控装置生成的插补脉冲经功率放大后直接控制步进电动机的转动；脉冲频率决定了步进电动机的转速，进而控制工作台的运动速度；输出脉冲的数量控制工作台的位移，在步进电动机轴上或工作台上无速度或位置反馈信号。在闭环伺服系统中，以检测元件为核心组成反馈回路，检测执行机构的速度和位置，由速度和位置反馈信号来调节伺服电动机的速度和位移，进而控制执行机构的速度和位移。

数控机床闭环伺服系统的典型结构如图 3-2 所示。这是一个双闭环系统，内环是速度环，外环是位置环。速度环由速度调节器、电流调节器及功率驱动放大器等部分组成，测速发电机、脉冲编码器等速度传感元件作为速度反馈的测量装置。位置环由数控装置中位置控制、速度控制、位置检测与反馈控制等环节组成，用于完成对数控机床运动坐标轴的控制。数控机床运动坐标轴的控制不仅要完成单个轴的速度位置控制，而且在多轴联动时要求各移动轴具有良好的动态配合精度，这样才能保证加工精度、表面粗糙度和加工效率。

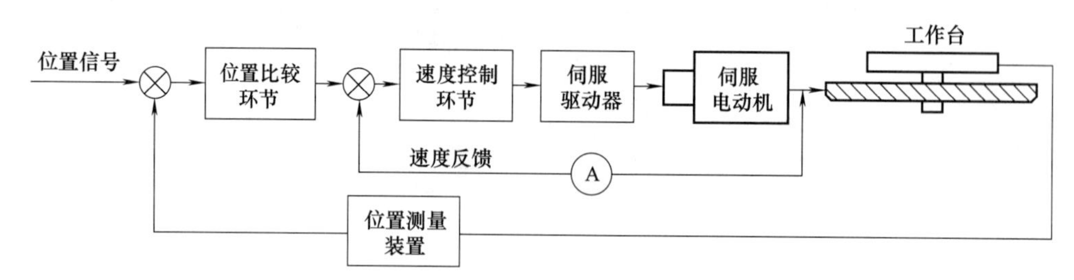

图 3-2　数控机床闭环伺服系统的典型结构

按照不同的分类方法，伺服系统可分为开环系统和闭环系统，或直流伺服系统与交流伺服系统，或者进给伺服系统和主轴伺服系统。进给伺服系统控制机床移动部件的位移，以直线运动为主；主轴驱动系统控制主轴的旋转，以旋转运动为主，主要是控制速度。

表 3-1 详细描述了伺服系统的分类。

表 3-1　伺服系统的分类

<table>
<tr><th>序号</th><th colspan="2">伺服系统的分类</th><th colspan="2">详细说明</th></tr>
<tr><td rowspan="4">1</td><td rowspan="4">按执行机构的控制方式</td><td rowspan="3">开环伺服系统</td><td colspan="2">如图 3-3 所示，开环伺服系统即为无位置反馈的系统，其驱动元件主要是步进电动机。步进电动机的工作实质是数字脉冲到角度位移的变换，它不是用位置检测元件实现定位的，而是靠驱动装置本身转过的角度正比于指令脉冲的个数进行定位的，运动速度由脉冲的频率决定
开环系统结构简单，易于控制，但精度差，低速不平稳，高速扭矩小，一般用于轻载且负载变化不大的数控机床或经济型数控机床上
工作台　数控装置　进给脉冲　步进电动机功率放大器　步进电动机　齿轮副
图 3-3　开环伺服系统示意图</td></tr>
<tr><td>普通开环系统</td><td>结构简单、经济，一般仅用于可以不考虑外界影响或惯性小或精度要求不高的设备</td></tr>
<tr><td>反馈补偿开环系统</td><td>带有一定的反馈功能，但是功能有限</td></tr>
<tr><td>闭环伺服系统</td><td colspan="2">如图 3-4 所示，闭环系统是误差控制随动系统。数控机床进给系统的误差是指 CNC 装置输出的位置指令和机床工作台（或刀架）实际位置的差值。系统运动执行元件不能反映机床工作台（或刀架）的实际位置，因此需要有位置检测装置。该装置可测出实际位移量或者实际所处的位置，并将测量值反馈给数控装置，与指令进行比较，求得误差，以此构成闭环位置控制
由于闭环伺服系统是反馈控制系统，且反馈测量装置精度很高，因此系统传动链的误差、环内各元件的误差以及运动中造成的误差都可以得到补偿，从而大大提高了跟随精度和定位精度。系统精度只取决于测量装置的制造精度和安装精度</td></tr>
</table>

续表

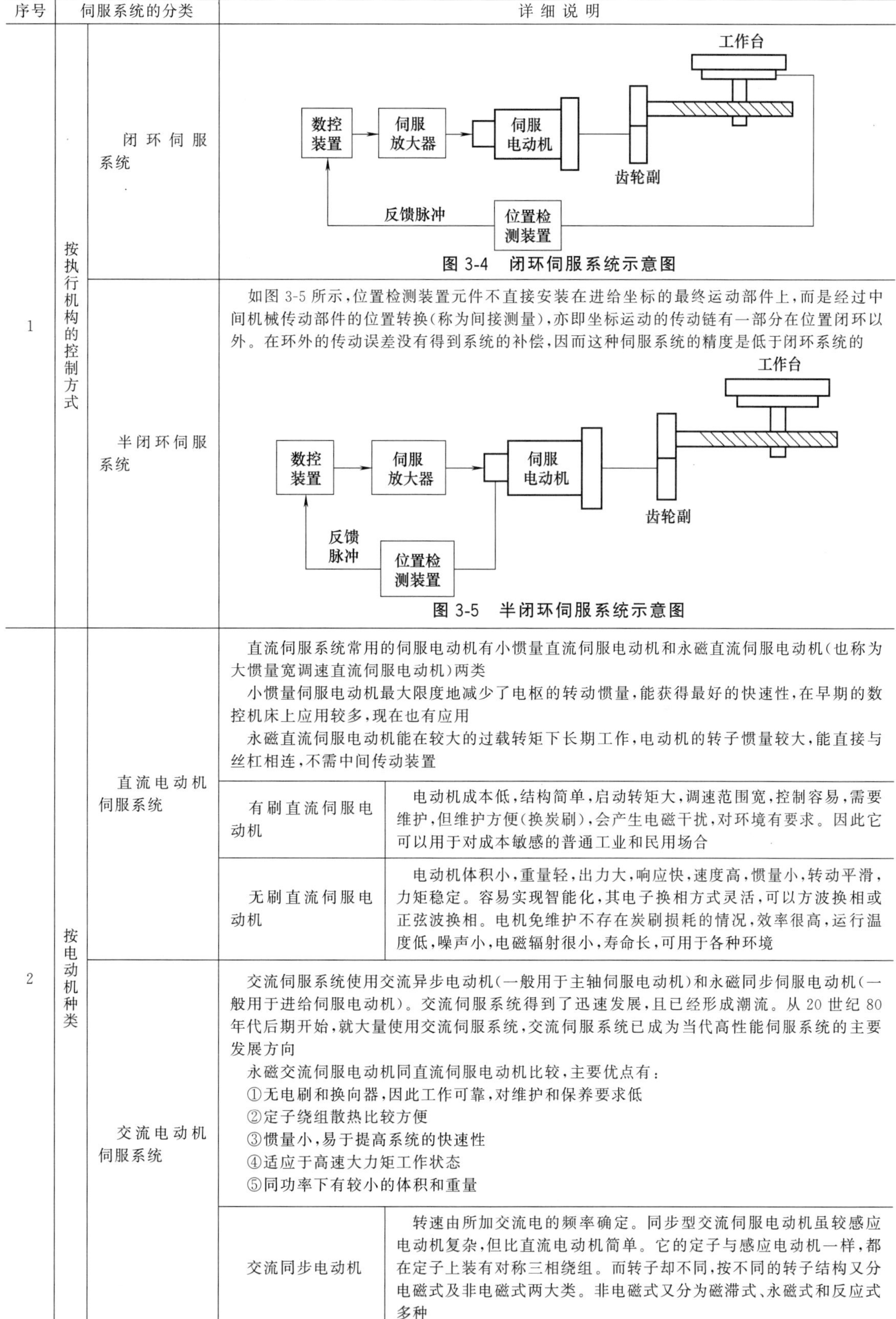

序号	伺服系统的分类		详细说明	
1	按执行机构的控制方式	闭环伺服系统	图 3-4 闭环伺服系统示意图	
		半闭环伺服系统	如图 3-5 所示，位置检测装置元件不直接安装在进给坐标的最终运动部件上，而是经过中间机械传动部件的位置转换(称为间接测量)，亦即坐标运动的传动链有一部分在位置闭环以外。在环外的传动误差没有得到系统的补偿，因而这种伺服系统的精度是低于闭环系统的 图 3-5 半闭环伺服系统示意图	
2	按电动机种类	直流电动机伺服系统	直流伺服系统常用的伺服电动机有小惯量直流伺服电动机和永磁直流伺服电动机(也称为大惯量宽调速直流伺服电动机)两类 小惯量伺服电动机最大限度地减少了电枢的转动惯量，能获得最好的快速性，在早期的数控机床上应用较多，现在也有应用 永磁直流伺服电动机能在较大的过载转矩下长期工作，电动机的转子惯量较大，能直接与丝杠相连，不需中间传动装置	
			有刷直流伺服电动机	电动机成本低，结构简单，启动转矩大，调速范围宽，控制容易，需要维护，但维护方便(换炭刷)，会产生电磁干扰，对环境有要求。因此它可以用于对成本敏感的普通工业和民用场合
			无刷直流伺服电动机	电动机体积小，重量轻，出力大，响应快，速度高，惯量小，转动平滑，力矩稳定。容易实现智能化，其电子换相方式灵活，可以方波换相或正弦波换相。电机免维护不存在炭刷损耗的情况，效率很高，运行温度低，噪声小，电磁辐射很小，寿命长，可用于各种环境
		交流电动机伺服系统	交流伺服系统使用交流异步电动机(一般用于主轴伺服电动机)和永磁同步伺服电动机(一般用于进给伺服电动机)。交流伺服系统得到了迅速发展，且已经形成潮流。从 20 世纪 80 年代后期开始，就大量使用交流伺服系统，交流伺服系统已成为当代高性能伺服系统的主要发展方向 永磁交流伺服电动机同直流伺服电动机比较，主要优点有： ①无电刷和换向器，因此工作可靠，对维护和保养要求低 ②定子绕组散热比较方便 ③惯量小，易于提高系统的快速性 ④适应于高速大力矩工作状态 ⑤同功率下有较小的体积和重量	
			交流同步电动机	转速由所加交流电的频率确定。同步型交流伺服电动机虽较感应电动机复杂，但比直流电动机简单。它的定子与感应电动机一样，都在定子上装有对称三相绕组。而转子却不同，按不同的转子结构又分电磁式及非电磁式两大类。非电磁式又分为磁滞式、永磁式和反应式多种

续表

序号	伺服系统的分类		详细说明	
2	按电动机种类	交流电动机伺服系统	交流异步电动机	可靠性高、使用寿命长、通用性极强、软件功能完善灵活、控制功能全面精确、通信接口丰富。它有三相和单相之分，也有鼠笼式和线绕式之分，通常多用鼠笼式三相感应电动机
3	按控制系统	进给驱动伺服系统	进给伺服系统是指一般概念的伺服系统，它包括速度控制环和位置控制环。进给伺服系统可完成各坐标轴的进给运动，具有定位和轮廓跟踪功能，是数控机床中要求最高的伺服控制系统 进给伺服系统是数控机床的重要组成部分。它包含机械、电子、电动机、液压等各种部件，并涉及强电与弱电控制，是一个比较复杂的控制系统	
		主轴控制伺服系统	一般主轴驱动系统只要一个速度控制系统，主要实现主轴的旋转运动，提供切削过程中的转矩和功率，且保证任意转速的调节，完成在转速范围内的无级变速 但当要求机床有螺纹加工功能、准停功能和恒线速加工等功能时，就对主轴提出了相应的位置控制要求。此时，主轴驱动系统可称为主轴伺服系统，只不过控制较为简单 此外，刀库的位置控制只是为了在刀库的不同位置选择刀具，与进给坐标轴的位置控制相比，性能要低得多，故称为简易位置伺服系统	
4	按处理信号的方式		交流伺服系统根据其处理信号的方式不同，可以分为模拟式伺服系统、数字模拟混合式伺服系统和全数字式伺服系统等三类	

3.1.2 数控机床对伺服系统的基本要求

数控机床集中了传统的自动机床、精密机床和万能机床三者的优点，将高效率、高精度和高柔性集中于一体。而数控机床技术水平的提高首先得益于进给和主轴驱动特性的改善以及功能的扩大，为此数控机床对进给伺服系统的位置控制、速度控制、伺服电动机、机械传动等方面都有很高的要求。

由于各种数控机床所完成的加工任务不同，它们对进给伺服系统的要求也不尽相同，但通常可概括为以下几个方面，见表 3-2 的详细描述。

表 3-2 数控机床对伺服系统的基本要求

序号	基本要求	说明
1	高精度	伺服系统的精度是指输出量能够复现输入量的精确程度。由于数控机床执行机构的运动是由伺服电动机直接驱动的，为了保证移动部件的定位精度和零件轮廓的加工精度，要求伺服系统应具有足够高的定位精度和联动坐标的协调一致精度。一般的数控机床要求的定位精度为 0.01～0.001mm，高档设备的定位精度要求达到 0.1μm 以上。在速度控制中，伺服系统应具有高的调速精度和比较强的抗负载扰动能力。即伺服系统应具有比较好的动、静态精度
2	可逆运行	可逆运行要求能灵活地正、反向运行。在加工过程中，机床工作台处于随机状态，根据加工轨迹的要求，随时都可能实现正向或反向运动。同时要求在方向变化时，不应有反向间隙和运动的损失。从能量角度看，应该实现能量的可逆转换，即在加工运行时，电动机从电网吸收能量变为机械能；在制动时应把电动机机械惯性能量变为电能回馈给电网，以实现快速制动
3	速度范围宽	为适应不同的加工条件，例如所加工零件的材料、类型、尺寸、部位以及刀具种类和冷却方式等的不同，要求数控机床进给能在很宽的范围内无级变化。这就要求伺服电动机有很宽的调整范围和优异的调整特性。经过机械传动后，电动机转速的变化范围即可转化为进给速度的变化范围。目前，最先进的水平是在进给脉冲当量为 1μm 的情况下，进给速度在 0～240m/min 范围内连续可调 机床的加工特点：低速时进行重切削，因此要求伺服系统应具有低速时输出大转矩的特性，以适应低速重切削的加工实际要求，同时具有较宽的调速范围以简化机械传动链，进而增加系统刚度，提高转动精度。一般情况下，进给系统的伺服控制属于恒转矩控制，而主轴坐标的伺服控制在低速时为恒转矩控制，高速时为恒功率控制 车床的主轴伺服系统一般是速度控制系统，除了一般要求之外，还要求主轴和伺服驱动可以实现同步控制，以实现螺纹切削的加工要求。有的车床要求主轴具有恒线速功能

续表

序号	基本要求	说　明
4	具有足够的传动刚性和高的速度稳定性	要求伺服系统具有优良的静态与动态负载特性，即伺服系统在不同的负载情况下或切削条件发生变化时，应使进给速度保持恒定。刚性良好的系统，速度受负载力矩变化影响很小。通常要求随额定力矩变化时，静态速降应小于5%，动态速降应小于10% 稳定性是指系统在给定输入作用下，经过短时间的调节后达到新的平衡状态；或在外界干扰作用下，经过短时间的调节后重新恢复到原有平衡状态的能力。稳定性直接影响数控加工的精度和表面粗糙度，为了保证切削加工的稳定均匀，数控机床的伺服系统应具有良好的抗干扰能力，以保证进给速度的均匀、平稳
5	快速响应并无超调	为了保证轮廓切削形状精度和低的加工表面粗糙度，以异步电动机和永磁同步电动机为基础的交流进给驱动得到了迅速的发展，它是机床进给驱动发展的一个方向。快速响应速度是伺服系统动态品质的重要指标，它反映了系统的跟踪精度 目前数控机床的插补时间一般在20ms以下，在如此短的时间内伺服系统要快速跟踪指令信号，要求伺服电动机能够迅速加减速，以实现执行部件的加减速控制，并且要求很小的超调量
6	电动机性能好	伺服电动机是伺服系统的重要组成部分，为使伺服系统具有良好的性能，伺服电动机也应具有高精度、快响应、宽调速和大转矩的性能。具体包括以下内容： ①电动机在从最低速到最高速的调速范围内能够平滑运转，转矩波动要小，尤其是在低速时要无爬行现象 ②电动机应具有大的、长时间的过载能力，一般要求数分钟内过载4～6倍而不烧毁 ③为了满足快速响应的要求，即随着控制信号的变化，电动机应能在较短的时间内达到规定的速度 ④电动机应能满足频繁启动、制动和反转的要求

3.1.3 伺服电动机的选用原则

表3-3详细描述了伺服电动机的选用原则。

表3-3　伺服电动机的选用原则

序号	选用原则	说　明
1	传统的选择方法	这里只考虑电动机的动力问题，对于直线运动，用速度 $v(t)$、加速度 $a(t)$ 和所需外力 $F(t)$ 表示；对于旋转运动，用角速度 $\omega(t)$、角加速度 $\varepsilon(t)$ 和所需扭矩 $T(t)$ 表示。它们均可以表示为时间的函数，与其他因素无关。很显然，电动机的最大功率 $P_{电机}$ 应大于工作负载所需的峰值功率 $P_{峰值}$，但仅仅如此是不够的，物理意义上的功率包含扭矩和速度两部分，但在实际的传动机构中它们是受限制的。只用峰值功率作为选择电动机的原则是不充分的，而且传动比的准确计算非常烦琐
2	新的选择方法	一种新的选择原则是将电动机特性与负载特性分离开，并用图解的形式表示，这种表示方法使得驱动装置的可行性检查和与不同系统间的比较更方便，另外，还提供了传动比的一个可能范围。这种方法的优点是：适用于各种负载情况；将负载和电动机的特性分离开；有关动力的各个参数均可用图解的形式表示，并且适用于各种电动机。因此，不再需要用大量的类比来检查电动机是否能够驱动某个特定的负载
3	一般伺服电动机选择考虑的问题	①电动机的最高转速 ②惯量匹配问题及计算负载惯量 ③空载加速转矩 ④切削负载转矩 ⑤连续过载时间
4	伺服电动机选择的步骤	①决定运行方式 ②计算负载换算到电动机轴上的转动惯量 G_{D2} ③初选电动机 ④核算加减速时间或加减速功率 ⑤考虑工作循环与占空因素的实际转矩计算

3.2 进给伺服系统的驱动元件

3.2.1 步进电动机及其驱动

步进电动机，又可简称为步进电机，是将电脉冲信号转变为角位移或线位移的开环控制电动机，是现代数字程序控制系统中的主要执行元件，应用极为广泛。图 3-6 所示为典型的步进电动机。

图 3-6 典型的步进电动机

步进电动机伺服系统一般是典型的开环伺服系统，其基本机构如图 3-7 所示。

在这种开环伺服系统中，执行元件是步进电动机。步进电动机是一种可将电脉冲转换为机械角位移的控制电动机，并通过丝杠带动工作台移动。通常该系统中无位置、速度检测环节，其精度主要取决于步进电动机的步距角和与之相连传动链的精度。步进电动机的最高转速通常比直流伺服电动机和交流伺服电动机的低，且在低速时容易产生振动，影响加工精度。但步进电动机伺服系统的制造与控制比较容易，在速度和精度要求不太高的场合有一定的使用价值，同时步进电动机细分技术的应用使步进电动机开环伺服系统的定位精度显著提高，并可有效地降低步进电动机的低速振动，从而使步进电动机伺服系统得到更加广泛的应用，特别适合于中、低精度的经济型数控机床和普通机床的数控化改造。

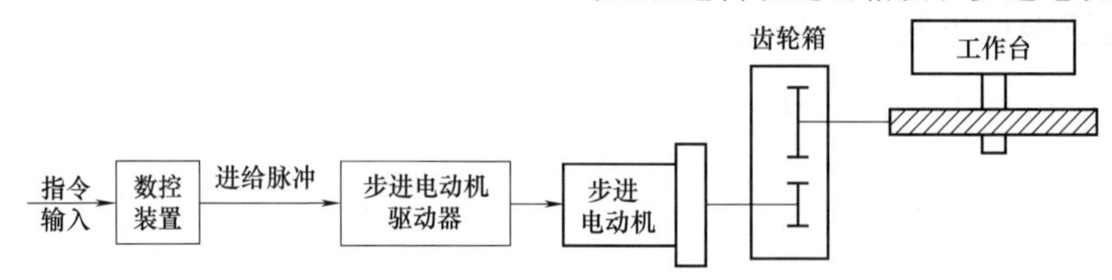

图 3-7 步进电动机伺服系统基本结构

步进电动机伺服系统主要应用于开环位置控制中，该系统由环形分配器、步进电动机、驱动电源等部分组成。这种系统结构简单、容易控制、维修方便且控制为全数字化，比较适应当前计算机技术发展的趋势。

3.2.1.1 步进电动机的分类、结构和工作原理

(1) 步进电动机的分类

表 3-4 详细描述了步进电动机的分类。

表 3-4 步进电动机的分类

序号	分类方式	具体类型
1	按力矩产生的原理	①反应式：转子无绕组，由被激磁的定子绕组产生反应力矩实现步进运行 ②激磁式：定、转子均有激磁绕组（或转子用永久磁钢），由电磁力矩实现步进运行
2	按输出力矩大小	①伺服式：输出力矩在百分之几牛·米到十分之几牛·米，只能驱动较小的负载。要与液压扭矩放大器配用，才能驱动机床工作台等较大的负载 ②功率式：输出力矩在 5～50 N·m 以上，可以直接驱动机床工作台等较大的负载

续表

序号	分类方式	具体类型
3	按定子数	①单定子式 ②双定子式 ③三定子式 ④多定子式
4	按各相绕组分布	①径向分相式:电动机各相按圆周依次排列 ②轴向分相式:电动机各相按轴向依次排列

(2) 步进电动机的结构

目前，我国使用的步进电动机多为反应式步进电动机。反应式步进电动机有轴向分相和径向分相两种。如图 3-8 所示的是一典型的单定子径向分相、反应式步进电动机的结构原理。

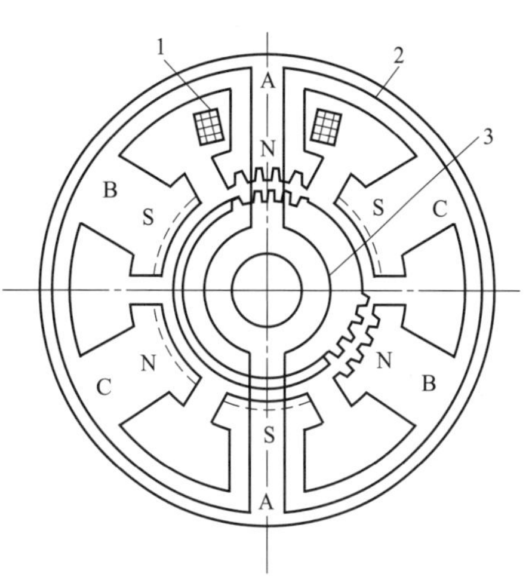

图 3-8 单定子径向分相反应式步进电动机

1—绕组；2—定子铁芯；3—转子铁芯

它与普通电动机一样，也由定子和转子构成，其中定子又分为定子铁芯和定子绕组。定子铁芯由硅钢片叠压而成，定子绕组是绕置在定子铁芯 6 个均匀分布的齿上的线圈，在直径方向上相对的两个齿上的线圈串联在一起，构成一相控制绕组。图 3-8 所示的步进电动机可构成 A、B、C 三相控制绕组，故称三相步进电动机。任一相绕组通电，便形成一组定子磁极，其方向即图 3-8 所示的 N、S 极。在定子的每个磁极上面向转子的部分，又均匀分布着五个小齿，这些小齿呈梳状排列，齿槽等宽，齿间夹角为 9°。转子上没有绕组，只有均匀分布的 40 个齿，其大小和间距与定子上的完全相同。此外，三相定子磁极上的小齿在空间位置上依次错开 1/3 齿距，如图 3-9 所示。

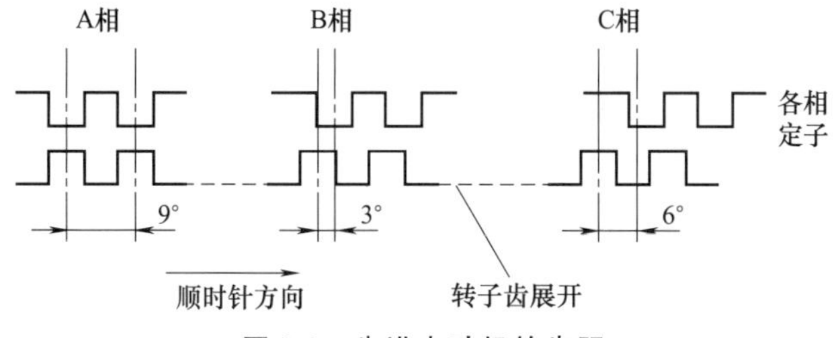

图 3-9 步进电动机的齿距

当 A 相磁极上的小齿与转子上的小齿对齐时，B 相磁极上的齿刚好超前（或滞后）转子齿 1/3 齿距角，C 相磁极齿超前（或滞后）转子齿 2/3 齿距角。步进电动机每走一步所转过的角度称为步距角，其大小等于错齿的角度。错齿角度的大小取决于转子上的齿数，磁极数越多，转子上的齿数越多，步距角越小，步进电动机的位置精度越高，其结构也越复杂。

如图 3-10 所示的是一台轴向分相反应式步进电动机的结构原理。从图 3-10（a）可以看出，步进电动机的定子和转子在轴向分为五段，每一段都形成独立的一相定子铁芯、定子绕组和转子。图 3-10（b）所示的是其中的一段。各段定子铁芯形如内齿轮，由硅钢片叠成；转子形如外齿轮，也由硅钢片叠成。各段定子上的齿在圆周方向均匀分布，彼此之间错开 1/5 齿距，其转子齿彼此不错位。当设置在定子铁芯环形槽内的定子绕组通电时，形成一相环形绕组，构成图 3-10 所示的磁力线。

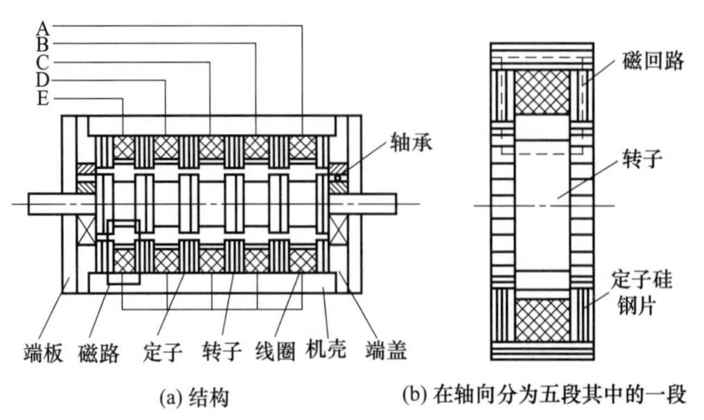

图 3-10　轴向分相反应式步进电动机结构原理图

除上面介绍的两种形式的反应式步进电动机之外，常见的步进电动机还有永磁式步进电动机和永磁反应式步进电动机，它们的结构虽不相同，但工作原理相同。

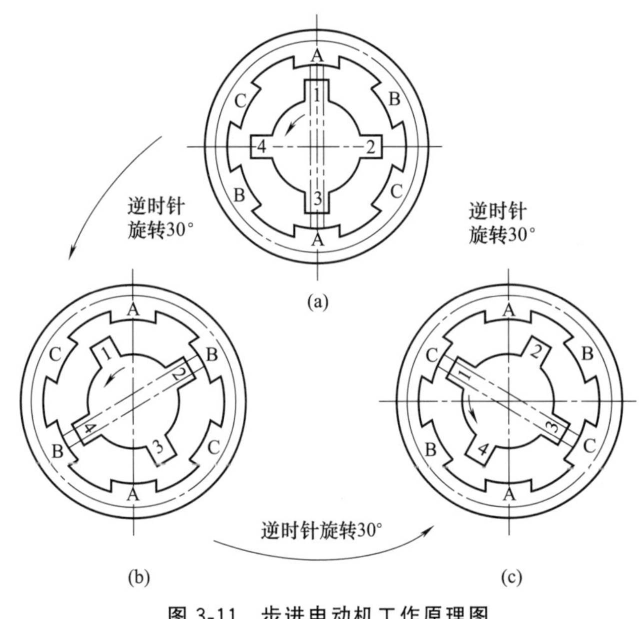

图 3-11　步进电动机工作原理图

(3) 步进电动机的工作原理

步进电动机的工作原理实际上是电磁铁的作用原理。现以如图 3-11 所示三相反应式步进电动机为例说明步进电动机的工作原理。

当 A 相绕组通电时，转子的齿与定子 AA 上的齿对齐。若 A 相断电，B 相通电，由于磁力的作用，转子的齿与定子 BB 上的齿对齐，转子沿顺时针方向转过 30°，如果控制线路不停地按 A→B→C→A……的顺序控制步进电动机绕组的通断电，步进电动机的转子便不停地顺时针转动。若通电顺序改为 A→C→B→A……，步进电动机的转子将逆时针转动。这种通电方式称为三相三拍，而通常的通电方式为三相六拍。其通电顺序为 A→AB→B→BC→C→CA→A……及 A→AC→C→CB→B→BA→A……，相应地，定子绕组的通电状态每改变一次，转子转过 15°。因此，在本例中，三相三拍的通电方式其步距角 α 等于 30°，三相六拍通电方式其步距角等于 15°。

综上所述，可以得到如下结论。

① 步进电动机定子绕组的通电状态每改变一次，它的转子便转过一个确定的角度，即步距角 α。

② 改变步进电动机定子绕组的通电顺序，转子的旋转方向随之改变。

③ 步进电动机定子绕组通电状态的改变速度越快，其转子旋转的速度越快，即通电状态的变化频率越高，转子的转速越快。

④ 步进电动机步距角与定子绕组的相数 m、转子的齿数 z、通电方式 k 有关，可表示为：

$$\theta=360°/(mzk)$$

式中，m 相 m 拍时，$k=1$；m 相 $2m$ 拍时，$k=2$。

对于如图 3-8 所示的单定子径向分相反应式步进电动机，当它以三相三拍通电方式工作时，其步距角为：

$$\theta=360^\circ/(mzk)=360^\circ/(3\times40\times1)=3^\circ$$

若按三相六拍通电方式工作，则步距角为：

$$\theta=360^\circ/(mzk)=360^\circ/(3\times40\times2)=1.5^\circ$$

3.2.1.2 步进电动机的控制方法

由步进电动机的工作原理知道，要使电动机正常地一步一步地运行，控制脉冲必须按一定的顺序分别供给电动机各相，例如，三相单拍驱动方式，供给脉冲的顺序为 A—B—C—A 或 A→C→B→A，称为环形脉冲分配。脉冲分配有两种方式：一种是硬件脉冲分配（或称为脉冲分配器）；另一种是软件脉冲分配，是由计算机的软件完成的。

表 3-5 详细描述了脉冲分配的两种方式。

表 3-5 脉冲分配的两种方式

序号	脉冲分配方式	具体类型
1	脉冲分配器	脉冲分配器可以用门电路及逻辑电路构成，提供符合步进电动机控制指令所需的顺序脉冲。目前已经有很多可靠性高、尺寸小、使用方便的集成电路脉冲分配器供选择，按其电路结构，可分为 TTL 集成电路和 CMOS 集成电路
2	软件脉冲分配	计算机控制的步进电动机驱动系统采用软件的方法实现环形脉冲分配。软件环形脉冲分配的设计方法有很多，如查表法、比较法、移位寄存器法等，它们各有特点，其中常用的是查表法 采用软件进行脉冲分配虽然增加了软件编程的复杂程度，但它省去了硬件环形脉冲分配器，系统减少了器件，降低了成本，也提高了系统的可靠性

3.2.1.3 步进电动机伺服系统的功率驱动

环形分配器输出的电流很小（毫安级），需要经功率放大才能驱动步进电动机。放大电路的结构对步进电动机的性能有着十分重要的作用。功放电路的类型很多，从使用元件来分，可分为用功率晶体管、可关断晶闸管、混合元件组成的放大电路；从工作原理来分，可分为单电压、高低电压切换、恒流斩波、调频调压、细分电路等放大电路。功率晶体管用得较为普遍，功率晶体管处于过饱和工作状态下。从工作原理上讲，目前用得多是恒流斩波、调频调压和细分电路，为了更好地理解不同电路的性能，表 3-6 详细描述了几个电路的工作原理。

表 3-6 步进电动机电路工作原理

序号	步进电动机电路工作原理	具体类型
1	单电压功率放大电路	如图 3-12 所示的是一种典型的功放电路，步进电动机的每一相绕组都有一套这样的电路 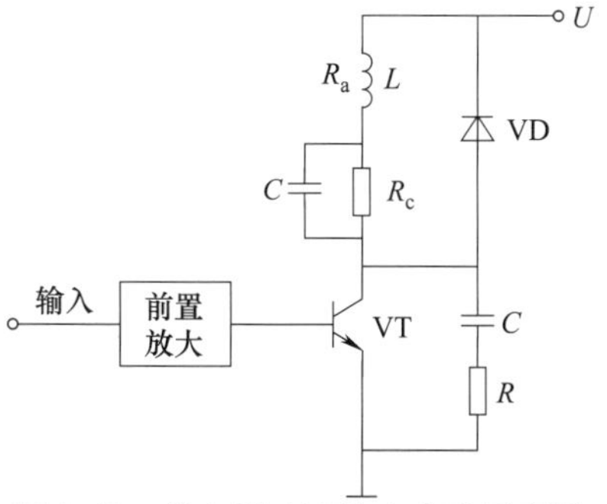 U　R_a　L　VD　C　R_c　输入　前置放大　VT　C　R 图 3-12 单电压功率放大电路原理图

续表

<table>
<tr><th>序号</th><th>步进电动机电路工作原理</th><th>具体类型</th></tr>
<tr><td>1</td><td>单电压功率放大电路</td><td>图 3-12 中 L 为步进电动机励磁绕组的电感、R_a 为绕组的电阻，R_c 是限流电阻，为了减小回路的时间常数 $L/(R_a+R_c)$，电阻 R_c 并联一电容 C，使回路电流上升沿变陡，提高步进电动机的高频性能和启动性能。续流二极管 VD 和阻容吸收回路 RC 是功率管 VT 的保护电路，在 VT 由导通到截止瞬间释放电动机电感产生的高的反电势
此电路的优点是电路结构简单，不足之处是电阻 R_c 消耗能量大，电流脉冲前后沿不够陡，在改善了高频性能后，低频工作时会使振荡有所增加，使低频特性变坏</td></tr>
<tr><td>2</td><td>高低电压功率放大电路</td><td>如图 3-13 所示的是一种高低电压功率放大电路。图 3-13(a)中电源 U_1 为高电压电源，电源电压为 80～150 V；U_2 为低电压电源，电压为 5～20V。 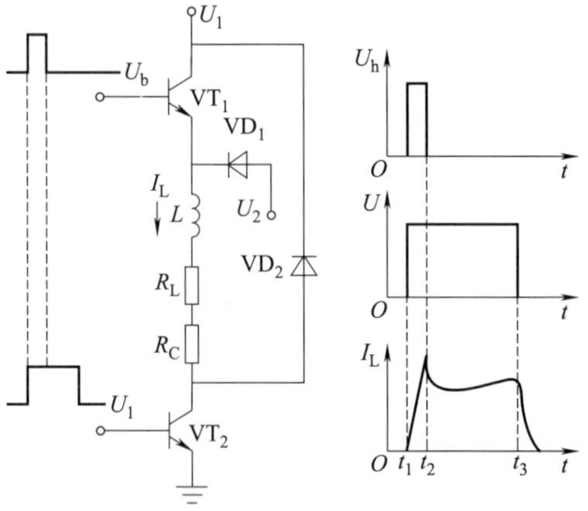
U_1 U_b VT1 VD1 I_L L U_2 VD2 R_L R_C U_1 VT2 U_h O t U O t I_L O t_1 t_2 t_3 t
(a) 电路原理 (b) 电流波形
图 3-13 高低压驱动电路原理图
在绕组指令脉冲到来时，脉冲的上升沿同时使 VT_1 和 VT_2 导通。二极管 VD_1 的作用，使绕组只加上高电压 U_1，绕组的电流很快达到规定值。到达规定值后，VT_1 的输入脉冲先变成下降沿，使 VT_1 截止，步进电动机由低电压 U_2 供电，维持规定电流值，直到 VT_2 的输入脉冲下降沿到来，VT_2 截止。下一绕组循环这一过程。如图 3-13(b)所示，由于采用高压驱动，电流增长快，绕组电流前沿变陡，提高了步进电动机的工作频率和高频时的转矩。同时由于额定电流是由低电压维持的，只需阻值较小的限流电阻 R_c，因此功耗较低。不足之处是在高低压衔接处的电流波形在顶部有下凹，影响电动机运行的平稳性</td></tr>
<tr><td>3</td><td>斩波恒流功放电路</td><td>斩波恒流功放电路如图 3-14(a)所示。该电路的特点是工作时 U_{in}端输入方波步进信号：当 U_{in}为“0”电平时，与门 A_2 输出 U_b 为“0”电平，功率管(达林顿管)VT 截止，绕组 w 上无电流通过，采样电阻 R_3 上无反馈电压，A_1 放大器输出高电平；而当 U_{in}为高电平时，与门 A_2 输出的 U_b 也是高电平，功率管 VT 导通，绕组 W 上有电流，采样电阻 R_3 上出现反馈电压 U_f，由分压电阻及 R_1、R_2 得到的设定电压与反馈电压相减，来决定 A_1 输出电平的高低，来决定 U_{in} 信号能否通过与门 A_2。$U_{ref}>U_f$ 时 U_{in}信号通过与门，形成 U_h 正脉冲，打开功率管 VT；反之，$U_{ref}<U_f$ 时 U_{in}信号被截止，无 U_b 正脉冲，功率管 VT 截止。这样在一个 U_{in}脉冲内，功率管 VT 会多次通断，使绕组电流在设定值中上下波动
U_b O t +U W VD U_{in} +5 R_1 A_1 A_2 & U_b VT U_{ref} R_2 U_f R_3 U_{in} O t U_b O t I_L O t 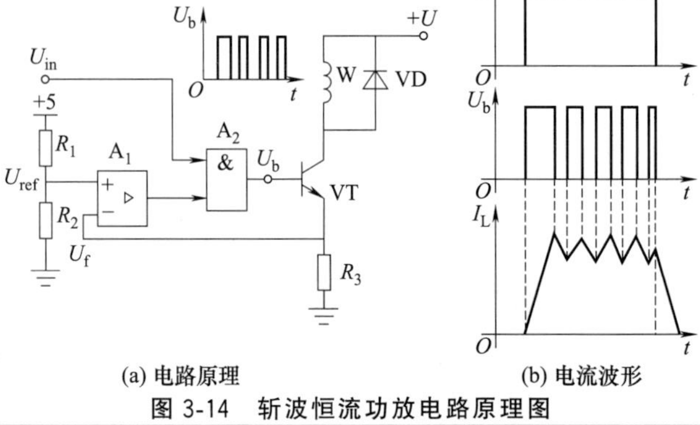
(a) 电路原理 (b) 电流波形
图 3-14 斩波恒流功放电路原理图</td></tr>
</table>

续表

序号	步进电动机电路工作原理	具体类型
3	斩波恒流功放电路	各点的波形如图3-14(b)所示。在这种控制方法下，绕组上的电流大小与外加电压大小$+U$无关，采样电阻R_3的反馈作用使绕组上的电流可以稳定在额定的数值上，是一种恒流驱动方案，对电源的要求很低。 这种驱动电路中绕组上的电流不随步进电动机的转速变化而变化，从而保证在很大的频率范围内，步进电动机都输出恒定的转矩。这种驱动电路虽然复杂，但绕组的脉冲电流边沿陡，采样电阻R_3的阻值很小(一般小于1Ω)，所以主回路电阻较小，系统的时间常数较小，反应较快，功耗小，效率高。这种功放电路在实际中经常使用

3.2.1.4 步进电动机的细分驱动技术

(1) 步进电动机细分控制原理

如前所述，步进电动机定子绕组的通电状态每改变一次，转子转过一个步距角。步距角的大小只有两种，即整步工作或半步工作。但三相步进电动机在双三拍通电的方式下是两相同时通电的，转子的齿和定子的齿不对齐而是停在两相定子齿的中间位置。若两相通以不同大小的电流，那么转子的齿就会停在两齿中间的某一位置，且偏向电流较大的那个齿。若将通向定子的额定电流分成n等份，转子以n次通电方式最终达到额定电流，使原来每个脉冲走一个步距角变成了每次通电走$1/n$个步距角，即将原来一个步距角细分为n等份，则可提高步进电动机的精度。这种控制方法称为步进电动机的细分控制，或称为细分驱动。

(2) 步进电动机细分控制的技术方案

细分方案的本质就是通过一定的措施生成阶梯电压或电流，然后通向定子绕组。在简单的情况下，定子绕组上的电流是线性变化的，要求较高时可以是正弦规律变化的。

实际应用中可以采用如下方法：绕组中的电流以若干个等幅等宽的阶梯上升到额定值，或以同样的阶梯从额定值下降到零。这种控制方案虽然驱动电源的结构复杂，但它不改变步进电动机内部的结构就可以获得更小的步距角和更高的分辨率，且步进电动机运转平稳。

细分技术的关键是如何获得阶梯波，以往阶梯波的获得电路比较复杂，但单片机的应用使细分驱动变得十分灵活。下面介绍细分技术的一种方法，其原理如图3-15所示。该电路主要由D/A转换器、放大器、比较放大电路和线性功放电路组成。D/A转换器将来自单片机的数字量转变成对应的模拟量U_{in}，放大器将其放大为U_A，比较放大电路将绕组采样电压U_c与电压U_A进行比较，产生调节信号U_b控制绕组电流I_L。

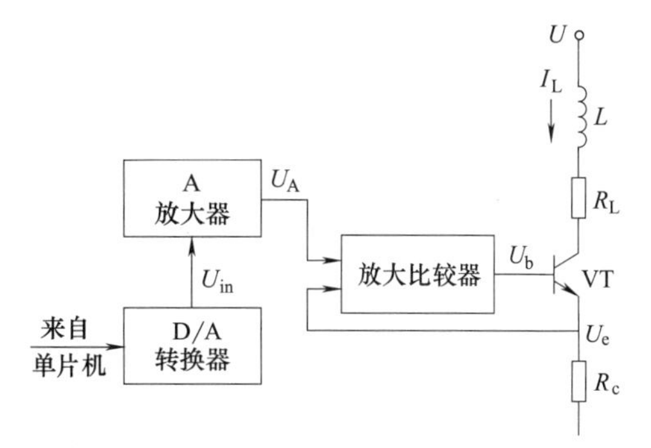

图3-15 可变细粉控制功率放大电路

当来自单片机的数据D_i输入给D/A转换器转换为电压U_{inj}，并经过放大器放大为U_{Aj}比较器与功放级组成一个闭环调节系统，对应于U_{Aj}，在绕组中的电流为I_{Dj}。如果电流I_L下降，则绕组采样电压U_e下降，$U_{Aj}-U_e$增大，U_b增大，I_L上升，最终使绕组电流稳定于I_{Lj}。因此通过反馈控制，来自单片机的任何一个数据D，都会在绕组上产生一个恒定的电流I_L。

若数据D突然由D_j增加为D_k，通过D/A转换器和放大器后，输出电压由U_{Aj}增加为U_{Ak}，使$U_{ak}-U_e$产生正跳变，相应的U_b也产生正跳变，从而使电流迅速上升。当D_j减小时情况刚好相反，且上述过程是该电路的瞬间响应，因此可以产生阶梯状的电流波形。

细分数的大小取决于D/A转换器的精度，若转换器为8位D/A转换器，则其值为00H～FFH；若要每个阶梯的电流值相等，则要求细分的步数必须能对255整除，此时的细分数可能为3、5、15、17、51、85。只要在细分控制中，改变其每次突变的数值，就可以实现不同的细分控制。

3.2.2 直流伺服电动机及速度控制单元

直流伺服电动机在电枢控制时具有良好的机械特性和调节特性。机电时间常数小，启动电压低。其缺点是由于有电刷和换向器，造成的摩擦转矩比较大，有火花干扰且维护不便。图3-16所示为直流伺服电动机。

3.2.2.1 直流伺服电动机的结构和工作原理

直流伺服电动机的结构与一般的直流电动机结构相似，也由定子、转子和电刷等部分组成，在定子上有励磁绕组和补偿绕组，转子绕组通过电刷供电。由于转子磁场和定子磁场始终正交，因而产生转矩使转子转动。如图3-17所示，定子励磁电流产生定子电势F_s、转子电枢电流I_a。产生转子磁势F_r，F_s和F_r垂直正交，补偿磁阻与电枢绕组串联，电流I_a又产生补偿磁势F_c，F_c与F_r方向相反，它的作用是抵消电枢磁场对定子磁场的扭斜，使电动机有良好的调速特性。

图3-16 直流伺服电动机

永磁直流伺服电动机的转子绕组是通过电刷供电的，并在转子的尾部装有测速发电机和旋转变压器（或光电编码器）。它的定子磁极是永久磁铁。我国稀土永磁材料有很大的磁能积和极大的矫顽力，把永磁材料用在电动机中不但可以节约能源，还可以减少电动机发热，减小电动机体积。永磁式直流伺服电动机与普通直流电动机相比，有更高的过载能力、更大的转矩转动惯量比、调速范围大等优点。因此，永磁式直流伺服电动机曾广泛应用于数控机床进给伺服系统。由于近年来出现了性能更好的转子为永磁铁的交流伺服电动机，永磁直流电动机在数控机床上的应用才越来越少。

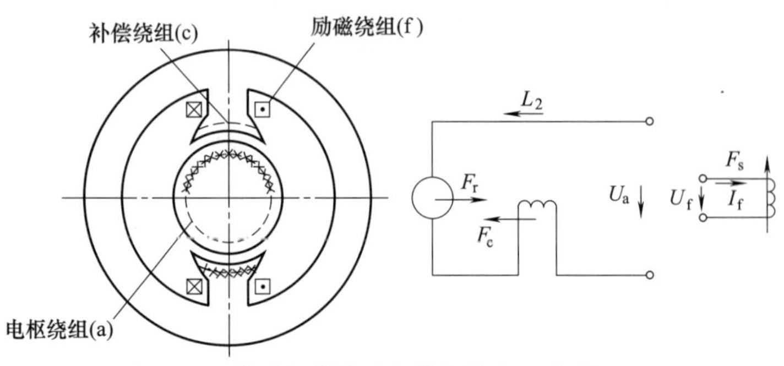

图3-17 直流伺服电动机的机构和工作原理

3.2.2.2 直流伺服电动机的调速原理和常用的调速方法

由电工学的知识可知，在转子磁场不饱和的情况下，改变电枢电压即可改变转子转速。直流电动机的转速和其他参量的关系为：

$$n=\frac{U-IR}{K_e\Phi}$$

式中 n——转速，r/min；

U——电枢电压，V；

I——电枢电流，A；

R——电枢回路总电阻，Ω；

Φ——励磁磁通，Wb（韦伯）；

K_e——由电动机结构决定的电动势常数。

根据上述关系式，实现电动机调速的主要方法有以下三种，见表 3-7。

表 3-7　电动机调速的方法

序号	电动机调速方法	具体类型
1	调节电枢供电电压 U	电动机加以恒定励磁，用改变电枢两端电压 U 的方式来实现调速控制，这种方法也称为电枢控制
2	减弱励磁磁通 Φ	电枢加以恒定电压，用改变励磁磁通的方法来实现调速控制，这种方法也称为磁场控制
3	改变电枢回路电阻 R	对于要求在一定范围内无级平滑调速的系统来说，以改变电枢电压的方式为最好。改变电枢回路电阻只能实现有级调速，调速平滑性比较差；减弱磁通，虽然具有控制功率小和能够平滑调速等优点，但调速范围不大，往往只是配合调压方案，在基速（即电动机额定转速）以上作小范围的升速控制。因此，直流伺服电动机的调速主要以电枢电压调速为主

要得到可调节的直流电压，常用的方法有以下三种方法，见表 3-8。

表 3-8　电动机调节电压的方法

序号	调节电压方法	具体类型
1	旋转变流机组	用交流电动机（同步或异步电动机）和直流发电机组成机组，调节发电机的励磁电流以获得可调节的直流电压。该方法在 20 世纪 50 年代广泛应用，可以很容易实现可逆运行，但体积大、费用高、效率低，所以现在很少使用
2	静止可控整流器	使用晶闸管（silicon controlled rectifier，SCR）可控整流器以获得可调的直流电压。该方法出现在 20 世纪 60 年代，具有良好的动态性能，但由于晶闸管只有单向导电性，因此不易实现可逆运行，且容易产生“电力公害”
3	直流斩波器和脉宽调制变换器	用恒定直流电源或可控整流电源供电，利用直流斩波器或脉宽调制变换器产生可变的平均电压。该方法利用晶闸管来控制直流电压，形成直流斩波器或称直流调压器 数控机床伺服系统中，速度控制已经成为一个独立、完整的模块，称为速度控制模块或速度控制单元。现在直流调速单元较多采用晶闸管调速系统和晶体管脉宽调制（pulse width modulation，PWM）调速系统。这两种调速系统的工作方法都是改变电动机的电枢电压，其中以晶体管脉宽调速系统应用最为广泛 脉宽调制放大器属于开关放大器。由于各功率元件均工作在开关状态，功率损耗比较小，因此这种放大器特别适用于较大功率的系统，尤其是低速、大转矩的系统。开关放大器可分：脉冲宽度调制型和脉冲频率调制（pulse frequency modulation，PFM）型两种，也可采用两种形式的混合型，但应用最为广泛的是脉宽调制型。其中，脉宽调节是在脉冲周期不变时，在大功率开关晶体管的基极上加上脉宽可调的方波电压，改变主晶闸管的导通时间，从而改变脉冲的宽度；脉冲频率调制是在导通时间不变的情况下，只改变开关频率或开关周期，也就是只改变晶闸管的关断时间。两点式控制是当负载电流或电压低于某一最低值时，使开关管 VT 导通；当电压达到某一最大值时，使开关管 VT 关断。导通和关断的时间都是不确定的

3.2.2.3　晶体管脉宽调制器式速度控制单元

晶体管脉宽调速系统主要由两部分组成：脉宽调制器和主回路。

(1) 脉宽调制系统的主回路

由于功率晶体管比晶闸管具有更优良的特性，因此在中、小功率驱动系统中，功率晶体管已逐步取代晶闸管，并采用了目前应用广泛的脉宽调制方式进行驱动。

开关型功率放大器的驱动回路有两种结构形式，一种是 H 型（也称桥式），另一种是 T 型，这里介绍常用的 H 型，其电路原理如图 3-18 所示。图中 VD_1～VD_4 为续流二极管，用于保护功率晶体管 VT_1～VT_4，M 是直流伺服电动机。

H 型电路的控制方式分为双极型和单极型两种，下面介绍双极型功率驱动电路的原理。四个功率晶体管分为两组，VT_1 和 VT_4 是一组，VT_2 和 VT_3 为另一组，同一组的两个晶体

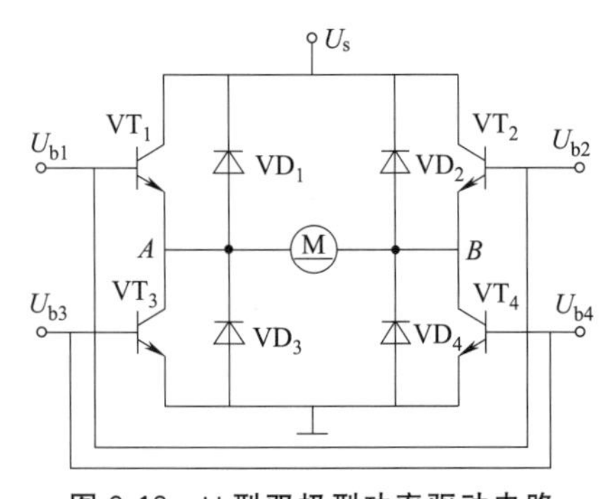

图 3-18 H 型双极型功率驱动电路

管同时导通或同时关断。一组导通另一组关断，两组交替导通和关断，不能同时导通。将一组控制方波加到一组大功率晶体管的基极，同时将反向后该组的方波加到另一组的基极上就可实现上述目的。若加在 U_{b1} 和 U_{b4} 上的方波正半周比负半周宽，则加到电动机电枢两端的平均电压为正，电动机正转。反之，则电动机反转。若方波电压的正负宽度相等，则加在电枢的平均电压等于零，电动机不转，这时电枢回路中的电流是一个交变的电流，这个电流使电动机发生高频颤动，有利于减小静摩擦。

(2) 脉宽调制器

脉宽调制的任务是将连续控制信号变成方波脉冲信号，作为功率驱动电路的基极输入信号，改变直流伺服电动机电枢两端的平均电压，从而控制直流电动机的转速和转矩。方波脉冲信号可由脉宽调制器生成，也可由全数字软件生成。

脉宽调制器是一个电压脉冲变换装置，由控制系统控制器输出的控制电压 U_c 进行控制，为脉宽调制装置提供所需的脉冲信号，其脉冲宽度与 U_c 成正比。常用的脉宽调制器可以分为模拟式脉宽调制器和数字式脉宽调制器两类，模拟式脉宽调制器是用锯齿波、三角波作为调制信号的脉宽调制器，或是用多谐振荡器和单稳态触发器组成的脉宽调制器。数字式脉宽调制器是用数字信号作为控制信号，改变输出脉冲序列的占空比的调制器。下面就以三角波脉宽调制器和数字式脉宽调制器为例，说明脉宽调制器的原理。

① 三角波脉宽调制器　脉宽调制器通常由三角波（或锯齿波）发生器和比较器组成，如图 3-19 所示。图中所示的三角波发生器由两个运算放大器构成，IC1-A 是多谐振荡器，产生频率恒定且正负对称的方波信号；IC1-B 是积分器，把输入的方波变成三角波信号 U_t 输出。三角波发生器输出的三角波应满足线性度高和频率稳定的要求，只有在满足这两个要求后才能满足调速要求。

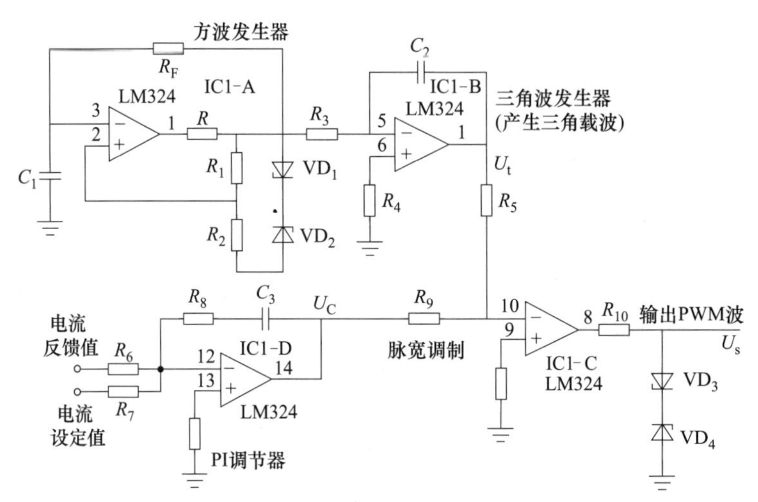

图 3-19 三角波发生器及脉宽调制器的脉宽调制原理

三角波的频率对伺服电动机的运行有很大的影响。由于脉宽调制器的功率放大器输出给直流电动机的电压是一个脉冲信号，因此有交流成分。这些不做功的交流成分会在伺服电动机内引起功耗和发热，为减少这部分的损失，应提高脉冲频率，但脉冲频率又受功率元件开关频率的限制。目前脉冲频率通常为 2～4 kHz 或更高，脉冲频率是由三角波调制的，三角波频率等于控制脉冲频率。

比较器 IC1-C 的作用是把输入的三角波信号 U_t 和控制信号 U_c 相加输出脉宽调制方波。当外部控制信号 $U_c=0$ 时，比较器输出为正负对称的方波，直流分量为零。当 $U_c>0$ 时，U_c+U_t 对接地端是一个不对称三角波，平均值高于接地端，因此输出方波的正半周较宽、负半周较窄。U_c 越大，正半周的宽度越宽，直流分量也越大，所以伺服电动机正向旋转越快。反之，当控制信号 $U_c<0$ 时，U_c+U_t 的平均值低于接地端，IC1-C 输出的方波正半周较窄、负半周较宽。U_c 的绝对值越大，负半周的宽度越宽，因此电动机反转越快。

这样就改变了控制电压 U_c 的极性，也就改变了脉宽调制变换器的输出平均电压的极性，从而改变电动机的转向。改变 U_c 的大小，则调节了输出脉冲电压的宽度，进而调节电动机的转速。

该方法是一种模拟式控制，其他模拟式脉宽调节器的原理都与此基本相仿。

② 数字式脉宽调制器　在数字式脉宽调制器中，控制信号是数字，其值可确定脉冲的宽度。只要维持调制脉冲序列的周期不变，就可以达到改变占空比的目的。用微处理器实现数字脉宽调节器可分为软件和硬件两种方法，软件法占用较多的计算机机时，于控制不利，但柔性好，投资少；目前被广泛推广的是硬件法。

在全数字数控系统中，可用定时器生成可控方波；有些新型单片机内部设置了可产生脉宽调制控制方波的定时器，用程序控制脉冲宽度的变化。

3.2.3　交流伺服电动机及速度控制单元

由于直流伺服电动机具有良好的调速性能，因此长期以来，在要求调速性能较高的场合，直流电动机调速系统一直占据主导地位。但由于其电刷和换向器易磨损，需要经常维护，并且有时换向器换向时产生火花，电动机的最高速度受到限制；且直流伺服电动机结构复杂，制造困难，所用铜、铁材料消耗大，成本高，因此在使用上受到一定的限制。由于交流伺服电动机无电刷，结构简单，转子的转动惯量较直流伺服电动机的小，使得动态响应好，且输出功率较大（较直流伺服电动机提高 10%～70%），因此在有些场合，交流伺服电动机已经取代了直流伺服电动机，并且在数控机床上得到了广泛的应用。图 3-20 所示为交流伺服电动机。

图 3-20　交流伺服电动机

交流伺服电动机分为交流永磁式伺服电动机和交流感应式伺服电动机。交流永磁式电动机相当于交流同步电动机，其具有硬的机械特性及较宽的调速范围，常用于进给系统；感应式电动机相当于交流感应异步电动机，它与同容量的直流电动机相比，重量可轻 1/2，价格仅为直流电动机的 1/3，常用于主轴伺服系统。

(1) 交流伺服电动机调速的原理和方法

表 3-9 详细描述了交流伺服电动机调速的原理和方法。

表 3-9　交流伺服电动机调速的原理和方法

序号	原理和方法	具体类型
1	调速的原理	交流伺服电动机的旋转机理是由定子绕组产生旋转磁场使转子运转，不同的是交流永磁式伺服电动机的转速和外加电源频率存在严格的关系，因此电源频率不变时，它的转速是不变的；交流感应式伺服电动机由于需要转速差才能在转子上产生感应磁场，因此电动机的转速比其同步转速小，外加负载越大，转速差越大，旋转磁场的同步速度由交流电的频率来决定：频率低，转速低；频率高，转速高。因此，这两类交流电动机的调速方法主要用改变供电频率来实现

续表

序号	原理和方法	具体类型
2	调速的方法	交流伺服电动机的速度控制方法可分为标量控制法和矢量控制法两种。标量控制法属于开环控制，矢量控制法属于闭环控制。对于简单的调速系统可使用标量控制法，对于要求较高的系统则使用矢量控制法。无论用何种控制法都是改变电动机的供电频率，从而达到调速目的 矢量控制也称为场定向控制，它是将交流伺服电动机模拟成直流伺服电动机，用对直流伺服电动机的控制方法来控制交流伺服电动机。其方法是以交流伺服电动机转子磁场定向，把定子电流分解成与转子磁场方向相平行的磁化电流分量 I_d 和相垂直的转矩电流分量 I_q，分别对应直流伺服电动机中的励磁电流 I_f 和电枢电流 I_a。在转子旋转坐标系中，分别对磁化电流分量 I_d 和转矩电流分量 I_q 进行控制，来达到对实际的交流伺服电动机控制的目的。用矢量转换方法可实现对交流伺服电动机的转矩和磁链控制的完全解耦。交流伺服电动机矢量控制的提出具有划时代的意义，使得交流传动全球化时代的到来成为可能 按照对基准旋转坐标系的取法，矢量控制可分为两类：按照转子位置定向的矢量控制和按照磁通定向的矢量控制。按转子位置定向的矢量控制系统中基准旋转坐标系水平轴位于交流伺服电动机的转子轴线上，静止与旋转坐标系之间的夹角就是转子位置角。这个位置角度值可直接从装于交流伺服电动机轴上的位置检测元件——绝对编码器中获得。永磁同步交流伺服电动机的矢量控制就属于此类。按照磁通定向的矢量控制系统中，基准旋转坐标系水平轴位于交流伺服电动机的磁通磁链轴线上，这时静止坐标系和旋转坐标系之间的夹角不能直接测量，需要计算获得。异步交流伺服电动机的矢量控制就属于此类 按照对交流伺服电动机的电压或电流控制，还可将交流伺服电动机的矢量控制分为电压控制型和电流控制型两类。由于矢量控制需要较为复杂的数学计算，因此矢量控制是一种基于微处理器的数字控制方案

(2) 交流伺服电动机调速主电路

我国工业用电的频率是 50Hz，有些国家工业用电的固有频率是 60Hz，因此交流伺服电动机的调速系统必须采用变频的方法改变交流伺服电动机的供电频率。

常用的变频方法有两种：直接的交流-交流变频和间接的交流-直流-交流变频，如图 3-21 所示。

交流-交流变频用晶闸管直接将工频交流电直接变成频率较低的脉动交流电，正组输出正脉冲，反组输出负脉冲，这个脉动交流电的基波就是所需的变频电压。这种方法获得的交流电波动较大。

而间接的交流-直流-交流变频先将交流电整流成直流电，然后将直流电压变成矩形脉冲波动电压，这个脉动交流电的基波就是所需的变频电压。这种方法获得的交流电的波动小，调频范围宽，调节线性度好。数控机床常采用这种方法变频。

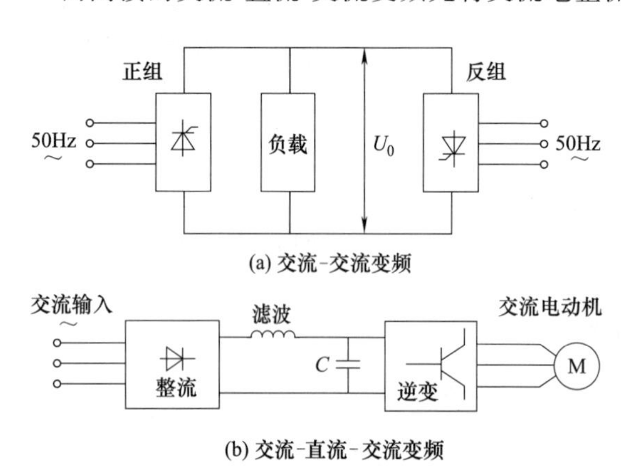

图 3-21 交流伺服电动机的调速主回路

间接的交流-直流-交流变频根据中间直流电压是否可调，又可分为中间直流电压可调脉宽调制逆变器和中间直流电压不可调脉宽调制逆变器，根据中间直流电路的储能元件是大电容或大电感，可将其分为电压型正弦脉冲调制逆变器和电流型脉宽调制逆变器。在电压型逆变器中，控制单元的作用是将直流电压切换成一串方波电压，所用器件是大功率晶体管、巨型功率晶体管（giant transistors，GTR）或是可关断晶闸管（gate turn-off thyristors，GTO）。交流-直流-交流变频中，典型的逆变器是固定电流型正弦脉冲调制逆变器。

通常交流-直流-交流型变频器中，交流-直流的变换是将交流电变成为直流电，采用整流管来完成；而直流-交流变换是将直流变成为调频、调压的交流电，采用脉宽调制逆变器来完成。逆变器分为晶闸管和晶体管逆变器，数控机床上的交流伺服系统多采用晶体管逆变器，它克服或改善了晶闸管相位控制中的一些缺点。

3.3 进给伺服系统的检测元件

3.3.1 概述

检测装置是数控机床闭环伺服系统的重要组成部分。它的主要作用是检测位移和速度，将发出的反馈信号与数控装置发出的指令信号进行比较，若有偏差，经过放大后控制执行部件，使其向消除偏差的方向运动，直至偏差为零为止。闭环控制的数控机床的加工精度主要取决于检测系统的精度。因此，精密检测装置是高精度数控机床的重要保证。一般来说，数控机床上使用的检测装置应满足以下要求，见表3-10。

表3-10 数控机床对检测装置的要求

序号	检测装置的要求	具体类型
1	精度要求	准确性好，满足精度要求，工作可靠，能长期保持精度
2	速度要求	满足速度、精度和数控机床工作行程的要求
3	稳定性要求	可靠性好，抗干扰性强，适应数控机床工作环境的要求
4	使用要求	使用、维护和安装方便，成本低

通常，数控机床检测装置的分辨率一般为0.0001～0.01mm/m，测量精度为±0.001～0.01mm/m，能满足数控机床工作台以1～10m/min的速度运行。不同类型数控机床对检测装置的精度和适应的速度要求是不同的，对于大型数控机床，以满足速度要求为主。对于中、小型数控机床和高精度数控机床，以满足精度为主。

表3-11所示的是目前数控机床中常用的位置检测装置。

表3-11 位置检测装置的分类

序号	类型	数字式		模拟式	
		增量式	绝对式	增量式	绝对式
1	回转型	圆光栅	编码器	旋转变压器、圆形磁栅、圆感应同步器	多极旋转变压器
2	直线型	长光栅、激光干涉仪	编码尺	直线感应同步器、磁栅、容栅	绝对值式磁尺

3.3.2 脉冲编码器

(1) 脉冲编码器的分类和结构

脉冲编码器是一种旋转式脉冲发生器，它可把机械转角转化为脉冲，是数控机床上应用广泛的位置检测装置，同时也作为速度检测装置用于速度检测。图3-22所示为脉冲编码器。

根据结构的不同，脉冲编码器分为光电式、接触式、电磁感应式三种。从精度和可靠性方面来看，光电式编码器优于其他两种。数控机床上常用的是光电式编码器。

脉冲编码器是一种增量检测装置，它的型号是由每转发出的脉冲数来区分的。数控机床上常用的脉冲编码器每转的脉冲数有：2000P/r、2500P/r和3000P/r等。在高速、高精度的数

图 3-22 脉冲编码器

字伺服系统中，应用高分辨率如 20000P/r、25000P/r 和 30000P/r 等的脉冲编码器。

脉冲编码器的结构如图 3-23 所示。在一个圆盘的圆周上刻有相等间距的线纹，分为透明部分和不透明部分，称为圆光栅。圆光栅与工作轴一起旋转。与圆光栅相对的，平行放置一个固定的扇形薄片，称为指示光栅。上面制有相差 1/4 节距的两个狭缝，称为辨向狭缝。此外，还有一个零位狭缝（一转发出一个脉冲）。脉冲编码器与伺服电动机相连，它的法兰盘固定在伺服电动机的轴端面上，构成一个完整的检测装置。图 3-24所示为光电盘。

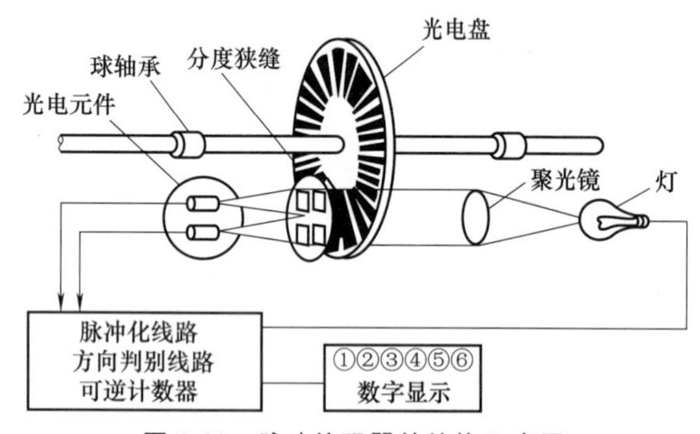

图 3-23 脉冲编码器的结构示意图

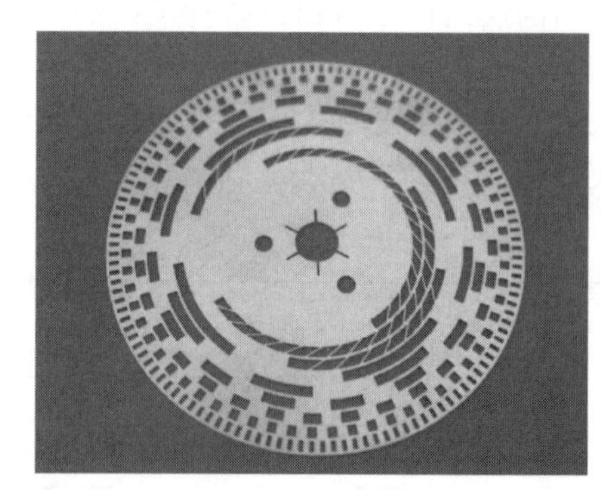

图 3-24 光电盘

(2) 光电脉冲编码器的工作原理

当圆光栅旋转时，光线透过两个光栅的线纹部分，形成明暗条纹。光电元件接收这些明暗相间的光信号，转换为交替变化的电信号，该信号为两组近似于正弦波的电流信号 A 和 B（见图 3-25），A 和 B 信号的相位相差 90°。电信号经放大整形后变成方波，形成两个光栅的信号。光电编码器还有一个“一转脉冲”，称为 Z 相脉冲，每转产生一个，用来产生机床的基准点。

脉冲编码器输出信号有 A、$\overline{A}$、B、$\overline{B}$、Z、$\overline{Z}$ 等信号，这些信号作为位移测量脉冲以及经过频率/电压变换作为速度反馈信号，进行速度调节。

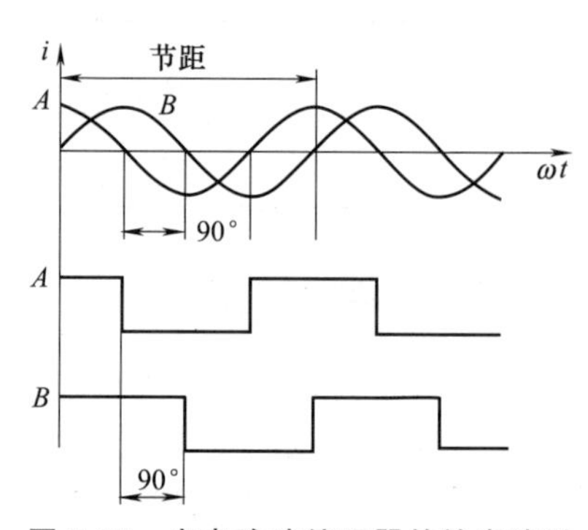

图 3-25 光电脉冲编码器的输出波形

3.3.3 光栅

高精度的数控机床使用光栅作为位置检测装置，将机械位移转换为数字脉冲，反馈给 CNC 装置，实现闭环控制。由于激光技术的发展，光栅制作精度得到很大的提高，现在光栅精度可达微米级，再通过细分电路可以做到 0.1μm 甚至更高的分辨率。

(1) 光栅的种类

根据形状不同，光栅可分为圆光栅和长光栅。长光栅主要用于测量直线位移；圆光栅主要用于测量角位移。

根据光线在光栅中是反射还是透射，光栅分为透射光栅和反射光栅。透射光栅的基体为光学玻璃。光源可以垂直射入，光电元件直接接受光照，信号幅值大。光栅每毫米中的线纹多，可达 200 线/mm，精度高。但是由于玻璃易碎，其热膨胀系数与机床的金属部件的不一致，影响精度，因此不能做得太长。反射光栅的基体为不锈钢带（通过照相、腐蚀、刻线制成），反射光栅的热膨胀系数和数控机床金属部件的一致，可以做得很长。但是反射光栅每毫米内的线纹不能太多。线纹密度一般为 25～50 线/mm。

(2) 光栅的结构和工作原理

光栅是由标尺光栅和光学读数头两部分组成的。标尺光栅一般固定在数控机床的活动部件上，如工作台。光栅读数头装在数控机床固定部件上。指示光栅装在光栅读数头中。标尺光栅和指示光栅的平行度及两者之间的间隙（0.05～0.1mm）要严格保证。当光栅读数头相对于标尺光栅移动时，指示光栅便在标尺光栅上相对移动。

光栅读数头又称为光电转换器，它把光栅莫尔条纹变成电信号。如图 3-26 所示为垂直入射读数头。读数头由光源、聚光镜、指示光栅、光敏元件和驱动电路等组成。

指示光栅上的线纹和标尺光栅上的线纹呈一小角度 θ 放置，会造成两光栅尺上的线纹交叉。在光源的照射下，交叉点附近的小区域内黑线重叠形成明暗相间的条纹，这种条纹称为莫尔条纹。莫尔条纹与光栅的线纹几乎成垂直方向排列，如图 3-27 所示。

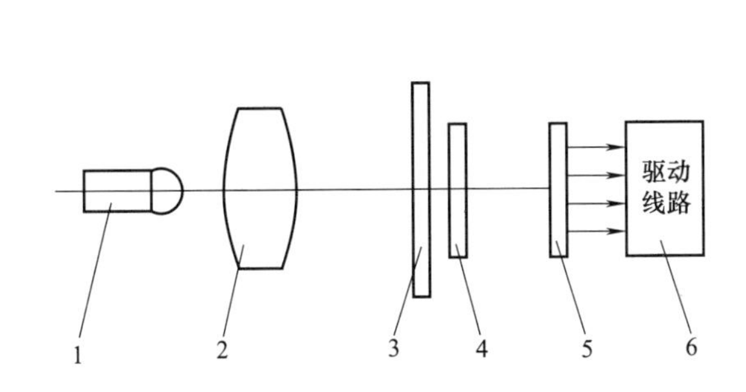

图 3-26 光栅读数头

1—光源；2—透镜；3—标尺光栅；
4—指示光栅；5—光电元件；6—驱动线路

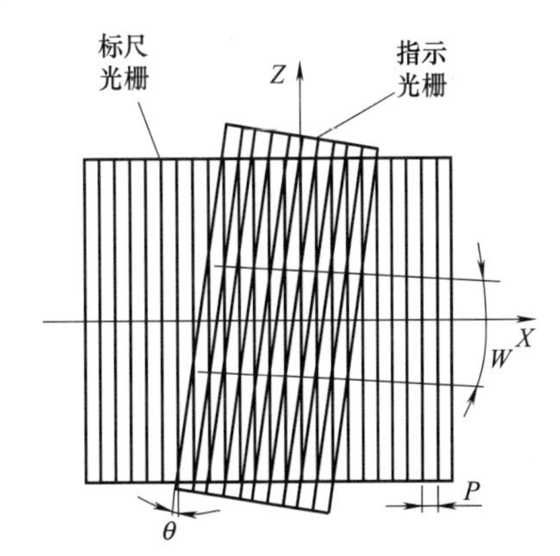

图 3-27 光栅的莫尔条纹

表 3-12 详细描述了莫尔条纹的特点。

表 3-12 莫尔条纹的特点

序号	莫尔条纹的特点	具体类型
1	平行照射时	当用平行光束照射光栅时，莫尔条纹由亮带到暗带、再由暗带到光带的透过光的强度近似于正(余)弦函数
2	起放大作用	用 W 表示莫尔条纹的宽度，P 表示栅距，θ 表示光栅线纹之间的夹角，则有 $W=\frac{P}{\sin\theta}$ 由于 θ 很小，故 $\sin\theta\approx\theta$，则有 $W\approx\frac{P}{\theta}$
3	起平均误差作用	莫尔条纹是由若干光栅线纹干涉形成的，这样栅距之间的相邻误差被平均，消除了栅距不均匀造成的误差
4	莫尔条纹的移动与栅距之间的移动成比例	当干涉条纹移动一个栅距时，莫尔条纹也移动一个莫尔条纹宽度 W，若光栅移动方向相反，则莫尔条纹移动的方向也相反。莫尔条纹的移动方向与光栅移动方向相垂直。这样测量光栅水平方向移动的微小距离，就可用检测垂直方向的宽大的莫尔条纹的变化代替

(3) 直线光栅尺检测装置的辨向原理

莫尔条纹的光强度近似呈正（余）弦曲线变化，光电元件所感应的光电流变化规律近似为正（余）弦曲线，经放大、整形后，形成脉冲，可以作为计数脉冲，直接输入到计算机系统的计数器中计算脉冲数，进行显示和处理。根据脉冲的个数，可以确定位移量；根据脉冲的频率，可以确定位移速度。

用一个光电传感器只能进行计数，不能辨向。要进行辨向，至少用两个光电传感器。

图 3-28 为光栅传感器的辨向原理图。通过两个狭缝 S_1 和 S_2 的光束分别被两个光电传感器接受。当光栅移动时，莫尔条纹通过两个狭缝的时间不同，波形相同，相位差 90°。

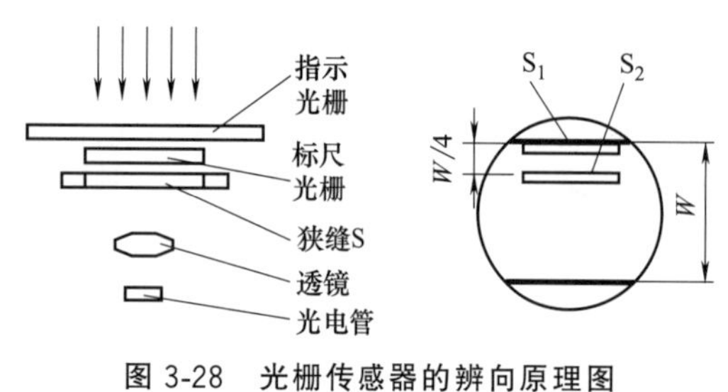

图 3-28 光栅传感器的辨向原理图

至于哪个超前，取决于标尺光栅移动的方向。当标尺光栅向右移动时，莫尔条纹向上移动，缝隙 S_2 的信号输出波形超前 1/4 周期；同理，当标尺光栅向左移动时，莫尔条纹向下移动，缝隙 S_1 的输出信号超前 1/4 周期。根据两狭缝输出信号的超前和滞后可以确定标尺光栅的移动方向。

(4) 提高光栅检测分辨精度的细分电路

光栅检测装置的精度可以用提高刻线精度和增加刻线密度的方法来提高。但是刻线密度大于 200 线/mm 以上的细光栅刻线制造困难，成本高。为了提高精度和降低成本，通常采用倍频的方法来提高光栅的分辨精度，如图 3-29 (a) 所示的为采用四倍频方案的光栅检测电路的工作原理。光栅刻线密度为 50 线/mm，采用 4 个光电元件和 4 条狭缝，每隔 1/4 光栅节距产生一个脉冲，分辨精度可以提高 4 倍，并且可以辨向。

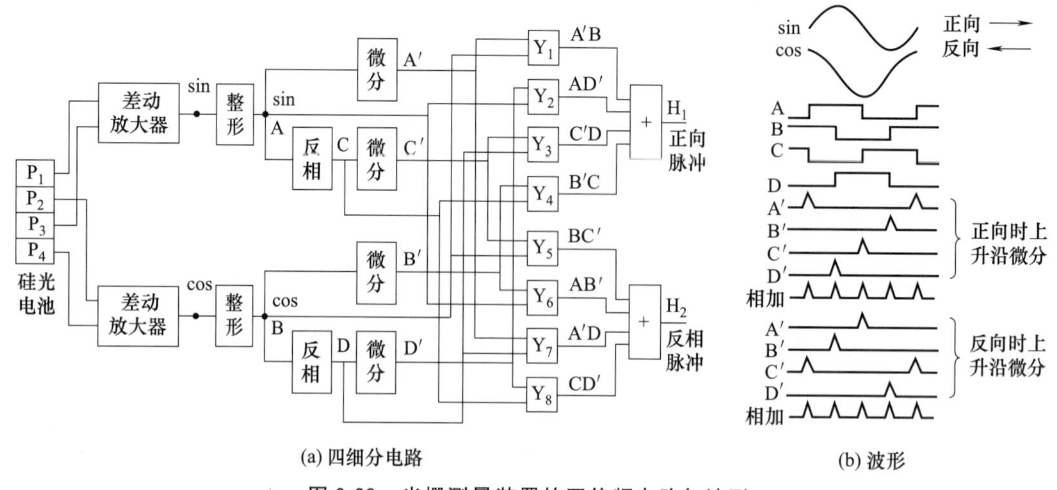

图 3-29 光栅测量装置的四倍频电路与波形

当指示光栅和标尺光栅相对运动时，光电传感器接收正弦波电流信号。这些信号送到差动放大器，再通过整形，使之成为两路正弦及余弦方波。然后经过微分电路获得脉冲。由于脉冲是在方波的上升沿上产生的，为了使 0°、90°、180°、270°的位置上都得到脉冲，必须把正弦方波和余弦方波分别反相一次，然后再微分，得到 4 个脉冲。为了辨别正向和反向运动，可以用一些与门把四个方波 sin、−sin、cos 和−cos（即 A、B、C、D）和四个脉冲进行逻辑组合。当正向运动时，通过与门 Y_1-Y_4 及或门 H_1 得到 A′B+AD′+C′D+B′C 四个脉冲的输出，当反向运动时，通过与门 Y_5-Y_8 及或门 H_2 得到 BC′+AB′+A′D+C′D 四个脉冲的输出，其波形如图 3-29 (b)

所示，这样虽然光栅栅距为 0.02mm，但是经过四倍频以后，每一脉冲都相当于 5μm，分辨精度提高了 4 倍。此外，也可以采用八倍频、十倍频等其他倍频电路。

3.3.4 感应同步器

(1) 感应同步器的结构和特点

感应同步器是一种电磁感应式的高精度位移检测装置。实际上它是多极旋转变压器的展开形式。感应同步器分旋转式和直线式两种。旋转式用于角度测量，直线式用于长度测量。两者的工作原理相同。图 3-30 所示为感应同步器。

直线感应同步器由定尺和滑尺两部分组成。定尺与滑尺之间有均匀的气隙，在定尺表面制有连续平面绕组，绕组节距为 P。滑尺表面制有两段分段绕组，即正弦绕组和余弦绕组。它们相对于定尺绕组在空间错开 1/4 节距（$1/4P$）。定子和滑尺的结构如图 3-31 所示。

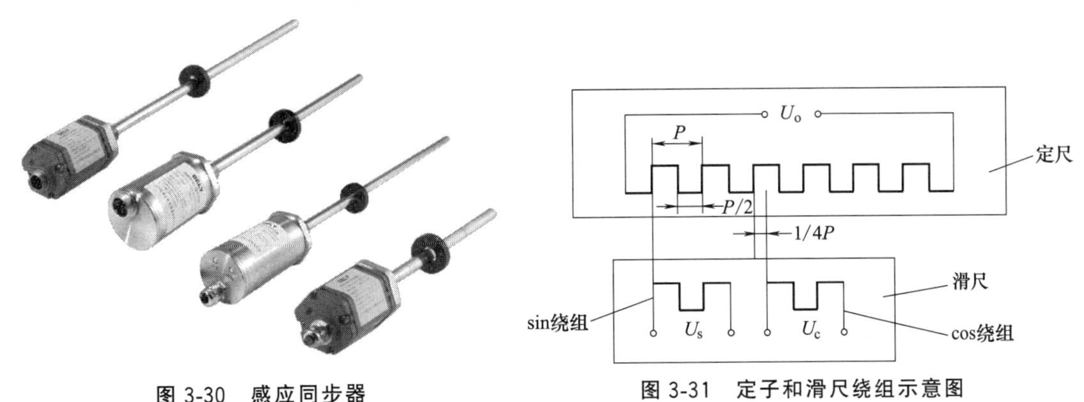

图 3-30 感应同步器　　图 3-31 定子和滑尺绕组示意图

定尺和滑尺的基板采用与机床床身材料热膨胀系数相近的钢板制成，经精密的照相腐蚀工艺制成印刷绕组，再在尺子的表面上涂一层保护层。滑尺的表面有时还贴上一层带绝缘的铝箔，以防静电感应。

感应同步器的特点如下，见表 3-13。

表 3-13 感应同步器的特点

序号	感应同步器的特点	详细说明
1	精度高	感应同步器直接对机床工作台的位移进行测量，其测量精度只受本身精度限制。另外，定尺的节距误差有平均补偿作用，定尺本身的精度能做得很高，其精度可以达到±0.001mm，重复精度可达 0.002mm
2	工作可靠，抗干扰能力强	在感应同步器绕组的每个周期内，测量信号与绝对位置有一一对应的单值关系，不受干扰的影响
3	维护简单，寿命长	定尺和滑尺之间无接触磨损，在机床上安装简单。使用时需要加防护罩，防止切屑进入定尺和滑尺之间划伤导片以及灰尘、油雾的影响
4	测量距离长	可以根据测量长度需要，将多块定尺拼接成所需要的长度，就可测量长距离位移，机床移动基本上不受限制。适合于大、中型数控机床
5	成本低，易于生产	
6	需前置放大器	与旋转变压器相比，感应同步器的输出信号比较微弱，需要一个放大倍数很高的前置放大器

(2) 感应同步器的工作原理

感应同步器的工作原理与旋转变压器基本一致。使用时，在滑尺绕组中通以一定频率的交流电压，由于电磁感应，在定尺的绕组中产生了感应电压，其幅值和相位决定于定尺和滑尺的相对位置。如图 3-32 所示为滑尺在不同的位置时定尺上的感应电压。当定尺与滑尺重合时，如图中的点 a，此时的感应电压最大。当滑尺相对于定尺平行移动后，其感应电压逐渐变小。

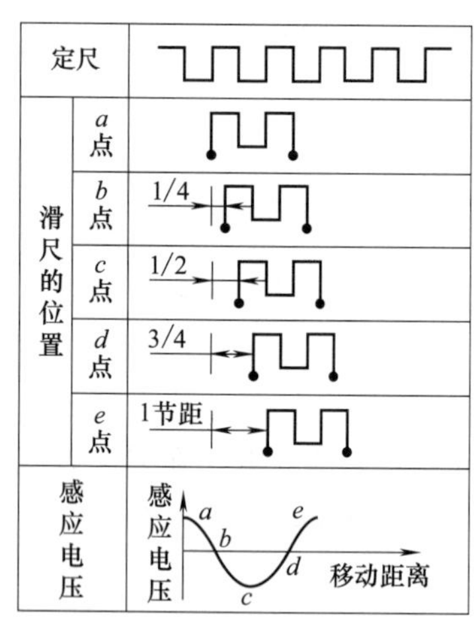

图 3-32 感应同步器的工作原理

在错开 1/4 节距的点 b，感应电压为零。依次类推，在 1/2 节距的点 c，感应电压幅值与点 a 相同，极性相反；在 3/4 节距的点 d 又变为零。当移动到一个节距的点 e 时，电压幅值与点 a 相同。这样，滑尺在移动一个节距的过程中，感应电压变化了一个余弦波形。滑尺每移动一个节距，感应电压就变化一个周期。

按照供给滑尺两个正交绕组励磁信号，感应同步器的测量方式分为鉴相测量方式和鉴幅测量方式两种。

① 鉴相测量方式　在这种工作方式下，给滑尺的 sin 绕组和 cos 绕组分别通以幅值相等、频率相同、相位相差 90°的交流电压：

$$\begin{cases} U_s = U_m \sin\omega t \\ U_c = U_m \cos\omega t \end{cases}$$

励磁信号将在空间产生一个以 ω 为频率移动的行波。磁场切割定尺导片，并产生感应电压，该电势随着定尺与滑尺相对位置的不同而产生超前或滞后的相位差 θ。根据线性叠加原理，在定尺上的工作绕组中的感应电压为：

$$U_0 = nU_s\cos\theta - nU_c\sin\theta = nU_m(\sin\omega t\cos\theta - \cos\omega t\sin\theta) = nU_m\sin(\omega t - \theta)$$

式中　ω——励磁角频率；

n——电磁耦合系数；

θ——滑尺绕组相对于定尺绕组的空间相位角，$\theta = \dfrac{2\pi x}{P}$。

可见，在一个节距内，θ 与 x 是一一对应的，通过测量定尺感应电压的相位 θ，可以得出定尺对滑尺的位移。数控机床的闭环系统采用鉴相系统时，指令信号的相位角 θ_1 由数控装置发出，由 θ 和 θ_1 的差值控制数控机床的伺服驱动机构。当定尺和滑尺之间产生了相对运动时，定尺上的感应电压的相位发生了变化，其值为 θ。当 $\theta \neq \theta_1$ 时，数控机床伺服系统带动机床工作台移动。当滑尺与定尺的相对位置达到指令要求值，即 $\theta = \theta_1$ 时，工作台停止移动。

② 鉴幅测量方式　给滑尺的正弦绕组和余弦绕组分别通以频率相同、相位相同、幅值不同的交流电压，则有：

$$\begin{cases} U_s = U_m \sin\theta_{电}\ \sin\omega t \\ U_c = U_m \cos\theta_{电}\ \sin\omega t \end{cases}$$

若滑尺相对于定尺移动一个距离 x，则其对应的相移为：

$$\theta_{机} = \frac{2\pi x}{P}$$

根据线性叠加原理，在定尺上工作绕组中的感应电压为：

$$\begin{aligned} U_0 &= nU_s\cos\theta_{机} - nU_c\sin\theta_{机} \\ &= nU_m\sin\omega t(\sin\theta_{电}\ \cos\theta_{机} - \cos\theta_{电}\ \sin\theta_{机}) \\ &= nU_m\sin(\theta_{机} - \theta_{电})\sin\omega t \end{aligned}$$

由上式可知，若电气角 $\theta_{电}$ 已知，只要测出 U_0 的幅值 $nU_m\sin$（$\theta_{机} - \theta_{电}$），便可以间接地求出 $\theta_{机}$。若 $\theta_{电} = \theta_{机}$，则 $U_0 = 0$。说明电气角 $\theta_{电}$ 的大小就是被测角位移 $\theta_{机}$ 的大小。采用鉴幅工作方式时，不断调整 $\theta_{电}$，让感应电压的幅值为零，用 $\theta_{电}$ 代替对 $\theta_{机}$ 的测量，$\theta_{电}$ 可通过具体电子线路测得。

定尺上的感应电压的幅值随指令给定的位移量 x_1（$\theta_{电}$）与工作台的实际位移 x（$\theta_{机}$）的差值按正弦规律变化。鉴幅型系统用于数控机床闭环系统中，当工作台未达到指令要求值，即

$x \neq x_1$ 时，定尺上的感应电压 $U_0 \neq 0$。该电压经过检波放大后控制伺服执行机构带动机床工作台移动。当工作台移动到 $x = x_1$（$\theta_{电} = \theta_{机}$）时，定尺上的感应电压 $U_0 = 0$，工作台停止运动。

3.3.5 旋转变压器

旋转变压器是一种角度测量装置，它实际上是一种小型交流电动机。其结构简单，动作灵敏，对环境无特殊要求，维护方便，输出信号幅度大，抗干扰能力强，工作可靠，广泛应用于数控机床上。图 3-33 所示为旋转变压器。

图 3-33 旋转变压器

(1) 旋转变压器的结构

旋转变压器在结构上和两相线绕式异步电动机相似，由定子和转子组成。定子绕组为变压器的原边，转子绕组为变压器的副边。定子绕组通过固定在壳体上的接线柱直接引出。转子绕组有两种不同的引出方式。根据转子绕组两种不同的引出方式，旋转变压器分为有刷式旋转变压器和无刷式旋转变压器两种。

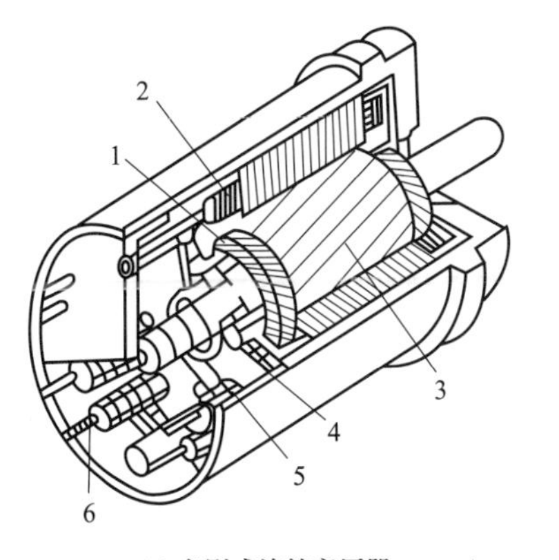

(a) 有刷式旋转变压器

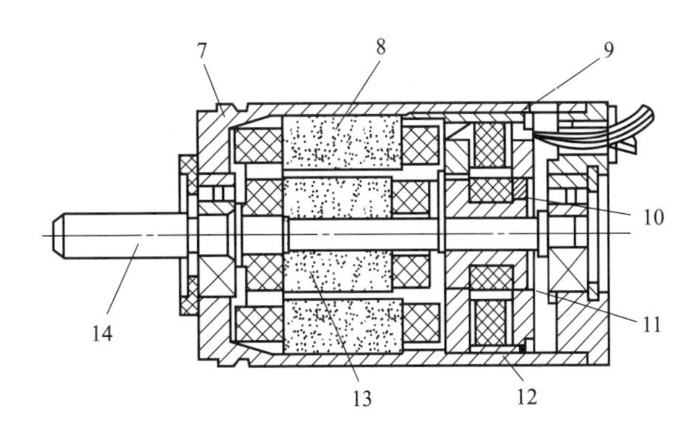

(b) 无刷式旋转变压器

图 3-34 旋转变压器结构图

1—转子绕组；2—定子绕组；3—转子；4—整流子；5—电刷；6—接线柱；7—壳体；
8—旋转变压器本体定子；9—附加变压器定子；10—附加变压器原边线圈；
11—附加变压器转子；12—附加变压器副边线圈；13—旋转变压器本体转子；14—转子轴

如图 3-34（a）所示的是有刷式旋转变压器。它的转子绕组通过滑环和电刷直接引出，其特点是结构简单，体积小，但电刷与滑环为机械滑动接触，所以可靠性差，寿命也较短。

如图 3-34（b）所示的是无刷式旋转变压器。它没有电刷和滑环，由两大部分即旋转变压器本体和附加变压器组成。附加变压器的原、副边铁芯及其线圈均为环形，分别固定于转子轴和壳体上，径向留有一定的间隙。旋转变压器本体的转子绕组与附加变压器的原边线圈连在一起，在附加变压器原边线圈中的电信号，即转子绕组中的电信号，通过电磁耦合，经附加变压器副边线圈间接地送出去。这种结构避免了有刷旋转变压器电刷与滑环之间的不良接触造成的影响，提高了可靠性，延长了使用寿命，但其体积、质量和成本均有所增加。

(2) 旋转变压器的工作原理

旋转变压器是根据互感原理工作的。它的结构保证了其定子和转子之间的磁通呈正（余）弦规律变化。定子绕组加上励磁电压，通过电磁耦合，转子绕组产生感应电动势。

如图 3-35 所示，其所产生的感应电动势的大小取决于定子和转子两个绕组轴线在空间的

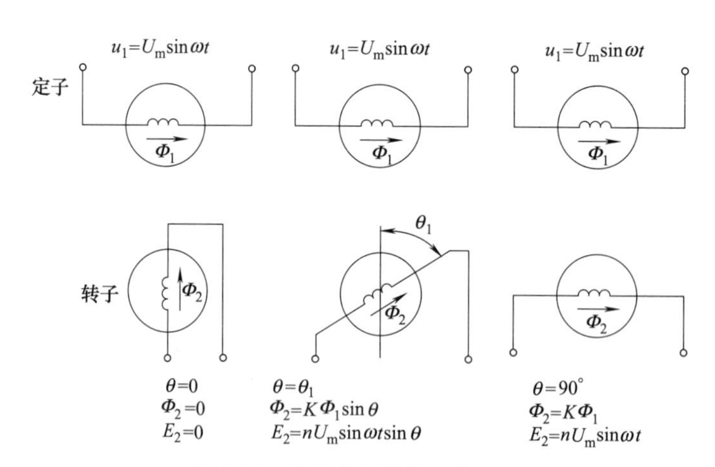

图 3-35 旋转变压器的工作原理

相对位置。两者平行时，磁通几乎全部穿过转子绕组的横截面，转子绕组产生的感应电动势最大；两者垂直时，转子绕组产生的感应电动势为零。感应电动势随着转子偏转的角度呈正（余）弦规律变化。

$$E_2=nU_1\cos\theta=nU_m\sin\omega t\cos\theta$$

式中 E_2——转子绕组感应电动势；

U_1——定子励磁电压；

U_m——定子绕组的最大瞬时电压；

θ——两绕组之间的夹角；

n——电磁耦合系数变压比。

3.4 主轴驱动

3.4.1 主轴驱动的概述

主轴驱动与进给驱动相比有相当大的差别，机床的主运动主要是旋转运动，无需丝杠或其他直线运动装置。主运动系统要求电动机能提供大的转矩（低速段）和足够的功率（高速段），所以主电动机调速要保证有恒定功率负载，而且在低速段具有恒转矩特性。图 3-36 所示为铣削主轴的驱动器，图 3-37 所示为车削主轴的驱动器，表 3-14 详细描述了数控机床对主轴的基本要求。

图 3-36 铣削主轴驱动器

图 3-37 车削主轴驱动器

表 3-14 数控机床对主轴的基本要求

序号	对主轴的基本要求	详细说明
1	调速要求	具有较大的调速范围并能进行无级变速
2	精度要求	具有足够高的精度和刚度
3	稳定性要求	具有良好的抗振性和热稳定性
4	换刀定向要求	具有自动换刀、主轴定向功能
5	进给同步要求	具有与进给同步控制的功能

采用直流电动机做主轴电动机时，直流主轴电动机不能做成永磁式的，这样才能保证有大的输出功率。交流主轴电动机均采用专门设计的鼠笼式感应电动机。有的主轴电动机轴上还装有测速发电机、光电脉冲发生器或脉冲编码器等作为转速和主轴位置的检测元件。

3.4.2 主轴驱动的功能要求

主轴除要求能连续调速外，还有主轴定向准停功能、主轴旋转与坐标轴进给的同步控制、恒线速切削控制等要求。

表 3-15 详细描述了数控机床主轴驱动的功能要求。

表 3-15 主轴驱动的功能要求

<table>
<tr><th>序号</th><th>主轴驱动的功能</th><th colspan="3">详细说明</th></tr>
<tr><td rowspan="3">1</td><td rowspan="3">主轴定向准停控制</td><td colspan="3">对于某些数控机床，为了使机械手换刀时对准抓刀槽，主轴必须停在固定的径向位置。在固定切削循环中，有的要求刀具必须在某一径向位置才能退出，这就要求主轴能准确地停在某一固定位置，这就是主轴定向准停功能。M19 指令为准停功能指令
主轴定向准停分为机械准停和电气准停两种</td></tr>
<tr><td>机械准停装置</td><td colspan="2">V 形槽定位盘准停装置是机械定向控制的一种装置，在主轴上固定一个 V 形槽定位盘，使 V 形槽与主轴上的端面键保持一定的相对位置，如图 3-38 所示。准停指令发出后，主轴减速，无触点开关发出信号，使主轴电动机停转并断开主传动链。同时，无触点开关信号使定位活塞伸出，活塞上的滚轮开始接触定位盘，当定位盘上的 V 形槽与滚轮对正时，滚轮插入 V 形槽使主轴准停，定位行程开关发出定向完成应答信号。无触点开关的感应块能在圆周上进行调整，保证定位活塞伸出，滚轮接触定位盘后，在主轴停转之前恰好落入定位盘上的 V 形槽内 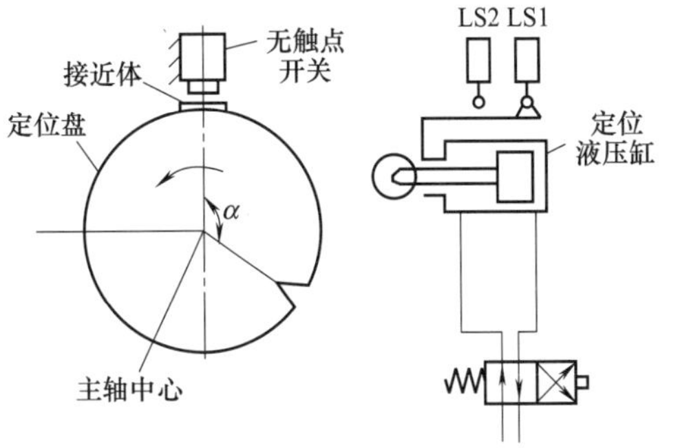
图 3-38 V 形槽定位盘准停装置</td></tr>
<tr><td>电气准停装置</td><td>磁性传感器准停装置</td><td>在这种装置中主轴单元接收准停启动信号后，主轴立即减速至准停速度。当主轴到达准停速度且到达准停位置(磁发生器与磁传感器对准)时，立即减速至某一爬行速度。当磁感应器信号出现时，主轴驱动立即进入以磁传感器作为反馈元件的位置闭环控制，目标位置即为准停位置，如图 3-39 所示 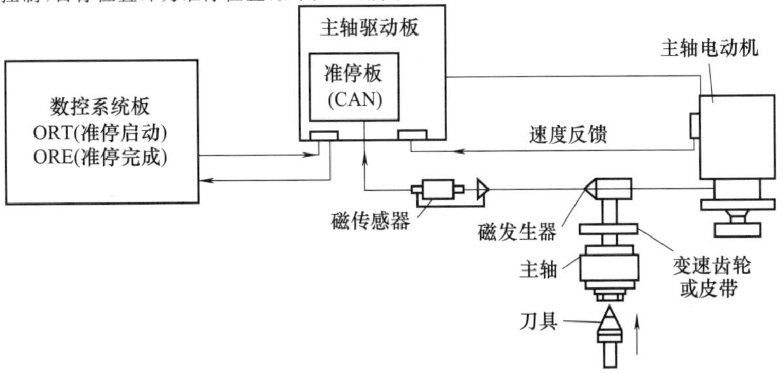
图 3-39 磁性传感器准停装置</td></tr>
</table>

续表

序号	主轴驱动的功能	详细说明		
1	主轴定向准停控制	电气准停装置	编码器准停装置	由数控系统发出准停启动信号，主轴驱动的控制与磁传感器控制方式相似，准停完成后数控系统发出准停完成信号。编码器准停位置由外部开关量信号设定给数控系统，由数控系统向主轴驱动单元发出准停位置信号，如图3-40所示。磁传感器控制要调整准停位置，只能靠调整磁性元件和磁传感器的相对安装位置实现 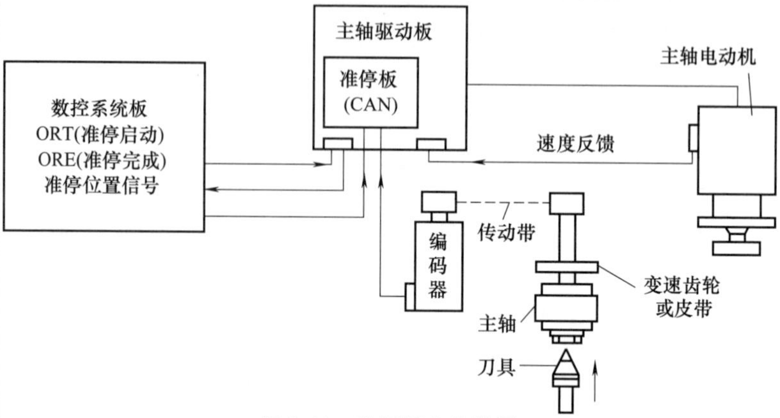 图 3-40　编码器准停装置
2	主轴的旋转与坐标轴进给的同步控制	加工螺纹时，带动工件旋转的主轴转数与坐标轴的进给量应保持一定的关系，即主轴每转一转，按所要求的螺距沿工件的轴向坐标进给相应的脉冲量。通常采用光电脉冲编码器作为主轴的脉冲发生器，将其装在主轴上，与主轴一起旋转，发出脉冲		
3	恒线速切削控制	利用数控车床和数控磨床进行端面切削时，为了保证加工端面的表面粗糙度小于某一值，要求工件与刀尖的接触点的线速度为恒值 直流主轴电动机为他励式直流电动机，其功率一般较大（相对进给伺服电动机），运行速度可以高于额定转速。直流主轴电动机的调速控制方式较为复杂，有两种方法：恒转矩调速和恒功率调速 恒转矩调速是在额定转速以下时，保持励磁绕组中励磁电流为额定值，而改变电动机电枢端电压来进行调速的调速方式 恒功率调速是在额定转速以上时，保持电枢端电压不变，而改变励磁电流来进行调速的调速方式 一般来说，直流主轴电动机的调速方法是恒转矩调速和恒功率调速相结合的调速方法。直流主轴电动机与直流进给电动机一样，存在换向问题，但主轴电动机转速较高，电枢电流较大，比直流进给电动机换向要困难。为了增加直流主轴电动机的可靠性，要改善换向条件，具体措施是增加换向极和补偿绕组。影响换向的几个主要因素如下： ①换向空间的磁通，由于电枢磁场的作用而被扭歪了。电枢磁场对电动机主磁场的影响称为电枢反应 ②自感抗电压 $L\frac{di}{dt}$。它和进行换向的线圈的电感有关 ③互感抗电压 $M\frac{di}{dt}$。它和进邻近线圈的电感有关 ④换向片之间的高电压 交流主轴电动机是一种具有笼式转子的三相感应电动机，也称为三相异步电动机 永磁式交流伺服电动机和感应式交流伺服电动机比较如下： 共同点：工作原理均是由定子绕组产生旋转磁场使得转子跟随定子旋转磁场一起运转 不同点：永磁式伺服电动机的转速与外加交流电源的频率存在着严格的同步关系，即电动机的转速等于旋转磁场的同步转速；而感应式伺服电动机由于需要转速差才能产生电磁转矩，因此，电动机的转速低于磁场同步转速，负载越大，转速差越大 感应式交流伺服电动机结构简单、便宜、可靠，配合矢量交换控制的主轴驱动装置，可以满足数控机床主轴驱动的要求。主轴驱动交流伺服化是数控机床主轴驱动控制的发展趋势		

3.5 位置控制

3.5.1 数字脉冲比较伺服系统

(1) 数字脉冲比较伺服系统的组成

一个数字脉冲比较伺服系统最多可由六个主要环节组成，如图3-41所示，表3-16详细描述了数字脉冲比较伺服系统各环节的作用。

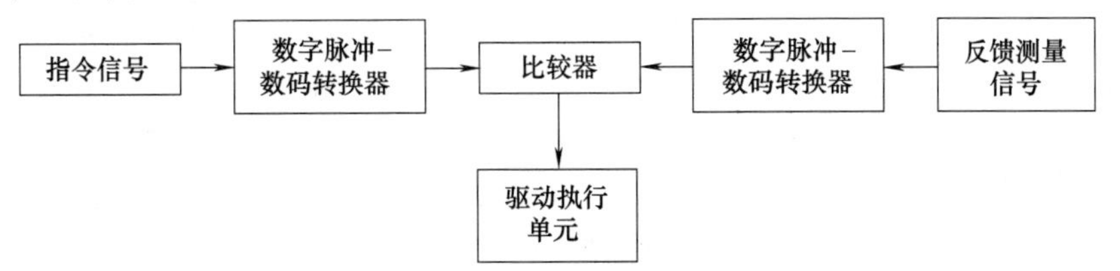

图 3-41 数字脉冲比较伺服系统的组成

表 3-16 数字脉冲比较伺服系统各环节的作用

序号	各环节作用	详细说明
1	指令信号	由数控装置提供的指令信号。它可以是数码信号,也可以是数字脉冲信号
2	比较器	由测量元件提供的机床工作台位置信号。它可以是数码信号,也可以是数字脉冲信号
3	比较器	用以完成指令信号与测量反馈信号的比较。常用的比较器大致有三类:数码比较器、数字脉冲比较器、数码与数字脉冲比较器。比较器的输出反映了指令信号和反馈信号的差值以及差值的方向。数控机床将这一输出信号放大后,用以控制执行元件。数控机床执行元件可以是伺服电动机、液压伺服马达等
4	数字脉冲-数码转换器	数字脉冲信号与数码的相互转换部件。由于指令和反馈信号不一定能适合比较的需要,因此,在指令信号和比较器之间以及反馈信号和比较器之间有时需增加数字脉冲-数码转换器。它依据比较器的功能以及指令信号和反馈信号的性质而决定取舍
5	驱动执行单元	它根据比较器的输出带动机床工作台移动

一个具体的数字脉冲比较系统,根据指令信号和测量反馈信号的形式以及选择的比较器的形式,可以是一个包括上述六个部分的系统,也可以是仅由其中的某几部分组成的系统。

数字式伺服系统与模拟系统有着本质的区别。

① 模拟系统的调节功能是实时的、连续的,其数学模型的建立使用拉氏变换。数字式伺服系统从比较单元到放大单元,其调节器的控制功能都是由程序计算完成,因此,它是一种离散系统,可以建立相应的数学模型。

② 数字式伺服系统并不是模拟系统的简单数字化。数字化伺服系统引入了计算机软件技术,可以利用现代控制理论获得最佳控制效果。图 3-42 所示为直流电动机数字式伺服系统的工作原理简图。

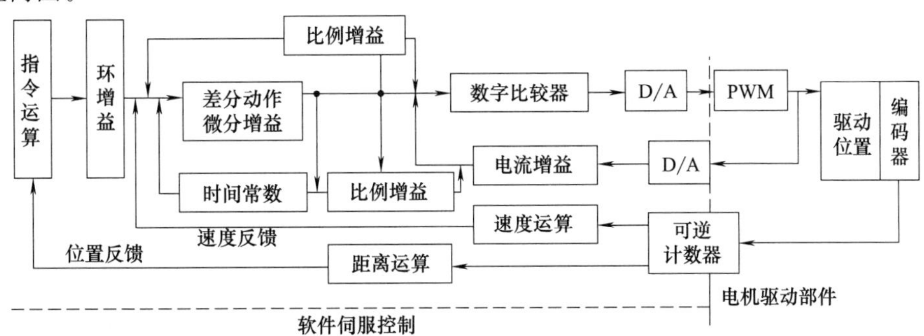

图 3-42 直流电动机数字式伺服系统工作原理简图

该直流电动机数字式伺服系统与传统的模拟系统相比,在数字伺服系统中 3 个环(位置环、速度环和电流环)的比较、计算和调节功能都是由软件来完成。系统在速度环与电流环之间加入了数字校正环节,以进一步改善系统的动态、静态特性,通过系统软件进行适当调节,可以得到非常理想的动态、静态特性。

(2) 数字脉冲比较系统的工作过程

下面以用光电脉冲编码器做测量元件的数字脉冲比较系统为例说明数字脉冲比较系统的工

作过程。数控机床光电编码器是一种通过光电转换将输出轴上的机械角位移量转换成脉冲或数字量的传感器，是目前应用最多的传感器。数控机床光电编码器是由光栅盘和光电检测装置组成的。光栅盘是在一定直径的圆板上等分地开通若干个长方形孔而形成的。由于光栅盘与伺服电动机同轴，电动机旋转时，光栅盘与电动机同速旋转，经发光二极管等电子元件组成的检测装置检测输出若干脉冲信号，通过计算每秒光电编码器输出脉冲的个数就能反映当前电动机的转速。此外，数控机床为判断旋转方向，码盘还提供有相位差的两路脉冲信号。

若工作台静止时，指令脉冲 $t=0$。此时，反馈脉冲值亦为零，经比较环节得偏差。$e=P_c-P_1=0$，则伺服电动机的转速给定为零，工作台保持静止。随着指令脉冲的输出，$P_c\neq 0$，在工作台尚未移动之前，P_f 仍为零，此时 $e=P_c-P_f\neq 0$，若指令脉冲为正向进给脉冲，则 $e>0$，由速度控制单元驱动电动机带动工作台正面进给。随着电动机运转，光电脉冲编码器不断将 P_f 送入比较器与 P_c 进行比较。若 $e\neq 0$ 继续运行，直到 $e=0$ 即反馈脉冲数等于指令脉冲数时，工作台停止在指令规定的位置上。数控机床此时如继续给出正向指令脉冲，则工作台继续运动。

当指令脉冲为反向进给脉冲时，控制过程与上述过程基本类似，只是此时 $e<0$，工作台作反向进给。

数字脉冲比较伺服系统的特点为：指令位置信号与位置检测装置的反馈信号在位置控制单元中是以脉冲、数字的形式进行比较的，比较后得到的位置偏差经 D/A 转换器转换（全数字伺服系统不经 D/A 转换器转换），发送给速度控制单元。

3.5.2 相位比较伺服系统

相位比较伺服系统是将数控装置发出的指令脉冲和位置检测反馈信号都转换为相应同频率的某一载波不同相位的脉冲信号，在位置控制单元进行相位比较的系统。相位差反映了指令位置与机床工作台实际位置的偏差，如图 3-43 所示。

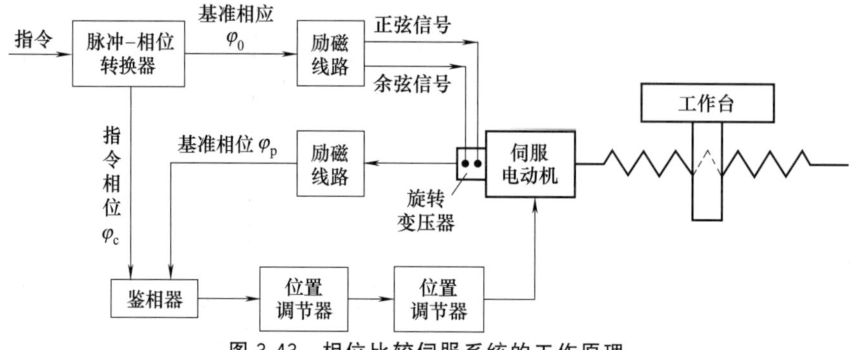

图 3-43 相位比较伺服系统的工作原理

旋转变压器作为位置检测的半闭环控制装置。旋转变压器工作在移相器状态，把机械角位移转换为电信号的位移。由数控装置发出的指令脉冲经脉冲-相位变换器变成相对于基准相位 φ_0 而变化的指令脉冲 φ_c，φ_c 的大小与指令脉冲个数成正比；φ_c 超前或落后于 φ_0，取决于指令脉冲的方向（正传或反转）；φ_c 随时间变化的快慢与指令脉冲频率成正比。

基准相位 φ_c 经 90°移相，变成幅值相等、频率相同、相位相差 90°的正弦、余弦信号，给旋转变压器两个正交绕组励磁，从它的转子绕组取出的感应电压相位 φ_p 与转子相对于定子的空间位置有关，即 φ_p 反映了电动机轴的实际位置。

在相位比较伺服系统中，鉴相器对指令信号和反馈信号的相位进行比较，判别两者之间的相位差，把它转化为带极性的偏差信号，作为速度控制单元的输入信号。鉴相器的输出信号通常为脉宽调制波，需经低通滤波器除去高次谐波，变换为平滑的电压信号，然后送到速度控制单元。由速度控制单元驱动电动机带动工作台向消除误差的方向运动。

3.5.3 幅值比较伺服系统

幅值比较伺服系统是以位置检测信号幅值的大小来反映机床工作台的位移，并以此信号作为位置反馈信号与指令信号进行比较，从而获得位置偏差信号的系统，如图3-44所示。偏差信号反映了指令位置与机床工作台实际位置的偏差。

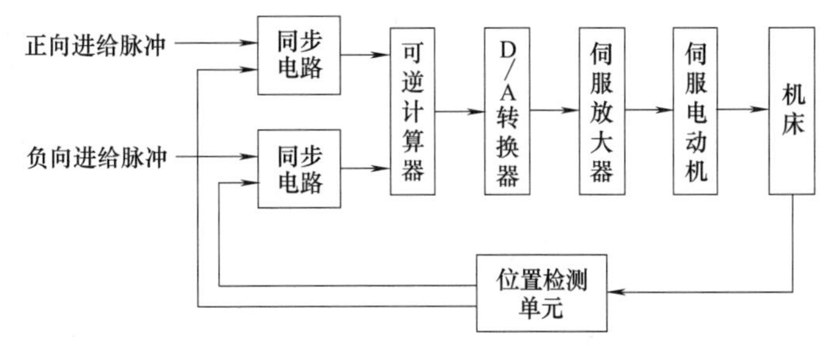

图 3-44 幅值比较伺服系统的工作原理

幅值比较伺服系统采用不同的检测元件（光栅、磁栅、感应同步器或旋转变压器）时，所得到的反馈信号各不相同。比较单元需要将指令信号和反馈信号转换成同一形式的信号才能比较。

采用光栅或磁栅的脉冲式幅值比较伺服系统，检测装置输出的反馈信号有正向反馈脉冲和负向反馈脉冲，其每个脉冲表示的位移量与指令脉冲当量相同，在可逆计数器中与指令脉冲进行比较（指令脉冲做加法、反馈脉冲做减法），得到的差值经 D/A 转换器转换为模拟电压，经功率放大后驱动伺服电动机带动工作台移动。

3.6 直线电动机进给系统

3.6.1 直线电动机概述

直线电动机也称线性电动机、线性马达、直线马达、推杆马达。下面简单介绍直线电动机的类型及其与旋转电动机的不同。最常用的直线电动机是平板式（图 3-45）、U 形槽式（图 3-46）和管式直线电动机（图 3-47）。

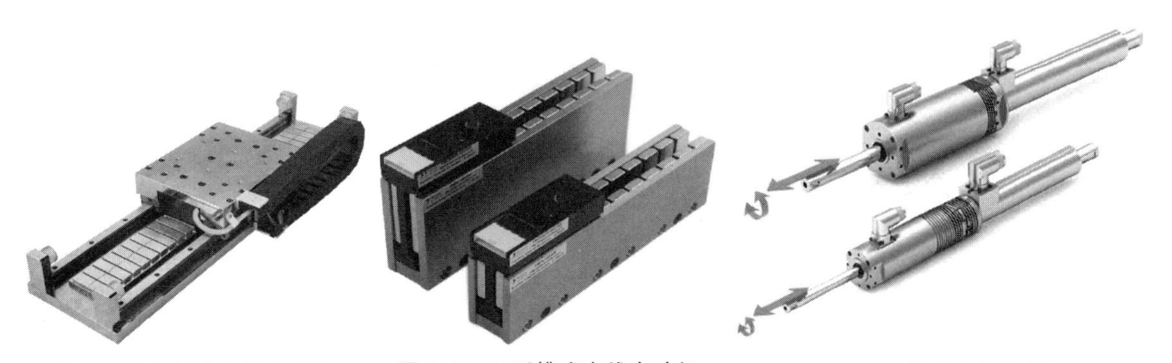
图 3-45 平板式直线电动机　图 3-46 U 形槽式直线电动机　图 3-47 管式直线电动机

直线电动机线圈的典型组成是三相，由霍尔元件实现无刷换相。如图 3-48 所示的直线电动机由动子的内部绕组、磁铁和磁轨组成。

直线电动机经常被简单描述为旋转电动机被展平。动子是用环氧树脂材料把线圈压缩在一起制成的，而且磁轨是把磁铁固定在钢上形成的，电动机的动子包括线圈绕组、霍尔元件电路板、电热调节器和电子接口。在旋转电动机中，动子和定子需要旋转轴承支撑动子以保证相对运动部分所需要的间隙。同样地，直线电动机需要直线导轨来保持动子在磁轨产生的磁场中的位置。和旋转伺服电动机的编码器安装在轴上反馈位置一样，直线电动机也需要反馈直线位置的反馈装置——直线编码器，它可以直接测量负载的位置，从而提高负载的位置精度。

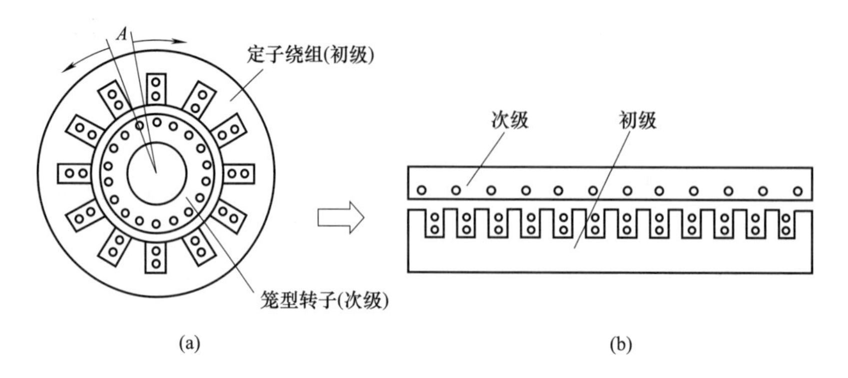

图 3-48　直线电动机的组成

直线电动机的控制与旋转电动机一样。动子和定子无机械连接，但动子旋转和定子位置保持固定，直线电动机可以由磁轨或推力线圈推动。用推力线圈推动的电动机，推力线圈的重量和负载比很小，且需要高柔性线缆及其管理系统。用磁轨运动的电动机，不仅要承受负载，还要承受磁轨重量，但无需线缆管理系统。图 3-49 为直线电动机的结构图。

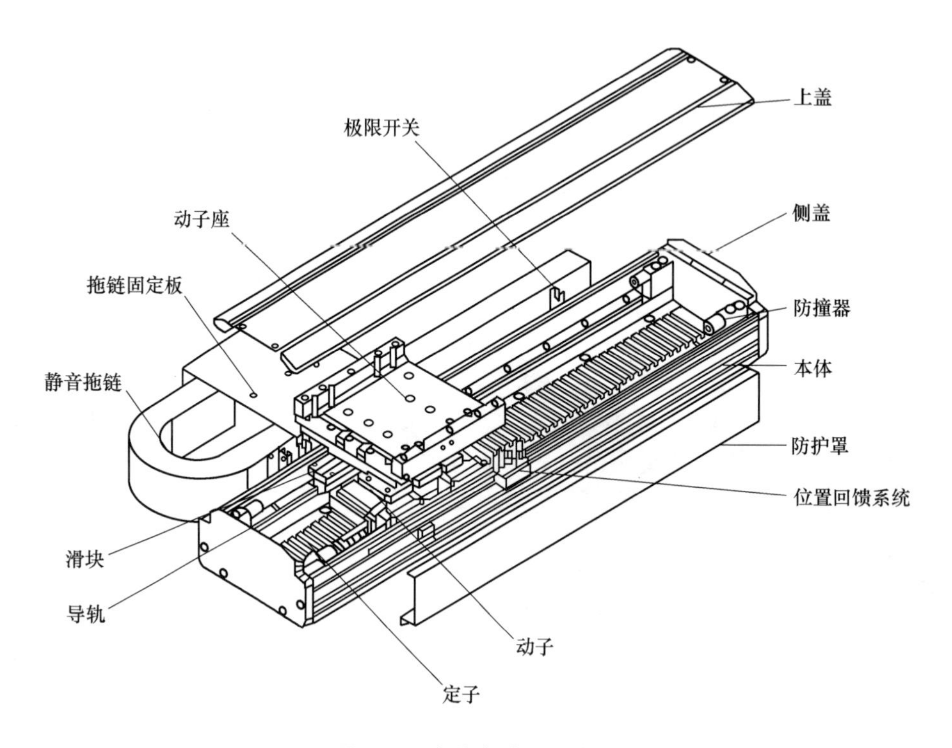

图 3-49　直线电动机结构图

相似的机电原理用在直线和旋转电动机上。相同的电磁力在旋转电动机上产生力矩而在直线电动机上产生直线推力作用。因此，直线电动机使用和旋转电动机相同的控制和可编程配置。直线电动机的形状可以是平板式、U形槽式和管式，哪种构造适合要看实际应用的规格要求和工作环境。

3.6.2 直线电动机与机床进给系统的优缺点比较

直线电动机驱动技术的研发开辟了控制轴运动高速化的新领域，它与伺服旋转电动机+滚珠丝杠驱动的性能对比如表3-17所示。

表3-17 直线电动机与伺服旋转电动机+滚珠丝杠驱动的性能对比

序号	项　目	直线电动机	旋转电动机+滚珠丝杠
1	精度	0.5μm/300mm	10μm/300mm
2	重复精度	0.1μm	2μm
3	运动速度	≤120m/min	≤60m/min
4	加(减)速度	1～2g	1g
5	静态刚度	90～180N/μm	70～270N/μm
6	动态刚度	90～180N/μm	160～210N/μm
7	驱动冷却	必须具备	一般不需要
8	磨损	不会引起磨损	有较大的磨损
9	迟滞性	无迟滞	有一定的迟滞
10	碰撞保护	需电气和机械保护	可用机械防撞
11	位置控制	需配光栅闭环控制	可半闭环控制

3.6.3 直线电动机的优点

直线电动机驱动具有高推力、高速、高精度、平滑进给运动等特性。机床进给系统采用直线电动机直接驱动与原旋转电动机传动方式的最大区别是：取消了从电动机到工作台之间的机械中间传动环节。即把机床进给传动链的长度缩短为零，故这种传动方式称为“直接驱动”(direct drive)，也称“零传动”。直接驱动避免了丝杠传动中的反向间隙、惯性、摩擦力和刚性不足等缺点，带来了原旋转电动机驱动方式无法达到的性能指标和优点，主要表现在以下几个方面，见表3-18。

表3-18 直线电动机的优点

序号	直线电动机优点	详细说明
1	结构简单	管式直线电动机不需要经过中间转换机构而直接产生直线运动，使结构大大简化，运动惯量减小，动态响应性能和定位精度大大提高；同时也提高了可靠性，节约了成本，使制造和维护更加简便。它的初、次级可以直接成为机构的一部分，这种独特的结合使得这种优势进一步体现出来
2	适合高速直线运动	因为不存在离心力的约束，普通材料亦可以达到较高的速度。而且如果初、次级间用气垫或磁垫保存间隙，则运动时无机械接触，因而运动部分也就无摩擦和噪声。这样，传动零部件没有磨损，可大大减小机械损耗，避免拖缆、钢索、齿轮与带轮等所造成的噪声，从而提高整体效率。机床直线电动机进给系统，能够满足60～200m/min或更高的超高速切削进给速度
3	高加速度	这是直线电动机驱动相比其他丝杠、同步带和齿轮齿条驱动的一个显著优势，由于具有高速响应性，其加减速过程大大缩短，加速度一般可达到2g～20g
4	初级绕组利用率高	在管式直线感应电动机中，初级绕组是饼式的，没有端部绕组．因而绕组利用率高
5	无横向边缘效应	横向效应是指由于横向开断造成的边界处磁场削弱的现象，而圆筒形直线电动机横向无开断，所以磁场沿周向均匀分布
6	容易克服单边磁拉力问题	径向拉力互相抵消，基本不存在单边磁拉力的问题
7	易于调节和控制	通过调节电压或频率，或更换次级材料，可以得到不同的速度、电磁推力，适用于低速往复运行场合
8	适应性强	直线电动机的初级铁芯可以用环氧树脂封成整体，具有较好的防蚀、防潮性能，便于在潮湿、粉尘和有害气体的环境中使用．而且可以设计成多种结构形式，满足不同情况的需要

续表

序号	直线电动机优点	详细说明
9	高精度性	由于取消了丝杠等机械传动机构,因而减少了传动系统滞后所带来的跟踪误差。通过高精度直线位移传感器(如微米级别)进行位置检测反馈控制,大大提高机床的定位精度
10	传动刚度高、推力平稳	"直接驱动"提高了传动刚度。直线电动机的布局,可根据机床导轨的形面结构及其工作台运动时的受力情况来布置,通常设计成均布对称,使其运动推力平稳
11	行程长度不受限制	通过直线电动机的定子的铺设,就可无限延长动子的行程长度。由于直线电动机的次级是一段一段地连续铺在机床床身上的,次级铺到哪里,初级(工作台)就可运动到哪里,不管有多远,对整个系统的刚度不会有任何影响
12	运行时噪声低	取消了传动丝杠等部件的机械摩擦,导轨副可采用滚动导轨或磁悬浮导轨(无机械接触),使运动噪声大大下降
13	效率高	由于无中间传动环节,也就取消了其机械摩擦时的能量损耗,系统效率大大提高

3.6.4 直线电动机在数控机床中的应用

数控机床正在向精密、高速、复合、智能、环保的方向发展。精密和高速加工对传动及其控制提出了更高的要求：更高的动态特性和控制精度，更高的进给速度和加速度，更低的振动噪声和更小的磨损。问题的症结在传统的传动链从作为动力的电动机到工作部件要通过齿轮、蜗轮副、带、丝杠副、联轴器、离合器等中间传动环节，这些环节中会产生较大的转动惯量、弹性变形、反向间隙、运动滞后、摩擦、振动、噪声及磨损等问题。虽然通过不断改进在这些方面已有所提高，但问题很难从根本上解决，于是出现了“直接传动”的概念，即取消从电动机到工作部件的各种中间环节。

随着电动机及其驱动控制技术的发展，电主轴、直线电动机、力矩电动机的出现和技术的日益成熟，主轴驱动、直线驱动和旋转坐标运动的“直接传动”概念变为现实，并日益显示其巨大的优越性。直线电动机及其驱动控制技术在数控机床进给驱动上的应用，使数控机床的传动结构出现了重大变化，并使数控机床性能有了新的飞跃。

近年来模糊逻辑控制、神经网络控制等智能控制方法也被引入直线电动机驱动系统的控制中。目前主要是将模糊逻辑、神经网络与 PID、H∞控制等现有的成熟的控制方法相结合，取长补短，以获得更好的控制性能。

采用直线伺服电动机的高速加工中心，已成为国际上各大机床制造商竞相研究和开发的关键技术和产品，并已在汽车工业和航空工业中取得初步应用和成效。作为高速加工中心的新一代直接驱动伺服执行元件，直线伺服电动机技术在国内外也已经进入工业化应用阶段。

第4章　数控机床机械结构

随着数控技术（包括伺服驱动、主轴驱动）的迅速发展，为了适应现代制造业对生产效率、加工精度、安全环保等方面越来越高的要求，现代数控机床的机械结构已经从初期对普通机床的局部改造，逐步发展形成了自己独特的结构。特别是随着电主轴、直线电动机等新技术、新产品在数控机床上的推广应用，部分机械结构日趋简化，新的结构、功能部件不断涌现，数控机床的机械机构正在发生重大的变化；虚拟轴机床的出现和实用化，使传统的机床结构面临着更严峻的挑战。本章着重介绍数控机床主传动机构、进给传动机构、滚珠丝杠螺母副、导轨副、自动换刀装置及回转工作台等典型机械结构。

4.1　数控机床结构的组成、特点及要求

4.1.1　数控机床机械结构的组成

数控机床的机械结构主要由以下几个部分组成，见表4-1。

表4-1　数控机床的机械结构的组成

序号	数控机床结构	说　　明
1	主传动系统	包括动力源、传动件及主运动执行件主轴等，其功能是将驱动装置的运动及动力传给执行件，以实现主切削运动
2	进给传动系统	包括动力源、传动件及进给运动执行件工作台（刀架）等，其功能是将伺服驱动装置的运动与动力传给执行件，以实现进给切削运动
3	基础支承件	是指床身、立柱、导轨、滑座、工作台等，用以支承机床的各主要部件，并使它们在静止或运动中保持相对正确的位置
4	辅助装置	该装置视数控机床的不同而异，如自动换刀系统、液压气动系统、润滑冷却装置等

图4-1为数控车床结构图，图4-2为数控铣床结构图，图4-3为加工中心结构图。

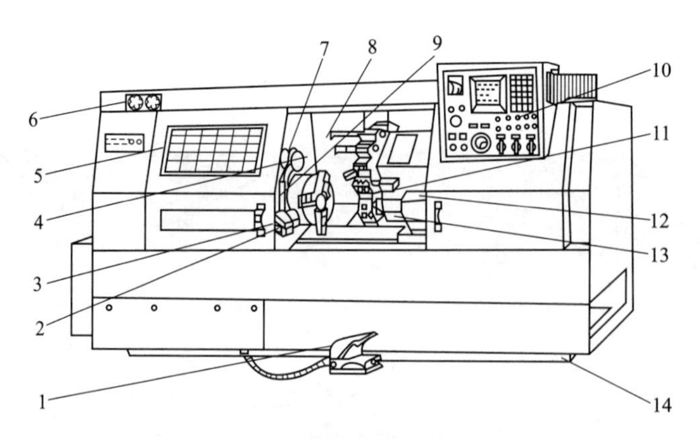

图 4-1 数控车床结构图

1—脚踏开关；2—对刀仪；3—主轴卡盘；4—主轴箱；5—机床防护门；6—压力表；7—对刀仪防护罩；8—防护罩；9—对刀仪转臂；10—操作面板；11—回转刀架；12—尾座；13—滑板；14—床身

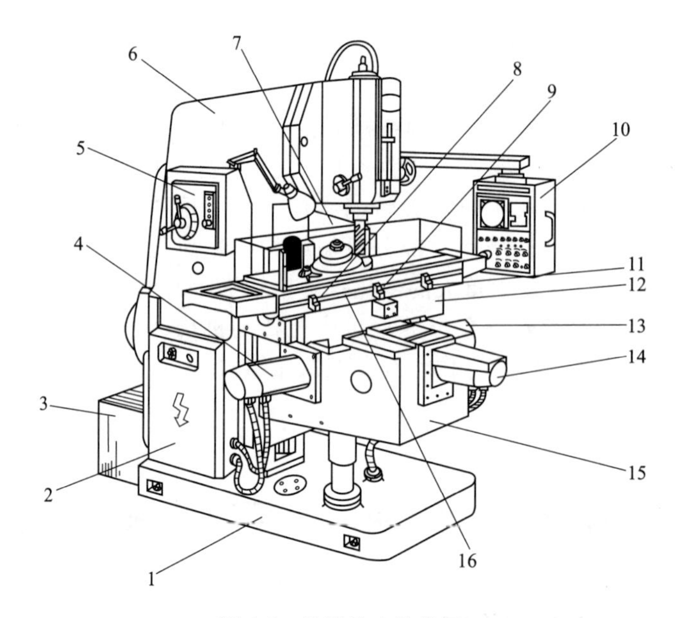

图 4-2 数控铣床结构图

1—底座；2—强电柜；3—变压器箱；4—伺服电动机；5—主轴变速手柄和按钮板；6—床身；7—数控柜；8—保护开关；9—挡铁；10—操纵台；11—保护开关；12—纵向溜板；13—纵向进给伺服电动机；14—横向进给伺服电动机；15—升降台；16—总项工作台

其中，图 4-3 所示为数控机床（JCS-018 立式镗铣加工中心）的机械结构组成，该机床可在一次装夹零件后，自动连续完成铣、钻、镗、铰、攻螺纹等加工。由于工序集中，显著提高了加工效率，也有利于保证各加工面间的位置精度。该数控机床可以实现旋转主运动及 X、Y、Z 三个坐标的直线进给运动，还可以实现自动换刀。

JCS-018 立式镗铣加工中心中，床身 10 为该机床的基础部件。交流变频调速电动机将运动经主轴箱 5 内的传动件传给主轴，实现旋转主运动。三个脉宽调速直流伺服电动机分别经滚珠丝杠螺母副将运动传给工作台 8、滑座 9，实现将 X、Y 坐标方向的进给运动传给主轴箱 5，使其沿立柱导轨作 Z 坐标方向的进给运动。立柱左上侧的盘式刀库 4 可容纳 16 把刀，由换刀机械手 2 进行自动换刀。立柱的左后部为数控柜 3，右侧为驱动电源箱 7，左下侧为润滑油箱等辅助装置。

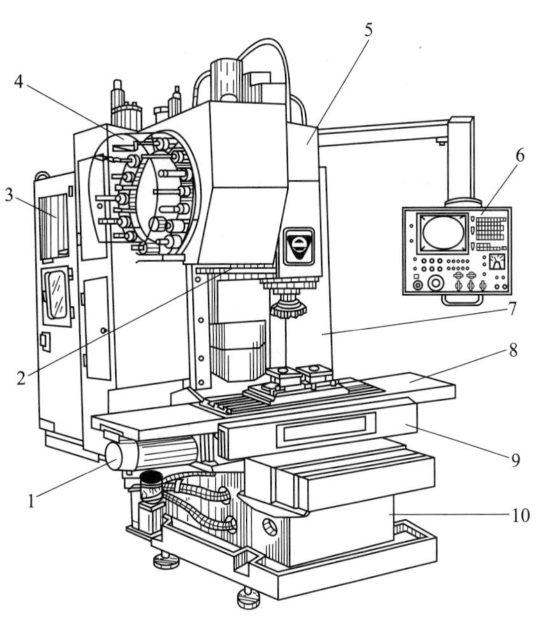

图 4-3 加工中心结构图

1—X 轴进给伺服电动机；2—换刀机械手；3—数控柜；4—刀库；5—主轴箱；6—操纵台；7—驱动电源箱；8—纵向工作台；9—滑座；10—床身

4.1.2 数控机床的结构特点和要求

数控机床采用高性能的无级变速主轴及伺服传动系统，数控机床的机械传动结构大为简化，传动链也大大缩短；为适应连续的自动化加工和提高加工生产率，数控机床机械结构具有较高的静、动态刚度以及较高的耐磨性，而且热变形小；为减小摩擦、消除传动间隙和获得更高的加工精度，数控机床更多地采用了高效传动部件，如滚珠丝杠副和滚动导轨、消隙齿轮传动副等；为了改善劳动条件、缩短辅助时间、改善操作性能、提高劳动生产率，采用了刀具自动夹紧装置、刀库与自动换刀装置及自动排屑装置等辅助装置。

数控机床的机械结构具有不同于普通机床的特点和要求，主要体现在以下几个方面，见表 4-2。

表 4-2 数控机床的结构特点和要求

序号	结构特点	说明
1	高静刚度和动刚度	刚度是机床的基本技术性能之一，它代表机床结构抵抗变形的能力。因机床在加工过程中承受多种外力的作用，包括运动部件和工件的自重、切削力、驱动力、加减速时的惯性力、摩擦阻力等，各部件在这些力的作用下将产生变形，变形会直接或间接地引起刀具和工件之间产生相对位移，破坏刀具和工件原来所占有的正确位置，从而影响加工精度 根据承受载荷的性质，刚度可分为静刚度和动刚度两类。机床的静刚度是指机床在静态力的作用下抵抗变形的能力。它与构件的几何参数及材料的弹性模量有关。机床的动刚度是指机床在动态力的作用下抵抗变形的能力。在同样的频率比的条件下，动刚度与静刚度成正比，动刚度与阻尼比也成正比，即阻尼比和静刚度越大，动刚度也越大 数控机床要在高速和重负荷条件下工作，为了满足加工的高生产率、高速度、高精度、高可靠性和高自动化程度的要求，与普通机床相比，数控机床应有更高的静刚度、动刚度和更高的抗振性 提高数控机床结构刚度的措施如下： ① 合理选择结构形式。正确选择床身的截面形状和尺寸、合理选择和布置筋板、提高构件的局部刚度和采用焊接结构 ② 合理安排结构布局。合理的结构布局，使构件承受的弯矩和扭矩减小，从而可提高机床的刚度 ③ 补偿变形措施。机床工作时，在外力的作用下，不可避免地存在变形，如果能采取一定措施减小变形对加工精度的影响，则其结果相当于提高了机床的刚度。对于大型的龙门铣床，当主轴部件移动到横梁中部时，横梁的下凹弯曲变形最大，为此可将横梁导轨加工成中部凸起的抛物线形，这可以使变形得到补偿 ④提高构件间的接触刚度和机床与地基连接处的刚度等

续表

序号	结构特点	说　　明
2	高抗振性	高速切削是产生动态力的直接因素，数控机床在高速切削时容易产生振动。机床加工时可能产生两种振动：强迫振动和自激振动。机床的抗振性是指抵抗这两种振动的能力 提高机床结构抗振性的措施如下： ①提高机床构件的静刚度。可以提高构件或系统的固有频率，从而避免发生共振 ②提高阻尼比。在大件内腔充填泥芯和混凝土等阻尼材料，在振动时因相对摩擦力较大而耗散振动能量。采用阻尼涂层，即在大件表面喷涂一层具有高内阻尼和较高弹性的黏滞弹性材料，涂层厚度越大阻尼越大。采用减振焊缝，则在保证焊接强度的前提下，将两焊接件之间部分焊住时，留有贴合而未焊死的表面，在振动过程中，两贴合面之间产生的相对摩擦即为阻尼，使振动减小 ③采用新型材料和钢板焊接结构。近年来很多高速机床的床身材料采用了聚合物混凝土，它具有刚度高、抗振性好、耐蚀和耐热的特点，用丙烯酸树脂混凝土制成的床身，其动刚度比铸铁件的高出了6倍。用钢板焊接构件代替铸铁构件的趋势也不断扩大。采用钢板焊接构件的主要原因是焊接技术的发展，使抗振措施十分有效；轧钢技术的发展，又提供了多种形式的型钢
3	高灵敏度	数控机床通过数字信息来控制刀具与工件的相对运动，它要求在相当大的进给速度范围内都能达到较高的精度，因而运动部件应具有较高的灵敏度。导轨部件通常用滚动导轨、贴塑导轨、静压导轨等，以减小摩擦力，使其在低速运动时无爬行现象。工作台、刀架等部件的移动由交流或直流伺服电动机驱动，经滚动丝杠传动，减小了进给系统所需要的驱动扭矩，提高了定位精度和运动平稳性
4	热变形小	机床的热变形是影响机床加工精度的主要因素之一。引起机床热变形的主要原因是机床内部热源发热和摩擦、切削产生的热。由于数控机床的主轴转速、快速进给速度都远远超过普通机床，数控机床又长时间处于连续工作状态，电动机、丝杠、轴承、导轨的发热都比较严重，加上高速切削产生的切屑的影响，使得数控机床的热变形影响比普通机床的要严重得多。虽然先进的数控系统具有热变形补偿功能，但是它并不能完全消除热变形对于加工精度的影响，在数控机床上还应采取必要的措施，尽可能减小机床的热变形 热源分布不均，散热性能不同，导致机床各部分温升不一致，从而产生不均匀的热膨胀变形，以致影响刀具和工件的正确相对位置，影响加工精度，且热变形对加工精度的影响操作者往往难以修正 减小热变形的措施如下： ①主运动采用直流或交流调速电动机进行无级调速 ②采用热对称结构及热平衡措施，使机床主轴的热变形发生在刀具切入的垂直方向上 ③改善主轴轴承、丝杠螺母副、高速运动导轨副的摩擦特性 ④对机床发热部件采取散热、风冷或液冷等措施控制温升，对切削部位采取大流量强制冷却 ⑤预测热变形规律，采取热位移补偿等 ⑥采用排屑系统
5	保证运动的精度和稳定性	机床的运动精度和稳定性不仅与数控系统的分辨率、伺服系统的精度的稳定性有关，而且还在很大程度上取决于机械传动的精度。传动系统的刚度、间隙、摩擦死区、非线性环节都会对机床的精度和稳定性产生很大的影响。减小运动部件的质量，采用低摩擦因数的导轨和轴承以及滚珠丝杆副、静压导轨、直线滚动导轨、塑料滑动导轨等高效执行部件，可以减小系统的摩擦阻力，提高运动精度，避免低速爬行。缩短传动链，对传动部件进行消隙，对轴承和滚珠丝杠进行预紧，可以减小机械系统的间隙和非线性影响，提高机床的运动精度和稳定性
6	自动化程度高，操作方便，满足人机工程学的要求	高自动化、高精度、高效率数控机床的主轴转速、进给速度和快速定位精度高，可以通过切削参数的合理选择，充分发挥刀具的切削性能，缩短切削时间，且整个加工过程连续，各种辅助动作快，自动化程度高，缩短了辅助动作时间和停机时间。同时要求机床操作方便，满足人机工程学的要求

4.2 数控机床的进给运动及传动机构

数控机床进给系统的机械传动机构是指将电动机的旋转运动传递给工作台或刀架以实现进

给运动的整个机械传动链，包括齿轮传动副、丝杠螺母副（或蜗轮蜗杆副）及其支承部件等。为确保数控机床进给系统的位置控制精度、灵敏度和工作稳定性，对进给机械传动机构总的设计要求是：消除传动间隙，减小摩擦阻力，降低运动惯量，提高传动精度和刚度。

4.2.1 数控机床对进给系统机械部分的要求

数控机床从构造上可以分为数控系统和机床两大块。数控系统主要根据输入程序完成对工作台的位置，主轴启停、换向、变速，刀具的选择、更换，液压系统、冷却系统、润滑系统等的控制工作。而机床为了完成零件的加工须进行两大运动：主运动和进给运动。数控机床的主运动和进给运动在动作上除了接受数控系统的控制外，在机械结构上应具有响应快、高精度、高稳定性的特点。本节着重讨论进给系统的机械结构特点，其中表4-3详细描述了数控机床对进给系统机械部分的要求。

表4-3 数控机床对进给系统机械部分的要求

序号	结构特点	说　明
1	高传动刚度	进给传动系统的高传动刚度主要取决于丝杠螺母副(直线运动)或蜗轮蜗杆副(回转运动)及其支承部件的刚度。刚度不足与摩擦阻力一起会导致工作台产生爬行现象以及造成反向死区，影响传动准确性。缩短传动链、合理选择丝杠尺寸以及对丝杠螺母副及支承部件等预紧是提高传动刚度的有效途径
2	高谐振频率	为提高进给系统的抗振性，机械构件应具有高的固有频率和合适的阻尼，一般要求机械传动系统的固有频率应高于伺服驱动系统固有频率的2～3倍
3	低摩擦	进给传动系统要求运动平稳，定位准确，快速响应特性好，这必须减小运动件的摩擦阻力和动、静摩擦因数之差。进给传动系统普遍采用滚珠丝杠螺母副的结构
4	低惯量	进给系统由于经常需进行启动、停止、变速或反向，机械传动装置惯量大，会增大负载并使系统动态性能变差。因此在满足强度与刚度的前提下，应尽可能减小运动部件的重量以及各传动元件的尺寸，以提高传动部件对指令的快速响应能力
5	无间隙	机械间隙是造成进给系统反向死区的另一主要原因，因此对传动链的各个环节(包括齿轮副、丝杠螺母副、联轴器及其支承部件等)均应采用消除间隙的结构措施

4.2.2 进给传动系统的典型结构

进给系统协助完成加工表面的成形运动，传递所需的运动及动力。典型的进给系统机械结构由传动机构、运动变换机构、导向机构、执行件（工作台）组成，常见的传动机构有齿轮传动、同步带传动；运动变换机构有丝杠螺母副、蜗杆齿条副、齿轮齿条副等；而导向机构包括滑动导轨、滚动导轨和静压导轨等。

图4-4所示为数控车床的进给传动系统。纵向Z轴进给运动由伺服电动机直接带动滚珠丝杠螺母副实现；横向X轴进给运动由伺服电动机驱动，通过同步齿形带带动滚珠丝杠实现；刀盘转位运动由电动机经过齿轮及蜗杆副实现，可手动或自动换刀；排屑运动由电动机、减速器和链轮传动实现；主轴运动由主轴电动机经带传动实现；尾座运动通过液压传动实现。

4.2.3 导轨

(1) 机床导轨的功用

机床导轨的功用是起导向及支承作用，即保证运动部件在外力的作用下（运动部件本身的重量、工件重量、切削力及牵引力等）能准确地沿着一定方向运动。在导轨副中，与运动部件连成一体的一方称为动导轨，与支承件连成一体固定不动的一方为支承导轨，动导轨对于支承导轨通常只有一个自由度的直线运动或回转运动。图4-5所示为机床常见的导轨。

(2) 导轨应满足的基本要求

机床导轨的功用即导向和支承，也就是支承运动部件（如刀架、工作台等）并保证运动部

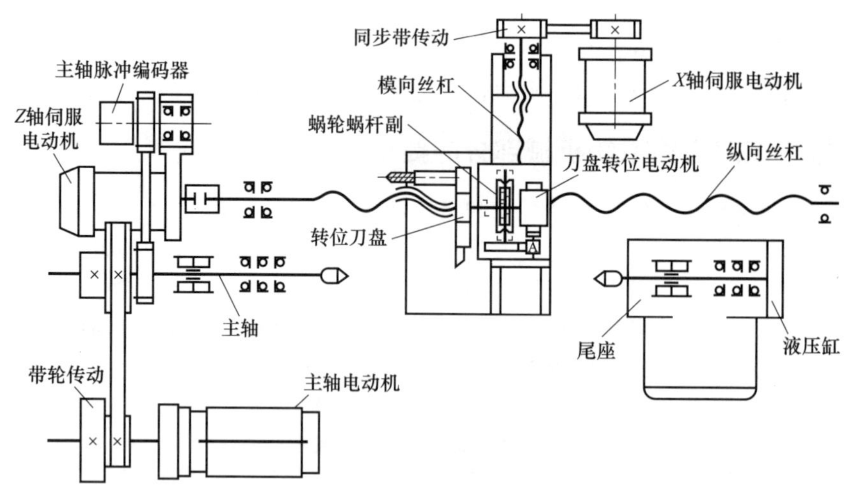

图 4-4 数控车床的进给传动系统

图 4-5 机床常见的导轨

件在外力作用下能准确地沿着规定方向运动。因此，导轨的精度及其性能对机床加工精度、承载能力等有着重要的影响。导轨应满足以下几方面的基本要求，见表 4-4。

表 4-4 数控机床对导轨的要求

序号	安全生产要求	详细说明
1	较高的导向精度	导向精度是指机床的运动部件沿导轨移动时与有关基面之间的相互位置的准确性。无论在空载或切削加工时，导轨均应有足够的导向精度。影响导向精度的主要因素是导轨的结构形式、导轨的制造和装配质量以及导轨和基础件的刚度等
2	较高的刚度	导轨的刚度是机床工作质量的重要指标，它表示导轨在承受动静载荷下抵抗变形的能力。若刚度不足，则直接影响部件之间的相对位置精度和导向精度，另外还使得导轨面上的比压分布不均，加重导轨的磨损，因此导轨必须具有足够的刚度
3	良好的精度保持性	精度保持性是指导轨在长期使用中保持导向精度的能力。影响精度保持性的主要因素是导轨的磨损、导轨的结构及支承件（如床身、立柱）材料的稳定性
4	良好的摩擦特性	导轨的不均匀磨损，会破坏导轨的导向精度，从而影响机床的加工精度，这与材料、导轨面的摩擦性质、导轨受力情况及两导轨相对运动精度有关
5	低速平稳性	运动部件在导轨上低速运动或微量位移时，运动应平稳，无爬行现象。这一要求对数控机床尤其重要，这就要求导轨的摩擦因数要小，动、静摩擦因数的差值尽量小，还要有良好的摩擦阻尼特性

此外，导轨还要结构简单，工艺性好，便于加工、装配、调整和维修，应尽量减少刮研量。对于机床导轨，应做到更换容易，力求工艺性及经济性好。

(3) 导轨的分类

按能实现的运动形式，导轨可分为直线运动导轨和回转运动导轨两类，以下以直线运动导轨为例进行分析。数控机床上常用的导轨，按其接触面间的摩擦性质，可分为普通滑动导轨、滚动导轨和静压导轨三大类。表 4-5 详细描述了导轨的分类。

表 4-5 导轨的分类

<table>
<tr><th>序号</th><th>导轨类型</th><th>详细说明</th></tr>
<tr><td>1</td><td>普通滑动导轨</td><td>普通滑动导轨具有结构简单、制造方便、刚度好、抗振性强等优点，缺点是摩擦阻力大、磨损快、低速运动时易产生爬行现象。滑动导轨如图 4-6 所示 

图 4-6 滑动导轨

常见的导轨截面形状有三角形(分对称、不对称两类)、矩形、燕尾形及圆形四种，每种又分为凸形和凹形两类，如表 4-6 所示

表 4-6 常见的导轨截面形状
<table>
<tr><th>导轨截面形状</th><th>对称三角形</th><th>不对称三角形</th><th>矩形</th><th>燕尾形</th><th>圆柱形</th></tr>
<tr><td>凸形</td><td> 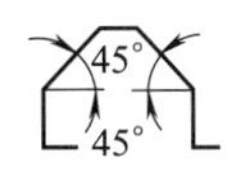45° 45°</td><td> 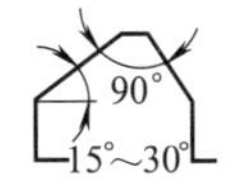90° 15°～30°</td><td> 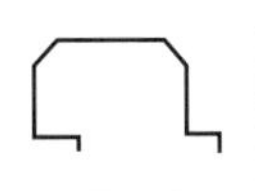</td><td> 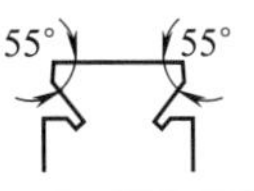55° 55°</td><td> 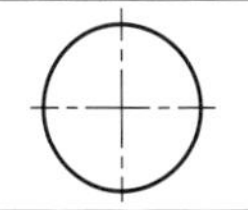</td></tr>
<tr><td>凹形</td><td> 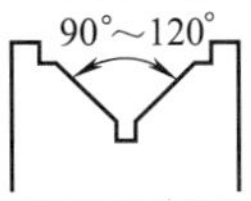90°～120°</td><td> 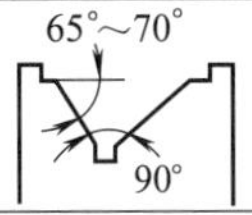65°～70° 90°</td><td> 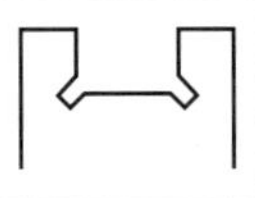</td><td> 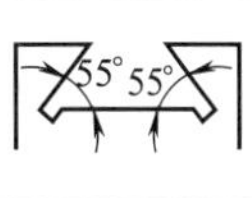55° 55°</td><td> 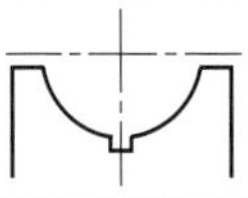</td></tr>
</table>

凸形导轨不易积存切屑等脏物，但也不易储存润滑油，宜在低速下工作；凹形导轨则相反，可用于高速，但必须有良好的防护装置，以防切屑等脏物落入导轨</td></tr>
<tr><td>2</td><td>滚动导轨</td><td>滚动导轨是在导轨工作面间放入滚珠、滚柱或滚针等滚动体，使导轨面间形成滚动摩擦。滚动导轨如图 4-7 所示
滚动导轨摩擦因数小，$f=0.0025\sim0.005$，动、静摩擦因数很接近，且几乎不受运动速度变化的影响，因而运动轻便灵活，所需驱动功率小；摩擦发热少，磨损小，精度保持性好；低速运动时，不易出现爬行现象，定位精度高；滚动导轨可以预紧，显著提高了刚度。滚动导轨很适合用于要求移动部件运动平稳、灵敏以及实现精密定位的场合，在数控机床上得到了广泛的应用。滚动导轨的缺点是结构较复杂，制造较困难，因而成本较高。此外，滚动导轨对脏物较敏感，必须要有良好的防护装置

图 4-7 滚动导轨

滚动导轨的结构类型有以下几种：
①滚珠导轨。滚珠导轨结构紧凑，制造容易，成本较低，但由于是点接触，因此刚度低、承载能力较小，只适用于载荷较小(小于 2000N)、切削力矩和颠覆力矩都较小的机床。导轨用淬硬钢制成，淬硬至 60～62HRC
②滚柱导轨。滚柱导轨的承载能力和刚度都比滚珠导轨的大，适用于载荷较大的机床，但对导轨面的平行度要求较高，否则会引起滚柱的偏移和侧向滑动，使导轨磨损加剧和降低精度，如图 4-8 所示
③滚针导轨。滚针比滚柱的长径比大，由于直径尺寸小，因此结构紧凑；与滚柱导轨相比，可在同样长度上排列更多的滚针，因而承载能力比滚柱导轨的大，但摩擦也要大一些，适用于尺寸受限制的场合</td></tr>
</table>

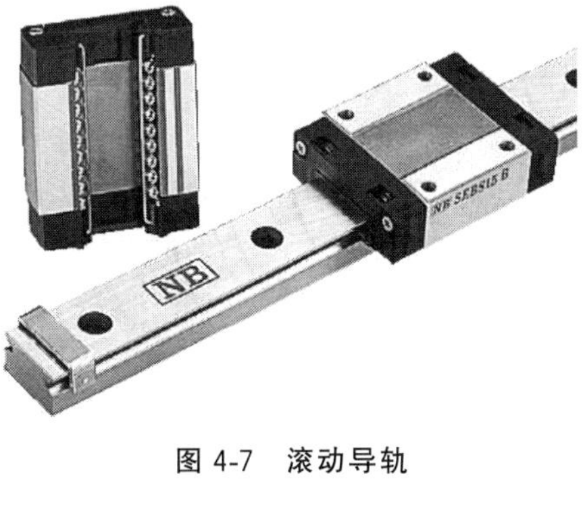

续表

<table>
<tr><th>序号</th><th>导轨类型</th><th>详 细 说 明</th></tr>
<tr><td>2</td><td>滚动导轨</td><td>
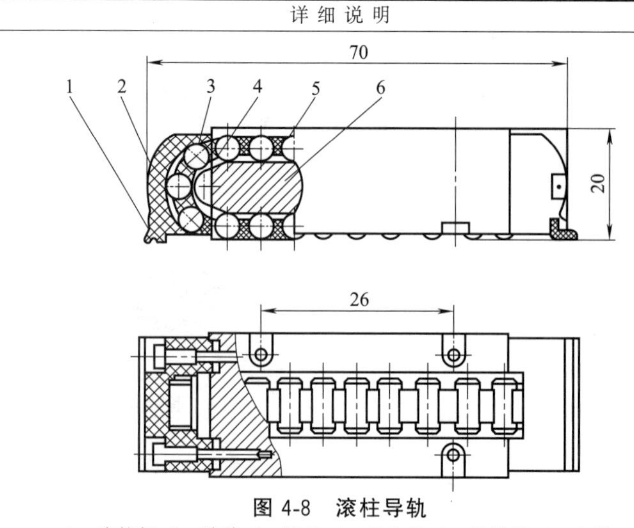

图 4-8　滚柱导轨

1—防护板；2—端盖；3—滚柱；4—导向片；5—保持器；6—本体

④直线滚动导轨块(副)组件。近年来，数控机床愈来愈多地采用由专业厂生产制造的直线滚动导轨块或导轨副组件。该种导轨组件本身制造精度很高，而对机床的安装基面要求不高，安装、调整都非常方便，现已有多种形式、规格可供使用

直线滚动导轨副是由一根长导轨轴和一个或几个滑块组成的，滑块内有四组滚珠或滚柱，如图 4-9 和图 4-10 所示。如图 4-9 中所示 2、3、6、7 为负载滚珠或滚柱，1、4、5、8 为回珠(回柱)，当滑块相对导轨轴移动时，每一组滚珠(滚柱)都在各自的滚道内循环运动，循环承受载荷，承受载荷形式与轴承类似。四组滚珠(滚柱)可承受除轴向力以外的任何方向的力和力矩。滑块两端装有防尘密封垫

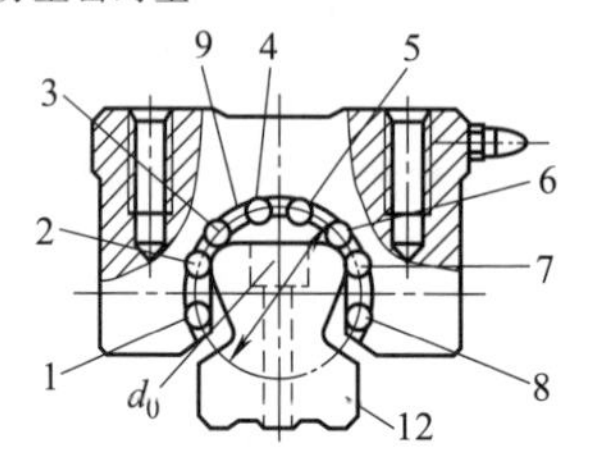

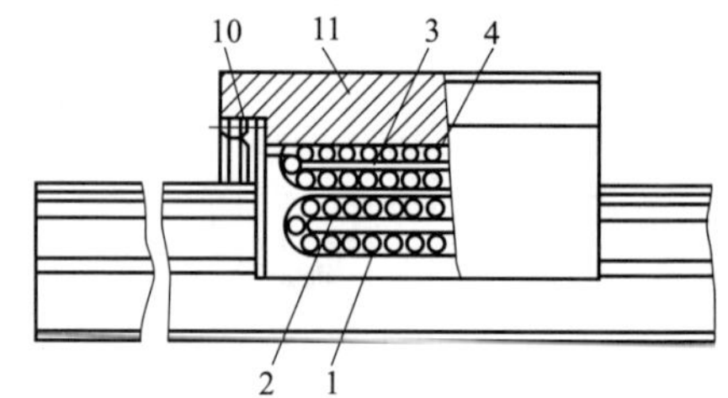

图 4-9　直线滚动导轨副

1,4,5,8—回珠(回柱)；2,3,6,7—负载滚珠或滚柱；9—保持体；10—端部密封垫；11—滑块；12—导轨体

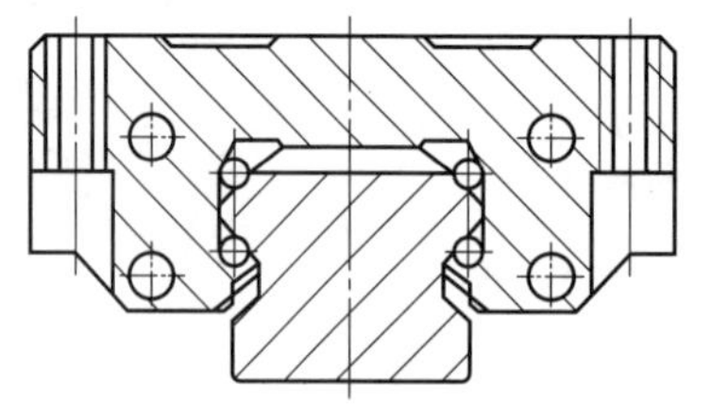

(a) 滚珠循环型

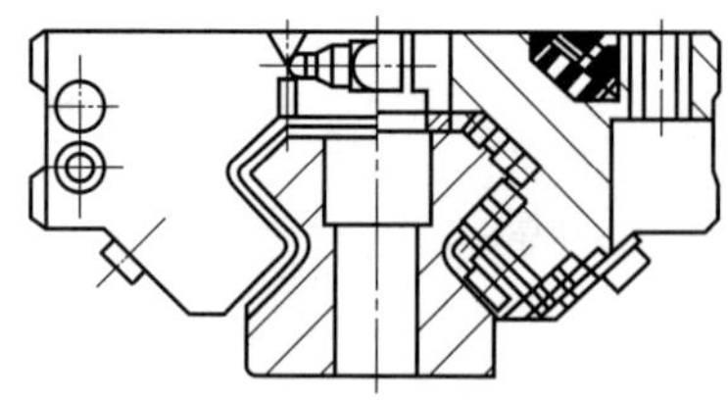

(b) 滚柱循环型

图 4-10　直线滚动导轨副截面图

直线滚动导轨摩擦因数小，精度高，安装和维修都很方便，由于它是一个独立部件，对机床支承导轨的部分要求不高，即不需要淬硬也不需磨削，只要精铣或精刨即可。由于这种导轨可以预紧，因而比滚动体不循环的滚动导轨刚度高，承载能力大，但不如滑动导轨刚度高。抗振性也不如滑动导轨的好，为提高抗振性，有时装有抗振阻尼滑座。有过大的振动和冲击载荷的机床不宜应用直线导轨副

直线滚动导轨副的移动速度可以达到 60m/min，在数控机床和加工中心上得到广泛应用
</td></tr>
</table>

续表

序号	导轨类型	详细说明
3	静压导轨	静压导轨分液体、气体两类。液体静压导轨多用于大型、重型数控机床，气体静压导轨多用于载荷不大的场合，如数控坐标磨床、三坐标测量机等。静压导轨如图 4-11 所示 静压导轨是在导轨工作面间通入具有一定压强的润滑油，使运动件浮起，导轨面间充满润滑油形成的油膜的导轨。这种导轨常处于纯液体摩擦状态。静压导轨由于导轨面处于纯液体摩擦状态，摩擦因数极低，f 约为 0.0005，因而驱动功率大大降低，低速运动时无爬行现象；导轨面不易磨损，精度保持性好；由于油膜有吸振作用，因而抗振性好、运动平稳。但是静压导轨结构复杂，且需要一套过滤效果良好的供油系统，制造和调整都较困难，成本高，主要用于大型、重型数控机床上 图 4-12 为静压导轨供油的原理图 图 4-11　静压导轨 图 4-12　静压导轨供油的原理图 1—油箱；2—滤油器；3—液压泵；4—溢流阀；5—精密滤油器；6—节流阀；7—运动件；8—承导件

4.2.4 滚珠丝杠螺母副

滚珠丝杠螺母副是在丝杠和螺母间以钢球为滚动体的螺旋传动元件，它可将螺旋运动转变为直线运动或者将直线运动转变为螺旋运动，如图 4-13 所示。因此，滚珠丝杠螺母副既是传动元件，也是回转运动和直线运动互相转换的元件。

(1) 工作原理

滚珠丝杠螺母副工作原理：丝杠（螺母）旋转，滚珠在封闭滚道内沿滚道滚动、迫使螺母（丝杠）轴向移动。图 4-14 所示为滚珠丝杠螺母副的结构。螺母 1 和丝杠 3 上均制有圆弧形面的螺旋槽，将它们装在一起便形成了螺旋滚道。滚珠在其间既自转又循环滚动。

图 4-13　滚珠丝杠螺母副

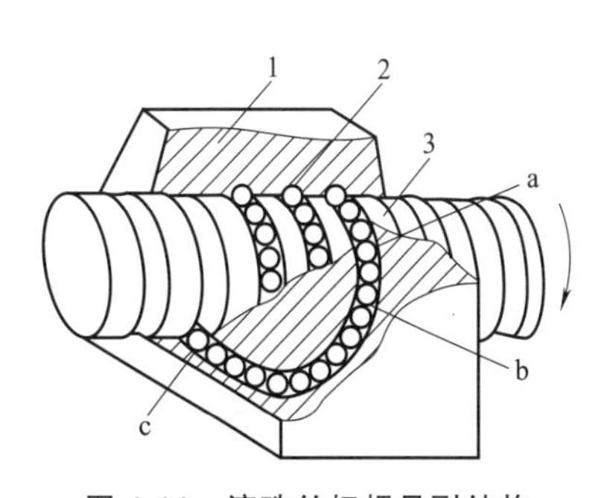

图 4-14　滚珠丝杠螺母副结构

1—螺母；2—滚珠；3—丝杠；

a—螺旋槽；b—回路管道；c—螺旋槽

(2) 特点

① 优点　与普通丝杠螺母副相比，滚珠丝杠螺母副具有以下优点，见表 4-7。

表 4-7　滚珠丝杠螺母副的优点

序号	优　　点	详细说明
1	摩擦损失小，传动效率高	滚珠丝杠螺母副的摩擦因数小，仅为 0.002～0.005；传动效率为 0.92～0.96，比普通丝杠螺母副高 3～4 倍；功率消耗只相当于普丝杠传的 1/4～1/3，所以发热小，可实现高速运动
2	运动平稳无爬行	由于摩擦阻力小，动、静摩擦力之差极小，因此运动平稳，不易出现爬行现象
3	可以预紧，反向时无间隙	滚珠丝杠螺母副经预紧后，可消除轴间隙，因而无反向死区，同时也提高了传动刚度和传动精度
4	磨损小，精度保持性好，使用寿命长	
5	具有运动的可逆性	由于摩擦因数小，不自锁，因而不仅可以将旋转运动转换成直线运动，也可将直线运动转换成旋转运动，即丝杠和螺母均可作主动件或从动件

② 缺点　滚珠丝杠螺母副的缺点如下，见表 4-8。

表 4-8　滚珠丝杠螺母副的缺点

序号	缺　　点	详细说明
1	结构复杂	丝杠和螺母等元件的加工精度和表面质量要求高，故制造成本高
2	不能自锁	特别是在用作垂直安装的滚珠丝杠传动中，其会因部件的自重而自动下降，当向下驱动部件时，由于部件的自重和惯性，当传动切断时，不能立即停止运动，必须增加制动装置

由于滚珠丝杠螺母副优点显著，因此被广泛应用在数控机床上。

(3) 滚珠丝杠螺母副的主要尺寸参数

滚珠丝杠螺母副的主要尺寸参数如图 4-15 所示，表 4-9 所示为参数说明。

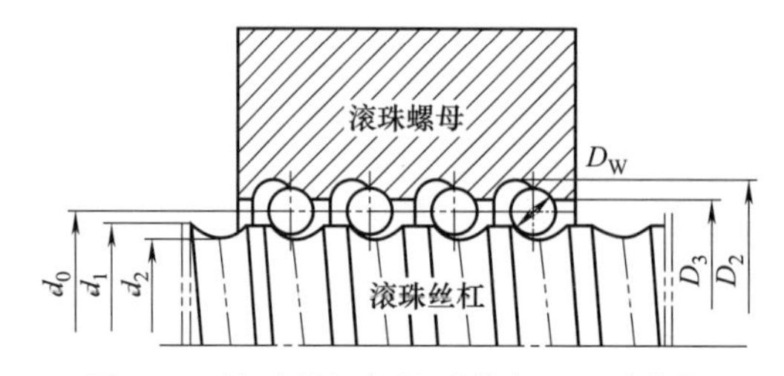

图 4-15　滚珠丝杠螺母副的主要尺寸参数

d_0—公称直径；d_1—丝杠大径；d_2—丝杠小径；D_W—滚珠直径；D_2—螺母大径；D_3—螺母小径

表 4-9　参数说明

序号	参　　数	详细说明
1	公称直径 d_0	指滚珠与螺纹滚道在理论接触角状态时包络滚珠球心的圆柱直径，它是滚珠丝杠螺母副的特征尺寸
2	基本导程 P_h	丝杠相对螺母旋转 2π 弧度时，螺母上基准点的轴向位移称为导程
3	行程 λ	丝杠相对螺母旋转任意弧度时，螺母上基准点的轴向位移
4	滚珠直径 D_W	滚珠直径大，则承载能力也大。应根据轴承厂提供的尺寸选用
5	滚珠个数 N	N 过多，流通不畅，易产生阻塞；N 过少，承载能力小，滚珠自载加剧磨损和变形
6	滚珠的工作圈（或列）数 j	由于第一、第二、第三圈（或列）分别承受轴向载荷的 50%、30%、15%左右，因此工作圈（或列）数一般取：$j=2.5$～3.5

(4) 结构类型

滚珠丝杠螺母副按滚珠循环方式，可分为外循环和内循环两种。表 4-10 详细描述了外循环和内循环结构。

表 4-10 外循环和内循环结构

序号	结构类型	详细说明
1	外循环	滚珠在循环过程结束后通过螺母外表面上的螺旋槽或插管返回丝杠、螺母间重新进入循环，图4-16所示为常用的一种形式。在螺母外圆上装有螺旋形的插管。其两端插入滚珠螺母工作始末两端孔中，以引导滚珠通过插管，形成滚珠的多圈循环滚道。外循环目前应用最为广泛，可用于重载传动系统中。滚珠的一个循环链为一列，外循环常用的有单列、双列两种结构，每列有 2.5 圈或 3.5 圈 滚道 图 4-16 滚珠外循环结构
2	内循环	滚珠内循环结构是滚珠在循环过程中始终与丝杠保持接触的结构。它采用圆柱凸键反向器实现滚珠循环，反向器嵌入螺母内。如图 4-17 所示，滚珠丝杠螺母副靠螺母上安装的反向器接通相邻滚道，使滚珠形成单圈循环，即每列 2 圈。反向器 4 的数目与滚珠圈数相等。一般一螺母上装 2～4 个反向器，即有 2～4 列滚珠。这种形式结构紧凑、刚度高、滚珠流通性好、摩擦损失小，但制造较困难、承载能力不高，适用于高灵敏、高精度的进给系统，不宜用于重载传动中 图 4-17 滚珠内循环结构 1—丝杠；2—螺母；3—滚珠；4—反向器

4.2.5 齿轮传动装置及齿轮间隙的消除

齿轮传动装置是应用最广泛的一种机械传动装置，数控机床的传动装置中几乎都有齿轮传动装置。图 4-18 所示为数控机床典型的齿轮配合传动装置。

(1) 齿轮传动装置

齿轮传动装置是相互啮合传动或相互配合连接的各种齿轮结构。齿轮传动装置的分类方法很多，从润滑方面考虑，以使用情况分类较适合。基本上可以分为高速齿轮、低速重载齿轮、一般闭式工业齿轮、开式齿轮、圆弧齿轮、蜗杆传动齿轮、车辆齿轮、齿轮联轴器、仪表齿轮、特殊用途齿轮等。齿轮传动部件是转矩、转速和转向的变换器。

图 4-18 齿轮配合传动装置

(2) 齿轮传动形式及其传动比的最佳匹配选择

齿轮传动系统传递转矩时，要求有足够的刚度，其转动惯量尽量小，精度要求较高。齿轮传动比应满足驱动部件与负载之间的位移及转矩、转速的匹配要求。为了降低制造成本，采用各种调整齿侧间隙的方法来消除或减小啮合间隙。表 4-11 详细描述了齿轮传动形式的重要参数。

表 4-11 齿轮传动形式的重要参数

序号	齿轮传动的参数	详细说明
1	总减速比的确定	选定执行元件（步进电动机）、步距角、系统脉冲当量 δ 和丝杠基本导程 L_0，之后，其减速比 i 应满足 $i=\dfrac{\alpha L_0}{360\delta}$
2	齿轮传动链的级数和各级传动比的分配	齿轮副级数的确定和各级传动比的分配，按以下三种不同原则进行：最小等效转动惯量原则、质量最小原则、输出轴的转角误差最小原则

(3) 齿轮间隙的消除

数控机床的机械进给装置常采用齿轮传动副来达到一定的减速比和转矩的要求。由于齿轮在制造中总是存在着一定的误差，不可能达到理想齿面的要求，因此一对啮合的齿轮需有一定的齿侧间隙才能正常地工作。齿侧间隙会造成进给系统的反向动作落后于数控系统指令要求，形成跟随误差，甚至是轮廓误差。

数控机床进给系统的减速齿轮除了本身要求很高的运动精度和工作平稳性以外，尚还需尽可能消除传动齿轮副间的传动间隙。否则，齿侧间隙会造成进给系统每次反向运动滞后于指令信号，丢失指令脉冲并产生反向死区的现象，对加工精度影响很大。因此必须采用各种方法去减小或消除齿轮传动间隙。数控机床上常用的调整齿侧间隙的方法针对不同类型的齿轮传动副有不同的方法。表 4-12 详细描述了齿轮间隙消除的方法。

表 4-12　齿轮间隙消除的方法

序号	间隙消除方法	详细说明
1	刚性调整方法	指调整之后齿侧间隙不能自动补偿的调整方法。分为偏心套(轴)式、轴向垫片式、双薄片斜齿轮式等。数控机床双薄片斜齿轮式调整方法是通过改变垫片厚度调整双斜齿轮轴向距离来调整齿槽间隙的
2	柔性调整法	指调整之后齿侧间隙可以自动补偿的调整方法。分为双齿轮错齿式、压力弹簧式、碟形弹簧式等。双齿轮错齿式调整方法采用套装结构拉簧式双薄片直齿轮相对回转来调整齿槽间隙。压力弹簧式调整方法采用套装结构压簧式内外圈式锥齿轮相对回转来调整齿槽间隙。碟形弹簧式调整方法采用碟形弹簧式双薄片斜齿轮轴向移动来调整齿槽间隙

4.3 数控机床的主传动及主轴部件

4.3.1 数控机床的主传动

主运动是机床实现切削的基本运动，即驱动主轴的运动。在切削过程中，它为切除工件上多余的金属提供所需的切削速度和动力，是切削过程中速度最高、消耗功率最多的运动。主传动系统是由主轴电动机经一系列传动元件和主轴构成的具有运动、传动联系的系统。数控机床的主传动系统包括主轴电动机、传动装置、主轴、主轴轴承和主轴定向装置等。其中主轴是指带动刀具和工件旋转，产生切削运动且消耗功率最大的运动轴。

主传动系统的主要功用是传递动力，即传递切削加工所需要的动力；传递运动，即传递切削加工所需要的运动；运动控制，即控制主运动的大小、方向、启停。

数控机床的主轴驱动是指产生主切削运动的传动，它是数控机床的重要组成部分之一。数控机床的主轴结构形式与对应传统机床的基本相同，但在刚度和精度方面要求更高。随着数控技术的不断发展，传统的主轴驱动已不能满足要求，现代数控机床对主传动系统提出了更高的要求。表 4-13 详细描述了数控机床对主传动系统的要求。

表 4-13　数控机床对主传动系统的要求

序号	要　求	详细说明
1	动力功率大	由于日益增长的高效率要求，加之刀具材料和技术的进步，大多数数控机床均要求有足够大的功率来满足高速强力切削。一般数控机床的主轴驱动功率在 3.7～250kW 之间
2	调速范围宽，可实现无级变速	调速范围有恒扭矩、恒功率调速范围之分。现在，数控机床的主轴的调速范围一般为 100～10000r/min，且能无级调速，使切削过程始终处于最佳状态。并要求恒功率调速范围尽可能大，以便在尽可能低的速度下利用其全功率，变速范围负载波动时速度应稳定

续表

序号	要求	详细说明
3	控制功能的多样化	①同步控制功能:数控车床车螺纹用 ②主轴准停功能:加工中心自动换刀、自动装卸、数控车床车螺纹用(主轴实现定向控制) ③恒线速切削功能:数控车床和数控磨床在进行端面加工时,为了保证端面加工的表面粗糙度要求,接触点处的线速度应为恒值 ④ C轴控制功能:车削中心
4	性能要求高	电动机过载能力强,要求有较长时间(1～30min)和较大倍数的过载能力,在断续负载下,电动机转速波动要小;速度响应要快,升降速时间要短。温升要低,振动和噪声要小,精度要高;可靠性高,寿命长,维护容易;具有抗振性和热稳定性;体积小,重量轻,与机床连接容易等
5	角度分度控制功能	

为了达到上述有关要求，对于主轴调速系统，还需加位置控制，比较多地采用光电编码器作为主轴的转角检测。

4.3.2 数控机床的主传动装置

数控机床主传动系统是用来实现机床主运动的，它将主电动机的原动力变成可供主轴上刀具切削加工的切削力矩和切削速度。与普通机床相比，数控机床的主轴具有驱动功率大、调速范围宽、运行平稳、机械传动链短、具有自动夹紧控制和准停控制功能等特点，能够使数控机床进行快速、高效、自动、合理的切削加工。与数控机床主轴传动系统有关的机构包括主轴传动、支承、定向及夹紧机构等。图 4-19 所示为典型的齿轮传动机构，图 4-20 所示为典型的带传动机构。

图 4-19　典型的齿轮传动机构

图 4-20　典型的带传动机构

(1) 主轴传动机构

数控机床主传动的特点为：主轴转速高、变速范围宽、消耗功率大。其主要有齿轮传动、带传动、两个电动机分别驱动主轴、调速电动机直接驱动主轴（内装电动机即电主轴）等几种机构，如图 4-21 所示。其中数控机床的主电动机采用的是可无级调速可换向的直流电动机或交

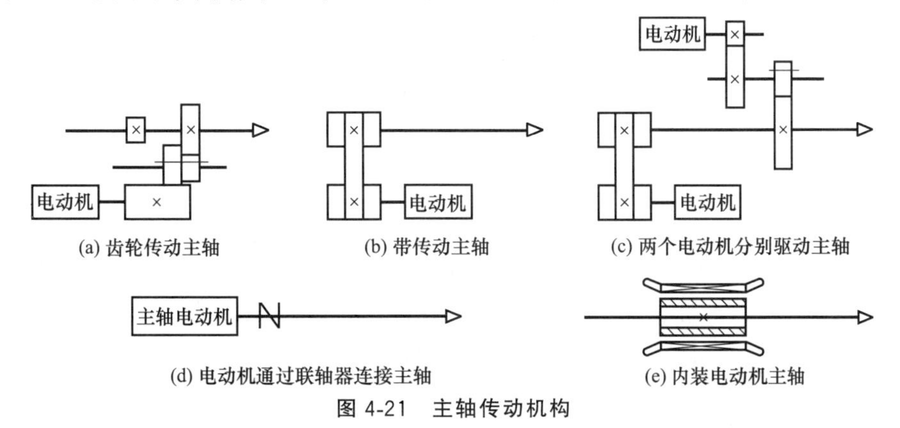

(a) 齿轮传动主轴　(b) 带传动主轴　(c) 两个电动机分别驱动主轴

(d) 电动机通过联轴器连接主轴　(e) 内装电动机主轴

图 4-21　主轴传动机构

流电动机，所以，主电动机可以直接带动主轴工作。由于电动机的变速范围一般不足以满足主运动调速范围（$R_a=100\sim200$）的要求，且无法满足与负载功率和转矩的匹配，因此，一般在电动机之后串联1～2级机械有级变速传动（齿轮或同步带传动）装置。

表4-14详细描述了主轴传动机构的类型。

表4-14　主轴传动机构的类型

序号	主轴传动机构	详细说明
1	齿轮传动机构	这种传动方式在大、中型数控机床中较为常见。如图4-22所示，它通过几对齿轮的啮合，在完成传动的同时实现主轴的分挡有级变速或分段无级变速，确保在低速时能满足主轴输出扭矩特性的要求。滑移齿轮的移位大都采用液压拨叉或直接由液压缸带动齿轮来实现 齿轮传动机构的特点是虽然这种传动方式很有效，但它增加了数控机床液压系统的复杂性，而且必须先将数控装置送来的电信号转换成电磁阀的机械动作，然后再将压力油分配到相应的液压缸，因此增加了变速的中间环节。此外，这种传动机构传动引起的振动和噪声也较大 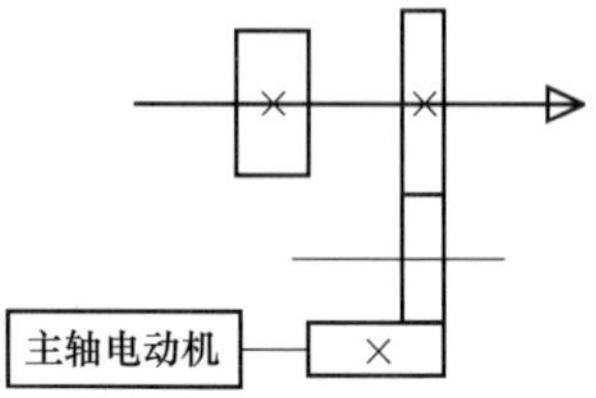 图4-22　齿轮传动机构
2	带传动机构	这种方式主要应用在转速较高、变速范围不大的小型数控机床上，电动机本身的调整就能满足要求，不用齿轮变速，可避免齿轮传动时引起的振动和噪声，但它只适用于低扭矩特性要求。常用的有同步齿形带、多楔带、V带、平带、圆形带。带传动机构如图4-23所示。下面介绍同步齿形带的传动方式 同步齿形带传动结构简单。安装调试方便，同步齿形带的带型有T形齿和圆弧齿两种，在带内部采用加载后无弹性伸长的材料作强力层，以保持带的节距不变，可使主、从动带轮作无相对滑动的同步传动。它是一种综合了带、链传动优点的新型传动机构，传动效率高，但变速范围受电动机调速范围的限制；主要应用在小型数控机床上，可以避免齿轮传动时引起的振动和噪声，但只适用于低扭矩特性要求的主轴 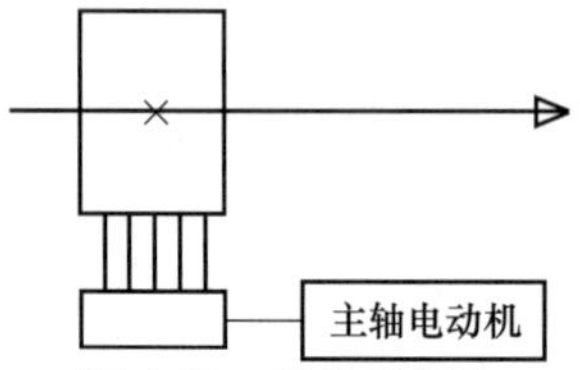 图4-23　带传动机构 与一般带传动及齿轮传动相比，同步齿形带传动具有如下优点： ①无滑动，传动比准确 ②传动效率高，可达98%以上 ③使用范围广，速度可达50m/s，传动比可达10左右，传递功率由几瓦到数千瓦 ④传动平稳，噪声小 ⑤维修保养方便，不需要润滑
3	两个电动机分别驱动主轴机构	该传动兼有前两种传动机构的优点，但两台电动机不能同时工作，如图4-24所示。高速时电动机通过带轮直接驱动主轴旋转；低速时，另一台电动机通过两级齿轮传动驱动主轴旋转，齿轮起到降速和扩大变速范围的作用，这样就使恒功率区增大了，扩大了变速范围，克服了低速时转矩不够且电动机功率不能充分利用的缺陷 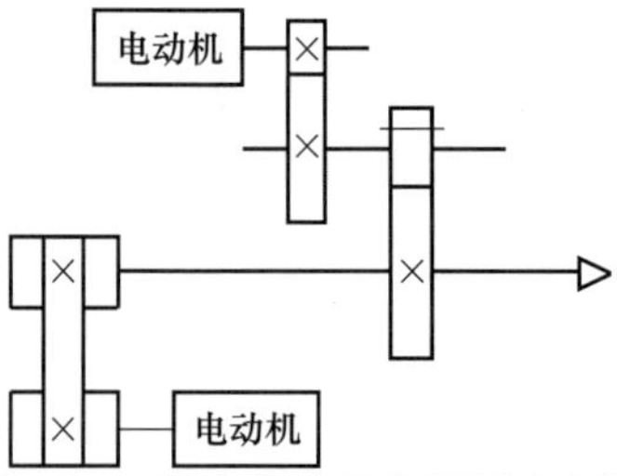 图4-24　两个电动机分别驱动主轴
4	调速电动机直接驱动主轴（两种形式）机构	这种主传动机构由电动机直接驱动主轴，即电动机的转子直接装在主轴上，因而大大简化了主轴箱体与主轴的结构，有效地提高了主轴部件的刚度，但主轴输出扭矩小，电动机发热对主轴的精度影响较大 ①如图4-25所示，主轴电动机输出轴通过精密联轴器与主轴连接，这种机构结构紧凑，传动效率高，但主轴转速的变化及输出完全与电动机的输出特性一致，因而受一定限制

续表

<table>
<tr><th>序号</th><th>主轴传动机构</th><th>详细说明</th></tr>
<tr><td>4</td><td>调速电动机直接驱动主轴（两种形式）机构</td><td>
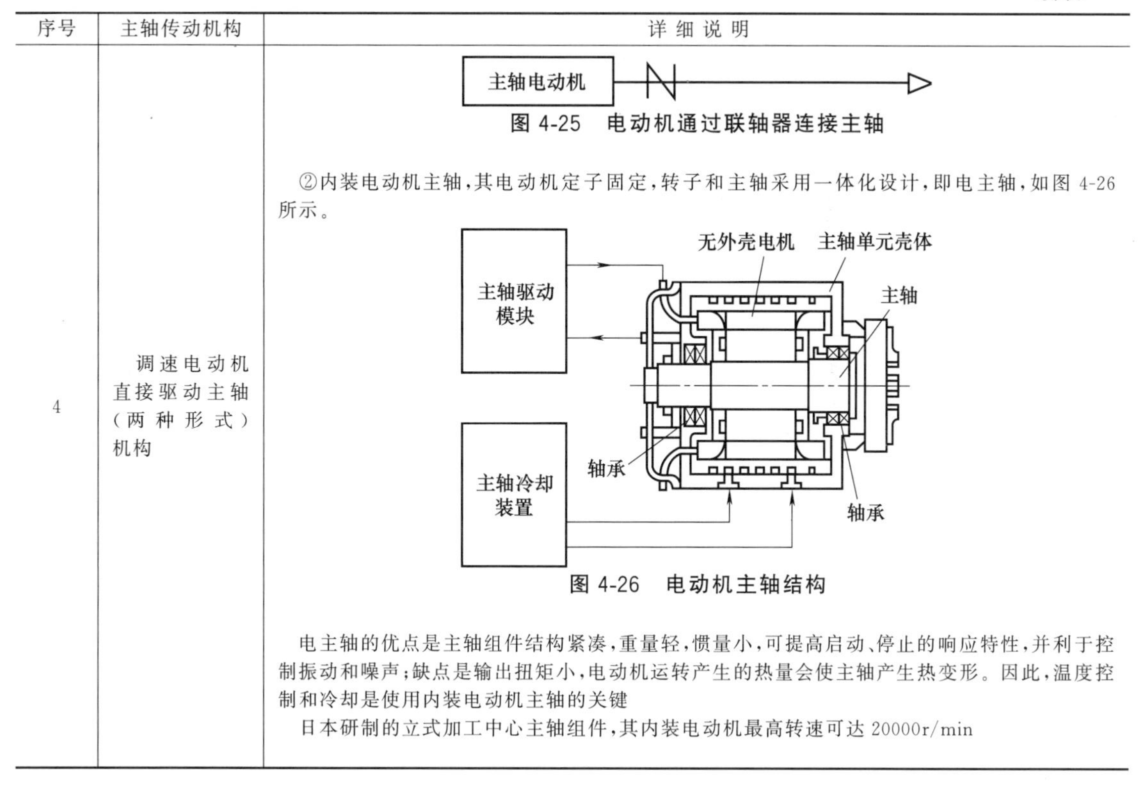

图 4-25 电动机通过联轴器连接主轴
②内装电动机主轴，其电动机定子固定，转子和主轴采用一体化设计，即电主轴，如图 4-26 所示。
图 4-26 电动机主轴结构
电主轴的优点是主轴组件结构紧凑，重量轻，惯量小，可提高启动、停止的响应特性，并利于控制振动和噪声；缺点是输出扭矩小，电动机运转产生的热量会使主轴产生热变形。因此，温度控制和冷却是使用内装电动机主轴的关键
日本研制的立式加工中心主轴组件，其内装电动机最高转速可达 20000r/min
</td></tr>
</table>

(2) 主轴调速方法

数控机床的主轴调速是按照控制指令自动执行的，为了能同时满足对主传动的调速和输出扭矩的要求，数控机床常用机电结合的方法，即同时采用电动机和机械齿轮变速两种方法。其中齿轮减速以增大输出扭矩，并利用齿轮换挡来扩大调速范围。表 4-15 详细描述了主轴调速方法。

表 4-15 主轴调速方法

序号	优点	详细说明
1	电动机调速	用于主轴驱动的调速电动机主要有直流电动机和交流电动机两大类，即直流电动机主轴调速和交流电动机主轴调速。交流电动机一般为笼式感应电动机，体积小，转动惯性小，动态响应快，且无电刷，因而最高转速不受电刷产生的火花限制。全封闭结构，具有空气强冷，保证高转速和较强的超载能力，具有很宽的调速范围
2	机械齿轮变速	数控机床常采用 1～4 挡齿轮变速与无级调速相结合的方式，即所谓分段无级变速。采用机械齿轮减速，增大了输出扭矩，并利用齿轮换挡扩大了调速范围 数控机床在加工时，主轴是按零件加工程序中主轴速度指令所指定的转速来运行的。数控系统通过两类主轴速度指令信号来进行控制，即用模拟量或数字量信号（程序中的 S 代码）来控制主轴电动机的驱动调速电路，同时采用开关量信号（程序上用 M41～M44 代码）来控制机械齿轮变速器自动换挡执行机构。自动换挡执行机构是一种电-机转换装置，常用的有液压拨叉和电磁离合器

4.3.3 主轴部件结构

主轴部件是主传动的执行件，它夹持刀具或工件，并带动其旋转。主轴部件一般包括主轴、主轴轴承、传动件、装夹刀具或工件的附件及辅助零部件等。对于加工中心，主轴部件还包括刀具自动夹紧装置、主轴准停装置和主轴孔的切屑消除装置。主轴部件的功用是夹持工件或刀具实现切削运动，并传递运动及切削加工所需要的动力。

主轴部件的主要性能如下，见表 4-16。

表 4-16 主轴部件的主要性能要求

序号	要 求	详 细 说 明
1	主轴的精度高	包括运动精度(回转精度、轴向窜动)和安装刀具或夹持工件的夹具的定位精度(轴向、径向)
2	部件的结构刚度和抗振性好	
3	较低的运转温升以及较好的热稳定性	
4	部件的耐磨性和精度保持性好	
5	自动可靠的装夹刀具或工件	

(1) 主轴轴承的配置形式

数控机床主轴轴承主要有以下几种配置形式，见表 4-17。

表 4-17 主轴轴承的配置形式

序号	配置形式	详 细 说 明
1	配置形式 1	前支承采用双列短圆柱滚子轴承和 60°接触双列向心推力球轴承，后支承采用推力角接触球轴承，如图 4-27 所示。此种配置形式使主轴的综合刚度大幅度提高，可以满足强力切削的要求，因此普遍应用于各类数控机床的主轴中 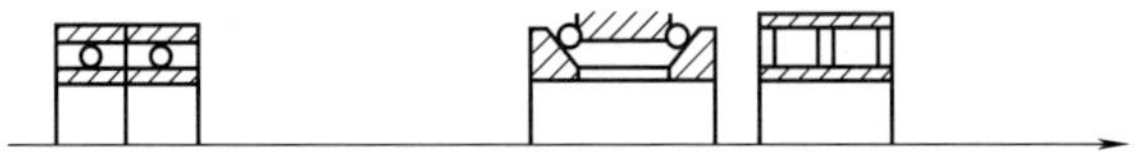 图 4-27 配置形式 1
2	配置形式 2	前支承采用高精度双列向心推力球轴承，如图 4-28 所示。角接触球轴承具有良好的高速性能，主轴最高转速可达 4000r/min，但它的承载能力小，因而适用于高速、轻载和精密的数控机床主轴。在加工中心的主轴中，为了提高承载能力，有时应用三个或四个角接触球轴承组合的前支承，并用隔套实现预紧  图 4-28 配置形式 2
3	配置形式 3	前支承采用双列圆锥滚子轴承，后支承采用单列圆锥滚子轴承，如图 4-29 所示。这种轴承径向和轴向刚度高，能承受重载荷，尤其能承受较强的动载荷，安装与调整性能好。但这种轴承配置限制了主轴的最高转速和精度，因此适用于中等精度、低速与重载的数控机床主轴  图 4-29 配置形式 3

为提高主轴组件刚度，数控机床还常采用三支承主轴组件（对前后轴承跨距较大的数控机床），辅助支承常采用深沟球轴承。液体静压滑动轴承主要应用于主轴高转速、高回转精度的场合，如应用于精密、超精密的数控机床主轴、数控磨床主轴。

(2) 主轴端部的结构

端部用于安装刀具或夹持工件的夹具，因此，要保证刀具或夹具定位（轴向、定心）准确，装夹可靠、牢固，而且装卸方便。并能传递足够的扭矩，目前，主轴的端部形状已标准化。图 4-30 所示为几种机床上通用主轴部件的结构形式。

如图 4-30（a）所示为数控车床主轴端部，卡盘靠前端的短圆锥面和凸缘端面定位，用拨销传递扭矩，卡盘装有固定螺栓，卡盘装于主轴端部时，螺栓从凸缘上的孔中穿过，转动快卸卡将数个螺栓同时卡住，再拧紧螺母将卡盘固定在主轴端部。

如图 4-30（b）所示为数控铣、镗床的主轴端部，主轴前端有 7∶24 的锥孔，用于装夹铣

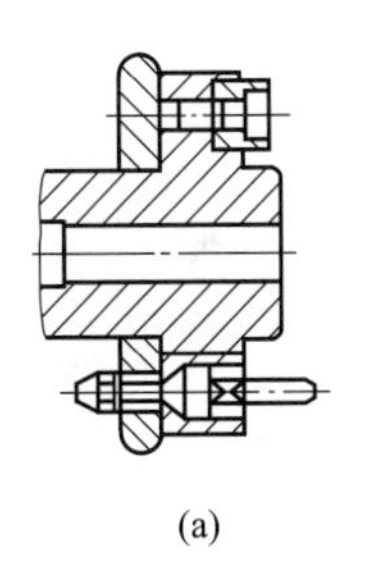

(a)

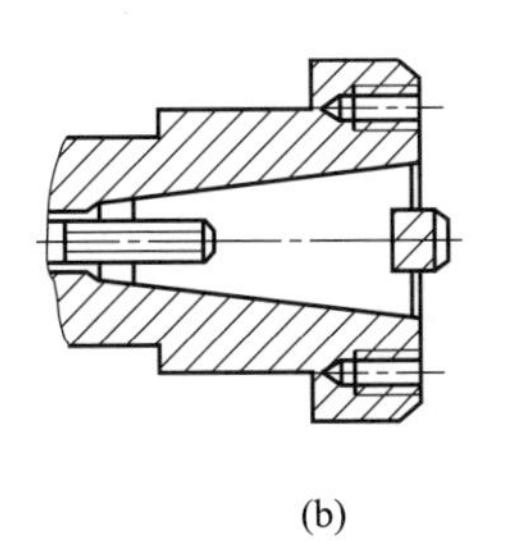

(b)

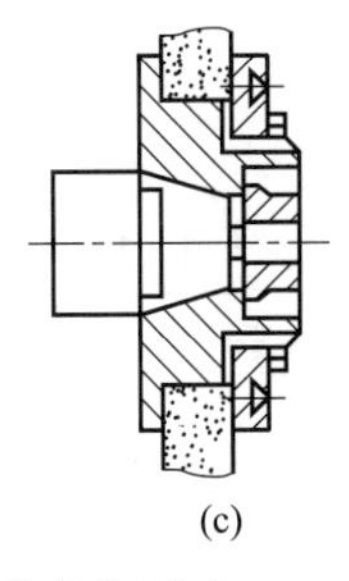

(c)

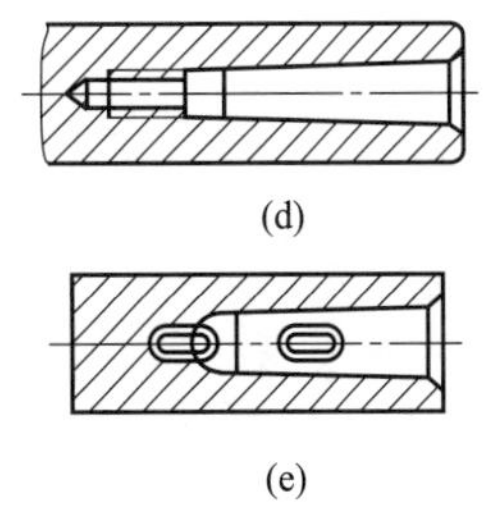

(d)

(e)

图 4-30 主轴部件的结构形式

刀柄或刀杆。主轴端面有一端面键，既可通过它传递刀具的扭矩，又可用于刀具的轴向定位，并用拉杆从主轴后端拉紧。

如图 4-30（c）所示为外圆磨床砂轮主轴的端部。

如图 4-30（d）所示为内圆磨床砂轮主轴端部。

如图 4-30（e）所示为钻床与普通镗床锤杆端部，刀杆或刀具由莫氏锥孔定位，用锥孔后端第一个扁孔传递扭矩，第二个扁孔用以拆卸刀具。

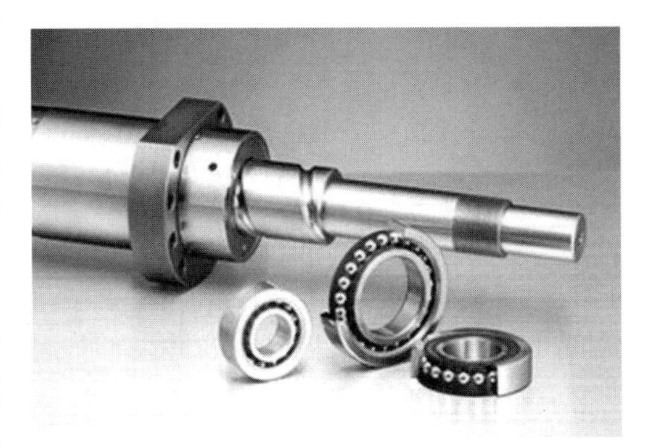

图 4-31 主轴轴承

(3) 主轴轴承

主轴轴承是主轴部件的重要组成部分。它的类型、结构、配置、精度、安装、调整、润滑和冷却都直接影响主轴的工作性能。数控机床常用的主轴轴承有滚动轴承和静压滑动轴承两种。图 4-31 所示为一种常用的主轴轴承。

滚动轴承主要有角接触球轴承（承受径向、轴向载荷）、双列短圆柱滚子轴承（只承受径向载荷）、60°接触双向推力球轴承（只承受轴向载荷，常与双列圆柱滚子轴承配套使用）、双列圆柱滚子轴承（能同时承受较大的径向、轴向载荷，常作为主轴的前支承），如图 4-32 所示。

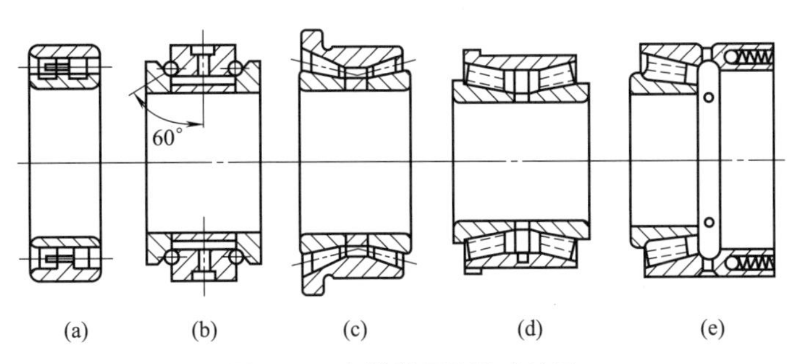

图 4-32 主轴常用的滚动轴承

(4) 主轴内刀具的自动夹紧和切屑清除装置

在带有刀库的自动换刀数控机床中，为实现刀具在主轴上的自动装卸，其主轴必须具有刀具自动夹紧机构。自动换刀立式铣镗床（JCS-018 型立式加工中心）主轴的刀具夹紧机构如图 4-33 所示。

刀夹以锥度为 7∶24 的锥柄在主轴前端的锥孔中定位，并通过拧紧在锥柄尾部的拉钉拉紧在锥孔中。夹紧刀夹时，液压缸上腔接通回油，弹簧推活塞上移，处于图 4-33 所示位置，拉

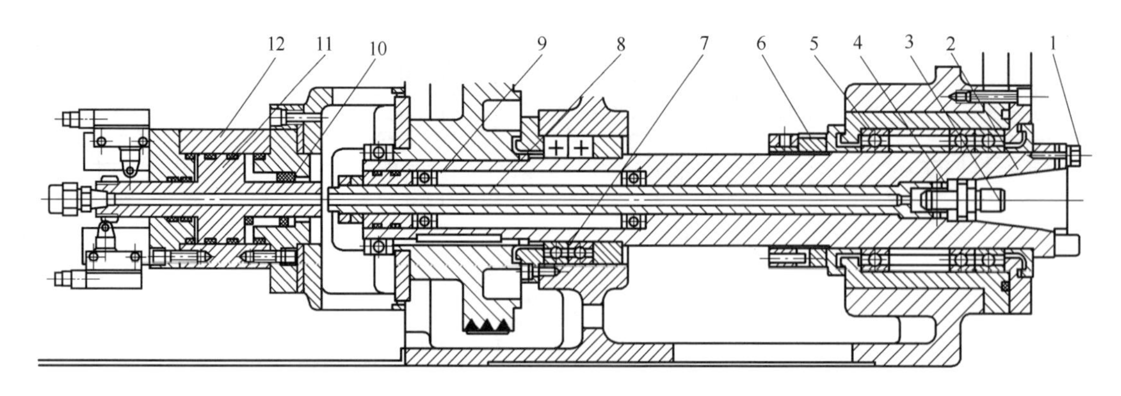

图 4-33　JCS-018 型加工中心的主轴部件

1—端面键；2—主轴；3—拉钉；4—钢球；5,7—轴承；6—螺母；8—拉杆；
9—碟形弹簧；10—弹簧；11—活塞；12—液压缸

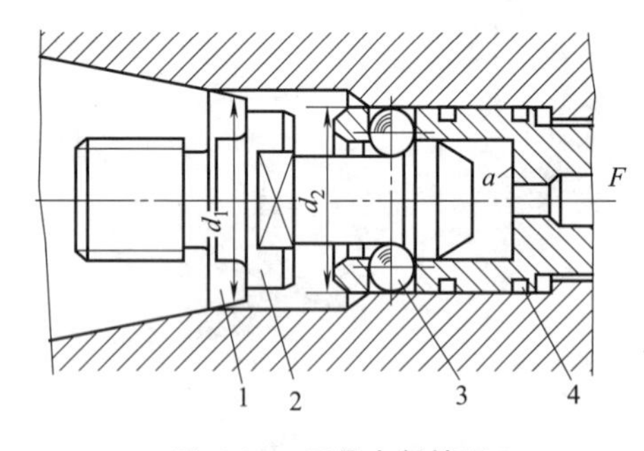

图 4-34　刀具夹紧情况

1—刀夹；2—拉钉；3—钢球；4—拉杆

杆在碟形弹簧作用下向上移动；由于此时装在拉杆前端径向孔中的钢球进入主轴孔中直径较小的 d_2 处，如图 4-34 所示，被迫径向收拢而卡进拉钉的环形凹槽内，因而刀杆被拉杆拉紧，依靠摩擦力紧固在主轴上。切削扭矩则由端面键传递。换刀前需将刀夹松开时，压力油进入液压缸上腔，活塞推动拉杆向下移动，碟形弹簧被压缩；当钢球随拉杆一起下移至进入主轴孔直径较大的 d_1 处时，它就不再能约束拉钉的头部，紧接着拉杆前端内孔的台肩端面 a 碰到拉钉，把刀夹顶松。此时行程开关发出信号，换刀机械手随即将刀夹取下。与此同时，压缩空气由管接头经活塞和拉杆的中心通孔吹入主轴装刀孔内，把切屑或脏物清除干净，以保证刀具的安装精度。机械手把新刀装上主轴后，液压缸接通回油，碟形弹簧又拉紧刀夹。刀夹拉紧后，行程开关发出信号。

(5) 主轴准停装置

主轴准停也叫主轴定向。在自动换刀数控铣镗床上，切削扭矩通常是通过刀杆的端面键来传递的，因此在每一次自动装卸刀杆时，都必须使刀柄上的键槽对准主轴上的端面键，这就要求主轴具有准确周向定位的功能。在加工精密坐标孔时，只要每次都能在主轴固定的圆周位置上装刀，就能保证刀尖与主轴相对位置的一致性，从而提高孔径的正确性。另外，对于一些特殊工艺要求，如在通过前壁小孔镗内壁的同轴大孔或进行反倒角等加工时，要求主轴实现准停，使刀尖停在一个固定的方位上，以便主轴偏移一定尺寸后，大刀刃能通过前壁小孔进入箱体内对大孔进行镗削。主轴准停装置分为机械式准停和电气式准停两种。

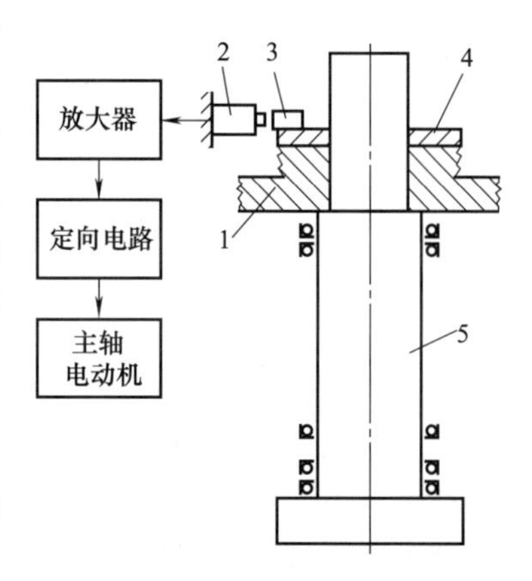

图 4-35　电气控制的主轴准停装置

1—多楔带轮；2—磁传感器；3—永久磁铁；4—垫片；5—主轴

图 4-35 所示为电气控制的主轴准停装置，这种装置利用装在主轴上的磁性传感器作为位置反馈部件，由它输出信号，使主轴准确停止在规定位置上，它不需要机械部件，可

靠性好，准停时间短，只需要简单的强电顺序控制，且有高的精度和刚度。

其工作原理是，在传动主轴旋转的多楔带轮1的端面上装有一个厚垫片4，垫片上又装有一个体积很小的永久磁铁3。在主轴箱箱体对应于主轴准停的位置上，装有磁传感器2。当机床需要停车换刀时，数控装置发出主轴停转指令，主轴电动机立即减速，在主轴5以最低转速慢转几转后，永久磁铁3对准磁传感器2时，后者发出准停信号。此信号经放大后，由定向电路控制主轴电动机准确地停止在规定的周向位置上。

4.3.4 数控机床主传动系统及主轴部件结构实例

主轴部件是数控机床的关键部件，其精度、刚度和热变形对加工质量有直接的影响。本节主要介绍数控车床、数控铣床和加工中心的主轴部件结构。

4.3.4.1 数控车床主传动系统

(1) TND360数控车床

图4-36为TND360数控车床的车间实拍图，TND360数控车床的主传动系统如图4-37所示，主电动机一端经同步齿形带（$m=3.183$mm）拖动主轴箱内的轴Ⅰ，另一端带动测速发电机实现速度反馈。主轴上有一双联滑移齿轮，经$\frac{84}{60}$使主轴得到800～3150r/min的高速段，经$\frac{29}{86}$使主轴得到7～760r/min的低速段。主电动机为德国西门子公司的产品，额定转速为2000r/min，最高转速为4000r/min，最低转速为35r/min。额定转速至最高转速之间为弱磁调速，恒功率；最低转速至额定转速之间为调压调速，恒扭矩。滑移齿轮变速采用液压缸操纵。

图4-36 TND360数控车床

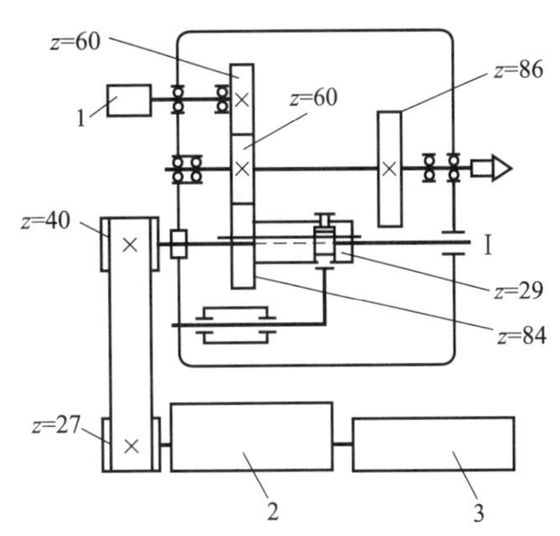

图4-37 TND360数控车床的主传动系统

1—圆光栅；2—主轴直流伺服电动机；3—测速发电机

如图4-38所示，主轴内孔用于通过长棒料，也可以通过气动、液压夹紧装置（动力夹盘）。主轴前端的短圆锥及其端面用于安装卡盘或夹盘。主轴前后支承都采用角接触轴承或球轴承。前支承三个一组，前面两个大口朝前端，后面一个大口朝后端。后支承两个角接触球轴承，小口相对。前后轴承都由轴承厂配好，成套供应，装配时不需修配。

(2) CK7815型数控车床

图4-39为CK7815型数控车床的车间实拍图，图4-40所示为CK7815型数控车床主轴部件结构。交流主轴电动机通过带轮2把运动传给主轴9。主轴有前、后两个支承，前支承由一个圆锥孔双列圆柱滚子轴承15和一对角接触球轴承12组成，轴承15来承受径向载荷，两个角接触球轴承一个大口向外（朝向主轴前端），一个大口向里（朝向主轴后端），承受双向的轴向载荷和径向载荷。前支撑轴向间隙用螺母10、11来调整，主轴的后支承为圆锥孔双列圆柱

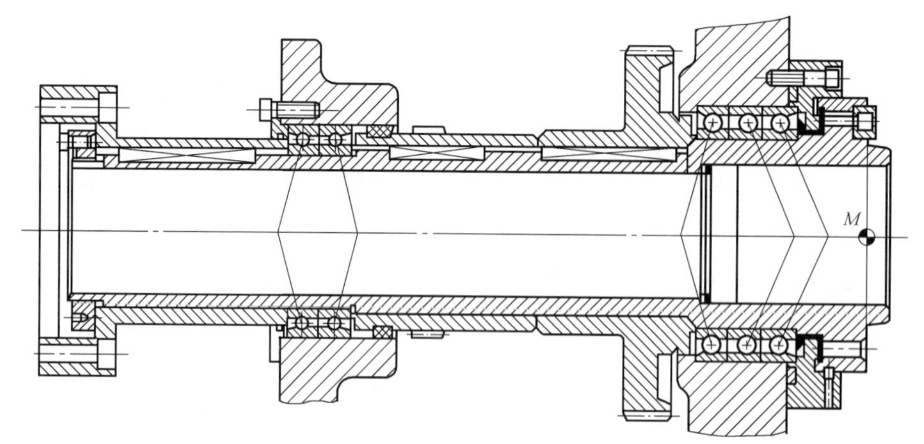

图 4-38　TND360 数控车床的主轴部件结构

图 4-39　CK7815 型数控车床

滚子轴承 15，轴承间隙由螺母 3、7、8 来调整。主轴的支承形式为前端定位，主轴受热膨胀向后伸长。前、后支承所用的圆锥孔双列圆柱滚子轴承的支承刚度好，允许的极限转速高。前支承中的角接触球轴承能承受较大的轴向载荷，且允许的极限转速高。主轴所采用的支承结构适宜低速大载荷的需要。主轴的运动经过同步带轮 1 及同步带带动主轴脉冲发生器 4，使其与主轴同速运转。

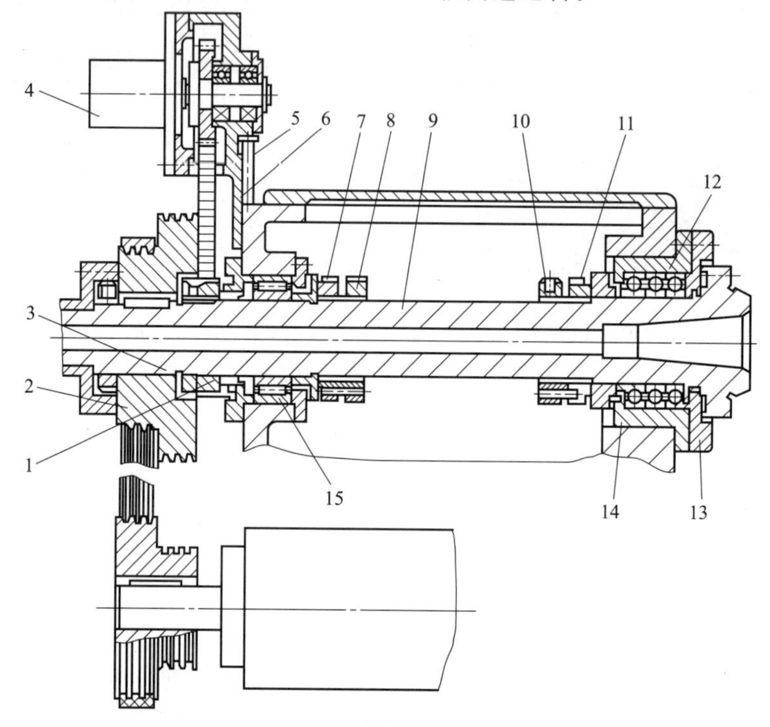

图 4-40　CK7815 型数控车床主轴部件结构

1—同步带轮；2—带轮；3,7,8,10,11—螺母；4—主轴脉冲发生器；5—螺钉；6—支架；9—主轴；12—角接触球轴承；13—前端盖；14—前支承套；15—圆柱滚子轴承

4.3.4.2 立式数控铣削加工中心

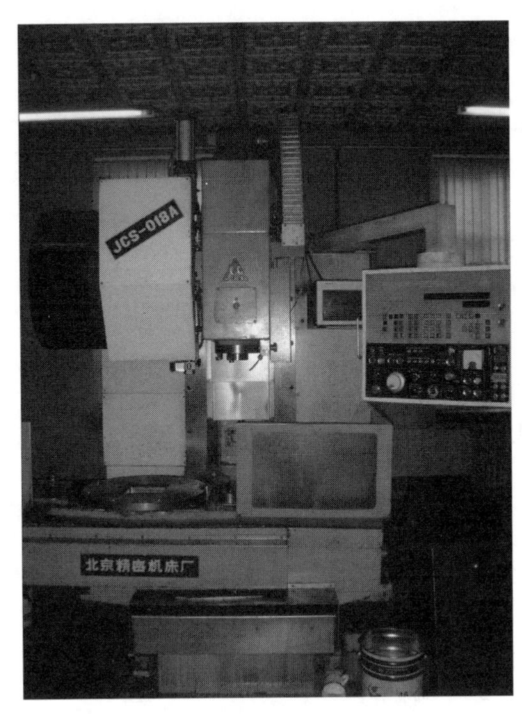

图 4-41 JCS-018 型加工中心

图 4-41 为 JCS-018 型加工中心的车间实拍图，如图 4-42 所示为主轴箱结构，主要由四个功能部件构成，分别是主轴部件、刀具自动夹紧机构、切屑清除装置和主轴准停装置。

主轴的前支承配置了三个高精度的角接触球轴承，用以承受径向载荷和轴向载荷，前两个轴承大口朝下，后面一个轴承大口朝上。前支承按预加载荷计算的预紧量由螺母来调整。后支承为一对小口相对配置的角接触球轴承，它们只承受径向载荷，因此轴承外圈不需要定位。该主轴选择的轴承类型和配置形式，满足主轴高转速和承受较大轴向载荷的要求。主轴受热变形向后伸长，不影响加工精度。

主轴内部和后端安装的是刀具自动夹紧机构。它主要由拉杆、拉杆端部的四个钢球、碟形弹簧、活塞、液压缸等组成。机床的切削转矩是由主轴上的端面键传递的。每次机械手自动装取刀具时，必须保证刀柄上的键槽对准主轴的端面键，这就要求主轴具有准确定位的功能。为满足主轴这一功能而设计的装置称为主轴准停装置。

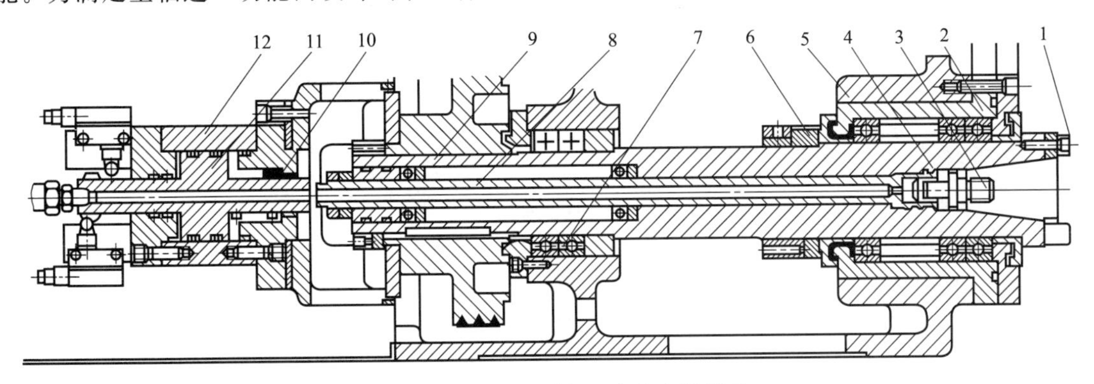

图 4-42 JCS-018 型加工中心主轴部件

1—端面键；2—主轴；3—拉钉；4—钢球；5,7—轴承；6—螺母；
8—拉杆；9—碟形弹簧；10—弹簧；11—活塞；12—液压缸

主轴工作原理如下，见表 4-18。

表 4-18 主轴工作原理

序号	工作原理	详细说明
1	取用过刀具过程	数控装置发出换刀指令→液压缸右腔进油→活塞左移→推动拉杆克服弹簧的作用左移→带动钢球移至大空间→钢球失去对拉钉的作用→取刀
2	吹扫过程	旧刀取走后→数控装置发出指令→空压机启动→压缩空气经压缩空气管接头吹扫装刀部位并用定时器计时
3	装刀过程	时间到→数控装置发出装刀指令→机械手装新刀→液压缸右腔回油→拉杆在碟形弹簧的作用下复位→拉杆带动拉钉右移至小直径部位→通过钢球将拉钉卡死

4.4 自动换刀机构

为了进一步提高生产效率，压缩非切削时间，现代的数控机床逐步发展为一台机床在一次装夹后能完成多工序或全部工序的加工工作。这类多工序的数控机床在加工过程中要使用多种刀具，因此必须有自动换刀装置，以便选用不同刀具，完成不同工序的加工工艺。自动换刀装置应当满足的基本要求包括：刀具换刀时间短、换刀可靠、刀具重复定位精度高、足够的刀具存储量、刀库占地面积小、安全可靠等。

4.4.1 自动换刀装置的类型

换刀装置的换刀形式有回转刀架换刀、更换主轴换刀、更换主轴箱换刀、带刀库的自动换刀等。各类数控机床的自动换刀装置的结构与数控机床的类型、工艺范围、使用刀具种类和数量有关。数控机床常用的自动换刀装置的类型、特点、适用范围如表 4-19 所示。

表 4-19 自动换刀装置的主要类型、特点及适用范围

类别	自动换刀装置的类型	特点	适用范围
转塔式	回转刀架	多为顺序换刀，换刀时间短、结构简单紧凑、容纳刀具较少	各种数控车床、数控车削加工中心
	转塔头	顺序换刀，换刀时间短，刀具主轴都集中在转塔头上，结构紧凑。但刚性较差，刀具主轴数受限制	数控钻、镗、铣床
刀库	刀具与主轴之间直接换刀	换刀运动集中，运动部件少，但刀库运动多，布局不灵活，适应性差，刀库容量受限	各种类型的自动换刀数控机床。尤其是使用回转类刀具的数控镗、铣床类立式、卧式加工中心机床 要根据工艺范围和机床特点，确定刀库容量和自动换刀装置类型，也可用于加工工艺范围的立、卧式车削中心机床
	用机械手配合刀库进行换刀	刀库只有选刀运动，机械手进行换刀运动，比刀库作换刀运动惯性小、速度快，刀库容量大	
	用机械手、运输装置配合刀库换刀	换刀运动分散，由多个部件实现，运动部件多，但布局灵活，适应性好	
有刀库的转塔头换刀装置		弥补转塔头换刀数量不足的缺点，换刀时间短	扩大工艺范围的各类转塔式数控机床

4.4.1.1 回转刀架换刀

刀架是数控机床的重要功能部件，其结构形式很多，下面介绍几种典型的刀架结构。

(1) 数控机床方刀架

数控机床上使用的回转刀架是一种最简单的自动换刀装置。根据不同的适用对象，刀架可设计为四方形、六角形或其他形式。回转刀架可分别安装四把、六把以及更多的刀具并按数控装置发出的脉冲指令回转、换刀。图 4-43 为四方回转刀架的结构图。

数控机床方刀架是在普通机床方刀架的基础上发展起来的一种自动换刀装置，它有四个刀位。刀架的全部动作由液压系统通过电磁换向阀和顺序阀控制，具体过程如下：刀架接收数控装置发出的换刀指令，刀架回转 90°，刀具变换一个刀位，转位信号和刀位号的选择由加工程序指令控制，刀架松开，转到指令要求的位置，夹紧，发出转位结束信号。

(2) 盘形自动回转刀架

图 4-44 所示为 CK7815 型数控车床采用的 BA200L 型刀架的结构。

该刀架可配置 12 位（A 型或 B 型）、8 位（C 型）刀盘。A、B 型回转刀盘的外切刀可使

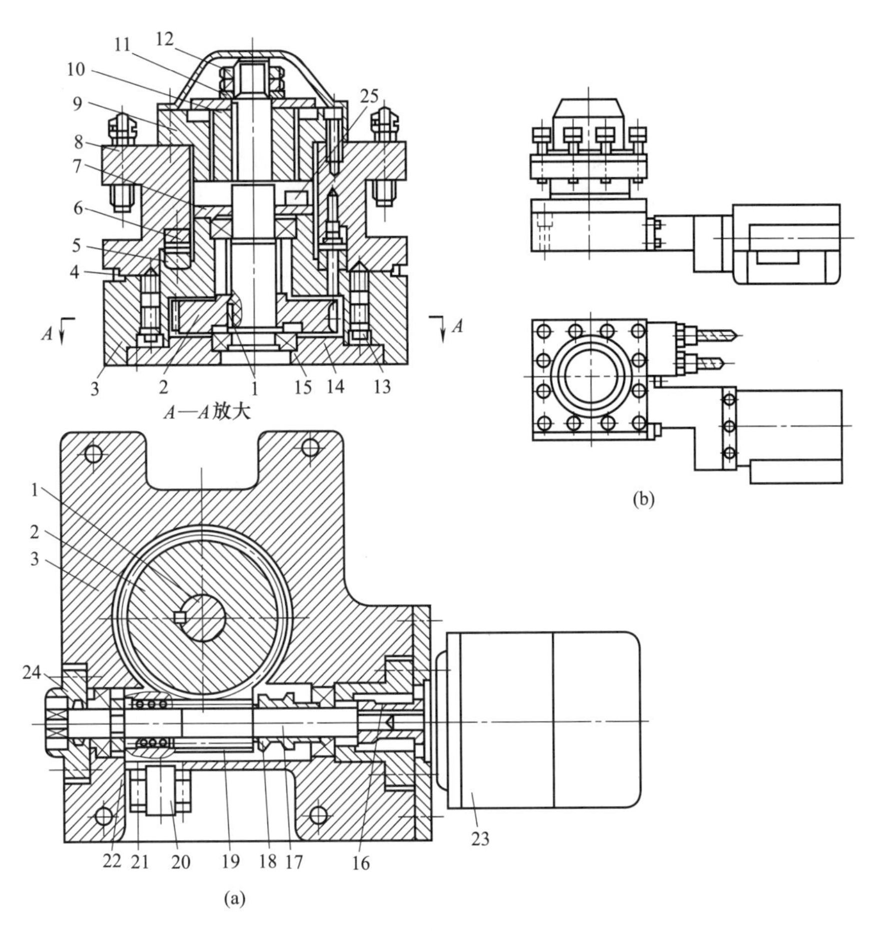

图 4-43 四方回转刀架的结构图

1，17—轴；2—蜗轮；3—刀座；4—密封圈；5—下端齿盘；6—上端齿盘；7—压盖；8—刀架；9，21—套筒；10—轴套；11—垫圈；12—螺母；13—销；14—底盘；15—轴承；16—联轴器；18—套；19—蜗杆；20，25—开关；22—压缩弹簧；23—电机；24—压盖

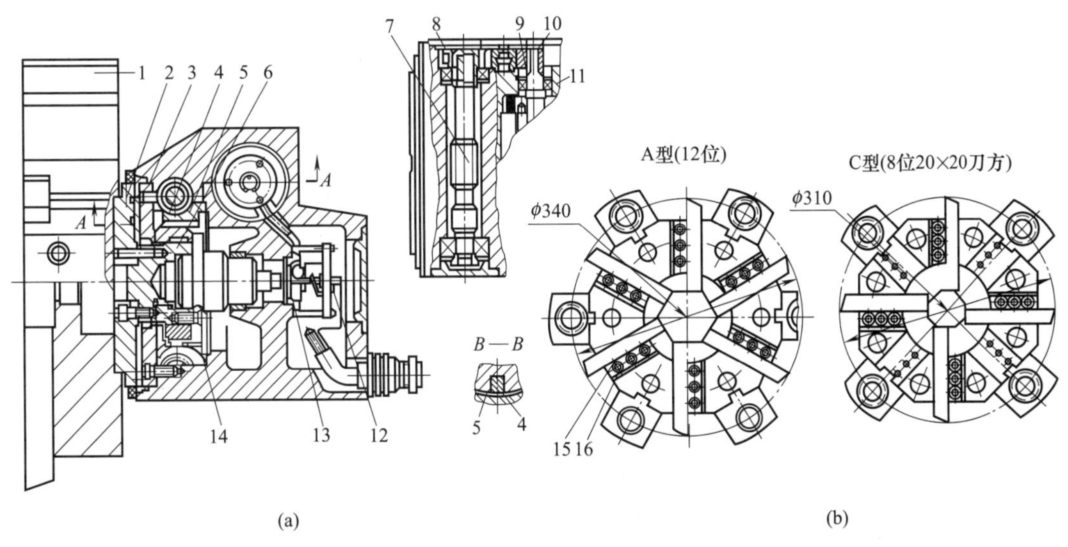

图 4-44 BA200L 型回转刀架的结构

1—刀架；2，3—端面齿盘；4—滑块；5—蜗轮；6—轴；7—蜗杆；8～10—传动齿轮；11—电动机；12—微动开关；13—小轴；14—圆环；15—压板；16—楔铁

用25mm×150mm标准刀具和刀杆截面为25mm×25mm的可调刀具，C型可使用尺寸为20mm×20mm×125mm的标准刀具。镗刀杆最大直径为32mm，刀架转位为机械传动，端面齿盘定位。转位过程如下。

① 回转刀架的松开。转位开始时，电磁制动器断电，电动机11通电转动，通过齿轮10、9、8带动蜗杆7旋转，使蜗轮5转动。蜗轮内孔有螺纹，与轴6上的螺纹配合。端面齿盘3被固定在刀架箱体上，轴6和端面齿盘2固定连接，端面齿盘2和3处于啮合状态，因此，蜗轮5转动时，轴6不能转动，只能和端面齿盘2、刀架1同时向左移动，直到端面齿盘2和3脱离啮合为止。

② 转位。轴6外圆柱面上有两个对称槽，内装滑块4。当端面齿盘2和3脱离啮合后，蜗轮5转到一定角度时，与蜗轮5固定在一起的圆环14左侧端面的凸块便碰到滑块4，蜗轮继续转动，通过圆环14上的凸块带动滑块连同轴6、刀架1一起进行转位。

③ 回转刀架的定位。到达要求位置后，电刷选择器发出信号，使电动机11反转，这时蜗轮5与圆环14反向旋转，凸块与滑块4脱离，不再带动轴6转动。同时，蜗轮5与轴6上的旋合螺纹使轴6右移，端面齿盘2和3啮合并定位。当齿盘压紧时，轴6右端的小轴13压下微动开关，发出转位结束信号，电动机断电，电磁制动器通电，维持电动机轴上的反转力矩，以保持端面齿盘之间有一定的压紧力。刀具在刀盘上由压板15及调节楔铁16来夹紧，更换和对刀十分方便。刀位选择由刷型选择器进行，松开、夹紧位置检测由微动开关12控制。整个刀架控制系统是一个纯电气系统，结构简单。

(3) 车削中心动力转塔刀架

图4-45（a）所示为意大利巴拉法蒂公司生产的适用于全功能型数控车床及车削中心的动力转塔刀架。刀盘上既可以安装各种非动力辅助刀夹（车刀夹、镗刀夹、弹簧夹头、莫氏刀柄），夹持刀具进行加工，还可以安装动力刀夹进行主动切削，配合主机完成车、铣、钻、镗等各种复杂工序，实现加工程序自动化、高效化。

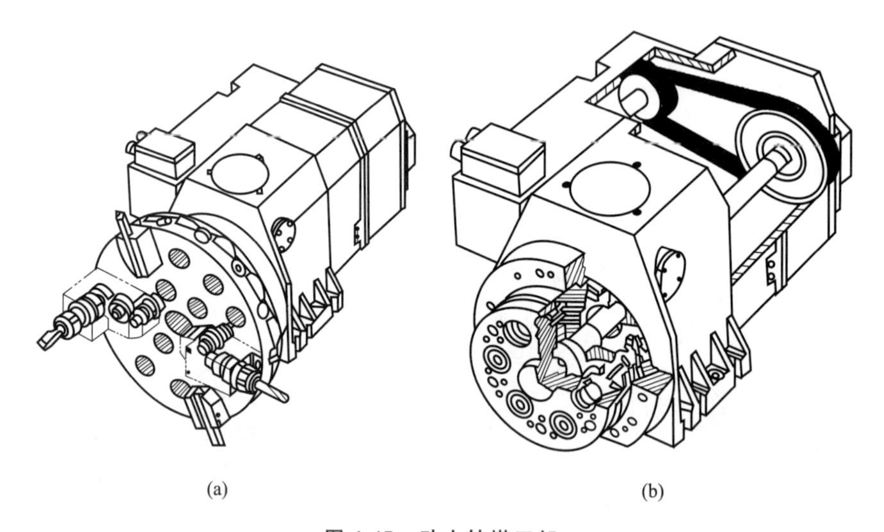

(a) (b)

图4-45　动力转塔刀架

图4-45（b）为该转塔刀夹的传动示意图。刀架采用端面齿盘作为分度定位元件，刀架转位由三相异步电动机驱动，电动机内部带有制动机构，刀位由二进制绝对编码器识别，并可正反双向转位和任意刀位就近选刀。动力刀具由交流伺服电动机驱动，通过同步齿型带、传动轴、传动齿轮、端面齿离合器将动力传至动力刀夹，再通过刀夹内部的齿轮传动，刀具回转，实现主动切削。

4.4.1.2 转塔头式换刀装置

带有旋转刀具的数控机床常采用转塔头式自动换刀装置，如数控钻镗床的多轴转塔头等。在转塔头上装有几个主轴，每个主轴上均装一把刀具，加工过程中转塔头可自动转位，从而实现自动换刀。主轴转塔头可看作是一个转塔刀库，它的结构简单，换刀时间短，仅为2s左右。但由于受到空间位置的限制，主轴数目不能太多，主轴部件的结构刚度也有所下降，通常只适用于工序较少、精度要求不太高的机床，如数控钻床、数控铣床等。

为了弥补转塔换刀数量少的缺点，近年来出现了一种机械手和转塔头配合刀库进行换刀的自动换刀装置，如图4-46所示。它实际上是转塔头换刀装置和刀库式换刀装置的结合。它的工作原理是：转塔头5上安装两个刀具主轴3和4，当用一个刀具主轴上的刀具进行加工时，机械手2将下一个工序需要的刀具换至不工作的主轴上，待本工序完成后，转塔头回转180°，完成换刀。

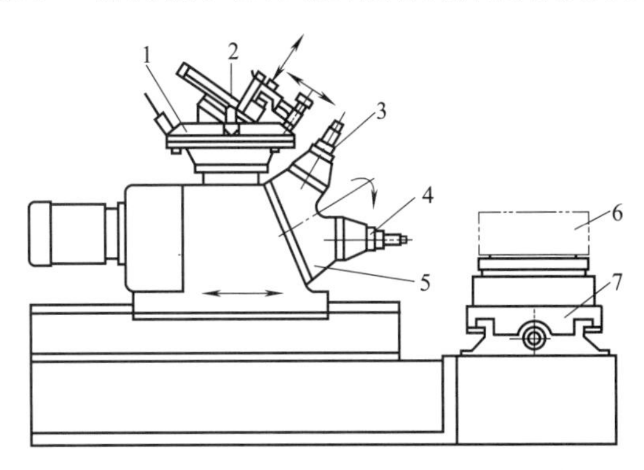

图4-46 机械手和转塔头配合刀库进行换刀的自动换刀装置

1—刀库；2—机械手；3,4—刀具主轴；5—转塔头；6—工件；7—工作台

因为它的换刀时间大部分和机械加工时间重合，只需要转塔头转位的时间，所以换刀时间很短，而且转塔头上只有两个主轴，有利于提高主轴的结构刚度，但还未能达到精镗加工所需要的主轴刚度。这种换刀方式主要用于数控钻床，也可用于数控铣镗床和数控组合机床。

4.4.1.3 更换主轴头换刀

在带有旋转刀具的数控机床中，更换主轴换刀是一种比较简单的换刀方式。这种机床的主轴头就是一个转塔刀库，有卧式和立式两种，常用转塔的转位来更换主轴头以实现自动换刀。各个主轴头上预先装有各工序加工所需要的旋转刀具，当收到换刀指令时，各主轴头依次转到加工位置，实现自动换刀，并接通主传动，使相应的主轴带动刀具旋转，而其他处于不加工位置的主轴都与主传动脱开。

更换主轴头换刀用于主轴头就是一个转塔刀库的卧式或立式机床。以八方转塔数控镗铣床为例。八方形主轴头上装有八根主轴，每根主轴上装有一把刀具，根据工序的要求按顺序自动地将装有所需刀具的主轴转到工作位置，实现自动换刀，同时接通主传动，不处在加工位置的主轴与主传动脱开，转位动作由槽轮机构来实现。具体动作包括：脱开主传动，转塔头抬起，转塔头转位，转塔头定位夹紧，主传动接通。

更换主轴头换刀的特点是：动作简单，缩短了换刀时间，可靠性高；结构限制，刚度较低，应用于工序数较多、精度不高的机床。

4.4.1.4 更换主轴箱换刀

机床上有很多主轴箱，一个主轴箱在动力头上进行加工，其余的主轴箱（备用）停放在主轴箱库中。更换主轴箱换刀方式主要适用于组合机床，采用这种换刀方式，在加工长箱体类零件时可以提高生产率。

4.4.1.5 带刀库的自动换刀系统

刀库式的自动换刀方法在数控机床上的应用最为广泛，主要应用于加工中心上。加工中心是一种备有刀库并能自动更换刀具对工件进行多工序加工的数控机床。工件经一次装夹后，数控系统能控制机床连续完成多工步的加工，工序高度集中。自动换刀装置是加工中心的重要组成部分，主要包括刀库、选刀机构、刀具交换装置及刀具在主轴上的自动装卸机构等。

刀库可装在机床的立柱、主轴箱或工作台上。当刀库容量大及刀具较重时，也可装在机床之外，作为一个独立部件，常常需要附加运输装置，来完成刀库与主轴之间刀具的运输，为了缩短换刀时间，还可采用带刀库的双主轴或多主轴换刀系统。

带刀库的换刀系统的整个换刀过程较为复杂，首先要把加工过程中要用的全部刀具分别安装在标准的刀柄上，在机外进行尺寸调整后，按一定的方式放入刀库。换刀时，根据选刀指令先在刀库上选刀，刀具交换装置从刀库和主轴上取出刀具，进行刀具交换，然后将新刀具装入主轴，将从主轴上取下的旧刀具放回刀库。这种换刀装置和转塔主轴头相比，由于主轴的刚度高，有利于精密加工和重切削加工；可采用大容量的刀库，以实现复杂零件的多工序加工，从而提高了机床的适应性和加工效率。但换刀过程的动作较多，换刀时间较长，同时，影响换刀工作可靠性的因素也较多。

4.4.2 刀库

4.4.2.1 刀库的类型

在自动换刀装置中，刀库是最主要的部件之一，其作用是用来储存加工刀具及辅助工具。它的容量从几把到上百把刀具。刀库要有使刀具运动及定位的机构来保证换刀的可靠。刀库的形式很多，结构也各不相同，根据刀库的容量和取刀方式，可以将刀库设计成各种形式，常用的有盘式刀库、链式刀库和格子盒式刀库等，如表 4-20 所示。加工中心普遍采用的刀库有盘式刀库和链式刀库。密集型的鼓轮式刀库或格子盒式刀库，多用于柔性制造系统中的集中供刀系统。

表 4-20　刀库的主要形式

刀库形式	分类别	特　　点
直线刀库		刀具在刀库中呈直线排列，结构简单，存放刀具数量少（一般 8～12 把），现已很少使用
单盘式刀库	轴向轴线式	
	径向轴线式	取刀方便
	斜向轴线式	结构简单
	可翻转式	使用广泛
鼓轮式刀库		容量大，结构紧凑，选刀、取刀动作复杂
链式刀库	单排链式刀库	最多容纳 45 把刀
	多排链式刀库	最多容纳 60 把刀
	加长链条式刀库	容量大
多盘式刀库		容量大，结构复杂，很少使用
格子盒式刀库		

图 4-47　盘式刀库

(1) 盘式刀库

盘式刀库结构简单、紧凑，取刀也很方便，因此应用广泛，在钻削中心上应用较多。盘式刀库的储存量少则 6～8 把，多则 50～60 把，个别可达 100 余把。图 4-47 所示为典型盘式刀库。

目前，大部分的刀库安装在机床立柱的顶面和侧面，当刀库容量较大时，为了防止刀库转动造成的振动对加工精度的影响，也有安装在单独的地基上的。为适应机床主轴的布局，刀库上刀具轴线可以按不同的方向配置，图 4-48所示为刀具轴线与鼓盘轴线平行布置的刀库，其中图 4-48（a）所示为径向取刀式，图 4-48（b）所示为轴向取刀式。图 4-49（a）所示为刀具径向安装在刀库上的结构，图 4-49（b）

所示为刀具轴线与鼓盘轴线成一定角度布置的结构，这两种结构占地面积较大。

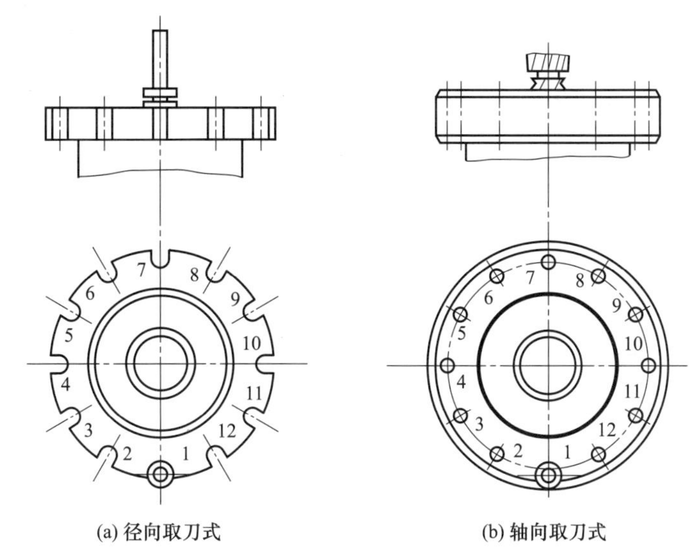

(a) 径向取刀式　　(b) 轴向取刀式

图 4-48　刀具轴线与鼓盘轴线平行布置的刀库

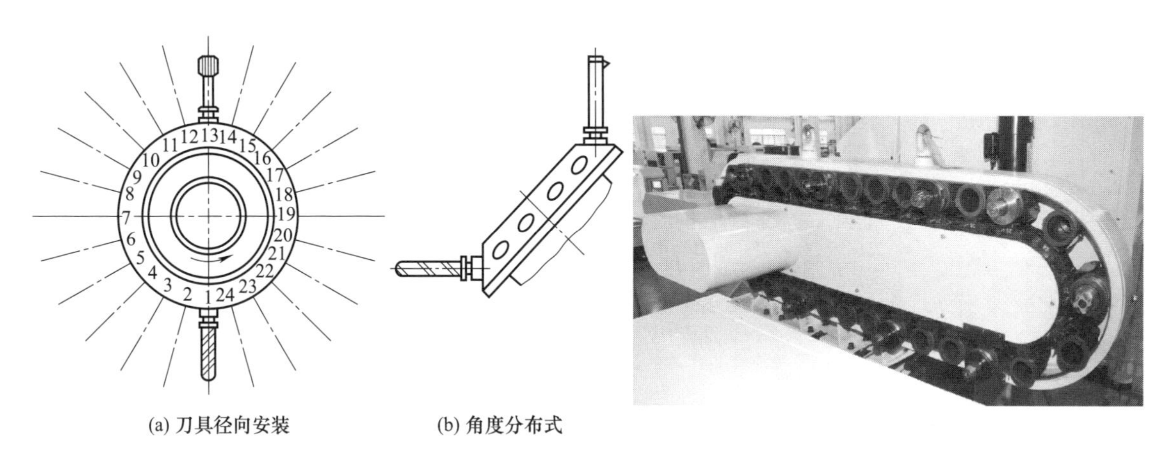

(a) 刀具径向安装　　(b) 角度分布式

图 4-49　刀具轴线与鼓盘轴线成一定角度布置的结构

图 4-50　链式刀库

盘式刀库又可分为单盘刀库和双环或多环刀库。单盘刀库的结构简单，取刀也较为方便，但刀库的容量较小，一般为 30～40 把，空间利用率低。双环或多环排列多层盘形刀库，结构简单、紧凑，但选刀和取刀动作复杂，因而较少应用。

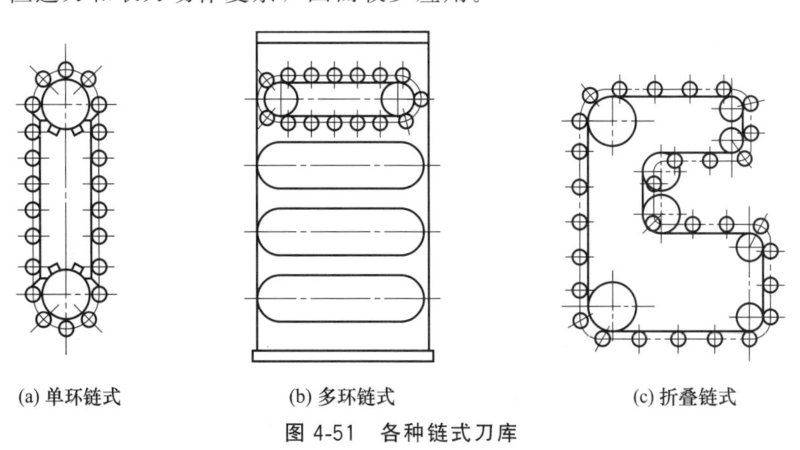

(a) 单环链式　　(b) 多环链式　　(c) 折叠链式

图 4-51　各种链式刀库

(2) 链式刀库

链式刀库在环形链条上装有许多刀座，刀座的孔中装夹各种刀具，链条由链轮驱动。图4-50所示为典型的链式刀库。

链式刀库有单环链式、多环链式和折叠链式等几种，如图4-51（a）、图4-51（b）所示。当链条较长时，可以增加支承链轮的数目，使链条折叠回绕，提高空间利用率，如图4-51（c）所示。

4.4.2.2 刀具的选择方式

按数控装置的刀具选择指令，从刀库中挑选各工序所需刀具的操作称为自动换刀。目前有顺序选刀和任意选刀两种方式，表4-21详细描述了这两种选刀方式。

表4-21 顺序选刀和任意选刀

<table>
<tr><th>序号</th><th>选刀方式</th><th colspan="2">详细说明</th></tr>
<tr><td>1</td><td>顺序选刀</td><td colspan="2">在加工之前先将加工零件所需的刀具按照工艺要求依次插入刀库的刀套中，顺序不能有差错，加工时再按顺序调刀。在顺序选刀方式下，加工不同的工件时必须重新调整刀库中的刀具顺序，因此操作十分烦琐；而且加工同一工件中各工序的刀具不能重复使用，这样就会增加刀具的数量；另外，刀具的尺寸误差也容易造成加工精度的不稳定。顺序选刀的优点是刀库的驱动和控制都比较简单，适用于加工批量较大、工件品种数量较少的中、小型数控机床</td></tr>
<tr><td rowspan="4">2</td><td rowspan="4">任意选刀</td><td colspan="2">任意选刀的换刀方式可分为刀具编码式、刀座编码式、附件编码式、计算机记忆式等几种。刀套编码或刀具编码都需要在刀具或刀套上安装用于识别的编码条，再根据编码条对应选刀。这类换刀方式的刀具制造困难，取送刀具十分麻烦，换刀时间长。记忆式任意换刀方式能将刀具号和刀库中的刀套位置对应地记忆在数控系统的计算机中，无论刀具放在哪个刀套内，计算机始终都记忆着它的踪迹。刀库上装有位置检测装置，可以检测出每个刀套的位置，这样就可以任意取出并送回刀具</td></tr>
<tr><td>刀具编码式</td><td>这种选择方式采用了一种特殊的刀柄结构，并对每把刀具进行编码。换刀时，编码识别装置根据换刀指令代码，在刀库中寻找所需要的刀具
由于每一把刀都有自己的代码，因而刀具可以放入刀库的任何一个刀座内，这样不仅刀库中的刀具可以在不同的工序中多次重复使用，而且换下来的刀具也不必放回原来的刀座，这对装刀和选刀都十分有利，刀库的容量相应减小，而且可避免由于刀具顺序的差错所发生的事故。每把刀具上都带有专用的编码系统。刀具编码识别有两种方式：接触式识别和非接触式识别。接触式识别编码的刀柄结构如图4-52所示：在刀柄尾部的拉紧螺杆4上套装着一组等间隔的编码环2，并由锁紧螺母3将它们固定
图4-52 接触式识别编码的刀柄结构
1—刀柄；2—编码环；3—锁紧螺母；4—拉紧螺杆
编码环的外径有大小两种不同的规格，每个编码环的大小分别表示二进制数的“1”和“0”。通过对两种编码环的不同排列，可以得到一系列的代码。例如，7个编码环就能够区别出127种刀具（2^7-1）。通常全部为零的代码不允许使用，以免和刀座中没有刀具的状况相混淆。当刀具依次通过编码识别装置时，编码环的大小就能使相应的触针读出每一把刀具的代码，从而选择合适的刀具
接触式编码识别装置结构简单，但可靠性较差，寿命较短，而且不能快速选刀
非接触式刀具识别采用磁性或光电识别法。磁性识别法是利用磁性材料和非磁性材料磁感应的强弱不同，通过感应线圈读取代码的方法。编码环分别由软钢和塑料制成，软钢代表“1”，塑料代表“0”，将它们按规定的编码排列
当编码环通过感应线圈时，只有对应软钢圆环的那些感应线圈才能感应出电信号“1”，而对应于塑料的感应线圈状态保持不变即为“0”，从而读出每一把刀具的代码
磁性识别装置没有机械接触和磨损，因此可以快速选刀，而且结构简单、工作可靠、寿命长</td></tr>
<tr><td>刀座编码式</td><td>刀座编码对刀库中所有的刀座预先编码，一把刀具只能对应一个刀座，从一个刀座中取出的刀具必须放回同一刀座中，否则会造成事故。这种编码方式取消了刀柄中的编码环，使刀柄结构简化，长度变短，刀具在加工过程中可重复使用，但必须把用过的刀具放回原来的刀座，送取刀具麻烦，换刀时间长</td></tr>
<tr><td>计算机记忆式</td><td>目前加工中心上大量使用的是计算机记忆式选刀方法。这种方式能将刀具号和刀库中的刀座位置（地址）对应地存放在计算机的存储器或可编程控制器的存储器中。不论刀具存放在哪个刀座上，新的对应关系重新存放，这样刀具可在任意位置（地址）存取，刀具不需设置编码元件，结构大为简化，控制也十分简单。在刀库机构中通常设有刀库零位，执行自动选刀时，刀库可以正反方向旋转，每次选刀时，刀库转动不会超过一圈的1/2</td></tr>
</table>

4.4.3 刀具交换装置

图 4-53 典型机械手换刀装置

数控机床的自动换刀装置中，实现刀库与机床主轴之间传递和装卸刀具装置称为刀具交换装置。自动换刀的刀具可靠紧固在专用刀夹内，每次换刀时将刀夹直接装入主轴。刀具的交换方式通常有两种：机械手交换刀具方式、由刀库与机床主轴的相对运动实现刀具交换的方式。

(1) 机械手换刀

机械手交换刀具方式应用最为广泛，因为机械手交换刀具有很大的灵活性，换刀时间也较短，机械手的结构形式多种多样，换刀运动也有所不同，图 4-53 所示为典型机械手换刀装置，图 4-54 所示为机械手臂、手爪结构。

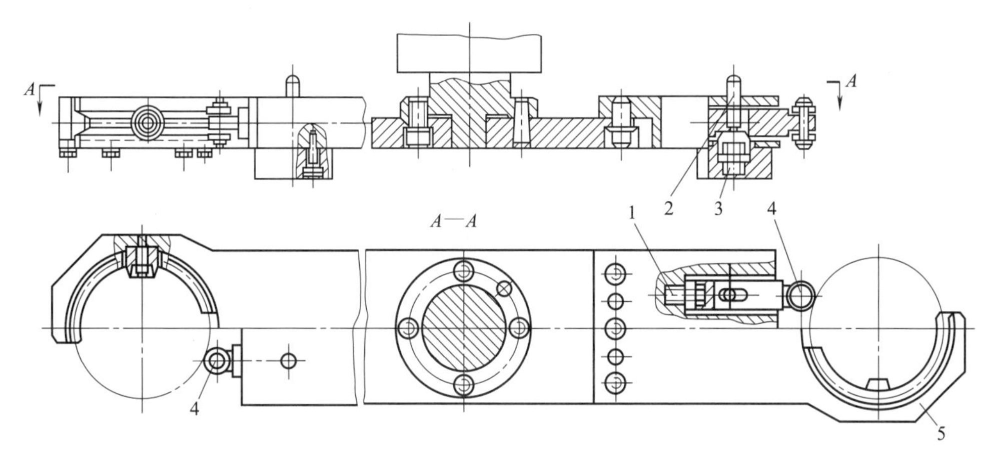

图 4-54 机械手臂、手爪结构

1,3—弹簧；2—锁紧销；4—活动销；5—手爪

下面介绍两种最常见的换刀形式，见表 4-22。

表 4-22 换刀形式

序号	换刀形式	详细说明
1	180°回转刀具交换装置	最简单的刀具交换装置是180°回转刀具交换装置。接到换刀指令后，机床控制系统便将主轴控制到指定换刀位置；同时刀具库运动到适当位置完成选刀，机械手回转并同时与主轴、刀具库的刀具相配合；拉杆从主轴刀具上卸掉，机械手向前运动，将刀具从各自的位置上取下；机械手回转180°，交换两把刀具的位置，与此同时刀库重新调整位置，以接受从主轴上取下的刀具；机械手向后运动，将夹持的刀具和卸下的刀具分别插入主轴和刀库中；机械手转回原位置待命。至此换刀完成，程序继续。这种刀具交换装置的主要优点是结构简单，涉及的运动少，换刀快；主要缺点是刀具必须存放在与主轴平行的平面内，与侧置后置的刀库相比，切屑及切削液易进入刀夹，刀夹锥面上有切屑会造成换刀误差，甚至损坏刀夹和主轴，因此必须对刀具另加防护。这种刀具交换装置既可用于卧式机床也可用于立式机床
2	回转插入式刀具交换装置	回转插入式刀具交换装置是最常用的形式之一，是回转式的改进形式。这种装置中刀库位于机床立柱一侧，避免了切屑造成主轴或刀夹损坏的可能。但刀库中存放的刀具的轴线与主轴的轴线垂直，因此机械手需要三个自由度。机械手沿主轴轴线的插拔刀具动作，由液压缸实现；绕竖直轴90°的摆动进行刀库与主轴间刀具的传送由液压马达实现；绕水平轴旋转180°完成刀库与主轴上刀具的交换的动作，由液压马达实现

(2) 无机械手换刀

无机械手换刀的方式是利用刀库与机床主轴的相对运动实现刀具交换的，也称主轴直接式换刀。XH715A 型卧式加工中心就是采用这类刀具交换装置的实例，如图 4-55 所示。

图 4-55　XH715A 型卧式加工中心

无机械手换刀方式的特点是：换刀机构不需要机械手，结构简单、紧凑。由于换刀时机床不工作，因此不会影响加工精度，但机床加工效率下降。但由于刀库结构尺寸受限，装刀数量不能太多，常用于小型加工中心。这种换刀方式的每把刀具在刀库上的位置是固定的，从哪个刀座上取下的刀具，用完后仍然放回到哪个刀座上。

第5章 FANUC数控机床系统的编程与操作

5.1 FANUC 0i 系列标准数控车床系统的操作

5.1.1 操作界面简介

(1) 设定（输入面板）与显示器

设定（输入面板）与显示器见图 5-1 和表 5-1。

(2) FANUC 0i 机床操作面板

机床操作面板位于窗口的下侧，如图 5-2 所示，主要用于控制机床运行状态，由模式选择按钮、运行控制开关等多个部分组成，每一部分的详细说明如表 5-2 所示。

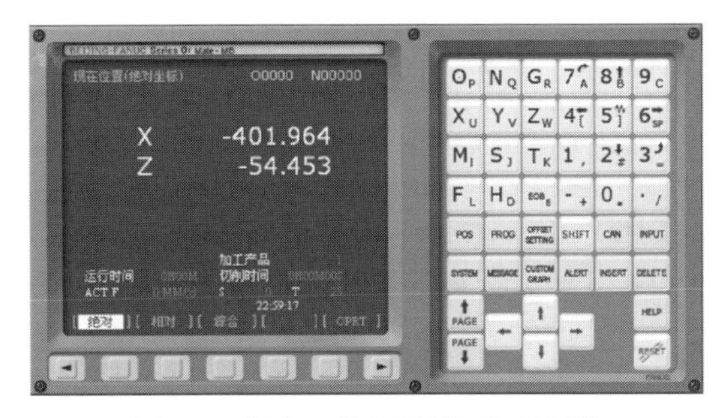

图 5-1 设定（输入面板）与显示器

表 5-1 设定（输入面板）与显示器各部分的详细说明

按键	名称	说明
地址和数字键		
	地址和数字键	按这些键可输入字母，数字以及其他字符
编辑区		
EOB E	回车换行键	结束一行程序的输入并且换行
SHIFT	换档键	在有些键的顶部有两个字符。按该键来选择字符。如一个特殊字符在屏幕上显示时，表示键面右下角的字符可以输入
CAN	取消键	按此键可删除当前输入位置的最后一个字符后或符号 当显示键入位置数据为“N001 X10Z_”时，按该键，则字符“Z”被取消，并显示：N001 X10
INPUT	输入键	当按了地址键或数字键后，数据被输入到缓冲器，并在 CRT 屏幕上显示出来。为了把键入到输入缓冲器中的数据拷贝到寄存器，按该键。这个键相当于软键的【INPUT】键，按此两键的结果是一样的

续表

编辑区		
ALTER	替换	用输入域的内容替代光标所在的代码
INSERT	插入	把输入域的内容插入到光标所在代码后面
DELETE	删除	删除光标所在的代码
光标区		
↑ PAGE	翻页键	这个键用于在屏幕上朝后翻一页
PAGE ↓	翻页键	这个键用于在屏幕上朝前翻一页
← ↑ ↓ →	光标键	这些键用于将光标朝各个方向移动
功能键与软键 功能键用于选择要显示的屏幕(功能画面)类型。按了功能键之后,再按软键(选择软键),与已选功能相对应的屏幕(画面)就被选中(显示)		
POS	位置显示页面	按此键显示位置页面,即不同坐标显示方式
PROG	程序显示与编辑页面	按此键进入程序页面

键	名称	说明
OFFSET SETTING	参数输入页面	按此键显示刀偏/设定(SETTING)页面即其他参数设置
SYSTEM	系统参数页面	按此键显示刀偏/设定(SETTING)画面
MESSAGE	信息页面	按此键显示信息页面
CUSTOM GRAPH	图形参数设置页面	按此键显示用户宏页面(会话式宏画面)或图形显示画面
HELP	帮助	查看系统的详细帮助信息
RESET	复位键	按下此键,复位CNC系统,包括取消报警、主轴故障复位、中途退出自动操作循环和输入、输出过程等
[绝对][相对][综合][ ][操作] 返回菜单 软键 继续菜单		软键的一般操作: ①在MDI面板上按功能键,属于选择功能的软键出现 ②按其中一个选择软键,与所选的相对应的页面出现。如果目标的软键未显示,则按继续菜单键(下一个菜单键) ③为了重新显示章选择软键,按返回菜单键

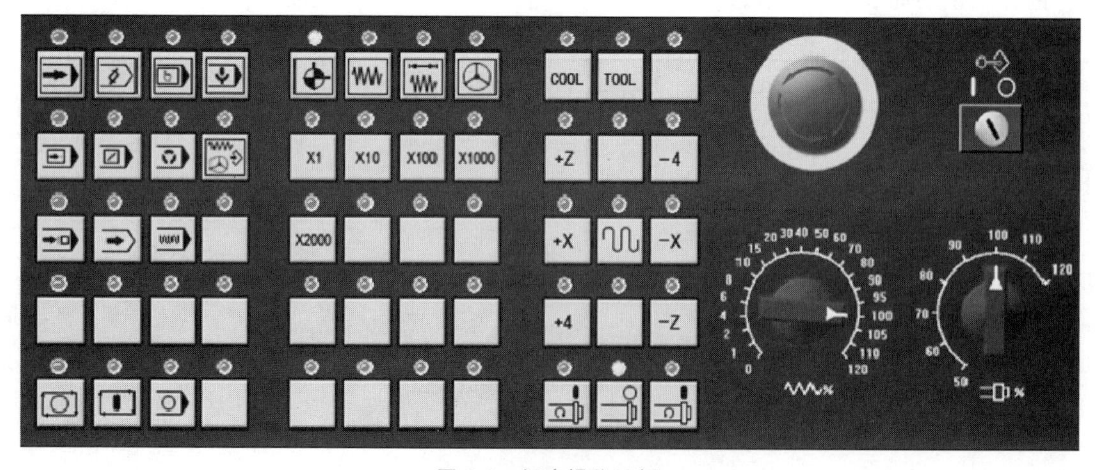

图 5-2 机床操作面板

表 5-2 机床操作面板各部分的详细说明

基本操作		
	急停	紧急停止旋钮
	程序编辑锁开关	只有置于 位置，才可编辑或修改程序（需使用钥匙开启）
	进给速度（F）调节旋钮	调节程序运行中的进给速度，调节范围为 0～120%
	主轴转速度调节旋钮	调节主轴转速，调节范围为 0～120%
COOL	冷却液开关	
TOOL	刀具选择按钮	
	手动开机床主轴正转	
	手动开机床主轴反转	
	手动停止主轴	
模式切换		
	AUTO	自动加工模式
	EDIT	编辑模式，用于直接通过操作面板输入数控程序和编辑程序
	MDI	手动数据输入
	DNC	用 232 电缆线连接 PC 机和数控机床，选择程序传输加工

模式切换		
	REF	回参考点
	JOG	手动模式，手动连续移动台面和刀具
	INC	增量进给
	HND	手轮模式移动台面或刀具
机床运行控制		
	单步运行	每按一次执行一条数控指令
	程序段跳读	自动方式按下此键，跳过程序段开头带有“/”的程序
	选择性停止	自动方式下，遇有 M00 程序停止
	手动示教	
	程序重启动	由于刀具破损等原因自动停止后，程序可以从指定的程序段重新启动
	机床锁定开关	按下此键，机床各轴被锁住，只能程序运行
	机床空转	按下此键，各轴以固定的速度运动
	程序运行停止	在程序运行中，按下此按钮停止程序运行
	程序运行开始	模式选择旋钮在“AUTO”和“MDI”位置时按下有效，其余时间按下无效
	程序暂停	
主轴手动控制开关		
	手动开机床主轴正转	
	手动开机床主轴反转	

续表

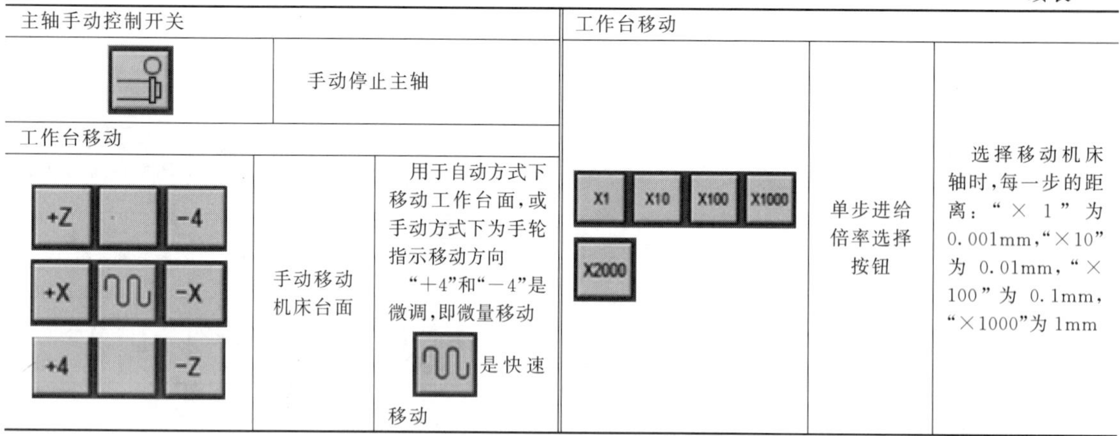

主轴手动控制开关		
（按钮图）	手动停止主轴	
工作台移动		
+Z　-4　+X　-X　+4　-Z（按钮图）	手动移动机床台面	用于自动方式下移动工作台面，或手动方式下为手轮指示移动方向 “+4”和“−4”是微调，即微量移动 （按钮图）是快速移动
工作台移动		
X1　X10　X100　X1000　X2000（按钮图）	单步进给倍率选择按钮	选择移动机床轴时，每一步的距离：“×1”为0.001mm，“×10”为0.01mm，“×100”为0.1mm，“×1000”为1mm

5.1.2 FANUC 0i 标准系统的操作

(1) 回参考点

① 置模式旋钮于位置。

② 选择各 X Z，按住按钮，即回参考点。

(2) 手动移动机床轴

① 方法一：快速移动。这种方法用于较长距离的工作台移动。

a. 置模式旋钮于“JOG”位置。

b. 选择各轴，点击方向键 + −，机床各轴移动，松开后停止移动。

c. 按键，各轴快速移动。

② 方法二：增量移动。这种方法用于微量调整，如用在对基准操作中。

a. 置模式旋钮于位置：选择 X 1　X 10　X 100　X1000 步进量。

b. 选择各轴，每按一次，机床各轴移动一步。

③ 操纵“手脉”按钮。这种方法用于微量调整。在实际生产中，使用手轮可以让操作者容易控制和观察机床移动。

(3) 开、关主轴

① 置模式旋钮于“JOG”位置。

② 按键机床主轴正反转，按键主轴停转。

(4) 启动程序加工零件

① 置模式旋钮于“AUTO”位置。

② 选择一个程序（参照下面介绍选择程序方法）。

③ 按程序启动按钮。

(5) 试运行程序

试运行程序时，机床和刀具不切削零件，仅运行程序。

① 置模式旋钮于位置。

② 选择一个程序如O0001后按键调出程序。

③ 按程序启动按钮。

(6) 单步运行

① 置单步开关于“ON”位置。

② 程序运行过程中，每按一次键执行一条指令。

(7) 选择一个程序

有两种方法可供进行选择：

① 按程序号搜索：

a. 置模式旋钮于“EDIT”位置。

b. 按PROG键输入字母“O”。

c. 按7键输入数字“7”，输入要搜索的号码“O7”。

d. 按↓开始搜索；找到后，“O7”显示在屏幕右上角程序号位置，“O7”NC程序显示在屏幕上。

② 置模式旋钮于“AUTO”位置：

a. 按PROG键输入字母“O”。

b. 按7键输入数字“7”，键入要搜索的号码“O7”（图5-3）。

c. 按[N检索]搜索程序段。

图5-3 键入要搜索的号码

(8) 删除一个程序

① 选择“EDIT”模式。

② 按PROG键输入字母“O”。

③ 按7键输入数字“7”，输入要删除的程序的号码“O7”。

④ 按DELETE键“O7”NC程序被删除。

(9) 删除全部程序

① 选择“EDIT”模式。

② 按PROG键输入字母“O”。

③ 输入“－9999”。

④ 按DELETE键全部程序被删。

(10) 搜索一个指定的代码

一个指定的代码可以是一个字母或一个完整的代码。例如：“N0010”“M”“F”“G03”等等。搜索应在当前程序内进行。操作步骤如下：

① 选择“AUTO”或“EDIT”模式。

② 按PROG键。

③ 选择一个NC程序。

④ 输入需要搜索的字母或代码，如：“M”“F”“G03”。

⑤ 按[操作]键，然后按[BG-EDT][O检索][检索↓][检索↑][REWIND]中的[检索↓]键，开始在当前程序中搜索。

(11) 编辑NC程序（删除、插入、替换操作）

① 模式旋钮置于“EDIT”位置。

② 选择PROG键。

③ 输入被编辑的 NC 程序名如“O7”，按INSERT键即可编辑。

④ 移动光标：

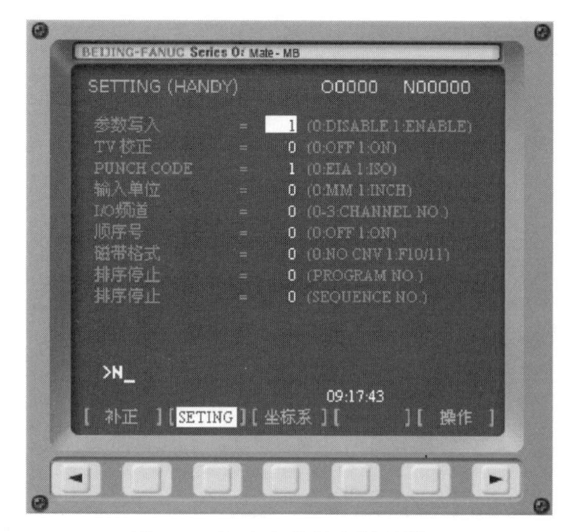

图 5-4　自动生成程序段号输入

方法一：按PAGE↑或PAGE↓键翻页，按↑ ↓ ← →键移动光标。

方法二：用搜索一个指定的代码的方法移动光标。

⑤ 输入数据：用鼠标点击数字/字母键，数据被输入到输入域。CAN 键用于删除输入域内的数据。

⑥ 自动生成程序段号输入：按OFFSET SETTING键→

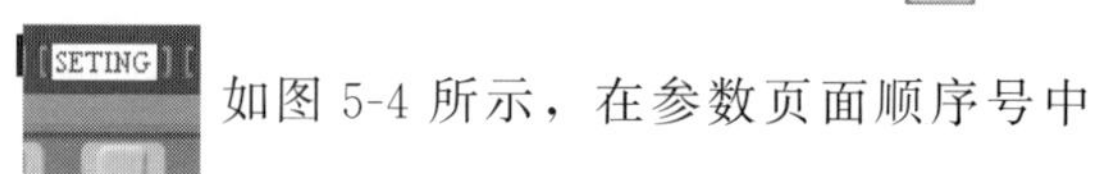

如图 5-4 所示，在参数页面顺序号中输入“1”，所编程序自动生成程序段号（如：N10、N20……）。

按DELETE键，删除光标所在的代码。

按INSERT键，把输入区的内容插入到光标所在代码后面。

按ALERT键，用输入区的内容替代光标所在的代码。

(12) 通过操作面板手工输入 NC 程序

① 置模式开关于“EDIT”位置。

② 按PROG键→[DIR]进入程序页面。

③ 按7A键输入“O7”程序名（输入的程序名不可以与已有程序名重复）。

④ 按EOB键→按INSERT键，开始程序输入。

⑤ 按EOB键→按INSERT键换行后再继续输入。

(13) 从计算机输入一个程序

NC 程序可在计算机上建文本文件编写，文本文件（＊.txt）后缀名必须改为＊.nc 或＊.cnc。

① 选择“EDIT”模式，按PROG键切换到程序页面。

② 新建程序名“Oxxxx”按INSERT键进入编程页面。

③ 按OFFSET SETTING键进入参数设定页面，按“坐标系”软键（图 5-5）。

④ PAGE↓ PAGE↑键或↑ ↓ ← →键选择坐标系。输入地址字（X/Y/Z）和数值到输入域。方法参考“输入数据”操作。

⑤ 按INPUT键，把输入域中间的内容输入到所指定的位置。

(14) 输入刀具补偿参数

① 按OFFSET SETTING键进入参数设定页面→[补正]。

② 用PAGE↓和PAGE↑键选择长度补偿、半径补偿。

③ 用↑ ↓ ← →键选择补偿参数编号（图 5-6）。

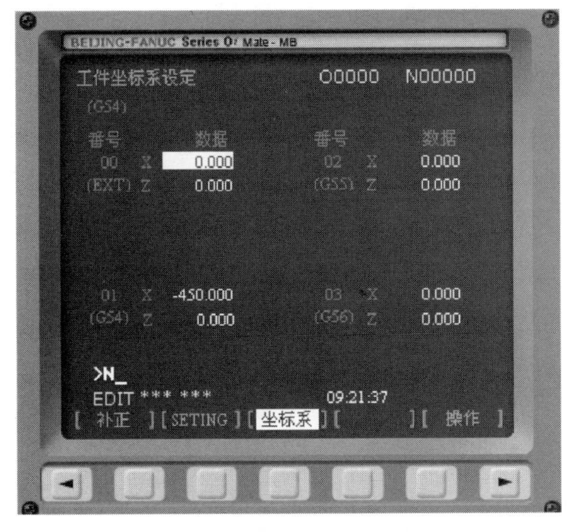

图 5-5 从计算机输入一个程序

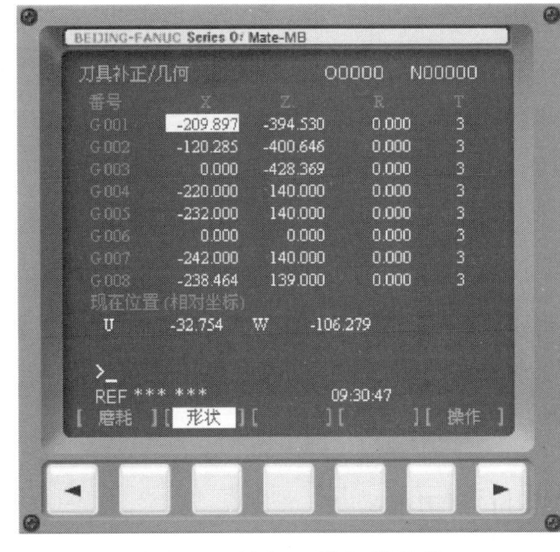

图 5-6 输入刀具补偿参数

④ 输入补偿值到长度补偿 H 或半径补偿 D。

⑤ 按INPUT键，把输入的补偿值输入到所指定的位置。

⑥ 按POS键切换到位置显示页面。用PAGE↓和↑PAGE键或者软键切换。

(15) MDI 手动数据输入

① 按键，切换到“MDI”模式。

② 按PROG键→[程序][MDI]→按EOB键分程序段号“N10”，输入程序如：G0X50。

③ 按INSERT键“N10G0X50”程序被输入。

④ 按程序启动按钮。

(16) 零件坐标系（绝对坐标系）位置

绝对坐标系：显示机床在当前坐标系中的位置。

相对坐标系：显示机床坐标相对于前一位置的坐标。

综合显示：同时显示机床在以下坐标系中的位置（图 5-7）。

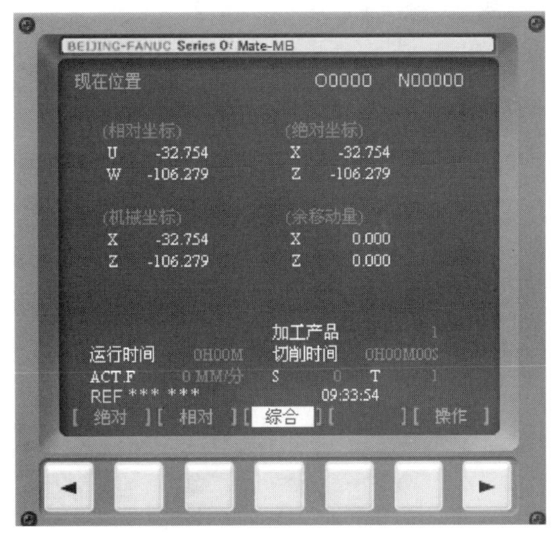

图 5-7 零件坐标系位置

① 绝对坐标系中的位置（ABSOLUTE）。

② 相对坐标系中的位置（RELATIVE）。

③ 机床坐标系中的位置（MACHINE）。

④ 当前运动指令的剩余移动量（DISTANCE TO GO）。

5.1.3 零件编程加工的操作步骤

5.1.3.1 程序的新建和输入

① 接通电源，打开电源开关，旋起急停按钮，打开程序保护锁。

② 控制面板中，选择 EDIT（编辑）模式。

③ 输入面板中，选择程序键，选择软键中的【DIR】打开程序列表，输入一个新的程序名称，如“O0010”

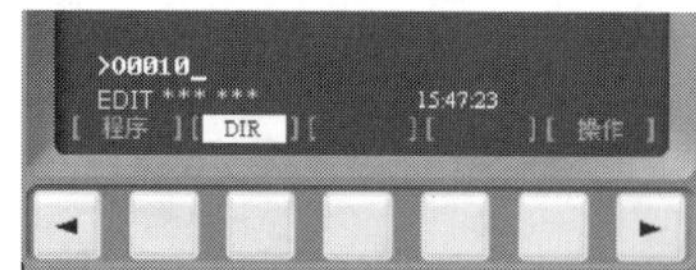

，再按输入面板中的插入键，这样就新建了一个名称为“O0010”的新程序（注：如果要删除一个程序，只需在输入程序名称后，按输入面板中的删除键即可）。

④ 输入程序。程序的输入和编辑操作详见前面的叙述，输入过程略。程序在输入的过程中自动保存，正常关机后不会丢失。

5.1.3.2 零件的加工

程序的加工遵循“对刀→对刀检验→图形检验→加工”的步骤。

(1) 对刀的操作

a. 在刀架上安装刀具，分别为：01 号外圆车刀，02 号切断刀，03 号螺纹刀。

b. 控制面板中，选择 MDI（数据输入）模式。

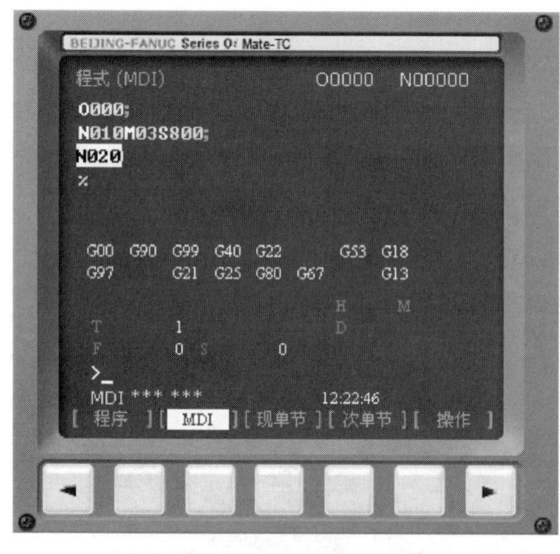

图 5-8 输入程序

c. 输入面板中，选择程序键，在显示器中输入程序，如图 5-8 所示，使主轴开启（注意：结尾有分号，即换行）。

按操作面板上的键，运行程序，主轴启动。

① 外圆车刀　按操作面板上的键，选择 01 号外圆车刀，准备试切对刀。

a. 先对 Z 向：

使用手轮配合“**X+/X-**”“**Z+/Z-**”“**RAPID**”键进行试切。

将 01 号外圆车刀移动至端面正上方［图 5-9（a）］，试切端面［图 5-9（b）］，保持 Z 向不变然后退刀［图 5-9（c）］。

(a)

(b)

(c)

图 5-9 Z 向对刀（一）

按下操作面板上的键，停主轴。在输入面板中，选择参数设置键，选择软键【补正】，选择软键【形状】

，进入【刀具补正/几何】界面，在

相应的位置输入“Z0”，按下软键【测量】，得到新的对完刀后的 Z 值，完成01号外圆车刀的 Z 向对刀（图5-10）。

b. 再对 X 向：

按下操作面板上的主轴正转键，重新开启主轴。

使用手轮配合、、键进行试切。

将01号外圆车刀移动至外圆表面的右侧［图5-11（a）］，试切外圆［图5-11（b）］，保持 X 向不变然后退刀［图5-11（c）］。

按下操作面板上的键，停主轴。

用游标卡尺（千分尺或其他测量工具）测量试切后的外圆直径，记录下来。

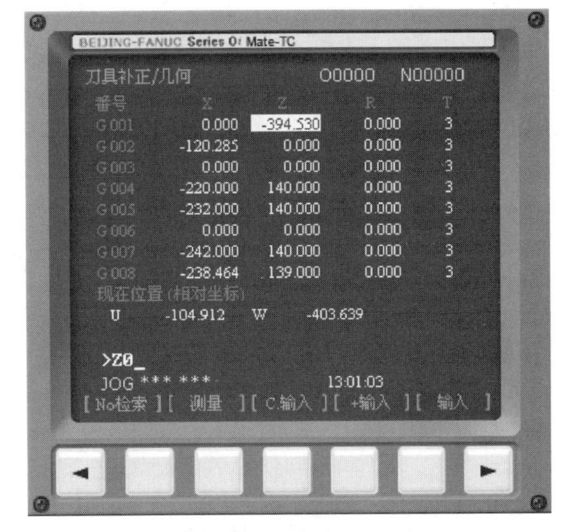

图5-10　Z 向对刀（二）

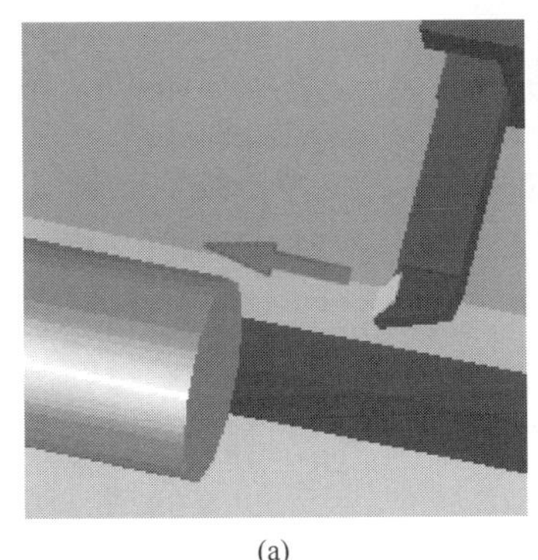

(a)

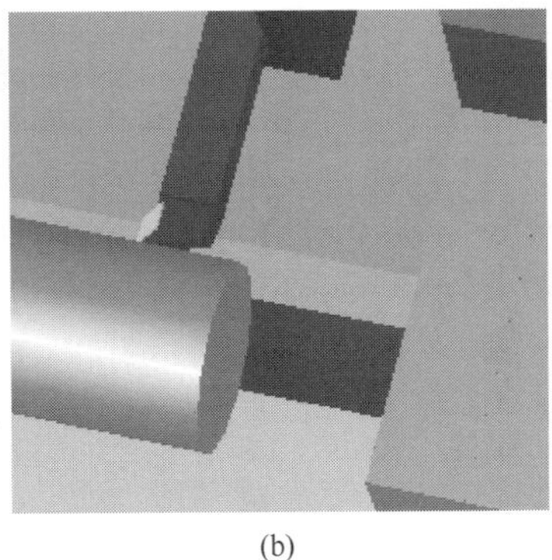

(b)

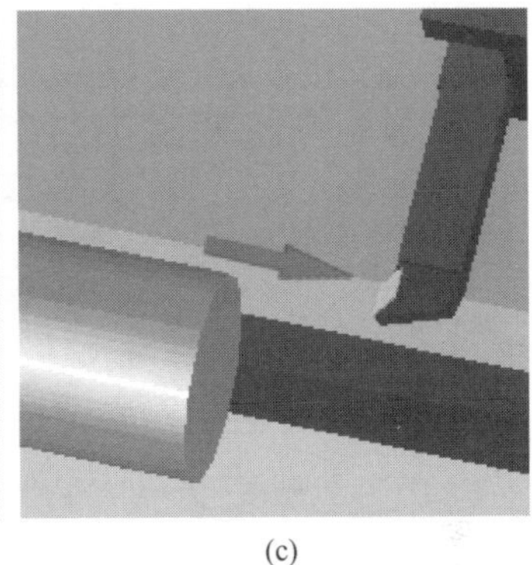

(c)

图5-11　X 向对刀（一）

在输入面板中，选择参数设置键，选择软键【补正】

，选择软键【形状】

，进入【刀具补正/几何】界面，在相应的位置输入测量到的 X 值（如“X36.52”），按下软键【测量】，得到新的 X 值，完成01号外圆车刀的 X 向对刀（图5-12）。至此，完成了01号外圆车刀的对刀。

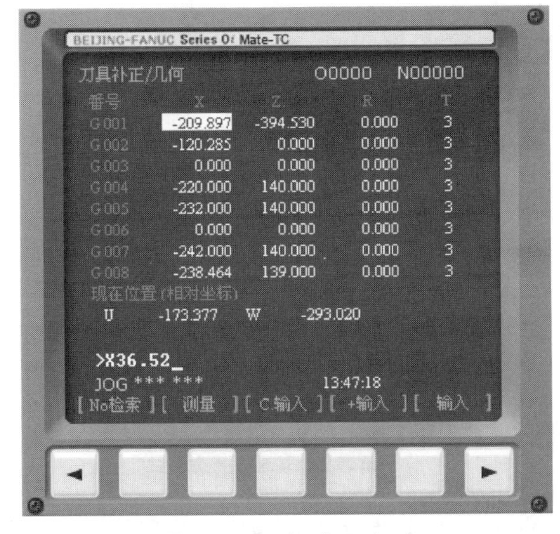

图5-12　X 向对刀（二）

② 切断刀　按下操作面板上的主轴正转键，重新开启主轴。按操作面板上的键，选择02号切断刀，准备试切对刀。

a. 先对 Z 向：

使用手轮配合、、键进行试切。

将 02 号切断刀移动至端面正上方［图 5-13（a）］，试切端面［图 5-13（b）］，保持 Z 向不变然后退刀［图 5-13（c）］。

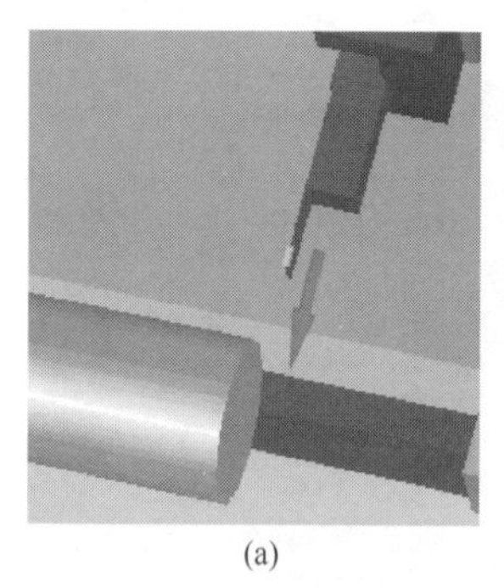

(a)

(b)

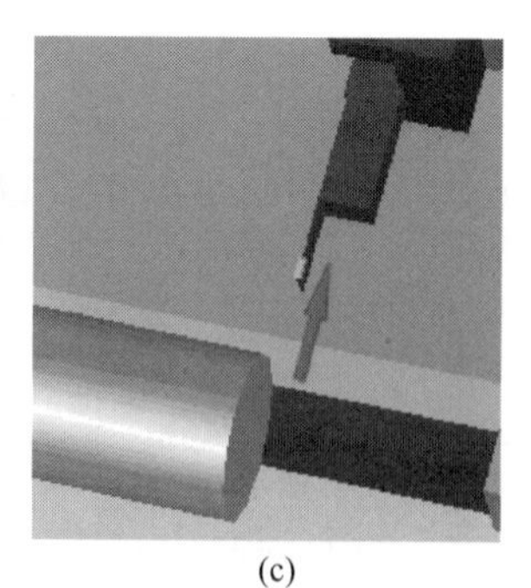

(c)

图 5-13　Z 向对刀（一）

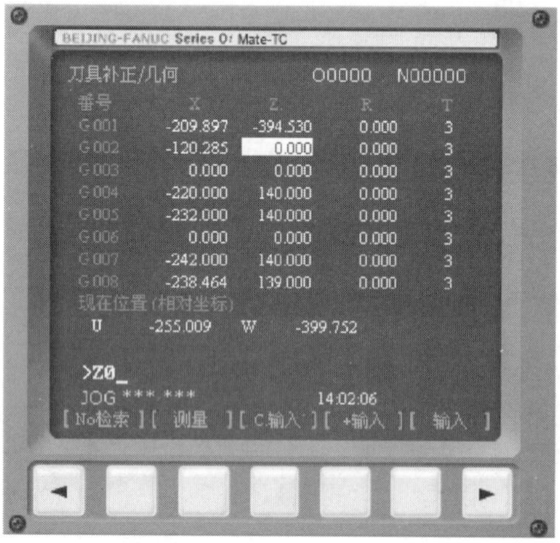

BEIJING-FANUC Series 0i Mate-TC

刀具补正/几何　　O0000　N00000

番号	X	Z	R	T
G001	-209.897	-394.530	0.000	3
G002	-120.285	0.000	0.000	3
G003	0.000	0.000	0.000	3
G004	-220.000	140.000	0.000	3
G005	-232.000	140.000	0.000	3
G006	0.000	0.000	0.000	3
G007	-242.000	140.000	0.000	3
G008	-238.464	139.000	0.000	3

现在位置（相对坐标）

U　-255.009　W　-399.752

>Z0_

JOG *** ***　14:02:06

［No检索］［测量］［C输入］［+输入］［输入］

图 5-14　Z 向对刀（二）

按下操作面板上的键，停主轴。

在输入面板中，选择参数设置键，选择软键【补正】［补正］［数据］，选择软键【形状】［磨耗］［形状］，进入【刀具补正/几何】界面，在相应的位置输入“Z0”，按下软键【测量】，得到新的对完刀后的 Z 值，完成 02 号切断刀的 Z 向对刀（图 5-14）。

b. 再对 X 向：

按下操作面板上的主轴正转键，重新开启主轴。

使用手轮配合 +X -X、-Z +Z、键进行试切。

将 02 号切断刀移动至外圆表面的右侧［图 5-15（a）］，试切外圆［图 5-15（b）］，保持 X 向不变然后退刀［图 5-15（c）］。

(a)

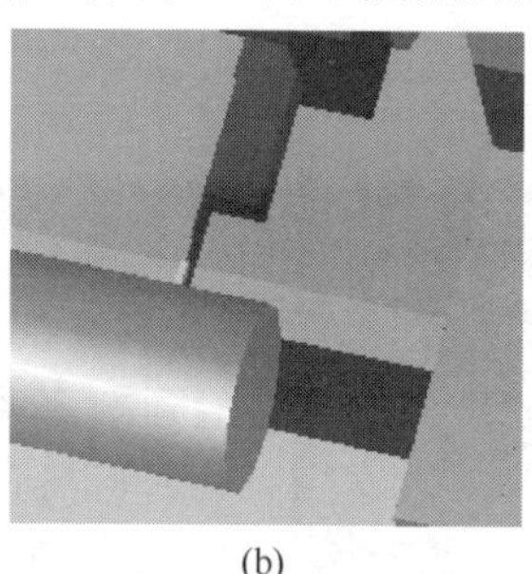

(b)

(c)

图 5-15　X 向对刀（一）

按下操作面板上的键，停主轴。

用游标卡尺（千分尺或其他测量工具）测量试切后的外圆直径，记录下来。

在输入面板中，选择参数设置键，选择软键【补正】

，选择软键【形状】［磨耗］［形状］，进入【刀具补正/几何】界面，在相应的位置输入测量到

的 X 值（如“X36.40”），按下软键【测量】，得到新的对完刀后的 X 值，完成 02 号切断刀的 X 向对刀（图 5-16）。至此，完成了 02 号切断刀的对刀。

③ 螺纹刀　按下操作面板上的主轴正转键，重新开启主轴。

按操作面板上的键，选择 03 号切断刀，准备试切对刀。

a. 先对 Z 向：

使用手轮配合、、键进行试切。

将 03 号螺纹刀移动至端面正上方［图 5-17（a)］，由于螺纹刀的结构，其无法试切端面，因此采取碰端面的方法，使螺纹刀的刀尖接触端面外圆即可［图 5-17（b)］，保持 Z 向不变然后退刀［图 5-17（c)］。

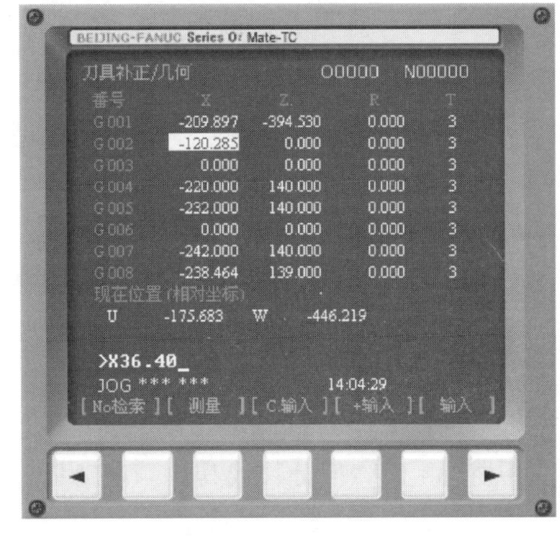

图 5-16　X 向对刀（二）

(a)

(b)

(c)

图 5-17　Z 向对刀（一）

按下操作面板上的键，停主轴。在输入面板中，选择参数设置键，选择软键【补正】，选择软键【形状】，进入【刀具补正/几何】界面，在相应的位置输入“Z0”，按下软键【测量】，得到新的对完刀后的 Z 值，完成 03 号螺纹刀的 Z 向对刀（图 5-18）。

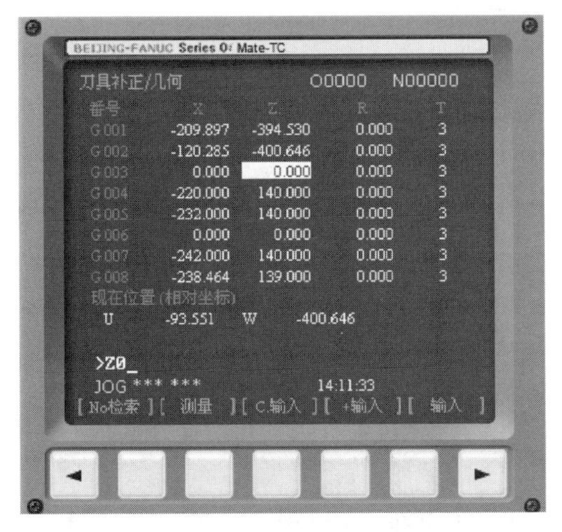

图 5-18　Z 向对刀（二）

b. 再对 X 向：

按下操作面板上的主轴正转键，重新开启主轴。

使用手轮配合、、键进行试切。

将 02 号切断刀移动至外圆表面的右侧［图 5-19（a)］，试切外圆［图 5-19（b)］，保持 X 向不变然后退刀［图 5-19（c)］。

(a)

(b)

(c)

图 5-19　*X* 向对刀（一）

按下操作面板上的键，停主轴。

用游标卡尺（千分尺或其他测量工具）测量试切后的外圆直径，记录下来。

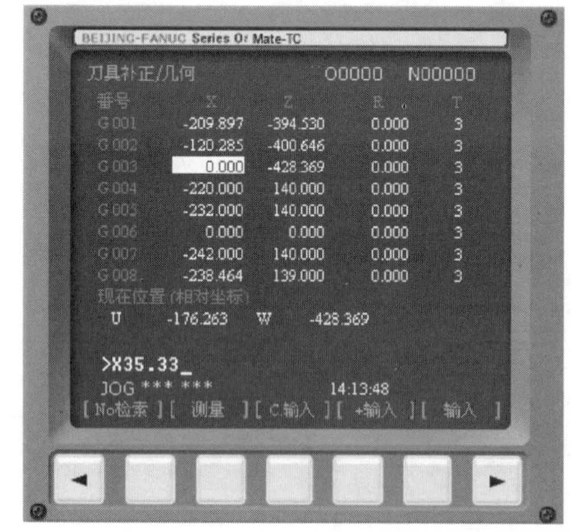

图 5-20　*X* 向对刀（二）

在输入面板中，选择参数设置键，选择软键【补正】，选择软键【形状】，进入【刀具补正/几何】界面，在相应的位置输入测量到的 *X* 值（如“X35.33”），按下软键【测量】，得到新的对完刀后的 *X* 值，完成 03 号螺纹刀的 *X* 向对刀（图 5-20）。至此，完成了 03 号螺纹刀的对刀，也完成了 3 把刀的对刀。

（2）对刀的检测

① 返回参考点：

控制面板中，选择 REF（回参考点）模式，同时按下+X、+Z键不松，刀架会自动回退到刀架参考点，待刀架不动时即可。此时可按下POS键，选择软键【综合】

，查看机械坐标“X”“Z”均显示为 0 即退到位（图 5-21）。

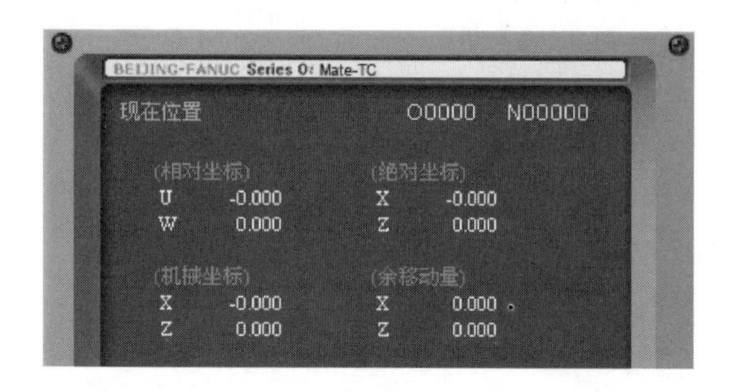

图 5-21　返回参考点

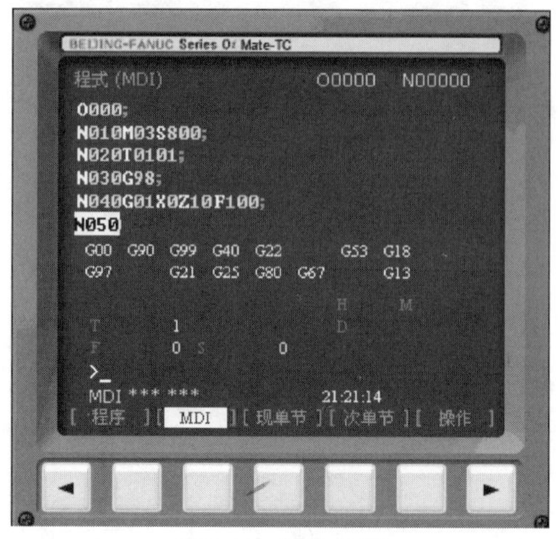

图 5-22　程序检测

② 程序检测：

控制面板中，选择MDI（数据输入）模式，输入面板中，选择程序键，在显示器中输入程序，如图5-22所示，使主轴开启（注意：结尾有分号，即换行）。

此时用手控制进给速度倍率旋钮，观测刀具的运行情况，待刀具停止运行时，按操作面板上的键，主轴停转。用测量工具测量当前刀具位置，与程序中的“X”“Z”的值相同则表示对刀成功。测量完毕，控制面板中，选择REF（回参考点）模式，使刀具返回刀架参考点（方法见前述）。

(3) 图形检验

① 控制面板中，选择EDIT（编辑）模式。

② 输入面板中，选择程序键，选择软键中的[DIR]打开程序列表，输入一个已有的程序名称，如“O0010”，

再按输入面板中的下箭头键，这样就打开了一个名称为“O0010”的新程序（图5-23）。

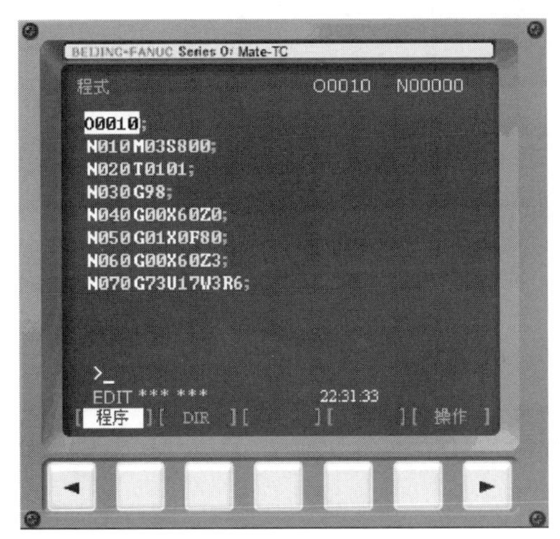

图5-23 打开程序

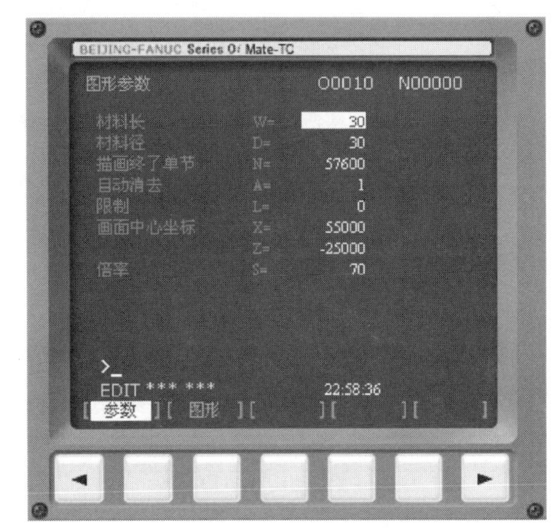

图5-24 设置参数

按下机床锁定开关，机床各轴被锁住。选择AUTO（自动运行）模式，按下空运行键准备进行快速走刀，按下开始按钮，运行程序，此时程序运行刀架不动，但可以换刀。

③ 选择输入面板上的键，设置相应的参数（图5-24）。

按下软键【图形】，在图形区域内观察图形检验的零件加工形状，如图5-25所示。

此时，观察图形模拟是否与工件要求一致，待确认程序正确时进入下一步操作。

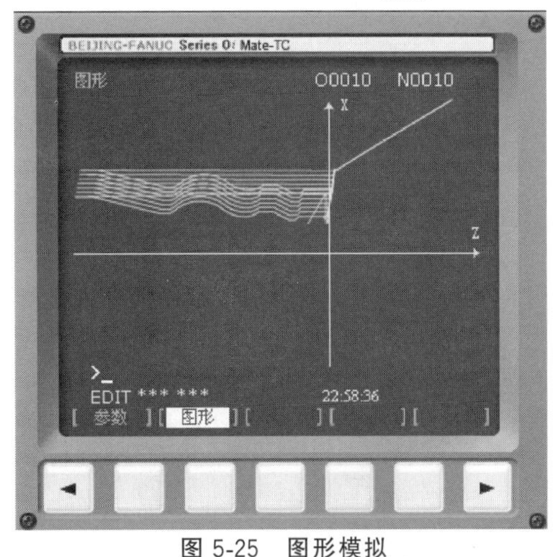

图5-25 图形模拟

(4) 加工零件

输入面板中，选择程序键，返回到

程序中，打开机床锁定开关，保持 AUTO（自动运行）模式，取消空运行，准备按实际进给速度加工，按下开始按钮，运行程序，注意观察零件加工的情况。

5.2 FANUC 0i Mate-TC 数控车床系统的操作

5.2.1 操作界面简介

(1) 设定（输入面板）与显示器

设定（输入面板）与显示器见图 5-26。MDI 键符定义与说明见表 5-3。

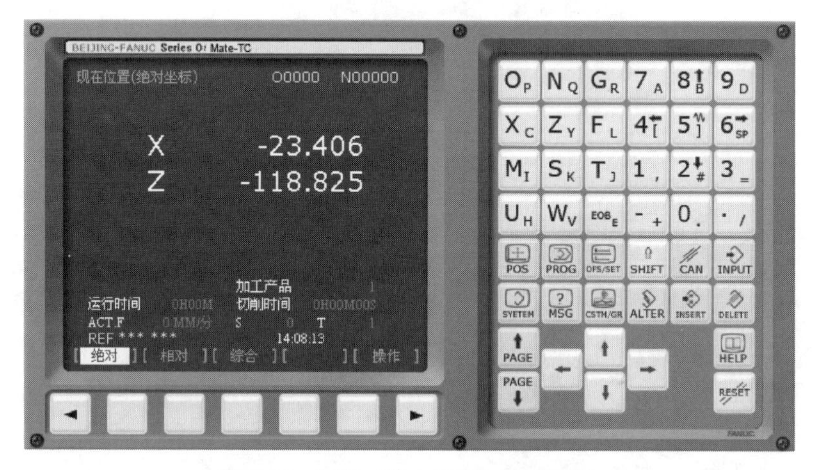

图 5-26 设定（输入面板）与显示器

表 5-3 MDI 键符定义与说明表

键	名称	说明
地址和数字键		
	地址和数字键	按这些键可输入字母,数字以及其他字符
编辑区		
	回车换行键	结束一行程序的输入并且换行
	换档键	在有些键的顶部有两个字符。按该键来选择字符。如一个特殊字符“E”在屏幕上显示时,表示键面右下角的字符可以输入
	取消键	按此键可删除当前输入位置的最后一个字符后或符号 当显示键入位置数据为“N001 X10Z_”时,按该键,则字符“Z”被取消,并显示：N001 X10
	输入键	当按了地址键或数字键后,数据被输入到缓冲器,并在CRT屏幕上显示出来。为了把键入到输入缓冲器中的数据拷贝到寄存器,按该键。这个键相当于软键的【INPUT】键,按此两键的结果是一样的

续表

键	名称	说明
编辑区		
ALTER	替换	用输入域的内容替代光标所在的代码
INSERT	插入	把输入域的内容插入到光标所在代码后面
DELETE	删除	删除光标所在的代码
光标区		
↑ PAGE	翻页键	这个键用于在屏幕上朝后翻一页
PAGE ↓	翻页键	这个键用于在屏幕上朝前翻一页
← ↑ → ↓	光标键	这些键用于将光标朝各个方向移动
功能键与软键 功能键用于选择要显示的屏幕(功能画面)类型。按了功能键之后,再按软键(选择软键),与已选功能相对应的屏幕(画面)就被选中(显示)		
POS	位置显示页面	按此键显示位置页面,即不同坐标显示方式
PROG	程序显示与编辑页面	按此键进入程序页面
OFS/SET	参数输入页面	按此键显示刀偏/设定(SETTING)页面即其他参数设置
SYETEM	系统参数页面	按此键显示刀偏/设定(SETTING)画面
? MSG	信息页面	按此键显示信息页面
CSTM/GR	图形参数设置页面	按此键显示用户宏页面(会话式宏画面)或图形显示画面
HELP	帮助	查看系统的详细帮助信息
RESET	复位键	按下此键,复位CNC系统,包括取消报警、主轴故障复位、中途退出自动操作循环和输入、输出过程等
绝对 相对 综合 操作 返回菜单 软键 继续菜单		软键面的一般操作: ①在MDI面板上按功能键,属于选择功能的软键出现 ②按其中一个选择软键,与所选的相对应的页面出现。如果目标的软键未显示,则按继续菜单键(下一个菜单键) ③为了重新显示章选择软键,按返回菜单键

(2) 外部机床控制面板

外部机床控制面板见图5-27。控制面板键符定义与说明见表5-4。

图5-27 外部机床控制面板

表 5-4 控制面板键符定义与说明表

模式切换			
		EDIT	编辑状态
		MDI	手动数据输入
		JOG	手动连续进给
	1…100 |///	INC	增量（手轮）进给
		MEM	自动运行
		REF	回参考点

操作按钮与手轮		
ON	系统电源打开按钮	机床上电后，要先按下此按钮，使系统上电
OFF	系统电源关闭按钮	按下此按钮，系统失电，退出数控系统
PROTECT	数据保护按钮	有效时，一些数据与程序无法修改与保存
SBK	单步执行	被按下有效时，程序单段执行
DNC	直接加工	从输入/输出设备读入程序使系统运行
DRN	空运行	被按下有效时，程序按所设定的最高进给速度执行
CW/CCW	主轴正/反转	
STOP	主轴停	
	复位	可使 CNC 复位，用以返回程序头、消除报警等

	程序运行暂停	程序运行时，按下此按钮，程序运行停止
	程序运行开始	
COOL	冷却液打开/关闭	
TOOL	换刀	
DRIVE	驱动电源开关	被打开有效时，刀架才能移动（需用钥匙开关）
X+/X-	X 轴点动	
Z+/Z-	Z 轴点动	
RAPID	快速运行叠加开关	被按下有效时，机床快速移动
	急停	手轮
	进给速度修调	

5.2.2 零件编程加工的操作步骤

5.2.2.1 程序的新建和输入

① 接通电源，打开电源开关 ON ，旋起急停按钮，打开程序保护锁 PROTECT 。

② 控制面板中，选择 EDIT（编辑）模式。

③ 输入面板中，选择程序键 PROG ，选择软键中的 DIR 打开程序列表，输入一个新的程序名称，如“O0010” >O0010_ EDIT *** *** 15:47:23 [程序][DIR][ ][ ][操作] ，再按输入面板中的插入键 INSERT ，这样就新建了一个名称为“O0010”的新程序（注：如果要删除一个程序，只需在输入程序名称后，按输入面板中的删除键 DELETE 即可）。

④ 输入程序。程序的输入和编辑操作详见前面的叙述，输入过程略。程序在输入的过程中自动保存，正常关机后不会丢失。

5.2.2.2 零件的加工

程序的加工遵循“对刀→对刀检验→图形检验→加工”的步骤。

(1) 对刀的操作

a. 在刀架上安装刀具，分别为：01号外圆车刀，02号切断刀，03号螺纹刀。

b. 控制面板中，选择MDI（数据输入）模式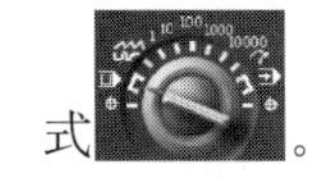。

c. 输入面板中，选择程序键，在显示器中输入程序，如图5-28所示，使主轴开启（注意：结尾有分号，即换行）。

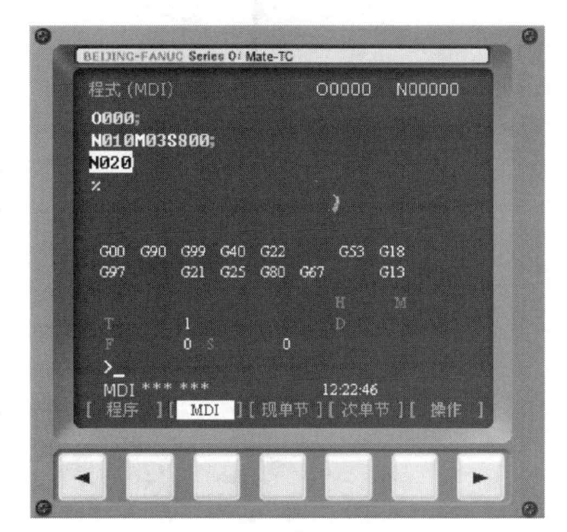

图5-28 输入程序

按操作面板上的键，运行程序，主轴启动。

① 外圆车刀 按操作面板上的键，选择01号外圆车刀，准备试切对刀。

a. 先对 *Z* 向：

使用手轮配合“X +/X −”“Z +/Z −”“RAPID”键进行试切。

将01号外圆车刀移动至端面正上方［图5-29（a）］，试切端面［图5-29（b）］，保持 *Z* 向不变然后退刀［图5-29（c）］。

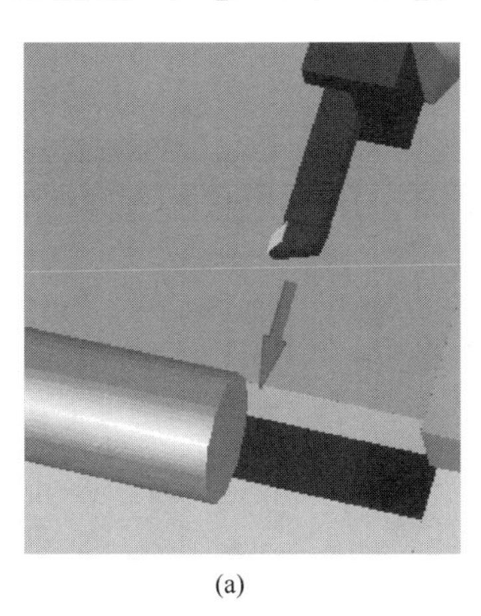

(a)

(b)

(c)

图5-29 *Z* 向对刀（一）

按下操作面板上的键，停主轴。在输入面板中，选择参数设置键，选择软键【补正】，选择软键【形状】，进入【刀具补正/几何】界面，在相应的位置输入“Z0”，按下软键【测量】，得到新的对完刀后的 *Z* 值，完成01号外圆车刀的 *Z* 向对刀（图5-30）。

b. 再对 *X* 向：

按下操作面板上的主轴正转键，重新开启主轴。

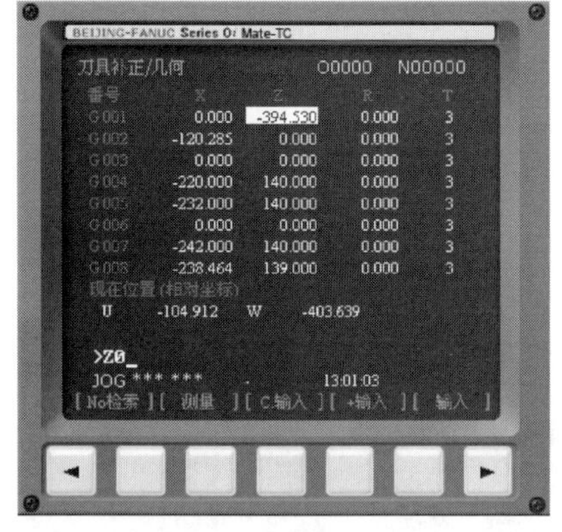

图 5-30 Z 向对刀（二）

使用手轮配合“X+/X－”“Z+/Z－”“RAPID”键进行试切。

将 01 号外圆车刀移动至外圆表面的右侧［图 5-31（a）］，试切外圆［图 5-31（b）］，保持 X 向不变然后退刀［图 5-31（c）］。

按下操作面板上的键，停主轴。

用游标卡尺（千分尺或其他测量工具）测量试切后的外圆直径，记录下来。

在输入面板中，选择参数设置键，选择软键【补正】，选择软键【形状】，进入【刀具补正/几何】界面，在相应的位置输入测量到的 X 值（如“X36.52”），按下软键【测量】，得到新的对完刀后的 X 值，完成 01 号外圆车刀的 X 向对刀（图 5-32）。至此，完成了 01 号外圆车刀的对刀。

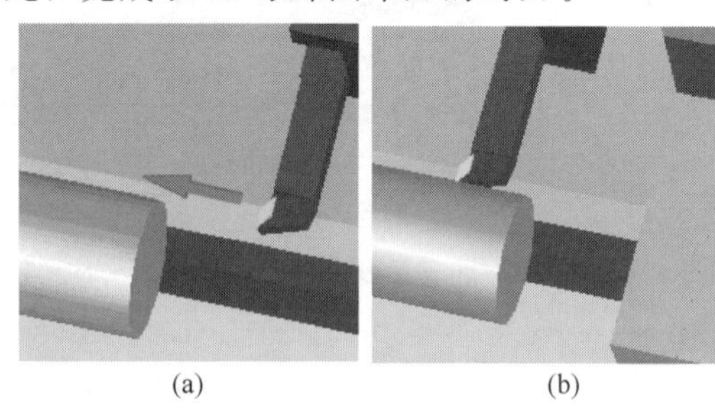

(a) (b) (c)

图 5-31 X 向对刀（一）

② 切断刀 按下操作面板上的主轴正转键，重新开启主轴。按操作面板上的键，选择 02 号切断刀，准备试切对刀。

a. 先对 Z 向：

使用手轮配合“X+/X－”“Z+/Z－”“RAPID”键进行试切。

将 02 号切断刀移动至端面正上方［图 5-33（a）］，试切端面［图 5-33（b）］，保持 Z 向不变然后退刀［图 5-33（c）］。

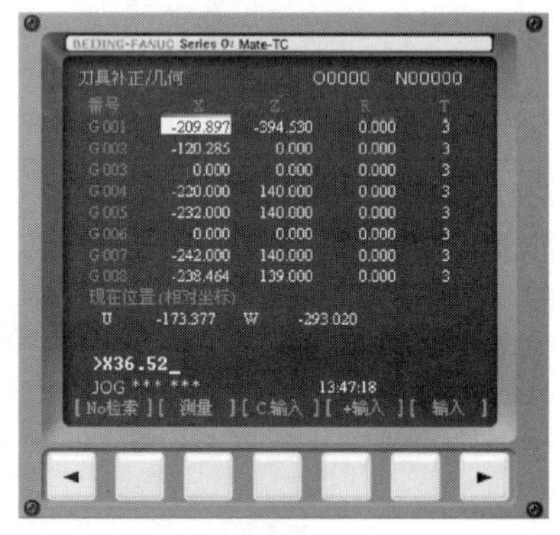

图 5-32 X 向对刀（二）

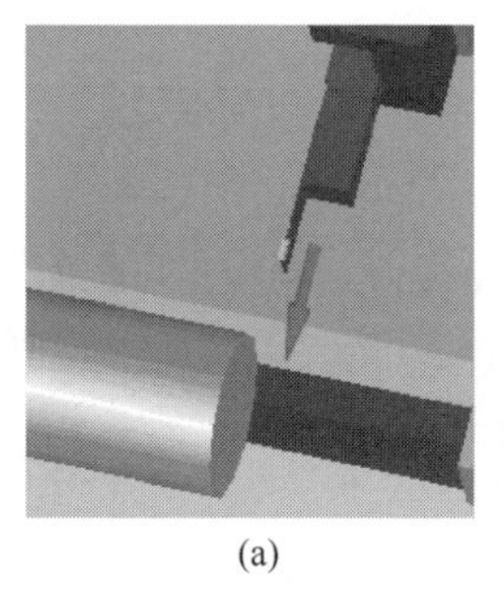

(a)

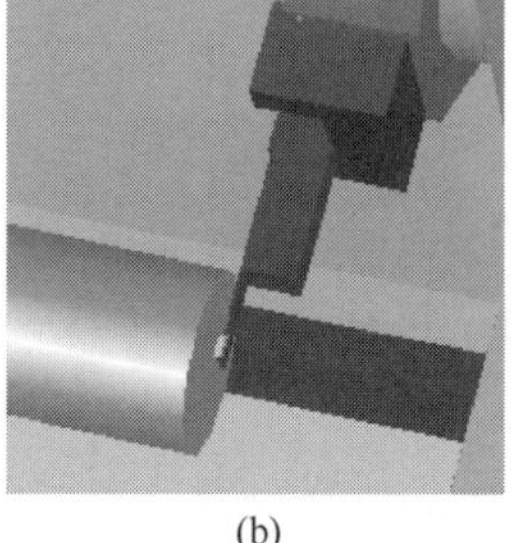

(b)

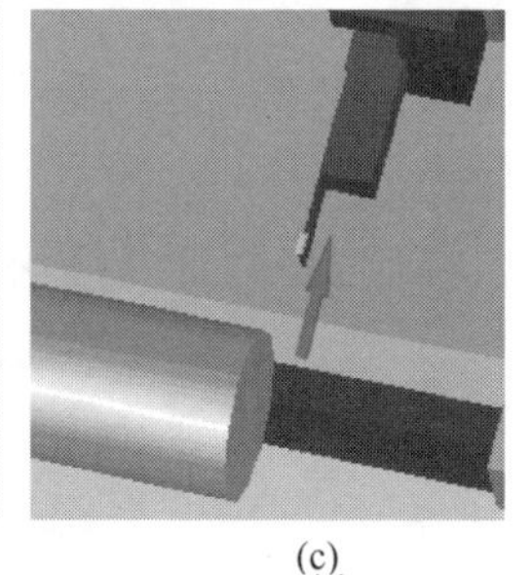

(c)

图 5-33 Z 向对刀（一）

按下操作面板上的键，停主轴。在输入面板中，选择参数设置键，选择软键【补正】，选择软键【形状】，进入【刀具补正/几何】界面，在相应的位置输入“Z0”，按下软键【测量】，得到新的对完刀后的 Z 值，完成02号切断刀的 Z 向对刀（图5-34）。

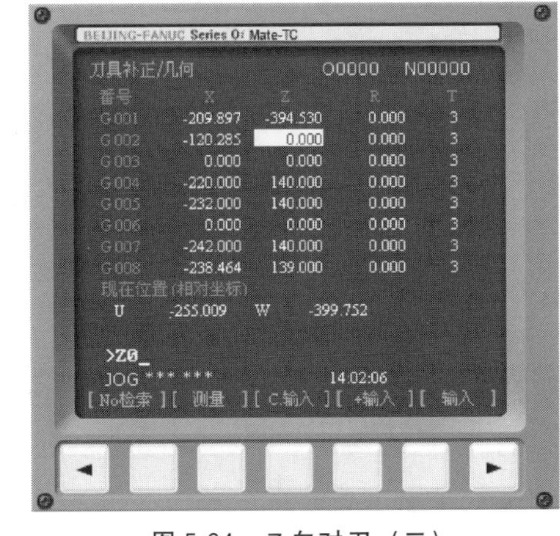

图5-34　Z 向对刀（二）

b. 再对 X 向：

按下操作面板上的主轴正转键，重新开启主轴。

使用手轮配合“X+/X−”“Z+/Z−”“RAPID”进行试切。将02号切断刀移动至外圆表面的右侧［图5-35（a）］，试切外圆［图5-35（b）］，保持 X 向不变然后退刀［图5-35（c）］。

(a)

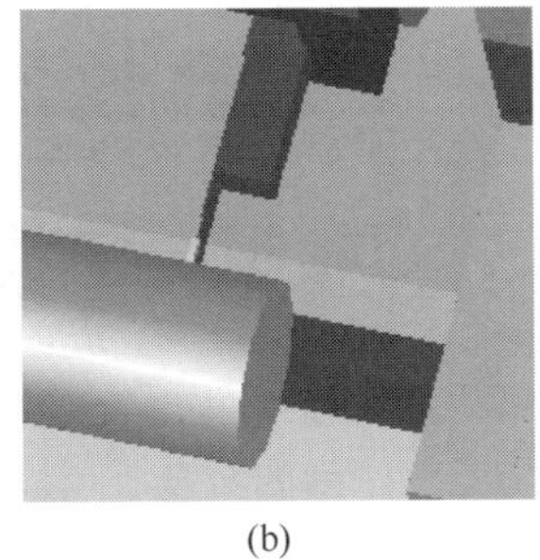

(b)

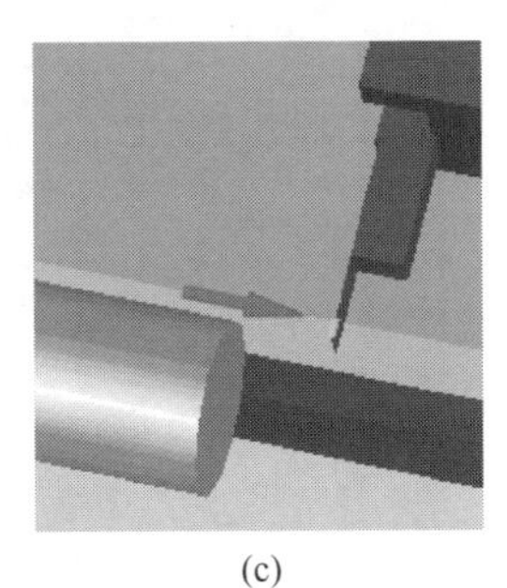

(c)

图5-35　X 向对刀（一）

按下操作面板上的键，停主轴。

用游标卡尺（千分尺或其他测量工具）测量试切后的外圆直径，记录下来。

在输入面板中，选择参数设置键

，选择软键【补正】，选择软键【形状】，进入【刀具补正/几何】界面，在相应的位置输入测量到的 X 值（如“X36.40”），按下软键【测量】，得到新的对完刀后的 X 值，完成02号切断刀的 X 向对刀（图5-36）。至此，完成了02号切断刀的对刀。

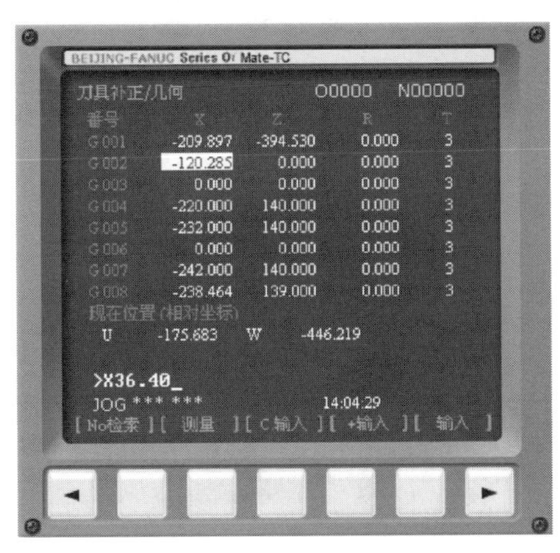

图5-36　X 向对刀（二）

③ 螺纹刀　按下操作面板上的主轴正转键，重新开启主轴。按操作面板上的键，选择02号切断刀，准备试切对刀。

a. 先对 Z 向：

使用手轮配合“X+/X−”“Z+/Z−”“RAPID”键进行试切。

将03号螺纹刀移动至端面正上方［图5-37（a）］，由于螺纹刀的结构，其无法试切端面，因此采取碰端面的方法，使螺纹刀的刀尖接触端面外圆即可［图 5-37（b）］，保持 Z 向不变然后退刀［图 5-37（c）］。

(a)

(b)

(c)

图 5-37　Z 向对刀（一）

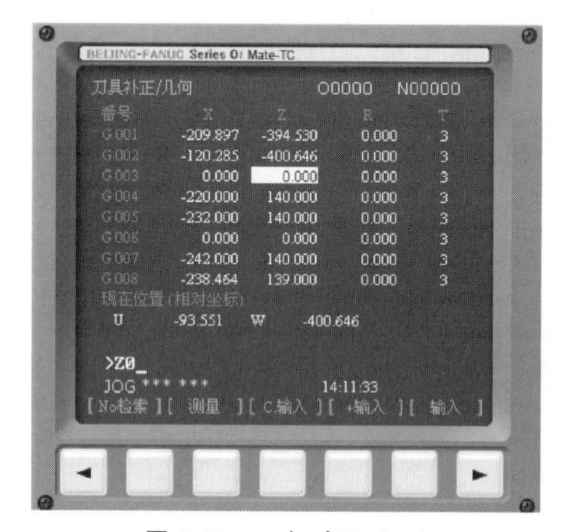

图 5-38　Z 向对刀（二）

按下操作面板上的，停主轴。在输入面板中，选择参数设置键，选择软键【补正】，选择软键【形状】，进入【刀具补正/几何】界面，在相应的位置输入“Z0”，按下软键【测量】，得到新的对完刀后的 Z 值，完成 03 号螺纹刀的 Z 向对刀（图 5-38）。

b. 再对 X 向：

按下操作面板上的主轴正转键，重新开启主轴。

使用手轮配合“X+/X−”“Z+/Z−”“RAPID”键进行试切。

将 02 号切断刀移动至外圆表面的右侧［图 5-39（a）］，试切外圆［图 5-39（b）］，保持 X 向不变然后退刀［图 5-39（c）］。

(a)

(b)

(c)

图 5-39　X 向对刀（一）

按下操作面板上的键，停主轴。

用游标卡尺（千分尺或其他测量工具）测量试切后的外圆直径，记录下来。

在输入面板中，选择参数设置键，选择软键【补正】

，选择软键【形状】

，进入【刀具补正/几何】界面，在相应的位置输入测量到的 X 值（如“X35.33”），按下软键【测量】，得到新的对完刀后的 X 值，完成 03 号螺纹刀的 X 向对刀（图 5-40）。

至此，完成了 03 号螺纹刀的对刀，也就完成了 3 把刀的对刀。

(2) 对刀的检测

① 返回参考点：控制面板中，选择 REF（回参考点）模式 ，同时按下“X+”“Z+”键不松，刀架会自动回退到刀架参考点，待刀架不动时即可。此时可按下键，选择软键【综合】

，查看机械坐标“X”“Y”均显示为 0 即退到位（图 5-41）。

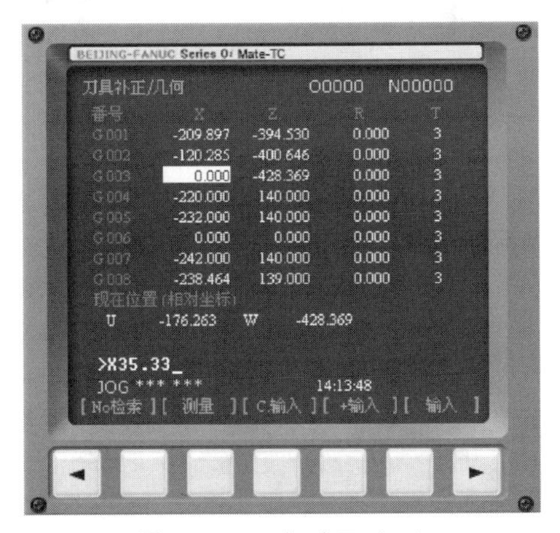

图 5-40　*X* 向对刀（二）

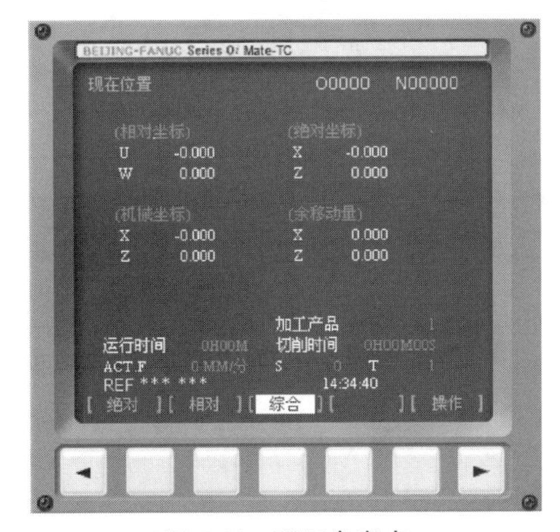

图 5-41　返回参考点

② 程序检测：控制面板中，选择 MDI（数据输入）模式，输入面板中，选择程序键，在显示器中输入程序，如图 5-42 所示，使主轴开启（注意：结尾有分号，即换行）。

此时用手控制进给速度倍率旋钮，观测刀具的运行情况，待刀具停止运行时，按操作面板上的键，主轴停转。用测量工具测量当前刀具位置，与程序中的“X”“Z”的值相同则表示对刀成功。测量完毕，控制面板中，选择 REF（回参考点）模式，使刀具返回刀架参考点（方法见前述）。

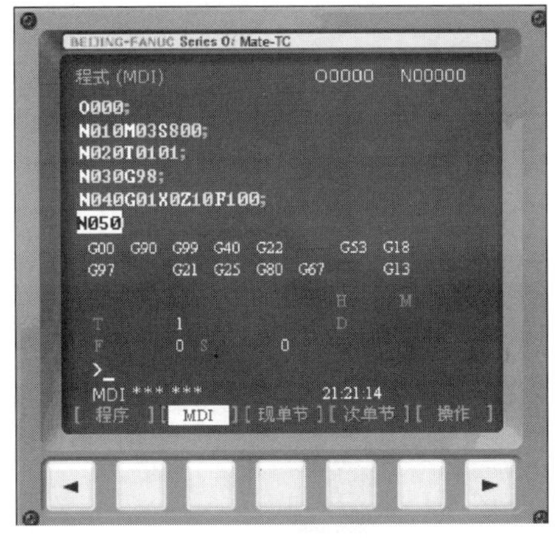

图 5-42　程序检测

(3) 图形检验

① 控制面板中，选择 EDIT（编辑）模式 。

② 输入面板中，选择程序键，选择软键中

的【DIR】打开程序列表，输入一个已有的程序名称，如“O0010”(图 5-43)。

再按输入面板中的下箭头，这样就打开了一个名称为“O0010”的新程序（图 5-44)。

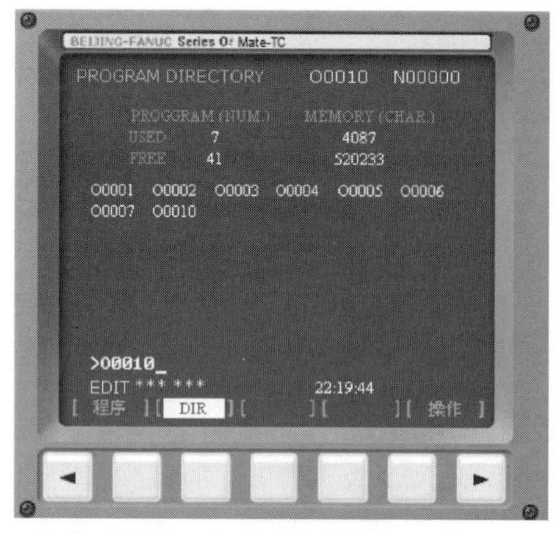

图 5-43 输入程序名称

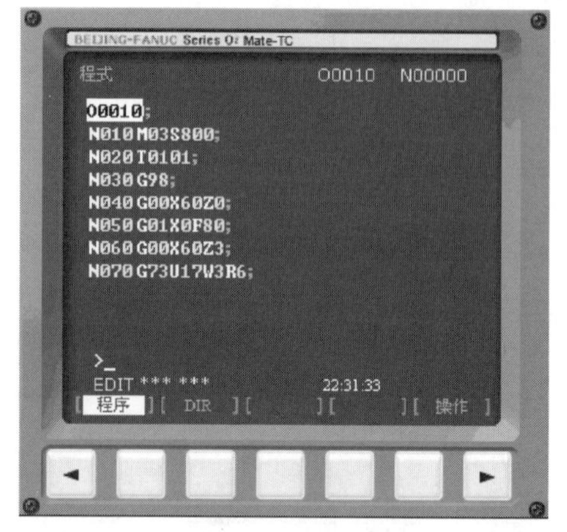

图 5-44 打开程序

用钥匙将驱动锁锁住，选择 MEM（自动运行）模式，按下空运行键准备进行快速走刀，按下开始按钮，运行程序，此时程序运行刀架不动，但可以换刀。

③ 选择输入面板上的键，设置相应的参数（图 5-45)。

按下软键【图形】，在图形区域内观察图形检验的零件加工形状，如图 5-46 所示。

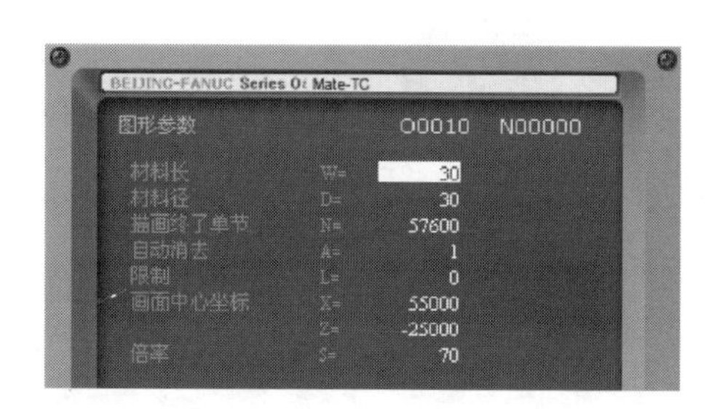

图 5-45 设置参数

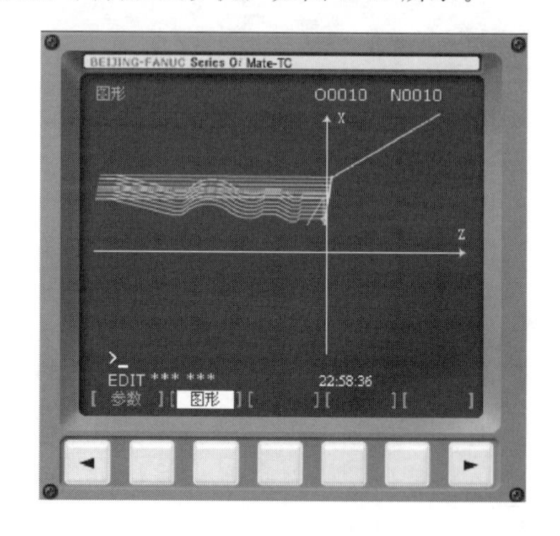

图 5-46 图形模拟

此时，观察图形模拟是否与工件要求一致，待确认程序正确时进入下一步操作。

(4) 加工零件

输入面板中，选择程序键，返回到程序中，用钥匙将驱动锁打开，保持 MEM（自动运行）模式，取消空运行，准备按实际进给速度加工，按下开始按钮，运行程序，注意观察零件加工的情况。

5.3 FANUC 0i 系列标准数控加工中心系统的操作

5.3.1 操作界面简介

(1) 设定（输入面板）与显示器

设定（输入面板）与显示器见图 5-47 和表 5-5。

图 5-47　设定（输入面板）与显示器

表 5-5　设定（输入面板）与显示器各部分的详细说明

地址和数字键		
O P N Q G R 7 A 8 B 9 C X U Y V Z W 4 [5] 6 SP M I S J T K 1 , 2 # 3 = F L H D EOB E - + 0 * . /	地址和数字键	按这些键可输入字母，数字以及其他字符
EOB E	回车换行键	结束一行程序的输入并且换行
SHIFT	换档键	在有些键的顶部有两个字符。按该键来选择字符。如一个特殊字符在屏幕上显示时，表示键面右下角的字符可以输入
编辑区		
CAN	取消键	按此键可删除当前输入位置的最后一个字符后或符号 当显示键入位置数据为“N001 X10Z_”时，按该键，则字符“Z”被取消，并显示：N001 X10
INPUT	输入键	当按了地址键或数字键后，数据被输入到缓冲器，并在 CRT 屏幕上显示出来。为了把键入到输入缓冲器中的数据拷贝到寄存器，按该键。这个键相当于软键的【INPUT】键，按此两键的结果是一样的
ALERT	替换	用输入域的内容替代光标所在的代码
INSERT	插入	把输入域的内容插入到光标所在代码后面

续表

按键	名称	功能说明
编辑区		
DELETE	删除	删除光标所在的代码
光标区		
↑ PAGE	翻页键	这个键用于在屏幕上朝后翻一页
PAGE ↓	翻页键	这个键用于在屏幕上朝前翻一页
← ↑ ↓ →	光标键	这些键用于将光标朝各个方向移动
功能键与软键 功能键用于选择要显示的屏幕(功能画面)类型。按了功能键之后,再按软键(选择软键),与已选功能相对应的屏幕(画面)就被选中(显示)		
POS	位置显示页面	按此键显示位置页面,即不同坐标显示方式
PROG	程序显示与编辑页面	按此键进入程序页面
OFFSET SETTING	参数输入页面	按此键显示刀偏/设定(SETTING)页面即其他参数设置
SYSTEM	系统参数页面	按此键显示刀偏/设定(SETTING)画面
MESSAGE	信息页面	按此键显示信息页面
CUSTOM GRAPH	图形参数设置页面	按此键显示用户宏页面(会话式宏画面)或图形显示画面
HELP	帮助	查看系统的详细帮助信息
RESET	复位键	按下此键,复位CNC系统,包括取消报警、主轴故障复位、中途退出自动操作循环和输入、输出过程等
[绝对][相对][综合][ ][操作] 返回菜单 软键 继续菜单		软键的一般操作: ①在MDI面板上按功能键,属于选择功能的软键出现 ②按其中一个选择软键,与所选的相对应的页面出现。如果目标的软键未显示,则按继续菜单键(下一个菜单键) ③为了重新显示章选择软键,按返回菜单键

(2) FANUC 0i 机床面板操作

机床操作面板位于窗口的下侧,如图5-48所示,主要用于控制机床运行状态,由模式选择按钮、运行控制开关等多个部分组成,每一部分的详细说明如表5-6所示。

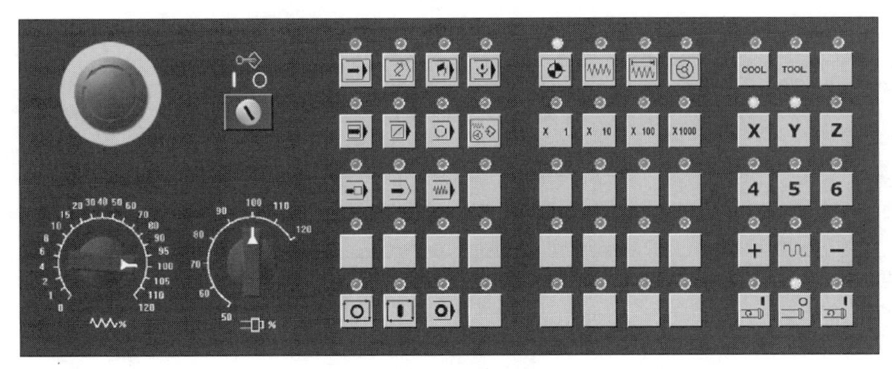

图 5-48　机床操作面板

表 5-6　机床操作面板各部分的详细说明

基本操作		
	急停	紧急停止旋钮
	程序编辑锁开关	只有置于 位置，才可编辑或修改程序（需使用钥匙开启）
	进给速度(F)调节旋钮	调节程序运行中的进给速度，调节范围为 0～120%
	主轴转速度调节旋钮	调节主轴转速，调节范围为 0～120%
COOL	冷却液开关	
TOOL	刀具选择按钮	
	手动开机床主轴正转	
	手动开机床主轴反转	
	手动停止主轴	
模式切换		
	AUTO	自动加工模式

续表

模式切换		
	EDIT	编辑模式，用于直接通过操作面板输入数控程序和编辑程序
	MDI	手动数据输入
	DNC	用 232 电缆线连接 PC 机和数控机床，选择程序传输加工
	REF	回参考点
	JOG	手动模式，手动连续移动台面和刀具
	INC	增量进给
	HND	手轮模式移动台面或刀具
机床运行控制		
	单步运行	每按一次执行一条数控指令
	程序段跳读	自动方式按下此键，跳过程序段开头带有“/”的程序
	选择性停止	自动方式下，遇有 M00 程序停止
	手动示教	
	程序重启动	由于刀具破损等原因自动停止后，程序可以从指定的程序段重新启动
	机床锁定开关	按下此键，机床各轴被锁住，只能程序运行
	机床空转	按下此键，各轴以固定的速度运动
	程序运行停止	在程序运行中，按下此按钮停止程序运行
	程序运行开始	模式选择旋钮在“AUTO”和”MDI”位置时按下有效，其余时间按下无效
	程序暂停	

续表

主轴手动控制开关		
	手动开机床主轴正转	
	手动开机床主轴反转	
	手动停止主轴	
工作台移动		
X Y Z 4 5 6 + ∿ −	手动移动机床台面	用于自动方式下移动工作台面，或手动方式下为手轮指示移动方向 “+4”和“−4”是微调，即微量移动 是快速移动
X 1 X 10 X 100 X1000	单步进给倍率选择按钮	选择移动机床轴时，每一步的距离：“×1”为 0.001mm，“×10”为 0.01mm，“×100”为 0.1mm，“×1000”为 1mm

5.3.2 零件编程加工的操作步骤

5.3.2.1 程序的新建和输入

① 接通电源，打开电源开关，旋起急停按钮，打开程序保护锁。

② 控制面板中，选择 EDIT（编辑）模式。

③ 输入面板中，选择程序键PROG，选择软键中的【DIR】打开程序列表，输入一个新的程序名称，如“O0010”，再按输入面板中的插入键INSERT，这样就新建了一个名称为“O0010”的新程序（注：如果要删除一个程序，只需在输入程序名称后，按输入面板中的删除键DELETE即可）。

④ 输入程序。输入过程略，程序在输入的过程中自动保存，正常关机后不会丢失。

5.3.2.2 零件的加工

程序的加工遵循“对刀→对刀检验→图形检验→加工”的步骤。

(1) 对刀的操作

对刀的原点位置如图 5-49 所示。

① 在刀架上安装刀具：T1ϕ4mm 铣刀，T2ϕ8mm 铣刀，T3ϕ10mm 钻头。

② 控制面板中，选择 MDI（数据输入）模式。

③ 输入面板中，选择程序键PROG，在显示器中输入程序，如图 5-50 所示，使主轴开启（注意：结尾有分号，即换行）。

按操作面板上的键，运行程序，主轴启动。

④ 试切对刀：按操作面板上的TOOL键，选择 T1ϕ4mm 铣刀，准备试切对刀。

a. 对 X 向：使用手轮配合 X Y Z 、+ ∿ − 键进行试切。

将 T1 铣刀沿图 5-51 所示箭头方向移动，并使其刚好接触侧面，即 $X0$ 平面。

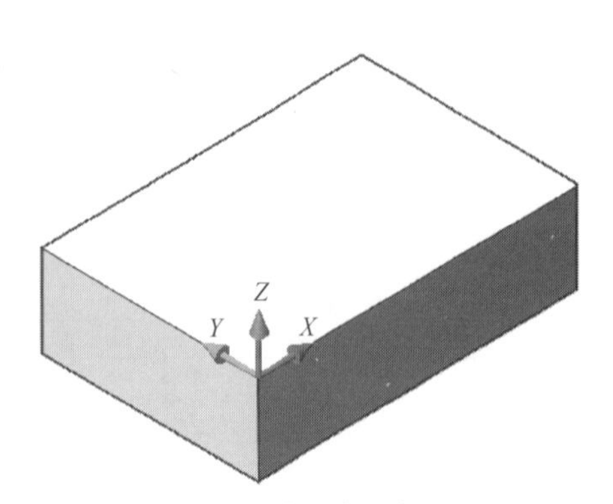

图 5-49　对刀的原点位置

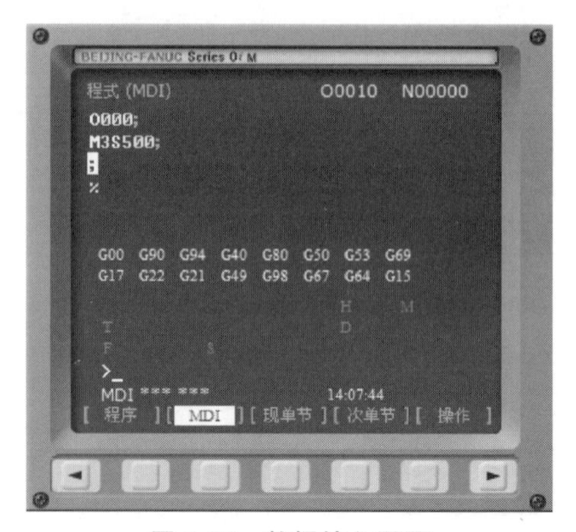

图 5-50　数据输入页面

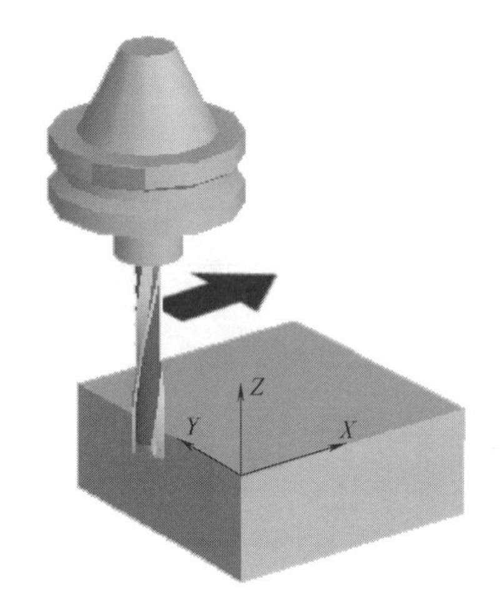

图 5-51　X 向对刀

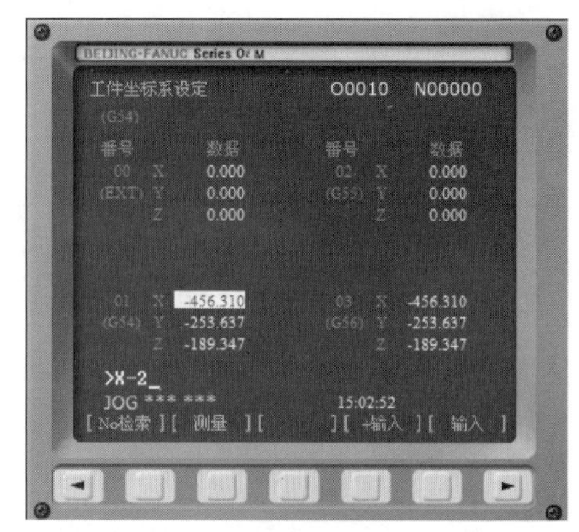

图 5-52　坐标系中 X 向对刀值输入

在输入面板中，选择参数设置键 OFFSET SETTING，选择软键【坐标系】，进入【工件坐标系设定】界面（图 5-52），选择程序中对应的坐标系，这里选择 G54，在相应的位置输入机床原点坐标值，按下软键【测量】，得到新的对完刀后的 X 值，完成 T1 ϕ4mm 铣刀 X 向对刀。

注意：原点坐标值应减去刀具半径，这样才能以工件的顶点为原点加工。此处刀具为 T1 ϕ4mm 铣刀，则应输入“X−2”，而不是“X0”。

测量完毕后，安全退刀准备对 Y 向。

b. 对 Y 向：使用手轮配合 X Y Z 、+ ∿ − 键进行试切。

将 T1 铣刀沿图 5-53 所示箭头方向移动，并使其刚好接触侧面，即 $Y0$ 平面。

在输入面板中，选择参数设置键 OFFSET SETTING，选择软键【坐标系】，进入【工件坐标系设定】界面（图 5-54），选择程序中对应的坐标系，同样选择 G54，在相应的位置输入机床原点坐标值，按下软键【测量】，得到新的对完刀后的 Y 值，完成 T1 ϕ4mm 铣刀 Y 向对刀。

注意：原点坐标值应减去刀具半径，这样才能以工件的顶点为原点加工。此处刀具为 T1 ϕ4mm 铣刀，则应输入“Y-2”，而不是“Y0”。

测量完毕后，安全退刀准备对 Z 向。

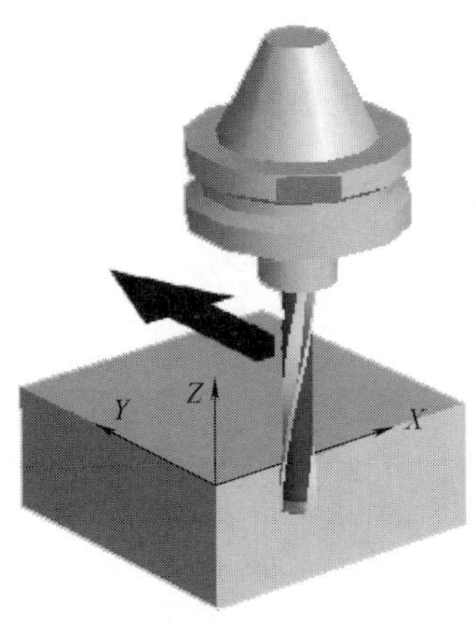

图 5-53　*Y* 向对刀

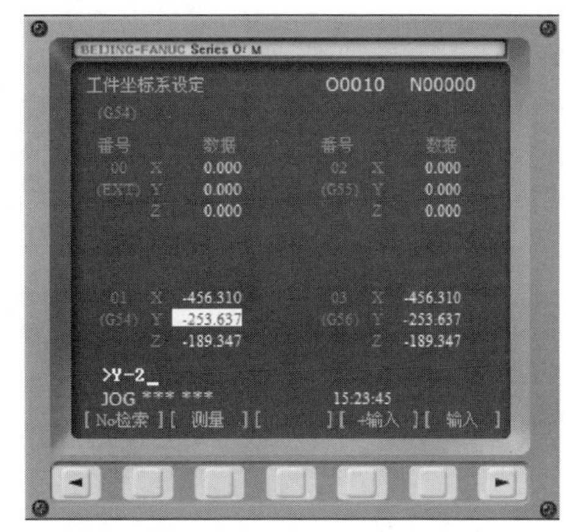

图 5-54　坐标系中 *Y* 向对刀值输入

c. 对 *Z* 向：使用手轮配合 X Y Z、+ − 键进行试切。

将 T1 铣刀沿图 5-55 所示箭头方向移动，并使其刚好接触侧面，即 *Z*0 平面。

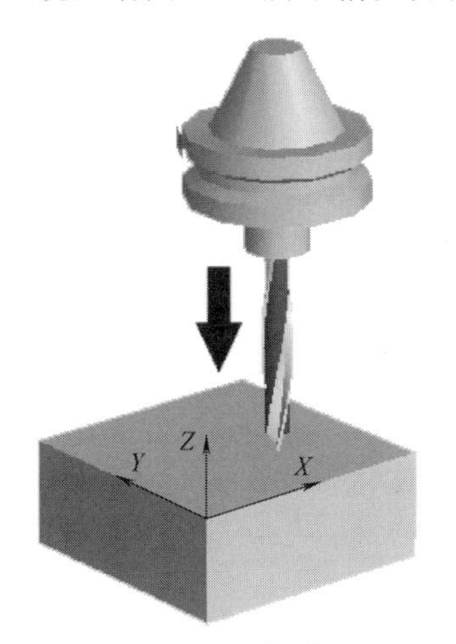

图 5-55　*Z* 向对刀

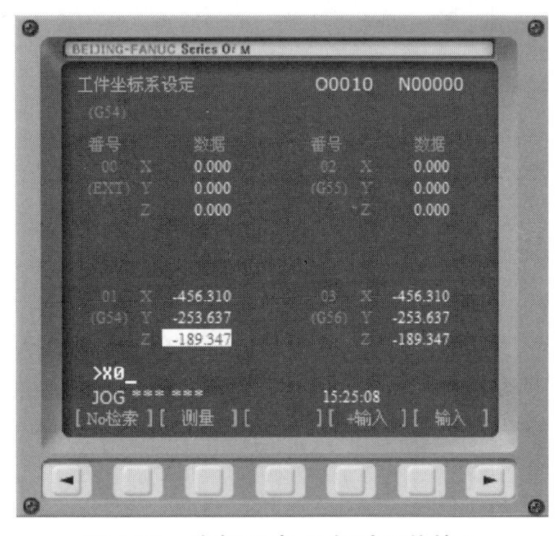

图 5-56　坐标系中 *Z* 向对刀值输入

在输入面板中，选择参数设置键 OFFSET SETTING，选择软键【坐标系】，进入【工件坐标系设定】界面（图 5-56），选择程序中对应的坐标系，同样选择 G54，在相应的位置输入“0”值，按下软键【测量】，得到新的对完刀后的 *Z* 值，完成 T1 ϕ4mm 铣刀 *Z* 向对刀。

测量完毕后，安全退刀准备进行其他刀具的对刀。

一般铣刀的对刀与上述类似，注意在设置加工原点的时候，考虑到刀具半径即可。在钻头对刀的时候，可先对 *Z* 向，然后，*X*、*Y* 向应选用同样直径的对刀棒或铣刀进行对刀，方法同上述。

(2) 对刀的检测

① 返回参考点：

控制面板中，选择 REF（回参考点）模式，并按下 X Y Z 键，工作台和主轴会自动回退到刀架参考点，待不动时即可。此时可按下 POS 键，选择软键【综合】，查看机械坐标“X”“Y”“Z”均显示为 0 即退到位，如图 5-57 所示。

② 程序检测：

控制面板中，选择 MDI（数据输入）模式，输入面板中，选择程序键，在显示器中输入程序（注意：结尾有分号，即换行），如图 5-58 所示，启动该段程序。

此时用手控制进给速度倍率旋钮，观测刀具的运行情况，待刀具停止运行时，按操作面板上的键，主轴停转。用测量工具测量当前刀具位置，与程序中的“X”“Y”“Z”的值相同则表示对刀成功。测量完毕，控制面板中，选择 REF（回参考点）模式，返回参考点。

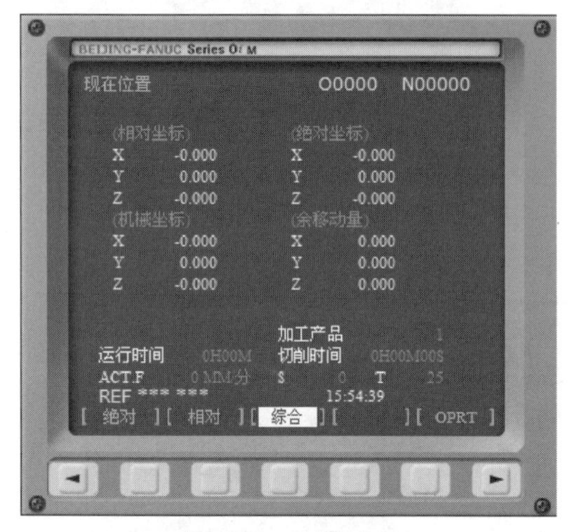

图 5-57　位置页面

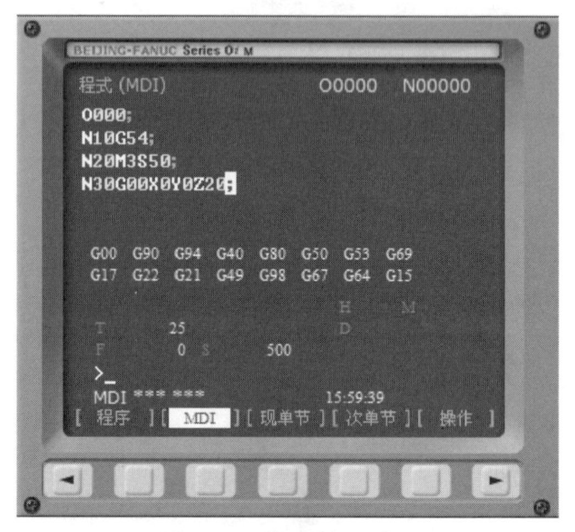

图 5-58　程序输入页面

(3) 图形检验

① 控制面板，选择 EDIT（编辑）模式。

② 输入面板中，选择程序键，选择软键中的【DIR】打开程序列表，输入一个已有的程序名称，如“O0009”，再按输入面板中的下箭头键，这样就打开了一个名称为“O0009”的新程序，如图 5-59 所示。

按下机床锁定开关，机床各轴被锁住。选择 AUTO（自动运行）模式，按下空运行键准备进行快速走刀，按下开始按钮，运行程序，此时程序运行刀架不动，但可以换刀。

③ 选择输入面板上的键，设置相应的参数，如图 5-60 所示。

图 5-59　程序页面

图 5-60　图形参数页面

按下软键【图形】，在图形区域内观察图形检验的零件加工形状，如图5-61所示。

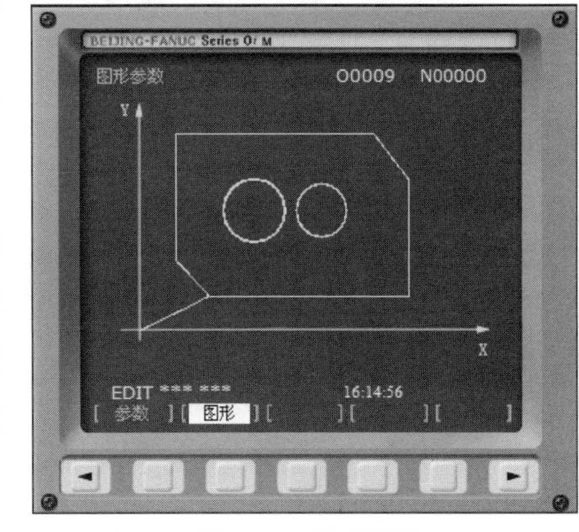

图5-61 图形页面

此时，观察图形模拟是否与工件要求一致，待确认程序正确时进入下一步操作。

(4) 加工零件

输入面板中，选择程序键PROG，返回到程序中，打开机床锁定开关，保持AUTO（自动运行）模式，取消空运行，准备按实际进给速度加工，按下开始按钮，运行程序，注意观察零件加工的情况。

第6章　数控车削加工工艺分析

图 6-1　正在进行车削加工的轴类零件

数控车削是数控加工中用得最多的加工方法之一。图 6-1 所示为正在进行车削加工的轴类零件。本节介绍数控车削工艺拟定的过程、工序的划分方法、工序顺序的安排和进给路线的确定等工艺知识，数控车床常用的工装夹具，数控车削用刀具类型和选用，选择切削用量。这里以典型零件的数控车削加工工艺为例，以便对数控车削工艺知识能有一个系统的认识，并能对一般数控车削零件加工工艺进行分析及制订加工方案。

6.1　数控车削（车削中心）加工工艺

6.1.1　数控车床的主要加工对象

由于数控车床加工精度高、具有直线和圆弧插补功能以及在加工过程中能自动变速等特点，因此其加工范围比普通车床大得多。凡是能在数控车床上装夹的回转体零件都能在数控车床上加工。数控车床比较适合车削具有以下要求和特点的回转体零件。表 6-1 详细描述了数控车床车削的优点。

6.1.2　数控车削加工零件工艺性分析

工艺分析是数控车削加工的前期工艺准备工作。工艺制订得是否合理，对程序编制、数控车床的加工效率和零件的加工精度都有重要影响。因此，应遵循一般的工艺原则并结合数控车床的特点，认真而详细地制订好零件的数控车削加工工艺。数控车削加工零件工艺性分析包括：零件结构形状的合理性、几何图素关系的确定性、精度及技术要求的可实现性、工件材料的可切削性能以及加工数量等。表 6-2 详细描述了数控车削加工零件工艺性分析的内容。

表 6-1 数控车床车削的优点

序号	优　点	详 细 说 明
1	精度要求高的零件	由于数控车床的刚性好，制造和对刀精度高，以及能方便和精确地进行人工补偿甚至自动补偿，因此它能够加工尺寸精度要求高的零件。在有些场合可以以车代磨。此外，由于数控车削时刀具运动是通过高精度插补运算和伺服驱动来实现的，再加上机床的刚性好和制造精度高，因此它能加工对直线度、圆度、圆柱度要求高的零件 磁盘、录像机磁头(图 6-2)、激光打印机的多面反射体、复印机的回转鼓、照相机等光学设备的透镜及其模具，以及隐形眼镜等要求超高的轮廓精度和超低的表面粗糙度值，它们适合在高精度、高功能的数控车床上加工。以往很难加工的塑料散光用的透镜，现在也可以用数控车床来加工 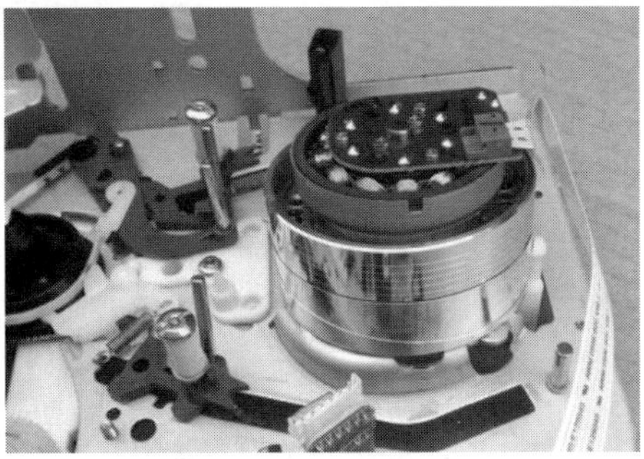 图 6-2　录像机磁头 数控车床的控制分辨率一般为 0.1～0.001mm。特种精密数控车床还可加工出几何轮廓精度达 0.0001mm、表面粗糙度 Ra 达 0.02μm 的超精零件(如复印机中的回转鼓及激光打印机上的多面反射体等)，数控车床通过恒线速度切削功能，可加工表面精度要求高的各种变径表面类零件
2	表面粗糙度好的回转体零件	数控车床能加工出表面粗糙度小的零件，不但是因为机床的刚性好和制造精度高，还由于它具有恒线速度切削功能。在材质、精车余量和刀具已定的情况下，表面粗糙度取决于进给速度和切削速度。使用数控车床的恒线速度切削功能，就可选用最佳线速度来切削端面，这样切出的粗糙度既小又一致。数控车床还适合于车削各部位表面粗糙度要求不同的零件。粗糙度小的部位可以用减小进给速度的方法来达到，而这在传统车床上是做不到的
3	轮廓形状复杂或难于控制尺寸的零件	数控车床具有圆弧插补功能，所以可直接使用圆弧指令来加工圆弧轮廓。数控车床也可加工由任意平面曲线所组成的轮廓回转零件，既能加工可用方程描述的曲线，也能加工列表曲线。如果说车削圆柱零件和圆锥零件既可选用传统车床也可选用数控车床，那么车削复杂转体零件就只能使用数控车床 对于一些具有封闭内成形面的壳体零件，如“口小肚大”的孔腔，在数控车床上则很容易加工出来，如图 6-3 所示 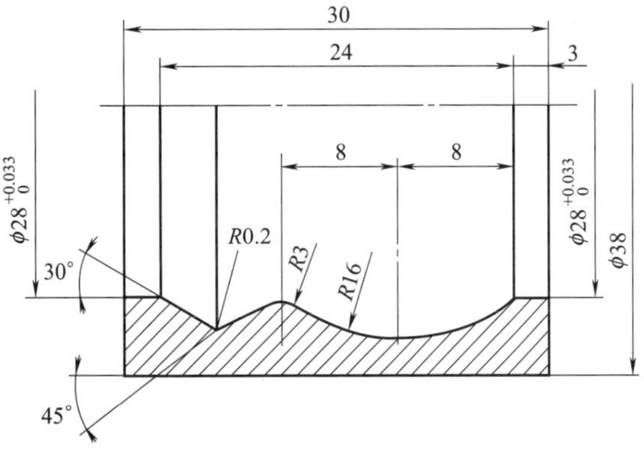 图 6-3　成形内腔壳体零件

续表

序号	优　点	详 细 说 明
4	带一些特殊类型螺纹的零件	传统车床所能切削的螺纹相当有限，它只能加工等节距的直、锥面公、英制螺纹，而且一台车床只限定加工若干种节距。数控车床不但能加工任何等节距直、锥面公、英制螺纹和端面螺纹，而且能加工增节距、减节距以及要求等节距、变节距之间平滑过渡的螺纹。数控车床加工螺纹时主轴转向不必像传统车床那样交替变换，它可以一刀又一刀不停顿地循环，直至完成，所以它车削螺纹的效率很高。数控车床还配有精密螺纹切削功能，再加上一般采用硬质合金成形刀片，以及可以使用较高的转速，所以车削出来的螺纹精度高、表面粗糙度小。可以说，包括丝杠在内的螺纹零件很适合于在数控车床上加工。图 6-4 所示为丝杠的螺纹零件  图 6-4　丝杠的螺纹零件
5	淬硬工件的加工	在大型模具加工中，有不少尺寸大而形状复杂的零件。这些零件热处理后的变形量较大，磨削加工有困难，而在数控车床上可以用陶瓷车刀对淬硬后的零件进行车削加工，以车代磨，提高加工效率
6	高效率加工	为了进一步提高车削加工效率，可通过增加车床的控制坐标轴，就能在一台数控车床上同时加工出两个多工序的相同或不同的零件
7	其他结构复杂的零件	图 6-5 所示结构复杂的零件多采用车铣加工中心加工  (a) 连接套零件　(b) 阀门壳体件　(c) 高压连接杆　(d) 隔套零件 图 6-5　结构复杂的零件

表 6-2　数控车削加工零件工艺性分析的内容

序号	工艺性分析内容	详 细 说 明
1	零件结构形状的合理性	零件的结构工艺性是指零件对加工方法的适应性，即所设计的零件结构应便于加工成形。在数控车床上加工零件时，应根据数控车削的特点，认真审视零件结构的合理性，并在满足使用要求的前提下考虑加工的可行性和经济性，尽量避免悬臂、窄槽、内腔尖角以及薄壁、细长杆之类的结构，减少或避免采用成形刀具加工的结构，孔系、内转角半径等尽量按标准刀具尺寸统一，以减少换刀次数，深腔处窄槽和转角尺寸要充分考虑刀具的刚度等 例如，图 6-6(a)所示零件，需用三把不同宽度的切槽刀切槽，如无特殊需要，显然是不合理的。若改成图 6-6(b)所示结构，只需一把刀即可切出三个槽，既减少了刀具数量，少占了刀架刀位，又节省了换刀时间 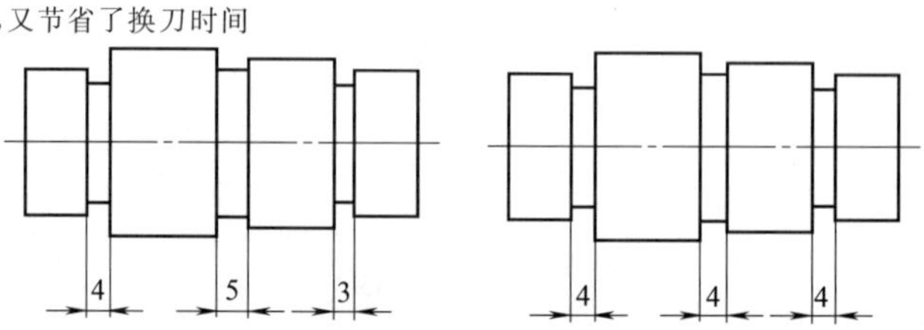 (a) 不合理　(b) 合理 图 6-6　零件结构的合理性(一)

续表

<table>
<tr><th>序号</th><th>工艺性分析内容</th><th colspan="2">详细说明</th></tr>
<tr><td>1</td><td>零件结构形状的合理性</td><td colspan="2">对于孔的设计中，悬伸长度 L 和孔口直径 D 与刀杆直径 $D_{杆}$ 之间应该满足关系 $L<D-D_{杆}$，如图 6-7 所示
图 6-7　零件结构的合理性(二) 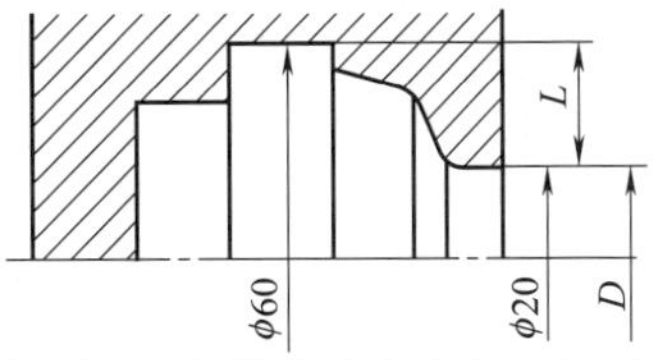
手工编程要计算每个节点坐标，而自动编程则要对构成零件轮廓的所有几何元素进行定义。因此在分析零件图时，要分析几何元素的给定条件是否充分</td></tr>
<tr><td>2</td><td>几何图素关系的确定性</td><td colspan="2">视图完整、正确，表达清楚无歧义，几何元素的关系应明确，避免在图样上可能出现加工轮廓的数据不充分、尺寸模糊不清及尺寸封闭干涉等缺陷。若图样上出现以上缺陷，就会增加编程的难度，有时甚至无法编写程序</td></tr>
<tr><td rowspan="4">3</td><td rowspan="4">精度及技术要求的可实现性</td><td colspan="2">对被加工零件的精度及技术要求进行分析，是零件工艺性分析的重要内容，只有充分分析了零件尺寸精度、几何公差和表面粗糙度，才能正确合理地选择加工方法、装夹方式、刀具及切削用量等。在满足使用要求的前提下若能降低精度要求，则可降低加工难度，减少加工次数，提高生产率，降低成本。尺寸标注应便于编程且尽可能利于设计基准、工艺基准、测量基准和编程原点的统一</td></tr>
<tr><td>①尺寸公差要求</td><td>在确定控制零件尺寸精度的加工工艺时，必须分析零件图样上的公差要求，从而正确选择刀具及确定切削用量等
在尺寸公差要求的分析过程中，还可以同时进行一些编程尺寸的简单换算，如中值尺寸及尺寸链的解算等。在数控编程时，常常对零件要求的尺寸取其最大极限尺寸和最小极限尺寸的平均值(即“中值”)作为编程的尺寸依据
对尺寸公差要求较高时，若采用一般车削工艺达不到精度要求，则可采取其他措施(如磨削)弥补，并注意给后续工序留有余量。一般来说，粗车的尺寸公差等级为 IT12～IT11，半精车的为 IT10～IT9，精车的为 IT8～IT7(外圆精度可达 IT6)</td></tr>
<tr><td>②几何公差要求</td><td>图样上给定的几何公差是保证零件精度的重要指标。在工艺准备过程中，除了按其要求确定零件的定位基准和检测基准，并满足其设计基准的规定外，还可以根据机床的特殊需要进行一些技术性处理，以便有效地控制其几何误差。例如，对有较高位置精度要求的表面，应在一次装夹下完成这些表面的加工</td></tr>
<tr><td>③表面粗糙度要求</td><td>表面粗糙度是合理安排车削工艺、选择机床、刀具及确定切削用量的重要依据。例如，对表面粗糙度要求较高的表面，应选择刚度高的机床并确定用恒线速度切削。一般地，粗车的表面粗糙度 Ra 为 25～12.5μm，半精车 Ra 为 6.3～3.2μm，精车 Ra 为 1.6～0.8μm(精车有色金属 Ra 可达 0.8～0.4μm)</td></tr>
<tr><td>4</td><td>工件材料的可切削性能</td><td colspan="2">材料要求和零件毛坯材料及热处理要求，是选择刀具(材料、几何参数及使用寿命)和确定加工工序、切削用量及选择机床的重要依据</td></tr>
<tr><td>5</td><td>加工数量</td><td colspan="2">零件的加工数量对工件的装夹与定位、刀具的选择、工序的安排及走刀路线的确定等都是不可忽视的参数
批量生产时，应在保证加工质量的前提下突出加工效率和加工过程的稳定性，其加工工艺涉及的夹具选择、走刀路线安排、刀具排列位置和使用顺序等都要仔细斟酌
单件生产时，要保证一次合格率，特别是复杂高精度零件，效率退居到次要位置，且单件生产要避免过长的生产准备时间，尽可能采用通用夹具或简单夹具、标准机夹刀具或可刃磨焊接刀具，加工顺序、工艺方案也应灵活安排</td></tr>
</table>

6.1.3 数控车削加工工艺方案的拟定

在分析零件形状、精度和其他技术要求的基础上，选择在数控车床上加工的内容。数控车削加工工艺方案的拟订包括拟订工艺路线和确定走刀路线等。表 6-3 详细描述了数控车削加工工艺方案的拟订过程。

表 6-3　数控车削加工工艺方案的拟订过程

序号	工艺方案拟定	详细说明	
1	拟订工艺路线	(1)加工方法的选择	回转体零件的结构形状虽然是多种多样的，但它们都是由平面、内外圆柱面、圆锥面、曲面、螺纹等组成的。每一种表面都有多种加工方法，实际选择时应结合零件的加工精度、表面粗糙度、材料、结构形状、尺寸及生产类型等因素全面考虑
		(2)划分工序和合理安排工序的顺序	在选定加工方法后，就要划分工序和合理安排工序的顺序。零件的加工工序通常包括切削加工工序、热处理工序和辅助工序等 安排零件车削加工顺序在工序集中原则的前提下，一般还应遵循下列原则：①基准先行原则。加工一开始，总是先把精基准加工出来，即首先对定位基准进行粗加工和半精加工，必要时还进行精加工 如图 6-8 所示零件，ϕ40mm 外圆是有同轴度要求锥面的基准，加工时应夹持毛坯外圆，把该基准先加工出来，作为加工其他要素的基准 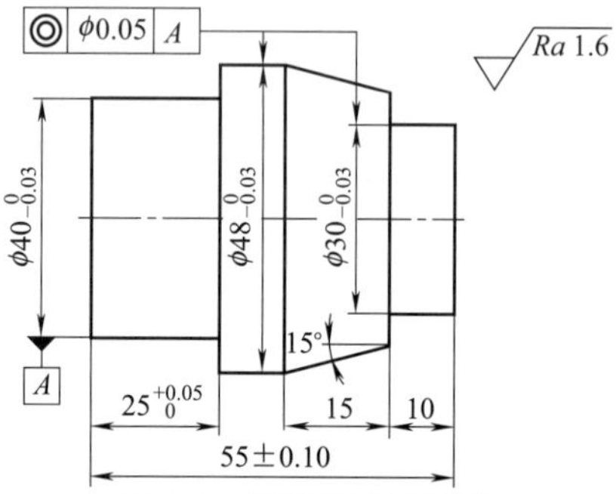 **图 6-8　基准先行的原则** ②先粗后精。按照粗车—半精车—精车的顺序进行 ③先近后远。通常在粗加工时，离换刀点近的部位先加工，离换刀点远的部位后加工，以便缩短刀具移动距离，缩短空行程时间，并且有利于保持坯件或半成品件的刚度，改善其切削条件。如图 6-9 所示的零件，是直径相差不大的台阶轴，当第一刀的切削深度未超限时，刀具宜按 ϕ40mm→ϕ42mm→ϕ44mm 的顺序加工。如果按 ϕ44mm→ϕ42mm→ϕ40mm 的顺序安排车削，不仅会延长刀具返回换刀点所需的空行程时间，而且还可能使台阶的外直角处产生毛刺 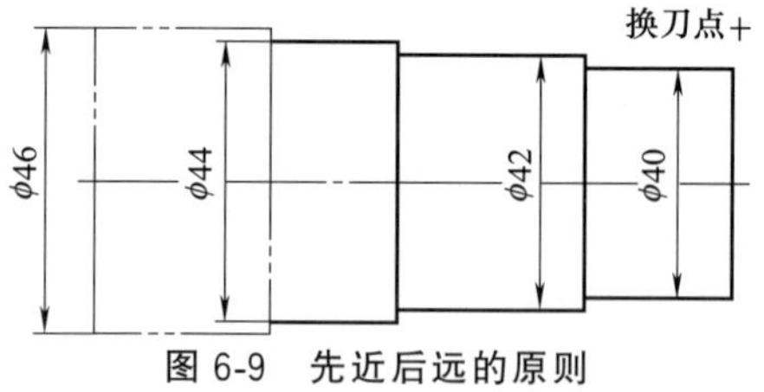 **图 6-9　先近后远的原则** ④先主后次原则。零件上的工作表面及装配精度要求较高的表面都属于主要表面，应先加工；自由表面、键槽、紧固用的螺孔和光孔等表面，精度要求较低，属于次要表面，可穿插进行，一般安排在主要表面加工达到一定精度后，最终精加工之前进行 ⑤内外交叉。对既有内表面(内型、腔)又有外表面的零件，安排加工顺序时，应先粗加工内外表面，然后精加工内外表面。加工内外表面时，通常先加工内型和内腔，然后加工外表面 ⑥刀具集中。尽量用一把刀加工完相应各部位后，再换另一把刀加工相应的其他部位，以减少空行程和缩短换刀时间 ⑦基面先行。用作精基准的表面应优先加工出来

续表

序号	工艺方案拟定	详细说明
2	热处理工序安排	热处理主要用来改善零件的切削性能并消除内应力，热处理工序在加工工序中的常规安排如图 6-10 所示 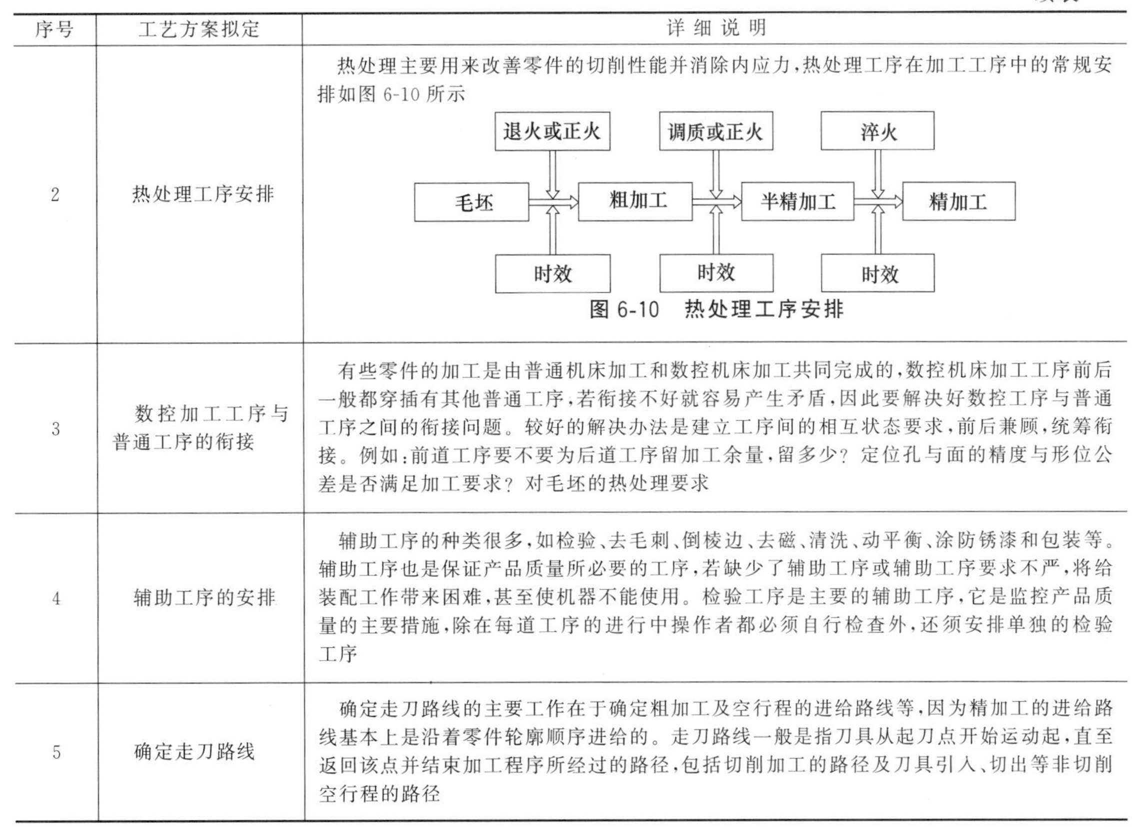 图 6-10 热处理工序安排
3	数控加工工序与普通工序的衔接	有些零件的加工是由普通机床加工和数控机床加工共同完成的，数控机床加工工序前后一般都穿插有其他普通工序，若衔接不好就容易产生矛盾，因此要解决好数控工序与普通工序之间的衔接问题。较好的解决办法是建立工序间的相互状态要求，前后兼顾，统筹衔接。例如：前道工序要不要为后道工序留加工余量，留多少？定位孔与面的精度与形位公差是否满足加工要求？对毛坯的热处理要求
4	辅助工序的安排	辅助工序的种类很多，如检验、去毛刺、倒棱边、去磁、清洗、动平衡、涂防锈漆和包装等。辅助工序也是保证产品质量所必要的工序，若缺少了辅助工序或辅助工序要求不严，将给装配工作带来困难，甚至使机器不能使用。检验工序是主要的辅助工序，它是监控产品质量的主要措施，除在每道工序的进行中操作者都必须自行检查外，还须安排单独的检验工序
5	确定走刀路线	确定走刀路线的主要工作在于确定粗加工及空行程的进给路线等，因为精加工的进给路线基本上是沿着零件轮廓顺序进给的。走刀路线一般是指刀具从起刀点开始运动起，直至返回该点并结束加工程序所经过的路径，包括切削加工的路径及刀具引入、切出等非切削空行程的路径

6.1.4 数控车削加工工序划分原则和方法

(1) 数控车削加工工序划分的原则

数控车削加工工序划分的原则有工序集中原则和工序分散原则两类，见表 6-4。

表 6-4 工序划分的原则

序号	工序划分原则	详细说明
1	工序集中原则	是指每道工序包含尽可能多的加工内容，从而减少工序总数。数控车床特别适合于采用工序集中原则，能够减少工件的装夹次数，保证各表面之间的相对位置精度；减少夹具数量和缩短装夹工件的辅助时间，极大地提高生产效率
2	工序分散原则	是指使每道工序所包含的工作量尽量减少。采用工序分散的优点是能够简化加工设备和工艺装备结构，使设备调整和维修方便；有利于选择合理的切削用量，缩短机动时间。但是工艺路线较长，所需设备较多，占地面积大

(2) 数控车削加工工序划分方法

数控车削加工工序划分方法如下，见表 6-5。

表 6-5 工序划分的方法

序号	工序划分方法	详细说明
1	按安装次数划分工序	以每一次装夹作为一道工序，这种划分方法主要适用于加工内容不多的零件
2	按加工部位划分工序	按零件的结构特点分成几个加工部分，每个部分作为一道工序
3	按所用刀具划分工序	刀具集中分序法就是按所用刀具划分工序的，即用同一把刀或同一类刀具加工完成零件所有需要加工的部位，以达到节省时间、提高效率的目的

续表

序号	工序划分方法	详细说明	
4	按粗、精加工划分工序	对易变形或精度要求较高的零件常用这种方法。这种划分工序的方法一般不允许一次装夹就完成加工，而是粗加工时留出一定的加工余量，重新装夹后再完成精加工	
		粗加工阶段	粗加工阶段的主要任务是切除毛坯的大部分加工余量，使毛坯在形状和尺寸上接近零件成品。粗加工应注意两方面的问题：在满足设备承受力的情况下提高生产效率；粗加工后应给半精加工或精加工留有均匀的加工余量
		半精加工阶段	半精加工阶段的主要任务是使主要表面达到一定的精度，留有较少的精加工余量，为主要表面的精加工（精车、精磨）做好准备，并完成一些次要表面的诸如扩孔、攻螺纹、铣键槽等的加工
		精加工阶段	精加工阶段的主要任务是保证各个主要表面达到图样尺寸精度要求和表面粗糙度要求，全面保证零件加工质量
		光整加工阶段	对于尺寸精度和表面粗糙度要求很高的零件（尺寸精度在 IT6 以上，表面粗糙度 Ra 在 0.2μm 以下），需要进行光整加工，提高尺寸精度，减小表面粗糙度。光整加工一般不用来提高位置精度

（3）数控车削加工工序设计

数控车削加工工序划分后，对每个加工工序都要进行设计。设计任务主要包括确定装夹方案，选用合适的刀具并确定切削用量，相关内容在下面几节中详细介绍。

6.2 数控车床常用的工装夹具

选择零件安装方式时，要合理选择定位基准和夹紧方案，主要注意以下两点：力求设计、工艺与编程计算的基准统一，这样有利于提高编程时数值计算的简便性和精确性；在数控机床上加工零件时，为了保证加工精度，必须先使工件在机床上占据一个正确的位置，即定位，然后将其夹紧。这种定位与夹紧的过程称为工件的装夹。另外，夹具设计要尽量保证减少装夹次数，尽可能在一次装夹后，加工出全部待加工面。图 6-11 所示为三爪自定心卡盘，图 6-12 所示为四爪单动卡盘。

图 6-11 三爪自定心卡盘

图 6-12 四爪单动卡盘

6.2.1 数控车床加工夹具要求

数控车床夹具必须具有适应性，要适应数控车床的高精度、高效率、多方向同时加工、数字程序控制及单件小批生产的特点。随着数控车床的发展，对数控车床夹具也有了以下的新要求。表 6-6 详细描述了数控车床加工夹具要求。

表 6-6 数控车床加工夹具要求

序号	要求	工艺文件的编制原则
1	标	推行标准化、系列化和通用化
2	专	发展组合夹具和拼装夹具，降低生产成本
3	精	提高装夹精度，为数控车削做好保证
4	牢	夹紧后应保证工件在加工过程中的位置不发生变化。夹具在机床上安装要准确可靠，以保证工件在正确的位置上加工
5	正	夹紧后应不破坏工件的正确定位
6	快	操作方便，安全省力，夹紧迅速，装卸工件要迅速方便，以缩短机床的停机时间，提高夹具的自动化水平
7	简	结构简单紧凑，有足够的刚性和强度且便于制造

6.2.2 常用数控车床工装夹具

在数控车床上车削工件时，要根据工件结构特点和工件加工要求，确定合理的装夹方式，选用相应的夹具。如轴类零件的定位方式通常是一端外圆固定，即用三爪自定心卡盘、四爪单动卡盘或弹簧套固定工件的外圆表面，但此定位方式对工件的悬伸长度有一定的限制。工件的悬伸长度过长在切削过程中会产生较大的变形，严重时将无法切削。切削长度过长的工件可以采用一夹一顶或两顶尖装夹。

通用夹具是指已经标准化、无需调整或稍加调整就可用于装夹不同工件的夹具。数控车床或数控卧式车削加工常用装夹方案和通用工装夹具有以下几种，见表 6-7。

表 6-7 常用数控车床工装夹具

序号	夹具类型	工艺文件的编制原则
1	三爪自定心卡盘	三爪自定心卡盘如图 6-13 所示，是数控车床最常用的夹具，它限制了工件四个自由度。它的特点是可以自定心，夹持工件时一般不需要找正，装夹速度较快，但夹紧力较小，定心精度不高，适于装夹中小型圆柱形、正三边或正六边形工件，不适合同轴度要求高的工件的二次装夹。三爪自定心卡盘常见的有机械式和液压式两种。数控车床上经常采用液压卡盘，液压卡盘特别适合于批量生产 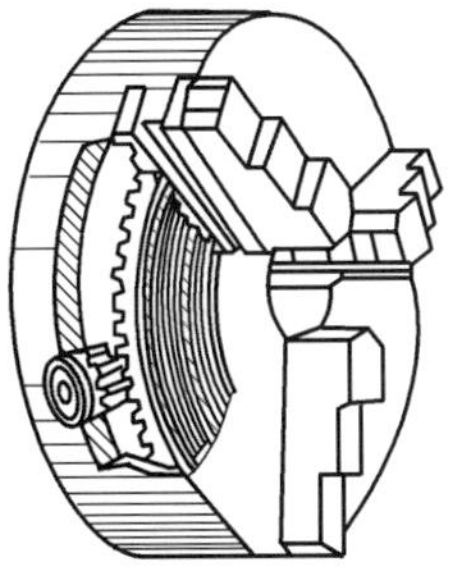 图 6-13 三爪自定心卡盘
2	四爪单动卡盘	四爪单动卡盘装夹是数控车床最常见的装夹方式。它有四个独立运动的卡爪，因此装夹工件时每次都必须仔细校正工件位置，使工件的旋转轴线与车床主轴的旋转轴线重合。用四爪单动卡盘装夹时，夹紧力较大，装夹精度较高，不受卡爪磨损的影响，但夹持工件时需要找正，如图 6-14 所示。它适于装夹偏心距较小、形状不规则或大型的工件等 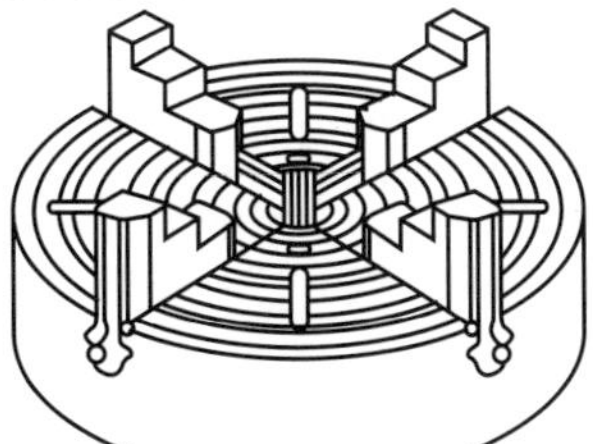 图 6-14 四爪单动卡盘

续表

序号	夹具类型		工艺文件的编制原则
3	软爪		由于三爪自定心卡盘定心精度不高，当加工同轴度要求高的工件二次装夹时，常常使用软爪，如图 6-15 所示。软爪是一种可以加工的卡爪，在使用前配合被加工工件的特点特别制造 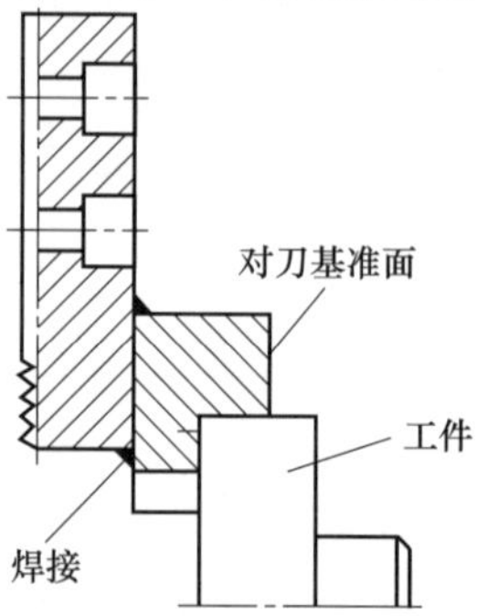 图 6-15　软爪
4	中心孔定位顶尖	① 两顶尖拨盘	对于较长的或必须经过多次装夹才能完成加工的轴类工件，如长轴、长丝杠、光杠等细长轴类零件车削，或工序较多、在车削后还要铣削或磨削的工件，为了保证每次装夹时的安装精度，可用两顶尖装夹工件。如图 6-16 所示，其前顶尖为普通顶尖，装在主轴孔内，并随主轴一起转动；后顶尖为活顶尖，装在尾架套筒内。工件利用中心孔被顶在前后顶尖之间，并通过鸡心夹头带动旋转。这种方式，不需找正，装夹精度高，适用于多工序加工或精加工 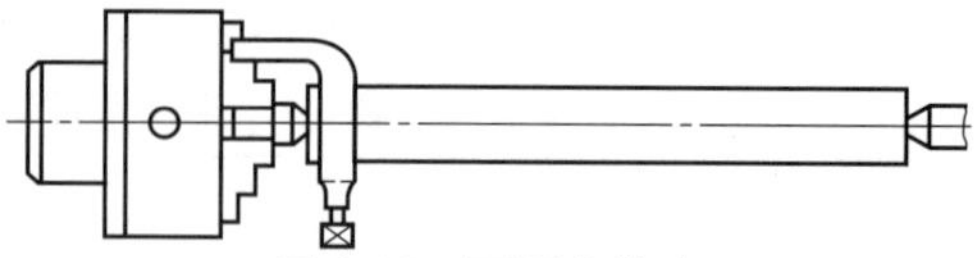 图 6-16　两顶尖装夹
		② 拨动顶尖	拨动顶尖有内、外拨动顶尖和端面拨动顶尖两种。内、外拨动顶尖是通过带齿的锥面嵌入工件拨动工件旋转的，端面拨动顶尖是利用端面的拨爪带动工件旋转的，适合装夹直径在 ϕ50～150mm 之间的工件，如图 6-17 所示 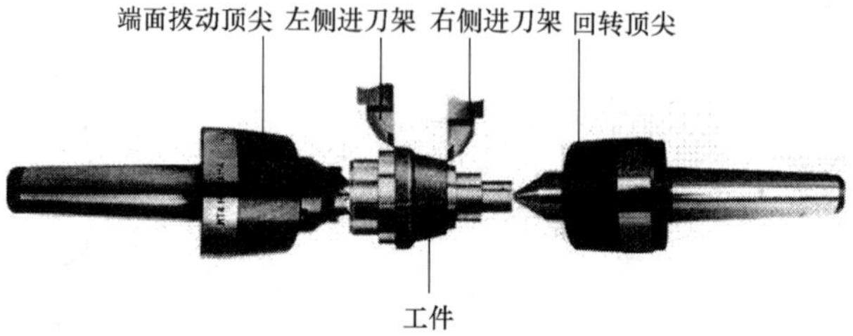 图 6-17　拨动顶尖
		③ 一夹一顶	用双顶尖装夹工件虽然精度高，但刚度较低。车削较重较长的轴体零件时要用一端夹持、另一端用后顶尖顶住的方式安装工件，这样可使工件更为稳固，从而能选用较大的切削用量进行加工。为了防止工件因切削力作用而产生轴向窜动，必须在卡盘内装一限位支承，或用工件的台阶作限位，如图 6-18 所示。此装夹方法比较安全，能承受较大的轴向切削力，故应用很广泛 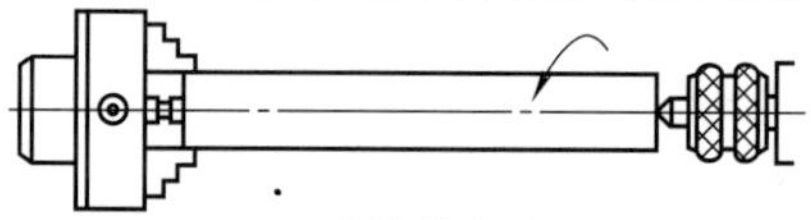 (a) 用限位支承  (b) 用工件台阶限位 图 6-18　一夹一顶安装工件

续表

序号	夹具类型	工艺文件的编制原则
5	心轴与弹簧卡头	以孔为定位基准，用心轴装夹来加工外表面。以外圆为定位基准，采用弹簧卡头装夹来加工内表面。用心轴或弹簧卡头装夹工件的定位精度高，装夹工件方便、快捷，适于装夹内外表面的位置精度要求较高的套类零件。图6-19为心轴安装工件的示意图 心轴 工件 图6-19 心轴安装工件
6	花盘、弯板	当在非回转体零件上加工圆柱面时，由于车削效率较高，经常用花盘、弯板进行工件装夹。图6-20所示为车间中花盘的实际操作，图6-21所示为花盘的结构组成 图6-20 车间中花盘的实际操作 花盘 平衡铁 螺栓槽 工件 安装基面 弯板 螺栓 图6-21 花盘的结构组成
7	其他工装夹具	数控车削加工中有时会遇到一些形状复杂和不规则的零件，不能用三爪或四爪卡盘等夹具装夹，需要借助其他工装夹具装夹，如花盘、角铁等；对于批量生产，还要采用专用夹具或组合夹具装夹

6.3 数控车床刀具

数控车床能兼作粗、精加工。为使粗加工能以较大切削深度、较大进给速度进行加工，要求粗车刀具强度高、耐用度好。精车首先是保证加工精度，所以要求刀具的精度高、耐用度好。为缩短换刀时间和方便对刀，应尽可能多地采用机夹刀。

数控车床还要求刀片耐用度的一致性好，以便于使用刀具寿命管理功能。在使用刀具寿命管理功能时，刀片耐用度的设定原则是以该批刀片中耐用度最低的刀片作为依据的。在这种情况下，刀片耐用度的一致性甚至比其平均寿命更重要。

6.3.1 数控车床切削对刀具的要求

数控切削加工作为自动化机械加工的一种类型，它要求切削加工刀具除了应满足一般机床用刀具应具备的条件外，还应满足自动化加工所必需的下列要求，见表6-8。

表6-8 数控车床切削对刀具的要求

序号	数控车床切削对刀具的要求
1	刀具切削性能稳定
2	断屑或卷屑可靠

续表

序号	数控车床切削对刀具的要求
3	耐磨性好
4	能迅速、精确地调整
5	能快速自动换刀
6	尽量采用先进的高效结构
7	可靠的刀具工作状态监控系统
8	刀具的标准化、系列化和通用化结构体系必须与数控加工的特点和数控机床的发展相适应。数控加工的刀具系统应是一种模块化、层次式可分级更换组合的结构体系
9	对于刀具及其工具系统的信息，应建立完整的数据库及其管理系统。对刀具的结构信息包括刀具类型、规格，刀片、刀头、刀夹、刀杆及刀座的构成，工艺数据等给予详尽完整的描述
10	应有完善的刀具组装、预调、编码标识与识别系统
11	应建立切削数据库，以便合理地利用机床与刀具，获得良好的综合效益

6.3.2 数控车床刀具的类型

图 6-22 为数控车床的刀具、刀座（套）和刀盘关系简图，表 6-9 详细描述了数控车床和车削中心上常用的刀具。

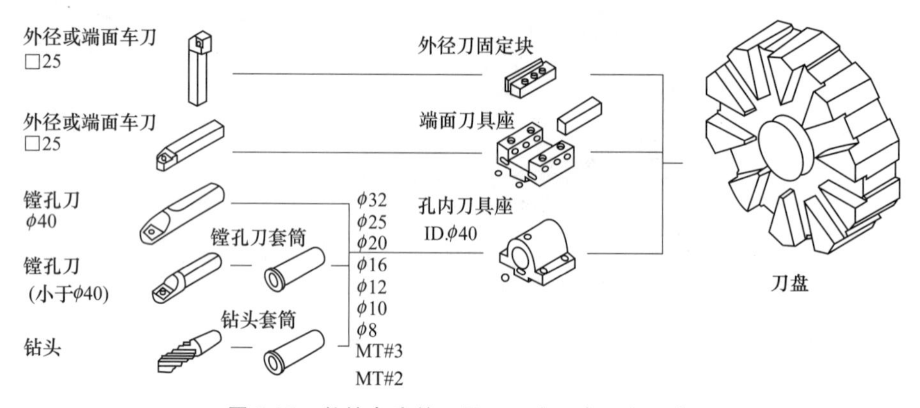

图 6-22 数控车床的刀具、刀座（套）和刀盘

表 6-9 数控车床和车削中心上常用的刀具

序号	刀具名称	简图	应用
1	外圆左偏粗车刀		用于后置刀架的数控车床上粗车外圆和端面
2	外圆左偏精车刀		用于后置刀架的数控车床上精车外圆和端面
3	45°车刀		用于工件端面及外圆的粗加工

续表

序号	刀具名称	简图	应　用
4	外圆切槽刀	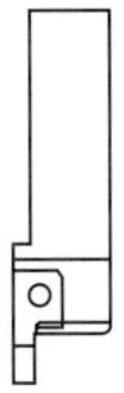	用于车削外圆槽和切断
5	外圆螺纹刀	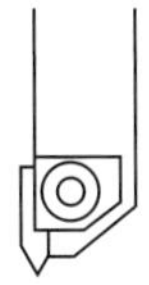	用于车削外螺纹
6	中心钻	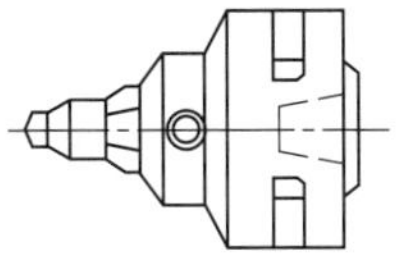	用于加工长轴的中心定位孔;端面钻中心孔
7	镗孔刀	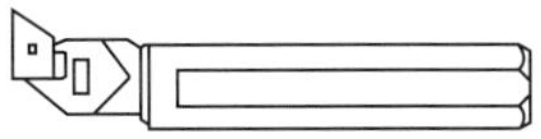	用于镗孔,为加工内圆形状做准备
8	内圆粗车刀	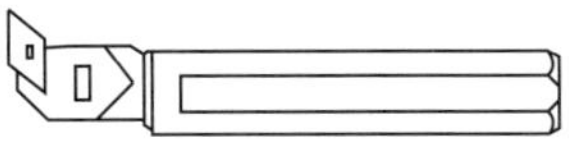	用于工件孔的粗车加工
9	内圆精车刀	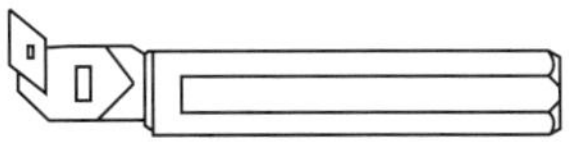	用于工件孔的精车加工
10	麻花钻	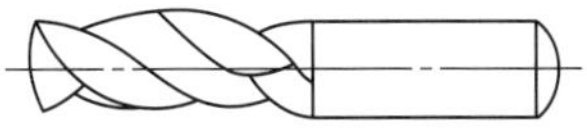	用于钻孔和扩孔加工
11	*Z* 向铣刀		车削中心上铣端面槽和平行于主轴线的孔
12	*X* 向铣刀		车削中心上铣径向孔平面、平面、直槽及螺旋槽
13	球头铣刀	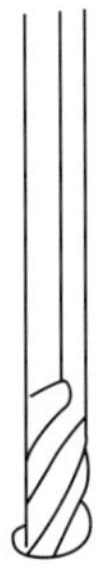	在车削中心上铣弧形槽

6.3.3 数控车床常用的刀具结构形式

表 6-10 数控车床常用的刀具结构形式

名称	简图	特点	应用
整体式		整体高速钢制造，刀口锋利，刚性好	小型车刀和加工非铁金属场合
焊接式		可根据需要刃磨获得刀具几何形状，结构紧凑，制造方便	各类车刀，特别是小型车刀，与经济性数控车床配套
机夹式		避免焊接内应力而引起的刀具寿命缩短，刀杆利用率高，刀片可通过刃磨获得所需参数，使用灵活方便	大型车刀、螺纹车刀、切断刀等
可转位式		避免了焊接的缺点，刀片转位更换迅速，可使用涂层刀片，生产率高，断屑稳定可靠	广泛使用

图 6-23 实际应用中的焊接式车刀

6.3.4 焊接式车刀

焊接式车刀是将硬质合金刀片用焊接的方法固定在刀体上，形成一个整体的车刀。图6-23所示为实际应用中的焊接式车刀。

此类车刀结构简单，制造方便，刚度较好。其缺点是存在焊接应力，会使刀具材料的使用性能受到影响，甚至会出现裂纹。另外，刀杆不能重复使用，硬质合金刀片不能充分回收利用，造成刀具材料的浪费。

根据工件加工表面的形状以及用途不同，焊接式车刀可分为外圆车刀、内孔车刀、切断（切槽）刀、螺纹车刀及成形车刀等，具体如图 6-24 所示。

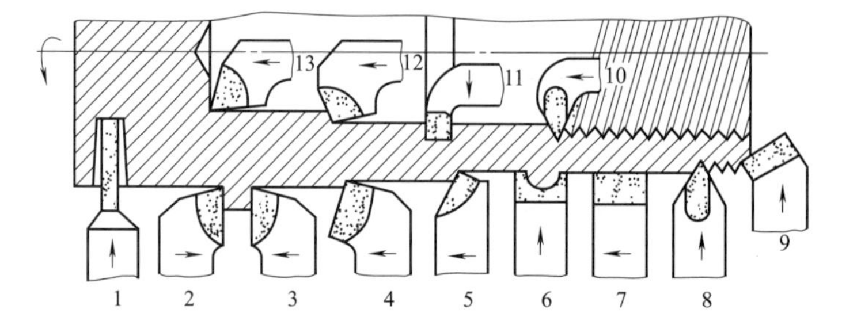

图 6-24 常用焊接式车刀和种类

1—切断刀；2—90°左偏刀；3—90°右偏刀；4—弯头车刀；5—直头车刀；6—成形车刀；7—宽刃车刀；8—外螺纹车刀；9—端面车刀；10—内螺纹车刀；11—内沟槽刀；12—通孔车刀；13—盲孔车刀

6.3.5 机夹可转位车刀

图 6-25 实际应用中的机夹可转位车刀

机夹可转位车刀全称为机械夹固式可转位车刀，平时也称作可转位车刀，是已经实现机械加工标准化、系列化的车刀。图 6-25 所示为实际应用中的机夹可转位车刀。

可转位车刀是将可转位的硬质合金刀片用机械方法夹持在刀杆上形成的。刀片具有供切削时选用的几何参数（不需磨）和两个以上供转位用的切削刃。当一个切削刃磨损后，松开夹紧机构，将刀片转位到另一切削刃后再夹紧，即可进行切削；当所有切削刃磨损后，则可取下再代之以新的同类刀片。

数控机床所用刀具材料最多的是各类硬质合金，且大多采用机夹可转位刀片的刀具，因此对机夹可转位刀片的运用是数控机床操作人员必须了解的内容之一。目前用于制造可转位刀片的材料种类主要有高速钢、涂层高速钢、硬质合金、涂层硬质合金、陶瓷材料、立方氮化硼和金刚石等。

可转位车刀是一种先进刀具，由于其具有不需重磨、可转位和更换刀片等优点，从而可降低刀具的刃磨费用和提高切削效率。数控车床常用的机夹可转位车刀结构形式如图 6-26 所示，主要由刀杆 1、刀片 2、刀垫 3 及夹紧元件 4 组成。

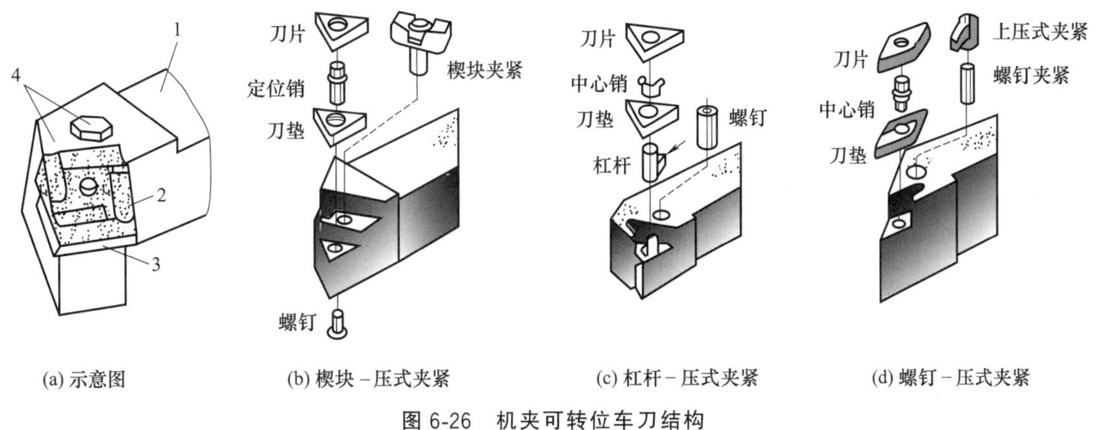

图 6-26 机夹可转位车刀结构

1—刀杆；2—刀片；3—刀垫；4—夹紧元件

图 6-27 国标 GB/T 2076—2007 规定的 17 种机夹刀片

机夹刀片外形如图 6-27 所示。其按照国标 GB/T 2076—2007，大致可分为带圆孔、带沉孔以及无孔三大类。其形状有三角形、正方形、五边形、六边形、圆形以及菱形等共 17 种。

刀片每边都有切削刃。当某切削刃磨损钝化后，只需松开夹紧元件，将刀片转一个位置便可继续使用，缩短了换刀时间，方便对刀，便于实现机械加工的标准化。数控车削加工时，应尽量采用机夹刀和机夹刀片。刀片是机夹可转位车刀的一个最重要的组成元件。

6.3.6 机夹可转位车刀的选用

(1) 刀片材质的选择

常见刀片材料有高速钢、硬质合金、涂层硬质合金、陶瓷、立方氮化硼和金刚石等，其中应用最多的是硬质合金和涂层硬质合金。刀片材质主要依据被加工工件的材料、被加工表面的精度、表面质量要求、切削载荷的大小以及切削过程有无冲击和振动等进行选择。

(2) 刀片夹紧方式的选择

各种夹紧方式是为适用于不同的应用范围设计的。为了选择具体工序的最佳刀片夹紧方式，按照适合性对它们分类，适合性有 1～3 个等级，3 为最佳选择，如表 6-11 所示。

表 6-11 刀片夹紧方式与适用性等级

	T-MAX P					Coro Turn 107	T-MAX 陶瓷和立方氮化硼
	(RC) 刚性夹紧	杠杆	楔块	楔块夹紧	螺钉和上夹紧	螺钉夹紧	螺钉和上夹紧
安全夹紧/稳定性	3	3	3	3	3	3	3
仿形切削/可达性	2	2	3	3	3	3	3
可重复性	3	3	2	2	3	3	3
仿切削形/轻工序	2	2	3	3	3	3	3
间歇切削工序	3	2	2	3	3	3	3
外圆加工	3	3	1	3	3	3	3
内圆加工	3	3	3	3	3	3	3
刀片 C D R S T V W	有孔的负前角刀片 双侧和单侧 平刀片和带断屑槽的刀片					有孔的负前角刀片 单侧平刀片和带断屑槽的刀片	有孔和无孔负前角和正前角刀片 双侧和单侧

现代化数控加工技术的发展，进一步促进了机夹可转位刀具及其配套技术向刀具技术现代化迈进。将焊接刀片转变为机夹可转位刀片并与刀具涂层工艺技术相结合，是实现刀具技术革命的重要环节。

(3) 刀片形状的选择

刀片形状主要依据被加工工件的表面形状、切削方法、刀具寿命和刀片的转位次数等因素选择。刀片是机夹可转位车刀的重要组成元件，刀片大致可分为三大类 17 种，图 6-28 所示为常见的可转位车刀刀片。表 6-12 详细描述了机夹可转位刀片形状的选择。

(4) 刀尖圆弧半径的作用

刀尖圆弧半径对刀尖的强度及加工表面粗糙度影响很大，一般适宜值选进给量的 2～3 倍。其作用见表 6-13。

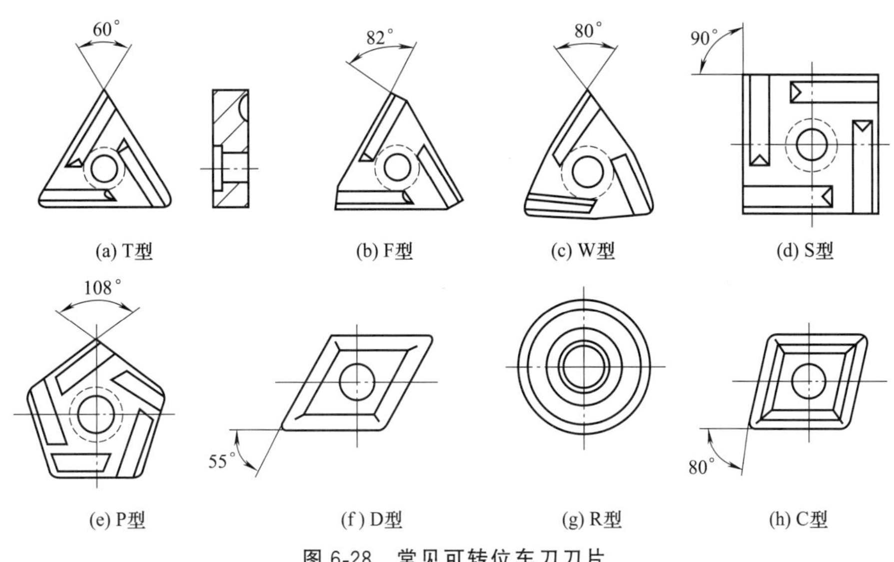

图 6-28 常见可转位车刀刀片

表 6-12 机夹可转位刀片形状的选择

序号	刀片形状	适用范围
1	正型(前角)刀片	对于内轮廓加工、小型机床加工、工艺系统刚度较低的加工和工件结构形状较复杂的加工应优先选择正型刀片
2	负型(前角)刀片	对于外圆加工、金属切除率高和加工条件较差的加工应优先选择负型刀片
3	80°凸三角形、四方形和80°菱形刀片	一般外圆车削
4	55°菱形、35°菱形和圆形刀片	仿形加工
5	刀尖角较大的刀片	机床刚度、功率允许的条件下大余量、粗加工时
6	刀尖角较小的刀片	机床刚度、功率允许的条件下小余量、精加工时

表 6-13 刀尖圆弧半径的作用

序号	刀尖圆弧半径的作用
1	刀尖圆弧半径的影响：刀尖圆弧半径大，表面粗糙度下降，刀刃强度增加，刀具前、后面磨损减小；刀尖圆弧半径过大，切削力增加，易产生振动，切屑处理性能恶化
2	较小的刀尖圆弧半径用于切削深的精加工、细长轴加工、机床刚度低的场合
3	较大的刀尖圆弧半径用于需要刀刃强度高的黑皮切削、断续切削、大直径工件的粗加工、机床刚度高的场合

6.3.7 数控车床刀具材料

刀具材料是决定刀具切削性能的根本因素，对于加工质量、加工效率、加工成本以及刀具耐用度都有着重大的影响。要实现高效合理的切削，必须有与之相适应的刀具材料。数控刀具材料是较活跃的材料科技领域。近年来，数控刀具材料基础科研和新产品的成果集中应用在高速、超高速、硬质（含耐热、难加工）、干式、精细、超精细数控加工领域。刀具材料新产品的研发在超硬材料（如金刚石，Al_2O_3、Si_3N_4基类陶瓷，TiC基类金属陶瓷，立方氮化硼，表面涂层材料），W、Co类涂层和细晶粒（超细晶粒）硬质合金体及含Co类粉末冶金高速钢等领域进展速度较快。尤其是超硬刀具材料的应用，导致产生了许多新的切削理念，如高速切削、硬切削、干切削等。

数控刀具的材料主要有高速钢、硬质合金、陶瓷、立方氮化硼和金刚石五类，其性能和应用范围见表6-14。目前数控机床用得最普遍的刀具是硬质合金刀具。

表 6-14 数控刀具材料的性能及应用范围

序号	刀具材料		优点	缺点	典型应用
1	高速钢		抗冲击能力强，通用性好	切削速度低，耐磨性差	低速、小功率和断续切削
2	硬质合金		通用性最好，抗冲击能力强	切削速度有限	钢、铸铁、特殊材料和塑料的粗、精加工
3	涂层硬质合金		通用性很好，抗冲击能力强，中速切削性能好	切削速度限制在中速范围内	除速度比硬质合金高之外，其余与硬质合金一样
4	金属陶瓷		通用性很好，中速切削性能好	抗冲击性能差，切削速度限制在中速范围	钢、铸铁、不锈钢和铝合金
5	陶瓷	陶瓷（热/冷压成形）	耐磨性好，中速切削性能好	抗冲击性能差，抗热冲击性能也差	钢和铸铁的精加工，钢的滚压加工
		陶瓷（氮化硅）	抗冲击性好，耐磨性好	非常有限的应用	铸铁的粗、精加工
		陶瓷（晶须强化）	抗冲击性能好，抗热冲击性能好	有限的通用性	可高速粗、精加工硬钢、淬火铸铁和高镍合金
6	立方氮化硼（CBN）		高热硬性，高强度，高抗热冲击性能	不能切削硬度小于45HRC的材料，应用有限，成本高	切削硬度在45～70HRC之间的材料
7	聚晶金刚石（PCD）		高耐磨性，高速切屑性能好	抗热冲击性能差，切削铁质金属化学稳定性差	金属和非金属材料，应用有限

（1）高速钢（high speed steel，HSS）

高速钢是一种含有较多的W、Cr、V、Mo等合金元素的高合金工具钢，具有良好的综合性能。与普通合金工具钢相比，它能以较高的切削速度加工金属材料，故称高速钢。俗称锋钢或白钢。高速钢的制造工艺简单，容易刃磨成锋利的切削刃；锻造、热处理变形小，目前在复杂刀具（如麻花钻、丝锥、成形刀具、拉刀、齿轮刀具等）制造中仍占有主要地位。其加工范围包括有色金属、铸铁、碳素钢和合金钢等。

（2）硬质合金（cemented carbide）

硬质合金是用高硬度、高熔点的金属碳化物（如WC、TiC、TaC、NbC等）粉末和金属黏结剂（如Co、Ni、Mo等）经过高压成形，并在1500℃左右的高温下烧结而成的。由于金属碳化物硬度很高，因此其热硬性、耐磨性好，但其抗弯强度和韧性较差。硬质合金刀具具有良好的切削性能，与高速钢刀具相比，加工效率很高，而且刀具的寿命可延长几倍到几十倍，被广泛地用来制作可转位刀片，不仅用来加工一般钢、铸铁和有色金属，而且还用来加工淬硬钢及许多高硬度难加工材料。

（3）陶瓷刀具

陶瓷刀具材料是一种最有前途的高速切削刀具材料，在生产中有广泛的应用前景。陶瓷刀具具有非常高的耐磨性，它比硬质合金有更好的化学稳定性，可在高速条件下切削加工并持续较长时间，比用硬质合金刀具平均提高效率3～10倍。它实现以车代磨的高效硬加工技术及干切削技术，提高零件加工表面质量。实现干式切削，对控制环境污染和降低制造成本有广阔的应用前景。

陶瓷是含有金属氧化物或氮化物的无机非金属材料，具有高硬度、高强度、高热硬性、高耐磨性及优良的化学稳定性和低的摩擦系数等特点。陶瓷刀具在切削加工的很多方面显示出其优越性，见表6-15。

新型陶瓷刀具材料具有其他刀具材料无法比拟的优势，其发展空间非常大。通过对陶瓷刀具材料组分、制备工艺与材料设计的研究，可以在保持高硬度、高耐磨性的基础上，极大地提高刀具材料地韧性和抗冲击性能，制备符合现代切削技术使用要求的适宜材料。可以预料，随着各种新型陶瓷刀具材料的使用，必将促进高效机床及高速切削技术的发展，而高效机床及高速切削技术的推广与应用又进一步推动新型陶瓷刀具材料的使用。

表 6-15 陶瓷刀具的优越性

序号	陶瓷刀具的优越性	详细说明
1	加工高硬材料	可加工传统刀具难以加工或根本不能加工的材料，例如硬度达 65HRC 的各类淬硬钢和硬化铸铁，因而可免除退火加工所消耗的电力；并因此也可提高工件的硬度，延长机器设备的使用寿命
2	大冲击力加工	不仅能对高硬度材料进行粗、精加工，也可进行铣削、刨削、断续切削和毛坯拔荒粗车等冲击力很大的加工
3	耐用度极高	刀具耐用度比传统刀具高几倍甚至几十倍，减少了加工中的换刀次数，保证被加工工件的小锥度和高精度
4	高速切削	可进行高速切削或实现以车、铣代磨，切削效率比传统刀具高 3～10 倍，达到节约工时、电力、机床数 30%～70%或更高的效果

(4) CBN（立方氮化硼）刀具

CBN（立方氮化硼）是利用超高压高温技术获得的又一种无机超硬材料，在制造过程中和硬质合金基体结合而成立方氮化硼复合片。

① 立方氮化硼作为刀具材料具有以下特点，见表 6-16。

表 6-16 立方氮化硼刀具的特点

序号	立方氮化硼的特点	详细说明
1	硬度和耐磨性高	硬度和耐磨性很高，其显微硬度为 8000～9000HV，已接近金刚石的硬度
2	热稳定性好	热稳定性好，其耐热性可达 1400～1500℃
3	化学稳定性好	化学稳定性好，与铁系材料直至 1200～1300℃也不易起化学作用
4	良好的导热性	具有良好的导热性，其热导率大大高于高速钢及硬质合金
5	较低的摩擦因数	较低的摩擦因数，与不同材料的摩擦因数约为 0.1～0.3，比硬质合金摩擦因数(0.4～0.6)小得多

② 立方氮化硼刀具应用范围见表 6-17。

表 6-17 立方氮化硼刀具应用范围

序号	立方氮化硼的应用范围	详细说明
1	应用范围一	工具钢、模具钢、冷硬铸铁、铸铁、镍基合金、钴基合金
2	应用范围二	淬火钢、高温合金钢、高铬铸铁、热喷焊(涂)材料
3	应用范围三	适合于加工硬度大于 45HRC 的钢铁类工作，但铸铁类无此限制

CBN 适用于磨削淬火钢和超耐热合金材料。其硬度仅次于金刚石排名第二，是典型的传统磨料的 4 倍，而耐磨性是典型的传统磨料的 2 倍。

CBN 具有异乎寻常的热传导性，在磨削硬质刀具、压模和合金钢、以及镍和钴基超耐热合金后，能优化其表面完整性。CBN 产品系列与不同的胎体相结合，可以获得上乘的性能。进行大量的晶体涂层和表面处理，以提高晶体把持力和性能特点。这些涂层可以用来提高性能，以及提高晶体把持力、热传递和润滑质量。

(5) PCD（聚晶金刚石）刀具

① 刀具特点　用 PCD 刀具加工铝制工件具有刀具寿命长、金属切除率高等优点，其缺点是刀具价格昂贵、加工成本高。这一点在机械制造业已形成共识。但近年来 PCD 刀具的发展与应用情况已发生了许多变化。如今的铝材料在性能上已今非昔比，在加工各种新开发的铝合金材料（尤其是高硅含量复合材料）时，为了实现生产率及加工质量的最优化，必须认真选择 PCD 刀具的牌号及几何参数，以适应不同的加工要求。PCD 刀具的另一个变化是加工成本不断降低，在市场竞争压力和刀具制造工艺改进的共同作用下，PCD 刀具的价格已大幅下降。上述变化趋势导致 PCD 刀具在铝材料加工中的应用日益增多，而刀具的适用性则受到不同被加工材料的制约。

② 正确使用　切削加工铝合金材料时，硬质合金刀具的粗加工切削速度约为 120m/min，而 PCD 刀具即使在粗加工高硅铝合金时其切削速度也可达到约 360m/min。刀具制造商推荐采用细颗粒（或中等颗粒）PCD 牌号加工无硅和低硅铝合金材料。采用粗颗粒 PCD 牌号加工高硅铝合金材料。如铣削加工的工件表面光洁度达不到要求，可采用晶粒尺寸较小的修光刀片对工件表面进行修光加工，以获得满意的表面光洁度。

PCD 刀具的正确应用是获得满意加工效果的前提。虽然刀具失效的具体原因各不相同，但通常是由于使用对象或使用方法不正确所致。用户在订购 PCD 刀具时，应正确把握刀具的适应范围。例如，用 PCD 刀具加工黑色金属工件（如不锈钢）时，由于金刚石极易与钢中的碳元素发生化学反应，将导致 PCD 刀具迅速磨损，因此，加工淬硬钢的正确选择应该是 PCBN 刀具。

6.3.8 数控车刀的类型及选择

(1) 数控车削刀具选择

表 6-18 详细描述了数控车削刀具选择主要考虑的几个方面因素。

表 6-18　数控车削刀具选择因素

序号	数控车削刀具选择主要考虑的因素
1	一次连续加工表面尽可能多
2	在切削过程中,刀具不能与工件轮廓发生干涉
3	有利于提高加工效率和加工表面质量
4	有合理的刀具强度和寿命

数控车削对刀具的要求更高，不仅要求精度高、刚度好、寿命长，而且要求尺寸稳定、耐用度高、断屑和排屑性能好，同时要求安装调整方便，以满足数控机床高效率的要求。

(2) 选刀与工艺分析

数控车床刀具的选刀过程，先从对被加工零件图样的分析开始，有两条路径可以选择。

序号	选刀考虑因素	工艺分析的流程
1	主要考虑机床和刀具的情况	零件图样→机床影响因素→选择刀杆→刀片夹紧系统→选择刀片形状
2	主要考虑工件的情况	工件影响因素→选择工件材料代码→确定刀片的断屑槽型→选择加工条件

综合这两条路线的结果，才能确定所选用的刀具。

(3) 数控车削常用的车刀

数控车削常用的车刀一般分为三类，即尖形车刀、圆弧形车刀和成形车刀，见表 6-19。

表 6-19　数控车削常用的车刀

序号	选刀考虑因素	工艺分析的流程
1	尖形车刀	尖形车刀的刀尖(也称为刀位点)由直线形的主、副切削刃构成,切削刃为一直线形。如 90°内外圆车刀、端面车刀、切断(槽)车刀等都是尖形车刀 尖形车刀是数控车床加工中用得最为广泛的一类车刀。用这类车刀加工零件时,其零件的轮廓形状主要由一个独立的刀尖或一条直线形主切削刃位移后得到。尖形车刀主要根据工件的表面形状、加工部位及刀具本身的强度等进行选择,应选择合适的刀具几何角度,并应适合数控加工的特点(如加工路线、加工干涉等)
2	圆弧形车刀	圆弧形车刀的主切削刃的刀刃形状为圆度或线轮廓度误差很小的圆弧,该圆弧上每一点都是圆弧形车刀的刀尖,其刀位点不在圆弧上,而在该圆弧的圆心上,如图 6-29 所示 当某些尖形车刀或成形车刀(如螺纹车刀)的刀尖具有一定的圆弧形状时,也可作为这类车刀使用 圆弧形车刀是较为特殊的数控车刀,可用于车削工件内、外表面,特别适合于车削各种光滑连接(凹凸形)成形面。圆弧形车刀的选择,主要是选择车刀的圆弧半径,具体应考虑两点:一是车刀切削刃的圆弧半径应小于零件凹形轮廓上的最小曲率半径,以免发生加工干涉;二是该半径不宜太小,否则不但制造困难,而且还会削弱刀具强度,降低刀体散热性能

续表

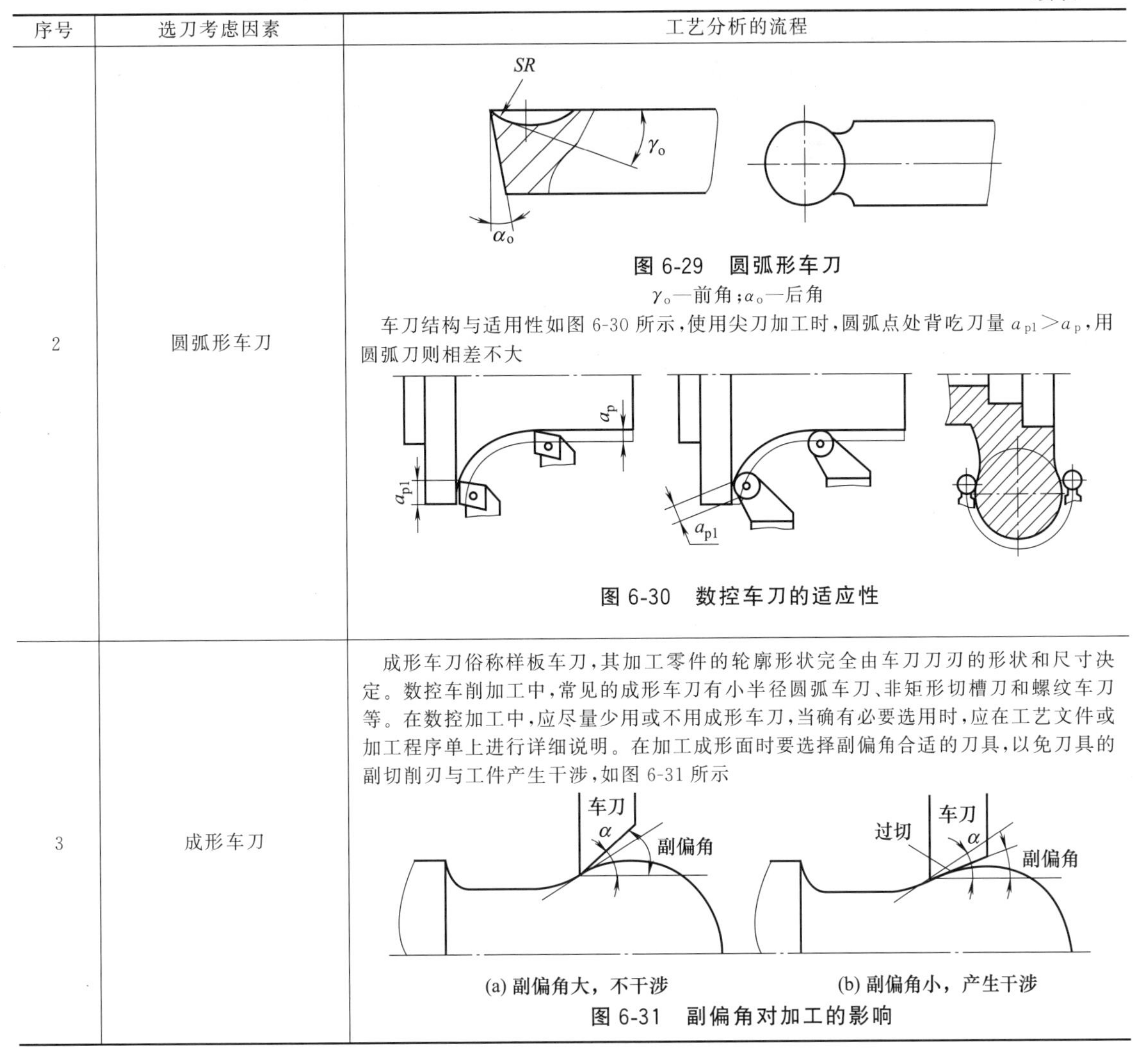

序号	选刀考虑因素	工艺分析的流程
2	圆弧形车刀	图 6-29 圆弧形车刀 γ_o—前角;α_o—后角 车刀结构与适用性如图 6-30 所示，使用尖刀加工时，圆弧点处背吃刀量 $a_{p1}>a_p$，用圆弧刀则相差不大 图 6-30 数控车刀的适应性
3	成形车刀	成形车刀俗称样板车刀，其加工零件的轮廓形状完全由车刀刀刃的形状和尺寸决定。数控车削加工中，常见的成形车刀有小半径圆弧车刀、非矩形切槽刀和螺纹车刀等。在数控加工中，应尽量少用或不用成形车刀，当确有必要选用时，应在工艺文件或加工程序单上进行详细说明。在加工成形面时要选择副偏角合适的刀具，以免刀具的副切削刃与工件产生干涉，如图 6-31 所示 (a) 副偏角大，不干涉　(b) 副偏角小，产生干涉 图 6-31 副偏角对加工的影响

6.4 数控刀具的切削用量选择

6.4.1 切削用量的选择原则

数控编程时，编程人员必须确定每道工序的切削用量，并以指令的形式写入程序中，所以编程前必须确定合适的切削用量。切削用量包括主轴转速、背吃刀量及进给速度等，如图 6-32 所示。

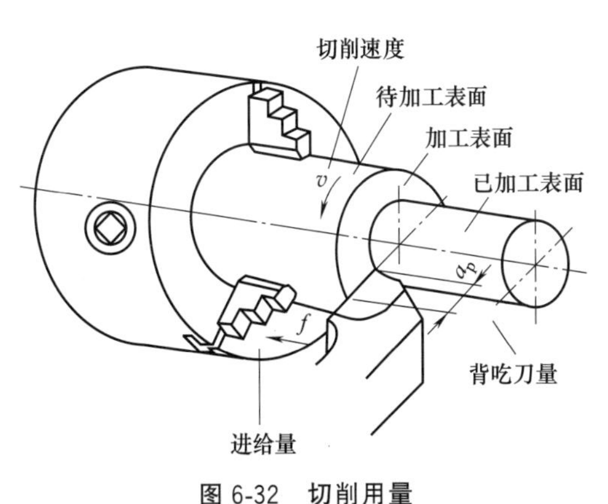

图 6-32 切削用量

切削用量的大小对加工质量、刀具磨损、切削功率和加工成本等均有显著影响。切削加工时，需要根据加工条件选择适当的切削速度（或主轴转速）、进给量（或进给速度）和背吃刀量的数值。切削速度、进给量和背吃刀量，统称为切削用量三要素。数控加工中选择切削用量时，要在保证加工质量和刀具耐用度的前提下，充分发挥机床性能和刀具切削性能，使切削效率最高、加工成本最低。对于不同的加工方法，需要选用不同的切削用量。切削用量的选择原则是：保证零件加工精度和表面粗糙度，充分发挥刀具的切削性能，保证合理的刀具耐用度，充分发挥机床的性能，最大限度提高生产率，降低成本。

切削用量的选择受生产率、切削力、切削功率、刀具耐用度和加工表面粗糙度等许多因素的限制。选择切削用量的基本原则是，所确定的切削用量应能达到零件的加工精度和表面粗糙度要求，在工艺系统强度和刚度允许的条件下，充分利用机床功率和发挥刀具切削性能。表6-20详细描述了粗加工、精加工和半精加工切削用量选择原则。

表 6-20　切削用量选择原则

序号	加工方法	切削用量选择原则
1	粗加工	粗车时一般以提高生产效率为主，兼顾经济性和加工成本。首先选取尽可能大的背吃刀量；其次要根据机床动力和刚性的限制条件等，选取尽可能大的进给量；最后根据刀具耐用度确定最佳切削速度
2	精加工、半精加工	首先根据粗加工后的余量确定背吃刀量；其次根据已加工表面的粗糙度要求，选取较小的进给量，一般情况下一刀切去余量；最后在保证刀具耐用度的前提下，尽可能选取较高的切削速度

粗加工以提高生产效率为主，但也要考虑经济性和加工成本；而半精加工和精加工时，以保证加工质量为目的，兼顾加工效率、经济性和加工成本。具体数值应根据机床说明，参考切削用量手册，并结合实践经验而定。

6.4.2　切削用量各要素的选择方法

切削用量各要素的选择方法见表6-21。

表 6-21　切削用量各要素的选择

序号	切削用量各要素	切削用量选择原则
1	背吃刀量的选择	根据工件的加工余量确定。在留下精加工及半精加工的余量后，在机床动力足够、工艺系统刚性好的情况下，粗加工应尽可能将剩下的余量一次切除，以减少进给次数。如果工件余量过大或机床动力不足而不能将粗切余量一次切除时，也应将第一、二次进给的背吃刀量尽可能取得大一些。另外，当冲击负荷较大（如断续切削）或工艺系统刚性较差时，应适当减小背吃刀量
2	进给量（mm/r）和进给速度（mm/min）的选择	进给量（或进给速度）是数控车床切削用量中的重要参数，主要根据零件的加工精度和表面粗糙度要求以及刀具和工件材料来选择。粗加工时，对加工表面粗糙度要求不高，进给量（或进给速度）可以选择得大些，以提高生产效率。而半精加工及精加工时，表面粗糙度值要求低，进给量（或进给速度）应选择小些 最大进给速度受机床刚度和进给系统性能的限制。一般数控机床进给速度是连续变化的，各挡进给速度可在一定范围内进行无级调整，也可在加工过程中通过机床控制面板上的进给速度倍率开关进行人工调整 在选择进给速度时，还应注意零件加工中的某些特殊因素。比如在轮廓加工中选择进给量时，应考虑由于惯性或工艺系统的变形而造成轮廓拐角处的“超程”或“欠程”问题
3	切削速度的选择	切削速度的选择主要考虑刀具和工件的材料以及切削加工的经济性。必须保证刀具的经济使用寿命，同时切削负荷不能超过机床的额定功率。在选择切削速度时，还应考虑以几点： ①要获得较小的表面粗糙度值时，切削速度应尽量避开积屑瘤的生成速度范围，一般可取较高的切削速度 ②加工带硬皮工件或断续切削时，为减小冲击和热应力，应选取较低的切削速度 ③加工大件、细长件和薄壁工件时，应选用较低的切削速度

总之，选择切削用量时，除考虑被加工材料、加工要求、刀具材料、生产效率、工艺系统刚性、刀具寿命等因素以外，还应考虑加工过程中的断屑、卷屑要求，因为可转位刀片上不同形式的断屑槽有其各自适用的切削用量。如果选用的切削用量与刀片不相适合，断屑就达不到预期的效果。这一点在选择切削用量时必须注意。

6.4.3 基本切削用相关表

(1) 硬质合金刀具切削用量参考值

表 6-22 详细描述了硬质合金刀具切削用量参考值。

表 6-22 硬质合金刀具切削用量参考值

工件材料	热处理状态	a_p=0.3～2mm f=0.08～0.3mm/r v_c/(m/min)	a_p=2～6mm f=0.3～0.6mm/r v_c/(m/min)	a_p=6～10mm f=0.6～1mm/r v_c/(m/min)
低碳钢 易切钢	热轧	140～180	100～120	70～90
中碳钢	热轧 调质	130～160 100～130	90～110 70～90	60～80 50～70
合金结构钢	热轧 调质	100～130 80～110	70～90 50～70	50～70 40～60
工具钢	退火	90～120	60～80	50～70
灰铸铁	HBS<190 HBS=190～225	90～120 80～110	60～80 50～70	50～70 40～60
高锰钢 [w(Mn)=13%]			10～20	
铜及铜合金		300～250	120～180	90～120
铝及铝合金		300～600	200～400	150～200
铸铝合金 [w(Si)=13%]		100～180	80～150	60～100

注：切削钢及灰铸铁时刀具耐用度为 60min。

(2) 数控车床切削用量简表

表 6-23 为数控车床切削用量简表。

表 6-23 数控车床切削用量简表

工件材料	加工方式	背吃刀量/mm	切削速度/(m/min)	进给量/(mm/r)	刀具材料
碳素钢 δ_b>600MPa	粗加工	5～7	60～80	0.2～0.4	YT类
	粗加工	2～3	80～120	0.2～0.4	YT类
	精加工	0.2～0.3	120～150	0.1～0.2	YT类
	车螺纹		70～100	导程	YT类
	钻中心孔		500～800r/min		W18Cr4V
	钻孔		1～30	0.1～0.2	W18Cr4V
	切断 (宽度<5mm)		70～110	0.1～0.2	YT类
合金钢 δ_b=1470MPa	粗加工	2～3	50～80	0.2～0.4	YT类
	精加工	0.1～0.15	60～100	0.1～0.2	YT类
	切断 (宽度<5mm)		40～70	0.1～0.2	YT类

续表

工件材料	加工方式	背吃刀量/mm	切削速度/(m/min)	进给量/(mm/r)	刀具材料
铸铁 200HBS 以下	粗加工	2～3	50～70	0.2～0.4	YG类
	精加工	0.1～0.15	70～100	0.1～0.2	
	切断 (宽度<5mm)		50～70	0.1～0.2	
铝	粗加工	2～3	600～1000	0.2～0.4	
	精加工	0.2～0.3	800～1200	0.1～0.2	
	切断 (宽度<5mm)		600～1000	0.1～0.2	
黄铜	粗加工	2～4	400～500	0.2～0.4	
	精加工	0.1～0.15	450～600	0.1～0.2	
	切断 (宽度<5mm)		400～500	0.1～0.2	

(3) 按表面粗糙度选择进给量的参考值

表6-24详细描述了按表面粗糙度选择进给量的参考值。

表6-24 按表面粗糙度选择进给量的参考值

工件材料	表面粗糙度 $Ra/\mu m$	切削速度范围 v_c/(m/min)	刀尖圆弧半径 r_ζ/mm		
			0.5	1.0	2.0
			进给量 f/(mm/r)		
铸铁、青铜、铝合金	>5～10 >2.5～5 >1.25～2.5	不限	0.25～0.40 0.15～0.25 0.10～0.15	0.40～0.50 0.25～0.40 0.15～0.20	0.50～0.60 0.40～0.60 0.20～0.35
碳钢及合金钢	>5～10	<50 >50	0.30～0.50 0.40～0.55	0.45～0.60 0.55～0.65	0.55～0.70 0.65～0.70
	>2.5～5	<50 >50	0.18～0.25 0.25～0.30	0.25～0.30 0.30～0.35	0.30～0.40 0.30～0.50
	>1.25～2.5	<50 50～100 >100	0.10 0.11～0.16 0.16～0.20	0.11～0.15 0.16～0.25 0.20～0.25	0.15～0.22 0.25～0.35 0.25～0.35

注：r_ζ=0.5mm，12mm×12mm以下刀杆；
r_ζ=1.0mm，30mm×30mm以下刀杆；
r_ζ=2.0mm，30mm×45mm以下刀杆。

(4) 按刀杆尺寸和工件直径选择进给量的参考值

表6-25详细描述了按刀杆尺寸和工件直径选择进给量的参考值。

表6-25 按刀杆尺寸和工件直径选择进给量的参考值

工件材料	车刀刀杆尺寸 $B\times H$/mm	工件直径 d_w/mm	背吃刀量 a_p/mm				
			≤3	>3～5	>5～8	>8～12	>12
			进给量 f/(mm/r)				
碳素结构钢 合金结构钢 及耐热钢	16×25	20	0.3～0.4	—	—	—	—
		40	0.4～0.5	0.3～0.4	—	—	—
		60	0.6～0.9	0.4～0.6	0.3～0.5	—	—
		100	0.6～0.9	0.5～0.7	0.5～0.6	0.4～0.5	—
		400	0.8～1.2	0.7～1.0	0.6～0.8	0.5～0.6	—
	20×30 25×25	20	0.3～0.4	—	—	—	—
		40	0.4～0.5	0.3～0.4	—	—	—
		60	0.5～0.7	0.5～0.7	0.4～0.6	—	—
		100	0.8～1.0	0.7～0.9	0.5～0.7	0.4～0.7	—
		400	1.2～1.4	1.0～1.2	0.8～1.0	0.6～0.9	0.4～0.6

续表

工件材料	车刀刀杆尺寸 $B\times H$/mm	工件直径 d_w/mm	背吃刀量 a_p/mm				
			≤3	>3~5	>5~8	>8~12	>12
			进给量 f/(mm/r)				
铸铁及钢合金	16×25	40	0.4~0.5	—	—	—	—
		60	0.5~0.9	0.5~0.8	0.4~0.7	—	—
		100	0.9~1.3	0.8~1.2	0.7~1.0	0.5~0.7	—
		400	1.0~1.4	1.0~1.2	0.8~1.0	0.6~0.8	—
	20×30 25×25	40	0.4~0.5	—	—	—	—
		60	0.5~0.9	0.5~0.8	0.4~0.7	—	—
		100	0.9~1.3	0.8~1.2	0.7~1.0	0.5~0.8	—
		400	1.2~1.8	1.2~1.6	1.0~1.3	0.9~1.1	0.7~0.9

注：1. 加工断续表面及有冲击的工件时，表内进给量应乘系数 $k=0.75\sim0.85$。

2. 在无外来批量加工的订单时，表内进给量应乘系数 $k=1.1$。

3. 加工耐热钢及其合金时，进给量不大于 1mm/r。

4. 加工淬硬钢时，进给量应减小，当钢的硬度为 44～56HRC 时乘系数 $k=0.8$；当钢的硬度为 57～62HRC 时乘系数 $k=0.5$。

6.5 切削液

在金属切削过程中，为提高切削效率、提高工件的精度和降低工件表面粗糙度、延长刀具使用寿命、达到最佳的经济效果，就必须减少刀具与工件、刀具与切屑之间的摩擦，及时带走切削区内因材料变形而产生的热量。要达到这些目的，一方面是通过开发高硬度耐高温的刀具材料和改进刀具的几何形状，如随着碳素钢、高速钢硬质合金及陶瓷等刀具材料的相继问世以及使用转位刀具等，使金属切削的加工率得到迅速提高；另一方面是采用性能优良的切削液，往往可以明显提高切削效率，降低工件表面粗糙度，延长刀具使用寿命，取得良好的经济效益。图 6-33 所示为实际应用中切削液使用情况。

图 6-33 实际应用中切削液使用情况

6.5.1 切削液的分类

目前，切削液的品种繁多、作用各异，但归纳起来分为两大类，即油基切削液和水基切削液，详细分类说明见表 6-26。

表 6-26 切削液的分类

序号	切削液分类	切削用量选择原则	
1	油基切削液	油基切削液即切削油，它主要用于低速重切削加工和难加工材料的切削加工	
		①矿物油	常用作为切削液的矿物油有全损耗系统用油、轻柴油和煤油等。它们具有良好的润滑性和一定的防锈性，但生物降解性差
		②动植物油	常用作切削液的动植物油有鲸鱼油、蓖麻油、棉籽油、菜籽油和豆油。它们具有优良的润滑性和生物降解性，但易氧化变质

续表

序号	切削液分类	切削用量选择原则	
1	油基切削液	③普通复合切削液	它是在矿物油中加入油性剂调配而成的。它比单用矿物油性能好
		④极压切削油	它是在矿物油中加入含硫、磷、氯、硼等极压添加剂、油溶性防锈剂和油性剂等调配而成的复合油
2	水基切削液	水基切削液分为三大类，即乳化液、合成切削液和半合成切削液	
		①乳化液	它由乳化油与水配置而成。乳化油主要由矿物油(含量为50%～80%)、乳化剂、防锈剂、油性剂、极压剂和防腐剂等组成。稀释液不透明，呈乳白色。但由于其工作稳定性差，使用周期短，溶液不透明，很难观察工作时的切削状况，因此使用量逐年减少
		②合成切削液	它的浓缩液不含矿物油，由水溶性防锈剂、油性剂、极压剂、表面活性剂和消泡剂等组成。其稀释液呈透明状或半透明状。其主要优点是：使用寿命长；具有优良的冷却和清洗性能，适合高速切削；溶液透明，具有良好的可见性，特别适合数控机床、加工中心等现代加工设备使用。但合成切削液容易洗刷掉机床滑动部件上的润滑油，造成滑动不灵活，润滑性能相对差些
		③半合成切削液	也称微乳化切削液。它的浓缩液由少量矿物油(含量为5%～30%)、油性剂、极压剂、防锈剂、表面活性剂和防腐剂等组成。稀释液油滴直径小于1μm，稀释液呈透明状或半透明状。它具备乳化液和合成切削液的优点，又弥补了两者的不足，是切削液发展的趋势

6.5.2 切削液的作用与性能

表6-27详细描述了切削液的作用与性能。

表6-27 切削液的作用与性能

序号	切削液的作用	切削用量选择原则
1	冷却作用	冷却作用是依靠切削液的对流换热和汽化把切削热从固体(刀具、工件和切屑)带走，降低切削区的温度，减少工件变形，保持刀具硬度和尺寸 切削液的冷却作用取决于它的热参数值，特别是比热容和热导率。此外，液体的流动条件和热交换系数也起重要作用，热交换系数可以通过改变表面活性材料和汽化热大小来提高。水具有较高的比热容和大的导热率，所以水基切削液的切削性能要比油基切削液好 改变液体的流动条件，如提高流速和加大流量可以有效地提高切削液的冷却效果，特别对于冷却效果差的油基切削液，加大切削液的供液压力和加大流量可有较提高冷却性能。在枪钻深孔和高速滚齿加工中就采用这个办法。采用喷雾冷却，使液体易于汽化，也可明显提高冷却效果。在切削加工中，不同的冷却润滑材料的冷却效果见图6-34 图6-34 不同的冷却润滑材料的冷却效果
2	润滑作用	在切削加工中，刀具与切削、刀具与工件表面之间产生摩擦，切削液就是用来减轻这种摩擦的润滑剂 刀具方面，由于刀具在切削过程中带有后角，它与被加工材料接触部分比前刀面少，接触压力也低，因此，后刀面的摩擦润滑状态接近于边界润滑状

续表

序号	切削液的作用	切削用量选择原则
2	润滑作用	态，一般使用吸附性强的物质，如油性剂和抗剪强度降低的极压剂，能有效地减少摩擦。前刀面的状况与后刀面不同，剪切区经变形的切削在受到刀具推挤的情况下被迫挤出，其接触压力大，切削也因塑性变形而达到高温，在供给切削液后，切削也因受到骤冷而收缩，使前刀面上的刀与切屑接触长度及切屑与刀具间的金属接触面积减小，同时还使平均剪切应力降低，这样就导致了剪切角的增大和切削力的减小，从而使工件材料的切削加工性能得到改善 一般油基切削液的润滑作用比水基切削液优越，含油性、极压添加剂的油基切削液效果更好。油性添加剂一般是有机化合物，如高级脂肪酸、高级醇、动植物油脂等。油基添加剂是通过极性基吸附在金属的表面上形成一层润滑膜，减少刀具与工件、刀具与切屑之间的摩擦，从而达到减小切削阻力、延长刀具寿命、降低工件表面粗糙度的目的。油性添加剂的作用只限于温度较低的状况，当温度超过200℃时，油性剂的吸附层受到破坏而失去润滑作用，所以一般低速、精密切削使用含有油性添加剂的切削液，而在高速、重切削的场合应使用含有极压添加剂的切削液 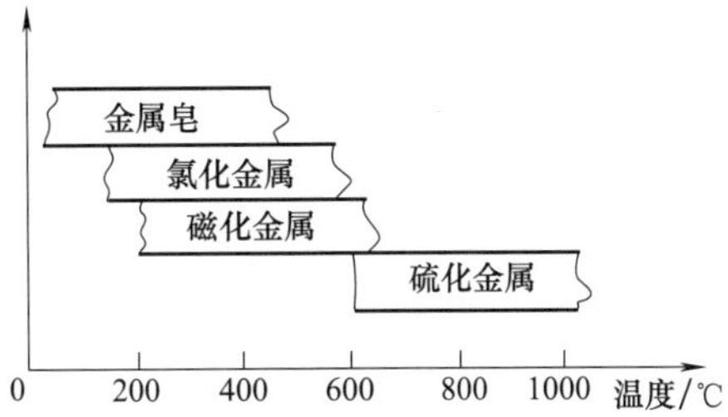 图 6-35　不同材质的化合物的耐高温属性 所谓极压添加剂是一些含有硫、磷、氯元素的化合物，这些化合物在高温下与金属起化学反应，生成硫化铁、磷化铁、氯化铁等，具有低切削强度的物质，从而减小了切削阻力，减少了刀具与工件、刀具与切屑的摩擦，使切削过程易于进行。含有极压添加剂的切削液还可以抑制积屑瘤的生成，改善工件表面粗糙度。图 6-35 所示为不同材质的化合物的耐高温属性
3	清洗作用	在金属切削过程中，切削、铁粉、磨屑、油污等物易黏附在工件表面和刀具、砂轮上，影响切削效果，同时使工件和机床变脏，不易清洗，所以切削液必须有良好的清洗作用。对于油基切削液，黏度越低，清洗能力越强，特别是含有柴油、煤油等轻组分的切削液，渗透和清洗性能就更好。含有表面活性剂的水基切削液清洗效果较好，表面活性剂一方面能吸附各种粒子、油泥，并在工件表面形成一层吸附膜，阻止粒子和油泥黏附在工件、刀具和砂轮上；另一方面能渗入到粒子和油污黏附的界面上把粒子和油污从界面上分离，随切削液带走，从而起到清洗作用。切削液的清洗作用还表现为对切屑、磨屑、铁粉、油污等有良好的分离和沉降作用。循环使用的切削液在回流到冷却槽后能迅速使切屑、铁粉、磨屑、微粒等沉降于容器的底部油污等物悬浮于液面上，这样便可保证切削液反复使用后仍能保持清洁，保证加工质量和延长使用周期
4	防锈作用	在切削加工过程中，工件如果与水和切削液分解或氧化变质所产生的腐蚀介质接触，如与硫、二氧化硫、氯离子、酸、硫化氢、碱等接触，就会受到腐蚀，机床与切削液接触的部位也会因此而产生腐蚀。在工件加工后或工序间存放期间，如果切削液没有一定的防锈能力，工件会受到空气中的水分及腐蚀介质的侵蚀而产生化学腐蚀和电化学腐蚀，造成工件生锈。因此，要求切削液必须具有较好的防锈性能，这是切削液最基本的性能之一。切削油一般都具备一定有防锈能力。对于水基切削液，要求 pH=9.5，有利于提高切削液对黑色金属的防锈作用和延长切削液的使用周期

6.5.3　切削液的选取

(1) 金属切削液的选取应遵循的原则

表 6-28 详细描述了切削液选取的原则。

表 6-28 切削液选取的原则

序号	选取原则
1	切削液应无刺激性气味，不含对人体有害的添加剂，确保使用者的安全
2	切削液应满足设备润滑、防护管理的要求，即切削液应不腐蚀机床的金属部件，不损伤机床密封件和油漆，不会在机床导轨上残留硬的胶状沉淀物，确保使用设备的安全和正常工作
3	切削液应保证工件工序间的防锈作用，不锈蚀工件。加工铜合金时，不应选用含硫的切削液。加工铝合金时应选用 pH 值为中性的切削液
4	切削液应具有优良的润滑性能和清洗性能。选择最大无卡咬负荷 PB 值高、表面张力小的切削液，并经切削试验评定
5	切削液应具有较长的使用寿命
6	切削液应尽量适应多种加工方式和多种工件材料
7	切削液应低污染，并有废液处理方法
8	切削液应价格适宜、配制方便

(2) 根据刀具材料选择切削液

表 6-29 详细描述了根据刀具材料选择切削液的原则。

表 6-29 根据刀具材料选择切削液

序号	刀具类型	选择相应的切削液
1	刀具钢刀具	其耐热温度约在 200～300℃之间，只能适用于一般材料的切削，在高温下会失去硬度。由于这种刀具耐热性能差，要求冷却液的冷却效果要好，一般以采用乳化液为宜
2	高速钢刀具	这种材料是以铬、镍、钨、钼、钒(有的还含有铝)为基础的高级合金钢，它们的耐热性明显比工具钢高，允许的最高温度可达 600℃。与其他耐高温的金属和陶瓷材料相比，高速钢有一系列优点，特别是它有较高的坚韧性，适合于几何形状复杂的工件和连续的切削加工，而且高速钢具有良好的可加工性，价格上也容易被接受 使用高速钢刀具进行低速和中速切削时，建议采用油基切削液或乳化液。在高速切削时，由于发热量大，以采用水基切削液为宜。若使用油基切削液会产生较多油雾，污染环境，而且容易造成工件烧伤，加工质量下降，刀具磨损增大
3	硬质合金刀具	它的硬度大大超过高速钢，最高允许工作温度可达 1000℃，具有优良的耐磨性能，在加工钢铁材料时，可减少切屑间的黏结现象 一般以选用含有抗磨添加剂的油基切削液为宜。在使用冷却液进行切削时，要注意均匀地冷却刀具，在开始切削之前，最好预先用切削液冷却刀具。对于高速切削，要用大流量切削液喷淋切削区，以免造成刀具受热不均匀而产生崩刃，亦可减少由于温度过高产生蒸发而形成的油烟污染
4	陶瓷刀具	这种材料采用氧化铝、金属和碳化物在高温下烧结而成，其高温耐磨性比硬质合金还要好，一般采用干切削，但考虑到均匀的冷却和避免温度过高，也常使用水基切削液
5	金刚石刀具	其具有极高的硬度，一般使用于强力切削。为避免温度过高，也像陶瓷材料一样，通常采用水基切削液

6.5.4 切削液在使用中出现的问题及其对策

切削液在使用中经常出现变质发臭、腐蚀、产生泡沫、使用操作者皮肤过敏等问题。表 6-30 中结合工作中的实际经验，列出了切削液使用中的问题及其对策。

表 6-30 切削液在使用中出现的问题及其对策

序号	问题	产生原因	解决方法
1	变质发臭	①配制过程中有细菌侵入，如配制切削液的水中有细菌 ②空气中的细菌进入切削液 ③工件工序间的转运造成切削液的感染 ④操作者的不良习惯，如乱丢脏东西。机床及车间的清洁度差	①使用高质量、稳定性好的切削液。用纯水配制浓缩液，不但配制容易，而且可改善切削液的润滑性，且减少被切屑带走的量，并能防止细菌侵蚀。使用时，要控制切削液中浓缩液的比率不能过低，否则易使细菌生长 ②由于机床所用油中含有细菌，因此要尽可能减少机床漏出的油混入切削液 ③切削液的 pH 值为 8.3～9.2 时，细菌难以生存，所以应及时加入新的切削液，提高 pH 值。保持切削液的清洁，不要使切削液与污油、食物、烟草等污物接触 ④经常使用杀菌剂，保持车间和机床的清洁 ⑤设备如果没有过滤装置，应定期撇除浮油，清除污物

续表

序号	问题	产生原因	解决方法
2	腐蚀	①切削液中浓缩液所占的比例偏低 ②切削液的pH值过高或过低。例如pH＞9.2时，对铝有腐蚀作用 ③不相似的金属材料接触 ④用纸或木头垫放工件 ⑤零部件叠放 ⑥切削液中细菌的数量超标 ⑦工作环境的湿度太高	①用纯水配制切削液，并且切削液的比例应按所用切削液说明书中的推荐值使用 ②在需要的情况下，要使用防锈液 ③控制细菌的数量，避免细菌的产生 ④检查湿度，注意控制工作环境的湿度在合适的范围内 ⑤要避免切削液受到污染 ⑥要避免不相似的材料接触，如铝和钢、铸铁(含镁)和铜等
3	产生泡沫	①切削液的液面太低 ②切削液的流速太快，气泡没有时间溢出，越积越多，导致大量泡沫产生 ③水槽设计中直角太多，或切削液的喷嘴角度太直	①在集中冷却系统中，管路分级串联，离冷却箱近的管路压力应低一些。保证切削液的液面不要太低，及时检查液面高度，及时添加切削液 ②控制切削液流速不要太快 ③在设计水槽时，应注意水槽直角不要太多 ④在使用切削液时应注意切削液喷嘴角度不要太直
4	皮肤过敏	①pH值太高 ②切削液的成分 ③加工中的金属及机床使用的油料 ④浓缩液使用配比过高 ⑤切削液表面的保护性悬浮层，如气味封闭层、防泡沫层。杀菌剂及不干净的切削液	①操作者应涂保护油、穿工作服、戴手套，应注意避免皮肤与切削液直接接触 ②切削液中浓缩液比例一定要按照切削液的推荐值使用 ③使用杀菌剂时要按说明书中的剂量使用

总之，在正常生产中使用切削液时，如果能注意以上问题，可以避免不必要的经济损失，有效地提高生产效率。

6.6 数控车削工艺文件的编制

6.6.1 工艺文件的编制原则和编制要求

(1) 工艺文件的编制原则

编制工艺文件应在保证产品质量和有利于稳定生产的条件下，用最经济、最合理的工艺手段并坚持少而精的原则。为此，要做到以下几点，见表6-31。

表6-31 工艺文件的编制原则

序号	工艺文件的编制原则
1	既要具有经济上的合理性和技术上的先进性，又要考虑企业的实际情况，具有适应性
2	必须严格与设计文件的内容相符合，应尽量体现设计的意图，最大限度地保证设计质量的实现
3	要力求文件内容完整正确，表达简洁明了，条理清楚，用词规范严谨。并尽量采用视图加以表达。要做到不需要口头解释，根据工艺规程，就可以进行一切工艺活动
4	要体现品质观念，对质量的关键部位及薄弱环节应重点加以说明
5	尽量提高工艺规程的通用性，对一些通用的工艺应上升为通用工艺
6	表达形式应具有较大的灵活性及适应性，当发生变化时，将文件需要重新编制的比例压缩到最小程度

(2) 工艺文件的编制要求

表6-32详细描述了工艺文件的编制要求。

表 6-32 工艺文件的编制要求

序号	工艺文件的编制要求
1	工艺文件要有统一的格式、统一的幅面，其格式、幅面的大小应符合有关规定，并要装订成册和装配齐全
2	工艺文件的填写内容要明确，通俗易懂、字迹清楚、幅面整洁。尽量采用计算机编制
3	工艺文件所用的文件的名称、编号、符号和元器件代号等，应与设计文件一致
4	工艺安装图可不完全照实样绘制，但基本轮廓要相似，安装层次应表示清楚
5	装配接线图中的接线部位要清楚，连接线的接点要明确
6	编写工艺文件要执行审核、会签、批准手续

6.6.2 工艺文件填写（工艺卡片）

编写数控加工专用技术文件是数控加工工艺设计的内容之一。这些专用技术文件既是数控加工、产品验收的依据，也是需要操作者遵守、执行的规程；有的则是加工程序的具体说明或附加说明，目的是让操作者更加明确程序的内容、定位装夹方式、各个加工部位所选用的刀具及其他问题。

这里所列举的机械加工工艺过程卡片、数控加工工序卡片、数控刀具卡片、数控车削加工刀具卡片和数控车削加工工序卡片，根据实际情况选用即可。

(1) 机械加工工艺过程卡片

机械加工工艺过程卡片见表 6-33。

表 6-33 机械加工工艺过程卡片

					机械加工工艺过程卡片	产品型号		零件图号		文件编号		
						产品名称		零件名称		共 页		第 页
	材料牌号		毛坯种类		毛坯外形尺寸		每毛坯件数		每台件数		备注	
	工序号	工序名称	工序内容			车间	工段	设备	工艺装备		工时	
											准终	单件
描图												
描校												
底图号												
装订号												
								设计（日期）	校核（日期）	标准化（日期）	会签（日期）	审核（日期）
	标记	处理	更改文件号	签字	日期	标记	处理	更改文件号	签字	日期		

(2) 数控加工工序卡片

数控加工工序卡片见表 6-34。

(3) 数控刀具卡片

数控刀具卡片见表 6-35。

(4) 数控车削加工刀具卡片

表 6-36 所示是数控车削加工刀具卡片，内容包括与工步相对应的刀具号、刀具名称、刀具型号、刀片型号和牌号、刀尖半径。

表 6-34 数控加工工序卡片

数控加工工序卡片			产品名称		共 页	第 页
			工序号		工序名称	
			零件图号		夹具名称	
			零件名称		夹具编号	
			材料		设备名称	
			程序编号		车间	
			编制		批准	
			审核		日期	
序号	工步工作内容	刀具号	刀具规格	主轴转速/(r/min)	进给速度/(mm/min)	切削深度/mm
1						
2						
3						
4						
5						
6						
7						

表 6-35 数控刀具卡片

数控加工刀具卡片			产品名称				零件图号		
			零件名称				程序编号		
编制		审核	批准		年 月 日		共 页		第 页
工步序号	刀具号	刀具名称	刀具/mm		补偿值/mm		刀补地址		备注
			直径	长度	直径	长度	直径	长度	
1									
2									
3									
4									
5									
6									
7									
8									

表 6-36 刀具卡片

<table>
<tr><td colspan="2">产品名称或代号</td><td colspan="2">××××</td><td>零件名称</td><td colspan="2">××××</td><td>零件图号</td><td>×××</td></tr>
<tr><td>序号</td><td>刀具号</td><td colspan="2">刀具规格名称</td><td>数量</td><td colspan="2">加工表面</td><td>刀尖半径/mm</td><td>备注</td></tr>
<tr><td>1</td><td></td><td colspan="2"></td><td></td><td colspan="2"></td><td></td><td rowspan="5"></td></tr>
<tr><td>2</td><td></td><td colspan="2"></td><td></td><td colspan="2"></td><td></td></tr>
<tr><td>3</td><td></td><td colspan="2"></td><td></td><td colspan="2"></td><td></td></tr>
<tr><td>4</td><td></td><td colspan="2"></td><td></td><td colspan="2"></td><td></td></tr>
<tr><td>5</td><td></td><td colspan="2"></td><td></td><td colspan="2"></td><td></td></tr>
<tr><td colspan="2">编制</td><td>×××</td><td>审核</td><td>×××</td><td>批准</td><td>×××</td><td>共1页</td><td>第1页</td></tr>
</table>

(5) 数控车削加工工序卡片

数控车削加工工序卡片与普通车削加工工序卡片有许多相似之处，所不同的是，加工图中应注明编程原点与对刀点，要进行编程简要说明及切削参数的选定，见表 6-37。

在工序加工内容不十分复杂的情况下，用数控加工工序卡的形式较好，可以把零件加工图、尺寸、技术要求、工序内容及程序要说明的问题集中反映在一张卡片上，做到一目了然。

表 6-37　数控车削加工工序卡

<table>
<tr><td colspan="3" rowspan="2">单位名称</td><td colspan="3" rowspan="2">××××</td><td colspan="3">产品名称或代号</td><td colspan="2">零件名称</td><td colspan="3">零件图号</td></tr>
<tr><td colspan="3">××××</td><td colspan="2">××××</td><td colspan="3">×××</td></tr>
<tr><td colspan="3">工序号</td><td colspan="3">程序编号</td><td colspan="3">夹具名称</td><td colspan="2">使用设备</td><td colspan="3">车间</td></tr>
<tr><td colspan="3">×××</td><td colspan="3">××××</td><td colspan="3">××××</td><td colspan="2">××××</td><td colspan="3">××××</td></tr>
<tr><td>工步号</td><td colspan="4">工步内容</td><td colspan="2">刀具号</td><td>刀具规格</td><td colspan="2">主轴转速</td><td colspan="2">进给速度</td><td>背吃刀量</td><td>备注</td></tr>
<tr><td>1</td><td colspan="4"></td><td colspan="2"></td><td></td><td colspan="2"></td><td colspan="2"></td><td></td><td></td></tr>
<tr><td>2</td><td colspan="4"></td><td colspan="2"></td><td></td><td colspan="2"></td><td colspan="2"></td><td></td><td></td></tr>
<tr><td>3</td><td colspan="4"></td><td colspan="2"></td><td></td><td colspan="2"></td><td colspan="2"></td><td></td><td></td></tr>
<tr><td>4</td><td colspan="4"></td><td colspan="2"></td><td></td><td colspan="2"></td><td colspan="2"></td><td></td><td></td></tr>
<tr><td>⋮</td><td colspan="4"></td><td colspan="2"></td><td></td><td colspan="2"></td><td colspan="2"></td><td></td><td></td></tr>
<tr><td>⋮</td><td colspan="4"></td><td colspan="2"></td><td></td><td colspan="2"></td><td colspan="2"></td><td></td><td></td></tr>
<tr><td>n</td><td colspan="4"></td><td colspan="2"></td><td></td><td colspan="2"></td><td colspan="2"></td><td></td><td></td></tr>
<tr><td colspan="2">编制</td><td colspan="2">×××</td><td>审核</td><td colspan="2">×××</td><td>批准</td><td colspan="2">×××</td><td colspan="2">年　月　日</td><td>共×页</td><td>第×页</td></tr>
</table>

第7章　FANUC数控车床编程

7.1　数控机床编程的必备知识点

数控车床编程是数控加工零件的一个重要步骤，程序的优劣决定了加工质量，应熟练掌握数控编程的指令与方法，灵活运用。数控加工程序是数控机床自动加工零件的工作指令，所以，在数控机床上加工零件时，首先要进行程序编制，在对加工零件进行工艺分析的基础上，确定加工零件的安装位置与刀具的相对运动的尺寸参数、零件加工的工艺路线或加工顺序、工艺参数以及辅助操作等加工信息，用标准的文字、数字、符号组成的数控代码按规定的方法和格式编写成加工程序单，并将程序单的信息通过控制介质或 MDI 方式输入到数控装置，来控制机床进行自动加工。因此，从零件图样到编制零件加工程序和制作控制介质的全过程，称为加工程序编制。

数控编程是编程者（程序员或数控车床操作者）根据零件图样和工艺文件的要求，编制出可在数控机床上运行以完成规定加工任务的一系列指令的过程。具体来说，数控编程是由分析零件图样和工艺要求开始到程序检验合格为止的全部过程。

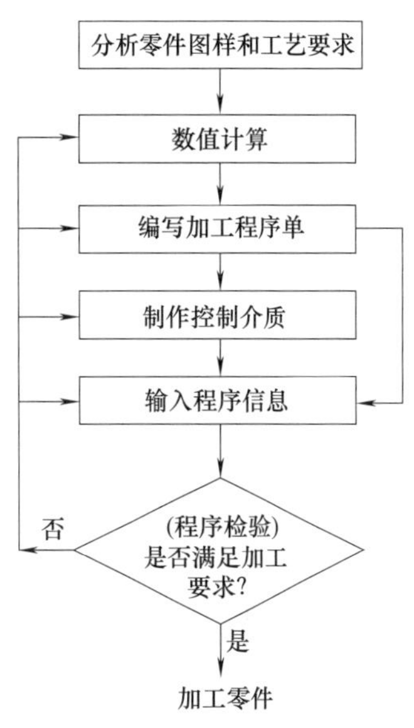

图 7-1　数控编程流程图

7.1.1　数控编程步骤

图 7-1 是数控编程的流程图，表 7-1 详细描述了编程步骤的内容。

7.1.2　数控车床的坐标系和点

数控车床的坐标系分为机床坐标系和工件坐标系（编程坐标系）两种。无论哪种坐标系，都规定与机床主轴轴线平行的方向为 Z 轴方向。刀具远离工件的方向为 Z 轴方向，即从卡盘中心至尾座顶尖中心的方向为正方向。X 轴位于水平面内，且垂直于主轴轴线方向，刀具远离主轴轴线的方向为 X 轴的正方向，如图 7-2 所示。

表 7-1 编程步骤内容详解

序号	内容	详细说明
1	分析零件图样和工艺要求	分析零件图样和工艺要求的目的，是为了确定加工方法，制订加工计划，以及确认与生产组织有关的问题。此步骤的内容包括： ①确定该零件应安排在哪类或哪台车床上进行加工 ②采用何种装夹具或何种装卡位方法 ③确定采用何种刀具或采用多少把刀进行加工 ④确定加工路线，即选择对刀点、程序起点（又称加工起点，加工起点常与对刀点重合）、走刀路线、程序终点（程序终点常与程序起点重合） ⑤确定背吃刀量、进给速度、主轴转速等切削参数 ⑥确定加工过程中是否需要提供切削液、是否需要换刀、何时换刀等
2	数值计算	根据零件图样几何尺寸，计算零件轮廓数据，或根据零件图样和走刀路线计算刀具中心（或刀尖）运行轨迹数据。数值计算的最终目的是为了获得编程所需要的所有相关位置坐标数据
3	编写加工程序单	在完成上述两个步骤之后，即可根据已确定的加工方案及数值计算获得的数据，按照数控系统要求的程序格式和代码格式编写加工程序等
4	制作控制介质，输入程序信息	程序单完成后，编程者或机床操作者可以通过数控车床的操作面板，在 EDIT 方式下直接将程序信息键入数控系统程序存储器中；也可以把程序单的程序存放在计算机或其他介质上，再根据需要传输到数控系统中
5	程序检验	对于编制好的程序，在正式用于生产加工前，必须进行程序运行检查，有时还需做零件试加工检查。根据检查结果，对程序进行修改和调整—检查—修改—再检查—再修改……这样往往要经过多次反复，直到获得完全满足加工要求的程序为止

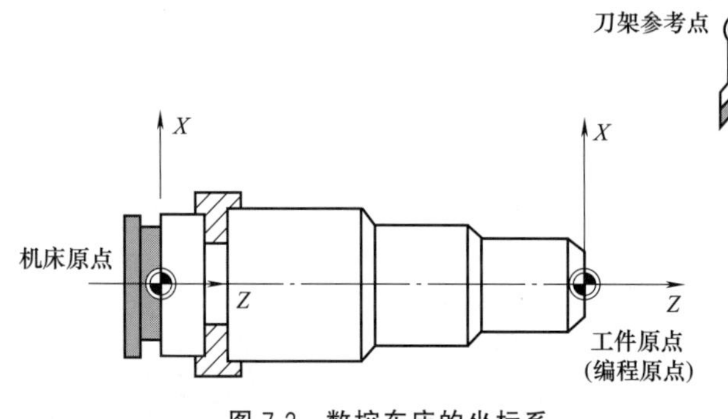

图 7-2 数控车床的坐标系

(1) **机床坐标系**（MCS）

① 机床原点　机床原点为机床上的一个固定点。数控车床的机床原点一般定义为主轴旋转中心线与卡盘后端面的交点，如图 7-2 所示。

② 机床坐标系　以机床原点为坐标系原点，建立一个 Z 轴与 X 轴的直角坐标系，则此坐标系就称为机床坐标系。机床坐标系是机床固有的坐标系，它在出厂前已经调整好，一般不允许随意变动，机床坐标系是制造和调整机床的基础，也是设置工件坐标系的基础。

(2) **工件坐标系**（编程坐标系，WCS）

① 工件原点（编程原点）　工件图样给出以后，首先应找出图样上的设计基准点。其他各项尺寸均是以此点为基准进行标注的，该基准点称为工件原点或编程的程序原点，即编程原点。

② 工件坐标系　以工件原点为坐标原点建立一个 Z 轴与 X 轴的直角坐标系，称为工件坐标系。工件坐标系是编程时使用的坐标系，又称编程坐标系。数控编程时应该首先确定工件坐标系和工件原点。

工件坐标系的原点是人为任意设定的，它是在工件装夹完毕后通过对刀确定的。工件原点设定的原则是既要使各尺寸标注较为直观，又要便于编程。合理选择工件原点（编程原点）的位置，对于编制程序非常重要。通常工件原点选择在工件左端面、右端面或卡爪的前端面中心处。将工件安装在卡盘上，则机床坐标系与工件坐标系一般是不重合的。工件坐标系的 Z 轴一般与主轴轴线重合，X 轴随工件原点位置不同而异。各轴正方向与机床坐标系相同。

在车床上工件原点的选择如图 7-2 所示，Z 轴应选择在工件的旋转中心即主轴轴线上，而 X 轴一般选择在工件的左端面或右端面。

（3）刀架参考点

刀架参考点是刀架上的一个固定点。当刀架上没有安装刀具时，机床坐标系显示的是刀架参考点的坐标位置。而加工时是用刀尖加工，不是用刀架参考点，因此必须通过对刀方式确定刀尖在机床坐标系中的位置。

机床通电之后，不论刀架位于什么位置，此时显示器上显示的 Z 轴与 X 轴的坐标值均为零。当完成回参考点的操作后，则马上显示此时刀架中心（对刀参考点）在机床坐标系中的坐标值，就相当于在数控系统内部建立一个以机床原点为坐标原点的机床坐标系。

7.1.3 进给速度

用 F 表示刀具中心运动时的进给速度，由地址码 F 和后面若干位数字构成。这个数字的单位取决于每个系统所采用的进给速度的指定方法。具体内容见所用机床编程说明书。注意以下事项，见表 7-2。

表 7-2 编程时进给速度的注意事项

序号	注意事项
1	进给速度的单位是直线进给速度 mm/min，还是旋转进给速度 mm/r，取决于每个系统所采用的进给速度的指定方法。直线进给速度与旋转进给速度的含义如图 7-3 和图 7-4 所示 直线进给速度(每分钟进给量，如F100、F80) 图 7-3 直线进给 旋转进给速度(每转进给量，如F0.1、F0.3) 图 7-4 旋转进给
2	当编写程序时，第一次遇到直线(G01)或圆弧(G02/G03)插补指令时，必须编写进给速度 F，如果没有编写 F 功能，则 CNC 采用 F0。当工作在快速定位(G00)方式时，机床将以通过机床参数设定的快速进给速度移动，与编写的 F 指令无关
3	F 功能为模态指令，实际进给速度可以通过 CNC 操作面板上的进给倍率旋钮，在 0～120％之间控制

7.1.4 常用的辅助功能

辅助功能也叫 M 功能或 M 代码，它是控制机床或系统开关功能的一种命令，有些指令在车床操作面板上都有相对应的按钮。常用的辅助功能编程代码见表 7-3。

表 7-3 常用的辅助功能编程代码

功能	含义	用途
M00	程序停止	实际上是一个暂停指令。当执行有 M00 指令的程序段后，主轴的转动、进给、切削液都将停止。它与单程序段停止相同，模态信息全部被保存，以便进行某一手动操作，如换刀、测量工件的尺寸等。重新启动机床后，继续执行后面的程序

续表

功能	含义	用途
M01	选择停止	与M00的功能基本相似，只有在按下“选择停止”键后，M01才有效，否则机床继续执行后面的程序段；按“启动”键，继续执行后面的程序
M02	程序结束	该指令编在程序的最后一条，表示执行完程序内所有指令后，主轴停止、进给停止、切削液关闭，机床处于等待复位状态
M03	主轴正转	用于主轴顺时针方向转动
M04	主轴反转	用于主轴逆时针方向转动
M05	主轴停止转动	用于主轴停止转动
M07	冷却液开(液体状)	用于切削液开
M08	冷却液开(雾状)	用于切削液开，高压喷射雾状冷却液
M09	冷却液关	用于切削液关
M30	程序结束	使用M30时，除表示执行M02的内容之外，还返回到程序的第一条语句，准备下一个工件的加工

7.1.5 编程指令全表

编程时不会应用到所有的指令（包括G指令和M指令），在表7-4中列出系统中给出的所有指令，以后遇见时便可简单地查找。

表7-4 FANUC 0i-TC的G指令的列表

G代码	功能	G代码	功能
* G00	定位(快速移动)	G70	精加工循环
G01	直线切削	G71	外径粗车循环
G02	圆弧插补(CW，顺时针)	G72	端面粗车循环
G03	圆弧插补(CCW，逆时针)	G73	复合形状粗车循环
G04	暂停	G74	镗孔循环
G09	停于精确的位置	G75	切槽循环
G20	英制输入	G76	复合螺纹切削循环
G21	公制输入	* G80	固定循环取消
G22	内部行程限位 有效	G83	钻孔循环
G23	内部行程限位 无效	G84	攻螺纹循环
G27	检查参考点返回	G85	正面镗循环
G28	参考点返回	G87	侧钻循环
G29	从参考点返回	G88	侧攻螺纹循环
G30	回到第二参考点	G89	侧镗循环
G32	切螺纹	G90	简单外径循环
* G40	取消刀尖半径偏置	G92	简单螺纹循环
G41	刀尖半径偏置(左侧)	G94	简单端面循环
G42	刀尖半径偏置(右侧)	G96	恒线速度控制
G50	①主轴最高转速设置 ②坐标系设定	* G97	恒线速度控制取消
		G98	指定每分钟移动量
G52	设置局部坐标系	* G99	指定每转移动量
G53	选择机床坐标系		
* G54	选择工件坐标系 1		
G55	选择工件坐标系 2		（未指定G指令部分为预留指令供操作人员自己设定）
G56	选择工件坐标系 3		
G57	选择工件坐标系 4		
G58	选择工件坐标系 5		
G59	选择工件坐标系 6		

注：带“*”者表示是开机时会初始化的代码。

7.1.6 相关的数学计算

① 勾股定理：在直角三角形中，斜边的平方等于两条直角边的平方和。

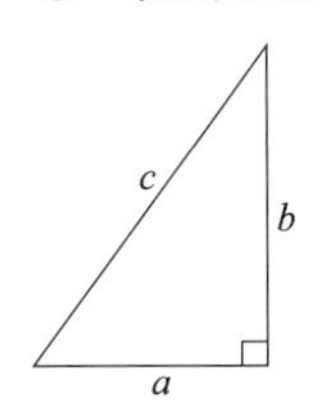

$$c^2=a^2+b^2$$

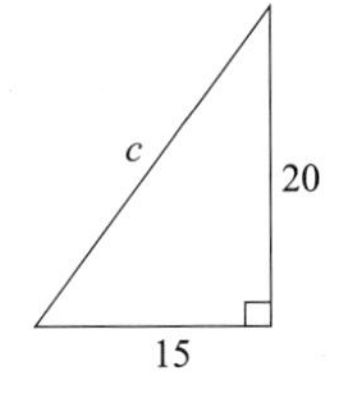

$$c^2=15^2+20^2$$
$$c=25$$

② 三角函数：相关数值由计算器或三角函数表得出。

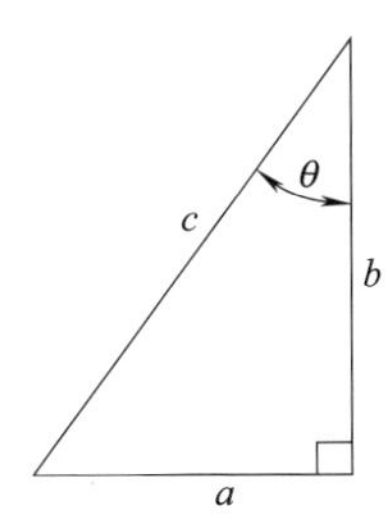

$\sin\theta=\dfrac{a}{c}$　　$\cos\theta=\dfrac{b}{c}$　　$\tan\theta=\dfrac{a}{b}$

常用的三角函数值：

sin30°＝0.5　　cos30°＝0.866　　tan30°＝0.577

sin45°＝0.707　　cos45°＝0.707　　tan45°＝1

sin60°＝0.866　　cos60°＝0.5　　tan60°＝1.732

③ 相似三角形：两三角形相似，它们相对应的边的比值相等。

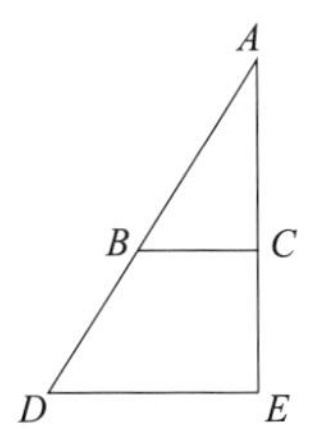

$\dfrac{AB}{AC}=\dfrac{AD}{AE}$　　$\dfrac{AB}{BC}=\dfrac{AD}{DE}$　　$\dfrac{AC}{BC}=\dfrac{AE}{DE}$

7.2 坐标点的寻找

数控编程的根本就是点的连接，即坐标点的寻找，因此，拿到图纸后必须将图形中的所有点找出，并求出其坐标。

由于数控车床加工的工件为回转体零件，所以在求 X 方向的坐标值时必须按照直径值去求，如图 7-5 中所示的点的坐标分别为：

X　Z

A（0，0）

B（14，0）

C（22，－4）

D（22，－25）

E（29，－28）

F（29，－51）

G（36，－54）

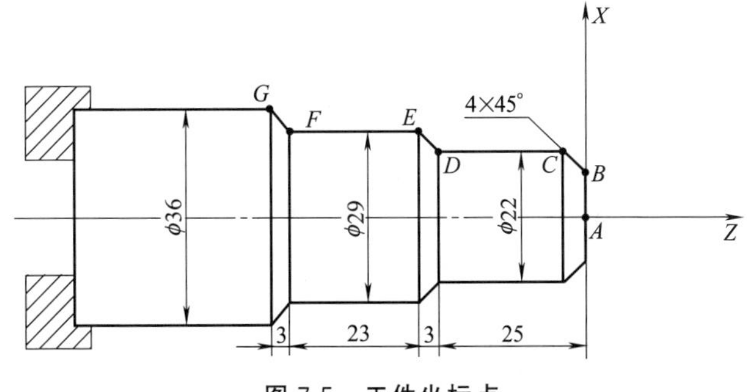

图 7-5　工件坐标点

对于比较难计算的坐标点，也可采用 CAD 制图，用标注的方式求出坐标值。

7.3 快速定位 G00

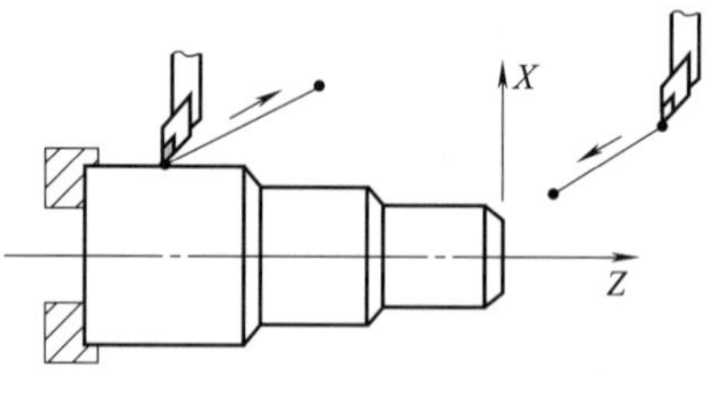

图 7-6 快速定位 G00（一）

7.3.1 指令功能

快速定位，用于不接触工件的走刀和远离工件走刀时，速度可以达到 15m/min（图 7-6）。

7.3.2 指令格式

G00 X __ Z __

其中，X、Z 表示走刀的终点坐标。

★ G00 走刀不车削工件，即平常所说的走空刀，对减少加工过程中的空运行时间有很大作用。

★ G00 指令不需指定进给速度 F 的值，由机床系统默认设定，一般可达到 15m/min（图 7-7）。

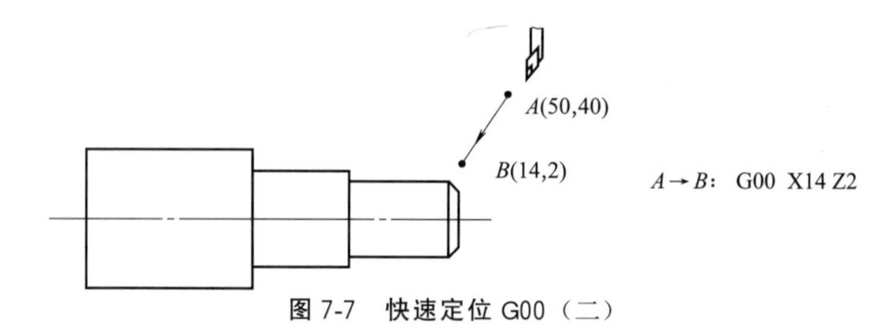

图 7-7 快速定位 G00（二）

7.4 直线 G01

7.4.1 指令功能

车削工件时，刀具按照指定的坐标和速度，以任意斜率由起始点移动到终点位置作直线运动（图 7-8）。

7.4.2 指令格式

G01 X __ Z __ F __

其中，X、Z 是终点（目标点）的坐标；F 是进给速度，即走刀速度，为模态码。

★ 模态码，只要在程序中设定一次就一直有效，直到下次改变，如格式中的 F __。

7.4.3 编程实例

如图 7-9 所示，编制相应程序。

根据图 7-9，首先找出加工中所需要走到的点：

起刀点（200，200）

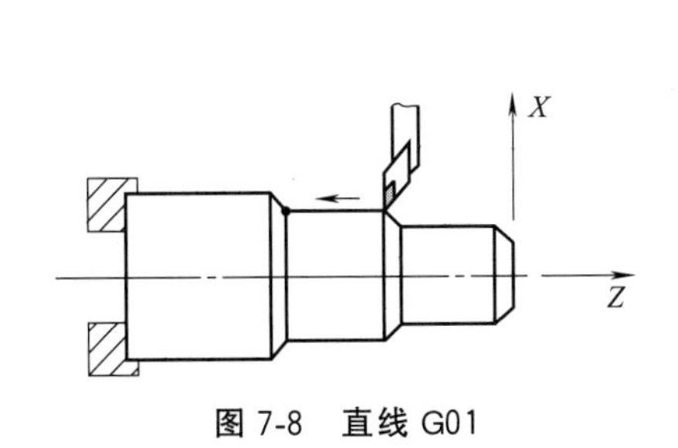

图 7-8　直线 G01

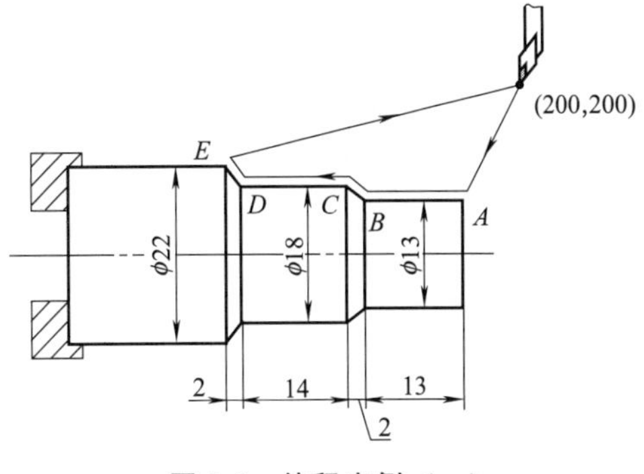

图 7-9　编程实例（一）

A（13，0）

B（13，－13）

C（18，－15）

D（18，－29）

E（22，－31）

由确定的坐标点编制程序如下：

G01 X13 Z0 F100	起刀点→*A*，由起刀点到接触工件，走刀速度为100mm/min。
G01 X13 Z－13	*A*→*B*，加工直径13mm的部分。
G01 X18 Z－15	*B*→*C*，走斜线。
G01 X18 Z－29	*C*→*D*，加工直径18mm的部分。
G01 X22 Z－31	*D*→*E*，走斜线。
G00 X200 Z200	*E*→起刀点，快速退刀。

7.4.4　完整程序的编制

如图7-10所示，编制完整的程序。

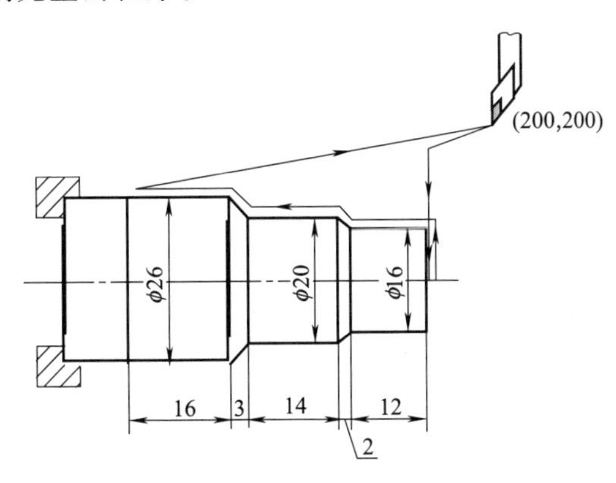

图 7-10　编程实例（二）

★　如图7-10中所绘制的程序编制路径与图7-9所示的例子有所不同，包括了加工工件所必需的车端面的过程，也就是在加工工件时先将外圆车刀移动到工件的正上方，加工到（0，0）坐标的位置，再走工件的轮廓。

★　由此节开始，我们在编制程序的时候就要书写完整格式，包括程序的段号、主轴速度、走刀速度等等。

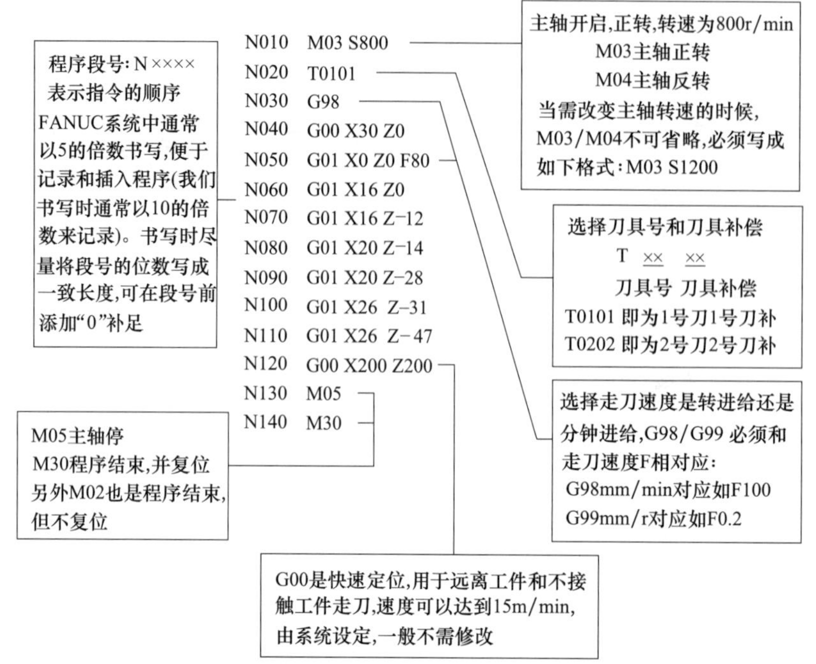

此例是基本的加工最终轮廓的描述，暂时不考虑多次切削，即认为一刀切到位；但是作为完整的格式，程序的开始、车端面、结束必须完整书写，这也是对以后编写程序的基本要求。

7.4.5 倒角的切入

当工件的前端为倒角时（仅当前端），做完端面后，应按照倒角的延长线切入，而不是直接由倒角点拐入，这样可以有效保护刀具，避免碰伤刀尖，也可以保证整个工件表面光洁程度（粗糙度）的一致性。详细走刀路径如图 7-11 所示。

在做倒角时从倒角的延长线（A'点）出发，直接到达倒角的尾部（B 点），不需经过图中的 A 点。

7.4.6 倒角的练习

如图 7-12 所示，求出倒角延长线的点的坐标。

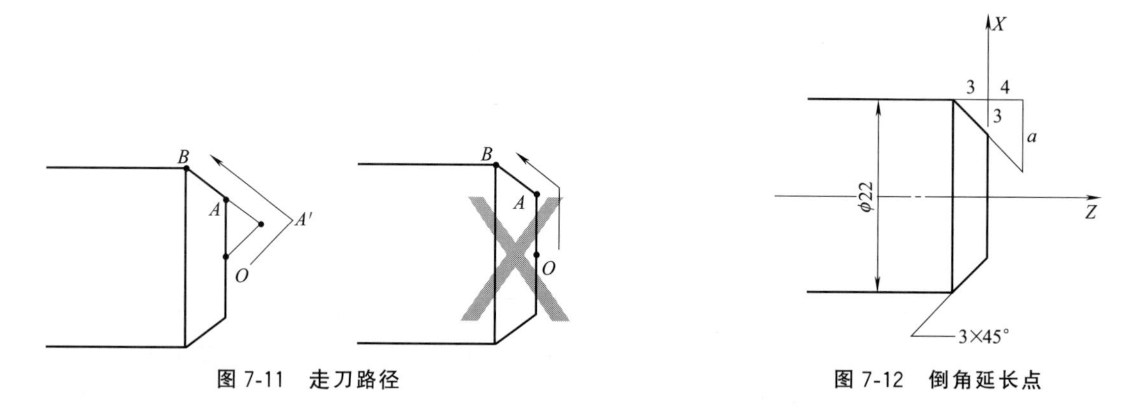

图 7-11 走刀路径

图 7-12 倒角延长点

前端为 3×45°的倒角，我们向 Z 的正方向延长 4mm，可以得出如图 7-12 所示的延长点。此时延长点的 Z 值已知，下面求延长点的 X 值根据相似三角形的比例关系可以求出线段 a 的长度。

由：$\frac{3}{3}=\frac{3+4}{a}$，得：$a=7$

由于 a 求出的是半径值，而坐标按照直径值描写，所以延长点的 X 坐标应为：$22-2a=22-14=8$，得出延长点的坐标为：(8，4)。

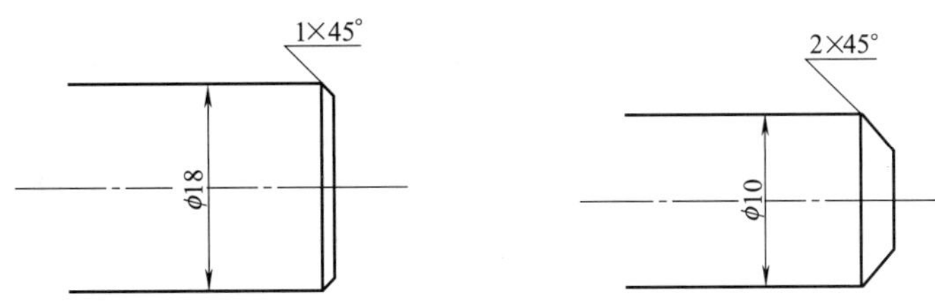

图 7-13 倒角的练习

那么程序的编制的顺序应该为：

G00 X25 Z0　　　刀具走到工件正上方。

G01 X0 Z0 F80　　车端面。

G00 X8 Z4　　　定位到倒角的延长点。

G01 X22 Z−3　　直接车削到倒角尾部。

因为每个人的 Z 向延长取值不同，所以得出的延长点的坐标也不尽相同。

如图 7-13 所示，求出倒角延长线的点的坐标，请读者自行练习。

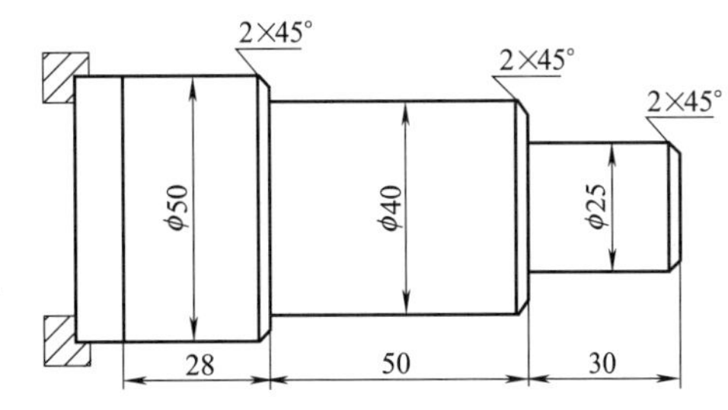

图 7-14 倒角编程实例

7.4.7 倒角编程实例

如图 7-14 所示，编制完整的程序。

N010	M03 S800	主轴正转，转速为 800r/min
N020	T0101	换 1 号外圆车刀
N030	G98	指定走刀按照 mm/min 进给
N040	G00 X55 Z0	快速定位工件端面上方
N050	G01 X0 Z0 F100	做端面，走刀速度为 100mm/min
N060	G00 X15 Z3	定位至倒角的延长线上
N070	G01 X25 Z−2 F100	直接做倒角，车削到工件 ϕ25mm 的右端
N080	G01 X25 Z−30	车削工件 ϕ25mm 的部分
N090	G01 X36 Z−30	车削至 ϕ36mm 处
N100	G01 X40 Z−32	斜向车削倒角
N110	G01 X40 Z−80	车削到工件 ϕ40mm 的右端
N120	G01 X46 Z−80	车削至 ϕ46mm 处
N130	G01 X50 Z−82	斜向车削倒角
N140	G01 X50 Z−108	车削到工件 ϕ50mm 的右端
N150	G00 X200 Z200	快速退刀
N160	M05	主轴停
N170	M30	程序结束

我们在做倒角的延长线的时候，只针对最右侧起点处的倒角，在工件中间的倒角按照轮廓路径描述即可。

7.4.8 练习题

如图 7-15 和图 7-16 所示，将程序写在题目右边，起刀点和退刀点均为（150、150）。

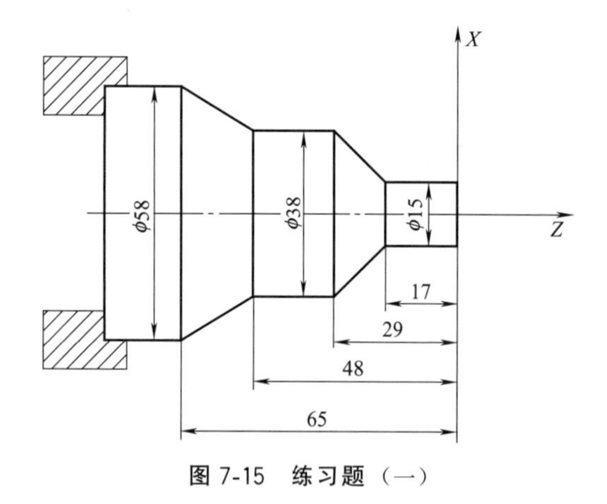

图 7-15 练习题（一）

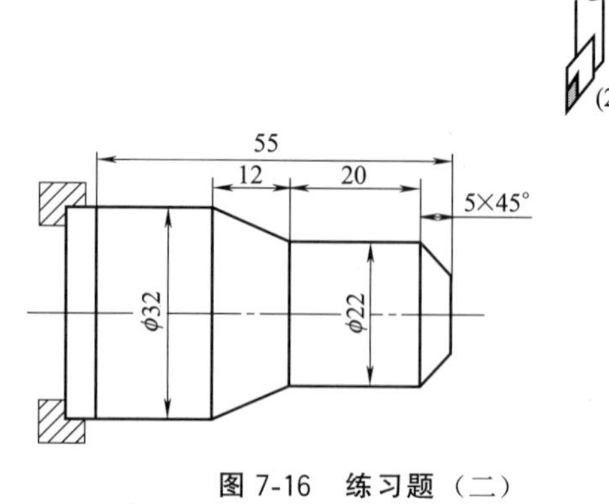

图 7-16 练习题（二）

7.5 圆弧 G02/03

7.5.1 指令功能

圆弧指令命令刀具在指定的平面内按给定的速度 *F* 做圆弧运动，车削出圆弧轮廓。圆弧分为顺时针圆弧和逆时针圆弧，与走刀方向、刀架位置有关。因此建议绘制全图，观察零件图的上半部分（图 7-17）。

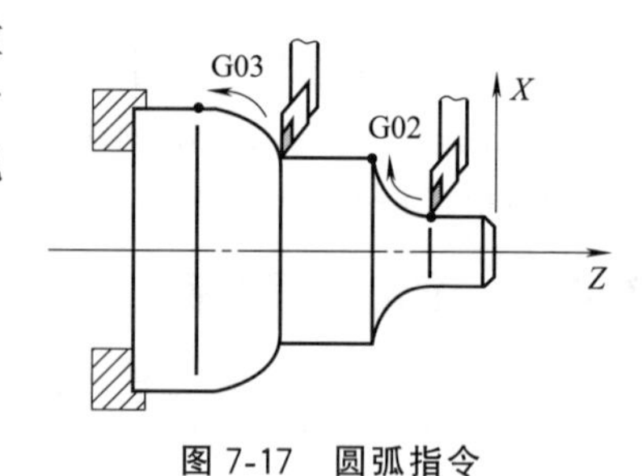

图 7-17 圆弧指令

7.5.2 指令格式

G02 X __ Z __ R __ F __　　顺时针圆弧

G03 X __ Z __ R __ F __　　逆时针圆弧

其中，X、Z 为圆弧终点坐标；R 为圆弧半径；F 是进给速度。

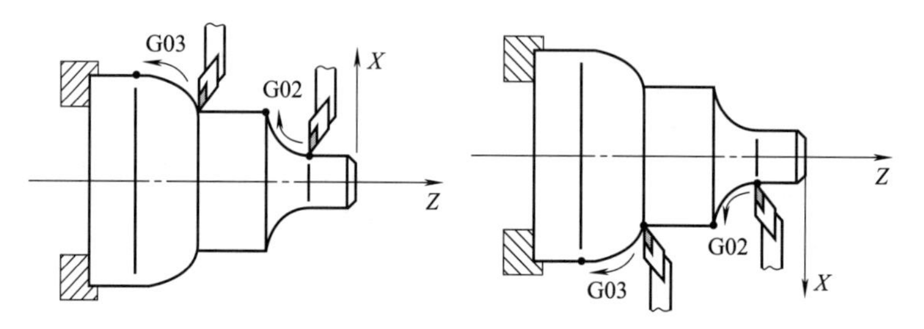

图 7-18 圆弧顺逆的判断

7.5.3 圆弧顺逆的判断

圆弧指令分为顺时针指令（G02）和逆时针指令（G03），圆弧的顺逆和刀架的前置后置有关，参见图 7-18 的判断。

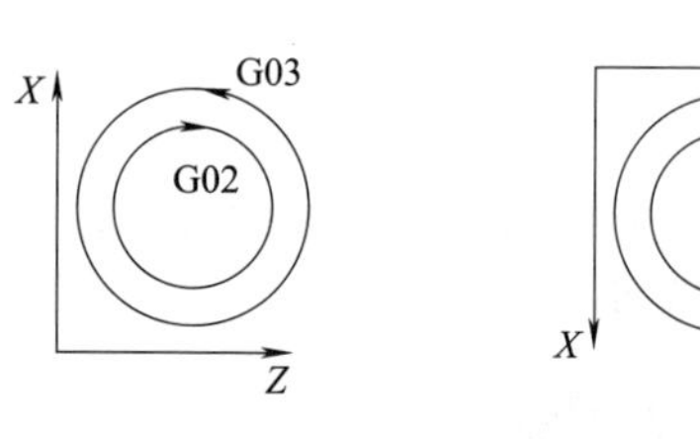

图 7-19 简单的坐标方式

用简单的坐标方式表示，如图 7-19 所示。

如图 7-20 所示，在程序中圆弧指令的写法为：

A→*B*　　G03 X10 Z−7 R2

C→*D*　　G02 X18 Z－17 R4

7.5.4 编程实例

如图 7-21 所示，编写出完整的程序。

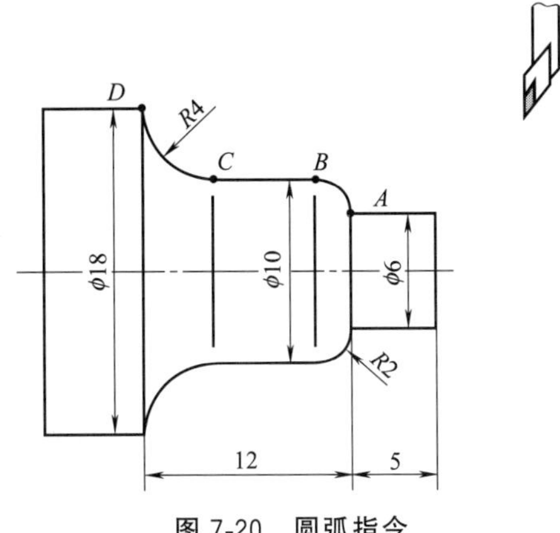

图 7-20　圆弧指令

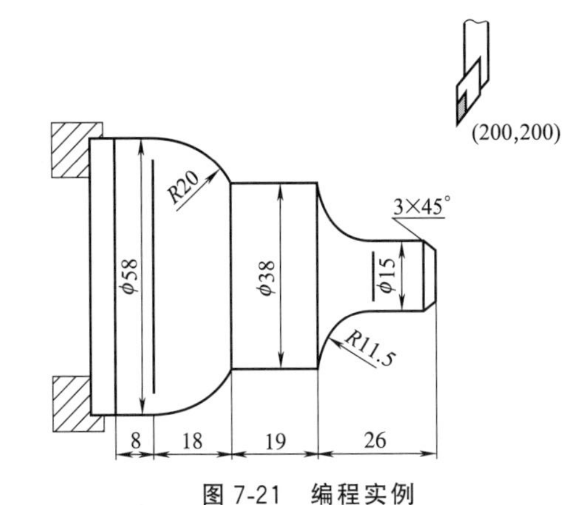

图 7-21　编程实例

N010	M03 S800	主轴正转，转速为 800r/min
N020	T0101	换 1 号外圆车刀
N030	G98	指定走刀按照 mm/min 进给
N040	G00 X62 Z0	快速定位工件端面上方
N050	G01 X0 Z0 F100	做端面，走刀速度为 100mm/min
N060	G00 X5 Z2	快速定位至倒角的延长线上
N070	G01 X15 Z－3 F100	直接做倒角，车削到工件 ϕ15mm 的右端
N080	G01 X15 Z－14.5	车削工件 ϕ15mm 的部分
N090	G02 X38 Z－26 R11.5	车削 *R*11.5mm 的圆弧
N100	G01 X38 Z－45	车削工件 ϕ38mm 的部分
N110	G03 X58 Z－63 R20	车削 *R*20mm 的圆弧
N120	G01 X58 Z－71	车削工件 ϕ58mm 的部分
N130	G00 X200 Z200	快速退刀
N140	M05	主轴停
N150	M30	程序结束

7.5.5 前端为球形的圆弧编程

如图 7-22 和图 7-23 所示，当零件的前端是个球形时，则必须按照圆弧切入。

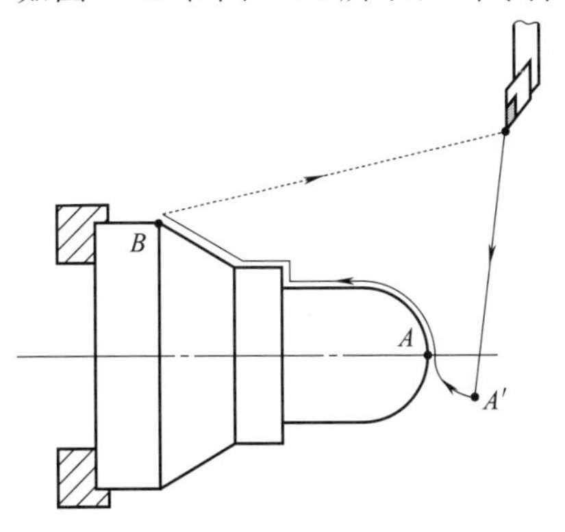

图 7-22　前端为球形的圆弧编程（一）

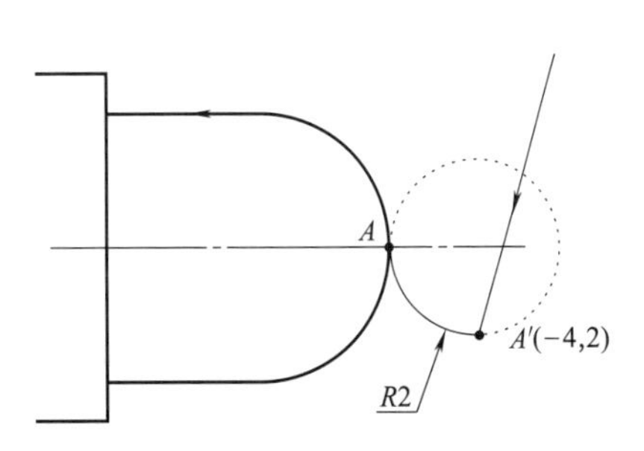

图 7-23　前端为球形的圆弧编程（二）

分析：

零件的前端是个球形时，应该按照相切的圆弧做圆弧的过渡切入，如图中从 *A*′点圆弧过渡到 *A* 点，再做连续圆弧加工零件。

这样可以有效地防止加工过程中在零件头部出现残留。

计算相切圆弧的起点：

相切圆弧的点不是一个固定的点，根据每个人的取点不同而不同。原点在 A 点，在这里我们取一个比较方便的点，即做一个 R2mm 的圆，取其左下的 1/4，可以得出 A'点的坐标，因为 X 坐标必须是直径，这里 X 的值一般为 Z 值的 2 倍，此题中 A'（−4，2）。

如果 R3mm 的圆相切，则取点可为（−6，3），以此类推。

程序段为：G00 X−4 Z2　　　　到 A'点

　　　　　G02 X0 Z0 R2　　　到 A 点

如图 7-24 和图 7-25 所示，读者可自行练习。

如图 7-24 和图 7-25 所示，求出 A'点的坐标，并写出相应的程序段（加工到 B 点）。

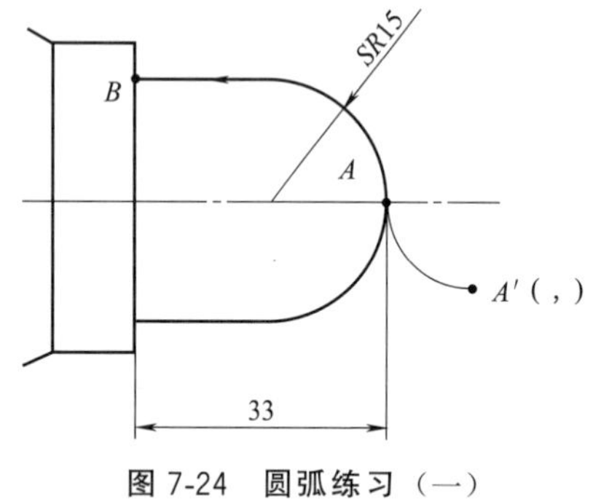

图 7-24　圆弧练习（一）

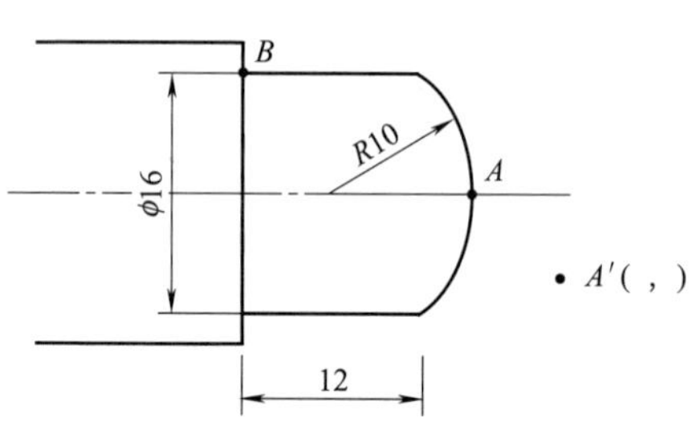

图 7-25　圆弧练习（二）

7.5.6 编程实例

如图 7-26 所示，编写出完整的程序，起刀点为（200，400），换刀点为（200，200），最后割断。

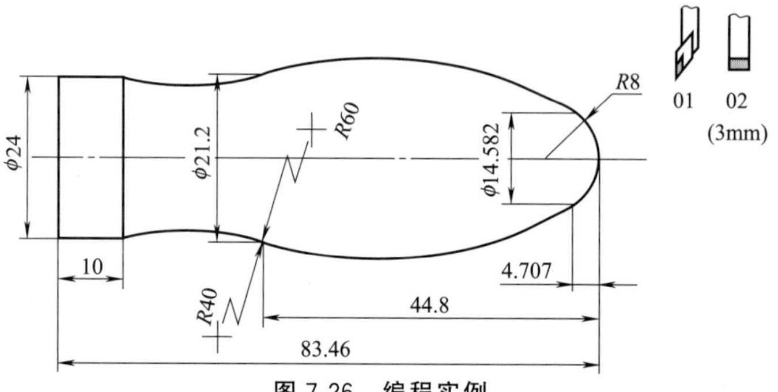

图 7-26　编程实例

N010	M03 S800	主轴正转，转速为 800r/min
N020	T0101	换 1 号外圆车刀
N030	G98	指定走刀按照 mm/min 进给
N040	G00 X−4 Z2	快速定位到相切圆弧的起点
N050	G02 X0 Z0 R2 F100	R2mm 圆弧切入，速度为 100mm/min
N060	G03 X14.582 Z−4.707 R8	加工 R8mm 的圆弧
N070	G03 X21.2 Z−44.8 R60	加工 R60mm 的圆弧
N080	G02 X24 Z−73.46 R40	加工 R40mm 的圆弧
N090	G01 X24 Z−83.46	车削至 ϕ24mm 处
N100	G00 X200 Z200	快速移动到换刀点
N110	T0202	换 2 号切槽刀
N120	G00 X28 Z−86.46	快速定位在切断处
N130	G01 X0 Z−86.46 F20	切断
N140	G00 X200 Z400	快速退刀至起刀点

续表

N150	M05	主轴停
N160	M30	程序结束

7.5.7 练习题

① 按照图 7-27 所示的要求，写出完整的程序。

② 按照图 7-28 所示的要求，写出完整的程序。

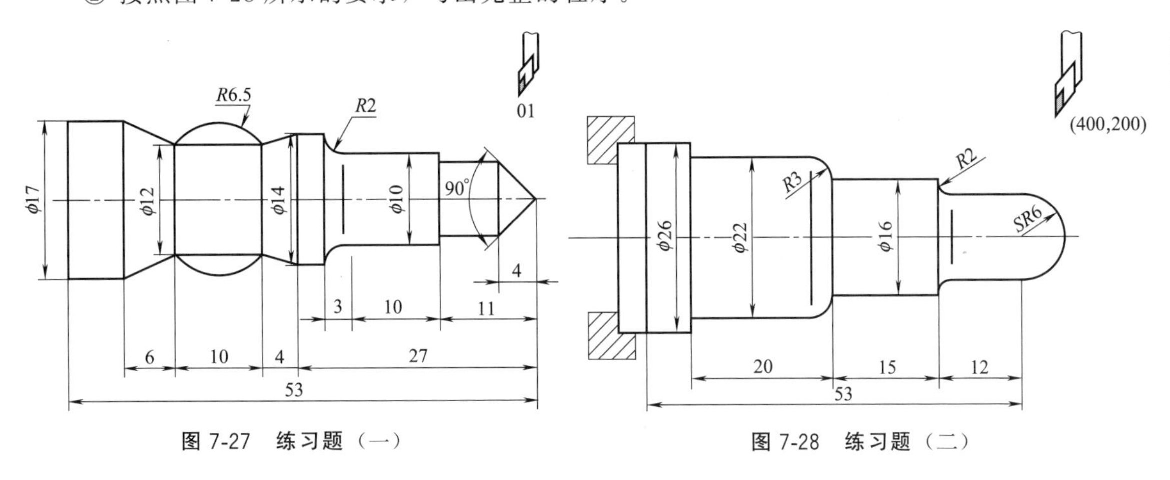

图 7-27 练习题（一）　　图 7-28 练习题（二）

7.6 复合形状粗车循环 G73

在之前我们编制的程序只用了一刀便加工到位，即只考虑零件最后的成形轮廓。而在实际情况下，对于零件的加工我们采取的是多次车削、先粗车后精车的过程，粗车循环后再精车一次达到加工要求。从这节起，所编制的程序均可用于实际操作和加工中。

7.6.1 指令功能

复合形状粗车循环又称为粗车轮廓循环、平行轮廓切削循环。车削时按照轮廓加工的最终路径形状，进行反复循环加工。如图 7-29 和图 7-30 分别给出了加工的走刀路径和编程的描述路径。

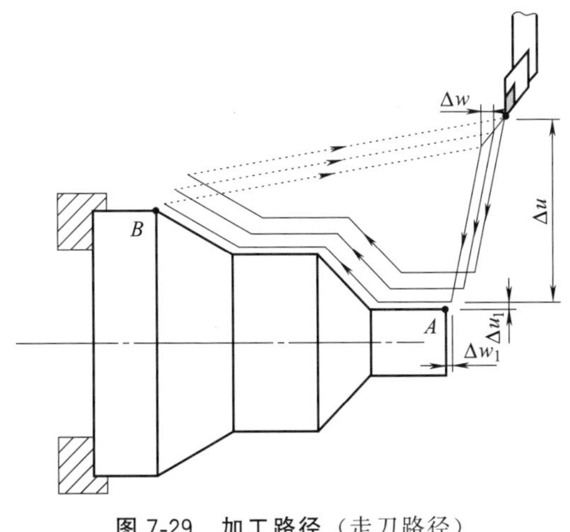

图 7-29 加工路径（走刀路径）

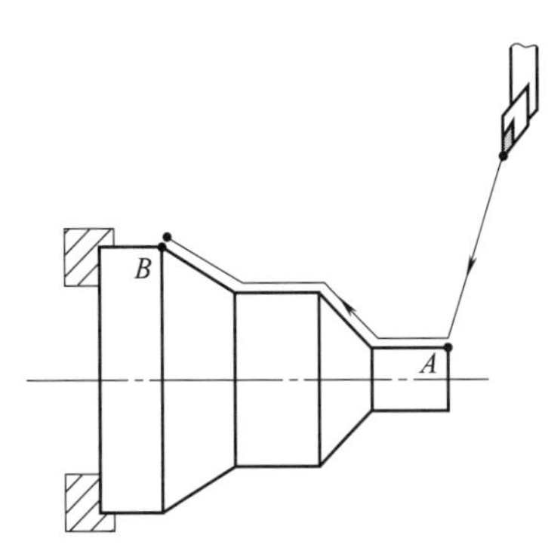

图 7-30 描述路径（编程路径）

7.6.2 指令格式

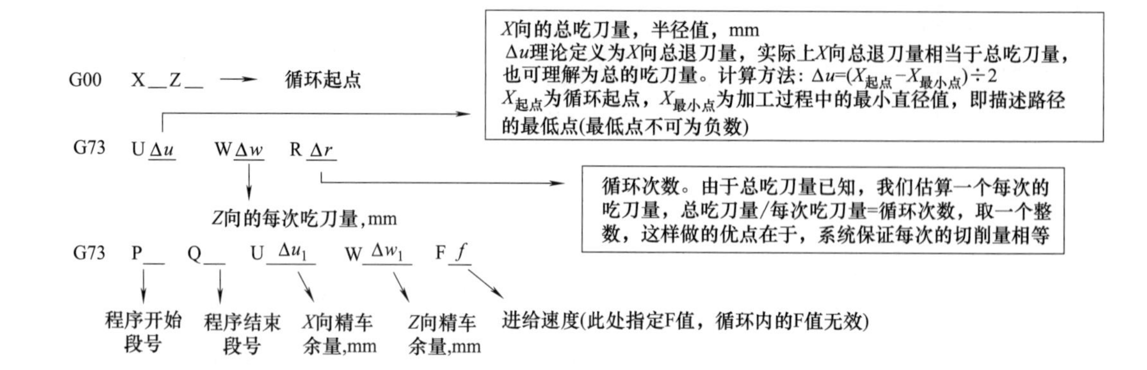

★ 循环起点定位不仅可用 G00 指令，还可以使用 G01、G02、G03 等，这里用 G00 只是格式说明，并且用 G00 指令可以实现快速定位。

★ 循环指令均可自动退刀，我们不需指定。注意自动退刀要避免产生刀具干涉。

★ 该指令可以切削凹陷形的零件。

★ 循环起点要大于毛坯外径，即定位在工件的外部。

★ 粗车循环后用精车循环 G70 指令进行精加工，将粗车循环剩余的精车余量切削完毕。格式如下：

G00　X__Z__ →循环起点

G70　P__Q__F f →进给速度

程序开始段号　程序结束段号

★ 精车时要提高主轴转速，降低进给速度，以达到表面要求。

★ 精车循环指令常常借用粗车循环指令中的循环起点，因此不必指定循环起点。

7.6.3 编程实例

如图 7-31 所示，编写出完整的循环程序，毛坯为 ϕ58mm 的铝件，起刀点为（200，200）。

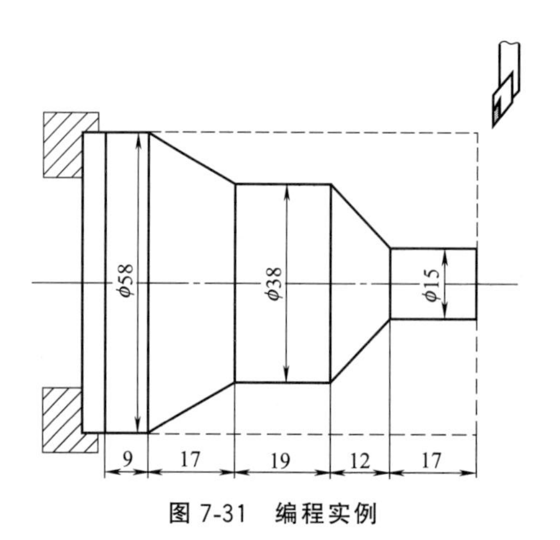

图 7-31　编程实例

开始	N010	M03 S800	主轴正转，转速为 800r/min
	N020	T0101	换 1 号外圆车刀
	N030	G98	指定走刀按照 mm/min 进给
端面	N040	G00 X60 Z0	快速定位工件端面上方
	N050	G01 X0 Z0 F100	车端面，走刀速度为 100mm/min
粗车	N060	G00 X60 Z2	快速定位循环起点
	N070	G73 U22.5 W3 R8	X 向切削总量为 22.5mm，循环 8 次
	N080	G73 P90 Q140 U0.2 W0.2 F100	循环程序段 90～140
轮廓	N090	G00 X15 Z1	让出 1mm，可快速定位
	N100	G01 X15 Z－17	车削工件 ϕ15mm 的部分
	N110	G01 X38 Z－29	斜向车削到 ϕ38mm 的右端
	N120	G01 X38 Z－48	车削到工件 ϕ38mm 的部分
	N130	G01 X58 Z－65	斜向车削到 ϕ58mm 的右端
	N140	G01 X58 Z－74	车削到工件 ϕ58mm 的部分
精车	N150	M03 S1200	提高主轴转速到 1200r/min
	N160	G70 P90 Q140 F40	精车
结束	N170	G00 X200 Z200	快速退刀
	N180	M05	主轴停
	N190	M30	程序结束

编写完成一段程序后，如本例所示，将程序分段检查，清楚地查看各段程序的作用。

仔细观察程序后，发现循环内第一步（N090）未用 G01 走刀，采用了 G00，即：

N090 G01 X15 Z0 → G00 X15 Z1

N100 G01 X15 Z－17 　G01 X15 Z－17

G00 的走刀速度远高于 G01，只要不接触工件，就可以使用 G00 走刀，可以大大地提高工作效率。

7.6.4 中间带有凹陷部分的工件

对于中间带有凹陷部分的工件，必须判断凹陷部分的最低点是否就是加工的最低点，如图 7-32 所示，总吃刀量的的算法各有不同。

7.6.5 头部有倒角的工件

当工件头部为倒角，同时又是工件轮廓的最低点时，总吃刀量的最低点一般为倒角延长线的终点（图 7-33）。具体算法参见前述。

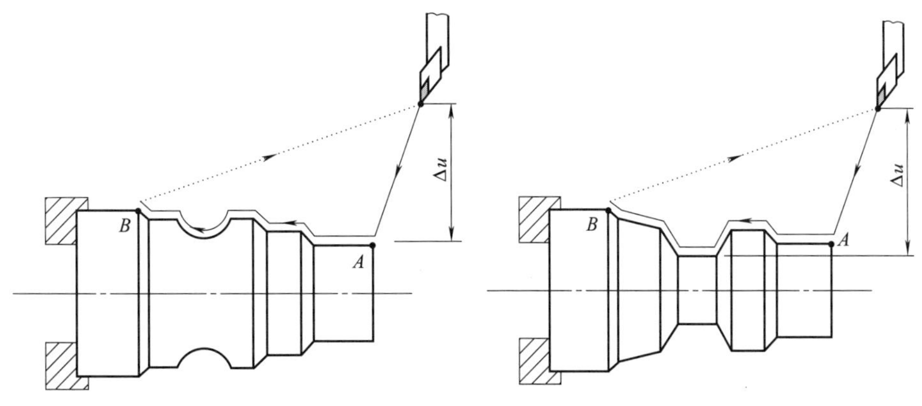

图 7-32

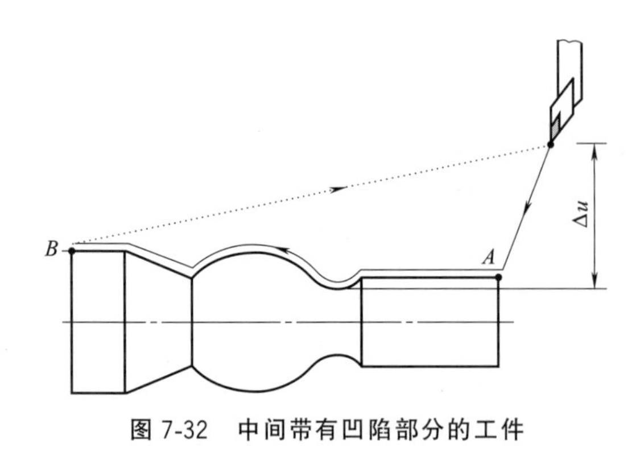

图 7-32　中间带有凹陷部分的工件

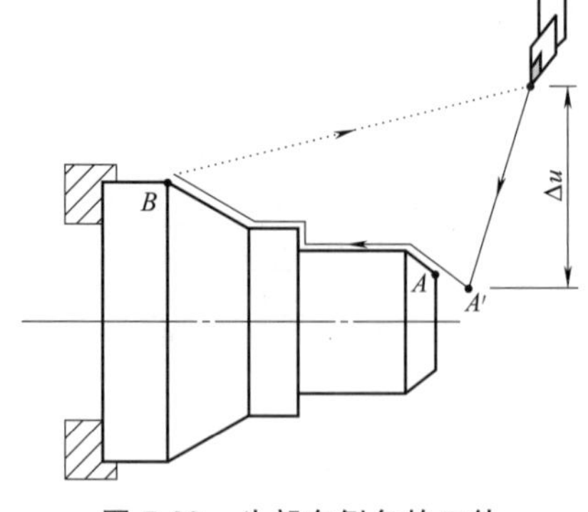

图 7-33　头部有倒角的工件

7.6.6　头部有倒角的工件的编程实例

如图 7-34 所示，编写出完整的程序，毛坯为铝件，起刀点为（200，400），不需切断。

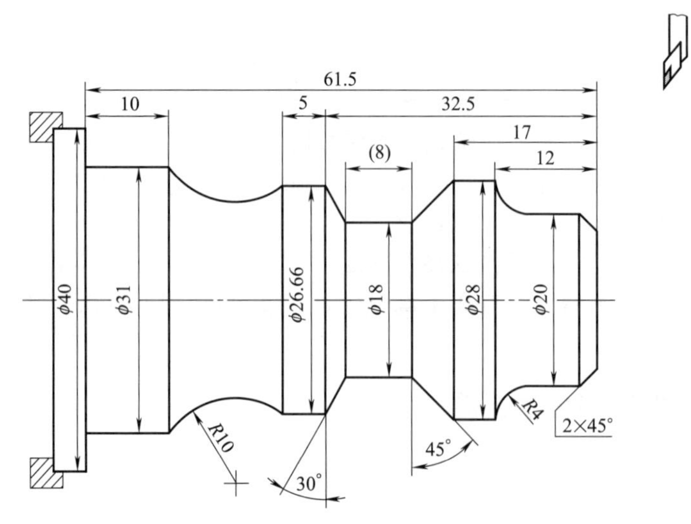

图 7-34　头部有倒角的工件编程实例

分析：

① 首先确定题目中的循环起点，取（43，3）。再由图中得知，倒角处即为工件轮廓的最低点，根据自己设定的延长线，计算出延长点的坐标（14，1）。得出 $\Delta u=(43-14)\div 2=14.5$，可分 5 次循环切削。

② 工件 ϕ18mm 的长度标注为（8），表示有效长度，并非实际长度（即允许的范围），需根据其他条件计算出其实际长度，本题用三角函数计算出 ϕ18mm 的左侧的 Z 坐标。

开始	N010	M03 S800	主轴正转，转速为 800r/min
	N020	T0101	换 1 号外圆车刀
	N030	G98	指定走刀按照 mm/min 进给
端面	N040	G00 X43 Z0	快速定位工件端面上方
	N050	G01 X0 Z0 F100	做端面，走刀速度为 100mm/min
粗车	N060	G00 X43 Z3	快速定位循环起点
	N070	G73 U14.5 W3 R5	X 向切削总量为 14.5mm，循环 5 次
	N080	G73 P90 Q200 U0.2 W0.2 F100	循环程序段 90～200

续表

轮廓	N090	G00 X14 Z1	快速定位倒角的延长点
	N100	G01 X20 Z−2	车削倒角
	N110	G01 X20 Z−8	车削 ϕ20mm 的部分
	N120	G02 X28 Z−12 R4	车削 R4mm 的顺时针圆弧
	N130	G01 X28 Z−17	车削 ϕ28mm 的部分
	N140	G01 X18 Z−22	斜向车削到 ϕ18mm 的右端
	N150	G01 X18 Z−30	车削 ϕ18mm 的部分
	N160	G01 X26.66 Z−32.5	斜向车削到 ϕ26.66mm 的右端
	N170	G01 X26.66 Z−37.5	车削 ϕ26.66mm 的部分
	N180	G02 X31 Z−51.5 R10	车削 R10mm 的顺时针圆弧
	N190	G01 X31 Z−61.5	车削 ϕ31mm 的部分
	N200	G01 X41 Z−61.5	车削尾部
精车	N210	M03 S1200	提高主轴转速到 1200r/min
	N220	G70 P90 Q200 F40	精车
结束	N230	G00 X200 Z400	快速退刀
	N240	M05	主轴停
	N250	M30	程序结束

7.6.7 头部为球形的工件

对于头部为球形的工件，如图 7-35 所示，虽然加工路径中 A'点为最小点，但由于工件的大小，即直径值不能为负数，在这里我们取 X0 为工件最小点，例如循环起点为（20，2），那么 $\Delta u=10$，刚好总吃刀量为循环起点 X 坐标值的一半。

7.6.8 头部为球形的工件编程实例

如图 7-36 所示，编写出完整的程序，毛坯为 ϕ28mm 的铝件，起刀点为（200，200），不需切断。

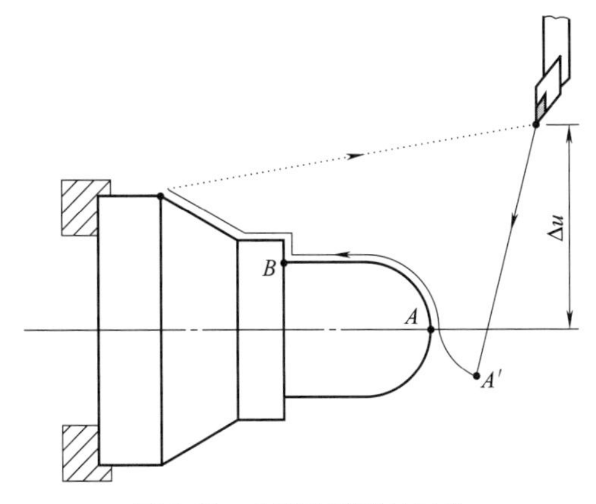

图 7-35 头部为球形的工件

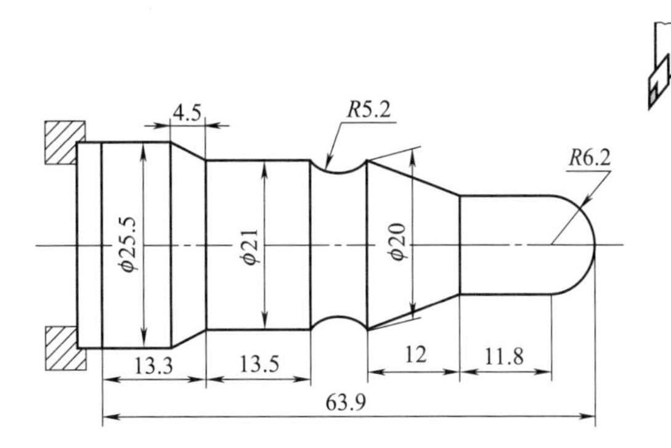

图 7-36 头部为球形的工件编程实例

分析：

首先确定题目中的循环起点，取（30，3）。再由图 7-36 中得知，工件轮廓的最低点为（0，0），计算出 $\Delta u=(30-0)\div2=15$，可分 5 次循环切削，编制程序如下：

开始	N010	M03 S800	主轴正转，转速为 800r/min
	N020	T0101	换 1 号外圆车刀
	N030	G98	指定走刀按照 mm/min 进给

续表

粗车	N040	G00 X30 Z3	快速定位循环起点
	N050	G73 U15 W3 R5	X 向切削总量为 15mm，循环 5 次
	N060	G73 P70 Q150 U0.2 W0.2 F100	循环程序段 70～150
轮廓	N070	G00 X−4 Z2	快速定位到相切圆弧的起点
	N080	G02 X0 Z0 R2	相切圆弧切入
	N090	G03 X12.4 Z−6.2 R6.2	车削 R6.2mm 的逆时针圆弧
	N100	G01 X12.4 Z−18	车削 φ12.4mm 的外圆
	N110	G01 X20 Z−30	车削至 φ20mm 的部分
	N120	G02 X21 Z−37.1 R5.2	车削 R5.2mm 的顺时针圆弧
	N130	G01 X21 Z−50.6	车削 φ21mm 的外圆
	N140	G01 X25.5 Z−55.1	车削到 φ25.5mm 的外圆
	N150	G01 X25.5 Z−63.9	车削 φ25.5mm 的外圆
精车	N160	M03 S1200	提高主轴转速到 1200r/min
	N170	G70 P90 Q150 F40	精车
结束	N180	G00 X200 Z200	快速退刀
	N190	M05	主轴停
	N200	M30	程序结束

7.6.9 练习题

① 如图 7-37 所示，编写出完整的程序，毛坯为 φ28mm 的铝件，退刀点为（200，200），最后割断。

② 如图 7-38 所示，编写出完整的程序，毛坯为 φ17mm 的铝件，退刀点为（100，150），最后割断。

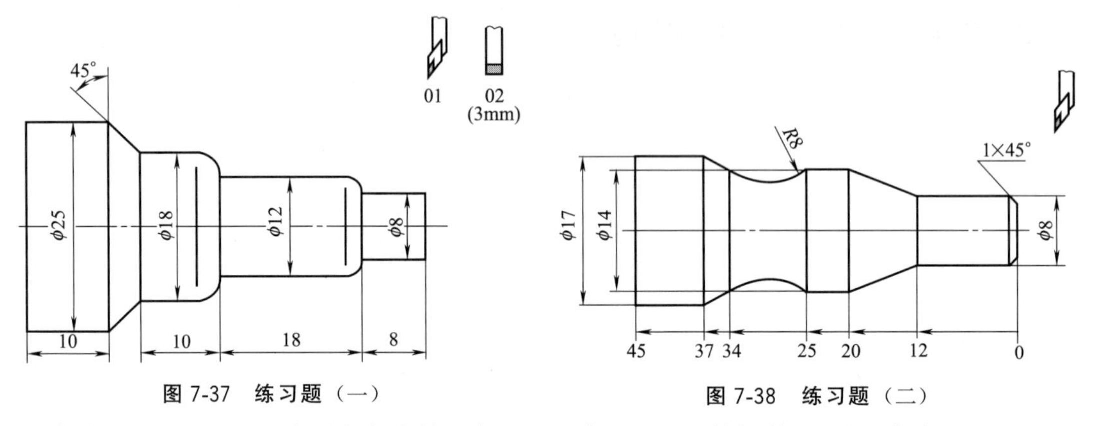

图 7-37 练习题（一）

图 7-38 练习题（二）

③ 如图 7-39 所示，编写出完整的程序，毛坯为 φ54mm 的铝件 ，退刀点为（200，200），最后割断。

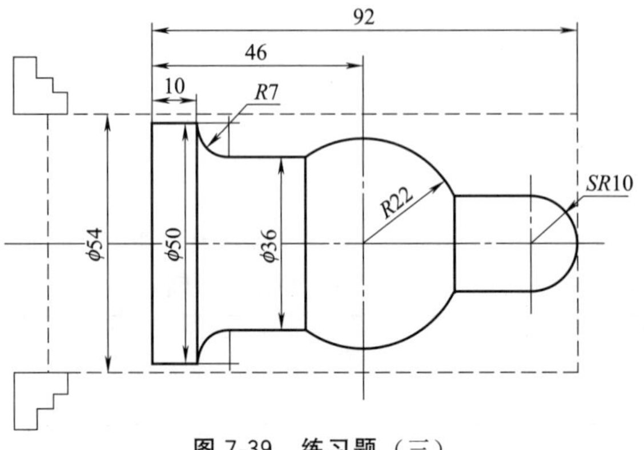

图 7-39 练习题（三）

7.7 螺纹切削 G32

7.7.1 螺纹的牙深的计算和吃刀量的给定

牙深的计算：数控车床由于是高精度加工设备，在计算螺纹相关数据时区别于普通车床，计算参数为 1.107（并非普通车床中的 1.3 或 1.299），即牙深的计算公式为：

$$h=\frac{螺距\times 1.107}{2}$$

牙深为半径值，故在计算时除以 2。

每次吃刀量的给定：

走刀，即加工螺纹的过程按照逐步递减的方法加工到位，如图 7-40 所示。

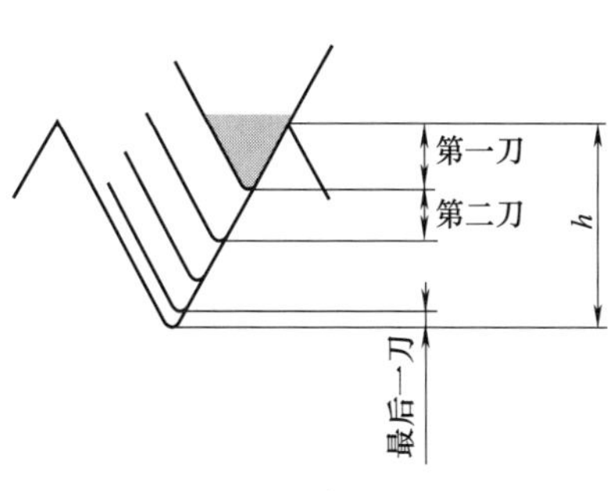

图 7-40 走刀过程

下面我们举例来看螺纹的牙深和每次吃刀计算。

(1) 指定螺距的螺纹

螺距为 2mm，则 $h=(2\times 1.107)/2=1.107$（mm），给定的每次吃刀量（图 7-41），写出相对应 X 轴每次切深的坐标值。注意：牙深为半径值，而 X 坐标值为直径值。

第 1 刀，半径切 0.5mm→X 19；

第 2 刀，半径切 0.3mm→X 18.4；

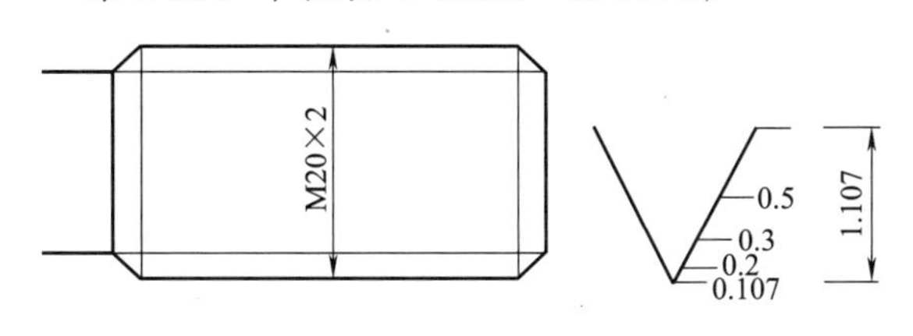

图 7-41 指定螺距的螺纹

第 3 刀，半径切 0.2mm→X 18；

第 4 刀，半径切 0.107mm→X 17.786。

(2) 未指定螺距的螺纹

对于未指定螺距的螺纹，按照普通螺纹的粗牙（第一系列）去计算螺距值（参见螺纹参数表）。题中 M20 的螺纹螺距为 2.5mm，得出牙深 $h=(2.5\times 1.107)/2=1.384$（mm），给定每次吃刀量（图 7-42），写出相对应 X 轴每次切深的坐标值。

第 1 刀，半径切 0.5mm→ X 19；

第 2 刀，半径切 0.3mm→X 18.4；

第 3 刀，半径切 0.3mm→X 17.8；

第 4 刀，半径切 0.2mm→X 17.4；

第 5 刀，半径切 0.084mm→X 17.232。

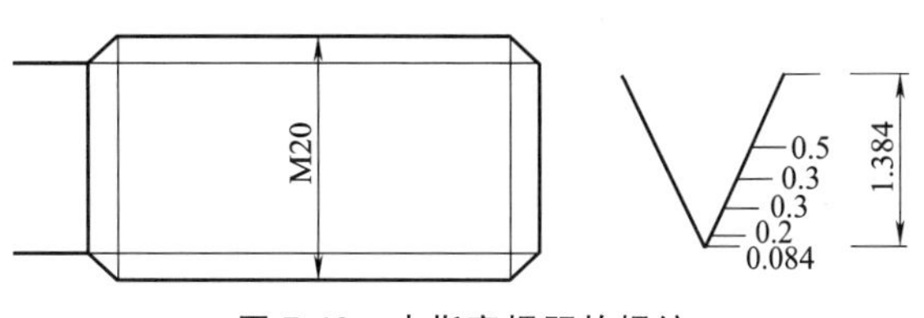

图 7-42 未指定螺距的螺纹

【练习】 计算牙深，给定的每次吃刀量（图 7-43 和图 7-44），写出相对应 X 轴每次切深的坐标值。

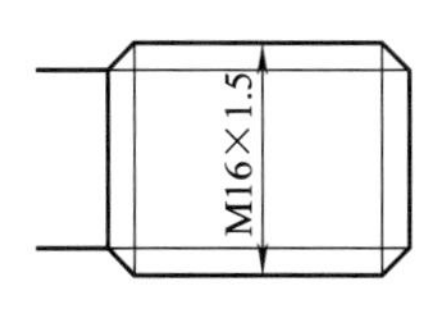

图 7-43 练习（一）

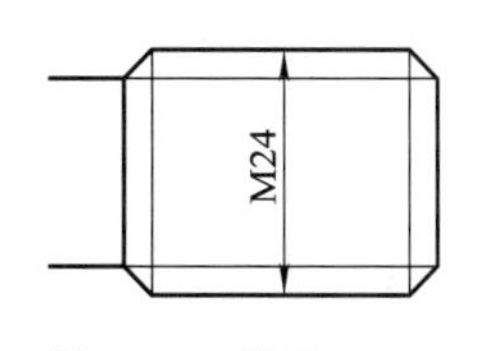

图 7-44 练习（二）

7.7.2 螺纹切削 G32

G32 指令车削螺纹的方法和普通车床一样，采用多次车削、逐步递减的方式（图 7-45）。该指令可用来车削等距直螺纹、锥度螺纹，本节暂时只介绍直螺纹的编程方法（暂时只讲述单线螺纹，即导程＝螺距）。

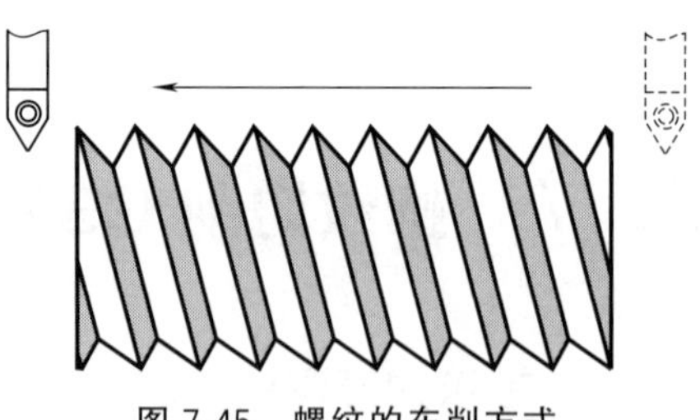

图 7-45 螺纹的车削方式

7.7.3 格式

G32 X__ Z__ F__

其中，X、Z 是螺纹终点坐标；F 是螺距。

★ 该指令不需指定进给速度，进给速度和主轴转速由系统自动配给，保证螺纹加工到位。

★ 如图 7-46 所示，在螺纹加工过程中，直线部分是螺纹加工部分，用 G32 指令；虚线部分是退刀和定位部分，用 G00/G01 指令；图中标示的每个坐标点必须经过。

【例题】 写出图 7-47 中所示螺纹部分的程序。

螺距为 2mm，则 $h=(2\times1.107)/2=1.107$（mm），给定的每次吃刀量，写出相对应 X 轴每次切深的坐标值。注意：牙深为半径值，X 坐标为直径值。

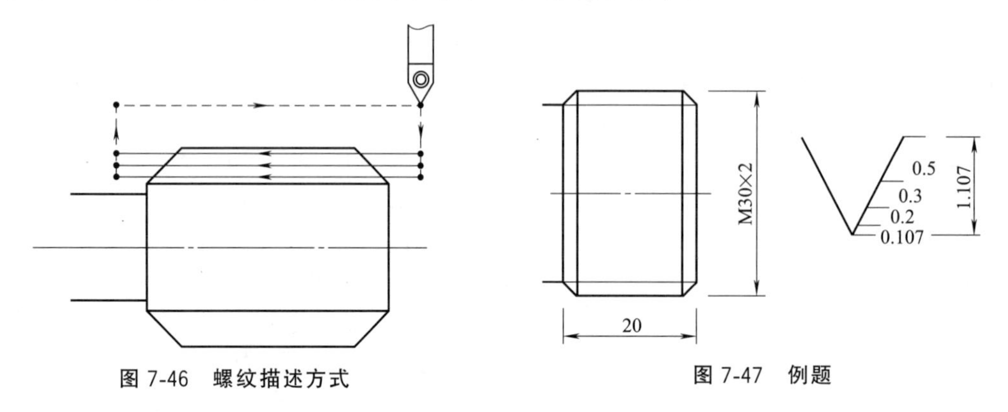

图 7-46 螺纹描述方式

图 7-47 例题

第 1 刀，半径切 0.5mm→X 29；

第 2 刀，半径切 0.3mm→X 28.4；

第 3 刀，半径切 0.2mm→X 28；

第 4 刀，半径切 0.107mm→ X 27.786。

编制程序如下：

<table>
<tr><td>G00 X29 Z3</td><td>定位</td><td rowspan="2">G00 X33 Z−23
G00 X33 Z3
G00 X28 Z3</td><td rowspan="2">退刀
及定位</td><td>G00 X27.786 Z3</td><td></td></tr>
<tr><td>G32 X29 Z−23 F2</td><td>第 1 刀</td><td>G32 X27.786 Z−23F2</td><td>第 4 刀</td></tr>
<tr><td rowspan="2">G00 X33 Z−23
G00 X33 Z3
G00 X28.4 Z3</td><td rowspan="2">退刀
及定位</td><td>G32 X28 Z−23 F2</td><td>第 3 刀</td><td rowspan="3">G00 X33 Z−23
G00 X200 Z200</td><td rowspan="3">退刀</td></tr>
<tr><td rowspan="2">G00 X33 Z−23
G00 X33 Z3</td><td rowspan="2">退刀
及定位</td></tr>
<tr><td>G32 X28.4 Z−23 F2</td><td>第 2 刀</td></tr>
</table>

7.7.4 编程实例

如图 7-48 所示，编写出完整的程序，毛坯为铝件，退刀点和换刀点为（200，200），最后割断。

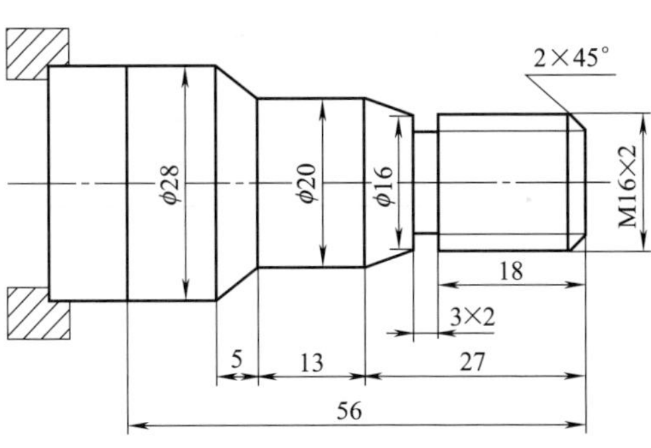

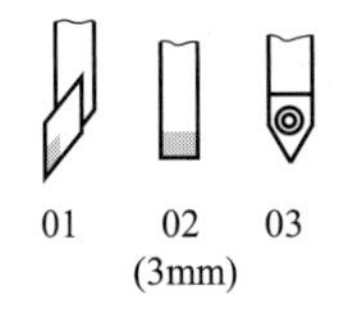

图 7-48 编程实例

开始	N010	M03 S800	主轴正转，转速为 800r/min
	N020	T0101	换 1 号外圆车刀
	N030	G98	指定走刀按照 mm/min 进给
端面	N040	G00 X35 Z0	快速定位工件端面上方
	N050	G01 X0 Z0 F100	做端面，走刀速度为 100mm/min
粗车	N060	G00 X35 Z3	快速定位循环起点
	N070	G73 U9.5 W3 R4	X 向切削总量为 9.5mm，循环 4 次
	N080	G73 P90 Q140 U0.2 W0.2 F100	循环程序段 90～140
轮廓	N090	G00 X16 Z1	快速定位到轮廓右端 1mm 处
	N100	G01 X16 Z−21	车削 ϕ16mm 的外圆
	N110	G01 X20 Z−27	斜向车削到 ϕ20mm 的右端
	N120	G01 X20 Z−40	车削 ϕ20mm 的外圆
	N130	G01 X28 Z−45	斜向车削到 ϕ28mm 的右端
	N140	G01 X28 Z−56	车削 ϕ28mm 的外圆
精车	N150	M03 S1200	提高主轴转速到 1200r/min
	N160	G70 P90 Q140 F40	精车
倒角	N170	M03 S800	主轴正转，转速为 800r/min
	N180	G00 X10 Z1	快速定位到倒角延长线
	N190	G01 X16 Z−2 F80	车削倒角
	N200	G00 X200 Z200	快速退刀
切槽	N210	T0202	换 02 号切槽刀
	N220	G00 X20 Z−21	快速定位至槽上方
	N230	G01 X12 Z−21 F20	切槽，速度为 20mm/min
	N240	G04 P1000	暂停 1s，清槽底，保证形状
	N250	G01 X20 Z−21 F40	提刀
	N260	G00 X200 Z200	快速退刀
螺纹	N270	T0303	换螺纹刀
	N280	G00 X15 Z3	定位到第 1 次切深处
	N290	G32 X15 Z−19.5 F2	第 1 刀攻螺纹
	N300	G00 X19 Z−19.5	提刀
	N310	G00 X19 Z3	定位到螺纹正上方
	N320	G00 X14.4 Z3	定位到第 2 次切深处
	N330	G32 X14.4 Z−19.5 F2	第 2 刀攻螺纹
	N340	G00 X19 Z−19.5	提刀
	N350	G00 X19 Z3	定位到螺纹正上方
	N360	G00 X14 Z3	定位到第 3 次切深处
	N370	G32 X14 Z−19.5 F2	第 3 刀攻螺纹
	N380	G00 X19 Z−19.5	提刀
	N390	G00 X19 Z3	定位到螺纹正上方
	N400	G00 X13.786 Z3	定位到第 4 次切深处
	N410	G32 X13.786 Z−19.5 F2	第 4 刀攻螺纹
	N420	G00 X19 Z−19.5	提刀
	N430	G00 X200 Z200	快速退刀

续表

切断	N440	T0202	换切断刀,即切槽刀
	N450	M03 S800	主轴正转,转速为 800r/min
	N460	G00 X35 Z−58	快速定位至切断处
	N470	G01 X0 Z−58 F20	切断
	N480	G00 X200 Z200	快速退刀
结束	N490	M05	主轴停
	N500	M30	程序结束

★ 由于 G32 和 G01 一样是基本指令，每一次的切削、退刀、定位都要描述，程序显得烦琐冗长，但必不可少。

★ 螺纹的倒角在这里不像前面介绍的在循环里面描述，而是单独描述，螺纹的倒角只是为了攻螺纹的时候方便旋入，不做工艺一致性方面的要求，只要切削量允许，便可直接加工，单独切削倒角可以节省加工的时间。

7.7.5 练习题

如图 7-49 所示，编写出完整的程序，毛坯为 ϕ35mm 的铝件，起刀点为（200，200）。

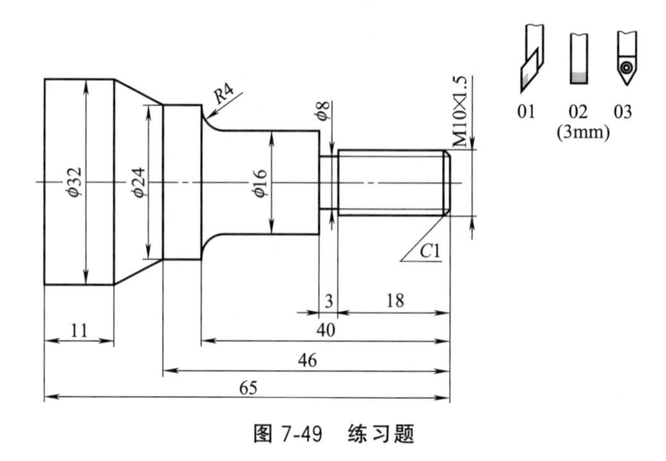

图 7-49 练习题

7.8 简单螺纹循环 G92

7.8.1 指令功能

G92 指令和 G32 一样都是车削螺纹，所不同的是，G92 是简单循环（图 7-50），只需指定每次螺纹加工的循环地点和螺纹终点坐标。该指令可用来车削等距直螺纹、锥度螺纹，本节暂时只介绍直螺纹的编程方法。

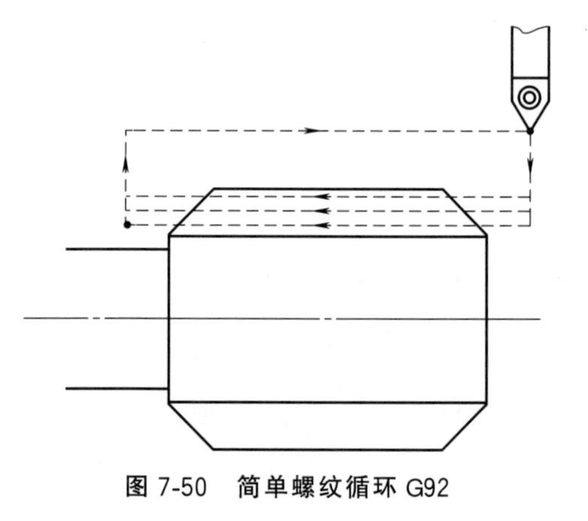

图 7-50 简单螺纹循环 G92

7.8.2 指令格式

G00 X __ Z __

G92 X __ Z __ R __ F __

其中，X、Z是螺纹终点坐标；R是锥度，直螺纹时可不写；F是螺距。

> ★ 该指令不需指定进给速度，进给速度和主轴转速由系统自动给定，保证螺纹加工到位。
>
> ★ 由图7-50中得知，虚线部分不用描述，该指令只需要描述循环起点和每次螺纹加工终点。
>
> ★ 由于每次的循环起点可设为一个点，因此起点只需要指定一次，模态有效。

7.8.3 编程实例

(1) 例1

写出图7-51中所示螺纹部分的程序。螺距为2mm，则$h=(2\times1.107)/2=1.107$（mm），给定的每次吃刀量，写出相对应X轴每次切深的坐标值。注意：牙深为半径值，X坐标为直径值。

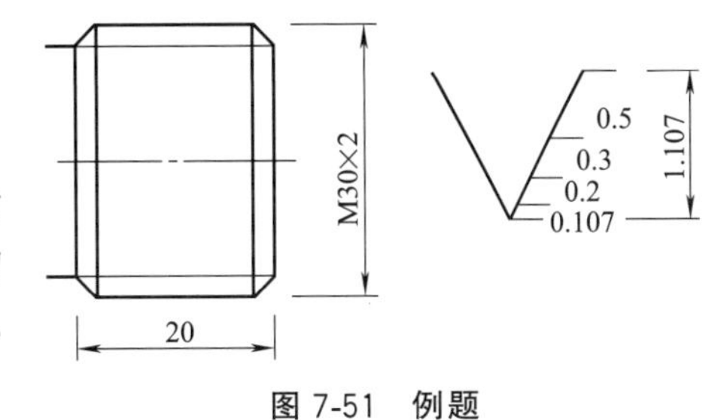

图7-51 例题

第1刀，半径切0.5mm→X 29；

第2刀，半径切0.3mm→X 28.4；

第3刀，半径切0.2mm→X 28；

第4刀，半径切0.107mm→ X 27.786。

程序编写为：

G00 X33 Z3		G00 X33 Z3
G92 X29 Z—23 F2	G92、X、Z、F均是模态码，指定一次，一直有效	G92 X29 Z—23 F2
G92 X28.4 Z—23 F2	——程序可简化为——→	X28.4
G92 X28 Z—23 F2		X28
G92 X27.786 Z—23 F2		X27.786

(2) 例2

如图7-52所示，编写出完整的程序，毛坯为铝件，退刀点和换刀点为（200，200），最后割断

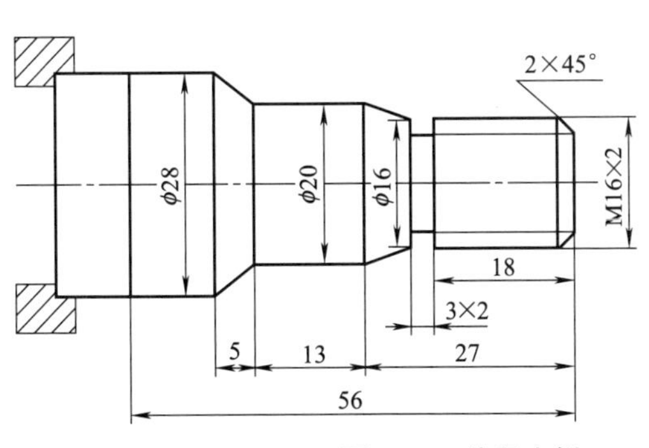

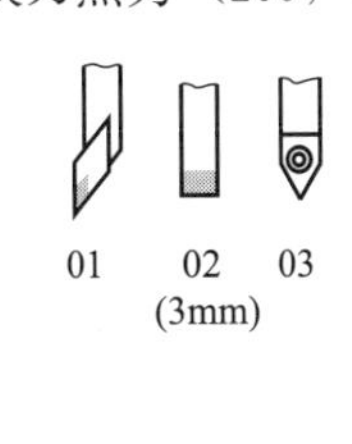

图7-52 编程实例

开始	N010	M03 S800	主轴正转，转速为800r/min
	N020	T0101	换01号外圆车刀
	N030	G98	指定走刀按照mm/min进给
端面	N040	G00 X35 Z0	快速定位工件端面上方
	N050	G01 X0 Z0 F100	做端面，走刀速度为100mm/min
粗车	N060	G00 X35 Z3	快速定位循环起点
	N070	G73 U9.5 W3 R4	X向切削总量为9.5mm，循环4次
	N080	G73 P90 Q140 U0.2 W0.2 F100	循环程序段90～140

续表

轮廓	N090	G00 X16 Z1	快速定位到轮廓右端 1mm 处
	N100	G01 X16 Z−21	车削 ϕ16mm 的部分
	N110	G01 X20 Z−27	斜向车削到 ϕ20mm 的右端
	N120	G01 X20 Z−40	车削 ϕ20mm 的部分
	N130	G01 X28 Z−45	斜向车削到 ϕ28mm 的右端
	N140	G01 X28 Z−56	车削 ϕ28mm 的部分
精车	N150	M03 S1200	提高主轴转速到 1200r/min
	N160	G70 P90 Q140 F40	精车
倒角	N170	M03 S800	主轴正转，转速为 800r/min
	N180	G00 X10 Z1	快速定位到倒角延长线
	N190	G01 X16 Z−2 F 100	车削倒角
	N200	G00 X200 Z200	快速退刀
切槽	N210	T0202	换 02 号切槽刀
	N220	G00 X20 Z−21	快速定位至槽上方
	N230	G01 X12 Z−21 F20	切槽，速度为 20mm/min
	N240	G04 P1000	暂停 1s，清槽底，保证形状
	N250	G01 X20 Z−21 F40	提刀
	N260	G00 X200 Z200	快速退刀
螺纹	N270	T0303	换螺纹刀
	N280	G00 X18 Z3	定位到螺纹循环起点
	N290	G92 X15 Z−19.5 F2	第 1 刀攻螺纹终点
	N300	X14.4	第 2 刀攻螺纹终点
	N310	X14	第 3 刀攻螺纹终点
	N320	X13.786	第 4 刀攻螺纹终点
	N330	G00 X200 Z200	快速退刀
切断	N340	T0202	换切断刀，即切槽刀
	N350	M03 S800	主轴正转，转速为 800r/min
	N360	G00 X35 Z−59	快速定位至切断处
	N370	G01 X0 Z−59 F20	切断
	N380	G00 X200 Z200	快速退刀
结束	N390	M05	主轴停
	N400	M30	程序结束

7.8.4 练习题

如图 7-53 所示，编写出完整的程序，毛坯为 ϕ35mm 的铝件，起刀点为（200，200）。

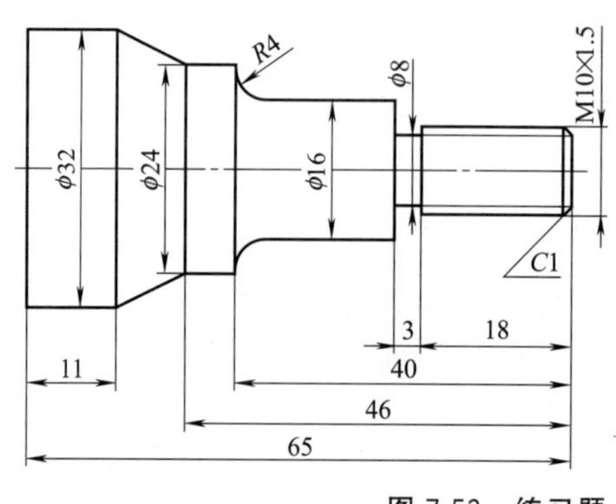

图 7-53 练习题

7.9 G71外径粗车循环

7.9.1 指令功能

该指令由刀具平行于 Z 轴方向（纵向）进行切削循环，又称纵向切削循环，适合加工轴类零件。其走刀路径与描述路径如图 7-54 和图 7-55 所示。

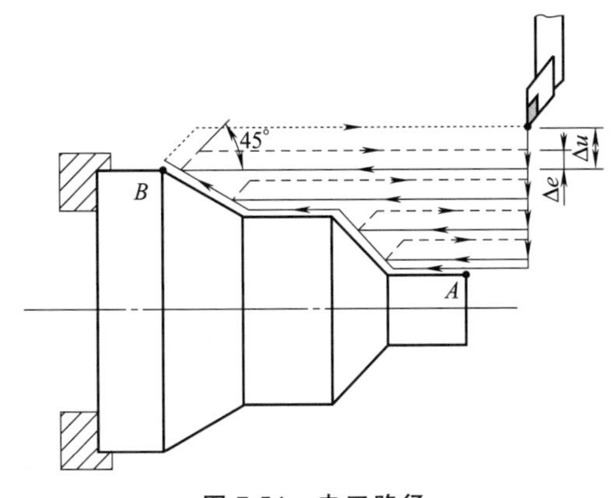

图 7-54 走刀路径

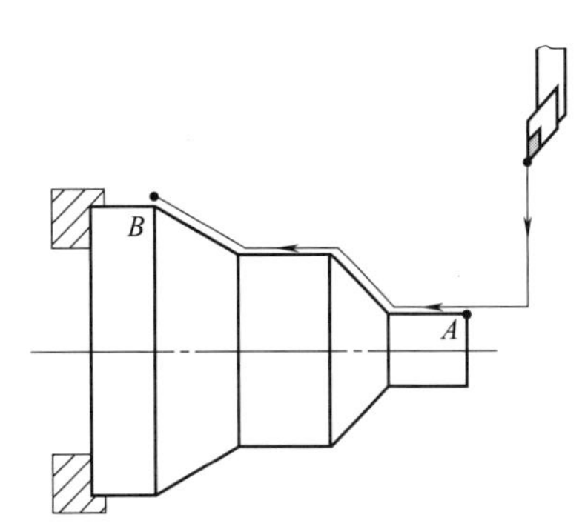

图 7-55 描述路径（编程路径）

7.9.2 指令格式

G00 X__ Z__ →循环起点

G71 U Δu R Δe

↓ （Δu）X 向的每次吃刀量，mm；（Δe）退刀量

G71 P__ Q__ U Δu_1 W Δw_1 F f

P：程序开始段号；Q：程序结束段号；U Δu_1：X 向精车余量，mm；W Δw_1：Z 向精车余量，mm；F f：进给速度（此处指定F值，循环内的F值无效）

★ G71 循环程序段的第一句只能写 X 值，不能写 Z 或 X、Z 同时写入。

★ 该循环的起始点位于毛坯外径处。

★ 该指令只能切削前小后大的工件，不能切削凹进形的轮廓。

★ 用 G98（即用 mm/min）编程时，螺纹切削后用割断刀的进给速度 F 一定要写，否则进给速度的单位将变成 mm/r 并用螺纹切削的进给速度，引起撞刀。

★ 使用该指令头部倒角，由于实际加工是最后加工，描述路径时无需按照延长线描述。

★ 由 G71 每一次循环都可以车削得到工件，避免了 G73 出现的走空刀的情况。因此，当加工程序既可用 G71 编制也可用 G73 编制时，尽量选取 G71 编程。由于 G71 循环按照直线车削，加工速度高于 G73，因此有利于提高工作效率。

7.9.3 编程实例

编制图 7-56 所示零件的加工程序：用 G71 外径粗车循环编写程序，毛坯为铝棒，要求循环起始点在 *A*（46，3），*X* 方向精加工余量为 0.4mm，*Z* 方向精加工余量为 0.1mm，其中点划线部分为工件毛坯。

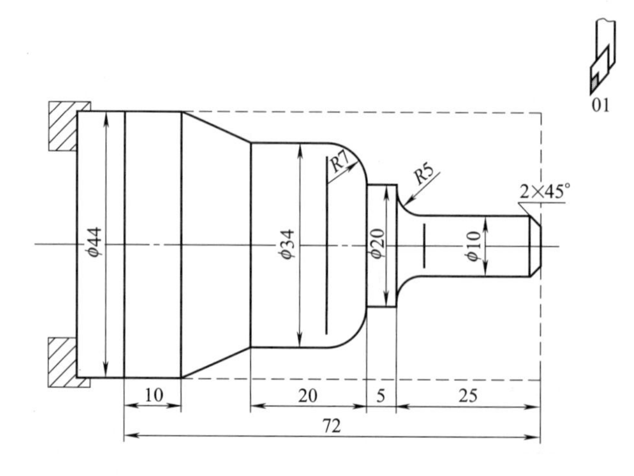

图 7-56 编程实例

开始	N010	M03 S800	主轴正转，转速为 800r/min
	N020	T0101	换 01 号外圆车刀
	N030	G98	指定走刀按照 mm/min 进给
端面	N040	G00 X46 Z0	快速定位工件端面上方
	N050	G01 X0 Z0 F100	做端面，走刀速度为 100mm/min
粗车	N060	G00 X46 Z3	快速定位循环起点
	N070	G71 U3 R1	*X* 向每次吃刀量为 3mm，退刀量为 1mm
	N080	G71 P90 Q180 U0.4 W0.1 F100	循环程序段 90～180
轮廓	N090	G00 X6	处置移动到最低处，不能有 *Z* 值
	N100	G01 X6 Z0	移至倒角处
	N110	G01 X10 Z−2	车削倒角
	N120	G01 X10 Z−20	车削 ϕ10mm 的外圆
	N130	G02 X20 Z−25 R5	车削 *R*5mm 的顺时针圆弧
	N140	G01 X20 Z−30	车削 ϕ20mm 的外圆
	N150	G03 X34 Z−37 R7	车削 *R*7mm 的逆时针圆弧
	N160	G01 X34 Z−50	车削 ϕ34mm 的外圆
	N170	G01 X44 Z−62	斜向车削到 ϕ44mm 的右端
	N180	G01 X44 Z−72	车削 ϕ44mm 的外圆
精车	N190	M03 S1200	提高主轴转速到 1200r/min
	N200	G70 P90 Q180 F40	精车
结束	N210	G00 X200 Z200	快速退刀
	N220	M05	主轴停
	N230	M30	程序结束

7.9.4 练习题

① 编制如图 7-57 所示零件的加工程序：写出完整的加工程序，用 G71 外径粗车循环编写程序，毛坯为 ϕ50mm 铝棒，*X* 方向精加工余量为 0.2mm，*Z* 方向精加工余量为 0.1mm，最后切断。

② 编制如图 7-58 所示零件的加工程序：写出完整的加工程序，用 G71 外径粗车循环编写程序，毛坯为 45 钢，X 方向精加工余量为 0.2mm，Z 方向精加工余量为 0.2mm，最后切断。

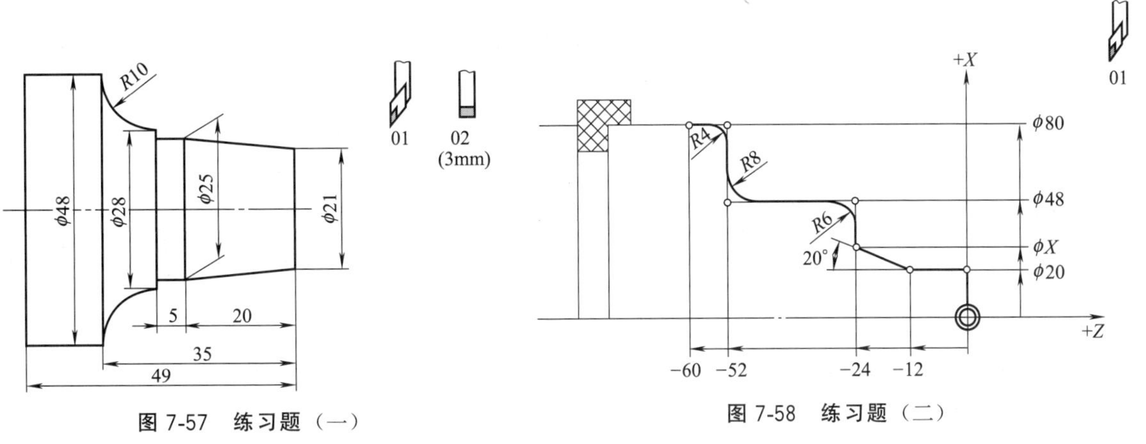

图 7-57 练习题（一）　　图 7-58 练习题（二）

7.10 G72 端面粗车循环

7.10.1 指令功能

该指令又称横向切削循环，与 G71 指令类似，不同之处是 G72 的刀具路径是按径向（X 轴方向）进行切削循环的，适合加工盘类零件。其走刀路径和描述路径如图 7-59 和图 7-60 所示。

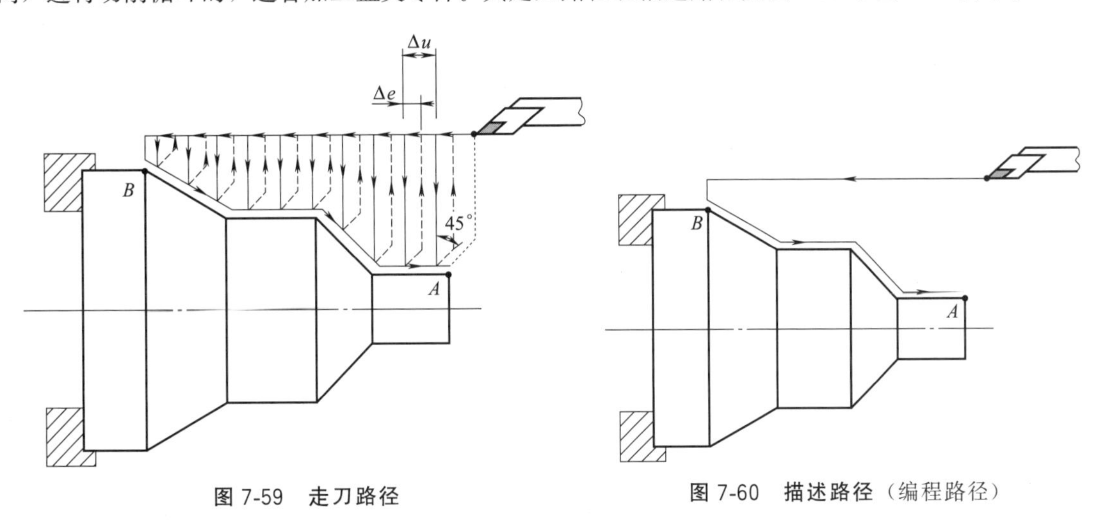

图 7-59 走刀路径　　图 7-60 描述路径（编程路径）

7.10.2 指令格式

G00　X __ Z __ →循环起点

G72　W $\underline{\Delta w}$　R $\underline{\Delta e}$

↓　　　└→ 退刀量

Z 向的每次吃刀量，mm

G72　P__　Q__　U Δu_1　W Δw_1　F f

程序开始段号　程序结束段号　X 向精车余量，mm　Z 向精车余量，mm　进给速度（此处指定 F 值，循环内的 F 值无效）

★ G72 精加工程序段的第一句只能写 Z 值，不能写 X 或 X、Z 同时写入。
★ 该循环的起刀点位于毛坯外径处。
★ 该指令只能切削前小后大的工件，不能切削凹进形的轮廓。
★ 一般上 G72 指令采用平放的外圆车刀，防止竖放的外圆车刀扎入工件，引起撞刀。
★ 由于 G72 走刀是逐步深入工件内部，因此 G72 指令可以加工内孔轮廓工件。
★ 使用该指令头部倒角，由于实际加工走刀的关系，描述路径时无需按照延长线描述。
★ G72 描述路径与 G73 和 G71 不同，G72 从工件后部开始描述，相应地出现了圆弧的方向问题，如图 7-61 所示。

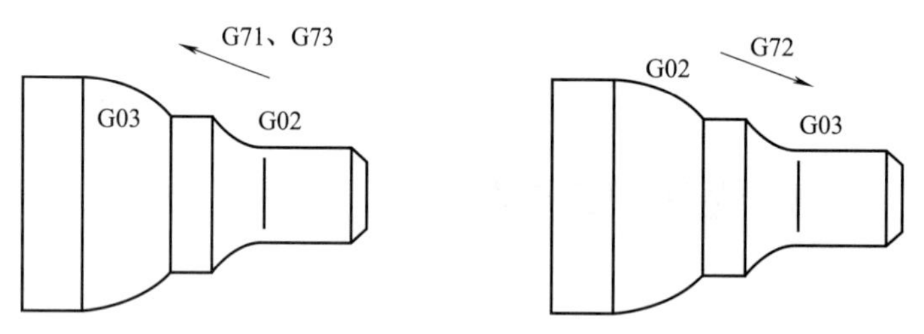

图 7-61　G72 描述路径与 G73 和 G71 的区别

7.10.3　编程实例

编制图 7-62 所示零件的加工程序：G72 端面粗车循环，毛坯为铝棒，要求循环起始点在 A（46，3），X 方向精加工余量为 0.2mm，Z 方向精加工余量为 0.2mm，其中点划线部分为工件毛坯。

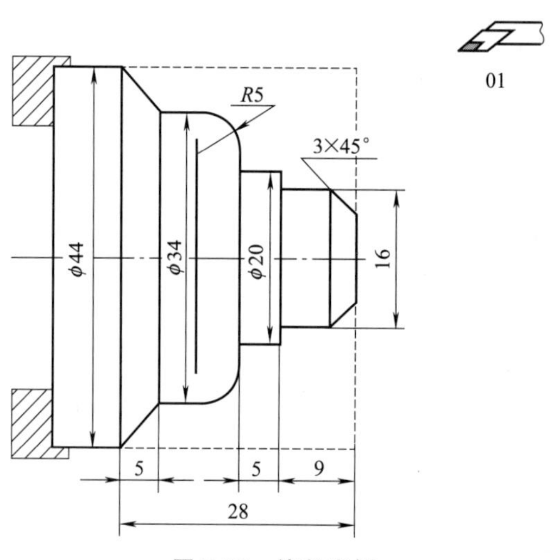

图 7-62　编程实例

开始	N010	M03 S800	主轴正转,转速为 800r/min
	N020	T0101	换 01 号外圆车刀
	N030	G98	指定走刀按照 mm/min 进给

续表

端面	N040	G00 X46 Z0	快速定位工件端面上方
	N050	G01 X0 Z0 F100	做端面,走刀速度为100mm/min
粗车	N060	G00 X46 Z3	快速定位循环起点
	N070	G72 W3 R1	Z向每次吃刀量为3mm,退刀量为1mm
	N080	G72 P90 Q180 U0.2 W0.2 F100	循环程序段90~180
轮廓	N090	G00 Z−28	移动到工件尾部,不能有X值
	N100	G01 X44 Z−28	接触工件
	N110	G01 X34 Z−23	斜向车削到ϕ34mm的外圆处
	N120	G01 X34 Z−19	车削ϕ34mm的外圆
	N130	G02 X24 Z−14 R5	车削R5mm的顺时针圆弧
	N140	G01 X20 Z−14	车削至ϕ20mm的外圆处
	N150	G01 X20 Z−9	车削ϕ20mm的外圆
	N160	G01 X16 Z−9	车削至ϕ16mm的外圆处
	N170	G01 X16 Z−3	车削ϕ16mm的外圆
	N180	G01 X10 Z0	车削倒角
精车	N190	M03 S1200	提高主轴转速到1200r/min
	N200	G70 P90 Q180 F40	精车
结束	N210	G00 X200 Z200	快速退刀
	N220	M05	主轴停
	N230	M30	程序结束

7.10.4 内轮廓加工循环（内孔加工、内圆加工）

G72走刀是逐步深入工件内部，所以G72指令可以加工内孔轮廓工件。由于G71走刀一次加工到工件的尾部，会引起撞刀，与G73类似。

G72的走刀路径和描述路径如图7-63和图7-64所示。

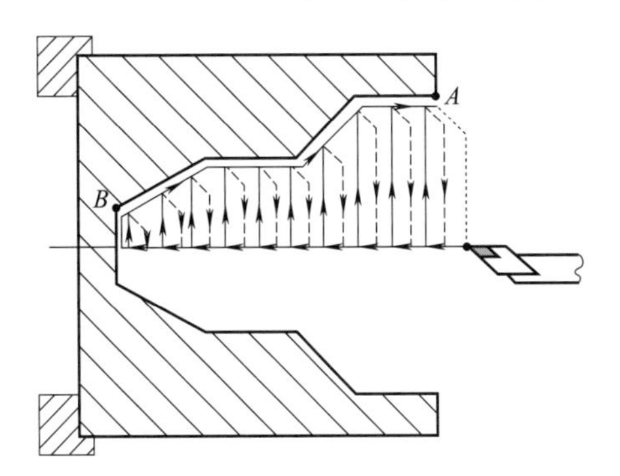

图7-63 走刀路径

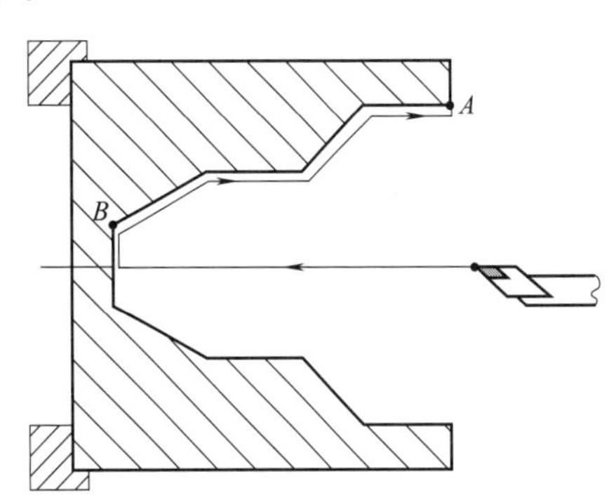

图7-64 描述路径（编程路径）

★ G72做内部轮廓加工时，给定的精车余量为负值，如G72 P __ Q __ U−0.2 W0.1 F __，此时U为负值，才会使粗车加工留有余量。

★ 钻孔时，根据题目要求来确定钻孔深度，如图7-65所示。

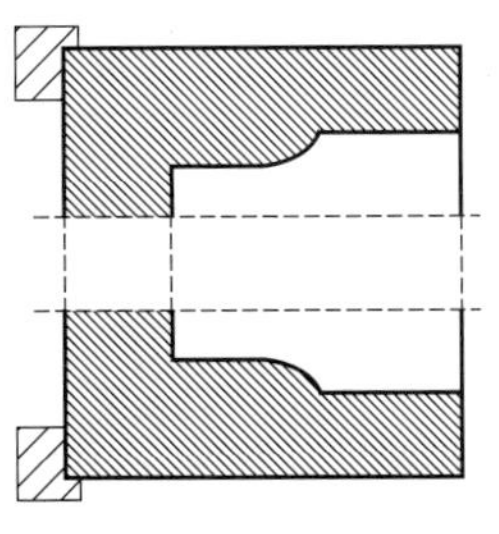

可超过内轮廓Z向总长
(不限制)

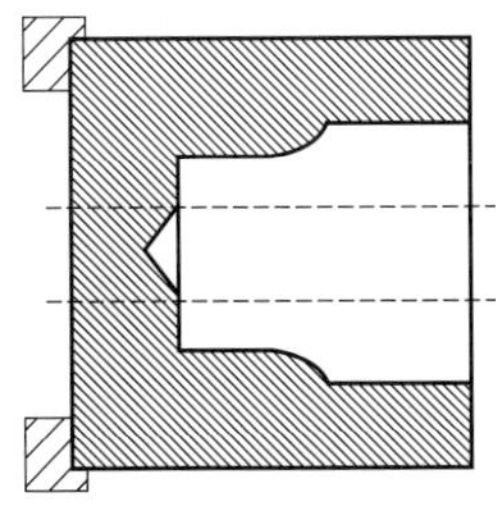

可超过内轮廓Z向总长
(距离有限)

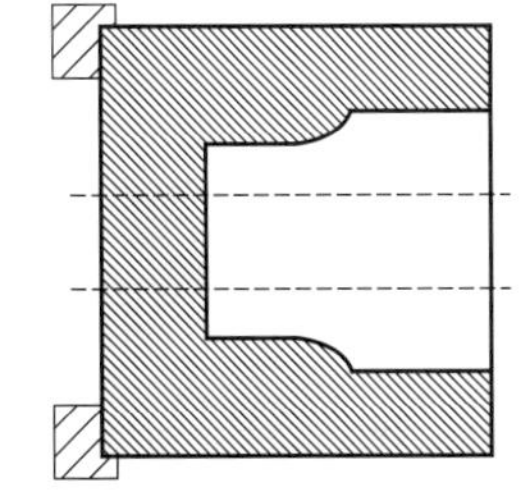

不可超过内轮廓Z向总长
(留余量)

图7-65 确定钻孔深度

7.10.5 车削内孔时刀的选用和切削用量的选择

(1) 车孔刀的特点

车孔刀与外圆车刀相比有如下特点，见表7-5。

表7-5 车孔刀的特点

序号	车孔刀的特点
1	由于尺寸受到孔径的限制，装夹部分结构要求简单、紧凑，夹紧件最好不外露，夹紧可靠
2	刀杆悬臂使用，刚性差，为增强刀具刚性尽量选用大断面尺寸刀杆，缩短刀杆长度
3	内孔加工的断屑、排屑可靠性比外圆车刀更为重要，因而刀具头部要留有足够的排屑空间

(2) 品种规格的选用

常用的车刀有三种不同截面形状的刀柄，即圆柄、矩形柄和正方形柄。普通型和模块式的圆柄车刀多用于车削加工中心和数控车床上。矩形和方形柄多用于普通车床。表7-6所示为车孔刀品种规格的选用。

表7-6 车孔刀品种规格的选用

序号	品种规格的选用	详细说明
1	刀柄截面形状的选用	优先选用圆柄车刀。由于圆柄车刀的刀尖高度是刀柄高度的二分之一，且柄部为圆形，有利于排屑，因此在加工相同直径的孔时圆柄车刀的刚性明显高于方柄车刀，所以在条件许可时应尽量采用圆柄车刀。在卧式车床上因受四方刀架限制，一般多采用正方形或矩形柄车刀。如用圆柄车刀，为使刀尖处于主轴中心线高度，当圆柄车刀顶部超过四方刀架的使用范围时，可增加辅具后再使用
2	刀柄截面尺寸的选用	标准内孔车刀已给定了最小加工孔径。对于加工最大孔径范围，一般不超过比它大一个规格的车孔刀所定的最小加工孔径，如特殊需要，也应小于再大一个规格的使用范围
3	刀柄形式的选用	通常大量使用的是整体钢制刀柄，这时刀杆的伸出量应在刀杆直径的4倍以内。当伸出量大于4倍或加工刚性差的工件时，应选用带有减振机构的刀柄。如加工很高精度的孔，应选用重金属(如硬质合金)制造的刀柄，如在加工过程中刀尖部需要充分冷却，则应选用有切削液送孔的刀柄

(3) 车孔刀的切削用量

车孔刀的切削用量三要素及选用原则与外圆、端面车刀相同。因内孔切削条件较差，故选用切削用量时应小于外圆切削。加工ϕ25mm以下的孔通常不采用大背吃刀量加工。粗车的切削用量与长径比（刀杆伸出刀架长度与被加工孔径的比值）有关，这里只介绍当孔壁有足够刚性时粗车切削用量的推荐值。半精车、精车常按图样要求选取用量。

① 背吃刀量的选用如表7-7所示。

② 进给量的选用如表7-8所示。

表7-7 背吃刀量的选用

序号	长径比	加工内孔时的背吃刀量为加工外圆时的百分比/%
1	＜2	80
2	2～3	65
3	3～4	50
4	4～5	30

表7-8 进给量的选用

序号	长径比	加工内孔时的进给量为加工外圆时的百分比/%
1	＜2	75
2	2～3	60
3	3～4	45
4	4～5	30

③ 切削速度的选用。在被加工直径相同的条件下，加工内孔的切削速度应是加工外圆的切削速度的70%～80%。

7.10.6 内轮廓编程实例

编制如图7-66所示零件的加工程序：G72端面粗车循环，毛坯为铝棒，X方向精加工余量为0.2mm，Z方向精加工余量为0.2mm。

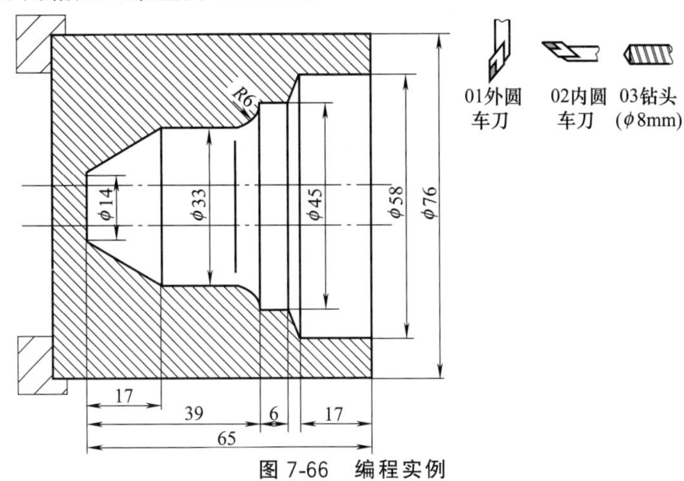

图7-66 编程实例

开始	N010	M03 S800	主轴正转，转速为800r/min
	N020	T0101	换01号外圆车刀
	N030	G98	指定走刀按照mm/min进给
端面	N040	G00 X80 Z0	快速定位工件端面上方
	N050	G01 X0 Z0 F100	做端面，走刀速度为100mm/min
	N060	G00 X200 Z200	回换刀点
钻孔	N070	T0303	换03号钻头
	N080	G00 X0 Z2	定位在工件中心
	N090	G01 X0 Z−64 F20	钻孔，走刀速度为20mm/min
	N100	G01 X0 Z2 F40	退出
	N110	G00 X200 Z200	回换刀点
粗车	N120	T0202	换02号内圆车刀
	N130	G00 X0 Z2	定位循环起点
	N140	G72 W3 R1	Z向每次吃刀量为3mm，退刀量为1mm
	N150	G72 P160 Q230 U−0.2 W0.2 F100	循环程序段160～230
轮廓	N160	G01 Z−65	工件最内部
	N170	G01 X14 Z−65	工件内部ϕ14mm处
	N180	G01 X33 Z−48	斜向车削到ϕ33mm的左端
	N190	G01 X33 Z−32	车削ϕ33mm的内孔
	N200	G03 X45 Z−26 R6	车削R6mm的圆弧右端
	N210	G01 X45 Z−20	车削ϕ45mm的内孔
	N220	G01 X58 Z−17	斜向车削到ϕ58mm的左端
	N230	G01 X58 Z−0	车削ϕ58mm的内孔
精车	N240	M03 S1200	提高主轴转速到1200r/min
	N250	G70 P160 Q230 F40	精车
结束	N260	G00 X200 Z200	退刀
	N270	M05	主轴停
	N280	M30	程序结束

7.10.7 练习题

① 编制如图7-67所示零件的加工程序：G72端面粗车循环，写出完整的加工程序，毛坯

为铝棒，要求 X 方向精加工余量为 0.2mm，Z 方向精加工余量为 0.2mm，其中点划线部分为工件毛坯，最后切断。

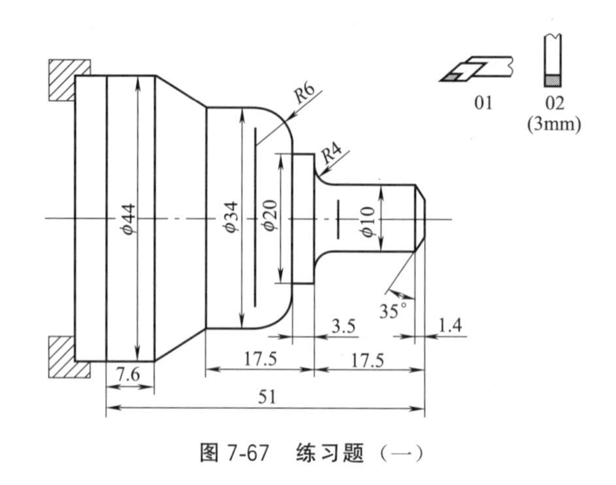

图 7-67 练习题（一）

② 编制图 7-68 所示零件的加工程序：G72 端面粗车循环，写出完整的加程序。毛坯为 45 钢，要求，X 方向精加工余量为 0.1mm，Z 方向精加工余量为 0.15mm。

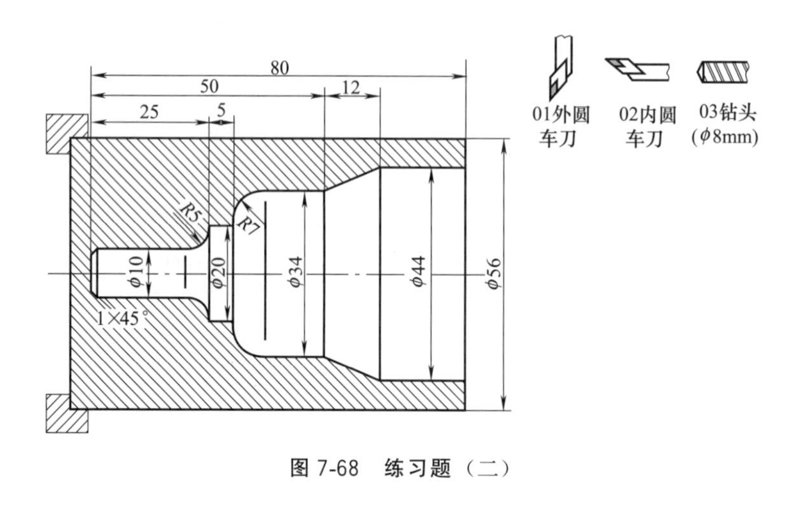

图 7-68 练习题（二）

7.11 G76 螺纹切削循环

7.11.1 程序功能

G76 指令和 G92 一样都是车削螺纹，所不同的是，G92 是简单循环，G76 是复合循环，G76 只需指定螺纹加工的循环地点和最后一刀螺纹终点坐标即可（图 7-69）。该指令可用来车削等距直螺纹、锥度螺纹，本节暂时只介绍直螺纹的编程方法。

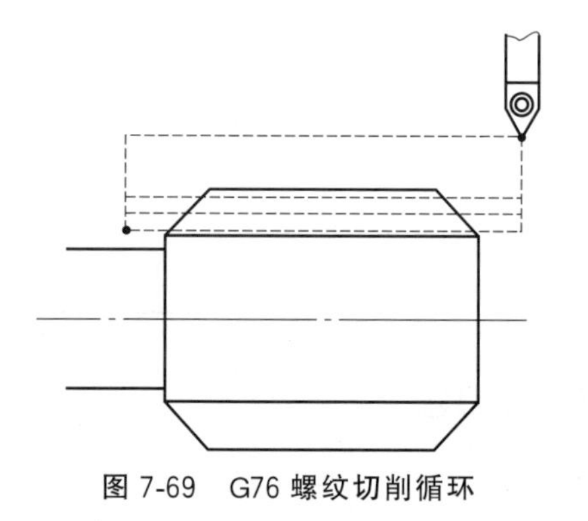

图 7-69 G76 螺纹切削循环

7.11.2 程序格式

G00 X__ Z__ → 螺纹加工循环起点

> m：精加工重复次数（01～99）
> γ：螺纹尾部倒角量，即斜向退刀量（0～99mm）
> θ：螺纹刀刀尖角度，允许配合牙形角角度为 80°、60°、55°、30°、29°、0°
> 此类命令中均是 2 位数指定，不足的补“0”，精加工 4 次，无倒角量，60°螺纹刀→P040060

G76 P $m\gamma\theta$ QΔd_{min} RΔe

QΔd_{min}：最小背吃刀量，半径值 μm；RΔe：精车余量，半径值 mm

G76 X__ Z__ Ph QΔd_{max} R__ F__ → 导程（导程＝螺距×线数）

X__ Z__：螺纹终点坐标；Ph：牙深，半径值 μm；QΔd_{max}：最大背吃刀量，半径值 μm；R__：锥度（螺纹半径差），半径值 mm

> ★ 该指令不需指定进给速度，进给速度和主轴转速由系统自动给定，保证螺纹加工到位。
>
> ★ 由图 7-69 中得知，虚线部分不用描述，该指令只需要描述循环起点和最后一刀的螺纹加工终点。
>
> ★ 该指令不需指定精确的最大和最小切深，系统根据给定的数值计算每次的吃刀量，按递减方式切深。
>
> ★ G76 内的相关数值设定：精车次数即认为等同于螺纹加工次数；若题目中未指定螺纹刀的角度，则按照 60°处理；精车余量一般取值不大于最小背吃刀量。直螺纹时锥度写 R0。

例如，写出如图 7-70 所示螺纹的 G76 程序段。h＝1.107，螺纹终点坐标为（27.786，－23）。

G00 X32 Z3

G76 P040060 Q100 R0.1

G76 X27.786 Z－23 P1107 Q500 R0 F2

M30×2

20

图 7-70 例题

7.11.3 编程实例

编制如图 7-71 所示零件的加工程序：写出加工程序，毛坯为 ϕ35mm 铝棒，X 方向精加工余量为 0.2mm，Z 方向精加工余量为 0.1mm，最后割断。

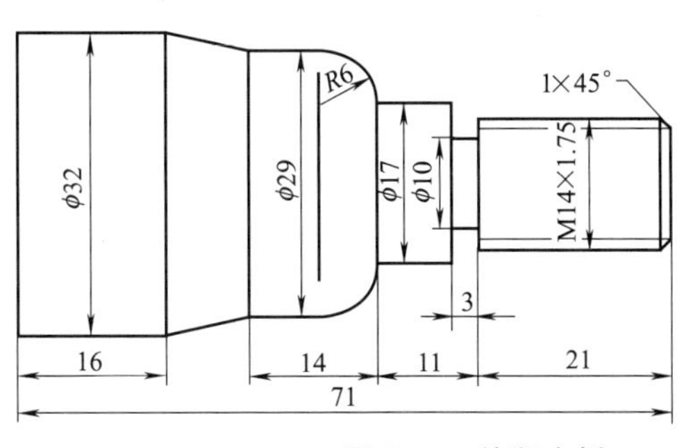

图 7-71 编程实例

开始	N010	M03 S800	主轴正转，转速为 800r/min
	N020	T0101	换 01 号外圆车刀
	N030	G98	指定走刀按照 mm/min 进给
端面	N040	G00 X38 Z0	快速定位工件端面上方
	N050	G01 X0 Z0 F100	做端面，走刀速度为 100mm/min

续表

粗车	N060	G00 X38 Z3	快速定位循环起点
	N070	G71 U3 R1	*X* 向每次吃刀总量为 3mm，退刀量为 1mm
	N080	G71 P90 Q160 U0.2 W0.1 F100	循环程序段 90～160
轮廓	N090	G00 X14	垂直移动到 ϕ14mm 位置
	N100	G01 X14 Z－24	车削 ϕ14mm 的外圆
	N110	G01 X17 Z－24	车削 ϕ17mm 的右端面
	N120	G01 X17 Z－32	车削 ϕ17mm 的外圆
	N130	G03 X29 Z－38 R6	车削 *R*6mm 的圆弧
	N140	G01 X29 Z－46	车削 ϕ29mm 的外圆
	N150	G01 X32 Z－55	斜向车削到 ϕ32mm 的右端
	N160	G01 X32 Z－75	车削 ϕ32mm 的外圆，让出一个切槽刀刀宽
精车	N170	M03 S1200	提高主轴转速到 1200r/min
	N180	G70 P90 Q160 F40	精车
倒角	N190	M03 S800	主轴正转，转速为 800r/min
	N200	G00 X10 Z1	快速定位到倒角延长线
	N210	G01 X14 Z－1 F 100	车削倒角
	N220	G00 X200 Z200	快速退刀
切槽	N230	T0202	换 02 号切槽刀
	N240	G00 X18 Z－24	快速定位至槽上方
	N250	G01 X10 Z－24 F20	切槽，速度为 20mm/min
	N260	G04 P1000	暂停 1s，清槽底，保证形状
	N270	G01 X18 Z－24 F40	提刀
	N280	G00 X200 Z200	快速退刀
螺纹	N290	T0303	换螺纹刀
	N300	G00 X16 Z3	定位到螺纹循环起点
	N310	G76 P040060 Q100 R0.1	G76 螺纹循环固定格式
	N320	G76 X12.063 Z－22 P969 Q500 R0 F1.75	G76 螺纹循环固定格式
	N330	G00 X200 Z200	快速退刀
切断	N340	T0202	换切断刀，即切槽刀
	N350	M03 S800	主轴正转，转速为 800r/min
	N360	G00 X35 Z－74	快速定位至切断处
	N370	G01 X0 Z－74 F20	切断
	N380	G00 X200 Z200	快速退刀
结束	N390	M05	主轴停
	N400	M30	程序结束

7.11.4 练习题

编制如图 7-72 所示零件的加工程序：写出程序，毛坯为 ϕ55mm 铝棒，*X* 方向精加工余量为 0.2mm，*Z* 方向精加工余量为 0.1mm，最后割断。

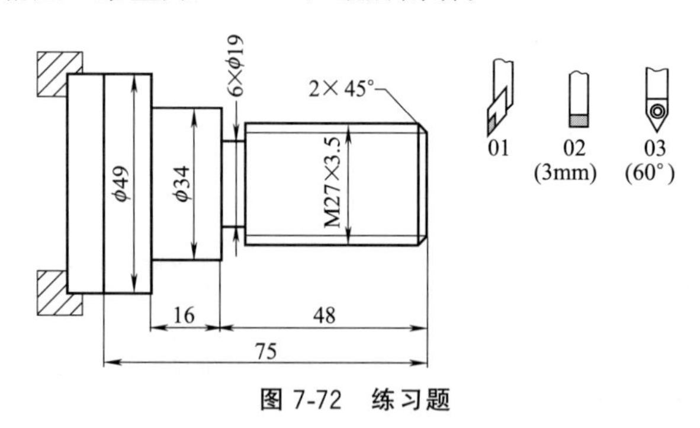

图 7-72 练习题

7.12 切槽循环 G75

7.12.1 指令功能

在 X 方向对工件进行切槽的处理。其走刀路径和描述路径见图 7-73。

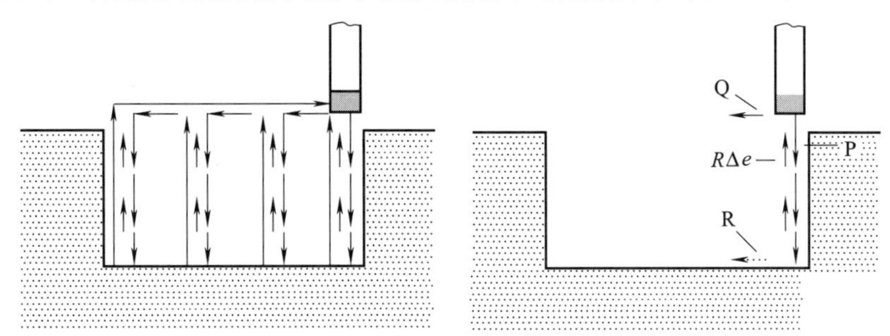

图 7-73 走刀路径和描述路径

7.12.2 指令格式

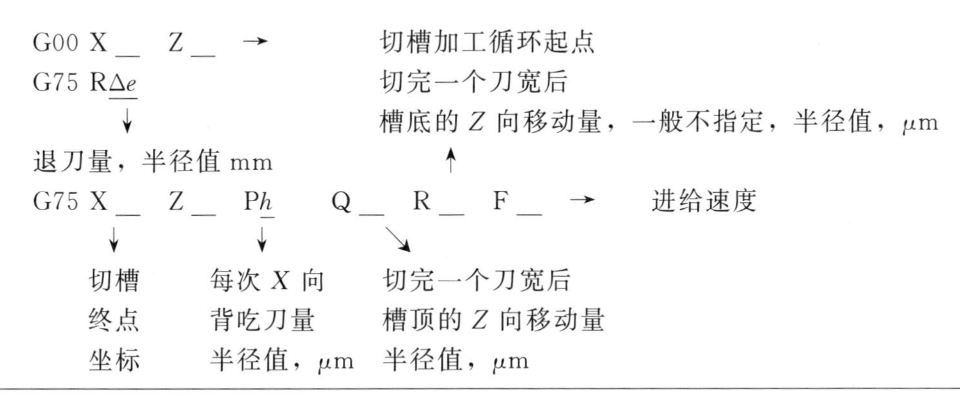

★ 槽顶部的移动量要小于切槽刀的宽度。

★ 切槽进给采用的是且进且退的方式，有利于排屑。

例如，写出如图 7-74 所示螺纹的 G75 程序段，切槽刀宽 3mm。

G00 X40 Z−40

G75 R1

G75 X24 Z−63 P3000 Q2800 R0 F20

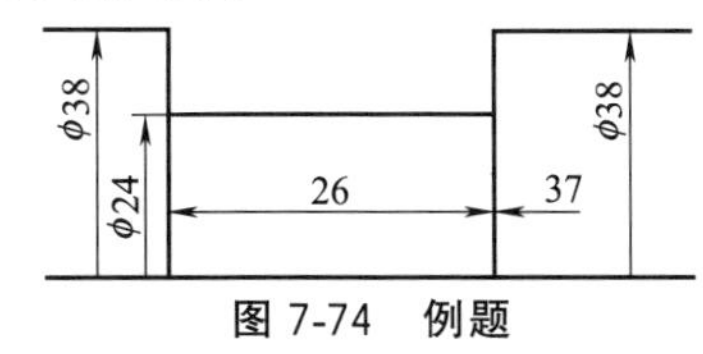

图 7-74 例题

7.12.3 编程实例一

编制如图 7-75 所示零件的加工程序：写出加工程序，毛坯为铝棒，X 方向精加工余量为 0.1mm，Z 方向精加工余量为 0.1mm，最后割断。

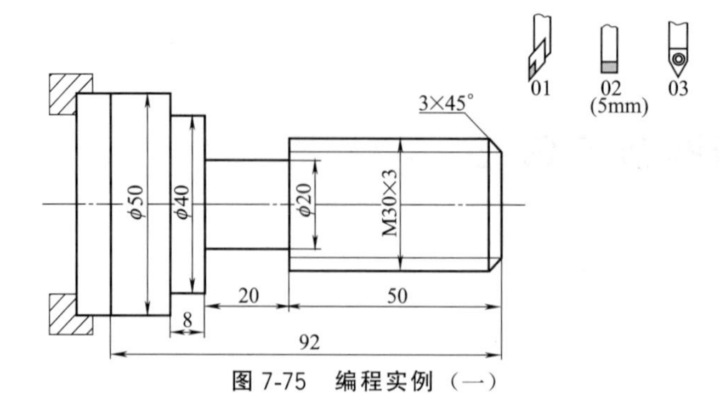

图 7-75　编程实例（一）

开始	N010	M03 S800	主轴正转，转速为 800r/min
	N020	T0101	换 01 号外圆车刀
	N030	G98	指定走刀按照 mm/min 进给
端面	N040	G00 X55 Z0	快速定位工件端面上方
	N050	G01 X0 Z0 F100	车端面
粗车	N060	G00 X52 Z2	快速定位循环起点
	N070	G71 U3 R1	*X* 向每次吃刀量为 3mm，退刀量为 1mm
	N080	G71 P90 Q140 U0.1W0.1 F100	循环程序段 90～140
轮廓	N090	G00 X30	垂直移动到 ϕ30mm 位置
	N100	G01 X30 Z−70	车削 ϕ30mm 的外圆
	N110	G01 X40 Z−70	车削 ϕ40mm 的右端面
	N120	G01 X40 Z−78	车削 ϕ40mm 的外圆
	N130	G01 X50 Z−78	车削 ϕ50mm 的右端面
	N140	G01 X50 Z−92	车削 ϕ50mm 的外圆
精车	N150	M03 S1200	提高主轴转速到 1200r/min
	N160	G70 P90 Q140 F40	精车
倒角	N170	M03 S800	主轴正转，转速为 800r/min
	N180	G00 X22 Z1	快速定位到倒角延长线
	N190	G01 X30 Z−3 F 100	车削倒角
	N200	G00 X200 Z200	快速退刀
切槽	N210	T0202	换 02 号切槽刀
	N220	G00 X41 Z−55	快速定位至槽上方
	N230	G75 R1	G75 切槽循环固定格式
	N240	G75 X20 Z−70 P3000 Q4800 R0 F20	G75 切槽循环固定格式
	N250	G00 X200 Z200	快速退刀
螺纹	N260	T0303	换螺纹刀
	N270	G00 X32 Z3	定位到螺纹循环起点
	N280	G76 P040060 Q100 R0.1	G76 螺纹循环固定格式
	N290	G76 X26.679 Z−53 P1661 Q900 R0 F3	G76 螺纹循环固定格式
	N300	G00 X200 Z200	快速退刀
切断	N310	T0202	换切断刀，即切槽刀
	N320	M03 S800	主轴正转，转速为 800r/min
	N330	G00 X52 Z−97	快速定位至切断处
	N340	G01 X0 Z−97 F20	切断
结束	N350	G00 X200 Z200	快速退刀
	N360	M05	主轴停
	N370	M30	程序结束

7.12.4　编程实例二

编制如图 7-76 所示零件的加工程序：写出加工程序，毛坯为铝棒，*X* 方向精加工余量为

0.1mm，Z 方向精加工余量为 0.1mm，最后割断（槽刀宽 4mm）。

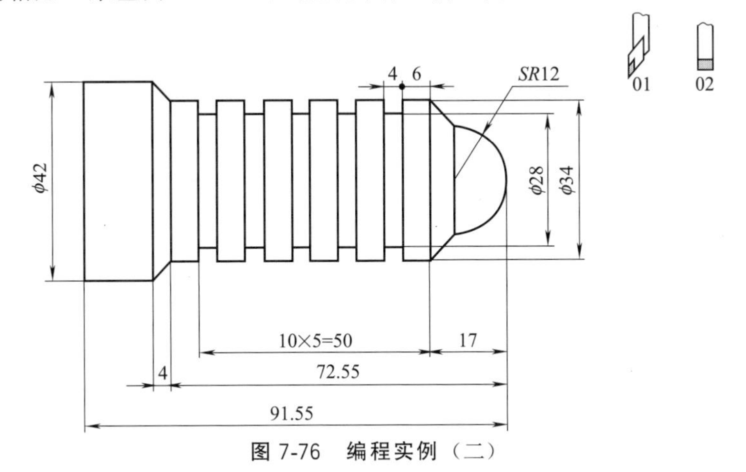

图 7-76 编程实例（二）

分析：此题为等距槽，尽量选用与槽宽一致的切槽刀。在切槽循环中，每槽间距为 6mm，刀宽 4mm，因此槽顶的移动量设置为 10mm，即 10000μm。

开始	N010	M03 S800	主轴正转，转速为 800r/min
	N020	T0101	换 01 号外圆车刀
	N030	G98	指定走刀按照 mm/min 进给
粗车	N040	G00 X50 Z2	快速定位循环起点
	N050	G73 U25 W3 R9	X 向总吃刀量为 25mm，循环 9 次
	N060	G73 P70 Q130 U0.1W0.1 F100	循环程序段 70～130
轮廓	N070	G00 X－4 Z2	快速定位到相切圆弧
	N080	G02 X0 Z0 R2	相切的圆弧过渡
	N090	G03 X24 Z－12 R12	车削 R12mm 的球头部分
	N100	G01 X34 Z－17	斜向车削到 φ34mm 外圆处
	N110	G01 X34 Z－72.55	车削 φ34mm 的外圆
	N120	G01 X42 Z－76.55	斜向车削到 φ42mm 外圆处
	N130	G01 X42 Z－91.55	车削 φ42mm 的外圆
精车	N140	M03 S1200	提高主轴转速到 1200r/min
	N150	G70 P70 Q130 F40	精车
切槽	N160	M03 S800	主轴正转，转速为 800r/min
	N170	G00 X200 Z200	快速退刀
	N180	T0202	换 02 号切槽刀
	N190	G00 X38 Z－27	快速定位至槽上方
	N200	G75 R1	G75 切槽循环固定格式
	N210	G75 X28 Z－67 P3000 Q10000 R0 F20	G75 切槽循环固定格式
切断	N220	G00 X52 Z－27	快速抬刀
	N230	G00 X52 Z－95.5	快速定位至切断处
	N240	G01 X0 Z－95.5 F20	切断
结束	N250	G00 X200 Z200	快速退刀
	N260	M05	主轴停
	N270	M30	程序结束

7.12.5 练习题

① 写出如图 7-77 所示零件的加工程序：写出加工程序，毛坯为铝棒，X 方向精加工余量为 0.2mm，Z 方向精加工余量为 0.2mm，最后割断。

② 写出如图 7-78 所示零件的加工程序：写出加工程序，毛坯为铝棒，X 方向精加工余量为 0.2mm，Z 方向精加工余量为 0.2mm，最后割断（未注倒角 C3）。

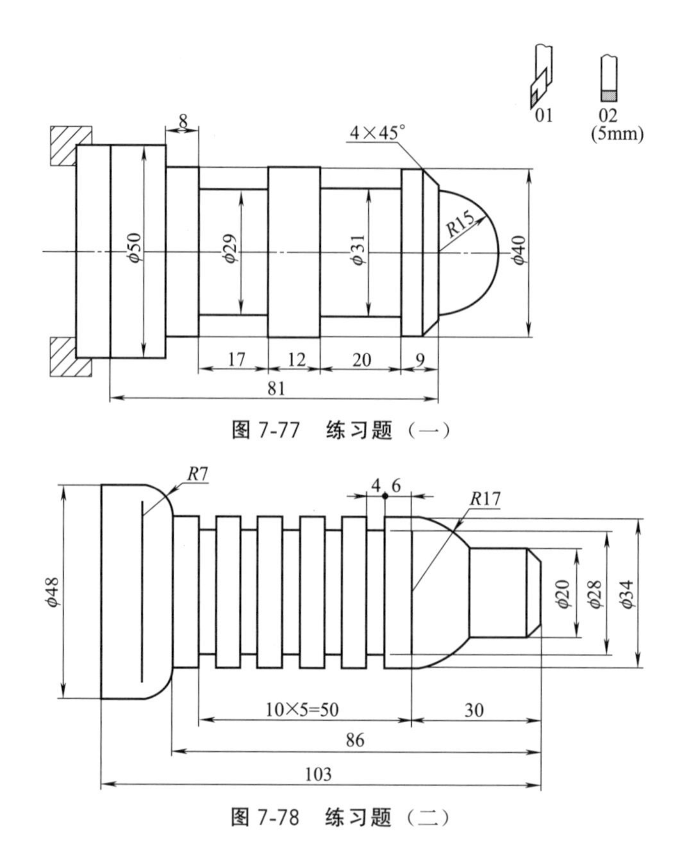

图 7-77　练习题（一）

图 7-78　练习题（二）

7.13 镗孔循环 G74

7.13.1 程序功能

在 X 方向对工件进行切槽或切断的处理。

其走刀方式和切槽循环类似，在镗孔之前需要先钻孔，以方便镗孔刀的镗入，如图 7-79 所示。

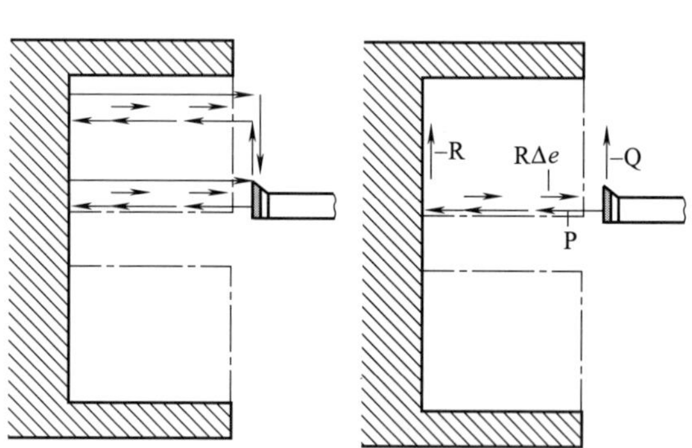

图 7-79　走刀方式

7.13.2 程序格式

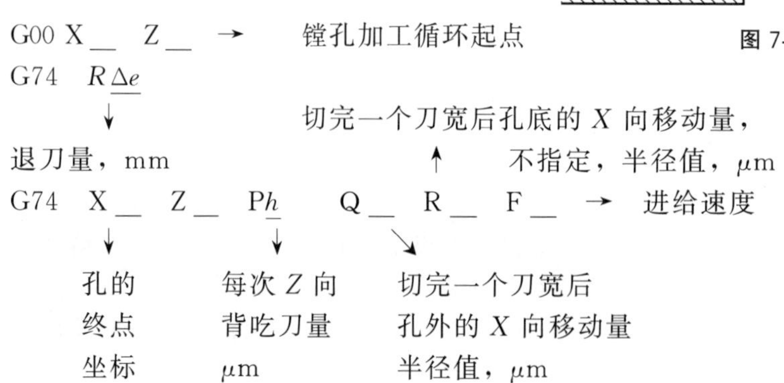

G00 X__　Z__ →　　镗孔加工循环起点

G74　R Δe ↓ 退刀量，mm

G74　X__　Z__　Ph　Q__　R__　F__ → 进给速度

X: 孔的终点坐标

Ph: 每次 Z 向背吃刀量 μm

Q: 切完一个刀宽后孔外的 X 向移动量 半径值，μm

R: 切完一个刀宽后孔底的 X 向移动量，不指定，半径值，μm

★ 孔顶部的移动量要小于镗孔刀的宽度。
★ 切槽进给采用的是且进且退的方式，有利于排削。
★ 镗孔之前必须钻孔，编写程序时注意 X 的坐标值。
★ 实际加工中，尽量使用 G01 加工，方便控制。

例如，写出如图 7-80 所示切槽的 G74 程序段，切槽刀宽 3mm。

G00 X10 Z2

G74 R1

G74 X37 Z−19 P3000 Q2800 R0 F20

7.13.3 编程实例

编制如图 7-81 所示零件的加工程序：写出加工程序，毛坯为 45 钢，X 方向精加工余量为 0.1mm，Z 方向精加工余量为 0.1mm。

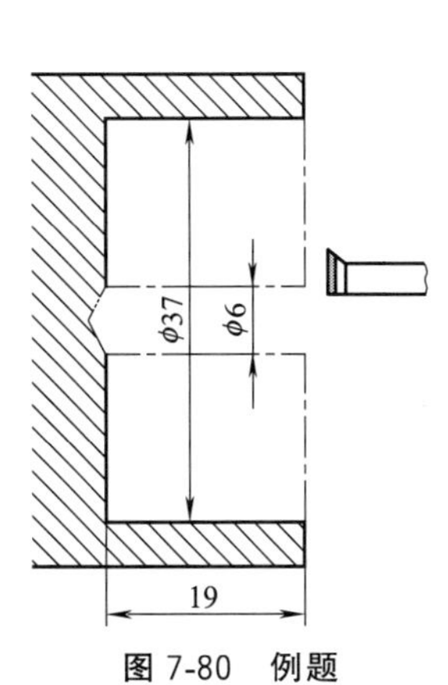

图 7-80 例题

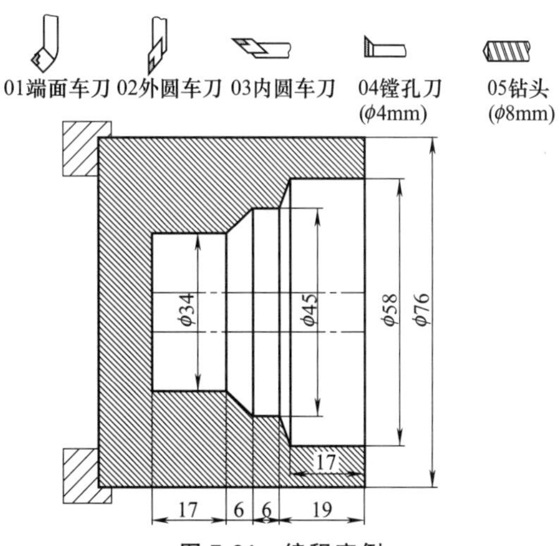

图 7-81 编程实例

开始	N010	M03 S800	主轴正转,转速为 800r/min
	N020	T0101	换 01 号端面车刀
	N030	G98	指定走刀按照 mm/min 进给
端面	N040	G00 X80 Z0	快速定位工件端面上方
	N050	G01 X0 Z0 F100	做端面,走刀速度为 100mm/min
	N060	G00 X200 Z200	快速退刀
钻孔	N070	T0505	换 05 号钻头
	N080	G00 X0 Z2	定位钻头在工件中心端
	N090	G01 X0 Z−47.5 F20	钻孔,留有余量
	N100	G01 X0 Z1 F40	退出钻头
	N110	G00 X200 Z200	快速退刀
镗孔	N120	T0404	换 04 号镗孔刀
	N130	G00 X8 Z2	定位镗孔循环起点
	N140	G74 R1	G74 镗孔循环固定格式
	N150	G74 X34 Z−48 P3000 Q3800 R0 F20	G74 镗孔循环固定格式
	N160	G00 X200 Z200	快速退刀
粗车	N170	T0303	换 03 号内圆车刀
	N180	G00 X32 Z2	定位循环起点
	N190	G72 W1.5 R1	Z 向每次吃刀量为 1.5mm,退刀量为 1mm
	N200	G72 P210 Q250 U−0.1 W0.1 F80	循环程序段 210～250

续表

轮廓	N210	G01 Z−31	工件最内部
	N215	G01 X34 Z−31	接触工件
	N220	G01 X45 Z−25	工件内部 ϕ45mm 处
	N230	G01 X45 Z−19	车削 ϕ45mm 的内圆
	N240	G01 X58 Z−17	斜向车削到 ϕ58mm 的左端
	N250	G01 X58 Z0	车削 ϕ58mm 的内圆
精车	N260	M03 S1200	提高主轴转速到 1200r/min
	N270	G70 P210 Q250 F40	精车
结束	N280	G00 X200 Z200	快速退刀
	N290	M05	主轴停
	N300	M30	程序结束

7.13.4 练习题

编制如图 7-82 所示零件的加工程序：写出加工程序，毛坯为 45 钢，X 方向精加工余量为 0.1mm，Z 方向精加工余量为 0.1mm。

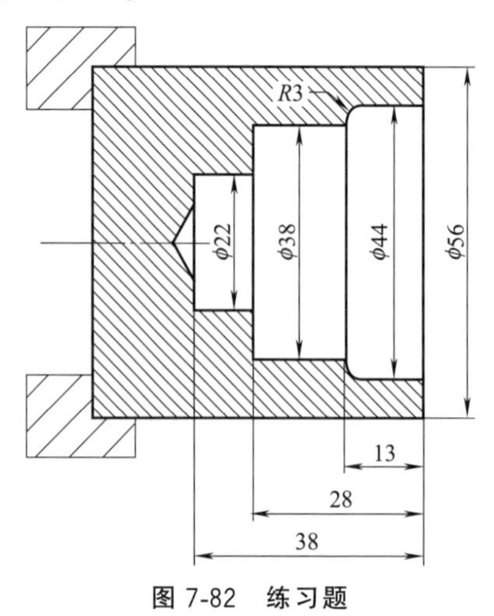

图 7-82 练习题

7.14 锥度螺纹

7.14.1 锥度螺纹概述

锥度螺纹是螺纹的前后具有半径差的螺纹，半径差由前端的螺纹半径值减去尾端的螺纹的半径值得出，因此：顺锥，锥度 $R<0$；逆锥，锥度 $R>0$（图 7-83）。

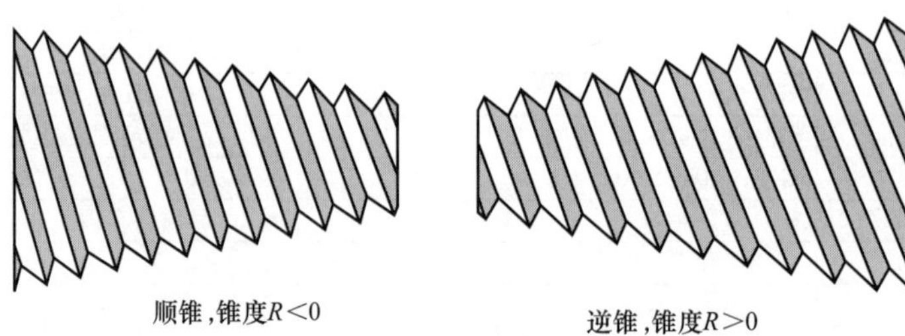

图 7-83 锥度螺纹

由图 7-84 中得知，锥度 R 并非是工件成形螺纹的半径差，螺纹加工的起点是以循环起点为基础所作出的延长线（A'点）来计算的，因为螺纹加工的循环起点必须在工件外部，即按照：起点→A'→B 的顺序进行加工。

延长线的计算方法和倒角的类似，用相似三角形，不再赘述。

G92 和 G76 指令只需给出加工的终点，而 A'点不需指出，在计算的时候只需我们给定锥度（半径的差值）即可。

例如，计算并写出图 7-85 所示锥度螺纹的程序。

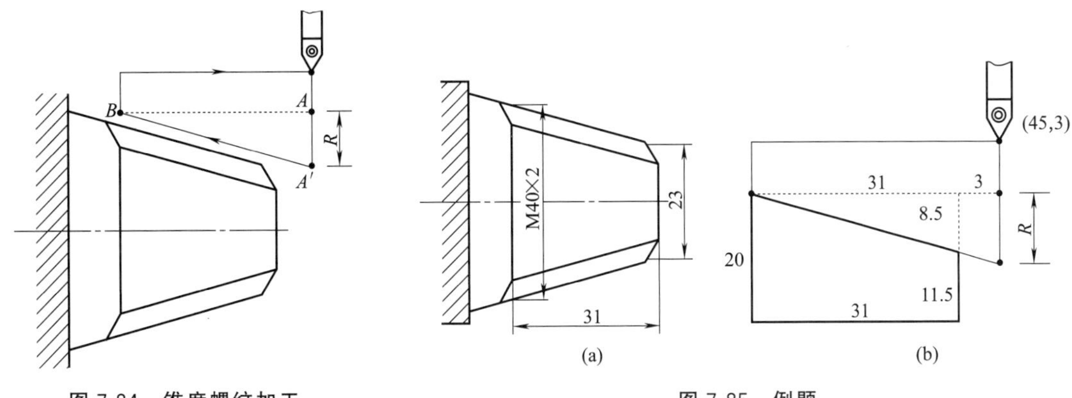

图 7-84　锥度螺纹加工　　　　图 7-85　例题

首先确定螺纹的循环起点为（45，3），可知 Z 向伸出 3mm，由图 7-85（b）计算：

$\frac{31}{8.5}=\frac{31+3}{R}$　$R=9.323$mm，顺锥取负值，锥度为-9.323mm

程序如下：

```
G00 X45 Z3                     G00 X45 Z3
G92 X39 Z−31 R−9.323 F2        G76 P040260 R0.08 Q100
    X38.4   或                 G76 X37.786 Z−31 P1107 Q500 R−9.323 F2
    X38
    X37.786
```

7.14.2 编程实例

编制如图 7-86 所示零件的加工程序：写出加工程序，毛坯为 45 钢，X 方向精加工余量为 0.1mm，Z 方向精加工余量为 0.1mm，最后切断。

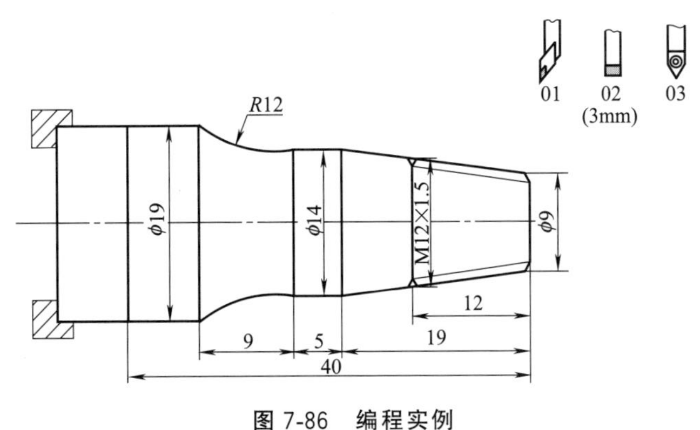

图 7-86　编程实例

开始	N010	M03 S800	主轴正转，转速为 800r/min
	N020	T0101	换 01 号外圆车刀
	N030	G98	指定走刀按照 mm/min 进给
端面	N040	G00 X22 Z0	快速定位工件端面上方
	N050	G01 X0 Z0 F100	车削端面
粗车	N060	G00 X22 Z3	快速定位循环起点
	N070	G73 U6.5 W1 R5	*X* 向切削总量为 6.5mm，循环 5 次
	N080	G73 P90 Q140 U0.1 W0.1 F100	循环程序段 90～140
轮廓	N090	G00 X9 Z1	快速定位到轮廓右端 1mm 处
	N100	G01 X9 Z0	接触工件
	N110	G01 X14 Z－19	斜向车削至 ϕ14mm 的部分
	N120	G01 X14 Z－24	车削 ϕ14mm 的外圆
	N130	G02 X19 Z－33 R12	车削到 *R*12mm 的圆弧
	N140	G01 X19 Z－40	车削 ϕ19mm 的外圆
精车	N150	M03 S1200	提高主轴转速到 1200r/min
	N160	G70 P90 Q140 F40	精车
螺纹	N170	M03 S800	降低主轴转速到 800r/min
	N180	G00 X200 Z200	快速定位到换刀点
	N190	T0303	换螺纹刀
	N200	G00 X14 Z3	定位到螺纹循环起点
	N210	G76 P040260 Q100 R0.1	G76 螺纹循环固定格式
	N220	G76 X10.340 Z－12 P830 Q400 R－1.875 F3	G76 螺纹循环固定格式
	N230	G00 X200 Z200	快速退刀
切断	N240	T0202	换切断刀，即切槽刀
	N250	M03 S800	主轴正转，转速为 800r/min
	N260	G00 X22 Z－43	快速定位至切断处
	N270	G01 X0 Z－43 F20	切断
结束	N280	G00 X200 Z200	快速退刀
	N290	M05	主轴停
	N300	M30	程序结束

7.14.3 练习题

① 编制如图 7-87 所示零件的加工程序：写出加工程序，毛坯为 45 钢，*X* 方向精加工余量为 0.1mm，*Z* 方向精加工余量为 0.1mm。

② 编制如图 7-88 所示零件的加工程序：写出加工程序，毛坯为 45 钢，*X* 方向精加工余量为 0.1mm，*Z* 方向精加工余量为 0.1mm。

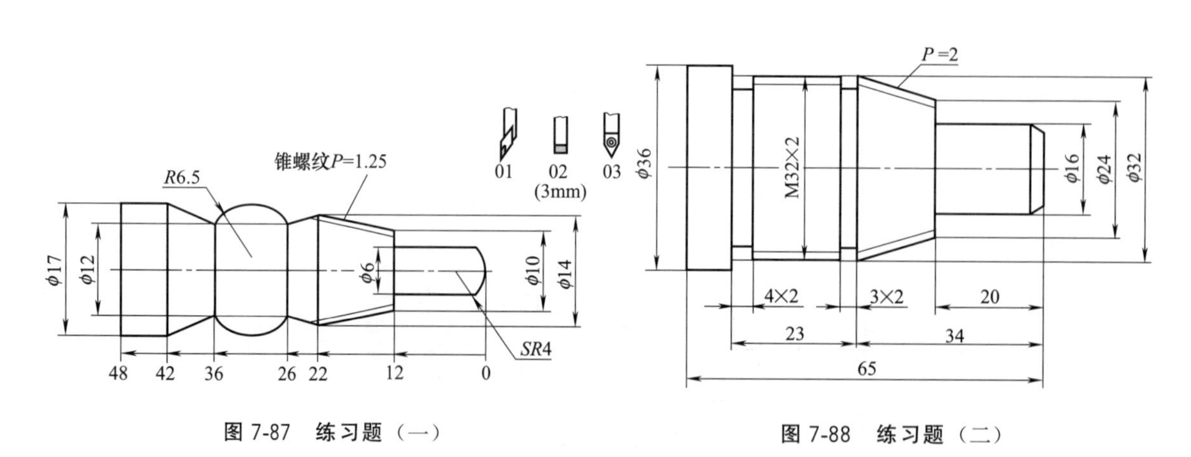

图 7-87 练习题（一）

图 7-88 练习题（二）

7.15 多头螺纹

7.15.1 多头螺纹概述

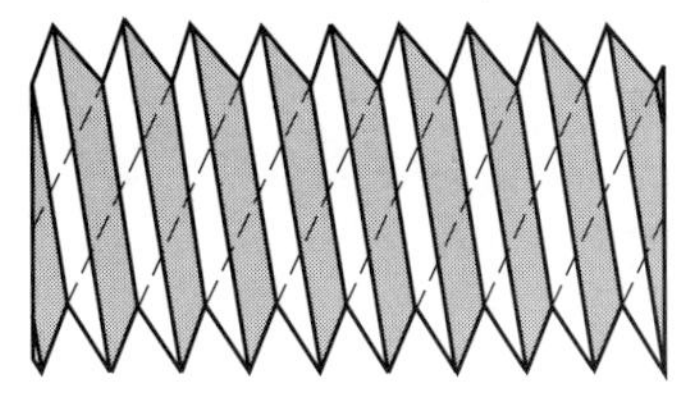
图 7-89 多头螺纹

多头螺纹一般用 G92 指令来实现，通过分度旋入的方法加工出所需的螺纹，度数指定按照微度，即 180°要写成 180000。只需指定每次螺纹加工的循环起点、螺纹终点坐标和分度度数。该指令可用来车削多头等距直螺纹、多头锥度螺纹（图 7-89）。

7.15.2 格式

G00 X __ Z __

G92 X __ Z __ R __ F __ Q __

其中，X、Z 螺纹终点坐标；R 是锥度，直螺纹时可不写；F 是导程，导程＝线数×螺距；Q 是螺纹分度度数。

> ★ 该指令不需指定进给速度，进给速度和主轴转速由系统自动配给，保证螺纹加工到位。
> ★ M20×3（P1.5）表示该螺纹导程为 3mm，螺距为 1.5mm，则该螺纹为双头螺纹。
> ★ 加工方法同 G92 指令。
> ★ Q 为非模态码，因此每步必须要写。

其走刀路径如图 7-90 所示。

例如，写出图 7-91 中所示螺纹部分的程序。

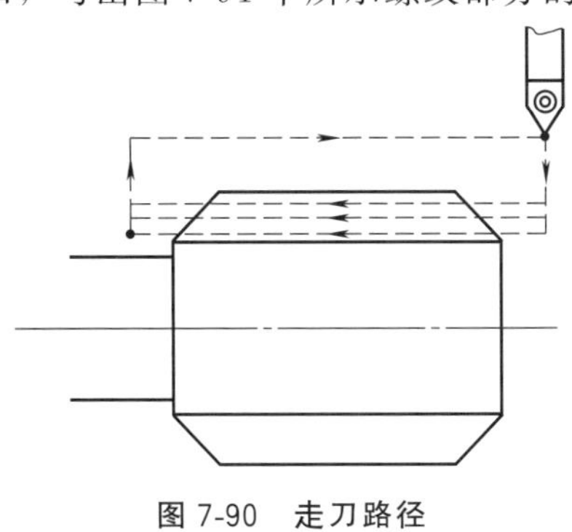
图 7-90 走刀路径

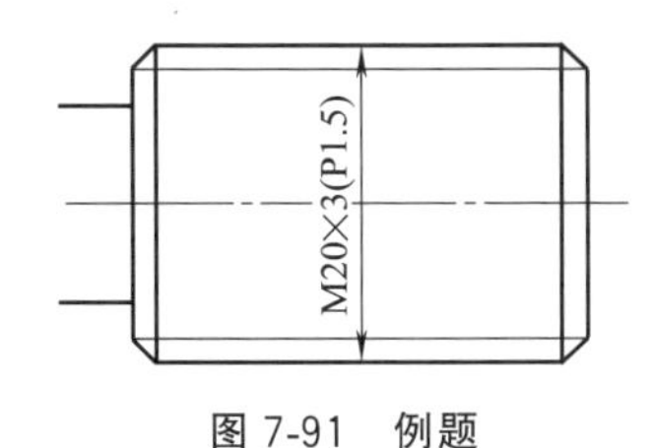

图 7-91 例题

双头螺纹，螺距为 1.5mm，则 $h=(1.5\times1.107)/2=0.830$(mm)，导程为 3mm，写出相对应的 G92 程序段。

```
G00 X22 Z3
G92 X19.2 Z-33 F3      Q0
    X18.6              Q0
    X18.34             Q0
G92 X19.2 Z-33 F3      Q180000
    X18.6              Q180000
    X18.34             Q180000
```

7.15.3 编程实例

编制图7-92所示零件的加工程序：写出加工程序，毛坯为铝棒，X 方向精加工余量为0.2mm，Z 方向精加工余量为0.1mm，最后切断。

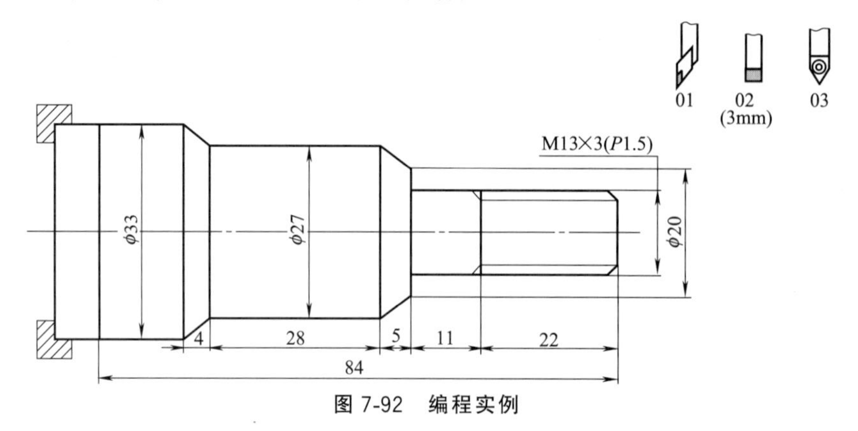

图7-92 编程实例

开始	N010	M03 S800	主轴正转，转速为800r/min
	N020	T0101	换01号外圆车刀
	N030	G98	指定走刀按照mm/min进给
端面	N040	G00 X35 Z0	快速定位工件端面上方
	N050	G01 X0 Z0 F100	车端面
粗车	N060	G00 X35 Z3	快速定位循环起点
	N070	G71 U3 R1	X向切削量为3mm，退刀量为1mm
	N080	G71 P90 Q170 U0.2 W0.1 F100	循环程序段90～170
轮廓	N090	G00 X10	垂直移动
	N100	G01 X10 Z0	接触工件
	N110	G01 X13 Z−1.5	车削倒角
	N120	G01 X13 Z−33	车削 ϕ13mm的外圆
	N130	G01 X20 Z−33	车削到 ϕ27mm的右端面
	N140	G01 X27 Z−38	斜向车削到 ϕ27mm的右端
	N150	G01 X27 Z−66	车削 ϕ27mm的外圆
	N160	G01 X33 Z−70	斜向车削到 ϕ33mm的右端
	N170	G01 X33 Z−84	车削 ϕ27mm的外圆
精车	N180	M03 S1200	提高主轴转速到1200r/min
	N190	G70 P90 Q170 F40	精车
多头螺纹	N200	M03 S800	降低主轴转速到800r/min
	N210	G00 X200 Z200	快速定位到换刀点
	N220	T0303	换螺纹刀
	N230	G00 X14 Z−2	定位到螺纹循环起点
	N240	G92 X12.2 Z−22 F3 Q0	双头螺纹第一头，G92第一刀
	N250	X11.6 Q0	G92第二刀
	N260	X11.34 Q0	G92第三刀
	N270	G92 X12.2 Z−22 F3 Q180000	双头螺纹第二头，G92第一刀
	N280	X11.6 Q180000	G92第二刀
	N290	X11.34 Q180000	G92第三刀
	N300	G00 X200 Z200	快速退刀
切断	N310	T0202	换切断刀，即切槽刀
	N320	M03 S800	主轴正转，转速为800r/min
	N330	G00 X40 Z−87	快速定位至切断处
	N340	G01 X0 Z−87 F20	切断

续表

结束	N350	G00 X200 Z200	快速退刀
	N360	M05	主轴停
	N370	M30	程序结束

7.15.4 练习题

编制如图 7-93 所示零件的加工程序：写出加工程序，毛坯为 45 钢，X 方向精加工余量为 0.1mm，Z 方向精加工余量为 0.1mm。

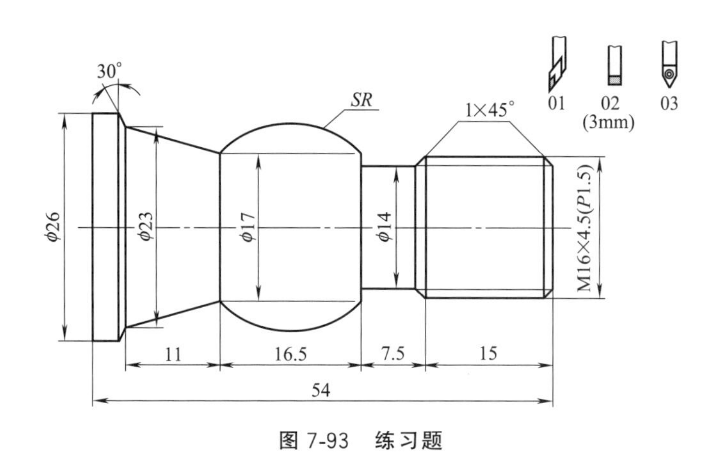

图 7-93 练习题

7.16 椭圆

7.16.1 椭圆概述

由于椭圆的编程涉及参数编程和变量，这里所介绍椭圆编程只是众多编程方法中的一种。

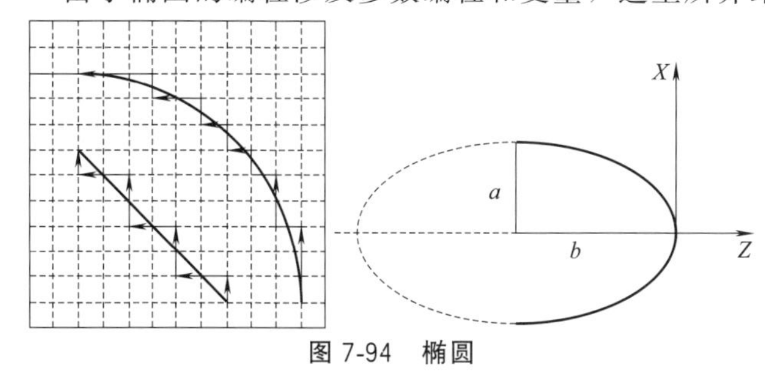

图 7-94 椭圆

数控车床加工曲线的原理是“拟合曲线”，即用直线模拟曲线（详见 1.3 节），由于机床设定 Z 向脉冲（即最小移动量）是个定值，因此，机床加工曲线实际上是根据每次 Z 向的移动量去计算 x 值，并用直线连接，如图 7-94 所示。

我们在碰到任何一个数学方程表达的图形时，首先将其转换为 $X=\cdots\cdots$ 的格式。椭圆的计算与编程也遵循这个原理。

7.16.2 公式转换

根据几何里面的椭圆计算公式：

$$\frac{x^2}{a^2}+\frac{z^2}{b^2}=1$$

将其转换为 x 求值方式：

$$x = a \times \sqrt{1 - z^2 / b^2}$$

7.16.3 椭圆程序格式

用单词 SQRT 表示$\sqrt{\ }$，设两个变量分别为#102 和#101，#102 代替 x，#101 代替 z，公式可写为：

$$\#102 = a \times SQRT[1 - \#101 \times \#101 / b^2]$$

椭圆的程序格式：

N200　#100=c	#100 为中间变量，用于指定 z 的值，c 是椭圆 Z 向起点的坐标。
N210　#101=#100+b	为椭圆公式中的 z 值(#101)赋值。
N220　#102=a×SQRT[1-#101×#101/b^2]	椭圆的计算公式。由于每一行程序的长度有限，故此处 b^2 应计算出数值然后填入。
N230　G01×[2×#102]　Z[#100]	由直线拟合曲线，#102 是半径值，故须×2
N240　#100=#100-0.1	Z 方向每次移动-0.1mm，0.1mm 为脉冲量，脉冲量越小，零件越精密，但加工时间越长。
N250　IF[#100 GT-d]GOTO 210	判断语句。 d 为椭圆 Z 向终点的坐标。GOTO 是指向语句。 用于比较刀具当前是否到达 d 值(椭圆 Z 向终点)，如不到达，则返回第二行(N210)段反复执行，直到到达 d 值为止。

例如，写出如图 7-95 所示椭圆的编程程序。

```
N200 #100= 0
N210 #101= #100+36
N220 #102= 20×SQRT [1-#101×#101/1296]
N230 G01 X [2×#102] Z [#100]
N240 #100=#100-0.1
N250 IF [#100 GT-36] GOTO 210
```

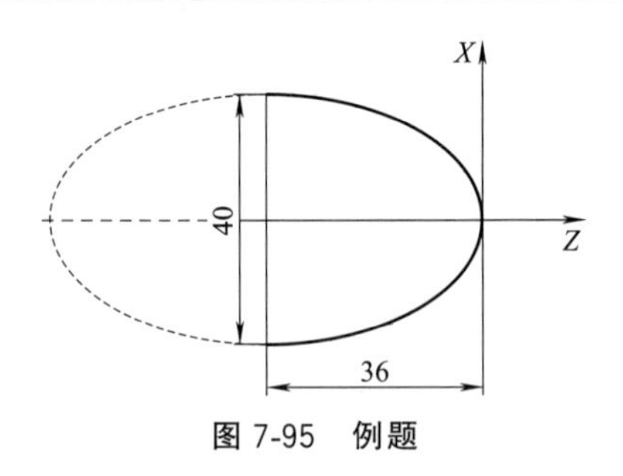

图 7-95　例题

7.16.4 编程实例

编制如图 7-96 所示零件的加工程序：写出加工程序，毛坯为铝棒，X 方向精加工余量为 0.2mm，Z 方向精加工余量为 0.1mm，最后切断。

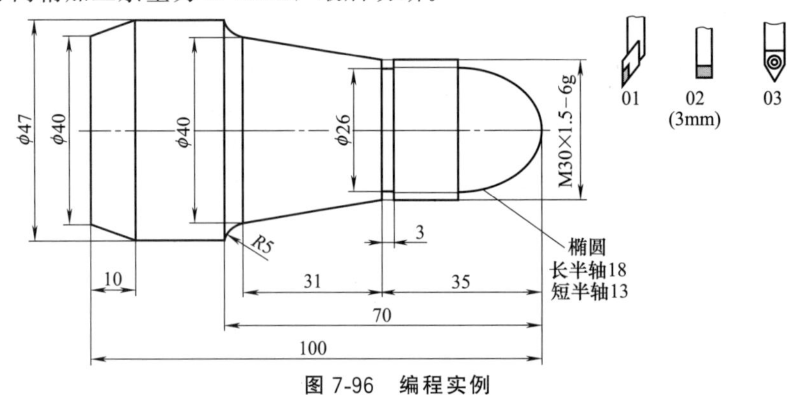

图 7-96　编程实例

开始	N010	M03 S800	主轴正转，转速为 800r/min
	N020	T0101	换 01 号外圆车刀
	N030	G98	指定走刀按照 mm/min 进给
粗车	N040	G00 X50 Z3	快速定位循环起点
	N050	G73 U25 W3 R9	X 向总切削量为 25mm，循环 9 次
	N060	G73 P70 Q220 U0.2 W0.1 F100	循环程序段 70～220

续表

轮廓	N070	G00 X-4 Z2	快速定位到相切圆弧起点
	N080	G02 X0 Z0 R2	相切圆弧
	N090	＃100=0	椭圆的加工
	N100	＃101=＃100+18	
	N110	＃102=13×SQRT[1- ＃101×＃101/324]	
	N120	G01 X[2×＃102]Z[＃100]	
	N130	＃100=＃100-0.1	
	N140	IF [＃100 GT-18] GOTO 100	
	N150	G01 X30 Z-18	车削 ϕ30mm 右侧面
	N160	G01 X30 Z-35	车削 ϕ30mm 的外圆
	N170	G01 X40 Z-66	斜向车削至 R5mm 的圆弧处
	N180	G02 X47 Z-70 R5	车削 R5mm 的顺时针圆弧
	N190	G01 X47 Z-90	车削 ϕ47mm 的外圆
	N200	G01 X40 Z-100	斜向车削至 ϕ40mm 的外圆处
	N210	G01 X60 Z-103	为切断让一个刀宽值
	N220	G01 X50 Z-103	提刀，避免退刀时碰刀
精车	N230	M03 S1200	提高主轴转速到 1200r/min
	N240	G70 P70 Q220 F40	精车
切槽	N243	M03 S600	降低主轴转速 600r/min
	N244	T0202	换 02 号切槽刀
	N245	G00 X32 Z-35	快速定位至槽上方
	N246	G01 X26 Z-35 F20	切槽
	N247	G04 P1000	暂停 1s，清槽底，保证形状
	N248	G01 X32 Z-35 F40	提刀
	N249	G00 X200 Z200	快速退刀
螺纹	N250	M03 S800	降低主轴转速到 800r/min
	N260	G00 X200 Z200	快速定位到换刀点
	N270	T0303	换螺纹刀
	N280	G00 X14 Z-15	定位到螺纹循环起点
	N290	G92 X29.2 Z-33.5 F1.5	G92 第一刀
	N300	X28.6	G92 第二刀
	N310	X28.34	G92 第三刀
切断	N320	G00 X150 Y150	快速退刀
	N330	T0202	换切断刀，即切槽刀
	N340	M03 S800	主轴正转，转速为 800r/min
	N350	G00 X55 Z-103	快速定位至切断处
	N360	G01 X0 Z-103 F20	切断
结束	N370	G00 X200 Z200	快速退刀
	N370	M05	主轴停
	N380	M30	程序结束

7.16.5 练习题

编制如图 7-97 所示零件的加工程序：写出加工程序，毛坯为 45 钢，X 方向精加工余量为 0.1mm，Z 方向精加工余量为 0.1mm。

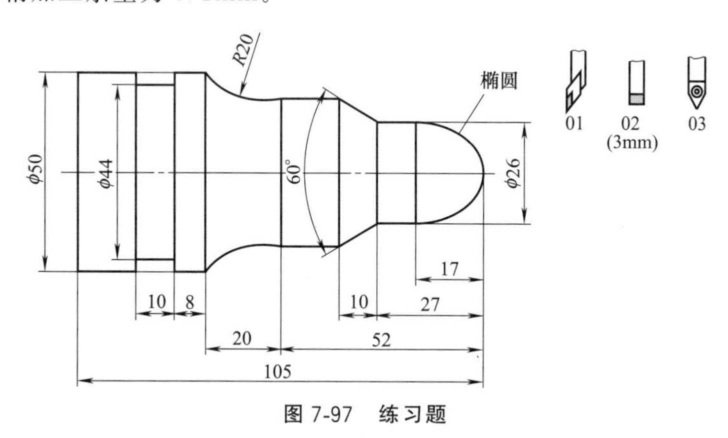

图 7-97 练习题

7.17 简单外径循环 G90

7.17.1 指令格式

G00 X __ Z __　　循环起点

G90 X __ Z __ R __ F __

> ★ X、Z 为切削终点坐标值。
> ★ F 是进给速度，R 为锥度。
> ★刀具按如图 7-98 所示的路径循环操作。

例如，写出如图 7-99 所示外圆的 G90 编程程序。

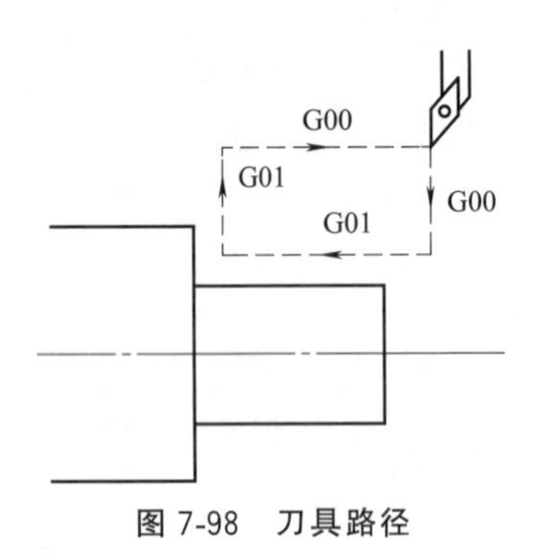

图 7-98　刀具路径

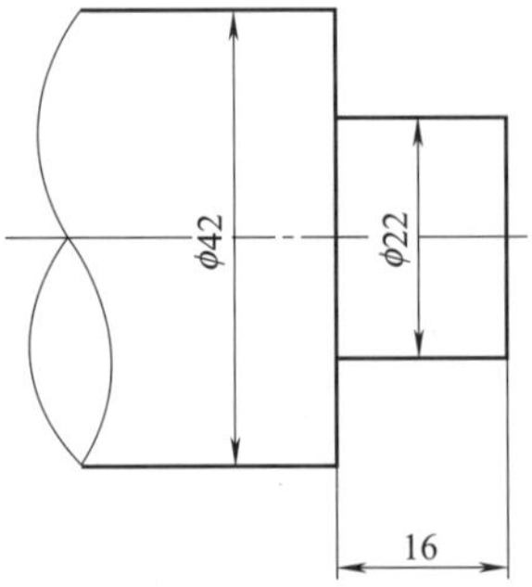

图 7-99　例题

```
N010 T0101
N020 M03 S800
N030 G98
N040 G00 X55 Z2              循环起点
N050 G90 X36 Z－16 F80        切削循环，第一刀
N060     X30                 第二刀
N070     X26                 第三刀
N080     X22                 最后一刀
N090 G00 X200 Z100
N100 M05
N110 M30
```

7.17.2 练习题

写出如图 7-100 所示外圆的 G90 编程程序。

> ★注意：由于 G90 的走刀运动方式，一般上只做粗加工中的去大量毛坯操作，不做精加工。

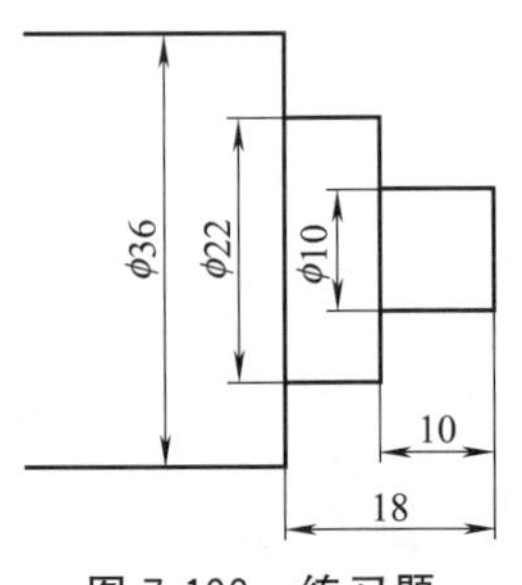

图 7-100　练习题

7.18 简单端面循环 G94

7.18.1 指令格式

G00 X __ Z __ 循环起点
G94 X __ Z __ R __ F __

> ★ X、Z为切削终点坐标值。
> ★ F是进给速度，R为锥度。
> ★刀具按如图7-101所示的路径循环操作。

例如，写出如图7-102所示外圆的G94编程程序。

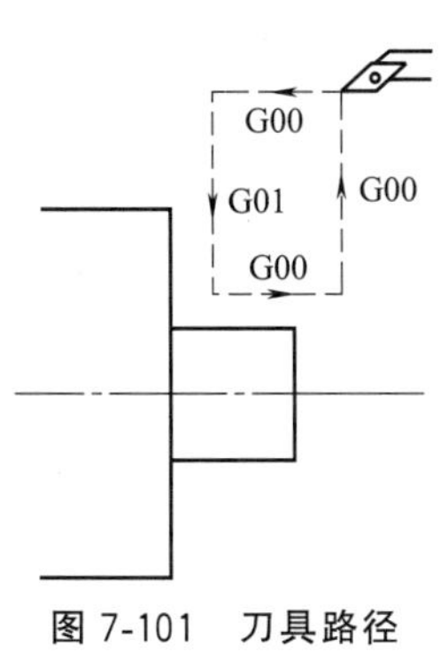

图7-101 刀具路径

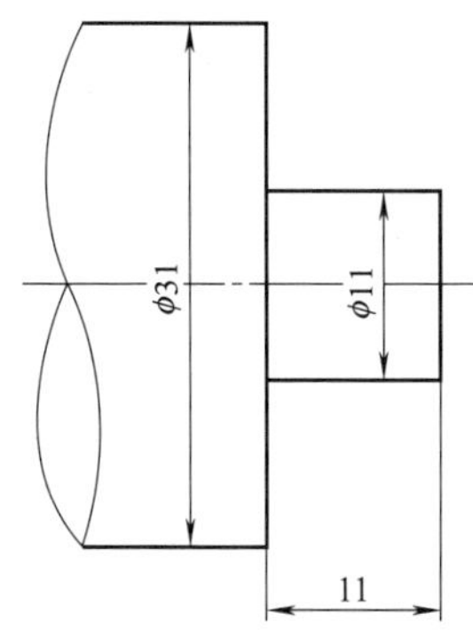

图7-102 例题

N010 M03 S800T0101	
N020 T0101	
N030 G98	
N040 G00 X35 Z2	循环起点
N050 G94 X11 Z−1 F80	切削循环，第一刀
N060 Z−3	第二刀
N070 Z−6	第三刀
N080 Z−9	第四刀
N090 Z−11	最后一刀
N100 G00 X200 Z100	
N110 M05	
N120 M30	

7.18.2 练习题

写出如图7-103所示外圆的G94编程程序。

> ★注意：由于G94的走刀运动方式，一般上只做粗加工中的去大量毛坯操作，不做精加工。

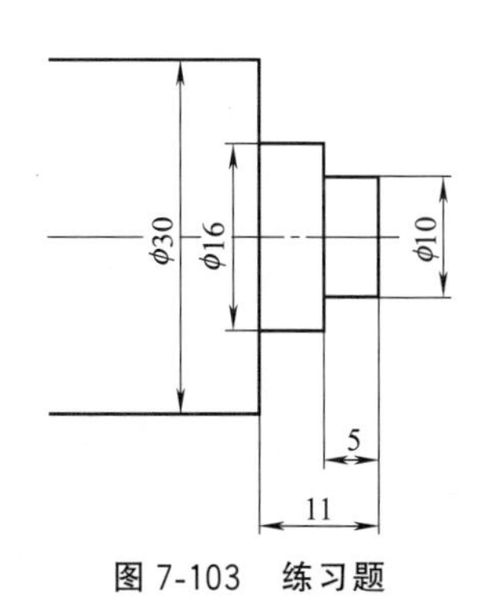

图7-103 练习题

7.19 绝对编程和相对编程

7.19.1 概述

数控车床有两个控制轴，有两种编程方法：绝对坐标命令方法和相对坐标命令方法，即绝对编程和相对编程。相对编程是相对于刀具现在的位置的坐标为基准计算，绝对编程是以工作坐标系为零点的位置计算。此外，这些方法能够被结合在一个指令里。

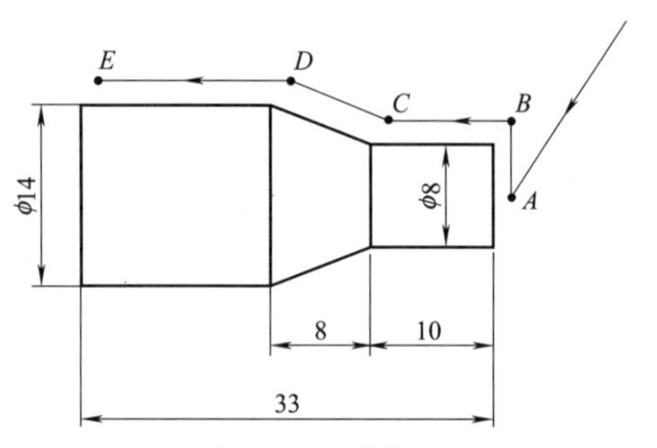

图 7-104 例题

对于 X 轴和 Z 轴的相对坐标指令是 U 和 W，指 X 方向或 Z 方向移动了多少距离。X 向差值根据系统不同，可以是半径值，也可以是直径值，此处 X 方向差值以直径举例说明。

例如，写出如图 7-104 所示零件的绝对编程和相对编程。

坐标点	绝对编程	相对编程	混合编程
A	G01 X0 Z0	G01 X0 Z0	G01 X0 Z0
B	G01 X8 Z0	G01 U8 Z0	G01 X8 Z0
C	G01 X8 Z−10	G01 U0 W−10	G01 U0 W−10
D	G01 X14 Z−18	G01 U6 W−8	G01 X14 W−8
E	G01 X14 Z−33	G01 U0 W−15	G01 U0 Z−33

7.19.2 练习题

相对编程或者混合编程的方式写出图 7-105 所示 A→B 零件轮廓，如上述例题方式。

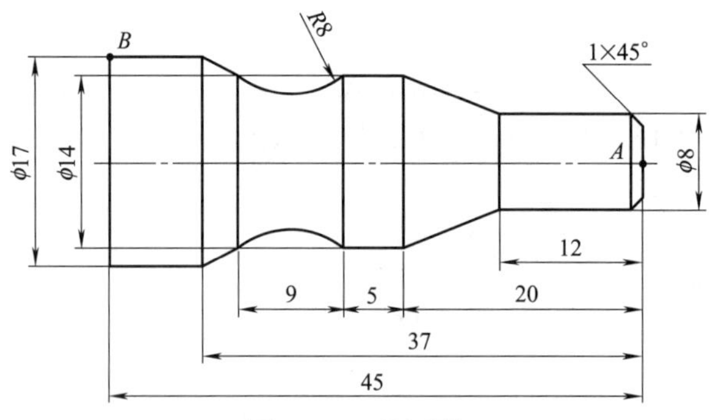

图 7-105 练习题

7.20 综合练习

① 编制如图 7-106 所示零件的加工程序：选择刀具，写出完整的加工步序和程序，毛坯

为铝棒，要求循环起始点在 A（46，3），X 方向精加工余量为 0.4mm，Z 方向精加工余量为 0.1mm，其中点划线部分为工件毛坯，最后切断。

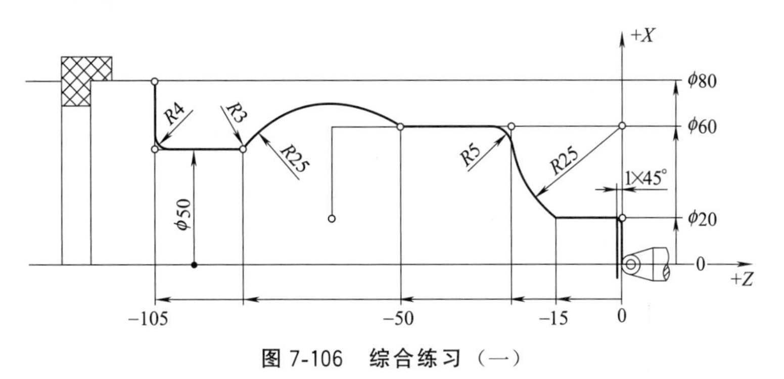

图 7-106　综合练习（一）

② 编制如图 7-107 所示零件的加工程序：选择刀具，写出完整的加工步序和程序，毛坯为铝棒，要求循环起始点在 A（46，3），X 方向精加工余量为 0.4mm，Z 方向精加工余量为 0.1mm，其中点划线部分为工件毛坯，最后切断。

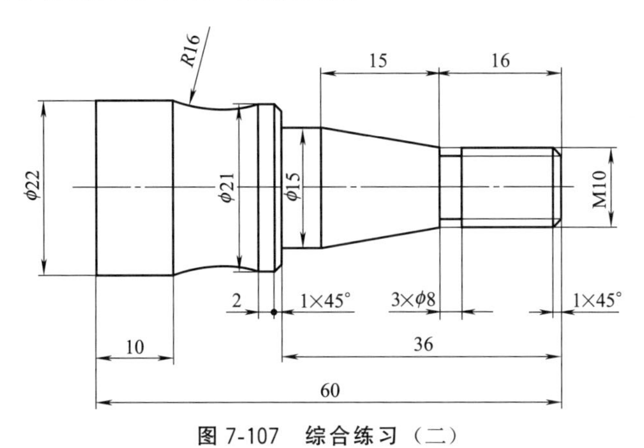

图 7-107　综合练习（二）

③ 编制如图 7-108 所示零件的加工程序：选择刀具，写出完整的加工步序和程序，毛坯为铝棒，要求循环起始点在 A（46，3），X 方向精加工余量为 0.4mm，Z 方向精加工余量为 0.1mm，其中点划线部分为工件毛坯，最后切断。

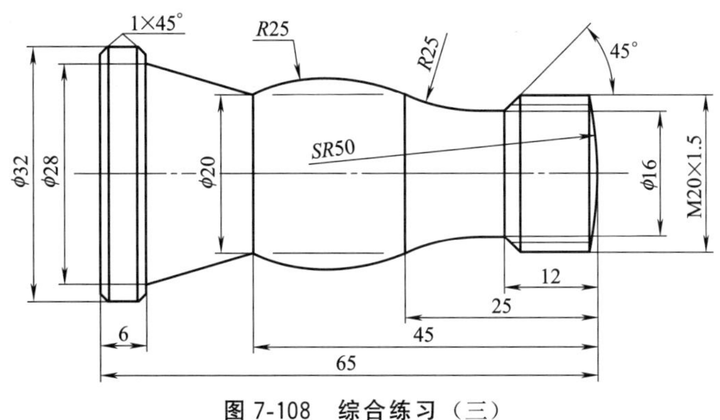

图 7-108　综合练习（三）

④ 编制如图 7-109 所示零件的加工程序：选择刀具，写出完整的加工步序和程序，毛坯为铝棒，要求循环起始点在 A（46，3），X 方向精加工余量为 0.4mm，Z 方向精加工余量为

0.1mm，其中点划线部分为工件毛坯，最后切断。

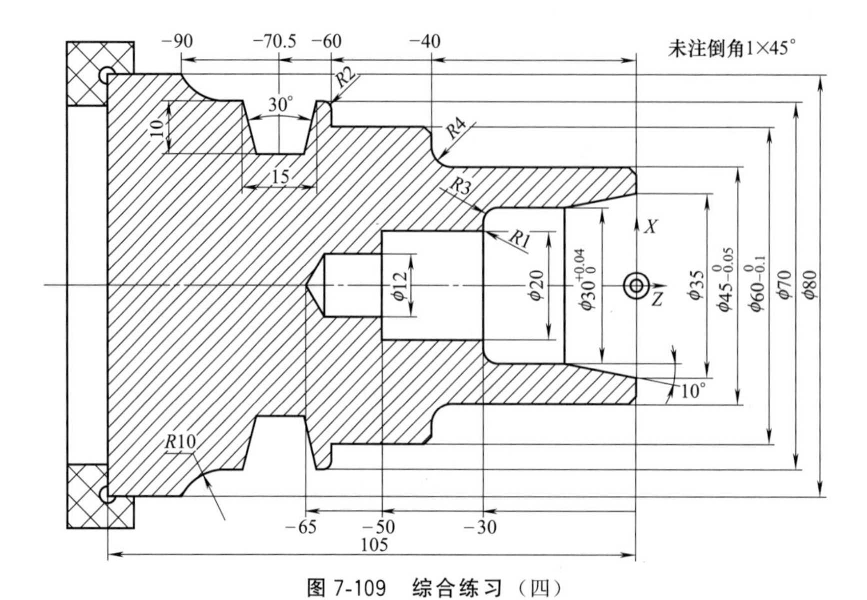

图 7-109 综合练习（四）

8 第8章　数控铣床（加工中心）加工工艺

数控铣削是数控加工中加工箱体零件、复杂曲面的加工方法。本章介绍数控铣削工艺拟订的过程、工序的划分方法、工序顺序的安排和进给路线的确定等工艺知识，数控铣床和加工中心常用的工装夹具，数控铣削用刀具类型和选用，选择切削用量等。图 8-1 所示为正在进行的铣削加工。

图 8-1　铣削加工

8.1 加工工艺分析

8.1.1　数控铣床加工工艺分析

(1) 数控铣削的主要加工对象

表 8-1 详细描述了数控铣削的主要加工对象。

表 8-1 数控铣削的主要加工对象

序号	数控铣削加工对象	详细说明
1	平面类零件	加工面平行或垂直于水平面，或加工面与水平面的夹角为定角的零件称为平面类零件，如图 8-2 所示。其特点是各个加工面是平面或可以展开成平面 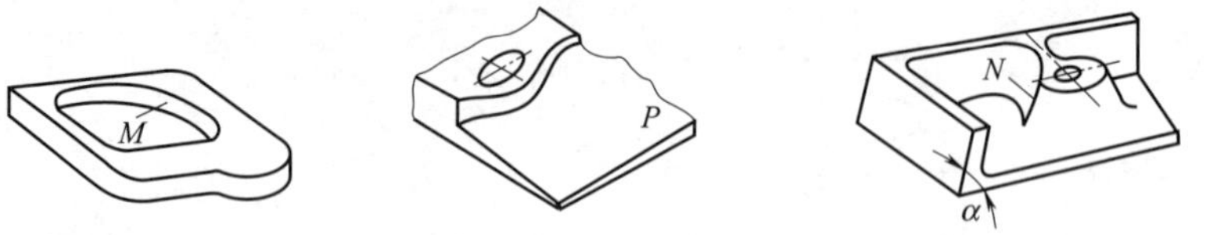 M　P　N　α (a) 带平面轮廓的平面零件　(b) 带斜平面的平面零件　(c) 带正圆台和斜筋的平面零件 图 8-2 平面类零件
2	变斜角类零件	加工面与水平面的夹角呈连续变化的零件称为变斜角类零件，如图 8-3 所示。变斜角类零件的变斜角加工面不能展开为平面，但在加工中，加工面与铣刀圆周接触的瞬间为一条线。最好采用四轴或五轴联动数控铣床摆角加工 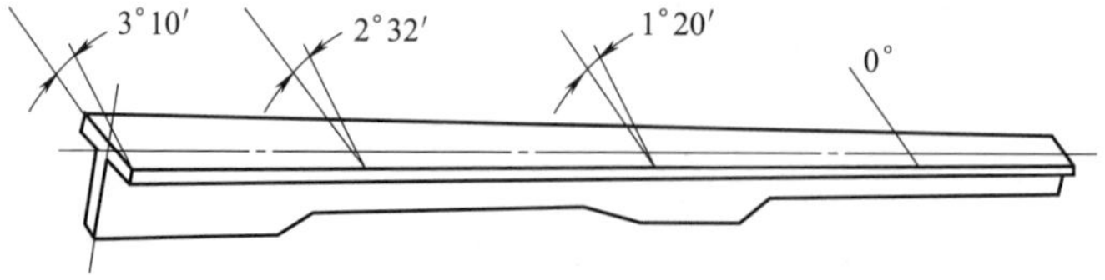 3°10′　2°32′　1°20′　0° 图 8-3 变斜角类零件
3	曲面类零件	加工面为空间曲面的零件称为曲面类零件，如图 8-4 所示的叶轮即为曲面类零件。曲面类零件的加工面不能展开为平面，加工时加工面与铣刀始终为点接触。一般采用三轴联动数控铣床加工；当曲面较复杂、通道较狭窄，会伤及相邻表面及需刀具摆动时，要采用四轴甚至五轴联动数控铣床加工  图 8-4 叶轮
4	箱体类零件	一般是指具有孔系和平面，内部有一定型腔，在长、宽、高方向有一定比例的零件，如图 8-5 所示  图 8-5 箱体类零件

续表

序号	数控铣削加工对象	详 细 说 明
5	异形件外形不规则的零件	大多要采用点、线、面多工位混合加工，如图 8-6 所示 图 8-6 异形零件

(2) 数控机床铣削加工内容的选择

表 8-2 详细描述了数控铣削加工的内容。

表 8-2 数控铣削加工的内容

序号	数控铣削内容选择	详 细 说 明
1	数控铣削加工的内容	①工件上的内、外曲线轮廓，特别是由数学表达式给出的非圆曲线与列表曲线等曲线轮廓 ②已给出数学模型的空间曲线 ③形状复杂、尺寸繁多、划线与检测困难的部位 ④用通用铣床加工时难以观察、测量和控制进给的内、外凹槽 ⑤以尺寸协调的高精度孔或面；能在一次安装中顺带铣出来的简单表面或形状 ⑥采用数控铣削能成倍提高生产率，大大减轻体力劳动的一般加工内容
2	不宜采用数控铣削加工的内容	①需要进行长时间占机和进行人工调整的粗加工内容，如以毛坯粗基准定位划线找正的加工 ②必须按专用工装协调的加工内容（如标准样件、协调平板、胎模等） ③毛坯上的加工余量不太充分或不太稳定的部位 ④简单的粗加工面 ⑤必须用细长铣刀加工的部位，一般指狭长深槽或高筋板的小转接圆弧部位

(3) 数控铣削加工零件的结构工艺性分析

表 8-3 详细描述了数控铣削加工零件的结构工艺性分析。

表 8-3 数控铣削加工零件的结构工艺性分析

序号	加工零件的结构工艺性分析	详 细 说 明
1	零件图样的尺寸	零件图样尺寸的正确标注构成零件轮廓的几何元素（点、线、面）的相互关系（如相切、相交、垂直和平行等）要正确标注
2	保证获得要求的加工精度	检查零件的加工要求，如尺寸加工精度、形位公差及表面粗糙度在现有的加工条件下是否可以得到保证，是否还有更经济的加工方法或方案
3	零件内腔外形的尺寸统一	尽量统一零件轮廓内圆弧的有关尺寸，这样不但可以减少换刀次数，还有可能应用零件轮廓加工的专用程序 ①内槽圆弧半径 R 的大小决定着刀具直径的大小，所以内槽圆弧半径 R 不应太小，工件圆角的大小决定着刀具直径的大小，如果刀具直径过小，在加工平面时，进给的次数会相应增多，影响生产率和表面加工质量，如图 8-7 所示。一般，当 $R<0.2H$（H 为被加工轮廓面的最大高度）时，可以判定零件上该部位的工艺性不好 ②铣削零件槽底平面时，槽底平面圆角或底板与筋板相交处的圆角半径 r 不要过大，如图 8-8 所示。因为铣刀与铣削平面接触的最大直径为 $d=D-2r$，D 为铣刀直径，当 D 越大而 r 越小时，铣刀端刃铣削平面的面积越大，加工平面的能力越强，铣削工艺性当然也越好；反之，r 越大，铣刀端刃铣削平面的能力越差，效率越低，工艺性也越差

续表

序号	加工零件的结构工艺性分析	详细说明
3	零件内腔外形的尺寸统一	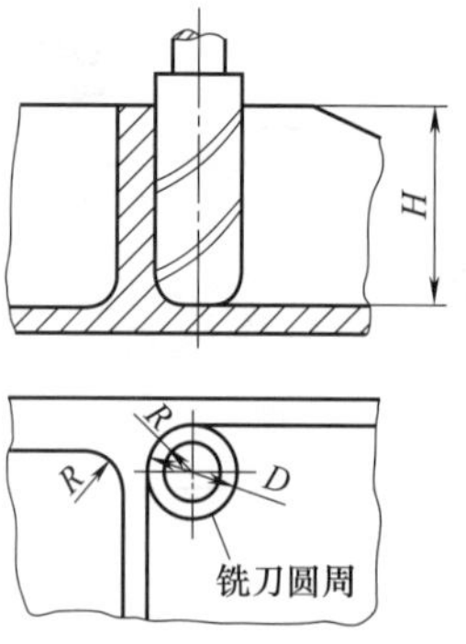 图 8-7 筋板高度与内孔的转接圆弧对零件铣削工艺性的影响 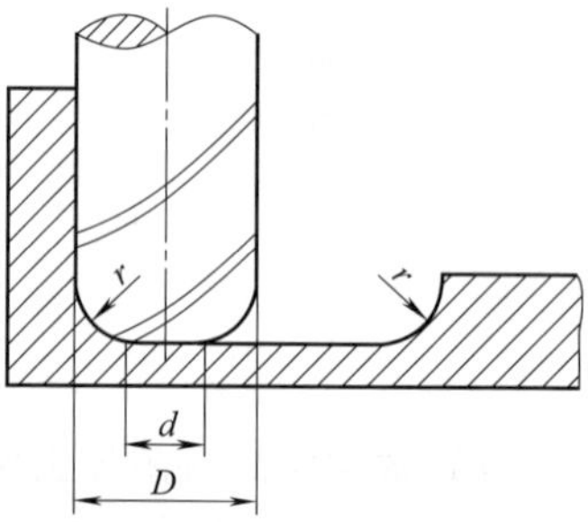 图 8-8 零件底面与筋板的转接圆弧对零件铣削工艺性的影响
4	保证基准统一	最好采用统一基准定位,零件应有合适的孔作为定位基准孔,也可以专门设置工艺孔作为定位基准。若无法制出工艺孔,则至少也要用精加工表面作为统一基准,以减少二次装夹产生的误差
5	分析零件的变形情况	零件在数控铣削加工中变形较大时,就应当考虑采取一些必要的工艺措施进行预防

(4) 数控铣削零件毛坯的工艺性分析

表 8-4 详细描述了数控铣削零件毛坯的工艺性分析。

表 8-4 数控铣削零件毛坯的工艺性分析

序号	零件毛坯的工艺性分析	详细说明
1	毛坯的加工余量	毛坯应有充分的加工余量,稳定的加工质量。毛坯主要指锻、铸件,其加工面均应有较充分的余量
2	分析毛坯的装夹适应性	主要考虑毛坯在加工时定位和夹紧的可靠性与方便性,以便充分发挥数控铣削在一次安装中加工出较多待加工面。对于不便装夹的毛坯,可考虑在毛坯上另外增加装夹余量或工艺凸台来定位与夹紧,也可以制出工艺孔或另外准备工艺凸耳来特制工艺孔作为定位基准,如图 8-9 所示 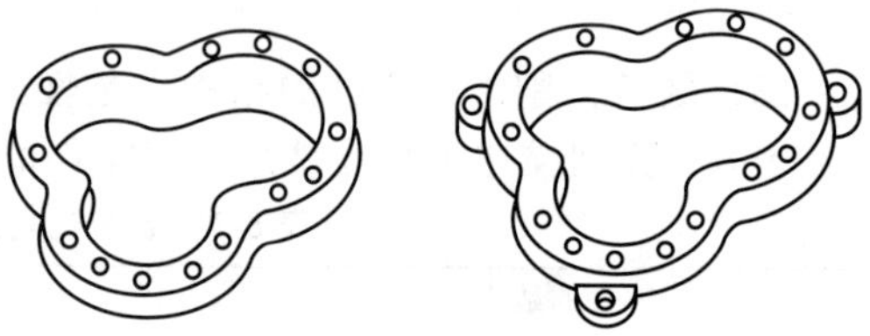 图 8-9 增加毛坯辅助基准
3	分析毛坯的余量大小及均匀性	
4	尽量统一零件轮廓内圆弧的有关尺寸	主要考虑在加工时是否要分层切削,分几层切削。也要分析加工中与加工后的变形程度,考虑是否采取预防性措施与补救措施

8.1.2 数控铣床加工工艺路线的拟订

(1) 数控铣削加工方案的选择

表 8-5 详细描述了数控铣削加工方案的选择。

(2) 进给路线的确定

表 8-6 详细描述了数控铣削进给路线的确定。

表 8-5　数控铣削加工方案的选择

序号	加工方案的选择	详细说明
1	平面轮廓的加工方法	这类零件的表面多由直线和圆弧或各种曲线构成，通常采用三轴数控铣床进行两轴半坐标加工，如图 8-10 所示 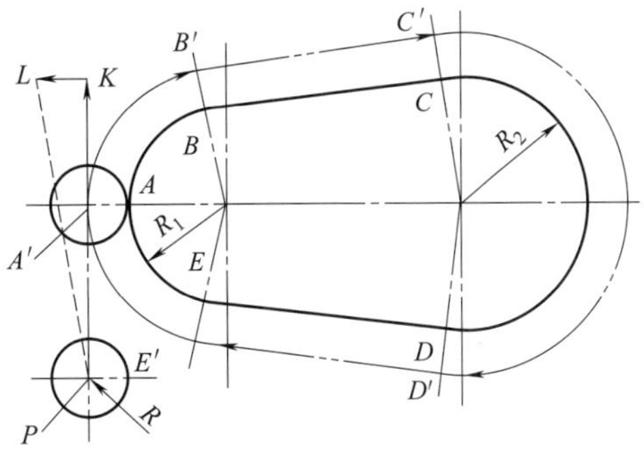 图 8-10　平面轮廓铣削
2	固定斜角平面的加工方法	固定斜角平面是与水平面成一固定夹角的斜面，常用的加工方法如下： 当零件尺寸不大时，可用斜垫板垫平后加工；如果数控铣床主轴可以摆角，则可以摆成适当的定角，用不同的刀具来加工，如图 8-11 所示。当零件尺寸很大、斜面斜度又较小时，常用行切法加工，但加工后，会在加工面上留下残留面积，需要用钳修方法加以清除。用三轴数控铣床加工飞机整体壁板零件时常用此法。当然，加工斜面的最佳方法是采用五轴数控铣床，主轴摆角后加工，可以不留残留面积 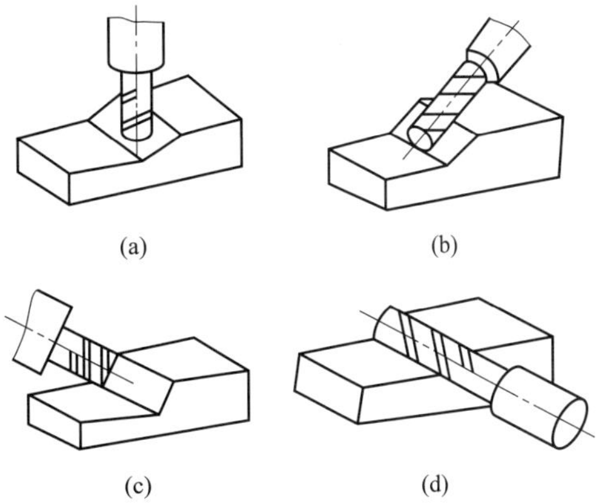 (a)　(b)　(c)　(d) 图 8-11　主轴摆角加工固定斜面 对于图 8-11(c)所示的正圆台和斜筋表面，一般可采用专用的角度成形铣刀加工。其效果比采用五轴数控铣床摆角加工好
3	变斜角面的加工方法	对曲率变化较小的变斜角面，用四轴联动的数控铣床，采用立铣刀(但当零件斜角过大，超过机床主轴摆角范围时，可用角度成形铣刀加以弥补)以插补方式摆角加工 对曲率变化较大的变斜角面，用四轴联动机床加工难以满足加工要求，最好用五轴联动数控铣床，以圆弧插补方式摆角加工 采用三轴数控铣床两坐标联动，利用球头铣刀和鼓形铣刀，以直线或圆弧插补方式进行分层铣削加工，加工后的残留面积用钳修方法清除
4	曲面轮廓的加工方法	对于曲率变化不大和精度要求不高的曲面，常用两轴半的行切法进行粗加工，即 X、Y、Z 三轴中任意两轴作联动插补，第三轴作单独的周期进给 对于曲率变化较大和精度要求较高的曲面，常用 X、Y、Z 三轴联动插补的行切法进行精加工 对于像叶轮、螺旋桨这样的零件，因其叶片形状复杂，刀具容易与相邻表面干涉，常用五轴联动机床加工

表 8-6　数控铣削进给路线的确定

序号	进给路线的确定	详细说明
1	顺铣和逆铣的进给路线	铣削有顺铣和逆铣两种方式。顺铣在铣削加工中，铣刀的走刀方向与在切削点的切削分力方向相同；而逆铣则在铣削加工中，铣刀的走刀方向与在切削点的切削分力方向相反。当工件表面无硬皮、机床进给机构无间隙时，应选用顺铣，按照顺铣安排进给路线。顺铣加工时，零件已加工表面质量好，刀齿磨损小。精铣时，尤其是零件材料为铝镁合金、钛合金或耐热合金时，应尽量采用顺铣。当工件表面有硬皮、机床的进给机构有间隙时，应选用逆铣，按照逆铣安排进给路线。逆铣时，刀齿是从已加工表面切入的，不会崩刀；机床进给机构的间隙不会引起振动和爬行

续表

序号	进给路线的确定	详细说明
2	铣削外轮廓的进给路线	铣削平面零件的外轮廓时，一般采用立铣刀侧刃切削。刀具切入工件时，应避免沿零件外轮廓的法向切入，而应沿切削起始点的延伸线逐渐切入工件，保证零件曲线的平滑过渡。同理，在切离工件时，也应避免在切削终点处直接抬刀，要沿着切削终点的延伸线逐渐切离工件，如图 8-12 所示 当用圆弧插补方式铣削外整圆时，如图 8-13 所示，要安排刀具从切向进入圆周铣削加工；当整圆加工完毕后，不要在切点处直接退刀，而应让刀具沿切线方向多运动一段距离，以免取消刀补时，刀具与工件表面相碰，造成工件报废 图 8-12　铣削外表面轮廓的切入与切出 图 8-13　外圆铣削
3	铣削内轮廓的进给路线	铣削封闭的内轮廓表面时，若内轮廓曲线不允许外延，如图 8-14 所示，刀具只能沿内轮廓曲线的法向切入、切出，此时刀具的切入、切出点应尽量选在内轮廓曲线两几何元素的交点处 当内部几何元素相切无交点时，如图 8-15 所示，为防止刀补取消时在轮廓拐角处留下凹口[图 8-15(a)]，刀具切入、切出点应远离拐角[图 8-15(b)] 当用圆弧插补方式铣削内圆弧时也要遵循从切向切入、切出的原则，最好安排从圆弧过渡到圆弧的加工路线，如图 8-16 所示，以提高内孔表面的加工精度和质量 图 8-14　铣削内轮廓加工刀具的切入与切出 图 8-15　无交点内轮廓加工刀具的切入和切出 图 8-16　内圆铣削

续表

序号	进给路线的确定	详细说明
4	铣削内槽的进给路线	内槽是指以封闭曲线为边界的平底凹槽。一律用平底立铣刀加工，刀具圆角半径应符合内槽的图样要求。图 8-17 所示为加工内槽的三种进给路线。图 8-17(a)和图 8-17(b)所示分别为用行切法和环切法加工内槽的路线 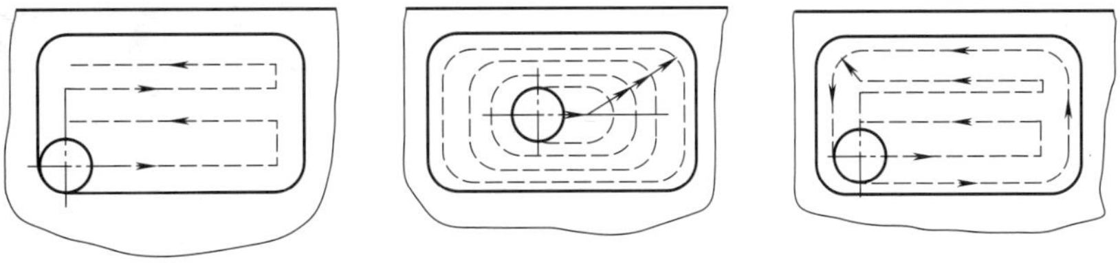 (a) (b) (c) 图 8-17 内槽加工的进给路线 两种进给路线的共同点是：都能切净内腔中的全部面积，不留死角，不伤轮廓，同时尽量减少重复进给的搭接量。它们的不同点是：行切法的进给路线比环切法的短，但行切法将在每两次进给的起点与终点间留下残留面积，而达不到所要求的表面粗糙度；用环切法获得的表面粗糙度要好于行切法，但环切法需要逐次向外扩展轮廓线，刀位点计算稍微复杂一些。采用图 8-17(c)所示的进给路线，即先用行切法切去中间部分余量，最后用环切法环切一刀光整轮廓表面，既能使总的进给路线较短，又能获得较好的表面粗糙度
5	铣削曲面轮廓的进给路线	铣削曲面时，常用球头刀采用行切法进行加工。所谓行切法是指刀具与零件轮廓的切点轨迹是一行一行的，而行间的距离是按零件加工精度的要求确定的 对于边界敞开的曲面加工，可采用两种加工路线，如图 8-18 所示发动机大叶片，当采用图 8-18(a)所示的加工方案时，每次沿直线加工，刀位点计算简单，程序少，加工过程符合直纹面的形成，可以准确保证母线的直线度。当采用图 8-18(b)所示的加工方案时，符合这类零件数据给出情况，便于加工后检验，叶形的准确度较高，但程序较多。由于曲面零件的边界是敞开的，没有其他表面限制，因此曲面边界可以延伸，球头刀应由边界外开始加工 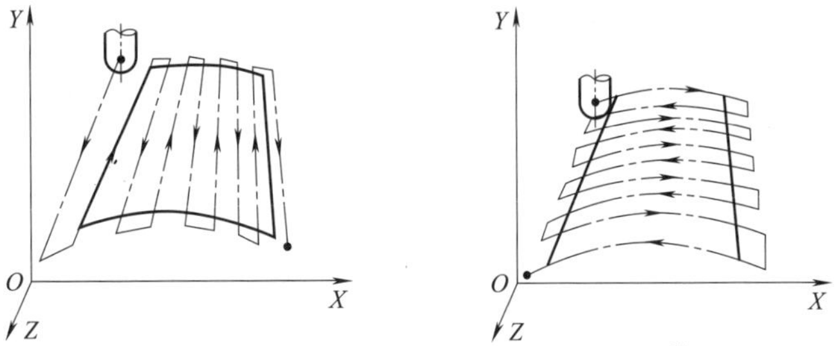 Y O X Z (a) Y O X Z (b) 图 8-18 曲面加工的进给路线 在走刀路线确定中要注意一些问题：轮廓加工中应避免进给停顿，否则会在轮廓表面留下刀痕；若在被加工表面范围内垂直下刀和抬刀，也会划伤表面。为提高工件表面的精度和减小表面粗糙度，可以采用多次走刀的方法，精加工余量一般以 0.2～0.5mm 为宜 选择工件在加工后变形小的走刀路线。对横截面积小的细长零件或薄板零件，应采用多次走刀加工达到最后尺寸，或采用对称去余量法安排走刀路线
6	孔系加工	孔系加工在保证尺寸要求的前提下，选择最短的加工路线 加工如图 8-19 所示零件上的四个孔，加工路线可采用两种方案，方案 1[图 8-19(a)]按照孔 1、孔 2、孔 3、孔 4 顺序完成，由于孔 4 与孔 1、孔 2、孔 3 的定位方向相反，X 轴的反向间隙会使定位误差增加，而影响孔 4 与其他孔的位置精度。方案 2[图 8-19(b)]，加工完孔 2 后，刀具向 X 轴反方向移动一段距离，超过孔 4 后，再折回来加工孔 4，由于定位方向一致，提高了孔 4 与其他孔的位置精度

续表

序号	进给路线的确定	详细说明
6	孔系加工	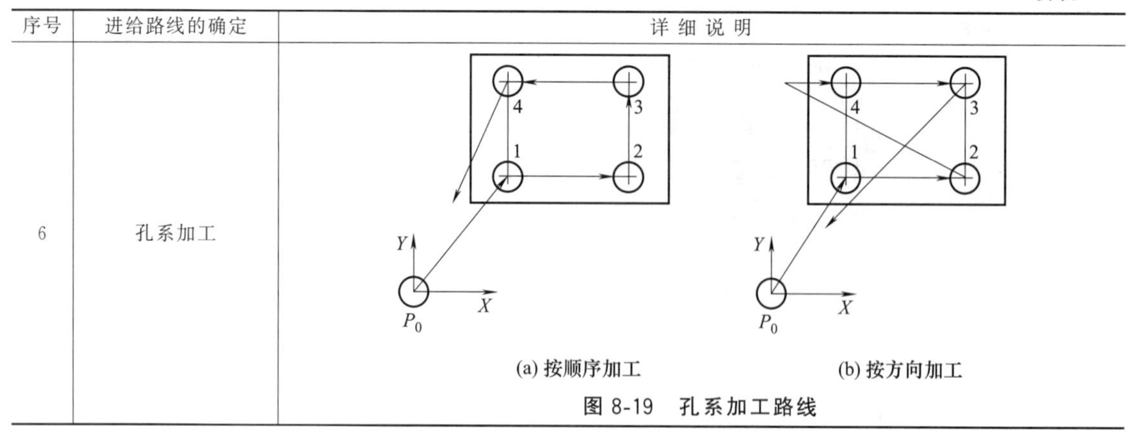(a) 按顺序加工　(b) 按方向加工 图 8-19　孔系加工路线

8.2 数控铣削常用的工装夹具

8.2.1 数控铣削对夹具的基本要求

实际上数控铣削加工时一般不要求很复杂的夹具，只要求有简单的定位、夹紧机构就可以了。其设计原理也与通用铣床夹具相同，结合数控铣削加工的特点，这里只提出几点基本要求，见表 8-7。

表 8-7　数控铣削对夹具的要求

序号	数控铣削对夹具的要求
1	为保持工件在本工序中所有需要完成的待加工面充分暴露在外，夹具要做得尽可能开敞，因此夹紧机构元件与加工面之间应保持一定的安全距离，同时要求夹紧机构元件的高度能低则低，以防止夹具与铣床主轴套筒或刀套、刃具在加工过程中发生碰撞
2	为保持零件安装方位与机床坐标系及编程坐标系方向的一致性，夹具应能保证在机床上实现定向安装，还要求能协调零件定位面与机床之间保持一定的坐标联系
3	夹具的刚度与稳定性要好。尽量不采用在加工过程中更换夹紧点的设计，当非要在加工过程中更换夹紧点时，要特别注意不能因更换夹紧点而破坏夹具或工件定位精度

8.2.2 常用夹具种类

表 8-8 详细描述了常用夹具种类。

表 8-8　常用夹具种类

序号	常用夹具种类	详细说明
1	万能组合夹具	该夹具适合于小批量生产或研制时的中、小型工件在数控铣床上进行铣削加工。图 8-20 所示为一种典型铣削的万能夹具  图 8-20　万能夹具

续表

序号	常用夹具种类	详细说明
2	专用铣削夹具	该夹具是特别为某一项或类似的几项工件设计制造的夹具，一般在年产量较大或研制时采用。其结构固定，仅适用于一个具体零件的具体工序。这类夹具设计时应力求简化，使制造时间尽可能缩短。图8-21所示为自行设计制造的卧式加工中心的专用夹具  图8-21　自行设计制造的卧式加工中心的专用夹具
3	多工位夹具	该夹具可以同时装夹多个工件，可减少换刀次数，也便于边加工边装卸工件，有利于缩短辅助时间、提高生产率，较适宜于中批量生产。图8-22所示为加工中心用的多工位弹性夹头液压夹具  图8-22　加工中心多工位弹性夹头液压夹具
4	气动或液压夹具	该夹具适用于生产批量较大，采用其他夹具又特别费工、费力的工件，能减轻工人劳动强度和提高生产率。但此类夹具结构较复杂，造价往往较高，而且制造周期较长。图8-23所示为典型的液压夹具  图8-23　液压夹具
5	通用铣削夹具	数控回转台(座)，一次安装工件，同时可从四面加工坯料；双回转台可用于加工在表面上成不同角度布置的孔，可进行五个方向的加工。图8-24所示为一种典型的数控回转台  图8-24　一种典型的数控回转台

8.2.3 常用夹具

表8-9详细描述了常用夹具。

表 8-9 常用夹具

序号	常用夹具	详细说明
1	机用平口钳	又称作机用虎钳或者台虎钳，常用来安装矩形和圆柱形工件，用扳手转动丝杠，通过丝杠螺母带动活动钳身移动，形成对工件的加紧与松开，如图 8-25 所示  图 8-25 机用平口钳 机用平口钳装配结构是将可拆卸的螺纹连接和销连接的铸铁合体；活动钳身的直线运动是由螺旋运动转变的；工作表面是螺旋副、导轨副及间隙配合的轴和孔的摩擦面。设计结构简练紧凑，夹紧力度强，易于操作使用。内螺母一般采用较强的金属材料，使夹持力保持更大，一般都会带有底盘，底盘带有 180°刻度线可以 360°平面旋转
2	压板	对于中型、大型和形状比较复杂的零件，一般采用压板将工件紧固在工作台台面上，压板装夹工件时所用的工具比较简单，主要是压板、垫铁、T 形槽螺栓、螺母等，为了满足不同形状零件的装夹需要，压板的形状种类也较多。图 8-26 所示为工作台上安装好的压板固定的工件  图 8-26 压板夹具
3	气动夹紧 通用虎钳	该系统夹具夹紧工件时由压缩空气使活塞移动，带动丝杠使钳口左移夹紧工件，如图 8-27 所示  图 8-27 气动夹紧通用虎钳
4	分度头	分度头是数控铣床常用的通用夹具之一，是安装在铣床上用于将工件分成任意等份的机床附件、利用分度刻度环和游标、定位销和分度盘以及交换齿轮，将装卡在顶尖间或卡盘上的工件分成任意角度，可将圆周分成任意等份，辅助机床利用各种不同形状的刀具进行各种沟槽、正齿轮、螺旋正齿轮、阿基米德螺线凸轮等的加工工作。分度头分为万能分度头、半万能分度头和等分分度头(一般分度头)。图 8-28 所示为一典型的万能分度头

续表

序号	常用夹具	详细说明
4	分度头	图 8-28 万能分度头

8.2.4 数控铣削夹具的选用原则

在选用夹具时，通常需要考虑产品的生产批量、生产效率、质量保证及经济性，选用时可参照下列原则，见表 8-10。

表 8-10 数控铣削夹具的选用原则

序号	数控铣削夹具的选用原则
1	在生产量小或研制时，应广泛采用万能组合夹具，只有在组合夹具无法解决工件的装夹时才考虑采用其他夹具
2	在小批量或成批生产时可考虑采用专用夹具，但应尽量简单
3	在生产批量较大时可考虑采用多工位夹具和气动、液压夹具
4	在选用夹具卡盘时，通常需要考虑产品的生产批量、生产效率、实用、卡盘安装方便、质量保证及经济性等

8.3 铣削用刀具的类型和选用

8.3.1 数控铣削刀具的基本要求

表 8-11 详细描述了数控铣削刀具的要求。

表 8-11 数控铣削刀具的要求

序号	常用夹具种类	详细说明
1	铣刀刚性强	一是为提高生产效率而采用大切削用量的需要；二是为适应数控铣床加工过程中难以调整切削用量的特点。当工件各处的加工余量相差悬殊时，通用铣床遇到这种情况很容易采取分层铣削方法加以解决，而数控铣削就必须按程序规定的走刀路线前进，遇到余量大时无法像通用铣床那样“随机应变”，除非在编程时能够预先考虑到，否则铣刀必须返回原点，用改变切削面高度或加大刀具半径补偿值的方法从头开始加工，多走几刀。但这样势必造成余量少的地方经常走空刀，降低了生产效率，如刀具刚性较好就不必这么办
2	铣刀耐用度要高	尤其是当一把铣刀加工的内容很多时，如刀具不耐用而磨损较快，就会影响工件的表面质量与加工精度，而且会增加换刀引起的调刀与对刀次数，也会使工作表面留下因对刀误差而形成的接刀台阶，降低工件的表面质量
3	其他	铣刀切削刃的几何角度参数的选择及排屑性能等也非常重要，切屑粘刀形成积屑瘤在数控铣削中是十分忌讳的

总之，根据被加工工件材料的热处理状态、切削性能及加工余量，选择刚性好、耐用度高的铣刀，是充分发挥数控铣床的生产效率和获得满意的加工质量的前提。

8.3.2 常用铣刀的种类

表 8-12 详细描述了常用铣刀的种类。

表 8-12 常用铣刀的种类

序号	铣刀	详细说明
1	面铣刀	如图 8-29 所示，面铣刀的圆周表面和端面上都有切削刃，端部切削刃为副切削刃。面铣刀多制成套式镶齿结构，刀齿材料为高速钢或硬质合金，刀体材料为 40Cr 面铣刀主要用于面积较大的平面铣削和较平坦的立体轮廓的多坐标加工。高速钢面铣刀按国家标准规定，直径 $d=80\sim250$mm，螺旋角 $\beta=10°$，刀齿数 $z=10\sim26$ 硬质合金面铣刀与高速钢铣刀相比，铣削速度较高、加工效率高、加工表面质量也较好，并可加工带有硬皮和淬硬层的工件，故得到广泛应用。硬质合金面铣刀按刀片和刀齿的安装方式，可分为整体焊接式（图 8-30）、机夹焊接式（图 8-31）和可转位式三种（图 8-32）。  图 8-29 面铣刀 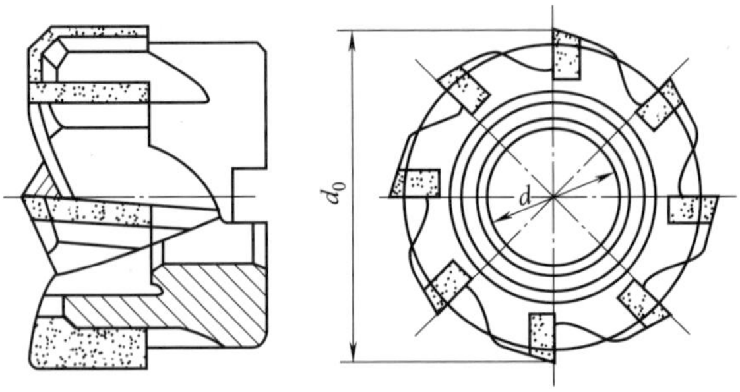 图 8-30 整体焊接式硬质合金面铣刀 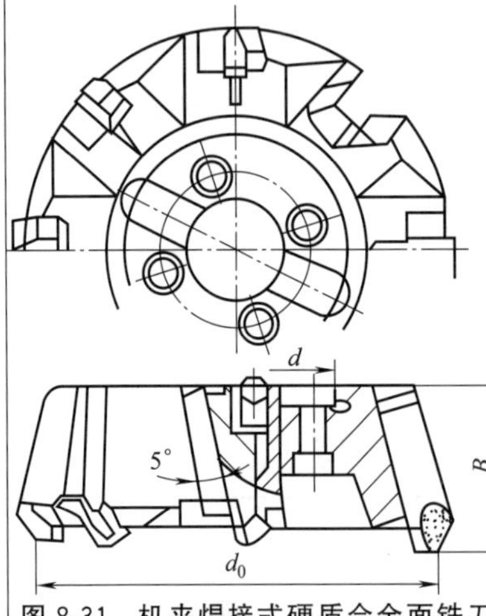 图 8-31 机夹焊接式硬质合金面铣刀 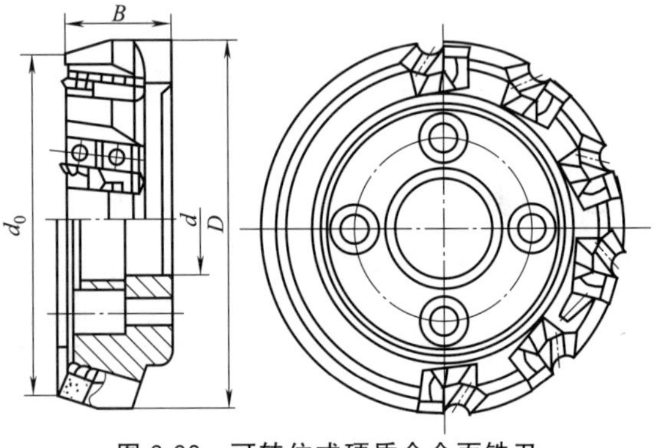 图 8-32 可转位式硬质合金面铣刀
2	立铣刀	立铣刀也称为圆柱铣刀，广泛用于加工平面类零件。立铣刀的圆柱表面和端面上都有切削刃，它们可同时进行切削，也可单独进行切削。立铣刀圆柱表面的切削刃为主切削刃，端面上的切削刃为副切削刃。主切削刃一般为螺旋齿形的，这样可以增加切削平稳性，提高加工精度。一种先进的结构为切削刃是波形的，其特点是排屑更流畅，切削厚度更大，利于刀具散热且延长了刀具寿命，且刀具不易产生振动 立铣刀按端部切削刃的不同可分为过中心刃和不过中心刃两种。过中心刃立铣刀可直接轴向进刀。不过中心刃立铣刀的端面中心处无切削刃，所以它不能作轴向进给，端面刃主要用来加工与侧面相垂直的底平面。端铣刀除用其端刃铣削外，也常用其侧刃铣削，有时端刃、侧刃同时进行铣削，端铣刀也可称为圆柱铣刀（图 8-33） 立铣刀按齿数可分为粗齿、中齿、细齿三种。为了改善切屑卷曲情况，增大容屑空间，防止切屑堵塞，刀齿数比较少，容屑槽圆弧半径则较大。一般粗齿立铣刀齿数 $z=3\sim4$，细齿立铣刀齿数 $z=5\sim8$，套式结

续表

序号	铣刀	详细说明
2	立铣刀	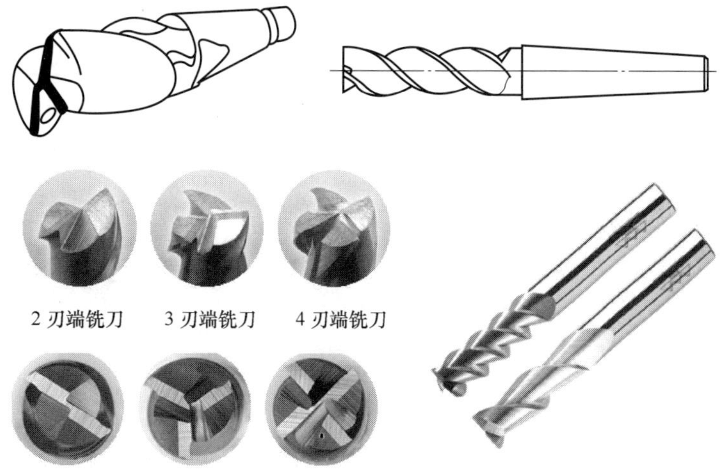 2刃端铣刀　3刃端铣刀　4刃端铣刀 图 8-33　端铣刀 构齿数 $z=10\sim20$,容屑槽圆弧半径 $r=2\sim5$mm。当立铣刀直径较大时,还可制成不等齿距结构,以增强抗振作用,使切削过程平稳。立铣刀按螺旋角大小可分为30°、40°、60°等几种形式。标准立铣刀的螺旋角 β 有40°～45°(粗齿)和60°～65°(细齿),套式结构立铣刀的 β 为15°～25° 直径较小的立铣刀,一般制成带柄形式。$\phi2\sim71$mm的立铣刀制成直柄;$\phi6\sim66$mm的立铣刀制成莫氏锥柄;$\phi25\sim80$mm的立铣刀制成7∶24锥柄,内有螺孔用来拉紧刀具直径大于 $\phi40\sim160$mm的立铣刀可做成套式结构
3	模具铣刀	模具铣刀由立铣刀发展而成,它是加工金属模具型面的铣刀的统称,可分为圆锥形立铣刀(圆锥半角为3°、5°、7°、10°)、圆柱形球头立铣刀和圆锥形球头立铣刀三种,其柄部有直柄、削平型直柄和莫氏锥柄,如图8-34所示 它的结构特点是球头或端面上布满了切削刃,圆周刃与球头刃圆弧连接,可以作径向和轴向进给。铣刀工作部分用高速钢或硬质合金制造,国家标准规定直径 $d=4\sim66$mm。小规格的硬质合金模具铣刀多制成整体结构,$\phi16$mm以上直径的制成焊接式或机夹可转位式刀片结构  图 8-34　模具铣刀
4	键槽铣刀	键槽铣刀有两个刀齿,圆柱面和端面上都有切削刃,端面刃延至中心,既像立铣刀,又像钻头。用键槽铣刀铣削键槽时,先轴向进给达到槽深,然后沿键槽方向铣出键槽全长。由于切削力会引起刀具和工件的变形,一次走刀铣出的键槽形状误差较大,槽底与槽边一般不是直角,因此,通常采用两步法铣削键槽,即先用小号铣刀粗加工出键槽,然后以逆铣方式精加工四周,可得到真正的直角。如图8-35所示为键槽铣刀 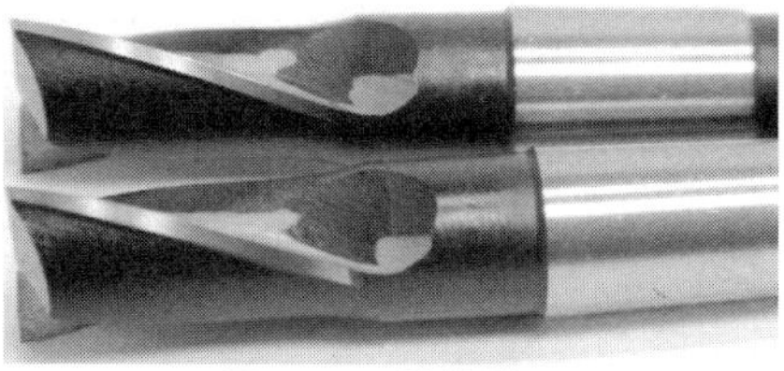 图 8-35　键槽铣刀 直柄键槽铣刀直径 $d=2\sim22$mm,锥柄键槽铣刀直径 $d=14\sim50$mm。键槽铣刀直径加工时控制刀具上下位置,相应改变刀刃的切削部位,可以在工件上切出从负到正的不同斜角。R 越小,鼓形铣刀所能加工的斜角范围越广,但所获得的表面质量也越差。这种刀具的缺点是刃磨困难,切削条件差。它不适于加工有底的轮廓表面,主要用于对变斜角面的近似加工
5	成形铣刀	成形铣刀一般都是为特定的工件或加工内容专门设计制造的,适用于平面类零件的特定形状(如角度面、凹槽面等)的加工,也适用于特形孔或台的加工。如图8-36所示为几种常用的成形铣刀

续表

序号	铣刀	详细说明
5	成形铣刀	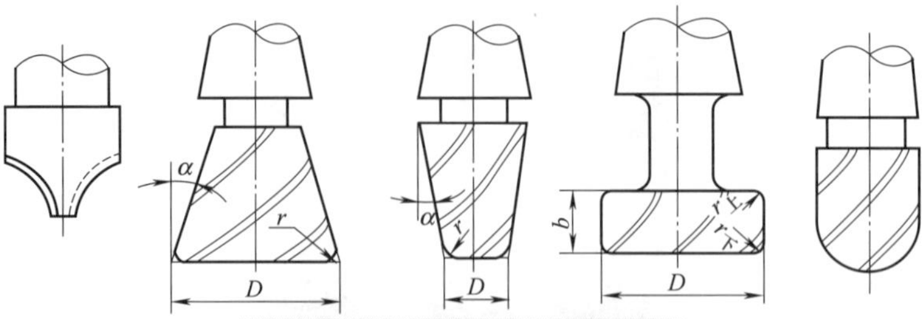 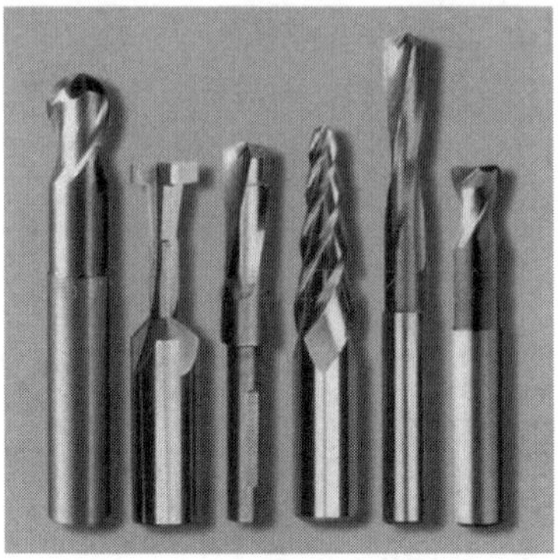 图 8-36　几种常用的成形铣刀
6	锯片铣刀	锯片铣刀可分为中小型规格的锯片铣刀和大规格的锯片铣刀(GB/T 6130—2001),数控铣床和加工中心主要用中小型规格的锯片铣刀。锯片铣刀主要用于大多数材料的切槽、切断、内外槽铣削、组合铣削、缺口实验的槽加工、齿轮毛坯的粗齿加工等。如图 8-37 所示为锯片铣刀  图 8-37　锯片铣刀
7	球头铣刀	球头铣刀适用于加工空间曲面零件,有时也用于平面类零件较大的转接凹圆弧的补加工,如图 8-38 所示 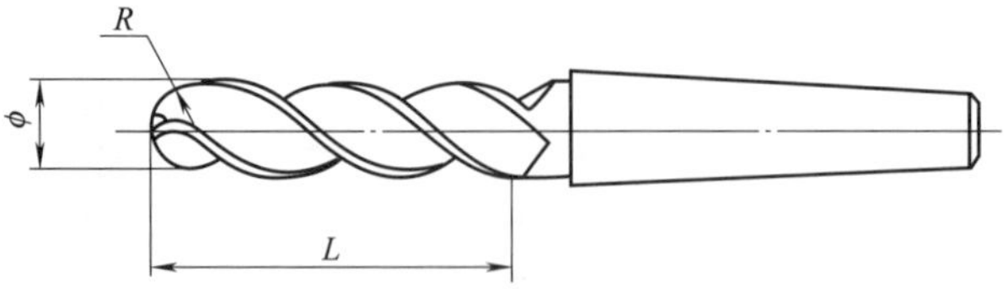 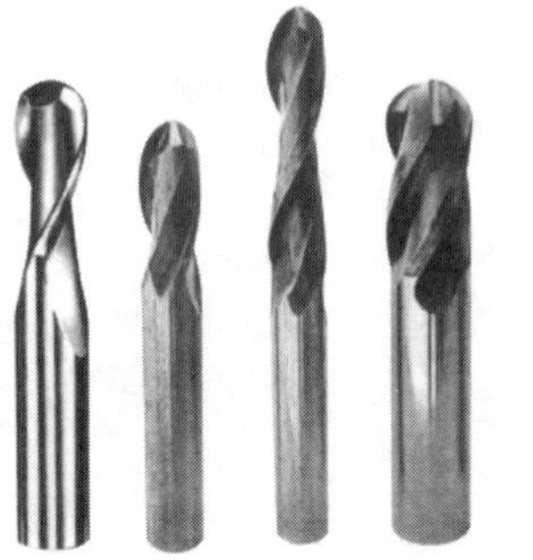 图 8-38　球头铣刀

续表

序号	铣刀	详细说明
8	螺纹刀	如图 8-39 所示为螺纹铣刀，主要用于工件中螺纹的攻牙、攻螺纹的操作 图 8-39　螺纹铣刀

除上述几种类型的铣刀外，数控铣床也可使用各种通用铣刀。但因不少数控铣床的主轴内有特殊的拉刀装置，或因主轴内孔锥度有别，须配制过渡套和拉杆。

8.3.3　铣削刀具的选择

(1) 铣削用刀具的选择

表 8-13 详细描述了铣削用刀具的选择。

表 8-13　铣削用刀具的选择

序号	铣削用刀具的选择
1	铣削平面时，应选硬质合金片铣刀
2	铣削凸台和凹槽时，选高速钢立铣刀
3	加工余量小，并且要求表面粗糙度较低时，多采用镶立方氮化硼刀片或镶陶瓷刀片的端铣刀
4	铣削毛坯表面或孔的粗加工，可选镶硬质合金的玉米铣刀进行强力切削
5	铣削较大的平面应选择面铣刀
6	铣削平面类零件的周边轮廓、凹槽、较小的台阶面应选择立铣刀
7	铣削空间曲面、模具型腔或凸模成形表面等多选用模具铣刀
8	铣削封闭的键槽选用键槽铣刀
9	铣削变斜角零件的变斜角面应选用鼓形铣刀
10	铣削立体型面和变斜角轮廓外形常采用球头铣刀、鼓形铣刀
11	铣削各种直的或圆弧形的凹槽、斜角面、特殊孔等应选用成形铣刀

(2) 铣刀主要参数的选择

下面以面铣刀为例介绍铣刀主要参数的选择。

标准的可转位面铣刀的直径为 ϕ16～660mm，铣刀直径（一般比切宽大 20%～50%）尽量包容工件整个加工宽度。粗铣时，铣刀直径要小些；精铣时，铣刀直径要大些，尽量包容工件整个加工宽度。为了获得最佳的切削效果，推荐采用不对称铣削位置。另外，为延长刀具寿命宜采用顺铣。

可转位面铣刀有粗齿、中齿和密齿三种。粗齿铣刀容屑空间较大，常用于粗铣钢件；粗铣带断续表面的铸件和在平稳条件下铣削钢件时，可选用中齿铣刀；密齿铣刀的每齿进给量较小，主要用于加工薄壁铸件。

用于铣削的切削刃槽形和性能都较好，很多新型刀片都有用于轻型、中型和重型加工的基本槽形。

前角的选择原则与车刀的基本相同，只是由于铣削时有冲击，因此前角数值一般比车刀的略小，尤其是硬质合金面铣刀，前角数值减小得更多些。铣削强度和硬度都较高的材料时，可选用负前角的刀刃，前角的数值主要根据工件材料和刀具材料来选择。

铣刀的磨损主要发生在后刀面上，因此适当加大后角，可减少铣刀磨损。后角常取为 $\alpha_0=5°\sim12°$，工件材料软时后角取大值，工件材料硬时后角取小值；粗齿铣刀的后角取小值，细齿铣刀的后角取大值。铣削时冲击力大，为了保护刀尖，硬质合金面铣刀的刃倾角常取 $\lambda_s=5°\sim-15°$。只有在铣削低强度材料时，取 $\lambda_s=5°$。主偏角 κ_r 在 45°～90°范围内选取，铣削铸铁常用 45°，铣削一般钢材常用 75°，铣削带凸肩的平面或薄壁零件时要用 90°。

8.3.4 切削用量选择

切削用量包括主轴转速(切削速度)、切削深度、进给速度。切削用量选择的原则是:粗加工为了提高生产率,首先选择一个尽可能大的切削深度,其次选择一个较大的进给速度,最后确定一个合适的主轴转速;精加工时为了保证加工精度和表面粗糙度要求,选用较小的切削深度、进给速度和较大的主轴转速。具体数值应根据机床说明书中规定的要求以及刀具耐用度,并结合实际经验采用类比法来确定。

(1) 切削三要素选择的原则

表 8-14 详细描述了切削三要素选择的原则。

表 8-14 切削三要素选择的原则

序号	切削三要素	选择的原则
1	切削深度	在机床、夹具、刀具、零件等刚度允许的条件下,尽可能选较大的切削深度,以减少走刀次数,提高生产率。对于表面粗糙度和精度要求高的零件,要留有足够的精加工余量,一般取 0.1~0.5mm
2	主轴转速	根据允许的切削速度来选择
3	进给速度	进给速度是切削用量中的一个重要参数,通常根据零件加工精度及表面粗糙度要求来选择,要求较高时,进给速度应选取得小一些

(2) 相关切削用量简表

① 表 8-15 所示为 ϕ8~20mm 高速钢立铣刀粗铣切削用量参考值。

表 8-15 ϕ8~20mm 高速钢立铣刀粗铣切削用量参考值

序号	直径/mm	刀槽数	铝				钢			
			转速/(r/min)	切削速度/(m/min)	进给速度/(mm/min)	每齿进给量/mm	转速/(r/min)	切削速度/(m/min)	进给速度/(mm/min)	每齿进给量/mm
1	8	2	5000	126	500	0.05	1000	25	100	0.05
2	10	2	4100	129	490	0.06	820	26	82	0.05
3	12	2	3450	130	470	0.07	690	26	84	0.06
4	14	2	3000	132	440	0.07	600	26	80	0.07
5	16	2	2650	133	420	0.08	530	27	76	0.07
6	20	2	2200	136	400	0.09	430	27	75	0.08

② 表 8-16 所示为硬质合金面铣刀加工平面时的切削用量。

表 8-16 硬质合金面铣刀加工平面时的切削用量

序号	材料:45 钢	表面质量要求/μm	进给量	切削速度/(m/min)
1	粗铣	—	0.12~0.18mm/齿	160~180
2	精铣	*Ra*3.2	0.5~0.8mm/r	200~220
		*Ra*1.6	0.4~0.6mm/r	200~220
		*Ra*0.8	0.2~0.3mm/r	200~220

③ 表 8-17 所示为涂层硬质合金铣刀的切削用量。

表 8-17 涂层硬质合金铣刀的切削用量

序号	状态	硬度	铣削深度 a_p/mm	端铣平面		铣侧面和槽	
				进给量/(mm/齿)	切削速度/(m/min)	进给量/(mm/齿)	切削速度/(m/min)
1	正火 退火 热轧	175~225HBS	1	0.20	250	0.13	190
			4	0.30	190	0.18	140
			8	0.40	150	0.23	110

注:铣削端面时切削深度为轴向切削深度,铣削侧面时切削深度为径向切削深度。

④ 表 8-18 为高速钢钻头切削用量选择表。

表 8-18 高速钢钻头切削用量选择表

序号	钻头直径 d_0 /mm	钻孔的进给量/(mm/r)				
		钢 σ_b<800MPa	钢 σ_b=800～1000 MPa	钢 σ_b>1000 MPa	铸铁、铜及铝合金硬度≤200HB	铸铁、铜及铝合金硬度>200HB
1	≤2	0.05～0.06	0.04～0.05	0.03～0.04	0.09～0.11	0.05～0.07
2	2～4	0.08～0.10	0.06～0.08	0.04～0.06	0.18～0.22	0.11～0.13
3	4～6	0.14～0.18	0.10～0.12	0.08～0.10	0.27～0.33	0.18～0.22
4	6～8	0.18～0.22	0.13～0.15	0.11～0.13	0.36～0.44	0.22～0.26
5	8～10	0.22～0.28	0.17～0.21	0.13～0.17	0.47～0.57	0.28～0.34
6	10～13	0.25～0.31	0.19～0.23	0.15～0.19	0.52～0.64	0.31～0.39
7	13～16	0.31～0.37	0.22～0.28	0.18～0.22	0.61～0.75	0.37～0.45
8	16～20	0.35～0.43	0.26～0.32	0.21～0.25	0.70～0.86	0.43～0.53
9	20～25	0.39～0.47	0.29～0.35	0.23～0.29	0.78～0.96	0.47～0.56
10	25～30	0.45～0.55	0.32～0.40	0.27～0.33	0.9～1.1	0.54～0.66
11	30～50	0.60～0.70	0.40～0.50	0.30～0.40	1.0～1.2	0.70～0.80

注：1. 表列数据适用于在大刚性零件上钻孔，精度在 H12～H13 级以下（或自由公差），钻孔后还用钻头、扩孔钻或镗刀加工，在下列条件下需乘修正系数：

① 在中等刚性零件上钻孔（箱体形状的薄壁零件、零件上薄的突出部分钻孔）时，乘系数 0.75；

② 钻孔后要用铰刀加工的精确孔，低刚性零件上钻孔，斜面上钻孔，钻孔后用丝锥攻螺纹的孔，乘系数 0.50。

2. 钻孔深度大于 3 倍直径时应乘修正系数。

孔深度（孔深以直径的倍数表示）	$3d_0$	$5d_0$	$7d_0$	$10d_0$
修正系数 K_{lf}	1.0	0.9	0.8	0.75

3. 为避免钻头损坏，当刚要钻穿时应停止自动走刀而改用手动走刀。

⑤ 表 8-19 为硬质合金钻头切削用量选择表。

表 8-19 硬质合金钻头切削用量选择表

序号	钻头直径 d_0/mm	钻孔的进给量/(mm/r)						
		σ_b550～850MPa①	淬硬钢硬度≤40HRC	淬硬钢硬度为40HRC	淬硬钢硬度为55HRC	淬硬钢硬度为64HRC	铸铁硬度≤170HB	铸铁硬度>170HB
1	≤10	0.12～0.16	0.04～0.05	0.03	0.025	0.02	0.25～0.45	0.20～0.35
2	10～12	0.14～0.20	0.04～0.05	0.03	0.025	0.02	0.30～0.50	0.20～0.35
3	12～16	0.16～0.22	0.04～0.05	0.03	0.025	0.02	0.35～0.60	0.25～0.40
4	16～20	0.20～0.26	0.04～0.05	0.03	0.025	0.02	0.40～0.70	0.25～0.40
5	20～23	0.22～0.28	0.04～0.05	0.03	0.025	0.02	0.45～0.80	0.30～0.50
6	23～26	0.24～0.32	0.04～0.05	0.03	0.025	0.02	0.50～0.85	0.35～0.50
7	26～29	0.26～0.35	0.04～0.05	0.03	0.025	0.02	0.50～0.90	0.40～0.60

① 为淬硬的碳钢及合金钢。

注：1. 大进给量用于在大刚性零件上钻孔，精度在 H12～H13 级以下（或自由公差），钻孔后还用钻头，扩孔钻或镗刀加工。小进给量用于在中等刚性条件下，钻孔后要用铰刀加工的精确孔，钻孔后用丝锥攻螺纹的孔。

2. 钻孔深度大于 3 倍直径时应乘修正系数：

孔深	$3d_0$	$5d_0$	$7d_0$	$10d_0$
修正系数 K_{lf}	1.0	0.9	0.8	0.75

3. 为避免钻头损坏，当刚要钻穿时应停止自动走刀而改用手动走刀。

4. 钻削钢件时使用切削液，钻削铸铁时不使用切削液。

8.3.5 工艺文件编制

数控加工工艺文件既是数控加工、产品验收的依据，也是操作者要遵守、执行的规范，同时也是产品零件重复生产在技术上的工艺资料积累和储备。加工工艺是否先进、合理，将在很大程度上决定加工质量的优劣。数控加工工艺文件主要有工序卡、刀具调整单、机床调整单、零件的加工程序单等。

这里所列举的卡片，根据实际情况选用即可。

(1) 工序卡

工序卡主要用于自动换刀数控机床。它是操作人员进行数控加工的主要指导性工艺资料。工序卡应按已确定的工步顺序填写。不同的数控机床其工序卡的格式也不相同。表 8-20 所示为自动换刀卧式镗铣床的工序卡。

表 8-20　自动换刀卧式镗铣床工序卡

<table>
<tr><td colspan="2">零件号</td><td colspan="3"></td><td colspan="2">零件名称</td><td colspan="5"></td><td>材料</td><td colspan="3"></td></tr>
<tr><td colspan="2">程序编号</td><td colspan="3"></td><td colspan="2">日　期</td><td colspan="5">年　月　日</td><td>制表</td><td></td><td>审核</td><td></td></tr>
<tr><td rowspan="2">工步号</td><td rowspan="2">加工面</td><td colspan="3">刀具</td><td colspan="2">主轴转速</td><td colspan="2">进给速度</td><td rowspan="2">刀具补偿</td><td rowspan="2">工作台到加工面的距离</td><td rowspan="2">加工深度</td><td rowspan="2" colspan="3">备注</td></tr>
<tr><td>号</td><td>种类规格</td><td>长度</td><td>指令</td><td>转速</td><td>指令</td><td>mm/min</td></tr>
<tr><td></td><td></td><td></td><td></td><td></td><td></td><td></td><td></td><td></td><td></td><td></td><td></td><td colspan="3"></td></tr>
</table>

(2) 刀具调整单

数控机床上所用刀具一般要在对刀仪上预先调整好直径和长度。将调整好的刀具及其编号、型号、参数等填入刀具调整单中，作为调整刀具的依据。刀具调整单如表 8-21 所示。

表 8-21　刀具调整单

<table>
<tr><td colspan="2">零件号</td><td colspan="2"></td><td colspan="2">零件名称</td><td colspan="2"></td><td>工序号</td><td></td></tr>
<tr><td rowspan="2">工步号</td><td rowspan="2">刀具码</td><td rowspan="2">刀具号</td><td rowspan="2">刀具种类</td><td colspan="2">直径</td><td colspan="2">长度</td><td rowspan="2" colspan="2">备注</td></tr>
<tr><td>设定值</td><td>实测值</td><td>设定值</td><td>实测值</td></tr>
<tr><td></td><td></td><td></td><td></td><td></td><td></td><td></td><td></td><td></td><td></td></tr>
<tr><td colspan="10">制表　　日期　　测量员　　日期</td></tr>
</table>

(3) 机床调整单

机床调整单是操作人员在加工零件之前调整机床的依据。机床调整单应记录机床控制面板上的“开关”的位置、零件安装、定位和夹紧方法及键盘应键入的数据等。表 8-22 所示为自动换刀数控镗铣床的机床调整单。

表 8-22　机床调整单

<table>
<tr><td>零件号</td><td></td><td>零件名称</td><td></td><td>工序号</td><td></td><td>制表</td><td></td></tr>
<tr><td colspan="12">位码调整旋钮</td></tr>
<tr><td>F1</td><td></td><td>F2</td><td></td><td>F3</td><td></td><td>F4</td><td></td><td>F5</td><td></td></tr>
<tr><td>F6</td><td></td><td>F7</td><td></td><td>F8</td><td></td><td>F9</td><td></td><td>F10</td><td></td></tr>
<tr><td colspan="12">刀具补偿拨盘</td></tr>
<tr><td>1</td><td></td><td></td><td></td><td></td><td>6</td><td></td><td></td><td></td><td></td></tr>
<tr><td>2</td><td></td><td></td><td></td><td></td><td>7</td><td></td><td></td><td></td><td></td></tr>
<tr><td>3</td><td></td><td></td><td></td><td></td><td>8</td><td></td><td></td><td></td><td></td></tr>
<tr><td>4</td><td></td><td></td><td></td><td></td><td>9</td><td></td><td></td><td></td><td></td></tr>
<tr><td>5</td><td></td><td></td><td></td><td></td><td>10</td><td></td><td></td><td></td><td></td></tr>
<tr><td colspan="12">对称切削开关位置</td></tr>
<tr><td rowspan="3">X</td><td>N010～N080</td><td>0</td><td rowspan="3">Y</td><td></td><td>0</td><td rowspan="3">Z</td><td></td><td>0</td><td rowspan="3">B</td><td>N010～N080</td><td>0</td></tr>
<tr><td>N081～N110</td><td>1</td><td></td><td>0</td><td></td><td>0</td><td>N081～N110</td><td>1</td></tr>
<tr><td></td><td></td><td></td><td></td><td></td><td></td><td></td><td></td></tr>
<tr><td colspan="6">垂直校验开关</td><td colspan="6">0</td></tr>
<tr><td colspan="6">零件冷却</td><td colspan="6">1</td></tr>
</table>

(4) 加工程序单

零件加工程序单是记录加工工艺过程、工艺参数和位移数据的表格，也是手动数据输入和置备纸带、实现数控加工的主要依据。表 8-23 所示为字地址可变程序段格式的加工程序单。加工程序单样式可根据实际加工的需求而有所变化。

表 8-23 加工程序单

N	G	X	Y	Z	I	J	R	F	S	T	M
0010											
0020											
0030											
·											
·											
·											
·											
·											
·											
n											

第9章 FANUC数控铣床（加工中心）编程

9.1 程序的结构与格式

9.1.1 程序的结构

一个完整的程序由程序号、程序内容和程序结束三部分组成。

例如：

```
O0001                          程序号
N010 M3 S1000
N020 T0101
N030 G01 X－8 Y10 F250
N040 X0 Y0                      程序内容
N050 X30 Y20
N060 G00 X40
N070 M02                       程序结束
```

从上面的程序中可以看出：程序以O0001开头，以M02结束。在数控机床上，将O0001称为程序号，M02称为程序结束标记。程序中的每一行（可以用“;”作为分行标记）称为一个程序段。程序号、程序结束标记、加工程序段是任何加工程序都必须具备的三要素，见表9-1。

9.1.2 程序字

程序段由程序字构成，M03 S800、F250、G98等都是程序字。程序字可以包括“地址”和“数字”。通常来说，每一个程序字都对应机床内部的一个地址，每一个不同的地址都代表着一类指令代码，而同类指令则通过后缀的数字加以区别。

如M03 S800：M和S是地址指令，规定了机床该执行什么操作；03和800则是对这种操作的具体要求。程序字是组成数控加工程序的最基本单位，使用时应注意以下几点，见表9-2。

表 9-1 加工程序段三要素

序号	程序结构三要素	详细说明
1	程序号	程序号必须位于程序的开头，它一般由字母O后缀若干位数字组成。根据采用的标准和数控系统的不同，有时也可以由字符%(如:SIEMENS数控系统)或字母P后缀若干位数字组成。程序号是零件加工程序的代号，它是加工程序的识别标记，不同程序号对应着不同的零件加工程序。程序号编写时应注意以下几点： ①程序号必须写在程序的最前面，并占一单独的程序段 ②在同一数控机床中，程序号不可以重复使用 ③程序号O9999、O.9999(特殊用途指令)、O0000在数控系统中通常有特殊的含义，在普通加工程序中应尽量避免使用 ④在某些系统(如:SIEMENS系统)中，程序号除可以用字符%代替O外，有的还可以直接用多字符程序名(如ABC等)代替程序号
2	程序结束标记	程序的结束标记用M代码表示，它必须写在程序的最后，代表着一个加工程序的结束。可以作为程序结束标记的M代码有M02和M30，它们代表零件加工主程序的结束。为了保证最后程序段的正常执行，通常要求M02(M30)也必须单独占一程序段。此外，M99、M17(SIEMENS常用)也可以用作程序结束标记，但它们代表的是子程序的结束。有关主程序、子程序的概念详见后述
3	程序段 (程序内容)	加工程序段处在程序号和程序结束标记之间，是加工程序最主要的组成部分，程序段由程序字构成(如:G00、M03 S800)。加工程序段的长度和程序段数量，一般仅受数控系统的功能与存储器容量的限制 加工程序段作为程序最主要的组成部分，通常由N及后缀的数字(称顺序号或程序段号)开头；以程序段结束标记CR(或LF)结束，实际使用时，常用符号";"表示CR(或LF)，作为结束标记

表 9-2 程序字注意事项

序号	程序字注意事项
1	程序字是组成数控加工程序的最基本单位，一般来说，单独的地址或数字都不允许在程序中使用。如X100、G01、M03、Z－58.685…… 都是正确的程序字；而G、F、M、300……是不正确的程序字
2	程序字必须是字母(或字符)后缀数字，先后次序不可以颠倒。如:02M、100X…… 是不正确的程序字
3	对于不同的数控系统，或同一系统的不同地址，程序字都有规定的格式和要求，这一程序字的格式称为数控系统的输入格式。数控系统无法识别不符合输入格式要求的代码。输入格式的详细规定，可以查阅数控系统生产厂家提供的编程说明书 作为参考，表9-3列出了最常用的FANUC系统输入格式，这一格式对于大部分系统都是适用的

表 9-3 详细描述了数控系统输入格式。

表 9-3 数控系统输入格式

序号	地址	允许输入	意义
1	O	1～9999	程序号
2	N	1～9999	程序段号
3	G	00～99	准备机能代码
4	X、Y、Z、A、B、C、U、V、W	－99999.99～＋99999.99	坐标值
5	I、J、K	－9999.999～＋9999.999	插补参数
6	F	1～100000	进给速度，mm/min
7	S	0～20000	主轴转速
8	T	0～9999	刀具功能
9	M	0～999	辅助功能
10	X、P、U	0～99999.99	暂停时间
11	P	1～9999999	循环次数、子程序号

使用时应注意：在数控系统说明书中给出的输入格式（表 9-3）只是数控系统允许输入的范围，它不能代表机床的实际参数，实际上几乎不能用到表中的极限值。对于不同的机床，在编程时必须根据机床的具体规格（如：工作台的移动范围、刀具数、最高主轴转速、快进速度

等）来确定机床编程的允许输入范围。

9.1.3 指令类型（代码类型）

(1) 模态代码、单段有效代码

编程时所使用的指令（代码）按照其特性可以分为模态代码、单段有效代码。

根据加工程序段的基本要求，为了保证动作的正确执行，每一程序段都必须完整。这样，在实际编程中，必将出现大量的重复指令，使程序显得十分复杂和冗长。为了避免出现以上情况，在数控系统中规定了这样一些代码指令：它们在某一程序段中输入指令之后，可以一直保持有效状态，直到撤销这些指令（一次书写、一直有效。如：进给速度 F)，这些代码指令称为模态代码或模态指令。而仅在编入的程序段生效的代码指令，称为单段有效代码或单段有效指令。

模态代码和单段有效代码的具体规定，可以查阅数控系统生产厂家提供的编程说明书。一般来说，绝大多数常用的 G 代码以及全部 S、F、T 代码均为模态代码，M 代码的情况决定于机床生产厂家的设计。

(2) 代码分组、开机默认代码

利用模态代码可以大大简化加工程序，但是，由于它的“连续有效”性，使得其撤销必须由相应的指令进行，代码分组的主要作用就是为了撤销模态代码。

所谓代码分组，就是将系统不可能同时执行的代码指令归为一组，并予以编号区别［如 M03、M05 表示主轴正转和主轴停止；M07(M08)、M09 表示切削液的开和关］。同一组的代码有相互取代的作用，由此来撤销模态代码。

此外，为了避免编程人员在程序编制中出现的指令代码遗漏，像计算机一样，数控系统中也对每一组的代码指令，都取其中的一个作为开机默认代码，此代码在开机或系统复位时可以自动生效。

对于分组代码的使用应注意以下两点，见表 9-4。

表 9-4 分组代码使用的注意事项

序号	分组代码使用的注意事项
1	同一组的代码在一个程序段中只能有一个生效，当编入两个以上时，一般以最后输入的代码为准；但不同组的代码可以在同一程序段中编入多个
2	对于开机默认的模态代码，若机床在开机或复位状态下执行该程序，则程序中允许不进行编写

有关模态代码、单程序段有效代码、开机默认的模态代码、代码分组详见本书编程部分表 9-12。

9.2 数控机床的三大机能（F、S、M）

9.2.1 进给机能（F）

在数控机床上，把刀具以规定的速度的移动称为进给。控制刀具进给速度的机能称为进给机能，亦称 F 机能。进给速度机能用地址 F 及后缀的数字来指令，对于直线运动的坐标轴，常用的单位为 mm/min 或 mm/r。

铣床、加工中心指令 G94 确定加工是进给速度按照 mm/min 进行（需要在程序开始部分指定)；G95确定加工按照mm/r执行。F后缀的数字直接代表了编程的进给速度值，即：F100代表进给速度100mm/min。F后缀的数字位可以是4～5位，它可以实现任意进给速度的选择，且指令值和进给速度直接对应，目前绝大多数系统都使用该方法。

进给机能的编程应注意以下几点，见表9-5。

表9-5 进给机能的注意事项

序号	进给机能的注意事项
1	F指令是模态的，对于一把刀具通常只需要指定一次
2	在程序中指令的进给速度，对于直线插补为机床各坐标轴的合成速度，如图9-1所示；对于圆弧插补为圆弧在切线方向的速度，如图9-2所示 图9-1 直线插补的速度　　图9-2 圆弧在切线方向的速度
3	编程的F指令值还可以根据实际加工的需要，通过操作面板上的“进给倍率”开关进行修正，因此，实际刀具进给的速度可以和编程速度有所不同(螺纹加工除外，详见后述)
4	机床在进给运动时，加减速过程是数控系统自动实现的，编程时无需对此进行考虑
5	F不允许使用负值；通常也不允许通过指令F0控制进给的停止，在数控系统中，进给暂停动作由专用的指令(G04)实现。但是通过进给倍率开关可以控制进给速度为0

9.2.2 主轴机能(S)

在数控机床上，把控制主轴转速的机能称为主轴机能，亦称S机能。主轴机能用地址S及后缀的数字来指定，单位为r/min(转/分钟)。

主轴转速的指定方法有：位数法、直接指令法等。其作用和意义与F机能相同。目前绝大多数系统都使用直接指令方法，即：S100代表主轴转速为100r/min。

主轴机能的编程应注意以下几点，见表9-6。

表9-6 主轴机能的注意事项

序号	主轴机能的注意事项
1	S指令是模态的，对于一把刀具通常只需要指令一次
2	编程的S指令值可以通过操作面板上的“主轴倍率”开关进行修正，实际主轴转速可以和编程转速有所不同
3	S指令不允许使用负值，主轴的正、反转由辅助机能指令M03/M04进行控制。主轴启动、停止的控制方法有两种：①通过指令S0使主轴转速为“0”；②通过M05指令控制主轴的停止，M03/M04启动。通过“主轴倍率”开关，一般只能在50%～150%的范围对主轴转速进行调整
4	在有些数控铣、镗床及加工中心上，刀具的切削速度一般不可以进行直接指定，它需要通过指令主轴(刀具)的转速进行。其换算关系为： $v=\frac{\pi Dn}{1000}$ 式中　v——切削速度，m/min n——主轴转速，r/min D——刀具直径，mm 在上述程序段中，S代码指令的值即为主轴转速n的值

9.2.3 辅助机能（M）

在数控机床上，把控制机床辅助动作的机能称为辅助机能，亦称 M 机能。辅助机能用地址 M 及后缀的数字来指定，常用的有 M00～M99。其中，部分 M 代码为数控机床标准规定的通用代码，在所有数控机床上都具有相同的意义，表 9-7 列出部分 M 通用代码，具体代码将在 FANUC 和 SIEMENS 编程中详细说明。其余的 M 代码指令的意义，一般由机床生产厂家定义，编程时必须参照机床生产厂家提供的使用说明书。

表 9-7 常用 M 代码表

代码	功能	代码	功能
M01	程序暂停	M07	内切削液开
M02	程序结束	M08	外切削液开
M03	主轴正转	M09	切削液关
M04	主轴反转	M30	程序结束并复位
M05	主轴停		
M06	自动换刀		

9.3 数控铣床（加工中心）的坐标系

为便于编程时描述机床的运动，简化程序的编制方法及保证记录数据的互换性，数控机床的坐标和运动方向都已标准化，此处仅作介绍和说明。

9.3.1 坐标系的确定原则

① 刀具相对于静止的工件而运动的原则。即总是把工件看成是静止的，刀具作加工所需的运动。

② 标准坐标系（机床坐标系）的规定。在数控机床上，机床的运动是受数控装置来控制的，为了确定机床上的成形运动和辅助运动，必须先确定机床上运动的方向和运动的距离，这就需要一个坐标系才能实现，这个坐标系就称为机床坐标系。

标准的机床坐标系是一个右手笛卡儿直角坐标系。它用右手的大拇指表示 X 轴，食指表示 Y 轴，中指表示 Z 轴，三个坐标轴相互垂直，即规定了它们间的位置关系，如图 9-3 所示。

③ 运动的方向。数控机床的某一部件运动的正方向，是增大工件与刀具之间距离的方向，如图 9-4 所示。

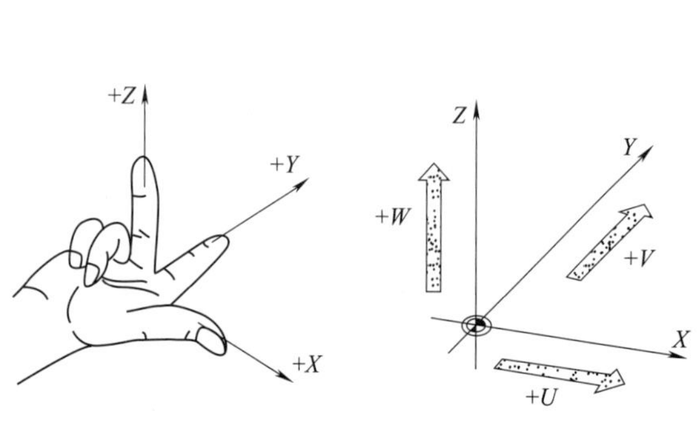

图 9-3 标准坐标系

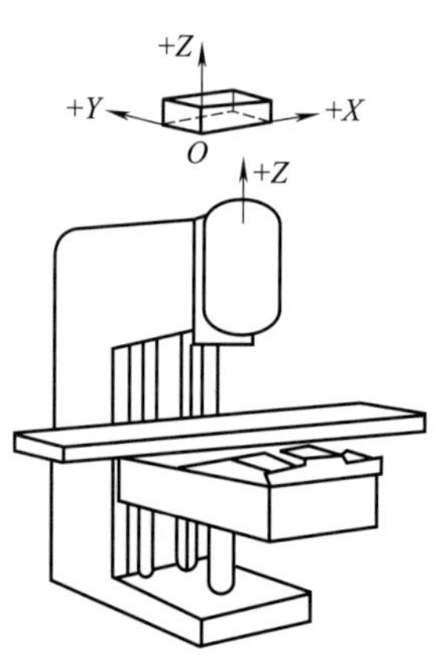

图 9-4 运动的方向

9.3.2 坐标轴的确定方法

① Z 坐标的确定：Z 坐标是由传递切削力的主轴所规定的，其坐标轴平行于机床的主轴。

② X 坐标的确定：X 坐标一般是水平的，平行于工件的装夹平面，是刀具或工件定位平面内运动的主要坐标。

③ Y 坐标的确定：确定了 X、Z 坐标后，Y 坐标可以通过右手笛卡儿直角坐标系来确定。

9.3.3 数控铣床的坐标系

数控铣床坐标系统分为机床坐标系和工件坐标系（编程坐标系）。

(1) 机床坐标系

表 9-8 详细描述了机床坐标系及相关概念。

表 9-8 机床坐标系及相关概念

序号	机床坐标系及相关概念	详细说明
1	机床坐标系	以机床原点为坐标系原点建立起来的 X、Y、Z 轴直角坐标系，称为机床坐标系。机床坐标系是机床本身固有的坐标系，它是制造和调整机床的基础，也是设置工件坐标系的基础，一般不允许随意变动 数控铣床坐标系符合 ISO 规定，仍按右手笛卡儿规则建立。三个坐标轴互相垂直，机床主轴轴线方向为 Z 轴，刀具远离工件的方向为 Z 轴正方向。X 轴是位于与工件安装面相平行的水平面内，对于立式铣床，人站在工作台前，面对机床主轴，右侧方向为 X 轴正方向，对于卧式铣床，人面对机床主轴，左侧方向为 X 轴正方向。Y 轴垂直于 X、Z 坐标轴，其方向根据右手直角笛卡儿坐标系来确定，如图 9-3 所示
2	机床原点	机床坐标系的原点，简称机床原点（机床零点）。它是一个固定的点，由生产厂家在设计机床时确定。机床原点一般设在机床加工范围下平面的左前角
3	参考点	参考点是机床上另一个固定点，该点是刀具退离到一个固定不变的极限点，其位置由机械挡块或行程开关来确定。数控铣床的型号不同，其参考点的位置也不同。通常立式铣床指定 X 轴正向、Y 轴正向和 Z 轴正向的极限点为参考点 一般在机床启动后，首先要执行手动返回参考点的操作，这样数控系统才能通过参考点间接确认出机床零点的位置，从而在数控系统内部建立一个以机床零点为坐标原点的机床坐标系。这样在执行加工程序时，才能有正确的工件坐标系

(2) 工件坐标系

表 9-9 详细描述了工件坐标系及相关概念。

表 9-9 工件坐标系及相关概念

序号	工件坐标系及相关概念	详细说明
1	工件坐标系（编程坐标系）	工件坐标系是编程时使用的坐标系，是为了确定零件加工时在机床中的位置而设置的。在编程时，应首先设定工件坐标系。工件坐标系采用与机床运动坐标系一致的坐标方向
2	工件原点（编程原点）	工件坐标系的原点简称工件原点，也是编程的程序原点即编程原点。工件原点的位置是任意的，由编程人员在编制程序时根据零件的特点选定。程序中的坐标值均以工件坐标系为依据，将编程原点作为计算坐标值时的起点。编程人员在编制程序时，不用考虑工件在机床上的安装位置，只要根据零件的特点及尺寸来编程即可。工件原点一般选择在便于测量或对刀的基准位置，同时要便于编程计算。选择工件原点的位置时应注意以下几点： ①工件原点应选在零件图的尺寸基准上，以便于坐标值的计算，使编程简单 ②尽量选在精度较高的加工表面上，以提高被加工零件的加工精度 ③对于对称的零件，一般工件原点设在对称中心上 ④对于一般零件，通常设在工件外轮廓的某一角上 ⑤工件原点在 Z 轴方向，一般设在工件表面上

(3) 机床坐标系与工件坐标系的关系

机床坐标系与工件坐标系的关系如图 9-5 所示。图中的 X、Y、Z 坐标系为机床坐标系，X'、Y'、Z'坐标系为工件坐标系。

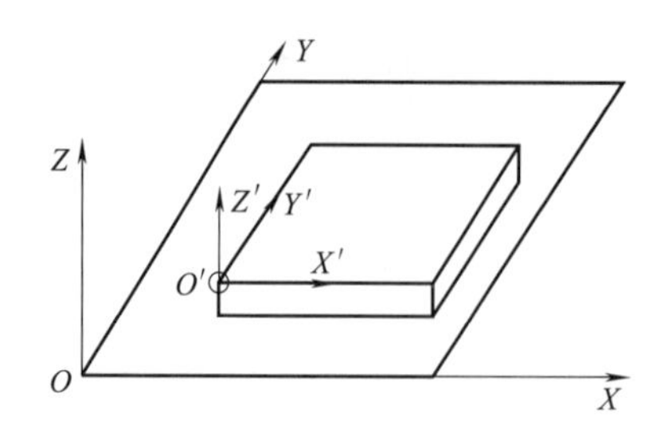

图 9-5 机床坐标系与工件坐标系的关系

9.4 工件坐标系和工作平面的设定

9.4.1 工件坐标系的设定（零点偏置）

(1) 零点偏置及指令格式

在数控加工过程中如果使用机床坐标系编程，则太过麻烦，一是工件装夹不确定；二是行程太长，容易产生超程。因此必须用指令指定工件（毛坯）的某个点为加工的原点，即我们常说的工件原点，以这个原点为中心构成的坐标系就是工件坐标系。整个的这个过程，我们称作零点偏置，就是将机械原点移动到工件原点的过程。

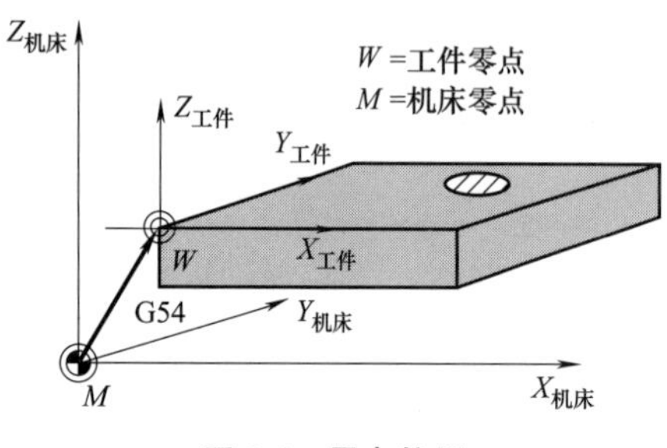

图 9-6 零点偏置

可设定的零点偏置给出工件零点在机床坐标系中的位置（工件零点以机床零点为基准偏移）。当工件装夹到机床上后通过对刀求出偏移量，并通过操作面板输入到规定的数据区存储在机床内部。程序可以通过选择相应的 G 功能 G54～G59 激活此值，如图 9-6 所示。

格式：G54 第一可设定零点偏置。

G55 第二可设定零点偏置。

G56 第三可设定零点偏置。

G57 第四可设定零点偏置。

G500 取消可设定零点偏置，模态有效。

G53 取消可设定零点偏置，程序段方式有效，可编程的零点偏置也一起取消。

(2) 零点偏置举例及注意事项

① 在编写程序时，需在程序的开头写出 G54（或其他零点偏置指令）即可，可以理解为：零点偏置指令是编程开始部分的固定格式，必须给定。

如：N010 G54 M03 S1500……

② 在同一个程序中允许出现多个零点偏置，如图 9-7 所示。

加工程序如下：

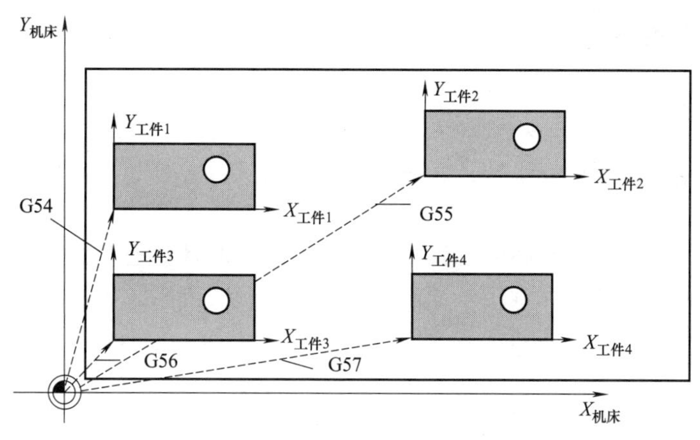

图 9-7 同一个程序中允许出现多个零点偏置

N10 G54	设定工件原点为工件 1 的角上
……	加工工件 1 的程序
N30 G55	设定工件原点为工件 2 的角上
……	加工工件 2 的程序
N50 G56	设定工件原点为工件 3 的角上
……	加工工件 3 的程序
N70 G57	设定工件原点为工件 4 的角上
……	加工工件 4 的程序
N90 G500	取消可设定零点偏置

③ G54～G59 工件坐标系原点是固定不变的，它在机床坐标系建立后即生效，在程序中可以直接选用，不需要进行手动对基准点操作，原点精度高；且在机床关机后亦能记忆，适用于批量加工时使用。

（3）补充说明：浮动零点设定指令 G92

根据不同的代码体系，设定机床坐标系原点可以通过 G92 指令进行，可以适用于大部分机床。指令格式如下：

G92 X_Y_Z_

① 利用 G92 设定的工件坐标系原点是随时可变的，即：它设定的是“浮动零点”在程序中可以多次使用、不断改变，使用比较灵活。但其缺点是：每次设定都需要进行手动对基准点操作，操作步骤较多，并影响到基准点的精度。

② 由 G92 设定的零点，在机床关机后不能记忆。

③ 注意：指令中编程的 X、Y、Z 值是指定刀具现在位置（基准点）在所设定的工件坐标系中的新坐标值。G92 指令所设定的工件坐标系原点，要通过刀具现在位置（基准点）、新坐标值这两个参数倒过来推出。执行本指令，机床并不产生运动。

例如：假设执行 G92 指令前，刀具所处的位置为（400，500），现将这一点作为工件坐标系的设定基准，执行指令 G92 X200 Y250，其结果是：机床不产生运动，但工件坐标系的原点被设定到点 O_1，原来的原点 O_0 被撤销。刀具定位点的坐标值自动变成为（200，250），如图 9-8 所示。一般不采用 G92 设置工件坐标系。

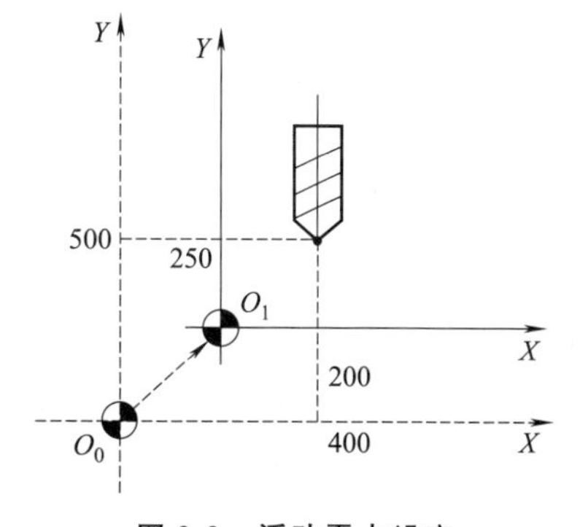

图 9-8 浮动零点设定

9.4.2 工作平面的设定

(1) 工作平面概述

由于三维加工，存在 XY、ZX、YZ 三个平面，在进行加工、编程时必须首先确定一个平面，即确定一个两坐标轴的坐标平面，在此平面中可以进行刀具的进给运动、钻孔、攻螺纹等操作。

平面选择的不同，影响走圆弧时圆弧方向的定义：顺时针和逆时针。在圆弧插补的平面中规定横坐标和纵坐标，由此也就确定了顺时针和逆时针旋转方向。也可以在非当前平面 G17～G19 的平面中运行圆弧插补，如表 9-10 和图 9-9 所示选择加工平面。

表 9-10 选择加工平面

G 功能	平面(横坐标/纵坐标)	垂直坐标轴
G17	XY	Z
G18	ZX	Y
G19	YZ	X

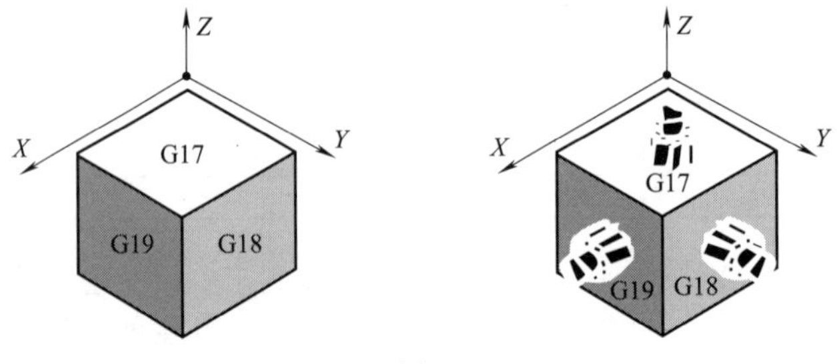

图 9-9 选择加工平面

(2) 指令格式

N010 G17 选择 XY 平面。

一般情况系统默认 XY 平面，故也可省略平面选择指令。

9.5 辅助功能 M 代码和准备功能 G 代码

通过编程并运行程序而使数控机床能够实现的功能我们称之为可编程功能。一般可编程功能分为两类：一类用来实现刀具轨迹控制即各进给轴的运动，如直线/圆弧插补、进给控制、坐标系原点偏置及变换、尺寸单位设定、刀具偏置及补偿等，这一类功能被称为准备功能，以字母 G 以及两位数字组成，也被称为 G 代码；另一类功能被称为辅助功能，用来完成程序的执行控制、主轴控制、刀具控制、辅助设备控制等功能。在这些辅助功能中，T__用于选刀，S__用于控制主轴转速。其他功能由以字母 M 与两位数字组成的 M 代码来实现。

9.5.1 辅助功能 M 代码

机床用 S 代码来对主轴转速进行编程，用 T 代码来进行选刀编程，其他可编程辅助功能由 M 代码来实现，辅助功能包括各种支持机床操作的功能，像主轴的启停、程序停止和切削液开关等。表 9-11 为机床可供用户使用的 M 代码列表。

表 9-11 M代码列表

代码	说明	代码	说明
M00	程序停	M30	程序结束(复位)并回到开头
M01	选择停止	M48	主轴过载取消　不起作用
M02	程序结束(复位)	M49	主轴过载取消　起作用
M03	主轴正转(CW)	M60	APC循环开始
M04	主轴反转(CCW)	M80	分度台正转(CW)
M05	主轴停	M81	分度台反转(CCW)
M06	换刀	M94	待定
M08	切削液开	M95	待定
M09	切削液关	M96	Y坐标镜像
M19	主轴定向停止	M98	子程序调用
M28	返回原点	M99	子程序结束

9.5.2 准备功能G代码

表9-12为机床可供用户使用的G代码列表。

表 9-12 G代码列表

代码	分组	功能	代码	分组	功能
* G00	01	定位(快速移动)	G60	00	单一方向定位
* G01		直线插补(进给速度)	G61	15	精确停止方式
G02		顺时针圆弧插补	* G64		切削方式
G03		逆时针圆弧插补	G65	12	宏程序调用
G04	00	暂停,精确停止	G66		模态宏程序调用
G09		精确停止	* G67		模态宏程序调用取消
* G17	02	选择 X Y 平面	G68	16	图形旋转生效
G18		选择 Z X 平面	* G69		图形旋转撤销
G19		选择 Y Z 平面	G73	09	深孔钻削固定循环
G20	06	英制数据输入	G74		反螺纹攻螺纹固定循环
G21		公制数据输入	G76		精镗固定循环
G27	00	返回并检查参考点	* G80		取消固定循环
G28		返回参考点	G81		钻削固定循环
G29		从参考点返回	G82		钻削固定循环
G30		返回第二参考点	G83		深孔钻削固定循环
G31		测量功能	G84		攻螺纹固定循环
G33	01	攻螺纹	G85		镗削固定循环
* G40	07	取消刀具半径补偿	G86		镗削固定循环
G41		左侧刀具半径补偿	G87		反镗固定循环
G42		右侧刀具半径补偿	G88		镗削固定循环
G43	08	刀具长度补偿+	G89		镗削固定循环
G44		刀具长度补偿−	* G90	03	绝对值指令方式
* G49		取消刀具长度补偿	G91		增量值指令方式
* G50	11	比例缩放撤销	G92	00	工件零点设定
G51		比例缩放生效	G94	05	每分钟进给
G52	00	设置局部坐标系	* G95		每转进给
G53		选择机床坐标系	G96	13	线速度恒定控制生效
* G54	14	选用1号工件坐标系	* G97		线速度恒定控制取消
G55		选用2号工件坐标系	* G98	10	固定循环返回初始点
G56		选用3号工件坐标系	G99		固定循环返回 R 点
G57		选用4号工件坐标系	带 * 的G代码为通常情况下的系统开机默认G代码		
G58		选用5号工件坐标系			
G59		选用6号工件坐标系			

在 G 代码组 00 中，G 代码均为单段有效 G 代码；其余各组 G 代码均为模态 G 代码。在同一程序段中，可以指令多个不同组 G 代码；当指令了两个以上同一组 G 代码时，通常的情况下，只有最后输入的 G 代码生效。

9.6 快速定位 G00

9.6.1 指令功能

数控机床的快速定位动作用 G00 指令指定，执行 G00 指令，刀具按照机床的快进速度移动到终点，实现快速定位，如图 9-10 所示。

9.6.2 指令格式

G00 X__Y__Z__

G00 为模态指令，在绝对值编程方式中，X、Y、Z 代表刀具的运动终点坐标。程序中 G00 亦可以用 G0 表示。

9.6.3 轨迹

执行 G00 指令刀具的移动轨迹可以是以下两种（图 9-11），它决定于系统或机床参数的设置。

① 直线型定位　移动轨迹是连接起点和终点的直线。其中，移动距离最短的坐标轴按快进速度运动，其余的坐标轴按移动距离的大小相应减小，保证各坐标轴同时到达终点。

② 非直线型定位　移动轨迹是一条各坐标轴都以快速运动而形成的折线。

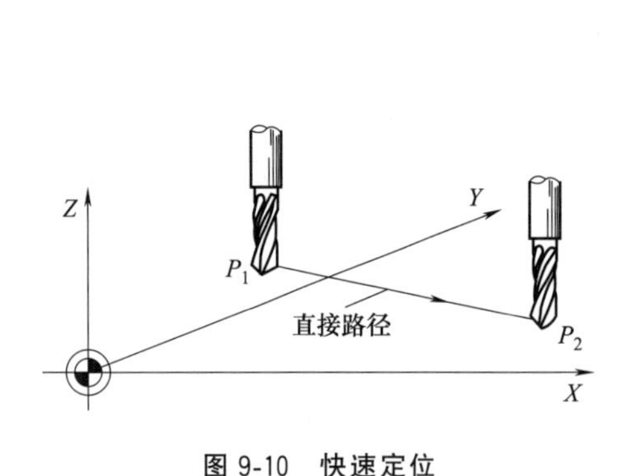

图 9-10　快速定位

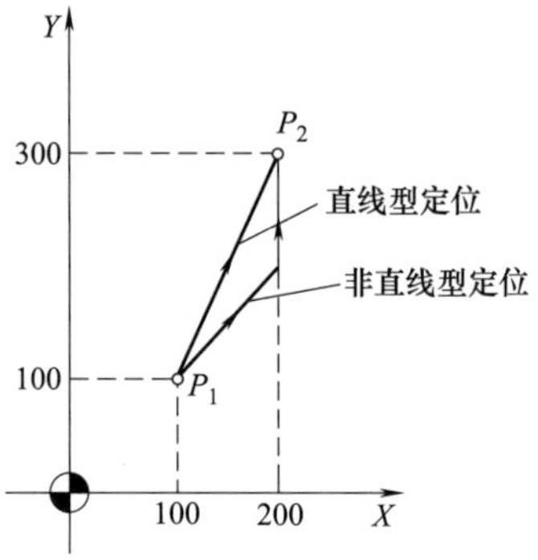

图 9-11　移动轨迹

9.6.4 例题

当刀具起点为（100，100）时，执行：

G00 X200 Y300

快速定位的运动速度不能通过 F 代码进行编程，它仅决定于机床参数的设置。运动开始阶段和接近终点的过程，各坐标轴都能自动进行加减速。

9.7 直线 G01

9.7.1 指令功能

执行 G01 指令，刀具按照规定的进给速度沿直线移动到终点，移动过程中可以进行切削加工，如图 9-12 所示。

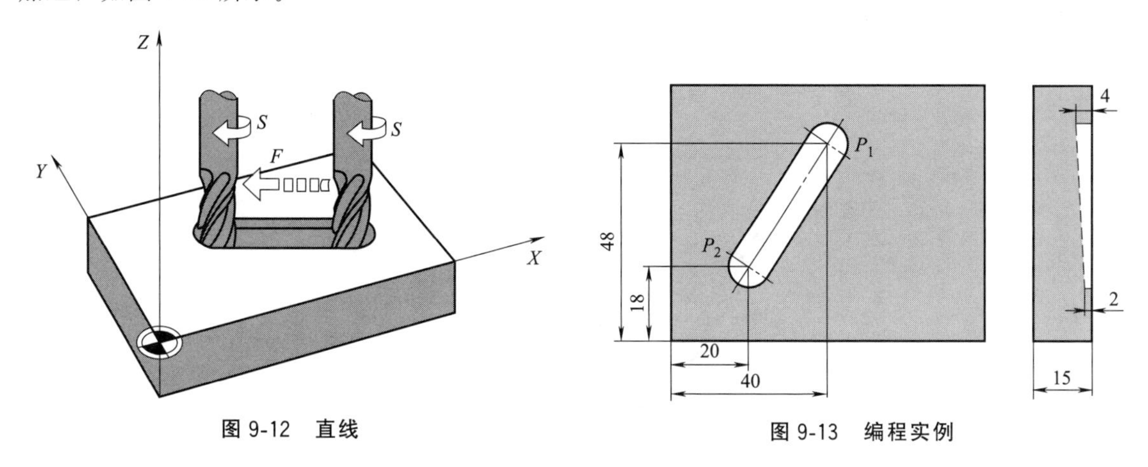

图 9-12 直线　　图 9-13 编程实例

9.7.2 指令格式

G01 X_ Y_ Z_ F_

G01 为模态指令。与 G00 相同，在绝对值编程方式中，X、Y、Z 代表刀具的运动终点坐标。程序中 G01 亦可以用 G1 表示。

9.7.3 轨迹

执行 G01 指令刀具的移动轨迹是连接起点和终点的直线。运动速度通过 F 代码进行编程。在程序中指令的进给速度，对于直线插补为机床各坐标的合成速度；对于圆弧插补为圆弧在切线方向的速度。F 指令决定的进给速度亦是模态的，它在指令新的 F 值以前，一直保持有效。

G01 指令运动的开始阶段和接近终点的过程，各坐标轴都能自动进行加减速。

9.7.4 编程实例

① 试编制在立式数控铣床上实现图 9-13 所示零件从 P_1 到 P_2 的槽加工程序。工件坐标系为 G54，安装位置如图 9-13 所示；加工时主轴转速为 1500r/min，进给速度为 100mm/min。

加工程序如下：

段号	程序	说明
	O0001	程序号
N10	G54 G94 G90 G21	选择工件坐标系、每分钟进给、绝对式编程、公制尺寸（由于绝对式编程、公制尺寸开机默认，可省）
N20	M03 S1500	主轴正转，转速为 1500r/min
N30	G00 X40 Y48	刀具在 P_1 上方定位
N40	G00 Z2	Z 向接近工件表面

续表

段号	程序	说明
N50	G01 Z−4 F20	在 P_1 点进行 Z 向进刀
N60	G01 X20 Y18 Z−2 F100	三轴联动加工 P_1 到 P_2 的空间直线
N70	G00 Z100	Z 向在 P_2 点退刀
N80	M05	主轴停止
N90	M02	程序结束

② 钻孔实例。试编制在立式数控铣床上实现图 9-14 所示零件孔 1、孔 2（通孔）加工的程序。工件坐标系为 G54，安装位置如图 9-14 所示；零件在 Z 方向的厚度为 15mm；加工时选择主轴转速为 1500r/min，进给速度为 20mm/min。

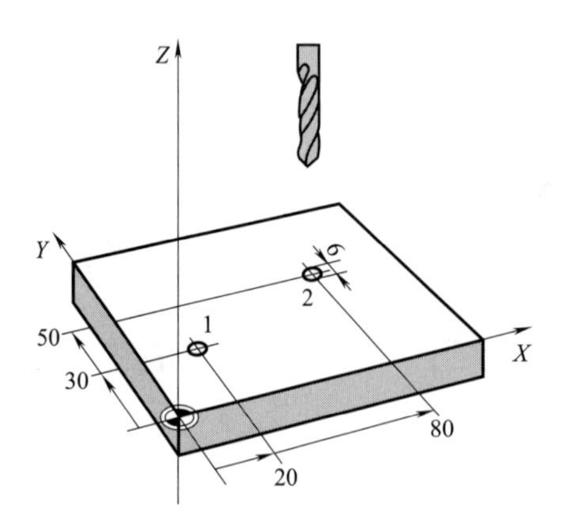

图 9-14 钻孔实例

加工程序如下：

段号	程序	说明
	O0002	程序号
N10	G54 G94	选择工件坐标系、每分钟进给
N20	M03 S1500	主轴正转，转速为 1500r/min
N30	G00 X20 Y30	定位在孔 1 上方
N40	G00 Z2	Z 向接近工件表面
N50	G01 Z−18 F20	加工孔 1
N60	G00 Z2	抬刀
N70	G00 X80 Y50	定位在孔 2 上方
N80	C01 Z−18 F20	加工孔 2
N90	G00 Z50	抬刀
N100	M05	主轴停止
N110	M02	程序结束

注意：加工时，程序中的刀具 Z 向尺寸都是相对于刀尖给出的，程序段 N50 和 N80 中的 Z−18 是为了保证通孔加工而增加的行程。当开机默认代码为 G90、G21（绝对式编程、公制尺寸）时，在本题中已省略。

9.7.5 练习题

① 用 ϕ6mm 刀具铣出图 9-15 所示环形形状，深度为 2mm，试编程。

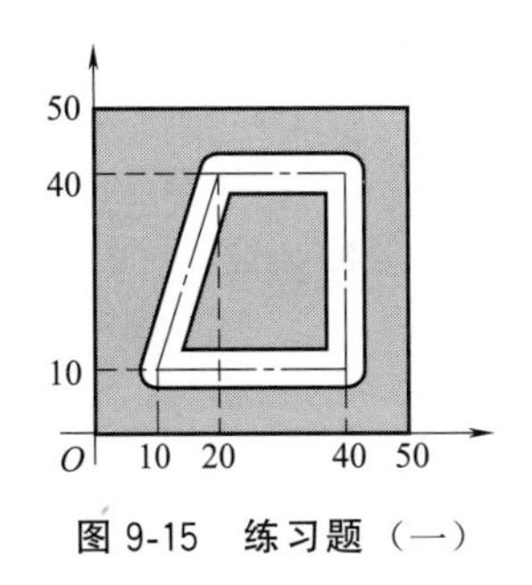

图 9-15　练习题（一）

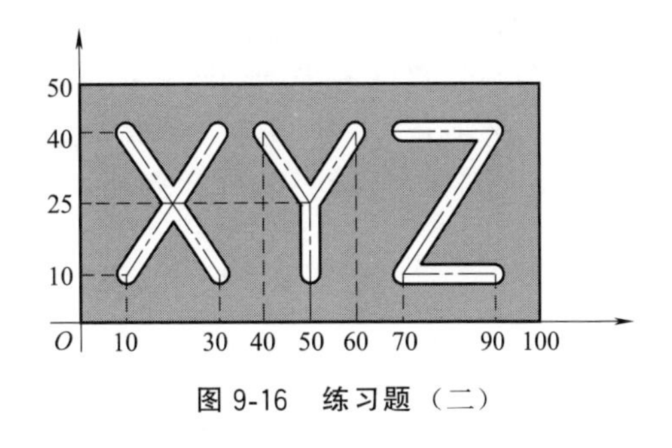

图 9-16　练习题（二）

② 用 ϕ6mm 刀具铣出图 9-16 所示“X、Y、Z”形状，深度为 2mm，试编程。

9.8 圆弧 G02、G03

9.8.1 指令功能

进行圆弧的加工，可以按照半径指定圆弧，也可以按照圆心指定圆弧。

9.8.2 指令格式

圆弧插补加工用 G02、G03 指令编程，G02 指定顺时针插补，G03 指定逆时针插补。执行 G02/G03 指令，可以使刀具按照规定的进给速度沿圆弧移动到终点，移动过程中可以进行切削加工。常用的圆弧插补编程的指令有：通过指定半径的编程（格式 1，如图 9-17 所示）和指定圆心的编程（格式 2，如图 9-18 所示）两种格式。

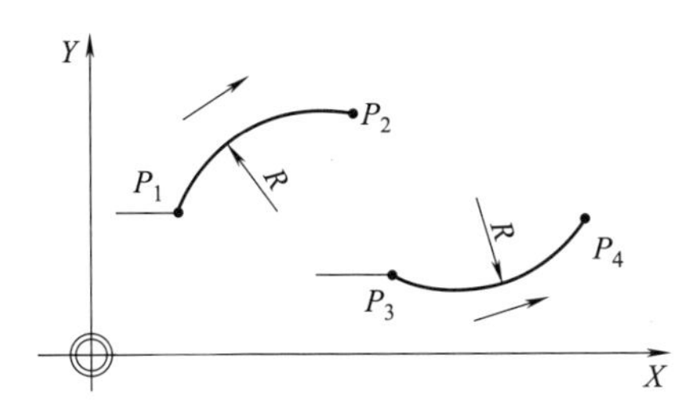

图 9-17　指定半径的编程

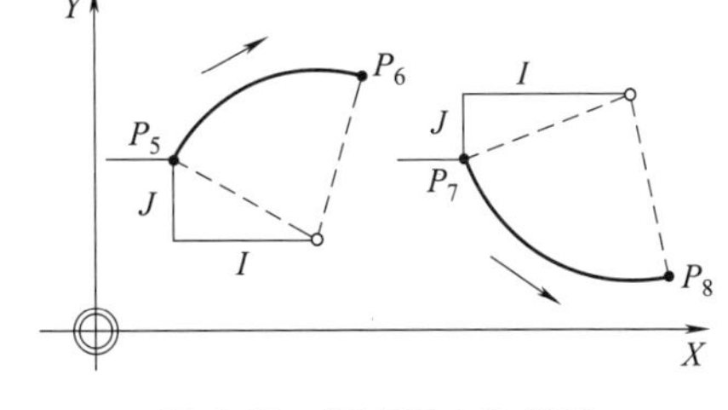

图 9-18　指定圆心的编程

(1) 格式 1

$P_1 \rightarrow P_2$：

G02 X__Y__Z__R__F__顺时针

$P_3 \rightarrow P_4$：

G03 X__Y__Z__R__F__逆时针

其中，X、Y、Z 为加工圆弧的终点；R 为圆弧半径；F 为进给速度。

(2) 格式 2

$P_5 \rightarrow P_6$：

G02 X__Y__Z__I__J__K__F__顺时针

$P_7 \rightarrow P_8$：

G03 X__Y__Z__I__J__K__F__逆时针

其中，X、Y、Z 为加工圆弧的终点；I 为圆心 X 坐标与圆弧起点 X 坐标的距离；J 为圆心 Y 坐标与圆弧起点 Y 坐标的距离；K 为圆心 Z 坐标与圆弧起点 Z 坐标的距离。

注意：此处 I、J、K 值为矢量值，由圆心坐标减起点坐标得出，可为负。

例如，图 9-19 所示为已知 R 圆弧，图 9-20 所示为已知圆心坐标圆弧。

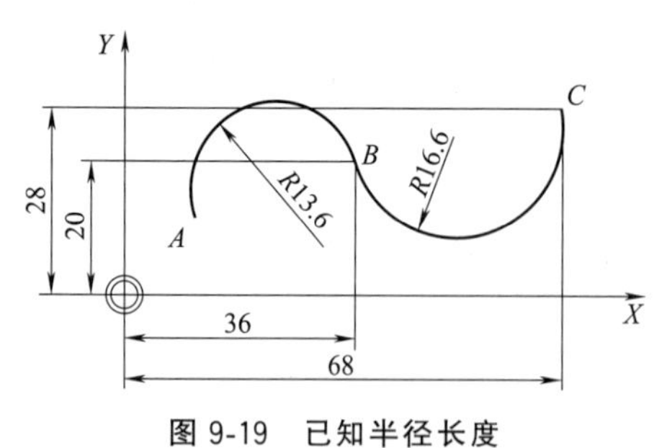

图 9-19　已知半径长度

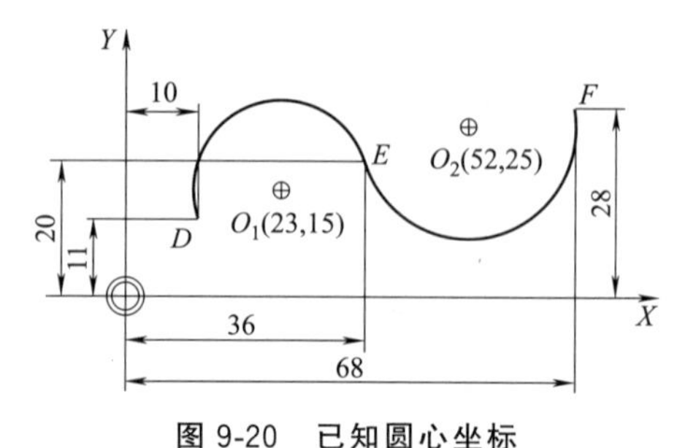

图 9-20　已知圆心坐标

A→B：G02 X36 Y20 R13.6

B→C：G03 X68 Y28 R16.6

D→E：G02 X36 Y20 I13 J4

E→F：G03 X68 Y28 I16 J5

9.8.3　编程实例

试编制在数控铣床上实现图 9-21 所示圆弧形凹槽加工的程序。工件坐标系为 G54，安装位置如图 9-21 所示；ϕ6mm 铣刀，零件在 Z 方向的凹槽深度为 2.5mm；加工时选择主轴转速为 1000r/min，进给速度为 95mm/min。

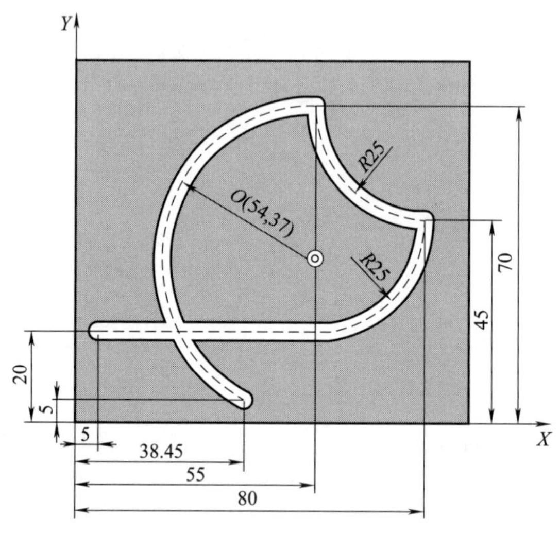

图 9-21　编程实例

加工程序如下：

段号	程　序	说　明
	O0003	程序号
N10	G54 G94	选择工件坐标系、每分钟进给
N20	M03 S1000	主轴正转，转速为 1000r/min
N30	G00 X5 Y20	定位在孔 1 上方
N40	Z2	Z 向接近工件表面
N50	G01 Z−2.5 F20	Z 向进刀
N60	X55 F95	铣直线，走刀速度为 95mm/min
N70	G03 X80 Y45 R25	加工 R25mm 逆时针圆弧

续表

段号	程序	说明
N80	G02 X55 Y70 R25	加工 R25mm 顺时针圆弧
N90	G03 X38.45 Y5 I0 J−33	加工圆心为 O(54,37)的逆时针圆弧
N100	G00 Z50	抬刀
N110	M05	主轴停止
N120	M02	程序结束

9.8.4 整圆及编程实例

加工整圆（全圆），圆弧起点和终点坐标值相同，必须用格式2，带有圆心（I、J、K）坐标的圆弧编程格式，如图9-22所示。

G02 X_Y_Z_I_J_顺时针铣整圆

G03 X_Y_Z_I_J_逆时针铣整圆

注意：半径 R 无法判断圆弧走向，故不用。

例如，分别写出图9-23所示左右两个整圆的程序段。

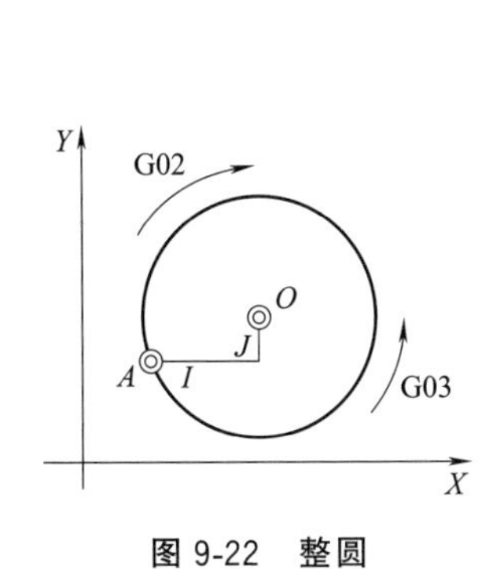

图9-22 整圆

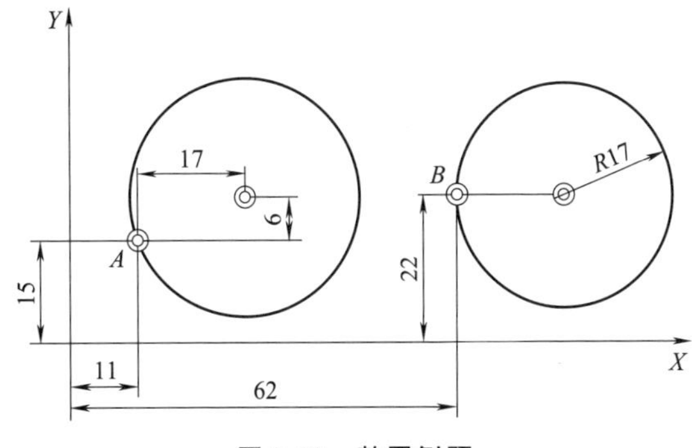

图9-23 整圆例题

G02 X11 Y15 I17 J6　　　　G02 X62 Y22 I17 J0

或 G03 X11 Y15 I17 J6　　　或 G03 X62 Y22 I17 J0

整圆编程举例如下。

试编制加工如图9-24所示3个连续整圆的程序。工件坐标系为G54，安装位置如图9-24所示；零件在 Z 方向的凹槽深度为2.5mm；加工时选择主轴转速为1500r/min，进给速度为95mm/min。

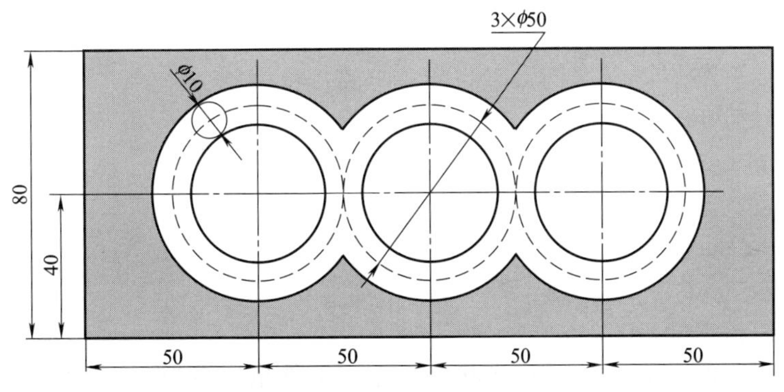

图9-24 整圆编程实例

加工程序如下：

段号	程序	说明
	O0004	程序号
N10	G54 G94	选择工件坐标系、每分钟进给
N20	M03 S1500	主轴正转，转速为1500r/min
N30	G00 X25 Y40	定位在第一个圆上方
N40	Z2	Z向接近工件表面
N50	G01 Z−2.5 F20	Z向进刀
N60	G02 X25 Y40 I25 J0 F95	加工第1个圆
N70	G00 Z2	抬刀
N80	G00 X75 Y40	定位在第2个圆上方
N90	G01 Z−2.5 F20	Z向进刀
N100	G02 X75 Y40 I25 J0 F95	加工第2个圆
N110	G00 Z2	抬刀
N120	G00 X125 Y40	定位在第3个圆上方
N130	G01 Z−2.5 F20	Z向进刀
N140	G02 X125 Y40 I25 J0 F95	加工第3个圆
N150	G00 Z50	抬刀
N160	M05	主轴停止
N170	M02	程序结束

9.8.5 大角度圆弧及编程

格式1中的R值用于指定圆弧半径。为了区分不同的圆弧，规定：对于小于等于180°的圆弧，R值为正；大于180°的圆弧，R值为负。

如图9-25所示，同样是A点到B点，由于圆弧角度不同，R值的正负也不一样，R值为“+”时，符号省略；图9-26所示是从A点到B点的逆时针的两种情况。

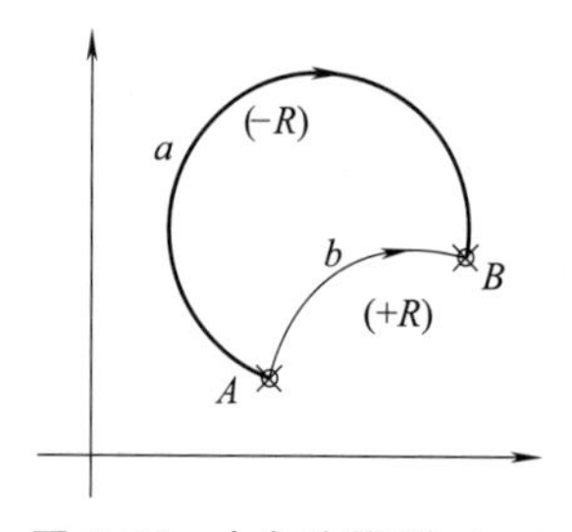

图9-25 大角度圆弧（一）

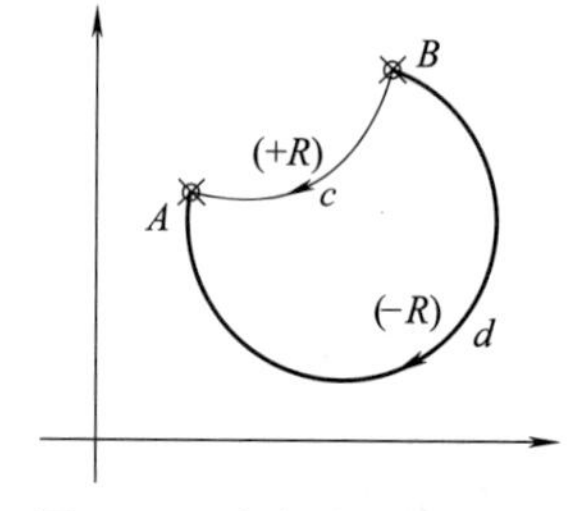

图9-26 大角度圆弧（二）

圆弧a段：G02 X_Y_Z_R-_　　圆弧c段：G03 X_Y_Z_R_

圆弧b段：G02 X_Y_Z_R_　　圆弧d段：G03 X_Y_Z_R-_

例如，分别写出图9-27所示两点之间的四个圆弧程序段。

四段圆弧，按照从上到下的顺序写，分别是：

$A \rightarrow B$（>180°）：G02 X28 Y26 R−11

$A \rightarrow B$（<180°）：G02 X28 Y26 R11

$B \rightarrow A$（<180°）：G02 X13 Y17 R11

$B \rightarrow A$（>180°）：G02 X13 Y17 R−11

大角度圆弧编程实例如下。

试编制加工图9-28所示左右对称形状的程序。工件坐标系为G54，安装位置如图9-28所示；零件在Z方向的凹槽深度为2mm；加工时选择主轴转速为1500r/min，进给速度为120mm/min。

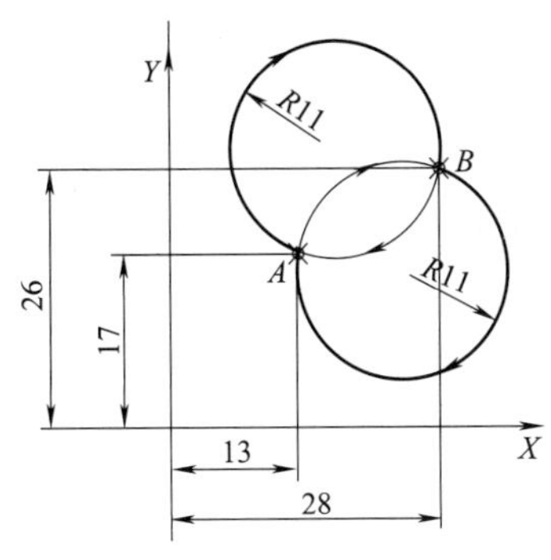

图 9-27　大角度圆弧例题

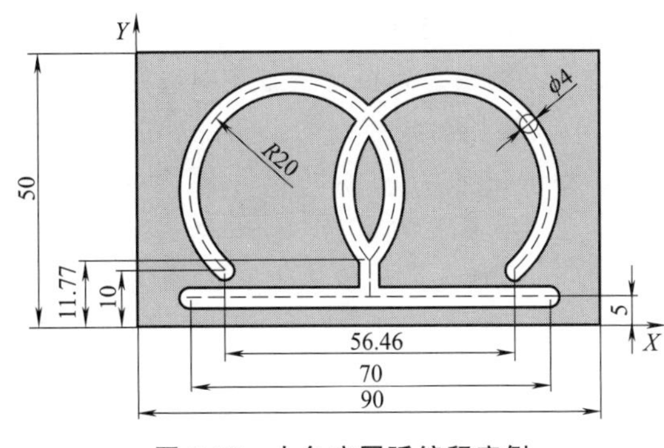

图 9-28　大角度圆弧编程实例

加工程序如下：

段 号	程　序	说　明
	O0005	程序号
N10	G54 G94	选择工件坐标系、每分钟进给
N20	M03 S1500	主轴正转，转速为 1500r/min
N30	G00 X10 Y5	定位在第一个圆上方
N40	Z2	Z 向接近工件表面
N50	G01 Z−2 F20	Z 向进刀
N60	G01 X80 F120	加工底部直线
N70	G00 Z2	抬刀
N80	G00 X16.77 Y10	定位在左侧圆起点上方
N90	G01 Z−2 F20	Z 向进刀
N100	G02 X45 Y11.77 R−20 F120	加工左侧 R20mm 的圆
N110	G02 X73.23 Y10 R−20	加工右侧 R20mm 的圆
N120	G00 Z2	抬刀
N130	G00 X45 Y11.77	定位在中间未加工直线上方
N140	G01 Z−2 F10	Z 向进刀
N150	G01 Y5 F120	加工小直线
N160	G00 Z50	抬刀
N170	M05	主轴停止
N180	M02	程序结束

9.8.6　练习题

① 试编制在数控铣床上实现如图 9-29 所示圆弧形凹槽加工的程序。工件坐标系为 G54，安装位置如图 9-29 所示。零件在 Z 方向的凹槽深度为 2mm；加工时选择主轴转速为 1000 r/min，进给速度为 100mm/min，刀具为 ϕ6mm 铣刀。

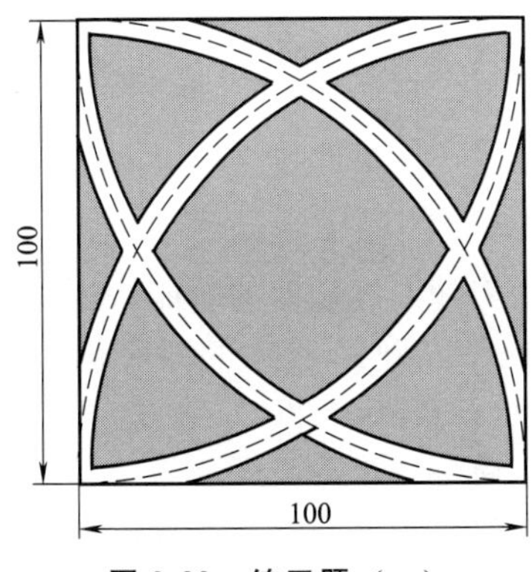

图 9-29　练习题（一）

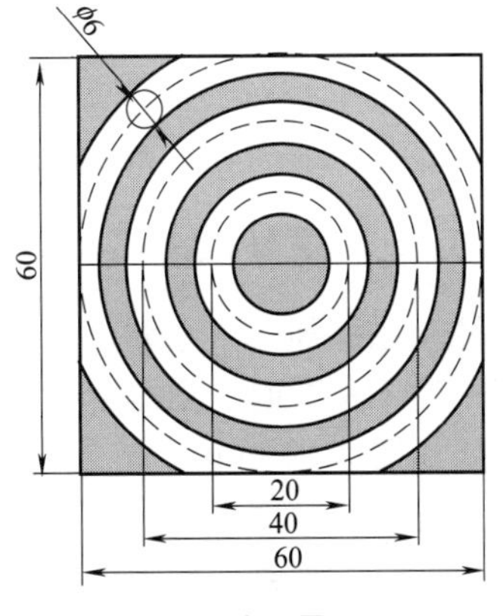

图 9-30　练习题（二）

② 试编制在数控铣床上实现如图 9-30 所示环状整圆加工的程序。工件坐标系为 G54，零件在 Z 方向的凹槽深度为 2mm；加工时选择主轴转速为 1000r/min，进给速度为 100mm/min。

③ 试编制在数控铣床上实现如图 9-31 所示连续 4 个连续整圆加工的程序。工件坐标系为 G54，零件在 Z 方向的凹槽深度为 4mm，采用 ϕ6mm 铣刀，加工时选择主轴转速为 1500 r/min，进给速度为 100mm/min。

④ 试编制在数控铣床上实现如图 9-32 所示“CHINA”字样的图形加工的程序。工件坐标系为 G54，零件在 Z 方向的凹槽深度为 2.5mm，ϕ6mm 铣刀加工时选择主轴转速为 1500 r/min，进给速度为 100mm/min。

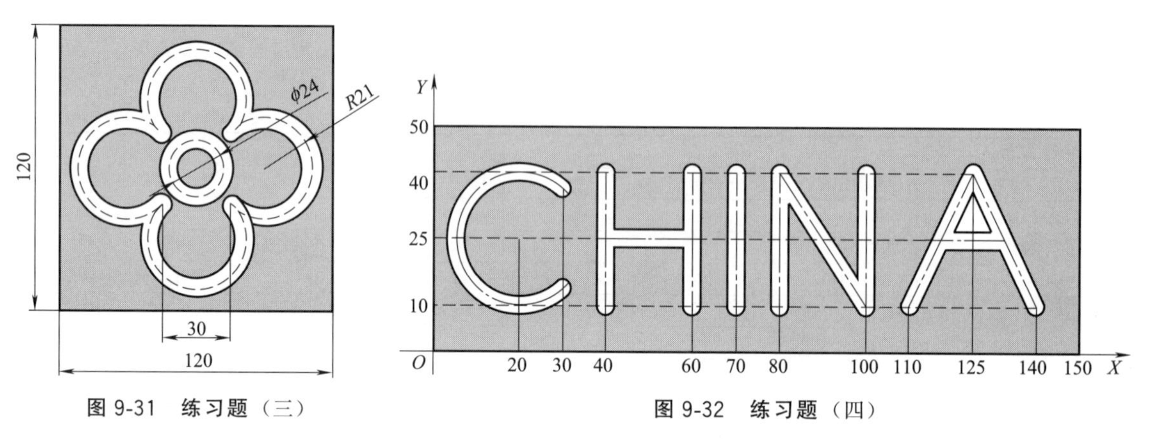

图 9-31　练习题（三）

图 9-32　练习题（四）

9.9 刀具补偿

9.9.1 刀具补偿概述

为了方便编程以及增加程序的通用性，数控机床编程时，一般都不考虑实际使用的刀具长度和半径，即程序中的轨迹（编程轨迹）都是针对刀尖位置与刀具中心点运动进行编制的。实际加工时，必须通过刀具补偿指令，使数控机床根据实际使用的刀具尺寸，自动调整各坐标轴的移动量，确保实际加工轮廓和编程轨迹完全一致。这一功能，称为刀具补偿功能。

一般来说，在数控铣床、加工中心上通常需要对刀具长度和刀具半径进行补偿。数控铣床、加工中心的长度补偿需要利用指令 G43、G44、G49 进行。对于刀具的半径补偿，必须利用编程指令 G40、G41、G42 才能实现。

一般通过机床的操作面板采用手动数据输入的方法将刀具偏置值输入刀具偏置值存储器。刀具偏置值存储器的内容在系统断电后仍然可以保持不变。

9.9.2 刀具长度补偿（G43、G44、G49）

在数控铣床、加工中心上，刀具长度补偿是用来补偿实际刀具长度的功能，当实际刀具长度和编程长度不一致时，通过本功能可以自动补偿长度差额，确保 Z 向的刀尖位置和编程位置相一致，如图 9-33 所示。

实际刀具长度和编程时设置的刀具长度（为了方便，通常将这一长度定为“0”）之差称为刀具长度偏置值。刀具偏置值可以通过操作面板事先输入数控系统的刀具偏置值存储器中，编程时根据不同的数控系统，可以在执行刀具长度补偿指令（G43、G44）前，通过指定刀具偏置值存储器号（H 代码）予以选择。执行刀具长度补偿指令，系统可以自动将刀具偏置值存储器中的值与程序中要求的 Z 轴移动距离进行加/减处理，以保证 Z 向的刀尖位置和编程位置相一致。

通常的刀具长度补偿指令格式如下：

G43 Z_H_

G44 Z_H_

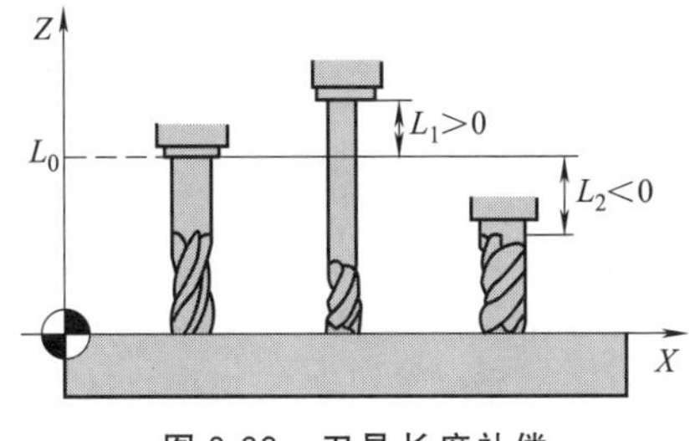

图 9-33 刀具长度补偿

格式中的 G43 是选择 Z 向移动距离与刀具偏置值相加，即机床实际 Z 轴移动距离等于编程移动距离加上刀具偏置值；G44 是选择 Z 向移动距离与刀具偏置值相减，即机床实际 Z 轴移动距离等于编程移动距离减去刀具偏置值。

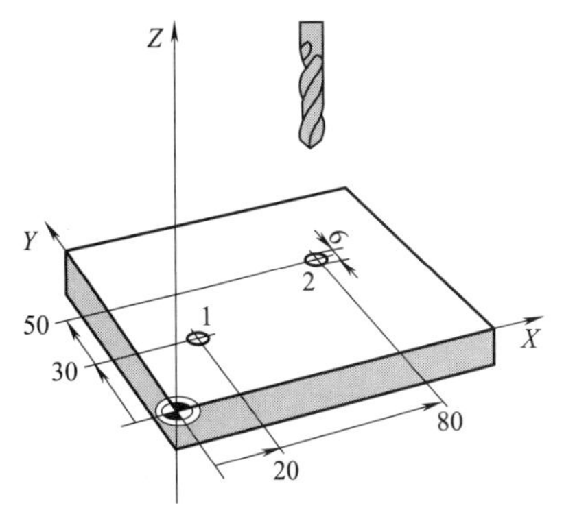

图 9-34 编程实例

G43、G44 为模态指令，可以在程序中保持连续有效。G43、G44 的撤销可以使用 G49 指令。刀具偏置值存储器中的值可以是正值，也可以是负值，在实际使用时必须根据机床的 Z 轴运动方向与编程时选用的刀具长度，选择正确的刀具长度补偿指令。

一般来说，当机床 Z 轴方向按标准规定设置，即刀具远离工件为 Z 正向，并且在编程时选用的刀具长度值为“0”时，通常使用正的刀具偏置值和采用 G43 指令编程。

注意：长度补偿在实际之中应用不多，此处仅作举例说明。

9.9.3 刀具长度补偿编程实例

试编制在立式数控铣床上实现如图 9-34 所示零件孔 1、孔 2（通孔）加工的程序。工件坐标系为 G54，安装位置如图 9-34 所示；零件在 Z 方向的厚度为 15mm；加工时选择主轴转速为 1500r/min，钻孔速度为 10mm/min。

加工程序如下：

段号	程序	说明
	O0006	程序号
N10	G17 G54 G94	选择平面、坐标系、每分钟进给
N20	M03 S1500	主轴正转，转速为 1500r/min
N30	G00 X20 Y30	孔 1 定位
N40	G43 H01 Z2	Z 向接近工件 2mm，进行 Z 向刀具长度补偿
N50	G01 Z−18 F20	孔 1 加工
N60	G00 Z2	抬刀
N70	G00 X80 Y50	孔 2 定位
N80	G01 Z−18 F20	孔 2 加工
N90	G00 Z50	抬刀
N100	G49	取消刀具长度补偿
N110	M05	主轴停止
N120	M02	程序结束

9.9.4 刀具半径补偿（G40、G41、G42）

刀具半径补偿功能用于铣刀半径的自动补偿。如前所述，在数控机床编程时，加工轮廓都是按刀具中心轨迹进行编程的，但实际加工时，由于刀具半径的存在，机床必须根据不同的进给方向，使刀具中心沿编程的轮廓偏置一个半径，才能使实际加工轮廓和编程的轨迹相一致。这种根据刀具半径和编程轮廓，数控系统自动计算刀具中心点移动轨迹的功能，称为刀具半径补偿功能。

和刀具长度补偿一样，刀具半径值可以通过操作面板事先输入数控系统的刀具偏置值存储器中，编程时通过指定半径补偿号进行选择。指定半径补偿号的方法有两种：①通过指定补偿号(D代码）选择刀具偏置值存储器，这一方式适用于全部数控铣床与加工中心；②通过换刀T代码指令的附加位予以选择，在刀具半径补偿时，无需再选择刀具偏置值存储器，这一方式适用于数控车床。通过执行刀具半径补偿指令，系统可以自动对刀具偏置值存储器中的半径值和编程轮廓进行运算、处理，并生成刀具中心点移动轨迹，使实际加工轮廓和编程的轨迹相一致。

(1) 刀具半径补偿指令格式

G41 G00　X_Y_　　在快速移动时进行刀具半径左补偿的格式。
G42 G00　X_Y_　　在快速移动时进行刀具半径右补偿的格式。
G41 G01　X_Y_　　在进给移动时进行刀具半径左补偿的格式。
G42 G01　X_Y_　　在进给移动时进行刀具半径右补偿的格式。
G40　　　　　　　撤销刀具补偿，一般单独使用程序段。

G41与G42用于选择刀具半径偏置方向。无论加工外轮廓还是内轮廓，沿刀具移动方向，当刀具在工件左侧时，指令G41；刀具在工件右侧时，指令G42，如图9-35所示。

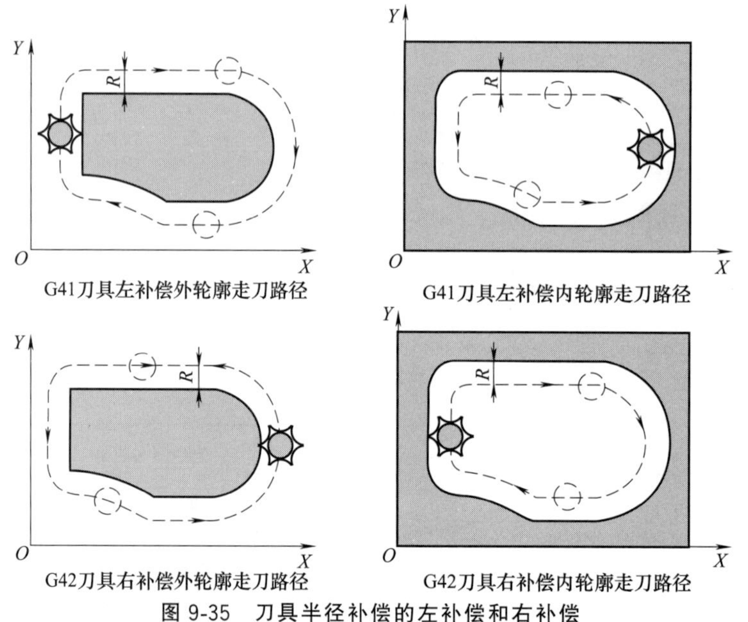

图9-35　刀具半径补偿的左补偿和右补偿

(2) 刀具半径补偿使用注意点

刀具半径补偿功能可以大大简化编程的坐标点计算工作量，使程序简单、明了，但如果使用不当，也很容易引起刀具的干涉、过切、碰撞。为了防止发生以上问题，一般来说，使用刀具半径补偿时，应注意以下几点。

① 铣内轮廓时，内拐角或内圆角半径小于铣刀直径，容易产生过切状况（图9-36），因此，用刀具补偿铣内轮廓，最小的半径必须大于或等于铣刀半径；

② 半径补偿生成、撤销程序段中只能与基本移动指令的G00、G01同时编程，当编入其他移动指令时，系统将产生报警。

9.9.5　刀具半径补偿举例

① 写出图9-37所示图形的程序段，深2mm。

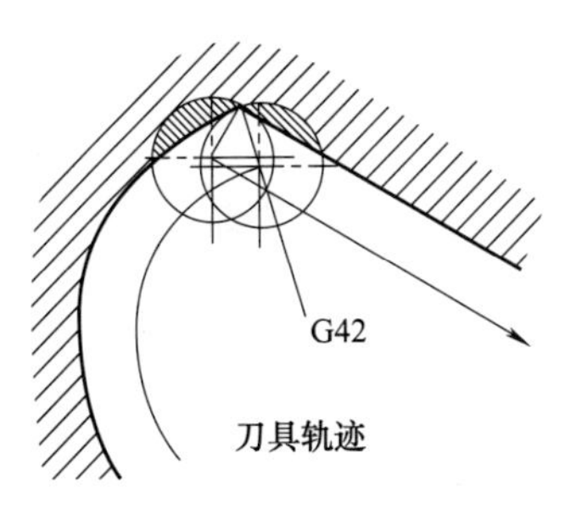

图 9-36　铣内轮廓

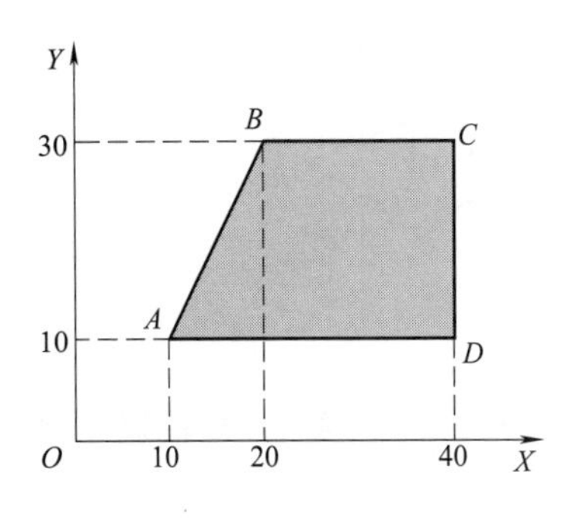

图 9-37　例题（一）

```
G17 G54 G94
G00 Z2
G41 G00 X10 Y10         设置左补偿
G01 Z－2 F20            ┐
G01 X20 Y30 F100        │
G01 X40                 ├ 带左刀补的程序段
G01 X40 Y10             │
G01 X10 Y10             ┘
G00 Z2
G40                     取消刀具左补偿
M05
M02
```

② 写出如图 9-38 所示内轮廓的走刀程序段，深 2mm，ϕ5mm 铣刀。

分析：此题用 ϕ5mm 铣刀不能一次性将内轮廓铣净，在走完内轮廓边缘后，在内部形状处再走一刀。

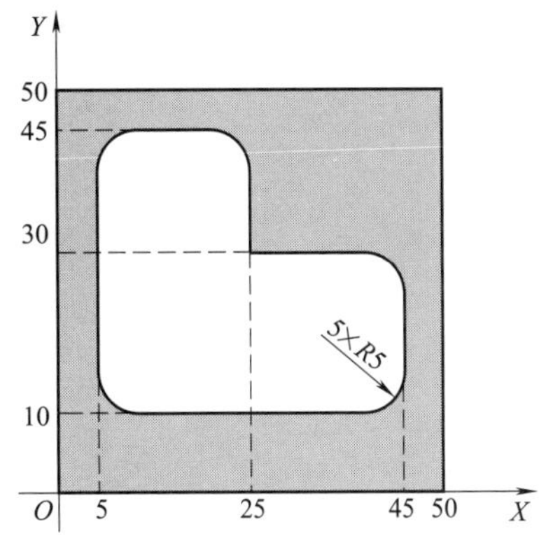

图 9-38　例题（二）

```
G17 G54 G94
G42 G00 X5 Y15          设置刀具右补偿
G00 Z2                  ┐
G01 Z－2 F20            │
G01 X5 Y40 F100         │
G02 X10 Y45 R5          │
G01 X20                 │
G02 X25 Y40 R5          │
G01 Y30                 ├ 带右刀补的程序段
G01 X40                 │
G02 X45 Y25 R5          │
G01 Y15                 │
G02 X40 Y10 R5          │
G01 X10                 ┘
G02 X5 Y15 R5
G00 Z2
G40                     取消刀具右补偿
```

```
G00 X15 Y40
G01 Z-2 F20
G01 Y20
G01 X40
G00 Z50
M05
```
（以上为内部形状）

9.9.6 刀具半径补偿编程综合实例

试编制在数控铣床上实现如图 9-39 所示形状加工的程序。零件在 Z 方向的凹槽深度为 2mm；加工时选择主轴转速为 1050r/min；进给速度为 120mm/min，刀具为 ϕ10mm 铣刀。

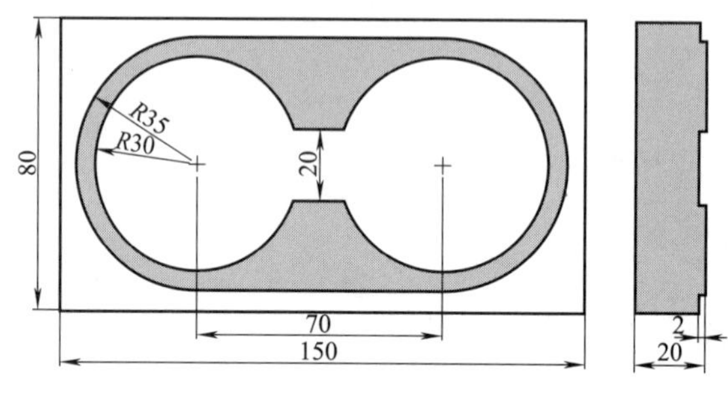

图 9-39 编程实例

【分析】

此题的走刀路线设计如图 9-40 所示。

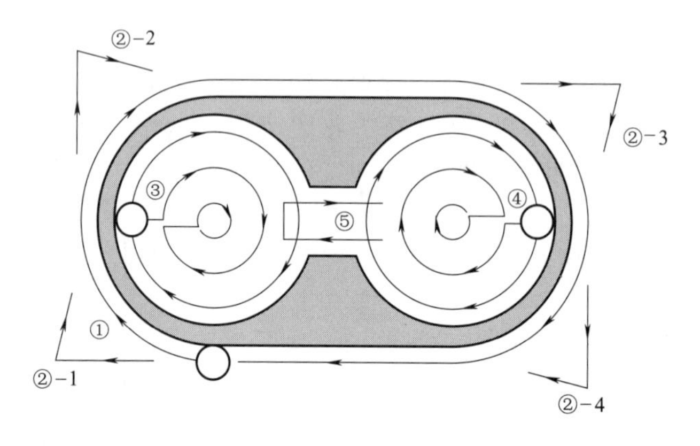

图 9-40 走刀路线设计

【注意】

① 四个角的清角采用斜线走刀，如图 9-41 所示。不采用如图 9-42 所示有残留的直线直角走刀方法。

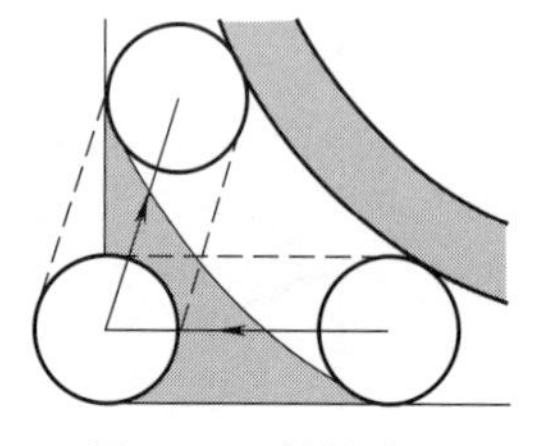

图 9-41 斜线走刀

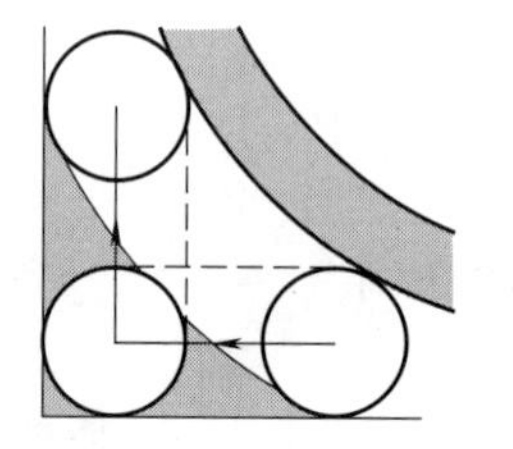

图 9-42 直线直角走刀

具体的清角方式根据不同零件的加工要求设计。

② 内部圆弧，由于形状单一、简单，因此不采用刀具补偿指令，直接手动让出刀宽做整圆的加工。

【程序】

路径	段号	程　序	说　明
开始		O0007	程序号
	N10	G17 G54 G94	选择平面、坐标系、每分钟进给
	N20	M03 S1050	主轴正转，转速为1050r/min
外轮廓 ①	N30	G41 G00 X40 Y5	设置左补偿，定位在 R35mm 圆弧上方
	N40	G00 Z2	Z 向接近工件表面
	N50	G01 Z−2 F20	Z 向进刀，速度为20mm/min
	N60	G02 X40 Y75 R35 F120	铣左侧 R35mm 的顺时针圆弧，速度为120mm/min
	N70	G01 X110	上边缘
	N80	G02 X110 Y5 R35	铣右侧 R35mm 的顺时针圆弧
	N90	G01 X40	下边缘
	N100	G00 Z2	抬刀
	N110	G40	取消刀补
清角 ②-1	N120	G00 X20 Y5	定位，准备清角
	N130	G01 Z−2 F20	Z 向进刀，速度为20mm/min
	N140	G01 X0 F120	清角路径，速度为120mm/min
	N150	G01 X5 Y20	
	N160	G00 Z2	抬刀
清角 ②-2	N170	G00 X5 Y60	定位，准备清角
	N180	G01 Z−2 F20	Z 向进刀，速度为20mm/min
	N190	G01 Y80 F120	清角路径，速度为120mm/min
	N200	G01 X20 Y75	
	N210	G00 Z2	抬刀
清角 ②-3	N220	G00 X130 Y75	定位，准备清角
	N230	G01 Z−2 F20	Z 向进刀，速度为20mm/min
	N240	G01 X150 F120	清角路径，速度为120mm/min
	N250	G01 X145 Y60	
	N260	G00 X2	抬刀
清角 ②-4	N270	G00 X145 Y20	定位，准备清角
	N280	G01 Z−2 F20	Z 向进刀，速度为10mm/min
	N290	G01 Y0 F120	清角路径，速度为120mm/min
	N300	G01 X130 Y5	
	N310	G00 Z2	抬刀
左侧圆 ③	N320	G00 X15 Y40	让出刀宽，定位在圆内侧
	N330	G01 Z−2 F20	Z 向进刀，速度为20mm/min
	N340	G02 X15 Y40 I25 J0 F120	铣削第一圈整圆，速度为120mm/min
	N350	G01 X25 Y40	走到第二圈圆的起点
	N360	G02 X25 Y40 I15 J0	铣削第二圈整圆
	N370	G01 X35 Y40	走到第三圈圆的起点
	N380	G02 X35 Y40 I5 J0	铣削第三圈整圆
	N390	G00 Z2	抬刀
右侧圆 ④	N400	G00 X135 Y40	让出刀宽，定位在圆内侧
	N410	G00 Z−2 F20	Z 向进刀，速度为20mm/min
	N420	G02 X135 Y40 I−25 J0 F120	铣削第一圈整圆，速度为120mm/min
	N430	G01 X125 Y40	走到第二圈圆的起点
	N440	G02 X125 Y40 I−15 J0	铣削第二圈整圆
	N450	G01 X115 Y40	走到第三圈圆的起点
	N460	G02 X115 Y40 I−5 J0	铣削第三圈整圆
	N470	G00 Z2	抬刀

续表

路径	段号	程　序	说　明
圆连接处⑤	N480	G00 X85 Y35	定位起点
	N490	G01 Z−2 F20	Z 向进刀，速度为 20mm/min
	N500	G01 X65 F120	向左铣刀，速度为 120mm/min
	N510	G01 Y45	向上走刀
	N520	G01 X85	向右走刀
	N530	G00 Z100	抬刀
结束	N540	M05	主轴停止
	N550	M02	程序结束

9.9.7 练习题

① 试编制在数控铣床上实现如图 9-43 所示排孔工件加工的程序。刀具为 10mm 平底刀。

② 试编制在数控铣床上实现如图 9-44 所示排孔工件加工的程序。刀具为 12mm 平底刀。

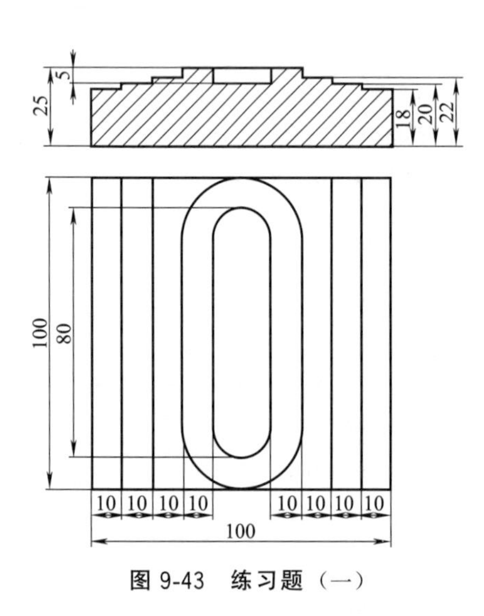

图 9-43　练习题（一）

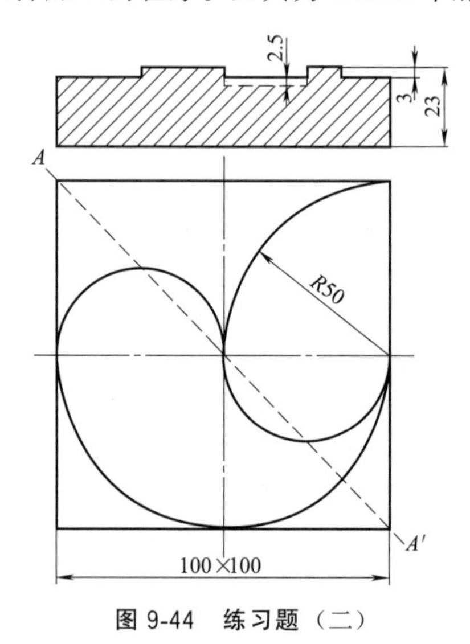

图 9-44　练习题（二）

9.10 程序暂停 G04

9.10.1 指令功能

执行 G04 指令，可以使程序进入暂停状态，机床进给运动暂停，其余工作状态（如：主轴等）保持不变。暂停时间可以通过编程进行控制。

9.10.2 指令格式

G04 P____

格式中 P 在指令 G04 中指定的是暂停时间，时间单位是 ms（毫秒，即 1/1000 秒）如：输入 G04 1000 代表暂停 1s。在部分系统中，暂停时间也可以由地址 Z 或 F 等指定。

暂停指令为单段有效指令。它常被用于以下场合：

① 沉孔加工时，通过暂停进给可以对底面进行光整加工，提高表面精度。

② 在需要主轴完全停止后退刀的场合，利用暂停指令可以确保主轴完全停止再退刀。

9.10.3 编程实例

分别写出图9-45所示孔内零件的加工程序段，刀具为ϕ10mm的钻头。

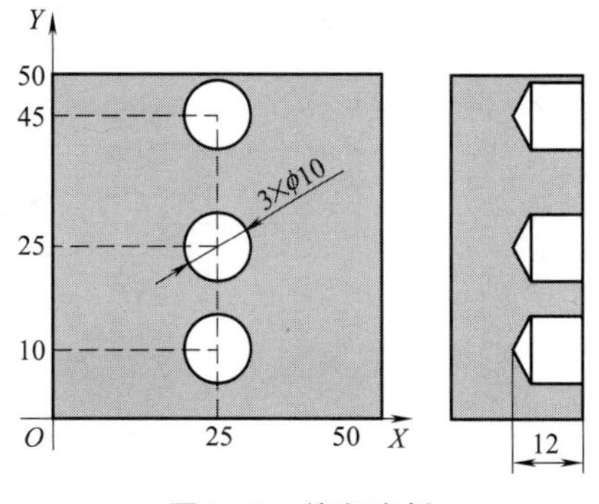

图9-45 编程实例

加工程序如下：

路径	段号	程 序	说 明
开始		O0008	程序号
	N10	G17 G54 G94	选择平面、坐标系、每分钟进给
	N20	M03 S800	主轴正转，转速为800r/min
孔1	N30	G00 X25 Y45	定位在第一个上方
	N40	G00 Z2	Z向接近工件表面
	N50	G01 Z−12 F10	Z向进刀，速度为10mm/min
	N60	G04 P1000	暂停1s
	N70	G00 Z2	抬刀
孔2	N80	G00 X25 Y25	定位在第二个上方
	N90	G01 Z−12 F20	Z向进刀，速度为20mm/min
	N100	G04 P1000	暂停1s
	N110	G00 Z2	抬刀
孔3	N120	G00 X25 Y10	定位在第三个上方
	N130	G01 Z−12 F10	Z向进刀，速度为10mm/min
	N140	G04 P1000	暂停1s
	N150	G00 Z50	抬刀
结束	N160	M05	主轴停止
	N170	M02	程序结束

注：此处孔的加工速度F值根据实际情况可略有不同。

①孔1钻头由于未切削刀具是冷的，故速度降低；

②孔3由于多次加工了，钻头易粘附铁屑，故而降速加工。

9.10.4 练习题

① 试编制在数控铣床上实现如图9-46所示带孔工件加工的程序。刀具为ϕ10mm铣刀、ϕ16mm铣刀和ϕ20mm铣刀。

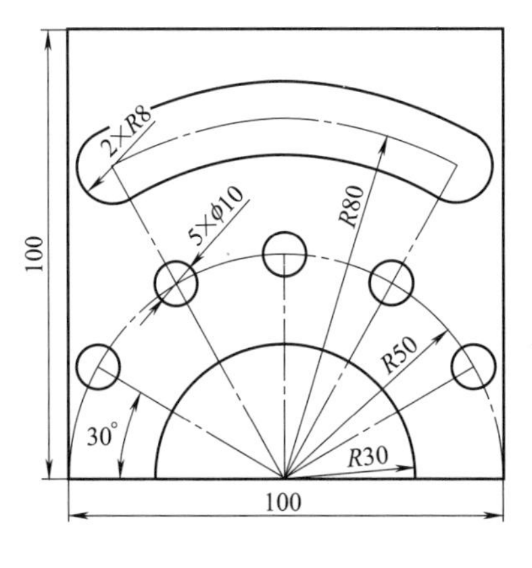

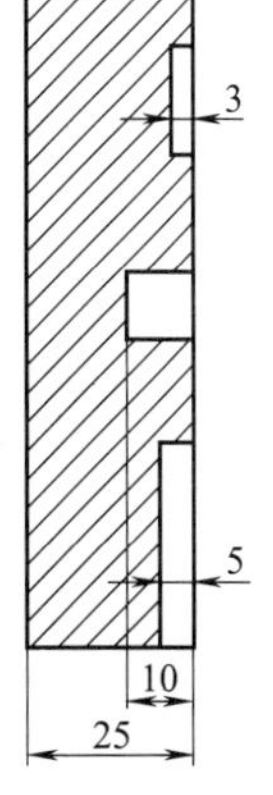

图9-46 练习题（一）

② 试编制在数控铣床上实现如图 9-47 所示排孔工件加工的程序。刀具为 ϕ20mm 钻头。

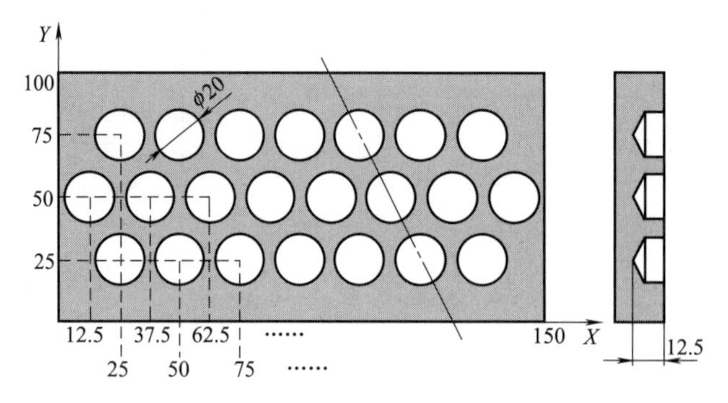

图 9-47 练习题（二）

9.11 增量（相对）坐标系

9.11.1 增量（相对）坐标功能

绝对坐标系编程是通过坐标值指定位置的编程方法，它是以坐标原点作为基准给出的绝对位置值。增量坐标系编程是直接指定刀具移动量的编程方法，它是以刀具现在位置作为基准给出的相对位置值，刀具（或机床）运动位置的坐标值是相对前一位置（或起点）来计算的，称为增量（相对）坐标。

增量（相对）坐标有两种表示方式：地址方式和指令方式。

9.11.2 地址方式：U、V、W

增量（相对）坐标常用 U、V、W 代码表示。U、V、W 轴分别与 X、Y、Z 轴平行且同向。如图 9-48（b）所示，A、B 点的相对坐标值分别为 $U_A=0$，$V_A=0$；$U_B=20$，$V_B=25$，U-V 坐标系称为增量坐标系。简单来说，U、V、W 坐标值即是当前点坐标与前一点坐标的差值。

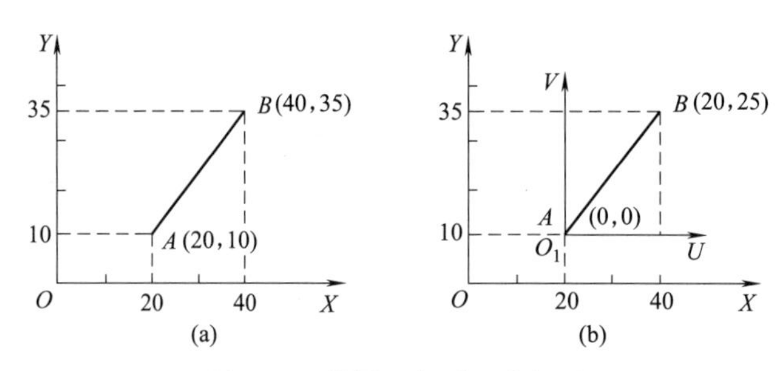

图 9-48 增量（相对）坐标系

例如，分别用绝对坐标和相对坐标方式写出如图 9-49 所示 $P_1 \rightarrow P_3$ 的走刀方式。

绝对方式：

$P_1 \rightarrow P_2$：G01 X400 Y500

$P_2 \rightarrow P_3$：G01 X520 Y280

相对方式：

$P_1 \rightarrow P_2$：G01 U250 V340

$P_2 \rightarrow P_3$：G01 U120 V－220

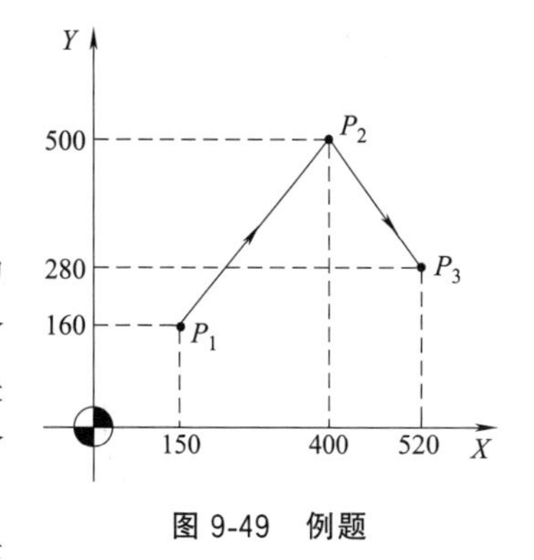

图 9-49　例题

9.11.3　指令方式：G90 和 G91

绝对命令/增量命令（G90/G91），此命令设定指令中的X、Y 和 Z 坐标是绝对值还是相对值，不论它们原来是绝对命令还是增量命令。含有 G90 命令的程序块和在它以后的程序块都由绝对命令赋值；而带 G91 命令及其后的程序块都用增量命令赋值。

G91 指令效果与 U、V、W 地址效果完全相同，不同点在于使用了 G91 后，程序中的坐标值仍然用 X、Y、Z 表示。

例如，分别用绝对坐标和相对坐标方式写出如图 9-49 所示 $P_1 \rightarrow P_3$ 的走刀方式。

绝对方式：

$P_1 \rightarrow P_2$：G90 G01 X400 Y500

$P_2 \rightarrow P_3$：　　G01 X520 Y280

相对方式：

$P_1 \rightarrow P_2$：G91 G01 X250 Y340

$P_2 \rightarrow P_3$：　　G01 X120 Y－220

注意：系统开机默认 G90 绝对方式，故用绝对方式编程时 G90 可省略。

9.11.4　增量（相对）坐标编程实例

试编制在数控铣床上实现图 9-50 所示形状加工的程序。工件坐标系为 G54。加工时选择主轴转速为 1000r/min；进给速度为 120mm/min，刀具为 ϕ20mm 铣刀。

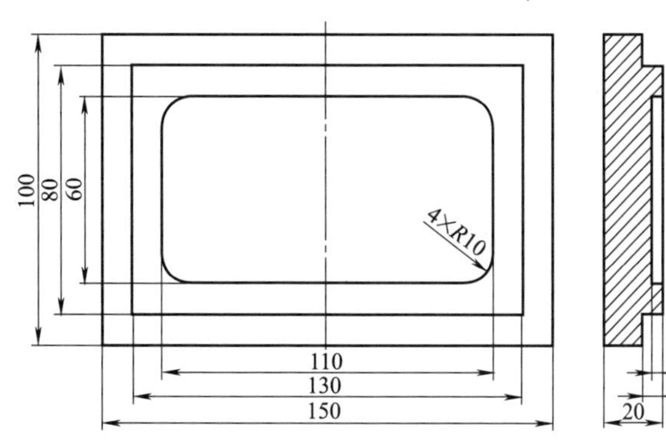

图 9-50　编程实例

【分析】

此题的走刀路线设计如图 9-51 所示。

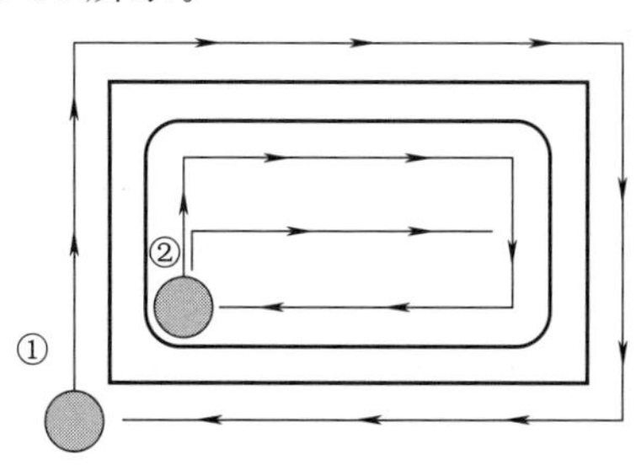

图 9-51　走刀路线设计

【注意】 工件外轮廓部分铣深为 4mm，分 2 次加工，每次铣深 2mm。

加工程序如下：

路径	段号	程　序	说　明
开始		O0007	程序号
	N10	G17 G54 G94	选择平面、坐标系、每分钟进给
	N20	M03 S1000	主轴正转，转速为 1000r/min
分 2 层铣外侧边缘 ①	N30	G00 X0 Y0	定位在工件原点上方
	N40	G00 Z2	Z 向接近工件表面
	N50	G01 Z-2 F20	Z 向进刀 2mm，第一层，速度为 20mm/min
	N60	G01 X0 Y100 F120	铣左侧边缘
	N70	G01 X150 Y100	铣上侧边缘
	N80	G01 X150 Y0	铣右侧边缘
	N90	G01 X0 Y0	铣下侧边缘
	N100	G01 Z-4 F20	Z 向进刀 2mm，第二层，速度为 20mm/min
	N110	G01 X0 Y100 F120	铣左侧边缘
	N120	G01 X150 Y100	铣上侧边缘
	N130	G01 X150 Y0	铣右侧边缘
	N140	G01 X0 Y0	铣下侧边缘
	N150	G00 Z2	抬刀
凹槽 ②	N160	G00 X30 Y30	定位在内部凹槽左下角上方
	N170	G01 Z-2 F20	Z 向进刀 2mm，速度为 20mm/min
	N180	G91 G01 X0 Y40 F120	增量方式，铣凹槽左边缘
	N190	G01 X90 Y0	铣凹槽上边缘
	N200	G01 X0 Y-40	铣凹槽右边缘
	N210	G01 X-90 Y0	铣凹槽下边缘
	N220	G01 X0 Y20	定位，准备清中间未加工部分
	N230	G01 X90 Y0	清凹槽内部
	N240	G90 G00 Z50	返回绝对方式，抬刀
结束	N250	M05	主轴停
	N260	M02	程序结束

9.11.5 练习题

① 试编制在数控铣床上，实现如图 9-52 所示形状加工的程序。工件坐标系为 G54。加工时选择主轴转速为 1000r/min；进给速度为 120mm/min，刀具为 ϕ10mm 铣刀。

② 试编制在数控铣床上，实现如图 9-53 所示台阶和孔组合形状加工的程序，刀具为 ϕ10mm 铣刀。

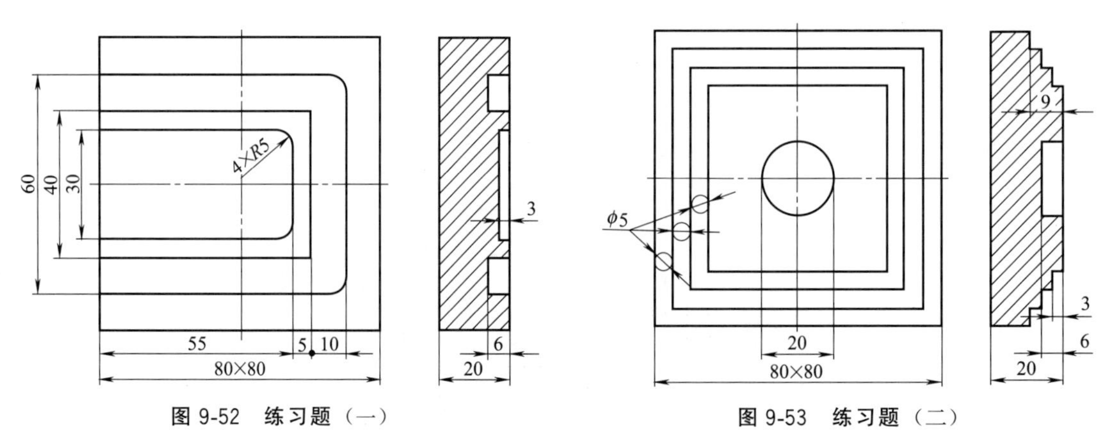

图 9-52　练习题（一）　　图 9-53　练习题（二）

9.12 主程序、子程序

9.12.1 主程序、子程序概述

机床的加工程序可以分为主程序和子程序两种。主程序是零件加工程序的主体部分，它是一个完整的零件加工程序。主程序和被加工零件及加工要求一一对应，不同的零件或不同的加工要求都有唯一的主程序。

为了简化编程，有时可以将一个程序或多个程序中的重复的动作编写为单独的程序，并通过程序调用的形式来执行这些程序，这样的程序称为子程序。就程序结构和组成而言，子程序和主程序并无本质区别，但在使用上，子程序具有以下特点，见表9-13。

表9-13 子程序的特点

序号	子程序的特点
1	子程序可以被任何主程序或其他子程序所调用，并且可以多次循环执行
2	被主程序调用的子程序，还可以调用其他子程序，这一功能称为子程序的嵌套
3	子程序执行结束，能自动返回到调用的程序中
4	子程序一般都不可以作为独立的加工程序使用，它只能通过调用来实现加工中的局部动作

9.12.2 子程序的调用格式

在FANUC数控系统中，子程序的程序号和主程序号的格式相同，即：也用O后缀数字组成。但其结束标记必须使用M99，才能实现程序的自动返回功能。

对于采用M99作为结束标记的子程序，其调用可以通过辅助机能中的M98代码指令进行。但在调用指令中子程序的程序号由地址P规定，常用的子程序调用指令有以下三种格式：

(1) 格式一：M98 P □□□□

作用：调用子程序O □□□□一次。如N15 M98 P0100，为调用子程序O0100一次，程序号的前面的0可以省略，即可以写成N15 M98 P100的形式。

(2) 格式二：M98 P □□□□ L ××××

作用：连续调用子程序O□□□□多次，地址L后缀的××××代表调用次数。如N15M98 P0200 L2，为调用子程序O0200两次。同样，子程序号、循环次数的前面的0均可以省略。

(3) 格式三：M98 P ×××× □□□□

作用：调用子程序O □□□□多次，地址P后缀的数字中，前四位××××代表调用次数，后四位 □□□□代表子程序号。注意：利用这种格式时，调用次数的前面的0可以省略，即0002可以省略成2；但子程序号□□□□的前面的0不可以省略，即0200不可以省略成200。如N15 M98 P20200为调用子程序O0200两次，但N15 M98 P2200则表示调用子程序O2200一次。

子程序用M99结束，调用格式的方法如下：

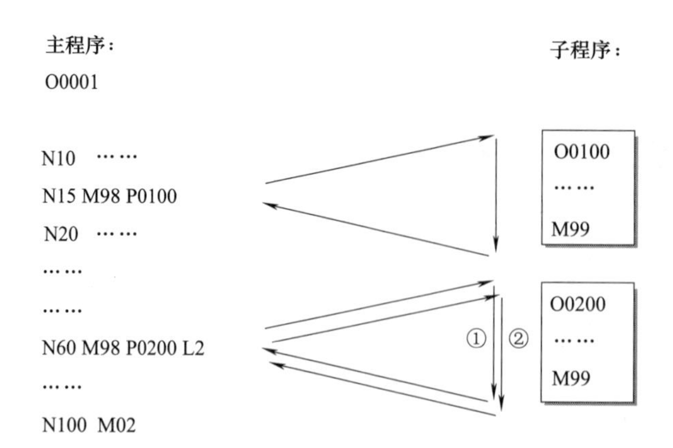

在上述主程序中当采用格式三编程时，N60 程序段可以用 M98 P20200 代替，其动作相同。

注意：由于子程序的调用目前尚未有完全统一的格式规定，以上子程序的调用只是大多数数控系统的常用格式，对于不同的系统，还有不同的调用格式和规定，使用时必须参照有关系统的编程说明。

9.12.3 编程实例

试编制在数控铣床上实现如图 9-54 所示形状加工的程序。工件坐标系为 G54。加工时选择主轴转速为 1200r/min；进给速度为 120mm/min，刀具为 ϕ10mm 铣刀。

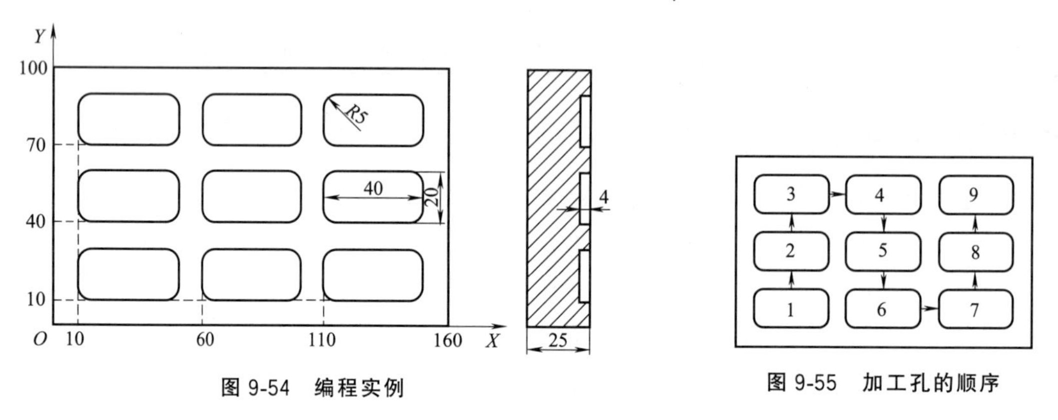

图 9-54 编程实例

图 9-55 加工孔的顺序

【分析】

本题中凹槽为完全一样的形状，故采用子程序编程，编程坐标使用增量坐标方式。编程时，只需在主程序中定位槽的起点，调入子程序即可。

加工孔的顺序如图 9-55 所示。

【程序】

路径	段号	子 程 序	说 明
凹槽加工		O0081	子程序号
	N10	G01 Z−4 F10	Z 向进刀 4mm,速度为 10mm/min
	N20	G91 G01 X0 Y10 F80	增量方式,铣凹槽左边缘
	N30	G01 X30 Y0	铣凹槽上边缘
	N40	G01 X0 Y−10	铣凹槽右边缘
	N50	G01 X−30 Y0	铣凹槽下边缘
	N60	G90 G00 Z2	返回绝对方式,抬刀
	N70	M99	子程序结束

续表

路径	段号	主程序	说明
开始		O0008	主程序号
	N10	G17 G54 G94	选择平面、坐标系、每分钟进给
	N20	M03 S1200	主轴正转,转速为1200r/min
凹槽1	N30	G00 X15 Y15	定位在凹槽1上方
	N40	G00 Z2	Z向接近工件表面
	N50	M98 P0081	调用子程序,加工凹槽1
凹槽2	N60	G00 X15 Y45	定位在凹槽2上方
	N70	M98 P0081	调用子程序,加工凹槽2
凹槽3	N80	G00 X15 Y75	定位在凹槽3上方
	N90	M98 P0081	调用子程序,加工凹槽3
凹槽4	N100	G00 X65 Y75	定位在凹槽4上方
	N110	M98 P0081	调用子程序,加工凹槽4
凹槽5	N120	G00 X65 Y45	定位在凹槽5上方
	N130	M98 P0081	调用子程序,加工凹槽5
凹槽6	N140	G01 X65 Y15	定位在凹槽6上方
	N150	M98 P0081	调用子程序,加工凹槽6
凹槽7	N160	G00 X115 Y15	定位在凹槽7上方
	N170	M98 P0081	调用子程序,加工凹槽7
凹槽8	N180	G00 X115 Y45	定位在凹槽8上方
	N190	M98 P0081	调用子程序,加工凹槽8
凹槽9	N200	G00 X115 Y75	定位在凹槽9上方
	N210	M98 P0081	调用子程序,加工凹槽9
结束	N220	G00 Z50	抬刀
	N230	M05	主轴停
	N240	M02	程序结束

9.12.4 练习题

① 试编制在数控铣床上实现如图9-56所示形状加工的程序。工件坐标系为G54。加工时选择主轴转速为600r/min；Z向下刀速度为20mm/min，刀具为ϕ7.5mm铣刀。

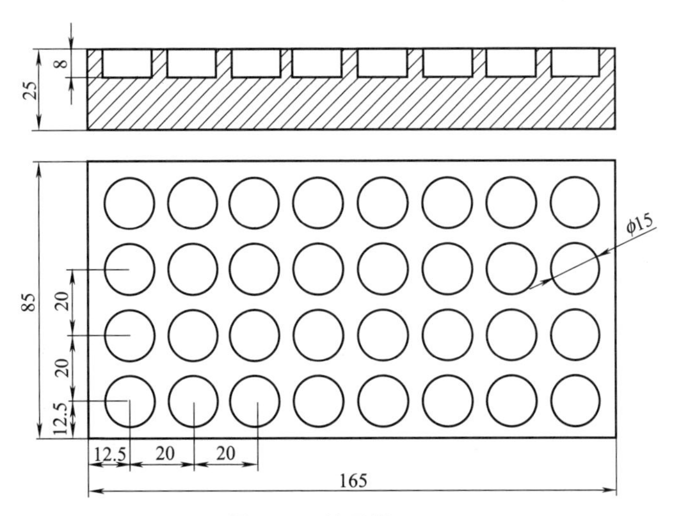

图9-56 练习题（一）

② 试编制在数控铣床上实现如图9-57所示形状加工的程序。工件坐标系为G54。加工时选择主轴转速为850r/min；进给速度为100mm/min，刀具为ϕ10mm铣刀。

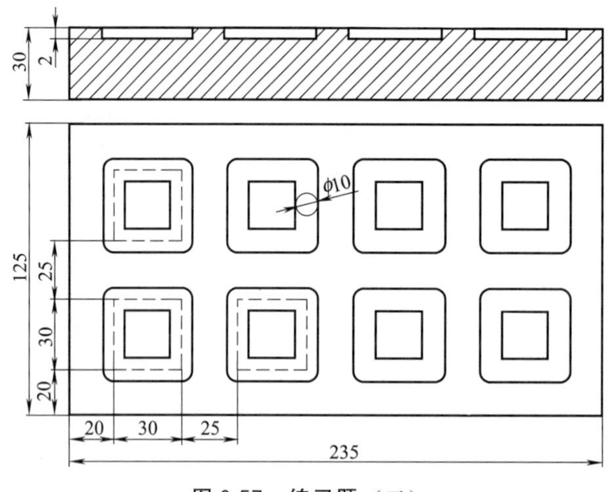

图 9-57 练习题（二）

9.13 极坐标编程（G15、G16）

9.13.1 极坐标编程功能

在圆周分布孔加工（如法兰类零件）与圆周镗铣加工时，图样尺寸通常都是以半径（直径）与角度的形式给出。对于此类零件，如果采用极坐标编程，直接利用极坐标半径与角度指定坐标位置，既可以大大减少编程时的计算工作量，又可以提高程序的可靠性。

9.13.2 指令格式

极坐标编程通常使用指令 G15、G16 进行，其指令的意义如下：

G15 撤销极坐标编程。

G16 极坐标编程生效。

G52 X__Y__ 局部坐标系建立极坐标原点。

G52 X0 Y0 局部坐标系撤销极坐标原点。

极坐标编程时，编程指令的格式、代表的意义与所选择的加工平面有关，加工平面的选择仍然利用 G17、G18、G19 进行（由于系统默认 G17，因此一般情况下可省略）。加工平面选

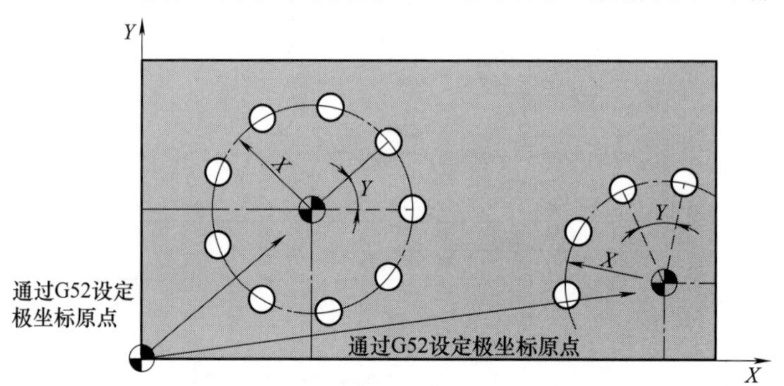

图 9-58 极坐标中 X、Y 和 G52 的设定方法

定后，所选择平面的第一坐标轴地址用来指令极坐标半径；第二坐标轴地址用来指令极坐标角度，极坐标的0°方向为第一坐标轴的正方向。如在极坐标中，选择 *X*、*Y* 平面为加工平面，*X* 表示半径，*Y* 则表示角度。图 9-58 所示为极坐标中 *XY* 和 G52 的设定方法。

极坐标原点指定方式，在不同的数控系统中有所不同，有的将工件坐标系原点直接作为极坐标原点；有的系统可以利用局部坐标系指令 G52 建立极坐标原点。

在极坐标编程时，通过 G90、G91 指令也可以改变尺寸的编程方式，选择 G90 时，半径、角度都以绝对尺寸的形式给定；选择 G91 时，半径、角度都以增量尺寸的形式给定。

例如，用极坐标方式指出图 9-59 中所示孔的坐标位置。

G52 X50 Y20　建立极坐标坐标系。
G90 G17 G16　绝对方式，*XY* 平面，极坐标生效。
G00 X40 Y60　孔 *A* 极坐标位置。
G00 X40 Y90　孔 *B* 极坐标位置。
G00 X40 Y120　孔 *C* 极坐标位置。
G00 X40 Y150　孔 *D* 极坐标位置。
G00 X40 Y180　孔 *E* 极坐标位置。

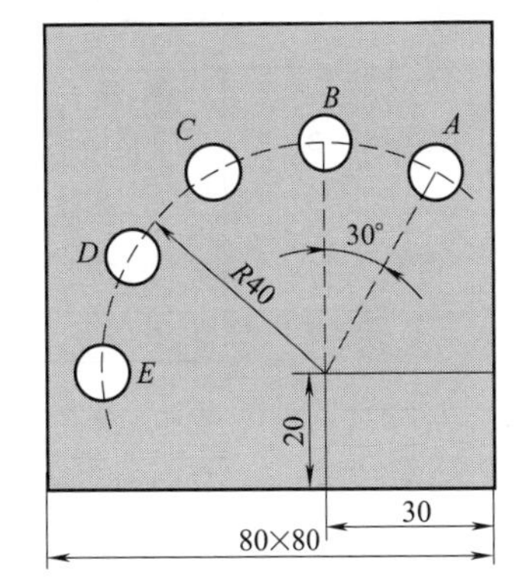

图 9-59　例题

9.13.3　极坐标编程实例

试编制在数控铣床上实现如图 9-60 所示形状加工的程序。工件坐标系为 G54。加工时选择主轴转速为 1200r/min；进给速度为 120mm/min，刀具为 ϕ10mm 铣刀。

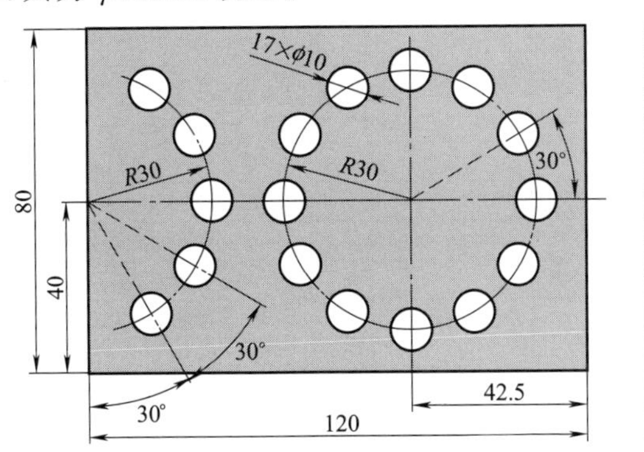

图 9-60　编程实例

加工程序如下：

路径	段 号	子 程 序	说 明
孔加工		O0082	子程序号
	N10	G01 Z−8 F20	*Z* 向进刀 2mm，速度为 20mm/min
	N20	G04 P1000	暂停 1s，清(平)孔底
	N30	G00 Z2	抬刀
	N40	M99	子程序结束

路径	段 号	主 程 序	说 明
开始		O0009	主程序号
	N10	G17 G54 G94	选择平面、坐标系、每分钟进给
	N20	M03 S1200	主轴正转，转速为 1200r/min
极坐标系 1	N30	G52 X0 Y40	建立极坐标坐标系
	N40	G90 G16	绝对方式，极坐标生效
左侧−60°孔	N50	G00 X30 Y−60	定位在左侧−60°孔上方
	N60	G00 Z2	*Z* 向接近工件表面
	N70	M98 P0082	调用子程序，加工左侧−60°孔

续表

路径	段号	主程序	说明
左侧−30°孔	N80	G00 X30 Y−30	定位在左侧−30°孔上方
	N90	M98 P0082	调用子程序,加工左侧−30°孔
左侧0°孔	N100	G00 X30 Y0	定位在左侧0°孔上方
	N110	M98 P0082	调用子程序,加工左侧0°孔
左侧30°孔	N120	G00 X30 Y30	定位在左侧30°孔上方
	N130	M98 P0082	调用子程序,加工左侧30°孔
左侧60°孔	N140	G00 X30 Y60	定位在左侧60°孔上方
	N150	M98 P0082	调用子程序,加工左侧60°孔
极坐标系2	N160	G15	撤销极坐标
	N170	G52 X77.5 Y40	建立极坐标坐标系
	N180	G90 G16	绝对方式,极坐标生效
右侧0°孔	N190	G00 X30 Y0	定位在右侧0°孔上方
	N200	M98 P0082	调用子程序,加工右侧0°孔
右侧30°孔	N210	G00 X30 Y30	定位在右侧30°孔上方
	N220	M98 P0082	调用子程序,加工右侧30°孔
右侧60°孔	N230	G00 X30 Y60	定位在右侧60°孔上方
	N240	M98 P0082	调用子程序,加工右侧60°孔
右侧90°孔	N250	G00 X30 Y90	定位在右侧90°孔上方
	N260	M98 P0082	调用子程序,加工右侧90°孔
右侧120°孔	N270	G00 X30 Y120	定位在右侧120°孔上方
	N280	M98 P0082	调用子程序,加工右侧120°孔
右侧150°孔	N290	G00 X30 Y150	定位在右侧150°孔上方
	N300	M98 P0082	调用子程序,加工右侧150°孔
右侧180°孔	N310	G00 X30 Y180	定位在右侧180°孔上方
	N320	M98 P0082	调用子程序,加工右侧180°孔
右侧210°孔	N330	G00 X30 Y210	定位在右侧210°孔上方
	N340	M98 P0082	调用子程序,加工右侧210°孔
右侧240°孔	N350	G00 X30 Y240	定位在右侧240°孔上方
	N360	M98 P0082	调用子程序,加工右侧240°孔
右侧270°孔	N370	G00 X30 Y270	定位在右侧270°孔上方
	N380	M98 P0082	调用子程序,加工右侧270°孔
右侧300°孔	N390	G00 X30 Y300	定位在右侧300°孔上方
	N400	M98 P0082	调用子程序,加工右侧300°孔
右侧330°孔	N410	G00 X30 Y330	定位在右侧330°孔上方
	N420	M98 P0082	调用子程序,加工右侧330°孔
结束	N430	G00 Z50	抬刀
	N440	M05	主轴停
	N450	M02	程序结束

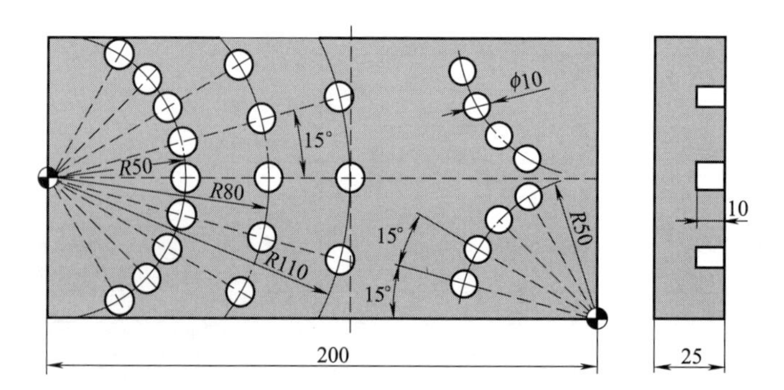

图9-61 练习题

9.13.4 练习题

试编制在数控铣床上实现如图 9-61 所示形状加工的程序。工件坐标系为 G54。加工时选择主轴转速为 1200r/min；进给速度为 120mm/min，刀具为 ϕ10mm 铣刀。

9.14 镜像加工指令（G24、G25）

9.14.1 指令功能

镜像加工亦称对称加工，它是数控镗铣床常见的加工之一。镜像加工功能要通过系统的“镜像”控制信号进行，当该信号生效时，需要镜像加工的坐标轴将自动改变坐标值的正、负符号，实现坐标轴对称图形的加工，如图 9-62 所示。

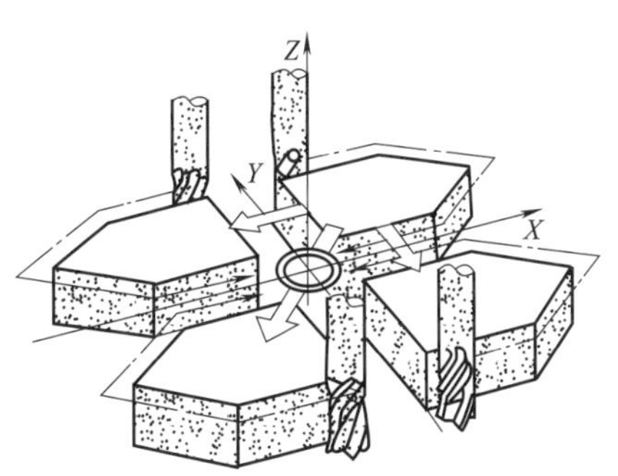

图 9-62 图形的镜像

为了进行镜像加工，在系统上通常的选择方式如下：

① 通过数控系统操作面板上的“镜像加工”选择菜单，选择镜像加工坐标轴，镜像加工控制生效。

② 编程系统中，可以通过特殊的编程指令（如 FANUC 的 G24、G25，SIEMENS 的 Mirror、AMirror 指令）实现。

9.14.2 镜像加工指令格式

如图 9-63 所示：

G24 X_ 沿指定的 *X* 轴镜像。

G24 Y_ 沿指定的 *Y* 轴镜像。

G24 X_ Y_ 沿指定的坐标点镜像。

G25 取消镜像。

注意：由于数控镗铣床的 *Z* 轴一般安装有刀具，因此，*Z* 轴一般都不能进行镜像加工。

例如，用镜像指令对如图 9-64 所示图形编程，假设形状 *A* 的子程序已经编辑完成，名称为 O0083。

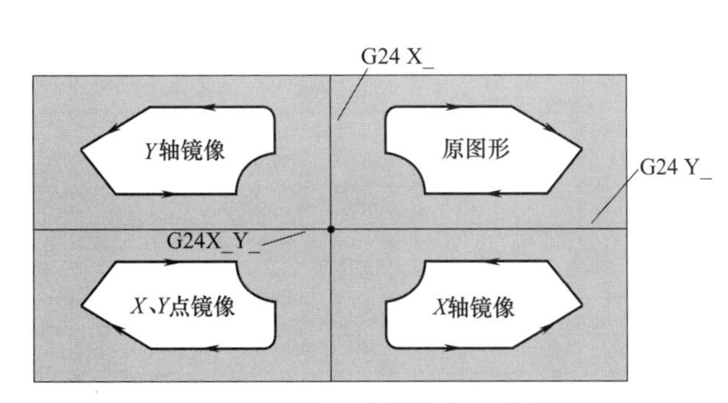

图 9-63 镜像加工指令格式

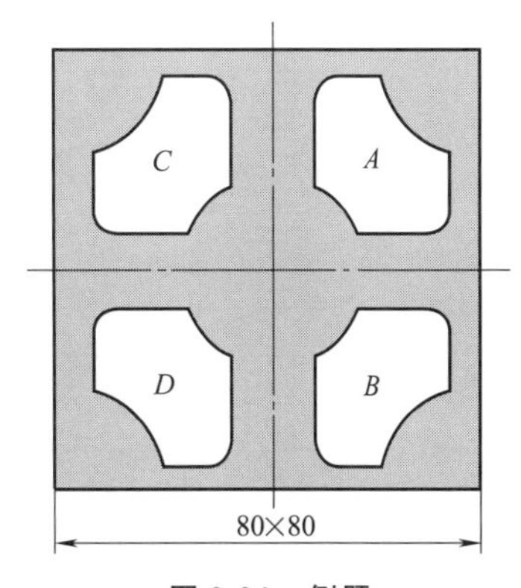

图 9-64 例题

```
……
M98 P0083       调用子程序，加工形状 A。
G24 Y40         镜像加工：沿 Y40 轴。
M98 P0083       调用子程序，加工形状 B。
G25             取消镜像加工。
G24 X40         镜像加工：沿 X40 轴。
M98 P0083       调用子程序，加工形状 C。
G25             取消镜像加工。
G24 X40 Y40     镜像加工：沿 X40、Y40 点。
M98 P0083       调用子程序，加工形状 D。
G25             取消镜像加工。
```

9.14.3 编程实例

试编制在数控铣床上实现如图 9-65 所示形状加工的程序。工件坐标系为 G54。加工时选择主轴转速为 800r/min；进给速度为 120mm/min，刀具为 ϕ10mm 铣刀。

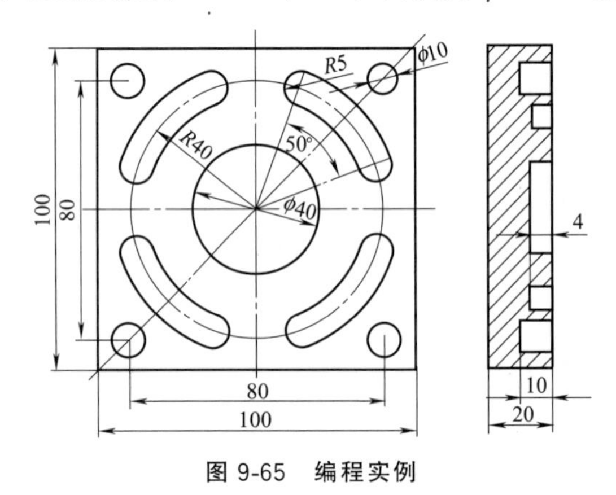

图 9-65 编程实例

【分析】

① 此题中 50°圆弧和 ϕ10mm 孔用镜像指令编程，先创建子程序 O0084；

② 中间 ϕ40mm 的圆形槽采用子程序编程，名称为 O0085；

③ 50°圆弧的起点和终点坐标，由数学方法计算，此处不再赘述。

加工程序如下：

路径	段号	子程序	说明
右上角镜像图形		O0084	子程序号
	N10	G00 X63.681 Y87.588	定位在圆弧起点上方
	N20	G00 Z2	Z 向接近工件表面
	N30	G01 Z−2 F10	Z 向进刀 2mm，速度为 10mm/min
	N40	G02 X87.588 Y63.681 R40 F120	铣 R50mm 顺时针圆弧
	N50	G01 Z−4 F10	Z 向再次进刀 2mm，速度为 10mm/min
	N60	G03 X63.681 Y87.588 R40 F120	反向铣 R50mm 逆时针圆弧
	N70	G00 Z2	抬刀
	N80	G00 X90 Y90	定位在孔上方
	N90	G01 Z−10 F15	孔加工
	N100	G04 P1000	暂停 1s，清(平)孔底
	N110	G00 Z2	抬刀
	N120	M99	子程序结束

续表

路径	段号	子 程 序	说 明
中间圆形槽		O0085	子程序号
	N10	G02 X35 Y50 I－15 J0 F120	铣第一圈整圆
	N20	G01 X45 Y50	横向进刀
	N30	G02 X45 Y50 I－5 J0	铣第二圈整圆
	N40	G00 Z2	抬刀
	N50	G00 X35 Y50	返回加工时的起点
	N60	M99	子程序结束

路径	段号	主 程 序	说 明
开始		O0010	主程序号
	N10	G17 G54 G94	选择平面、坐标系、每分钟进给
	N20	M03 S800	主轴正转，转速为 800r/min
镜像形状	N30	M98 P0084	调用子程序，加工右上形状
	N40	G24 X50	镜像加工：沿 X50 轴
	N50	M98 P0084	调用子程序，加工左上形状
	N60	G25	取消镜像加工
	N70	G24 Y50	镜像加工：沿 Y50 轴
	N80	M98 P0084	调用子程序，加工右下形状
	N90	G25	取消镜像加工
	N100	G24 X50 Y50	镜像加工：沿 *X*50、*Y*50 点
	N110	M98 P0084	调用子程序，加工左下形状
	N120	G25	取消镜像加工
圆形凹槽	N130	G00 X35 Y50	定位在圆形凹槽上方，让刀半径
	N140	G01 Z－2 F15	*Z* 向进刀 2mm，速度为 15mm/min
	N150	M98 P0085	调用子程序，加工第一层凹槽
	N160	G01 Z－4 F15	*Z* 向再次进刀 2mm，速度为 15mm/min
	N170	M98 P0085	调用子程序，加工第二层凹槽
结束	N180	G00 Z50	抬刀
	N190	M05	主轴停
	N200	M02	程序结束

9.14.4 练习题

试编制在数控铣床上实现如图 9-66 所示形状加工的程序。工件坐标系为 G54。加工时选择主轴转速为 800r/min；进给速度为 95mm/min，刀具为 ϕ10mm 铣刀。

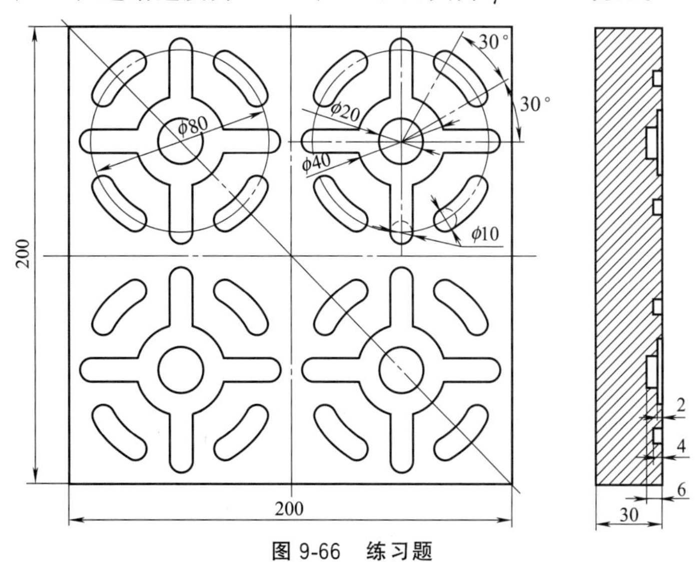

图 9-66 练习题

9.15 图形旋转指令（G68、G69）

9.15.1 指令功能

对于某些围绕中心旋转得到的特殊的轮廓加工，如果根据旋转后的实际加工轨迹进行编程，就可能使坐标计算的工作量大大增加。而通过图形旋转功能，可以大大简化编程的工作量，见图 9-67。

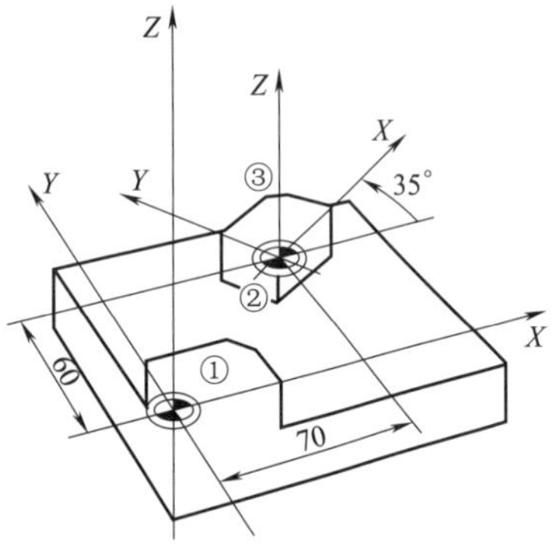

图 9-67　图形旋转

用于图形旋转的指令一般为 G68、G69。G68 为图形旋转功能生效，G69 为图形旋转功能撤销。编程的格式在不同的系统中，可能有所不同。

9.15.2 旋转指令格式

G68 X＿ Y＿ R＿　　　图形旋转功能生效。

G69　　　图形旋转功能撤销。

说明：

① 指定图形旋转中心在现行生效坐标系中的 X、Y 坐标值。R 为图形旋转的角度，通常允许输入范围为 0～360。

② 同镜像指令一样，一般采用子程序配合编程。

图形旋转一般在 XY 平面进行（图 9-68）。在部分数控系统中，图形旋转功能也可以通过数控系统操作面板上的“图形旋转”选择菜单，选择图形旋转坐标轴与旋转的角度，使图形旋转控制生效。

例如，用镜像指令对如图 9-69 所示图形编程，假设形状 A 的子程序已经编辑完成，名称为 O0086。

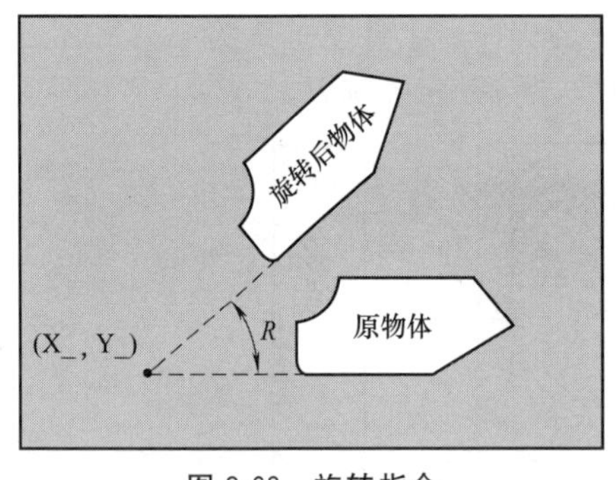

图 9-68　旋转指令

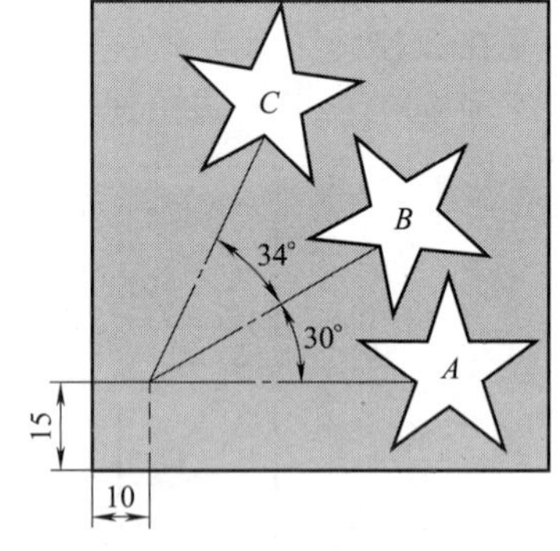

图 9-69　例题

```
……
M98 P0086          调用子程序,加工形状 A。
G68 X10 Y15 R30    图形旋转,沿(10,15)点旋转 30°。
M98 P0086          调用子程序,加工形状 B。
G69                图形旋转撤销。
G68 X10 Y15 R64    图形旋转,沿(10,15)点旋转 64°。
```

M98 P0086　　　　　调用子程序，加工形状 C。
G69　　　　　　　　图形旋转撤销。

9.15.3 编程实例

试编制在数控铣床上实现如图9-70所示形状加工的程序。工件坐标系为G54。加工时选择主轴转速为800r/min；进给速度为120mm/min，刀具分别为 ϕ20mm 和 ϕ10mm 铣刀。

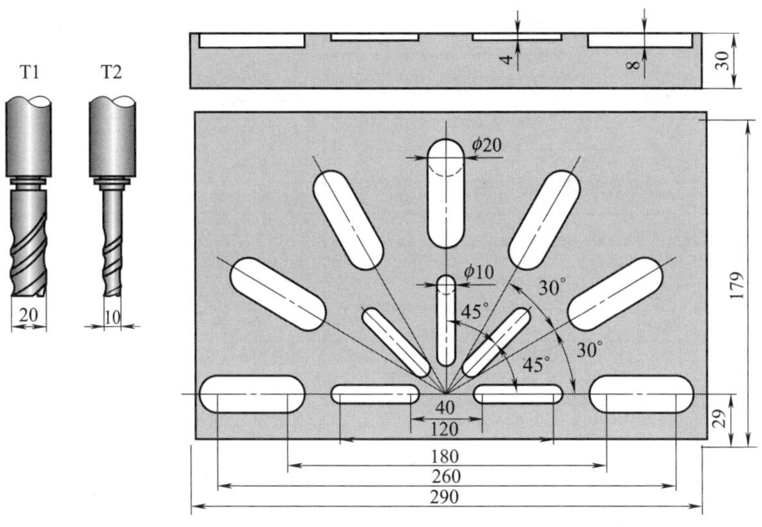

图 9-70　编程实例

【分析】

① 此题中圆形键槽用两把铣刀加工，分别创建子程序 O0087（ϕ20mm 铣刀）和 O0088（ϕ10mm 铣刀）；

② 换刀指令 M06，如换 2 号刀：T02 M06。

加工程序如下：

路径	段号	子程序	说明
ϕ20mm 键槽		O0087	子程序号
	N10	G00 X235 Y29	定位在键槽起点上方
	N20	G00 Z2	Z 向接近工件表面
	N30	G01 Z−2 F10	Z 向进刀至−2mm，速度为 10mm/min
	N40	G01 X275 Y29 F120	铣第一层圆形键槽
	N50	G01 Z−4 F10	Z 向进刀至−4mm，速度为 10mm/min
	N60	G01 X235 Y29 F120	铣第二层圆形键槽
	N70	G01 Z−6 F10	Z 向进刀至−6mm，速度为 10mm/min
	N80	G01 X275 Y29 F120	铣第三层圆形键槽
	N90	G01 Z−8 F10	Z 向进刀至−8mm，速度为 10mm/min
	N100	G01 X235 Y29 F120	铣第四层圆形键槽
	N110	G00 Z2	抬刀
	N120	M99	子程序结束

路径	段号	子程序	说明
ϕ10mm 键槽		O0088	子程序号
	N10	G00 X165 Y29	铣第一圈整圆
	N20	G00 Z2	Z 向接近工件表面
	N30	G01 Z−2 F10	Z 向进刀至−2mm，速度为 10mm/min
	N40	G01 X205 Y29 F120	铣第一层圆形键槽

续表

路径	段号	子程序	说明
ϕ10mm键槽	N50	G01 Z-4 F10	Z向进刀至-4mm，速度为10mm/min
	N60	G01 X165 Y29 F120	铣第二层圆形键槽
	N70	G00 Z2	抬刀
	N80	M99	子程序结束

路径	段号	主程序	说明
开始换1号刀		O0011	主程序号
	N10	G17 G54 G94	选择平面、坐标系、每分钟进给
	N20	T01 M06	换01号刀
	N30	M03 S800	主轴正转，转速为800r/min
ϕ20mm键槽	N40	M98 P0087	调用子程序，加工ϕ20mm键槽
	N50	G68 X145 Y29 R30	图形旋转，沿(145,29)点旋转30°
	N60	M98 P0087	调用子程序，加工30°键槽
	N70	G69	图形旋转撤销
	N80	G68 X145 Y29 R60	图形旋转，沿(145,29)点旋转60°
	N90	M98 P0087	调用子程序，加工60°键槽
	N100	G69	图形旋转撤销
	N110	G68 X145 Y29 R90	图形旋转，沿(145,29)点旋转90°
	N120	M98 P0087	调用子程序，加工90°键槽
	N130	G69	图形旋转撤销
	N140	G68 X145 Y29 R120	图形旋转，沿(145,29)点旋转120°
	N150	M98 P0087	调用子程序，加工120°键槽
	N160	G69	图形旋转撤销
	N170	G68 X145 Y29 R150	图形旋转，沿(145,29)点旋转150°
	N180	M98 P0087	调用子程序，加工150°键槽
	N190	G69	图形旋转撤销
	N200	G68 X145 Y29 R180	图形旋转，沿(145,29)点旋转180°
	N210	M98 P0087	调用子程序，加工180°键槽
	N220	G69	图形旋转撤销
换2号刀	N230	M05	主轴停
	N240	G00 Z200	抬刀
	N250	T02 M06	换02号刀
	N260	M03 S800	主轴正转，转速为800r/min
ϕ10mm键槽	N270	M98 P0088	调用子程序，加工ϕ20mm键槽
	N280	G68 X145 Y29 R45	图形旋转，沿(145,29)点旋转45°
	N290	M98 P0088	调用子程序，加工45°键槽
	N300	G69	图形旋转撤销
	N310	G68 X145 Y29 R90	图形旋转，沿(145,29)点旋转90°
	N320	M98 P0088	调用子程序，加工90°键槽
	N330	G69	图形旋转撤销
	N340	G68 X145 Y29 R135	图形旋转，沿(145,29)点旋转135°
	N350	M98 P0088	调用子程序，加工135°圆形凹槽
	N360	G69	图形旋转撤销
	N370	G68 X145 Y29 R180	图形旋转，沿(145,29)点旋转180°
	N380	M98 P0088	调用子程序，加工180°圆形凹槽
	N390	G69	图形旋转撤销
结束	N400	G00 Z50	抬刀
	N410	M05	主轴停
	N420	M02	程序结束

9.15.4 练习题

试编制在数控铣床上实现如图 9-71 所示形状加工的程序。主轴转速为 800r/min；进给速度为 120mm/min，刀具为 ϕ10mm 铣刀。

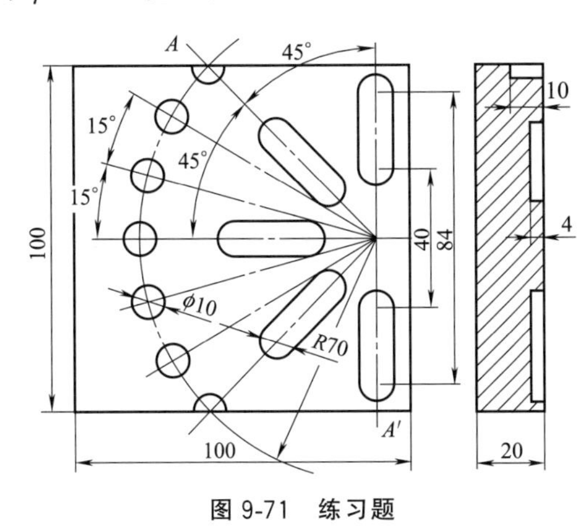

图 9-71 练习题

9.16 比例缩放指令（G50、G51）

9.16.1 指令功能

比例缩放功能主要用于模具加工，当比例缩放功能生效时，对应轴的坐标值与移动距离将按程序指令固定的比例系数进行放大（或缩小）。这样，就可以将编程的轮廓根据实际加工的需要进行放大和缩小（图 9-72）。

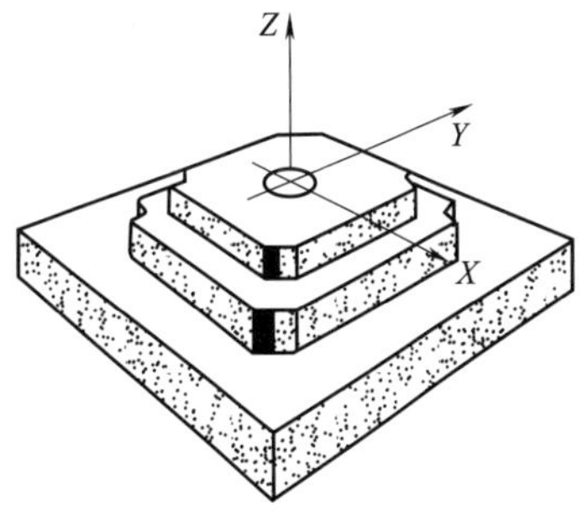

图 9-72 比例缩放

通常用于比例缩放功能的编程指令为 G50、G51。G51 为比例缩放功能生效，G50 为比例缩放功能撤销。

9.16.2 比例缩放指令格式

编程的格式在不同的系统中，有所不同，通常有如下两种。

(1) G51 X __ Y __ Z __ P __

比例缩放指令指定比例中心 X、Y、Z 在现行生效坐标系中的坐标值。P 为进行缩放的比例系数，通常允许输入范围为：0.000001～99.999999。比例系数固定为 1。

注意：当某个轴不需要缩放时，只需在格式中省略即可。

例如：G51 X __ Y __ P2

执行以上指令，比例中心为（__，__）点，比例系数为 2（图 9-73）。

(2) G51 X __ Y __ Z __ I __ J __ K __

在部分功能完备的数控系统中，各坐标轴允许取不同的比例系数。比例缩放指令指定比例中心 X、Y、Z 在现行生效坐标系中的坐标值。I、J、K 为进行各轴缩放的比例系数。同上，当某个轴不需要缩放时，只需在格式中省略即可。

例如：G51 X __ Y __ I4 J2

执行以上指令，比例中心为（__，__）点，比例系数为 X 方向 4，Y 方向 2（图 9-74）。

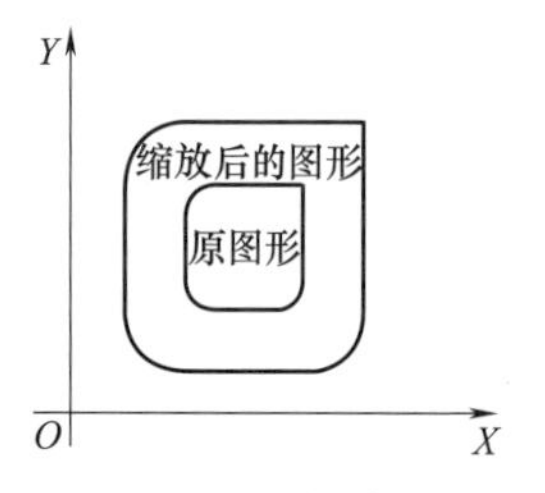

图 9-73 比例缩放指令格式（一）

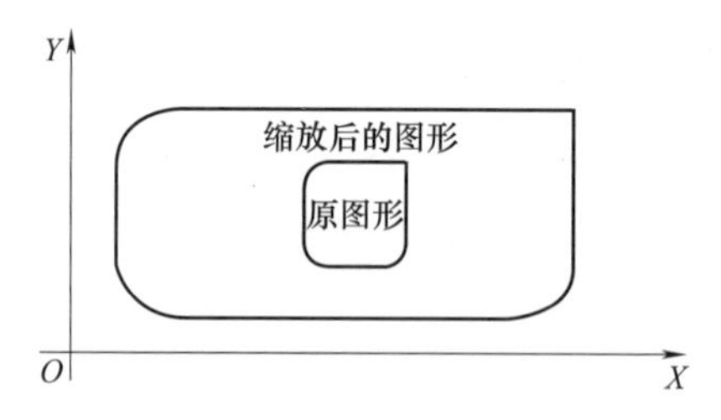

图 9-74 比例缩放指令格式（二）

再如，用缩放指令对如图 9-75 所示图形编程，B 的尺寸大小为 A 的 2 倍。假设形状 A 的子程序已经编辑完成，名称为 O0089。

……

M98 P0089	调用子程序，加工形状 A。
G51 X42.6 Y28.7 P2	图形缩放，以(42.6,28.7)为中心缩放 2 倍。
M98 P0089	调用子程序，加工形状 B。
G50	图形缩放撤销。

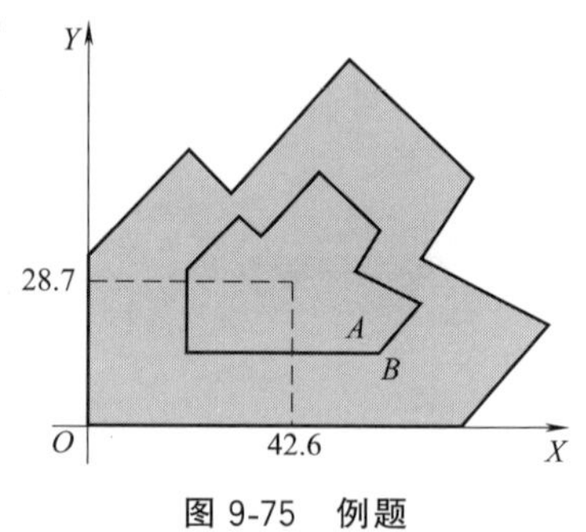

图 9-75 例题

9.16.3 编程实例

试编制在数控铣床上实现如图 9-76 所示形状加工的程序。工件坐标系为 G54。加工时选择主轴转速为 800r/min；进给速度为 120mm/min，刀具为 ϕ8mm 铣刀。

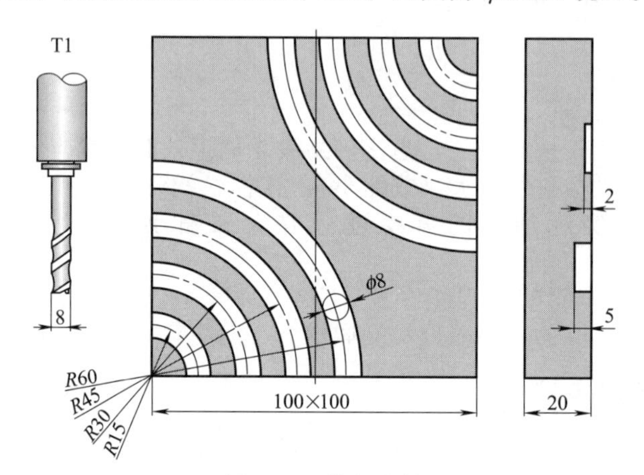

图 9-76 编程实例

【分析】 此题用 ϕ8mm 铣刀加工，创建子程序 O0090（左下圆弧）和 O0091（右上圆弧）。

加工程序如下：

路径	段号	子程序	说明
左下 R15mm 圆弧		O0090	子程序号
	N10	G00 X0 Y15	定位在圆弧起点上方
	N20	G00 Z2	Z 向接近工件表面
	N30	G01 Z−2.5 F10	Z 向进刀至−2.5mm，速度为 10mm/min
	N40	G02 X15 Y0 R15 F120	铣第一层圆弧
	N50	G01 Z−5 F10	Z 向进刀至−5mm，速度为 10mm/min
	N60	G03 X0 Y15 R15 F120	铣第二层圆弧
	N70	G00 Z2	抬刀
	N80	M99	子程序结束

续表

路径	段号	子程序	说明
右上 R15mm 圆弧		O0091	子程序号
	N10	G00 X100 Y85	定位在圆弧起点上方
	N20	G00 Z2	Z 向接近工件表面
	N30	G01 Z－2 F10	Z 向进刀至－2mm，速度为 10mm/min
	N40	G02 X85 Y100 R15 F120	铣圆弧
	N50	G00 Z2	抬刀
	N60	M99	子程序结束

路径	段号	主程序	说明
开始		O0012	主程序号
	N10	G17 G54 G94	选择平面、坐标系、每分钟进给
	N20	M03 S800	主轴正转，转速为 800r/min
左下圆弧组	N30	M98 P0090	调用子程序，加工 R15mm 圆弧
	N40	G51 X0 Y0 P2	图形缩放，以（0，0）为中心放大 2 倍
	N50	M98 P0090	调用子程序，加工 R30mm 圆弧
	N60	G50	图形缩放撤销
	N70	G51 X0 Y0 P3	图形缩放，以（0，0）为中心放大 3 倍
	N80	M98 P0090	调用子程序，加工 R45mm 圆弧
	N90	G50	图形缩放撤销
	N100	G51 X0 Y0 P4	图形缩放，以（0，0）为中心放大 4 倍
	N110	M98 P0090	调用子程序，加工 R60mm 圆弧
	N120	G50	图形缩放撤销
右上圆弧组	N130	M98 P0091	调用子程序，加工 R15mm 圆弧
	N140	G51 X100 Y100 P2	图形缩放，以（100，100）为中心放大 2 倍
	N150	M98 P0091	调用子程序，加工 R30mm 圆弧
	N160	G50	图形缩放撤销
	N170	G51 X100 Y100 P3	图形缩放，以（100，100）为中心放大 3 倍
	N180	M98 P0091	调用子程序，加工 R45mm 圆弧
	N190	G50	图形缩放撤销
	N200	G51 X100 Y100 P4	图形缩放，以（100，100）为中心放大 4 倍
	N210	M98 P0091	调用子程序，加工 R60mm 圆弧
	N260	G50	图形缩放撤销
结束	N270	G00 Z50	抬刀
	N280	M05	主轴停
	N290	M02	程序结束

9.16.4 练习题

试编制在数控铣床上实现如图 9-77 所示形状加工的程序。工件坐标系为 G54。加工时选择主轴转速为 950r/min；进给速度为 100mm/min，刀具为 ϕ20mm 铣刀。

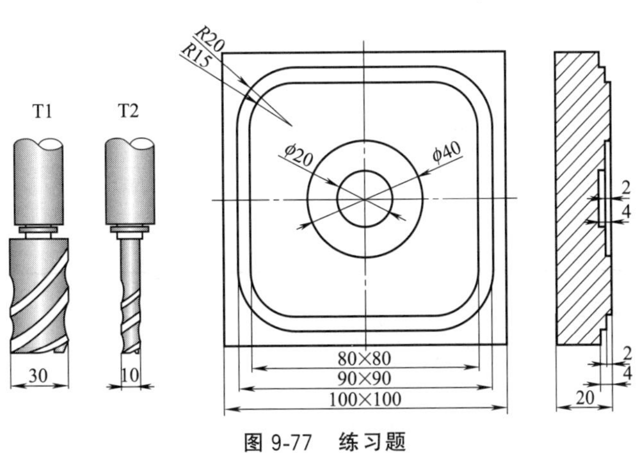

图 9-77 练习题

9.17 孔加工固定循环简述

9.17.1 孔加工固定循环概述

数控镗铣床固定循环通常针对孔加工动作设计的循环子程序。循环子程序的调用也是通过G代码指令进行的，常用的循环调用指令有G73、G74、G76、G80～G89等。固定循环的本质和作用与数控车床一样，其根本目的是为了简化程序、减少编程工作量。

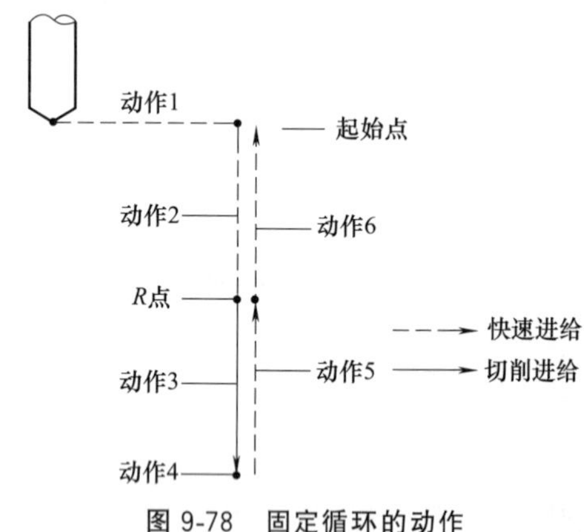

图 9-78 固定循环的动作

(1) 固定循环的动作

孔加工固定循环的动作，一般可以分为以下六个动作步骤（图 9-78）：

动作 1：X、Y 平面快速定位。

动作 2：Z 向快速进给到 R 点。

动作 3：Z 轴切削进给，进行孔加工。

动作 4：孔底部的动作。

动作 5：Z 轴退刀。

动作 6：Z 轴快速回到起始位置。

执行孔加工循环，其中心点的定位一般都在 XY 平面上进行，Z 轴方向进行孔加工。固定循环动作的选择由G代码指定，对于不同的固定循环，以上动作有所不同，常用的G73、G74、G76、G80～G89孔加工固定循环的动作如表 9-14 所示，G80用于撤销循环。

表 9-14 孔加工固定循环动作一览表

序号	G代码	加工动作(−Z向)	孔底部动作	退刀动作(+Z向)	用途
1	G73	间歇进给	—	快速进给	高速深孔加工循环
2	G74	切削进给	暂停、主轴正转	切削进给	反转攻螺纹循环
3	G76	切削进给	主轴准停	快速进给	精镗
4	G80	—	—	—	撤销循环
5	G81	切削进给	—	快速进给	钻孔
6	G82	切削进给	暂停	快速进给	钻、镗阶梯孔
7	G83	间歇进给	—	快速进给	深孔加工循环
8	G84	切削进给	暂停、主轴反转	切削进给	正转攻螺纹循环
9	G85	切削进给	—	切削进给	镗孔 1
10	G86	切削进给	主轴停	快速进给	镗孔 2
11	G87	切削进给	主轴正传	快速进给	反镗孔
12	G88	切削进给	暂停主轴停	手动	镗孔 3
13	G89	切削进给	暂停	切削进给	镗孔 4

(2) 固定循环的编程

作为孔加工固定循环的基本要求，必须在固定循环指令中（或执行循环前）定义以下参数：

① 尺寸的基本编程方式　即：G90 绝对值方式，G91 增量值方式。在不同的方式下，对应的循环参数编程的格式也要与之对应，如图 9-79 所示。

② 固定循环执行完成后 Z 轴返回点（亦称返回平面）的 Z 坐标值　Z 轴返回点的位置指定在不同的数控系统上有不同的指定方式，在 FANUC 及类似的系统中，它由专门的返回平面选择指令 G98、G99 进行选择。指令 G98，加工完成后返回到 Z 轴循环起始点（亦称起始平面）；指令 G99，返回到 Z 轴孔切削加工开始的尺点（亦称参考平面），如图 9-80 所示。

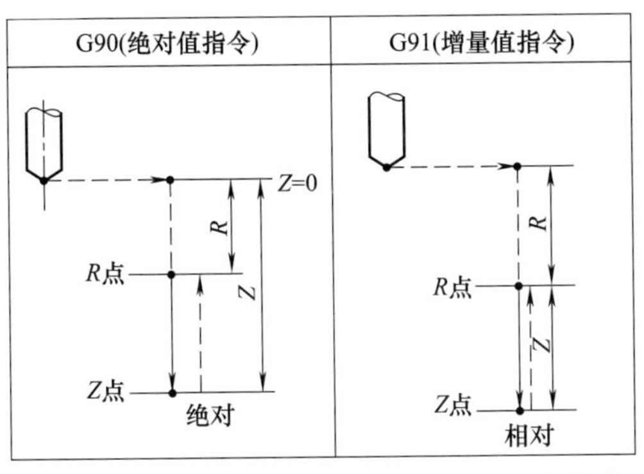

图 9-79　固定循环的绝对值指令和增量值指令

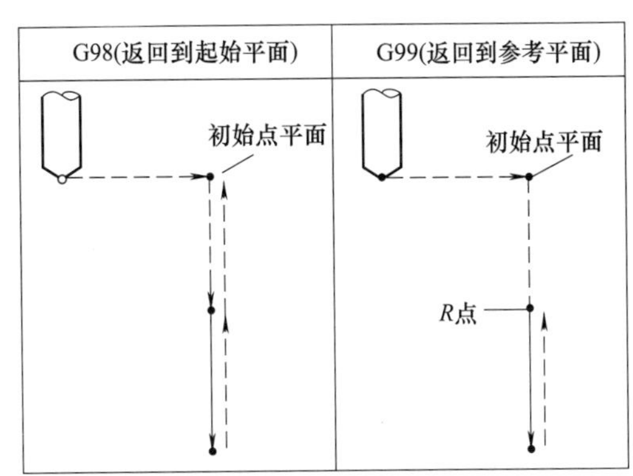

图 9-80　返回初始平面和参考平面

③ G73、G74、G76、G81～G89 固定循环所需要的全部数据（孔位置、孔加工数据）　固定循环指令、孔加工数据均为模态有效，它们在某一程序段中一经指定，一直到取消固定循环（G80 指令）前都保持有效。因此，在连续进行孔加工时，除第一个固定循环程序段必须指令全部的孔加工数据外，随后的固定循环中，只需定义需要变更的数据。但如果在固定循环执行中进行了系统的关机或复位操作，则孔加工数据、孔位置数据均被消除。我们将在下面一节按照加工的要求按顺序讲解每种孔加工类型。

固定循环指令的基本格式如下：

G__X__Y__Z__R__P__Q__F__K__

以上格式中，根据不同的循环要求，有的固定循环指令需要全部参数，有的固定循环只需要部分参数，具体应根据循环动作的要求予以定义。固定循环常用的参数含义如表 9-15 所示。

表 9-15　固定循环常用的参数含义

序号	指定内容	地址	说　明
1	孔加工方式	G	
2	空位置数据	X、Y	制定孔在 X、Y 平面上的位置，定位方式与 G00 相同
3	孔加工数据	Z	孔底部位置(最终孔深)，可以用增量或绝对指令编程
		R	孔切削加工开始位置(R 点)，可以用增量或绝对指令编程
		Q	指定 G73、G83 深孔加工每次切入量，G76、G87 中偏移量
		P	指定在孔底部的暂停时间
		F	指定切削进给速度
		K	重复次数，根据实际情况指定

(3) 固定循环编程的注意事项

① 为了提高加工效率，在指令固定循环前，应事先使主轴旋转。

② 由于固定循环是模态指令，因此，在固定有效期间，如果 X、Y、Z、R 中的任意一个被改变，就要进行一次孔加工。

③ 固定循环程序段中，如在不需要指令的固定循环下指令了孔加工数据 Q、P，则它只作为模态数据进行存储，而无实际动作产生。

④ 使用具有主轴自动启动的固定循环（G74、G84、G86）时，如果孔的 XY 平面定位距离较短，或从起始点平面到 R 平面的距离较短，且需要连续加工时，为了防止在进入孔加工动作时，主轴不能达到指定的转速，应使用 G04 暂停指令进行延时。

⑤ 在固定循环方式中，刀具半径补偿机能无效。

9.17.2 G81钻孔循环1

(1) 指令功能

G81 指令用于钻孔加工，其动作循环如图 9-81 所示。钻孔完毕后快速退刀。

(2) 指令格式

G81 X＿ Y＿ Z＿ R＿ F＿ K＿

格式说明：

X＿ Y＿：孔位数据。

Z＿：孔底深度（绝对坐标）。

R＿：每次下刀点或抬刀点（绝对坐标）。

F＿：切削进给速度。

K＿：重复次数（如果需要的话）。

(3) 编程实例

写出如图 9-82 所示孔类的钻孔加工循环。

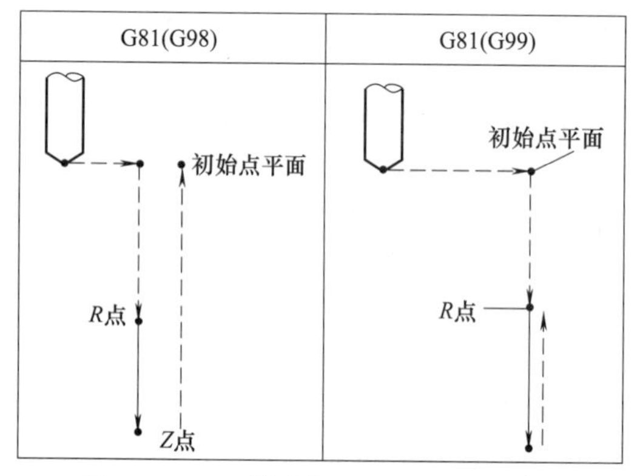

图 9-81 G81钻孔加工固定循环动作图

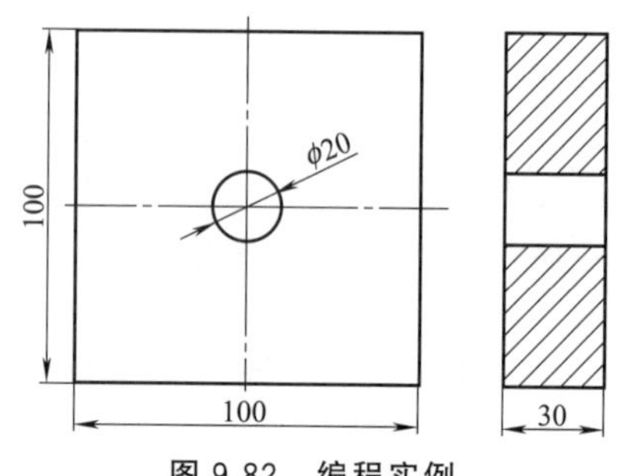

图 9-82 编程实例

加工程序如下：

段号	程 序	说 明
	O0013	程序号
N10	G54 G94 G90	选择工件坐标系、每分钟进给、绝对编程
N20	M03 S1000	主轴正转，转速为 1000r/min
N30	G00 X50 Y50	定位在孔上，此处指定孔位数据，在固定循环格式中便可省略
N40	G43 H01 Z50	设定长度补偿，Z 向初始点高度
N50	G98 G81 Z−35 R1 F20	钻孔循环：离工件表面 1mm 处开始进给，速度为 20mm/min
N60	G80	取消固定循环
N70	M05	主轴停止
N80	M02	程序结束

9.17.3 G82钻孔循环2（钻、镗阶梯孔）

(1) 指令功能

G82 指令用于阶梯孔钻孔加工，其动作循环如图 9-83 所示。它的动作和 G81 基本相同，只是在孔底增加了进给暂停后动作，由于孔底暂停，使它可以在盲孔的加工中，提高孔深的精度。对于通孔没有效果。

(2) 指令格式

G82 X __ Y __ Z __ R __ P __ F __ K __

格式说明：

X __ Y __：孔位数据。

Z __：孔底深度（绝对坐标）。

R __：每次下刀点或抬刀点（绝对坐标）。

P __：暂停时间（单位：ms）。

F __：切削进给速度。

K __：重复次数（如果需要的话）。

(3) 编程实例

写出如图 9-84 所示孔类的钻孔加工循环。

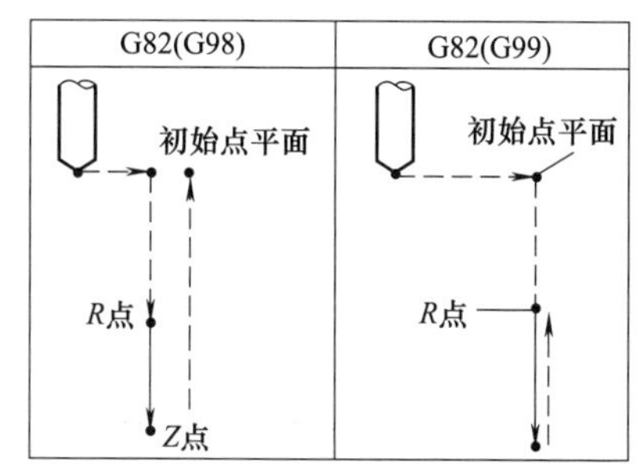

图 9-83 G82 钻孔加工固定循环动作图

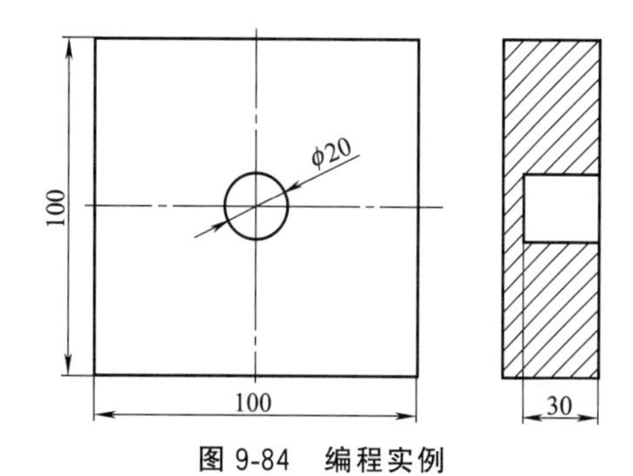

图 9-84 编程实例

加工程序如下：

段号	程序	说明
	O0014	程序号
N10	G54 G94 G90	选择工件坐标系、每分钟进给、绝对编程
N20	M03 S1000	主轴正转，转速为 1000r/min
N30	G00 X50 Y50	定位在孔上，此处指定孔位数据，在 G81 格式中便可省略
N40	G43 H01 Z50	设定长度补偿，Z 向初始点高度
N50	G98 G82 Z－30 R1 P1000 F20	钻孔循环：离工件表面 1mm 处开始进给，孔底暂停 1s，速度为 20mm/min
N60	G80	取消固定循环
N70	M05	主轴停止
N80	M02	程序结束

9.17.4 G73 高速深孔加工循环

(1) 指令功能

G73 指令用于高速深孔加工，其动作循环如图 9-85 所示。

图中的退刀量 d 由机床参数设定，Z 轴方向为分级、间歇进给，使深孔加工容易排屑，由于退刀量一般较小，因此加工效率高。

(2) 指令格式

G73 X __ Y __ Z __ R __ Q __ F __ K __

格式说明：

X __ Y __：孔位数据。

Z __：孔底深度（绝对坐标）。

R __：每次下刀点或抬刀点（绝对坐标）。

Q __：每次切削进给的切削深度（无符号，增量）。
F __：切削进给速度。
K __：重复次数（如果需要的话）。

(3) 编程实例

写出如图 9-86 所示孔类的高速深孔加工循环。

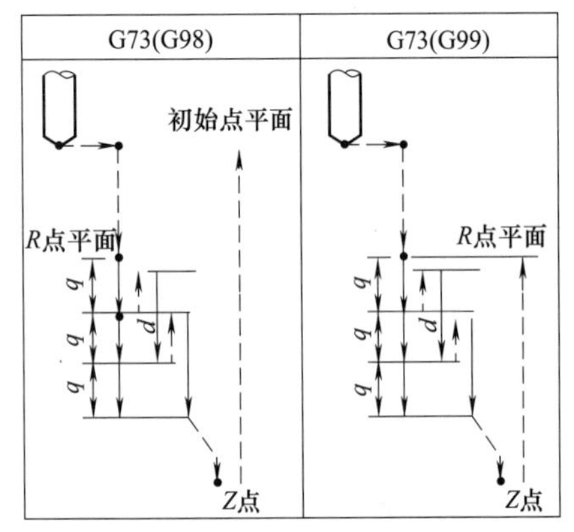

图 9-85　G73 高速深孔加工固定循环动作图

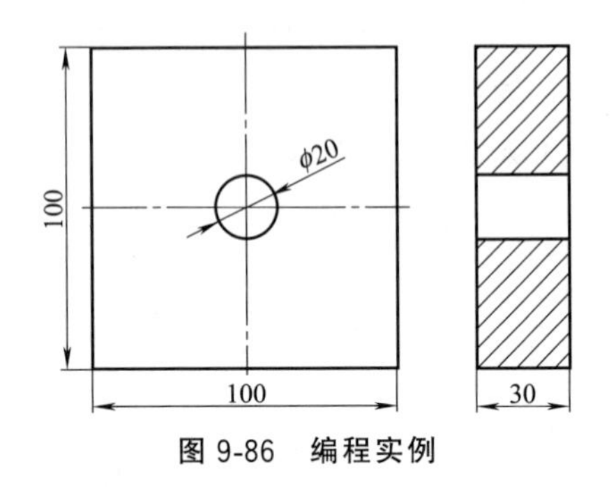

图 9-86　编程实例

加工程序如下：

段号	程　序	说　明
	O0015	程序号
N10	G54 G94 G90	选择工件坐标系、每分钟进给、绝对编程
N20	M03 S1000	主轴正转，转速为 1000r/min
N30	G00 X50 Y50	定位在孔上，此处指定孔位数据，在固定循环格式中便可省略
N40	G43 H01 Z50	设定长度补偿，Z 向初始点高度
N50	G98 G73 Z−35 R1 Q2 F100	高速深孔加工循环：离工件表面 1mm 处开始进给，速度为 100mm/min，每次切削 2mm
N60	G80	取消固定循环
N70	M05	主轴停止
N80	M02	程序结束

9.17.5　G83 深孔加工循环

(1) 指令功能

G83 指令虽然为深孔加工，但也用于高速深孔加工，和 G73 一样，Z 轴方向为分级、间歇进给，而且，每次分级进给都使 Z 轴退到切削加工起始点（参考平面）位置，使深孔加工排屑性能更好，其动作循环如图 9-87 所示。

G83 与 G73 的区别在于：在 G83 指令格式中，Q 为每次的切入量。当第二次以后切入时，先快速进给到距上次加工到达的底部位置 *d* 处，然后再次变为切削进给。

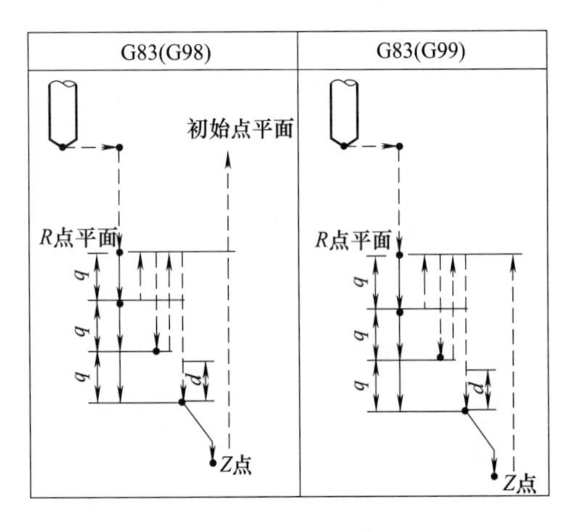

图 9-87　G83 深孔加工固定循环动作图

(2) 指令格式

G83 X _ Y _ Z _ R _ Q _ F _ K _

格式说明：

X _ Y _：孔位数据。

Z _：孔底深度（绝对坐标）。

R _：每次下刀点或抬刀点（绝对坐标）。

Q _：每次切削进给的切削深度（无符号，增量）。

F _：切削进给速度。

K _：重复次数（如果需要的话）。

(3) 编程实例

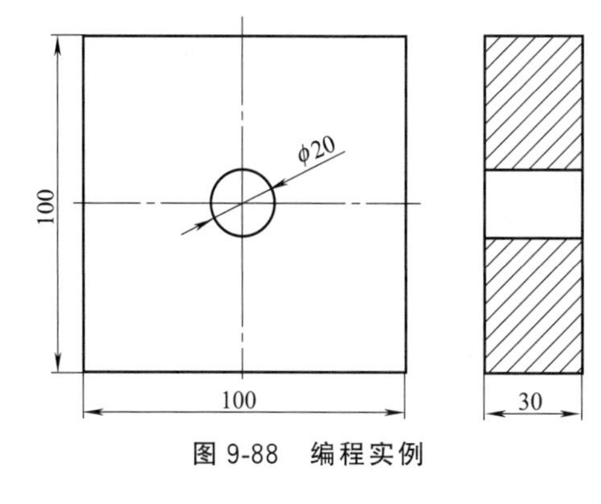

图 9-88 编程实例

写出如图 9-88 所示孔类的深孔加工循环。

加工程序如下：

段号	程 序	说 明
	O0016	程序号
N10	G54 G94 G90	选择工件坐标系、每分钟进给、绝对编程
N20	M03 S1000	主轴正转，转速为 1000r/min
N30	G00 X50 Y50	定位在孔上，此处指定孔位数据，在固定循环格式中便可省略
N40	G43 H01 Z50	设定长度补偿，Z 向初始点高度
N50	G98 G83 Z−35 R1 Q2 F20	深孔加工循环：离工件表面 1mm 处开始进给，速度为 20mm/min，每次切削 2mm
N60	G80	取消固定循环
N70	M05	主轴停止
N80	M02	程序结束

9.17.6 G84 攻螺纹循环

(1) 指令功能

G84 指令用于正转攻螺纹（正螺纹）加工，其动作循环如图 9-89 所示。

执行循环前应使指令主轴正转，Z 向进给加工正螺纹，加工到达孔底后，主轴自动进行反转，Z 轴同时退出。操作机床时应注意：在 G84 正转攻螺纹循环动作中，“进给速度倍率”开关无效，此外，即使是“进给保持”信号有效，在返回动作结束前，Z 轴也不会停止运动，这样可以有效防止因误操作引起的丝锥不能退出工件的现象，与此类似的固定循环还有 G74 正转攻螺纹循环。

(2) 指令格式

G84 X _ Y _ Z _ R _ P _ F _ K _

格式说明：

X _ Y _：孔位数据。

Z _：孔底深度（绝对坐标）。

R _：每次下刀点或抬刀点（绝对坐标）。

P _：暂停时间（单位：ms）。

F _：螺距。

K _：重复次数（如果需要的话）。

(3) 编程实例

写出如图 9-90 所示螺纹的加工循环。

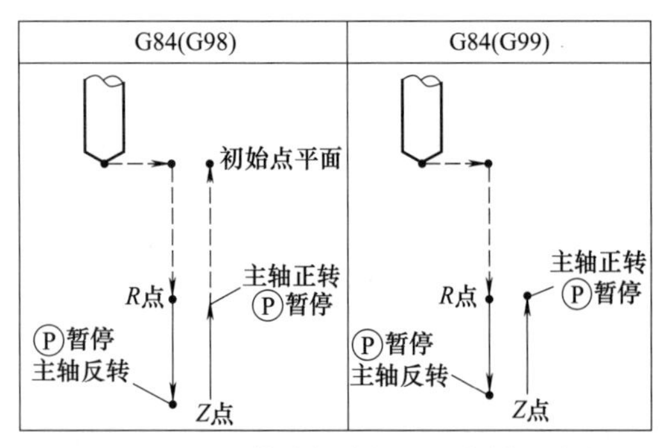

图 9-89　G84 正转攻螺纹加工固定循环动作图

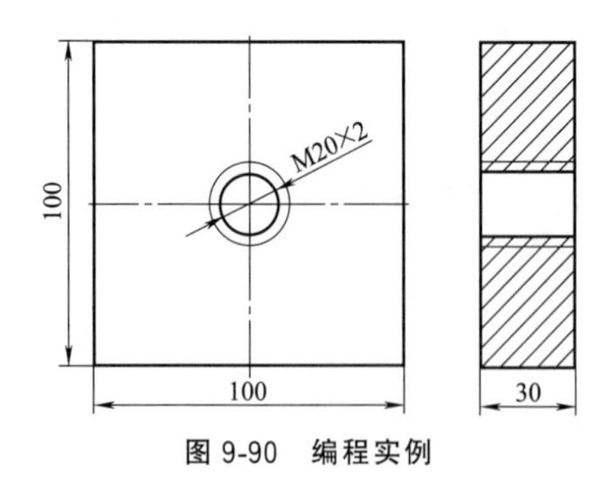

图 9-90　编程实例

加工程序如下：

段号	程　序	说　明
	O0017	程序号
N10	G54 G94 G90	选择工件坐标系、每分钟进给、绝对编程
N20	M03 S1000	主轴正转，转速为 1000r/min
N30	G00 X50 Y50	定位在孔上，此处指定孔位数据，在固定循环格式中便可省略
N40	G43 H01 Z50	设定长度补偿，Z 向初始点高度
N50	G98 G84 Z－35 R5 P2000 F2	攻螺纹循环：离工件表面 5mm 处开始进给，底部暂停 2s，螺距为 2mm
N60	G80	取消固定循环
N70	M05	主轴停止
N80	M02	程序结束

它和 G74 的区别仅在于 G74 用于反转攻螺纹（反螺纹）加工，而 G84 用于正转攻螺纹（正螺纹）加工，因此在孔底，主轴自动进行反转，Z 轴同时退出。

9.17.7　G74 反攻螺纹循环

(1) 指令功能

G74 指令用于反转攻螺纹（反螺纹）加工，其动作循环如图 9-91 所示。

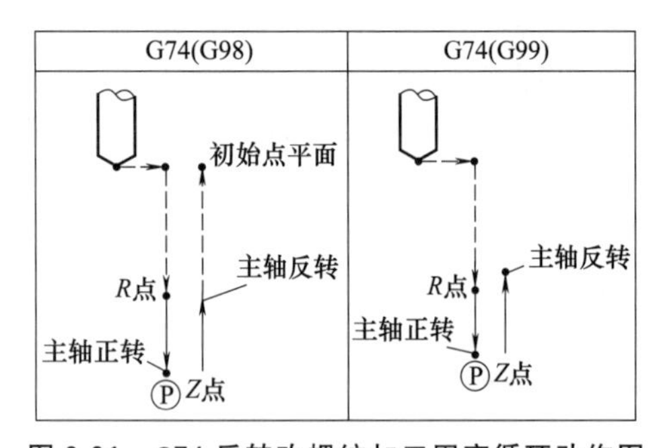

图 9-91　G74 反转攻螺纹加工固定循环动作图

执行循环前应使指令主轴反转，Z 向进给加工反螺纹，加工到达孔底后，主轴自动进行正转，Z 轴同时退出。操作机床时应注意：在 G74 反转攻螺纹循环动作中，“进给速度倍率”开关无效，此外，即使是“进给保持”信号有效，在返回动作结束前，Z 轴也不会停止运动，这样可以有效防止出现因误操作引起的丝锥不能退出工件的现象，与此类似的固定循环还有 G84 正转攻螺纹循环。

它和 G84 的区别仅在于 G84 用于正转攻螺纹（正螺纹）加工，而 G74 用于反转攻螺纹（反螺纹）加工，因此在孔底，主轴自动进行反转，Z 轴同时退出。

(2) 指令格式

G74 X＿Y＿Z＿R＿P＿F＿K＿

格式说明：

X __ Y __：孔位数据。

Z __：孔底深度（绝对坐标）。

R __：每次下刀点或抬刀点（绝对坐标）。

P __：暂停时间（单位：ms）。

F __：螺距。

K __：重复次数（如果需要的话）。

(3) 编程实例

写出如图9-92所示螺纹的加工循环。

加工程序如下：

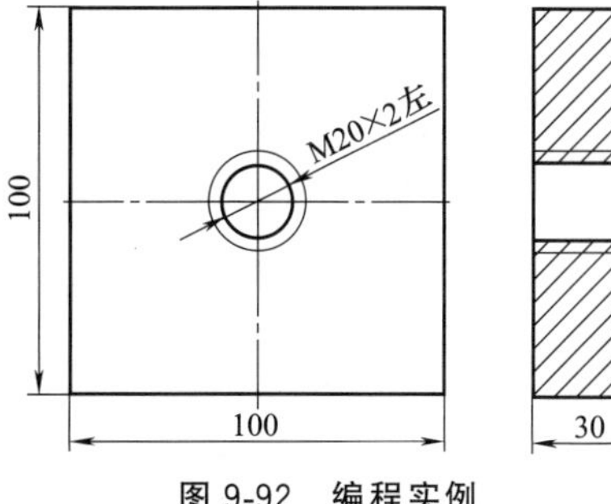

图9-92 编程实例

段号	程序	说明
	O0018	程序号
N10	G54 G94 G90	选择工件坐标系、每转进给、绝对编程
N20	M04 S1000	主轴反转，转速为1000r/min①
N30	G00 X50 Y50	定位在孔上，此处指定孔位数据，在固定循环格式中便可省略
N40	G43 H01 Z50	设定长度补偿，Z向初始点高度
N50	G98 G74 Z－35 R5 P2000 F2	攻反螺纹循环：离工件表面5mm处开始进给，底部暂停2s，螺距为2mm
N60	G80	取消固定循环
N70	M05	主轴停止
N80	M02	程序结束

① 理论定义G74指令，无论之前是正转还是反转，都强制反转，但由于每个机床厂商制造不同，有的机床G74指令不执行强制反转功能，因此此处统一为M04反转最为安全。

9.17.8 G85镗孔循环1

(1) 指令功能

G85指令用于镗孔加工，其动作循环如图9-93所示。

它与G81的区别是G85循环的退刀动作是以进给速度退出的，因此可以用于铰孔、扩孔等加工。

(2) 指令格式

G85 X __ Y __ Z __ R __ F __ K __

格式说明：

X __ Y __：孔位数据。

Z __：孔底深度（绝对坐标）。

R __：每次下刀点或抬刀点（绝对坐标）。

F __：切削进给速度。

K __：重复次数（如果需要的话）。

(3) 编程实例

写出如图9-94所示孔的加工循环。

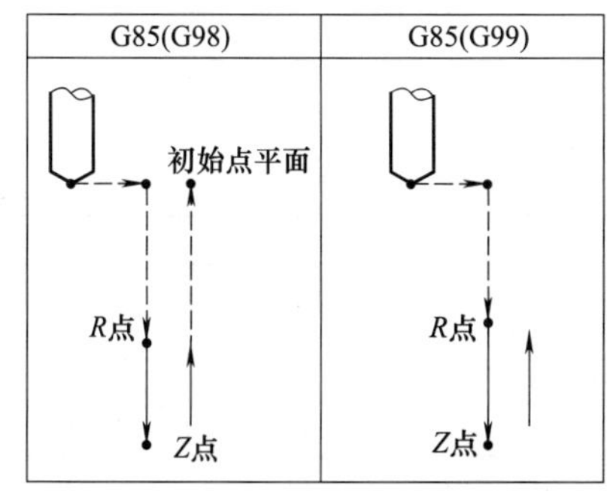

图9-93 G85镗孔加工固定循环动作图

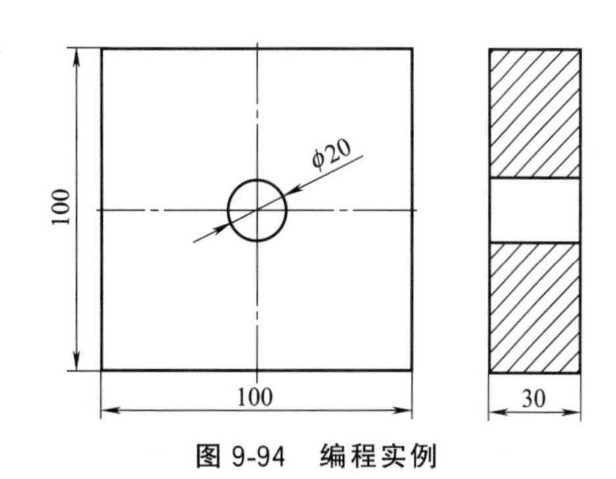

图9-94 编程实例

加工程序如下：

段号	程　　序	说　　明
	O0019	程序号
N10	G54 G94 G90	选择工件坐标系、每分钟进给、绝对编程
N20	M03 S1000	主轴正转，转速为1000r/min
N30	G00 X50 Y50	定位在孔上，此处指定孔位数据，在固定循环格式中便可省略
N40	G43 H01 Z50	设定长度补偿，Z向初始点高度
N50	G98 G81 Z－35 R1 F20	镗孔加工循环：离工件表面1mm处开始进给，速度为20mm/min
N60	G80	取消固定循环
N70	M05	主轴停止
N80	M02	程序结束

9.17.9　G86镗孔循环2

（1）指令功能

G86指令用于镗孔加工，其动作循环如图9-95所示。

它与G81的区别是G86循环在底部时，主轴自动停止，退刀动作是在主轴停转的情况下进行的，因此可以用于镗孔加工。

（2）指令格式

G86 X__ Y__ Z__ R__ F__ K__

格式说明：

X__ Y__：孔位数据。

Z__：孔底深度（绝对坐标）。

R__：每次下刀点或抬刀点（绝对坐标）。

F__：切削进给速度。

K__：重复次数（如果需要的话）。

（3）编程实例

写出如图9-96所示镗孔的加工循环。

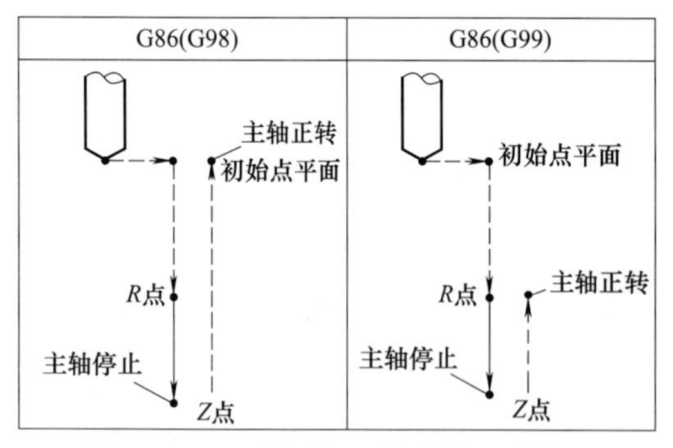

图9-95　G86镗孔加工固定循环动作图

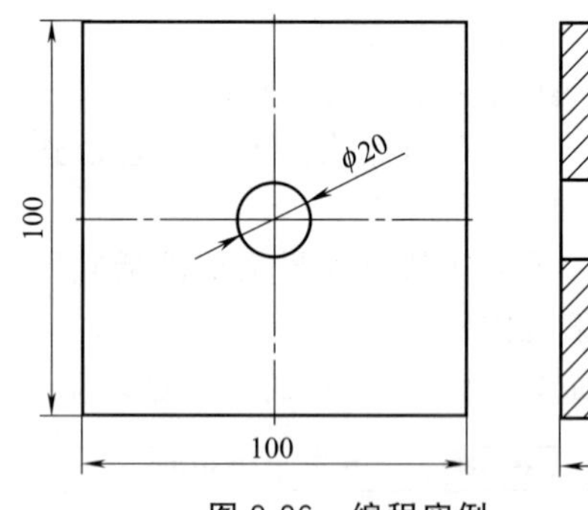

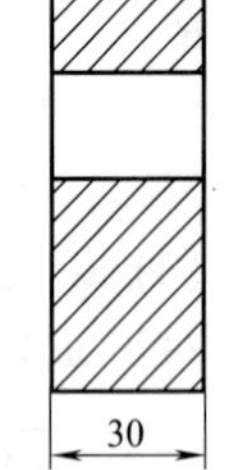

图9-96　编程实例

加工程序如下：

段号	程　　序	说　　明
	O0020	程序号
N10	G54 G94 G90	选择工件坐标系、每分钟进给、绝对编程
N20	M03 S1000	主轴正转，转速为1000r/min
N30	G00 X50 Y50	定位在孔上，此处指定孔位数据，在固定循环格式中便可省略
N40	G43 H01 Z50	设定长度补偿，Z向初始点高度

续表

段号	程　　序	说　　明
N50	G98 G86 Z－35 R1 F20	镗孔加工循环：离工件表面1mm处开始进给，速度为20mm/min
N60	G80	取消固定循环
N70	M05	主轴停止
N80	M02	程序结束

9.17.10　G88镗孔循环3

(1) 指令功能

G88指令用于镗孔加工，其动作循环如图9-97所示。

G88的特点是：循环加工到孔底暂停后，主轴停止后，进给也自动变为停止状态。刀具的退出必须在手动状态下移出刀具。刀具从孔中安全退出后，再开始自动加工，Z轴快速返回R点或起始平面，主轴恢复正转，G88执行完毕。

(2) 指令格式

G88 X＿ Y＿ Z＿ R＿ P＿ F＿ K＿

格式说明：

X＿ Y＿：孔位数据。

Z＿：孔底深度（绝对坐标）。

R＿：每次下刀点或抬刀点（绝对坐标）。

P＿：暂停时间（单位：ms）。

F＿：切削进给速度。

K＿：重复次数（如果需要的话）。

(3) 编程实例

写出如图9-98所示镗孔的加工循环。

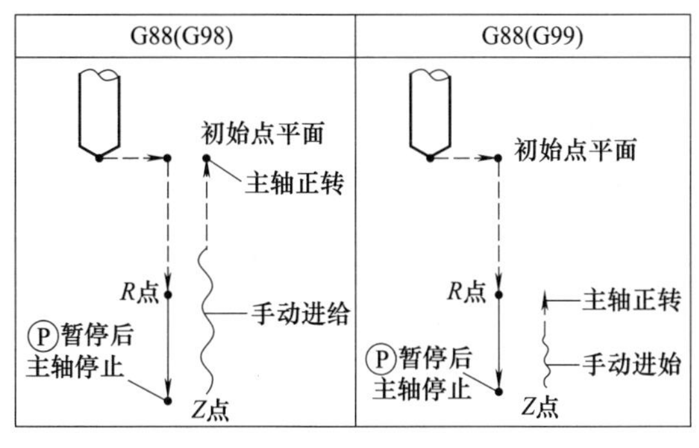

图9-97　G88镗孔加工固定循环动作图

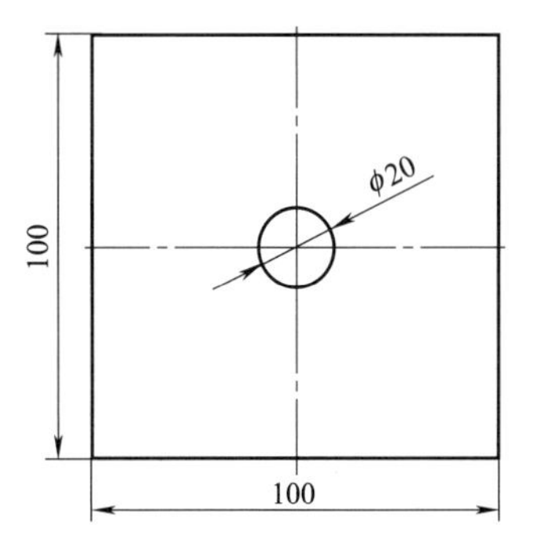

图9-98　编程实例

加工程序如下：

段号	程　　序	说　　明
	O0021	程序号
N10	G54 G94 G90	选择工件坐标系、每分钟进给、绝对编程
N20	M03 S1000	主轴正转，转速为1000r/min
N30	G00 X50 Y50	定位在孔上，此处指定孔位数据，在固定循环格式中便可省略
N40	G43 H01 Z50	设定长度补偿，Z向初始点高度
N50	G98 G88 Z－35 R1 P 2000 F20	镗孔加工循环：离工件表面1mm处开始进给，孔底暂停2s，速度为20mm/min

续表

段号	程序	说明
加工到孔底,主轴和刀具的运动均停止,此时必须手动操作移出刀具。刀具安全退出到退刀点后,再继续自动加工		
N60	G80	取消固定循环
N70	M05	主轴停止
N80	M02	程序结束

9.17.11 G89 镗孔循环 4

(1) 指令功能

G89 指令用于镗孔加工，其动作循环如图 9-99 所示。

它与 G85 的区别是：G89 循环在孔底增加了暂停，退刀动作也是以进给速度退出的。

(2) 指令格式

G89 X __ Y __ Z __ R __ P __ F __ K __

格式说明：

X __ Y __：孔位数据。

Z __：孔底深度（绝对坐标）。

R __：每次下刀点或抬刀点（绝对坐标）。

P __：暂停时间（单位：ms）。

F __：切削进给速度。

K __：重复次数（如果需要的话）。

(3) 编程实例

写出如图 9-100 所示镗孔的加工循环。

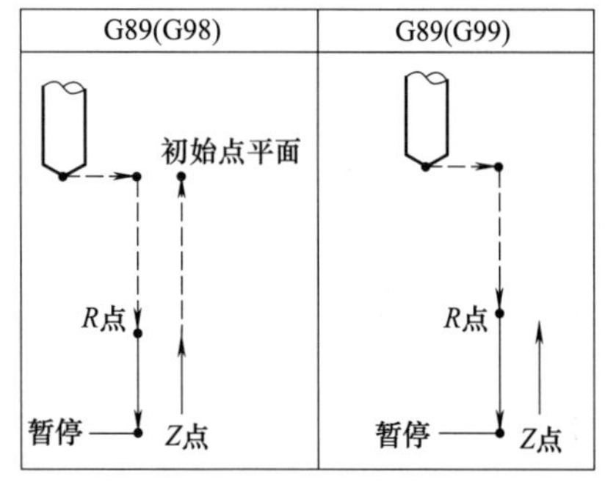

图 9-99 G89 镗孔加工固定循环动作图

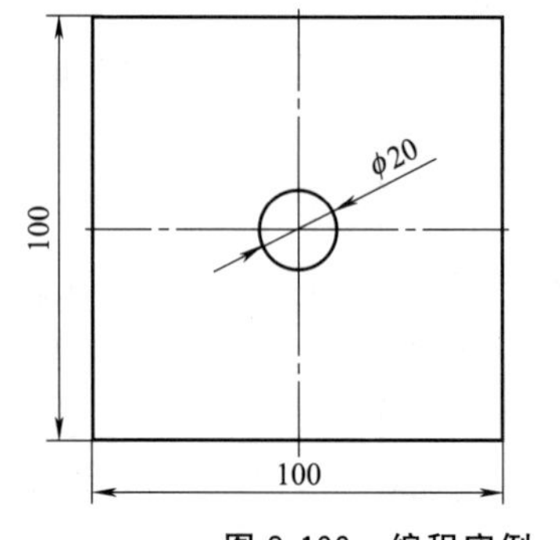

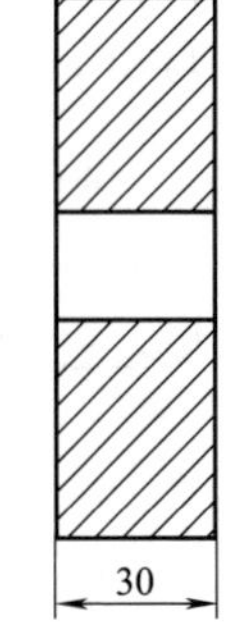

图 9-100 编程实例

加工程序如下：

段号	程序	说明
	O0022	程序号
N10	G54 G94 G90	选择工件坐标系、每分钟进给、绝对编程
N20	M03 S1000	主轴正转,转速为 1000r/min
N30	G00 X50 Y50	定位在孔上,此处指定孔位数据,在固定循环格式中便可省略
N40	G43 H01 Z50	设定长度补偿,Z 向初始点高度
N50	G98 G89 Z−35 R1 P2000 F20	镗孔加工循环:离工件表面 1mm 处开始进给,孔底暂停 2s,速度为 20mm/min
N60	G80	取消固定循环
N70	M05	主轴停止
N80	M02	程序结束

9.17.12 G76 精镗循环

(1) 指令功能

G76 指令用于精密镗孔加工，它可以通过主轴定向准停动作，进行让刀，从而消除退刀痕。其动作循环如图 9-101 所示。

所谓主轴定向准停，是通过主轴的定位控制机能使主轴在规定的角度上准确停止并保持这一位置，从而使镗刀的刀尖对准某一方向。停止后，机床通过刀尖向相反的方向的少量后移，如图 9-102 所示，使刀尖脱离工件表面，保证在退刀时不擦伤加工面表面，以进行高精度镗削加工。

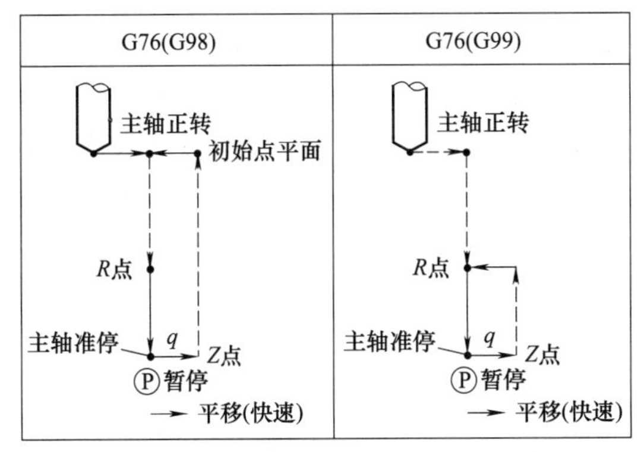

图 9-101 G76 精密镗孔加工固定循环动作图

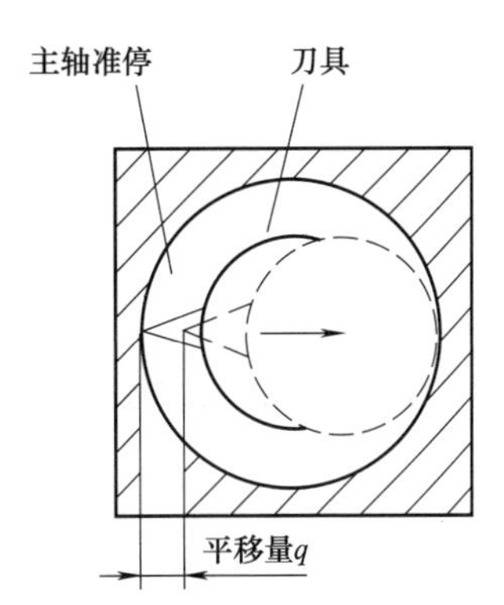

图 9-102 主轴定向准停

(2) 指令格式

G76 X __ Y __ Z __ R __ P __ Q __ F __ K __

格式说明：

X __ Y __：孔位数据。

Z __：孔底深度（绝对坐标）。

R __：每次下刀点或抬刀点（绝对坐标）。

P __：暂停时间（单位：ms）。

Q __：退刀位移量。Q 值必须是正值。即使用负值，符号也不起作用。位移的方向是 $+X$、$-X$、$+Y$、$-Y$，它可以事先用机床参数进行设定。

F __：切削进给速度

K __：重复次数（如果需要的话）。

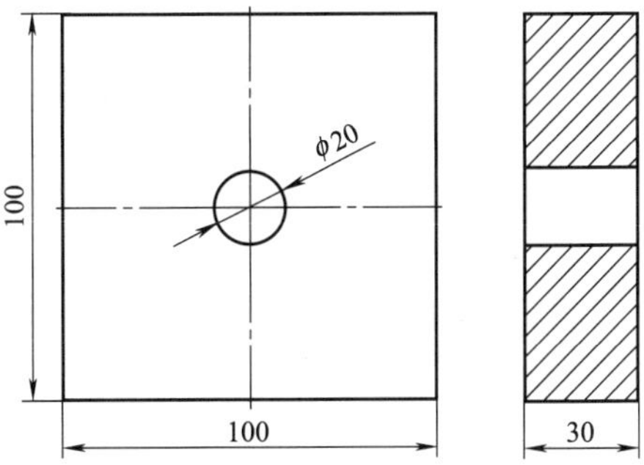

100
$\phi 20$
100
30

图 9-103 编程实例

(3) 编程实例

写出如图 9-103 所示镗孔的精密加工循环。

加工程序如下：

段号	程　序	说　明
	O0023	程序号
N10	G54 G94 G90	选择工件坐标系、每分钟进给、绝对编程
N20	M03 S1000	主轴正转、转速为 1000r/min
N30	G00 X50 Y50	定位在孔上，此处指定孔位数据，在固定循环格式中便可省略
N40	G43 H01 Z50	设定长度补偿，Z 向初始点高度
N50	G98 G76 Z－35 R1 Q2 P 2000 F20	精密镗孔加工循环：离工件表面 1mm 处开始进给，进给完成孔底偏移 2mm，孔底暂停 2s，速度为 20mm/min

续表

段号	程　　序	说　　明
N60	G80	取消固定循环
N70	M05	主轴停止
N80	M02	程序结束

G87(G98)	G87(G99)
主轴准停 初始点平面 主轴正转 主轴准停 Z点 主轴正转 q R点 平移(快速)	不可以使用

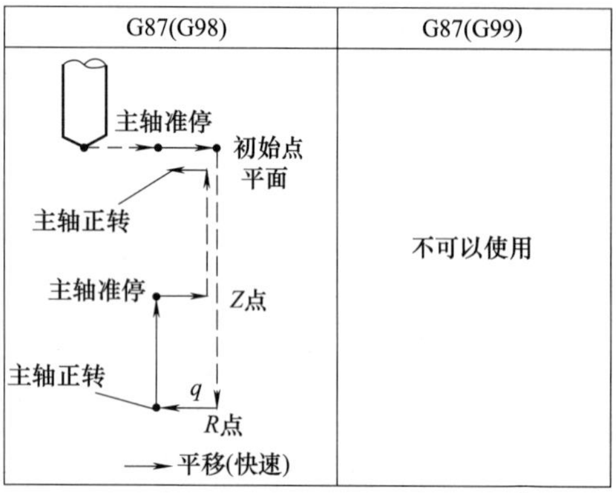

图 9-104　G87 反镗孔加工固定循环动作图

9.17.13 G87 反镗孔循环

(1) 指令功能

G87 指令用于精密镗孔加工，其加工方法如图 9-104 所示。

执行 G87 循环，在 X、Y 轴完成定位后，主轴通过定向准停动作，进行让刀，主轴的定位控制机能使主轴在规定的角度上准确停止并保持这一位置，从而使镗刀的刀尖对准某一方向。停止后，机床通过刀尖相反的方向的少量后移，使刀尖让开孔表面，保证在进刀时不碰刀孔表面，然后 Z 轴快速进给在孔底面。在孔底面刀尖恢复让刀量，主轴自动正转，并沿 Z 轴的正方向加工到 Z 点。在此位置，使主轴再次定向准停，再让刀，然后使刀具从孔中退出。返回到起始点后，刀尖再恢复让刀，主轴再次正转，以便进行下步动作。关于让刀量及其方向的定义，与 G76 完全相同。

(2) 指令格式：

G87 X__ Y__ Z__ R__ P__ Q__ F__ K__

格式说明：

X__ Y__：孔位数据。

Z__：孔底深度（绝对坐标）。

R__：每次下刀点或抬刀点（绝对坐标）。

P__：暂停时间（单位：ms）。

Q__：退刀位移量。Q 值必须是正值。即使用负值，符号也不起作用。位移的方向是 $+X$、$-X$、$+Y$、$-Y$，它可以事先用机床参数进行设定。

F__：切削进给速度。

K__：重复次数（如果需要的话）。

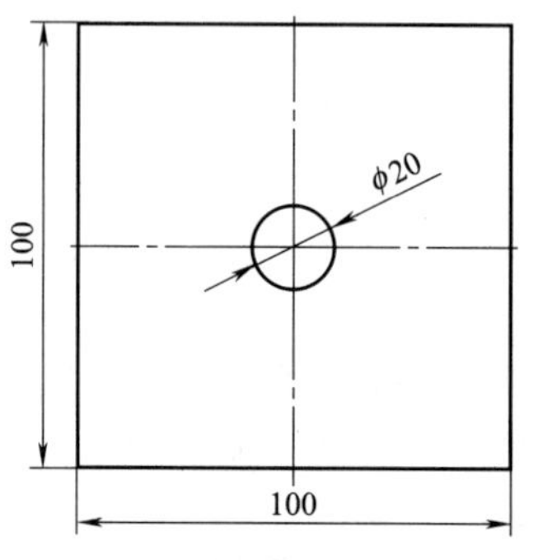

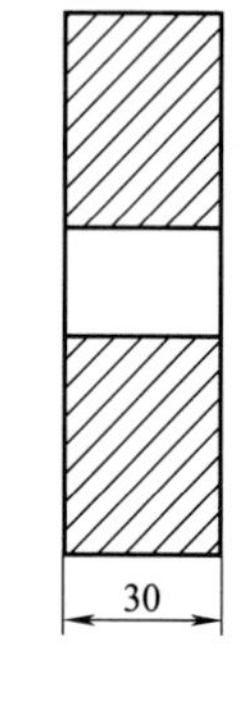

图 9-105　编程实例

(3) 编程实例

写出如图 9-105 所示镗孔的加工循环。

加工程序如下：

段号	程　　序	说　　明
	O0024	程序号
N10	G54 G94 G90	选择工件坐标系、每分钟进给、绝对编程
N20	M03 S1000	主轴正转，转速为 1000r/min
N30	G00 X50 Y50	定位在孔上，此处指定孔位数据，在固定循环格式中便可省略
N40	G43 H01 Z50	设定长度补偿，Z 向初始点高度
N50	G98 G87 Z−35 R1 Q2 P 2000 F20	反镗孔加工循环：离工件表面 1mm 处开始进给，进给完成后孔底暂停 2s，偏移 2mm，速度为 20mm/min
N60	G80	取消固定循环
N70	M05	主轴停止
N80	M02	程序结束

9.17.14 孔加工编程综合实例

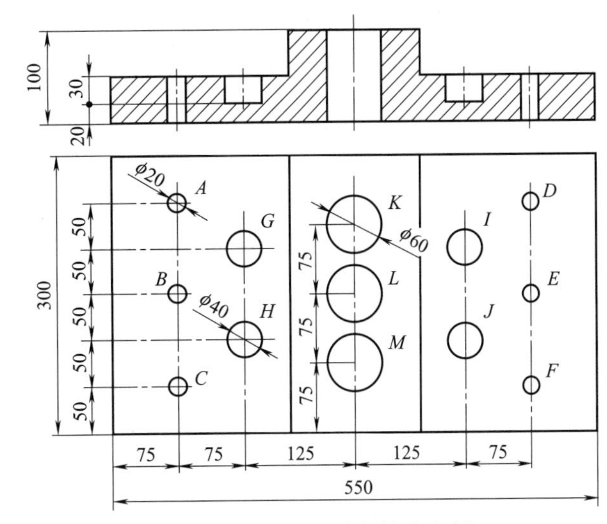

图 9-106 孔加工编程综合实例

试用固定循环指令编制图 9-106 所示零件的孔加工程序。其中，孔 A～孔 F 直径为 ϕ20mm，采用钻孔加工；孔 G～孔 J 直径为 ϕ40mm，采用铣孔加工；孔 K～孔 M 直径为 ϕ60mm，采用镗孔加工。工件坐标系为 G54。

【分析】 根据题目要求，对刀具及加工工艺设计如下：

① 用 ϕ20mm 钻头，加工孔 A～F：刀具号 T01，刀补号 H01，主轴转速 800r/min，进给速度 20mm/min。

② 利用 ϕ40mm 铣刀，加工孔 G～J：刀具号 T02，刀补号 H02，主轴转速 500r/min，进给速度 20mm/min。

③ 利用 ϕ60mm 镗刀，加工孔 K～M：刀具号 T03，刀补号 H03，主轴转速 300r/min，进给速度 F20mm/min。

加工程序如下：

路径	段号	程　　序	说　　明
开始		O0024	程序号
	N10	G54 G94 G90	选择工件坐标系、分钟进给、绝对编程
ϕ20mm 孔	N20	T01 M06	换 01 号 ϕ20mm 钻头
	N30	M03 S800	主轴正转，转速为 1000r/min
	N40	G00 X75 Y250	定位在孔 A 上方
	N50	G43 H01 G00 Z50	设定长度补偿、Z 向初始点高度
	N60	G98 G81 Z－105 R－45 F20	钻孔循环，加工孔 A，钻通，保证尺寸
	N70	G80	取消孔加工固定循环
	N80	G00 X75 Y150	定位在孔 B 上方
	N90	G98 G81 Z－105 R－45 F20	钻孔循环，加工孔 B，钻通，保证尺寸
	N100	G80	取消孔加工固定循环
	N110	G00 X75 Y50	定位在孔 C 上方
	N120	G98 G81 Z－105 R－45 F20	钻孔循环，加工孔 C，钻通，保证尺寸
	N130	G80	取消孔加工固定循环
	N135	G00 Z2	抬刀，避开中间高处
	N140	G00 X475 Y250	定位在孔 D 上方
	N150	G98 G81 Z－105 R－45 F20	钻孔循环，加工孔 D，钻通，保证尺寸
	N160	G80	取消孔加工固定循环
	N170	G00 X475 Y150	定位在孔 E 上方
	N180	G98 G81 Z－105 R－45 F20	钻孔循环，加工孔 E，钻通，保证尺寸
	N190	G80	取消孔加工固定循环
	N200	G00 X475 Y50	定位在孔 F 上方
	N210	G98 G81 Z－105 R－45 F20	钻孔循环，加工孔 F，钻通，保证尺寸
	N220	G80	取消孔加工固定循环
	N230	G00 Z200	抬刀
	N240	G49	取消长度补偿
	N250	M05	主轴停

续表

路径	段号	程序	说明
ϕ40mm 孔	N260	T02 M06	换 02 号 ϕ40mm 铣刀
	N270	M03 S500	主轴正转，转速为 500r/min
	N280	G00 X150 Y200	定位在孔 *G* 上方
	N290	G43 H02 G00 Z50	设定长度补偿、*Z* 向初始点高度
	N300	G98 G81 Z−80 R−45 F20	钻孔循环，加工孔 *G*
	N310	G80	取消孔加工固定循环
	N320	G00 X150 Y100	定位在孔 *H* 上方
	N330	G98 G81 Z−80 R−45 F20	钻孔循环，加工孔 *H*
	N340	G80	取消孔加工固定循环
	N345	G00 Z2	抬刀，避开中间高处
	N350	G00 X400 Y200	定位在孔 *I* 上方
	N360	G98 G81 Z−80 R−45 F20	钻孔循环，加工孔 *I*
	N370	G80	取消孔加工固定循环
	N380	G00 X400 Y100	定位在孔 *J* 上方
	N390	G98 G81 Z−80 R−45 F20	钻孔循环，加工孔 *J*
	N400	G80	取消孔加工固定循环
	N410	G00 Z200	抬刀
	N420	G49	取消长度补偿
	N430	M05	主轴停
ϕ60mm 孔	N440	T03 M06	换 03 号 ϕ60mm 镗刀
	N450	M03 S300	主轴正转，转速为 500r/min
	N460	G00 X275 Y225	定位在孔 *K* 上方
	N470	G43 H03 G00 Z50	设定长度补偿、*Z* 向初始点高度
	N480	G98 G85 Z−99.5 R5 F20	镗孔循环，加工孔 *K*，留 0.5mm 余量，避免损伤垫块或工作台
	N490	G80	取消孔加工固定循环
	N500	G00 X275 Y150	定位在孔 *L* 上方
	N510	G98 G85 Z−99.5 R5 F20	镗孔循环，加工孔 *L*，留 0.5mm 余量，避免损伤垫块或工作台
	N520	G80	取消孔加工固定循环
	N530	G00 X275 Y75	定位在孔 *M* 上方
	N540	G98 G85 Z−99.5 R5 F20	镗孔循环，加工孔 *M*，留 0.5mm 余量，避免损伤垫块或工作台
	N550	G80	取消孔加工固定循环
	N560	G49	取消长度补偿
结束	N570	G00 Z200	抬刀
	N580	M05	主轴停止
	N590	M02	程序结束

注：实际加工中尽量少用大直径铣刀加工，如本题 ϕ40 铣刀，此处仅作程序示例。

9.18 综合练习

① 试编制在数控铣床上实现如图 9-107 所示工件加工的程序，主轴、走刀速度自定。
② 试编制在数控铣床上实现如图 9-108 所示工件加工的程序，主轴、走刀速度自定。
③ 试编制在数控铣床上实现如图 9-109 所示工件加工的程序，主轴、走刀速度自定。
④ 试编制在数控铣床上实现如图 9-110 所示工件加工的程序，主轴、走刀速度自定。
⑤ 试编制在数控铣床上实现如图 9-111 所示工件加工的程序，主轴、走刀速度自定。

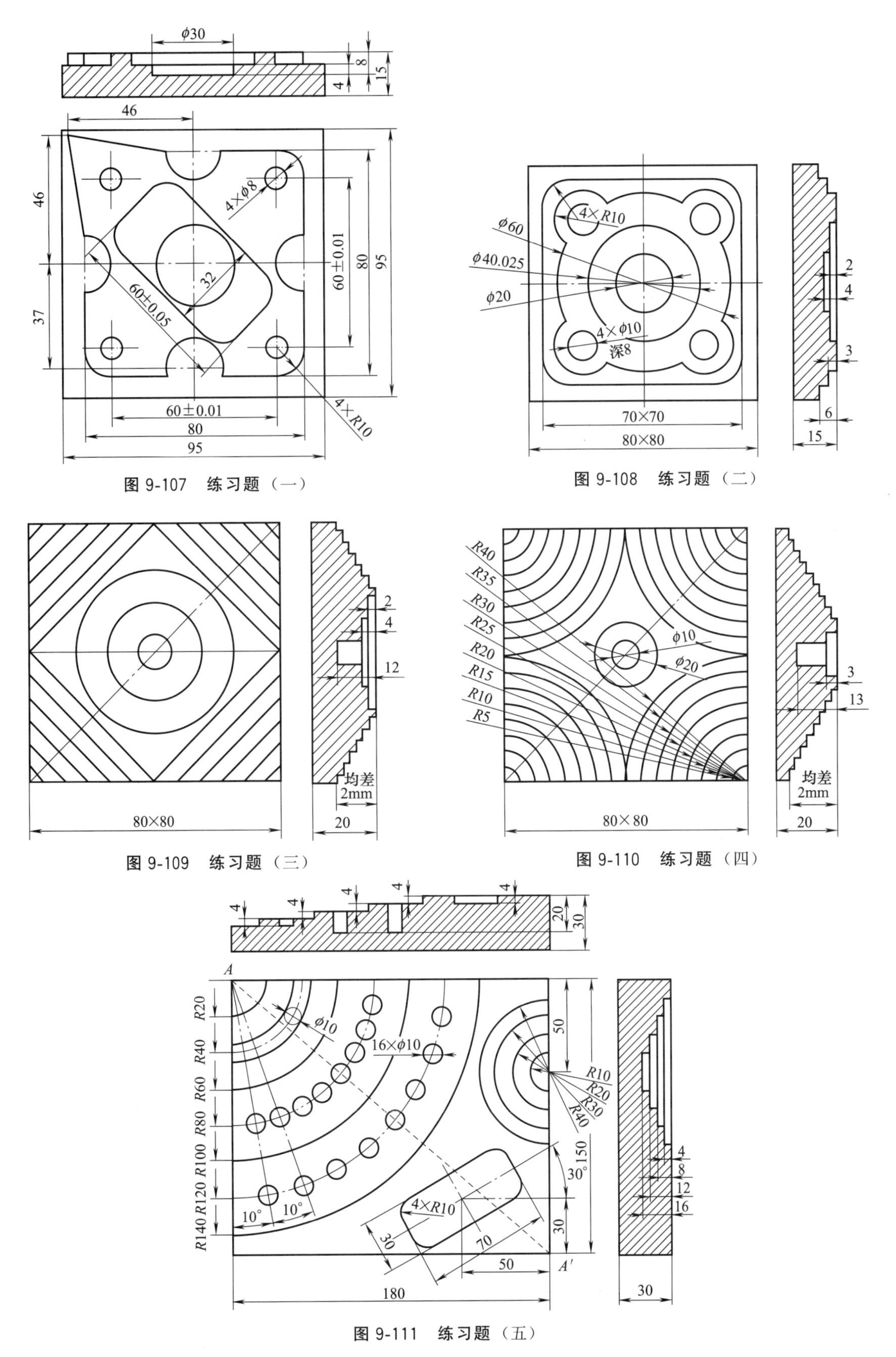

图 9-107　练习题（一）

图 9-108　练习题（二）

图 9-109　练习题（三）

图 9-110　练习题（四）

图 9-111　练习题（五）

数控编程
从入门到精通

刘蔡保 编著

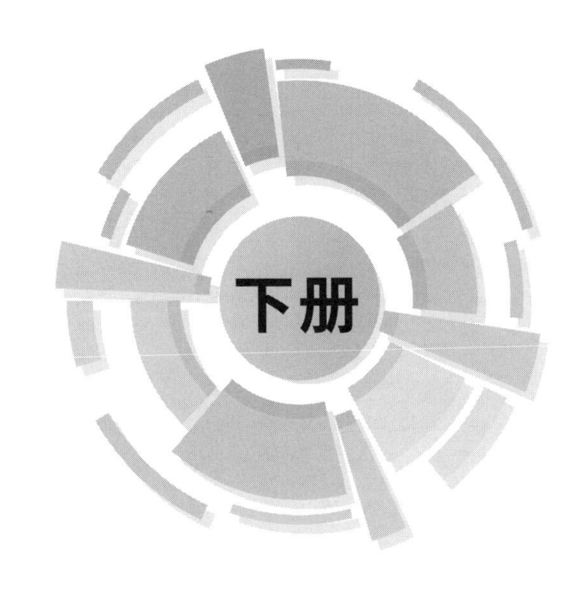

化学工业出版社

·北京·

前言

写在前面——初学者如何从入门到精通

天下事有难易乎？ 为之，则难者亦易矣；不为，则易者亦难矣。 人之为学有难易乎？ 学之，则难者亦易矣；不学，则易者亦难矣。 因此，本书以实际生产为目标，从学习者的角度出发，从数控机床的结构讲起，以分析为主导，以思路为铺垫，用大量通俗易懂的表格和语言，使学习者能够达到自己会分析、会操作、会处理的效果，以期对后面的数控编程能够学会贯通、灵活运用。

本书以“入门概述+ 理论知识+ 精讲表格+ 加工实例+ 经验总结”的方式逐步深入地引领读者学习数控机床的概念和编程的方法，结构紧凑、特点鲜明，编写力求理论表述简洁易懂、步骤清晰明了、便于掌握应用。

本书具有以下几方面的特色。

◆开创性的课程讲解

本课程不以传统的数控机床结构为依托，一切的实例操作、要点讲解都以加工为目的，不再做知识点的简单铺陈，重点阐述实际加工中所能遇见的重点、难点。 在刀具、加工方法、后处理的配合上独具特色，直接面向加工。

◆环环相扣的学习过程

针对数控机床和编程的特点，本书提出了“1+ 1+ 1+ 1+ 1”的学习方式，即“入门概述+ 理论知识+ 精讲表格+ 加工实例+ 经验总结”的过程，引领读者逐步深入地学习数控机床和编程的方法及要领，图文并茂，变枯燥的过程为有趣的探索。

◆简明扼要的知识提炼

在数控编程章节中，以编程为主，用大量的案例操作对编程涉及的知识点进行提炼，简明直观地讲解了数控车削和数控铣削的重要知识点，有针对性地描述了编程的工作性能和加工特点，并结合实例对数控编程的流程、方法做了详细的阐述。

◆循序渐进的内容编排

数控编程的学习不是一蹴而就的，也不能按照其软件结构生拆开来讲解。 编者结合多年的教学和实践，推荐本书的学习顺序是：按照本书编写的顺序，由浅入深、逐层进化地学习。编者从平面铣、曲面铣的加工到后处理的应用，对每一个重要的加工方法讲解其原理、处理方法、注意事项，并有专门的实例分析和经验总结。 相信只要按照书中的编写顺序进行编程的学习，定可事半功倍地达到学习目的。

◆独具特色的视频精讲

针对数控编程的重头戏——数控车床编程，笔者录制了课堂授业的全套近 4G 的视频，将指令讲解与实例分析相结合、理解思路与开拓思维相交融，配合本书第 7 章 FANUC 数控车床编程的内容，相信假以时日，读者定可融会贯通，得学习之要点、领编程之精华。

其后，针对数控自动编程，在第 13 章讲解最新的 UG NX11. 0 数控自动编程软件，也录制有从平面加工到曲面加工，再到数控零件以及模具零件加工的整套视频精讲。 使读者通过对本章学习，达到对机编程序的入门和深入理解，可以应对实际加工的一般工件、复杂形状的曲面、型腔以及模具进行自动加工编程，为数控编程的学习做好更进一步的保障和升华。

◆详细深入的经验总结

在学习编程的过程中，每一个入门实例和加工实例之后都有详细的经验总结，读者需要好好掌握与领会。 本书的最大特点即是在每个实例后都进行了经验总结，详细叙述了笔者对数控编程的经验、心得以及对编程的建议，使读者更好地将学习的内容巩固吸收，对实际的加工实践过程有一个质的认识和提高。

所谓“不积跬步，无以至千里；不积小流，无以成江海；骐骥一跃，不能十步；驽马十驾，功在不舍；锲而舍之，朽木不折；锲而不舍，金石可镂。”学习者需要放正心态，一步一步地踏实学习，巩固成果，才能使新的知识为我所用，也希冀读者采得百花成蜜后，品得辛苦之中甜。

最后本书编写之中得到内子徐小红女士的极大支持和帮助，在此表示感谢。另，鄙人水平之所限，书中若有舛误之处，实乃抱歉，还请批评指正。

刘蔡保

二零一八年九月

目录
CONTENTS

下册　精　通　篇

第10章　数控车削零件加工工艺分析及编程操作 / 288

第12章 FANUC数控系统宏程序编程 / 418

第13章 数控自动编程——UG NX11.0 / 461

第14章 数控机床维修 / 514

第15章 数控机床的管理及维护 / 595

附录 / 608

参考文献 / 634

下册／精通篇

10 第10章 数控车削零件加工工艺分析及编程操作

10.1 螺纹特型轴数控车床加工工艺分析及编程

图 10-1 所示为螺纹特型轴。

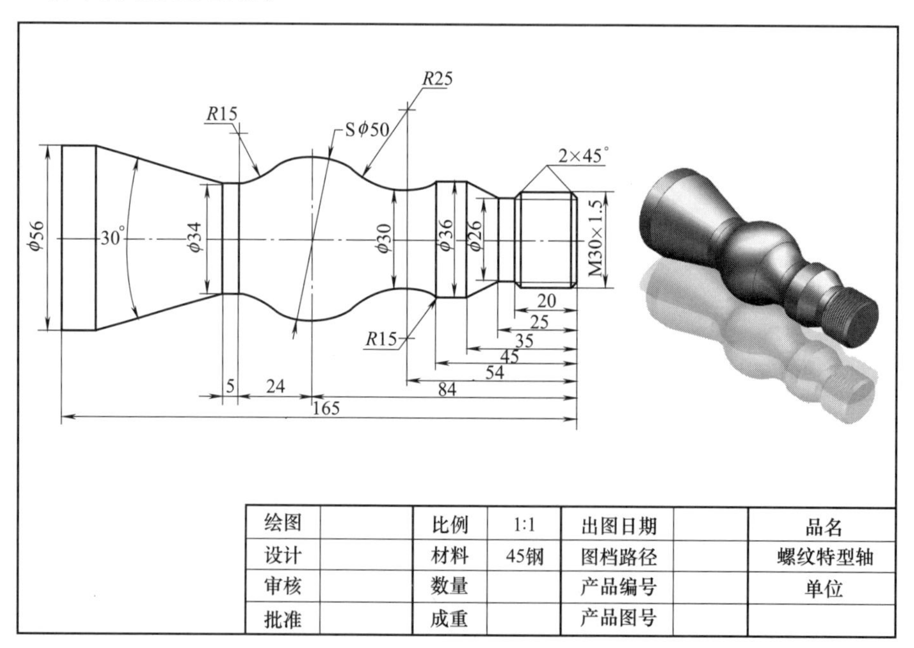

图 10-1 螺纹特型轴

10.1.1 零件图工艺分析

该零件表面由圆柱、圆锥、顺圆弧、逆圆弧及外螺纹等表面组成。球面 $S\phi50$mm 的尺寸公差兼有控制该球面形状（线轮廓）误差的作用。尺寸标注完整，轮廓描述清楚。零件材料为45 钢，无热处理和硬度要求。

通过上述分析，采取以下几点工艺措施。

① 对图样上给定的几个精度要求较高的尺寸，全部取其基本尺寸即可。

② 在轮廓曲线上，有三处为相切之圆弧，其中两处为既过象限又改变进给方向的轮廓曲线，因此在加工时应进行机械间隙补偿，以保证轮廓曲线的准确性。

③ 因为工件较长，右端面应先粗车出并钻好中心孔。毛坯选 ϕ60mm 棒料。

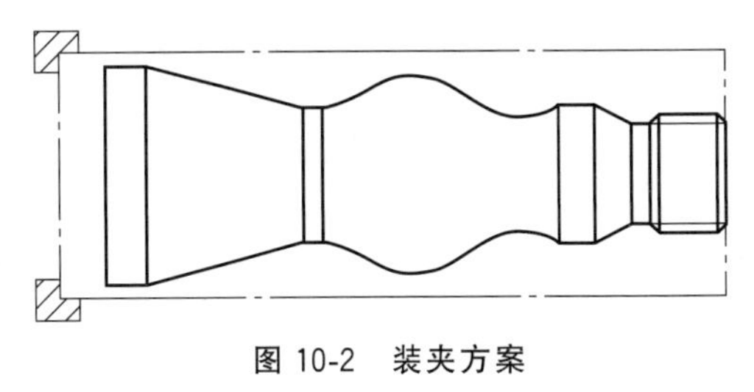

图 10-2 装夹方案

10.1.2 确定装夹方案

左端采用三爪自定心卡盘定心夹紧，右端用顶尖顶紧，如图 10-2 所示。

10.1.3 确定加工顺序及进给路线

加工顺序按由粗到精、由近到远（由右到左）的原则确定。即先从右到左进行粗车（留 0.2mm 精车余量），然后从右到左进行精车，最后车削螺纹。

数控车床具有粗车循环和车螺纹循环功能，只要正确使用编程指令，机床数控系统就会自行确定其进给路线，因此，该零件的粗车循环、精车循环和车螺纹循环不需要人为确定其进给路线。该零件是从右到左沿零件表面轮廓进给的，如图 10-3 所示。螺纹倒角不作工艺性要求，在外圆加工完成以后车削。

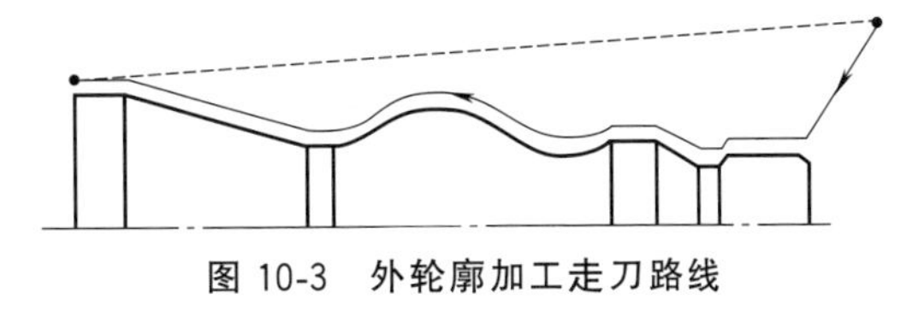

图 10-3 外轮廓加工走刀路线

10.1.4 数学计算（实际生产加工中可省略）

① 图 10-4 中所示圆弧的切点坐标未知需要计算，根据相似三角形求解：

$$\frac{25}{a}=\frac{25+25}{30}a=15,\frac{25}{b}=\frac{25+25}{25+15}b=20,\text{得出 } A(40,-69)$$

$$\frac{15}{c}=\frac{15+25}{24}c=9,\frac{25}{d}=\frac{25+15}{17+15}d=20,\text{得出 } B(40,-99)$$

② 图 10-5 所示零件后端 30°锥度处的终点未知，由三角函数求出：

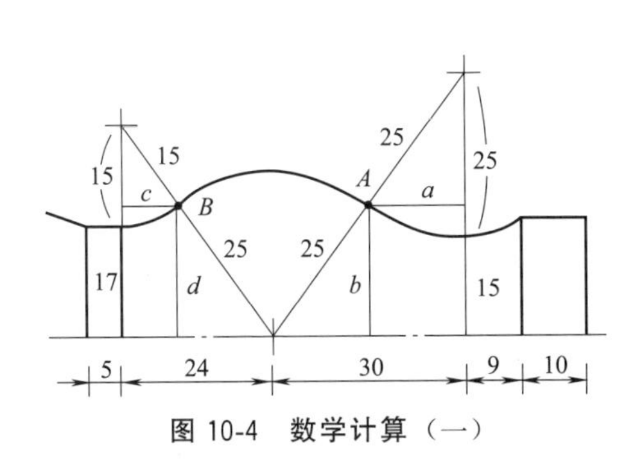

图 10-4 数学计算（一）

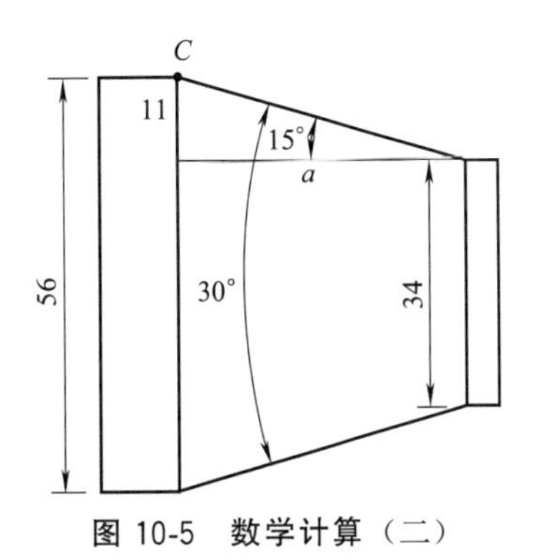

图 10-5 数学计算（二）

$$\tan15^\circ=\frac{11}{a},a=41.053，得出 C(56,154.053)$$

10.1.5 刀具选择

① 选用 ϕ5mm 中心钻钻削中心孔。

② 车轮廓及平端面选用 45°硬质合金右偏刀，以防止副后刀面与工件轮廓干涉。

③ 将所选定的刀具参数填入表 10-1 所示的数控加工刀具卡片中，以便于编程和操作管理。

表 10-1 螺纹特型轴数控加工刀具卡片

产品名称或代号		数控车工艺分析实例	零件名称	螺纹特型轴	零件图号	Lathe-01
序号	刀具号	刀具规格名称	数量	加工表面	刀尖半径/mm	备注
1	T01	硬质合金 45°外圆车刀	1	车端面及车轮廓		右偏刀
2	T02	切断刀(割槽刀)	1	宽 4mm		
3	T03	硬质合金 60°外螺纹车刀	1	螺纹		
编制	×××	审核 ×××		批准 ×××	共 1 页	第 1 页

10.1.6 切削用量选择

① 背吃刀量的选择　轮廓粗车循环时选 3mm。

② 主轴转速的选择　车直线和圆弧时，查表或根据资料选得粗车切削速度为 80mm/min、精车切削速度为 40mm/min，主轴转速粗车时为 800r/min、精车时为 1200r/min。车螺纹时，主轴转速为 300r/min。

将前面分析的各项内容综合成如表 10-2 所示的数控加工工序卡，此卡是编制加工程序的主要依据和操作人员配合数控程序进行数控加工的指导性文件，主要内容包括：工步顺序、工步内容、各工步所用的刀具及切削用量等。

表 10-2 螺纹特型轴数控加工工序卡

单位名称	××××	产品名称或代号		零件名称		零件图号	
		数控车工艺分析实例		螺纹特型轴		Lathe-01	
工序号	程序编号	夹具名称		使用设备		车间	
001	Lathe-01	三爪卡盘和活动顶尖		FANUC 0i		数控中心	
工步号	工步内容	刀具号	刀具规格/mm	主轴转速/(r/min)	进给速度/(mm/min)	背吃刀量/mm	备注
1	平端面	T01	25×25	800	80		自动
2	粗车轮廓	T01	25×25	800	80	3	自动
3	精车轮廓	T01	25×25	1200	40	0.2	自动
4	螺纹倒角	T01	25×25	800	80		自动
5	车削螺纹	T03	25×25	系统配给	系统配给		自动
6	切断工件	T02	4×25	800	20		自动
编制 ×××	审核	×××	批准	×××	年 月 日	共 1 页	第 1 页

10.1.7 数控程序的编制

开始	N010	M03 S800	主轴正转，转速为 800r/min
	N020	T0101	换 01 号外圆车刀
	N030	G98	指定走刀按照 mm/min 进给
端面	N040	G00 X60 Z0	快速定位工件端面上方
	N050	G01 X0 F80	做端面，走刀速度为 80mm/min

续表

粗车	N060	G00 X60 Z3	快速定位循环起点
	N070	G73 U17 W3 R6	X 向切削总量为 17mm，循环 6 次
	N080	G73 P90 Q210 U0.2 W0.2 F80	循环程序段 90～210
轮廓	N090	G00 X30 Z1	快速定位到轮廓右端 1mm 处
	N100	G01 Z-18	车削 ϕ30mm 的部分
	N110	G01 X26 Z-20	斜向车削到 ϕ26mm 的右端
	N120	G01 Z-25	车削 ϕ26mm 的部分
	N130	G01 X36 Z-35	斜向车削到 ϕ36mm 的右端
	N140	G01 Z-45	车削 ϕ36mm 的部分
	N150	G02 X30 Z-54 R15	车削 R15mm 的顺时针圆弧
	N160	G02 X40 Z-69 R25	车削 R25mm 的顺时针圆弧
	N170	G03 X40 Z-99 R25	车削 ϕ50mm(R25mm)的逆时针圆弧
	N180	G02 X34 Z-108 R15	车削 R15mm 的顺时针圆弧
	N190	G01 Z-113	车削 ϕ34mm 的部分
	N200	G01 X56 Z-154.053	车削 30°外圆至 ϕ56mm 的右端
	N210	G01 Z-165	车削 ϕ56mm 的部分
精车	N220	M03 S1200	提高主轴转速到 1200r/min
	N230	G70 P90 Q210 F40	精车
倒角	N240	M03 S800	主轴正转，转速为 800r/min
	N250	G00 X24 Z1	快速定位到倒角延长线
	N260	G01 X30 Z-2 F 100	车削倒角
	N270	G00 X200 Z200	快速退刀
螺纹	N280	T0303	换螺纹刀
	N290	G00 X32 Z3	定位到螺纹循环起点
	N300	G92 X29.2 Z-22.5 F2	第 1 刀攻螺纹终点
	N310	X28.8	第 2 刀攻螺纹终点
	N320	X28.5	第 3 刀攻螺纹终点
	N330	X28.34	第 4 刀攻螺纹终点
切断	N340	G00 X200 Z200	快速退刀
	N350	T0202	换切断刀，即切槽刀
	N360	M03 S800	主轴正转，转速为 800r/min
	N370	G00 X62 Z-169	快速定位至切断处
	N380	G01 X0 F20	切断
结束	N390	G00 X200 Z200	快速退刀
	N400	M05	主轴停
	N410	M30	程序结束

10.2 细长轴类零件数控车床加工工艺分析及编程

图 10-6 所示为细长轴类零件。

10.2.1 零件图工艺分析

该零件表面由内外圆柱面、顺圆弧、逆圆弧、螺纹退刀槽及外螺纹等表面组成，零件图尺寸标注完整，符合数控加工尺寸标注要求；轮廓描述清楚完整；零件材料为 45 钢，切削加工性能较好，无热处理和硬度要求。

通过上述分析，采取以下几点工艺措施。

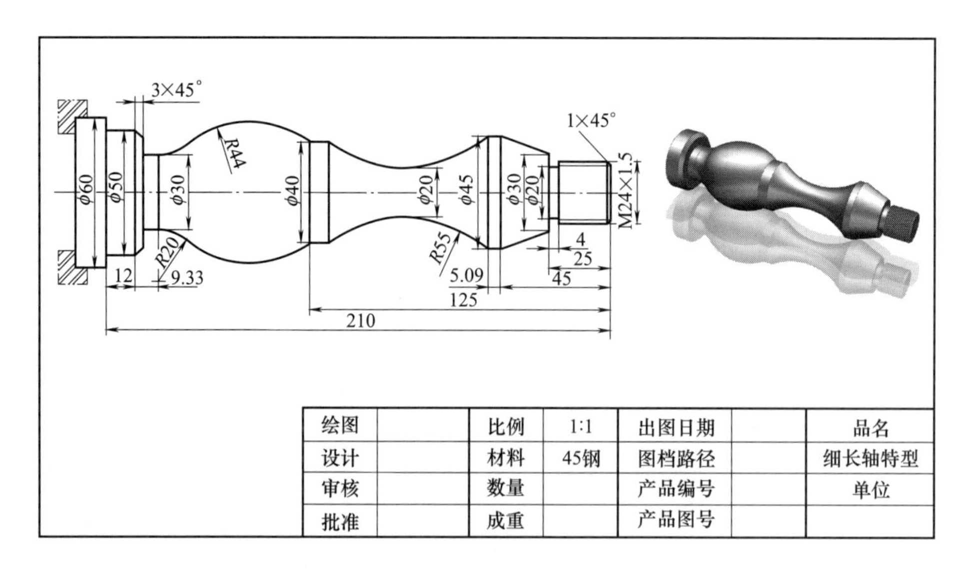

图 10-6　细长轴类零件

① 零件图样上带公差的尺寸取基本尺寸即可。

② 该零件为细长轴零件，加工前，应该先将左右端面车出来，手动粗车端面，钻中心孔。

③ 细长轴零件注意切削用量和进给速度的选择。

10.2.2　确定装夹方案

用三爪自动定心卡盘夹紧，心轴右端留有中心孔并用尾座顶尖顶紧以提高工艺系统的刚性，如图 10-7 所示。注意：实际加工在切断前应撤出顶尖，防止撞刀。此处仅作编程说明。

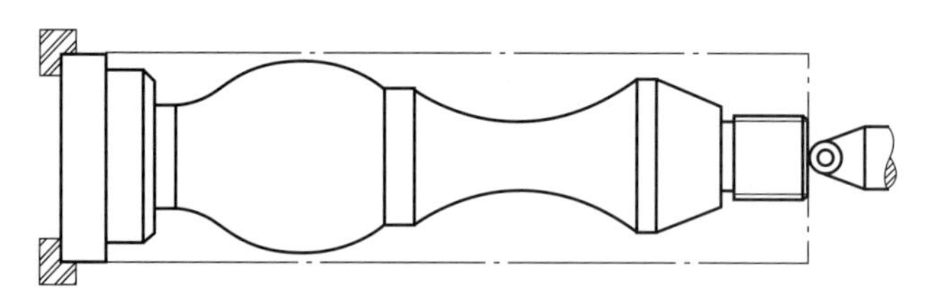

图 10-7　装夹方案

10.2.3　确定加工顺序及走刀路线

加工顺序按由内到外、由粗到精、由近到远的原则确定，在一次装夹中尽可能加工出较多的工件表面。结合本零件的结构特征，可先粗车外圆表面，然后加工外轮廓表面。由于该零件圆弧部分较多较长，因此采用 G73 循环，走刀路线设计不必考虑最短进给路线或最短空行程路线，外轮廓表面车削走刀可沿零件轮廓顺序进行，按路线加工，注意外圆轮廓的最低点在 $\phi 20$mm 的圆弧处，加工如图 10-8 所示。螺纹倒角不作工艺性要求，在外圆加工完成以后车削。

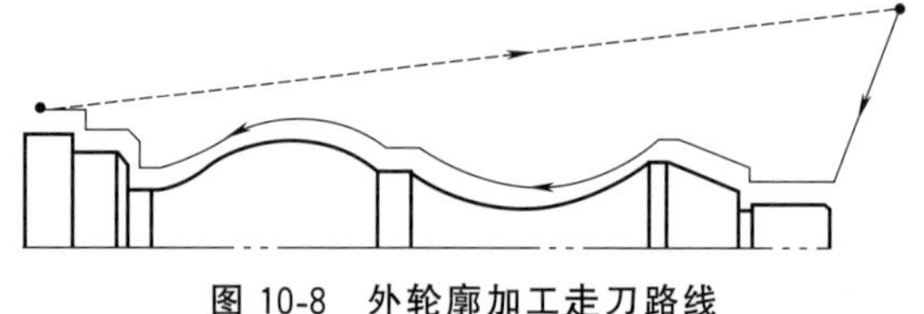

图 10-8　外轮廓加工走刀路线

数学计算略。

10.2.4 刀具选择

将所选定的刀具参数填入表10-3所示的细长轴特型件数控加工刀具卡片中，以便于编程和操作管理。注意：车削外轮廓时，为防止副后刀面与工件表面发生干涉，应选择较大的副偏角，必要时可作图检验。

表10-3 细长轴类零件数控加工刀具卡片

产品名称或代号		数控车工艺分析实例		零件名称	细长轴类零件		零件图号	Lathe-02
序号	刀具号	刀具规格名称		数量	加工表面		刀尖半径/mm	备注
1	T01	45°硬质合金端面车刀		1	车端面1		0.1	25mm×25mm
2	T02	切断刀(割槽刀)		1	宽4mm			
3	T03	硬质合金60°外螺纹车刀		1	螺纹			
4	T06	ϕ5mm中心钻		1	钻ϕ5mm中心孔			
编制	×××		审核 ×××	批准	×××		共1页	第1页

10.2.5 切削用量选择

根据被加工表面质量要求、刀具材料和工件材料，参考切削用量手册或有关资料选取切削速度与每转进给量，计算主轴转速和进给速度填入表10-4所示工序卡中。

表10-4 细长轴类零件数控加工工序卡

单位名称	××××	产品名称或代号		零件名称		零件图号	
		数控车工艺分析实例		细长轴类零件		Lathe-02	
工序号	程序编号	夹具名称		使用设备		车间	
001	Lathe-02	三爪卡盘和活动顶尖		FANUC 0i		数控中心	
工步号	工步内容	刀具号	刀具规格/mm	主轴转速/(r/min)	进给速度/(mm/min)	背吃刀量/mm	备注
1	平端面	T01	25×25	800	80		手动
2	钻5mm中心孔	T06	ϕ5	800	20		手动
3	粗车轮廓	T01	25×25	800	80	1.5	自动
4	精车轮廓	T01	25×25	1200	40	0.2	自动
5	螺纹倒角	T01	25×25	800	80		自动
6	螺纹退刀槽	T02	4×25	800	20		自动
7	车削螺纹	T03	25×25	系统配给	系统配给		自动
8	切断工件	T02	4×25	800	20		自动
编制 ×××	审核 ×××	批准	×××	年 月 日		共1页	第1页

10.2.6 数控程序的编制

开始	N010	M03 S800	主轴正转，转速为800r/min
	N020	T0101	换01号外圆车刀
	N030	G98	指定走刀按照mm/min进给
粗车	N040	G00 X65 Z3	端面已做，直接粗车循环
	N050	G73 U22.5 W3 R12	X向切削总量为22.5mm，循环12次
	N060	G73 P70 Q190 U0.2 W0.2 F80	循环程序段70～190
轮廓	N070	G00 X24 Z1	快速定位到轮廓右端1mm处
	N080	G01 Z－25	车削ϕ25mm的外圆
	N085	G01 X30	车削ϕ30mm的右端
	N090	G01 X45 Z－45	斜向车削到ϕ45mm的右端
	N100	G01 Z－50.09	车削ϕ45mm的外圆
	N110	G02 X40 Z－116.623 R55	车削R55mm的顺时针圆弧
	N120	G01 Z－125	车削ϕ40mm的外圆

续表

轮廓	N130	G03 X38.058 Z−176.631 R44	车削 R44mm 的逆时针圆弧
	N140	G02 X30 Z−188.67 R20	车削 R20mm 的顺时针圆弧
	N150	G01 Z−195	车削 ϕ30mm 的外圆
	N160	G01 X44	车削至 3mm×45°倒角右侧
	N170	G01 X50 Z−198	车削 3mm×45°倒角
	N180	G01 Z−210	车削 ϕ50mm 的外圆
	N190	G01 X61	提刀
精车	N200	M03 S1200	提高主轴转速到 1200r/min
	N210	G70 P70 Q190 F40	精车
倒角	N220	M03 S800	主轴正转,转速为 800r/min
	N230	G00 X20 Z1	快速定位倒角延长线
	N240	G01 X24 Z−1 F80	车削倒角
切槽	N250	G00 X100 Z200	快速退刀准备换刀
	N260	T0202	换 02 号切槽刀
	N270	G00 X35 Z−25	快速定位至槽上方
	N280	G01 X20 F20	切槽,速度为 20mm/min
	N290	G04 P1000	暂停 1s,清槽底,保证形状
	N300	G01 X35 F40	提刀
	N310	G00 X100 Z100	快速退刀
螺纹	N320	T0303	换 03 号螺纹刀
	N330	G00 X26 Z3	定位到螺纹循环起点
	N340	G76 P040060 Q100 R0.1	G76 螺纹循环固定格式
	N350	G76 X22.34 Z−23 P830 Q400 R0 F1.5	G76 螺纹循环固定格式
	N360	G00 X200 Z200	快速退刀
切断	N370	T0202	换切断刀,即切槽刀
	N380	M03 S800	主轴正转,转速为 800r/min
	N390	G00 X62 Z−214	快速定位至切断处
	N400	G01 X0 F20	切断
	N410	G00 X200 Z200	快速退刀
结束	N420	M05	主轴停
	N430	M30	程序结束

10.3 特长螺纹轴零件数控车床加工工艺分析及编程

图 10-9 所示为特长螺纹轴零件。

10.3.1 零件图工艺分析

该零件表面由外圆柱面及外螺纹等表面组成，其中多个直径尺寸与轴向尺寸有较高的尺寸精度和表面粗糙度要求。零件图尺寸标注完整，符合数控加工尺寸标注要求；轮廓描述清楚完整；零件材料为 45 钢，切削加工性能较好，无热处理和硬度要求。加工时按照从左到右的顺序进行程序编制和加工。

通过上述分析，采取以下几点工艺措施。

① 零件图样上带公差的尺寸，考虑到公差值影响，故编程时取其平均值。

② 该零件为细长轴零件，加工前，应该先将左右端面车出来，手动粗车端面，钻中心孔。

③ 细长轴零件注意切削用量和进给速度的选择。

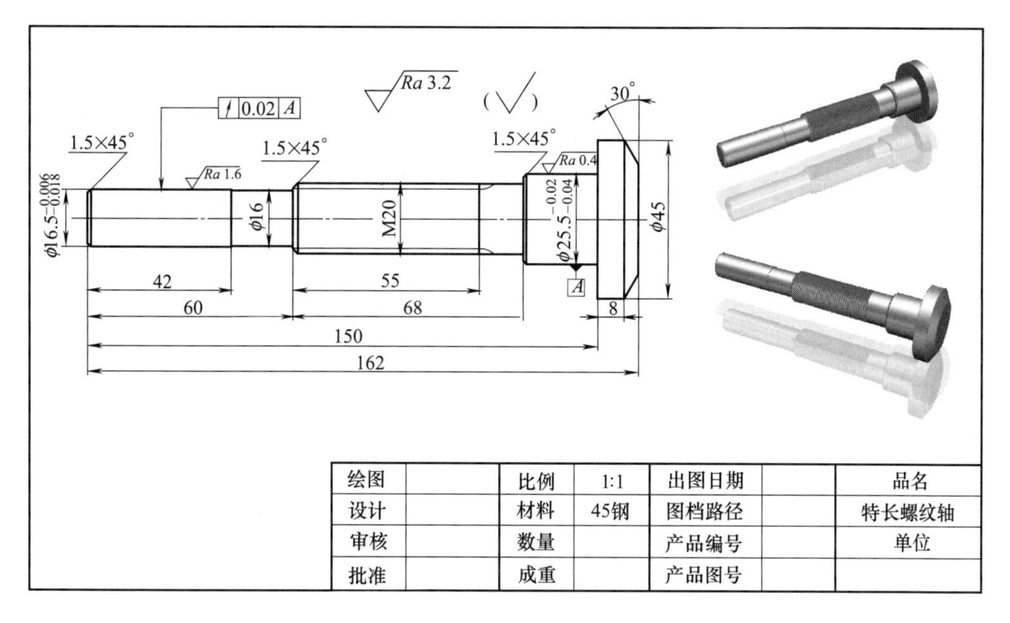

图 10-9　特长螺纹轴零件

10.3.2　确定装夹方案

用三爪自动定心卡盘夹紧，心轴右端留有中心孔并用尾座顶尖顶紧以提高工艺系统的刚性，如图 10-10 所示。

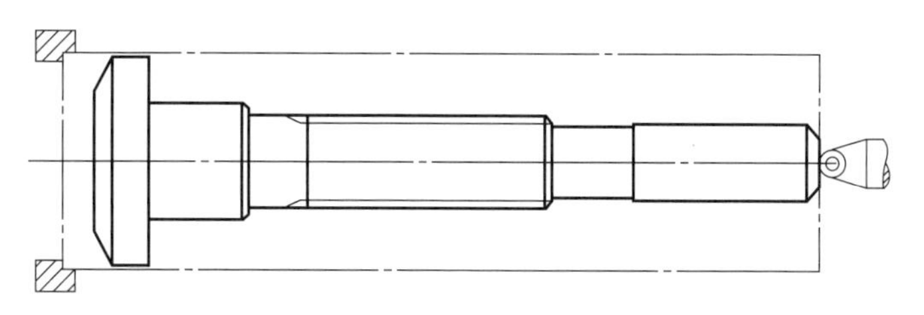

图 10-10　装夹方案

10.3.3　确定加工顺序及走刀路线

加工顺序按由内到外、由粗到精、由近到远的原则确定，在一次装夹中尽可能加工出较多的工件表面。结合本零件的结构特征，由于该零件外圆部分由直线构成，因此采用 G71 循环，轮廓表面车削走刀路线以一次车削较长尺寸为优，按图 10-11 所示路线加工。

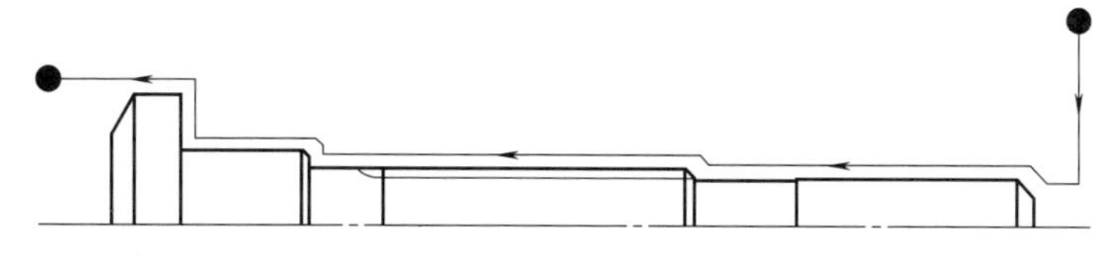

图 10-11　外轮廓加工走刀路线

ϕ16mm 的槽部分不影响螺纹加工，所以在车完螺纹以后切槽，以减少换刀次数，并且由于单边深度只有 0.25mm，因此用切槽刀采用直线 G01 指令一次精车完毕，如图 10-12 所示。

尾部的30°角部分和切断，用切槽刀一次完成，走刀路线和车削效果如图10-13所示。

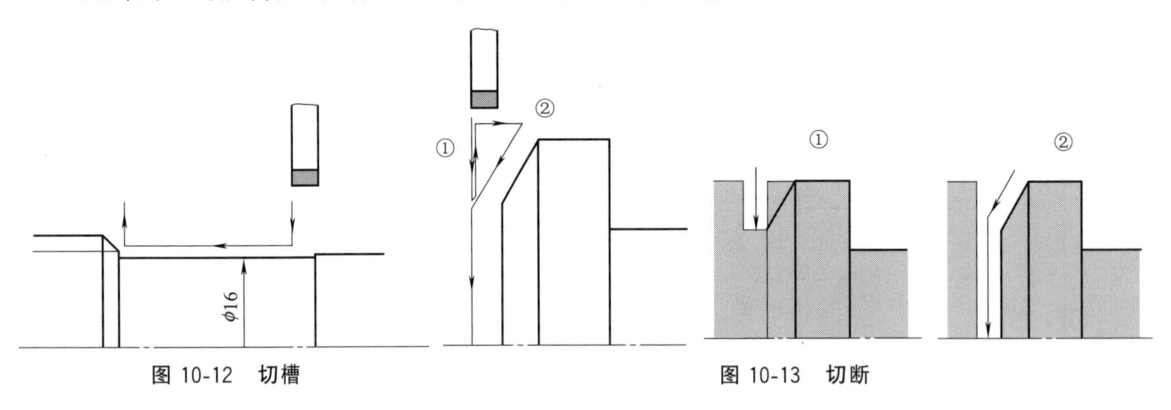

图 10-12　切槽　　　　图 10-13　切断

10.3.4　刀具选择

将所选定的刀具参数填入表10-5所示特长螺纹轴零件数控加工刀具卡片中，以便于编程和操作管理。

表 10-5　特长螺纹轴数控加工刀具卡片

产品名称或代号	数控车工艺分析实例	零件名称	特长螺纹轴	零件图号	Lathe-03

序号	刀具号	刀具规格名称	数量	加工表面	刀尖半径/mm	备注
1	T01	45°硬质合金外圆车刀	1	车端面1	0.5	25mm×25mm
2	T02	切断刀(割槽刀)	1	宽4mm		
3	T03	硬质合金60°外螺纹车刀	1	螺纹		
4	T06	ϕ5mm中心钻	1	钻ϕ5mm中心孔		

编制	×××	审核	×××	批准	×××	共1页	第1页

10.3.5　切削用量选择

根据被加工表面质量要求、刀具材料和工件材料，参考切削用量手册或有关资料选取切削速度与每转进给量，计算主轴转速与进给速度（计算过程略），计算结果填入表10-6所示工序卡中。

表 10-6　特长螺纹轴数控加工工序卡

单位名称	××××	产品名称或代号	零件名称	零件图号
		数控车工艺分析实例	特长螺纹轴	Lathe-03
工序号	程序编号	夹具名称	使用设备	车间
001	Lathe-03	三爪卡盘和活动顶尖	FANUC 0i	数控中心

工步号	工步内容	刀具号	刀具规格/mm	主轴转速/(r/min)	进给速度/(mm/min)	背吃刀量/mm	备注
1	平端面	T01	25×25	800	80		手动
2	钻5mm中心孔	T06	ϕ5	800	20		手动
3	粗车轮廓	T01	25×25	800	80	1.5	自动
4	精车轮廓	T01	25×25	1200	40	0.2	自动
5	车削螺纹	T03	25×25	系统配给	系统配给		自动
6	ϕ16mm的槽	T02		800	20		自动
7	30°倒角	T02	4×25	800	80		自动
8	切断工件	T02	4×25	1200	20		自动

编制	×××	审核	×××	批准	×××	年　月　日	共1页	第1页

10.3.6 数控程序的编制

开始	N010	M03 S800	主轴正转,转速为 800r/min
	N020	T0101	换 01 号外圆车刀
	N030	G98	指定走刀按照 mm/min 进给
粗车	N040	G00 X60 Z1	端面已做,直接粗车循环
	N050	G71 U1.5 R1	*X* 向每次吃刀量为 1.5mm,退刀量为 1mm
	N060	G71 P70 Q180 U0.2 W0.2 F80	循环程序段 70～180
轮廓	N070	G00 X13.5	快速定位到轮廓右端 1mm 处
	N080	G01 Z0	接触工件
	N090	G01 X16.488 Z−1.5	车削 1.5mm×45°倒角
	N100	G01 Z−60	车削 ϕ16.5mm 的外圆
	N110	G01 X17	车削至 ϕ17mm 的外圆处
	N120	G01 X20 Z−61.5	车削 1.5mm×45°倒角
	N130	G01 Z−128	车削 ϕ20mm 的外圆
	N140	G01 X22.5	车削至 ϕ22.5mm 的外圆处
	N150	G01 X25.47 Z−129.5	车削 1.5mm×45°倒角
	N160	G01 Z−150	车削 ϕ25.5mm 的外圆
	N170	G01 X45	车削至 ϕ45mm 的外圆处
	N180	G01 Z−166	车削 ϕ45mm 的外圆并让刀宽
精车	N190	M03 S1200	提高主轴转速到 1200r/min
	N200	G70 P70 Q180 F40	精车
螺纹	N230	G00 X100 Z100	快速退刀准备换刀
	N300	T0303	换 03 号螺纹刀
	N310	G00 X22 Z−55	定位到螺纹循环起点
	N320	G76 P040260 Q100 R0.1	G76 螺纹循环固定格式
	N330	G76 X17.2325 Z−115 P1384 Q600 R0 F2.5	G76 螺纹循环固定格式
精车浅槽	N340	G00 X100 Z100	快速退刀准备换刀
	N350	T0202	换 02 号切槽刀
	N360	M03 S1200	提高主轴转速到 1200r/min
	N370	G00 X17 Z−46	快速定位至槽上方
	N380	G01 X16 F20	切槽,速度为 20mm/min
	N390	G01 Z−60 F20	横向车削槽
	N400	G01 X50 F80	提刀
30°倒角	N410	G00 Z−166	定位到工件尾部
	N420	M03 S800	主轴转速降为 800r/min
	N430	G01 X31.135 F20	切第一次,为 30°倒角做准备
	N440	G01 X45 F40	提刀
	N450	G01 Z−162	定位在 30°倒角的位置
	N460	G01 X31.135 Z−166 F20	斜向车削,做倒角
切断	N470	G01 X0	切断
结束	N480	G00 X200 Z200	快速退刀
	N490	M05	主轴停
	N500	M30	程序结束

10.4 复合轴数控车床加工工艺分析及编程

图 10-14 所示为复合轴零件。

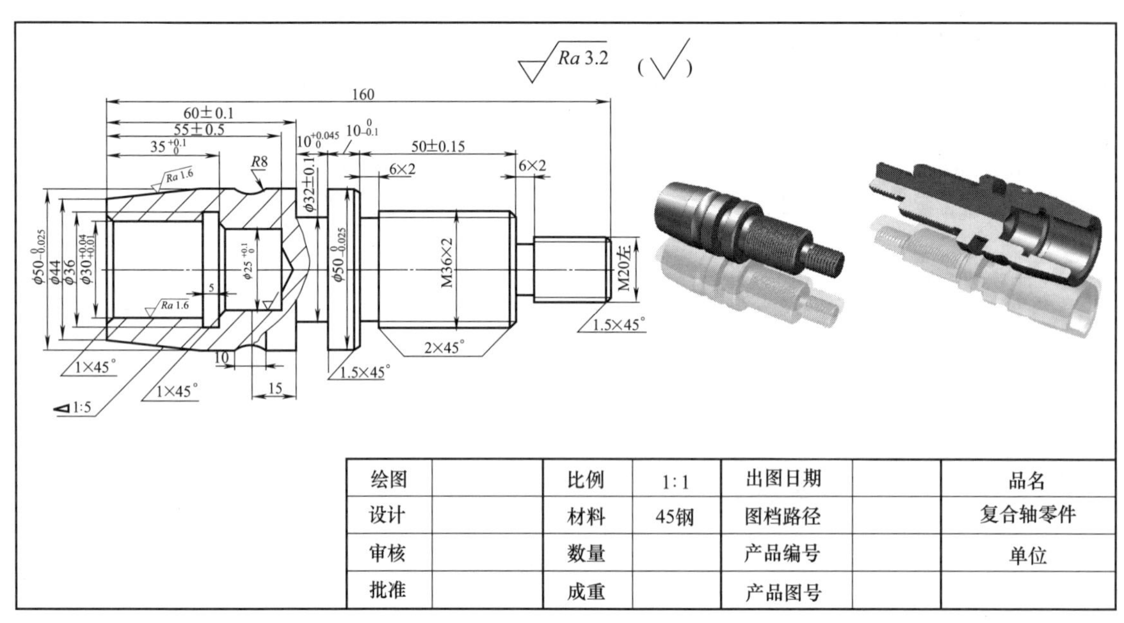

绘图		比例	1:1	出图日期		品名
设计		材料	45钢	图档路径		复合轴零件
审核		数量		产品编号		单位
批准		成重		产品图号		

图 10-14　复合轴零件

10.4.1　零件图工艺分析

该零件表面由内外圆柱面及外螺纹等表面组成，其中多个直径尺寸与轴向尺寸有较高的尺寸精度和表面粗糙度要求。零件图尺寸标注完整，符合数控加工尺寸标注要求；轮廓描述清楚完整；零件材料为 45 钢，切削加工性能较好，无热处理和硬度要求。加工时按照从右到左的顺序进行程序编制和加工。

通过上述分析，采取以下几点工艺措施。

① 零件图样上带公差的尺寸，因长度尺寸公差值较小，故编程时不必取其平均值，而取基本尺寸即可；直径考虑到配合件的套入，取中差值。

② 左右端面均为多个尺寸的设计基准，注意尺寸的选择和加工速度的确定。

③ 零件需要掉头加工，注意掉头的对刀和端面找准。

10.4.2　确定装夹方案、加工顺序及走刀路线

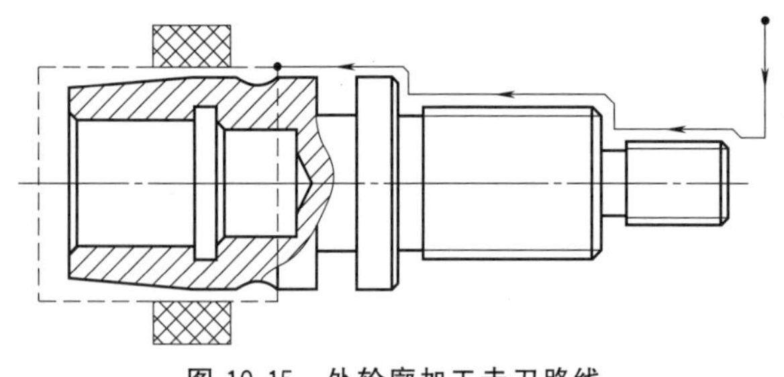

图 10-15　外轮廓加工走刀路线

(1) 先加工右侧带有两个螺纹的部分

用三爪自动定心卡盘夹紧，加工顺序按由外到内、由粗到精、由近到远的原则确定，在一次装夹中尽可能加工出较多的工件表面。结合本零件的结构特征，可先粗车外圆表面，然后加工外轮廓表面。由于该零件外圆部分由直线构成，因此采用 G71 循环，轮廓表面车削走刀可沿零件轮廓顺序进行，按图 10-15 所示路线加工。

(2) 掉头加工左侧外圆并带有内圆的部分

先用铜皮将 M36×2mm 的螺纹处包好，再用三爪自动定心卡盘夹紧，按照由外到内、由粗到精、由近到远的原则加工顺序。结合本零件的结构特征，可先粗车外圆表面，然后加工外轮廓表面。由于该零件外圆部分由直线和圆弧构成，因此采用 G73 循环，轮廓表面车削走刀

可沿零件轮廓顺序进行，按图10-16所示路线加工。内圆部分先钻孔，后镗孔，再用镗孔刀精车内圆，如图10-16所示。

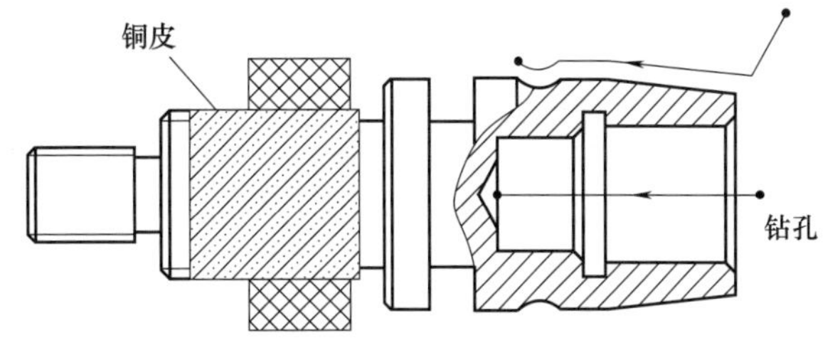

图10-16 外轮廓加工及钻孔走刀路线

10.4.3 刀具选择

将所选定的刀具参数填入表10-7所示复合轴数控加工刀具卡片中，以便于编程和操作管理。注意：车削外轮廓时，为防止副后刀面与工件表面发生干涉，应选择较大的副偏角，必要时可作图检验。

表10-7 复合轴数控加工刀具卡片

产品名称或代号		数控车工艺分析实例	零件名称	复合轴	零件图号	Lathe-04
序号	刀具号	刀具规格名称	数量	加工表面	刀尖半径/mm	备注
1	T01	45°硬质合金外圆车刀	1	车端面	0.5	25mm×25mm
2	T02	宽3mm切断刀(割槽刀)	1	宽4mm		
3	T03	硬质合金60°外螺纹车刀	1	螺纹		
4	T04	内圆车刀	1			
5	T05	宽4mm镗孔刀	1	镗内孔基准面		
6	T06	宽3mm内割刀(内切槽刀)	1	宽3mm		
7	T07	ϕ10mm中心钻	1			
编制	×××	审核 ×××	批准	×××	共1页	第1页

10.4.4 切削用量选择

根据被加工表面质量要求、刀具材料和工件材料，参考切削用量手册或有关资料选取切削速度与每转进给量，计算结果填入表10-8所示工序卡中。

表10-8 复合轴数控加工工序卡

单位名称		××××	产品名称或代号		零件名称		零件图号	
			数控车工艺分析实例		复合轴		Lathe-04	
工序号		程序编号	夹具名称		使用设备		车间	
001		Lathe-04	卡盘和自制心轴		FANUC 0i		数控中心	
工步号	工步内容		刀具号	刀具规格/mm	主轴转速/(r/min)	进给速度/(mm/min)	背吃刀量/mm	备注
1	平端面		T01	25×25	800	80		自动
2	粗车外轮廓		T01	25×25	800	80	1.5	自动
3	精车外轮廓		T01	25×25	1200	40	0.2	自动
4	切槽(共3个)		T02	4×25	800	20		自动
5	车M20、M36螺纹		T03	20×20	系统配给	系统配给		自动
6	掉头装夹							
7	粗车外轮廓		T01	25×25	800	80	1.5	自动
8	精车外轮廓		T01	25×25	800	80	0.2	自动
9	钻底孔		T07	ϕ10	800	15		自动
10	镗ϕ25mm和ϕ30mm孔		T05	20×20	800	20		自动
11	精车内孔		T05	20×20	1100	30		自动
12	切内槽		T06	18×18	600	20	2.5	自动
编制	×××	审核 ×××	批准	×××	年 月 日		共1页	第1页

10.4.5 数控程序的编制

(1) 加工零件右侧(带有双螺纹的部分)

开始	N010	M03 S800	主轴正转,转速为800r/min
	N020	T0101	换01号外圆车刀
	N030	G98	指定走刀按照mm/min进给
端面	N040	G00 X60 Z0	快速定位工件端面上方
	N050	G01 X0 F80	做端面,走刀速度为80mm/min
粗车	N060	G00 X60 Z2	快速定位循环起点
	N070	G71 U1.5 R1	X向每次吃刀量为1.5mm,退刀量为1mm
	N080	G71 P90 Q180 U0.2 W0.2 F80	循环程序段90～180
轮廓	N090	G00 X17	快速定位到轮廓右端2mm处
	N100	G01 Z0	接触工件
	N110	G01 X20 Z－1.5	车削1.5mm×45°倒角
	N120	G01 Z－30	车削ϕ20mm的外圆
	N130	G01 X32	车削至ϕ32mm的外圆处
	N140	G01 X36 Z－32	车削2mm×45°倒角
	N150	G01 Z－80	车削ϕ36mm的外圆
	N160	G01 X47	车削至ϕ47mm的外圆处
	N170	G01 X49.9875 Z－81.5	车削1.5mm×45°倒角
	N180	G01 Z－110	车削ϕ50mm的外圆
精车	N190	M03 S1200	提高主轴转速到1200r/min
	N200	G70 P90 Q180 F40	精车循环
切槽	N210	M03 S800	降低主轴转速到800r/min
	N220	G00 X100 Z100	快速退刀,准备换刀
	N230	T0202	换02号切槽刀
	N240	G00 X38 Z－27	快速定位至槽上方,切削ϕ16mm的槽
	N250	G75 R1	G75切槽循环固定格式
	N260	G75 X16 Z－30 P3000 Q2800 R0 F20	G75切槽循环固定格式
	N270	G00 X51 Z－77	快速定位至槽上方,切削ϕ32mm的槽
	N280	G75 R1	G75切槽循环固定格式
	N290	G75 X32 Z－80 P3000 Q2800 R0 F20	G75切槽循环固定格式
	N300	G00 X51 Z－93	快速定位至槽上方,切削ϕ32mm的槽
	N310	G75 R1	G75切槽循环固定格式
	N320	G75 X32 Z－100 P3000 Q2800 R0 F20	G75切槽循环固定格式
螺纹	N330	G00 X100 Z100	快速退刀,准备换刀
	N340	T0303	换03号螺纹刀
	N350	G00 X22 Z－27	攻M20反螺纹,定位在螺纹后部
	N360	G76 P060060 Q100 R0.1	G76螺纹循环固定格式
	N370	G76 X17.2325 Z3 P1384 Q600 R0 F2.5	G76螺纹循环固定格式,向前加工
	N380	G00 X38 Z－27	定位循环起点,攻M30×2mm的螺纹
	N390	G76 P0060 Q100 R0.1	G76螺纹循环固定格式
	N400	G76 X33.786 Z－77 P1107 Q500 R0 F2	G76螺纹循环固定格式
结束	N410	G00 X200 Z200	快速退刀
	N420	M05	主轴停
	N430	M30	程序结束

(2) 加工零件左侧(带有内孔的部分)

开始	N010	M03 S800	主轴正转,转速为 800r/min
	N020	T0101	换 01 号外圆车刀
	N030	G98	指定走刀按照 mm/min 进给
端面	N040	G00 X60 Z0	快速定位工件端面上方
	N050	G01 X0 F80	做端面,走刀速度为 80mm/min
粗车	N060	G00 X60 Z3	快速定位循环起点
	N070	G73 U8 W2 R4	X 向切削总量为 8mm,循环 4 次
	N080	G73 P90 Q130 U0.1 W0.1 F80	循环程序段 90～130
轮廓	N090	G00 X44 Z1	快速定位到轮廓右端 1mm 处
	N100	G01 Z0	接触工件
	N110	G01 X50 Z-30	斜向车削到 ϕ50mm 的右端
	N120	G01 Z-40	车削 ϕ50mm 的外圆
	N130	G02 X49.9875 Z-50 R8	车削 R8mm 的顺圆弧
精车	N140	M03 S1200	提高主轴转速到 1200r/min
	N150	G70 P90 Q130 F40	精车
钻孔	N160	M03 S700	主轴正转,转速为 800r/min
	N170	G00 X150 Z150	快速退刀,准备换刀
	N180	T0707	换 07 号钻头
	N200	G00 X0 Z1	快速定位到孔外部
	N210	G01 Z-57 F15	钻孔
	N220	G01 Z1	退出孔
镗孔	N230	G00 X150 Z150	快速退刀,准备换刀
	N240	T0505	换 05 号镗孔刀
	N250	G00 X16 Z1	定位镗孔循环的起点,镗 ϕ25mm 孔
	N260	G74 R1	G74 镗孔循环固定格式
	N270	G74 X25.05 Z-55 P3000 Q3800 R0 F20	G74 镗孔循环固定格式
	N280	G00 X24 Z1	定位镗孔循环的起点,镗 ϕ30mm 孔
	N290	G74 R1	G74 镗孔循环固定格式
	N300	G74 X30.025 Z-35 P3000 Q3800 R0 F20	G74 镗孔循环固定格式
精车内孔	N310	M03 S1100	提高主轴转速到 1100r/min
	N320	G00 X32 Z1	快速定位到 ϕ32mm 右端 1mm 处
	N330	G01 X32 Z0 F30	接触工件,走刀速度为 80mm/min
	N340	G01 X30.025 Z-1	车削右端倒角(带公差)
	N350	G01 Z-35	车削 ϕ30mm 的内圆
	N360	G01 X25.05 Z-36	车削中间倒角(带公差)
	N370	G01 Z-55	车削 ϕ25mm 的内圆
	N380	G01 X0	车削孔底,清除杂质
	N390	G01 Z2 F80	退出内孔
切槽	N400	M03 S700	降低主轴转速到 700r/min
	N410	G00 X150 Z150	快速退刀,准备换刀
	N420	T0606	换 06 号内割刀(内切槽刀)
	N430	G00 X28 Z2	快速定位到孔的右端 2mm 处
	N440	G01X28 Z-33 F40	伸入孔,定位循环起点
	N450	G75 R1	G75 切槽循环固定格式
	N460	G75 X36 Z-35 P3000 Q2800 R0 F20	G75 切槽循环固定格式
	N470	G01 X28 Z2 F40	退出内孔
结束	N480	G00 X200 Z200	快速退刀
	N490	M05	主轴停
	N500	M30	程序结束

注:对于有公差的尺寸,根据实际情况判断是否需要计算。以后的例题也是如此。

10.5 圆锥销配合件数控车床加工工艺分析及编程

图 10-17 所示为圆锥销配合件。

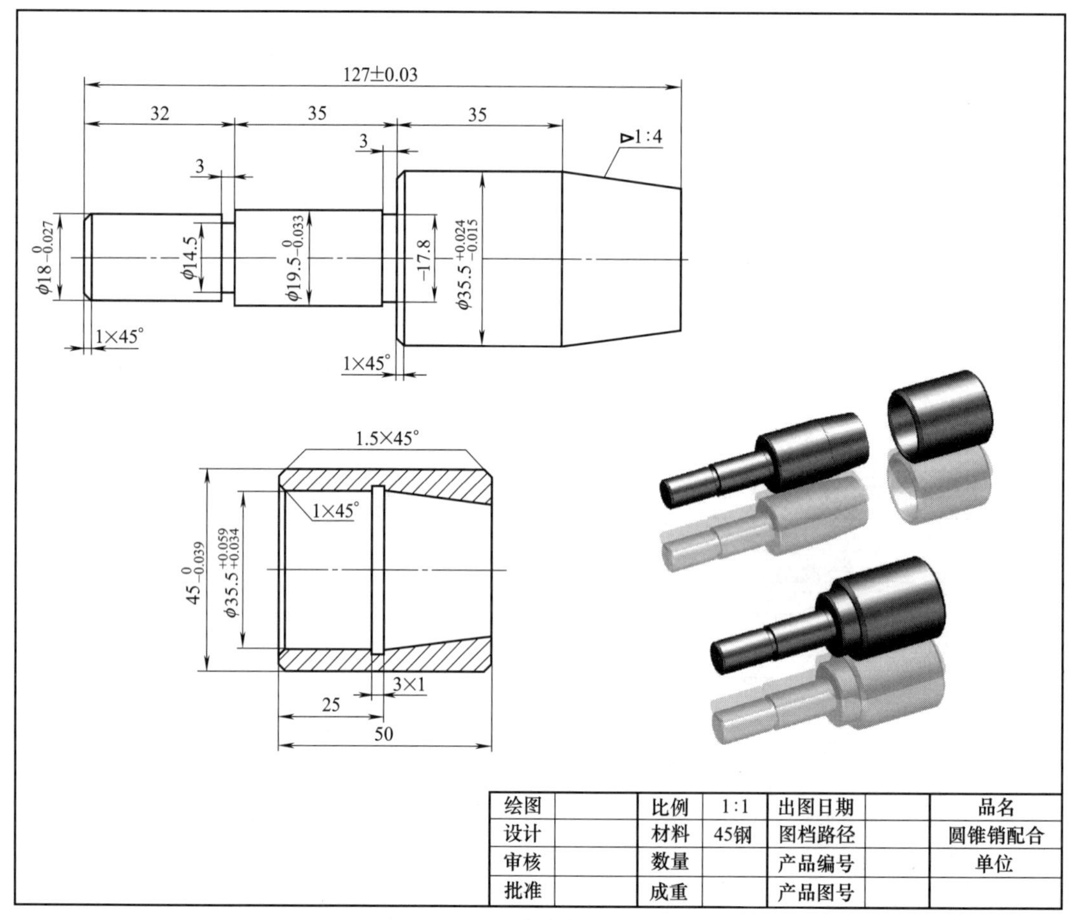

图 10-17 圆锥销配合件

10.5.1 零件图工艺分析

该零件表面由内外圆柱面及外螺纹等表面组成，其中多个直径尺寸与轴向尺寸有较高的尺寸精度和表面粗糙度要求。零件图尺寸标注完整，符合数控加工尺寸标注要求；轮廓描述清楚完整；零件材料为 45 钢，切削加工性能较好，无热处理和硬度要求。加工时按照从左到右的顺序进行程序编制和加工。

通过上述分析，采取以下几点工艺措施。

① 零件图样上带公差的尺寸，因公差值涉及零件配套使用，故编程时必须取其平均值。而取基本尺寸即可。

② 左右端面均为多个尺寸的设计基准，相应工序加工前，应该先将左右端面车出来。

③ 细长轴零件注意切削用量和进给速度的选择。

④ 套件的车削注意公差的取值，一般内圆部分取其平均值或公差上限。

10.5.2 确定装夹方案、加工顺序及走刀路线

用三爪自动定心卡盘夹紧，右侧根据实际情况判断是否使用顶尖顶紧。本题编程不使用顶尖，故必须车端面。如图 10-18 所示。

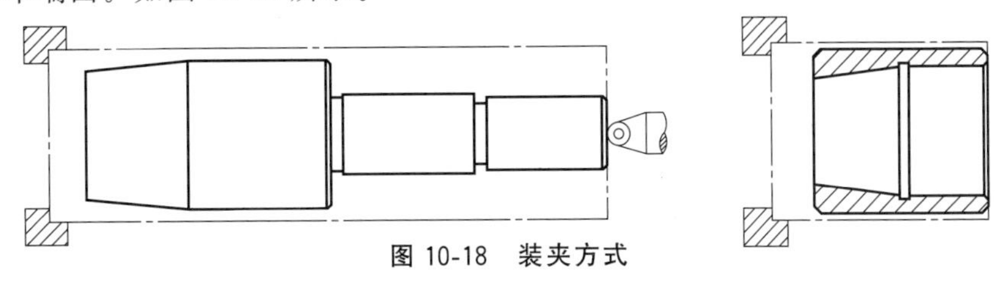

图 10-18 装夹方式

加工顺序按由内到外、由粗到精、由近到远的原则确定，在一次装夹中尽可能加工出较多的工件表面。结合本零件的结构特征，可先粗车外圆表面，然后精加工外轮廓表面。由于该零件外圆部分由外圆直线和部分 X 坐标值减少的直线构成，为一次性编程加工，采用 G73 循环，轮廓表面车削走刀可沿零件轮廓顺序进行，按图 10-19 所示路线加工。

套件部分先用 G73 加工外圆，再用 G74 加工内圆，加工路线如图 10-20 所示。

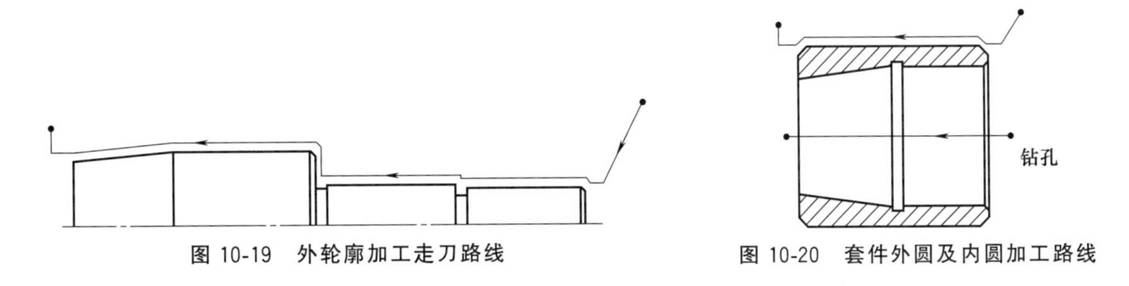

图 10-19 外轮廓加工走刀路线

图 10-20 套件外圆及内圆加工路线

10.5.3 刀具选择

将所选定的刀具参数填入表 10-9 所示圆锥销配合件数控加工刀具卡片中，以便于编程和操作管理。注意：车削外轮廓时，为防止副后刀面与工件表面发生干涉，应选择较大的副偏角，必要时可作图检验。

表 10-9 圆锥销配合件数控加工刀具卡片

<table>
<tr><td colspan="2">产品名称或代号</td><td colspan="3">数控车工艺分析实例</td><td>零件名称</td><td colspan="2">圆锥销配合件</td><td>零件图号</td><td>Lathe-05</td></tr>
<tr><td>序号</td><td>刀具号</td><td colspan="3">刀具规格名称</td><td>数量</td><td colspan="2">加工表面</td><td>刀尖半径/mm</td><td>备注</td></tr>
<tr><td>1</td><td>T01</td><td colspan="3">45°硬质合金外圆车刀</td><td>1</td><td colspan="2">车端面</td><td>0.5</td><td>25mm×25mm</td></tr>
<tr><td>2</td><td>T02</td><td colspan="3">宽 3mm 切断刀(割槽刀)</td><td>1</td><td colspan="2">宽 3mm</td><td></td><td></td></tr>
<tr><td>3</td><td>T03</td><td colspan="3">硬质合金 60°外螺纹车刀</td><td>1</td><td colspan="2">螺纹</td><td></td><td></td></tr>
<tr><td>4</td><td>T04</td><td colspan="3">内圆车刀</td><td>1</td><td colspan="2"></td><td></td><td></td></tr>
<tr><td>5</td><td>T05</td><td colspan="3">宽 4mm 镗孔刀</td><td>1</td><td colspan="2">镗内孔基准面</td><td></td><td></td></tr>
<tr><td>6</td><td>T06</td><td colspan="3">宽 3mm 内割刀(内切槽刀)</td><td>1</td><td colspan="2">宽 3mm</td><td></td><td></td></tr>
<tr><td>7</td><td>T07</td><td colspan="3">ϕ10mm 中心钻</td><td>1</td><td colspan="2"></td><td></td><td></td></tr>
<tr><td>8</td><td>T08</td><td colspan="3">ϕ5mm 中心钻</td><td>1</td><td colspan="2">钻 ϕ5mm 中心孔</td><td></td><td></td></tr>
<tr><td colspan="2">编制</td><td>×××</td><td>审核</td><td colspan="2">×××</td><td>批准</td><td>×××</td><td>共 1 页</td><td>第 1 页</td></tr>
</table>

10.5.4 切削用量选择

根据被加工表面质量要求、刀具材料和工件材料，参考切削用量手册或有关资料选取切削速度与每转进给量，计算结果填入表 10-10 所示工序卡中。

表 10-10 圆锥销配合件数控加工工序卡

(1)加工圆锥销的部分

单位名称	××××	产品名称或代号	零件名称	零件图号
		数控车工艺分析实例	圆锥销配合件	Lathe-05
工序号	程序编号	夹具名称	使用设备	车间
001	Lathe-05	三爪卡盘和活动顶尖	FANUC 0i	数控中心

工步号	工步内容	刀具号	刀具规格/mm	主轴转速/(r/min)	进给速度/(mm/min)	背吃刀量/mm	备注
1	平端面	T01	25×25	800	80		手动
2	钻 5mm 中心孔	T08	ϕ5	800	20		手动
3	粗车轮廓	T01	25×25	800	80	1	自动
4	精车轮廓	T01	25×25	1200	40	0.2	自动
5	切 ϕ14.5mm 和 ϕ18mm 槽	T02		800	20		自动
6	切断工件	T02	3×25	800	20		自动

编制	×××	审核	×××	批准	×××	年 月 日	共 1 页	第 1 页

(2)加工圆锥销套的部分

单位名称	××××	产品名称或代号	零件名称	零件图号
		数控车工艺分析实例	圆锥销配合件	Lathe-05
工序号	程序编号	夹具名称	使用设备	车间
001	Lathe-05	卡盘和自制心轴	FANUC 0i	数控中心

工步号	工步内容	刀具号	刀具规格/mm	主轴转速/(r/min)	进给速度/(mm/min)	背吃刀量/mm	备注
1	粗车外轮廓	T01	25×25	800	80	1.5	自动
2	精车外轮廓	T01	25×25	800	80	0.2	自动
3	钻孔	T07	ϕ10	800	20		自动
4	镗内孔	T05	20×20	800	60		自动
5	精车内孔	T05	20×20	1000	30		自动
6	切内槽	T06	18×18	600	15		自动
7	切断	T02	3×25	800	20		自动

编制	×××	审核	×××	批准	×××	年 月 日	共 1 页	第 1 页

10.5.5 数控程序的编制

(1) 加工圆锥销的部分

开始	N010	M03 S800	主轴正转，转速为 800r/min
	N020	T0101	换 01 号外圆车刀
	N030	G98	指定走刀按照 mm/min 进给
端面	N040	G00 X60 Z0	快速定位工件端面上方
	N050	G01 X0 F80	做端面，走刀速度为 80mm/min
粗车	N060	G00 X55 Z2	快速定位循环起点
	N070	G73 U19.5 W2 R10	X 向总吃刀量为 19.5mm，循环 10 次
	N080	G73 P90 Q200 U0.1 W0.1 F80	循环程序段 90～200
轮廓	N090	G00 X16	快速定位到轮廓右端 2mm 处
	N100	G01 Z0	接触工件
	N110	G01 X17.9865 Z−1	车削 1.5mm×45°倒角
	N120	G01 Z−33	车削 ϕ17.9865mm 的外圆
	N130	G01 X19.4835	车削至 ϕ19.4835mm 的外圆处
	N140	G01 Z−67	车削 ϕ19.4835mm 的外圆
	N150	G01 X33.5	车削至 ϕ33.5mm 的外圆处
	N160	G01 X35.5045 Z−68	车削 1.5mm×45°倒角
	N170	G01 Z−102	车削 ϕ35.5045mm 的外圆

续表

轮廓	N180	G01 X29.25 Z−127	斜向车削至尾部
	N190	G01 Z−130	为切槽让一个刀宽
	N200	G01 X48	抬刀
精车	N210	M03 S1200	提高主轴转速到1200r/min
	N220	G70 P90 Q200 F40	精车循环
切槽	N230	M03 S800	降低主轴转速到800r/min
	N240	G00 X100 Z100	快速退刀,准备换刀
	N250	T0202	换02号切槽刀
	N260	G00 X20 Z−32	定位到第一个槽的正上方
	N270	G01 X14.5 F20	切槽
	N280	G04 P1000	暂停1s,清理槽底
	N290	G01 X20 F40	抬刀
	N300	G00 X36 Z−67	定位到第一个槽的正上方
	N310	G01 X17.8 F20	切槽
	N320	G04 P1000	暂停1s,清理槽底
	N330	G01 X50 F40	抬刀
切断	N340	G00 X50 Z−130	快速定位至工件尾部
	N350	G01 X0 F20	切断
结束	N360	G00 X200 Z200	快速退刀
	N370	M05	主轴停
	N380	M30	程序结束

(2) 加工圆锥销套的部分

开始	N010	M03 S800	主轴正转,转速为800r/min
	N020	T0101	换01号外圆车刀
	N030	G98	指定走刀按照mm/min进给
端面	N040	G00 X60 Z0	快速定位工件端面上方
	N050	G01 X0 F80	做端面,走刀速度为80mm/min
粗车	N060	G00 X55 Z2	快速定位循环起点
	N070	G73 U6.5 W2 R5	X向切削总量为6.5mm,循环5次
	N080	G73 P90 Q140 U0.1 W0.1 F80	循环程序段90~140
轮廓	N090	G00 X39 Z1.5	快速定位到倒角延长线起点
	N100	G01 X44.9805 Z−1.5	车削1.5mm×45°倒角
	N110	G01 Z−48.5	车削ϕ44.9805mm的外圆
	N120	G01 X42 Z−50	车削1.5mm×45°倒角
	N130	G01 Z−53	为切槽让一个刀宽
	N140	G01 X55	抬刀
精车	N150	M03 S1200	提高主轴转速到1200r/min
	N160	G70 P90 Q140 F40	精车
钻孔	N170	M03 S800	主轴正转,转速为800r/min
	N180	G00 X150 Z150	快速退刀,准备换刀
	N200	T0707	换07号钻头
	N210	G00 X0 Z1	用镗孔循环钻孔,有利于排屑
	N220	G74 R1	G74镗孔循环固定格式
	N230	G74 X0 Z−55 P3000 Q0 R0 F20	G74镗孔循环固定格式
镗孔	N240	G00 X150 Z150	快速退刀,准备换刀
	N250	T0505	换05号镗孔刀
	N260	G00 X16 Z1	镗孔循环的起点,镗ϕ29.25mm孔
	N270	G74 R1	G74镗孔循环固定格式
	N280	G74 X29.25 Z−52 P3000 Q3800 R0 F20	G74镗孔循环固定格式
	N290	G00 X26 Z1	镗孔循环的起点,镗ϕ35.5465mm孔
	N300	G74 R1	G74镗孔循环固定格式
	N310	G74 X35.5465 Z−25 P3000 Q3800 R0 F20	G74镗孔循环固定格式

续表

精车内孔	N320	M03 S1100	提高主轴转速到 1100r/min
	N330	G00 X37.5 Z1	快速定位到 ϕ32mm 右端 1mm 处
	N340	G01 X37.5 Z0 F20	接触工件
	N350	G01 X25.5465 Z−1	车削右端倒角
	N360	G01 Z−25	车削 ϕ30mm 的内圆
	N370	G01 X29.25 Z−50	车削中间锥度部分
	N380	G01 Z2 F80	退出孔
切槽	N390	M03 S700	降低主轴转速到 700r/min
	N400	G00 X150 Z150	快速退刀，准备换刀
	N410	T0606	换 06 号内割刀(内切槽刀)
	N420	G00 X30 Z2	快速定位到孔的右端 2mm 处
	N430	G01 X30 Z−25 F40	伸入孔，定位槽正下方
	N440	G01 X37.5 F20	切槽
	N450	G04 P1000	暂停 1s，清理槽底
	N460	G01 X30 F40	退出槽
	N470	G01 Z2 F80	退出孔
切断	N480	G00 X200 Z200	快速退刀
	N490	T0202	换 02 号切槽刀
	N500	G00 X50 Z−53	快速定位至尾部
	N510	G01 X20 F20	切断
结束	N520	G00 X200 Z200	快速退刀
	N530	M05	主轴停
	N540	M30	程序结束

10.6 螺纹手柄数控车床加工工艺分析及编程

图 10-21 所示为螺纹手柄。

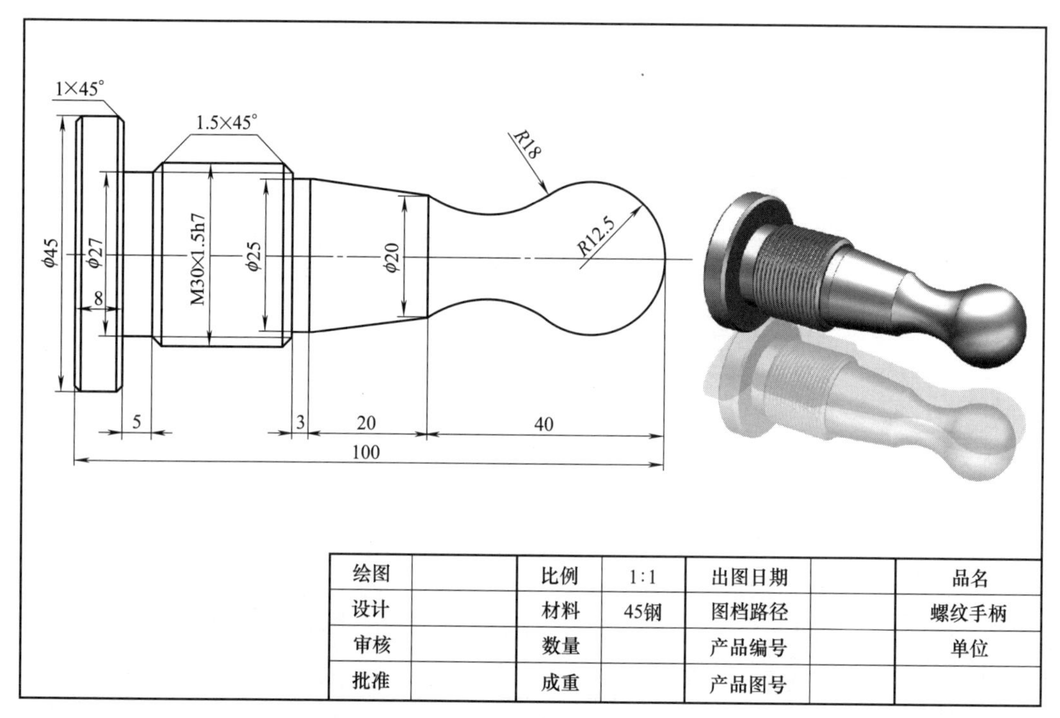

绘图		比例	1:1	出图日期		品名
设计		材料	45钢	图档路径		螺纹手柄
审核		数量		产品编号		单位
批准		成重		产品图号		

图 10-21 螺纹手柄

10.6.1 零件图工艺分析

该零件表面由圆柱、圆锥、顺圆弧、逆圆弧及螺纹等表面组成。尺寸标注完整，轮廓描述清楚。零件材料为 45 钢，无热处理和硬度要求。

通过上述分析，采取以下几点工艺措施。

① 对图样上给定的尺寸，全部取其基本尺寸即可。

② 在轮廓曲线上，应取三处为圆弧，分别为相切圆弧切入，后接零件圆弧部分，保证右端原点处的表面光洁，再接逆时针圆弧加工至 ϕ20mm 处，以保证轮廓曲线的准确性。

10.6.2 确定装夹方案

确定坯件轴线和右端面（设计基准）为定位基准。左端采用三爪自定心卡盘定心夹紧，如图 10-22 所示。

10.6.3 确定加工顺序及进给路线

加工顺序按由粗到精、由近到远（由右到左）的原则确定。即先从右到左进行粗车（留 0.2mm 精车余量），然后从右到左进行精车，最后车削螺纹。

数控车床具有粗车循环和车螺纹循环功能，只要正确使用编程指令，机床数控系统便会自行确定其进给路线，因此，该零件的粗车循环、精车循环是从右到左沿零件表面轮廓进给的，如图 10-23 所示。

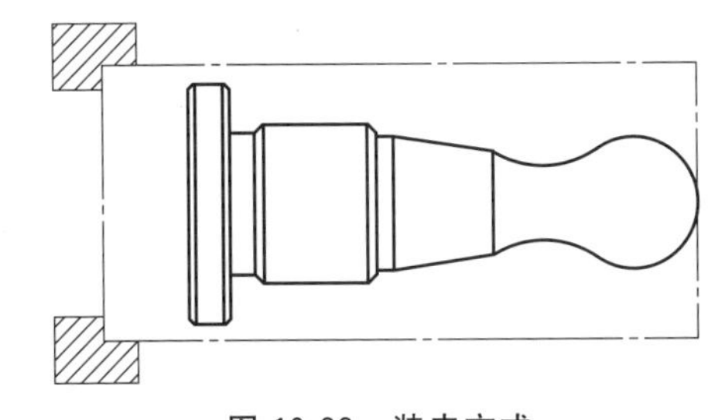

图 10-22 装夹方式

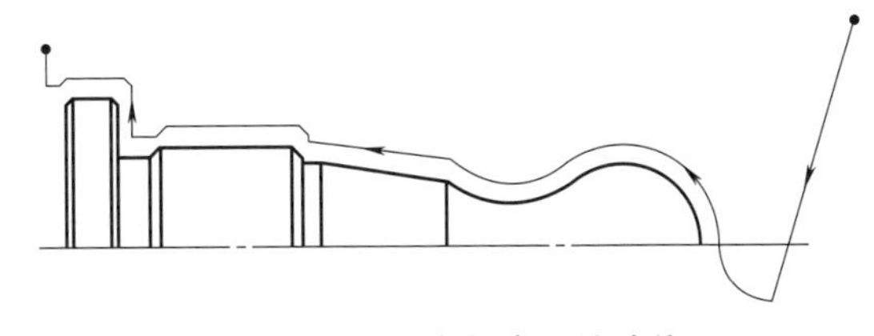

图 10-23 精车轮廓进给路线

数学计算略。

10.6.4 刀具选择

车轮廓及平端面选用 45°硬质合金右偏刀，以防止副后刀面与工件轮廓干涉。将所选定的刀具参数填入表 10-11 所示螺纹手柄数控加工刀具卡片中，以便于编程和操作管理。

表 10-11 螺纹手柄数控加工刀具卡片

产品名称或代号		数控车工艺分析实例		零件名称	螺纹手柄		零件图号	Lathe-06
序号	刀具号	刀具规格名称		数量	加工表面		刀尖半径/mm	备注
1	T01	硬质合金 45°外圆车刀		1	车端面及车轮廓			右偏刀
2	T02	切断刀(割槽刀)		1	宽 3mm			
3	T03	硬质合金 60°外螺纹车刀		1	螺纹			
编制		×××	审核	×××	批准	×××	共 1 页	第 1 页

10.6.5 切削用量选择

① 背吃刀量的选择 轮廓粗车循环时选 2mm。

② 主轴转速的选择　车直线和圆弧时，查表或根据材料得粗车切削速度为 80mm/min、精车切削速度为 40mm/min，主轴转速粗车时为 800r/min、精车时为 1200r/min。

将前面分析的各项内容综合成如表 10-12 所示数控加工工序卡，此卡是编制加工程序的主要依据和操作人员配合数控程序进行数控加工的指导性文件，主要内容包括：工步顺序、工步内容、各工步所用的刀具及切削用量等。

表 10-12　螺纹手柄数控加工工序卡

单位名称	××××		产品名称或代号		零件名称		零件图号	
			数控车工艺分析实例		螺纹手柄		Lathe-06	
工序号	程序编号		夹具名称		使用设备		车间	
001	Lathe-06		三爪卡盘和活动顶尖		FANUC 0i		数控中心	
工步号	工步内容		刀具号	刀具规格/mm	主轴转速/(r/min)	进给速度/(mm/min)	背吃刀量/mm	备注
1	粗车轮廓		T01	25×25	800	80	3	自动
2	精车轮廓		T01	25×25	1200	40	0.2	自动
3	车削螺纹		T03	25×25	系统配给	系统配给		自动
4	切断工件		T02	3×25	800	20		自动
编制	×××	审核	×××	批准	×××	年　月　日	共1页	第1页

10.6.6　数控程序的编制

开始	N010	M03 S800	主轴正转,转速为 800r/min
	N020	T0101	换 01 号外圆车刀
	N030	G98	指定走刀按照 mm/min 进给
粗车	N040	G00 X52 Z3	快速定位循环起点
	N050	G73 U26 W2 R13	X 向切削总量为 26mm,循环 13 次
	N060	G73 P70 Q250 U0.2 W0.2 F80	循环程序段 70～250
轮廓	N070	G00 X−4 Z2	快速定位到相切圆弧的起点处
	N080	G02 X0 Z0 R2	车削 R2mm 的顺时针圆弧
	N090	G03 X20.47 Z−19.676 R12.5	车削 R12.5mm 的逆时针圆弧
	N100	G02 X20 Z−40 R18	车削 R18mm 的顺时针圆弧
	N110	G01 X25 Z−60	斜向车削到 ϕ25mm 的右端
	N120	G01 　Z−63	车削 ϕ25mm 的外圆
	N130	G01 X27	车削至 ϕ27mm 处
	N140	G01 X30 Z−64.5	螺纹前端倒角
	N150	G01 　Z−85.5	车削 ϕ30mm 的外圆
	N160	G01 X27 Z−87	螺纹尾部倒角
	N170	G01 　Z−92	车削 ϕ27mm 的外圆
	N180	G01 X43	车削至 ϕ43mm 处
	N190	G01 X45 Z−93	车削 ϕ45mm 外圆的前端倒角
	N200	G01 　Z−99	车削 ϕ45mm 的外圆
	N210	G01 X43 Z−100	车削 ϕ45mm 外圆的尾部倒角
	N220	G01 　Z−103	车削 ϕ43mm 的外圆,为切槽让刀宽
	N250	G01 X60	提刀
精车	N260	M03 S1200	提高主轴转速到 1200r/min
	N270	G70 P70 Q250 F40	精车
螺纹	N280	M03 S800	主轴正转,转速为 800r/min
	N290	G00 X200 Z200	快速退刀
	N300	T0303	换螺纹刀
	N310	G00 X32 Z−60	定位到螺纹循环起点
	N320	G92 X29 Z−89 F1.5	第 1 刀攻螺纹终点
	N330	X28.6	第 2 刀攻螺纹终点
	N340	X28.34	第 3 刀攻螺纹终点

续表

切断	N350	G00 X200 Z200	快速退刀
	N360	T0202	换切断刀，即切槽刀
	N370	M03 S800	主轴正转，转速为 800r/min
	N380	G00 X62 Z－103	快速定位至切断处
	N390	G01 X0 F20	切断
	N400	G00 X200 Z200	快速退刀
结束	N410	M05	主轴停
	N420	M30	程序结束

10.7 螺纹特型件数控车床轴件加工工艺分析及编程

图 10-24 所示为螺纹特型件。

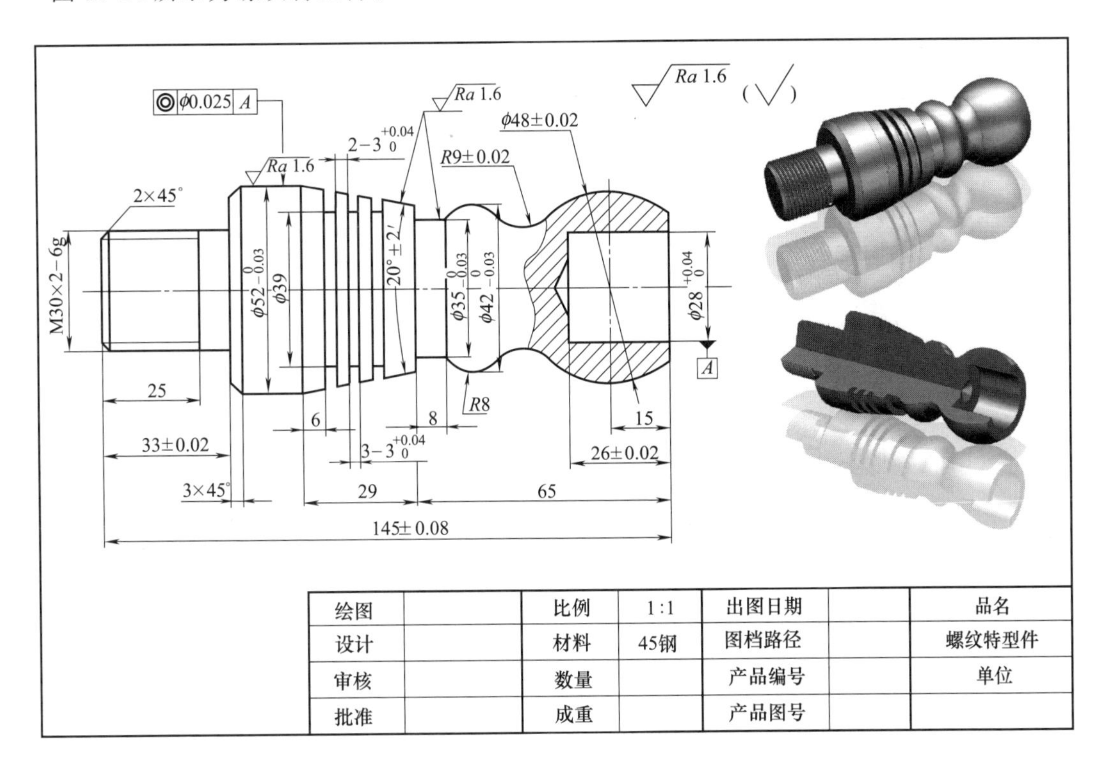

图 10-24 螺纹特型件

10.7.1 零件图工艺分析

该零件左侧表面由内外圆柱面及外螺纹等表面组成，其中多个直径尺寸与轴向尺寸有较高的尺寸精度和表面粗糙度要求。该零件右侧由外圆表面和内孔组成。零件图尺寸标注完整，符合数控加工尺寸标注要求；轮廓描述清楚完整；零件材料为 45 钢，切削加工性能较好，无热处理和硬度要求。加工时按照从左到右的顺序进行程序编制和加工。

通过上述分析，采取以下几点工艺措施。

① 零件图样上带公差的尺寸，因公差值较小，故编程时取其基本尺寸。

② 左右端面均为多个尺寸的设计基准，注意尺寸的选择和加工速度的确定。

③ 零件需要掉头加工，注意掉头的对刀和端面找准。

10.7.2 确定装夹方案、加工顺序及走刀路线

(1) 加工左侧带有两个螺纹的部分

用三爪自动定心卡盘夹紧，加工顺序按由粗到精、由近到远的原则确定，在一次装夹中尽可能加工出较多的工件表面。结合本零件的结构特征，可先粗车外圆表面，然后精加工外轮廓表面。由于该零件外圆部分由直线和圆锥面构成，因此采用 G73 循环，轮廓表面车削走刀可沿零件轮廓顺序进行，按图 10-25 所示路线加工。

(2) 加工右侧带有圆弧和内孔的部分

用三爪自动定心卡盘按照图 10-26 所示位置夹紧，加工顺序按由外到内、由粗到精、由近到远的原则确定。结合本零件的结构特征，可先粗车外圆表面，然后加工外轮廓表面。由于该零件外圆部分由直线和大段圆弧面构成，因此采用 G73 循环，轮廓表面车削走刀可沿零件轮廓顺序进行，按图 10-26 所示路线加工；内圆部分采取先钻孔后镗孔的方法。

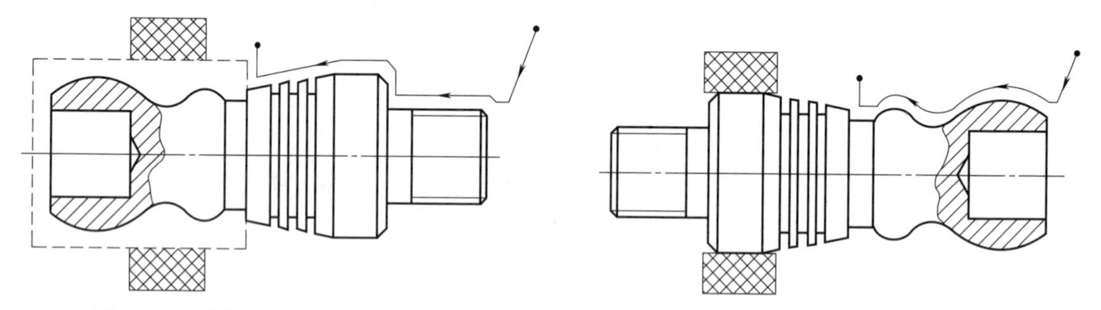

图 10-25　外轮廓加工走刀路线（一）　　图 10-26　外轮廓加工走刀路线（二）

10.7.3 刀具选择

将所选定的刀具参数填入表 10-13 所示复合轴数控加工刀具卡片中，以便于编程和操作管理。注意：车削外轮廓时，为防止副后刀面与工件表面发生干涉，应选择较大的副偏角，必要时可作图检验。

表 10-13　螺纹特型件数控加工刀具卡片

<table>
<tr><td colspan="2">产品名称或代号</td><td colspan="2">数控车工艺分析实例</td><td>零件名称</td><td colspan="2">螺纹特型件</td><td>零件图号</td><td>Lathe-07</td></tr>
<tr><td>序号</td><td>刀具号</td><td colspan="2">刀具规格名称</td><td>数量</td><td colspan="2">加工表面</td><td>刀尖半径/mm</td><td>备注</td></tr>
<tr><td>1</td><td>T01</td><td colspan="2">45°硬质合金外圆车刀</td><td>1</td><td colspan="2">车端面</td><td>0.5</td><td>25mm×25mm</td></tr>
<tr><td>2</td><td>T02</td><td colspan="2">宽 3mm 切断刀(割槽刀)</td><td>1</td><td colspan="2">宽 3mm</td><td></td><td></td></tr>
<tr><td>3</td><td>T03</td><td colspan="2">硬质合金 60°外螺纹车刀</td><td>1</td><td colspan="2">螺纹</td><td></td><td></td></tr>
<tr><td>4</td><td>T04</td><td colspan="2">内圆车刀</td><td>1</td><td colspan="2"></td><td></td><td></td></tr>
<tr><td>5</td><td>T05</td><td colspan="2">宽 4mm 镗孔刀</td><td>1</td><td colspan="2">镗内孔基准面</td><td></td><td></td></tr>
<tr><td>6</td><td>T06</td><td colspan="2">宽 3mm 内割刀(内切槽刀)</td><td>1</td><td colspan="2">宽 3mm</td><td></td><td></td></tr>
<tr><td>7</td><td>T07</td><td colspan="2">ϕ10mm 中心钻</td><td>1</td><td colspan="2"></td><td></td><td></td></tr>
<tr><td>编制</td><td>×××</td><td>审核</td><td>×××</td><td>批准</td><td>×××</td><td></td><td>共 1 页</td><td>第 1 页</td></tr>
</table>

10.7.4 切削用量选择

根据被加工表面质量要求、刀具材料和工件材料，参考切削用量手册或有关资料选取切削速度与每转进给量，见表 10-14。

表 10-14 螺纹特型件数控加工工序卡

单位名称	××××		产品名称或代号	零件名称		零件图号	
			数控车工艺分析实例	螺纹特型件		Lathe-07	
工序号	程序编号		夹具名称	使用设备		车间	
001	Lathe-07		卡盘和自制心轴	FANUC 0i		数控中心	
工步号	工步内容	刀具号	刀具规格/mm	主轴转速/(r/min)	进给速度/(mm/min)	背吃刀量/mm	备注
1	平端面	T01	25×25	800	80		自动
2	粗车外轮廓	T01	25×25	800	80	1.5	自动
3	精车外轮廓	T01	25×25	1200	40	0.2	自动
4	螺纹前端倒角	T01	25×25	800	80		自动
5	车 M30×2mm 螺纹	T03	20×20	系统配给	系统配给		自动
6	掉头装夹						
7	粗车外轮廓	T01	25×25	800	80	1.5	自动
8	精车外轮廓	T01	25×25	800	80	0.2	自动
9	钻底孔	T07	ϕ10	800	20		自动
10	镗 ϕ28.02mm 的内孔	T05	20×20	800	20		自动
编制 ×××	审核 ×××	批准	×××	年 月 日		共 1 页	第 1 页

10.7.5 数控程序的编制

(1) 加工零件右侧（带有双螺纹的部分）

开始	N010	M03 S800	主轴正转，转速为 800r/min
	N020	T0101	换 01 号外圆车刀
	N030	G98	指定走刀按照 mm/min 进给
端面	N040	G00 X60 Z0	快速定位工件端面上方
	N050	G01 X0 F80	做端面，走刀速度为 80mm/min
粗车	N060	G00 X62 Z3	快速定位循环起点
	N070	G73 U18 W1 R18	X 向总吃刀量为 18mm，循环 18 次
	N080	G73 P90 Q150 U0.1 W0.1 F80	循环程序段 90～150
轮廓	N090	G00 X30 Z1	快速定位到轮廓右端 1mm 处
	N100	G01 Z-33	车削 ϕ30mm 的外圆
	N110	G01 X46	车削至 ϕ46mm 的外圆处
	N120	G01 X52 Z-36	车削 1.5mm×45°倒角
	N130	G01 Z-51	车削 ϕ52mm 的外圆
	N140	G01 X41.773 Z-80	斜向车削至 ϕ41.773mm 外圆处
	N150	G01 X55	抬刀
精车	N160	M03 S1200	提高主轴转速到 1200r/min
	N170	G70 P90 Q150 F40	精车循环
螺纹倒角	N190	M03 S800	降低主轴转速到 800r/min
	N200	G00 X24 Z1	倒角的延长线
	N210	G01 X30 Z-2 F80	车倒角
螺纹	N220	G00 X150 Z150	快速退刀，准备换刀
	N230	T0303	换 03 号螺纹刀
	N240	G00 X33 Z-3	快速定位
	N250	G76 P020060 Q100 R0.08	G76 螺纹循环固定格式
	N260	G76 X27.786 Z-25 P1107 Q500 R0 F2	G76 螺纹循环固定格式
切槽	N270	G00 X150 Z150	快速退刀，准备换刀
	N280	T0202	换 02 号切槽刀
	N290	G00 X55 Z-60	定位到第一个槽的上方
	N300	G01 X39 F20	切槽

切槽	N310	G04 P1000	暂停1s,清槽底
	N320	G01 X55 F40	提刀
	N330	G00 Z−66	定位到第二个槽的上方
	N340	G01 X39 F20	切槽
	N350	G04 P1000	暂停1s,清槽底
	N360	G01 X55 F40	提刀
	N370	G00 Z−72	定位到第三个槽的上方
	N380	G01 X39 F20	切槽
	N390	G04 P1000	暂停1s,清槽底
	N400	G01 X55 F40	提刀
结束	N410	G00 X200 Z200	快速退刀
	N420	M05	主轴停
	N430	M30	程序结束

(2) **加工零件左侧**(带有内孔的部分)

开始	N010	M03 S800	主轴正转,转速为800r/min
	N020	T0101	换01号外圆车刀
	N030	G98	指定走刀按照mm/min进给
端面	N040	G00 X60 Z0	快速定位工件端面上方
	N050	G01 X0 F80	做端面,走刀速度为80mm/min
粗车	N060	G00 X60 Z3	快速定位循环起点
	N070	G73 U13.036 W2 R7	X向切削总量为13.036mm,循环7次
	N080	G73 P90 Q150 U0.1 W0.1 F80	循环程序段90~150
轮廓	N090	G00 X37.47 Z1	快速定位到轮廓右端1mm处
	N100	G01 Z0	接触工件
	N110	G03 X35.08 Z−31.382 R24	车削到R24mm的逆时针圆弧
	N120	G02 X36.463 Z−44.333R9	车削到R9mm的顺时针圆弧
	N130	G03 X34.985 Z−57 R8	车削到R8mm的逆时针圆弧
	N140	G01 Z−65	车削ϕ34.985mm的外圆
	N150	G01 X50	提刀
精车	N160	M03 S1200	提高主轴转速到1200r/min
	N170	G70 P90 Q150 F40	精车
钻孔	N180	M03 S800	主轴正转,转速为800r/min
	N200	G00 X150 Z150	快速退刀,准备换刀
	N210	T0707	换07号钻头
	N220	G00 X0 Z1	定位到孔外部
	N230	G01 Z−26 F15	钻孔(或Z>−26)
	N240	G01 Z1 F40	退出孔
镗孔	N250	G00 X150 Z150	快速退刀,准备换刀
	N260	T0505	换05号镗孔刀
	N270	G00 X16 Z1	定位镗孔循环的起点,镗ϕ28mm孔
	N280	G74 R1	G74镗孔循环固定格式
	N290	G74 X28.02 Z−26 P3000 Q3800 R0 F20	G74镗孔循环固定格式
结束	N300	G00 X200 Z200	快速退刀
	N310	M05	主轴停
	N320	M30	程序结束

10.8 球头特种件数控车床零件加工工艺分析及编程

图10-27所示为球头特种件。

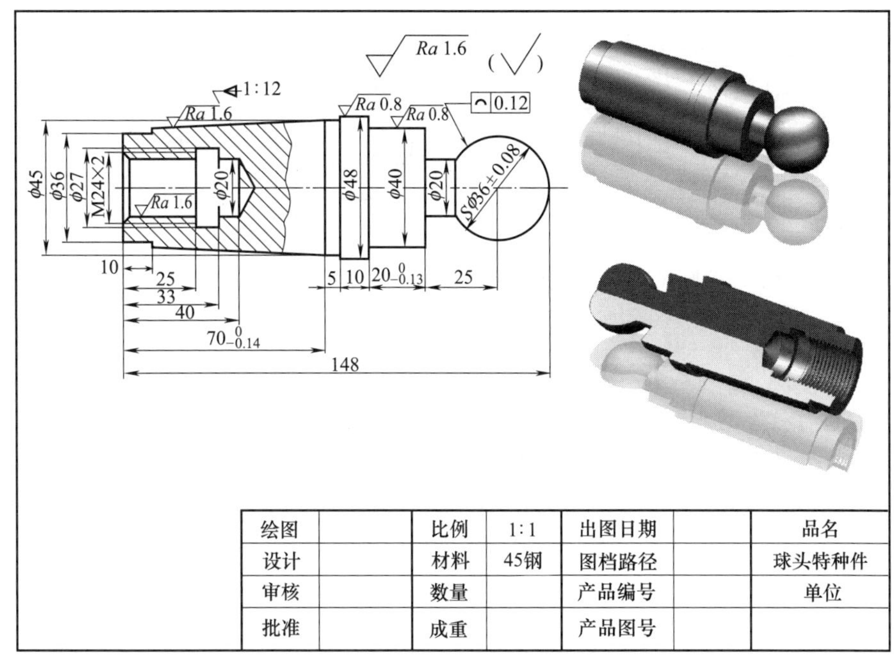

图 10-27 球头特种件

10.8.1 零件图工艺分析

该零件表面由内外圆柱面及球头形状等表面组成，其中多个直径尺寸与轴向尺寸有较高的尺寸精度和表面粗糙度要求。零件图尺寸标注完整，符合数控加工尺寸标注要求；轮廓描述清楚完整；零件材料为45钢，切削加工性能较好，无热处理和硬度要求。加工时按照从左到右的顺序进行程序编制和加工。

通过上述分析，采取以下几点工艺措施。

① 零件图样上带公差的尺寸，因公差值较小，故编程时不必取其平均值，而取基本尺寸即可。

② 零件需要掉头加工，注意掉头的对刀和端面找准。

③ 在轮廓曲线上，应取两处为圆弧。前端应取相切圆弧切入，后接零件圆弧部分，保证右端的表面光洁，以保证轮廓曲线的准确性。

④ 加工球头时注意避免刀具干涉的产生。

10.8.2 确定装夹方案、加工顺序及走刀路线

(1) 加工零件右侧带有球头的部分

用三爪自动定心卡盘夹紧，加工顺序按由粗到精、由近到远的原则确定，在一次装夹中尽可能加工出较多的工件表面。结合本零件的结构特征，由于该零件外圆部分由直线和圆弧构成，因此采用G73循环，轮廓表面车削走刀可沿零件轮廓顺序进行，按图10-28所示路线加工。

(2) 加工零件左侧带有内圆的部分

用三爪自动定心卡盘按照图10-29所示的位置夹紧，结合本零件的结构特征，由于该零件外圆部分由单一直线构成，因此采用G71循环，以取得速度的要求，轮廓表面车削走刀可沿零件轮廓顺序进行，按路线加工；内圆部分，应先钻孔后镗孔，再用镗孔刀精车内圆，保证内部的零件形状要求，加工如图10-29所示。

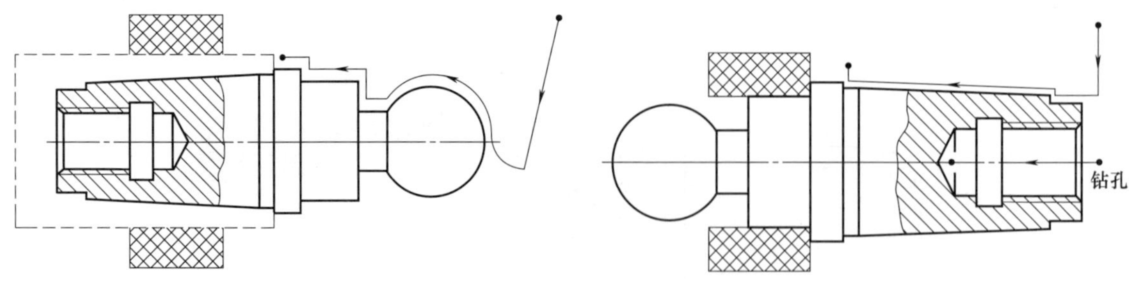

图 10-28 工件的装夹和外轮廓加工走刀路线（一）　　图 10-29 工件的装夹和外轮廓加工走刀路线（二）

10.8.3 刀具选择

将所选定的刀具参数填入表 10-15 所示球头特种件数控加工刀具卡片中，以便于编程和操作管理。注意：车削外轮廓时，为防止副后刀面与工件表面发生干涉，应选择较大的副偏角，必要时可作图检验。

表 10-15 球头特种件数控加工刀具卡片

产品名称或代号		数控车工艺分析实例	零件名称	球头特种件	零件图号	Lathe-08
序号	刀具号	刀具规格名称	数量	加工表面	刀尖半径/mm	备注
1	T01	45°硬质合金外圆车刀	1	车端面	0.5	25mm×25mm
2	T02	宽 3mm 切断刀(割槽刀)	1	宽 3mm		
3	T03	硬质合金 60°外螺纹车刀	1	螺纹		
4	T04	内圆车刀	1			
5	T05	宽 4mm 镗孔刀	1	镗内孔基准面		
6	T06	宽 3mm 内割刀(内切槽刀)	1	宽 3mm		
7	T07	ϕ20mm 中心钻	1			
8	T08	硬质合金 60°内螺纹车刀	1			
编制	×××	审核 ×××	批准	×××	共 1 页	第 1 页

10.8.4 切削用量选择

根据被加工表面质量要求、刀具材料和工件材料，参考切削用量手册或有关资料选取切削速度与每转进给量，计算主轴转速与进给速度，计算结果填入表 10-16 所示工序卡中。

表 10-16 球头特种件数控加工工序卡

单位名称	××××	产品名称或代号		零件名称		零件图号	
		数控车工艺分析实例		球头特种件		Lathe-08	
工序号	程序编号	夹具名称		使用设备		车间	
001	Lathe-08	卡盘和自制心轴		FANUC 0i		数控中心	
工步号	工步内容	刀具号	刀具规格/mm	主轴转速/(r/min)	进给速度/(mm/min)	背吃刀量/mm	备注
1	粗车外轮廓	T01	25×25	800	80	1.5	自动
2	精车外轮廓	T01	25×25	1200	40	0.2	自动
3	掉头装夹						
4	粗车外轮廓	T01	25×25	800	80	1.5	自动
5	精车外轮廓	T01	25×25	800	80	0.2	自动
6	钻底孔	T07	ϕ20	800	10		自动
7	镗 ϕ28.02mm 的内孔	T05	20×20	800	20		自动
8	切内槽	T06	宽 3	800	20		
9	加工内螺纹	T08		系统配给	系统配给		
编制	××× 审核	×××	批准	×××	年 月 日	共 1 页	第 1 页

10.8.5 加工程序编制

(1) 加工零件右侧（带有球头的部分）

开始	N010	M03 S800	主轴正转，转速为800r/min
	N020	T0101	换01号外圆车刀
	N030	G98	指定走刀按照mm/min进给
粗车	N040	G00 X55 Z3	快速定位循环起点
	N050	G73 U22.5 W1.5 R15	X向总吃刀量为22.5mm，循环15次
	N060	G73 P70 Q140 U0.1 W0.1 F80	循环程序段70～140
轮廓	N070	G00 X−4 Z2	快速定位到相切圆弧起点
	N080	G02 X0 Z0 R2	车削R2mm的过渡顺时针圆弧
	N090	G03 X20 Z−32.967 R18	车削R18mm的逆时针圆弧
	N100	G01 X20 Z−43	车削ϕ20mm的外圆
	N110	G01 X40	车削至ϕ40mm外圆处
	N120	G01 Z−63	车削ϕ40mm的外圆
	N130	G01 X48	车削至ϕ48mm外圆处
	N140	G01 Z−73	车削ϕ48mm的外圆
精车	N150	M03 S1200	提高主轴转速到1200r/min
	N160	G70 P70 Q140 F40	精车循环
结束	N170	G00 X200 Z200	快速退刀
	N180	M05	主轴停
	N190	M30	程序结束

(2) 加工零件左侧（带有内孔的部分）

开始	N010	M03 S800	主轴正转，转速为800r/min
	N020	T0101	换01号外圆车刀
	N030	G98	指定走刀按照mm/min进给
端面	N040	G00 X60 Z0	快速定位工件端面上方
	N050	G01 X0 F80	做端面，走刀速度为80mm/min
粗车	N060	G00 X55 Z3	快速定位循环起点
	N070	G71 U1.5 R1	X向每次切削量为1.5mm，退刀1次
	N080	G71 P90 Q140 U0.1 W0.1 F80	循环程序段90～140
轮廓	N090	G00 X36	快速定位到轮廓右端3mm处
	N100	G01 Z−10	车削ϕ36mm的外圆
	N110	G01 X40	车削ϕ40mm外圆的右端
	N120	G01 X45 Z−70	车削锥度外圆
	N130	G01 Z−75	车削ϕ45mm的外圆
	N140	G01X48	提刀
精车	N160	M03 S1200	提高主轴转速到1200r/min
	N170	G70 P90 Q140 F40	精车
钻孔	N180	M03 S800	主轴正转，转速为800r/min
	N200	G00 X150 Z150	快速退刀，准备换刀
	N210	T0707	换07号钻头
	N220	G00 X0 Z1	用镗孔循环钻孔，有利于排削
	N230	G74 R1 X0	G74镗孔循环固定格式
	N240	G74 X0 Z−40 P3000 Q0 R0 F10	G74镗孔循环固定格式
镗孔（精车内孔）	N250	G00 X150 Z150	快速退刀，准备换刀
	N260	T0505	换05号镗孔刀
	N270	G00 X20 Z1	定位孔的外部
	N280	G01 Z−40 F15	孔壁精修
	N290	G01 Z1 F40	退出孔
倒角	N300	G00 X25.786 Z1	移至倒角外侧1mm处
	N310	G01 X25.786 Z0 F30	接触工件

续表

倒角	N320	G01 X21.786 Z−2	倒角
	N330	G01 Z1	退出孔外
内槽	N340	G00 X200 Z200	快速退刀
	N350	T0606	换 06 号内切槽刀
	N360	G00 X20 Z1	移至孔的外部
	N370	G01 X20 Z−28 F40	定位切槽循环的起点
	N380	G75 R1	G75 镗孔循环固定格式
	N390	G75 X27 Z−33 P3000 Q2800 R0 F20	G75 镗孔循环固定格式
	N400	G01 X20 Z1 F40	退出孔
内螺纹	N410	G00 X200 Z200	快速退刀，准备换刀
	N420	T0808	换 08 号内螺纹刀
	N430	G00 X18 Z3	定位螺纹环的起点
	N440	G76 P020060 Q100 R−0.08	G76 螺纹循环固定格式
	N450	G76 X24 Z−29 R0 P1107 Q500 F2	G76 螺纹循环固定格式
结束	N460	G00 X200 Z200	快速退刀
	N470	M05	主轴停
	N480	M30	程序结束

10.9 弧形轴特件数控车床零件加工工艺分析及编程

图 10-30 所示为弧形轴特件。

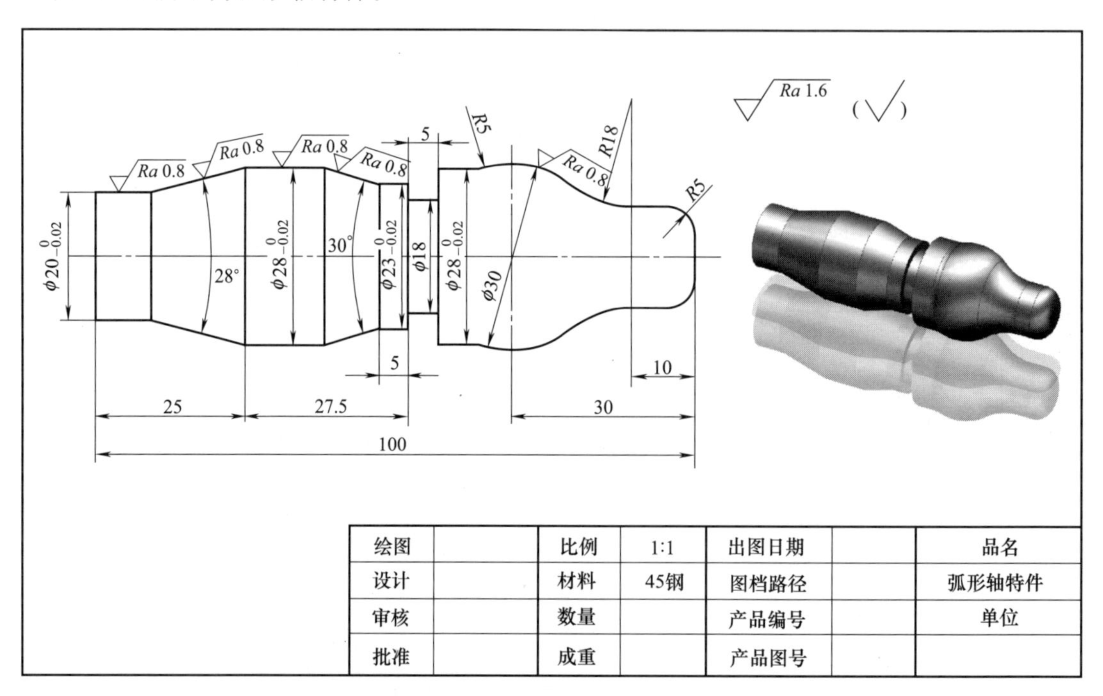

图 10-30 弧形轴特件

10.9.1 零件图工艺分析

该零件表面由内外圆柱面及弧面等表面组成，其中多个直径尺寸与轴向尺寸有较高的尺寸精度和表面粗糙度要求。零件图尺寸标注完整，符合数控加工尺寸标注要求；轮廓描述清楚完整；零件材料为45钢，切削加工性能较好，无热处理和硬度要求。加工时按照从左到右的顺序进行程序编制和加工。

通过上述分析，采取以下几点工艺措施。

① 零件图样上带公差的尺寸，因公差值较小，故编程时不必取其平均值，而取基本尺寸即可。

② 零件需要掉头加工，注意掉头的对刀和端面找准。

③ 切槽留到最后一步制作，防止先切时直径过细影响加工。

10.9.2 确定装夹方案、加工顺序及走刀路线

(1) 加工零件左侧的部分

用三爪自动定心卡盘夹紧，加工顺序按由粗到精、由近到远的原则确定，在一次装夹中尽可能加工出较多的工件表面。结合本零件的结构特征，由于该零件外圆部分形状具有凹陷，因此采用G73循环，轮廓表面车削走刀可沿零件轮廓顺序进行，按图10-31所示路线加工。

(2) 加工零件右侧的部分

用三爪自动定心卡盘按照图10-32所示的位置夹紧，结合本零件的结构特征，由于该零件外圆部分由圆弧构成，因此采用G73循环，轮廓表面车削走刀可沿零件轮廓顺序进行，按图10-32所示路线加工。

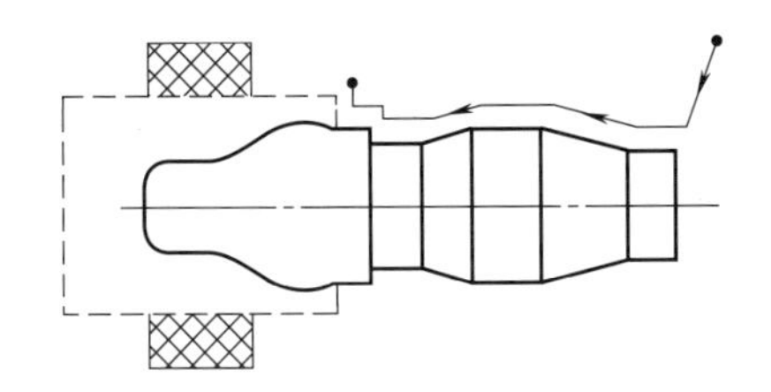

图10-31 装夹方式

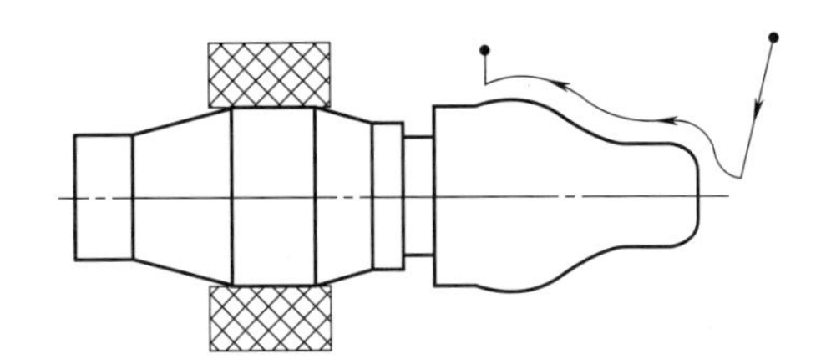

图10-32 掉头装夹示意图

10.9.3 刀具选择

将所选定的刀具参数填入表10-17所示弧形轴特件数控加工刀具卡片中，以便于编程和操作管理。注意：车削外轮廓时，为防止副后刀面与工件表面发生干涉，应选择较大的副偏角，必要时可作图检验。

表10-17 弧形轴特件数控加工刀具卡

产品名称或代号		数控车工艺分析实例	零件名称		弧形轴特件		零件图号	Lathe-09
序号	刀具号	刀具规格名称	数量	加工表面			刀尖半径/mm	备注
1	T01	45°硬质合金外圆车刀	1	车端面			0.5	25mm×25mm
2	T02	宽3mm切断刀(割槽刀)	1	宽3mm				
编制		×××	审核	×××	批准	×××	共1页	第1页

10.9.4 切削用量选择

根据被加工表面质量要求、刀具材料和工件材料，参考切削用量手册或有关资料选取切削速度与每转进给量，填入表10-18所示工序卡中。

表 10-18 弧形轴特件数控加工工序卡

<table>
<tr><td rowspan="2">单位名称</td><td colspan="2" rowspan="2">××××</td><td colspan="3">产品名称或代号</td><td colspan="2">零件名称</td><td colspan="2">零件图号</td></tr>
<tr><td colspan="3">数控车工艺分析实例</td><td colspan="2">弧形轴特件</td><td colspan="2">Lathe-09</td></tr>
<tr><td>工序号</td><td colspan="2">程序编号</td><td colspan="3">夹具名称</td><td colspan="2">使用设备</td><td colspan="2">车间</td></tr>
<tr><td>001</td><td colspan="2">Lathe-09</td><td colspan="3">卡盘和自制心轴</td><td colspan="2">FANUC 0i</td><td colspan="2">数控中心</td></tr>
<tr><td>工步号</td><td colspan="2">工步内容</td><td>刀具号</td><td colspan="2">刀具规格
/mm</td><td>主轴转速
/(r/min)</td><td>进给速度
/(mm/min)</td><td>背吃刀量
/mm</td><td>备注</td></tr>
<tr><td>1</td><td colspan="2">平端面</td><td>T01</td><td colspan="2">25×25</td><td>800</td><td>80</td><td></td><td>自动</td></tr>
<tr><td>2</td><td colspan="2">粗车外轮廓</td><td>T01</td><td colspan="2">25×25</td><td>800</td><td>80</td><td>1.5</td><td>自动</td></tr>
<tr><td>3</td><td colspan="2">精车外轮廓</td><td>T01</td><td colspan="2">25×25</td><td>1200</td><td>40</td><td>0.2</td><td>自动</td></tr>
<tr><td>4</td><td colspan="2">掉头装夹</td><td></td><td colspan="2"></td><td></td><td></td><td></td><td></td></tr>
<tr><td>5</td><td colspan="2">粗车外轮廓</td><td>T01</td><td colspan="2">25×25</td><td>800</td><td>80</td><td>1.5</td><td>自动</td></tr>
<tr><td>6</td><td colspan="2">精车外轮廓</td><td>T01</td><td colspan="2">25×25</td><td>800</td><td>80</td><td>0.2</td><td>自动</td></tr>
<tr><td>7</td><td colspan="2">切槽</td><td>T02</td><td colspan="2"></td><td>800</td><td>20</td><td></td><td></td></tr>
<tr><td>编制</td><td>×××</td><td>审核</td><td>×××</td><td>批准</td><td colspan="2">×××</td><td>年 月 日</td><td>共 1 页</td><td>第 1 页</td></tr>
</table>

10.9.5 数控程序的编制

(1) 加工零件左侧

开始	N010	M03 S800	主轴正转，转速为 800r/min
	N020	T0101	换 01 号外圆车刀
	N030	G98	指定走刀按照 mm/min 进给
端面	N040	G00 X60 Z0	快速定位工件端面上方
	N050	G01 X0 F80	做端面，走刀速度为 80mm/min
粗车	N060	G00 X40 Z3	快速定位循环起点
	N070	G73 U10 W1.5 R7	*X* 向总吃刀量为 10mm，循环 7 次
	N080	G73 P90 Q170 U0.1 W0.1 F80	循环程序段 90～170
轮廓	N090	G00 X20 Z1	快速定位到轮廓右端 1mm 处
	N100	G01 Z-8.957	车削 ϕ20mm 的外圆
	N110	G01 X28 Z-25	斜向车削至 ϕ28mm 的外圆处
	N120	G01 Z-38.17	车削 ϕ28mm 的外圆
	N130	G01 X23 Z-47.5	斜向车削至 ϕ23mm 的外圆处
	N140	G01 Z-57.5	车削 ϕ23mm 的外圆
	N150	G01 X28	车削至 ϕ28mm 的外圆处
	N160	G01 Z-63.755	车削 ϕ23mm 的外圆
	N170	G01 X35	抬刀
精车	N180	M03 S1200	提高主轴转速到 1200r/min
	N190	G70 P90 Q160 F40	精车循环
结束	N200	G00 X200 Z200	快速退刀
	N210	M05	主轴停
	N220	M30	程序结束

(2) 加工零件右侧

开始	N010	M03 S800	主轴正转，转速为 800r/min
	N020	T0101	换 01 号外圆车刀
	N030	G98	指定走刀按照 mm/min 进给
端面	N040	G00 X60 Z0	快速定位工件端面上方
	N050	G01 X0 F80	做端面，走刀速度为 80mm/min
粗车	N060	G00 X40 Z3	快速定位循环起点
	N070	G73 U18.751 W1.5 R13	*X* 向切削总量为 18.751mm，循环 13 次
	N080	G73 P90 Q160 U0.1 W0.1 F80	循环程序段 90～160
轮廓	N090	G00 X2.498 Z2	快速定位圆弧起点
	N100	G02 X6.498 Z0 R2	圆弧切入

续表

轮廓	N110	G03 X16.498 Z−5 R5	车削 R5mm 的逆时针圆弧
	N120	G01 Z−10	车削 R16.498mm 的外圆
	N130	G02 X23.863 Z−20.909 R18	车削 R18mm 的顺时针圆弧
	N140	G03 X28.5 Z−34.684 R15	车削 R15mm 的逆时针圆弧
	N150	G02 X28 Z−36.245 R5	车削 R5mm 的顺时针圆弧
	N160	G01X35	抬刀
精车	N170	M03 S1200	提高主轴转速到 1200r/min
	N180	G70 P90 Q160 F40	精车
内槽	N190	M03 S800	降低主轴转速到 800r/min
	N200	G00 X200 Z200	快速退刀
	N210	T0202	换 02 号切槽刀
	N220	G00 X35 Z−45.5	定位切槽循环的起点
	N230	G75 R1	G75 切槽循环固定格式
	N240	G75 X18 Z−47.5 P3000 Q2800 R0 F20	G75 切槽循环固定格式
结束	N250	G00 X200 Z200	快速退刀
	N260	M05	主轴停
	N270	M30	程序结束

10.10 螺纹配合件数控车床零件加工工艺分析及编程

图 10-33 所示为螺纹配合件。

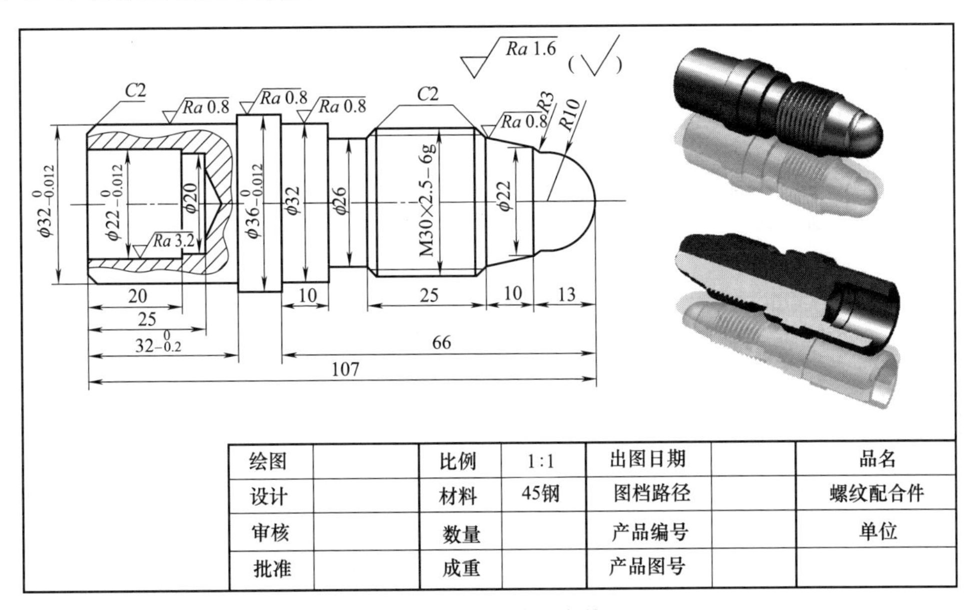

图 10-33 螺纹配合件

10.10.1 零件图工艺分析

该零件表面由内外圆柱面及外螺纹等表面组成，其中多个直径尺寸与轴向尺寸有较高的尺寸精度和表面粗糙度要求。零件图尺寸标注完整，符合数控加工尺寸标注要求；轮廓描述清楚完整；零件材料为 45 钢，切削加工性能较好，无热处理和硬度要求。加工时按照从右到左的顺序进行程序编制和加工。

通过上述分析，采取以下几点工艺措施。

① 零件图样上带公差的尺寸，因公差值较小，故编程时不必取其平均值，而取基本尺寸即可。

② 加工时以球头端为加工的设计基准。

③ 在轮廓曲线上，应取三处为圆弧，分别为相切圆弧切入，后接零件圆弧部分，保证右端的表面光洁，以保证轮廓曲线的准确性。

10.10.2 确定装夹方案、加工顺序及走刀路线

(1) 加工右侧带有螺纹的部分

用三爪自动定心卡盘夹紧，加工顺序按由粗到精、由近到远的原则确定，在一次装夹中尽可能加工出较多的工件表面。结合本零件的结构特征，可先粗车外圆表面，然后加工外轮廓表面。由于该零件外圆部分由直线和圆锥面构成，因此采用 G73 循环，轮廓表面车削走刀可沿零件轮廓顺序进行，按图 10-34 所示路线加工。

(2) 加工左侧带有内孔的部分

用三爪自动定心卡盘按照图 10-35 所示位置夹紧，加工顺序按由外到内、由粗到精、由近到远的原则确定，在一次装夹中尽可能加工出较多的工件表面。结合本零件的结构特征，可先粗车外圆表面，然后加工外轮廓表面。由于该零件外圆部分由直线构成，因此采用 G71 循环，轮廓表面车削走刀可沿零件轮廓顺序进行，按图 10-35 所示路线加工；内圆部分采取先钻孔后镗孔的方法。

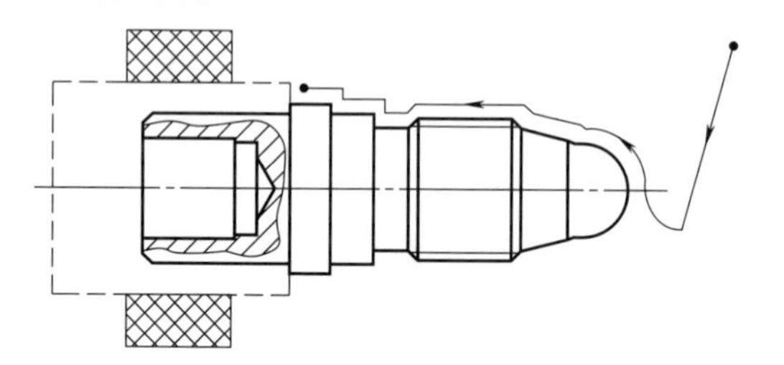

图 10-34 外轮廓加工走刀路线

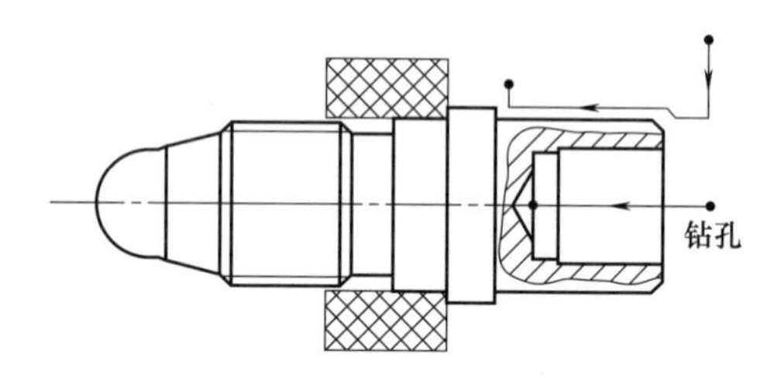

图 10-35 外轮廓及钻孔加工走刀路线

10.10.3 刀具选择

将所选定的刀具参数填入表 10-19 所示螺纹配合单件数控加工刀具卡片中，以便于编程和操作管理，必要时可作图检验。

表 10-19 螺纹配合件数控加工刀具卡片

产品名称或代号		数控车工艺分析实例	零件名称	螺纹配合件	零件图号	Lathe-10
序号	刀具号	刀具规格名称	数量	加工表面	刀尖半径/mm	备注
1	T01	45°硬质合金外圆车刀	1	车端面和外圆	0.5	25mm×25mm
2	T02	宽 3mm 切断刀(割槽刀)	1	宽 3mm		
3	T03	硬质合金 60°外螺纹车刀	1	螺纹		
4	T04	内圆车刀	1			
5	T05	宽 4mm 镗孔刀	1	镗内孔基准面		
6	T06	宽 3mm 内割刀(内切槽刀)	1	宽 3mm		
7	T07	ϕ10mm 中心钻	1			
编制	×××	审核	×××	批准 ×××	共 1 页	第 1 页

10.10.4 切削用量选择

根据被加工表面质量要求、刀具材料和工件材料，参考切削用量手册或有关资料选取切削速度与每转进给量，填入表10-20所示工序卡中。

表10-20 螺纹配合件数控加工工序卡

单位名称	××××	产品名称或代号		零件名称		零件图号	
		数控车工艺分析实例		螺纹配合件		Lathe-10	
工序号	程序编号	夹具名称		使用设备		车间	
001	Lathe-10	卡盘和自制心轴		FANUC 0i		数控中心	
工步号	工步内容	刀具号	刀具规格/mm	主轴转速/(r/min)	进给速度/(mm/min)	背吃刀量/mm	备注
1	粗车外轮廓	T01	25×25	800	80	1.5	自动
2	精车外轮廓	T01	25×25	1200	40	0.2	自动
3	车M30×2mm螺纹	T03	20×20	系统配给	系统配给		自动
4	掉头装夹						
5	粗车外轮廓	T01	25×25	800	80	1.5	自动
6	精车外轮廓	T01	25×25	800	80	0.2	自动
7	钻底孔	T07	ϕ10	800	20		自动
8	镗ϕ22mm和ϕ20mm内孔	T05	20×20	800	20		自动
9	精车内孔	T05	20×20	1100	20		自动
编制	××× 审核 ×××	批准	×××	年 月 日		共1页	第1页

10.10.5 数控程序的编制

(1) 加工零件右侧

开始	N010	M03 S800	主轴正转,转速为800r/min
	N020	T0101	换01号外圆车刀
	N030	G98	指定走刀按照mm/min进给
粗车	N040	G00 X45 Z3	快速定位循环起点
	N050	G73 U22.5 W1.5 R15	X向总吃刀量为22.5mm,循环15次
	N060	G73 P70 Q200 U0.1 W0.1 F80	循环程序段70～200
轮廓	N070	G00 X−4 Z2	快速定位到相切圆弧起点
	N080	G02 X0 Z0 R2	车削R2mm的过渡顺时针圆弧
	N090	G03 X19.967 Z−10.573 R10	车削R10mm的逆时针圆弧
	N100	G02 X22 Z−13 R3	车削R3mm的顺时针圆弧
	N110	G01 X26 Z−23	车削锥度外圆至螺纹倒角处
	N120	G01 X30 Z−25	螺纹右侧倒角
	N130	G01 Z−46	车削ϕ30mm的外圆
	N140	G01 X26 Z−48	螺纹左侧倒角
	N150	G01 Z−56	车削ϕ26mm的外圆
	N160	G01 X32	车削至ϕ32mm外圆处
	N170	G01 Z−66	车削ϕ32mm的外圆
	N190	G01 X36	车削至ϕ36mm外圆处
	N200	G01 Z−76	车削ϕ36mm的外圆
精车	N210	M03 S1200	提高主轴转速到1200r/min
	N220	G70 P70 Q200 F40	精车循环
螺纹	N230	G00 X150 Z150	快速退刀,准备换刀
	N240	T0303	换03号螺纹刀
	N250	G00 X33 Z−20	快速定位循环起点
	N260	G76 P050060 Q100 R0.08	G76螺纹循环固定格式
	N270	G76 X27.2325 Z−50 P1384 Q600 R0 F2	G76螺纹循环固定格式
结束	N280	G00 X200 Z200	快速退刀
	N290	M05	主轴停
	N300	M30	程序结束

(2) 加工零件左侧

开始	N010	M03 S800	主轴正转,转速为 800r/min
	N020	T0101	换 01 号外圆车刀
	N030	G98	指定走刀按照 mm/min 进给
端面	N040	G00 X40 Z0	快速定位工件端面上方
	N050	G01 X0 F80	做端面,走刀速度为 80mm/min
粗车	N060	G00 X40 Z3	快速定位循环起点
	N070	G71 U1.5 R1	X 向每次切削量为 1.5mm,退刀量为 1mm
	N080	G71 P90 Q130 U0.1 W0.1 F80	循环程序段 90～130
轮廓	N090	G00 X28	快速定位到轮廓右端 1mm 处
	N100	G01 Z0	接触工件
	N110	G01 X32 Z−2	车削倒角
	N120	G01 Z−32	车削 ϕ32mm 的外圆
	N130	G01 X38	车削 ϕ36mm 外圆的右端
精车	N140	M03 S1200	提高主轴转速到 1200r/min
	N160	G70 P90 Q130 F40	精车
钻孔	N170	M03 S800	主轴正转,转速为 800r/min
	N180	G00 X150 Z150	快速退刀,准备换刀
	N200	T0707	换 07 号钻头
	N210	G00 X0 Z1	快速定位
	N220	G01 Z−25 F15	钻孔
	N230	G01 Z1 F40	退出孔
镗孔	N240	G00 X150 Z150	快速退刀,准备换刀
	N250	T0505	换 05 号镗孔刀
	N260	G00 X16 Z1	定位镗孔循环的起点
	N270	G74 R1	G74 镗孔循环固定格式
	N280	G74 X20 Z−25 P3000 Q3800 R0 F20	G74 镗孔循环固定格式
精车内孔	N290	M03 S1100	提高主轴转速到 1100r/min
	N300	G00 X22 Z1	定位到孔外部
	N310	G01 Z−20 F20	车削 ϕ22mm 的内圆
	N320	G01 X20	车削倒 ϕ20mm 外圆处
	N330	G01 Z−25	车削 ϕ20mm 的外圆
	N335	G01 X17	向下离开内孔边缘,防止损伤刀具
	N340	G01 Z1 F40	退出孔内部
结束	N350	G00 X200 Z200	快速退刀
	N360	M05	主轴停
	N370	M30	程序结束

10.11 螺纹多槽件数控车床零件加工工艺分析及编程

图 10-36 所示为螺纹多槽件。

10.11.1 零件图工艺分析

该零件表面由内外圆柱表面组成，其中多个直径尺寸与轴向尺寸有较高的尺寸精度和表面粗糙度要求。零件图尺寸标注完整，符合数控加工尺寸标注要求；轮廓描述清楚完整；零件材料为 45 钢，切削加工性能较好，无热处理和硬度要求。加工时按照从左到右的顺序进行程序编制和加工。

通过上述分析，采取以下几点工艺措施。

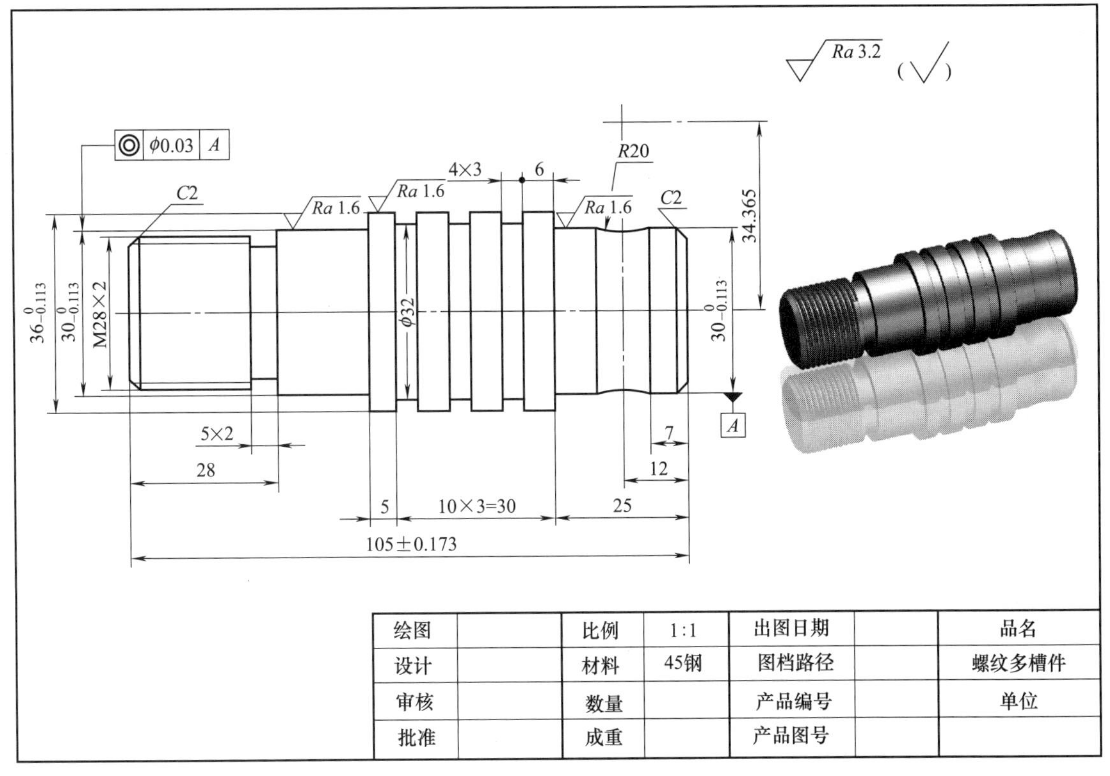

图 10-36　螺纹多槽件

① 零件图样上带公差的尺寸，因公差值较小，故编程时不必取其平均值，而取基本尺寸即可。

② 左右端面均为多个尺寸的设计基准，注意尺寸的选择和加工速度的确定。

③ 细长轴零件用顶尖顶紧，注意吃刀量和走刀速度。

10.11.2　确定装夹方案、加工顺序及走刀路线

本节的加工无需掉头，具体装夹和加工方法如下。

用三爪自动定心卡盘夹紧，加工顺序按由粗到精、由近到远的原则确定，在一次装夹中尽可能加工出较多的工件表面。结合本零件的结构特征，可先粗车外圆表面，然后加工外轮廓表面。由于该零件外圆部分由直线构成，因此采用 G71 循环加工基本外圆，轮廓表面车削走刀可沿零件轮廓顺序进行，按图 10-37 所示路线加工。

切完槽后，加工螺纹，再用 G73 循环加工零件尾部形状，具体的走刀路线如图 10-38 所示。

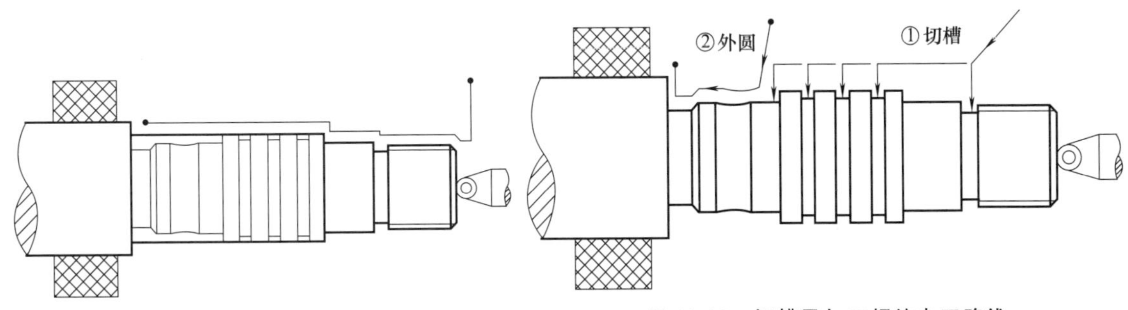

图 10-37　轮廓表面车削走刀路线

图 10-38　切槽及加工螺纹走刀路线

10.11.3 刀具选择

将所选定的刀具参数填入表10-21所示螺纹多槽零件数控加工刀具卡片中，以便于编程和操作管理。

表10-21 螺纹多槽件数控加工刀具卡

产品名称或代号		数控车工艺分析实例	零件名称	螺纹多槽件	零件图号	Lathe-11
序号	刀具号	刀具规格名称	数量	加工表面	刀尖半径/mm	备注
1	T01	45°硬质合金外圆车刀	1	车端面	0.5	25mm×25mm
2	T02	宽4mm切断刀(割槽刀)	1	宽4mm		
3	T03	硬质合金60°外螺纹车刀	1	螺纹		
4	T08	ϕ5mm中心钻	1			
编制	×××	审核 ×××	批准	×××	共1页	第1页

10.11.4 切削用量选择

根据被加工表面质量要求、刀具材料和工件材料，参考切削用量手册或有关资料选取切削速度与每转进给量，见表10-22。

表10-22 螺纹多槽件数控加工工序卡

单位名称	××××		产品名称或代号	零件名称		零件图号	
			数控车工艺分析实例	螺纹多槽件		Lathe-11	
工序号	程序编号		夹具名称	使用设备		车间	
001	Lathe-11		卡盘和自制心轴	FANUC 0i		数控中心	
工步号	工步内容	刀具号	刀具规格/mm	主轴转速/(r/min)	进给速度/(mm/min)	背吃刀量/mm	备注
1	平端面	T01	25×25	800	80		手动
2	钻5mm中心孔	T08	ϕ5	800	20		手动
3	粗车外轮廓	T01	25×25	800	80	1.5	自动
4	精车外轮廓	T01	25×25	1200	40	0.2	自动
5	螺纹前端倒角	T01	25×25	800	80		自动
6	切槽(共5个)	T02	4×25				
7	车M28×2mm螺纹	T03	20×20	系统配给	系统配给		自动
8	粗车尾部外轮廓	T01	25×25	800	80	1.5	自动
9	精车尾部外轮廓	T01	25×25	800	80	0.2	自动
10	切断	T02	4×25	800	20		自动
编制 ×××	审核	×××	批准 ×××	年 月 日		共1页	第1页

10.11.5 数控程序的编制

开始	N010	M03 S800	主轴正转,转速为800r/min
	N020	T0101	换01号外圆车刀
	N030	G98	指定走刀按照mm/min进给
端面	N040	G00 X45 Z0	快速定位工件端面上方(若有顶尖,端面不编程)
	N050	G01 X0 F80	做端面,走刀速度为80mm/min
粗车循环	N060	G00 X45 Z3	快速定位循环起点
	N070	G71 U1.5 R1	X向每次吃刀量为1.5mm,退刀量为1mm
	N080	G71 P90 Q160 U0.1 W0.1 F80	循环程序段90～160
轮廓	N090	G00 X24	快速定位到轮廓右端3mm处
	N100	G01 X24 Z0	接触工件
	N110	G01 X28 Z−2	车削螺纹倒角
	N120	G01 Z−28	车削ϕ28mm的外圆

续表

轮廓	N130	G01 X30	车削到 ϕ30mm 外圆处
	N140	G01 Z−45	车削 ϕ30mm 的外圆
	N150	G01 X36	车削至 ϕ36mm 外圆处
	N160	G01 Z−108	车削 ϕ30mm 的外圆
精车循环	N170	M03 S1200	提高主轴转速到 1200r/min
	N180	G70 P90 Q160 F40	精车
切槽	N190	M03 S800	主轴正转，转速为 800r/min
	N200	G00 X200 Z200	快速退刀，准备换刀
	N230	T0202	换 02 号切槽刀
	N300	G00 X32 Z−27	定位螺纹退刀槽的循环起点
	N310	G75 R1	G75 切槽循环固定格式
	N320	G75 X24 Z−28 P3000 Q3500 R0 F20	G75 切槽循环固定格式
	N330	G00 X38	提刀
	N340	G00 X38 Z−50	定位连续槽的循环起点
	N350	G75 R1	G75 切槽循环固定格式
	N360	G75 X32 Z−74 P3000 Q10000 R0 F20	G75 切槽循环固定格式
	N370	G00 X38 Z−84	定位尾部槽的循环起点
	N380	G75 R1	G75 切槽循环固定格式
	N390	G75 X30 Z−88 P3000 Q3500 R0 F20	G75 切槽循环固定格式
螺纹	N400	G00 X150 Z150	快速退刀，准备换刀
	N410	T0303	换 03 号螺纹刀
	N420	G00 X30 Z3	定位螺纹循环起点
	N430	G76 P020060 Q100 R0.08	G76 螺纹循环固定格式
	N440	G76 X25.786 Z−25 P1107 Q500 R0 F2	G76 螺纹循环固定格式
尾部粗车循环	N450	G00 X200 Z200	快速退刀，准备换刀
	N460	T0101	换 01 号外圆车刀
	N470	G00 X40 Z−85	快速定位循环起点
	N480	G73 U7 W1 R5	X 向总吃刀量为 7mm，循环 5 次
	N490	G73 P500 Q550 U0.1 W0.1 F80	循环程序段 500～500
轮廓	N500	G01 X30 Z−88	接触工件
	N510	G02 X30 Z−98 R20	车削 R20mm 的顺时针圆弧
	N520	G01 X30 Z−103	车削 ϕ30mm 的外圆
	N530	G01 X26 Z−105	车削尾部的倒角
	N540	G01 Z−109	车削 ϕ26mm 的外圆，为切断作准备
	N550	G01 X40	提刀
精车循环	N560	M03 S1200	提高主轴转速到 1200r/min
	N570	G70 P500 Q550 F40	精车
	N575	M00	在实际加工中暂停后撤出顶尖，再执行后续操作
切断	N580	M03 S800	主轴正转，转速为 800r/min
	N590	G00 X200 Z200	快速退刀，准备换刀
	N600	T0202	换 02 号切槽刀
	N610	G00 X38 Z−107	移动至尾部倒角的正上方
	N620	G01 X30 F20	接触倒角
	N630	G01 X26 Z−109	精车倒角
	N640	G01 X0	切断
结束	N650	G00 X200 Z200	快速退刀
	N660	M05	主轴停
	N670	M30	程序结束

10.12 双头孔轴数控车床零件加工工艺分析及编程

图 10-39 所示为双头孔轴。

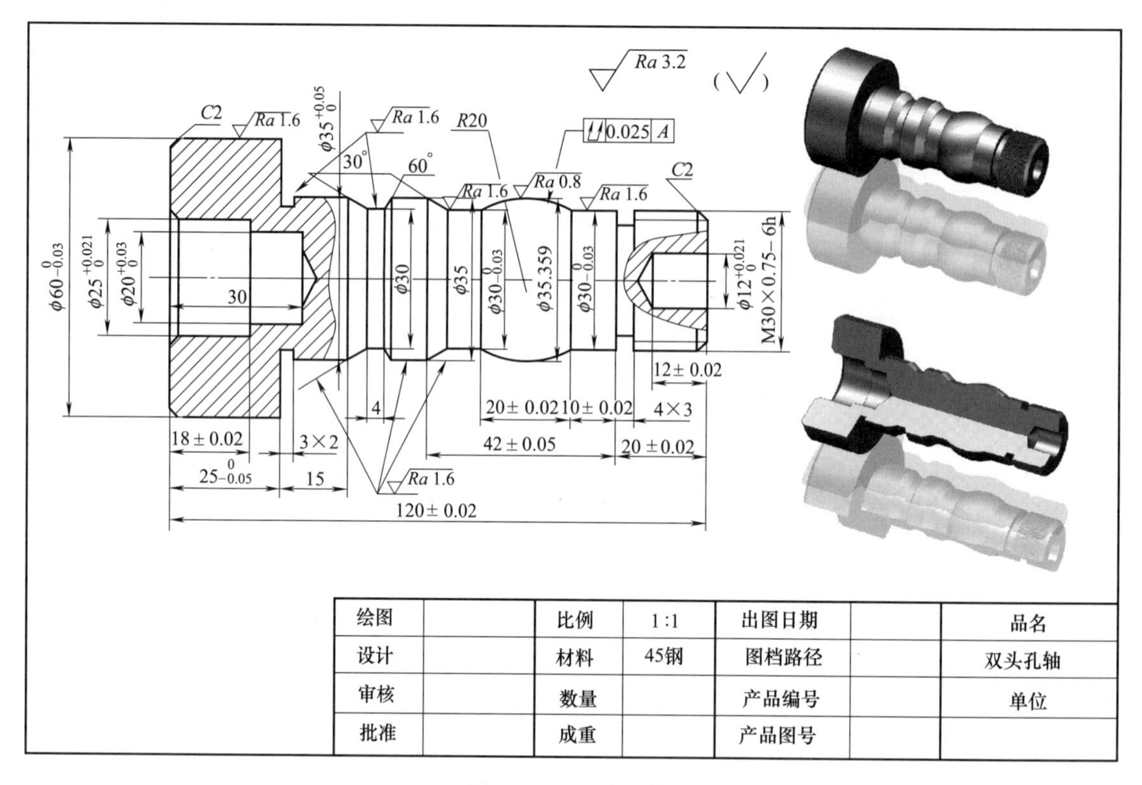

图 10-39　双头孔轴

10.12.1　零件图工艺分析

该零件表面由内外圆柱面及外螺纹等表面组成，其中多个直径尺寸与轴向尺寸有较高的尺寸精度和表面粗糙度要求。零件图尺寸标注完整，符合数控加工尺寸标注要求；轮廓描述清楚完整；零件材料为 45 钢，切削加工性能较好，无热处理和硬度要求。加工时按照从左到右的顺序进行程序编制和加工。工件加工需要掉头。

通过上述分析，采取以下几点工艺措施。

① 零件图样上带公差的尺寸，因公差值较小，故编程时不必取其平均值，而取基本尺寸即可。

② 左右端面均为多个尺寸的设计基准，注意尺寸的选择和加工速度的确定。

③ 零件需要掉头加工，注意掉头的对刀和端面找准。

10.12.2　确定装夹方案、加工顺序及走刀路线

(1) 加工左侧带有内孔的部分

用三爪自动定心卡盘夹紧，加工顺序按由粗到精、由近到远的原则确定，在一次装夹中尽可能加工出较多的工件表面。结合本零件的结构特征，可先粗车外圆表面，然后加工外轮廓表面。由于该零件外圆部分由直线构成，因此采用 G71 循环，轮廓表面车削走刀可沿零件轮廓顺序进行，按图 10-40 所示路线加工；内圆部分采取先钻孔后镗孔的方法。

(2) 加工右侧带有螺纹的部分

用三爪自动定心卡盘按照图 10-41 所示位置夹紧，加工顺序按由外到内、由粗到精、由近到远的原则确定，在一次装夹中尽可能加工出较多的工件表面。结合本零件的结构特征，可先粗车外圆表面，然后加工外轮廓表面。由于该零件外圆部分构成状况，因此采用 G71 循环先

去除大量的毛坯外径，然后再用 G73 循环依照轮廓表面车削，走刀可沿零件轮廓顺序进行，按图 10-41 所示路线加工。60°的外圆处用切槽刀完成。

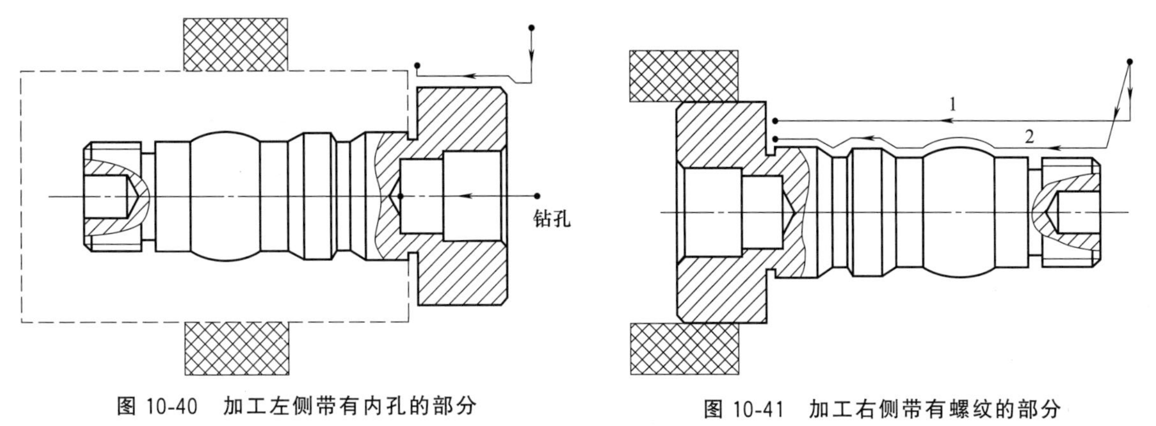

图 10-40　加工左侧带有内孔的部分

图 10-41　加工右侧带有螺纹的部分

1—G71 编程路线；2—G73 编程路线

10.12.3　刀具选择

将所选定的刀具参数填入表 10-23 所示双头孔轴数控加工刀具卡片中，以便于编程和操作管理。注意：车削外轮廓时，为防止副后刀面与工件表面发生干涉，应选择较大的副偏角，必要时可作图检验。

表 10-23　双头孔轴数控加工刀具卡片

产品名称或代号		数控车工艺分析实例	零件名称	双头孔轴		零件图号	Lathe-12
序号	刀具号	刀具规格名称	数量	加工表面		刀尖半径/mm	备注
1	T01	45°硬质合金外圆车刀	1	车端面		0.5	25mm×25mm
2	T02	宽 3mm 切断刀(割槽刀)	1	宽 3mm			
3	T03	硬质合金 60°外螺纹车刀	1	螺纹			
4	T04	内圆车刀	1				
5	T05	宽 4mm 镗孔刀	1	镗内孔基准面			
6	T06	宽 3mm 内割刀(内切槽刀)	1	宽 3mm			
7	T07	ϕ10mm 中心钻	1				
8	T08	ϕ5mm 中心钻	1				
编制	×××	审核	×××	批准	×××	共 1 页	第 1 页

10.12.4　切削用量选择

根据被加工表面质量要求、刀具材料和工件材料，参考切削用量手册或有关资料选取切削速度与每转进给量，见表 10-24。

表 10-24　双头孔轴数控加工工序卡

单位名称	××××	产品名称或代号		零件名称		零件图号	
		数控车工艺分析实例		双头孔轴		Lathe-12	
工序号	程序编号	夹具名称		使用设备		车间	
001	Lathe-12	卡盘和自制心轴		FANUC 0i		数控中心	
工步号	工步内容	刀具号	刀具规格/mm	主轴转速/(r/min)	进给速度/(mm/min)	背吃刀量/mm	备注
1	平端面	T01	25×25	800	80		自动
2	粗车外轮廓	T01	25×25	800	80	1.5	自动
3	精车外轮廓	T01	25×25	1200	40	0.2	自动
4	钻底孔	T08	ϕ5	800	20		自动

续表

工步号	工步内容	刀具号	刀具规格/mm	主轴转速/(r/min)	进给速度/(mm/min)	背吃刀量/mm	备注
5	镗 ϕ25mm 和 ϕ20mm 内孔	T05	10×10	600	20		自动
6	掉头装夹						
7	G71 粗车外轮廓	T01	25×25	800	80	1.5	自动
8	G73 粗车外轮廓	T01	25×25	800	80	1.5	自动
9	精车外轮廓	T01	25×25	1200	40	0.2	自动
10	螺纹倒角	T01	25×25	800	80		
11	切螺纹退刀槽	T02	25×25	800	20		自动
12	精车 60°处的外圆	T02	25×25	800	20		自动
13	切尾部 3mm×2mm 的槽	T02	25×25	800	20		自动
14	车 M30×0.75mm 螺纹	T03	20×20	系统配给	系统配给		自动
15	钻底孔	T07	ϕ10	800	20		自动
16	镗 ϕ25mm 的内孔	T05	10×10	800	20		自动
编制	××× 审核	×××	批准	×××	年 月 日	共1页	第1页

10.12.5 数控程序的编制

(1) 加工左侧带有内孔的部分

开始	N010	M03 S800	主轴正转,转速为 800r/min
	N020	T0101	换 01 号外圆车刀
	N030	G98	指定走刀按照 mm/min 进给
端面	N040	G00 X70 Z0	快速定位端面上方
	N050	G01 X0 F80	车削端面
粗车循环	N060	G00 X70 Z2	快速定位循环起点
	N070	G71 U1.5 R1	X 向每次吃刀量为 1.5mm,退刀量为 1mm
	N080	G71 P90 Q120 U0.1 W0.1 F80	循环程序段 90～120
轮廓	N090	G00 X56	快速定位到轮廓右端 2mm 处
	N100	G01 X56 Z0	接触工件
	N110	G01 X60 Z−2	车削 C2mm 倒角
	N120	G01 Z−28	车削 ϕ60mm 的外圆
精车循环	N130	M03 S1200	提高主轴转速到 1200r/min
	N140	G70 P90 Q120 F40	精车
钻孔	N150	M03 S800	降低主轴转速到 800r/min
	N160	G00 X200 Z200	退到换刀点
	N170	T0707	换 07 号钻头
	N180	G00 X0 Z1	定位在工件中心右侧 1mm 处
	N190	G01 X0 Z−30 F15	钻孔
	N200	G01 X0 Z1 F40	退出孔
镗孔	N210	G00 X200 Z200	退到退刀点
	N220	T0505	换 05 号镗孔刀
	N230	G00 X8 Z1	快速定位到镗孔循环起点
	N240	G74 R1	G74 镗孔循环的固定格式
	N250	G74 X20 Z−30 P3000 Q2800 R0 F20	G74 镗孔循环的固定格式
精车内孔	N260	G00 X26 Z1	定位在倒角外部
	N270	G01 X26 Z0 F20	接触工件
	N280	G01 X25 Z−1	倒角
	N290	G01 Z−18	精车 ϕ25mm 的内圆
	N300	G01 X20	精车 ϕ20mm 右侧的端面
	N310	G01 Z−30	精车 ϕ20mm 的内圆
	N320	G01 X0	平底孔
	N330	G01 Z1 F40	退出内孔
	N340	G00 X200 Z200	退刀
结束	N350	M05	快速退刀
	N360	M30	主轴停

(2) 加工右侧带有螺纹的部分

开始	N010	M03 S800	主轴正转,转速为800r/min
	N020	T0101	换01号外圆车刀
	N030	G98	指定走刀按照mm/min进给
端面	N040	G00 X70 Z0	快速定位端面上方
	N050	G01 X0 F80	车削端面
粗车循环	N060	G00 X70 Z3	快速定位G71循环起点
	N070	G71 U1.5 R1	X向每次吃刀量为1.5mm,退刀量为1mm
	N080	G71 P90 Q100 U0.1 W0.1 F80	循环程序段90～100,不需精车
轮廓	N090	G00 X36	快速定位在工件右端3mm处
	N100	G01 Z-95	车削ϕ36mm的外圆,去除大量毛坯
粗车循环	N110	G00 X42 Z3	快速定位G73循环起点
	N120	G73 U6 W1 R6	X向总吃刀量为6mm,循环6次
	N130	G73 P140 Q230 U0.1 W0.1 F80	循环程序段140～230
轮廓	N140	G00 X30 Z1	快速定位到工件右端1mm处
	N150	G01 Z-30	车削ϕ30mm的外圆
	N160	G03 X30 Z-50 R20	车削R20mm的逆时针圆弧
	N170	G01 Z-57.67	车削ϕ30mm的外圆
	N180	G01 X35 Z-62	车削30°锥度外圆部分
	N190	G01 Z-70.226	车削ϕ35mm的外圆
	N200	G01 X30 Z-74.67	45°方向车削60°处的锥度
	N210	G01 Z-75.67	车削ϕ30mm的外圆
	N220	G01 X35 Z-80	车削30°锥度外圆部分
	N230	G01 Z-95	车削ϕ35mm的外圆
精车	N240	M03 S1200	提高主轴转速到1200r/min
	N250	G70 P140 Q230 F40	精车
倒角	N260	M03 S800	降低主轴转速到800r/min
	N270	G00 X24 Z1	定位到螺纹倒角的延长线
	N280	G01 X30 Z-2 F80	车削倒角
切槽	N290	G00 X200 Z200	退到换刀点
	N300	T0202	换02号切槽刀
	N310	G00 X38 Z-19	快速定位到切槽循环起点
	N320	G75 R1	G75切槽循环的固定格式
	N330	G75 X24 Z-20 P3000 Q2800 R0 F20	G75切槽循环的固定格式
	N340	G00 X38 Z-73.266	定位到60°外圆正上方
	N350	G01 X35 F60	接触工件
	N360	G01 X30 Z-74.67 F20	车削60°的锥度外圆
	N370	G01 X38 F40	提刀
	N380	G01 X62 Z-95 F80	定位在最后一个槽的上方
	N390	G01 X31 F20	切槽
	N400	G04 P1000	暂停1s,清槽底
	N410	G01 X38 F40	提刀
螺纹	N420	G00 X200 Z200	退到换刀点
	N430	T0303	换03号螺纹刀
	N440	G00 X32 Z3	快速定位螺纹循环起点
	N450	G76 P030060 Q80 R0.04	G76螺纹循环的固定格式
	N460	G76 X29.170 Z-18 P415 Q200 R0 F0.75	G76螺纹循环的固定格式
钻孔	N470	G00 X200 Z200	退到换刀点
	N480	T0707	换07号钻头
	N490	G00 X0 Z1	定位到工件中心右端1mm处
	N500	G01 X0 Z-12 F15	钻孔
	N510	G01 X0 Z1 F40	退出孔
镗孔	N520	G00 X200 Z200	退到换刀点

续表

镗孔	N530	T0505	换 05 号镗孔刀
	N540	G00 X8 Z1	快速定位镗孔循环起点
	N550	G74 R1	G74 镗孔循环的固定格式
	N560	G74 X12 Z－12 P3000 Q2800 R0 F20	G74 镗孔循环的固定格式
结束	N570	G00 X200 Z200	快速退刀
	N580	M05	主轴停
	N590	M30	程序结束

10.13 螺纹圆弧轴数控车床零件加工工艺分析及编程

图 10-42 所示为螺纹圆弧轴。

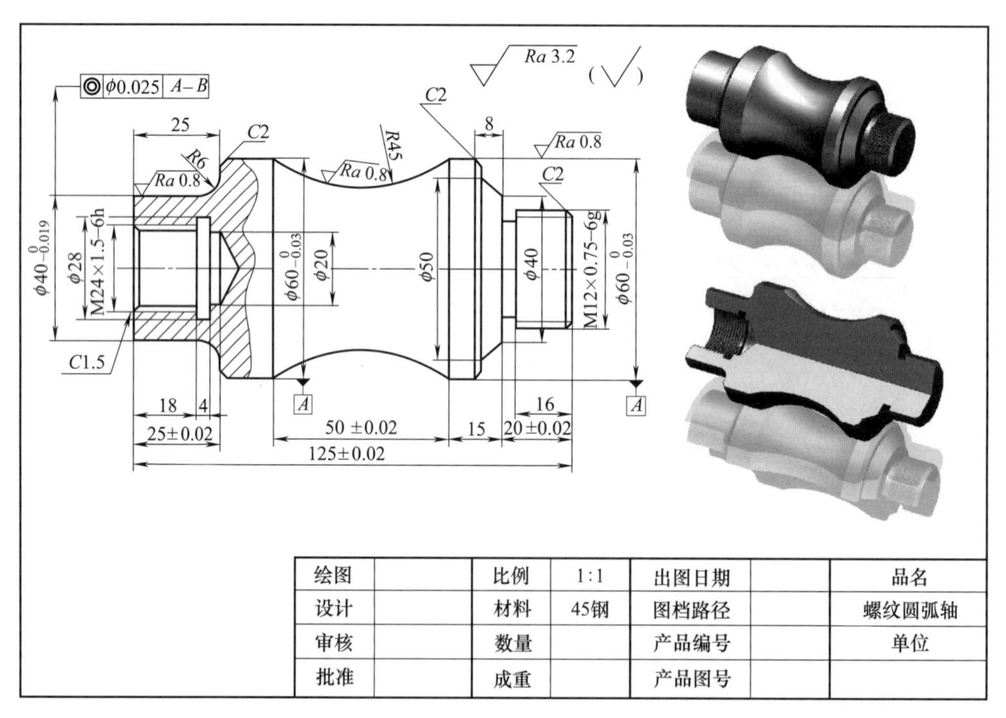

图 10-42 螺纹圆弧轴

10.13.1 零件图工艺分析

该零件表面由内外圆柱面及外螺纹等表面组成，其中多个直径尺寸与轴向尺寸有较高的尺寸精度和表面粗糙度要求。零件图尺寸标注完整，符合数控加工尺寸标注要求；轮廓描述清楚完整；零件材料为 45 钢，切削加工性能较好，无热处理和硬度要求。加工时按照从左到右的顺序进行程序编制和加工。

通过上述分析，采取以下几点工艺措施。

① 零件图样上带公差的尺寸，因公差值较小，故编程时不必取其平均值，而取基本尺寸即可。

② 左右端面均为多个尺寸的设计基准，注意尺寸的选择和加工速度的确定。

③ 零件需要掉头加工，注意掉头的对刀和端面找准。

10.13.2 确定装夹方案、加工顺序及走刀路线

(1) 加工左侧带有内孔的部分

用三爪自动定心卡盘夹紧，加工顺序按由粗到精、由近到远的原则确定，在一次装夹中尽可能加工出较多的工件表面。结合本零件的结构特征，可先粗车外圆表面，然后加工外轮廓表面。由于该零件外圆部分由直线和圆弧面构成，因此采用 G73 循环，轮廓表面车削走刀可沿零件轮廓顺序进行，按图 10-43 所示路线加工；内圆部分采取先钻孔后镗孔的方法。

(2) 加工右侧带有螺纹的部分

用三爪自动定心卡盘按照图 10-44 所示位置夹紧，加工顺序按由外到内、由粗到精、由近到远的原则确定，在一次装夹中尽可能加工出较多的工件表面。结合本零件的结构特征，可先粗车外圆表面，然后加工外轮廓表面。由于该零件外圆部分由直线构成，因此采用 G71 循环，轮廓表面车削走刀可沿零件轮廓顺序进行，按图 10-44 所示路线加工。

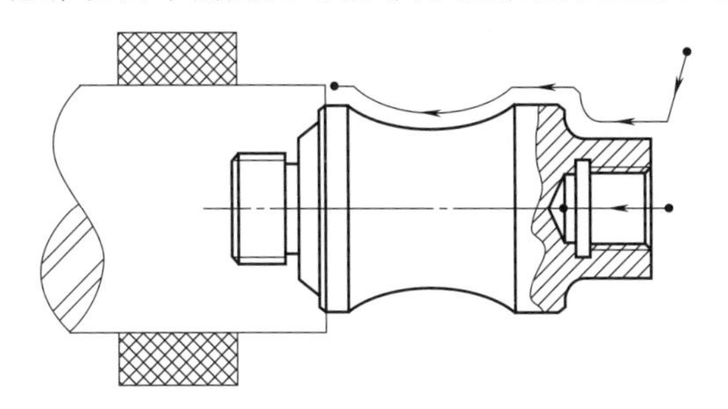

图 10-43 加工左侧带有内孔的部分

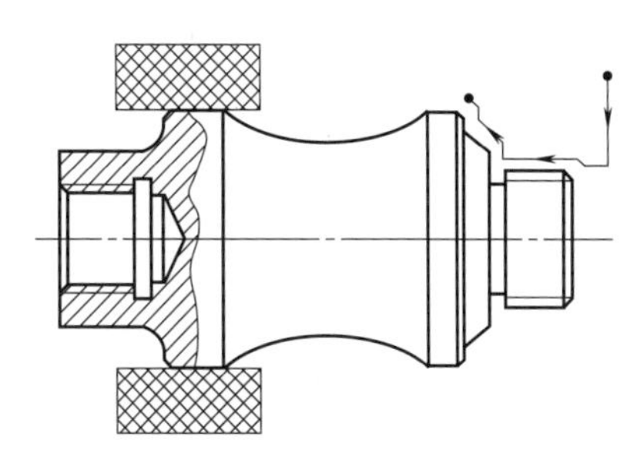

图 10-44 加工右侧带有螺纹的部分

10.13.3 刀具选择

将所选定的刀具参数填入表 10-25 所示螺纹圆弧轴数控加工刀具卡片中，以便于编程和操作管理。注意：车削外轮廓时，为防止副后刀面与工件表面发生干涉，应选择较大的副偏角，必要时可作图检验。

表 10-25 螺纹圆弧轴数控加工刀具卡片

产品名称或代号		数控车工艺分析实例	零件名称	螺纹圆弧轴	零件图号	Lathe-13
序号	刀具号	刀具规格名称	数量	加工表面	刀尖半径/mm	备注
1	T01	45°硬质合金外圆车刀	1	车端面	0.5	25mm×25mm
2	T02	宽 4mm 切断刀(割槽刀)	1	宽 4mm		
3	T03	硬质合金 60°外螺纹车刀	1	螺纹		
4	T04	内圆车刀	1			
5	T05	宽 4mm 镗孔刀	1	镗内孔基准面		
6	T06	宽 3mm 内割刀(内切槽刀)	1	宽 3mm		
7	T07	ϕ10mm 中心钻	1			
8	T08	硬质合金 60°内螺纹车刀	1	内螺纹		
编制	×××	审核 ×××	批准	×××	共 1 页	第 1 页

10.13.4 切削用量选择

根据被加工表面质量要求、刀具材料和工件材料，参考切削用量手册或有关资料选取切削速度与每转进给量，见表 10-26。

表 10-26 螺纹圆弧轴数控加工工序卡

单位名称	××××	产品名称或代号		零件名称		零件图号	
		数控车工艺分析实例		螺纹圆弧轴		Lathe-13	
工序号	程序编号	夹具名称		使用设备		车间	
001	Lathe-13	卡盘和自制心轴		FANUC 0i		数控中心	
工步号	工步内容	刀具号	刀具规格/mm	主轴转速/(r/min)	进给速度/(mm/min)	背吃刀量/mm	备注
1	平端面	T01	25×25	800	80		自动
2	粗车外轮廓	T01	25×25	800	80	1.5	自动
3	精车外轮廓	T01	25×25	1200	40	0.2	自动
4	钻底孔	T07	ϕ10	800	20		自动
5	镗 ϕ20mm 的内孔	T05	20×20	600	20		自动
6	精车内轮廓	T01	25×25	1200	40	0.2	自动
7	切内槽	T06	18×18	800	20	2.5	自动
8	车 M24×1.5mm 内螺纹	T03	20×20	系统配给	系统配给		自动
9	掉头装夹						
10	粗车外轮廓	T01	25×25	800	80	1.5	自动
11	精车外轮廓	T01	25×25	1200	40	0.2	自动
12	螺纹倒角	T01	25×25	800	80		自动
13	切螺纹退刀槽	T07	ϕ10	800	20		自动
14	车 M32×0.75mm 螺纹	T05	20×20	系统配给	系统配给		自动
编制	××× 审核	×××	批准	×××	年 月 日	共 1 页	第 1 页

10.13.5 数控程序的编制

(1) 加工左侧带有内孔和内螺纹的部分

开始	N010	M03 S800	主轴正转,转速为 800r/min
	N020	T0101	换 01 号外圆车刀
	N030	G98	指定走刀按照 mm/min 进给
端面	N040	G00 X70 Z0	快速定位端面上方
	N050	G01 X0 F80	车削端面
粗车循环	N060	G00 X70 Z3	快速定位循环起点
	N070	G73 U15 W1 R15	X 向总吃刀量为 15mm,循环 15 次
	N080	G73 P90 Q150 U0.1 W0.1 F80	循环程序段 90～150
轮廓	N090	G00 X40 Z1	快速定位工件外侧
	N100	G01 Z−19	车削 ϕ40mm 的外圆
	N110	G02 X56 Z−25 R6	车削 R6mm 的顺时针圆弧
	N120	G01 X60 Z−27	车削 C2mm 倒角
	N130	G01 Z−40	车削 ϕ60mm 的外圆
	N140	G02 X60 Z−90 R45	车削 R45mm 的顺时针圆弧
	N150	G01 Z−100	车削 ϕ60mm 的外圆
精车循环	N160	M03 S1200	提高主轴转速到 1200r/min
	N170	G70 P90 Q150 F40	精车
钻头	N180	M03 S800	降低主轴转速到 800r/min
	N190	G00 X200 Z200	退到换刀点
	N200	T0707	换 07 号钻头
	N210	G00 X0 Z1	定位到工件中心右端 1mm 处
	N220	G01 X0 Z−25 F15	钻孔
	N230	G01 X0 Z1 F40	退出孔
镗孔	N240	G00 X200 Z200	退到换刀点
	N250	T0505	换 05 号镗孔刀
	N260	G00 X16 Z1	快速定位镗孔循环起点
	N270	G74 R1	G74 镗孔循环的固定格式
	N280	G74 X20 Z−25 P3000 Q2800 R0 F20	G74 镗孔循环的固定格式

续表

内孔	N290	G00 X24 Z1	定位在倒角右侧 1mm 处
	N300	G01 X24 Z0 F40	接触工件
	N310	G01 X22.3395 Z−1.5	车削倒角
	N320	G01 Z−22	车削 ϕ22.3395mm 的内圆
	N330	G01 X20 Z1 F30	退出内孔
内槽	N350	G00 X150 Z150	退到换刀点
	N360	T0606	换 06 号内切槽刀
	N370	G00 X20 Z1	定位在孔的外侧
	N380	G01 Z−22 F40	移动至内槽的下方
	N390	G01 X28 F15	切内槽
	N400	G04 P1000	暂停 1s,清槽底
	N420	G01 X20 F40	退出槽
	N430	G01 Z1	退出内孔
内螺纹	N440	G00 X150 Z150	退到换刀点
	N450	T0808	换 08 号内螺纹刀
	N460	G00 X20 Z3	快速定位螺纹循环起点
	N470	G76 P030060 Q100 R−0.08	G76 螺纹循环的固定格式
	N480	G76 X24 Z−20 P830 Q400 R0 F2	G76 螺纹循环的固定格式
结束	N490	G00 X200 Z200	快速退刀
	N500	M05	主轴停
	N510	M30	程序结束

(2) 加工右侧带有外螺纹的部分

开始	N010	M03 S800	主轴正转,转速为 800r/min
	N020	T0101	换 01 号外圆车刀
	N030	G98	指定走刀按照 mm/min 进给
端面	N040	G00 X70 Z0	快速定位端面上方
	N050	G01 X0 F80	车削端面
粗车循环	N060	G00 X70 Z3	快速定位循环起点
	N070	G71 U1.5 R1	X 向每次吃刀量为 1.5mm,退刀量为 1mm
	N080	G71 P90 Q160 U0.1 W0.1 F80	循环程序段 90～180
轮廓	N090	G00 X28	快速定位到轮廓右端 1mm 处
	N100	G01 X28 Z0	接触工件
	N110	G01 X32 Z−2	车削螺纹的倒角
	N120	G01 Z−20	车削 ϕ36mm 的外圆
	N130	G01 X40	车削到 ϕ40mm 的外圆处
	N140	G01 X50 Z−26	车削锥度部分到 ϕ50mm 的外圆处
	N150	G01 X56	车削到倒角起点位置
	N160	G01 X60 Z−28	车削倒角
精车循环	N170	M03 S1200	提高主轴转速到 1200r/min
	N180	G70 P90 Q160 F40	精车
切槽	N190	M03 S800	降低主轴转速到 800r/min
	N200	G00 X200 Z200	退到换刀点
	N210	T0202	换 02 号切槽刀
	N220	G00 X41 Z−20	定位到槽上方
	N230	G01 X26 F20	切槽(当螺纹退刀槽没有具体尺寸时,由自己根据实际情况给定)
	N240	G04 P1000	暂停 1s,清槽底
	N250	G01 X41 F40	提刀
螺纹	N260	G00 X200 Z200	退到换刀点
	N270	T0303	换 03 号螺纹刀
	N280	G00 X34 Z3	快速定位螺纹循环起点
	N290	G76 P030060 Q80 R0.08	G76 螺纹循环的固定格式
	N300	G76 X31.170 Z−20 P415 Q200 R0 F0.75	G76 螺纹循环的固定格式
结束	N310	G00 X200 Z200	快速退刀
	N320	M05	主轴停
	N330	M30	程序结束

10.14 双头特型轴数控车床零件加工工艺分析及编程

图 10-45 所示为双头特型轴。

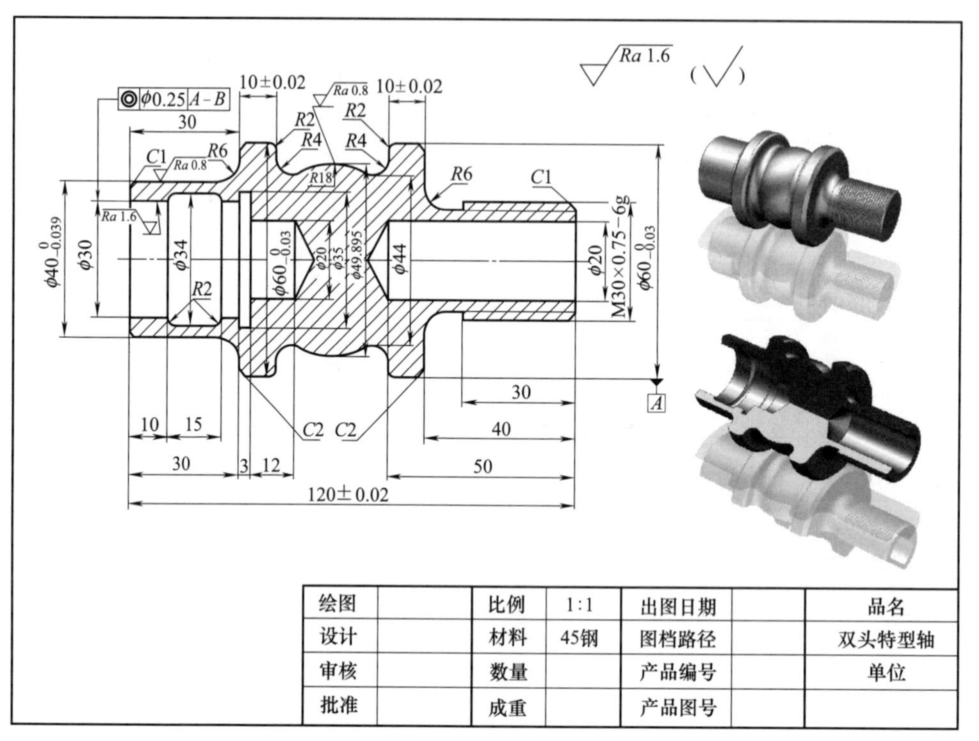

图 10-45 双头特型轴

10.14.1 零件图工艺分析

该零件表面由内外圆柱面及外螺纹等表面组成，其中多个直径尺寸与轴向尺寸有较高的尺寸精度和表面粗糙度要求。零件图尺寸标注完整，符合数控加工尺寸标注要求；轮廓描述清楚完整；零件材料为 45 钢，切削加工性能较好，无热处理和硬度要求。加工时按照从左到右的顺序进行程序编制和加工。

通过上述分析，采取以下几点工艺措施。

① 零件图样上带公差的尺寸，因公差值较小，故编程时不必取其平均值，而取基本尺寸即可。

② 左右端面均为多个尺寸的设计基准，注意尺寸的选择和加工速度的确定。

③ 零件需要掉头加工，注意掉头的对刀和端面找准。

④ $R18$mm 圆弧由两部分加工完成。

⑤ 注意装夹夹紧力大小，以免破坏零件形状。

10.14.2 确定装夹方案、加工顺序及走刀路线

(1) 加工右侧带有复杂内外圆的部分

用三爪自动定心卡盘夹紧，加工顺序按由粗到精、由近到远的原则确定，在一次装夹

中尽可能加工出较多的工件表面。结合本零件的结构特征，可先粗车外圆表面，然后加工外轮廓表面。由于该零件外圆部分由直线和圆弧面构成，因此采用G73循环，轮廓表面车削走刀可沿零件轮廓顺序进行，按图10-46所示路线加工；内圆部分采取先钻孔后镗孔的方法。

(2) 加工右侧带有螺纹的部分

用三爪自动定心卡盘按照图10-47所示位置夹紧，加工顺序按由外到内、由粗到精、由近到远的原则确定，在一次装夹中尽可能加工出较多的工件表面。结合本零件的结构特征，可先粗车外圆表面，然后加工外轮廓表面。由于该零件外圆部分由直线和大段圆弧面构成，因此采用G73循环，轮廓表面车削走刀可沿零件轮廓顺序进行，按图10-47所示路线加工；内圆部分采取先钻孔后镗孔的方法。

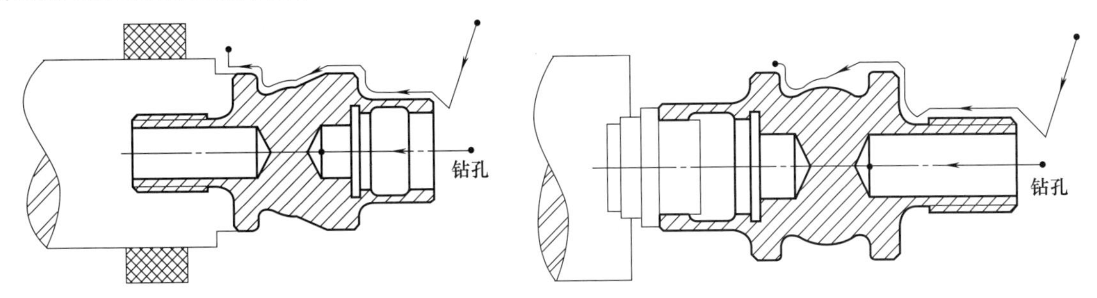

图10-46 零件右侧外轮廓及钻孔示意图　　图10-47 零件左侧外轮廓及钻孔示意图

10.14.3 刀具选择

将所选定的刀具参数填入表10-27所示双头特型轴数控加工刀具卡片中，以便于编程和操作管理。注意：车削外轮廓时，为防止副后刀面与工件表面发生干涉，应选择较大的副偏角，必要时可作图检验。

表10-27 双头特型轴数控加工刀具卡片

<table>
<tr><td colspan="2">产品名称或代号</td><td colspan="3">数控车工艺分析实例</td><td>零件名称</td><td colspan="2">双头特型轴</td><td>零件图号</td><td>Lathe-14</td></tr>
<tr><td>序号</td><td>刀具号</td><td colspan="3">刀具规格名称</td><td>数量</td><td colspan="2">加工表面</td><td>刀尖半径/mm</td><td>备注</td></tr>
<tr><td>1</td><td>T01</td><td colspan="3">45°硬质合金外圆车刀</td><td>1</td><td colspan="2">车端面</td><td>0.5</td><td>25mm×25mm</td></tr>
<tr><td>2</td><td>T02</td><td colspan="3">宽3mm切断刀(割槽刀)</td><td>1</td><td colspan="2">宽3mm</td><td></td><td></td></tr>
<tr><td>3</td><td>T03</td><td colspan="3">硬质合金60°外螺纹车刀</td><td>1</td><td colspan="2">螺纹</td><td></td><td></td></tr>
<tr><td>4</td><td>T04</td><td colspan="3">内圆车刀</td><td>1</td><td colspan="2"></td><td></td><td></td></tr>
<tr><td>5</td><td>T05</td><td colspan="3">宽4mm镗孔刀</td><td>1</td><td colspan="2">镗内孔基准面</td><td></td><td></td></tr>
<tr><td>6</td><td>T06</td><td colspan="3">宽3mm内割刀(内切槽刀)</td><td>1</td><td colspan="2">宽3mm</td><td></td><td></td></tr>
<tr><td>7</td><td>T07</td><td colspan="3">ϕ10mm中心钻</td><td>1</td><td colspan="2"></td><td></td><td></td></tr>
<tr><td colspan="2">编制</td><td>×××</td><td>审核</td><td colspan="2">×××</td><td>批准</td><td>×××</td><td>共1页</td><td>第1页</td></tr>
</table>

10.14.4 切削用量选择

根据被加工表面质量要求、刀具材料和工件材料，参考切削用量手册或有关资料选取切削速度与每转进给量，填入表10-28所示工序卡中。

表 10-28 双头特型轴数控加工工序卡

单位名称	××××		产品名称或代号		零件名称		零件图号
			数控车工艺分析实例		双头特型轴		Lathe-14
工序号	程序编号		夹具名称		使用设备		车间
001	Lathe-14		卡盘和自制心轴		FANUC 0i		数控中心
工步号	工步内容	刀具号	刀具规格/mm	主轴转速/(r/min)	进给速度/(mm/min)	背吃刀量/mm	备注
1	平端面	T01	25×25	800	80		自动
2	粗车外轮廓	T01	25×25	800	80	1.5	自动
3	精车外轮廓	T01	25×25	1200	40	0.2	自动
4	钻底孔	T07	ϕ10	800	20		自动
5	镗 ϕ30mm 和 ϕ20mm 内孔	T05	20×20	800	20		自动
6	切内槽(注意圆角)	T06	20×20	系统配给	系统配给		自动
7	掉头装夹						
8	粗车外轮廓	T01	25×25	800	80	1.5	自动
9	精车外轮廓	T01	25×25	1200	40	0.2	自动
10	螺纹倒角	T01	25×25	800	80	0.2	自动
11	切退刀槽	T02	25×25	800	20	0.2	自动
12	车 M30×0.75mm 螺纹	T03	20×20	系统配给	系统配给		自动
13	钻底孔	T07	ϕ10	800	20		自动
14	镗 ϕ20mm 的内孔	T05	20×20	800	20		自动
编制	××× 审核	×××	批准	×××	年 月 日	共 1 页	第 1 页

10.14.5 数控程序的编制

(1) 加工左侧带有复杂内外圆的部分

开始	N010	M03 S800	主轴正转,转速为 800r/min
	N020	T0101	换 01 号外圆车刀
	N030	G98	指定走刀按照 mm/min 进给
端面	N040	G00 X70 Z0	快速定位端面上方
	N050	G01 X0 F80	车削端面
粗车循环	N060	G00 X70 Z3	快速定位循环起点
	N070	G73 U17 W1.5 R12	X 向总吃刀量为 16mm,循环 12 次
	N080	G73 P90 Q220 U0.1 W0.1 F80	循环程序段 90～220
轮廓	N090	G00 X36 Z1	快速定位到倒角的延长线上
	N100	G01 X40 Z−1	车削倒角
	N110	G01 Z−24	车削 ϕ40mm 的外圆
	N120	G02 X52 Z−30 R6	车削 R6mm 的顺时针圆弧
	N130	G01 X56	车削 ϕ60mm 的外圆的右端面
	N140	G01 X60 Z−32	车削倒角
	N150	G01 Z−40	车削 ϕ60mm 的外圆
	N160	G01 X49.895 Z−55	斜向车削至 R18mm 圆弧顶端
	N170	G03 X45.072 Z−64 R18	车削 R18mm 的逆时针圆弧
	N180	G02 X52 Z−70 R4	车削 R4mm 的顺时针圆弧
	N190	G01 X56	车削 ϕ60mm 的外圆的右端面
	N200	G03 X60 Z−72 R2	车削 R3mm 的逆时针圆弧
	N210	G01 Z−80	车削 ϕ60mm 的外圆
	N220	G01 X65	提刀
精车循环	N230	M03 S1200	提高主轴转速到 1200r/min
	N240	G70 P90 Q220 F40	精车循环
钻孔	N250	M03 S800	主轴正转,转速为 800r/min
	N260	G00 X200 Z200	快速退刀,准备换刀
	N270	T0707	换 07 号钻头

续表

钻孔	N280	G00 X0 Z1	用镗孔循环钻孔，有利于排削
	N290	G74 R1	G74 镗孔循环固定格式
	N300	G74 X0 Z−45 P3000 Q0 R0 F20	G74 镗孔循环固定格式
镗孔	N310	G00 X200 Z200	快速退刀，准备换刀
	N320	T0505	换 05 号镗孔刀
	N330	G00 X16 Z1	定位镗孔循环的起点，镗 ϕ20mm 孔
	N350	G74 R1	G74 镗孔循环固定格式
	N360	G74 X20 Z−45 P3000 Q3800 R0 F20	G74 镗孔循环固定格式
	N370	G00 X26 Z1	定位镗孔循环的起点，镗 ϕ30mm 孔
	N380	G74 R1	G74 镗孔循环固定格式
	N390	G74 X30 Z−33 P3000 Q3800 R0 F20	G74 镗孔循环固定格式
内槽	N400	G00 X150 Z150	快速退刀，准备换刀
	N420	T0606	换 06 号内切槽刀
	N430	G00 X28 Z1	定位在孔的外部
	N440	G01 X28 Z−15 F40	定位 G75 切槽循环的起点
	N450	G75 R1	G75 切槽循环固定格式
	N460	G75 X34 Z−23 P3000 Q3800 R0 F20	G75 切槽循环固定格式
	N470	G01 X28 Z−13	移动至槽右侧内圆角外侧
	N480	G01 X30	接触工件
	N490	G03 X34 Z−15 R2	车削 R3mm 的逆时针圆弧
	N500	G01 Z−23	平槽底
	N510	G01 X28	提刀
	N520	G01 Z−25	移动至槽左侧内圆角外侧
	N530	G01 X30	接触工件
	N550	G02 X34 Z−23 R2	车削 R2mm 的顺时针圆弧
	N560	G01 X28	提刀
	N570	G01 Z−33	移动至左侧槽的上方
	N580	G01 X35	切槽
	N585	G04 P1000	暂停 1s，清槽底保证形状
	N590	G01 X28	提刀
	N600	G01 Z1	退出孔内部
结束	N620	G00 X200 Z200	快速退刀
	N630	M05	主轴停
	N640	M30	程序结束

(2) 加工右侧带有螺纹的部分

开始	N010	M03 S800	主轴正转，转速为 800r/min
	N020	T0101	换 01 号外圆车刀
	N030	G98	指定走刀按照 mm/min 进给
端面	N040	G00 X70 Z0	快速定位工件端面上方
	N050	G01 X0 F80	做端面，走刀速度为 80mm/min
粗车循环	N060	G00 X70 Z3	快速定位循环起点
	N070	G73 U22 W1.5 R14	X 向总吃刀量为 22mm，循环 14 次
	N080	G73 P90 Q230 U0.1 W0.1 F80	循环程序段 90～230
轮廓	N090	G01 X26 Z1	快速定位倒角延长线处
	N120	G01 X30 Z−1	车削倒角
	N130	G01 Z−30	车削 ϕ30mm 的外圆
	N140	G01 X28 Z−33	斜向车削至 ϕ28mm 外圆处
	N150	G01 Z−34	平槽底部分
	N160	G02 X40 Z−40 R6	车削 R6mm 的顺时针圆弧
	N170	G01 X56	车削 ϕ60mm 外圆的右端面
	N180	G01 X60 Z−42	车削倒角
	N190	G01 Z−50	车削 ϕ60mm 的外圆

续表

轮廓	N200	G01 X49.895 Z−65	斜向车削至 R18mm 的弧顶
	N210	G03 X45.072 Z−74 R18	车削 R18mm 的逆时针圆弧
	N220	G02 X52 Z−80 R4	车削 R4mm 的顺时针圆弧
	N230	G01 X56	车削 ϕ60mm 的外圆的右端面
	N240	G03 X60 Z−82 R2	车削 R2mm 的逆时针圆弧
精车循环	N250	M03 S1200	提高主轴转速到 1200r/min
	N260	G70 P90 Q240 F40	精车
切槽	N270	G00 X150 Z150	快速退刀,准备换刀
	N280	T0202	换 02 号切槽刀
	N290	G00 X33 Z−33	快速定位至槽上方
	N300	G01 X28 F20	切槽,速度为 20mm/min
	N310	G04 P1000	暂停 1s,清槽底,保证形状
	N320	G01 X33 F40	提刀
螺纹	N330	G00 X150 Z150	快速退刀,准备换刀
	N350	T0303	换 03 号螺纹刀
	N360	G00 X32 Z3	定位到螺纹循环起点
	N370	G76 P020060 Q50 R0.05	G76 螺纹循环固定格式
	N380	G76 X29.170 Z−32 P415 Q200 R0 F0.75	G76 螺纹循环固定格式
钻孔	N390	G00 X200 Z200	快速退刀,准备换刀
	N400	T0707	换 07 号钻头
	N420	G00 X0 Z1	用镗孔循环钻孔,有利于排削
	N430	G01 X0 Z−50 F15	G74 镗孔循环固定格式
	N440	G01 X0 Z1 F40	G74 镗孔循环固定格式
镗孔	N450	G00 X200 Z200	快速退刀,准备换刀
	N460	T0505	换 05 号镗孔刀
	N470	G00 X16 Z1	定位镗孔循环的起点
	N480	G74 R1	G74 镗孔循环固定格式
	N490	G74 X20 Z−50 P3000 Q3800 R0 F20	G74 镗孔循环固定格式
结束	N500	G00 X200 Z200	快速退刀
	N510	M05	主轴停
	N520	M30	程序结束

10.15 球身螺纹轴零件数控车床加工工艺分析及编程

图 10-48 所示为球身螺纹轴零件。

10.15.1 零件图工艺分析

该零件表面由外圆柱面、弧面及外螺纹等表面组成，其中多个直径尺寸与轴向尺寸有较高的尺寸精度和表面粗糙度要求。零件图尺寸标注完整，符合数控加工尺寸标注要求；轮廓描述清楚完整；零件材料为 45 钢，切削加工性能较好，无热处理和硬度要求。加工时按照从右到左的顺序进行程序编制和加工。

通过上述分析，采取以下几点工艺措施。

① 零件图样上带公差的尺寸，因公差值较小，故编程时取基本尺寸即可。

② 该零件为细长轴零件，加工前，应该先将左右端面车出来，手动粗车端面，钻中心孔。

③ 尾部 ϕ26mm 处用切槽刀加工，注意尺寸的选择和加工速度的确定。

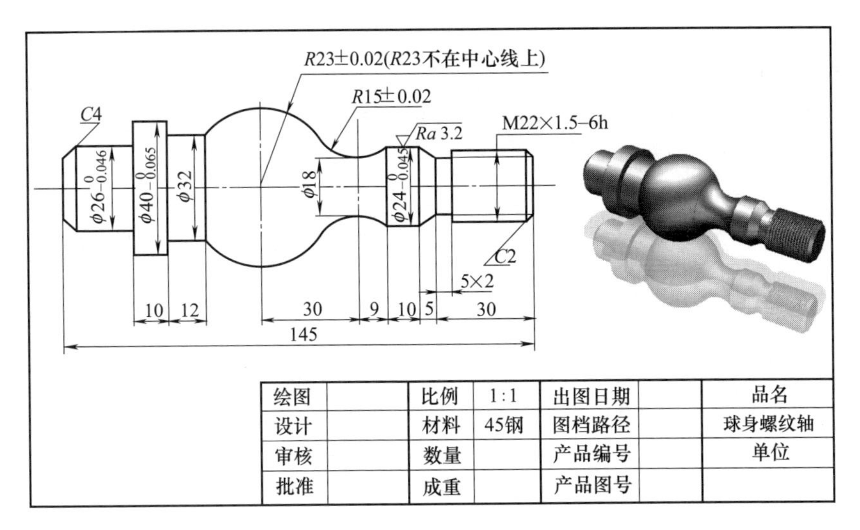

图 10-48　球身螺纹轴零件

10.15.2　确定装夹方案

用三爪自动定心卡盘夹紧，心轴右端留有中心孔并用尾座顶尖顶紧以提高工艺系统的刚性，如图 10-49 所示。

10.15.3　确定加工顺序及走刀路线

加工顺序按由内到外、由粗到精、由近到远的原则确定，在一次装夹中尽可能加工出较多的工件表面。结合本零件的结构特征，可先粗车外圆表面，然后加工外轮廓表面。由于该零件圆弧部分较多较长，因此采用 G73 循环，走刀路线设计不必考虑最短进给路线或最短空行程路线，外轮廓表面车削走刀可沿零件轮廓顺序进行，按图 10-50 所示路线加工，注意外圆轮廓的最低点在 ϕ18mm 的圆弧处。

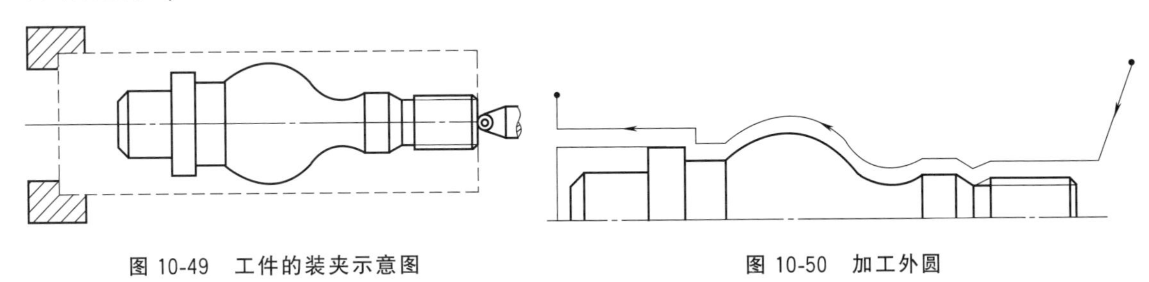

图 10-49　工件的装夹示意图　　图 10-50　加工外圆

外圆精加工完成后，用切槽刀加工螺纹退刀槽；加工完螺纹后，加工尾部 ϕ26mm 的外圆，如图 10-51 所示。

最后用切槽刀精车尾部和切断，如图 10-52 所示。

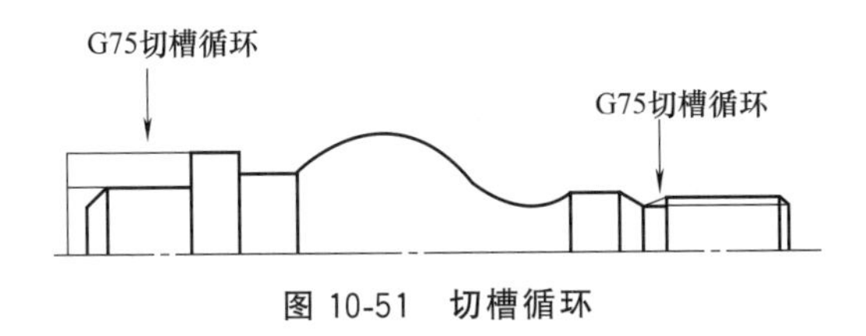

图 10-51　切槽循环

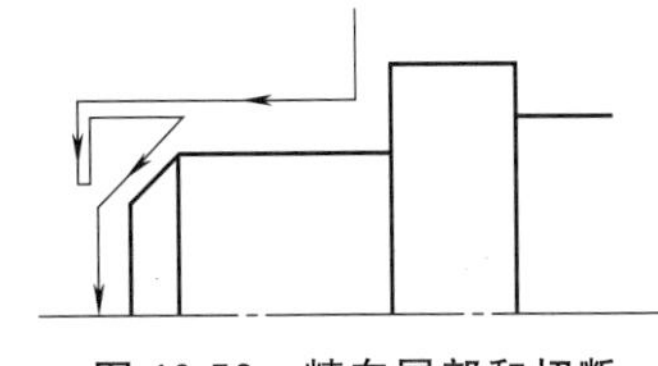

图 10-52　精车尾部和切断

10.15.4 刀具选择

将所选定的刀具参数填入表10-29所示球身螺纹轴零件数控加工刀具卡片中，以便于编程和操作管理。注意：车削外轮廓时，为防止副后刀面与工件表面发生干涉，应选择较大的副偏角，必要时可作图检验。

表 10-29 球身螺纹轴数控加工刀具卡片

产品名称或代号		数控车工艺分析实例	零件名称		球身螺纹轴	零件图号	Lathe-15
序号	刀具号	刀具规格名称	数量	加工表面		刀尖半径/mm	备注
1	T01	45°硬质合金外圆车刀	1	车端面		0.5	25mm×25mm
2	T02	宽4mm切断刀(割槽刀)	1	宽4mm			
3	T03	硬质合金60°外螺纹车刀	1	螺纹			
4	T06	ϕ5mm钻头	1	钻5mm中心孔			
编制	×××	审核	×××	批准	×××	共1页	第1页

10.15.5 切削用量选择

根据被加工表面质量要求、刀具材料和工件材料，参考切削用量手册或有关资料选取切削速度与每转进给量，填入表10-30所示工序卡中。

表 10-30 球身螺纹轴数控加工工序卡

单位名称	××××		产品名称或代号		零件名称		零件图号		
			数控车工艺分析实例		球身螺纹轴		Lathe-15		
工序号	程序编号		夹具名称		使用设备		车间		
001	Lathe-15		卡盘和自制心轴		FANUC 0i		数控中心		
工步号	工步内容		刀具号	刀具规格/mm	主轴转速/(r/min)	进给速度/(mm/min)	背吃刀量/mm	备注	
1	平端面		T01	25×25	800	80		手动	
2	钻5mm中心孔		T06	ϕ5	800	20		手动	
3	粗车外轮廓		T01	25×25	800	80	1.5	自动	
4	精车外轮廓		T01	25×25	1200	40	0.2	自动	
5	螺纹倒角		T01	25×25	800	80		自动	
6	切螺纹退刀槽		T02	20×20	800	20		自动	
7	攻M30×0.75mm螺纹		T03	20×20	系统配给	系统配给		自动	
8	切尾部ϕ26mm外圆		T02	25×25	800	20	0.2	自动	
	精车槽和切断		T02	20×20	800	20		自动	
编制	×××	审核	×××	批准	×××	年 月 日	共1页	第1页	

10.15.6 数控程序的编制

开始	N010	M03 S800	主轴正转，转速为800r/min
	N020	T0101	换01号外圆车刀
	N030	G98	指定走刀按照mm/min进给
粗车循环	N040	G00 X58 Z3	快速定位循环起点
	N050	G73 U20 W1.5 R14	X向总吃刀量为20mm，循环14次
	N060	G73 P70 Q170 U0.1 W0.1 F80	循环程序段90～180
轮廓	N070	G00 X22 Z1	快速定位到轮廓右端1mm处
	N080	G01 Z−25	车削ϕ22mm的外圆
	N090	G01 X18 Z−30	斜向车削
	N100	G01 X24 Z−35	斜向车削ϕ24mm的外圆处
	N110	G01 Z−45	车削ϕ24mm的外圆

续表

轮廓	N120	G02 X29.586 Z−65.842 R15	车削 R15mm 的顺时针圆弧
	N130	G03 X32 Z−101.152 R23	车削 R23mm 的逆时针圆弧
	N140	G01 Z−113.152	车削 ϕ32mm 的外圆
	N150	G01 X40	车削 ϕ40mm 外圆的右侧端面
	N160	G01 Z−149	车削 ϕ40mm 的外圆
	N170	G01 X50	提刀
精车循环	N180	M03 S1200	提高主轴转速到 1200r/min
	N190	G70 P70 Q170 F40	精车
倒角	N200	M03 S800	降低主轴转速到 700r/min
	N210	G00 X16 Z1	定位到倒角的延长线
	N220	G01 X22 Z−2 F80	车削倒角
切槽	N230	G00 X150 Z150	快速退刀,准备换刀
	N240	T0202	换 02 号切槽刀
	N250	G00 X25 Z−29	定位切槽循环的起点
	N260	G75 R1	G75 切槽循环固定格式
	N270	G75 X18 Z−30 P3000 Q3800 R0 F20	G75 切槽循环固定格式
螺纹	N280	G00 X150 Z150	快速退刀,准备换刀
	N290	T0303	换 03 号螺纹刀
	N300	G00 X25 Z3	定位螺纹循环的起点
	N310	G76 P030060 Q100 R0.08	G76 螺纹循环固定格式
	N320	G76 X20.3395 Z−16 P830.25 Q400 R0 F1.5	G76 螺纹循环固定格式
切尾部外圆	N330	M03 S700	降低主轴转速到 700r/min
	N340	G00 X150 Z150	快速退刀,准备换刀
	N350	T0202	换 02 号切槽刀
	N360	G00 X45 Z−127.152	定位切槽循环的起点
	N370	G75 R1	G75 切槽循环固定格式
	N380	G75 X26 Z−149 P3000 Q3800 R0 F20	G75 切槽循环固定格式
精车倒角	N390	G01 X26 F20	接触工件
	N400	G01 Z−149	精车 ϕ26mm 的外圆
	N410	G01 X18	为倒角做准备,切除多余部分
	N420	G01 X26	提刀
	N430	G01 Z−145	定位至倒角起点
	N440	G01 X18 Z−149	车削倒角
切断	N450	G01 X0	切断
结束	N460	G00 X200 Z200	快速退刀
	N470	M05	主轴停
	N480	M30	程序结束

10.16 双头多槽螺纹件数控车床加工工艺分析及编程

图 10-53 所示为双头多槽螺纹件。

10.16.1 零件图工艺分析

该零件表面由外圆柱面、多个等距槽及外螺纹等表面组成，其中多个直径尺寸与轴向尺寸有较高的尺寸精度和表面粗糙度要求。零件图尺寸标注完整，符合数控加工尺寸标注要求；轮廓描述清楚完整；零件材料为 45 钢，切削加工性能较好，无热处理和硬度要求。加工时按照从左到右的顺序进行程序编制和加工。

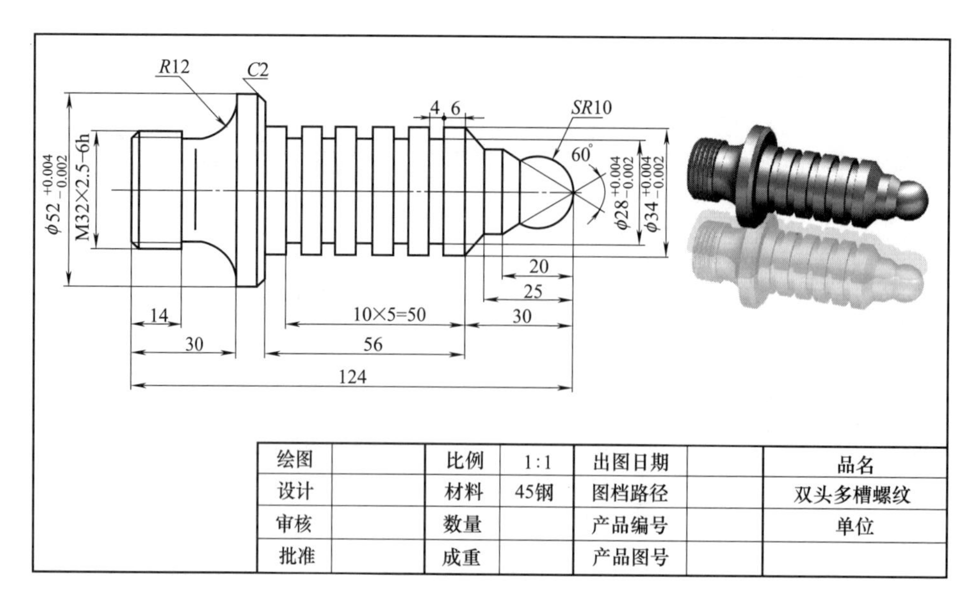

图 10-53 双头多槽螺纹件

通过上述分析，采取以下几点工艺措施。

① 零件图样上带公差的尺寸，因公差值较小，故编程时不必取其平均值，而取基本尺寸即可。

② 左右端面均为多个尺寸的设计基准，注意尺寸的选择和加工速度的确定。

③ 零件需要掉头加工，注意掉头的对刀和端面找准。

10.16.2 确定装夹方案、加工顺序及走刀路线

(1) 加工右侧多个等距槽的部分

用三爪自动定心卡盘夹紧，加工顺序按由粗到精、由近到远的原则确定，在一次装夹中尽可能加工出较多的工件表面。结合本零件的结构特征，可先粗车外圆表面，然后加工外轮廓表面。由于该零件外圆部分由直线和圆弧面构成，因此先用 G71 循环车去大部分外圆轮廓，再用 G73 循环加工前端圆弧较多的外形，可大大提高加工速度。轮廓表面车削走刀可沿零件轮廓顺序进行，按图 10-54 所示路线加工。

(2) 加工左侧带有螺纹的部分

用三爪自动定心卡盘按照图 10-55 所示位置夹紧，加工顺序按由外到内、由粗到精、由近到远的原则确定，在一次装夹中尽可能加工出较多的工件表面。结合本零件的结构特征，可先粗车外圆表面，然后加工外轮廓表面。由于该零件外圆部分有凹陷的形状，因此采用 G73 循环，轮廓表面车削走刀可沿零件轮廓顺序进行，按图 10-55 所示路线加工。

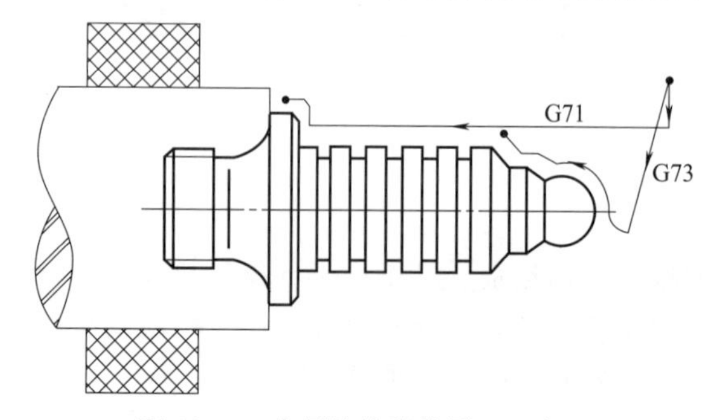

图 10-54 右侧外轮廓的循环示意图

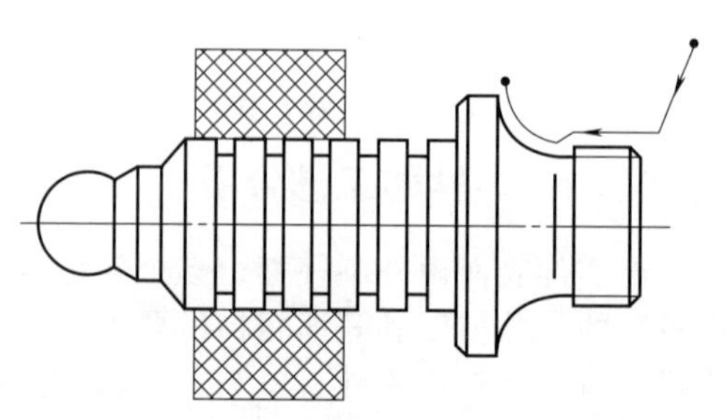

图 10-55 左侧外轮廓的循环示意图

10.16.3 刀具选择

将所选定的刀具参数填入表10-31所示双头多槽螺纹件数控加工刀具卡片中，以便于编程和操作管理。

表10-31 双头多槽螺纹件数控加工刀具卡片

产品名称或代号		数控车工艺分析实例		零件名称	双头多槽螺纹件		零件图号	Lathe-16
序号	刀具号	刀具规格名称		数量	加工表面		刀尖半径/mm	备注
1	T01	45°硬质合金外圆车刀		1	车端面		0.5	25mm×25mm
2	T02	宽4mm切断刀(割槽刀)		1	宽4mm			
3	T03	硬质合金60°外螺纹车刀		1	螺纹			
编制		×××	审核	×××	批准	×××	共1页	第1页

10.16.4 切削用量选择

根据被加工表面质量要求、刀具材料和工件材料，参考切削用量手册或有关资料选取切削速度与每转进给量，填入表10-32所示工序卡中。

表10-32 双头多槽螺纹件数控加工工序卡

单位名称		××××		产品名称或代号		零件名称		零件图号	
				数控车工艺分析实例		双头多槽螺纹件		Lathe-16	
工序号		程序编号		夹具名称		使用设备		车间	
001		Lathe-16		卡盘和自制心轴		FANUC 0i		数控中心	
工步号	工步内容		刀具号		刀具规格/mm	主轴转速/(r/min)	进给速度/(mm/min)	背吃刀量/mm	备注
1	G71粗车外轮廓		T01		25×25	800	80	1.5	自动
2	G73粗车外轮廓		T01		25×25	800	80	1.5	
3	G70精车外轮廓		T01		25×25	1200	40	0.2	
4	切槽		T02		20×20	800	20		自动
5	掉头装夹								
6	G73粗车外轮廓		T01		25×25	800	80	1.5	自动
7	G73精车外轮廓		T01		25×25	1200	40	0.2	自动
8	螺纹倒角		T01		25×25	800	80	0.2	自动
9	切退刀槽		T02		25×25	800	20	0.2	自动
10	车M22×1.5mm螺纹		T03		20×20	系统配给	系统配给		自动
编制	×××	审核	×××	批准	×××	年 月 日		共1页	第1页

10.16.5 数控程序的编制

(1) 加工右侧多个等距槽的部分

开始	N010	M03 S800	主轴正转，转速为800r/min
	N020	T0101	换01号外圆车刀
	N030	G98	指定走刀按照mm/min进给
粗车循环	N040	G00 X60 Z3	快速定位循环起点
	N050	G71 U1.5 R1	X向每次吃刀量为1.5mm，退刀量为1mm
	N060	G71 P70 Q110 U0.1 W0.1 F80	循环程序段70～110
轮廓	N070	G00 X34	快速定位到轮廓右端3mm处
	N080	G01 Z−86	车削ϕ34mm的外圆
	N090	G01 X48	车削至ϕ48mm的外圆处
	N100	G01 X52 Z−88	车削C2mm倒角
	N110	G01 Z−95	车削ϕ52mm的外圆

续表

精车	N120	M03 S1200	提高主轴转速到1200r/min
	N130	G70 P70 Q110 F40	精车
粗车循环	N140	M03 S800	主轴正转,转速为800r/min
	N150	G00 X40 Z3	快速定位循环起点
	N160	G73 U20 W1.5 R14	X向总吃刀量为1.5mm,循环20次
	N170	G73 P180 Q230 U0.1 W0.1 F80	循环程序段180～230
轮廓	N180	G00 X−4 Z2	快速定位到相切圆弧起点
	N190	G02 X0 Z0 R2	车削R2mm的过渡顺时针圆弧
	N200	G03 X17.321 Z−15 R10	车削R10mm的逆时针圆弧
	N210	G01 X23.094 Z−20	斜向车削至ϕ23.094mm的外圆处
	N220	G01 Z−25	车削ϕ23.094mm的外圆
	N230	G01 X34 Z−30	斜向车削至ϕ34mm的外圆处
精车循环	N240	M03 S1200	提高主轴转速到1200r/min
	N250	G70 P180 Q230 F40	精车
切5个连续槽	N260	M03 S800	降低主轴转速到800r/min
	N270	G00 X150 Z150	快速退刀,准备换刀
	N280	T0202	换02号切槽刀
	N290	G00 X35 Z−40	定位切槽循环的起点
	N300	G75 R1	G75切槽循环固定格式
	N310	G75 X28 Z−80 P3000 Q10000 R0 F20	G75切槽循环固定格式
结束	N320	G00 X200 Z200	提刀
	N330	M05	主轴停
	N340	M30	程序结束

(2) 加工左侧带有螺纹的部分

开始	N010	M03 S800	主轴正转,转速为800r/min
	N020	T0101	换01号外圆车刀
	N030	G98	指定走刀按照mm/min进给
端面	N040	G00 X60 Z0	快速定位工件端面上方
	N050	G01 X0 F80	做端面,走刀速度为80mm/min
粗车循环	N060	G00 X60 Z3	快速定位循环起点
	N070	G73 U16 W1.5 R11	X向总吃刀量为16mm,循环11次
	N080	G73 P90 Q120 U0.1 W0.1 F80	循环程序段90～120
轮廓	N090	G00 X32 Z1	快速定位到轮廓右端1mm处
	N100	G01 Z−14	车削ϕ32mm的外圆
	N110	G01 X28 Z−18	斜向车削至ϕ28mm的外圆处
	N120	G02 X52 Z−30 R12	车削R12mm的顺时针圆弧
精车循环	N130	M03 S1200	提高主轴转速到1200r/min
	N140	G70 P90 Q120 F40	精车
倒角	N150	M03 S800	主轴正转,转速为800r/min
	N160	G00 X26 Z1	快速退刀,准备换刀
	N170	G01 X32 Z−2 F80	车削倒角
切槽	N180	G00 X150 Z150	快速退刀,准备换刀
	N190	T0202	换02号切槽刀
	N200	G00 X35 Z−18	定位在螺纹退刀槽正上方
	N210	G01 X28 F20	切槽
	N220	G04 P1000	暂停1s,清理槽底
	N230	G01 X35 F40	提刀
螺纹	N240	G00 X150 Z150	快速退刀,准备换刀
	N250	T0303	换03号螺纹刀
	N260	G00 X35 Z3	定位到螺纹循环起点
	N270	G76 P040060 Q100 R0.1	G76螺纹循环固定格式
	N280	G76 X29.2325 Z−16 P1384 Q600 R0 F2.5	G76螺纹循环固定格式
结束	N290	G00 X200 Z200	快速退刀
	N300	M05	主轴停
	N310	M30	程序结束

10.17 双头内外螺纹轴零件数控车床加工工艺分析及编程

图 10-56 所示为双头内外螺纹轴零件。

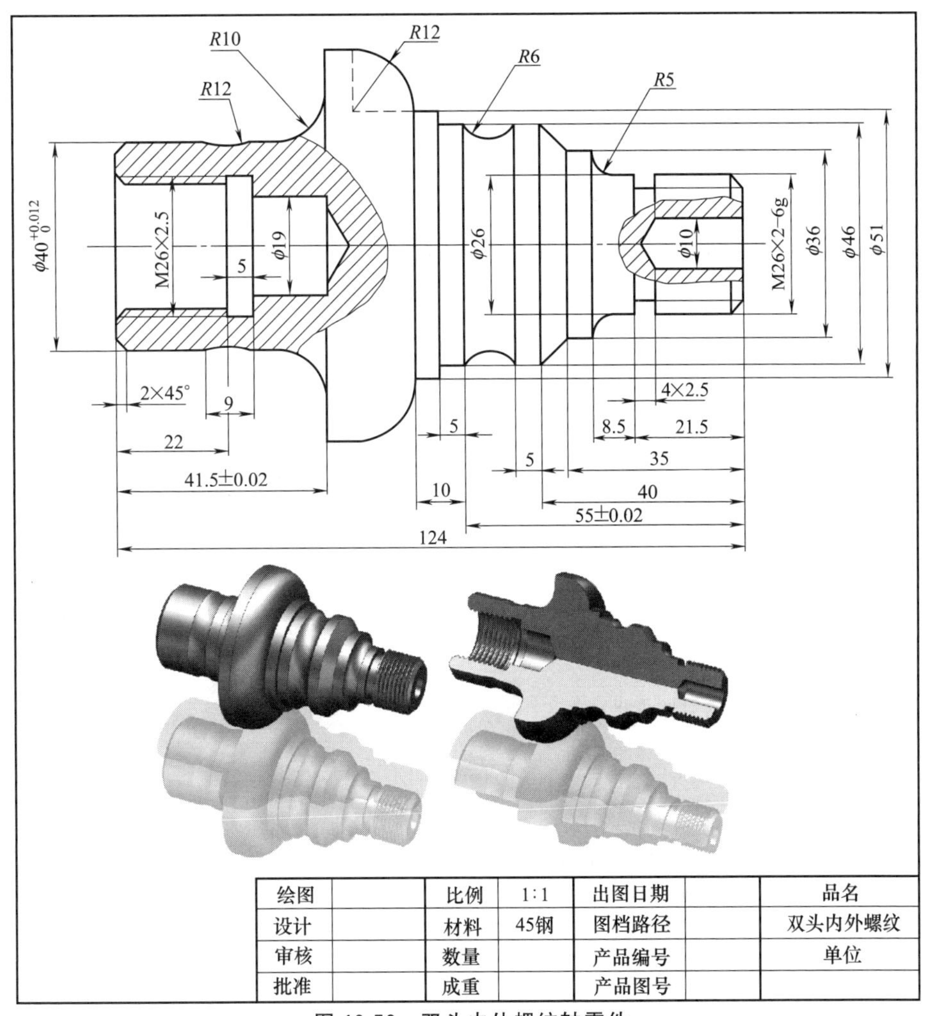

图 10-56 双头内外螺纹轴零件

10.17.1 零件图工艺分析

该零件表面由内外圆柱面及内外螺纹等表面组成，其中多个直径尺寸与轴向尺寸有较高的尺寸精度和表面粗糙度要求。零件图尺寸标注完整，符合数控加工尺寸标注要求；轮廓描述清楚完整；零件材料为 45 钢，切削加工性能较好，无热处理和硬度要求。加工时按照从右到左的顺序进行程序编制和加工。

通过上述分析，采取以下几点工艺措施。

① 零件图样上带公差的尺寸，因公差值较小，故编程时基本尺寸即可。

② 左右端面均为多个尺寸的设计基准，注意尺寸的选择和加工速度的确定。

③ 零件需要掉头加工，注意掉头的对刀和端面找准。先加工外螺纹部分，再掉头加工内

孔和内螺纹的部分。

10.17.2 确定装夹方案、加工顺序及走刀路线

(1) 加工右侧带有外螺纹的部分

用三爪自动定心卡盘夹紧，加工顺序按由粗到精、由近到远的原则确定，在一次装夹中尽可能加工出较多的工件表面。结合本零件的结构特征，可先粗车外圆表面，然后加工外轮廓表面。由于该零件外圆部分由直线和圆弧面构成，因此采用 G73 循环，轮廓表面车削走刀可沿零件轮廓顺序进行，按图 10-57 所示路线加工。外圆加工好之后再做螺纹倒角和退刀槽。

(2) 加工左侧带有内螺纹的部分

用三爪自动定心卡盘按照图 10-58 所示位置夹紧，加工顺序按由外到内、由粗到精、由近到远的原则确定，在一次装夹中尽可能加工出较多的工件表面。结合本零件的结构特征，可先粗车外圆表面，然后加工外轮廓表面。由于该零件外圆部分出现凹陷形状，为保证工件表面的一致性，采用 G73 循环，轮廓表面车削走刀可沿零件轮廓顺序进行，按图 10-58 所示路线加工；内圆部分采取先钻孔后镗孔的方法。

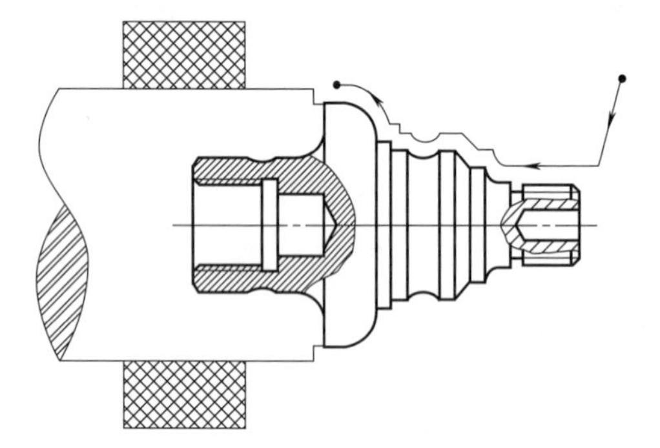

图 10-57 右侧外轮廓编程路线

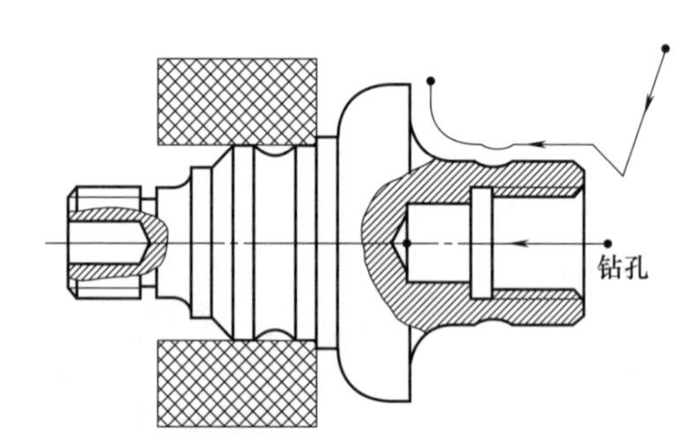

图 10-58 左侧形状的编程路线

10.17.3 刀具选择

将所选定的刀具参数填入表 10-33 所示双头内外螺纹轴数控加工刀具卡片中。

表 10-33 双头内外螺纹轴数控加工刀具卡片

<table>
<tr><td colspan="2">产品名称或代号</td><td colspan="2">数控车工艺分析实例</td><td colspan="2">零件名称</td><td colspan="2">双头内外螺纹轴</td><td>零件图号</td><td>Lathe-17</td></tr>
<tr><td>序号</td><td>刀具号</td><td colspan="2">刀具规格名称</td><td>数量</td><td colspan="3">加工表面</td><td>刀尖半径/mm</td><td>备注</td></tr>
<tr><td>1</td><td>T01</td><td colspan="2">45°硬质合金外圆车刀</td><td>1</td><td colspan="3">车端面</td><td>0.5</td><td>25mm×25mm</td></tr>
<tr><td>2</td><td>T02</td><td colspan="2">宽 4mm 切断刀(割槽刀)</td><td>1</td><td colspan="3">宽 4mm</td><td></td><td></td></tr>
<tr><td>3</td><td>T03</td><td colspan="2">硬质合金 60°外螺纹车刀</td><td>1</td><td colspan="3">螺纹</td><td></td><td></td></tr>
<tr><td>4</td><td>T04</td><td colspan="2">宽 4mm 镗孔刀</td><td>1</td><td colspan="3"></td><td></td><td></td></tr>
<tr><td>5</td><td>T05</td><td colspan="2">宽 3mm 内割刀(内切槽刀)</td><td>1</td><td colspan="3">镗内孔基准面</td><td></td><td></td></tr>
<tr><td>6</td><td>T06</td><td colspan="2">内螺纹刀</td><td>1</td><td colspan="3">宽 3mm</td><td></td><td></td></tr>
<tr><td>7</td><td>T07</td><td colspan="2">ϕ10mm 中心钻</td><td>1</td><td colspan="3"></td><td></td><td></td></tr>
<tr><td colspan="2">编制</td><td>×××</td><td>审核</td><td>×××</td><td>批准</td><td colspan="2">×××</td><td>共 1 页</td><td>第 1 页</td></tr>
</table>

10.17.4 切削用量选择

根据被加工表面质量要求、刀具材料和工件材料，参考切削用量手册或有关资料选取切削速度与每转进给量，填入表 10-34 所示工序卡中。

表 10-34 双头内外螺纹轴数控加工工序卡

单位名称	××××	产品名称或代号	零件名称	零件图号
		数控车工艺分析实例	双头内外螺纹轴	Lathe-17
工序号	程序编号	夹具名称	使用设备	车间
001	Lathe-17	卡盘和自制心轴	FANUC 0i	数控中心

工步号	工步内容	刀具号	刀具规格/mm	主轴转速/(r/min)	进给速度/(mm/min)	背吃刀量/mm	备注
1	平端面	T01	25×25	800	80		自动
2	粗车外轮廓	T01	25×25	800	80	1.5	自动
3	精车外轮廓	T01	25×25	1200	40	0.2	自动
	螺纹倒角	T01	25×25	800	80		自动
4	切槽	T02	20×20	800	20		自动
5	车 M26×2mm 螺纹	T03	20×20	系统配给	系统配给		自动
6	钻孔	T07	ϕ10	800	20		自动
7	镗内孔	T05	25×25	800	20		自动
8	掉头装夹						
9	粗车外轮廓	T01	25×25	800	80	1.5	自动
10	精车外轮廓	T01	25×25	1200	40	0.2	自动
11	钻孔	T07	ϕ10	800	20		自动
12	镗内孔	T05	25×25	800	20		自动
13	切内槽	T05	25×25	800	20		自动
14	车内螺纹	T06	20×20	系统配给	系统配给		自动
编制	××× 审核 ×××	批准	×××	年 月 日		共1页	第1页

10.17.5 数控程序的编制

(1) 加工右侧带有外螺纹的部分

开始	N010	M03 S800	主轴正转,转速为 800r/min
	N020	T0101	换 01 号外圆车刀
	N030	G98	指定走刀按照 mm/min 进给
端面	N040	G00 X82 Z0	快速定位工件端面上方
	N050	G01 X0 F80	做端面,走刀速度为 80mm/min
粗车循环	N060	G00 X82 Z3	快速定位循环起点
	N070	G73 U28 W1.5 R19	X 向总吃刀量为 28mm,循环 19 次
	N080	G73 P90 Q200 U0.1 W0.1 F80	循环程序段 90~200
轮廓	N090	G00 X26 Z1	快速定位到轮廓右端 2mm 处
	N100	G01 Z−25	车削 ϕ26mm 的外圆
	N110	G02 X36 Z−30 R5	车削 R5mm 的顺时针圆弧
	N120	G01 Z−35	车削 ϕ36mm 的外圆
	N130	G01 X46 Z−40	斜向车削至 ϕ36mm 的外圆
	N140	G01 Z−45	车削 ϕ46mm 的外圆
	N150	G02 X46 Z−55 R6	车削 R5mm 的顺时针圆弧
	N160	G01 Z−60	车削 ϕ46mm 的外圆
	N170	G01 X51	车削至 ϕ51mm 的外圆处
	N180	G01 Z−65	车削 ϕ51mm 的外圆
	N190	G03 X75 Z−77 R12	车削 R12mm 的逆时针圆弧
	N200	G01 Z−83	车削 ϕ75mm 的外圆
精车循环	N210	M03 S1200	提高主轴转速到 1200r/min
	N220	G70 P90 Q200 F40	精车
倒角	N230	M03 S800	主轴正转,转速为 800r/min
	N240	G00 X20 Z1	快速定位在倒角的延长线处
	N250	G01 X26 Z−2 F80	车削倒角

续表

切槽	N260	G00 X150 Z150	快速退刀，准备换刀
	N270	T0202	换02号切槽刀
	N280	G00 X28 Z−21.5	定位在螺纹退刀槽的正上方
	N290	G01 X21 F20	切槽，速度为20mm/min
	N300	G04 P1000	暂停1s，清槽底，保证形状
	N310	G01 X28 F40	提刀
螺纹	N320	G00 X150 Z150	快速退刀
	N330	T0303	换03号螺纹刀
	N340	G00 X28 Z3	定位到螺纹循环起点
	N350	G76 P020060 Q100 R0.08	G76螺纹循环固定格式
	N360	G76 X23.786 Z−19.5 P1107 Q500 R0 F2	G76螺纹循环固定格式
钻孔	N370	M03 S800	主轴正转，转速为800r/min
	N380	G00 X150 Z150	快速退刀，准备换刀
	N390	T0707	换07号钻头
	N400	G00 X0 Z1	快速定位
	N410	G01 Z−17.5 F15	钻孔
	N420	G01 Z1 F40	退出孔
结束	N430	G00 X200 Z200	快速退刀，准备换刀
	N440	M05	快速退刀
	N450	M30	主轴停

(2) 加工左侧带有内螺纹的部分

开始	N010	M03 S800	主轴正转，转速为800r/min
	N020	T0101	换01号外圆车刀
	N030	G98	指定走刀按照mm/min进给
端面	N040	G00 X82 Z0	快速定位工件端面上方
	N050	G01 X0 F80	做端面，走刀速度为80mm/min
粗车循环	N060	G00 X82 Z3	快速定位循环起点
	N070	G73 U24 W1.5 R16	X向总吃刀量为24mm，循环16次
	N080	G73 P90 Q150 U0.1 W0.1 F80	循环程序段90～150
轮廓	N090	G00 X34 Z1	快速定位倒角延长线
	N100	G01 X40 Z−2	车削倒角
	N110	G01 Z−17.5	车削ϕ40mm的外圆
	N120	G02 X40 Z−26.5 R12	车削R12mm的顺时针圆弧
	N130	G01 Z−31.5	车削ϕ40mm的外圆
	N140	G02 X60 Z−41.5 R10	车削R10mm的顺时针圆弧
	N150	G01 X75	车削至ϕ40mm的外圆处
精车循环	N160	M03 S1200	提高主轴转速到1200r/min
	N170	G70 P90 Q150 F40	精车
钻孔	N180	M03 S800	主轴正转，转速为800r/min
	N190	G00 X200 Z200	快速退刀，准备换刀
	N200	T0707	换07号钻头
	N210	G00 X0 Z1	快速定位到工件右侧1mm处
	N220	G01 X0 Z−42 F15	钻孔
	N230	G01 X0 Z1 F40	退出孔
镗孔	N240	G00 X200 Z200	快速退刀，准备换刀
	N250	T0404	换04号镗孔刀
	N260	G00 X16 Z1	定位镗孔循环的起点，镗ϕ25mm孔
	N270	G74 R1	G74镗孔循环固定格式
	N280	G74 X19 Z−42 P3000 Q2800 R0 F20	G74镗孔循环固定格式

续表

精车内孔	N290	G00 X26	快速定位在工件右侧1mm处
	N300	G01 Z0 F20	接触工件
	N310	G01 X23.2325 Z-2	车削倒角
	N320	G01 Z-27	车削 ϕ23.25mm的内圆
	N330	G01 X19	车削 ϕ19mm的内圆右侧端面
	N340	G01 Z-42	车削 ϕ19mm的内圆
	N350	G01 X0	精车孔底
	N360	G01 Z1 F70	退出孔内部
切内槽	N370	G00 X200 Z200	快速退刀,准备换刀
	N380	T0505	换05号内割刀(内切槽刀)
	N390	G00 X20 Z1	快速定位孔的外端1mm处
	N400	G01 Z-26 F40	移动到内槽的下方
	N410	G01 X27 F15	切内槽
	N420	G04 P1000	暂停1s,清理槽底
	N430	G01 X18 F40	提刀
	N440	G01 Z-27	移动到内槽的下一个位置
	N450	G01 X27 F15	切内槽
	N460	G04 P1000	暂停1s,清理槽底
	N470	G01 X20 F40	提刀
	N480	G01 Z1	退出孔内部
内螺纹	N490	G00 X200 Z200	快速退刀,准备换刀
	N500	T0606	换06号内螺纹刀
	N510	G00 X20 Z3	定位螺纹循环的起点
	N520	G76 P020060 R100 Q-0.1	G76螺纹循环固定格式
	N530	G76 X26 Z-24 R0 P1384 Q600F2.5	G76螺纹循环固定格式
结束	N540	G00 X200 Z200	快速退刀,准备换刀
	N550	M05	快速退刀
	N560	M30	主轴停

10.18 圆弧螺纹组合件数控车床加工工艺分析及编程

图10-59所示为圆弧螺纹组合件。

10.18.1 零件图工艺分析

由于该零件是由两个独立的工件组合而成的，因此加工时注意尺寸配套，以保证工件组合的完整性。该零件表面由内外圆柱面及外螺纹等表面组成，其中多个直径尺寸与轴向尺寸有较高的尺寸精度和表面粗糙度要求。零件图尺寸标注完整，符合数控加工尺寸标注要求；轮廓描述清楚完整；零件材料为45钢，切削加工性能较好，无热处理和硬度要求。加工时按照从左到右的顺序进行程序编制和加工。

通过上述分析，采取以下几点工艺措施。

① 零件图样上带公差的尺寸，因公差值较小，故编程时不必取其平均值，而取基本尺寸即可。

② 左右端面均为多个尺寸的设计基准，注意尺寸的选择和加工速度的确定。

③ 零件需要掉头加工，注意掉头的对刀和端面找准。

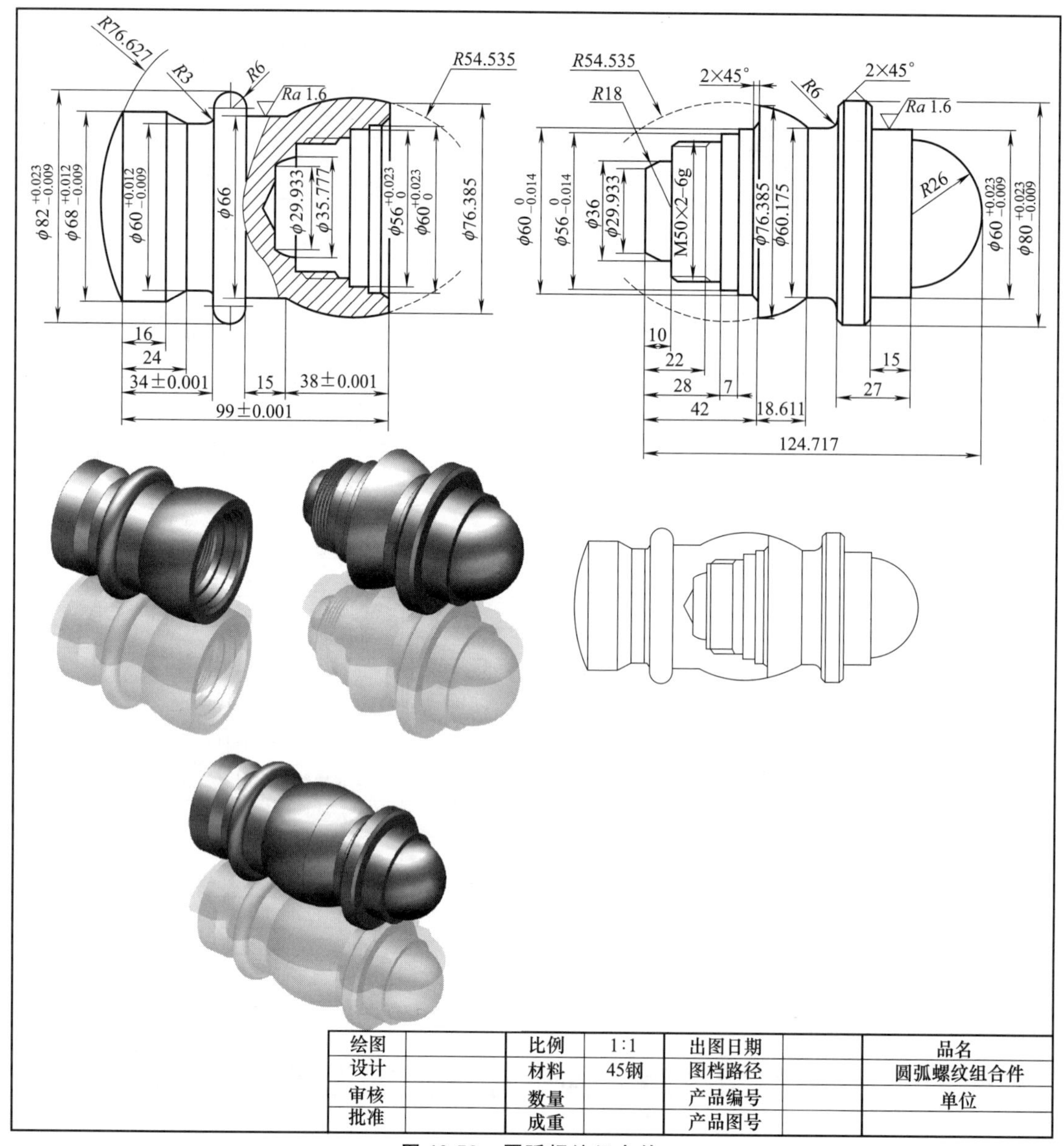

图 10-59 圆弧螺纹组合件

10.18.2 确定装夹方案、加工顺序及走刀路线

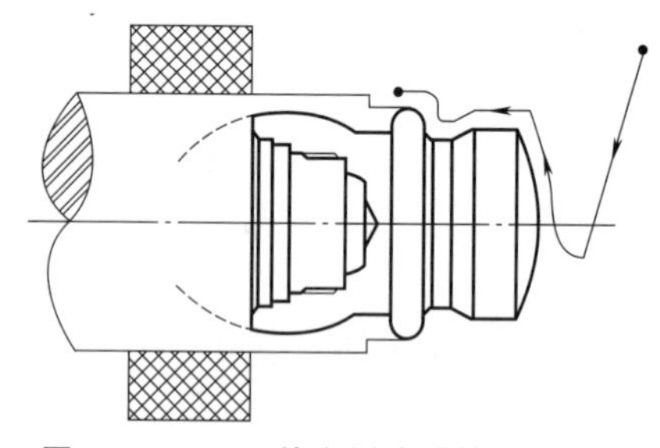

图 10-60 A 工件左侧外圆的加工路线

(1) 加工 A 工件左侧外圆的部分

用三爪自动定心卡盘夹紧，加工顺序按由粗到精、由近到远的原则确定，在一次装夹中尽可能加工出较多的工件表面。结合本零件的结构特征，可先粗车外圆表面，然后加工外轮廓表面。由于该零件外圆部分由直线和圆弧面构成，因此采用 G73 循环，轮廓表面车削走刀可沿零件轮廓顺序进行，按图 10-60 所示路线加工。

(2) 加工 A 工件右侧带有内孔及内螺纹的部分

用三爪自动定心卡盘按照图 10-61 所示位置夹紧，加工顺序按由外到内、由粗到精、由近到远的原则确定，在一次装夹中尽可能加工出较多的工件表面。结合本零件的结构特征，可先粗车外圆表面，然后加工外轮廓表面。由于该零件外圆部分由直线和大段圆弧面构成，因此采用G73循环，轮廓表面车削走刀可沿零件轮廓顺序进行，按图10-61所示路线加工；内圆部分，先钻孔，后用G72加工内圆的方法。

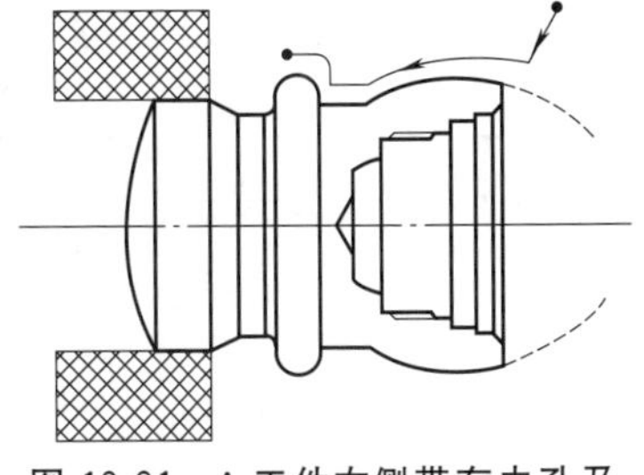

图10-61　A工件右侧带有内孔及内螺纹的外圆加工路线

(3) 加工B工件左侧带有外螺纹的部分

用三爪自动定心卡盘夹紧，加工顺序按由粗到精、由近到远的原则确定，在一次装夹中尽可能加工出较多的工件表面。结合本零件的结构特征，可先粗车外圆表面，然后加工外轮廓表面。由于该零件外圆部分由直线和圆弧面构成，并且出现凹陷的形状，因此采用G73循环，轮廓表面车削走刀可沿零件轮廓顺序进行，按图10-62所示路线加工。

(4) 将A工件和B工件旋紧，加工B工件右侧带有外螺纹的部分

用润滑液将螺纹的内孔部分润滑，将A工件和B工件如图10-63所示旋紧。用三爪自动定心卡盘按照图10-63所示位置夹紧，加工顺序按由粗到精、由近到远的原则确定，在一次装夹中尽可能加工出较多的工件表面。结合本零件的结构特征，可先粗车外圆表面，然后加工外轮廓表面。由于该零件外圆部分由直线和圆弧面构成，并且出现凹陷的形状，因此采用G73循环，轮廓表面车削走刀可沿零件轮廓顺序进行，按图10-63所示路线加工。加工完球头部分外圆之后，再精车组合部分的圆弧，以保证工件形状的一致性。

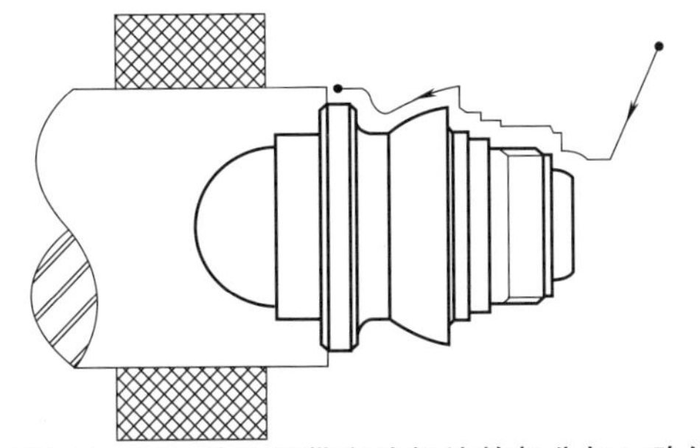

图10-62　B工件左侧带有外螺纹的部分加工路线

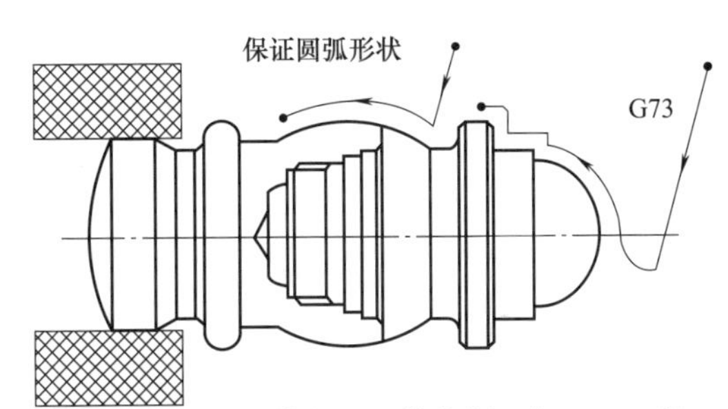

图10-63　A工件和B工件旋紧，加工B工件球头部分和精车组合部分的路线

10.18.3　刀具选择

将所选定的刀具参数填入表10-35所示圆弧螺纹轴组合件数控加工刀具卡片中，以便于编程和操作管理。注意：车削外轮廓时，为防止副后刀面与工件表面发生干涉，应选择较大的副偏角，必要时可作图检验。

表10-35　圆弧螺纹组合件数控加工刀具卡片

产品名称或代号		数控车工艺分析实例	零件名称	圆弧螺纹组合件	零件图号	Lathe-18
序号	刀具号	刀具规格名称	数量	加工表面	刀尖半径/mm	备注
1	T01	35°硬质合金外圆车刀	1	车端面	0.5	25mm×25mm
2	T02	宽4mm切断刀(割槽刀)	1	宽4mm		
3	T03	硬质合金60°外螺纹车刀	1	螺纹		
4	T04	内圆车刀	1			
5	T05	宽4mm镗孔刀	1	镗内孔基准面		
6	T06	硬质合金60°内螺纹车刀	1	螺纹		
7	T07	ϕ10mm中心钻	1			
编制	×××	审核 ×××	批准	×××	共1页	第1页

10.18.4　切削用量选择

根据被加工表面质量要求、刀具材料和工件材料，参考切削用量手册或有关资料选取切削

速度与每转进给量，填入表 10-36 所示工序卡中。

表 10-36 圆弧螺纹组合件数控加工工序卡

单位名称	××××	产品名称或代号		零件名称		零件图号	
		数控车工艺分析实例		圆弧螺纹组合件		Lathe-18	
工序号	程序编号	夹具名称		使用设备		车间	
001	Lathe-18	卡盘和自制心轴		FANUC 0i		数控中心	
工步号	工步内容	刀具号	刀具规格/mm	主轴转速/(r/min)	进给速度/(mm/min)	背吃刀量/mm	备注
(1)A 工件							
1	粗车外轮廓	T01	25×25	800	80	1.5	自动
2	精车外轮廓	T01	25×25	1200	40	0.2	自动
3	掉头装夹						
4	平端面	T01	25×25	800	80		自动
5	粗车外轮廓	T01	25×25	800	80	1.5	自动
6	精车外轮廓	T01	25×25	1200	40	0.2	自动
7	钻底孔	T07	ϕ10	800	20		自动
8	粗车内轮廓	T04	25×25	800	20	0.2	自动
9	精车内轮廓	T04	20×20	系统配给	系统配给		自动
10	车 M50×2mm 内螺纹	T06	20×20	系统配给	系统配给		自动
(2)B 工件							
1	平端面	T01	25×25	800	80		自动
2	粗车外轮廓	T01	25×25	800	80	1.5	自动
3	精车外轮廓	T01	25×25	1200	40	0.2	自动
4	车 M22×1.5mm 螺纹	T03	20×20	系统配给	系统配给		自动
5	将 A 件和 B 件旋紧，夹紧 A 件部分						
6	粗车外轮廓	T01	25×25	800	80	1.5	自动
7	精车外轮廓	T01	25×25	1200	40	0.2	自动
8	精车组合部分圆弧	T01	25×25	1200	40	0.2	自动

编制	×××	审核	×××	批准	×××	年 月 日	共 1 页	第 1 页

10.18.5 数控程序的编制

(1) 加工 A 工件左侧外圆的部分

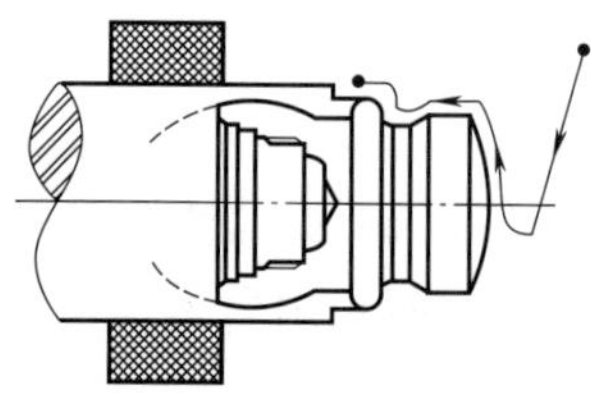

开始	N010	M03 S800	主轴正转，转速为 800r/min
	N020	T0101	换 01 号外圆车刀
	N030	G98	指定走刀按照 mm/min 进给
粗车循环	N040	G00 X95 Z3	快速定位循环起点
	N050	G73 U47.5 W1.5 R32	X 向总吃刀量为 47.5mm，循环 32 次
	N060	G73 P70 Q160 U0.1 W0.1 F80	循环程序段 70～160
轮廓	N070	G00 X-4 Z2	快速定位到相切圆弧的起点处
	N080	G02 X0 Z0 R2	相切圆弧的过渡
	N090	G03 X68 Z-7.956 R76.627	车削 R76.627mm 的逆时针圆弧
	N100	G01 Z-23.956	车削 ϕ68mm 外圆
	N110	G01 X60 Z-31.956	斜向车削至 ϕ60mm 的外圆处
	N120	G01 Z-38.956	车削 ϕ60mm 的外圆
	N130	G02 X66 Z-41.956 R3	车削 R3mm 圆角
	N140	G01 X70	车削至 ϕ70mm 的外圆处
	N150	G03 X82 Z-47.956 R6	车削 R6mm 的逆时针圆弧
	N160	G01 Z-50	让一段距离，避免接缝

续表

精车循环	N170	M03 S1200	提高主轴转速至1200r/min
	N180	G70 P70 Q160 F40	精车
结束	N190	G00 X200 Z200	快速退刀
	N200	M05	主轴停
	N210	M30	程序结束

(2) 加工A工件右侧带有内孔及内螺纹的部分

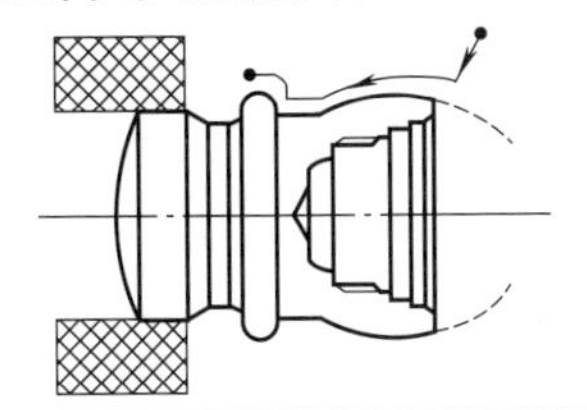

开始	N010	M03 S800	主轴正转,转速为800r/min
	N020	T0101	换01号外圆车刀
	N030	G98	指定走刀按照mm/min进给
端面	N040	G00 X95 Z0	快速定位到端面正上方
	N050	G01 X0 F80	车削端面
粗车循环	N060	G00 X95 Z3	快速定位循环起点
	N070	G73 U14.5 W1.5 R10	X向总吃刀量为14.5mm,循环10次
	N080	G73 P90 Q150 U0.1 W0.1 F80	循环程序段90～150
轮廓	N090	G00 X76.385 Z1	快速定位到外圆右侧1mm处
	N100	G01 Z0	接触工件
	N110	G03 X66 Z−38 R54.535	车削R54.535mm的逆时针圆弧
	N120	G01 Z−53	车削ϕ66mm的外圆
	N130	G01 X70	车削至ϕ70mm的外圆处
	N140	G03 X82 Z−59 R6	车削R6mm的逆时针圆弧
	N150	G01 Z−62	多切一段,避免掉头的接缝
精车循环	N160	M03 S1200	提高主轴转速至1200r/min
	N170	G70 P90 Q150 F40	精车
钻头	N180	G00 X200 Z200	快速退刀
	N190	T0707	换07号钻头
	N200	G00 X0 Z1	快速定位到中心孔位置右侧
	N210	G01 X0 Z−42 F15	钻孔
	N220	G01 X0 Z1 F40	退出孔
内圆粗车循环	N230	G00 X200 Z200	快速退刀
	N240	T0404	换04号内圆车刀
	N250	G00 X0 Z1	定位循环起点
	N260	G72 W1 R1	Z向吃刀量为1mm,退刀量为1mm
	N270	G72 P280 Q390 U−0.1 W−0.1 F60	循环程序段280～390
内圆轮廓	N280	G01 Z−42	进刀至内圆尾部
	N290	G01 X29.933	车削至ϕ29.933mm的内圆处
	N300	G02 X35.777 Z−34 R18	车削R18mm的顺时针圆弧
	N310	G01 X47.786	车削至ϕ47.786mm的外圆处
	N320	G01 Z−20	车削ϕ47.786mm的外圆
	N330	G01 X50 Z−18	车削螺纹倒角
	N340	G01 Z−14	车削ϕ50mm的外圆
	N350	G01 X56.0115	车削至ϕ56.0115mm的内圆处
	N360	G01 Z−7	车削ϕ56.0115mm的内圆
	N370	G01 X60.0115	车削至ϕ60.0115mm的内圆处
	N380	G01 Z−2	车削ϕ60.0115mm的内圆
	N390	G01 X64 Z0	车削2mm×45°的倒角

续表

精车	N400	M03 S1000	提高主轴转速至1000r/min
	N410	G70 P280 Q390 F30	精车
内螺纹	N420	G00 X200 Z200	快速退刀
	N430	T0606	换06号内螺纹刀
	N440	G00 X45 Z1	快速移动到孔外侧
	N450	G01 X45 Z−15 F40	定位到螺纹循环起点
	N460	G76 P020060 Q100 R−0.08	G76螺纹循环固定格式
	N470	G76 X50 Z−30 P1107 Q500 R0 F2	G76螺纹循环固定格式
	N480	G01 X45 Z1 F40	退出孔内
结束	N490	G00 X200 Z200	快速退刀
	N500	M05	主轴停
	N510	M30	程序结束

(3) 加工B工件左侧带有外螺纹的部分

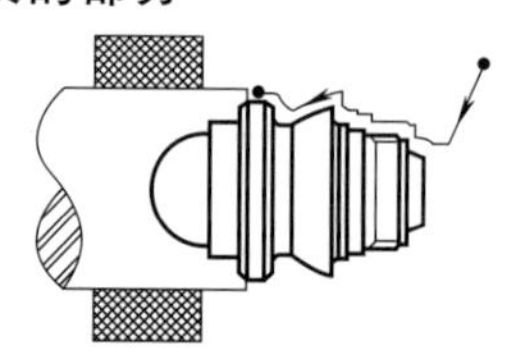

开始	N010	M03 S800	主轴正转，转速为800r/min
	N020	T0101	换01号外圆车刀
	N030	G98	指定走刀按照mm/min进给
端面	N040	G00 X95 Z0	快速定位到端面正上方
	N050	G01 X0 F80	车削端面
粗车循环	N060	G00 X95 Z3	快速定位循环起点
	N070	G73 U32.5335 W1.5 R22	X向每次吃刀量为1.5mm，退刀量为1mm
	N080	G73 P90 Q250 U0.1 W0.1 F80	循环程序段90～250
轮廓	N090	G00 X29.933 Z1	快速定位到轮廓右端2mm处
	N100	G01 Z1	接触工件
	N110	G03 X36 Z−10 R18	车削R18mm的逆时针圆弧
	N120	G01 X46	车削至倒角起点
	N130	G01 X50 Z−12	车削螺纹倒角
	N140	G01 Z−28	车削ϕ50mm的外圆
	N150	G01 X55.993	车削至ϕ55.993mm的外圆处
	N160	G01 Z−35	车削ϕ55.993mm的外圆
	N170	G01 X59.993	车削至ϕ59.993mm的外圆处
	N180	G01 Z−40	车削ϕ59.993mm的外圆
	N190	G01 X64 Z−42	斜向车削倒角
	N200	G01 X76.385	车削至ϕ76.385mm的外圆处
	N210	G03 X60.175 Z−60.611 R54.535	车削R54.535mm的逆时针圆弧
	N220	G01 Z−65.717	车削ϕ60.175mm的外圆
	N230	G02 X72.175 Z−71.717 R6	车削R6mm的逆时针圆弧
	N240	G01 X76	车削至ϕ76mm的外圆处
	N250	G01 X80 Z−73.717	车削倒角
精车循环	N260	M03 S1200	提高主轴转速至1200r/min
	N270	G70 P90 Q250 F40	精车
螺纹	N280	G00 X150 Z150	快速退刀
	N290	T0303	换03号螺纹刀
	N300	G00 X52 Z−7	定位到螺纹循环起点
	N310	G76 P020260 Q100 R0.08	G76螺纹循环固定格式
	N320	G76 X47.786 Z−22 P1107 Q500 R0 F2	G76螺纹循环固定格式

续表

结束	N330	G00 X200 Z200	快速退刀
	N340	M05	主轴停
	N350	M30	程序结束

（4）将 A 工件和 B 工件旋紧，加工 B 工件右侧带有外螺纹的部分

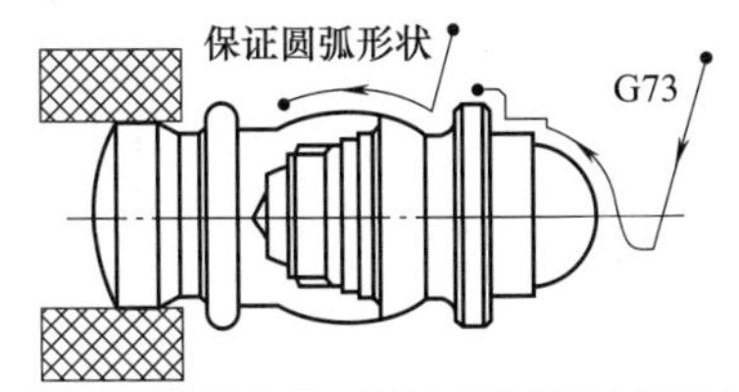

开始	N010	M03 S800	主轴正转，转速为 800r/min
	N020	T0101	换 01 号外圆车刀
	N030	G98	指定走刀按照 mm/min 进给
粗车循环	N040	G00 X95 Z3	快速定位循环起点
	N050	G73 U47.5 W1.5 R32	X 向总吃刀量为 47.5mm，循环 32 次
	N060	G73 P70 Q140 U0.1 W0.1 F80	循环程序段 70～140
轮廓	N070	G00 X−4 Z2	快速定位到相切圆弧的起点处
	N080	G02 X0 Z0 R2	相切圆弧的过渡
	N090	G03 X52 Z−26 R26	车削 R26mm 的逆时针圆弧
	N100	G01 X60	车削至 ϕ60mm 的外圆处
	N110	G01 Z−41	车削 ϕ60mm 的外圆
	N120	G01 X76	车削至 ϕ76mm 的外圆处
	N130	G01 X80 Z−43	车削倒角
	N140	G01 Z−51	车削 ϕ80mm 的外圆
精车循环	N150	M03 S1200	提高主轴转速至 1200r/min
	N160	G70 P70 Q140 F40	精车
精车圆弧	N170	G00 X100 Z−60	快速定位，准备精车圆弧
	N180	G01 X60.175 Z−64.106 F60	接触圆弧起点
	N190	G03 X66 Z−120.717 R54.535 F40	精车 R54.535mm 的逆时针圆弧
	N200	G00 X150	抬刀
结束	N210	G00 X200 Z200	快速退刀
	N220	M05	主轴停
	N230	M30	程序结束

10.19 三件套圆弧组合件数控车床加工工艺分析及编程

图 10-64 所示为三件套圆弧组合件。

10.19.1 零件图工艺分析

由于该零件是由三个独立的工件组合而成的，因此加工时注意尺寸配套，以保证工件组合的完整性。该零件表面有多个直径尺寸与轴向尺寸有较高的尺寸精度和表面粗糙度要求。零件图尺寸标注完整，符合数控加工尺寸标注要求；轮廓描述清楚完整；零件材料为 45 钢，切削加工性能较好，无热处理和硬度要求。加工时按照从左到右的顺序进行程序编制和加工。

通过上述分析，采取以下几点工艺措施。

① 零件图样上带公差的尺寸，因公差值较小，故编程时不必取其平均值，而取基本尺寸即可。

② 左右端面均为多个尺寸的设计基准，注意尺寸的选择和加工速度的确定。

③ 零件需要掉头加工，注意掉头的对刀和端面找准。

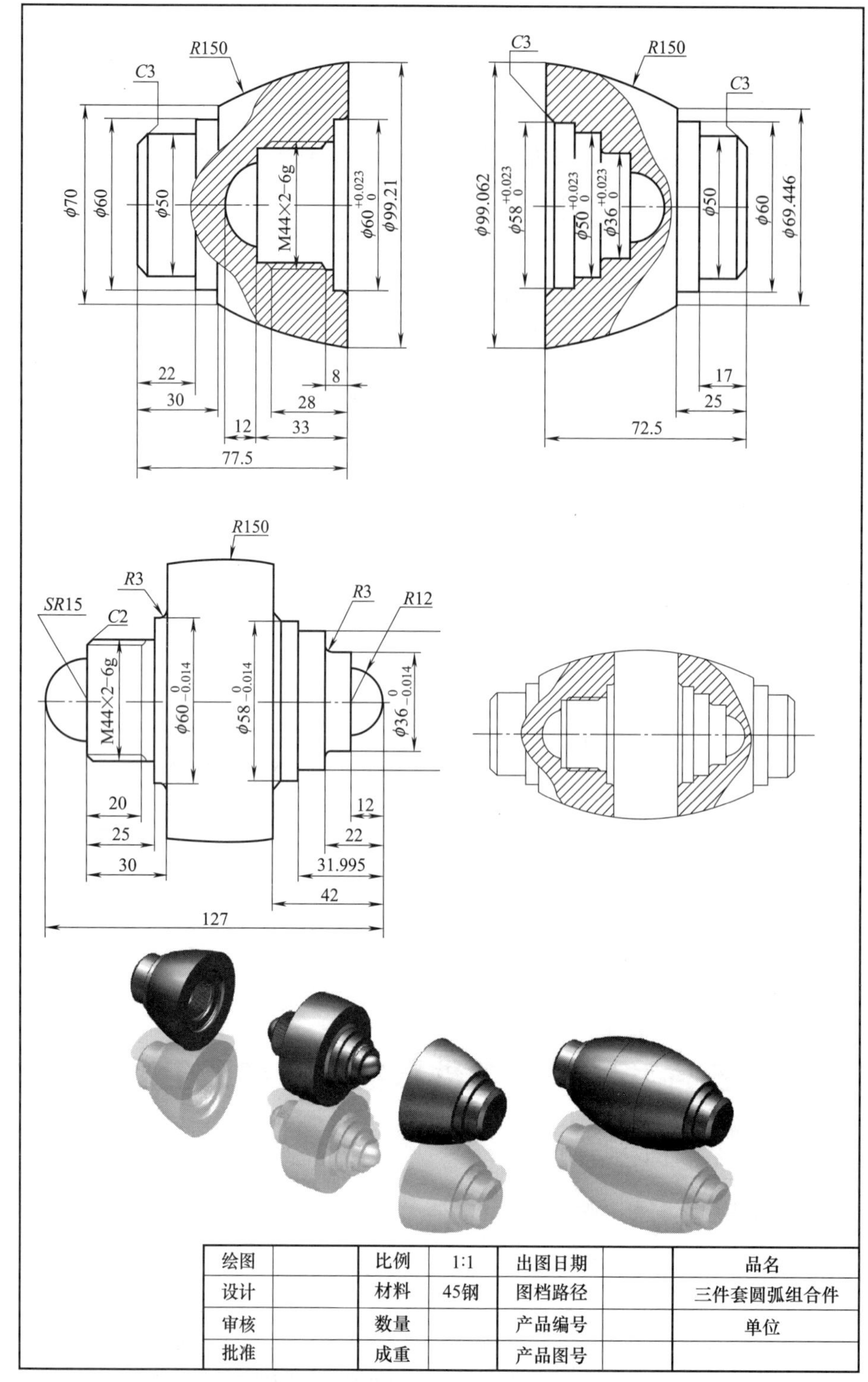

图 10-64 三件套圆弧组合件

10.19.2 确定装夹方案、加工顺序及走刀路线

(1) 加工 A 工件左侧外圆的部分

用三爪自动定心卡盘按照图 10-65 所示位置夹紧，加工顺序按由粗到精、由近到远的原则

确定，在一次装夹中尽可能加工出较多的工件表面。结合本零件的结构特征，可先粗车外圆表面，然后加工外轮廓表面。由于该零件外圆部分由直线和圆弧面构成，为保证圆弧部分的精确性，采用 G73 循环，轮廓表面车削走刀可沿零件轮廓顺序进行，按图 10-65 所示路线加工。

(2) 加工 A 工件右侧带有内轮廓和内螺纹的部分

用三爪自动定心卡盘按照图 10-66 所示位置夹紧，加工顺序按由外到内、由粗到精、由近到远的原则确定，在一次装夹中尽可能加工出较多的工件表面。结合本零件的结构特征，可先粗车外圆表面，然后加工外轮廓表面。由于该零件需加工形状较为复杂的内圆轮廓，因此采用 G72 循环，内轮廓表面车削走刀可沿零件轮廓顺序进行，按图 10-66 所示路线加工。

(3) 加工 B 工件左侧带有外螺纹的部分

用三爪自动定心卡盘夹紧，加工顺序按由粗到精、由近到远的原则确定，在一次装夹中尽可能加工出较多的工件表面。结合本零件的结构特征，可先粗车外圆表面，然后加工外轮廓表面。由于该零件外圆部分由直线和圆弧面构成，为保证外轮廓形状，采用 G73 循环，轮廓表面车削走刀可沿零件轮廓顺序进行，按图 10-67 所示路线加工。

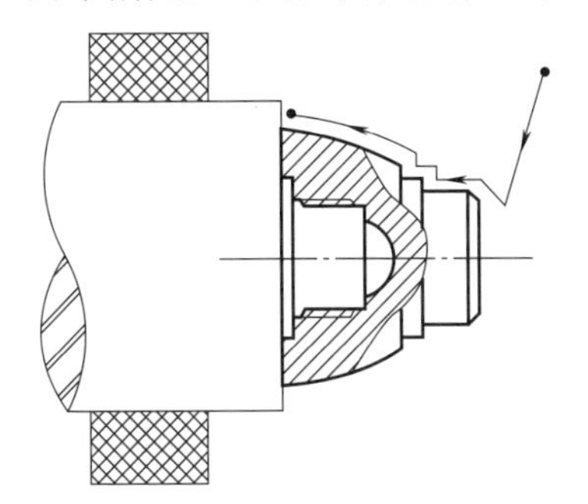

图 10-65 A 工件左侧加工路线示意图

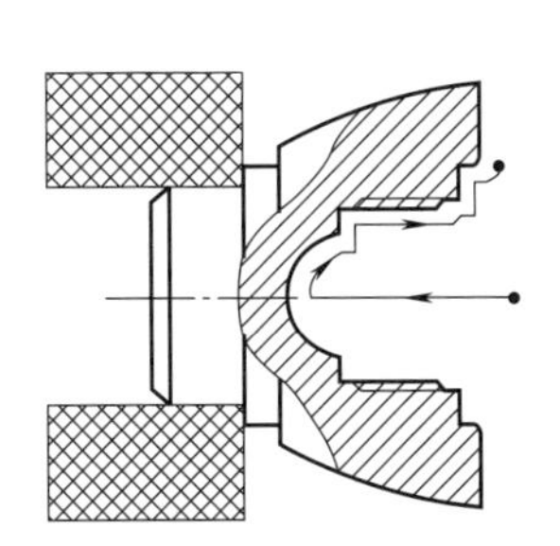

图 10-66 A 工件右侧内轮廓 G72 加工路线示意图

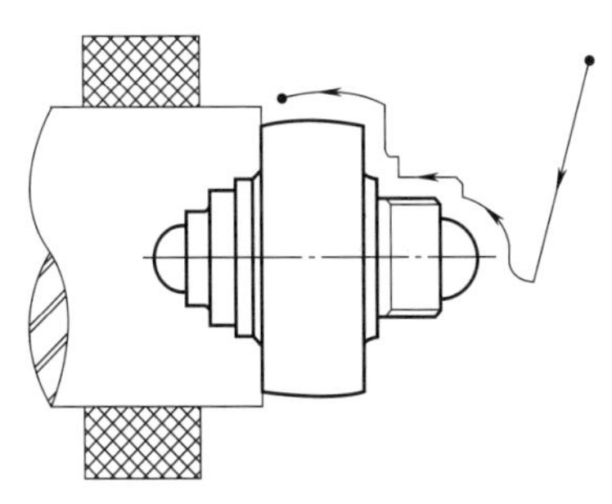

图 10-67 B 工件左侧外轮廓加工路线示意图

(4) 将 A 工件和 B 工件旋紧，加工 B 工件右侧带有外轮廓的部分

为保证螺纹的形状，用润滑液将螺纹的内孔部分润滑，将 A 工件和 B 工件如图 10-68 所示旋紧。用三爪自动定心卡盘按照图 10-68 所示位置夹紧，加工顺序按由粗到精、由近到远的原则确定，在一次装夹中尽可能加工出较多的工件表面。结合本零件的结构特征，可先粗车外圆表面，然后加工外轮廓表面。由于该零件外圆部分由直线和圆弧面构成，为保证外轮廓形状，采用 G73 循环，轮廓表面车削走刀可沿零件轮廓顺序进行，按图 10-68 所示路线加工。

(5) 加工 C 工件右侧外圆的部分

用三爪自动定心卡盘按照图 11-69 所示位置夹紧，加工顺序按由粗到精、由近到远的原则确定，在一次装夹中尽可能加工出较多的工件表面。结合本零件的结构特征，可先粗车外圆表面，然后加工外轮廓表面。由于该零件外圆部分由直线和圆弧面构成，为保证圆弧部分的精确性，采用 G73 循环，轮廓表面车削走刀可沿零件轮廓顺序进行，按图 10-69 所示路线加工。

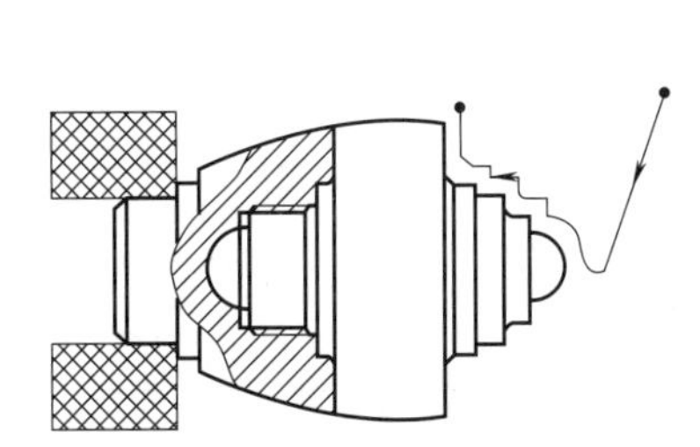

图 10-68 B 工件右侧带有外轮廓的部分

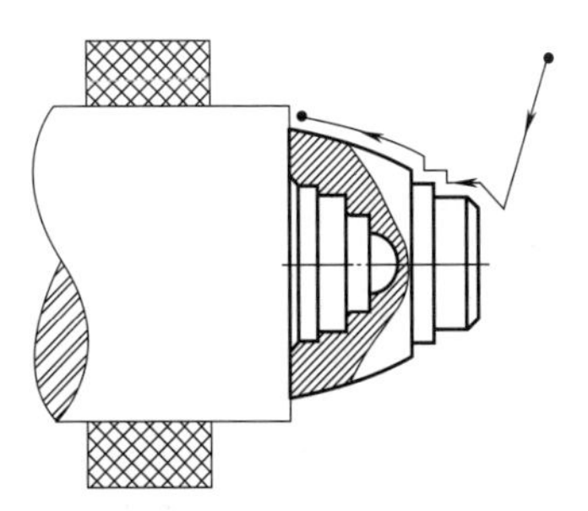

图 10-69 C 工件右侧外圆的部分

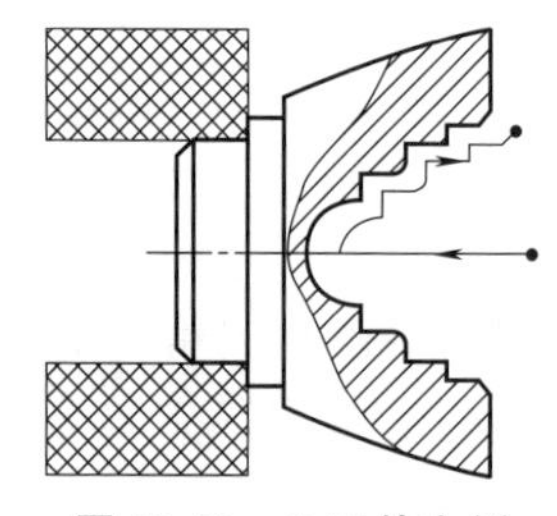

图 10-70 C工件左侧带有内轮廓的部分

(6) 加工C工件左侧带有内轮廓的部分

用三爪自动定心卡盘按照图 10-70 所示位置夹紧，加工顺序按由外到内、由粗到精、由近到远的原则确定，在一次装夹中尽可能加工出较多的工件表面。结合本零件的结构特征，可先粗车外圆表面，然后加工外轮廓表面。由于该零件需加工形状较为复杂的内圆轮廓，因此采用 G72 循环，内轮廓表面车削走刀可沿零件轮廓顺序进行，按图 10-66 所示路线加工。

10.19.3 刀具选择

将所选定的刀具参数填入表 10-37 所示三件套圆弧组合件数控加工刀具卡片中，以便于编程和操作管理。

表 10-37 三件套圆弧组合件数控加工刀具卡片

产品名称或代号		数控车工艺分析实例		零件名称		三件套圆弧组合件		零件图号	Lathe-19
序号	刀具号	刀具规格名称		数量	加工表面			刀尖半径/mm	备注
1	T01	35°硬质合金外圆车刀		1	车端面			0.5	25mm×25mm
2	T02	宽 4mm 切断刀(割槽刀)		1	宽 4mm				
3	T03	硬质合金 60°外螺纹车刀		1	螺纹				
4	T04	内圆车刀		1					
5	T05	宽 4mm 镗孔刀		1	镗内孔基准面				
6	T06	硬质合金 60°内螺纹车刀		1	螺纹				
7	T07	ϕ10mm 中心钻		1					
编制		×××	审核	×××	批准		×××	共 1 页	第 1 页

10.19.4 切削用量选择

根据被加工表面质量要求、刀具材料和工件材料，参考切削用量手册或有关资料选取切削速度与每转进给量，填入表 10-38 所示工序卡中。

表 10-38 三件套圆弧组合件数控加工工序卡

单位名称	××××		产品名称或代号		零件名称		零件图号	
			数控车工艺分析实例		三件套圆弧组合件		Lathe-19	
工序号	程序编号		夹具名称		使用设备		车间	
001	Lathe-19		卡盘和自制心轴		FANUC 0i		数控中心	
工步号	工步内容	刀具号	刀具规格/mm		主轴转速/(r/min)	进给速度/(mm/min)	背吃刀量/mm	备注
(1)A 工件								
1	平端面	T01	25×25		800	80		自动
2	粗车外轮廓	T01	25×25		800	80	1.5	自动
3	精车外轮廓	T01	25×25		1200	40	0.2	自动
4	掉头装夹							
5	平端面	T01	25×25		800	80		自动
6	钻底孔	T07	ϕ10		800	20		自动
7	粗车内轮廓	T01	25×25		800	80	1.5	自动
8	精车内轮廓	T01	25×25		1200	40	0.2	自动
9	车 M44×2mm 内螺纹	T06	20×20		系统配给	系统配给		自动
(2)B 工件								
1	粗车外轮廓	T01	25×25		800	80	1.5	自动
2	精车外轮廓	T01	25×25		1200	40	0.2	自动

续表

工步号	工步内容	刀具号	刀具规格/mm	主轴转速/(r/min)	进给速度/(mm/min)	背吃刀量/mm	备注
(2)B工件							
3	车M44×2mm外螺纹	T03	20×20	系统配给	系统配给		自动
4	将A件和B件旋紧,掉头装夹加工B工件右侧带有外轮廓的部分						
5	粗车外轮廓	T01	25×25	800	80	1.5	自动
6	精车外轮廓	T01	25×25	1200	40	0.2	自动
(3)C工件							
1	平端面	T01	25×25	800	80		自动
2	粗车外轮廓	T01	25×25	800	80	1.5	自动
3	精车外轮廓	T01	25×25	1200	40	0.2	自动
4	掉头装夹						
5	平端面	T01	25×25	800	80		自动
6	钻底孔	T07	$\phi10$	800	20		自动
7	粗车内轮廓	T01	25×25	800	80	1.5	自动
8	精车内轮廓	T01	25×25	1200	40	0.2	自动
编制 ×××	审核 ×××	批准 ×××		年 月 日		共1页	第1页

10.19.5 数控程序的编制

(1) A工件左侧

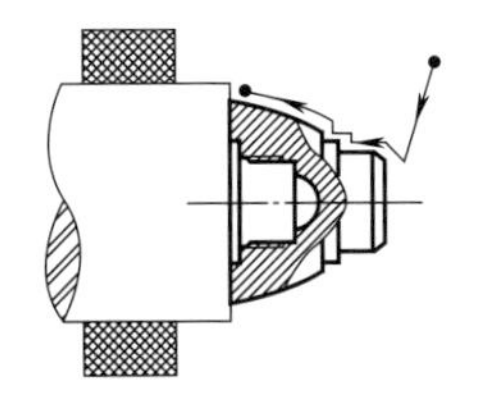

开始	N010	M03 S800	主轴正转,转速为800r/min
	N020	T0101	换01号外圆车刀
	N030	G98	指定走刀按照mm/min进给
端面	N040	G00 X110 Z0	快速定位到端面正上方
	N050	G01 X0 F80	车削端面
粗车循环	N060	G00 X110 Z3	快速定位循环起点
	N070	G73 U34 W1.5 R23	X向总吃刀量为34mm,循环23次
	N080	G73 P90 Q150 U0.1 W0.1 F80	循环程序段90~150
轮廓	N090	G00 X42 Z1	快速定位到倒角延长线处
	N100	G01 X50 Z−3	车削倒角
	N110	G01 Z−22	车削$\phi50$mm的外圆
	N120	G01 X60	车削至$\phi60$mm的外圆处
	N130	G01 Z−30	车削$\phi60$mm的外圆
	N140	G01 X70	车削至$\phi70$mm的外圆处
	N150	G03 X99.21 Z−77.5 R150	车削$R150$mm的逆时针圆弧
精车循环	N160	M03 S1200	提高主轴转速至1200r/min
	N170	G70 P90 Q150 F40	精车

续表

结束	N180	G00 X200 Z200	快速退刀
	N190	M05	主轴停
	N200	M30	程序结束

（2）A 工件右侧

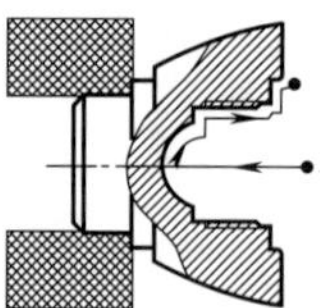

开始	N010	M03 S800	主轴正转，转速为 800r/min
	N020	T0101	换 01 号外圆车刀
	N030	G98	指定走刀按照 mm/min 进给
端面	N040	G00 X110 Z0	快速定位到端面正上方
	N050	G01 X0 F80	车削端面
钻孔	N060	G00 X200 Z200	快速退刀
	N070	T0707	换 07 号钻头
	N080	G00 X0 Z1	快速定位到中心孔位置右侧
	N090	G01 Z−44 F15	钻孔
	N100	G01 Z1 F40	退出孔
粗车循环	N110	G00 X200 Z200	快速退刀
	N120	T0404	换 04 号内圆车刀
	N130	G00 X0 Z1	定位循环起点
	N140	G72 W1 R1	Z 向吃刀量为 1mm，退刀量为 1mm
	N150	G72 P160 Q240 U−0.1 W−0.1 F60	循环程序段 160～240
轮廓	N160	G01 Z−45	进刀至内圆尾部
	N170	G02 X29.394 Z−33 R15	车削 R15mm 的顺时针圆弧
	N180	G01 X41.786	车削至 ϕ41.786mm 的内圆处
	N190	G01 Z−10	车削 ϕ41.786mm 的内圆
	N200	G01 X44 Z−8	车削内螺纹的倒角
	N210	G01 Z−5	车削 ϕ44mm 的内圆
	N220	G01 X60.0115	车削至 ϕ60.0115mm 的内圆处
	N230	G01 Z−3	车削 ϕ60.0115mm 的内圆
	N240	G03 X66 Z0 R3	车削 R3mm 的逆时针圆弧
精车循环	N250	M03 S1000	提高主轴转速至 1000r/min
	N260	G70 P160 Q260 F30	精车
螺纹	N270	G00 X150 Z150	快速退刀
	N280	T0606	换 06 号内螺纹刀
	N290	G00 X40 Z−1	快速定位至孔外侧
	N300	G01 X40 Z−7 F60	定位到螺纹循环起点
	N310	G76 P020260 Q100 R−0.08	G76 螺纹循环固定格式
	N320	G76 X44 Z−28 P1107 Q500 R0 F1.5	G76 螺纹循环固定格式
结束	N330	G00 X200 Z200	快速退刀
	N340	M05	主轴停
	N350	M30	程序结束

（3）B 工件左侧

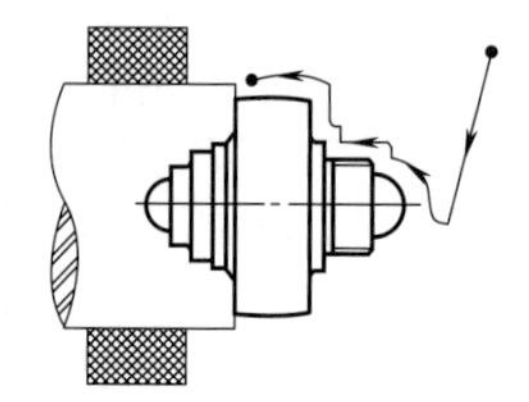

开始	N010	M03 S800	主轴正转，转速为 800r/min
	N020	T0101	换 01 号外圆车刀
	N030	G98	指定走刀按照 mm/min 进给
粗车循环	N040	G00 X110 Z3	快速定位循环起点
	N050	G73 U55 W1.5 R37	*X* 向总吃刀量为 55mm，循环 37 次
	N060	G73 P70 Q170 U0.1 W0.1 F80	循环程序段 70～170
轮廓	N070	G00 X−4 Z2	快速定位到相切圆弧的起点处
	N080	G02 X0 Z0 R2	相切圆弧的过渡
	N090	G03 X30 Z−15 R15	车削 *R*15mm 的逆时针圆弧
	N100	G01 X40	车削至 ϕ40mm 的外圆处
	N110	G01 X44 Z−17	车削螺纹倒角
	N120	G01 Z−40	车削 ϕ44mm 的外圆
	N130	G01 X59.993	车削至 ϕ59.993mm 的外圆处
	N140	G01 Z−42	车削 ϕ59.993mm 的外圆
	N150	G02 X66 Z−45 R3	车削 *R*3mm 的顺时针圆弧
	N160	G01 X99.21	车削至外圆弧的起点
	N170	G03 X99.062 Z−85 R150	车削 *R*150mm 的逆时针圆弧
精车循环	N180	M03 S1200	提高主轴转速至 1200r/min
	N190	G70 P70 Q170 F40	精车
螺纹	N200	G00 X150 Z150	快速退刀
	N210	T0303	换 03 号螺纹刀
	N220	G00 X50 Z−7	定位到螺纹循环起点
	N230	G76 P020260 Q100 R0.08	G76 螺纹循环固定格式
	N240	G76 X41.786 Z−35 P1107 Q500 R0 F1.5	G76 螺纹循环固定格式
结束	N250	G00 X200 Z200	快速退刀
	N260	M05	主轴停
	N270	M30	程序结束

(4) B 工件左侧

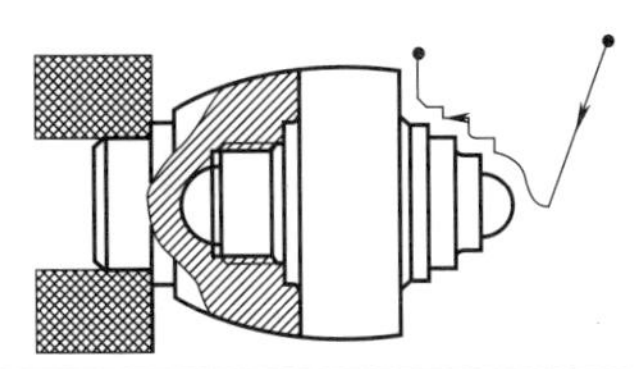

开始	N010	M03 S800	主轴正转，转速为 800r/min
	N020	T0101	换 01 号外圆车刀
	N030	G98	指定走刀按照 mm/min 进给
粗车循环	N040	G00 X110 Z3	快速定位循环起点
	N050	G73 U55 W1.5 R37	*X* 向总吃刀量为 55mm，循环 37 次
	N060	G73 P70 Q180 U0.1 W0.1 F80	循环程序段 70～180
轮廓	N070	G00 X−4 Z2	快速定位到相切圆弧的起点处
	N080	G02 X0 Z0 R2	相切圆弧的过渡
	N090	G03 X24 Z−12 R12	车削 *R*12mm 的逆时针圆弧
	N100	G01 X35.993	车削至 ϕ35.993mm 的外圆处
	N110	G01 Z−19	车削 ϕ35.993mm 的外圆
	N120	G02 X42 Z−22 R3	车削 *R*3mm 的顺时针圆弧
	N130	G01 X49.993	车削至 ϕ49.993mm 的外圆处
	N140	G01 Z−31.995	车削 ϕ49.993mm 的外圆
	N150	G01 X57.993	车削至 ϕ57.993mm 的外圆处
	N160	G01 Z−39	车削 ϕ57.993mm 的外圆
	N170	G01 X64 Z−42	车削倒角
	N180	G01 X99.062	车削至 ϕ57.993mm 的外圆弧处
精车循环	N190	M03 S1200	提高主轴转速至 1200r/min
	N200	G70 P70 Q180 F40	精车
结束	N210	G00 X200 Z200	快速退刀
	N220	M05	主轴停
	N230	M30	程序结束

(5) C工件右侧

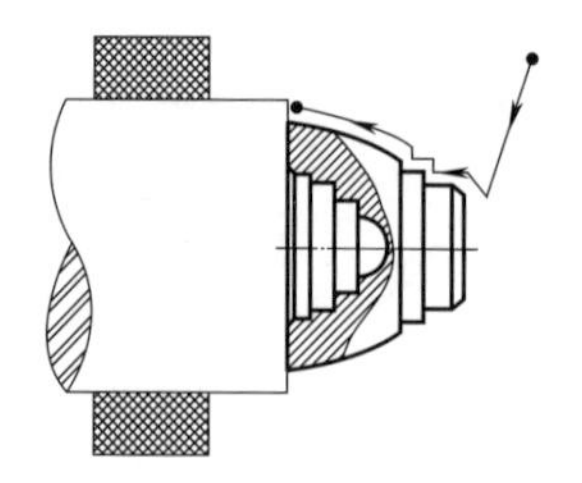

开始	N010	M03 S800	主轴正转,转速为800r/min
	N020	T0101	换01号外圆车刀
	N030	G98	指定走刀按照mm/min进给
端面	N040	G00 X110 Z0	快速定位到端面正上方
	N050	G01 X0 F80	车削端面
粗车循环	N060	G00 X110 Z3	快速定位循环起点
	N070	G73 U34 W1.5 R23	X 向总吃刀量为34mm,循环23次
	N080	G73 P90 Q150 U0.1 W0.1 F80	循环程序段90～150
轮廓	N090	G00 X42 Z1	快速定位到倒角延长线处
	N100	G01 X50 Z−3	车削倒角
	N110	G01 Z−17	车削 ϕ50mm的外圆
	N120	G01 X60	车削至 ϕ60mm的外圆处
	N130	G01 Z−25	车削 ϕ60mm的外圆
	N140	G01 X69.446	车削至 ϕ69.446mm的外圆处
	N150	G03 X99.062 Z−72.5.5 R150	车削 R150mm的逆时针圆弧
精车循环	N160	M03 S1200	提高主轴转速至1200r/min
	N170	G70 P90 Q150 F40	精车
结束	N180	G00 X200 Z200	快速退刀
	N190	M05	主轴停
	N200	M30	程序结束

(6) C工件左侧

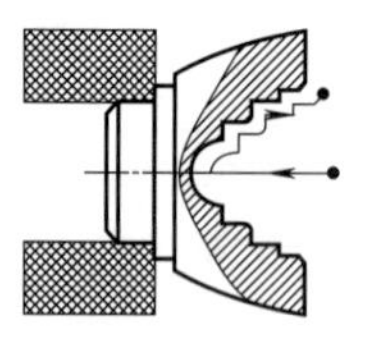

开始	N010	M03 S800	主轴正转,转速为800r/min
	N020	T0101	换01号外圆车刀
	N030	G98	指定走刀按照mm/min进给
端面	N040	G00 X110 Z0	快速定位到端面正上方
	N050	G01 X0 F80	车削端面
钻孔	N060	G00 X200 Z200	快速退刀
	N070	T0707	换07号钻头
	N080	G00 X0 Z1	快速定位到中心孔位置右侧
	N090	G01 Z−42 F15	钻孔
	N100	G01 Z1 F40	退出孔
粗车循环	N110	G00 X200 Z200	快速退刀
	N120	T0404	换04号内圆车刀
	N130	G00 X0 Z1	定位循环起点
	N140	G72 W1 R1	Z 向吃刀量为1mm,退刀量为1mm
	N150	G72 P160 Q260 U−0.1 W0.1 F60	循环程序段160～240

续表

内轮廓	N160	G01　Z−42	进刀至内圆尾部
	N170	G02 X24 Z−30 R12	车削 R12mm 的顺时针圆弧
	N180	G01 X36.0115	车削至 ϕ36.0115mm 的内圆处
	N190	G01　Z−23	车削 ϕ36.0115mm 的内圆
	N200	G03 X42 Z−20 R3	车削 R3mm 的逆时针圆弧
	N210	G01 X50.0115	车削至 ϕ50.0115mm 的内圆处
	N220	G01　Z−10.005	车削 ϕ50.0115mm 的内圆
	N230	G01 X58.0115	车削至 ϕ58.0115mm 的内圆处
	N240	G01　Z−3	车削 ϕ58.0115mm 的内圆
	N250	G01 X64 Z0	车削倒角
精车循环	N260	M03 S1000	提高主轴转速至 1000r/min
	N270	G70 P160 Q260 F30	精车
结束	N280	G00 X200 Z200	快速退刀
	N290	M05	主轴停
	N300	M30	程序结束

10.20 复合轴组合件数控车床加工工艺分析及编程

图 10-71 所示为复合轴组合件。

10.20.1 零件图工艺分析

该零件表面由内外圆柱面及内外螺纹等表面组成，其中多个直径尺寸与轴向尺寸有较高的尺寸精度和表面粗糙度要求。零件图尺寸标注完整，符合数控加工尺寸标注要求；轮廓描述清楚完整；零件材料为 45 钢，切削加工性能较好，无热处理和硬度要求。加工时按照从左到右的顺序进行程序编制和加工。

通过上述分析，采取以下几点工艺措施。

① 零件图样上带公差的尺寸，因公差值较小，故编程时不必取其平均值，而取基本尺寸即可。

② 左右端面均为多个尺寸的设计基准，注意尺寸的选择和加工速度的确定。

③ 零件需要掉头加工，注意掉头的对刀和端面找准。

④ 注意 3 个工件的加工配合问题。

10.20.2 确定装夹方案、加工顺序及走刀路线

(1) 加工 B 工件左侧带有外螺纹的部分

用三爪自动定心卡盘夹紧，加工顺序按由粗到精、由近到远的原则确定，在一次装夹中尽可能加工出较多的工件表面。结合本零件的结构特征，可先粗车外圆表面，然后加工外轮廓表面。由于该零件外圆部分仅由直线构成，因此采用 G71 循环，轮廓表面车削走刀可沿零件轮廓顺序进行，按图 10-72 所示路线加工。

(2) 加工 B 工件右侧外轮廓的部分

用三爪自动定心卡盘按照图 10-73 所示位置夹紧，螺纹部分用铜皮包裹，加工顺序按由粗到精、由近到远的原则确定，在一次装夹中尽可能加工出较多的工件表面。结合本零件的结构特征，可先粗车外圆表面，然后加工外轮廓表面。由于该零件外圆部分仅由直线构成，因此采用 G71 循环，轮廓表面车削走刀可沿零件轮廓顺序进行，按图 10-73 所示路线加工。

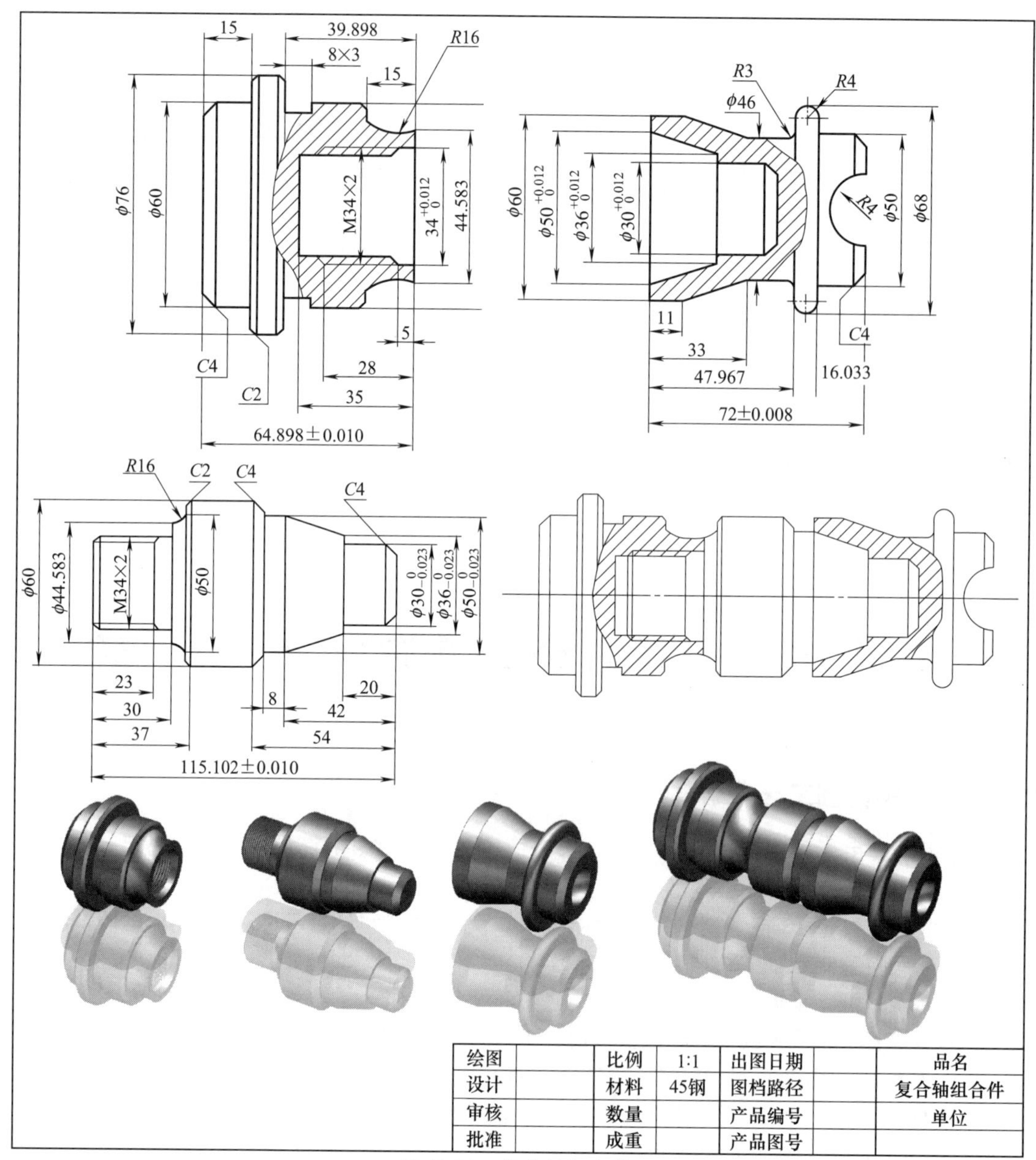

图 10-71　复合轴组合件

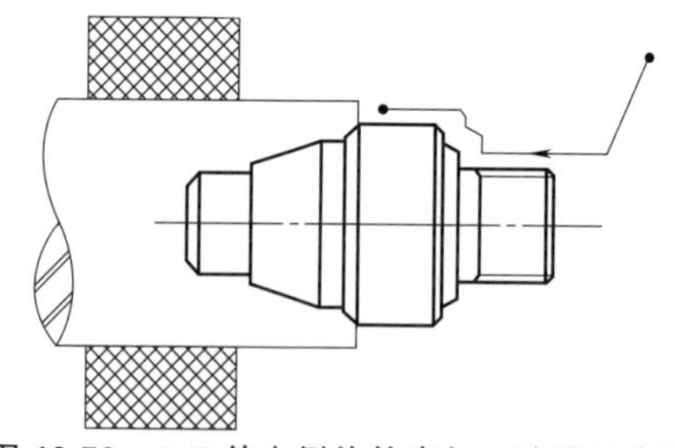

图 10-72　B 工件左侧外轮廓加工路线示意图

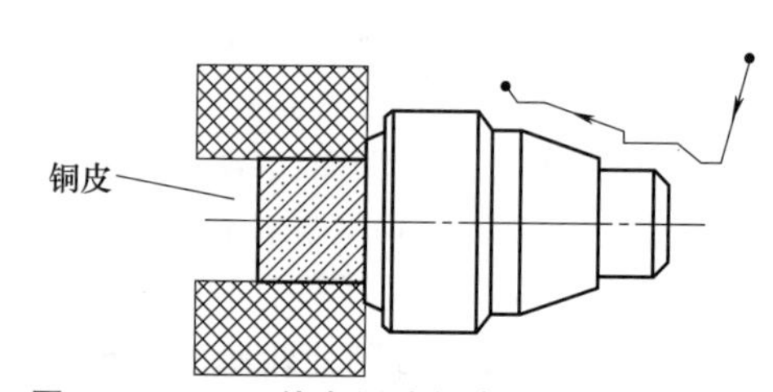

图 10-73　B 工件右侧外轮廓加工路线示意图

(3) 加工 A 工件右侧外轮廓和内螺纹部分

用三爪自动定心卡盘按照图 10-74 所示位置夹紧，加工顺序按由外及内、由粗到精、由近到远的原则确定，在一次装夹中尽可能加工出较多的工件表面。结合本零件的结构特征，可先粗车外圆表面，然后加工外轮廓表面。由于该零件外圆部分仅由直线和凹陷圆弧构成，因此采用G73循环，轮廓表面车削走刀可沿零件轮廓顺序进行，按图10-74所示路线加工。内孔采用G74镗孔循环。

(4) 将A件和B件旋紧，加工A工件左侧带有外轮廓的部分

因为A工件尺寸较短，不适合掉头装夹的加工方式，所以用润滑液将螺纹的内孔部分润滑，将A工件和B工件如图10-75所示旋紧。用三爪自动定心卡盘按照图10-75所示位置夹紧，加工顺序按由粗到精、由近到远的原则确定，在一次装夹中尽可能加工出较多的工件表面。结合本零件的结构特征，可先粗车外圆表面，然后加工外轮廓表面。由于该零件外圆部分仅由直线构成，因此采用G71循环，轮廓表面车削走刀可沿零件轮廓顺序进行，按图10-75所示路线加工。

(5) 加工C工件左侧外轮廓的部分

用三爪自动定心卡盘按照图10-76所示位置夹紧，加工顺序按由粗到精、由近到远的原则确定，在一次装夹中尽可能加工出较多的工件表面。结合本零件的结构特征，可先粗车外圆表面，然后加工外轮廓表面。由于该零件外圆部分虽然仅由直线构成，但出现凹陷，因此采用G73循环，轮廓表面车削走刀可沿零件轮廓顺序进行，按图10-76所示路线加工。

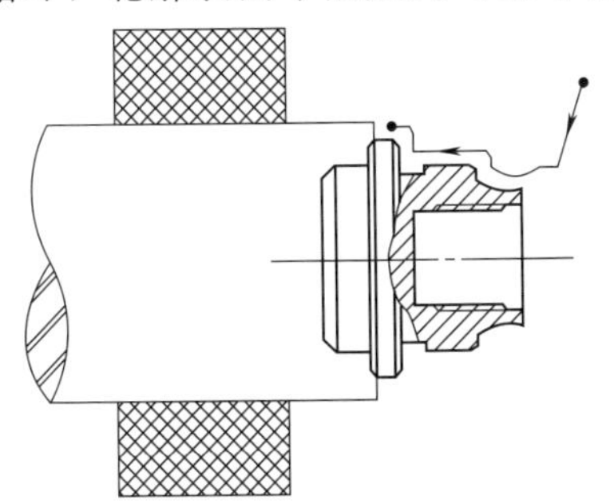

图10-74 A工件右侧外轮廓加工路线示意图

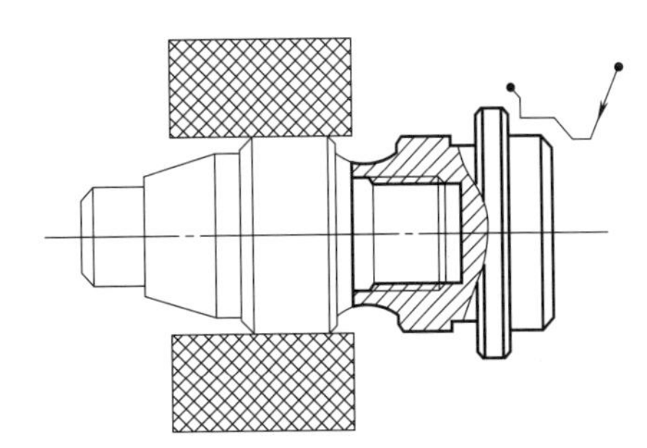

图10-75 将A件和B件旋紧，加工A工件左侧带有外轮廓的部分

(6) 加工C工件右侧外轮廓的部分

用三爪自动定心卡盘按照图10-77所示位置夹紧，加工顺序按由粗到精、由近到远的原则确定，在一次装夹中尽可能加工出较多的工件表面。结合本零件的结构特征，可先粗车外圆表面，然后加工外轮廓表面。该零件外圆部分虽然仅由直线构成，但为保证圆弧部分的衔接形状，采用G73循环，轮廓表面车削走刀可沿零件轮廓顺序进行，内圆加工采用G72的方式。加工路线如图10-77所示。

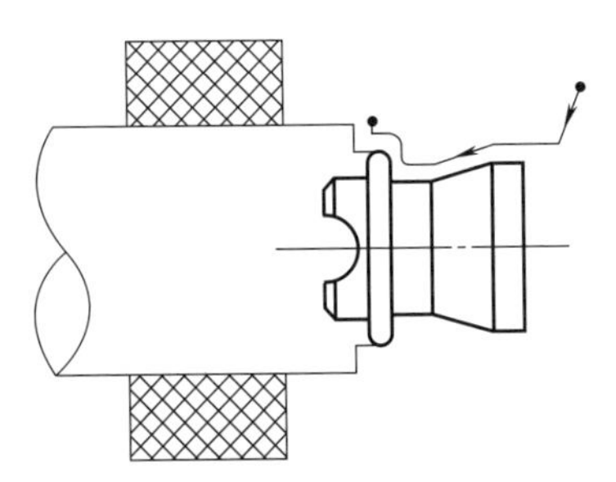

图10-76 C工件左侧外轮廓加工路线示意图

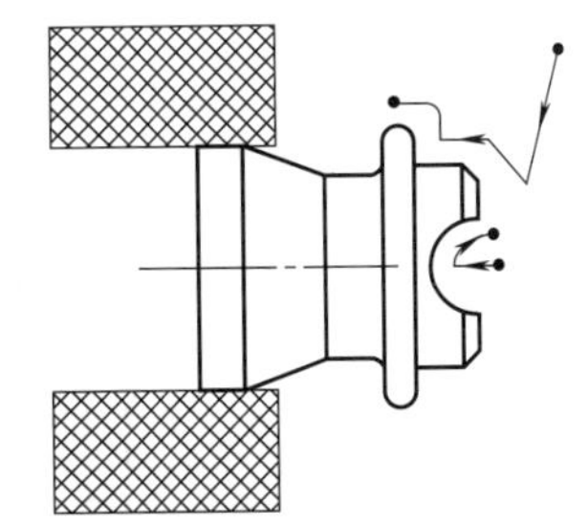

图10-77 C工件右侧外轮廓G73及内圆G72加工路线示意图

(7) 加工C工件左侧内轮廓的部分

因为涉及装夹问题，C工件左侧内轮应放到此处加工，可防止装夹时夹坏工件形状。用

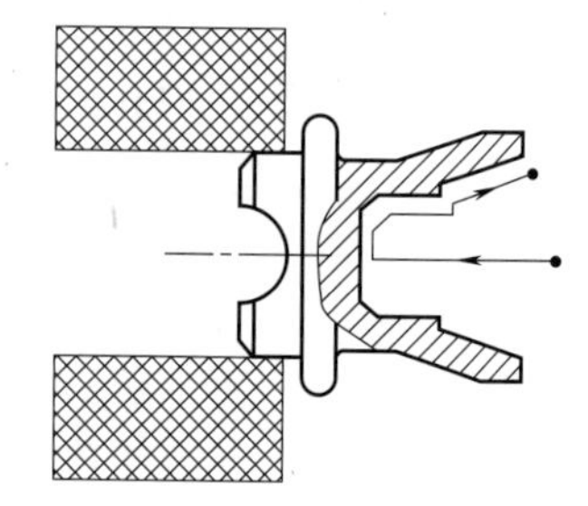

图 10-78 加工 C 工件左侧内轮廓的部分

三爪自动定心卡盘按照图 10-78 所示位置夹紧，加工顺序按由粗到精、由近到远的原则确定，在一次装夹中尽可能加工出较多的工件表面。结合本零件的结构特征，只能采用 G72 循环，轮廓车削走刀可沿零件内轮廓顺序进行。加工路线如图 10-78 所示。

10.20.3 刀具选择

将所选定的刀具参数填入表 10-39 所示三件套圆弧组合件数控加工刀具卡片中，以便于编程和操作管理。

表 10-39 复合轴组合件数控加工刀具卡片

产品名称或代号		数控车工艺分析实例	零件名称	复合轴组合件	零件图号	Lathe-20
序号	刀具号	刀具规格名称	数量	加工表面	刀尖半径/mm	备注
1	T01	35°硬质合金外圆车刀	1	车端面	0.5	25mm×25mm
2	T02	宽 4mm 切断刀(割槽刀)	1	宽 4mm		
3	T03	硬质合金 60°外螺纹车刀	1	螺纹		
4	T04	内圆车刀	1			
5	T05	宽 4mm 镗孔刀	1	镗内孔基准面		
6	T06	硬质合金 60°内螺纹车刀	1	螺纹		
7	T07	ϕ10mm 中心钻	1			
编制	×××	审核 ×××		批准 ×××	共 1 页	第 1 页

10.20.4 切削用量选择

根据被加工表面质量要求、刀具材料和工件材料，参考切削用量手册或有关资料选取切削速度与每转进给量，填入表 10-40 所示工序卡中。

表 10-40 复合轴组合件数控加工工序卡

单位名称		××××	产品名称或代号		零件名称		零件图号	
			数控车工艺分析实例		复合轴组合件		Lathe-20	
工序号		程序编号	夹具名称		使用设备		车间	
001		Lathe-20	卡盘和自制心轴		FANUC 0i		数控中心	
工步号	工步内容		刀具号	刀具规格/mm	主轴转速/(r/min)	进给速度/(mm/min)	背吃刀量/mm	备注
(1)B 工件								
1	平端面		T01	25×25	800	80		自动
2	粗车外轮廓		T01	25×25	800	80	1.5	自动
3	精车外轮廓		T01	25×25	1200	40	0.2	自动
4	车 M44×2mm 外螺纹		T03	20×20	系统配给	系统配给		自动
5	掉头装夹,螺纹部分用铜皮包裹							
6	平端面		T01	25×25	800	80		自动
7	粗车外轮廓		T01	25×25	800	80	1.5	自动
8	精车外轮廓		T01	25×25	1200	40	0.2	自动
(2)A 工件								
1	平端面		T01	25×25	800	80		自动
2	粗车外轮廓		T01	25×25	800	80	1.5	自动
3	精车外轮廓		T01	25×25	1200	40	0.2	自动
4	切槽		T02	宽 4mm	800	20		自动
5	钻底孔		T07	ϕ10	800	20		自动

续表

工步号	工步内容	刀具号	刀具规格/mm	主轴转速/(r/min)	进给速度/(mm/min)	背吃刀量/mm	备注
(2)A 工件							
6	镗孔内轮廓	T05	25×25	800	80	1.5	自动
7	精车内轮廓	T05	25×25	1200	40	0.2	自动
8	车 M34×2mm 外螺纹	T03	20×20	系统配给	系统配给		自动
9	将 A 件和 B 件旋紧，掉头装夹加工 A 工件左侧带有外轮廓的部分						
10	平端面	T01	25×25	800	80		自动
11	粗车外轮廓	T01	25×25	800	80	1.5	自动
12	精车外轮廓	T01	25×25	1200	40	0.2	自动
(3)C 工件							
1	平端面	T01	25×25	800	80		自动
2	粗车外轮廓	T01	25×25	800	80	1.5	自动
3	精车外轮廓	T01	25×25	1200	40	0.2	自动
4	掉头装夹						
5	平端面	T01	25×25	800	80		自动
6	钻底孔	T07	ϕ10	800	20		自动
7	粗车内轮廓	T01	25×25	800	80	1.5	自动
8	精车内轮廓	T01	25×25	1200	40	0.2	自动
9	再次掉头装夹						
10	钻底孔	T07	ϕ10	800	20		自动
11	粗车内轮廓	T01	25×25	800	80	1.5	自动
12	精车内轮廓	T01	25×25	1200	40	0.2	自动
编制 ×××	审核 ×××	批准	×××	年 月 日		共 1 页	第 1 页

10.20.5 数控程序的编制

(1) B 工件左侧

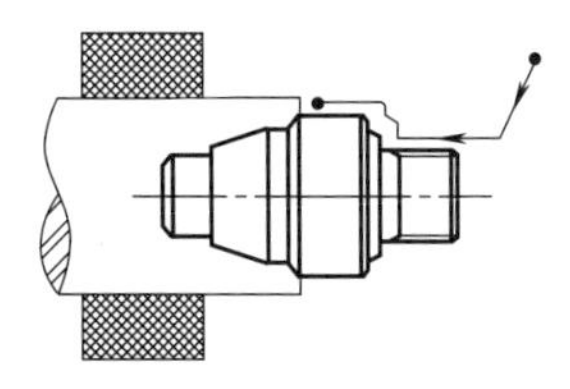

开始	N010	M03 S800	主轴正转，转速为 800r/min
	N020	T0101	换 01 号外圆车刀
	N030	G98	指定走刀按照 mm/min 进给
端面	N040	G00 X70 Z0	快速定位到端面正上方
	N050	G01 X0 F80	车削端面
粗车循环	N060	G00 X70 Z3	快速定位循环起点
	N070	G71 U1.5 R1	X 向每次吃刀量 1.5mm，退刀量为 1mm
	N080	G71 P90 Q150 U0.1 W0.1 F80	循环程序段 90~150
轮廓	N090	G00 X34	快速定位
	N100	G01 Z−30	车削 ϕ34mm 的外圆
	N110	G01 X44.583	车削至 ϕ44.583mm 的外圆处
	N120	G02 X50 Z−35 R16	车削 R16mm 的顺时针圆弧
	N130	G01 X56	车削至 ϕ56mm 的外圆处
	N140	G01 X60 Z−37	车削倒角
	N150	G01 Z−62	车削 ϕ60mm 的外圆
精车循环	N160	M03 S1200	提高主轴转速至 1200r/min
	N170	G70 P90 Q150 F40	精车

续表

倒角	N180	M03 S800	降低主轴转速
	N190	G00 X28 Z1	定位到倒角延长线上
	N200	G01 X34 Z−2 F80	车削倒角
螺纹	N210	G00 X150 Z150	快速退刀
	N220	T0303	换 03 号螺纹刀
	N230	G00 X38 Z3	定位到螺纹循环起点
	N240	G76 P040260 Q100 R0.08	G76 螺纹循环固定格式
	N250	G76 X31.786 Z−23 P1107 Q500 R0 F1.5	G76 螺纹循环固定格式
结束	N260	G00 X200 Z200	快速退刀
	N270	M05	主轴停
	N280	M30	程序结束

(2) B 工件右侧

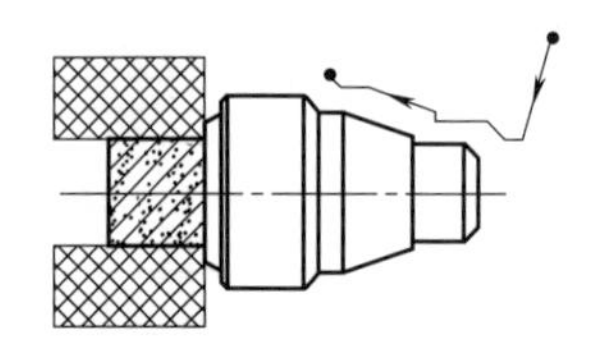

开始	N010	M03 S800	主轴正转,转速为 800r/min
	N020	T0101	换 01 号外圆车刀
	N030	G98	指定走刀按照 mm/min 进给
端面	N040	G00 X70 Z0	快速定位到端面正上方
	N050	G01 X0 F80	车削端面
粗车循环	N060	G00 X70 Z3	快速定位循环起点
	N070	G71 U1.5 R1	*X* 向每次吃刀量为 1.5mm,退刀量为 1mm
	N080	G71 P90 Q170 U0.1 W0.1 F80	循环程序段 90～170
轮廓	N090	G00 X22	快速定位
	N100	G01 Z0	接触工件
	N110	G01 X29.9885 Z−4	车削倒角
	N120	G01 Z−20	车削 ϕ29.9885mm 的外圆
	N130	G01 X35.9885	车削至 ϕ35.9885mm 的外圆处
	N140	G01 X49.9885 Z−42	斜向车削至 ϕ49.9885mm 的外圆处
	N150	G01 Z−50	车削 ϕ49.9885mm 的外圆
	N160	G01 X52	车削至 ϕ52mm 的外圆处
	N170	G01 X60 Z−54	车削倒角
精车循环	N180	M03 S1200	提高主轴转速至 1200r/min
	N190	G70 P90 Q170 F40	精车
结束	N200	G00 X200 Z200	快速退刀
	N210	M05	主轴停
	N220	M30	程序结束

(3) A 工件右侧

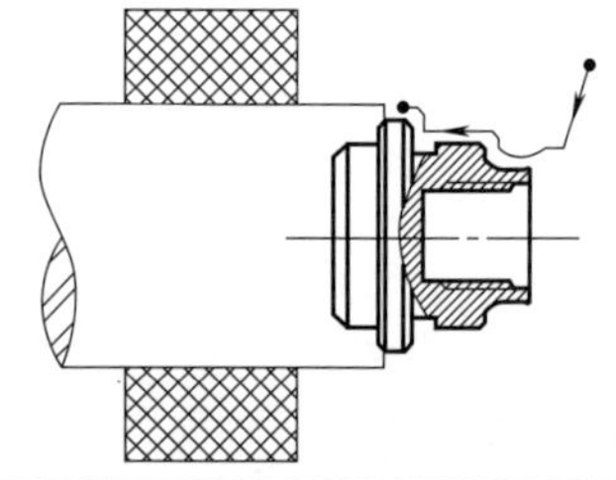

开始	N010	M03 S800	主轴正转,转速为 800r/min
	N020	T0101	换 01 号外圆车刀
	N030	G98	指定走刀按照 mm/min 进给

续表

端面	N040	G00 X90 Z0	快速定位到端面正上方
	N050	G01 X0 F80	车削端面
粗车循环	N060	G00 X90 Z3	快速定位循环起点
	N070	G73 U23.51 W1.5 R16	X 向总吃刀量为 23.51mm,循环 16 次
	N080	G73 P90 Q170 U0.1 W0.1 F80	循环程序段 90～170
轮廓	N090	G00 X44.583 Z1	快速定位到轮廓右端 1mm 处
	N100	G01 Z0	接触工件
	N110	G02 X50 Z－15 R16	车削 R16mm 的顺时针圆弧
	N120	G01 X56	车削至 ϕ56mm 的外圆处
	N130	G01 X60 Z－17	车削倒角
	N140	G01 Z－39.898	车削 ϕ60mm 的外圆
	N150	G01 X72	车削至 ϕ72mm 的外圆处
	N160	G01 X76 Z－41.898	车削倒角
	N170	G01 Z－48	车削 ϕ76mm 的外圆
精车	N180	M03 S1200	提高主轴转速至 1200r/min
	N190	G70 P90 Q170 F40	精车
切槽	N200	M03S800	降低主轴转速
	N210	G00 X200 Z200	快速退刀
	N220	T0202	换 02 号切槽刀
	N230	G00 X80 Z－35.898	定位到切槽循环起点
	N240	G75 R1	G75 切槽循环固定格式
	N250	G75 X54 Z－39.898 P3000 Q3800 R0 F20	G75 切槽循环固定格式
钻孔	N260	G00 X200 Z200	快速退刀
	N270	T0707	换 07 号钻头
	N280	G00 X0 Z1	快速定位到中心孔位置右侧
	N290	G01 Z－35 F15	钻孔
	N300	G01 Z1 F40	退出孔
镗孔循环	N310	G00 X200 Z200	快速退刀
	N320	T0505	换 05 号镗孔刀
	N330	G00 X16 Z1	定位到镗孔循环起点
	N340	G74 R1	G74 镗孔循环固定格式
	N350	G74 X31.786 Z－35 P3000 Q3800 R0 F20	G74 镗孔循环固定格式
精车内轮廓	N360	G00 X34.006 Z1	快速定位到内圆外侧 1mm 处
	N370	G01 Z－5 F20	车削 ϕ34.006mm 的内圆
	N380	G01 X31.786 Z－7	车削内螺纹的倒角
	N390	G01 Z1	车削 ϕ31.786mm 的内圆
内螺纹	N400	G00 X150 Z150	快速退刀
	N410	T0606	换 06 号内螺纹刀
	N420	G00 X30 Z0	定位到螺纹循环起点
	N430	G76 P020260 Q100 R－0.08	G76 螺纹循环固定格式
	N440	G76 X34 Z－28 P1107 Q500 R0 F1.5	G76 螺纹循环固定格式
结束	N450	G00 X200 Z200	快速退刀
	N460	M05	主轴停
	N470	M30	程序结束

(4) A 工件左侧

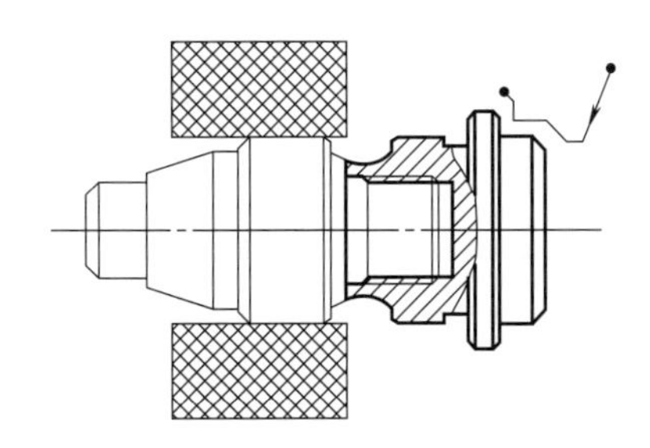

开始	N010	M03 S800	主轴正转，转速为 800r/min
	N020	T0101	换 01 号外圆车刀
	N030	G98	指定走刀按照 mm/min 进给
端面	N040	G00 X90 Z0	快速定位到端面正上方
	N050	G01 X0 F80	车削端面
粗车循环	N060	G00 X90 Z3	快速定位循环起点
	N070	G71 U22 W1.5 R15	X 向每次吃刀量为 22mm，循环 15 次
	N080	G71 P90 Q140 U0.1 W0.1 F80	循环程序段 90～140
轮廓	N090	G00 X52	快速定位
	N100	G01 Z0	接触工件
	N110	G01 X60 Z−4	车削倒角
	N120	G01 Z−15	车削 ϕ60mm 的外圆
	N130	G01 X72	车削至 ϕ72mm 的外圆处
	N140	G01 X76 Z−17	车削倒角
精车循环	N150	M03 S1200	提高主轴转速至 1200r/min
	N160	G70 P90 Q140 F40	精车
结束	N170	G00 X200 Z200	快速退刀
	N180	M05	主轴停
	N190	M30	程序结束

(5) C 工件左侧外轮廓

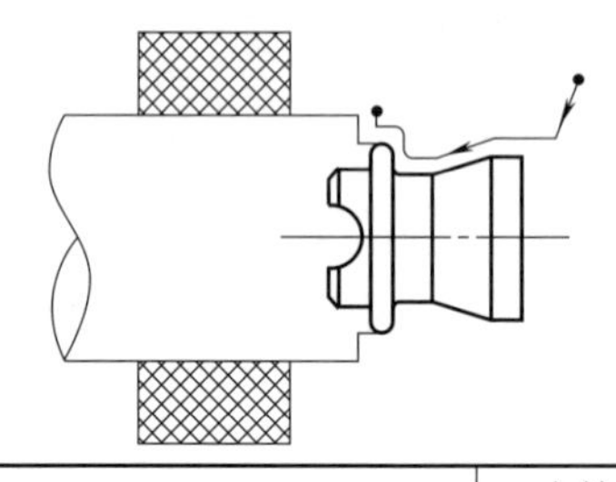

开始	N010	M03 S800	主轴正转，转速为 800r/min
	N020	T0101	换 01 号外圆车刀
	N030	G98	指定走刀按照 mm/min 进给
端面	N040	G00 X90 Z0	快速定位到端面正上方
	N050	G01 X0 F80	车削端面
粗车循环	N060	G00 X90 Z3	快速定位循环起点
	N070	G73 U22 W1.5 R15	X 向总吃刀量为 22mm，循环 15 次
	N080	G73 P90 Q150 U0.1 W0.1 F80	循环程序段 90～150
轮廓	N090	G00 X60 Z1	快速定位到轮廓右端 1mm 处
	N100	G01 Z−11	车削 ϕ60mm 的外圆
	N110	G01 X46 Z−33	斜向车削到 ϕ46mm 的外圆处
	N120	G01 Z−44.967	车削 ϕ46mm 的外圆
	N130	G02 X52 Z−47.967 R3	车削 R3mm 的顺时针圆弧
	N140	G01 X60	车削至 ϕ60mm 的外圆处
	N150	G03 X68 Z−51.967 R4	车削 R4mm 的逆时针圆弧
精车循环	N160	M03 S1200	提高主轴转速至 1200r/min
	N170	G70 P90 Q150 F40	精车
结束	N180	G00 X200 Z200	快速退刀
	N190	M05	主轴停
	N200	M30	程序结束

（6）C 工件右侧

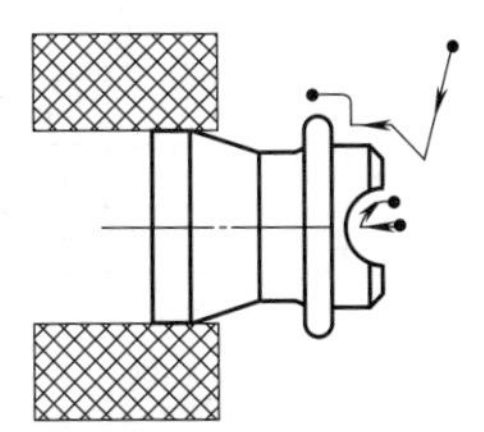

开始	N010	M03 S800	主轴正转，转速为 800r/min
	N020	T0101	换 01 号外圆车刀
	N030	G98	指定走刀按照 mm/min 进给
端面	N040	G00 X90 Z0	快速定位到端面正上方
	N050	G01 X0 F80	车削端面
粗车循环	N060	G00 X90 Z3	快速定位循环起点
	N070	G73 U29 W1.5 R20	X 向总吃刀量为 29mm，循环 20 次
	N080	G73 P90 Q140 U0.1 W0.1 F80	循环程序段 90～140
轮廓	N090	G00 X40 Z1	快速定位到倒角延长线处
	N100	G01 X50 Z−4	车削倒角
	N110	G01 Z−16.033	车削 ϕ50mm 的外圆的右端面
	N120	G01 X60	车削至 ϕ60mm 的外圆
	N130	G03 X68 Z−20.033 R4	车削 R4mm 的逆时针圆弧
	N140	G01 Z−22	多车削一段，避免接缝
精车	N150	M03 S1200	提高主轴转速至 1200r/min
	N160	G70 P90 Q140 F40	精车
钻孔	N170	M03 S800	降低主轴转速
	N180	G00 X200 Z200	快速退刀
	N190	T0707	换 07 号钻头
	N200	G00 X0 Z1	快速定位到中心孔位置右侧
	N210	G01 Z−11.5 F15	钻孔
	N220	G01 Z1 F40	退出孔
粗车循环	N230	G00 X200 Z200	快速退刀
	N240	T0404	换 04 号内圆车刀
	N250	G00 X0 Z1	快速定位循环起点
	N260	G72 W1 R1	X 向每次吃刀量为 1.5mm，退刀量为 1mm
	N270	G72 P280 Q290 U−0.1 W0.1 F40	循环程序段 280～290
内轮廓	N280	G01 Z−12	进刀至内圆尾部
	N290	G01 X24 Z0 R12	车削 R12mm 的顺时针圆弧
精车	N300	M03 S1200	提高主轴转速至 1200r/min
	N310	G70 P90 Q140 F40	精车
结束	N320	G00 X200 Z200	快速退刀
	N330	M05	主轴停
	N340	M30	程序结束

（7）C 工件左侧内轮廓

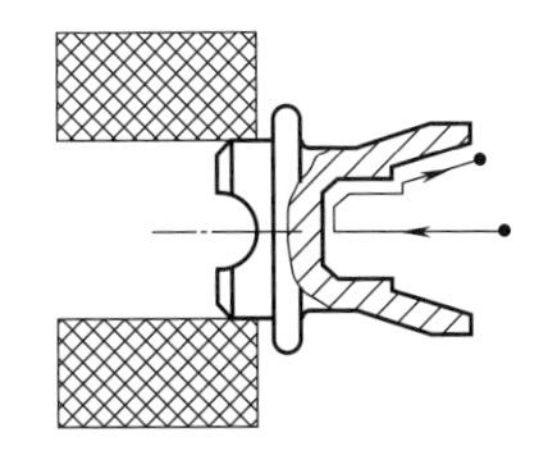

开始	N010	M03 S800	主轴正转,转速为800r/min
	N020	T0707	换07号钻头
	N030	G98	指定走刀按照mm/min进给
	N040	G00 X0 Z1	快速定位到中心孔位置右侧
	N050	G01 Z42 F15	钻孔
	N060	G01 Z1 F40	退出孔
粗车循环	N070	G00 X200 Z200	快速退刀
	N080	T0404	换04号内圆车刀
	N090	G00 X0 Z1	快速定位循环起点
	N100	G72 W1 R1	X向每次吃刀量为1.5mm,退刀量为1mm
	N110	G72 P120 Q170 U−0.1 W0.1 F60	循环程序段120～170
内轮廓	N120	G01 Z−42	进刀至内圆尾部
	N130	G01 X22	车削至ϕ22mm的内圆处
	N140	G01 X30.006 Z−38	车削倒角
	N150	G01 Z−22	车削ϕ30.006mm的内圆
	N160	G01 X36.006	车削至ϕ36.006mm的内圆
	N170	G01 X50.006 Z0	斜向车削至ϕ50.006mm的内圆
精车	N180	M03 S1200	提高主轴转速至1200r/min
	N190	G70 P120 Q160 F40	精车
结束	N200	G00 X200 Z200	快速退刀
	N210	M05	主轴停
	N220	M30	程序结束

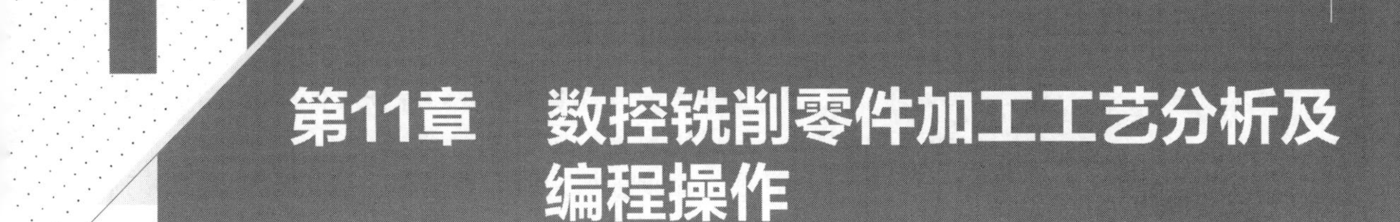

第11章　数控铣削零件加工工艺分析及编程操作

注：本章加工工件对刀点除特殊说明外，均为工件毛坯的上表面左下角点，即。

11.1　基本零件的加工工艺分析及编程

基本零件如图 11-1 所示。

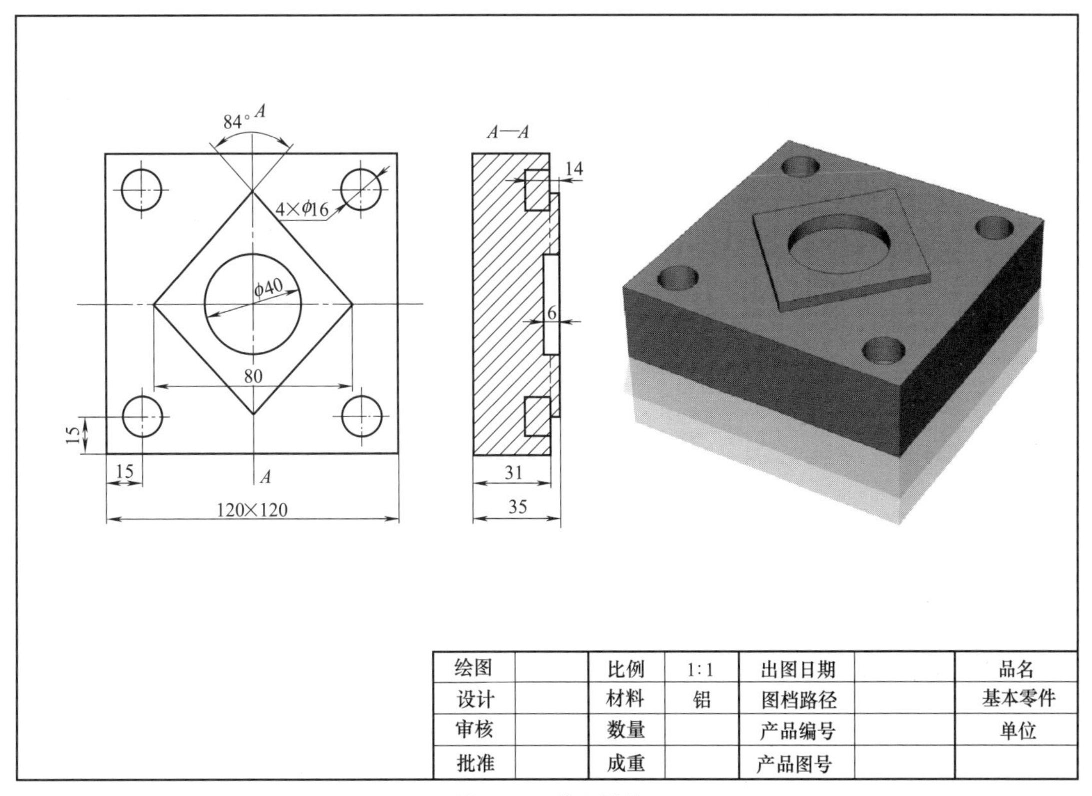

图 11-1　基本零件

11.1.1 零件图工艺分析

该零件表面由1个凸台部分、1个圆形的槽和4个孔组成。工件尺寸为120mm×120mm，无尺寸公差要求。尺寸标注完整，轮廓描述清楚。零件材料为已经加工成形的标准铝块，无热处理和硬度要求。

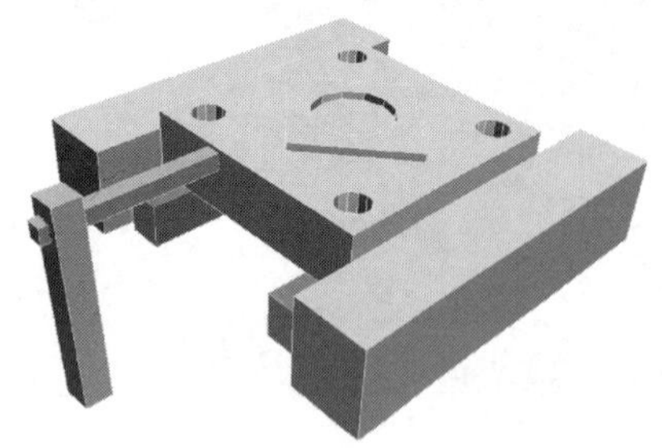

图 11-2 确定装夹方案

11.1.2 确定装夹方案

在工件底部放置2块垫块，保证工件高出夹具4mm以上，用虎钳夹紧，如图11-2所示。

注意：做批量加工时，在工件左侧用铝棒或铁棒顶紧，方便更换工件的加工，不必重新对刀。单个工件的加工则可忽略。

11.1.3 确定加工顺序及进给路线

加工顺序按由粗到精、先表面后槽孔的原则确定。通过上述分析，采取以下几点工艺措施。

① 采用ϕ30mm加工大表面的凸台部分：分2层铣削，第一层3mm，第二层1mm兼做精加工表面。具体的加工路线如图11-3所示，路径1为铣边，路径2为加工出凸台，其中未加工到白色区域可由铣孔时候加工完成。

② 采用ϕ20mm的铣刀加工中间的圆心槽：分3层铣削，3mm、2mm、1mm（兼做精加工槽底）。如图11-4所示的路径1。

③ 采用ϕ16mm的铣刀加工4个孔：根据实际情况，此处不采用循环，用G01指令即可完成加工，如图11-4所示的孔2～5。

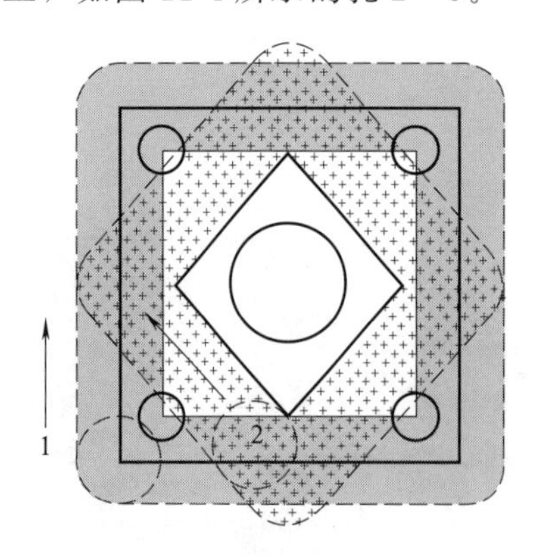

图 11-3 凸台表面的走刀路线

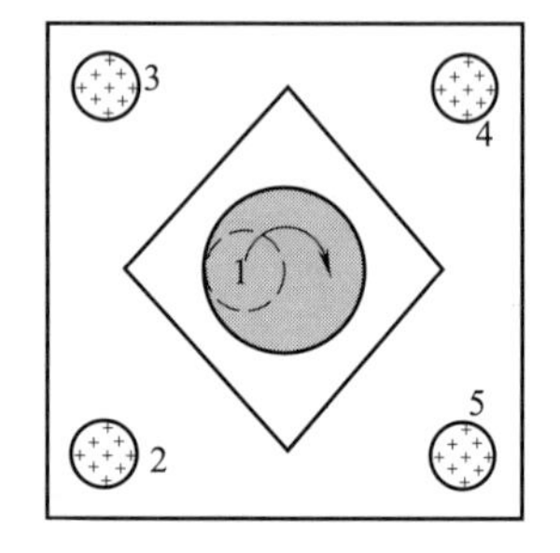

图 11-4 圆形槽和孔的走刀路线

11.1.4 数学计算

在编程中，相关的坐标点的数值通过计算和CAD的标注即可求出，这里不再赘述。

11.1.5 刀具选择

选用ϕ30mm铣刀先加工大表面的凸台部分，ϕ20mm铣刀加工中间的圆心槽，ϕ16mm铣刀加工4个孔。将所选定的刀具参数填入表11-1所示数控加工刀具卡片中，以便于编程和操作管理。

表 11-1 数控加工刀具卡片

产品名称或代号		加工中心工艺分析实例	零件名称	基本零件	零件图号	Mill-1
序号	刀具号	刀具规格名称	数量	加工表面	伸出夹头/mm	备注
1	T01	ϕ30mm 铣刀	1	凸台部分外沿	8	
2	T02	ϕ20mm 铣刀	1	圆形槽	10	
3	T03	ϕ16mm 铣刀	1	4 个孔	20	
编制	×××	审核 ×××	批准	×××	共 1 页	第 1 页

11.1.6 切削用量选择

将前面分析的各项内容综合成如表 11-2 所示的数控加工工序卡，此表是编制加工程序的主要依据和操作人员配合数控程序进行数控加工的指导性文件，主要内容包括：工步顺序、工步内容、各工步所用的刀具及切削用量等。

表 11-2 数控加工工序卡

单位名称	××××	产品名称或代号		零件名称		零件图号	
		加工中心工艺分析实例		螺纹特型轴		Mill-1	
工序号	程序编号	夹具名称		使用设备		车间	
001	Mill-1	台虎钳		FANUC		数控中心	
工步号	工步内容	刀具号	刀具总长(伸出)/mm	主轴转速/(r/min)	进给速度/(mm/min)	下刀量/mm	备注
1	工件边缘	T01	70(8)	2000	400	<3	自动
2	凸台轮廓外缘	T01	70(8)	2000	400	<3	自动
3	圆形槽	T02	60(10)	2000	400	<3	自动
4	4 个孔	T03	60(20)	2000	80		自动
编制	××× 审核	×××	批准 ×××	年 月 日		共 1 页	第 1 页

11.1.7 数控程序的编制

【FANUC 数控程序】

子程序:O0051			
孔	N010	G01 Z−14 F80	加工孔,速度为 80mm/min
	N020	G04 P1000	暂停 1s,清孔底
	N030	G01 Z2 F400	孔内退刀,孔内不采用 G00 退刀
	N040	M99	子程序结束
主程序:O0001			
开始	N010	G17 G54 G94	选择平面、坐标系、每分钟进给
	N020	T01 M06	换 01 号刀
	N030	M03 S2000	主轴正转,转速为 2000r/min
工件轮廓(图 11-3 所示路径 1)	N040	G00 X0 Y0	快速定位
	N050	Z2	快速下刀至 Z2 位置
	N060	G01 Z−3 F80	下刀至 Z−3 处,速度为 80mm/min
	N070	X0 Y120 F400	加工外轮廓左边缘,速度为 400mm/min
	N080	X120 Y120	加工外轮廓上边缘
	N090	X120 Y0	加工外轮廓右边缘
	N100	X0 Y0	加工外轮廓下边缘
	N110	Z−4 F80	下刀至 Z−4 处,速度为 80mm/min
	N120	M03 S4000	主轴正转,转速为 4000r/min,准备精加工
	N130	G01 X0 Y120 F200	加工外轮廓左边缘,速度为 200mm/min
	N140	X120 Y120	加工外轮廓上边缘

续表

主程序:O0001			
工件轮廓(图 11-3 所示路径 1)	N150	X120 Y0	加工外轮廓右边缘
	N160	X0 Y0	加工外轮廓下边缘
	N170	G00 Z2	抬刀
	N180	M03 S2000	主轴正转,转速为 2000r/min
凸台外轮廓(图 11-3 所示路径 2)	N190	G41 G00 X20 Y60	设定刀具左补偿,快速定位至凸台左顶点
	N200	G01 Z−3 F80	下刀至 Z−3 处,速度为 80mm/min
	N210	X60 Y104.42 F400	加工凸台轮廓至上顶点,速度为 400mm/min
	N260	X100 Y60	加工凸台轮廓至右顶点
	N270	X60 Y15.58	加工凸台轮廓至下顶点
	N280	X20 Y60	加工凸台轮廓至上顶点
	N290	Z−4 F80	下刀至 Z−4 处,速度为 80mm/min
	N300	M03 S4000	主轴正转,转速为 4000r/min,准备精加工
	N310	X60 Y104.42 F200	加工凸台轮廓至上顶点,速度为 200mm/min
	N320	X100 Y60	加工凸台轮廓至右顶点
	N330	X60 Y15.58	加工凸台轮廓至下顶点
	N340	X20 Y60	加工凸台轮廓至上顶点
	N350	G00 Z200	抬刀,准备换刀
圆形槽的加工(图 11-4 所示路径 1)	N360	T02 M06	换 02 号刀
	N370	M03 S2000	主轴正转,转速为 2000r/min
	N380	G42 G00 X50 Y60	设定刀具右补偿,快速定位至圆的左顶点
	N390	G01 Z−3 F80	下刀至 Z−3 处,速度为 80mm/min
	N400	G02 X50 Y60 I10 J0 F400	加工第一层圆形槽,速度为 400mm/min
	N410	G01 Z−5 F80	下刀至 Z−5 处,速度为 80mm/min
	N420	G02 X50 Y60 I10 J0 F400	加工第二层圆形槽,速度为 400mm/min
	N430	M03 S4000	主轴正转,转速为 4000r/min,准备精加工
	N440	G01 Z−6 F80	下刀至 Z−6 处,速度为 80mm/min
	N450	G02 X50 Y60 I10 J0 F200	加工第三层圆形槽,速度为 200mm/min
	N460	G00 Z200	抬刀,准备换刀
	N470	G40	取消刀具补偿
	N480	M03 S2000	主轴正转,转速为 2000r/min
四个孔的加工	N490	T03 M06	换 03 号刀
	N500	G00 Z2	快速下刀至 Z2 位置
	N510	X15 Y15	快速定位在图 11-4 所示孔 2 位置
	N520	M98 P0051	调用子程序,加工孔
	N530	G00 X15 Y105	快速定位在图 11-4 所示孔 3 位置
	N540	M98 P0051	调用子程序,加工孔
	N550	G00X105 Y105	快速定位在图 11-4 所示孔 4 位置
	N560	M98 P0051	调用子程序,加工孔
	N570	G00 X105 Y15	快速定位在图 11-4 所示孔 5 位置
	N580	M98 P0051	调用子程序,加工孔
结束	N590	G00 Z200	抬刀
	N600	M05	主轴停
	N610	M02	程序结束

11.2 模块零件的加工工艺分析及编程

模块零件如图 11-5 所示。

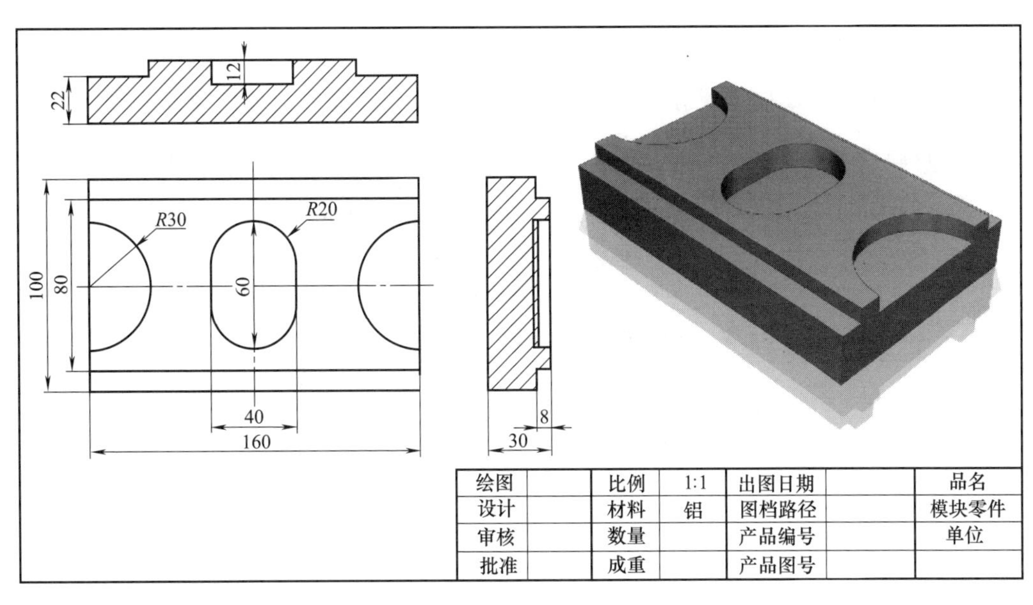

绘图		比例	1:1	出图日期		品名
设计		材料	铝	图档路径		模块零件
审核		数量		产品编号		单位
批准		成重		产品图号		

图 11-5　模块零件

11.2.1　零件图工艺分析

该零件表面由 1 个键槽、2 个半圆形的开口槽和 2 个小台阶组成。工件尺寸为 160mm×100mm，无尺寸公差要求。尺寸标注完整，轮廓描述清楚。零件材料为已经加工成形的标准铝块，无热处理和硬度要求。

11.2.2　确定装夹方案

在工件底部放置 2 块垫块，保证工件高出夹具 7mm 以上，用虎钳夹紧，如图 11-6 所示。

11.2.3　确定加工顺序及进给路线

加工顺序按由粗到精、先表面后槽孔的原则确定。通过上述分析，本题只需采用一把 ϕ20mm 的铣刀即可，采取以下几点工艺措施。

① 采用 ϕ20mm 铣刀加工工件上下两侧的台阶，具体的加工路线如图 11-7 所示的路径 1 和路径 2。

② 采用 ϕ20mm 的铣刀按顺序加工左侧的开口槽、中间的键槽、右侧的开口槽，如图11-7 所示的路径 3、路径 4、路径 5。

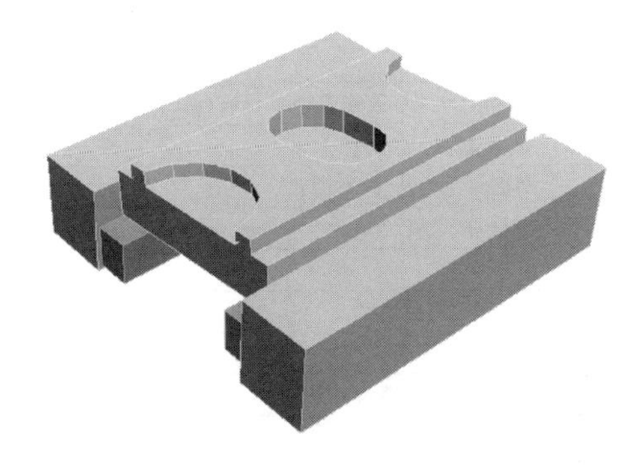

图 11-6　确定装夹方案

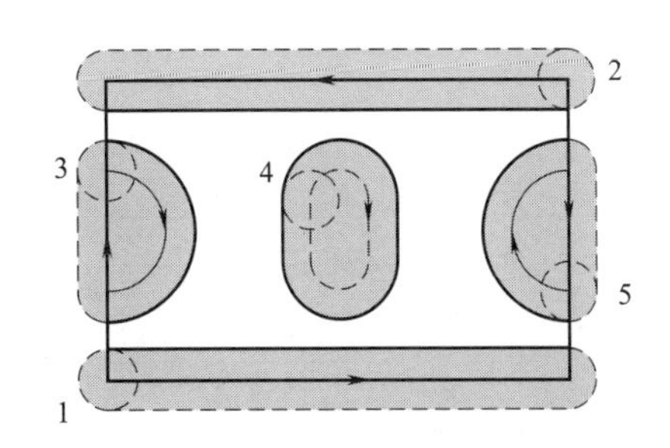

图 11-7　模块零件的走刀路线

11.2.4 数学计算

在编程中，相关的坐标点的数值通过计算和CAD的标注即可求出，这里不再赘述。

11.2.5 刀具选择

选用ϕ20mm铣刀即可加工本零件的所有区域，将所选定的刀具参数填入表11-3所示数控加工刀具卡片中，以便于编程和操作管理。

表11-3 数控加工刀具卡片

产品名称或代号		加工中心工艺分析实例		零件名称	模块零件	零件图号	Mill-2
序号	刀具号	刀具规格名称		数量	加工表面	伸出夹头/mm	备注
1	T01	ϕ20mm铣刀		1	台阶、开口槽、键槽	15	
编制		×××	审核	×××	批准 ×××	共1页	第1页

11.2.6 切削用量选择

将前面分析的各项内容综合成如表11-4所示的数控加工工序卡，此表是编制加工程序的主要依据和操作人员配合数控程序进行数控加工的指导性文件，主要内容包括：工步顺序、工步内容、各工步所用的刀具及切削用量等。

表11-4 数控加工工序卡

单位名称	××××	产品名称或代号	零件名称	零件图号
		加工中心工艺分析实例	模块零件	Mill-2
工序号	程序编号	夹具名称	使用设备	车间
001	Mill-2	台虎钳	FANUC	数控中心

工步号	工步内容	刀具号	刀具总长(伸出)/mm	主轴转速/(r/min)	进给速度/(mm/min)	下刀量/mm	备注
1	工件上下台阶	T01	80(15)	2000	400	<3	自动
2	开口槽和键槽	T01	80(15)	2000	400	<3	自动
编制 ×××	审核 ×××	批准 ×××		年 月 日		共1页	第1页

11.2.7 数控程序的编制

【FANUC数控程序】

子程序:O0052			
下台阶	N010	G01 X160 Y0 F400	加工下台阶，速度为400mm/min
	N020	Z2 F4000	提速抬刀，不采用G00
	N030	G00 X0 Y0	回起点，准备下次加工
	N040	M99	子程序结束
子程序:O0053			
上台阶	N010	G01 X0 Y100 F400	加工上台阶，速度为400mm/min
	N020	Z2 F4000	提速抬刀，不采用G00
	N030	G00 X160 Y100	回起点，准备下次加工
	N040	M99	子程序结束
子程序:O0054			
键槽	N010	G02 X90 Y60 R20 F400	加工键槽上半圆
	N020	G01 X90 Y40	加工键槽右侧
	N030	G02 X70 Y40 R20	加工键槽下半圆
	N040	G01 X70 Y60	加工键槽左侧
	N050	M99	子程序结束

续表

子程序:O0055			
左开口槽	N010	G02 X0 Y30 R30 F400	加工左开口槽右侧半圆
	N020	G01 X0 Y70	加工左开口左侧直线部分
	N030	M99	子程序结束
子程序:O0056			
右开口槽	N010	G02 X160 Y70 R30 F400	加工右开口槽左侧半圆
	N020	G01 X160 Y30	加工右开口右侧直线部分
	N030	M99	子程序结束
主程序:O0002			
开始	N010	G17 G54 G94	选择平面、坐标系、每分钟进给
	N020	T01 M06	换01号刀
	N030	M03 S2000	主轴正转,转速为2000r/min
下台阶(图11-7所示路径1)	N040	G00 X0 Y0 Z2	快速定位至加工起点处
	N050	G01 Z−3 F80	下刀至Z−3处,速度为80mm/min
	N060	M98 P0052	调用子程序,加工下台阶的第一层
	N070	G01 Z−6 F80	下刀至Z−6处,速度为80mm/min
	N080	M98 P0052	调用子程序,加工下台阶的第二层
	N090	M03 S4000	主轴正转,转速为4000r/min,准备精加工
	N100	G01 Z−8 F80	下刀至Z−8处,速度为80mm/min
	N110	M98 P0052	调用子程序,加工下台阶的第三层
上台阶(图11-7所示路径2)	N120	M03 S2000	主轴正转,转速为2000r/min
	N130	G00 X160 Y100 Z2	快速定位至加工起点处
	N140	G01 Z−3 F80	下刀至Z−3处,速度为80mm/min
	N150	M98 P0053	调用子程序,加工上台阶的第一层
	N160	G01 Z−6 F80	下刀至Z−6处,速度为80mm/min
	N170	M98 P0053	调用子程序,加工上台阶的第二层
	N180	M03 S4000	主轴正转,转速为4000r/min,准备精加工
	N190	G01 Z−8 F80	下刀至Z−8处,速度为80mm/min
	N200	M98 P0053	调用子程序,加工上台阶的第三层
左开口槽(图11-7所示路径3)	N210	M03 S2000	主轴正转,转速为2000r/min
	N260	G00 X0 Y70	快速定位至左开口槽加工起点处
	N270	G01 Z−3 F80	下刀至Z−3处,速度为80mm/min
	N280	M98 P0055	调用子程序,加工左开口槽的第一层
	N290	G01 Z−6 F80	下刀至Z−6处,速度为80mm/min
	N300	M98 P0055	调用子程序,加工左开口槽的第二层
	N310	G01 Z−8 F80	下刀至Z−8处,速度为80mm/min
	N320	M03 S4000	主轴正转,转速为4000r/min,准备精加工
	N330	M98 P0055	调用子程序,加工左开口槽的第四层
键槽(图11-7所示路径4)	N340	M03 S2000	主轴正转,转速为2000r/min
	N350	G00 X70 Y60	快速定位至键槽加工起点处
	N360	G01 Z−3 F80	下刀至Z−3处,速度为80mm/min
	N370	M98 P0054	调用子程序,加工键槽的第一层
	N380	G01 Z−6 F80	下刀至Z−6处,速度为80mm/min
	N390	M98 P0054	调用子程序,加工键槽的第二层
	N400	G01 Z−9 F80	下刀至Z−9处,速度为80mm/min
	N410	M98 P0054	调用子程序,加工键槽的第三层
	N420	G01 Z−12 F80	下刀至Z−12处,速度为80mm/min
	N430	M03 S4000	主轴正转,转速为4000r/min,准备精加工
	N440	M98 P0054	调用子程序,加工键槽的第四层

续表

主程序:O0002			
右开口槽（图 11-7 所示路径 5）	N450	M03 S2000	主轴正转,转速为 2000r/min
	N460	G00 X0 Y70	快速定位至右开口槽加工起点处
	N470	G01 Z－3 F80	下刀至 Z－3 处,速度为 80mm/min
	N480	M98 P0056	调用子程序,加工右开口槽的第一层
	N490	G01 Z－6 F80	下刀至 Z－6 处,速度为 80mm/min
	N500	M98 P0056	调用子程序,加工右开口槽的第二层
	N510	G01 Z－8 F80	下刀至 Z－8 处,速度为 80mm/min
	N520	M03 S4000	主轴正转,转速为 4000r/min,准备精加工
	N530	M98 P0056	调用子程序,加工右开口槽的第四层
结束	N540	G00 Z200	抬刀
	N550	M05	主轴停
	N560	M02	程序结束

11.3 曲面板块零件的加工工艺分析及编程

曲面板块零件如图 11-8 所示。

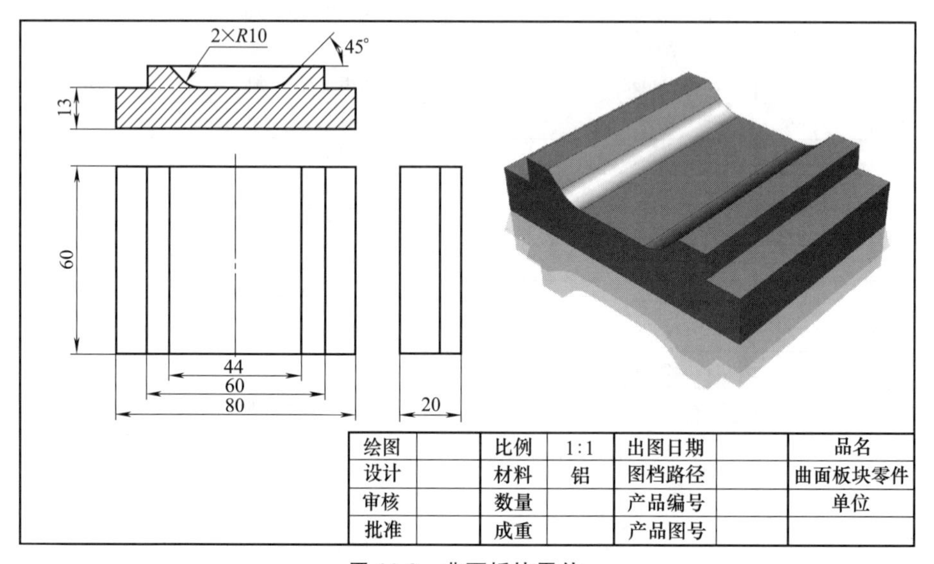

图 11-8 曲面板块零件

11.3.1 零件图工艺分析

该零件表面由 1 个凹进的梯形圆弧面构成的曲面和 2 个小台阶组成。工件尺寸为 80mm×60mm，无尺寸公差要求。尺寸标注完整，轮廓描述清楚。零件材料为已经加工成形的标准铝块，无热处理和硬度要求。由于从顶部加工，无法保证圆弧曲面的精度，因此此零件的加工选择多次装夹加工的方案具体如下。

11.3.2 确定装夹方案、加工顺序及进给路线

① 在工件底部放置 2 块垫块，保证工件高出夹具 7mm 以上，用虎钳夹紧，加工顶部两侧

的小台阶部分，如图 11-9 所示。

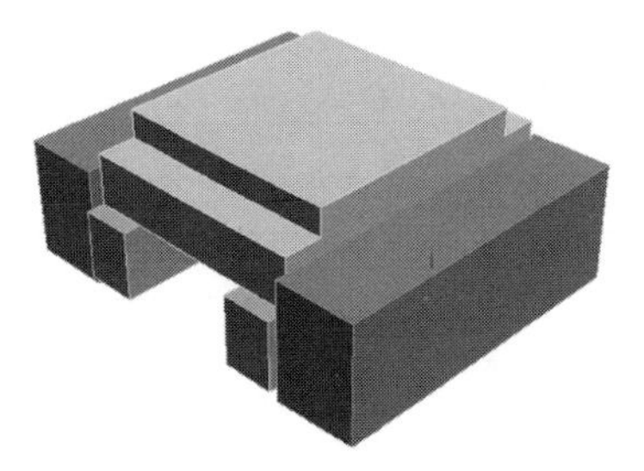

图 11-9 顶部装夹方案

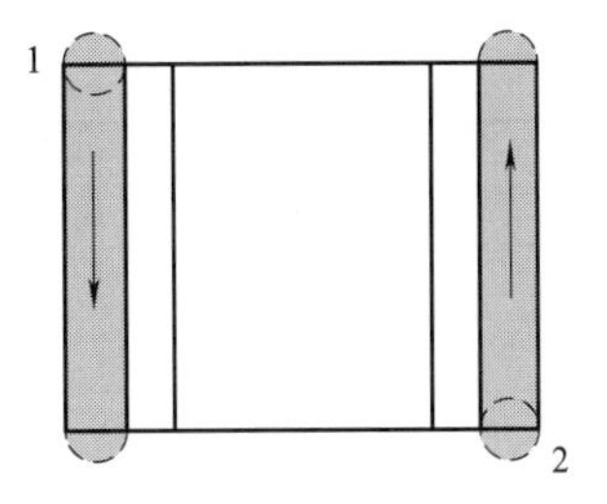

图 11-10 工件顶部的走刀路线

采用 ϕ10mm 铣刀加工顶部的左右两侧小台阶部分：具体的加工路线如图 11-10 所示的路径 1 和路径 2。

② 圆弧面的加工，其装夹如图 11-11 所示，在工件底部放置 1 块垫块，左侧顶紧铝棒，两侧分别用图中所示的垫块夹紧，工件露出夹具一半的高度，这样可以保证曲面加工的精度。加工的时候先加工一半的高度，其加工路线如图 11-12 所示的路径 3 加工侧面的带有圆弧的区域；翻转再掉头按同样的方法装夹，再加工剩下的一半，如图 11-13 所示的路径 4 走刀。

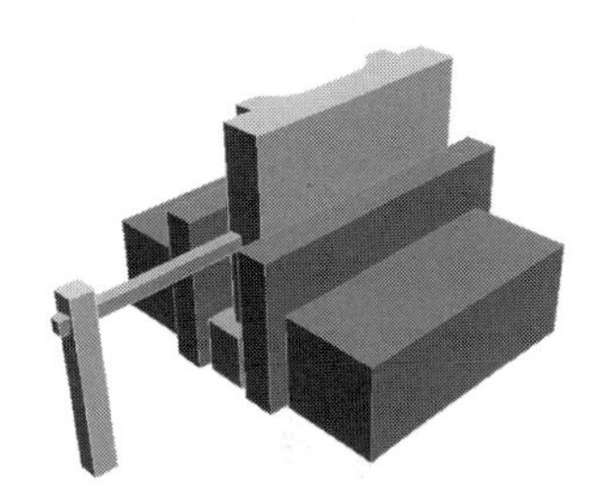

图 11-11 侧面装夹方案

此时可以发现由于工件成对称形状，因此 2 次的走刀路径完全一致，在编制子程序时只需编制 1 次即可。注意：左侧用铝棒顶紧固定，这样在翻转重新装夹的时候就不必重新对刀了。

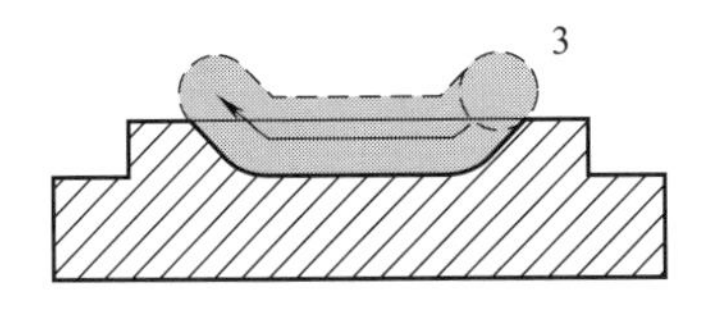

图 11-12 侧面加工的走刀路线

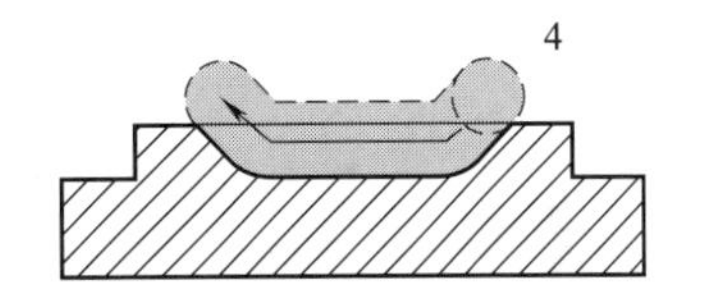

图 11-13 剩余侧面加工的走刀路线

11.3.3 数学计算

在编程中，相关的坐标点的数值通过计算和 CAD 的标注即可求出，这里不再赘述。

11.3.4 刀具选择

选用 ϕ10mm 铣刀即可加工本零件的所有区域，将所选定的刀具参数填入表 11-5 所示数控加工刀具卡片中，以便于编程和操作管理。

表 11-5 数控加工刀具卡片

<table>
<tr><td colspan="2">产品名称或代号</td><td colspan="3">加工中心工艺分析实例</td><td colspan="2">零件名称</td><td>曲面板块零件</td><td>零件图号</td><td>Mill-3</td></tr>
<tr><td>序号</td><td>刀具号</td><td colspan="3">刀具规格名称</td><td>数量</td><td colspan="2">加工表面</td><td>伸出夹头/mm</td><td>备注</td></tr>
<tr><td>1</td><td>T01</td><td colspan="3">ϕ10mm 铣刀</td><td>1</td><td colspan="2">所有待加工区域</td><td>10 和 35</td><td></td></tr>
<tr><td colspan="2">编制</td><td>×××</td><td>审核</td><td colspan="2">×××</td><td>批准</td><td>×××</td><td>共 1 页</td><td>第 1 页</td></tr>
</table>

11.3.5 切削用量选择

将前面分析的各项内容综合成如表 11-6 所示的数控加工工序卡，此表是编制加工程序的主要依据和操作人员配合数控程序进行数控加工的指导性文件，主要内容包括：工步顺序、工步内容、各工步所用的刀具及切削用量等。

表 11-6 数控加工工序卡

单位名称	××××	产品名称或代号		零件名称		零件图号		
		加工中心工艺分析实例		曲面板块零件		Mill-3		
工序号	程序编号	夹具名称		使用设备		车间		
001	Mill-3	台虎钳		FANUC		数控中心		
工步号	工步内容	刀具号	刀具总长(伸出)/mm	主轴转速/(r/min)	进给速度/(mm/min)	下刀量/mm	备注	
1	工件边缘	T01	100(10)	2000	400	<3	自动	
按图 11-11 所示方式装夹，重新对刀，加工带圆弧区域								
2	带圆弧的区域	T01	100(35)	2000	400	<3	自动	
将工件翻转按图 11-11 所示方式重新装夹，不需对刀，加工剩余的带圆弧区域								
3	带圆弧的区域	T01	100(35)	2000	400	<3	自动	
编制	×××	审核	×××	批准	×××	年 月 日	共 1 页	第 1 页

11.3.6 数控程序的编制

【FANUC 数控程序】

子程序：O0057			
左台阶	N010	G01 X5 Y0 F400	加工左台阶，速度为 400mm/min
	N020	Z2 F4000	提速抬刀，不采用 G00
	N030	G00 X5 Y60	回起点，准备下次加工
	N040	M99	子程序结束
子程序：O0058			
右台阶	N010	G01 X75 Y60 F400	加工上台阶，速度为 400mm/min
	N020	Z2 F4000	提速抬刀，不采用 G00
	N030	G00 X75 Y0	回起点，准备下次加工
	N040	M99	子程序结束
子程序：O0059			
带圆弧的区域	N010	G01 X57.93 Y15.93 F400	加工右边直线
	N020	G02 X50.86 Y13 R10	加工右边圆弧
	N030	G01 X29.14 Y13	加工下边直线
	N040	G02 X22.07 Y15.93 R10	加工左边圆弧
	N050	G01 X18 Y20	加工左边直线
	N060	G00 Z2	抬刀
	N070	G00 X62 Y20	快速返回加工起点
	N080	M99	子程序结束
主程序：O0003(顶部装夹方案的加工程序，如图 11-9 和图 11-10 所示)			
开始	N010	G17 G54 G94	选择平面、坐标系、每分钟进给
	N020	T01 M06	换 01 号刀
	N030	M03 S2000	主轴正转，转速为 2000r/min
左台阶	N040	G00 X5 Y60 Z2	快速定位至加工起点处
	N050	G01 Z−3 F80	下刀至 Z−3 处，速度为 80mm/min
	N060	M98 P0057	调用子程序，加工左台阶的第一层
	N070	G01 Z−6 F80	下刀至 Z−6 处，速度为 80mm/min
	N080	M98 P0057	调用子程序，加工左台阶的第二层
	N090	M03 S4000	主轴正转，转速为 4000r/min，准备精加工
	N100	G01 Z−7 F80	下刀至 Z−7 处，速度为 80mm/min
	N110	M98 P0057	调用子程序，加工左台阶的第三层

续表

主程序:O0003(顶部装夹方案的加工程序,如图 11-9 和图 11-10 所示)			
右台阶	N120	G00 X75 Y0 Z2	快速定位至加工起点处
	N130	G01 Z−3 F80	下刀至 Z−3 处,速度为 80mm/min
	N140	M98 P0058	调用子程序,加工左台阶的第一层
	N150	G01 Z−6 F80	下刀至 Z−6 处,速度为 80mm/min
	N160	M98 P0058	调用子程序,加工左台阶的第二层
	N170	M03 S4000	主轴正转,转速为 4000r/min,准备精加工
	N180	G01 Z−7 F80	下刀至 Z−7 处,速度为 80mm/min
	N190	M98 P0058	调用子程序,加工左台阶的第三层
结束	N200	G00 Z200	抬刀
	N210	M05	主轴停
	N220	M02	程序结束
主程序:O0004(侧面装夹方案的加工程序,如图 11-11～图 11-13 所示)			
开始	N010	G17 G54 G94	选择平面、坐标系、每分钟进给
	N020	T01 M06	换 01 号刀
	N030	M03 S2000	主轴正转,转速为 2000r/min
带圆弧的区域	N040	G42 G00 X62 Y20 Z2	设置刀具右补偿,快速定位至加工起点处
	N050	G01 Z−3 F80	下刀至 Z−3 处,速度为 80mm/min
	N060	M98 P0059	调用子程序,加工带圆弧部分的第一层
	N070	G01 Z−6 F80	下刀至 Z−6 处,速度为 80mm/min
	N080	M98 P0059	调用子程序,加工带圆弧部分的第二层
	N090	G01 Z−9 F80	下刀至 Z−9 处,速度为 80mm/min
	N100	M98 P0059	调用子程序,加工带圆弧部分的第三层
	N110	G01 Z−12 F80	下刀至 Z−12 处,速度为 80mm/min
	N120	M98 P0059	调用子程序,加工带圆弧部分的第四层
	N130	G01 Z−15 F80	下刀至 Z−15 处,速度为 80mm/min
	N140	M98 P0059	调用子程序,加工带圆弧部分的第五层
	N150	G01 Z−18 F80	下刀至 Z−18 处,速度为 80mm/min
	N160	M98 P0059	调用子程序,加工带圆弧部分的第六层
	N170	G01 Z−21 F80	下刀至 Z−21 处,速度为 80mm/min
	N180	M98 P0059	调用子程序,加工带圆弧部分的第七层
	N190	G01 Z−24 F80	下刀至 Z−24 处,速度为 80mm/min
	N200	M98 P0059	调用子程序,加工带圆弧部分的第八层
	N210	G01 Z−26 F80	下刀至 Z−26 处,速度为 80mm/min
	N260	M98 P0059	调用子程序,加工带圆弧部分的第九层
	N270	G01 Z−30 F80	下刀至 Z−30 处,速度为 80mm/min
	N280	G40	取消刀具补偿
结束	N290	G00 Z200	抬刀
	N300	M05	主轴停
	N310	M02	程序结束

注意：第一次侧面装夹加工完毕，只需将未加工完的零件翻转，按原样装夹，如图 11-11 所示，再执行一遍主程序 O0004 即可。

11.4 台阶零件的加工工艺分析及编程

台阶零件如图 11-14 所示。

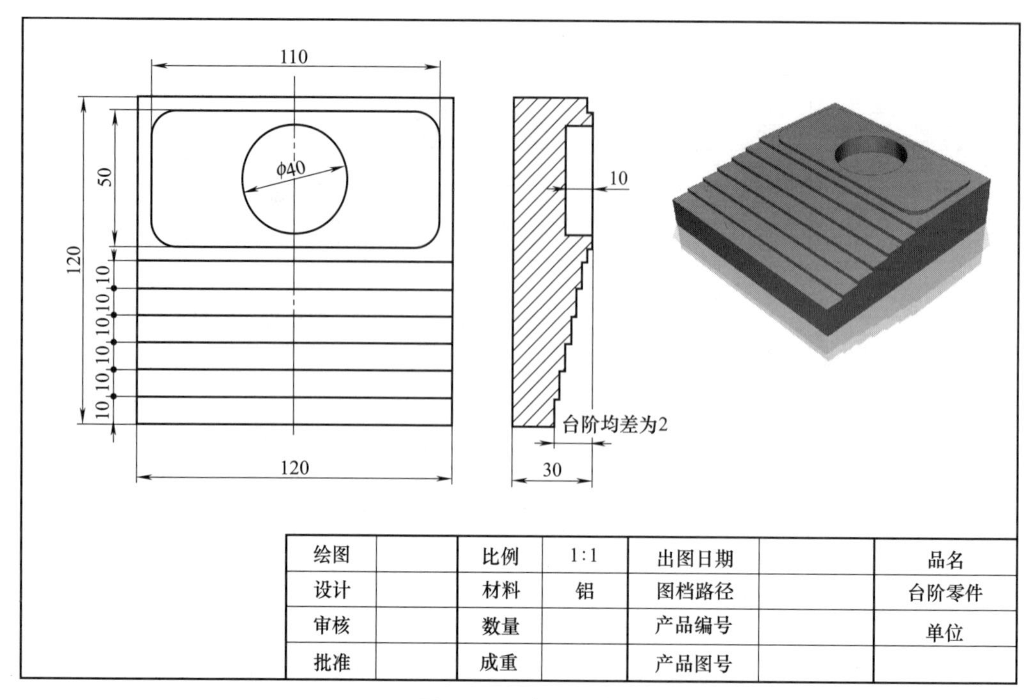

绘图		比例	1:1	出图日期		品名
设计		材料	铝	图档路径		台阶零件
审核		数量		产品编号		单位
批准		成重		产品图号		

图 11-14　台阶零件

11.4.1　零件图工艺分析

该零件表面由多个台阶形状、一个圆角矩形的凸台和一个圆形槽组成。工件尺寸为 120mm×120mm，无尺寸公差要求。尺寸标注完整，轮廓描述清楚。零件材料为已经加工成形的标准铝块，无热处理和硬度要求。此零件的加工方案具体如下。

11.4.2　确定装夹方案

在工件底部放置 2 块垫块，保证工件高出卡盘 14mm 以上，用虎钳夹紧，加工顶部如图 11-15 所示。

11.4.3　确定加工顺序及进给路线

通过上述分析，只需采用一把 ϕ20mm 的铣刀即可，可采取以下几点工艺措施。

① 采用 ϕ20mm 铣刀加工顶部的圆角矩形凸台部分：加工路线如图 11-16 所示的路径 1。

图 11-15　台阶零件装夹方案

图 11-16　台阶零件的走刀路线

② 采用 ϕ20mm 铣刀加工顶部的圆形槽：具体的加工路线如图 11-16 所示的路径 2。

③ 加工完顶部之后，用子程序编写台阶的单步切削，配合主程序，完成台阶的加工。

11.4.4 数学计算

在编程中，相关的坐标点的数值通过计算和 CAD 的标注即可求出，这里不再赘述。

11.4.5 刀具选择

选用 ϕ20mm 铣刀即可加工本零件的所有区域，将所选定的刀具参数填入表 11-7 所示数控加工刀具卡片中，以便于编程和操作管理。

表 11-7 数控加工刀具卡片

<table>
<tr><td colspan="3">产品名称或代号</td><td>加工中心工艺分析实例</td><td>零件名称</td><td colspan="2">台阶零件</td><td>零件图号</td><td>Mill-4</td></tr>
<tr><td>序号</td><td>刀具号</td><td colspan="2">刀具规格名称</td><td>数量</td><td colspan="2">加工表面</td><td>伸出夹头/mm</td><td>备注</td></tr>
<tr><td>1</td><td>T01</td><td colspan="2">ϕ20mm 铣刀</td><td>1</td><td colspan="2">所有待加工区域</td><td>16</td><td></td></tr>
<tr><td colspan="2">编制</td><td>×××</td><td>审核</td><td>×××</td><td>批准</td><td>×××</td><td>共 1 页</td><td>第 1 页</td></tr>
</table>

11.4.6 切削用量选择

将前面分析的各项内容综合成如表 11-8 所示的数控加工工序卡，此表是编制加工程序的主要依据和操作人员配合数控程序进行数控加工的指导性文件，主要内容包括：工步顺序、工步内容、各工步所用的刀具及切削用量等。

表 11-8 数控加工工序卡

<table>
<tr><td colspan="2" rowspan="2">单位名称</td><td colspan="2" rowspan="2">××××</td><td colspan="2">产品名称或代号</td><td colspan="2">零件名称</td><td colspan="2">零件图号</td></tr>
<tr><td colspan="2">加工中心工艺分析实例</td><td colspan="2">台阶零件</td><td colspan="2">Mill-4</td></tr>
<tr><td colspan="2">工序号</td><td colspan="2">程序编号</td><td colspan="2">夹具名称</td><td colspan="2">使用设备</td><td colspan="2">车间</td></tr>
<tr><td colspan="2">001</td><td colspan="2">Mill-4</td><td colspan="2">台虎钳</td><td colspan="2">FANUC</td><td colspan="2">数控中心</td></tr>
<tr><td>工步号</td><td colspan="3">工步内容</td><td>刀具号</td><td>刀具总长(伸出)/mm</td><td>主轴转速/(r/min)</td><td>进给速度/(mm/min)</td><td>下刀量/mm</td><td>备注</td></tr>
<tr><td>1</td><td colspan="3">圆角矩形凸台</td><td>T01</td><td>100(16)</td><td>2000</td><td>400</td><td>2</td><td>自动</td></tr>
<tr><td>2</td><td colspan="3">圆形槽</td><td>T01</td><td>100(16)</td><td>2000</td><td>400</td><td><4</td><td>自动</td></tr>
<tr><td>3</td><td colspan="3">台阶部分</td><td>T01</td><td>100(16)</td><td>2000</td><td>400</td><td>4</td><td>自动</td></tr>
<tr><td>编制</td><td colspan="2">×××</td><td>审核</td><td>×××</td><td>批准</td><td>×××</td><td>年 月 日</td><td>共 1 页</td><td>第 1 页</td></tr>
</table>

11.4.7 数控程序的编制

【FANUC 数控程序】

<table>
<tr><td colspan="4">子程序：O0060</td></tr>
<tr><td rowspan="4">台阶的单步切削</td><td>N010</td><td>G01 U120 V0 F400</td><td>向＋X 方向加工 120mm 长的距离</td></tr>
<tr><td>N020</td><td>G00 Z2</td><td>抬刀</td></tr>
<tr><td>N030</td><td>G01 U－120 V0 F1000</td><td>向－X 方向快速移动 120mm 长的距离</td></tr>
<tr><td>N040</td><td>M99</td><td>子程序结束</td></tr>
<tr><td colspan="4">主程序：O0005</td></tr>
<tr><td rowspan="3">开始</td><td>N010</td><td>G17 G54 G94</td><td>选择平面、坐标系、分钟进给</td></tr>
<tr><td>N020</td><td>T01 M06</td><td>换 01 号刀</td></tr>
<tr><td>N030</td><td>M03 S2000</td><td>主轴正转，转速为 2000r/min</td></tr>
<tr><td rowspan="4">圆角矩形凸台(图 11-16 所示的路径 1)</td><td>N040</td><td>G41 G00 X5 Y75 Z2</td><td>设置刀具左补偿，快速定位至起点上方</td></tr>
<tr><td>N050</td><td>G01 Z－2 F80</td><td>下刀，速度为 80mm/min</td></tr>
<tr><td>N060</td><td>X5 Y105 F400</td><td>加工左边，加工速度为 80mm/min</td></tr>
<tr><td>N070</td><td>G02 X15 Y115 R10</td><td>加工左上角圆弧</td></tr>
</table>

续表

主程序:O0005			
圆角矩形凸台(图 11-16 所示的路径 1)	N080	G01 X105 Y115	加工上边
	N090	G02 X115 Y105 R10	加工右上角圆弧
	N100	G01 X115 Y75	加工右边
	N110	G02 X105 Y65 R10	加工右下角圆弧
	N120	G01 X15 Y65	加工下边
	N130	G02 X5 Y75 R10	加工左下角圆弧
	N140	G00 Z2	抬刀
	N150	G40	取消刀具补偿
圆形槽(图 11-16 所示的路径 2)	N160	G00 X50 Y90	快速定位到圆弧槽的加工起点
	N170	G01 Z−4 F80	下刀至 Z−4 处,速度为 80mm/min
	N180	G02 X50 Y90 I10 Y0 F400	加工圆弧槽的第一层
	N190	G01 Z−7 F80	下刀至 Z−7 处,速度为 80mm/min
	N200	G02 X50 Y90 I10 Y0 F400	加工圆弧槽的第二层
	N210	G01 Z−10 F80	下刀至 Z−10 处,速度为 80mm/min
	N220	G02 X50 Y90 I10 Y0 F400	加工圆弧槽的第三层
	N230	G00 Z2	抬刀
多组台阶(由下到上加工)	N240	G00 X0 Y0	快速定位到第一个台阶处
	N250	G01 Z−3 F80	下刀至 Z−3 处,速度为 80mm/min
	N260	M98 P0060	调用子程序,加工第一个台阶的第一层
	N270	G01 Z−6 F80	下刀至 Z−6 处,速度为 80mm/min
	N280	M98 P0060	调用子程序,加工第一个台阶的第二层
	N290	G01 Z−9 F80	下刀至 Z−9 处,速度为 80mm/min
	N300	M98 P0060	调用子程序,加工第一个台阶的第三层
	N310	G01 Z−12 F80	下刀至 Z−12 处,速度为 80mm/min
	N320	M98 P0060	调用子程序,加工第一个台阶的第四层
	N330	G01 Z−14 F80	下刀至 Z−14 处,速度为 80mm/min
	N340	M98 P0060	调用子程序,加工第一个台阶的第五层
	N350	G00 X0 Y10	快速定位到第二个台阶处
	N360	G01 Z−3 F80	下刀至 Z−3 处,速度为 80mm/min
	N370	M98 P0060	调用子程序,加工第二个台阶的第一层
	N380	G01 Z−6 F80	下刀至 Z−6 处,速度为 80mm/min
	N390	M98 P0060	调用子程序,加工第二个台阶的第二层
	N400	G01 Z−9 F80	下刀至 Z−9 处,速度为 80mm/min
	N410	M98 P0060	调用子程序,加工第二个台阶的第三层
	N420	G01 Z−12 F80	下刀至 Z−12 处,速度为 80mm/min
	N430	M98 P0060	调用子程序,加工第二个台阶的第四层
	N440	G00 X0 Y20	快速定位到第三个台阶处
	N450	G01 Z−3.5 F80	下刀至 Z−3.5 处,速度为 80mm/min
	N460	M98 P0060	调用子程序,加工第三个台阶的第一层
	N470	G01 Z−7 F80	下刀至 Z−7 处,速度为 80mm/min
	N480	M98 P0060	调用子程序,加工第三个台阶的第二层
	N490	G01 Z−10 F80	下刀至 Z−10 处,速度为 80mm/min
	N500	M98 P0060	调用子程序,加工第三个台阶的第三层
	N510	G00 X0 Y30	快速定位到第四个台阶处
	N520	G01 Z−3 F80	下刀至 Z−3 处,速度为 80mm/min
	N530	M98 P0060	调用子程序,加工第四个台阶的第一层
	N540	G01 Z−6 F80	下刀至 Z−6 处,速度为 80mm/min
	N550	M98 P0060	调用子程序,加工第四个台阶的第二层
	N560	G01 Z−8 F80	下刀至 Z−8 处,速度为 80mm/min
	N570	M98 P0060	调用子程序,加工第四个台阶的第三层
	N580	G00 X0 Y40	快速定位到第五个台阶处

续表

主程序:O0005			
多组台阶（由下到上加工）	N590	G01 Z−3 F80	下刀至 Z−3 处,速度为 80mm/min
	N600	M98 P0060	调用子程序,加工第五个台阶的第一层
	N610	G01 Z−6 F80	下刀至 Z−6 处,速度为 80mm/min
	N620	M98 P0060	调用子程序,加工第五个台阶的第二层
	N630	G00 X0 Y50	快速定位到第六个台阶处
	N640	G01 Z−2 F80	下刀至 Z−2 处,速度为 80mm/min
	N650	M98 P0060	调用子程序,加工第六个台阶的第一层
	N660	G01 Z−4 F80	下刀至 Z−4 处,速度为 80mm/min
	N670	M98 P0060	调用子程序,加工第六个台阶的第二层
结束	N680	G00Z200	抬刀
	N690	M05	主轴停
	N700	M02	程序结束

11.5 倒角多孔类零件的加工工艺分析及编程

倒角多孔类零件如图 11-17 所示。

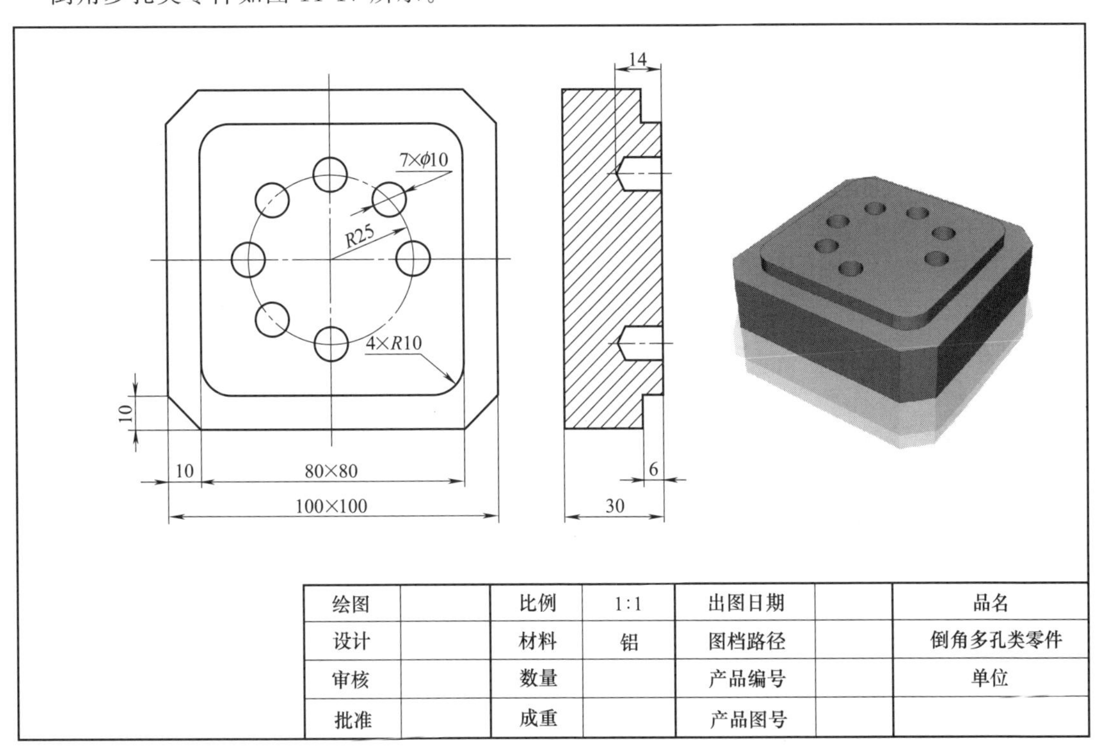

绘图		比例	1:1	出图日期		品名
设计		材料	铝	图档路径		倒角多孔类零件
审核		数量		产品编号		单位
批准		成重		产品图号		

图 11-17　倒角多孔类零件

11.5.1 零件图工艺分析

该零件表面由倒角、圆角矩形凸台和圆周孔组成。工件尺寸为 100mm×100mm，无尺寸公差要求。尺寸标注完整，轮廓描述清楚。零件材料为已经加工成形的标准铝块，无热处理和硬度要求。具体方法见下述。

11.5.2 确定装夹方案、加工顺序及进给路线

① 在工件底部放置 2 块垫块，保证工件高出卡盘 15mm 以上，用台虎钳夹紧，左侧用铝棒顶紧，方便掉头的加工，如图 11-18 所示。

采用 ϕ16mm 的铣刀加工，根据零件图分析，按如图 11-19 所示的加工路线加工，其中实线部分为加工切削，点划线部分为快速移动，由于是紧靠零件的走刀，因此采用 G01 走刀，这里采用 F2000 的走刀速度。

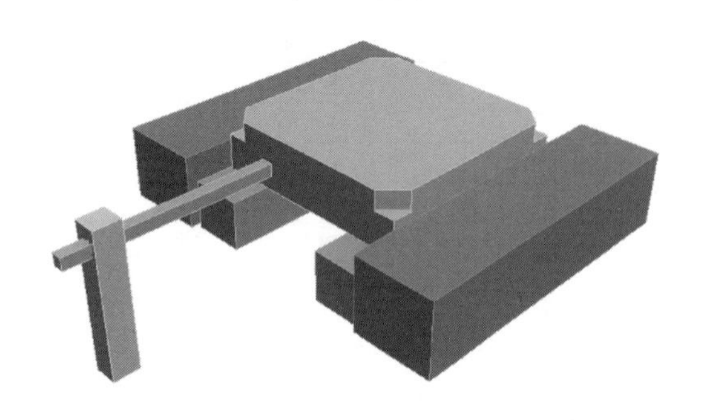

图 11-18 倒角多孔类零件背面装夹方案

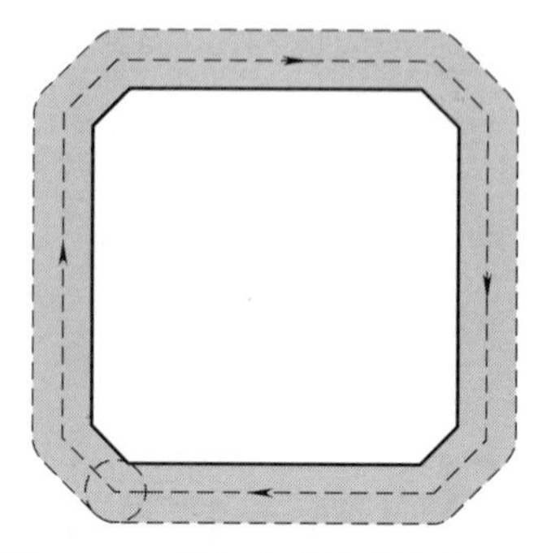

图 11-19 倒角多孔类零件的倒角部分走刀路线

② 将工件翻转，按如图 11-20 所示的方法装夹，工件底部放置 2 块垫块，保证工件高出卡盘 15mm 以上，靠紧左侧的铝棒，用台虎钳夹紧，这样可以不需对刀。

a. 同样采用 ϕ16mm 的铣刀，加工的时候先加工剩余的倒角部分，其加工路线和程序与图 11-19 所示的方法完全一样。

b. 然后再用同样的刀具加工圆角矩形凸台，具体的加工路线如图 11-21 所示的路径 1。

c. 采用 ϕ10mm 的钻头加工孔。采用 FANUC 的极坐标加工孔，其具体的加工顺序如图 11-21所示的孔 2～8。

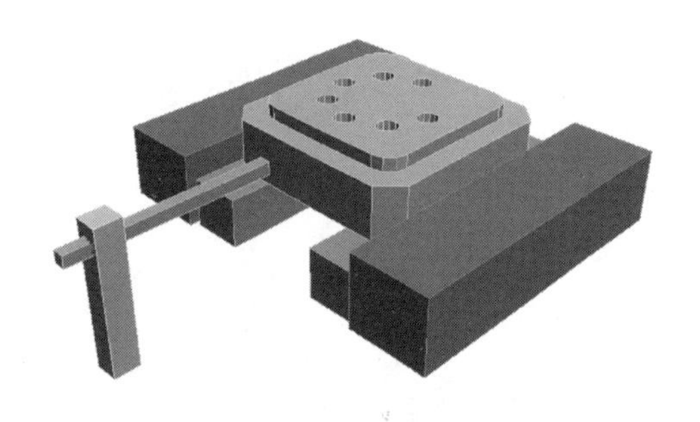

图 11-20 倒角多孔类零件正面装夹方案

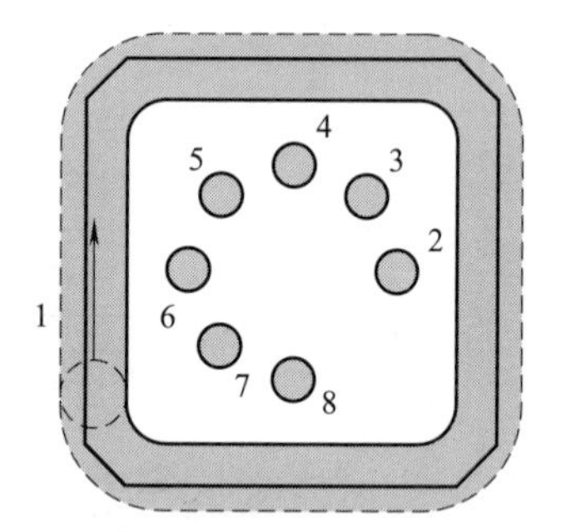

图 11-21 倒角多孔类零件正面的圆角矩形凸台和孔加工走刀路线

11.5.3 数学计算

在编程中，相关的坐标点的数值通过计算和 CAD 的标注即可求出，这里不再赘述。

11.5.4 刀具选择

选用 ϕ16mm 铣刀和 ϕ10mm 钻头可加工本零件的所有区域，将所选定的刀具参数填入表 11-9 所示数控加工刀具卡片中，以便于编程和操作管理。

表 11-9　数控加工刀具卡片

产品名称或代号		加工中心工艺分析实例	零件名称	倒角多孔类零件	零件图号	Mill-5	
序号	刀具号	刀具规格名称	数量	加工表面	伸出夹头/mm	备注	
1	T01	ϕ16mm 铣刀	1	倒角，凸台	18		
2	T02	ϕ10mm 铣刀	1	孔	16		
编制	×××	审核	×××	批准	×××	共 1 页	第 1 页

11.5.5　切削用量选择

将前面分析的各项内容综合成如表 11-10 所示的数控加工工序卡，此表是编制加工程序的主要依据和操作人员配合数控程序进行数控加工的指导性文件，主要内容包括：工步顺序、工步内容、各工步所用的刀具及切削用量等。

表 11-10　数控加工工序卡

单位名称	××××	产品名称或代号		零件名称		零件图号		
		加工中心工艺分析实例		倒角多孔类零件		Mill-5		
工序号	程序编号	夹具名称		使用设备		车间		
001	Mill-5	台虎钳		FANUC		数控中心		
工步号	工步内容	刀具号	刀具总长(伸出)/mm	主轴转速/(r/min)	进给速度/(mm/min)	下刀量/mm	备注	
1	零件背面倒角	T01	100(18)	2000	400	<3	自动	
将零件翻转，按图 11-20 所示方式装夹，不需对刀								
2	零件正面倒角	T01	100(18)	2000	400	<3	自动	
3	圆角矩形凸台	T01	100(18)	2000	400	<3	自动	
4	圆周孔	T02	100(16)	2000	80		自动	
编制	×××	审核	×××	批准	×××	年　月　日	共 1 页	第 1 页

11.5.6　数控程序的编制

【FANUC 数控程序】

子程序：O0061			
倒角	N010	G01 X0 Y10 F400	加工左下倒角
	N020	X0 Y90 F2000	左边快速移动
	N030	X10 Y100 F400	加工左上倒角
	N040	X90 Y100 F2000	上边快速移动
	N050	X100 Y90 F400	加工右上倒角
	N060	X100 Y10 F2000	右边快速移动
	N070	X90 Y0 F400	加工右下倒角
	N080	X10 Y0 F2000	下边快速移动
	N090	M99	子程序结束
子程序：O0062			
圆角矩形	N010	G01 X10 Y80 F400	加工左边
	N020	G02 X20 Y90 R10	加工左上角圆弧
	N030	G01 X80 Y90	加工上边
	N040	G02 X90 Y80 R10	加工右上角圆弧
	N050	G01 X90 Y20	加工右边
	N060	G02 X80 Y10 R10	加工右下角圆弧
	N070	G01 X20 Y10	加工下边
	N080	G02 X10 Y20 R10	加工左下角圆弧
	N040	M99	子程序结束

续表

子程序:O0063			
孔	N010	G01 Z−14 F80	加工孔
	N020	G04 P1000	暂停1s,清孔底
	N030	G01 Z2 F400	退出孔
	N040	M99	子程序结束
主程序:O0006(背面装夹方案,如图11-18所示)			
开始	N010	G17 G54 G94	选择平面、坐标系、每分钟进给
	N020	T01 M06	换01号刀
	N030	M03 S2000	主轴正转,转速为2000r/min
倒角(图11-19)	N040	G41 G00 X10 Y0 Z2	设置刀具左补偿,快速定位至加工起点
	N050	G01 Z−3 F80	下刀至Z−3处,速度为80mm/min
	N060	M98 P0061	调用子程序,加工倒角的第一层
	N070	G01 Z−6 F80	下刀至Z−6处,速度为80mm/min
	N080	M98 P0061	调用子程序,加工倒角的第二层
	N090	G01 Z−9 F80	下刀至Z−9处,速度为80mm/min
	N100	M98 P0061	调用子程序,加工倒角的第三层
	N110	G01 Z−12 F80	下刀至Z−12处,速度为80mm/min
	N120	M98 P0061	调用子程序,加工倒角的第四层
	N130	G01 Z−15 F80	下刀至Z−15处,速度为80mm/min
	N140	M98 P0061	调用子程序,加工倒角的第五层
结束	N150	G00 Z200	抬刀
	N160	G40	取消刀具补偿
	N170	M05	主轴停
	N180	M02	程序结束
主程序:O0007(正面装夹方案,如图11-20所示)			
开始	N010	G17 G54 G94	选择平面、坐标系、每分钟进给
	N020	T01 M06	换01号刀
	N030	M03 S2000	主轴正转,转速为2000r/min
倒角	N040	G41 G00 X10 Y0 Z2	设置刀具左补偿,快速定位倒角加工起点
	N050	G01 Z−3 F80	下刀至Z−3处,速度为80mm/min
	N060	M98 P0061	调用子程序,加工倒角的第一层
	N070	G01 Z−6 F80	下刀至Z−6处,速度为80mm/min
	N080	M98 P0061	调用子程序,加工倒角的第二层
	N090	G01 Z−9 F80	下刀至Z−9处,速度为80mm/min
	N100	M98 P0061	调用子程序,加工倒角的第三层
	N110	G01 Z−12 F80	下刀至Z−12处,速度为80mm/min
	N120	M98 P0061	调用子程序,加工倒角的第四层
	N130	G01 Z−15 F80	下刀至Z−15处,速度为80mm/min
	N140	M98 P0061	调用子程序,加工倒角的第五层
	N150	G00 Z2	抬刀
圆角矩形凸台(图11-21所示的路径1)	N160	G00 X10 Y20	快速定位至圆角矩形加工起点
	N170	G01 Z−3 F80	下刀至Z−3处,速度为80mm/min
	N180	M98 P0062	调用子程序,加工圆角矩形凸台的第一层
	N190	G01 Z−6 F80	下刀至Z−6处,速度为80mm/min
	N200	M98 P0062	调用子程序,加工圆角矩形凸台的第二层
孔(图11-21所示的孔2~8)	N210	G00 Z200	抬刀,准备换刀
	N260	G40	取消刀具补偿
	N270	T02 M06	换02号刀
	N280	M03 S2000	主轴正转,转速为2000r/min
	N290	G52 X50 Y50	建立极坐标系
	N300	G16	极坐标生效
	N310	G00 Z2	Z向接近工件表面

续表

主程序：O0007（正面装夹方案，如图 11-20 所示）			
孔（图 11-21 所示的孔 2～8）	N320	G00 X25 Y0	定位在图 11-21 所示的位置 2 的孔上方
	N330	M98 P0063	调用子程序，加工左侧 0°孔
	N340	G00 X25 Y45	定位在图 11-21 所示的位置 3 的孔上方
	N350	M98 P0063	调用子程序，加工左侧 45°孔
	N360	G00 X25 Y90	定位在图 11-21 所示的位置 4 的孔上方
	N370	M98 P0063	调用子程序，加工左侧 90°孔
	N380	G00 X25 Y135	定位在图 11-21 所示的位置 5 的孔上方
	N390	M98 P0063	调用子程序，加工左侧 135°孔
	N400	G00 X25 Y180	定位在图 11-21 所示的位置 6 的孔上方
	N410	M98 P0063	调用子程序，加工左侧 180°孔
	N420	G00 X25 Y225	定位在图 11-21 所示的位置 7 的孔上方
	N430	M98 P0063	调用子程序，加工左侧 225°孔
	N440	G00 X25 Y270	定位在图 11-21 所示的位置 8 的孔上方
	N450	M98 P0063	调用子程序，加工左侧 270°孔
结束	N460	G00Z200	抬刀
	N470	M05	主轴停
	N480	M02	程序结束

11.6 圆角通道类零件的加工工艺分析及编程

圆角通道类零件如图 11-22 所示。

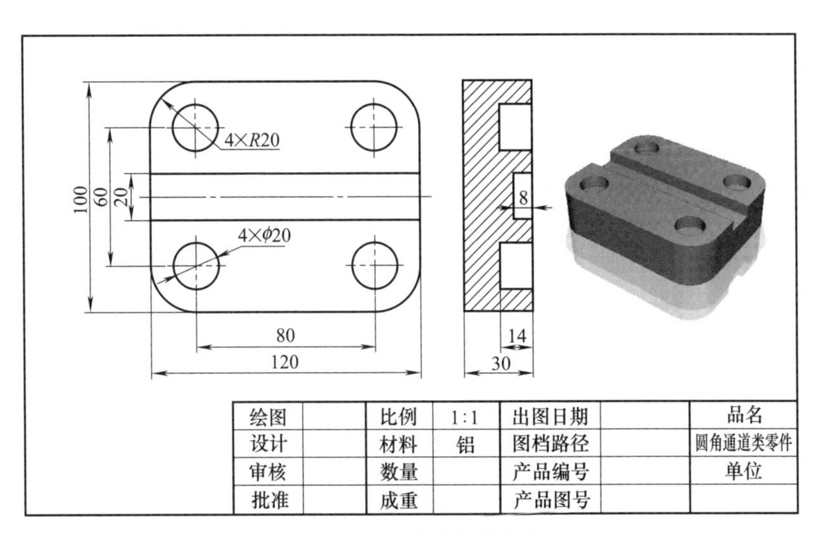

图 11-22 圆角通道类零件

11.6.1 零件图工艺分析

该零件表面由圆角、沟槽和 4 个孔组成。工件尺寸为 120mm×100mm，无尺寸公差要求。尺寸标注完整，轮廓描述清楚。零件材料为已经加工成形的标准铝块，无热处理和硬度要求。具体方法见下述。

11.6.2　确定装夹方案、加工顺序及进给路线

① 在工件底部放置 2 块垫块，保证工件高出卡盘 15mm 以上，用台虎钳夹紧，左侧用铝棒顶紧，方便掉头加工，如图 11-23 所示。

采用 ϕ20mm 的铣刀加工，根据零件图分析，按如图 11-24 所示的加工路线加工，其中实线部分为加工切削，点划线部分为快速移。由于是紧靠零件的走刀，因此采用 G01 走刀，这里采用 F2000 的走刀速度。

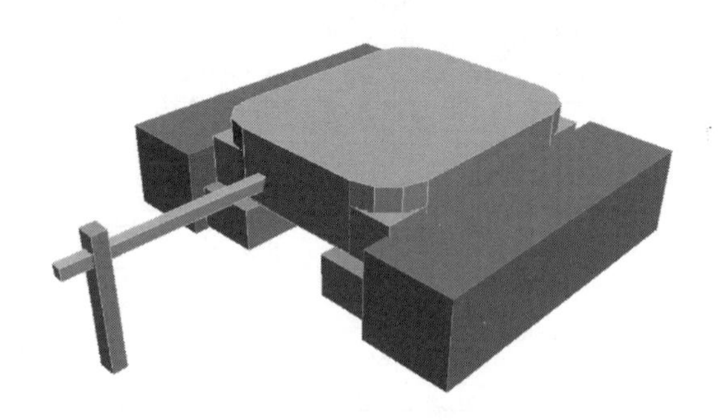

图 11-23　圆角通道类零件背面装夹方案

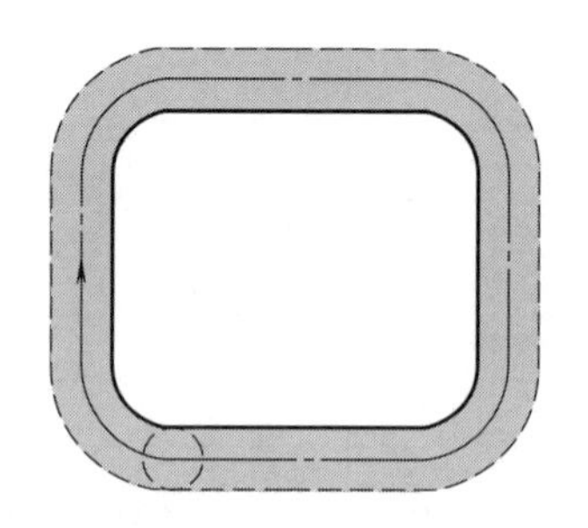

图 11-24　圆角通道类零件的圆角部分走刀路线

② 将工件翻转，按如图 11-25 所示的方法装夹，工件底部放置 2 块垫块，保证工件高出卡盘 15mm 以上，靠紧左侧的铝棒，用台虎钳夹紧，这样可以不需对刀。

a. 同样采用 ϕ20mm 的铣刀，加工的时候先加工剩余的圆倒角部分，其加工路线和程序与图 11-24 所示的方法完全一样。

b. 然后再用同样的刀具加工沟槽：具体的加工路线如图 11-26 所示的路径 1。此时将刀具起点定位在工件外部，可省略 Z 向进刀的步骤。

c. 采用 ϕ20mm 的铣刀加工孔。其具体的加工顺序如图 11-26 所示的孔 2～5。

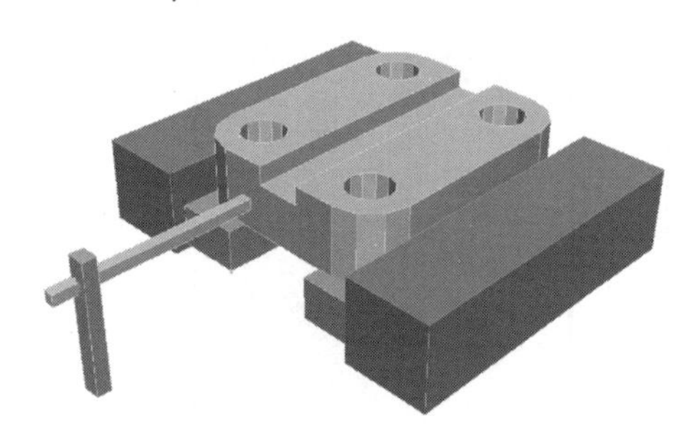

图 11-25　圆角通道类零件正面装夹方案

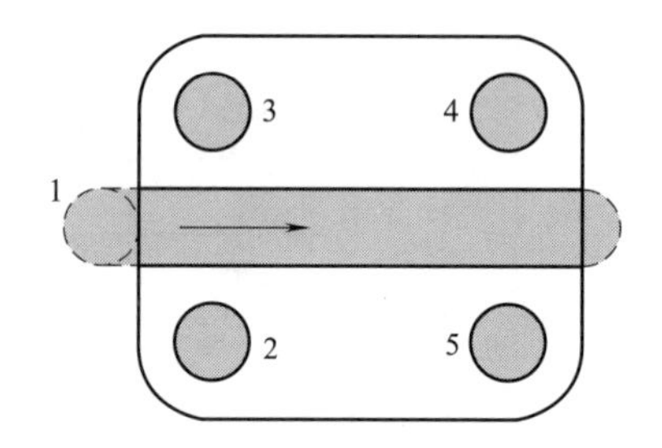

图 11-26　圆角通道类零件正面的沟槽和孔加工走刀路线

11.6.3　数学计算

在编程中，相关的坐标点的数值通过计算和 CAD 的标注即可求出，这里不再赘述。

11.6.4　刀具选择

选用 ϕ20mm 铣刀即可加工本零件的所有区域，将所选定的刀具参数填入表 11-11 所示数控加工刀具卡片中，以便于编程和操作管理。

11.6.5　切削用量选择

将前面分析的各项内容综合成如表 11-12 所示的数控加工工序卡，此表是编制加工程序的

主要依据和操作人员配合数控程序进行数控加工的指导性文件，主要内容包括：工步顺序、工步内容、各工步所用的刀具及切削用量等。

表 11-11 数控加工刀具卡片

产品名称或代号		加工中心工艺分析实例		零件名称	圆角通道类零件		零件图号	Mill-6
序号	刀具号	刀具规格名称		数量	加工表面		伸出夹头/mm	备注
1	T01	ϕ20mm 铣刀		1	所有待加工区域		17	
编制		×××	审核	×××	批准	×××	共1页	第1页

表 11-12 数控加工工序卡

单位名称	××××		产品名称或代号		零件名称		零件图号	
			加工中心工艺分析实例		圆角通道类零件		Mill-6	
工序号	程序编号		夹具名称		使用设备		车间	
001	Mill-6		台虎钳		FANUC		数控中心	
工步号	工步内容		刀具号	刀具总长(伸出)/mm	主轴转速/(r/min)	进给速度/(mm/min)	下刀量/mm	备注
1	零件背面圆角		T01	100(17)	2000	400	<3	自动
将零件翻转，按图 11-25 所示方式装夹，不需对刀								
2	零件正面圆角		T01	100(17)	2000	400	<3	自动
3	沟槽		T01	100(17)	2000	400	<3	自动
4	孔		T01	100(17)	2000	80		自动
编制	×××	审核	×××	批准	×××	年 月 日	共1页	第1页

11.6.6 数控程序的编制

【FANUC 数控程序】

子程序：O0064			
圆角	N010	G02 X0 Y20 R20 F400	加工左下圆角
	N020	G01X0 Y80 F2000	左边快速移动
	N030	G02X20 Y100 R20 F400	加工左上圆角
	N040	G01X100 Y100 F2000	上边快速移动
	N050	G02X120 Y80 R20 F400	加工右上圆角
	N060	G01X120 Y20 F2000	右边快速移动
	N070	G02X100 Y0 R20 F400	加工右下圆角
	N080	G01X20 Y0 F2000	下边快速移动
	N090	M99	子程序结束
子程序：O0065			
沟槽	N010	G01 X50 Y120 F400	加工沟槽
	N020	G00 Z2	抬刀
	N030	G00 X−10 Y50	返回起点
	N040	M99	子程序结束
子程序：O0066			
孔	N010	G01 Z−14 F80	加工孔
	N020	G04 P1000	暂停 1s，清孔底
	N030	G01 Z2 F400	退出孔
	N040	M99	子程序结束
主程序：O0007(背面装夹方案，如图 11-23 所示)			
开始	N010	G17 G54 G94	选择平面、坐标系、每分钟进给
	N020	T01 M06	换 01 号刀
	N030	M03 S2000	主轴正转，转速为 2000r/min
圆角(图 11-24)	N040	G41 G00 X20 Y0 Z2	设置刀具左补偿，快速定位至加工起点
	N050	G01 Z−3 F80	下刀至 $Z-3$ 处，速度为 80mm/min

续表

主程序：O0007（背面装夹方案，如图 11-23 所示）			
圆角（图 11-24）	N060	M98 P0064	调用子程序，加工圆角的第一层
	N070	G01 Z−6 F80	下刀至 Z−6 处，速度为 80mm/min
	N080	M98 P0064	调用子程序，加工圆角的第二层
	N090	G01 Z−9 F80	下刀至 Z−9 处，速度为 80mm/min
	N100	M98 P0064	调用子程序，加工圆角的第三层
	N110	G01 Z−12 F80	下刀至 Z−12 处，速度为 80mm/min
	N120	M98 P0064	调用子程序，加工圆角的第四层
	N130	G01 Z−15 F80	下刀至 Z−15 处，速度为 80mm/min
	N140	M98 P0064	调用子程序，加工圆角的第五层
结束	N150	G00 Z200	抬刀
	N160	G40	取消刀具补偿
	N170	M05	主轴停
	N180	M02	程序结束
主程序：O0008（正面装夹方案，如图 11-25 所示）			
开始	N010	G17 G54 G94	选择平面、坐标系、每分钟进给
	N020	T01 M06	换 01 号刀
	N030	M03 S2000	主轴正转，转速为 2000r/min
圆角	N040	G41 G00 X20 Y0 Z2	设置刀具左补偿，快速定位至加工起点
	N050	G01 Z−3 F80	下刀至 Z−3 处，速度为 80mm/min
	N060	M98 P0064	调用子程序，加工圆角的第一层
	N070	G01 Z−6 F80	下刀至 Z−6 处，速度为 80mm/min
	N080	M98 P0064	调用子程序，加工圆角的第二层
	N090	G01 Z−9 F80	下刀至 Z−9 处，速度为 80mm/min
	N100	M98 P0064	调用子程序，加工圆角的第三层
	N110	G01 Z−12 F80	下刀至 Z−12 处，速度为 80mm/min
	N120	M98 P0064	调用子程序，加工圆角的第四层
	N130	G01 Z−15 F80	下刀至 Z−15 处，速度为 80mm/min
	N140	M98 P0064	调用子程序，加工圆角的第五层
	N150	G00 Z2	抬刀
	N160	G40	取消刀具补偿
沟槽（图 11-26 所示的路径 1）	N170	G00 X−10 Y50	快速定位至沟槽加工起点
	N180	G01 Z−3 F400	下刀至 Z−3 处，速度为 80mm/min
	N190	M98 P0065	调用子程序，加工沟槽的第一层
	N200	G01 Z−6 F80	下刀至 Z−6 处，速度为 80mm/min
	N210	M98 P0065	调用子程序，加工沟槽台的第二层
	N260	G01 Z−8 F80	下刀至 Z−8 处，速度为 80mm/min
	N270	M98 P0065	调用子程序，加工沟槽的第三层
	N280	G00 Z2	抬刀
孔	N290	G00 X20 Y20	定位在图 11-26 所示的位置 2 的孔上方
	N300	M98 P0066	调用子程序，加工孔
	N310	G00 X20 Y80	定位在图 11-26 所示的位置 3 的孔上方
	N320	M98 P0066	调用子程序，加工孔
	N330	G00 X100 Y80	定位在图 11-26 所示的位置 4 的孔上方
	N340	M98 P0066	调用子程序，加工孔
	N350	G00 X100 Y20	定位在图 11-26 所示的位置 5 的孔上方
	N360	M98 P0066	调用子程序，加工孔
结束	N370	G00Z200	抬刀
	N380	M05	主轴停
	N390	M02	程序结束

11.7 通信固定模块类零件的加工工艺分析及编程

通信固定模块类零件如图 11-27 所示。

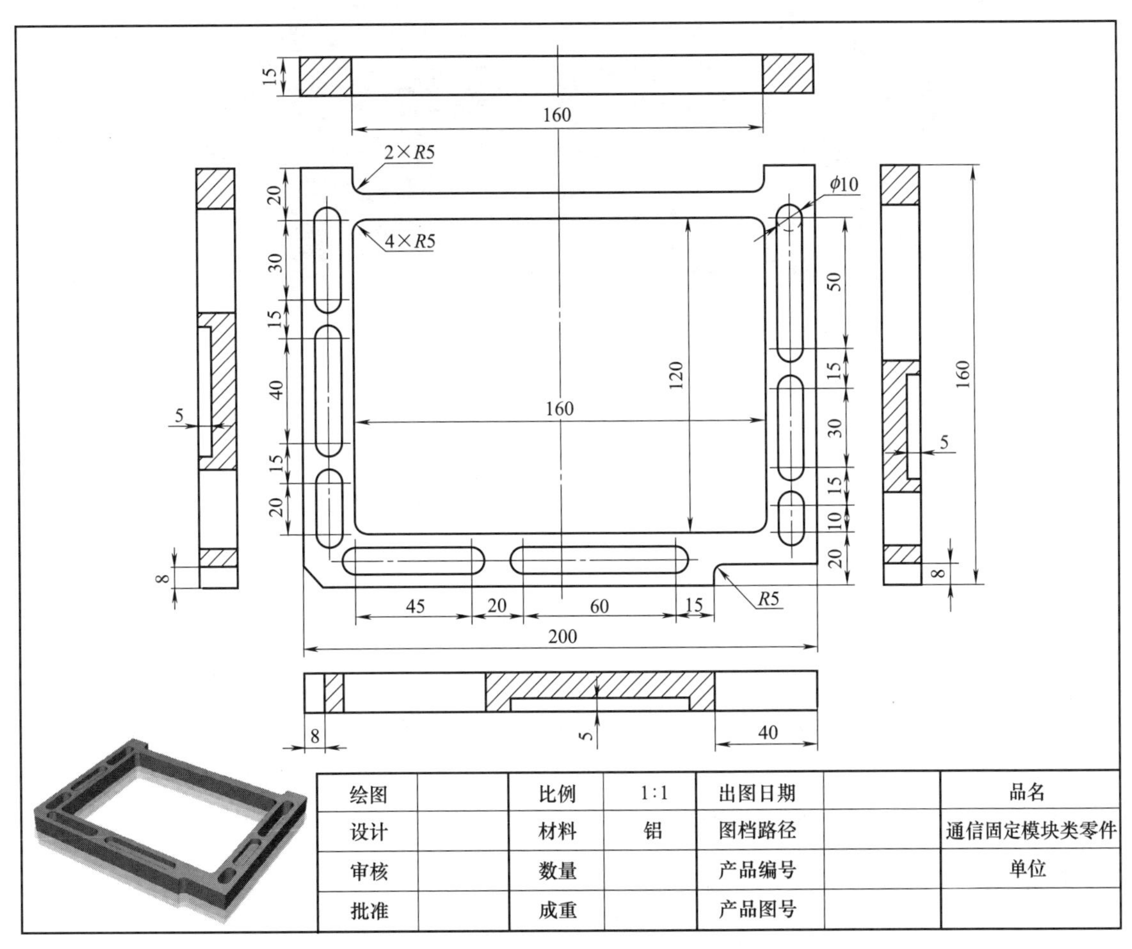

图 11-27 通信固定模块类零件

11.7.1 零件图工艺分析

该零件为一典型的模具零件。工件尺寸为 200mm×160mm，无尺寸公差要求。尺寸标注完整，轮廓描述清楚。零件材料为已经加工成形的标准铝块，无热处理和硬度要求。

11.7.2 确定装夹方案、加工顺序及进给路线

将工件安装在处理过的台板上，中间钻 2 个孔，用螺栓固定，紧固工件。四周用垫块配合卡块，并用螺栓固定，注意压紧工件的同时，让出槽的加工位置。装夹如图

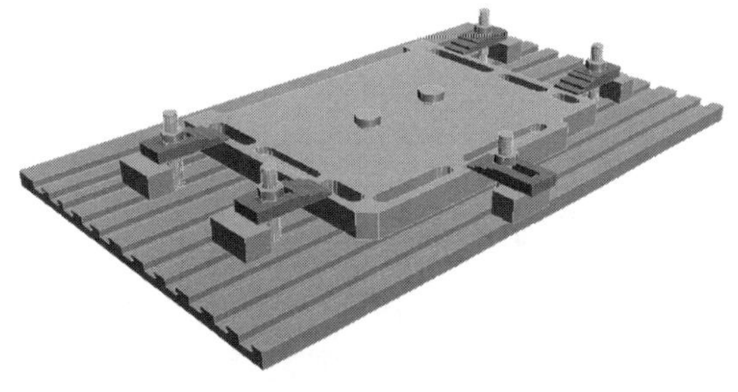

图 11-28 工件装夹方案

11-28所示。

由零件图分析得知，此零件只需采用 ϕ10mm 的一把铣刀即可完成所有加工，在外围加工槽和去中间区域时，不必铣削至工件底部，在底部留有 0.5～1mm 的余量，用锥、小刀、修边器等手工完成去底面和其他部分的毛刺的工作（图 11-29），注意操作，小心毛刺割手。

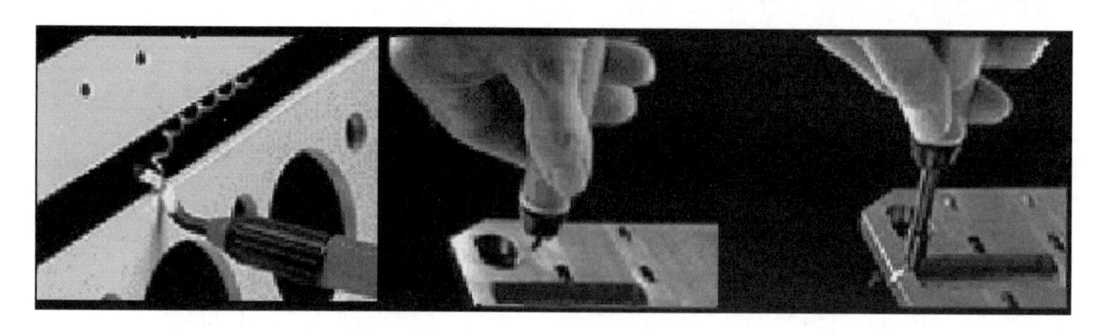

图 11-29 手工去毛刺

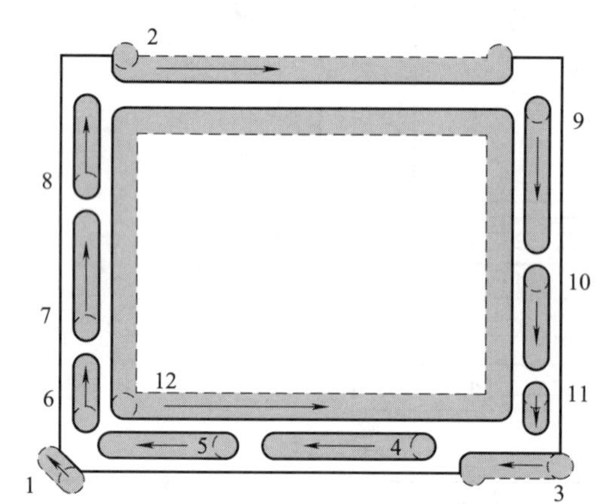

图 11-30 通信固定模块类零件走刀路线

① 外围加工：用 ϕ10mm 的铣刀按图 11-30 所示的路径 1～3 加工，底面留 0.5mm 的余量。

② 键槽：按图 11-30 所示的路径 4～11 的顺序加工。同样，需加工到底的键槽，应留 0.5mm 的余量。

③ 最后将零件与中间部分分离，同样留有 0.5mm 的余量，其加工路线如图 11-30 所示的路径 12。

11.7.3 数学计算

在编程中，相关的坐标点的数值通过计算和 CAD 的标注即可求出，这里不再赘述。

11.7.4 刀具选择

选用 ϕ10mm 铣刀即可加工本零件的所有区域，将所选定的刀具参数填入表 11-13 所示数控加工刀具卡片中，以便于编程和操作管理。

表 11-13 数控加工刀具卡片

<table>
<tr><td colspan="3">产品名称或代号</td><td colspan="3">加工中心工艺分析实例</td><td colspan="2">零件名称</td><td colspan="2">通信固定模块类零件</td><td>零件图号</td><td>Mill-7</td></tr>
<tr><td>序号</td><td>刀具号</td><td colspan="4">刀具规格名称</td><td>数量</td><td colspan="3">加工表面</td><td>伸出夹头/mm</td><td>备注</td></tr>
<tr><td>1</td><td>T01</td><td colspan="4">ϕ10mm 铣刀</td><td>1</td><td colspan="3">所有待加工区域</td><td>16</td><td></td></tr>
<tr><td colspan="2">编制</td><td colspan="2">×××</td><td>审核</td><td colspan="2">×××</td><td colspan="2">批准</td><td>×××</td><td>共 1 页</td><td>第 1 页</td></tr>
</table>

11.7.5 切削用量选择

将前面分析的各项内容综合成如表 11-14 所示的数控加工工序卡，此表是编制加工程序的主要依据和操作人员配合数控程序进行数控加工的指导性文件，主要内容包括：工步顺序、工步内容、各工步所用的刀具及切削用量等。

表 11-14 数控加工工序卡

单位名称	××××	产品名称或代号		零件名称			零件图号	
		加工中心工艺分析实例		通信固定模块类零件			Mill-7	
工序号	程序编号	夹具名称		使用设备			车间	
001	Mill-7	自制工作台面、夹具		FANUC			数控中心	
工步号	工步内容		刀具号	刀具总长(伸出)/mm	主轴转速/(r/min)	进给速度/(mm/min)	下刀量/mm	备注
1	外围边缘		T01	100(16)	2000	400	<3	自动
2	键槽		T01	100(16)	2000	400	<3	自动
3	最后分离的矩形		T01	100(16)	2000	400	<3	自动
编制	×××	审核	×××	批准	×××	年　月　日	共1页	第1页

11.7.6 数控程序的编制

【FANUC 数控程序】

子程序:O0067			
倒角	N010	G01 Z−3 F80	下刀至 $Z-3$ 处,速度为 80mm/min
	N020	X−4 Y4 F400	加工倒角的第一层
	N030	Z−6 F80	下刀至 $Z-6$ 处,速度为 80mm/min
	N040	X4 Y−4 F400	加工倒角的第二层
	N050	Z−9 F80	下刀至 $Z-9$ 处,速度为 80mm/min
	N060	X−4 Y4 F400	加工倒角的第三层
	N070	Z−12 F80	下刀至 $Z-12$ 处,速度为 80mm/min
	N080	X4 Y−4 F400	加工倒角的第四层
	N090	Z−14.5 F80	下刀至 $Z-14.5$ 处,速度为 80mm/min
	N100	X−4 Y4 F400	加工倒角的第五层,留 0.5mm 的余量
	N110	G00 Z2	抬刀
	N120	M99	子程序结束
子程序:O0068			
上边缘	N010	G01 X20 Y155 F400	加工左侧直线
	N020	G03 X25 Y150 R5	加工左侧圆弧
	N030	G01 X175 Y150	加工下边缘直线
	N040	G03 X180 Y155 R5	加工右侧圆弧
	N050	G01 X180 Y160	加工右侧直线
	N060	G00 Z2	抬刀
	N070	G00 X20 Y160	返回加工起点
	N080	M99	子程序结束
子程序:O0069			
左下角边缘	N010	G01X165 Y8 F400	加工上边缘直线
	N020	G03 X160 Y3 R5	加工圆弧
	N030	G01X160 Y0	加工左侧直线
	N040	G00 Z2	抬刀
	N050	G00 X200 Y8	返回加工起点
	N060	M99	子程序结束
子程序:O0070			
中间矩形	N010	G01 X175 Y25 F400	加工下边
	N020	X175 Y135	加工右边
	N030	X25 Y135	加工上边
	N040	X25 Y25	加工左边
	N050	M99	子程序结束
主程序:O0009			
开始	N010	G17 G54 G94	选择平面、坐标系、每分钟进给

续表

主程序:O0009			
开始	N020	T01 M06	换 01 号刀
	N030	M03 S2000	主轴正转、转速为 2000r/min
倒角(图 11-30 所示的路径 1)	N040	G00 X4 Y−4 Z2	快速定位至倒角加工起点
	N050	M98 P0067	下刀至 Z−3 处,速度为 80mm/min
上边缘(图 11-30 所示的路径 2)	N060	G41G00 X20 Y160	左补偿,快速定位至上边缘加工起点
	N070	G01 Z−3 F400	下刀至 Z−3 处,速度为 80mm/min
	N080	M98 P0068	调用子程序,加工上边缘的第一层
	N090	G01 Z−6 F80	下刀至 Z−6 处,速度为 80mm/min
	N100	M98 P0068	调用子程序,加工上边缘的第二层
	N110	G01 Z−9 F80	下刀至 Z−9 处,速度为 80mm/min
	N120	M98 P0068	调用子程序,加工上边缘的第三层
	N130	G01 Z−12 F80	下刀至 Z−12 处,速度为 80mm/min
	N140	M98 P0068	调用子程序,加工上边缘的第四层
	N150	G01 Z−14.5 F80	下刀至 Z−14.5 处,速度为 80mm/min
	N160	M98 P0068	调用子程序,加工上边缘的第五层
左下角边缘(图 11-30 所示的路径 3)	N170	G00 X200 Y8	快速定位至左下角边缘的加工起点
	N180	G01 Z−3 F400	下刀至 Z−3 处,速度为 80mm/min
	N190	M98 P0069	调用子程序,加工左下角边缘的第一层
	N200	G01 Z−6 F80	下刀至 Z−6 处,速度为 80mm/min
	N210	M98 P0069	调用子程序,加工左下角边缘的第二层
	N220	G01 Z−9 F80	下刀至 Z−9 处,速度为 80mm/min
	N230	M98 P0069	调用子程序,加工左下角边缘的第三层
	N240	G01 Z−12 F80	下刀至 Z−12 处,速度为 80mm/min
	N250	M98 P0069	调用子程序,加工左下角边缘的第四层
	N260	G01 Z−14.5 F80	下刀至 Z−14.5 处,速度为 80mm/min
	N270	M98 P0069	调用子程序,加工左下角边缘的第五层
	N280	G40	取消刀具补偿
键槽(图 11-30 所示的路径 4)	N290	G00 X145 Y10	定位键槽的起点
	N300	Z−3 F80	下刀至 Z−3 处,速度为 80mm/min
	N310	X85 Y10 F400	加工键槽 4 的第一层
	N320	Z−5 F80	下刀至 Z−5 处,速度为 80mm/min
	N330	X145 Y10 F400	加工键槽 4 的第二层
	N340	G00 Z2	抬刀
键槽(图 11-30 所示的路径 5)	N350	X65 Y10	定位键槽起点
	N360	G01 Z−3 F80	下刀至 Z−3 处,速度为 80mm/min
	N370	X20 Y10 F400	加工键槽 5 的第一层
	N380	Z−6 F80	下刀至 Z−6 处,速度为 80mm/min
	N390	X65 Y10 F400	加工键槽 5 的第二层
	N400	Z−9 F80	下刀至 Z−9 处,速度为 80mm/min
	N410	X20 Y10 F400	加工键槽 5 的第三层
	N420	Z−12 F80	下刀至 Z−12 处,速度为 80mm/min
	N430	X65 Y10 F400	加工键槽 5 的第四层
	N440	Z−14.5 F80	下刀至 Z−14.5 处,速度为 80mm/min
	N450	X20 Y10 F400	加工键槽 5 的第五层
	N460	G00 Z2	抬刀
键槽(图 11-30 所示的路径 6)	N470	X10 Y20	定位键槽起点
	N480	G01 Z−3 F80	下刀至 Z−3 处,速度为 80mm/min
	N490	X10 Y40 F400	加工键槽 6 的第一层
	N500	Z−6 F80	下刀至 Z−6 处,速度为 80mm/min
	N510	X10 Y20 F400	加工键槽 6 的第二层
	N520	Z−9 F80	下刀至 Z−9 处,速度为 80mm/min

续表

主程序:O0009			
键槽(图11-30所示的路径6)	N530	X10 Y40 F400	加工键槽6的第三层
	N540	Z−12 F80	下刀至$Z-12$处,速度为80mm/min
	N550	X10 Y20 F400	加工键槽6的第四层
	N560	Z−14.5 F80	下刀至$Z-14.5$处,速度为80mm/min
	N570	X10 Y40 F400	加工键槽6的第五层
	N580	G00 Z2	抬刀
键槽(图11-30的路径7)	N590	X10 Y55	定位键槽起点
	N600	G01 Z−3 F80	下刀至$Z-3$处,速度为80mm/min
	N610	X10 Y95 F400	加工键槽7的第一层
	N620	Z−5 F80	下刀至$Z-5$处,速度为80mm/min
	N630	X10 Y55 F400	加工键槽7的第二层
	N640	G00 Z2	抬刀
键槽(图11-30所示的路径8)	N650	X10 Y110	定位键槽起点
	N660	G01 Z−3 F80	下刀至$Z-3$处,速度为80mm/min
	N670	X10 Y140 F400	加工键槽8的第一层
	N680	Z−6 F80	下刀至$Z-6$处,速度为80mm/min
	N690	X10 Y110 F400	加工键槽8的第二层
	N700	Z−9 F80	下刀至$Z-9$处,速度为80mm/min
	N710	X10 Y140 F400	加工键槽8的第三层
	N720	Z−12 F80	下刀至$Z-12$处,速度为80mm/min
	N730	X10 Y110 F400	加工键槽8的第四层
	N740	Z−14.5 F80	下刀至$Z-14.5$处,速度为80mm/min
	N750	X10 Y140 F400	加工键槽8的第五层
	N760	G00 Z2	抬刀
键槽(图11-30所示的路径9)	N770	X190 Y140	定位键槽起点
	N780	G01 Z−3 F80	下刀至$Z-3$处,速度为80mm/min
	N790	X190 Y90 F400	加工键槽9的第一层
	N800	Z−6 F80	下刀至$Z-6$处,速度为80mm/min
	N810	X190 Y140 F400	加工键槽9的第二层
	N820	Z−9 F80	下刀至$Z-9$处,速度为80mm/min
	N830	X190 Y90 F400	加工键槽9的第三层
	N840	Z−12 F80	下刀至$Z-12$处,速度为80mm/min
	N850	X190 Y140 F400	加工键槽9的第四层
	N860	Z−14.5 F80	下刀至$Z-14.5$处,速度为80mm/min
	N870	X190 Y90 F400	加工键槽9的第五层
	N880	G00 Z2	抬刀
键槽(图11-30所示的路径10)	N890	X190 Y75	定位键槽起点
	N900	G01 Z−3 F80	下刀至$Z-3$处,速度为80mm/min
	N910	X190 Y45 F400	加工键槽10的第一层
	N920	Z−5 F80	下刀至$Z-5$处,速度为80mm/min
	N930	X190 Y75 F400	加工键槽10的第二层
	N940	G00 Z2	抬刀
键槽(图11-30的路径11)	N950	X190 Y30	定位键槽起点
	N960	G01 Z−3 F80	下刀至$Z-3$处,速度为80mm/min
	N970	X190 Y20 F400	加工键槽11的第一层
	N980	Z−6 F80	下刀至$Z-6$处,速度为80mm/min
	N990	X190 Y30 F400	加工键槽11的第二层
	N1000	Z−9 F80	下刀至$Z-9$处,速度为80mm/min
	N1010	X190 Y20 F400	加工键槽11的第三层
	N1020	Z−12 F80	下刀至$Z-12$处,速度为80mm/min
	N1030	X190 Y30 F400	加工键槽11的第四层

续表

主程序:O0009			
键槽(图 11-30 的路径 11)	N1040	Z−14.5 F80	下刀至 Z−14.5 处,速度为 80mm/min
	N1050	X190 Y20 F400	加工键槽 11 的第五层
	N1060	G00 Z2	抬刀
矩形(图 11-30 所示的路径 12)	N1070	X25 Y25	快速定位至矩形的加工起点
	N1080	G01 Z−3 F80	下刀至 Z−3 处,速度为 80mm/min
	N1090	M98 P0070	调用子程序,加工矩形的第一层
	N1100	G01 Z−6 F80	下刀至 Z−6 处,速度为 80mm/min
	N1110	M98 P0070	调用子程序,加工矩形的第二层
	N1120	G01 Z−9 F80	下刀至 Z−9 处,速度为 80mm/min
	N1130	M98 P0070	调用子程序,加工矩形的第三层
	N1140	G01 Z−12 F80	下刀至 Z−12 处,速度为 80mm/min
	N1150	M98 P0070	调用子程序,加工矩形的第四层
	N1160	G01 Z−14.5 F80	下刀至 Z−14.5 处,速度为 80mm/min
	N1170	M98 P0070	调用子程序,加工矩形的第五层
结束	N1180	G00Z200	抬刀
	N1190	M05	主轴停
	N1200	M02	程序结束

11.8 压板特型零件的加工工艺分析及编程

压板特型零件如图 11-31 所示。

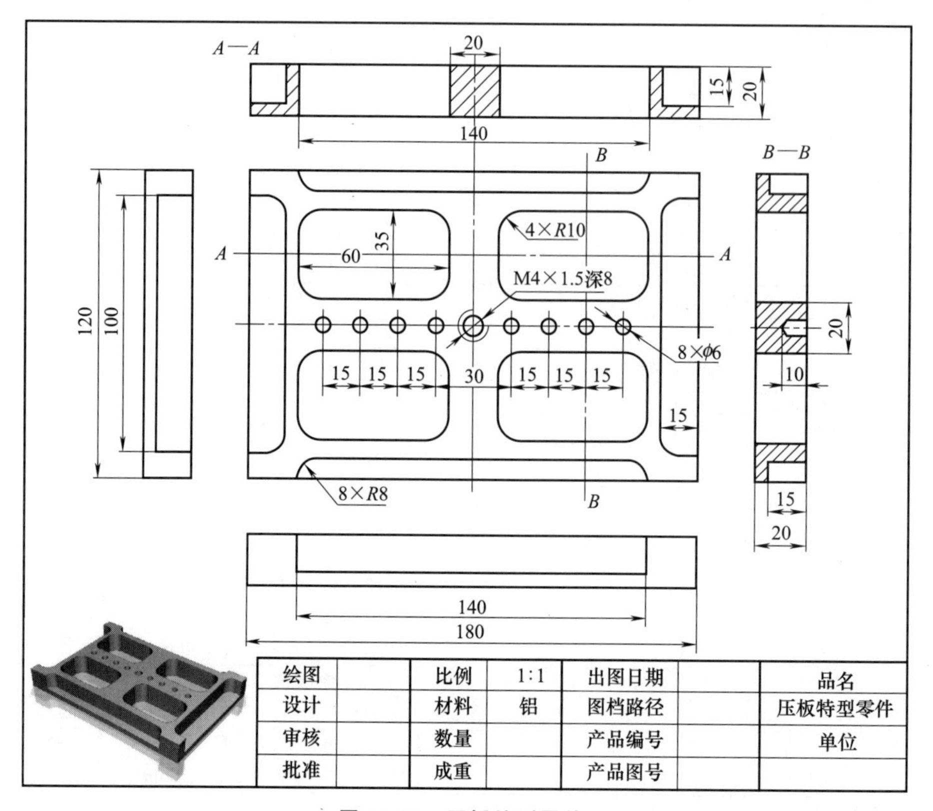

绘图		比例	1:1	出图日期		品名
设计		材料	铝	图档路径		压板特型零件
审核		数量		产品编号		单位
批准		成重		产品图号		

图 11-31　压板特型零件

11.8.1 零件图工艺分析

该零件表面由多个形状、孔和螺纹组成。工件尺寸为 180mm×120mm，无尺寸公差要求。尺寸标注完整，轮廓描述清楚。零件材料为已经加工成形的标准铝块，无热处理和硬度要求。

11.8.2 确定装夹方案

① 在工件圆角矩形部分预先钻好 4 个孔，用螺栓定位，保证其毛坯位置摆正，采用 $\phi10$ 铣刀加工四周区域，如图 11-32 所示。FANUC 0i 系统分别采用子程序和镜像指令配合综合编程，编写程序。

$\phi16$mm 铣刀的走刀路线如图 11-33 所示的路径 1～4。

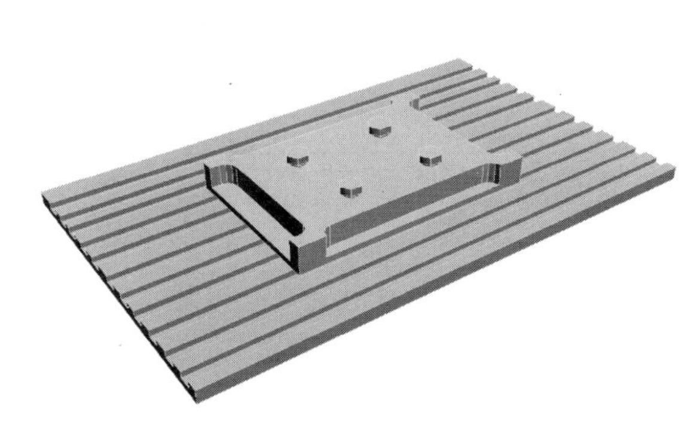

图 11-32　第一次装夹方案

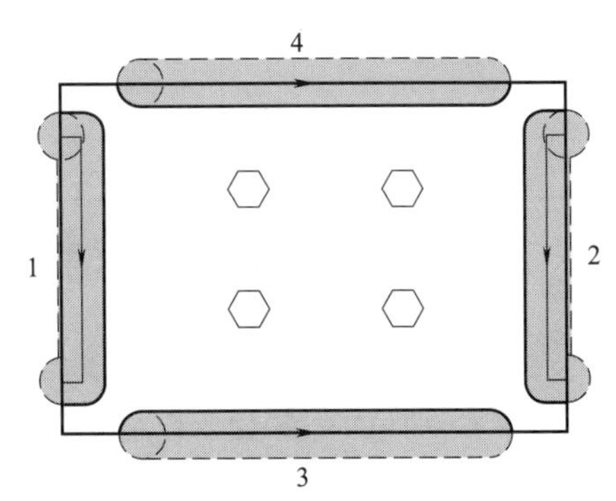

图 11-33　加工四周的走刀路线

② 完成上步加工，停主轴、退刀，重新装夹零件：在已加工好的零件四周安装垫块和压块，并用螺栓上紧，每边安装两套夹具，然后去掉零件中间的 4 个螺栓（注意：不能先执行此步，否则会导致零件松动而移位）。由于工件没有移动，因此不需要对刀。其装夹如图11-34 所示。

根据所使用的数控系统不同，程序应有相应的变化：

a. 先用 $\phi20$mm 加工左下角的圆角矩形区域，留 0.5mm 的余量，其具体的加工路线如图 11-35 所示的路径 1；然后用子程序，或者镜像加工剩余的圆角矩形 2～4。

b. 用 $\phi6$mm 的钻头钻孔。加工顺序如图 11-35 所示的孔 5～12。FANUC 程序直接采用子程序即可。

c. 螺纹加工，先采用 $\phi8$mm 的钻头钻如图 11-35 所示的孔 13，再选择螺纹刀攻螺纹。实际车间加工中，螺纹的加工多采用人工手动攻螺纹的方法，本节不对螺纹加工进行编程。

待工件全部加工完毕后，手工去除 4 个圆角矩形的底部和工件其他部分的毛刺。

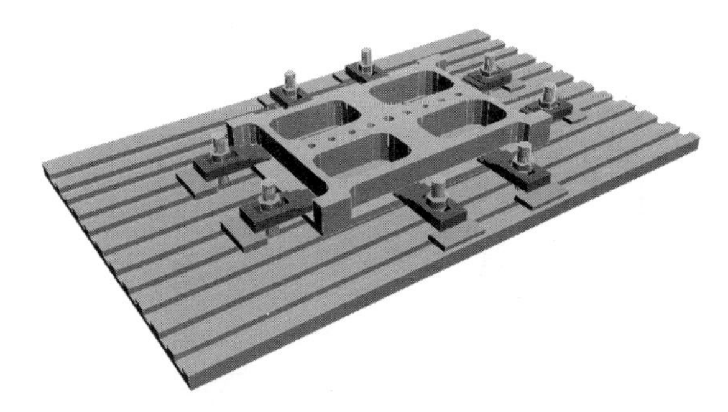

图 11-34　第二次装夹方案

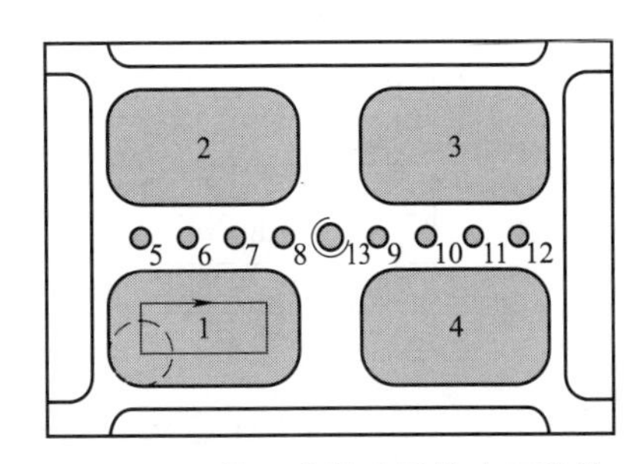

图 11-35　第二次装夹后的走刀路线

11.8.3 数学计算

在编程中，相关的坐标点的数值通过计算和CAD的标注即可求出，这里不再赘述。

11.8.4 刀具选择

本零件需选用四把刀才能完成所有区域的加工，将所选定的刀具参数填入表11-15所示数控加工刀具卡片中，以便于编程和操作管理。

表 11-15 数控加工刀具卡片

<table>
<tr><td colspan="3">产品名称或代号</td><td colspan="2">加工中心工艺分析实例</td><td colspan="2">零件名称</td><td>压板特型零件</td><td>零件图号</td><td>Mill-8</td></tr>
<tr><td>序号</td><td>刀具号</td><td colspan="3">刀具规格名称</td><td>数量</td><td colspan="2">加工表面</td><td>伸出夹头/mm</td><td>备注</td></tr>
<tr><td>1</td><td>T01</td><td colspan="3">ϕ16mm 铣刀</td><td>1</td><td colspan="2">四周边缘</td><td>18</td><td></td></tr>
<tr><td>2</td><td>T02</td><td colspan="3">ϕ20mm 铣刀</td><td>1</td><td colspan="2">4 个圆角矩形</td><td>24</td><td></td></tr>
<tr><td>3</td><td>T03</td><td colspan="3">ϕ6mm 钻头</td><td>1</td><td colspan="2">8 个孔</td><td>12</td><td></td></tr>
<tr><td>4</td><td>T04</td><td colspan="3">ϕ8mm 钻头</td><td>1</td><td colspan="2">螺纹的孔</td><td>10</td><td></td></tr>
<tr><td colspan="2">编制</td><td>×××</td><td>审核</td><td colspan="2">×××</td><td>批准</td><td>×××</td><td>共1页</td><td>第1页</td></tr>
</table>

11.8.5 切削用量选择

将前面分析的各项内容综合成如表11-16所示的数控加工工序卡，此表是编制加工程序的主要依据和操作人员配合数控程序进行数控加工的指导性文件，主要内容包括：工步顺序、工步内容、各工步所用的刀具及切削用量等。

表 11-16 数控加工工序卡

<table>
<tr><td colspan="2" rowspan="2">单位名称</td><td rowspan="2">××××</td><td colspan="2">产品名称或代号</td><td colspan="2">零件名称</td><td colspan="2">零件图号</td></tr>
<tr><td colspan="2">加工中心工艺分析实例</td><td colspan="2">压板特型零件</td><td colspan="2">Mill-8</td></tr>
<tr><td colspan="2">工序号</td><td>程序编号</td><td colspan="2">夹具名称</td><td colspan="2">使用设备</td><td colspan="2">车间</td></tr>
<tr><td colspan="2">001</td><td>Mill-8</td><td colspan="2">自制工作台面、夹具</td><td colspan="2">FANUC</td><td colspan="2">数控中心</td></tr>
<tr><td>工步号</td><td colspan="2">工步内容</td><td>刀具号</td><td>刀具总长(伸出)/mm</td><td>主轴转速/(r/min)</td><td>进给速度/(mm/min)</td><td>下刀量/mm</td><td>备注</td></tr>
<tr><td>1</td><td colspan="2">零件四周边缘</td><td>T01</td><td>100(18)</td><td>2000</td><td>400</td><td><3</td><td>自动</td></tr>
<tr><td colspan="9">重新装夹</td></tr>
<tr><td>2</td><td colspan="2">4 个圆角矩形</td><td>T02</td><td>100(24)</td><td>2000</td><td>400</td><td><3</td><td>自动</td></tr>
<tr><td>3</td><td colspan="2">8 个孔</td><td>T03</td><td>100(12)</td><td>2000</td><td>80</td><td><3</td><td>自动</td></tr>
<tr><td>4</td><td colspan="2">螺纹的孔</td><td>T04</td><td>100(10)</td><td>2000</td><td>80</td><td></td><td>自动</td></tr>
<tr><td>编制</td><td>×××</td><td>审核</td><td>×××</td><td>批准</td><td>×××</td><td>年 月 日</td><td>共1页</td><td>第1页</td></tr>
</table>

11.8.6 数控程序的编制

【FANUC 数控程序】

<table>
<tr><td colspan="4">子程序:O0071</td></tr>
<tr><td rowspan="6">左边缘
一层铣削</td><td>N010</td><td>G01 X7 Y102 F400</td><td>加工上边</td></tr>
<tr><td>N020</td><td>X7 Y18</td><td>加工右边</td></tr>
<tr><td>N030</td><td>X0 Y18</td><td>加工下边</td></tr>
<tr><td>N040</td><td>G00 Z2</td><td>抬刀</td></tr>
<tr><td>N050</td><td>X0 Y102</td><td>返回加工起点</td></tr>
<tr><td>N060</td><td>M99</td><td>子程序结束</td></tr>
<tr><td colspan="4">子程序:O0072</td></tr>
<tr><td rowspan="2">左边缘</td><td>N010</td><td>G00 X0 Y102 Z2</td><td>定位加工起点</td></tr>
<tr><td>N020</td><td>G01 Z−3 F80</td><td>下刀至 $Z-3$ 处,速度为 80mm/min</td></tr>
</table>

续表

子程序:O0072			
左边缘	N030	M98 P0071	调用子程序,加工左边缘的第一层
	N040	G01 Z−6 F80	下刀至 Z−6 处,速度为 80mm/min
	N050	M98 P0071	调用子程序,加工左边缘的第二层
	N060	G01 Z−9 F80	下刀至 Z−9 处,速度为 80mm/min
	N070	M98 P0071	调用子程序,加工左边缘的第三层
	N080	G01 Z−12 F80	下刀至 Z−12 处,速度为 80mm/min
	N090	M98 P0071	调用子程序,加工左边缘的第四层
	N100	G01 Z−15 F80	下刀至 Z−15 处,速度为 80mm/min
	N110	M98 P0071	调用子程序,加工左边缘的第五层
	N120	M99	子程序结束
子程序:O0073			
下边缘	N010	G00 X28 Y0 Z2	定位加工起点
	N020	G01 Z−3 F80	下刀至 Z−3 处,速度为 80mm/min
	N030	X152 F400	加工下边缘的第一层
	N040	Z−6 F80	下刀至 Z−6 处,速度为 80mm/min
	N050	X28	加工下边缘的第二层
	N060	Z−9 F80	下刀至 Z−9 处,速度为 80mm/min
	N070	X152 F400	加工下边缘的第三层
	N080	Z−12 F80	下刀至 Z−12 处,速度为 80mm/min
	N090	X28	加工下边缘的第四层
	N100	Z−15 F80	下刀至 Z−15 处,速度为 80mm/min
	N110	X152 F400	加工下边缘的第五层
	N120	G00 Z2	抬刀
	N130	M99	子程序结束
子程序:O0074			
圆角矩形一层铣削	N010	G01 X30 Y40 F400	加工左边
	N020	X70 Y40	加工上边
	N030	X70 Y25	加工右边
	N040	X30 Y25	加工下边
	N050	M99	子程序结束
子程序:O0075			
圆角矩形	N010	G00 X30 Y25 Z2	
	N020	G01 Z−3 F80	下刀至 Z−3 处,速度为 80mm/min
	N030	M98 P0074	调用子程序,加工矩形的第一层
	N040	G01 Z−6 F80	下刀至 Z−6 处,速度为 80mm/min
	N050	M98 P0074	调用子程序,加工矩形的第二层
	N060	G01 Z−9 F80	下刀至 Z−9 处,速度为 80mm/min
	N070	M98 P0074	调用子程序,加工矩形的第三层
	N080	G01 Z−12 F80	下刀至 Z−12 处,速度为 80mm/min
	N090	M98 P0074	调用子程序,加工矩形的第四层
	N100	G01 Z−15 F80	下刀至 Z−15 处,速度为 80mm/min
	N110	M98 P0074	调用子程序,加工矩形的第五层
	N120	G01 Z−18 F80	下刀至 Z−18 处,速度为 80mm/min
	N130	M98 P0074	调用子程序,加工矩形的第六层
	N140	G01 Z−19.5 F80	下刀至 Z−19.5 处,速度为 80mm/min
	N150	M98 P0074	调用子程序,加工矩形的第七层
	N160	M99	子程序结束
子程序:O0076			
孔	N010	G01Z−10 F80	钻孔
	N020	G04 P1000	暂停 1s,光孔
	N030	G01Z2 F800	抬刀
	N040	M99	子程序结束

续表

主程序:O0010(第一次装夹方案,如图 11-32 所示)			
开始	N010	G17 G54 G94	选择平面、坐标系、每分钟进给
	N020	T01 M06	换 01 号刀
	N030	M03 S2000	主轴正转,转速为 2000r/min
左边缘	N040	M98 P0072	调用子程序,加工左边缘
右边缘	N050	G24 X90	镜像加工:沿 X90 轴
	N060	M98 P0072	调用子程序,加工右边缘
	N070	G25	取消镜像加工
下边缘	N080	M98 P0073	调用子程序,加工下边缘
上边缘	N090	G24 Y60	镜像加工:沿 Y60 轴
	N100	M98 P0073	调用子程序,加工上边缘
	N110	G25	取消镜像加工
结束	N120	G00 Z200	抬刀
	N130	M05	主轴停
	N140	M02	程序结束
主程序:O0011(第二次装夹方案,如图 11-34 所示)			
开始	N010	G17 G54 G94	选择平面、坐标系、每分钟进给
	N020	T02 M06	换 02 号刀
	N030	M03 S2000	主轴正转,转速为 2000r/min
圆角矩形	N040	M98 P0075	调用子程序,加工圆角矩形 1
	N050	G24 X90	镜像加工:沿 X90 轴
	N060	M98 P0075	调用子程序,加工圆角矩形 4
	N070	G25	取消镜像加工
	N080	G24 Y60	镜像加工:沿 Y60 轴
	N090	M98 P0075	调用子程序,加工圆角矩形 2
	N100	G25	取消镜像加工
	N110	G24 X90 Y60	镜像加工:沿 X60、Y60 的坐标点
	N120	M98 P0075	调用子程序,加工圆角矩形 3
	N130	G25	取消镜像加工
孔	N140	G00 Z200	抬刀
	N150	T03 M06	换 03 号刀
	N160	M03 S2000	主轴正转,转速为 2000r/min
	N170	G00 X30 Y60	定位在图 11-35 所示的位置 5 的孔上方
	N180	Z2	接近加工表面
	N190	M98 P0076	调用子程序,加工左侧-30°孔
	N200	G00 X45 Y60	定位在图 11-35 所示的位置 6 的孔上方
	N210	M98 P0076	调用子程序,加工孔
	N220	G00 X60 Y60	定位在图 11-35 所示的位置 7 的孔上方
	N230	M98 P0076	调用子程序,加工孔
	N240	G00 X75 Y60	定位在图 11-35 所示的位置 8 的孔上方
	N250	M98 P0076	调用子程序,加工孔
	N260	G00 X105 Y60	定位在图 11-35 所示的位置 9 的孔上方
	N270	M98 P0076	调用子程序,加工孔
	N280	G00 X120 Y60	定位在图 11-35 所示的位置 10 的孔上方
	N290	M98 P0076	调用子程序,加工孔
	N300	G00 X135 Y60	定位在图 11-35 所示的位置 11 的孔上方
	N310	M98 P0076	调用子程序,加工孔
	N320	G00 X150 Y60	定位在图 11-35 所示的位置 12 的孔上方
	N330	M98 P0076	调用子程序,加工孔
螺纹孔	N340	G00 Z200	抬刀
	N350	T04 M06	换 04 号刀
	N360	M03 S2000	主轴正转,转速为 2000r/min

续表

主程序:O0011(第二次装夹方案,如图 11-34 所示)			
螺纹孔	N370	G00 X90 Y60 Z2	快速定位到孔上方
	N380	G01 Z−8 F80	钻孔
	N390	G04 P1000	暂停 1s,光孔
	N400	G01Z2 F800	退出孔
结束	N410	G00Z200	抬刀
	N420	M05	主轴停
	N430	M02	程序结束

11.9 箱体特种零件的加工工艺分析及编程

箱体特种零件如图 11-36 所示。

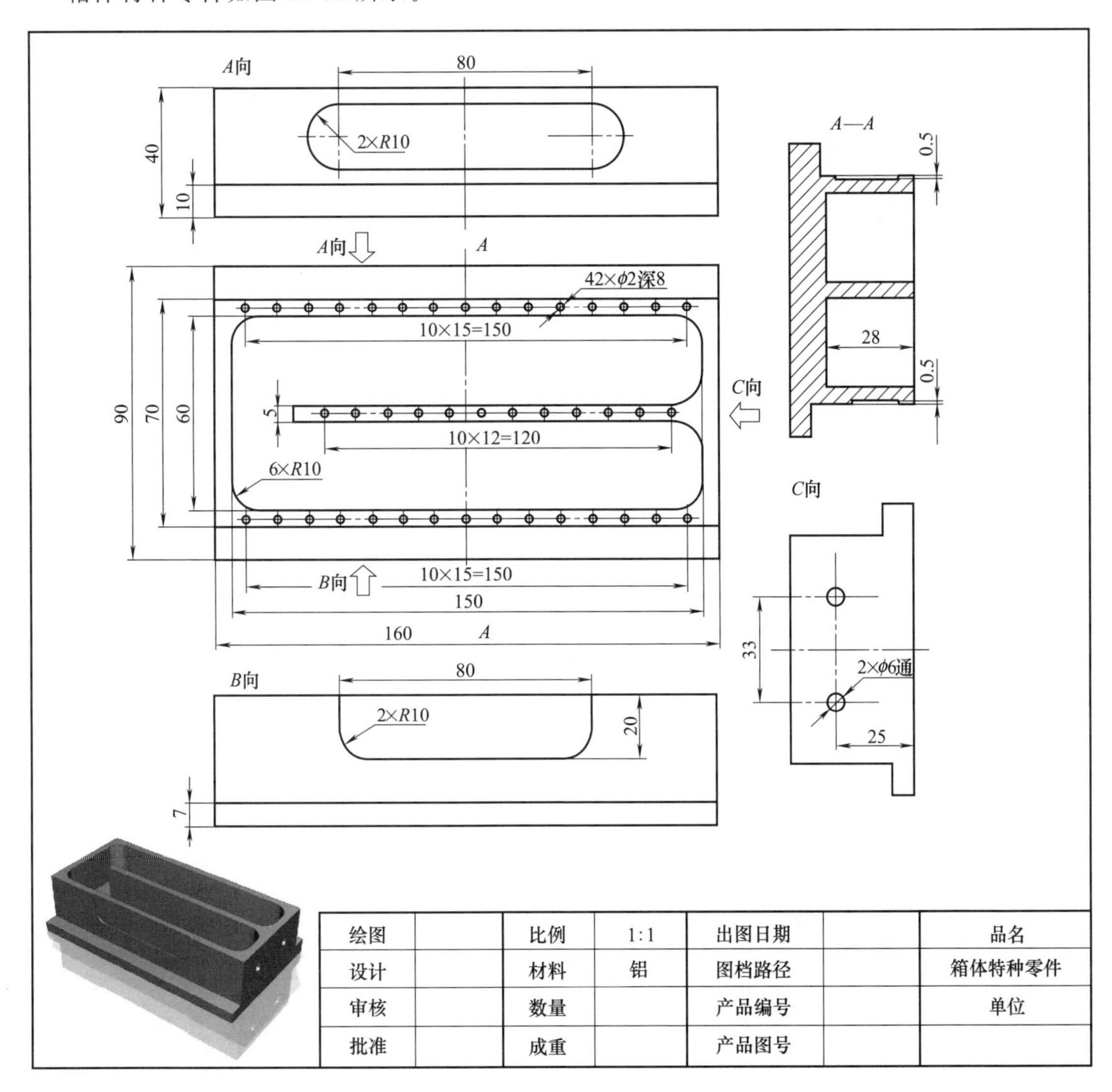

图 11-36 箱体特种零件

11.9.1 零件图工艺分析

该零件表面由 1 个复合型深槽、上下两侧的边缘和多个孔构成。工件尺寸为 160mm×90mm×40mm，无尺寸为公差要求。尺寸标注完整，轮廓描述清楚。零件材料为已经加工成形的标准铝块，无热处理和硬度要求。

11.9.2 确定装夹方案、加工顺序及进给路线

① 在工件底部放置 2 块垫块，保证工件高出卡盘 33mm 以上，用台虎钳夹紧，左右两侧用粗铝棒顶紧，防止加工时零件的抖动，其装夹方法如图 11-37 所示。

正面的加工只需采用一把 ϕ20mm 的铣刀和 ϕ2mm 的钻头即可：

a. 用 ϕ20mm 铣刀加工上侧的区域（如图 11-38 所示的路径 1），再用镜像指令加工下侧区域。由于两侧高度不同，最后单独铣削下侧剩余的 3mm 区域。

b. 用 ϕ20mm 铣刀加工上中间深槽区域，如图 11-38 所示的路径 2。

c. 用 ϕ2mm 的钻头只在零件上点出 42 个孔的位置，待数控点孔完成后，再手动钻孔。如果用数控加工 42 个孔，由于刀具磨损后加工的孔加工不到位，也不方便随时地进行调整。

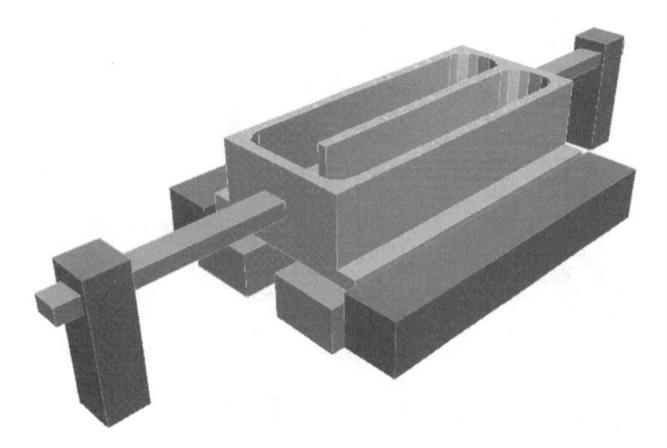

图 11-37 零件正面装夹方案

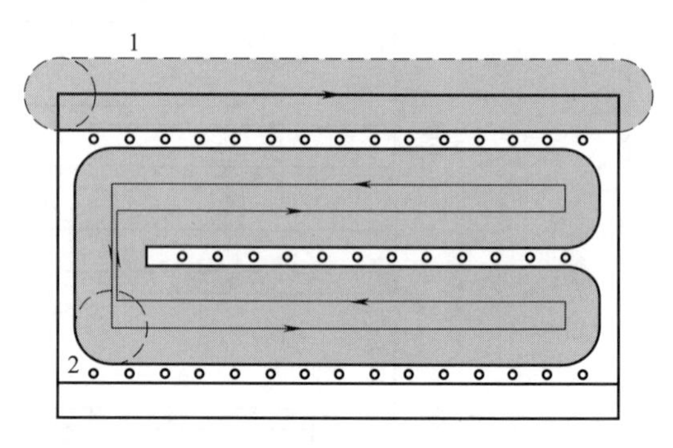

图 11-38 零件正面装夹的走刀路线

② A 向面的加工。其装夹如图 11-39 所示，在工件底部放置 1 块垫块，两侧分别用图中所示的长垫板（或垫块）夹紧，工件露出待加工平面的位置，紧靠铝棒用台虎钳夹紧。加工的时候采用图 11-39 中所示的坐标原点对刀。注意：左侧用铝棒顶紧固定，这样在翻转重新装夹的时候就不必重新对刀了。

由于铣削区域只有 0.5mm，本面只需用 ϕ20mm 的铣刀加工一层即可，加工路线如图 11-40所示。

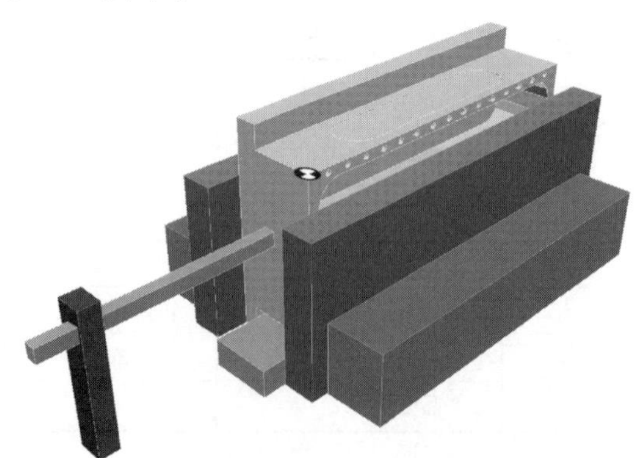

图 11-39 零件 A 向面加工装夹方案

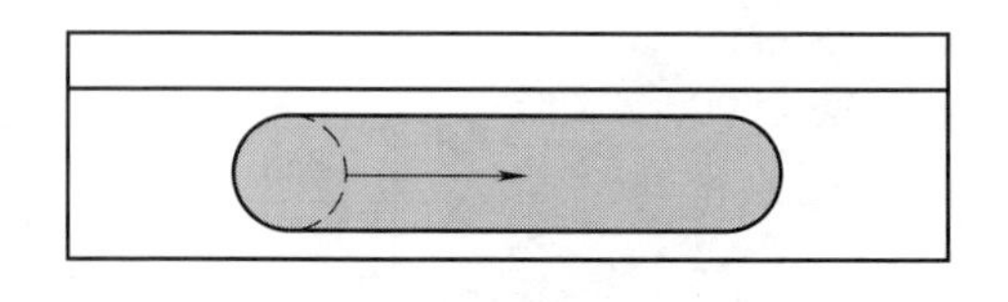

图 11-40 零件 A 向面加工走刀路线

③ *B* 向面的加工。其装夹如图 11-41 所示，在工件底部放置 1 块垫块，两侧分别用图中所示的长垫板（或垫块）夹紧，工件露出待加工平面的位置，紧靠铝棒，用台虎钳夹紧。加工的原点如图 11-41 中所示。注意：由于零件的对称，本次装夹就不必重新对刀了。

由于铣削区域只有 0.5mm，本面只需用 ϕ20mm 的铣刀加工一层即可，加工路线如图 11-42所示。

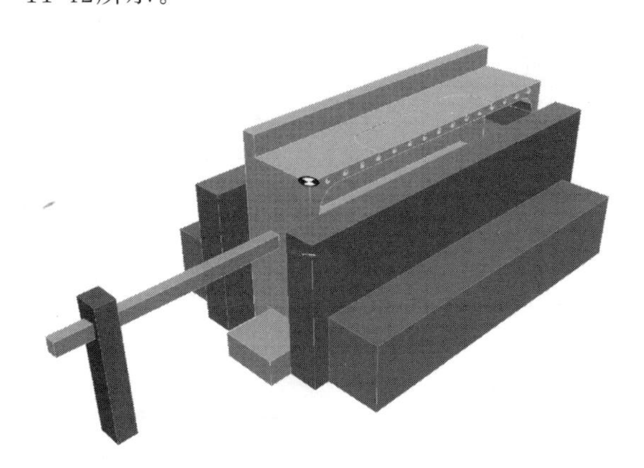

图 11-41　零件 *B* 向面加工装夹方案

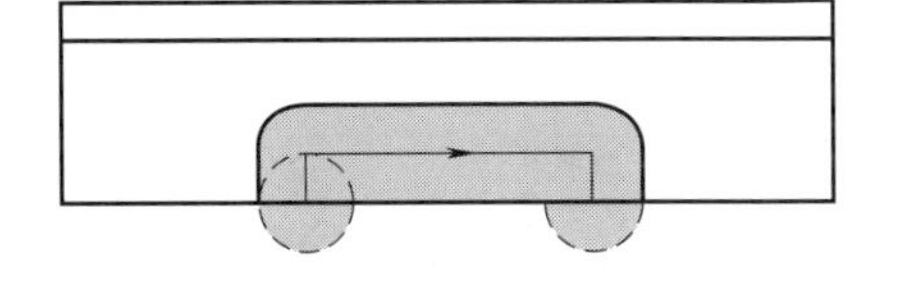

图 11-42　零件 *B* 向面加工走刀路线

④ *C* 向面孔的加工。采用 ϕ6mm 的钻头，其装夹如图 11-43 所示，在工件底部放置 2 块垫块，两侧分别用图中所示的长垫板（或垫块）夹紧，工件露出待加工平面的位置，紧靠铝棒，用台虎钳夹紧。

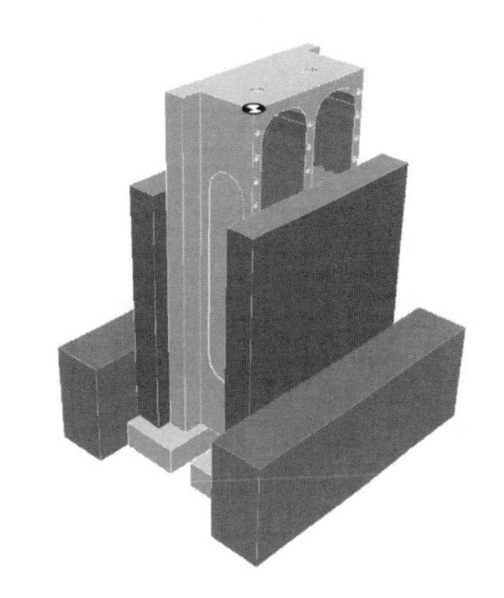

图 11-43　零件 *C* 向面孔加工装夹方案

11.9.3　数学计算

在编程中，相关的坐标点的数值通过计算和 CAD 的标注即可求出，这里不再赘述。

11.9.4　刀具选择

本题选用 ϕ20mm 铣刀、ϕ2mm 钻头和 ϕ6mm 钻头加工本零件的所有区域，将所选定的刀具参数填入表 11-17 所示数控加工刀具卡片中，以便于编程和操作管理。

表 11-17　数控加工刀具卡片

产品名称或代号		加工中心工艺分析实例		零件名称	箱体特种零件		零件图号	Mill-9
序号	刀具号	刀具规格名称		数量	加工表面		伸出夹头/mm	备注
1	T01	ϕ20mm 铣刀		1	加工平面区域		35	
2	T02	ϕ2mm 钻头		1	正面孔点位置		5	
3	T03	ϕ6mm 钻头		1	C 向面钻孔		10	
编制		×××	审核	×××	批准	×××	共 1 页	第 1 页

11.9.5　切削用量选择

将前面分析的各项内容综合成如表 11-18 所示的数控加工工序卡，此表是编制加工程序的主要依据和操作人员配合数控程序进行数控加工的指导性文件，主要内容包括：工步顺序、工步内容、各工步所用的刀具及切削用量等。

表 11-18　数控加工工序卡

单位名称	××××	产品名称或代号		零件名称		零件图号	
		加工中心工艺分析实例		箱体特种零件		Mill-9	
工序号	程序编号	夹具名称		使用设备		车间	
001	Mill-3	台虎钳		FANUC		数控中心	
工步号	工步内容	刀具号	刀具总长(伸出)/mm	主轴转速/(r/min)	进给速度/(mm/min)	下刀量/mm	备注
1	上下两侧区域	T01	100(35)	2000	400	<3	自动
2	中间深槽区域	T01	100(35)	2000	400	<3	自动
3	42个孔	T02	100(5)	400	80	0.5	点孔
按图 11-39 所示方式装夹,重新对刀							
4	键槽区域	T01	100(35)	200	800	0.5	自动
将工件翻转按图 11-41 所示方式重新装夹,不需对刀							
5	圆角矩形开口区域	T01	100(35)	200	800	0.5	自动
按图 11-43 所示方式装夹,重新对刀							
6	2个通孔	T03	100(10)	2000	80	8	自动

编制	×××	审核	×××	批准	×××	年　月　日	共1页	第1页

11.9.6　数控程序的编制

【FANUC 数控程序】

子程序:O0077			
上侧边缘区域	N010	G00 X0 Y90 Z2	快速定位至加工起点
	N020	G01 Z−3 F80	下刀至 Z−3 处,速度为 80mm/min
	N030	X160 F400	加工上侧边缘区域的第一层
	N040	Z−6 F80	下刀至 Z−6 处,速度为 80mm/min
	N050	X0 F400	加工上侧边缘区域的第二层
	N060	Z−9 F80	下刀至 Z−9 处,速度为 80mm/min
	N070	X160 F400	加工上侧边缘区域的第三层
	N080	Z−12 F80	下刀至 Z−12 处,速度为 80mm/min
	N090	X0 F400	加工上侧边缘区域的第四层
	N100	Z−15 F80	下刀至 Z−15 处,速度为 80mm/min
	N110	X160 F400	加工上侧边缘区域的第五层
	N120	Z−18 F80	下刀至 Z−18 处,速度为 80mm/min
	N130	X0 F400	加工上侧边缘区域的第六层
	N140	Z−21 F80	下刀至 Z−21 处,速度为 80mm/min
	N150	X160 F400	加工上侧边缘区域的第七层
	N160	Z−24 F80	下刀至 Z−24 处,速度为 80mm/min
	N170	X0 F400	加工上侧边缘区域的第八层
	N180	Z−27 F80	下刀至 Z−27 处,速度为 80mm/min
	N190	X160 F400	加工上侧边缘区域的第九层
	N200	Z−30 F80	下刀至 Z−30 处,速度为 80mm/min
	N210	X0 F400	加工上侧边缘区域的第十层
	N220	G00 Z2	抬刀
	N230	M99	子程序结束
子程序:O0078			
中间深槽区域	N010	G01 X145 Y25 F400	加工深槽的下侧
	N020	X145 Y33	加工深槽的右侧
	N030	X15 Y33	加工中间形状的下侧
	N040	X15 Y58	加工中间形状的左侧
	N050	X145 Y58	加工中间形状的上侧
	N060	X145 Y65	加工深槽的右侧

续表

子程序:O0078			
中间深槽区域	N070	X15 Y65	加工深槽的上侧
	N080	X15 Y25	加工深槽的左侧
	N090	M99	子程序结束
子程序:O0079			
点孔	N010	G01 Z−0.5 F80	点孔,深 0.5mm,速度为 80mm/min
	N020	G00 Z2	抬刀
	N030	M99	子程序结束
子程序:O0080			
12 个孔	N010	M98 P0079	点孔 1 子程序
	N020	G00 U10	向右移动 10mm
	N030	M98 P0079	点孔 2 子程序
	N040	G00 U10	向右移动 10mm
	N050	M98 P0079	点孔 3 子程序
	N060	G00 U10	向右移动 10mm
	N070	M98 P0079	点孔 4 子程序
	N080	G00 U10	向右移动 10mm
	N090	M98 P0079	点孔 5 子程序
	N100	G00 U10	向右移动 10mm
	N110	M98 P0079	点孔 6 子程序
	N120	G00 U10	向右移动 10mm
	N130	M98 P0079	点孔 7 子程序
	N140	G00 U10	向右移动 10mm
	N150	M98 P0079	点孔 8 子程序
	N160	G00 U10	向右移动 10mm
	N170	M98 P0079	点孔 9 子程序
	N180	G00 U10;	向右移动 10mm
	N190	M98 P0079	点孔 10 子程序
	N200	G00 U10	向右移动 10mm
	N210	M98 P0079	点孔 11 子程序
	N220	G00 U10	向右移动 10mm
	N230	M98 P0079	点孔 12 子程序
	N240	M99	子程序结束
主程序:O0012(正面装夹方案,如图 11-37 所示)			
开始	N010	G17 G54 G94	选择平面、坐标系、每分钟进给
	N020	T01 M06	换 01 号刀
	N030	M03 S2000	主轴正转,转速为 2000r/min
上侧区域	N040	M98 P0077	调用子程序,加工上侧区域
下侧区域	N050	G24 Y45	镜像加工:沿 Y45 轴
	N060	M98 P0077	调用子程序,加工上侧区域至−30mm 处
	N070	G25	取消镜像
	N080	G01 Z−33 F80	下刀至 $Z-33$ 处,速度为 80mm/min
	N090	X160 Y0 F400	加工下侧边缘区域的最后一层
	N100	G00 Z2	抬刀
中间区域(图 11-38 所示的路径 2)	N110	G00 X15 Y25 Z2	快速定位至中间区域的加工起点
	N120	G01 Z−3 F80	下刀至 $Z-3$ 处,速度为 80mm/min
	N130	M98 P0078	调用子程序,加工中间区域的第一层
	N140	G01 Z−6 F80	下刀至 $Z-6$ 处,速度为 80mm/min
	N150	M98 P0078	调用子程序,加工中间区域的第二层
	N160	G01 Z−9 F80	下刀至 $Z-9$ 处,速度为 80mm/min
	N170	M98 P0078	调用子程序,加工中间区域的第三层
	N180	G01 Z−12 F80	下刀至 $Z-12$ 处,速度为 80mm/min

续表

主程序:O0012(正面装夹方案,如图 11-37 所示)			
中间区域(图 11-38 所示的路径 2)	N190	M98 P0078	调用子程序,加工中间区域的第四层
	N200	G01 Z−15 F80	下刀至 Z−15 处,速度为 80mm/min
	N210	M98 P0078	调用子程序,加工中间区域的第五层
	N220	G01 Z−18 F80	下刀至 Z−18 处,速度为 80mm/min
	N230	M98 P0078	调用子程序,加工中间区域的第六层
	N240	G01 Z−21 F80	下刀至 Z−21 处,速度为 80mm/min
	N250	M98 P0078	调用子程序,加工中间区域的第七层
	N260	G01 Z−24 F80	下刀至 Z−24 处,速度为 80mm/min
	N270	M98 P0078	调用子程序,加工中间区域的第八层
	N280	G01 Z−26 F80	下刀至 Z−26 处,速度为 80mm/min
	N290	M98 P0078	调用子程序,加工中间区域的第九层
	N300	G01 Z−28 F80	下刀至 Z−28 处,速度为 80mm/min
	N310	M98 P0078	调用子程序,加工中间区域的第十层
	N320	G00 Z200	抬刀
下侧排孔	N330	M05	主轴停
	N340	T02 M06	换 02 号刀
	N350	M03 S400	主轴正转,转速为 400r/min
	N360	G00 X10 Y13 Z2	定位孔加工起点
	N370	M98 P0080	调用子程序,点下侧的前 12 个排孔
	N380	G00 U10	向右移动 10mm
	N390	M98 P0080	点第 13 个孔
	N400	G00 U10	向右移动 10mm
	N410	M98 P0080	点第 14 个孔
	N420	G00 U10	向右移动 10mm
	N430	M98 P0080	点第 15 个孔
中间排孔	N440	G00 X35 Y45	定位孔加工起点
	N450	M98 P0080	调用子程序,点中间 12 个排孔
上侧排孔	N460	G00 X10 Y78	定位孔加工起点
	N470	M98 P0080	调用子程序,点上侧的前 12 个排孔
	N480	G00 U10	向右移动 10mm
	N490	M98 P0080	点第 13 个孔
	N500	G00 U10	向右移动 10mm
	N510	M98 P0080	点第 14 个孔
	N520	G00 U10	向右移动 10mm
	N530	M98 P0080	点第 15 个孔
结束	N540	G00 Z200	抬刀
	N550	M05	主轴停
	N560	M02	程序结束
主程序:O0013(第二次装夹方案,如图 11-39 所示零件 A 向面加工装夹方案)			
开始	N010	G17 G54 G94	选择平面、坐标系、每分钟进给
	N020	T01 M06	换 01 号刀
	N030	M03 S2000	主轴正转,转速为 2000r/min
键槽	N040	G00 X40 Y15 Z2	快速定位至起点
	N050	G01 Z−0.5 F80	下刀至 Z−0.5 处,速度为 80mm/min
	N060	X120 Y15 F800	加工键槽
结束	N070	G00Z200	抬刀
	N080	M05	主轴停
	N090	M02	程序结束
主程序:O0014(第三次装夹方案,如图 11-41 所示零件 B 向面加工装夹方案)			
开始	N010	G17 G54 G94	选择平面、坐标系、每分钟进给
	N020	T01 M06	换 01 号刀
	N030	M03 S2000	主轴正转,转速为 2000r/min
圆角矩形开口区域	N040	G00 X50 Y0 Z2	快速定位至起点
	N050	G01 Z−0.5 F80	下刀至 Z−0.5 处,速度为 80mm/min
	N060	X50 Y10 F800	加工左边

续表

主程序：O0014(第三次装夹方案，如图 11-41 所示零件 *B* 向面加工装夹方案)			
圆角矩形开口区域	N070	X110 Y10	加工上边
	N080	X110 Y0	加工下边
结束	N090	G00 Z200	抬刀
	N100	M05	主轴停
	N110	M02	程序结束
主程序：O0014(第四次装夹方案，如图 11-43 所示零件 *C* 向面孔加工装夹方案)			
开始	N010	G17 G54 G94	选择平面、坐标系、每分钟进给
	N020	T03 M06	换 03 号刀
	N030	M03 S2000	主轴正转，转速为 2000r/min
第一个孔	N040	G00 X19 Y15 Z2	定位在第一个孔的上方
	N050	G01 Z−8 F80	钻孔
	N060	Z2 F800	退刀
第二个孔	N070	G00 X51 Y15	定位在第二个孔的上方
	N080	G01 Z−8 F80	钻孔
	N090	Z2 F800	退刀
结束	N100	G00 X200	抬刀
	N110	M05	主轴停
	N120	M02	程序结束

11.10 折板零件的加工工艺分析及编程

折板零件如图 11-44 所示。

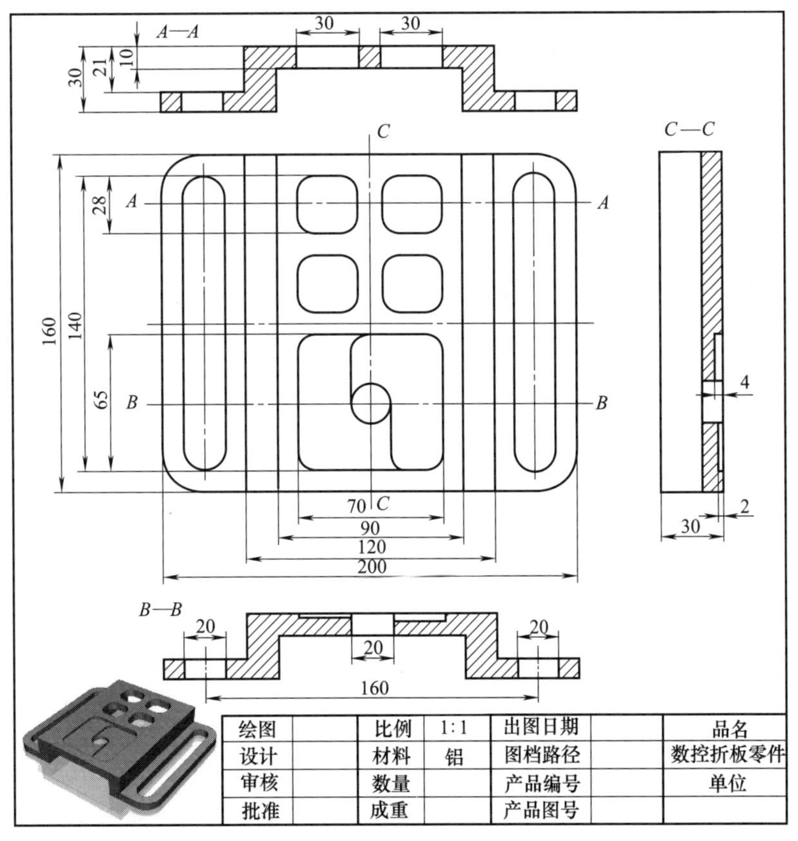

图 11-44　折板零件

11.10.1 零件图工艺分析

该零件表面由多种形状构成，加工较复杂。工件尺寸为200mm×160mm×30mm，无尺寸公差要求。尺寸标注完整，轮廓描述清楚。零件材料为已经加工成形的标准铝块，无热处理和硬度要求。

11.10.2 确定装夹方案、加工顺序及进给路线

① 将工件放置在自制的工作台面上，保证工件摆正，在通孔的位置手动钻3个孔，用螺栓等工具夹紧，用于定位加工零件的左右两侧形状，其装夹方式如图11-45所示。

a. 用ϕ20mm的铣刀加工左侧的台阶部分，其走刀路径如图11-46所示，右侧部分由镜像指令完成。

b. 同样采用ϕ20mm的铣刀，铣削圆弧外角和键槽，底部留0.5mm的余量，其走刀路径如图11-47所示。图中虚线所示为快速走刀路径，由于紧靠工件，采用G01指令。

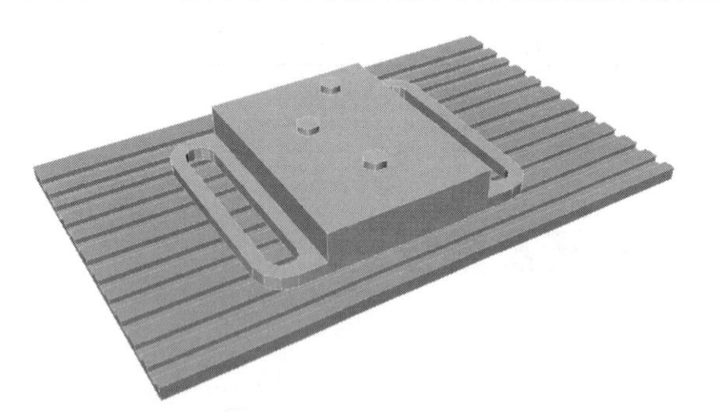

图11-45 加工两侧的工件装夹方案

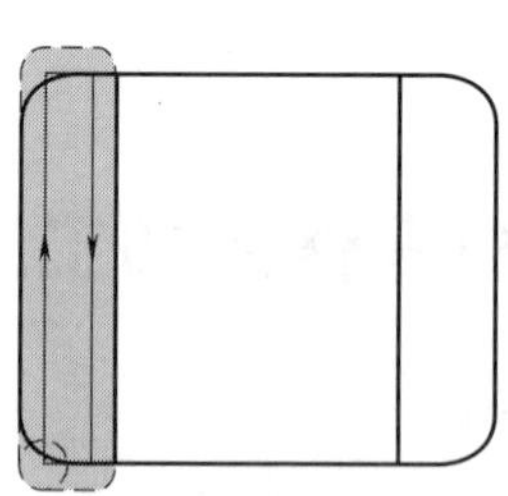

图11-46 铣削台阶的走刀路径

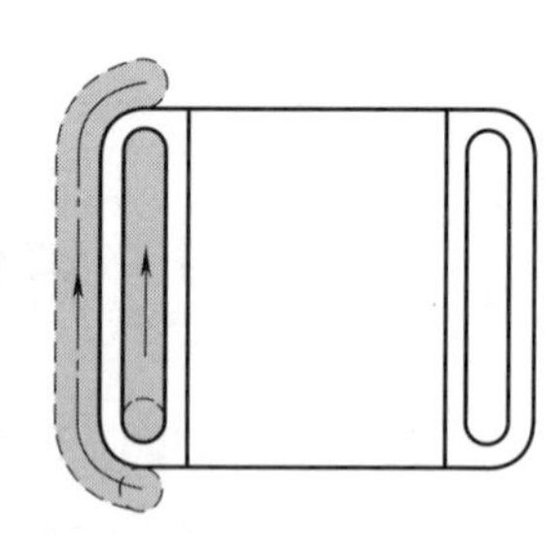

图11-47 铣削圆弧和键槽的走刀路径

② 中间区域多个形状的加工，其装夹如图11-48所示，先在工件左右两侧的键槽区域分别用图中所示的垫块压紧，再取出中间的螺栓等工具，这样在重新装夹的时候工件不会产生位移，就不必重新对刀了。

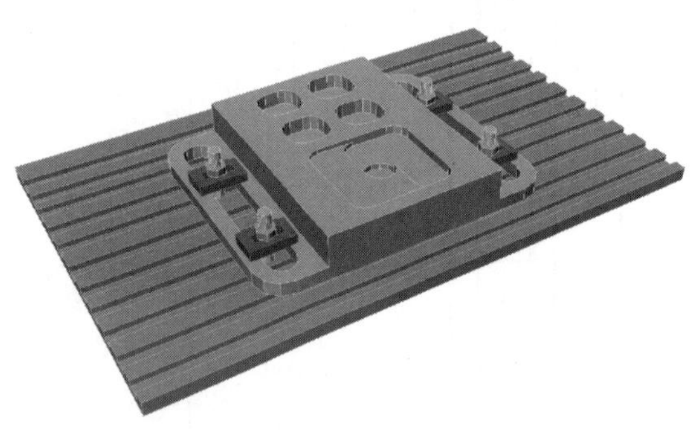

图11-48 加工中间区域的工件装夹方案

a. 采用ϕ20mm的铣刀加工左下角的小圆角矩形，加工深度为10mm，其走刀路径如图11-49中的1所示。其他3个圆角矩形通过镜像或子程序即可加工。

b. 采用ϕ20mm的铣刀加工下侧大圆角矩形，加工深度为2mm，只铣一层即可，其走刀路径如图11-49中的2所示。

c. 采用ϕ20mm的铣刀加工大圆角矩形的右边形状，加工深度为圆角矩形以下2mm，只铣一层即可，其走刀路径如图11-50中的3所示。

d. 以上操作做完以后，还是采用ϕ20mm的铣刀铣孔，深度为10mm即可。

③ 将工件翻转，底部垫两块垫块，两侧用台虎钳夹紧，如图11-51所示。加工时，只需加工到尺寸，即20mm深处时，便可完成。之后，需手动完成修边、去毛刺等步骤。

用ϕ20mm的铣刀按如图11-52所示的走刀路径铣深20mm，即可完成本零件的最后一道加工工序。

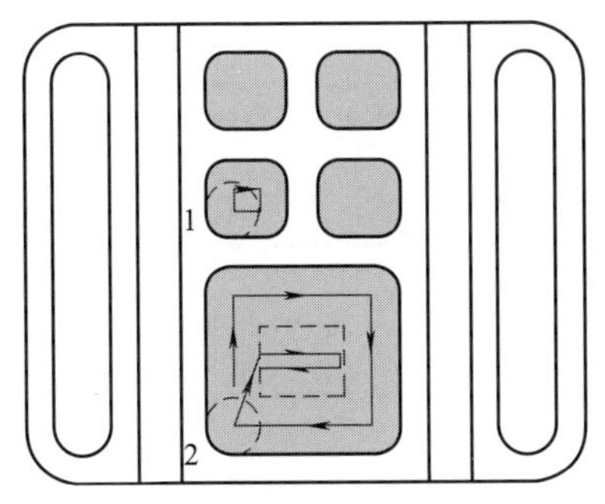

图 11-49 中间区域走刀路径（一）

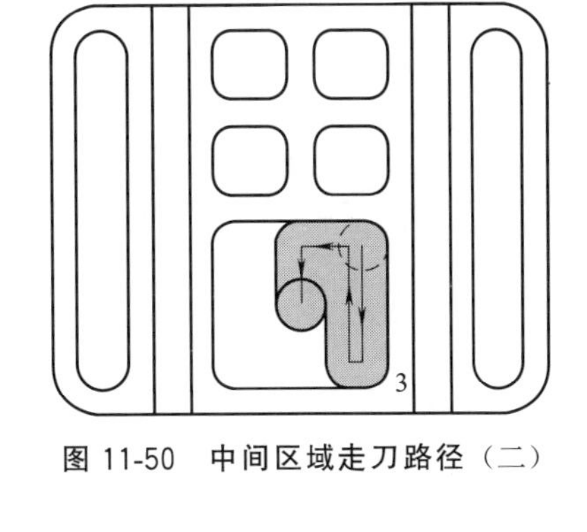

图 11-50 中间区域走刀路径（二）

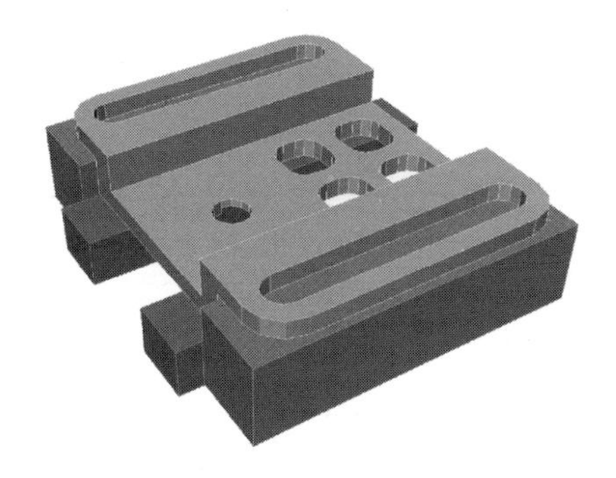

图 11-51 加工底面区域的工件装夹方案

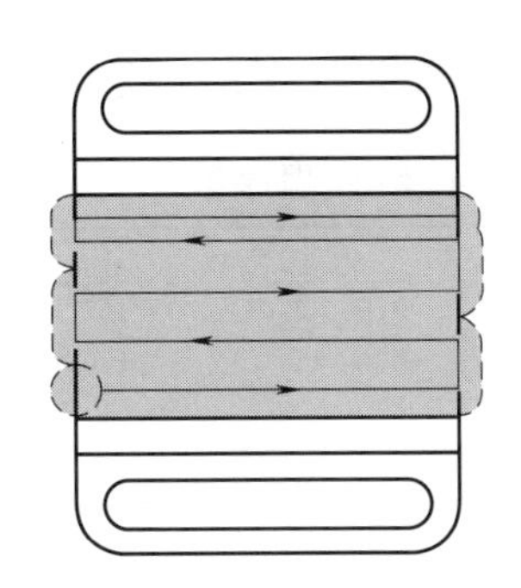

图 11-52 加工底面区域的工件走刀路径

11.10.3 数学计算

在编程中，相关的坐标点的数值通过计算和 CAD 的标注即可求出，这里不再赘述。

11.10.4 刀具选择

选用 ϕ20mm 铣刀即可加工本零件的所有区域，将所选定的刀具参数填入表 11-19 所示数控加工刀具卡片中，以便于编程和操作管理。

表 11-19 数控加工刀具卡片

<table>
<tr><td colspan="3">产品名称或代号</td><td colspan="2">加工中心工艺分析实例</td><td colspan="2">零件名称</td><td colspan="2">折板零件</td><td>零件图号</td><td>Mill-10</td></tr>
<tr><td>序号</td><td>刀具号</td><td colspan="3">刀具规格名称</td><td>数量</td><td colspan="3">加工表面</td><td>伸出夹头
/mm</td><td>备注</td></tr>
<tr><td>1</td><td>T01</td><td colspan="3">ϕ20mm 铣刀</td><td>1</td><td colspan="3">所有待加工区域</td><td>23</td><td></td></tr>
<tr><td colspan="2">编制</td><td>×××</td><td>审核</td><td colspan="2">×××</td><td colspan="2">批准</td><td>×××</td><td>共 1 页</td><td>第 1 页</td></tr>
</table>

11.10.5 切削用量选择

将前面分析的各项内容综合成如表 11-20 所示的数控加工工序卡，此表是编制加工程序的主要依据和操作人员配合数控程序进行数控加工的指导性文件，主要内容包括：工步顺序、工步内容、各工步所用的刀具及切削用量等。

表 11-20 数控加工工序卡

<table>
<tr><td rowspan="2">单位名称</td><td rowspan="2">××××</td><td>产品名称或代号</td><td>零件名称</td><td>零件图号</td></tr>
<tr><td>加工中心工艺分析实例</td><td>折板零件</td><td>Mill-10</td></tr>
<tr><td>工序号</td><td>程序编号</td><td>夹具名称</td><td>使用设备</td><td>车间</td></tr>
<tr><td>001</td><td>Mill-10</td><td>自制夹具,台虎钳</td><td>FANUC</td><td>数控中心</td></tr>
</table>

续表

工步号	工步内容	刀具号	刀具总长(伸出)/mm	主轴转速/(r/min)	进给速度/(mm/min)	下刀量/mm	备注
1	工件左右两侧台阶	T01	100(23)	2000	400	<3	自动
按图 11-48 所示方式装夹,不需对刀							
2	4 个小圆角矩形	T01	100(23)	2000	400	<3	自动
3	1 个大圆角矩形	T01	100(23)	2000	400	<3	自动
4	圆角矩形右侧区域	T01	100(23)	2000	400	<3	自动
5	孔槽	T01	100(23)	2000	80		自动
将工件翻转按图 11-51 所示方式重新装夹							
6	底面剩余区域	T01	100(35)	1500	200	<3	自动
编制	××× 审核	×××	批准	×××	年 月 日	共 1 页	第 1 页

11.10.6 数控程序的编制

【FANUC 数控程序】

子程序:O0080			
左侧区域的一层	N010	G01 X10 Y160 F400	加工左边
	N020	X30 Y160	加工上边
	N030	X30 Y0	加工右边
	N040	X10 Y0	加工下边
	N050	M99	子程序结束

子程序:O0081			
左侧台阶	N010	G00 X10 Y0 Z2	快速定位至加工起点
	N020	G01 Z−3 F80	下刀至 $Z-3$ 处,速度为 80mm/min
	N030	M98 P0081	调用子程序,加工左侧台阶区域的第一层
	N040	G01 Z−6 F80	下刀至 $Z-6$ 处,速度为 80mm/min
	N050	M98 P0081	调用子程序,加工左侧台阶区域的第二层
	N060	G01 Z−9 F80	下刀至 $Z-9$ 处,速度为 80mm/min
	N070	M98 P0081	调用子程序,加工左侧台阶区域的第三层
	N080	G01 Z−12 F80	下刀至 $Z-12$ 处,速度为 80mm/min
	N090	M98 P0081	调用子程序,加工左侧台阶区域的第四层
	N100	G01 Z−15 F80	下刀至 $Z-15$ 处,速度为 80mm/min
	N110	M98 P0081	调用子程序,加工左侧台阶区域的第五层
	N120	G01 Z−18 F80	下刀至 $Z-18$ 处,速度为 80mm/min
	N130	M98 P0081	调用子程序,加工左侧台阶区域的第六层
	N140	G01 Z−21 F80	下刀至 $Z-21$ 处,速度为 80mm/min
	N150	M98 P0081	调用子程序,加工左侧台阶区域的第七层
	N160	G00 Z2	抬刀
	N170	M99	子程序结束

子程序:O0082			
圆弧区域的一层	N010	G02 X0 Y20 R20 F400	加工下边圆弧
	N020	G01 X0 Y140 F1000	左侧快速走刀
	N030	G02 X20 Y160 R20 F400	加工上边圆弧
	N040	G00 Z−19	抬刀
	N050	X20 Y0	返回加工起点
	N060	M99	子程序结束

子程序:O0083			
圆弧区域	N010	G41 G00 X20 Y0	设置刀具左补偿,快速定位至加工起点
	N020	G00 Z−19	接近工件
	N030	G01 Z−24 F80	下刀至 $Z-23$ 处,速度为 80mm/min
	N040	M98 P0082	调用子程序,加工圆弧区域的第一层
	N050	G01 Z−26 F80	下刀至 $Z-26$ 处,速度为 80mm/min

续表

子程序:O0083			
圆弧区域	N060	M98 P0082	调用子程序,加工圆弧区域的第二层
	N070	G01 Z-29.5 F80	下刀至 Z-29.5 处,速度为 80mm/min
	N080	M98 P0082	调用子程序,加工圆弧区域的第三层
	N090	G00 Z2	抬刀
	N100	G40	取消刀具补偿
	N110	M99	子程序结束
子程序:O0084			
键槽	N010	G00 X20 Y20	定位键槽起点上方
	N020	Z-19	接近加工平面
	N030	G01 Z-24 F80	下刀至 Z-24 处,速度为 80mm/min
	N040	X20 Y140 F400	加工键槽区域的第一层
	N050	Z-26 F80	下刀至 Z-26 处,速度为 80mm/min
	N060	X20 Y20 F400	加工键槽区域的第二层
	N070	Z-29.5 F80	下刀至 Z-29.5 处,速度为 80mm/min
	N080	X20 Y140 F400	加工键槽区域的第三层
	N090	G00 Z2	抬刀
	N100	M99	子程序结束
子程序:O0085			
小矩形的一层	N010	G01 X75 Y102 F400	加工左边
	N020	X85 Y102	加工上边
	N030	X85 Y95	加工右边
	N040	X75 Y95	加工下边
	N050	M99	子程序结束
子程序:O0086			
小矩形	N010	G00 X75 Y95 Z2	快速定位至加工起点
	N020	G01 Z-3 F80	下刀至 Z-3 处,速度为 80mm/min
	N030	M98 P0085	调用子程序,加工小矩形的第一层
	N040	G01 Z-6 F80	下刀至 Z-6 处,速度为 80mm/min
	N050	M98 P0085	调用子程序,加工小矩形的第二层
	N060	G01 Z-8 F80	下刀至 Z-8 处,速度为 80mm/min
	N070	M98 P0085	调用子程序,加工小矩形的第三层
	N080	G01 Z-10 F80	下刀至 Z-10 处,速度为 80mm/min
	N090	M98 P0085	调用子程序,加工小矩形的第四层
	N100	G00 Z2	抬刀
	N110	M99	子程序结束
子程序:O0087			
底面矩形的一层	N010	G01 X160 Y65 F400	从左向右加工
	N020	X160 Y85	向上加工一个刀位
	N030	X0 Y85	从右向左加工
	N040	X0 Y105	向上加工一个刀位
	N050	X160 Y105	从左向右加工
	N060	X160 Y125	向上加工一个刀位
	N070	X0 Y125	从右向左加工
	N080	X0 Y135	向上加工一个刀位
	N090	X160 Y135	从左向右加工
	N100	G00 Z2	抬刀
	N110	X0 Y65	返回加工起点
	N120	M99	子程序结束
主程序:O0015(正面装夹方案 1,如图 11-45 所示)			
开始	N010	G17 G54 G94	选择平面、坐标系、每分钟进给
	N020	T01 M06	换 01 号刀
	N030	M03 S2000	主轴正转,转速为 2000r/min

续表

主程序:O0015(正面装夹方案1,如图11-45所示)			
左侧台阶	N040	M98 P0081	调用子程序,加工左侧区域
	N050	G00 Z200	抬刀
右侧台阶	N060	G24 X100	镜像加工:沿 X100 轴
	N070	M98 P0081	调用子程序,加工上侧区域至−30mm处
	N080	G25	取消镜像
	N090	G00 Z2	抬刀
左侧圆弧	N100	M98 P0083	调用子程序,加工左侧圆弧
	N110	G00 Z2	抬刀
右侧圆弧	N120	G24 X100	镜像加工:沿 X100 轴
	N130	M98 P0083	调用子程序,加工右侧圆弧
	N140	G25	取消镜像
	N150	G00 Z2	抬刀
左侧键槽	N160	M98 P0084	调用子程序,加工左侧键槽
	N170	G00 Z2	抬刀
右侧键槽	N180	G24 X100	镜像加工:沿 X100 轴
	N190	M98 P0083	调用子程序,加工右侧键槽
	N200	G25	取消镜像
结束	N210	G00 Z200	抬刀
	N220	M05	主轴停
	N230	M02	程序结束
主程序:O0016(正面装夹方案2,如图11-48所示)			
开始	N010	G17 G54 G94	选择平面、坐标系、每分钟进给
	N020	T01 M06	换01号刀
	N030	M03 S2000	主轴正转,转速为2000r/min
4个小矩形	N040	M98 P0086	调用子程序,加工左下小矩形
	N050	G24 X100	镜像加工:沿 X100 轴
	N060	M98 P0086	调用子程序,加工右下小矩形
	N070	G25	取消镜像
	N080	G24 Y117	镜像加工:沿 Y117 轴
	N090	M98 P0086	调用子程序,加工左上小矩形
	N100	G25	取消镜像
	N110	G24 X100 Y117	镜像加工:沿 Y117 轴
	N120	M98 P0086	调用子程序,加工左上小矩形
	N130	G25	取消镜像
大矩形	N140	G00 X75 Y20 Z2	快速定位至加工起点
	N150	G01 Z−2 F80	下刀至 Z−2 处,速度为80mm/min
	N160	G01 X75 Y65 F400	加工左边
	N170	X125 Y65	加工上边
	N180	X125 Y20	加工右边
	N190	X75 Y20	加工下边
	N200	X85 Y45	斜线移动
	N210	X115 Y45	加工内侧上边
	N220	X115 Y40	加工内侧右边
	N230	X85 Y40	加工内侧下边
	N240	G00 Z2	抬刀
大矩形右侧区域	N250	X125 Y65	快速定位至加工起点
	N260	G01 Z−4 F80	下刀至 Z−4 处,速度为80mm/min
	N270	X125 Y20	加工下面区域右边
	N280	X120 Y20	加工下面区域下边
	N290	X120 Y65	加工下面区域左边
	N300	X100 Y65	加工上边
	N310	X100 Y42	加工左边(定位孔槽位置)

续表

主程序:O0016(正面装夹方案 2,如图 11-48 所示)			
孔槽	N320	Z-10 F80	铣孔槽,深 10mm
结束	N330	G00 Z200	抬刀
	N340	M05	主轴停
	N350	M02	程序结束
主程序:O0017(底面装夹方案,如图 11-51 所示)			
开始	N010	G17 G54 G94	选择平面、坐标系、分钟进给
	N020	T01 M06	换 01 号刀
	N030	M03 S2000	主轴正转,转速为 2000r/min
底面矩形	N040	G00 X0 Y62 Z2	快速定位至加工起点
	N050	G01 Z-3 F80	下刀至 Z-3 处,速度为 80mm/min
	N060	M98 P0087	调用子程序,加工底面矩形的第一层
	N070	G01 Z-6 F80	下刀至 Z-6 处,速度为 80mm/min
	N080	M98 P0087	调用子程序,加工底面矩形的第二层
	N090	G01 Z-9 F80	下刀至 Z-9 处,速度为 80mm/min
	N100	M98 P0087	调用子程序,加工底面矩形的第三层
	N110	G01 Z-12 F80	下刀至 Z-12 处,速度为 80mm/min
	N120	M98 P0087	调用子程序,加工底面矩形的第四层
	N130	G01 Z-15 F80	下刀至 Z-15 处,速度为 80mm/min
	N140	M98 P0087	调用子程序,加工底面矩形的第五层
	N150	G01 Z-18 F80	下刀至 Z-18 处,速度为 80mm/min
	N160	M98 P0087	调用子程序,加工底面矩形的第六层
	N170	G01 Z-20 F80	下刀至 Z-20 处,速度为 80mm/min
	N180	M98 P0087	调用子程序,加工底面矩形的第七层
结束	N190	G00 X200	抬刀
	N200	M05	主轴停
	N210	M02	程序结束

12

第12章　FANUC数控系统宏程序编程

12.1 宏程序编程基础

12.1.1 宏程序概述

在数控编程加工中，当遇到形状相同、尺寸不同的零件轮廓时，希望能编制一个加工此类形状轮廓的通用程序：当遇到由非圆曲线组成的零件轮廓或三维曲面轮廓时，希望不使用CAD/CAM软件而通过常用编程指令手工编制加工程序。FANUC数控系统提供了这样的编程功能，即用户宏程序功能。在程序中给要发生变化的尺寸加上几个变量，通过设置宏变量（或参数）和演算式，再加上必要的数学计算公式，经过数学处理以后，采用相互连接的直线逼近和圆弧逼近方法引入加工程序进行编程。另外，还可在加工程序中使用逻辑判断语句提高轮廓或曲面逼近的相似精度。

(1) 宏程序的概念

用户宏程序功能扩展了数控系统的编程功能，使用变量、算术和逻辑运算及条件转移，使得编制同样的加工程序更简便。含有变量的子程序叫作用户宏程序（本体）。在程序中调用用户宏程序的那条指令叫用户宏指令。系统可以使用用户宏程序的功能叫作用户宏功能。用户程序中一般还可以使用演算式及转向语句，有的还可以使用多种参数。

在编程工作中，经常把能完成某一功能的一系列指令像子程序那样存入存储器，用一个总指令来代表它们，使用时只需给出这个总指令就能执行其功能，所存入的这一系列指令称作用户宏程序本体，简称宏程序。这个总指令称作用户宏程序调用指令。在编程时，编程员只要记住宏指令而不必记住宏程序。

例如当加工的是椭圆等非圆曲线时，只需要在程序中利用数学关系来表达曲线，实际加工时，尺寸一旦发生变化，只要改变这几个变量（参数）的赋值就可以了。这种具有变量（参数）并利用对变量（参数）的赋值和表达式来进行对程序编辑的程序叫宏程序，简言之，含有变量（参数）的程序就是宏程序。

宏程序可以较大地简化编程，扩展程序应用范围。宏程序编程适合图形类似、只是尺寸不同的系列零件的编程，适合刀具轨迹相同、只是位置参数不同的系列零件的编程，也适合抛物线、椭圆、双曲线等非圆曲线的编程。

(2) 用户宏程序与普通程序的区别

用户宏程序与普通程序的区别在于：在用户宏程序本体中，能使用变量，可以给变量赋值，变量间可以运算，程序可以跳转；而在普通程序中，只能指定常量，常量之间不能运算，程序只能顺序执行，不能跳转，因此功能是固定的，不能变化。用户宏功能是用户提高数控机床性能的一种特殊功能，在相类似工件的加工中巧用宏程序将起到事半功倍的效果。

用户宏程序本体既可以由机床生产厂提供，又可以由机床用户自己编制。使用时，先将用户宏程序主体像子程序一样存入内存，然后用子程序调用指令调用。

(3) 宏程序编程的基本特征

普通编程只能使用常量，常量之间不能运算，程序只能顺序执行，不能跳转。宏程序编程与普通程序编制相比有以下特征，见表 12-1。

表 12-1　宏程序编程的基本特征

序号	宏程序编程的基本特征	详细说明
1	使用变量	可以在程序中使用变量，使得程序更具有通用性，当同类零件的尺寸发生变化时，只需要更改程序中变量的值即可，而不需要重新编制程序
2	可对变量赋值	可以在宏程序中对变量进行赋值或在变量设置中对变量赋值，使用者只需要按照要求使用，而不必去理解整个程序内部的结构
3	变量间可进行演算	在宏程序中可以进行变量的四则运算和算术逻辑运算，从而可以加工出非圆曲线轮廓和一些简单的曲面
4	可改变控制执行顺序	程序运行可以跳转，在宏程序中可以改变控制执行顺序

(4) 宏程序的优点

表 12-2 详细描述了宏程序的优点。

表 12-2　宏程序的优点

序号	宏程序的优点	详细说明
1	长远性	数控系统中随机携带有各种固定循环指令，这些指令是以宏程序为基础开发的通用的固定循环指令。通用循环指令有时对于工厂实际加工中某一类零件的加工并不一定能满足加工要求，对此可以根据加工零件的具体特点，量身定制出适合这类零件特征的专用程序，并固化在数控系统内部。这种专用的程序的调用类似于使用普通固定循环指令，使数控系统增加了专用的固定循环指令，只要这一类零件继续生产，这种专用固定循环指令就可一直存在并长期应用，因此，数控系统的功能得到增强和扩大
2	共享性	宏程序的编制确实存在相当的难度，要想编制出一个加工效率高、程序简洁、功能完善的程序更是难上加难，但是这并不影响宏程序的使用。正如设计一台电视机要涉及多方面的知识，考虑多方面的因素，是复杂的事情，但使用电视机却是一件相对简单的事情，使用者只要熟悉它的操作与使用，并不需要注重其内部构造和结构原理。宏程序的使用也是一样，使用者只需懂其功能、各参数的具体含义和使用限制注意事项即可，不必了解其设计过程、原理、具体程序内容。使用宏程序者不是必须要懂宏程序，当然懂宏程序可以更好地应用宏程序
3	多功能性	宏程序的功能包含以下几个方面： ①相似系列零件的加工。同一类相同特征、不同尺寸的零件，给定不同的参数，使用同一个宏程序就可以加工，编程得到大幅度简化 ②非圆曲线的拟合处理加工。对于椭圆、双曲线、抛物线、螺旋线、正(余)弦曲线等可以用数学公式描述的非圆曲线的加工，数控系统一般没有这样的插补功能，但是应用宏程序功能，可以将这样的非圆曲线用非常微小的直线段或圆弧段拟合加工，从而得到满足精度要求的非圆曲线 ③曲线交点的计算功能。在复杂零件结构中，许多节点的坐标是需要计算才能得到的，例如，直线与圆弧的交点、切点，直线与直线的交点，圆弧与圆弧的交点、切点等，不用人工计算并输入，只要输入已知的条件，节点坐标可以由宏程序计算完成并直接编程加工，在很大程度上增强了数控系统的计算功能，降低了编程的难度

续表

序号	宏程序的优点	详细说明
4	简练性	在质量上，自动编程生成的加工程序基本由G00、G01、G02、G03等简单指令组成，数据大部分是离散的小数点数据，难以分析、判别和查找错误，程序长度要比宏程序长几十倍甚至几百倍，不仅占用宝贵的存储空间，加工时间也要长得多
5	智能性	宏程序是数控加工程序编制的高级阶段，程序编制的质量与编程人员的素质息息相关。高素质的编程人员在宏程序的编制过程中可以融入积累的工艺经验技巧，考虑轮廓要素之间的数学关系，应用适当的编程技巧，使程序非常精练，并且加工效果好。宏程序是由人工编制的，必然包含人的智能因素，程序中应考虑到各种因素对加工过程及精度的影响

(5) 编制宏程序的基础要求

宏程序的功能强大，但学会编制宏程序有相当的难度，它要求编程人员具有多方面的基础知识与能力，表12-3详细描述了编制宏程序的基础要求。

表12-3 编制宏程序的基础要求

序号	编制宏程序的基础要求	详细说明
1	部分数学基础知识	编制宏程序必须有良好的数学基础，数学知识的作用有多方面：计算轮廓节点坐标需要频繁的数学运算；在加工规律曲线、曲面时，必须熟悉其数学公式并根据公式编制相应的宏程序拟合加工，如椭圆的加工；更重要的是，良好的数学基础可以使人的思维敏捷，具有条理性，这正是编制宏程序所需要的
2	一定的计算机编程基础知识	宏程序是一类特殊的、实用性极强的专用计算机控制程序，其中许多基本概念、编程规则都是从通用计算机语言编程中移植过来的，所以学习C语言、BSAIC、FORTRAN等高级编程语言的知识，有助于快速理解并掌握宏程序
3	一定的英语基础	在宏程序编制过程中需要用到许多英文单词或单词的缩写，掌握一定的英语基础可以正确理解其含义，增强分析程序和编制程序的能力；再者，数控系统面板按键及显示屏幕中也有为数不少的英语单词，良好的英语基础有利于熟练操作数控系统
4	足够的耐心与毅力	相对于普通程序，宏程序显得枯燥且难懂。编制宏程序过程中需要灵活的逻辑思维能力，调试宏程序需要付出更多的努力，发现并修正其中的错误需要耐心与细致，更要有毅力从一次次失败中汲取经验教训并最终取得成功

12.1.2 变量

(1) 变量的概述

值不发生改变的量称为常量，如“G01 X100 Y200 F300”程序段中的“100”“200”“300”就是常量，而值可变的量称为变量，在宏程序中使用变量来代替地址后面的具体数值，如“G01 X＃4 Y＃5 F＃6”程序段中的“＃4”“＃5”“＃6”就是变量。变量可以在程序中或MDI方式下对其进行赋值。变量的使用可以使宏程序具有通用性，并且在宏程序中可以使用多个变量，彼此之间用变量号码进行识别。

(2) 变量的表示形式

变量的表示形式为“＃i”，其中，“＃”为变量符号，“i”为变量号，变量号可用1、2、3……数字表示，也可以用表达式来指定变量号，但其表达式必须全部写入方括号“[]”中，例如＃1和＃[＃1＋＃2＋10]均表示变量，当变量＃1＝10，变量＃2＝100时，变量＃[＃1＋＃2＋40]表示＃150。

表达式是指用方括号“[ ]”括起来的变量与运算符的结果。表达式有算术表达式和条件表达式两种。算术表达式是使用变量、算术运算符或者函数来确定的一个数值，如[10＋20]、[＃10＊＃30]、[＃10＋42]和[1＋SIN30]都是算术表达式，它们的结果均为一个具体的数值。条件表达式的结果是零（假）(FALSE)或者任何非零值（真）(TRUE)，如[10GT5]表示一个“10大于5”的条件表达式，其结果为真。

(3) 变量的类型

根据变量号，变量可分成四种类型，如表12-4所示。

表 12-4 变量的类型

序号	变量号	变量类型	功能
1	＃0	空变量	该变量总是空的，不能被赋值（只读）
2	＃1～＃33	局部变量	局部变量只能在宏程序内部使用，用于保存数据，如运算结果等。当电源关闭时，局部变量被清空；而当宏程序被调用时，参数被赋值给局部变量
3	＃100～＃149（＃199） ＃500～＃531（＃999）	公共变量	公共变量在不同宏程序中的意义相同。当电源关闭时，变量＃100～＃149被清空，而变量＃500～＃531的数据仍保留
4	＃1000～＃9999	系统变量	系统变量可读、可写，用于保存NC的各种数据项，如：当前位置、刀具补偿值、机床模态等

注：1. 公共变量＃150～＃199、＃532～＃999是选用变量，应根据实际系统使用。

2. 局部变量和公共变量称为用户变量。局部变量和公共变量可以有0值或在下述范围内的值：$-10^{47}\sim-10^{-29}$或$10^{-29}\sim10^{47}$。如计算结果无效（超出取值范围）时，发出编号111的错误警报。

（4）变量的引用

将跟随在地址符后的数值用变量来代替的过程称为引用变量。同样，引用变量也可以采用表达式。在程序中引用（使用）变量时，其格式为在指令字地址后面跟变量号。当用表达式表示变量时，表达式应包含在一对方括号内，如：G01 X［＃1＋＃2］F＃3。

表12-5详细描述了变量引用的注意事项。

表 12-5 变量引用的注意事项

序号	变量引用的注意事项
1	被引用变量的值会自动根据指令地址的最小输入单位自动进行四舍五入，例：程序段G00 X＃1，给变量＃1赋值12.13456，在1/1000mm的CNC上执行时，程序段实际解释为G00 X12.135
2	要使被引用的变量值反号，在“＃”前加前缀“－”即可，如：G00 X－＃1
3	当引用未定义（赋值）的变量时，这样的变量称为“空”变量（变量＃0总是空变量），该变量前的指令地址被忽略，如：＃1＝0，＃2＝“空”（未赋值），执行程序段G00 X＃1 Y＃2，结果为G00 X0
4	当引用一个未定义的变量时，地址本身也被忽略
5	变量引用有限制，变量不能用于程序号“O”、程序段号“N”、任选段跳跃号“/”，例如下列变量使用形式均是错误的： O＃1 /＃2 G00 X100.0 N＃3 Y200.0

（5）变量的赋值

赋值是指将一个数赋予一个变量。变量的赋值方式有两种，见表12-6。

表 12-6 变量赋值的方式

序号	变量的赋值	详细说明
1	直接赋值	变量可以在操作面板上用MDI方式直接赋值，也可在程序中以等式方式赋值，但等号左边不能用表达式 例：＃1＝100（“＃1”表示变量；“＝”表示赋值符号，起语句定义作用；“100”就是给变量＃1赋的值） ＃100＝30＋20（将表达式“30＋20”赋值给变量＃100，即＃100＝50） 直接赋值相关注意事项： ①赋值符号（＝）两边内容不能随意互换，左边只能是变量，右边可以是数值、表达式或者变量 ②一个赋值语句只能给一个变量赋值 ③可以多次给一个变量赋值，但新的变量值将取代旧的变量值，即最后赋的值有效 ④在程序中给变量赋值时，可省略小数点。例如，当＃1＝123被定义时，变量＃1的实际值为123.0 ⑤赋值语句在其形式为“变量＝表达式”时具有运算功能。在运算中，表达式可以是数值之间的四则运算，也可以是变量自身与其他数据的运算结果，如＃1＝＃1＋1，则表示新的＃1等于原来的＃1＋1，这点与数学等式是不同的 需要强调的是：“＃1＝＃1＋1”形式的表达式可以说是宏程序运行的“原动力”，任何宏程序几乎都离不开这种类型的赋值运算，而它偏偏与人们头脑中根深蒂固的数学上的等式概念严重偏离，因此对于初学者往往造成很大的困扰，但是如果对计算机编程语言（例如C语言）有一定了解的话，对此应该更易理解 ⑥赋值表达式的运算顺序与数学运算的顺序相同

续表

序号	变量的赋值	详细说明
2	自变量赋值	宏程序以子程序方式出现时，所用的变量可在宏程序调用时赋值。例如程序段“G65 P1020 X100.0 Y30.0 Z20.0 F100”，该处的 X、Y、Z 不代表坐标字，F 也不代表进给字，而是对应于宏程序中的局部变量号，变量的具体数值由自变量后的数值决定（详见“12.1.6 宏程序的调用”）

(6) 例题

① 执行如下程序段后，N0010 程序段的常量形式是什么？

#1=1

#2=0.5

#3=3.7

#4=20

N0010 G#1 X[#1+#2]　Y#3 F#4

答：相对应程序段的常量形式是 N0010 G01 X1.5 Y3.7 F20。

② 执行如下两程序段后，N0020 程序段计算的变量值是多少？常量形式是什么？

N0010 #1=3

N0020 # [#1] =3.5+#1

解：N0010 程序段将数值 3 赋给了#1，# [#1] 则表示#3，所以 N0020 程序段计算的是变量#3 的值，其值为 6.5（3.5+3）。

答：N0020 程序段变量#3 值为 6.5，相对应程序段的常量形式为 N0020 #3=6.5。

12.1.3 系统变量

系统变量是宏程序变量中一类特殊的变量，其定义为：数控系统中所使用的有固定用途和用法的变量，它们的位置是固定对应的，它们的值决定系统的状态。系统变量一般由#后跟 4 位数字来定义，能获取包含在机床处理器或 NC 内存中的只读或读/写信息，包括与机床处理器有关的交换参数、机床状态获取参数、加工参数等系统信息。宏程序中还有许多不同功能和含义的系统变量，有些只可读，有些既可读又可写。系统变量对于系统功能二次开发至关重要，它是自动控制和通用加工程序开发的基础。系统变量的序号与系统的某种状态有严格的对应关系，在确实明白其含义和用途前，不要贸然任意应用，否则会造成难以预料的结果。

(1) 接口信号

接口信号是在可编程机床控制器（PMC）和用户宏程序之间进行交换的信号。表 12-7 所示为用于接口信号的系统变量。关于接口信号系统变量的详细说明请参考说明书。

表 12-7　用于接口信号的系统变量

序号	变量号	功　能
1	[参数 No.6001#0(MIF)=0] #1000～#1015 #1032	把 16 位信号从 PMC 送到宏程序。变量#1000～#1015 用于按位读取信号。变量#1032 用于一次读取一个 16 位信号
2	#1100～#1115 #1132	把 16 位信号从宏程序送到 PMC。变量#1100～#1115 用于按位写信号。变量#1132 用于一次写一个 16 位信号
3	#1133	用于从宏程序一次写一个 32 位的信号到 PMC 注意：#1133 的值为−99 999 999～+999 999 990
4	#1000～#1031	[参数 No.6001#0(MIF)=1 时] 把 32 位信号从 PMC 送到宏程序。变量#1000～#1031 用于按位读取信号
5	#1100～#1131	把 32 位信号从宏程序送到 PMC。变量#1100～#1131 用于按位写信号
6	#1032～#1035	此系把 32 位信号统一写入宏程序的变量。只能在−99 999 999～+999 999 990 的范围内输入
7	#1132～#1135	此系把 32 位信号统一写入宏程序的变量。只能在−99 999 999～+999 999 990 的范围内输入

(2) 刀具补偿

使用这类系统变量可以读取或者写入刀具补偿值，刀具补偿存储方式有三种类型，分别如表 12-8～表 12-10 所示。

变量号的后 3 位数对应于刀具补偿号，如＃10080 或＃2080 均对应补偿号 80。

可使用的变量数取决于刀具补偿号和是否区分外形补偿和磨损补偿，以及是否区分刀具长度补偿和刀具半径补偿。当刀具补偿号小于或等于 200 时，＃10000 组或＃2000 组都可以使用（如表 12-8、表 12-9 所示），但当刀具补偿号大于 200 时，采用刀具补偿存储方式 C（表 12-10）的时候请避开＃2000 组的变量号码，使用＃10000 组的变量号码。

与其他的变量一样，刀具补偿数据可以带有小数点，因此小数点之后的数据输入时请加入小数点。

表 12-8　刀具补偿存储方式 A 的系统变量

补偿号	系统变量
1 …… 200	＃10001(＃2001) …… ＃10200(＃2200)

表 12-9　刀具补偿存储方式 B 的系统变量

序号	补偿号	半径补偿	长度补偿
1	1 …… 200	＃11001(＃2201) …… ＃11200(＃2400)	＃10001(＃2001) …… ＃10200(＃2200)

表 12-10　刀具补偿存储方式 C 的系统变量

补偿号	刀具长度补偿(H)		刀具半径补偿(D)	
	外形补偿	磨损补偿	外形补偿	磨损补偿
1	＃11001(＃2201)	＃10001(＃2001)	＃13001	＃12001
……	……	……		
200	＃11201(＃2400)	＃10201(＃2200)	……	……
……	……	……		
400	＃11400	＃10400	＃13400	＃12400

注：以上的变量可能会因机床参数不同而使磨损补偿系统变量与外形补偿系统变量相反，或者与坐标所使用的变量相冲突，所以在使用之前先要确认机床具体的刀具补偿系统变量。

(3) 宏程序报警

宏程序报警系统变量号码 3000 使用时，可以强制 NC 处于报警状态，如表 12-11 所示。

表 12-11　宏程序报警的系统变量

变量号	功　能
＃3000	当＃3000 值为 0～200 间的某一值时，CNC 停止并显示报警信息。可在表达式后指定不超过 26 个字符报警信息。CRT 屏幕上显示报警号和报警信息，其中报警号为变量＃3000 的值加上 3000

例如：执行程序段“＃000＝1（TOOL NOT FOUND)”后，CNC 停止运行，并且报警屏幕将显示“3001 TOOL NOT FOUND”(刀具未找到)，其中 3001 为报警号，“TOOL NOT FOUND”为报警信息。

(4) 程序停止和信息显示

变量号码 3006 使用时，可停止程序并显示提示信息，启动后可继续运行，如表 12-12 所示。

表 12-12 停止和信息显示系统变量

变量号	功能
＃3006	在宏程序中指令"＃3006＝1(MESSAGE)"时,程序在执行完前一程序段后停止,并在CRT上显示括号内不超过26个字符的提示信息

(5) 时间信息

时间信息可以读和写，用于时间信息的系统变量，如表 12-13 所示。通过对＃3011 和＃3012 时间信息系统变量赋值，可以调整系统的显示日期（年/月/日）和当前的时间（时/分/秒）。

表 12-13 时间信息的系统变量

序号	变量号	功能
1	＃3001	这个变量是一个以1ms(毫秒)为增量一直计数的计时器,当电源接通时或达到2147483648(2的32次方)ms时,该变量值复位为0重新开始计时
2	＃3002	这个变量是一个以1h(小时)为增量、当循环启动灯亮时开始计数的计时器,电源关闭后计时器值依然保持,达到9544.371767h时复位为0(可用于刀具寿命管理)
3	＃3011	这个变量用于读取当前日期(年/月/日),该数据以类似于十进制数的方式显示 例如,1993年3月28日表示成19930328
4	＃3012	这个变量用于读当前时间(时/分/秒),该数据以类似于十进制数的方式显示 例如,下午3时34分56秒表示成153456

(6) 自动运行控制

自动运行控制可以改变自动运行的控制状态。自动运行控制系统变量见表 12-14、表 12-15。

表 12-14 自动运行控制的系统变量（＃3003）

序号	变量号	功能	
	＃3003	程序单段运行	辅助功能的完成
1	0	有效	等待
2	1	无效	等待
3	2	有效	不等待
4	3	无效	不等待

注：1. 当电源接通时，该变量值为 0，即缺省状态为允许程序单段运行和等待辅助功能完成后才执行下一程序段。

2. 当单段运行"无效"时，即使单段运行开关置为开（ON），单段运行操作也不执行。

3. 当指定"不等待"辅助功能（M、S 和 T 功能）完成时，则不等待本程序段辅助功能的结束信号就直接继续执行下一程序段。

表 12-15 自动运行控制的系统变量（＃3004）

序号	变量号	功能		
	＃3004	进给保持	进给倍率	准确停止
1	0	有效	有效	有效
2	1	无效	有效	有效
3	2	有效	无效	有效
4	3	无效	无效	有效
5	4	有效	有效	无效
6	5	无效	有效	无效
7	6	有效	无效	无效
8	7	无效	无效	无效

注：1. 当电源接通时，该变量值为 0，即缺省状态为进给保持、进给倍率可调及进行准确停止检查。

2. 当进给保持无效时：进给保持按钮按下并保持时，机床以单段停止方式停止，但单段方式若因变量＃3003 而无效，则不执行单程序段停止操作；进给保持按钮按下又释放时，进给保持灯亮，但机床不停止，程序继续执行，直到机床停在最先含有进给保持有效的程序段。

3. 当进给倍率无效时，倍率锁定在 100%，而忽略机床操作面板上的倍率开关。

4. 当准确停止无效时，即使是那些不执行切削的程序段，也不执行准确停止检查（位置检测）。

(7) 加工零件数

要求加工的零件数（目标数）变量＃3902和已加工的零件数（完成数）变量＃3901可以被读和写，如表12-16所示。

表12-16　加工零件数的系统变量

序号	变量号	功　　能
1	＃3901	已加工的零件数(完成数)
2	＃3902	要求加工的零件数(目标数)

注：写入的零件数不能使用负数。

(8) 模态信息

模态信息是只读的系统变量，正在处理的程序段之前指定的模态信息可以读出，其数值根据前一个程序段指令的不同而不同，变量号从＃4001到＃4120。模态信息的系统变量见表12-17。

表12-17　模态信息的系统变量

序号	变量号	功　　能	组别
1	＃4001	G00,G01,G02, G03,G33,G75,G77,G78,G79	(组01)
2	＃4002	G17,G18,G19	(组02)
3	＃4003	G90,G91	(组03)
4	＃4004		(组04)
5	＃4005	G94,G95	(组05)
6	＃4006	G20,G21	(组06)
7	＃4007	G41,G42,G40	(组07)
8	＃4008	G43,G44,G49	(组08)
9	＃4009	G73,G74,G76,G80～G89	(组09)
10	＃4010	G98,G99	(组10)
11	＃4011	G50,G51	(组11)
12	＃4012	G65,G66,G67	(组12)
13	＃4013	G96,G97	(组13)
14	＃4014	G54～G59	(组14)
15	＃4015	G61～G64	(组15)
16	＃4016	G68,G69	(组16)
	……	……	……
17	＃4022	G50.1,G50.2	(组22)
18	＃4102	B代码	
19	＃4107	D代码	
20	＃4109	F代码	
21	＃4111	H代码	
22	＃4113	M代码	
23	＃4114	顺序号	
24	＃4115	程序号	
25	＃4119	S代码	
26	＃4120	T代码	
27	＃4130	P代码(现在被选择的附加工件坐标系)	

注：对于不能使用的G代码组，如果指定系统变量读取相应的模态信息，则发出P/S报警。

例如：当执行＃1＝＃4002时，在＃1中得到的值是17、18或19。

(9) 当前位置

位置信息不能写，只能读。表12-18所示为位置信息的系统变量。

表 12-18　位置信息的系统变量

序号	变量号	位置信息	坐标系	刀具补偿	运动时的读操作
1	＃5001～＃5004	程序段终点	工件坐标系	不包含	可能
2	＃5021～＃5024	当前位置	机床坐标系	包含	不可能
3	＃5041～＃5044	当前位置	工件坐标系	包含	可能
4	＃5061～＃5064	跳转信号位置			
5	＃5081～＃5084	刀具长度补偿值			不可能
6	＃5101～＃5104	伺服位置偏差			

注：1. 对于数控铣镗类机床，末位数（1～4）分别代表轴号，数 1 代表 X 轴，数 2 代表 Y 轴，数 3 代表 Z 轴，数 4 代表第四轴。如＃5001 表示工件坐标系下程序段终点的 X 坐标值。

2. ＃5081～5084 存储的刀具补偿值是当前执行值，不是后面程序段的处理值。

3. 在含有 G31（跳转功能）的程序段中发出跳转信号时，刀具位置保持在变量＃5061～＃5064 里，如果不发出跳转信号，这些变量中储存指定程序段的终点值。

4. 移动期间读变量无效时，表示由于缓冲（准备）区忙，所希望的值不能读。

5. 移动期间可读变量在移动指令后无缓冲读取时可能会不是希望值。

6. 请注意，工件坐标系当前位置＃5041～＃5044 和跳转信号位置＃5061～＃5064 的值包含了刀具补偿值＃5081～＃5084，而不是坐标的显示值。

(10) 工件坐标系补偿（工件坐标系原点偏移值）

工件坐标系原点偏移值的系统变量可以读和写，如表 12-19 所示。允许使用的变量见表 12-20。

表 12-19　工件坐标系原点偏移值的系统变量

序号	工件坐标系原点	第 1 轴	第 2 轴	第 3 轴	第 4 轴
1	外部工件坐标系原点偏移值	＃5201	＃5202	＃5203	＃5204
2	G54 工件坐标系原点偏移值	＃5221	＃5222	＃5223	＃5224
3	G55 工件坐标系原点偏移值	＃5241	＃5242	＃5243	＃5244
4	G56 工件坐标系原点偏移值	＃5261	＃5262	＃5263	＃5264
5	G57 工件坐标系原点偏移值	＃5281	＃5282	＃5283	＃5284
6	G58 工件坐标系原点偏移值	＃5301	＃5302	＃5303	＃5304
7	G59 工件坐标系原点偏移值	＃5321	＃5322	＃5323	＃5324

表 12-20　允许使用的变量

序号	轴	功　能	变量号	
1	第 1 轴	外部工件零点偏移	＃2500	＃5201
		G54 工件零点偏移	＃2501	＃5221
		G55 工件零点偏移	＃2502	＃5241
		G56 工件零点偏移	＃2503	＃5261
		G57 工件零点偏移	＃2504	＃5281
		G58 工件零点偏移	＃2505	＃5301
		G59 工件零点偏移	＃2506	＃5321
2	第 2 轴	外部工件零点偏移	＃2600	＃5202
		G54 工件零点偏移	＃2601	＃5222
		G55 工件零点偏移	＃2602	＃5242
		G56 工件零点偏移	＃2603	＃5262
		G57 工件零点偏移	＃2604	＃5282
		G58 工件零点偏移	＃2605	＃5302
		G59 工件零点偏移	＃2606	＃5322
3	第 3 轴	外部工件零点偏移	＃2700	＃5203
		G54 工件零点偏移	＃2701	＃5223
		G55 工件零点偏移	＃2702	＃5243
		G56 工件零点偏移	＃2703	＃5263
		G57 工件零点偏移	＃2704	＃5283
		G58 工件零点偏移	＃2705	＃5303
		G59 工件零点偏移	＃2706	＃5323

续表

序号	轴	功 能	变量号	
4	第4轴	外部工件零点偏移	＃2800	＃5204
		G54 工件零点偏移	＃2801	＃5224
		G55 工件零点偏移	＃2802	＃5244
		G56 工件零点偏移	＃2803	＃5264
		G57 工件零点偏移	＃2804	＃5284
		G58 工件零点偏移	＃2805	＃5304
		G59 工件零点偏移	＃2806	＃5324

(11) 例题

① 假设当前时间为2007年11月18日18时17分32秒，则执行如下程序后，公共变量＃500和＃501的值为多少？

＃500＝＃3011

＃501＝＃3012

答：运行程序后查看公共变量＃500和＃501，分别显示20071118和181732。

② 假设当前时间为2007年11月18日18时17分32秒，则执行如下程序后，时间信息变量＃3011和＃3012的值分别为多少？

＃3011＝20071119

＃3012＝201918

解：如对＃3011和＃3012赋值则可以修改系统日期和时间，程序运行后系统日期改为2007年11月19日，时间修改为20时19分18秒（注意：某些系统可能无法通过直接赋值修改日期和时间）。

③ 执行如下程序后，工件坐标系原点位置发生了什么变化？

```
N0010 G28 X0 Y0 Z0
N0020 #5221=-20.0
      #5222=-20.0
……
N0090 G90 G00 G54 X0 Y0
N0100 #5221=-80.0
      #5222=-10.0
N0110 G90 G00 G54 X0 Y0
```

解：如图12-1所示，M点为机床坐标系原点，W_1点为以N2定义的G54工件坐标系原点，W'_1点为以N10定义的G54工件坐标系原点。

12.1.4 算术和逻辑运算

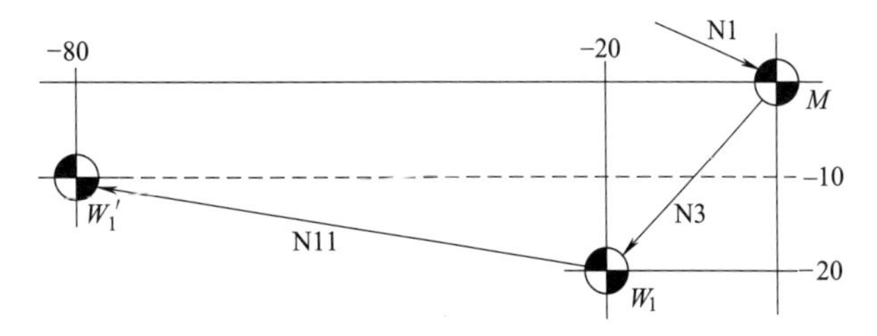

图12-1 工件原点的偏移

(1) 算术和逻辑操作

表12-21列出的算术和逻辑运算可以在变量中执行。运算符右边的表达式可用常量或变量与函数或运算符组合表示。表达式中的变量＃j和＃k可用常量替换，也可用表达式替换。

(2) 赋值运算

赋值运算中，右边的表达式可以是常数或变量，也可以是一个含四则混合运算的代数式。

(3) 函数运算

表 12-22 详细描述了函数运算注意点。

表 12-21　算术和逻辑操作

序号	类型	功能	格式	备注
1	变量赋值	变量赋值 常量赋值	#i=#j #i=(具体数值)	
2	算术运算	加 减 乘 除	#i=#j+#k #i=#j−#k #i=#j*#k #i=#j/#k	
3	函数运算	三角函数：正弦 反正弦 余弦 反余弦 正切 反正切	#i=SIN[#j] #i=ASIN[#j] #i=COS[#j] #i=ACOS[#j] #i=TAN[#j] #i=ATAN[#j]/[#k]	角度以度(°)为单位。如 90°30′表示成 90.5°
		平方根 绝对值 圆整 小数点后舍去 小数点后进位 自然对数 指数函数	#i=SQRT[#j] #i=ABS[#j] #i=ROUND[#j] #i=FIX[#j] #i=FUP[#j] #i=LN[#j] #i=EXP[#j]	
4	逻辑运算	等于 不等于 大于 小于 大于等于 小于等于	#j EQ #k #j NE #k #j GT #k #j LT #k #j GE #k #j LE #k	
		或 异或 与	#i=#j OR #k #i=#j XOR #k #i=#j AND #k	用二进制数按位进行逻辑操作
5	信号交换	将 BCD 码转换成 BIN 码 将 BIN 码转换成 BCD 码	#i=BIN[#j] #i=BCD[#j]	用于与 PMC 间信号的交换

表 12-22　函数运算注意点

序号	函数运算注意点	功　能
1	角度	三角函数 SIN、ASIN、COS、ACOS、TAN、ATAN 中所用角度单位是度(°)，用十进制表示，如 90°30′表示成 90.5°，30°18′表示成 30.3。在三角函数运算中常数可以代替变量#j
2	反正弦函数 ARCSIN #i=ASIN[#j]	① 取值范围如下： a. 当参数(No. 6004#0)NAT 位设为 0 时，90°～270° b. 当参数(No. 6004#0)NAT 位设为 1 时，−90°～90° ② 当#j 超出−1～+1 的范围时，发出 P/S 报警 No. 111 ③ 常数可替代变量#i
3	反余弦函数 ARCCOS #i=ACOS[#j]	① 取值范围为 0°～180° ② 当#j 超出−1～1 的范围时，发出 P/S 报警 No. 111 ③ 常数可以代替变量#j
4	反正切函数 #i=ATAN[#j]/[#k]	①取值范围如下： a. 当参数(No. 6004，#0)NAT 位设为 0 时，取值范围为 0°～360°。例如当指定#1=ATAN[−1]/[1]时，#1=225° b. 当参数(No. 6004，#0)NAT 位设为 1 时，取值范围为−180°～180°。例如当指定#1=ATAN[−1]/[1]时，#1=−135.0° ②常数可以代替变量#j

续表

序号	函数运算注意点	功能
5	圆整函数 ROUND	功能是四舍五入，需要注意两种情况： ①当ROUND函数包含在算术或逻辑操作、IF语句、WHILE语句中时，在小数点后第1个小数位进行四舍五入。例如，#1=ROUND[#2]，若其中#2=1.2345，则#1=1.0 ②当ROUND函数出现在NC语句地址中时，根据地址的最小输入增量四舍五入指定的值 例如，编一个钻削加工程序，按变量#1、#2的值进行切削，然后返回到初始点。假定最小设定单位是1/1000mm，#1=1.2345，#2=2.3456，则： N0020 G00 G91 X－#1 （移动1.235mm） N0030 G01 X－#2 F250 （移动2.346mm） N0040 G00 X[#1＋#2] （移动3.580mm） 由于1.2345＋2.3456＝3.5801，则N0040程序段实际移动距离为四舍五入后的3.580mm，而N0020和N0030两程序段移动距离之和为1.235＋2.346＝3.581mm，因此刀具未返回原位。刀具位移误差来源于运算时先相加后四舍五入，若先四舍五入后相加，即换成G00 X[ROUND[#j]＋ROUND[#2]]就能返回到初始点（注：G90编程时，上述问题不一定存在）
6	自然对数 #i=LN[#j]	①注意，相对误差可能大于10^{-8} ②当反对数(#i)为0或小于0时，发出P/S报警No.111 ③常数可以代替变量#j
7	指数函数 #i=EXP[#j]	①注意，相对误差可能大于10^{-8} ②当运算结果超过3.65×1047(j大约是110)时，出现溢出并发出P/S报警No.111 ③常数可以代替变量#j
8	小数点后舍去#i=FIX[#j] 小数点后进位#i=FUP[#j]	小数点后舍去和小数点后进位是指绝对值，而与正负符号无关 例如，假设#1=1.2，#2=－1.2 当执行#3=FUP[#1]时，运算结果为#3= 2.0 当执行#3=FIX[#1]时，运算结果为#3= 1.0 当执行#3=FUP[#2]时，运算结果为#3=－2.0 当执行#3=FIX[#2]时，运算结果为#3=－1.0

(4) 算术与逻辑运算指令的缩写

程序中指令函数时，函数名的前两个字符可用于指定该函数。例如：ROUND可输入为“RO”，FIX可输入为“FI”。

(5) 运算的优先顺序

运算的先后次序为：

① 方括号“[ ]”。

方括号的嵌套深度为五层（含函数自己的方括号），由内到外一对算一层，当方括号超过五层时，则出现报警No.118。

② 函数。

③ 乘、除、逻辑和。

④ 加、减、逻辑或、逻辑异或。

其他运算遵循相关数学运算法则。

例如，#1=#2＋#3*SIN[#4-1]

1 2 3 4

例如，#1=SIN[[[#2＋#3]*#4＋#5]*#6]

1 2 3 4

例中1、2、3和4表示运算次序。

(6) 运算误差

运算时可能产生的误差见表12-23。

表 12-23 运算误差

运算	平均误差	最大误差	误差类型
a=b*c	1.55×10^{-10}	4.66×10^{-10}	相对误差① $\left\|\frac{\varepsilon}{a}\right\|$
a=b/c	4.66×10^{-10}	1.88×10^{-9}	
$a=\sqrt{b}$	1.24×10^{-9}	3.73×10^{-9}	
a=b+c a=b-c	2.33×10^{-10}	5.32×10^{-10}	最小$\left\|\frac{\varepsilon}{b}\right\|\cdots\left\|\frac{\varepsilon}{c}\right\|$②
a=SIN[b] a=COS[b]	5.0×10^{-9}	1.0×10^{-8}	绝对误差③ $\|\varepsilon\|$
a=ATAN[b]/[c]④	1.8×10^{-6}	3.6×10^{-6}	

① 相对误差取决于运算结果。

② 使用两类误差的较小者。

③ 绝对误差是常数，而不管运算结果。

④ 函数TAN执行SIN/COS。

注：如果SIN、COS或TAN函数的运算结果小于1.0×10^{-8}或由于运算精度的限制不为0，设定参数NO.6004#1为1，则运算结果可以推算为0。

表12-24详细描述了运算出现误差时的注意点。

表 12-24 运算误差的注意点

序号	运算误差注意点	功　　能
1	变量值的精度 约为8位十进制数	当在加/减运算中处理非常大的数时，将得不到期望的结果。例如，当试图把下面的值赋给变量#1和#2时： #1=9876543210123.456 #2=9876543277777.777 变量值变成： #1=9876543200000.000 #2=9876543300000.000 此时，当计算#3=#2-#1时，结果为#3=100000.000(该计算的实际结果稍有误差，因为是以二进制执行的)
2	使用条件表达式 EQ、NE、GE、 GT、LE和LT 时可能造成误差	例如：IF[#1EQ#2]的运算会受#1和#2的误差的影响，由此会造成错误的判断。因此，应该用IF[ABS[#1-#2]LT0.001]代替上述语句，以避免两个变量的误差 当两个变量的差值未超过允许极限(此处为0.001)时，则认为两个变量的值是相等的
3	使用下取整指令时的误差	例如：当计算#2=#1*1 000，式中#1=0.002时，变量#2的结果值不是准确的2，可能是1.99999997 当指定#3=FIX[#2]时，变量3的结果值不是2，而是1.0。此时，可先纠正误差，再执行下取整，或是用如下的四舍五入操作，即可得到正确结果 #3=FIX[#2+0.001] #3=ROUND[#2]

(7) 除数

当在除法或TAN[90]中指定为0的除数时，出现P/S报警No.112。

(8) #0（空）参与运算

有“#0（空）”参与的运算结果如表12-25所示。

表 12-25 “#0（空）”参与的运算结果

表达式	运算结果	表达式	运算结果
#i=#0+#0	#i=0	#i=#j+#0	#i=#j
#i=#0−#0	#i=0	#i=#j−#0	#i=#j
#i=#0*#0	#i=0	#i=#j*#0	#i=0
#i=#0/#j	#i=0(#j≠0)		

(9) 计算器宏程序的编制

计算器的使用：根据数学公式编制相应的宏程序后，把工作方式选为自动加工方式，页面调整为OFFSET/SETTING中的G54坐标系画面，启动程序，在G54坐标系 *X* 坐标处即显示计算结果，程序暂停，再次启动程序，计算结果消失，G54坐标系 *X* 坐标恢复原值，计算完毕，程序结束。

例如：构造一个适用于FANUC系统的计算器用于计算sin30.0°数值的宏程序。

答：

编程如下：

```
……
#101=#5221          （把#5221变量中的数值寄存在#101变量中）
#5221=SIN [30]      （计算SIN [30] 的数值并保存在#5221中，以方便读取）
M00                 （程序暂停以便读取记录计算结果）
#5221=#101          （程序再启动，#5221变量恢复原来的数值）
……
```

宏程序中变量运算的结果保存在局部变量或者公用变量中，这些变量中的数值不能直接显示在屏幕上，读取很不方便，为此我们借用一个变量G54坐标中 *X* 坐标的数值，这是一个系统变量，变量名为#5221，把计算结果保存在系统变量G54坐标系 *X* 坐标中，可以从OFF-SET/SETTING屏幕画面上直接读取计算结果，十分方便。编程中，预先把#5221变量值（G54坐标系中的 *X* 坐标的数值）寄存在变量#101中，只是借用#5221变量显示计算结果，计算完毕会自动恢复#5221变量中的数值。编程中编入S500 M03指令的目的只是提醒操作者，主轴启动，计算开始，主轴停止，程序运算完毕。它只是一个信号，并无实际切削运动产生，熟练者也可以不用。

编制宏程序计算器的过程中，只要具备相应的基础数学知识，程序编制相对很简单，复杂运算公式的编程一般不会超过十行，并且对于复杂公式的计算要比人工用电子计算器快。计算的结果保存在局部变量和公用变量中，编程时可以直接调用变量，例如上面的例子中，把N50中的#5221换为#××，编程中可以直接编入G00 X#××，直接调用计算数值#××，精度高且不用担心重新输入数值编程可能引起的错误。

计算器宏程序虽然短小，但却涵盖了宏程序编制的基本过程，需要掌握以下方法：

① 程序逻辑过程构思。

② 数学基础知识的融合与运用。

③ 编程规则及指令的使用技巧。

④ 变量的种类及使用技巧等。

(10) 例题

① 编制一个计算一元二次方程 $4x^2+5x+2=0$ 的两个根 x_1 和 x_2 值的计算器宏程序。

答：一元二次方程 $ax^2+bx+c=0$ 的两个根 x_1 和 x_2 的值为 $x=\frac{-b\pm\sqrt{b^2-4ac}}{2a}$，编程如下。

```
#101=#5221                 （把#5221变量中的数值寄存在#101变量中）
#1=SQRT [5*5−4*4*2]        （计算公式中的√(b²−4ac)）
```

```
#5221= [−5+#1]/[2*4]   (计算根x1)
M00                    (程序暂停以便记录根x1的结果)
#5221= [−5−#1] / [2*4] (计算根x2)
M00                    (程序暂停以便记录根x2的结果)
#5221=#101             (程序再启动，#5221变量恢复原来的数值)
```

从程序中可以看出，宏程序计算复杂公式要方便得多，可以计算多个结果，并逐个显示。如果有个别计算结果记不清楚，还可以重新运算一遍并显示结果。

② 编制一个用于判断某一数值为奇数还是偶数的宏程序。

答：编制部分程序如下。

```
……
#1=                        (将需要判断的数值赋值给#1)
#2=#1/2−FIX [#1/2]         (求#1除2后的余数)
IF [#2EQ0.5] ……            (当余数等于0.5时#1为奇数)
IF [#2EQ0] ……              (当余数等于0时#1为偶数)
……
```

③ 编制一个用于运算指数函数 $f(x)=2.2^{3.3}$ 的计算器宏程序。

答：FANUC 用户宏程序中并没有此种指数函数运算功能，但是可以利用用户宏程序中自然对数函教 Ln [ ]，把此种 $f(x)=x^y$ 指数函数运算功能转化为可以运算的自然对数函数计算：设 $f(x)=x^y$，那么

$$\ln[f(x)]=\ln[x^y]=y\ln[x]$$

$y\ln[x]$ 可以很方便地计算出来，又 $e^{\ln[f(x)]}=f(x)=e^{y\ln[x]}$

即求出 $f(x)=x^y$。其中 x 的数值要求大于 0，可以是任意小数或分数，y 的数值可以是任意值（正值、负值、零），当 $y=2$ 时，为求平方值 x^2；当 $y=3$ 时，为求立方值 x^3；当 $y=N$ 时，为求 N 次方值 x^N；当 $y=1/2$ 时，为求平方根值 $\sqrt{x}$；当 $y=1/3$ 时，为求立方根值 $\sqrt[3]{x}$；当 $y=1/N$ 时，为求 N 次方根值 $\sqrt[N]{x}$。编制宏程序如下。

```
……
#101=#5221                  (把#5221变量中的数值寄存在#101变量中)
#1=2.2                      (x的数值)
#2=3.3                      (y的数值)
#5221=EXP [#2*LN [#1]]      (计算x^y数值)
M00                         (程序暂停，记录2.2^3.3的计算结果)
……
#5221=#101                  (程序再启动，#5221变量恢复原来的数值)
```

④ 编制一个用于运算对数函数 $f(x)=\log_2^3$ 的计算器宏程序。

答：数学运算中常用的对数运算 $\log_a^b$，宏程序中也没有类似的函数运算功能，但可以转化为自然对数 Ln [ ] 运算。

$$f(x)=\log_a^b=\frac{\ln[b]}{\ln[a]}$$

编制宏程序如下。

```
……
#101=#5221                  (把#5221变量中的数值寄存在#101变量中)
#1=2.0                      (a的数值)
#2=3.0                      (b的数值)
```

```
#5221=LN [#2]/LN[#1]    (计算 log₂³ 的数值)
M00                     (程序暂停，记录计算结果)
#5221=#101              (程序再启动，#5221 变量恢复原来的数值)
……
```

12.1.5 转移和循环语句

在程序中，使用 GOTO 语句和 IF 语句可以改变控制执行顺序。有三种转移和循环操作可供使用：

转移和循环
- GOTO 语句(无条件转移)
- IF语句(条件转移：IF……THEN……)
- WHILE语句(当……时循环)

(1) 无条件转移指令（GOTO 语句）

指令格式：GOTO+目标程序段号（不带 N）

无条件转移指令用于无条件转移到指定程序段号的程序段开始执行，可用表达式指定目标程序段号。

例如，GOTO0010　　（转移到顺序号为 N0010 的程序段）

例如，#100=0050

GOTO#100　　（转移到由变量#100 指定的程序段号为 N0050 的程序段）

(2) 条件转移指令（IF 语句）

① 指令格式 1：IF+[条件表达式]+GOTO+目标程序段号（不带 N）。

当条件满足时，转移到指定程序段号的程序段，如果条件不满足则执行下一程序段。

例如：下面的程序，如果变量#1 的值大于 10（条件满足），则转移到程序段号为 N100 的程序段，如果条件不满足则执行 N20 程序段。

如果变量#1的值大于10，则转移到顺序号N20的程序段		
如果条件不满足	N10 IF [#1 GT 10] GO TO 100 N20 G00 X70.0 Y20 …… N100 G00 G91 X10.0	如果条件满足

② 指令格式 2：IF [<条件表达式>] THEN。

如果指定的条件表达式满足，则执行预先决定的宏程序语句。只执行一个宏程序语句。

例如：如果#1 和#2 的值相同，0 赋给#3。指令格式：IF [#1 EQ#2] THEN#3=0。

在此格式下的条件表达式和运算符使用的注意点如表 12-26 所示。

表 12-26 条件转移指令使用的注意点

<table>
<tr><th>序号</th><th>注意点</th><th colspan="2">详 细 说 明</th></tr>
<tr><td>1</td><td>条件表达式</td><td colspan="2">条件表达式必须包括运算符号，运算符插在两个变量或变量和常数之间，并且用方括号[和]封闭。表达式可以替代变量</td></tr>
<tr><td rowspan="8">2</td><td rowspan="8">运算符</td><td colspan="2">运算符由 2 个字母组成，用于两个值的比较，以决定它们的大小或相等关系。注意不能使用不等号</td></tr>
<tr><td>运算符</td><td>含义</td></tr>
<tr><td>EQ</td><td>等于(=)</td></tr>
<tr><td>NE</td><td>不等于(≠)</td></tr>
<tr><td>GT</td><td>大于(>)</td></tr>
<tr><td>GE</td><td>大于或等于(≥)</td></tr>
<tr><td>LT</td><td>小于(<)</td></tr>
<tr><td>LE</td><td>小于或等于(≤)</td></tr>
</table>

(3) 循环指令（WHILE 语句）

在 WHILE 后指定一个条件表达式。当指定条件满足时，执行从 DO 到 END 之间的程序。否则，转而执行 END 之后的程序段。与 IF 语句的指令格式相同。DO 后的数和 END 后的数为指定程序执行范围的标号，标号值为 1、2、3。若用 1、2、3 以外的值会产生 P/S 报警 No. 126。表 12-27 详细描述了循环指令使用的注意点。

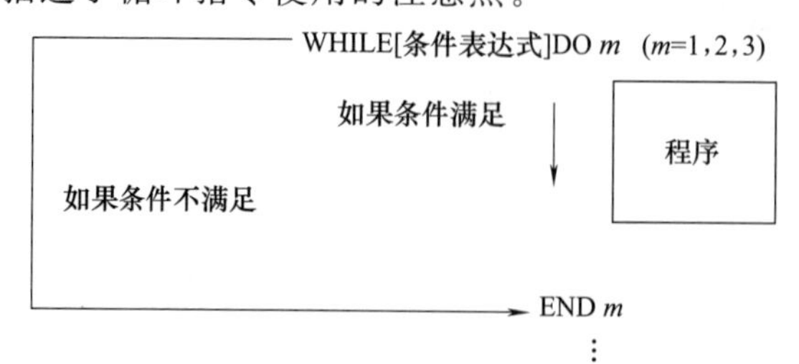

表 12-27 循环指令使用的注意点

序号	注意点	详细说明
1	嵌套	嵌套在:DO 到 END 循环中的标号(1～3)可根据需要多次使用。但是当程序有交叉重复循环(DO 范围重叠)时,出现 P/S 报警 No. 124。循环嵌套如下 ①标号(1～3)可以根据要求多次使用：WHILE[…]DO 1 / 程序 / END 1 / ⋮ / WHILE[…]DO 1 / 程序 / END 1 ②DO 的范围不能交叉：WHILE[…]DO 1 / 程序 / WHILE[…]DO 2 / ⋮ / END 1 / 程序 / END 2 ③DO 循环可以嵌套 3 级：WHILE[…]DO 1 / ⋮ / WHILE[…]DO 2 / ⋮ / WHILE[…]DO 3 / 程序 / END 3 / END 2 / END 1 ④控制可以转移到循环的外边：WHILE[…] DO 1 / IF[…]GOTO n / END 1 / Nn ⑤转移不能进入循环区内：IF[…]GOTO n / ⋮ / WHILE[…] DO 1 / Nn… / END 1
2	无限循环	无限循环当指定 DO 而没有指定 WHILE 语句时,产生从 DO 到 END 的无限循环
3	处理时间	在处理有标号转移的 GOTO 语句时,进行顺序号检索。反向检索的时间要比正向检索长。用 WHILE 语句实现循环,可缩短处理时间
4	未定义变量	未定义的变量在使用 EO 或 NE 的条件表达式中,<空>和零有不同的效果。在其他形式的条件表达式中,<空>被当作零

(4) 例题

① 用宏程序编制计算数值 1～10 的总和的程序。

答：分别采用条件转移指令 IF 和循环指令 WHILE 编程。

a. 条件转移指令 IF 编程：

O0001
N10 ＃1=0　　存储和的变量初值
N20 ＃2=1　　被加数变量的初值
N30 IF [＃2 GT 10] GOTO 70　　当被加＃2>10时，程序转移到N70
N40 ＃1=＃1+＃2　　计算和
N50 ＃2=＃2+＃1　　下一个被加数
N60 GOTO1　　转至N30
N70 M30　　程序结束

b. 用循环指令WHILE编程：

O0002
N10 ＃1=0　　存储和的变量初值
N20 ＃2=1　　被加数变量的初值
N30 WHILE [＃2LE10] DO1　　当被加数＃2≥l0时，程序转移到N70
N40 ＃1=＃1+＃2　　计算和
N50 ＃2=＃2+＃1　　下一个被加数
N60 END1
N70 M30　　程序结束

② 试编制计算$1^2+2^2+3^2+\cdots+10^2$值的宏程序。

答：分别采用条件转移指令IF和循环指令WHILE编程，其中变量＃1是存储运算结果的，＃2作为自变量。

a. 条件转移指令IF编程：

……
N10＃1=0　（和赋初值）
N20＃2=1　（计数器赋初值）
N30＃1=＃1+＃2*＃2　（求和）
N40＃2=＃2+1　（计数器累加）
N50 IF [＃2LE10] GOTO30　（计数器累加）
……

b. 用循环指令WHILE编程：

……
＃1=0（和赋初值）
＃2=1（计数器赋初值）
WHILE　[＃2LE10]　DO1（计数器累加）
＃1=＃1+＃2*＃2（求和）
＃2=＃2+1（计数器累加）
END1（循环结束）
……

③ 试编制计算1.1×1.0+2.2×1.0+3.3×1.0+…+9.9×1.0+1.1×2.0+2.2×2.0+3.3×2.0+…+9.9×2.0+1.1×3.0+2.2×3.0+3.3×3.0+…+9.9×3.0值的宏程序。

答：本程序中要用到循环的嵌套，第一层循环控制变量1.0、2.0、3.0的变化，第二层循环控制变量1.1、2.2、3.3、…、9.9的变化，程序中变量＃1是存储运算结果的，＃2作为第一层循环的自变量，＃3作为第二层循环的自变量。

……

```
#1=0        (和赋初值)
#2=1        (乘数1赋初值)
#3=1        (乘数2赋初值)
WHILE   [#2LE3]   DO1      (条件判断)
    WHILE [#3LE9] DO2      (条件判断)
    #1=#1+#2*[#3*1.1]        (求和)
    #3=#3+1      (乘数2递增)
    END2      (循环体2结束)
#3=1        (乘数2重新赋值)
#2=#2+1       (乘数1递增)
END1       (循环体1结束)
……
```

④ 高等数学中有一个著名的菲波那契数列1，2，3，5，8，13……，即数列的每一项都是前面两项的和，现在要求编程找出小于520的最大的那一项的数值。

答：编制程序如下，其中变量#1是为所求数值赋值的，#2是存储运算结果的，#3作为中间自变量，储存#2运算前的数值并传递给#1，#1和#2依次变化，当#2大于或等于360时，循环结束，这时变量#1中的数值就是所求得最大的那一项的数值。

```
……
#1=1        (所求数值赋初值)
#2=2        (运算结果赋初值)
WHILE   [#2LE520]   DO1      (条件判断)
#3=#2        (运算结果转存)
#2=#2+#1       (计算下一数值)
#1=#3        (所求数值赋值)
END1       (循环结束)
……
```

⑤ 在宏变量#500～#505中，事先设定常数值如下，要求编制从这些值中找出最大值并赋给变量#506的宏程序。

```
#500=30
#501=60
#502=40
#503=80
#504=20
#505=50
```

答：由题目中可知#500～#505为事先设定常数值，用来进行比较；#506用来存放最大值；#1用来保存用于比较的变量号。编制求最大值的程序如下：

```
……
#1=500       (变量号赋给#1)
#506=0       (存储变量置0)
WHILE [#1LE505] DO1       (条件判断)
IF   [# [#1] GT#506]   THEN #506=# [#1]      (大小比较并储存较大值)
#1=#1+1       (变量号递增)
END1       (循环结束)
```

……

12.1.6 宏程序的调用

12.1.6.1 宏程序调用概述

(1) 宏程序的调用方法

一个数控子程序只能用M98来调用，但是B类宏程序的调用方法较数控子程序丰富得多。宏程序可用下列方法调用宏程序，调用方法大致可分为2类：宏程序调用和子程序调用。即使在MDI运行中，也同样可以调用程序。表12-28详细描述了程序调用的类型。

表12-28 程序调用的类型

序号	程序类型	调用方法
1	宏程序调用	简单(非模态)调用(G65)
		模态调用(G66、G67)
		利用G代码(或称G指令)的宏程序调用
		利用M代码的宏程序调用
2	子程序调用	利用M代码的子程序调用
		利用T代码的子程序调用
		利用特定代码的子程序调用

(2) 宏程序调用和子程序调用的差别

宏程序调用（G65/G66/G指令/M指令）与子程序调用（M98/M指令/T指令）的差别见表12-29。

表12-29 宏程序调用和子程序调用的差别

序号	宏程序调用和子程序调用的差别
1	宏程序调用可以指定一个自变量(传递给宏程序的数据)，而子程序没有这个功能
2	当子程序调用段含有另一个NC指令(如:G01 X100.0 M98 P __)时，则执行命令之后调用子程序，而宏程序调用的程序段中含有其他的NC指令时，会发生报警
3	当子程序调用段含有另一个NC指令(如:G01 X100.0 M98 P __)时，在单程序段方式下机床停止，而使用宏程序调用时机床不停止
4	用G65(G66)进行宏程序调用时局部变量的级别要改变，也就是说在不同的程序中数值可能不同，而子程序调用则不改变

12.1.6.2 简单宏程序调用（G65）

用户宏程序以子程序方式出现时，所用的变量可在宏程序调用时赋值。当指定G65时，地址P所指定的用户宏程序被调用，自变量（数据）能传递到宏程序中。

(1) 简单宏程序调用格式

指令格式：G65 P __ L __ <自变量表>。

各地址含义：P为要调用的宏程序号：L为重复调用的次数（取值范围为1～9999，缺省值为1，即当调用1次为L1时可以省略）。

如下图所示，为调用宏程序9010，调用次数为2次。

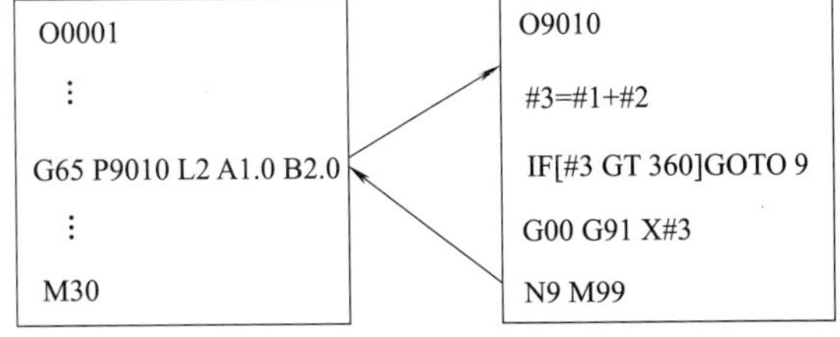

自变量为传递给被调用程序的数值，通过使用自变量表，值被分配给相应的局部变量(赋值)。

例如，G65 P1060 X100.0 Y30.0 Z20.0 F100.0：该处的X、Y、Z不代表坐标字，F也不

代表进给字，而是对应于宏程序中的局部变量号，变量的具体数值由自变量后的数值决定。

（2）自变量使用

自变量与局部变量的对应关系有两类。第一类可以使用的字母只能使用一次，格式为 A __B __C __……X __Y __Z __，各自变量与局部变量的对用关系见表 12-30。第二类可以使用 A、B、C（一次），也可以使用 I、J、K（最多十次），格式为 A __B __C __I __J __K __I __J __K __……，见表 12-31。在实际使用程序中，I、J、K 的下标不用写出来。

表 12-30 自变量与局部变量的对应关系 1

地址	变量号	地址	变量号	地址	变量号
A	#1	I	#4	T	#20
B	#2	J	#5	U	#21
C	#3	K	#6	V	#22
D	#7	M	#13	W	#23
E	#8	Q	#17	X	#24
F	#9	R	#18	Y	#25
H	#11	S	#19	Z	#26

表 12-31 自变量与局部变量的对应关系 2

地址	变量号	地址	变量号	地址	变量号
A	#1	K3	#12	J7	#23
B	#2	I4	#13	K7	#24
C	#3	J4	#14	I8	#25
I1	#4	K4	#15	J8	#26
J1	#5	I5	#16	K8	#27
K1	#6	J5	#17	I9	#28
I2	#7	K5	#18	J9	#29
J2	#8	I6	#19	K9	#30
K2	#9	J6	#20	I10	#31
I3	#10	K6	#21	J10	#32
J3	#11	I7	#22	K10	#33

（3）简单宏程序调用使用的注意点

表 12-32 详细描述了简单宏程序调用使用的注意点。

表 12-32 简单宏程序调用使用的注意点

序号	注意点	详细说明
1	自变量地址	①地址 G、L、N、O、P 不能当作自变量使用 ②不需要的地址可以省略，与省略的地址相应的局部变量被置成空 ③地址不需要按字母顺序指定，但应符合字母地址的格式。I、J 和 K 需要按字母顺序指定 例如，B __A __D __……J __K __正确 B __A __D __……J __I __不正确
2	格式	在自变量之前一定要指定 G65
3	自变量指定类型 Ⅰ和Ⅱ混合使用	如果将两类自变量混合使用，自变量使用的类别系统自己会根据使用的字母自动确定属于哪类，最后指定的那一类优先。若相同变量对应的地址指令同时指定，则仅后面的地址有效 G65 A1.0 B2.0 I-3.0 I4.0 D5.0 P1000 <变量> #1:1.0 #2:2.0 #3: #4:-4.0 #5: #6: #7: 4.0 5.0× 本例中，I4.0 和 D5.0 自变量都分配给变量#7，后者 D5.0 有效 提示：如果只用自变量赋值Ⅰ进行赋值，由于地址和变量是一一对应的关系，混淆和出错的机会相当小，尽管只有 21 个英文字母可以给自变量赋值，但是毫不夸张地说，绝大多数编程工作再复杂也不会出现超过 21 个变量的情况。因此，建议在实际编程时使用自变量赋值Ⅰ进行赋值

续表

<table>
<tr><th>序号</th><th>注意点</th><th>详 细 说 明</th></tr>
<tr><td>4</td><td>小数点</td><td>传递的不带小数点的自变量的单位与每个地址的最小输入增量一致，其值与机床的系统结构非常一致。为了程序的兼容性，建议使用带小数点的自变量</td></tr>
<tr><td>5</td><td>嵌套</td><td>调用嵌套调用最多可以嵌套含有简单调用(G65)和模态调用(G66)的程序 4 级，但不包括子程序调用(M98)</td></tr>
<tr><td>6</td><td>局部变量的级别</td><td>局部变量的级别如下：

<table>
<tr><th>主程序(0级)</th><th>宏程序(1级)</th><th>宏程序(2级)</th><th>宏程序(3级)</th><th>宏程序(4级)</th></tr>
<tr><td>O0001
…
#1=1
G65 P2 A2
…
M30</td><td>O0002
…
#1=2
G65 P2 A3
…
M99</td><td>O0003
…
#1=3
G65 P4 A4
…
M99</td><td>O0004
…
#1=4
G65 P5 A5
…
M99</td><td>O0005
…
#1=5
…
…
M99</td></tr>
</table>

<table>
<tr><td rowspan="5">局部变量</td><td colspan="2">(0 级)</td><td colspan="2">(1 级)</td><td colspan="2">(2 级)</td><td colspan="2">(3 级)</td><td colspan="2">(4 级)</td></tr>
<tr><td>变量</td><td>值</td><td>变量</td><td>值</td><td>变量</td><td>值</td><td>变量</td><td>值</td><td>变量</td><td>值</td></tr>
<tr><td>＃1</td><td>1</td><td>＃1</td><td>2</td><td>＃1</td><td>3</td><td>＃1</td><td>4</td><td>＃1</td><td>5</td></tr>
<tr><td>…</td><td>…</td><td>…</td><td>…</td><td>…</td><td>…</td><td>…</td><td>…</td><td>…</td><td>…</td></tr>
<tr><td>＃33</td><td>…</td><td>＃33</td><td>…</td><td>＃33</td><td>…</td><td>＃33</td><td>…</td><td>＃33</td><td>…</td></tr>
<tr><td>公共变量</td><td colspan="10">公共变量(＃100～＃199，＃500～＃599)可以由宏程序在不同的级别上读写</td></tr>
</table>

①局部变量可以嵌套 0～4 级
②主程序的级数是 0
③用 G65 或 G66 每调用一次宏，局部变量的级数就增加一次。上一级局部变量的值保存在 NC 中
④宏程序执行到 M99 时，控制返回到调用的程序。这时局部变量的级数减 1，恢复宏调用时存储的局部变量值</td></tr>
</table>

(4) 例题

试采用简单宏程序调用指令编写一个计时器宏程序（功能相当于 G04）。

解：宏程序调用指令为“G65 P1064 T __”［T 后数值为等待时间，单位 ms（毫秒）］。

宏程序：

O1064

＃3001＝0　　　（初始设定，＃3001 为时间信息系统变量）

WHILE［＃3001LE＃20］D01　　　（等待规定时间）

END1

M99

12.1.6.3 模态宏程序调用（G66、G67）

G65 简单宏调用可方便地向被调用的宏程序传递数据，但是用它编制诸如固定循环之类的移动到坐标后才加工的程序就无能为力了。采用模态宏程序调用 G66 指令调用宏程序，那么在以后的含有轴移动命令的程序段执行之后，地址 P 所指定的宏程序被调用，直到发出 G67 命令，该方式被取消。

(1) 模态宏程序调用指令格式

指令格式：G66 P __ L __ <自变量指定>

……

G67

各地址含义：P 为要调用的宏程序号；L 为重复调用的次数（缺省值为 1，取值范围为 1～9999）；G67 取消模态调用。

自变量为传递给宏程序中的数据。与G65调用一样，通过使用自变量，值被分配给相应的局部变量。

(2) 模态宏程序调用注意事项

表12-33详细描述了模态宏程序调用使用的注意点。

表12-33 模态宏程序调用使用的注意点

序号	注 意 点
1	G66所在程序段进行宏程序调用，但是局部变量(自变量)已被设定，即G66程序段仅赋值
2	一定要在自变量前指定G66
3	G66和G67指令在同一程序中，需成对指定。若无G66指令，而有G67指令时，会导致程序错误
4	如果只有诸如M指令这样的辅助功能字，但无轴移动指令，则程序段中不能调用宏程序
5	在一对G66和G67指令之间有轴移动指令的程序段中，先执行轴移动指令，然后才执行被调用的宏程序
6	最多可以嵌套含有简单调用(G65)和模态调用(G66)的程序4级(不包括子程序调用)。模态调用期间可重复嵌套G66
7	局部变量(自变量)数据只能在G66程序段中设定，每次模态调用执行时不能在坐标地址中设定，例如下面几个程序段中的同一地址的含义不尽相同： G66 P1070 A1.0 B2.0 X100.0(X100.0为自变量，用于将数值100赋给局部变量#24) G00 G90 X200.0　(X200.0表示X坐标值为200，移动到X200后调用1070号宏程序执行) Y200.0　(移动到Y200后调用1070号宏程序执行) X150.0 Y300.0　(移动到X150、Y300点后调用1070号宏程序执行) G67　(取消模态调用)

(3) 例题

① 阅读如下孔加工程序，试判断其执行情况。

主程序部分程序段：

```
N0010 G90 G54 G00 X0 Y0 Z20.0
N0020 G91 G00 X-50.0 Y-50.0
N0030 G66 P1071 R2.0 Z-10.0 F100
N0040 X-50.0 Y-50.0
N0050 X-50.0
N0060 G67
```

宏程序：

```
O1071
N10 G00 Z#18    (进刀至R点)
N20 G01 Z#26 F#9    (钻孔加工)
N30 G00 Z [#18+10.0]  (退刀)
N40 M99
```

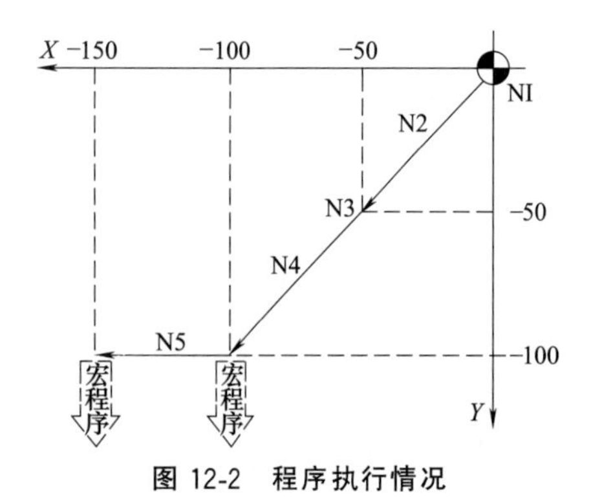

图12-2 程序执行情况

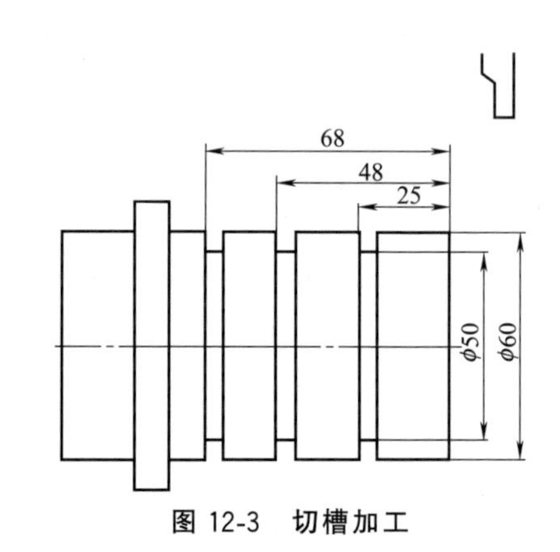

图12-3 切槽加工

答：程序执行情况示意如图 12-2 所示。

② 利用模态调用指令编制如图 12-3 所示切槽加工程序。

答：在任意位置切槽加工的 G66 调用格式为“G66 P1075 D _ X _ F _”。

自变量含义：

＃7＝D	（外圆柱直径）
＃24＝X	（槽底直径）
＃9＝F	（切槽加工的切削速度）

主程序（调用宏程序的程序）：

O1074	（主程序号）
T0101	（换切槽刀）
G00X100.0 Z200.0	（快进刀起刀点）
S500 M03	（主轴启动）
G66 P1075 D60 X50 F0.08	（调用宏程序，通过变量 D 和 X 赋值外圆柱直径 60mm、槽底直径 50mm 和切削速度 0.08mm/r 给宏程序）
G00 X64.0 Z－25.0	（进刀至 X64.0、Z－25.0 点处后，调用宏程序加工第 1 槽）
Z－48.0	（进刀至 X64.0、Z－48.0 点处后，调用宏程序加工第 2 槽）
Z－68.0	（进刀至 X64.0、Z－68.0 点处后，调用宏程序加工第 3 槽）
G67	（取消宏程序调用功能）
G00 X100.0 Z200.0 M05	（返回起刀点，主轴停止）
M30	（程序结束）

宏程序：

O1075	（宏程序号）
G01 X＃24 F＃9	（切削加工至槽底部）
G04 P2000	（暂停 2 秒，注意，根据不同系统，暂停指令为 G04P2000 或 G04P2）
G00 D［＃7＋4］	（退刀）
M99	（返回主程序）

12.1.6.4 G代码调用宏程序

(1) G指令调用功能的原理

G 指令宏程序调用也可以称为自定义 G 指令调用，使用系统提供的 G 指令调用功能可以将宏程序调用设计成自定义的 G 指令形式（也可以使用其他代码，如 M 代码或 T 代码调用）。在相应参数（No.6050～No.6059）中设置调用宏程序（O9010～O9019）的 G 指令（G 指令号为 1～9999），然后按简单宏程序调用（G65）同样的方法调用宏程序。

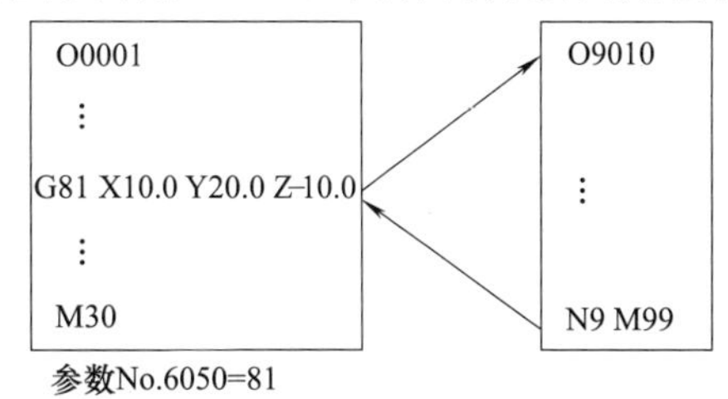

例如：要将某一宏程序定义为 G81 行的固定循环，先将宏程序名改为表 12-34 中的一个，如 O9010，再将对应参数 6050 中的值改为“81”即可。

(2) 参数号和程序号之间的对应关系

系统用参数对应以特定的程序号命名的宏程序，参数号和程序号之间的对应关系如表 12-34所示。

表 12-34 参数号和程序号之间的对应关系

程序号	O9010	O9011	O9012	O9013	O9014	O9015	O9016	O9017	O9018	O9019
参数号	6050	6051	6052	6053	6054	6055	6056	6057	6058	6059

(3) G 代码调用宏程序的注意事项

表 12-35 详细描述了 G 代码调用宏程序的注意点。

表 12-35 G 代码调用宏程序的注意点

序号	注意点	详细说明
1	重复调用	与简单宏程序调用一样，地址 L 中指定 1～9999 的重复次数
2	自变量指定	与简单宏程序调用一样，可以使用两种自变量指定类型，并可根据使用的地址自动决定自变量的指定类型
3	使用 G 指令的宏程序调用嵌套	在 G 指令调用的程序中，不能用 G 指令调用宏程序，这种程序中的 G 指令被处理为普通 G 指令。在用 M 或 T 指令调用的子程序中，不能用 G 指令调用宏程序，这种程序中的 G 指令也被处理为普通 G 指令

(4) 例题

O9010 宏程序如下，如何实现用 G93 调用该程序，并对宏程序赋值？

宏程序：

```
O9010
  ⋮
M99
```

答：通过设置参数 No. 6050＝93，则可由 G93 调用宏程序 O9010，而不再需要像 G65 或 G66 指令宏程序中指定“P9010”。参数设置好后若执行“G8l X10. 0 Y20. 0 Z－10. 0”程序段就可以实现用 G93 调用 O9010 程序，并对该宏程序赋值（该宏程序调用指令中“X10. 0 Y20. 0 Z－10. 0”与 G65 简单宏程序调用用法一致，均为自变量赋值）。

12. 1. 6. 5 M 代码调用宏程序

(1) M 指令宏程序调用方法

用 M 代码调用宏程序属于 M 指令的扩充应用。在参数中设置调用宏程序的 M 代码，即可按与非模态调用（G65）同样的方法调用宏程序。

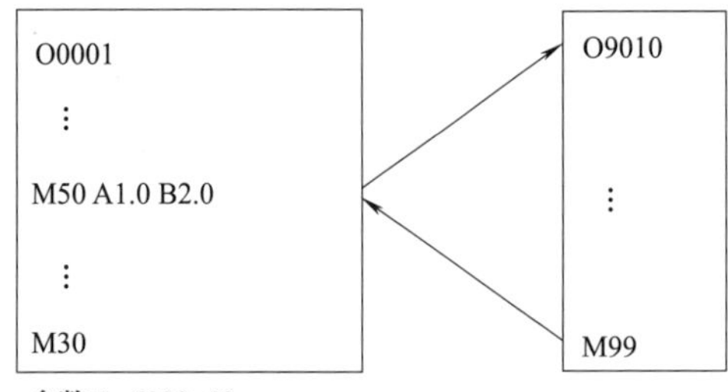

例如，设置参数 No. 6080＝50，M50 就是一个新功能的 M 指令，由 M50 调用宏程序 O09020，就可以调用由用户宏程序编制的特殊加工循环，比如执行程序段“M50A1. 0B2. 0”将调用宏程序 O09020，并用 A1. 0 和 B2. 0 分别赋值给宏程序中的＃1 和＃2。如果设置 No. 6080＝23，则 M23 就是调用宏程序 09020 的特殊指令，相当于 G65 P9020。

(2) 参数号和程序号之间的对应关系

在参数（No. 6080～No. 6089）中设置调用用户宏程序（O9020～O9029）的 M 代码号

(1～99999999)，调用用户宏程序的方法与 G65 相同。参数号和程序号之间的对应关系见表 12-36，参数（No. 6080～No. 6089）对应用户宏程序（O9020～O9029），一共可以设计 10 个自定义的 M 指令。

表 12-36　参数号和程序号之间的对应关系

程序号	O9020	O9021	O9022	O9023	O9024	O9025	O9026	O9027	O9028	O9029
参数号	6080	6081	6082	6083	6084	6085	6086	6087	6088	6089

(3) M 代码调用宏程序的注意事项

表 12-37 详细描述了 M 代码调用宏程序的注意点。

表 12-37　M 代码调用宏程序的注意点

序号	注意点	详细说明
1	M 代码最大值	有些系统支持的 M 代码最大为 M99，设置参数 6080～6089 时，其数值不要超过 99，否则会引起系统报警
2	重复调用	与非模态 G65 指令调用一样，自定义的 M 指令(如 M23)中地址 L 中指定从 1 到 9999 的重复调用次数
3	自变量指定	与简单宏程序调用一样，可以使用两种自变量指定类型：自变量指定Ⅰ 和自变量指定Ⅱ。根据使用的地址自动决定自变量的指定类型
4	M 代码位置	调用宏程序的 M 代码必须在程序段的开头指定
5	关于子程序	用 G 代码调用的宏程序或用 M 代码或 T 代码调用的子程序中，不能用 M 代码调用宏程序。这种宏程序或子程序中的 M 代码被处理为普通 M 代码

12.1.6.6　M 代码调用子程序

(1) M 代码调用子程序方法

子程序的调用指令是 M98 P __ L __，P 后数值代表被调用子程序的名称，L 后数值代表调用子程序的次数。利用宏程序功能，能使更多的 M 指令像 M98 指令一样调用子程序。

在参数（No. 6071～No. 6079）中设置调用子程序的 M 代码号（从 1～99999999），相应的用户宏程序（O9001～O9009）按照与 M98 相同的方法调用，如表 12-38 所示。参数（No. 6071～No. 6079）对应调用宏程序（O9001～O9009），一共可以设计 9 个自定义的 M 指令。

(2) 参数号和程序号之间的对应关系

例如，设置参数 No. 6071＝03，M03 就是一个新功能的 M 指令，由 M03 调用子程序 O9001。如果设置参数 No. 6071＝89，则 M89 就是调用子程序 O9001 的特殊指令，相当于 M98 P9001。

表 12-38　参数号和程序号之间的对应关系

参数号	6071	6072	6073	6074	6075	6076	6077	6078	6079
程序号	O9001	O9002	O9003	O9004	O9005	O9006	O9007	O9008	O9009

(3) M 代码调用子程序注意事项

表 12-39 详细描述了 M 代码调用子程序的注意点。

表 12-39　M 代码调用子程序的注意点

序号	注意点	详细说明
1	M 代码最大值	有些系统支持的 M 代码最大为 M99，设置参数 No. 6071～6079 时，其数值不要超过 99，否则会引起系统报警
2	重复调用	与 M98 指令调用子程序一样，自定义的 M 指令(如 M89)中地址 L 中指定从 1～9999 的重复调用次数
3	自变量指定	特别注意：自定义的 M 指令(如 M89)调用子程序时不允许指定自变量
4	关于子程序	用 G 代码调用的宏程序或用 M 代码或 T 代码调用的子程序中，不能用 M 代码调用宏程序。这种宏程序或子程序中的 M 代码被处理为普通 M 代码

12.1.6.7 T代码调用子程序

(1) T代码调用子程序方法

通过设定参数，可使用T代码调用子程序（宏程序），每当在加工程序中指定T代码时，即调用宏程序。

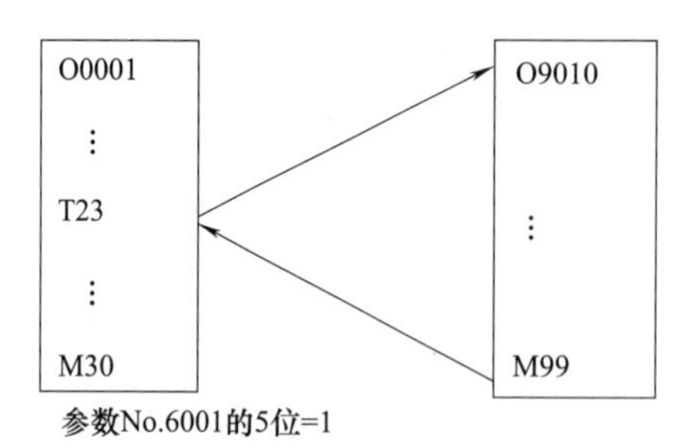

参数No.6001的5位=1

设置参数No.6001的5位TCS=1，当在加工程序中指定T代码时，可以调用宏程序O9000。在加工程序中，指定的T代码赋值到公共变量#149。

(2) T代码调用子程序注意事项

表12-40详细描述了T代码调用子程序的注意点。

表12-40 T代码调用子程序的注意点

序号	注意点	详细说明
1	关于子程序	在用G代码调用的宏程序或用M、T代码调用的程序中，不能用T代码调用子程序。这种宏程序或程序中的T代码被处理为普通T代码

12.1.6.8 用户宏程序的结构及用户宏功能

用户宏程序有两种程序形式，一种是程序中带有宏变量的主程序，另一种是带有宏变量的子程序。不管是带有宏变量的主程序还是子程序，在FANUC 0i数控系统中，所有的数控宏程序都是由宏程序名（号）、宏程序主体和宏程序结束、返回主程序指令组成的。宏程序结束指令随数控系统的不同而不同，FANUC系统用M99结束宏程序、返回主程序或上一层子（宏）程序，同时将本宏程序内所用的局部变量清零。

变量、演算式和转向语句的使用是用户宏功能的核心，它们既可以用在宏程序中，也可以用在主程序中。所以从广义上说，程序使用变量的功能就可以称为用户宏功能，有没有宏程序都是如此。

12.2 数控车削宏程序编程实例

12.2.1 椭圆

椭圆的定义：平面内到两定点F_1、F_2的距离之和等于常数（大于$|F_1F_2|$）的点的轨迹叫作椭圆。这两个定点叫作椭圆的焦点，两焦点的距离叫作焦距。

(1) 椭圆方程及几何意义

椭圆的标准方程及几何意义见表12-41。

(2) 椭圆曲线轮廓回转体零件编程实例

加工图12-4所示外椭圆轮廓，棒料直径为ϕ45mm，编程零点在工件右端面。

表 12-41 椭圆的标准方程及几何意义

标准方程	$\frac{z^2}{a^2}+\frac{x^2}{b^2}=1(0<b<a)$	$\frac{x^2}{a^2}+\frac{z^2}{b^2}=1(0<a<b)$
简图		
中心	(0,0)	(0,0)
顶点	$(\pm a,0),(0,\pm b)$	$(0,\pm a),(\pm b,0)$
焦点	$(\pm c,0)$	$(0,\pm c)$
对称轴	X 轴,Z 轴,原点	X 轴,Z 轴,原点
范围	$-a\leqslant z\leqslant a,-b\leqslant x\leqslant b$	$-b\leqslant z\leqslant b,-a\leqslant x\leqslant a$
准线方程	$z=\pm\frac{a^2}{c}$	$x=\pm\frac{a^2}{c}$
焦半径	$\lvert MF_1\rvert=a+ez_0$ $\lvert MF_2\rvert=a-ez_0$	$\lvert MF_1\rvert=a+ex_0$ $\lvert MF_2\rvert=a-ex_0$
离心率	$e=\frac{c}{a}$(0<e<1,其中 $c^2=a^2-b^2$)	
长轴,短轴	$2a$ 叫作椭圆的长轴长,a 叫作椭圆的长半轴长 $2b$ 叫作椭圆的短轴长,b 叫作椭圆的短半轴长	
通径	经过椭圆的一个焦点 F 且垂直于它的焦点所在对称轴的弦 P_1P_2,叫作椭圆的通径,长为$\frac{2b^2}{a}$	

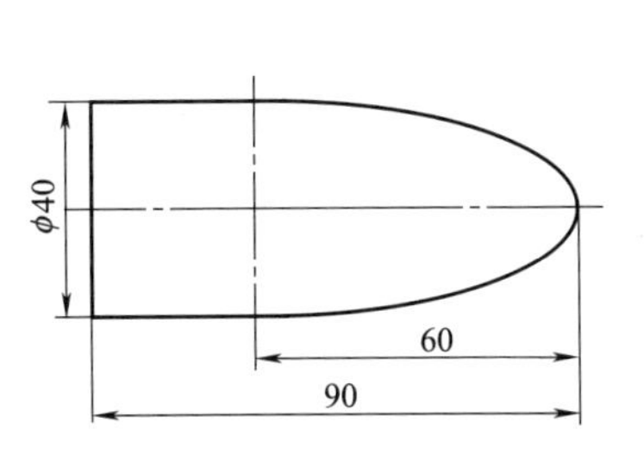

图 12-4 外椭圆轮廓零件图

加工程序如下:

开始	N010	M03 S800	主轴正转,转速为 800r/min
	N020	T0101	换 01 号外圆车刀
	N030	G98	指定走刀按照 mm/min 进给
粗车	N040	G00 X41 Z2	快速移动到工件坐标点
	N050	#1=20.0*20.0*4.0	$4a^2$
	N060	#2=60.0	b
	N070	#3=35.0	X 初值(直径值)
	N080	WHILE[#3GE0]DO1	粗加工控制
	N090	#4=#2SQRT[1.0-#3*#3/#1]	Z 值计算
	N100	G00 X[#3+1.0]	进刀
	N110	G01 Z[#4-60.0+0.2] F250	切削
	N120	G00 U1	X 向退刀
	N130	G00 Z2.0	Z 向退刀
	N140	#3=#3-7.0	下一刀切削直径
	N150	END1	循环结束,返回循环初始语句 N080

续表

精车	N160	#10=0.8	X 向精加工余量
	N170	#11=0.1	Z 向精加工余量
	N180	WHILE[#10GE0]DO1	半精、精加工控制
	N190	G00 X0.0 S1500	进刀，准备精加工
	N200	#20=0.0	角度初值
	N210	WHILE[#20LE90]DO2	曲线加工
	N220	#3=2.0*20.0*SIN#20	X 值计算
	N230	#4=#2*COS#20-#2	Z 值计算
	N240	G01 X[#3+#10]Z[#4+#11]F150	沿曲线直线插补逼近
	N250	#20=#20+1.0	角度均值递增
	N260	END2	循环 2 结束，返回循环初始语句 N210
	N270	G01 Z-100.0	直线插补到工件坐标点(40.0,-100.0)
	N280	G00 X45.0 Z2.0	刀具快速退离至切削起始坐标点(45.0,2.0)
	N290	#10=#10-0.8	X 向精加工余量均值递减
	N300	#11=#11-0.1	Z 向精加工余量均值递减
	N310	END1	循环 1 结束，返回循环初始语句 N180
结束	N320	G00 X200 Z200	快速退刀
	N330	M05	主轴停
	N340	M30	程序结束

12.2.2 抛物线

平面内到一个定点 F 和一条定直线 L 上（F 不在 L 上）距离相等的点的轨迹叫抛物线。点 F 叫抛物线的焦点，直线叫抛物线的准线。

12.2.2.1 抛物线的标准方程及几何意义

抛物线的标准方程及几何意义见表 12-42。

表 12-42 抛物线的标准方程及几何意义

标准方程	$x^2=2pz(p>0)$	$x^2=-2pz(p>0)$	$z^2=2px(p>0)$	$z^2=-2px(p>0)$
简图	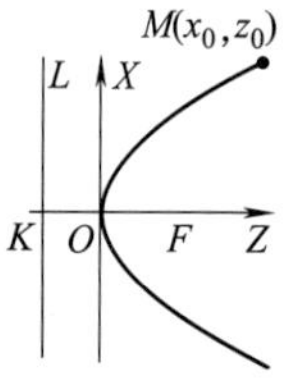	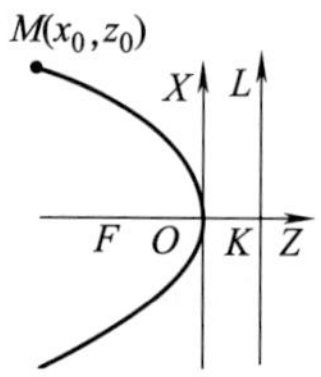	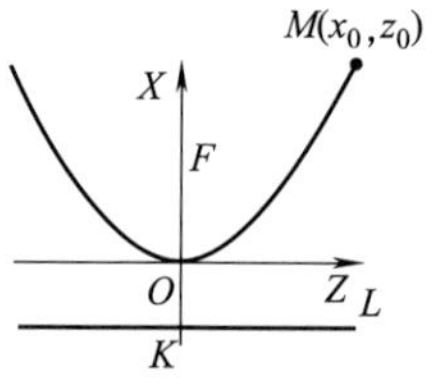	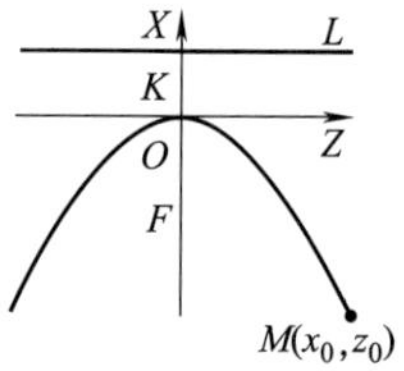
焦点	$\left(\frac{p}{2},0\right)$	$\left(-\frac{p}{2},0\right)$	$\left(0,\frac{p}{2}\right)$	$\left(0,-\frac{p}{2}\right)$
顶点	(0,0)	(0,0)	(0,0)	(0,0)
准线方程	$z=-\frac{p}{2}$	$z=\frac{p}{2}$	$x=-\frac{p}{2}$	$x=\frac{p}{2}$
通径端点	$\left(\frac{p}{2},\pm p\right)$	$\left(-\frac{p}{2},\pm p\right)$	$\left(\pm p,\frac{p}{2}\right)$	$\left(\pm p,-\frac{p}{2}\right)$
对称轴	Z 轴	Z 轴	X 轴	X 轴
范围	$z\geqslant0,x\in R$	$z\leqslant0,x\in R$	$x\geqslant0,z\in R$	$x\leqslant0,z\in R$
离心率	$e=1$			
焦半径	$\|MF\|=z_0+\frac{p}{2}$	$\|MF\|=\frac{p}{2}-z_0$	$\|MF\|=\frac{p}{2}+x_0$	$\|MF\|=\frac{p}{2}-x_0$

12.2.2.2 例题

如图 12-5 所示工件，毛坯尺寸为 $\phi65mm\times60mm$，材料为 45 钢，试编写其数控车削加工程序。

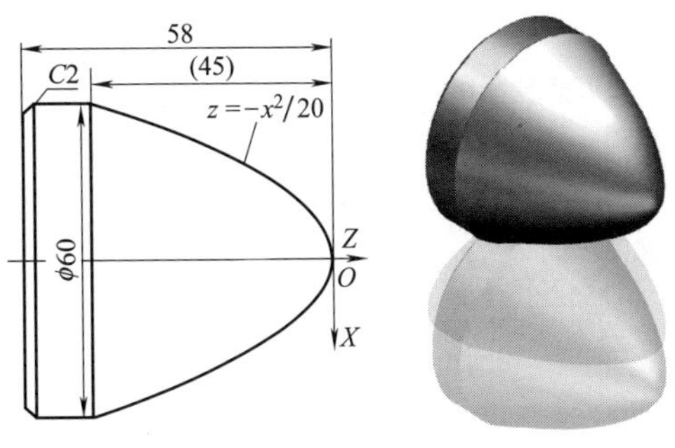

图 12-5 外抛物线轮廓零件

(1) 工艺分析

此零件加工的内容为抛物线，它由非圆曲线组成；在此程序的编制过程中依靠抛物线的标准方程，通过数学关系把抛物线的 X 方向值表述出来。而在程序中，使抛物线 Z 方向从起始值逐步增大到 Z 方向终止值。

(2) 加工程序

开始	N010	M03 S800	主轴正转，转速为 800r/min	
	N020	T0101	换 01 号外圆车刀	
	N030	G98	指定走刀按照 mm/min 进给	
粗车	N040	G00 X65 Z3	快速定位循环起点	
	N050	G73 U32.5 W3 R10	X 向总切削量为 32.5mm，循环 10 次	
	N060	G73 P70 Q160 U0.2 W0.1 F150	循环程序段 70～220	
轮廓	N070	G00 X−4 Z2	快速定位到相切圆弧起点	
	N080	G02 X0 Z0 R2	相切圆弧	
	N090	#1=0.0	Z 方向起始值	抛物线加工
	N100	#2=2*SQRT[20*#1]	计算 X 方向值	
	N110	G01 X#2 Z−#1	指定抛物线起始点	
	N120	#1=#1+0.1	Z 向坐标值递增 0.1mm	
	N130	IF[#1LE45]GOTO100	如果 Z 向值 #1≤45，则程序跳转到 N100 程序段	
	N140	G01 Z−56	加工 φ60mm 的外圆	
	N150	X56 Z−58	加工 C2 倒角	
	N160	G00 X65.0	提刀，避免退刀时碰刀	
精车	N170	M03 S800	提高主轴转速到 1200r/min	
	N180	G70 P70 Q160 F40	精车	
结束	N190	M05	主轴停	
	N200	M30	程序结束	

12.2.3 正（余）弦曲线

12.2.3.1 正弦函数曲线、余弦函数曲线的概述

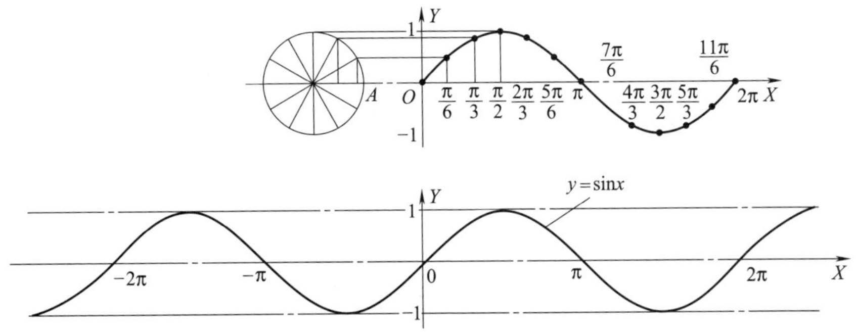

图 12-6 正弦函数曲线的图像

(1) 正弦函数曲线的图像

利用平移正弦线的方法得到 $y=\sin x$ 在 $[0, 2\pi]$ 区间中的图像，如图 12-6 所示；由于 $y=\sin x$ 是以 2π 为周期的周期函数，因此只要将函数 $y=\sin x$，$x\in[0, 2\pi]$ 的图像向左、右平移（每次 2π 个单位），就可以得到正弦函数的图像，叫作正弦曲线。

(2) 余弦函数曲线的图像

由 $\cos x=\sin\left(x+\frac{\pi}{2}\right)$，$y=\cos x$ 图像可由 $y=\sin x$ 图像向左平移 $\frac{\pi}{2}$ 个单位得到，叫作余弦曲线，如图 12-7 所示。

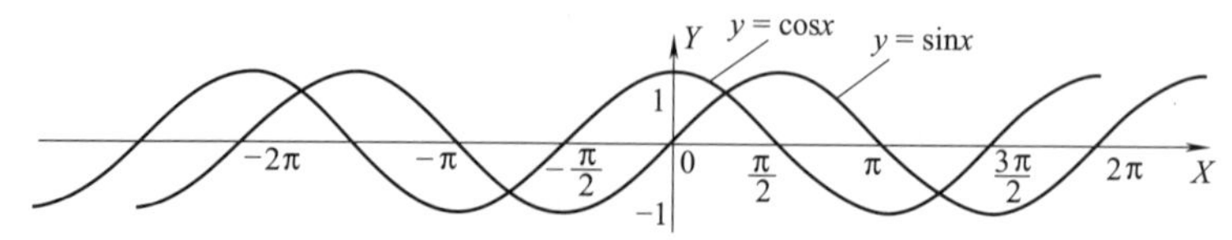

图 12-7 余弦函数曲线的图像

12.2.3.2 正弦函数、余弦函数的性质

正弦函数、余弦函数的性质见表 12-43。

表 12-43 正弦函数、余弦函数的性质

公式	$y=\sin x$	$y=\cos x$
定义域	R	R
值域	$[-1,1]$，最大值为 1，最小值为 -1	$[-1,1]$，最大值为 1，最小值为 -1
周期性	周期为 2π	周期为 2π
奇偶性	奇偶数，图像关于原点对称	偶函数，图像关于 Y 轴对称
单调性	在每一个闭区间 $\left[-\frac{\pi}{2}+2k\pi, \frac{\pi}{2}+2k\pi\right]$ $(k\in Z)$ 上都是单调增函数；在每一个闭区间 $\left[\frac{\pi}{2}+2k\pi, \frac{3\pi}{2}+2k\pi\right]$ $(k\in Z)$ 上都是单调减函数	在每一个闭区间 $\left[(2k-1)\frac{\pi}{2}, 2k\pi\right]$ $(k\in Z)$ 上都是单调增函数；在每一个闭区间 $[2k\pi, (2k+1)\pi]$ $(k\in Z)$ 上都是单调减函数
对称性	$x=k\pi+\frac{\pi}{k}$，$(k\in Z)$	$x=k\pi$，$(k\in Z)$
对称中心	$(k\pi, 0)$，$(k\in Z)$	$\left(k\pi+\frac{\pi}{2}, 0\right)$，$(k\in Z)$

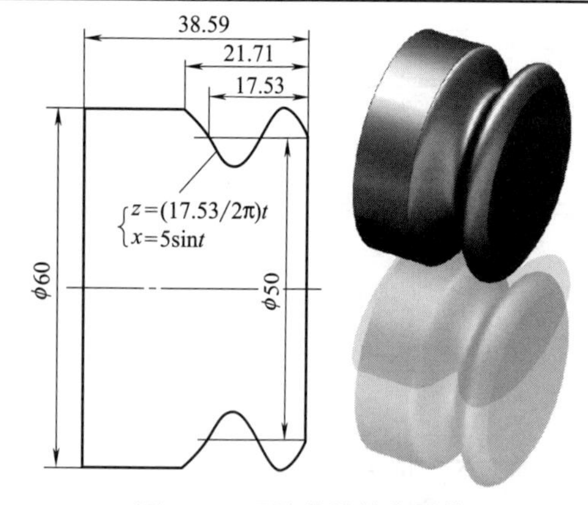

图 12-8 正弦曲线轮廓零件

12.2.3.3 编程实例

如图 12-8 所示，要在一工件材料为 45 钢、尺寸为 ϕ60mm×38.59mm 的毛坯上加工图示正弦曲线。

(1) 工艺分析

此零件轮廓是由直线和正弦曲线组成的回转体，此零件的编程难点主要是正弦曲线的编程；在编写此零件的加工程序时，通过正弦曲线参数方程 $z(t)=t$，$x=5\sin[(360/17.53)t]$，以弧度值，作为自变量，每次增量为 1mm，变化范围为 0～17.53mm，以 x 和 z 为应变量，计算出相应的 x 和 z 坐标。

(2) 加工程序

开始	N010	M03 S800	主轴正转，转速为 800r/min
	N020	T0101	换 01 号外圆车刀
	N030	G98	指定走刀按照 mm/min 进给
粗车	N040	G00 X65 Z3	快速定位循环起点
	N050	G73 U12.5 W3 R5	X 向总切削量为 12.5mm，循环 5 次
	N060	G73 P70 Q200 U0.2 W0.1 F150	循环程序段 70～220

续表

轮廓	N070	G00 X50 Z2	快速定位到外圆右侧	
	N080	G01 X50 Z0	走到至曲线起点	
	N090	#1=0;	Z 方向起始值的初始值	正弦曲线加工
	N100	#2=360.0;	正弦曲线的总弧度值	
	N110	#3=17.53;	Z 方向上正弦曲线的总弧长值	
	N120	#4=#2/#3*#1;	计算角度变化值	
	N130	#5=5.0*SIN#4;	计算 X 方向的弧度增量值	
	N140	G01X[50.0+2.0*#5]Z-#1	直线插补近似逼近正弦曲线	
	N150	#1=#1+1.0;	计算 Z 方向上的弧度均值增加值	
	N160	IF[#1LE#3]GOTO120;	如果#1≤#3,则跳转到 N120 程序段	
	N170	G01 X60.0Z-21.71;	加工圆锥面	
	N180	Z-38.59;	加工 ϕ60mm 圆柱面	
	N200	G00 X65.0	提刀,避免退刀时碰刀	
精车	N210	M03 S800	提高主轴转速到 1200r/min	
	N220	G70 P70 Q200 F40	精车	
结束	N230	M05	主轴停	
	N240	M30	程序结束	

12.2.4 三次方曲线

三次方曲线为最高次数项为 3 的函数，形如 $y=ax^3+bx^2+cx+d$（$a\neq0$，b、c、d 为常数）的函数叫作三次函数。三次函数的图像是一条曲线——回归式抛物线（不同于普通抛物线）。

12.2.4.1 三次方曲线标准方程及几何意义

三次方曲线的标准方程及几何意义见表 12-44。

表 12-44 三次方曲线的标准方程及几何意义

函数		$f(x)=ax^3+bx^2+cx+d(a\neq0)$	
导函数		$f'(x)=3ax^2+2bx+c$	
Δ'		$\Delta'=4b^2-12ac$	
a		$a>0$	$a<0$
$\Delta'>0$		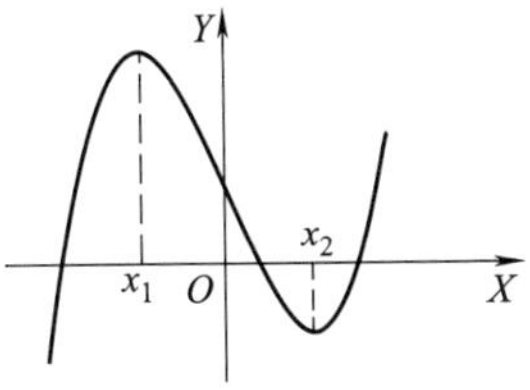	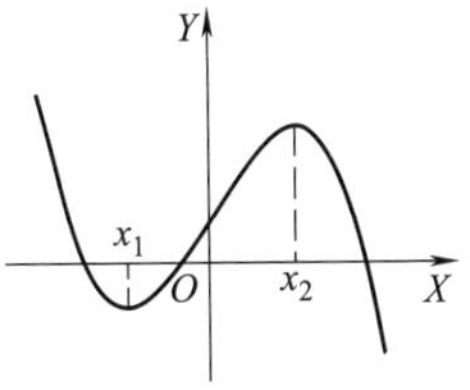
增区间		$(-\infty,x_1)$和$(x_2,+\infty)$	(x_1,x_2)
减区间		(x_1,x_2)	$(-\infty,x_1)$和$(x_2,+\infty)$
驻点		$f'(x_1)=0,f'(x_2)=0$	
极值		$f_{极大值}(x)=f(x_1),f_{极小值}(x)=f(x_2)$	$f_{极小值}(x)=f(x_1),f_{极大值}(x)=f(x_2)$
零点条件	三个	$f(x_1)>0,f(x_2)<0$	$f(x_1)<0,f(x_2)>0$
	两个	$f(x_1)=0$ 或 $f(x_2)=0$	
	一个	$f(x_1)<0$ 或 $f(x_2)>0$	$f(x_1)>0$ 或 $f(x_2)<0$
$\Delta'=0$		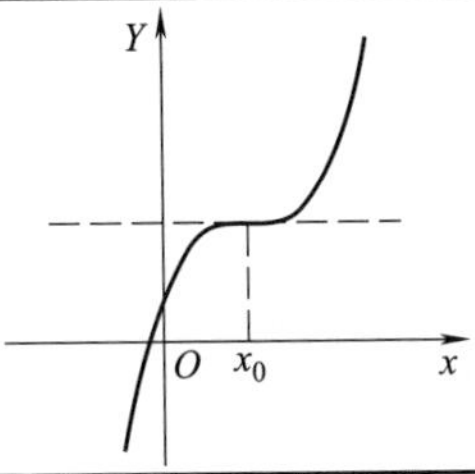	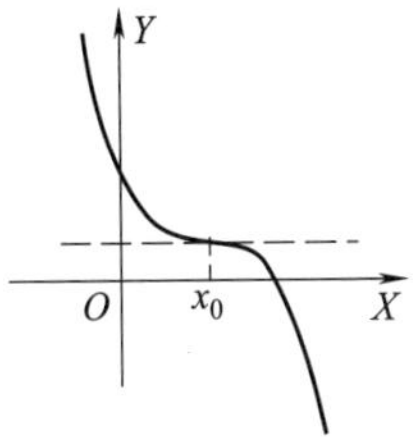

续表

单调性	$f(x)$是 $\mathbf{R}$ 上的增函数	$f(x)$是 $\mathbf{R}$ 上的减函数
驻点	$f'(x_0)=0$	
极值	无极值	
零点	一个	

12.2.4.2 例题

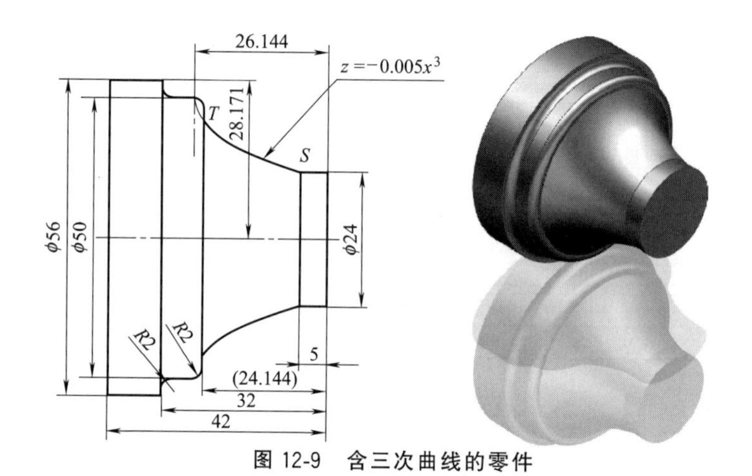

图 12-9 含三次曲线的零件

(1) 工艺分析

如图 12-9 所示，若选定三次曲线的 X 坐标为自变量，曲线加工起点 S 的 X 坐标值为 $-28.171+12=-16.171$，终点 T 的 X 坐标值为$-\sqrt[3]{2/0.005}=-7.368$。设工件坐标原点在工件右端面与轴线的交点上，则曲线自身坐标原点在工件坐标系中的坐标值为（56.342，−26.144）。

(2) 加工程序

开始	N010	M03 S800	主轴正转，转速为 800r/min	
	N020	T0101	换 01 号外圆车刀	
	N030	G98	指定走刀按照 mm/min 进给	
粗车	N040	G00 X65 Z3	快速定位循环起点	
	N050	G73 U20.5 W3 R7	X 向总切削量为 20.5mm，循环 7 次	
	N060	G73 P70 Q260 U0.2 W0.1 F150	循环程序段 70～220	
轮廓	N070	G00 X24 Z2	快速定位到工件外部	
	N080	G01 X24 Z0−5	加工 φ24mm 外圆	
	N090	#1=−16.171	曲线加工起点 S 的 X 坐标赋值	三次方曲线加工
	N100	#2=−7.368	曲线加工终点 T 的 X 坐标赋值	
	N110	#3=56.342	曲线自身坐标原点在工件坐标系下的 X 坐标值	
	N120	#4=−26.144	曲线自身坐标原点在工件坐标系下的 Z 坐标值	
	N130	#5=0.1	X 坐标递增量赋值	
	N140	WHILE[#1LE#2]D01	加工条件判断	
	N150	#10=−0.005*#1*#1*#1	计算 Z 坐标值	
	N160	G01 X[2*#1+#3] Z[#10+#4]	直线插补逼近曲线	
	N170	#1=#1+#5	X 坐标递增	
	N180	END1	循环结束	
	N190	G01 X[7.368*2+#3]−24.144	直线插补至曲线终点	
	N200	G01 X46;	加工至 φ50mm 右侧圆角起点	
	N210	G03 X50 Z−26.144 R2	加工圆角	
	N220	G01 Z−30	加工 φ50mm 外圆	
	N230	G02 X54 Z−32 R2	加工圆角	
	N240	G01 X56	加工至 φ56mm 右侧起点	
	N250	G01 Z−42	加工 φ56mm 外圆	
	N260	G00 X60	提刀，避免退刀时碰刀	

续表

精车	N270	M03 S1200	提高主轴转速到1200r/min
	N280	G70 P70 Q260 F40	精车
结束	N290	M05	主轴停
	N300	M30	程序结束

12.2.5 双曲线

双曲线定义为平面交截直角圆锥面的两半的一类圆锥曲线。它还可以定义为与两个固定的点（叫作焦点）的距离差是常数的点的轨迹。这个固定的距离差是 a 的两倍，这里的 a 是从双曲线的中心到双曲线最近的分支的顶点的距离，a 还叫作双曲线的实半轴，b 称为虚半轴长。焦点位于贯穿轴上，它们的中间点叫作中心，中心一般位于原点处。

12.2.5.1 双曲线方程、图形与中心坐标

双曲线方程、图形与中心坐标见表12-45，方程中的 a 为双曲线实半轴长，b 为虚半轴长。

表12-45 双曲线方程、图形与中心坐标

方程	$\frac{z^2}{a^2}-\frac{x^2}{b^2}=1$（标准方程）	$-\frac{z^2}{a^2}+\frac{x^2}{b^2}=1$	$\frac{(z-h)^2}{a^2}-\frac{(x-g)^2}{b^2}=1$
图形	X, b, a, o, G, Z	X, b, a, o, G, Z	X, b, a, g, G(g,h), o, h, Z
中心	$G(0,0)$	$G(0,0)$	$G(g,h)$

12.2.5.2 例题

加工如图12-10所示含双曲线段的轴类零件外圆面，试编制其加工宏程序。

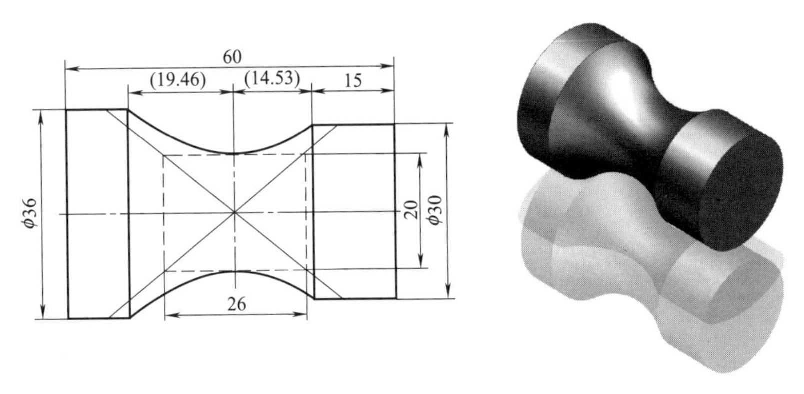

图12-10 双曲线段零件

(1) 工艺分析

如图12-10所示，双曲线段的实半轴长13mm，虚半轴长10mm，选择 Z 坐标作为自变量，X 坐标值作为 Z 坐标值的函数，将双曲线方程

$$-\frac{z^2}{13^2}+\frac{x^2}{10^2}=1$$

改写为

$$x=\pm 10\times\sqrt{1+\frac{z^2}{13^2}}$$

由于加工线段开口朝向 X 轴正半轴，所以该段双曲线的 X 坐标值为

$$x=10\times\sqrt{1+\frac{z^2}{13^2}}$$

设工件原点在工件右端面与轴线的交点上。

(2) 加工程序

开始	N010	M03 S800	主轴正转，转速为 800r/min	
	N020	T0101	换 01 号外圆车刀	
	N030	G98	指定走刀按照 mm/min 进给	
粗车	N040	G00 X40 Z3	快速定位循环起点	
	N050	G73 U10 W3 R4	X 向总切削量为 10mm，循环 4 次	
	N060	G73 P70 Q240 U0.2 W0.1 F150	循环程序段 70～220	
轮廓	N070	G00 X30 Z2	快速定位到工件外部	
	N080	G01 Z−15	加工 ϕ30mm 外圆	
	N090	#1=13,	双曲线实半轴长赋值	三次方曲线加工
	N100	#2=10	双曲线虚半轴长赋值	
	N110	#3=14.53	双曲线加工起点在自身坐标系下的 Z 坐标值	
	N120	#4=−19.46	双曲线加工终点在自身坐标系下的 Z 坐标值	
	N130	#5=0	双曲线中心在工件坐标系下的 X 坐标值	
	N140	#6=−29.53	双曲线中心在工件坐标系下的 Z 坐标值	
	N150	#7=0.2	坐标递变量	
	N160	WHILE[#3GE#4]DO1	加工条件判断	
	N170	#10=#2*SQRT[1+#3#3/[#1*#1]]	计算 X 坐标值	
	N180	G01 X[2*#10+#5] Z[#3+#6]	直线插补逼近曲线	
	N190	#3=#3−#7	Z 坐标递减	
	N200	END1	循环结束	
	N210	G01 X36 Z−48.99	直线插补至双曲线加工终点	
	N230	Z−60(直线插补)	加工 ϕ36mm 外圆	
	N240	G00 X40	提刀，避免退刀时碰刀	
精车	N250	M03 S1200	提高主轴转速到 1200r/min	
	N260	G70 P70 Q240F40	精车	
结束	N270	M05	主轴停	
	N380	M30	程序结束	

12.3 数控铣削宏程序编程实例

12.3.1 圆

数控铣削加工圆形平面的策略（方法）主要有如图 12-11（a）所示双向平行铣削和如图 12-11（b）所示环绕铣削两种。比较而言，环绕铣削加工方法比平行铣削加工方法更容易编程实现。

如图 12-12 所示，在圆柱体零件毛坯上铣削加工一个圆环形平面，圆环外圆周直径为 ϕ70mm，内圆周直径为 ϕ20mm，高度为 5mm，试编制其铣削加工宏程序。

(1) 工艺分析

圆环形平面几何参数模型如图 12-12 所示，设工件坐标原点在工件上表面圆心，选用刀具直径为 ϕ12mm 的立铣刀铣削加工该平面。

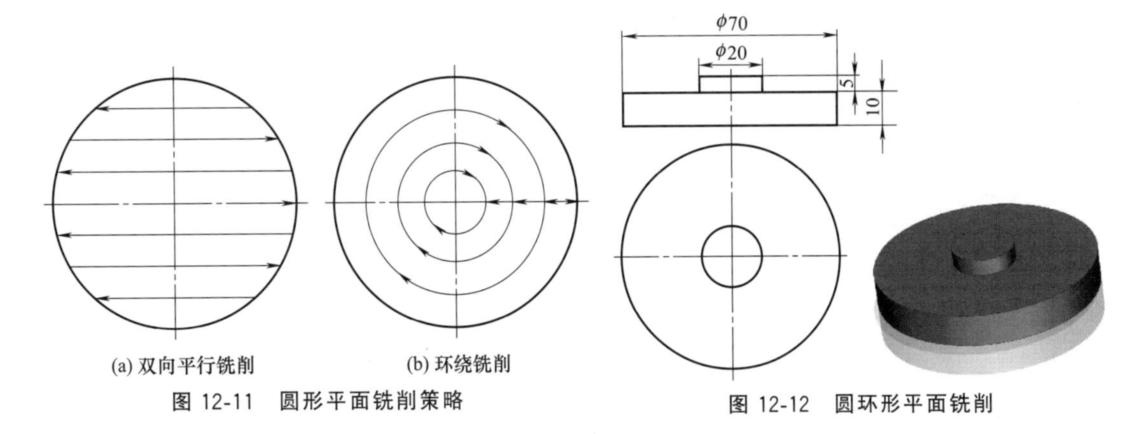

图 12-11　圆形平面铣削策略

图 12-12　圆环形平面铣削

(2) 加工的部分宏程序

	……	……	……
圆形区域	N090	#1=70	大圆直径 D 赋值
	N100	#2=20	小圆直径 d 赋值
	N110	#3=5	深度 H 赋值
	N120	#4=0	圆心在工件坐标系中的 X 坐标值
	N130	#5=0	圆心在工件坐标系中的 Y 坐标值
	N140	#6=12	刀具直径赋值
	N150	#7=0.7*#6	行距赋值为0.7倍刀具直径
	N160	#10=0.5*#1	加工半径计算
	N170	G00 Z-#3	下刀到加工平面
	N180	WHILE[#10GT0.5*#2+0.5*#6]DO1	加工条件判断
	N190	G01 X[#10+#4] Y#5	直线插补定位
	N200	G02 I-#10	圆弧插补
	N210	#10=#10-#7	加工半径递减
	N230	END1	循环结束
	N240	G01 X[0.5*#2+0.5*#6+#4]	直线插补定位
	N250	G02 I[-0.5*#2-0.5*#6]	圆弧插补
	……	……	……

12.3.2 椭圆

12.3.2.1 椭圆概述（标准方程）

如图12-13所示，采用标准方程加工椭圆椭圆标准方程为：

$$\frac{x^2}{a^2}+\frac{y^2}{b^2}=1$$

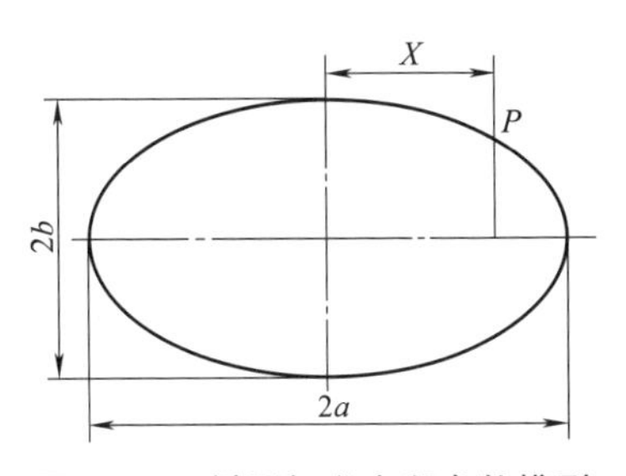

图 12-13　椭圆标准方程参数模型

式中，a 为椭圆长半轴长；b 为椭圆短半轴长。采用标准方程编程时，以 X 坐标或 Y 坐标为自变量进行分段逐步插补加工椭圆曲线均可。若以 X 坐标为自变量，则 Y 坐标为因变量，那么可将标准方程转换成用 x 表示 y 的方程为：

$$y=\pm b\times\sqrt{1-\frac{x^2}{a^2}}$$

当加工椭圆曲线上任一点在以椭圆中心建立的自身坐标系中第1或第2象限时：

$$y=b\times\sqrt{1-\frac{x^2}{a^2}}$$

而在第3或第4象限时：

$$y=-b\times\sqrt{1-\frac{x^2}{a^2}}$$

因此在数控铣床上采用标准方程加工椭圆时一个循环内只能加工椭圆曲线的局部，最多一半，第1和第2象限或第3和第4象限内可以在一次循环中加工完毕，若是要加工完整椭圆，必须至少分两次循环编程。

12.3.2.2 例题

如图 12-14 所示椭圆，椭圆长轴长 60mm，短轴长 32mm，试编制数控铣削加工该椭圆外轮廓的宏程序。

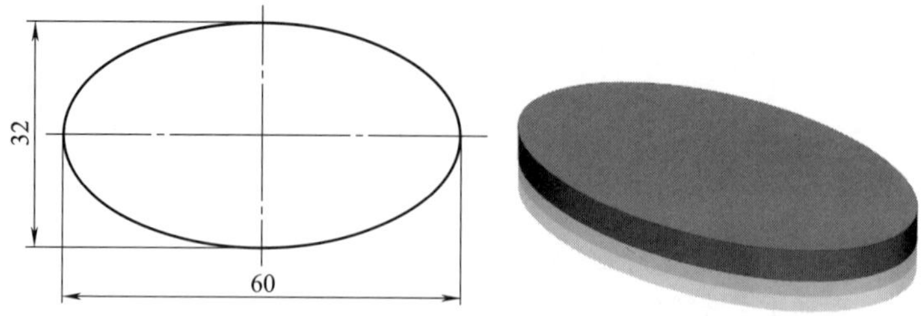

图 12-14 椭圆外轮廓加工

(1) 工艺分析

设工件坐标系原点在椭圆中心。

(2) 加工的部分宏程序

	……	……	……
椭圆外轮廓区域	N090	#1=30	椭圆长半轴 a 赋值
	N100	#2=16	椭圆短半轴 b 赋值
	N110	#3=0	椭圆中心在工件坐标系中的 X 坐标赋值
	N120	#4=0	椭圆中心在工件坐标系中的 Y 坐标赋值
	N130	#5=0.2	坐标增量赋值，改变该值实现加工精度的控制
	N140	#10=#1	加工 X 坐标值赋初值
	N150	WHILE [#10GT-#1] DO1	第 3、4 象限椭圆曲线加工循环条件判断
	N160	#11=-#2*SQRT[1-#10*#10/[#1*#1]]	计算 Y 坐标值
	N170	G01 X[#10+#3] Y[#11+#4]	直线插补逼近椭圆曲线
	N180	#10=#10-0.2	X 坐标值递减
	N190	END1	循环结束
	N200	WHILE [#10LE#1] DO2	第 1、2 象限椭圆曲线加工循环条件判断
	N210	#11=#2*SQRT[1-#10*#10/[#1*#1]]	计算 Y 坐标值
	N230	G01 X[#10+#3] Y[#11+#4]	直线插补逼近椭圆曲线
	N240	#10=#10+#5	X 坐标值递增
	N250	END2	循环结束
	……	……	……

12.3.3 双曲线

12.3.3.1 双曲线铣削概述

双曲线方程、图形与中心坐标如表 12-46 所示。

表 12-46 双曲线方程、图形与中心坐标

方程	$\frac{x^2}{a^2}-\frac{y^2}{b^2}=1$(标准方程)	$-\frac{x^2}{a^2}+\frac{y^2}{b^2}=1$
图形	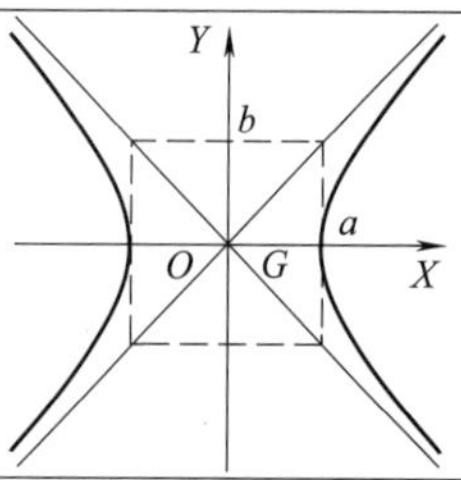	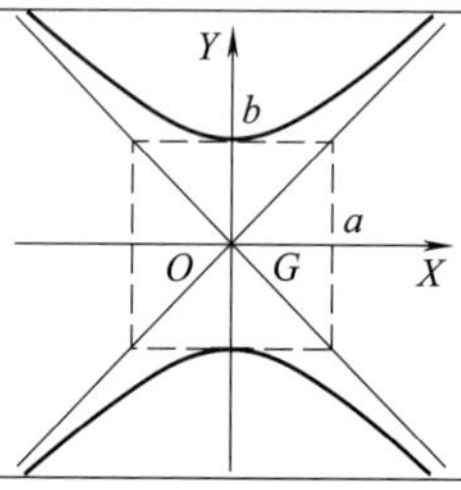
中心坐标	$G(0,0)$	$G(0,0)$
半轴	实半轴 a、虚半轴 b	实半轴 b、虚半轴 a

表 12-46 中左图第 1、4 象限（右部）内的双曲线段可表示为 $x=a\sqrt{1+\frac{y^2}{b^2}}$，第 2、3 象限（左部）内的双曲线可以看作由该双曲线段绕中心旋转 180°所得；右图中第 1、2 象限（上部）内的双曲线段可以看作由该双曲线段旋转 90°所得，第 3、4 象限（下部）内的双曲线段可以看作由该双曲线段旋转 270°所得。也就是说任何一段双曲线段均可看作由 $x=a\sqrt{1+\frac{y^2}{b^2}}$ 的双曲线段经过适当旋转所得。

12.3.3.2 例题

如图 12-15 所示含双曲线段的凸台零件，双曲线方程为 $\frac{x^2}{4^2}-\frac{y^2}{3^2}=1$，试编制该零件双曲线部分轮廓的加工程序。

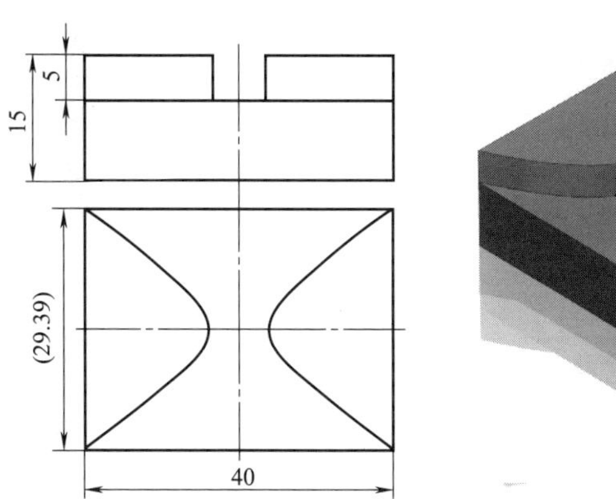

图 12-15 含双曲线凸台零件的加工

(1) 工艺分析

设工件坐标原点在双曲线中心。

(2) 加工的部分宏程序

	……	……	……
	N090	#1=4	双曲线实半轴 a 赋值
	N100	#2=3	双曲线虚半轴 b 赋值
	N110	#3=5	加工深度 H 赋值
	N120	#4=14.695	曲线加工起点 Y 坐标值赋值，可根据曲线公式计算
	N130	#5=0.2	加工坐标递变量
	N140	#10=0	坐标旋转角度赋初值
	N150	WHILE [#10LE180] DO 1	循环条件判断
	N160	G68 X0 Y0 R#10	坐标旋转设定
	N170	G00 G42 X20 Y#4 D01	建立刀具半径补偿
双曲线外轮廓区域	N180	G01 Z-#3	下刀到加工平面
	N190	#20=#4	加工 Y 坐标赋初值
	N200	WHILE [#20GE-#4]DO 2	加工条件判断
	N210	#21=#1*SQRT[1+#20*#20/[#2*#2]]	计算 X 坐标值
	N230	G01 X#21 Y#20	直线插补逼近双曲线段
	N240	#20=#20-#5	Y 坐标值递减
	N250	END2	循环结束
	N260	G00 Z10	抬刀
	N270	G40 X50 Y50	取消刀具半径补偿
	N280	G69	取消坐标旋转
	N290	#10=#10+180	坐标旋转角度递增
	N300	END1	循环结束
	……	……	……

12.3.4 抛物线

12.3.4.1 抛物曲线铣削概述

抛物线方程、图形和顶点如表 12-47 所示。由于右边三个图可看成是将左图分别逆时针方向旋转 180°、90°、270°后得到的，因此只用标准方程 $y^2=2px$ 和其图形编制加工宏程序即可。

表 12-47 抛物线方程、图形和顶点

方程	$y^2=2px$（标准方程）	$y^2=-2px$	$x^2=2py$	$x^2=-2py$
图形	Y A O X	Y A O X	Y O A X	Y A O X
顶点	A(0,0)	A(0,0)	A(0,0)	A(0,0)
对称轴	X 正半轴	X 负半轴	Y 正半轴	Y 负半轴

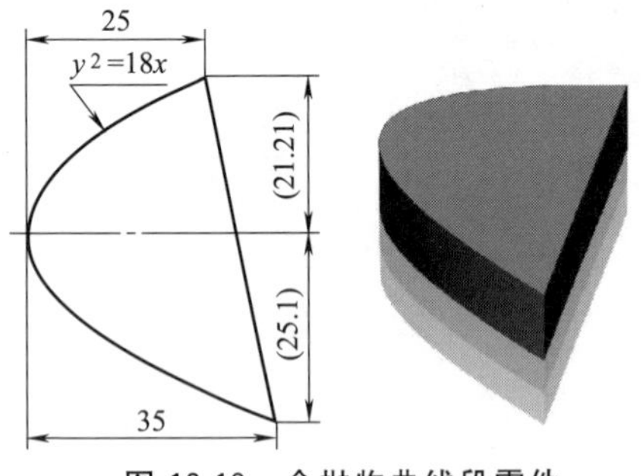

图 12-16 含抛物曲线段零件

12.3.4.2 例题

如图 12-16 所示，数控铣削加工含抛物曲线段零件的外轮廓，抛物曲线方程为 $y^2=18x$，试编制其加工宏程序。

(1) 工艺分析

抛物曲线几何参数模型如图 12-17 所示，设工件坐标系原点在抛物曲线顶点。

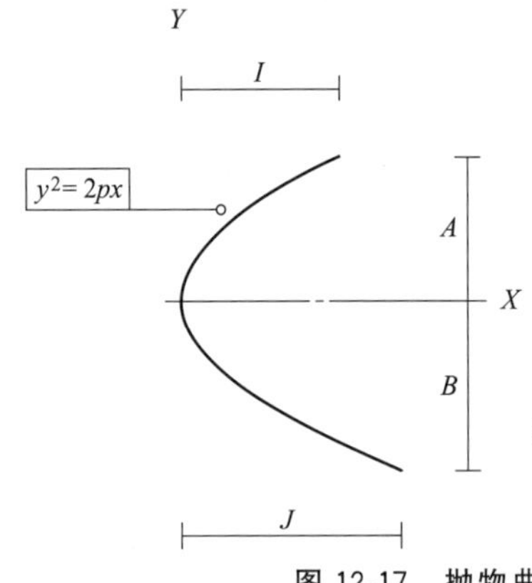

图 12-17 抛物曲线几何参数模型

(2) 加工的部分宏程序

	……	……	……
抛物线外轮廓区域	N090	#1=25	曲线上端点与曲线顶点距离 I 赋值
	N100	#2=35	曲线下端点与曲线顶点距离 J 赋值
	N110	#3=21.21	曲线上端点与轴线距离 A 赋值,可根据曲线公式计算
	N120	#4=-25.1	曲线下端点与轴线距离 B 赋值,可根据曲线公式计算
	N130	#5=0	曲线顶点在工件坐标系中的 X 坐标值
	N140	#6=0	曲线顶点在工件坐标系中的 Y 坐标值
	N150	#7=0.2	坐标递变量赋值
	N160	#10=#3	加工 Y 坐标赋初值
	N170	WHILE[#10GE#4]DO1	加工条件判断

续表

抛物线外轮廓区域	N180	#11=#10*#10/18	计算X坐标值
	N190	G01 X[#11+#5]Y[#10+#6]	直线插补逼近曲线
	N200	#10=#10-#7	加工Y坐标递减
	N210	END1	循环结束
	……	……	……

12.3.5 正弦曲线

正弦余弦曲线的概念可参照前面所述，此处不再赘述了。

数控铣削加工如图12-18所示空间曲线槽，该曲线槽由一个周期的两条正弦曲线 $y=25\sin\theta$ 和 $z=5\sin\theta$ 叠加而成，刀具中心轨迹如图12-19所示。试编制其加工程序。

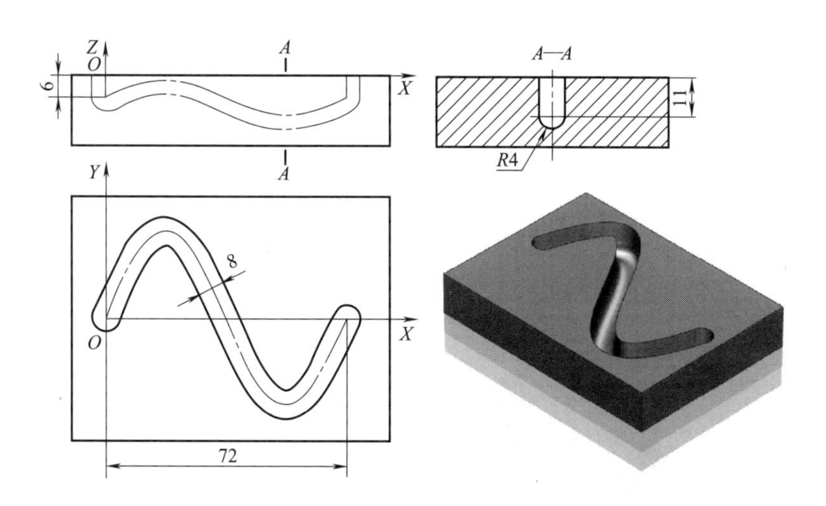

图12-18 正弦曲线槽的铣削加工

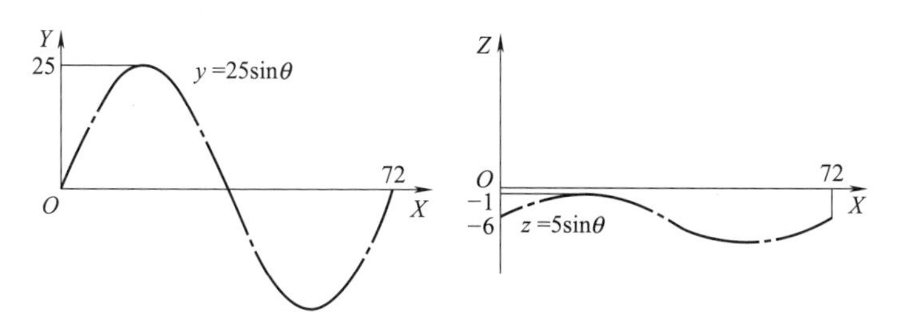

图12-19 正弦曲线 $y=25\sin\theta$ 和 $z=5\sin\theta$

(1) 工艺分析

为了方便编制程序，采用粗微分方法忽略插补误差来加工，即以 x 值为自变量，取相邻两点间的X向距离相等，间距为0.2mm，然后用正弦曲线方程 $y=25\sin\theta$ 和 $z=5\sin\theta$ 分别计算出各点对应的 y 值和 z 值，进行空间直线插补，以空间直线来逼近空间曲线。正弦曲线一个周期（360°）对应的X轴长度为72mm，因此任意 x 值对应角度 $\theta=\frac{360x}{72}$。正弦空间曲线槽槽底为R4mm的圆弧，加工时采用球半径为SR4mm的球头铣刀在平面实体零件上铣削出该空间曲线槽。

(2) 加工的部分宏程序

	……	……	……
正弦曲线外轮廓区域	N090	#1=0	加工起点坐标赋值
	N100	#2=72	加工终点坐标赋值
	N110	#3=0.2	坐标递变量赋值
	N120	#4=6	加工深度赋值
	N130	#5=1	加工深度 Z 坐标值赋初值
	N140	WHILE[#5LE#4]DO1	加工深度条件判断
	N150	G01 Z-#5	直线插补切削至加工深度
	N160	#10=#1	X 坐标值赋初值
	N170	WHILE[#10LT#2]DO2	加工条件判断
	N180	#10=#10+#3	X 坐标值加增量
	N190	#11=360*#10/72	计算对应的角度值
	N200	#12=25*SIN[#11]	计算 Y 坐标值
	N210	#13=5*SIN[#11]-#5	计算 Z 坐标值
	N230	G01 X[#10] Y[#12] Z[#13]	切削空间直线逐段逼近空间曲线
	N240	END2	循环结束
	N250	G00 Z30	退刀
	N260	X0 Y0	加工起点上平面定位
	N270	#5=#5+2.5	加工深度递增
	N280	END1	循环结束
	……	……	……

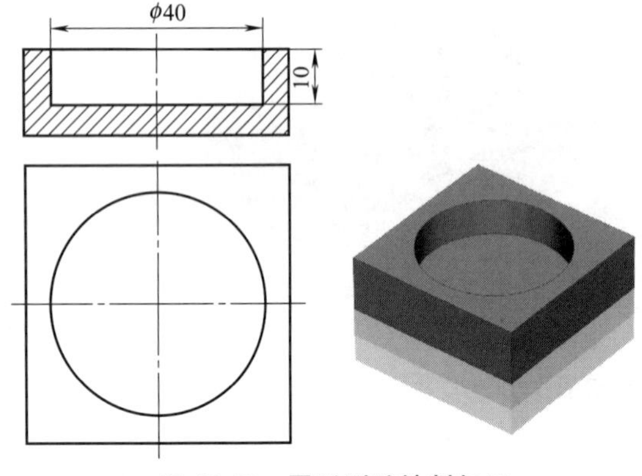

图 12-20 圆形型腔铣削加工

12.3.6 型腔铣削

利用立铣刀采用螺旋插补方式铣削加工圆形型腔，在一定程度上可以实现以铣代钻、以铣代铰、以铣代镗，一刀多用，一把铣刀就够了，不必频繁地换刀，因此与传统的“钻→铰”或“钻→扩→镗”等孔加工方法相比提高了整体加工效率并且可大大地减少使用的刀具；另外由于铣刀侧刃的背吃刀量总是从零开始均匀增大至设定值，可有效减少刀具让刀现象，保证型腔的形状精度。

铣削加工如图 12-20 所示圆形型腔，圆孔直径为 ϕ40mm，孔深 10mm，试采用螺旋插补指令编制其数控铣削加工宏程序。

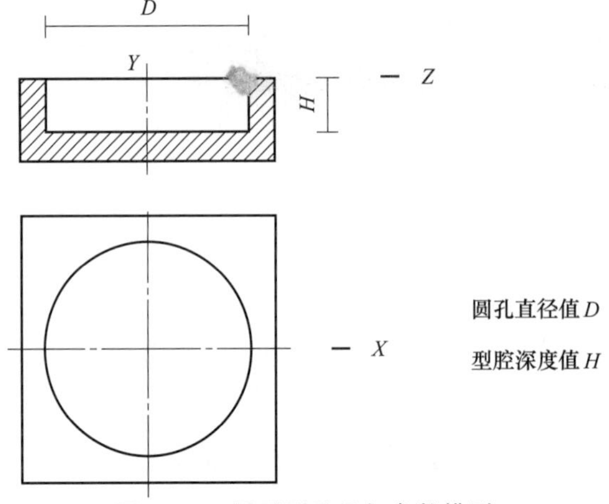

图 12-21 圆形型腔几何参数模型

(1) 工艺分析

圆形型腔几何参数模型如图 12-21 所示。采用螺旋插补指令编制圆形型腔的精加工宏程序。

(2) 加工的部分宏程序

	……	……	……
正弦曲线外轮廓区域	N090	#1=40	圆孔直径 D 赋值
	N100	#2=10	型腔深度 H 赋值
	N110	#3=12	铣刀直径赋值
	N120	#4=0	圆心在工件坐标系下的 X 坐标赋值
	N130	#5=0	圆心在工件坐标系下的 Y 坐标赋值
	N140	#6=0	工件上表面在工件坐标系下的 Z 坐标赋值
	N150	#7=3	加工深度递变量赋值
	N160	#10=0	加工深度赋初值
	N170	G00 X[#1/2-#3/2+#4]Y#5	刀具定位
	N180	Z[#6+2]	刀具下降
	N190	WHILE[#10LT#2]DO1	加工条件判断
	N200	G03 I[#3/2-#1/2] Z[-#10+#6]	螺旋插补
	N210	#10=#10+#7	加工深度递增
	N230	END1	循环结束
	N240	G03 I[#3/2-#1/2] Z[-#2+#6]	螺旋插补到型腔底部
	N250	I[#3/2-#1/2]	型腔底部铣削加工
	N260	G00 Z[#6+50]	(抬刀)
	……	……	……

12.3.7 六边形

六边形为常见的外形或内腔形状，下面通过实例来说明如何对六边形形状进行宏程序编制。

使用宏变量编制图 12-22 所示内轮廓为正六边形的凹槽零件的加工程序。

(1) 工艺分析

由图 12-22 所示，此零件加工内容为正六边形凹槽，正六边形凹槽的六个内角均为 60°，同时它的六个顶点均在 ϕ40mm 的圆周上；六条边长均等于外接圆的半径（20.0mm）。

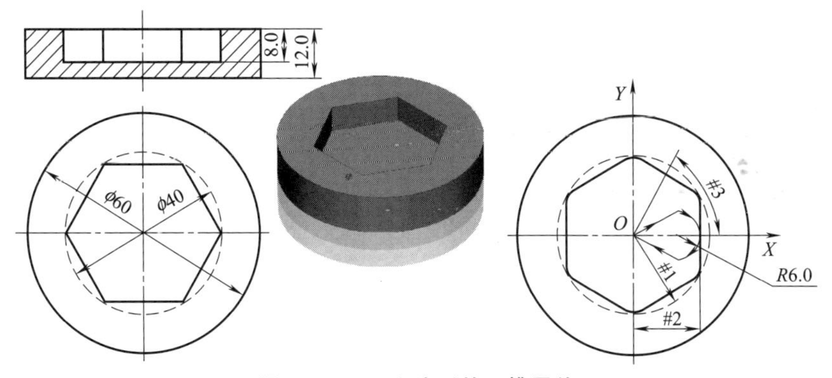

图 12-22 正六边形的凹槽零件

假设正六边形的边长为#1，内接圆的半径为#2，则#2=SQRT [#1*#1- [#1/2]*[#1/2]]。此凹槽编程的关键之处在于准确计算出各顶点的坐标，为了简化程序的编制，这里采用系统的旋转指令和宏变量来进行程序设计；首先以凹槽中心表面建立工件坐标系，刀具从中心下降切入凹槽，圆弧切入到一条边中点，再直线插补到顶点，接着利用坐标旋转指令，将

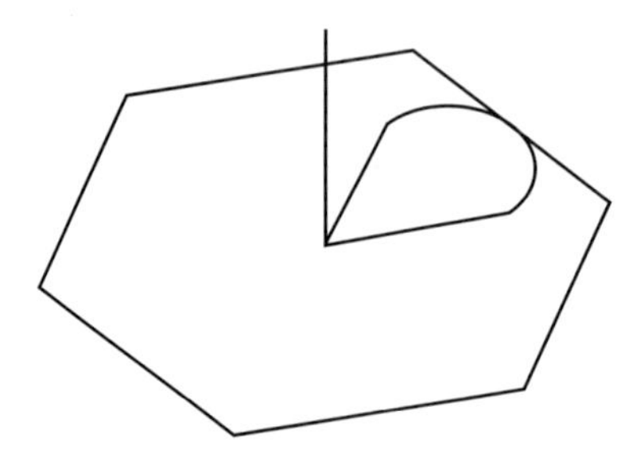

图 12-23 正六边形凹槽刀具加工路径轨迹示意图

工件坐标轴旋转 60°，再作外接圆半径长度的直线插补，如此循环旋转和直线插补，并将旋转角度（#3）作为循环变量。

正六边形凹槽刀具加工路径轨迹如图 12-23 所示。

(2) 加工的部分宏程序

	……	……	……
正弦曲线外轮廓区域	N090	#1=20.0*COS30	正六边形内接圆半径
	N100	#2=20.0*SIN30	正六边形的 1/2 边长
	N110	G41 G01 X[#1-6.0] Y-6.0 F100	建立左刀补,直线插补到切入圆起点
	N120	G03 X#1 Y0.0 R6.0	刀具以圆弧半径 R6mm 圆弧切入轮廓
	N130	G01 X#1 Y#2,R6.0	直线插补,倒 R6mm 圆
	N140	#3=60.0	旋转起始角度
	N150	WHILE[#3LE360]DO1	如果#3>360°,则程序转到 N200 程序段执行
	N160	G68 X0.0 Y0.0 R#3	坐标轴旋转#3 角度
	N170	G01 X#1 Y#2,R6.0	直线插补,倒 R6mm 圆
	N180	#3=#3+60.0	角度均值递增
	N190	END1	返回循环起始程序段 N150
	N200	G01 X#1 Y0.0	直线插补,回到切入点
	N210	G03 X[#1-6.0]Y6.0 R6.0	刀具以圆弧半径 R6mm 圆弧切出轮廓
	N230	N120 G40 G01 X0.0 Y0.0	取消刀具补偿,回到正多边形中心
	N240	N125 G69	取消坐标轴旋转
	N250	N130 G00 Z100.0 M09	刀具快速提升至工件表面上方 100mm 处
	……	……	……

注：此处 G01 X __ Y __，R __倒圆角方式仅针对于支持该指令的机床系统，否则必须采用 G02/03 的圆弧指令。

13

第13章 数控自动编程——UG NX11.0

13.1 UG NX11.0 软件简介

13.1.1 UG NX 数控加工的概述

UG NX（Unigraphics NX）是 Siemens PLM Software 公司出品的一个产品工程解决方案，它为用户的产品设计及加工过程提供了数字化造型和验证手段。Unigraphics NX 针对用户的虚拟产品设计和工艺设计的需求，提供了经过实践验证的解决方案。

UG NX 是一个交互式 CAD/CAM（计算机辅助设计与计算机辅助制造）系统，它功能强大，可以轻松实现各种复杂实体及造型的建构。它在诞生之初主要基于工作站，但随着 PC 硬件的发展和个人用户的迅速增长，在 PC 上的应用取得了迅猛的增长，已经成为模具行业三维设计的一个主流应用。

UG NX 加工基础模块提供连接 UG 所有加工模块的基础框架，它为 UG NX 所有加工模块提供一个相同的、界面友好的图形化窗口环境，用户可以在图形方式下观测刀具沿轨迹运动的情况并可对其进行图形化修改：如对刀具轨迹进行延伸、缩短或修改等。该模块同时提供通用的点位加工编程功能，可用于钻孔、攻螺纹和镗孔等加工编程。该模块交互界面可按用户需求进行灵活的用户化修改和剪裁，并可定义标准化刀具库、加工工艺参数样板库，使初加工、半精加工、精加工等操作常用参数标准化，以缩短使用培训时间并优化加工工艺。UG 软件所有模块都可在实体模型上直接生成加工程序，并保持与实体模型全相关。

UG NX 的加工后置处理模块使用户可方便地建立自己的加工后置处理程序，该模块适用于世界上主流的 CNC 机床和加工中心，其在多年的应用实践中已被证明适用于 2～5 轴或更多轴的铣削加工、2～4 轴的车削加工和电火花线切割。

13.1.2 UG NX 数控加工的优点

该软件不仅具有强大的实体造型、曲面造型、虚拟装配和产生工程图等设计功能；而且，在设计过程中可进行有限元分析、机构运动分析、动力学分析和仿真模拟，提高设计的可靠性；同时，可用建立的三维模型直接生成数控代码，用于产品的加工，其后处理程序支持多种类型数控机床。另外它所提供的二次开发语言 UG/Open GRIP、UG/open API 简单易学，实现功能多，便于用户开发专用 CAD 系统。具体来说，该软件具有以下优点，如表 13-1 所示。

表 13-1 UG NX 数控加工优点

序号	优点	详细信息
1	具有统一的数据库	真正实现了 CAD/CAE/CAM 等各模块之间的无数据交换的自由切换，可实施并行工程
2	采用复合建模技术	可将实体建模、曲面建模、线框建模、显示几何建模与参数化建模融为一体
3	用基于特征的建模和编辑方法作为实体造型基础	用基于特征（如孔、凸台、型腔、槽沟、倒角等）的建模和编辑方法作为实体造型基础，形象直观，类似于工程师传统的设计办法，并能用参数驱动
4	曲面设计采用非均匀有理 B 样条作基础	可用多种方法生成复杂的曲面，特别适合于汽车外形设计、汽轮机叶片设计等复杂曲面造型
5	出图功能强	可十分方便地从三维实体模型直接生成二维工程图；能按 ISO 标准和国标标注尺寸、形位公差和汉字说明等；并能直接对实体做旋转剖、阶梯剖和轴测图挖切生成各种剖视图，增强了绘制工程图的实用性
6	以 Parasolid 为实体建模核心	实体造型功能处于领先地位。目前著名 CAD/CAE/CAM 软件均以此作为实体造型基础
7	提供了界面良好的二次开发工具	提供了界面良好的二次开发工具 GRIP(graphical interactive programing)和 UFUNC(user function)，并能通过高级语言接口，使 UG 的图形功能与高级语言的计算功能紧密结合起来
8	具有良好的用户界面	绝大多数功能都可通过图标实现；进行对象操作时，具有自动推理功能；同时，在每个操作步骤中，都有相应的提示信息，便于用户做出正确的选择

13.1.3 UG NX 的数控加工模块

UG NX 是紧密集成的 CAID/CAD/CAE/CAM 软件系统，提供了从产品设计、分析、仿真到数控程序生成等一整套解决方案。UG CAM 是整个 UG 系统的一部分，它以三维主模型为基础，具有强大可靠的刀具轨迹生成方法，可以完成铣削（2.5 轴～5 轴）、车削、线切割等的编程。UG CAM 是模具数控行业最具代表性的数控编程软件，其最大的特点就是生成的刀具轨迹合理、切削负载均匀、适合高速加工。另外，在加工过程中的模型、加工工艺和刀具管理，均与主模型相关联，主模型更改设计后，编程只需重新计算即可，所以 UG 编程的效率非常高。

UG CAM 主要由 5 个模块组成，即交互工艺参数输入模块、刀具轨迹生成模块、刀具轨迹编辑模块、三维加工动态仿真模块和后置处理模块，表 13-2 对这 5 个模块作了简单的介绍。

表 13-2 UG NX 数控加工模块

序号	加工模块	详细内容
1	交互工艺参数输入模块	通过人机交互的方式，用对话框和过程向导的形式输入刀具、夹具、编程原点、毛坯和零件等工艺参数
2	刀具轨迹生成模块	具有非常丰富的刀具轨迹生成方法，主要包括铣削(2.5 轴～5 轴)、车削、线切割等加工方法。本书主要讲解 2.5 轴和 3 轴数控铣加工
3	刀具轨迹编辑模块	刀具轨迹编辑器可用于观察刀具的运动轨迹，并提供延伸、缩短和修改刀具轨迹的功能。同时，能够通过控制图形和文本的信息编辑刀轨
4	三维加工动态仿真模块	是一个无须利用机床、成本低、高效率的测试 NC 加工的方法。可以检验刀具与零件和夹具是否发生碰撞、是否过切以及加工余量分布等情况，以便在编程过程中及时解决

续表

序号	加工模块	详细内容
5	后处理模块	包括一个通用的后置处理器(GPM),用户可以方便地建立用户定制的后置处理。通过使用加工数据文件生成器(MDFG),一系列交互选项提示用户选择定义特定机床和控制器特性的参数,包括控制器和机床规格与类型、插补方式、标准循环等

13.1.4 UG NX加工流程

UG NX编程的加工流程，概括来说如图13-1所示。

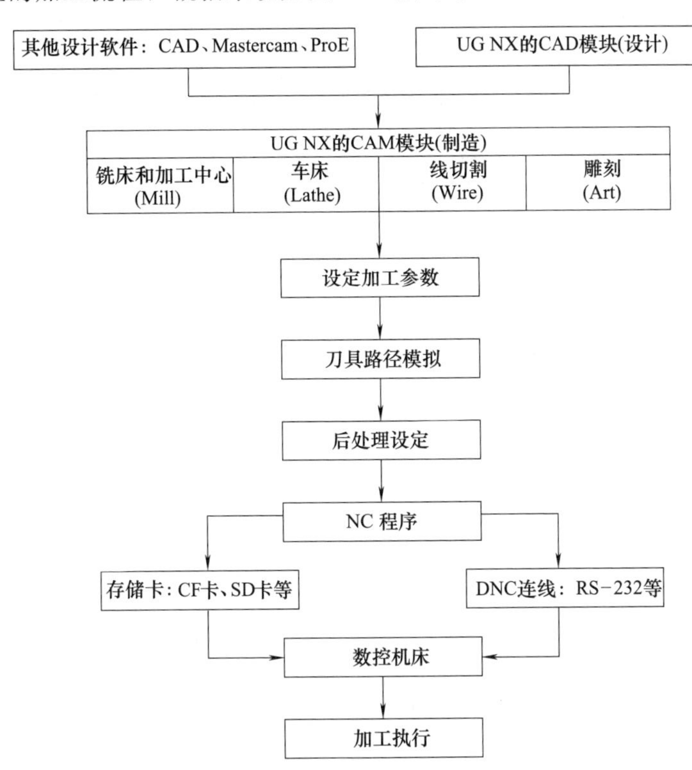

图13-1 UG NX数控加工系统流程图

13.1.5 UG NX编程的技巧

UG NX加工将平面刀路编程和曲面刀路编程分开，并且三维刀路又分开粗和光刀，因此合理选用刀路能获得高质量的加工结果。掌握一些常用的技巧，就能快速掌握UG NX的编程加工。针对数控加工的三个方面，表13-3对开粗、精光和清角三个阶段的使用技巧进行了详细说明。

表13-3 开粗、精光和清角三个阶段的使用技巧

序号	阶段	数控编程加工技巧
1	开粗	粗加工阶段主要的目的是去除毛坯残料,尽可能快地将大部分残料清除干净,而不需要在乎精度高低或表面光洁度的问题。主要从两方面来衡量粗加工,一是加工时间,二是加上效率 一般用低的主轴转速、大吃刀量进行切削。从以上两方面考虑,粗加工挖槽是首选刀路,挖槽加工的效率是所有刀路中最高的,加工时间也最短。铜公开粗时,外形余量已经均匀了,就可以采用等高外形进行二次开粗。对于平坦的铜公曲面一般也可以采用平行精加工大吃刀量开粗。采用小直径刀具进行等高外形二次开粗,或利用挖槽以及残料进行二次开粗,使余量均匀 粗加工除了要保证时间和效率外,还要保证粗加工完后,局部残料不能过厚,因为局部残料过厚的话,精加工阶段容易断刀或弹刀。因此在保证效率和时间的同时,要保证残料的均匀

续表

序号	阶段	数控编程加工技巧
2	精光	精加工阶段主要目的是精度，尽可能满足加工精度要求和光洁度要求，因此会牺牲时间和效率。此阶段不能求快，要精雕细琢，才能达到精度要求 对于平坦的或斜度不大的曲面，一般采用平行精加工进行加工，此刀路在精加工中应用非常广泛，刀路切削负荷平稳，加工精度也高，通常也用于重要曲面加工，如模具分型面位置的加工。对于比较陡的曲面，通常采用等高外形精加工 对于曲面中的平面位置，通常采用挖槽中的面铣功能来加工，效率和质量都非常高。曲面非常复杂时，平行精加工和等高外形满足不了要求，还可以配合浅平面精加工和都斜面精加工来加工。此外环绕等距精加工通常作为最后一层残料的清除，此刀路呈等间距排列，不过计算时间稍长，刀路比较费时，对复杂的曲面比较好，环绕等距精加工可以加工浅平面，也可以加工陡斜面，但是千万不要拿来加工平面，那样是极大的浪费
3	清角	通过了粗加工阶段和精加工阶段，零件上的残料基本上已经清除得差不多了，只有少数或局部存在一些无法清除的残料，此时就需要采用专门的刀路来加工了。特别是当两个曲面相交时，在交线处，由于球刀无法进入，因此前面的曲面精加工就无法达到要求，此时一般采用清角刀路 对于平面和曲面相交所得的交线，可以用平刀采用外形刀路进行清角，或采用挖槽面铣功能进行清角。除此之外，也可以采用等高外形精加工来进行清角。如果是比较复杂的曲面和曲面相交所得的交线，只能采用交线清角精加工来进行清角了

13.2 面铣

13.2.1 面铣概述

面铣是铣削加工中常用的加工类型之一，一般用于直壁、水平底面二维零件的粗加工与精加工。面铣削加工时刀具轴线方向相对工件不发生变化，属于固定轴铣，只能对侧面与底面垂直的加工部件进行加工。

面铣需要指定加工平面或者加工平面的边界来定义加工范围，并且一次操作只能进行了一种深度的加工。通常用来进行工件顶面的光刀、不同深度平面的单独切削控制和平面的精加工。

13.2.2 面铣实例

13.2.2.1 加工前的工艺分析与准备

(1) 工艺分析

该零件表面由1个突台部分、1个圆形的槽和4个孔组成，如图13-2所示。工件尺寸为100mm×100mm×20mm，无尺寸公差要求。尺寸标注完整，轮廓描述清楚。零件材料为已经加工成形的标准铝块，无热处理和硬度要求。

① 用ϕ12mm的平底刀面铣粗加工五边形凸台的区域；

② 用ϕ12mm的平底刀面铣精加工五边形凸台的区域；

③ 根据加工要求，共需产生1次刀具路径。

(2) 进入加工模块

打开【启动】菜单→【加工】，进入加工模块（图13-3）。

打开【加工环境】对话框→【CAM会话配置】“cam _ general”，【要创建的CAM组装】“mill _ planar”→【确定】（图13-4）。

(3) 创建刀具

【机床视图】机床视图→【创建刀具】创建刀具→选择“平底刀”→【名称】“D12”→【确定】（图13-5）。

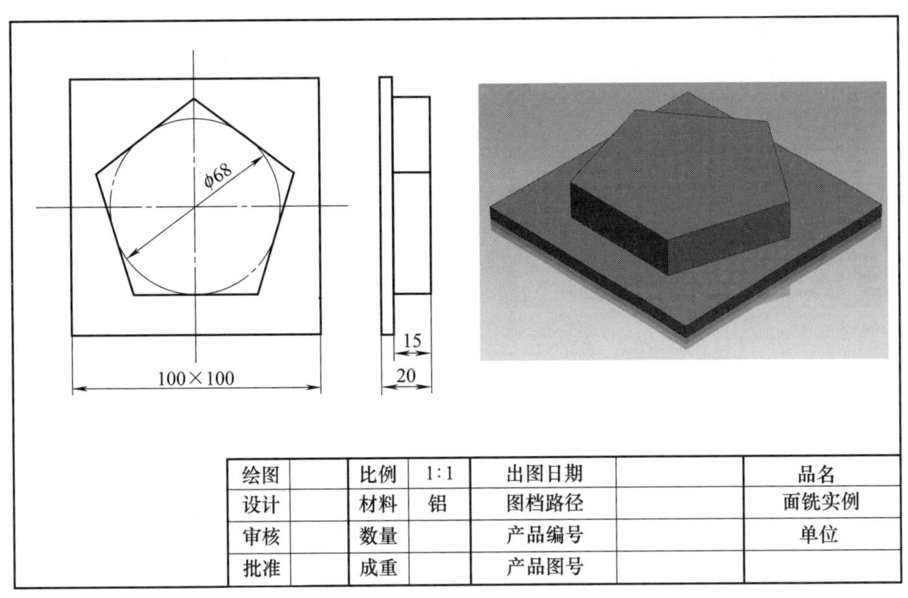

图 13-2 面铣实例零件图

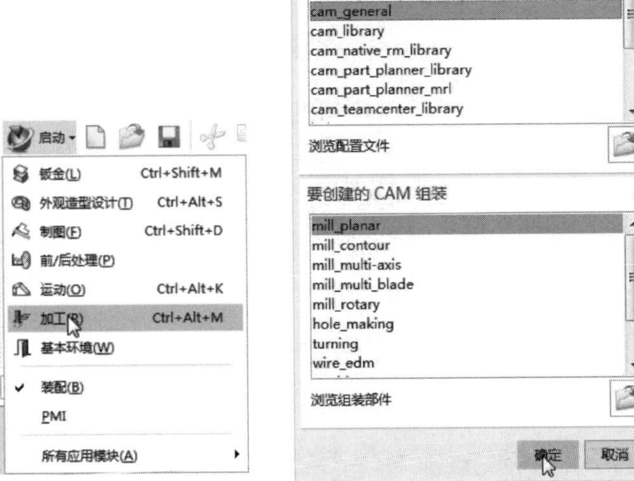

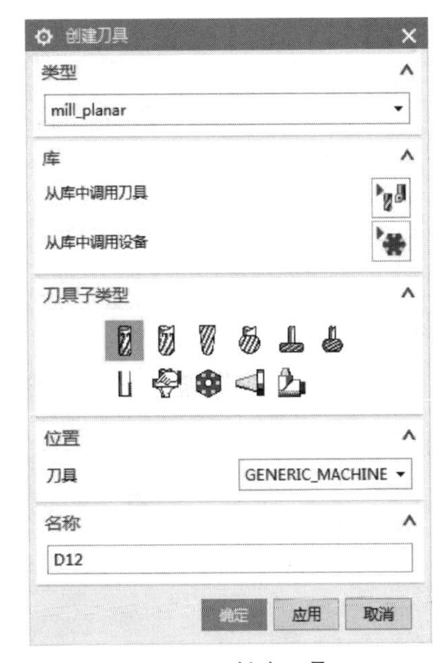

图 13-3 进入加工模块

图 13-4 加工环境

图 13-5 创建刀具

在【刀具设置】对话框中→【(D) 直径】“12”→【刀具号】“1”→【确定】(图 13-6)。

(4) 设置坐标系和创建毛坯

【几何视图】→双击【MCS _ MILL】 MCS_MILL →设定【安全距离】“2”→【确定】(图 13-7)。

点击【MCS _ MILL】前的【+】号，双击【WORKPIECE】→在【工件】对话框中→点击【指定部件】按钮→点击工件(图 13-8)。

点击【指定毛坯】按钮→在弹出的【毛坯几何体】对话框中→【类型】→选择“包容块”，设置最小化包容工件的毛坯(图 13-9)→毛坯设置的效果如图 13-10 所示→【确定】→【确定】。

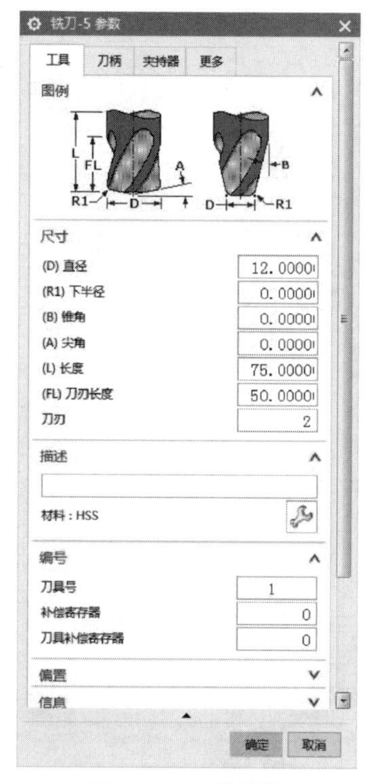

图 13-6 刀具设置

图 13-7 安全距离

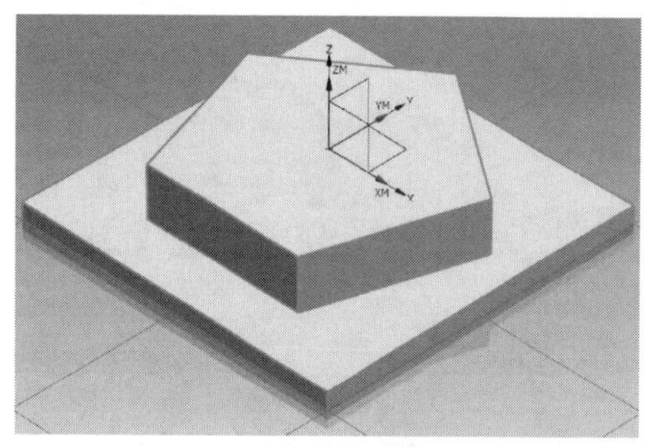

图 13-8 指定部件

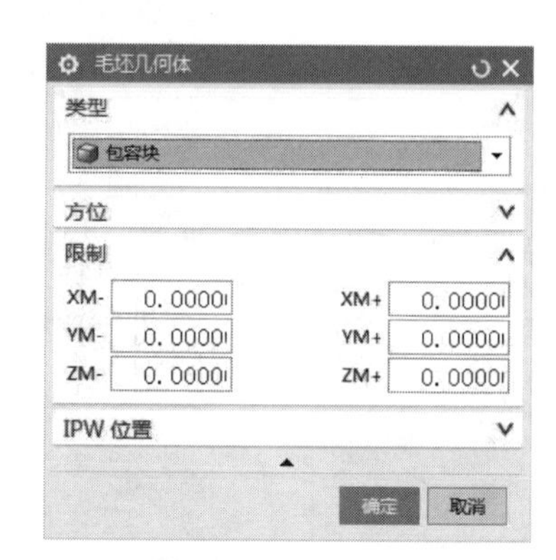

图 13-9 包容块

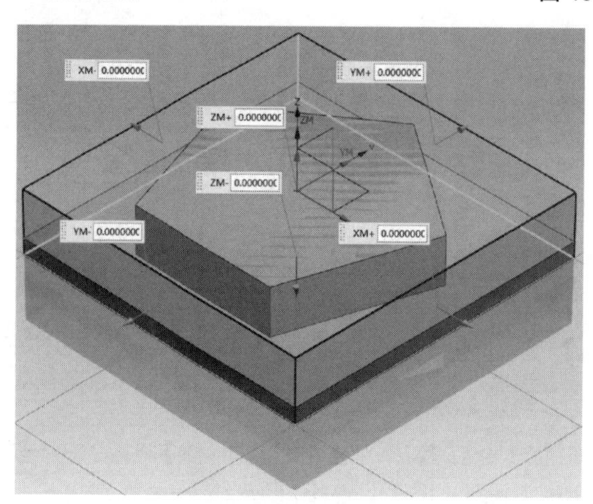

图 13-10 指定毛坯

13.2.2.2 φ12 平底刀五边形凸台区域的粗加工

(1) 选择粗加工方法

【程序顺序视图】→【创建工序】→弹出【创建工序】对话框→【类型】“mill _ planar”→【工序子类型】“面铣”→【程序】“PROGRAM”→【刀具】“D12”（铣刀-5 参数）→【几何体】“WORKPIECE”→【方法】“MILL _ ROUGH”→【名称】“cu”→【确定】（图 13-11）。

(2) 选择加工区域

在弹出的【面铣】对话框中→【指定面边界】→选择要加工的底面→【确定】（图 13-12）。

图 13-11 创建工序

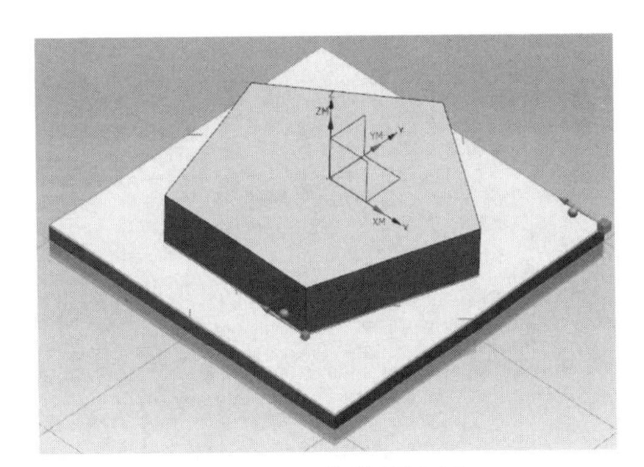

图 13-12 指定面边界

(3) 设置加工参数

【刀轨设置】栏中→【切削模式】“跟随部件”→【平面直径百分比】“80”→【毛坯距离】“15”→【每刀切削深度】“3”（图 13-13）。

(4) 设置加工余量

打开【切削参数】→【余量】→【部件余量】“0”→【最终底面余量】“0.3”→【确定】（图 13-14）。

图 13-13 设置加工参数

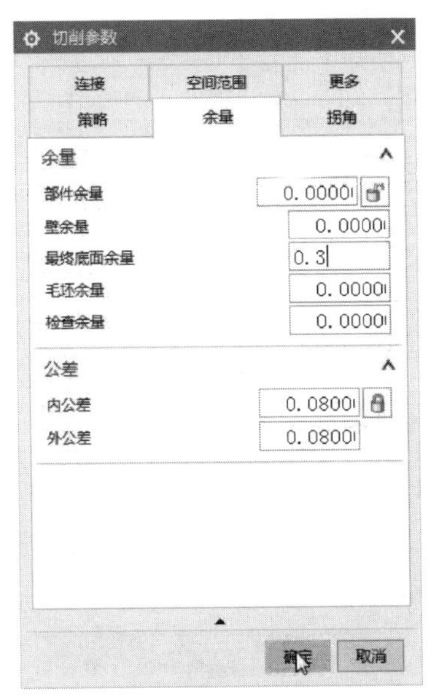

图 13-14 设置加工余量

(5) 设置进给率和主轴转速

打开【进给率和速度】→勾选【主轴速度(rpm)】“2000”→【进给率】【切削】“250”→【确定】(图 13-15)。

(6) 生成刀具路径

【操作】栏中→点击【生成刀具路径】，生成该步操作的刀具路径(图 13-16)。

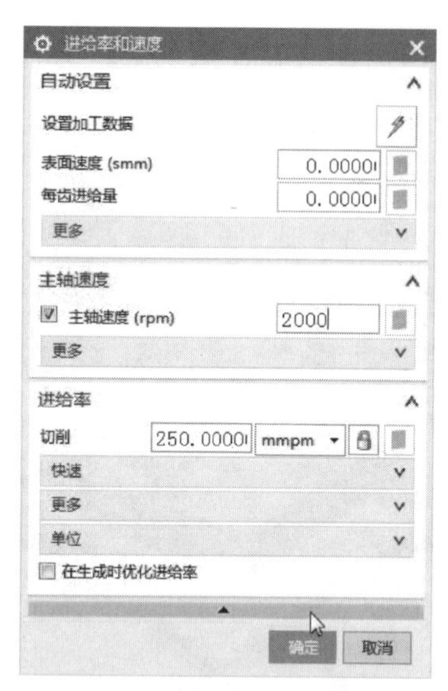

图 13-15 设置进给率和主轴转速

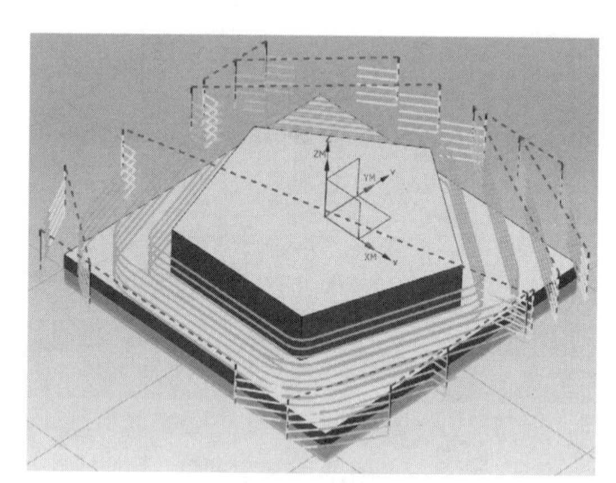
图 13-16 刀具路径

13.2.2.3 ϕ12mm 平底刀五边形凸台区域的精加工

(1) 选择精加工方法

【创建工序】→弹出【创建工序】对话框→【类型】“mill_planar”→【工序子类型】“面铣”→【程序】“PROGRAM”→【刀具】“D12(铣刀-5 参数)”→【几何体】“WORKPIECE”→【方法】“MILL_FINISH”精加工→【名称】“jing”→【确定】(图 13-17)。

(2) 选择加工区域

在弹出的【面铣】对话框中→【指定面边界】→选择要加工的底面→【确定】(图 13-18)。

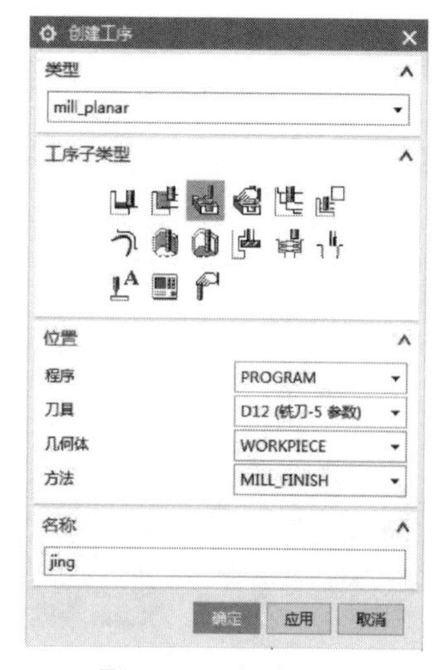

图 13-17 创建工序

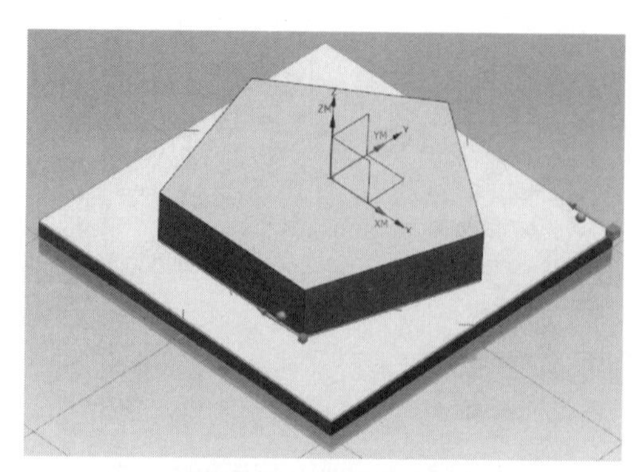
图 13-18 指定面边界

(3) 设置加工参数

【刀轨设置】栏中→【切削模式】“跟随部件”→【平面直径百分比】“80”→【毛坯距离】“0”→【每刀切削深度】“0”(图 13-19)。

(4) 设置加工余量

点击【切削参数】→【切削参数】对话框中→【余量】→由于是精加工的方式，因此默认【部件余量】为 0→【确定】(图 13-20)。

图 13-19 设置加工参数

图 13-20 设置加工余量

(5) 设置进给率和主轴转速

点击【进给率和速度】→【进给率和速度】对话框中→勾选【主轴速度 (rpm)】“3500”→【进给率】【切削】“150”→【确定】(图 13-21)。

(6) 生成刀具路径

【操作】栏中→点击【生成刀具路径】，生成该步操作的刀具路径(图 13-22)。

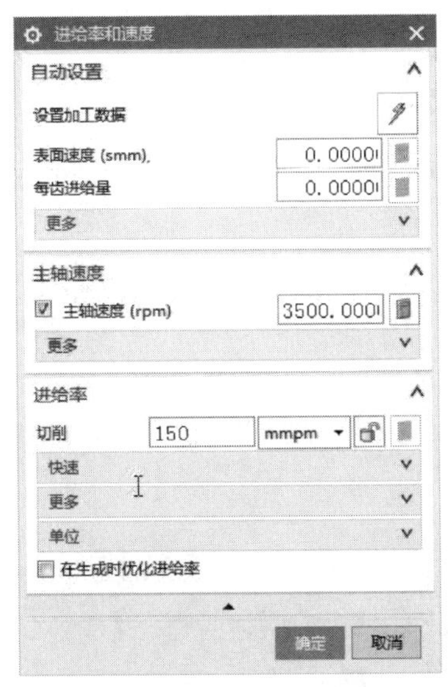

图 13-21 设置进给率和主轴转速

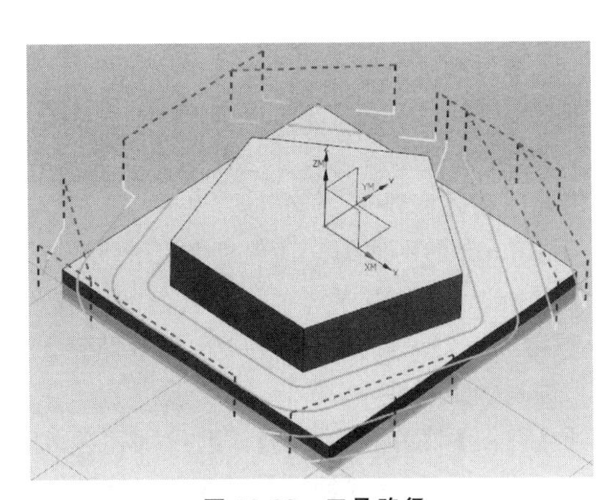

图 13-22 刀具路径

13.2.2.4 最终验证模拟

实体切削模拟验证：在左侧目录列表中选择操作 PROGRAM CU →点击【确认刀轨】按钮 确认刀轨 →在弹出的【刀轨可视化】对话框中→选择【2D 动态】→调整【动画速度】 →点击【播放】。

ϕ12mm 平底刀五边形凸台区域的粗加工如图 13-23 所示。

ϕ12mm 平底刀五边形凸台区域的精加工如图 13-24 所示。

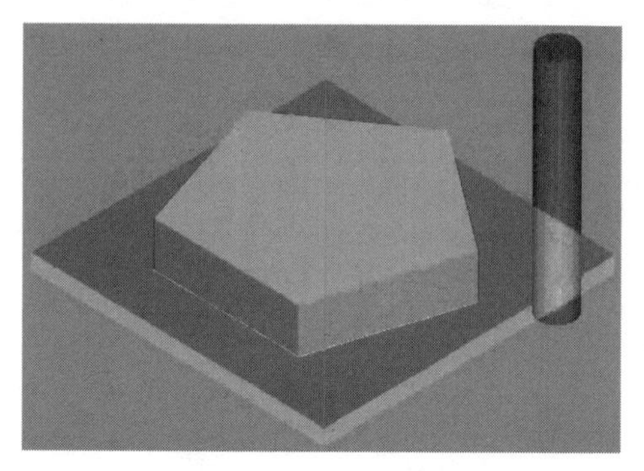

图 13-23 ϕ12mm 平底刀五边形凸台区域的粗加工

图 13-24 ϕ12mm 平底刀五边形凸台区域的精加工

13.3 平面铣

13.3.1 平面铣概述

平面铣是铣削加工中最常用的加工类型之一，一般用于直壁、水平底面二维零件的粗加工与精加工。平面铣削加工时刀具轴线方向相对工件不发生变化，属于固定轴铣，只能对侧面与底面垂直的加工部件进行加工。平面铣以边界来定义零件的几何体，这些边界通常是曲线，通过所指定的边界和底面的高度差来定义总的切削深度；刀具始终在边界的内侧或外侧。

13.3.2 平面铣实例

13.3.2.1 加工前的工艺分析与准备

(1) 工艺分析

该零件表面由连续的台阶平面构成，如图 13-25 所示。工件尺寸为 120mm×80mm×25mm，无尺寸公差要求。尺寸标注完整，轮廓描述清楚。零件材料为已经加工成形的标准铝块，无热处理和硬度要求。

① 用 ϕ6mm 的平底刀平面铣粗加工曲面的区域。

② 用 ϕ6mm 平底刀面铣精加工底面的区域。

③ 根据加工要求，共需产生 1 次刀具路径。

(2) 进入加工模块

打开【启动】菜单→【加工】，进入加工模块→打开【加工环境】对话框→【CAM 会话配置】“cam _ general”，【要创建的 CAM 组装】“mill _ planar”→【确定】。

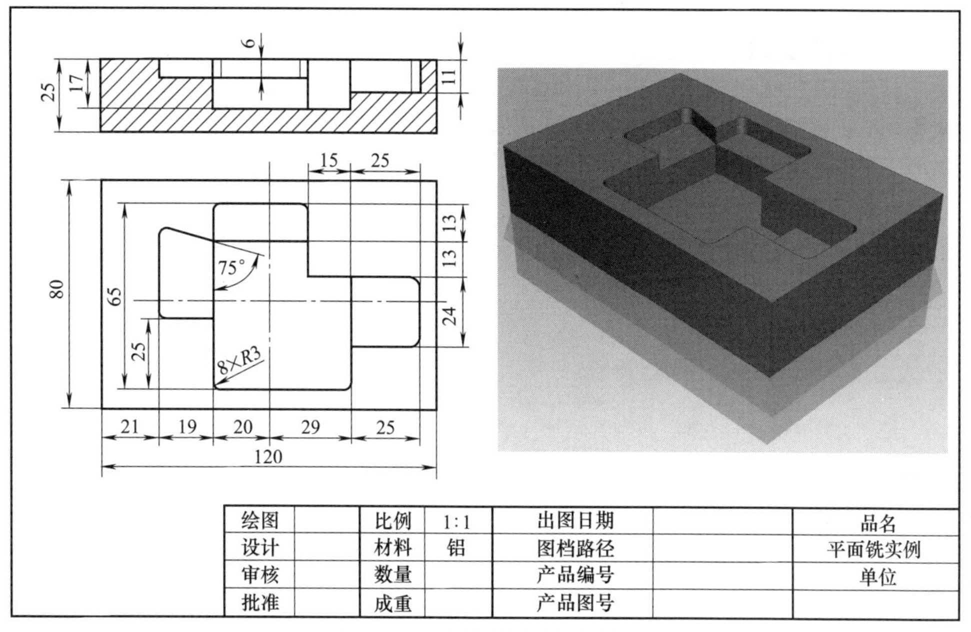

图 13-25　平面铣实例零件图

(3) 创建刀具

【机床视图】→【创建刀具】→选择“平底刀”→【名称】“D6”→在【刀具设置】对话框中→【(D) 直径】“6”→【刀具号】“1”→【确定】(图 13-26)。

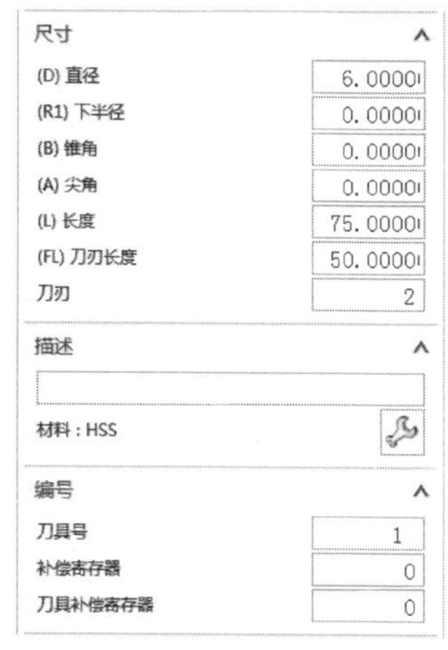

图 13-26　创建刀具

(4) 设置坐标系和创建毛坯

【几何视图】→双击【MCS_MILL】→设定【安全距离】“2”→点击【MCS_MILL】前的【+】号，双击【WORKPIECE】→在【工件】对话框中→点击【指定部件】按钮→点击工件（图 13-27）。

点击【指定毛坯】按钮→在弹出的【毛坯几何体】对话中→【类型】→选择“包容块”，设置最小化包容工件的毛坯→毛坯设置的效果如图 13-28 所示→【确定】→【确定】。

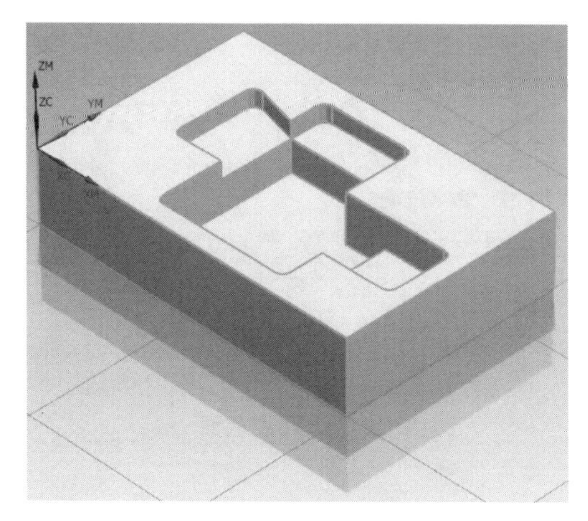

图 13-27　指定部件

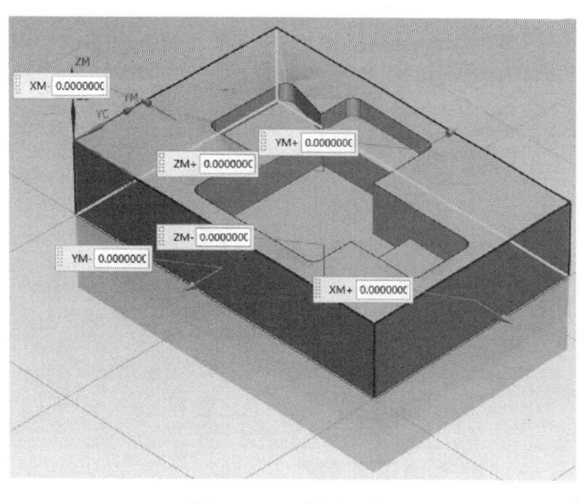

图 13-28　指定毛坯

13.3.2.2 ϕ6mm 平底刀平面铣粗加工平面的区域

(1) 选择粗加工方法

【程序顺序视图】→【创建工序】→弹出【创建工序】对话框→【类型】“mill _ planar”→【工序子类型】“平面铣”→【程序】“PROGRAM”→【刀具】“D6（铣刀-5 参数）”→【几何体】“WORKPIECE”→【方法】“MILL _ ROUGH”→【名称】“cu”→【确定】（图 13-29）。

(2) 选择加工区域

在弹出的【平面铣】对话框中→【指定部件面边界】→选择要包括顶面在内的所有待加工平面→【确定】（图 13-30）。

图 13-29 创建工序

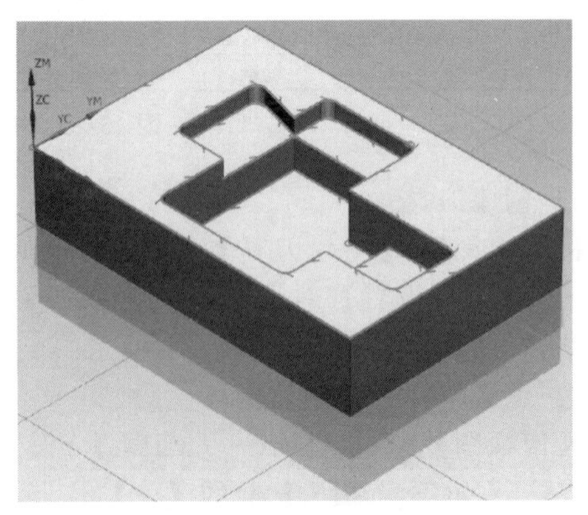

图 13-30 指定部件面边界

【指定毛坯边界】→勾选【忽略孔】复选框 忽略孔 →选择工件顶面，选取工件毛坯顶面四边→【确定】（图 13-31）。

【指定底面】→选择最低的代加工平面（图 13-32）。

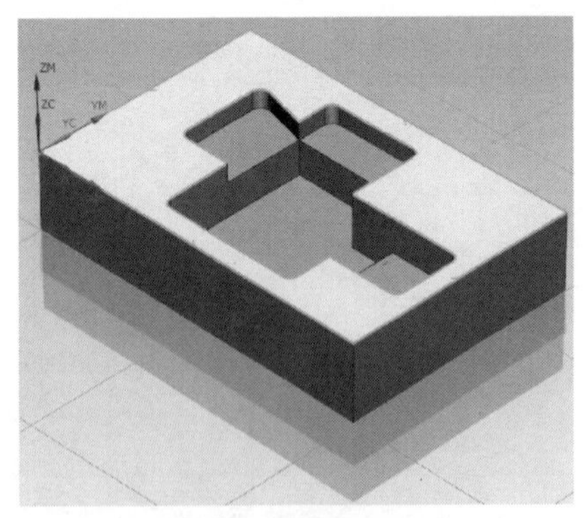

图 13-31 指定毛坯边界

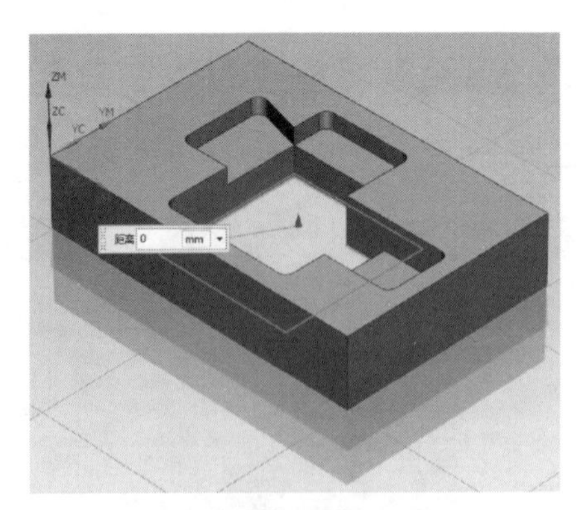

图 13-32 指定底面

(3) 设置加工参数

【刀轨设置】栏中→【切削模式】“跟随部件”→【平面直径百分比】“60”（图 13-33）。

(4) 设置切削用量

【切削层】→【每刀切削深度】【公共】“3”→【确定】(图 13-34)。

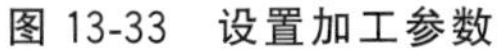
图 13-33 设置加工参数

图 13-34 设置切削用量

(5) 设置加工余量

点击【切削参数】→【切削参数】对话框中→【余量】→【部件余量】“0”→【最终底面余量】“0.3”→【确定】(图 13-35)。

(6) 设置进给率和主轴转速

点击【进给率和速度】→【进给率和速度】对话框中→勾选【主轴速度(rpm)】“2000”→【进给率】【切削】“250”→【确定】(图 13-36)。

图 13-35 设置加工余量

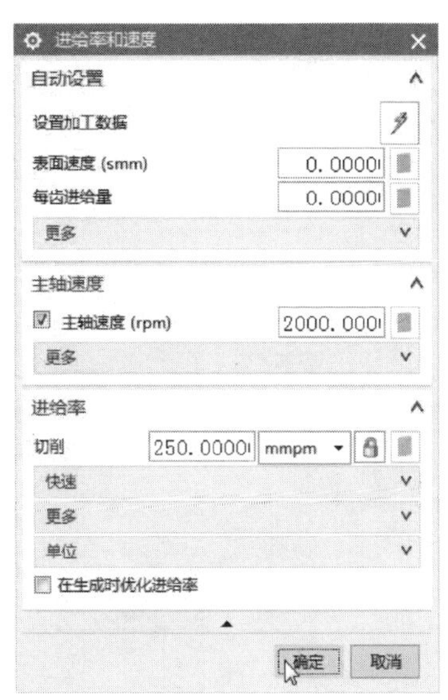

图 13-36 设置进给率和主轴转速

(7) 生成刀具路径

【操作】栏中→点击【生成刀具路径】，生成该步操作的刀具路径(图 13-37)。

13.3.2.3 ϕ6mm 平底刀面铣精加工底面的区域

(1) 选择精加工方法

点击【创建工序】→弹出【创建工序】对话框→【类型】“mill _ planar”→【工序子类型】“面铣”→【程序】“PROGRAM”→【刀具】“D6(铣刀-5 参数)”→【几何体】“WORKPIECE”→

【方法】“MILL _ FINISH”→【名称】“jing”→【确定】（图 13-38）。

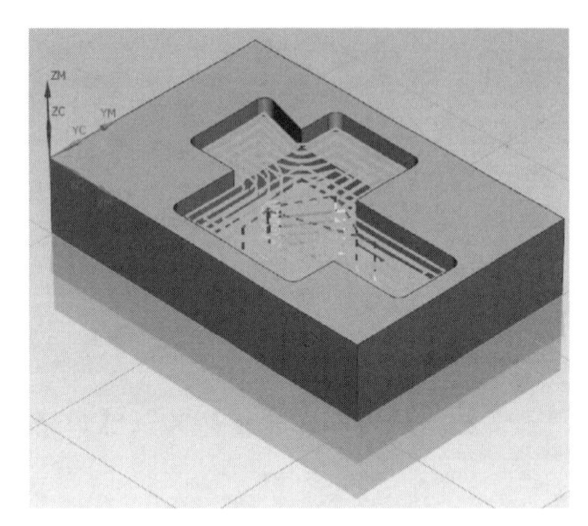

图 13-37　刀具路径

图 13-38　创建工序

(2) 选择加工区域

在弹出的【平面铣】对话框中→【指定面边界】→选择要加工的底面→【确定】（图 13-39）。

(3) 设置加工参数

【刀轨设置】栏中→【切削模式】“跟随周边”→【平面直径百分比】“75”→【毛坯距离】“0”→【每刀切削深度】“0”（图 13-40）。

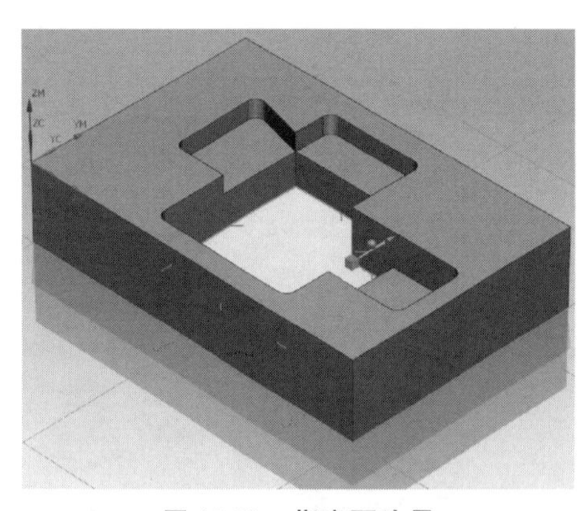

图 13-39　指定面边界

图 13-40　设置加工参数

(4) 设置进给率和主轴转速

点击【进给率和速度】→【进给率和速度】对话框中→勾选【主轴速度（rpm）】“3500”→【进给率】【切削】“150”→【确定】（图 13-41）。

(5) 生成刀具路径

【操作】栏中→点击【生成刀具路径】，生成该步操作的刀具路径（图 13-42）。

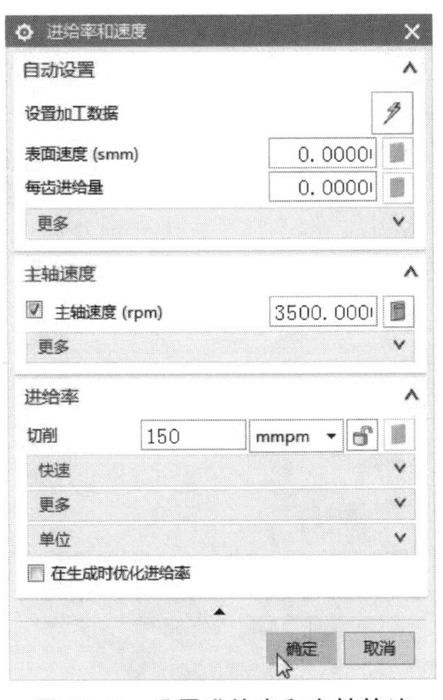

图 13-41　设置进给率和主轴转速

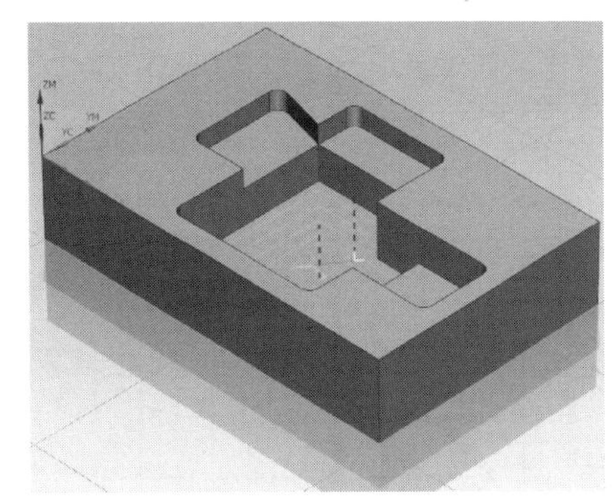

图 13-42　刀具路径

13.3.2.4　最终验证模拟

实体切削模拟验证：在左侧目录列表中选择操作→点击【确认刀轨】按钮→在弹出的【刀轨可视化】对话框中→选择【2D 动态】→调整【动画速度】→点击【播放】。

ϕ6mm 平底刀平面铣粗加工平面的区域如图 13-43 所示。

ϕ6mm 平底刀面铣精粗加工底面的区域如图 13-44 所示。

图 13-43　ϕ6mm 平底刀平面铣粗加工平面的区域

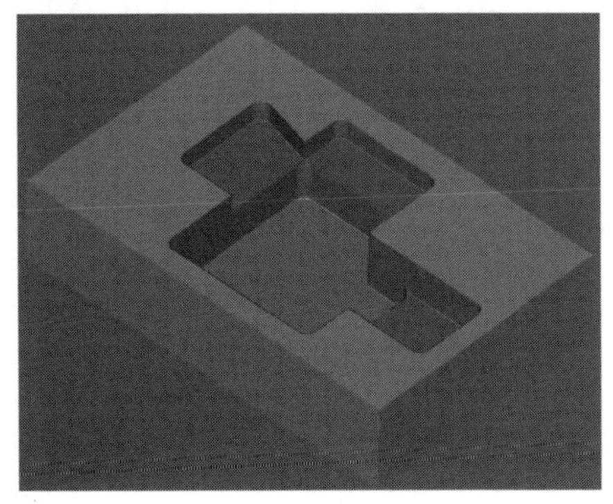

图 13-44　ϕ6mm 平底刀面铣精粗加工底面的区域

13.4　型腔铣

13.4.1　型腔铣概述

型腔铣用于粗加工型腔或型芯区域，多用于模具加工、复杂的零部件加工。它根据型腔或型芯的形状，将要切除的部位在深度方向上分成多个切削层进行切削，型腔铣可用于加工侧壁与底面不垂直的部位。

13.4.2 型腔铣实例

13.4.2.1 加工前的工艺分析与准备

(1) 工艺分析

该零件表面由1个曲面构成。工件尺寸为120mm×80mm（图13-45），无尺寸公差要求。尺寸标注完整，轮廓描述清楚。零件材料为已经加工成形的标准铝块，无热处理和硬度要求。

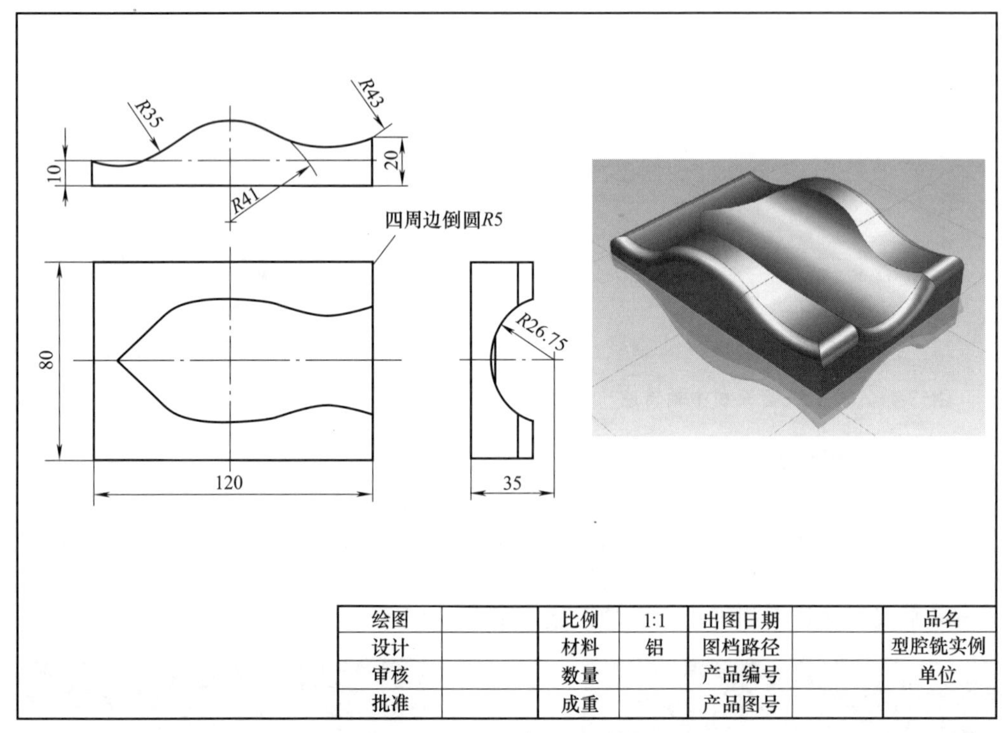

图13-45 型腔铣实例零件图

① 用ϕ16mm$R$2mm的圆角刀型腔铣粗加工曲面。

② 用ϕ8mm的球刀型腔铣半精加工曲面。

③ 根据加工要求，共需产生2次刀具路径。

(2) 进入加工模块

打开【启动】菜单→【加工】，进入加工模块→打开【加工环境】对话框→【CAM会话配置】“cam _ general”，【要创建的CAM组装】“mill _ contour”→确定（图13-46）。

图13-46 加工环境

(3) 创建刀具

【机床视图】→【创建刀具】→选择“平底刀”→【名称】“D16R2”，用修改刀具参数的方式来设置圆角刀（图13-47）。

在【刀具设置】对话框中→【（D）直径】“16”→【（R1）下半径】“2”→【刀具号】“1”→【确定】（图13-48）。

【创建刀具】→选择“平底刀”→【名称】“D8R4”，用修改刀具参数的方式来设置球刀（图13-49）。

创建刀具
类型
mill_contour
库
从库中调用刀具
从库中调用设备
刀具子类型
位置
刀具
GENERIC_MACHINE
名称
D16R2
确定
应用
取消

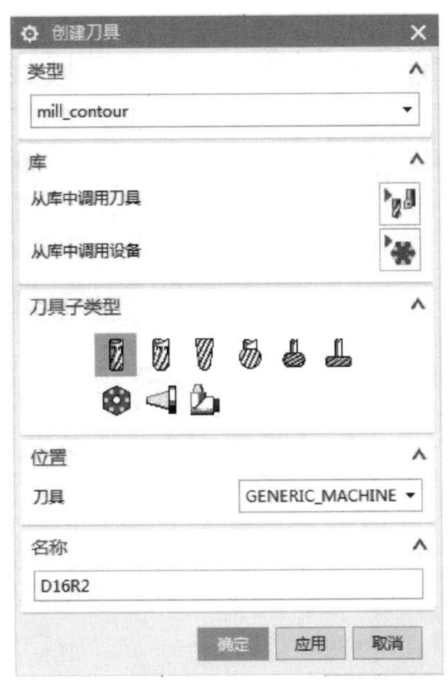

图 13-47　创建刀具

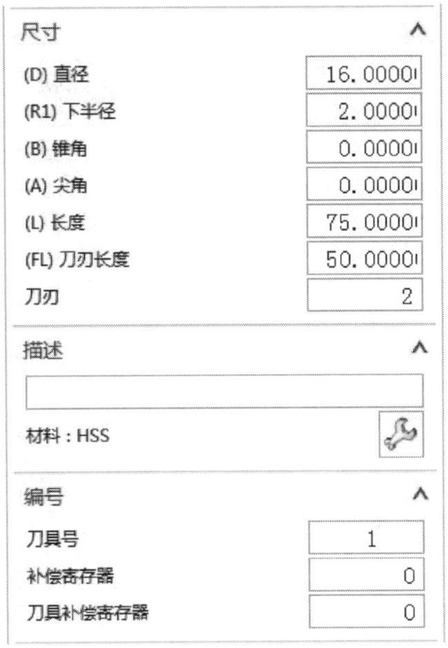

尺寸
(D) 直径
16.0000
(R1) 下半径
2.0000
(B) 锥角
0.0000
(A) 尖角
0.0000
(L) 长度
75.0000
(FL) 刀刃长度
50.0000
刀刃
2
描述
材料：HSS
编号
刀具号
1
补偿寄存器
0
刀具补偿寄存器
0

图 13-48　刀具设置

在【刀具设置】对话框中→【(D) 直径】“8”→【(R1) 下半径】“4”→【刀具号】“2”→【确定】(图 13-50)。

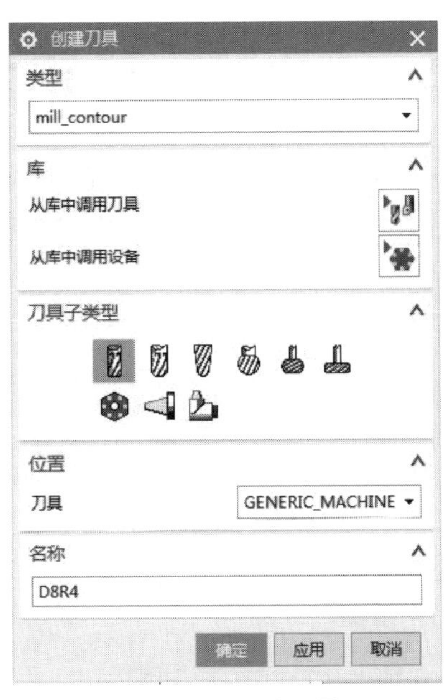

创建刀具
类型
mill_contour
库
从库中调用刀具
从库中调用设备
刀具子类型
位置
刀具
GENERIC_MACHINE
名称
D8R4
确定
应用
取消

图 13-49　创建刀具

尺寸
(D) 直径
8.0000
(R1) 下半径
4.0000
(B) 锥角
0.0000
(A) 尖角
0.0000
(L) 长度
75.0000
(FL) 刀刃长度
50.0000
刀刃
2
描述
材料：HSS
编号
刀具号
2
补偿寄存器
0
刀具补偿寄存器
0

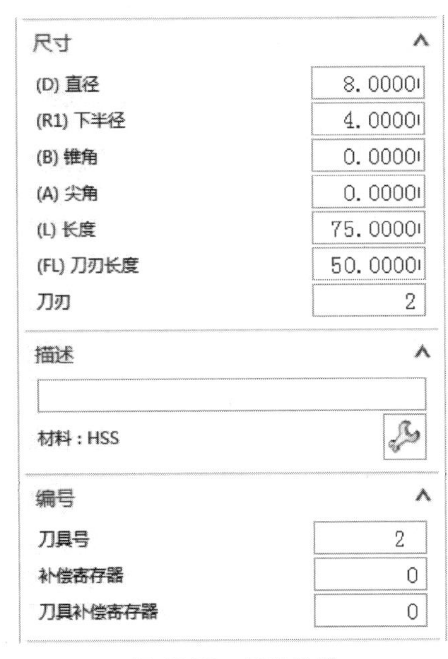

图 13-50　刀具设置

(4) 设置坐标系和创建毛坯

【几何视图】→双击【MCS_MILL】→设定【安全距离】“2”→点击【MCS_MILL】前的【+】号，双击【WORKPIECE】→在【工件】对话框中→点击【指定部件】按钮→点击工件(图 13-51)。

点击【指定毛坯】按钮→在弹出的【毛坯几何体】对话中→【类型】→选择“包容块”，设置最小化包容工件的毛坯→毛坯设置的效果如图 13-52 所示→【确定】→【确定】。

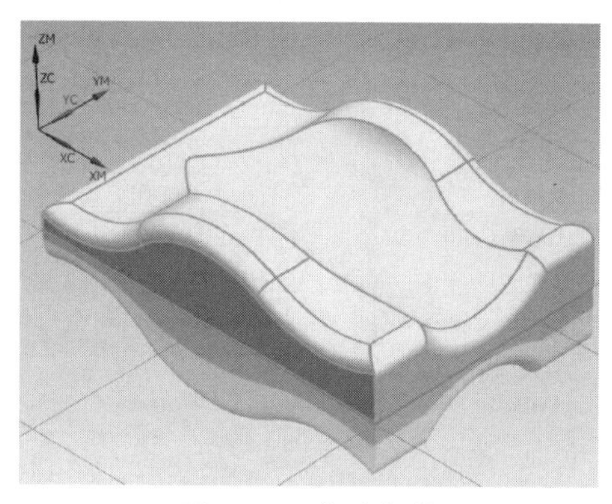

图 13-51 指定部件

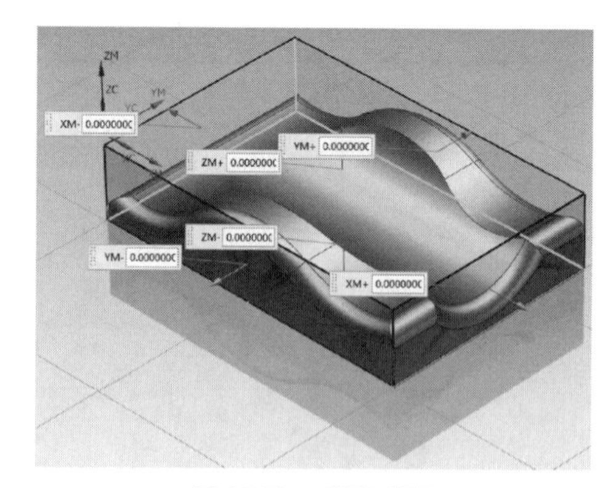

图 13-52 指定毛坯

13.4.2.2 ϕ16mm R2mm 的圆角刀型腔铣粗加工曲面

(1) 选择粗加工方法

【程序顺序视图】→【创建工序】→弹出【创建工序】对话框→【类型】“mill_contour”→【工序子类型】“型腔铣”→【程序】“PROGRAM”→【刀具】“D16R2（铣刀-5 参数）”→【几何体】“WORKPIECE”→【方法】“MILL_ROUGH”→【名称】“cu”→【确定】(图 13-53)。

(2) 选择加工区域

在弹出的【型腔铣】对话框中→【指定切削区域】→选择要加工的曲面→【确定】(图 13-54)。

(3) 设置加工参数

【刀轨设置】栏中→【切削模式】“跟随部件”→【平面直径百分比】“50”→【最大距离】“3”(图 13-55)。

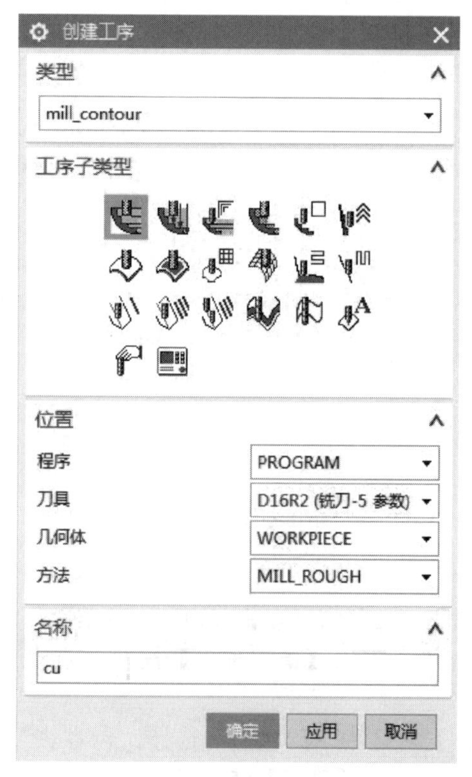

图 13-53 选择粗加工方法

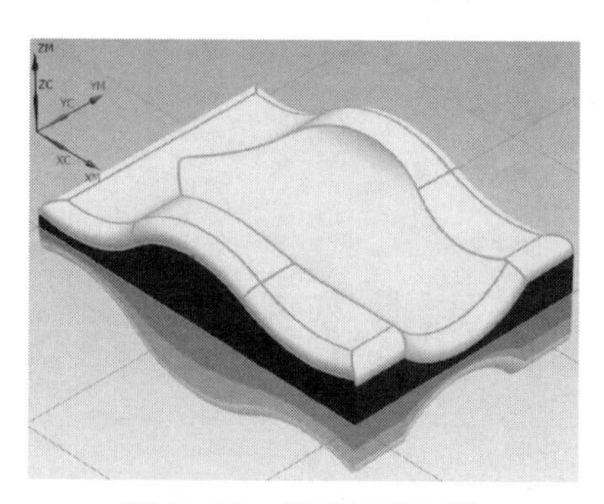

图 13-54 指定切削区域

图 13-55 设置加工参数

(4) 设置加工余量

点击【切削参数】→【切削参数】对话框中→【余量】→【部件侧面余量】“0.3”→【确定】(图 13-56)。

(5) 设置进给率和主轴转速

打开【进给率和速度】对话框→勾选【主轴速度(rpm)】“2000”→【进给率】【切削】“400”→【确定】(图 13-57)。

图 13-56 设置加工余量

图 13-57 设置进给率和主轴转速

(6) 生成刀具路径

【操作】栏中→点击【生成刀具路径】,生成该步操作的刀具路径(图 13-58)。

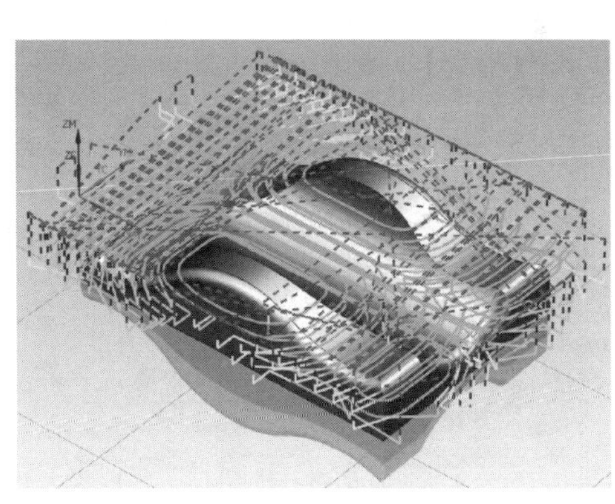

图 13-58 刀具路径

13.4.2.3 ϕ8mm 的球刀型腔铣半精加工曲面

(1) 选择半精加工方法

【程序顺序视图】→【创建工序】→弹出【创建工序】对话框→【类型】“mill _ contour”→【工序子类型】“型腔铣”→【程序】“PROGRAM”→【刀具】“D8R4(铣刀-5 参数)”→【几何体】“WORKPIECE”→【方法】“MILL _ FINISH”→【名称】“cu”→【确定】(图 13-59)。

(2) 选择加工区域

在弹出的【型腔铣】对话框中→【指定切削区域】→选择要加工的曲面→【确定】(图 13-60)。

(3) 设置加工参数

【刀轨设置】栏中→【切削模式】“跟随部件”→【平面直径百分比】“10”→【最大距离】“0.6”(图 13-61)。

(4) 设置加工余量和空间范围

点击【切削参数】→【切削参数】对话框中→【余量】,所有均设为“0”→【空间范围】【毛坯】【处理中的工件】“使用 3D”→【确定】(图 13-62)。

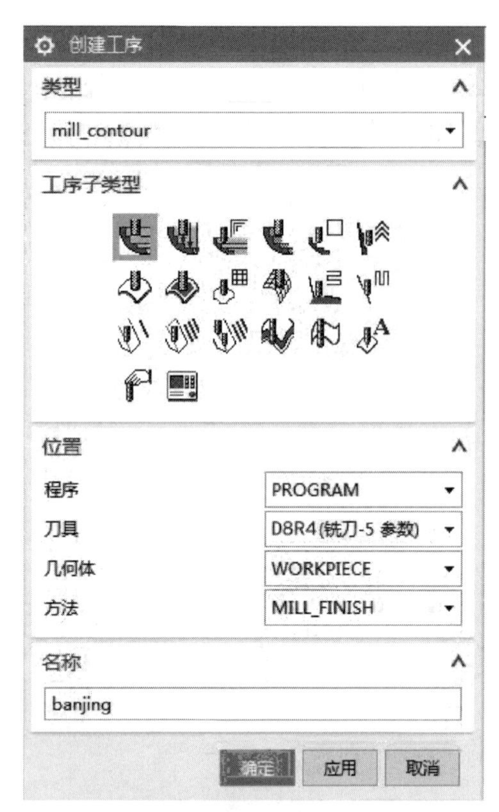

图 13-59　选择半精加工方法

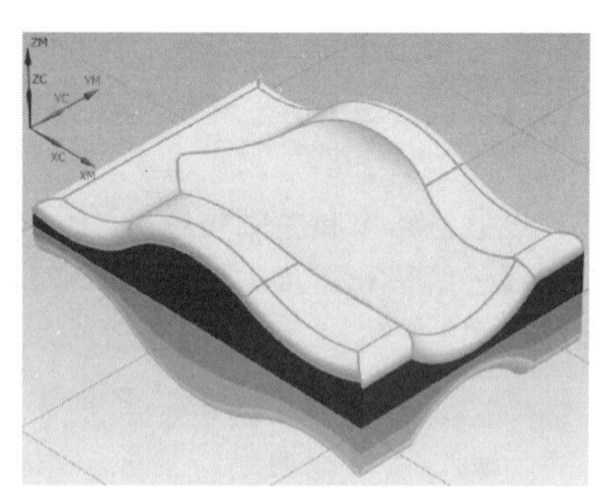

图 13-60　指定切削区域

图 13-61　设置加工参数

(5) 设置进给率和主轴转速

打开【进给率和速度】对话框→勾选【主轴速度（rpm)】“4000”→【进给率】【切削】“200”→【确定】(图 13-63)。

图 13-62　空间范围

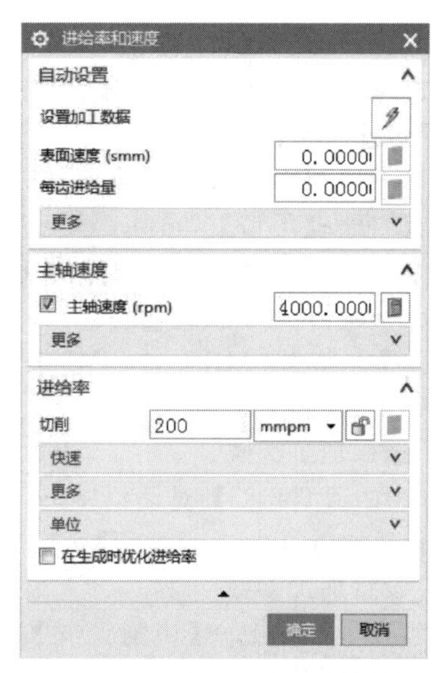

图 13-63　设置进给率和主轴转速

(6) 生成刀具路径

【操作】栏中→点击【生成刀具路径】，生成该步操作的刀具路径（图 13-64)。

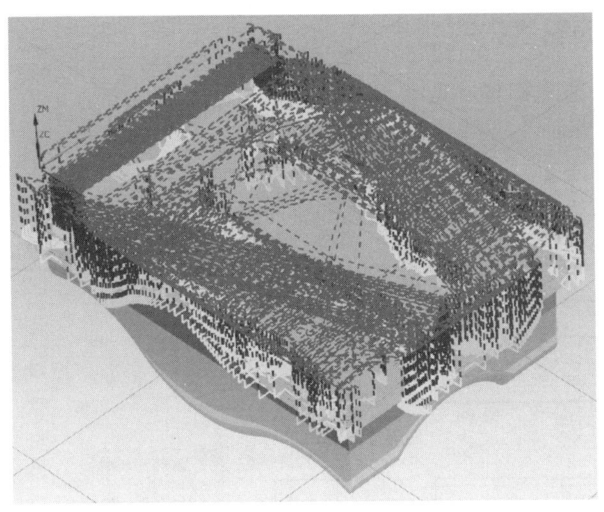

图 13-64 刀具路径

13.4.2.4 最终验证模拟

实体切削模拟验证：在左侧目录列表中选择操作→点击【确认刀轨】按钮→在弹出的【刀轨可视化】对话框中→选择【2D 动态】→调整【动画速度】→点击【播放】。

ϕ16mm R2mm 的圆角刀型腔铣粗加工曲面如图 13-65 所示。

ϕ8mm 的球刀型腔铣半精加工曲面如图 13-66 所示。

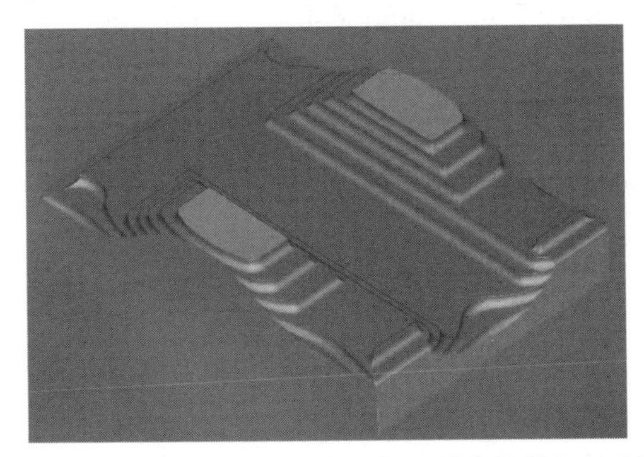

图 13-65 ϕ16mm R2mm 的圆角刀型腔铣粗加工曲面

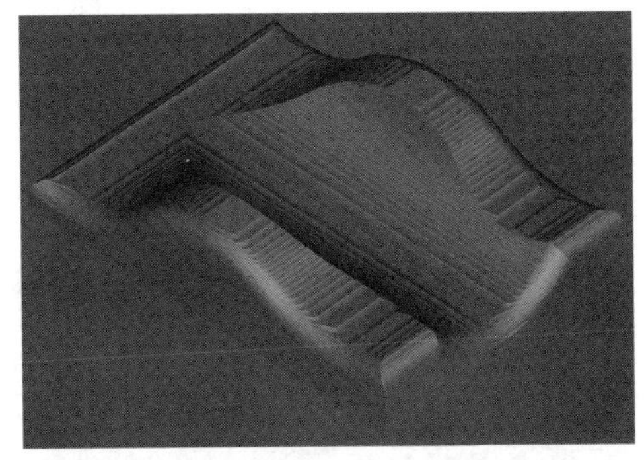

图 13-66 ϕ8mm 的球刀型腔铣半精加工曲面

13.5 固定轴曲面轮廓铣

13.5.1 固定轴曲面轮廓铣概述

固定轴曲面轮廓铣是 UG NX 中用于曲面精加工的主要加工方式。其刀具路径是由投影驱动点到零件表面而产生的。

固定轴曲面轮廓铣的主要控制要素为驱动图形，系统在图形及边界上建立一系列的驱动点，并将点沿着指定向量的方向投影到零件表面，产生刀轨。

固定轴曲面轮廓铣通常用于半精加工或者精加工程序，选择不同的驱动方式，并设置不同的驱动参数，将可以获得不同的刀轨形式。

13.5.2 固定轴曲面轮廓铣实例

13.5.2.1 加工前的工艺分析与准备

(1) 工艺分析

该零件表面由 1 个曲面构成。工件尺寸为 120mm×80mm（图 13-67），无尺寸公差要求。尺寸标注完整，轮廓描述清楚。零件材料为已经加工成形的标准铝块，无热处理和硬度要求。

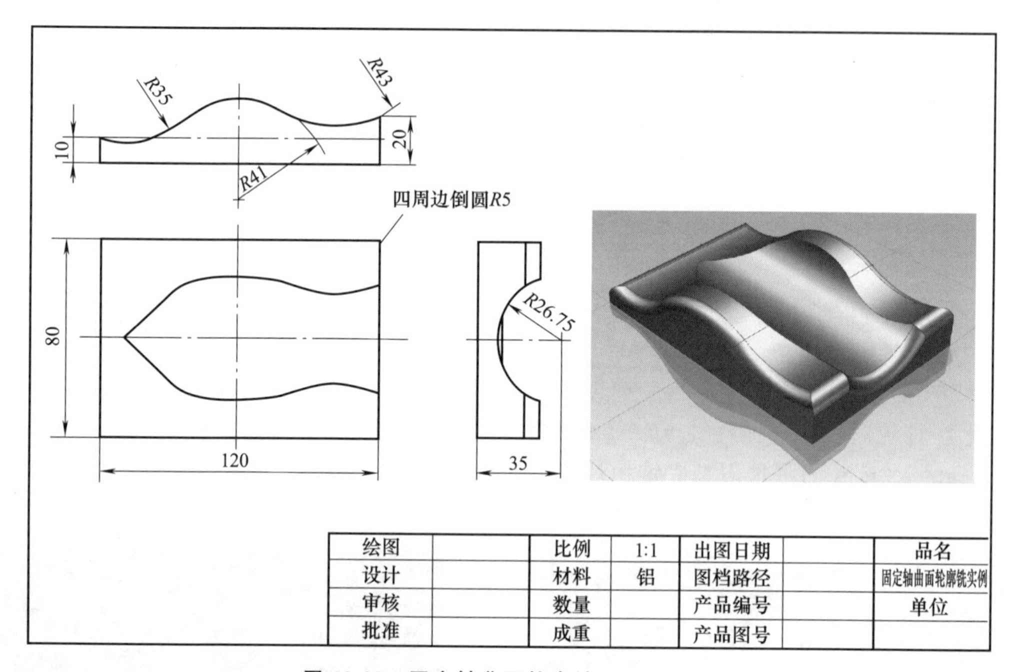

图 13-67 固定轴曲面轮廓铣实例零件图

① 用 ϕ8mm 的球刀固定轴曲面轮廓铣精加工曲面。

② 根据加工要求，共需产生 1 次刀具路径。

(2) 前期准备工作

图形的导入→打开之前已做好粗加工和半精加工的工件，进行实体验证模拟，观察粗加工后毛坯剩余状况，如图 13-68 所示。

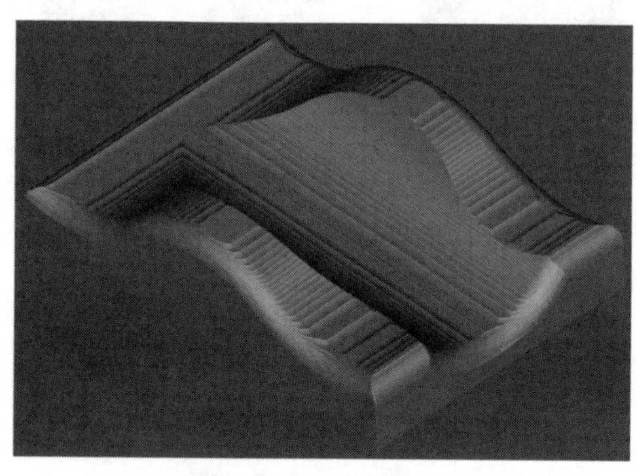

图 13-68 实体验证

13.5.2.2 ϕ8mm 的球刀固定轴曲面轮廓铣精加工曲面

(1) 选择精加工方法

【程序顺序视图】→【创建工序】→弹出【创建工序】对话框→【类型】“mill _ contour”→【工序子类型】“固定轴曲面轮廓铣”→【程序】“PROGRAM”→【刀具】“D8R4（铣刀-5 参数）”→【几何体】“WORKPIECE”→【方法】“MILL _ FINISH”→【名称】“jing”→【确定】（图 13-69）。

(2) 选择加工区域

在弹出的【固定轮廓铣】对话框中→【指定切削区域】→选择要加工的曲面→【确定】（图 13-70）。

(3) 设置驱动方法及加工参数设置

【驱动方法】栏中→【方法】“区域铣削”（图 13-71）。

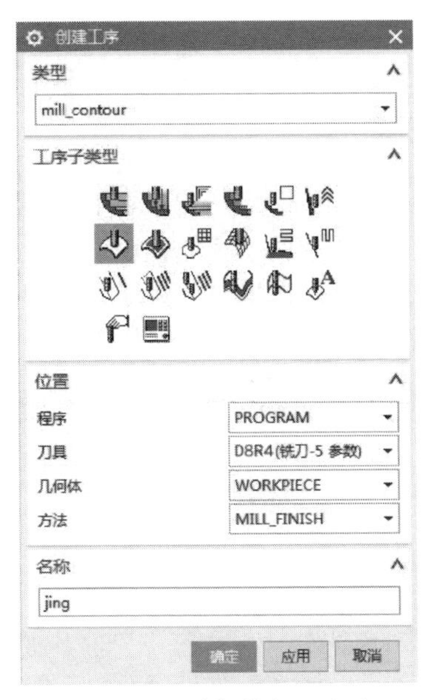

图 13-69　选择精加工方法

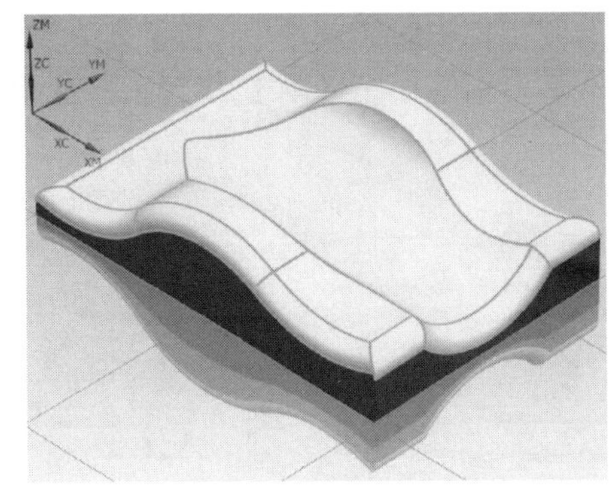

图 13-70　指定切削区域

在弹出的【区域铣削驱动方法】对话框中→【非陡峭切削模式】“往复”→【平面直径百分比】“8”→【剖切角】“指定”→【与 XC 的夹角】“26”→【确定】（图 13-72）。

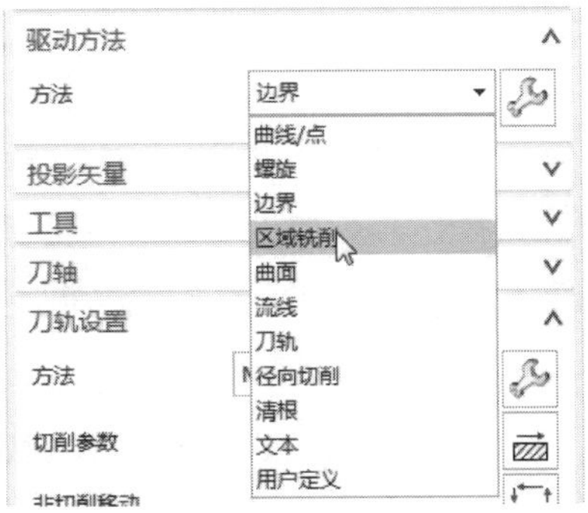

图 13-71　设置驱动方法

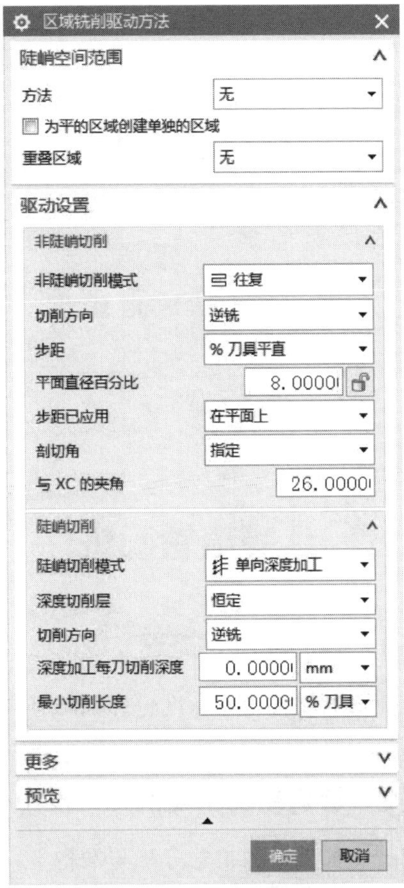

图 13-72　加工参数设置

(4) 设置进给率和主轴转速

打开【进给率和速度】对话框→勾选【主轴速度(rpm)】"4000"→【进给率】【切削】"150"→【确定】(图 13-73)。

(5) 生成刀具路径

【操作】栏中→点击【生成刀具路径】,生成该步操作的刀具路径(图 13-74)。

13.5.2.3 最终验证模拟

实体切削模拟验证:在左侧目录列表中选择操作→点击【确认刀轨】按钮→在弹出的【刀轨可视化】对话框中→选择【2D 动态】→调整【动画速度】→点击【播放】,如图 13-75 所示。

图 13-73 设置进给率和主轴转速

图 13-74 刀具路径

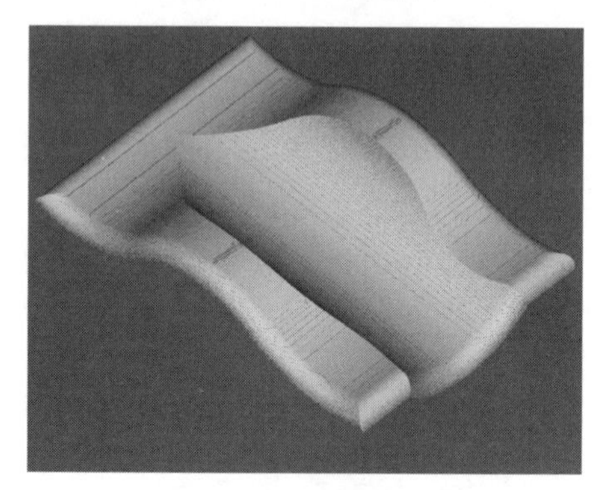

图 13-75 实体切削模拟验证

13.6 等高轮廓铣

13.6.1 等高轮廓铣概述

等高轮廓铣又叫作深度轮廓加工,是一种特殊的型腔铣操作,只加工零件实体轮廓与表面轮廓,与型腔铣中指定为轮廓铣削的方式加工类似。等高轮廓铣通常用于陡峭侧壁的精加工。

13.6.2 等高轮廓铣实例

13.6.2.1 加工前的工艺分析与准备

(1) 工艺分析

该零件表面由扇形凹槽构成。工件尺寸为 100mm×100mm×70mm(图 13-76 等高轮廓铣实例零件图)，无尺寸公差要求。尺寸标注完整，轮廓描述清楚。零件材料为已经加工成形的标准铝块，无热处理和硬度要求。

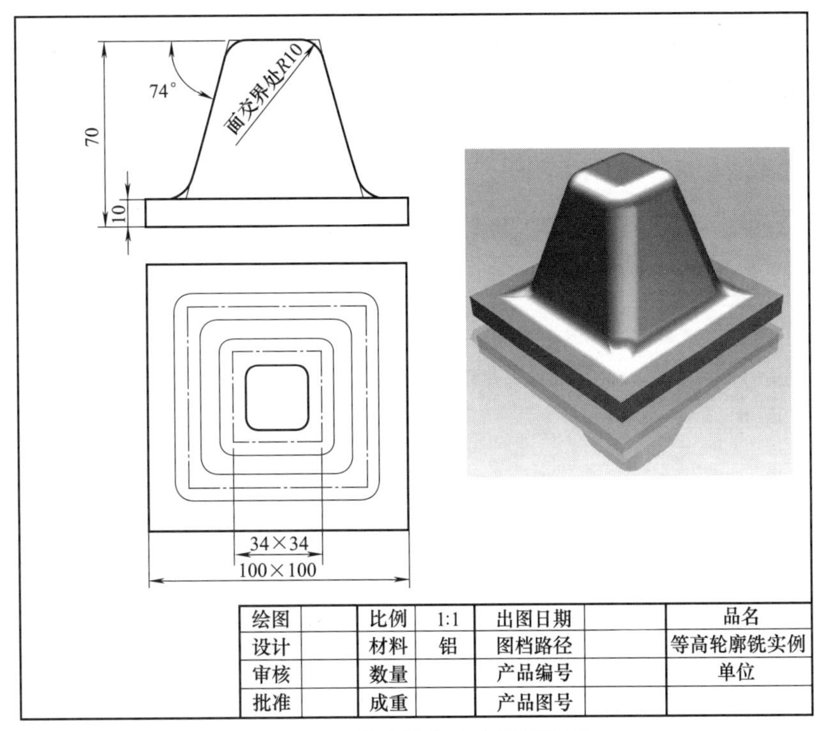

图 13-76　等高轮廓铣实例零件图

① 用 ϕ8mm 球刀深度轮廓精加工曲面陡峭区域。

② 根据加工要求，共需产生 1 次刀具路径。

(2) 前期准备工作

图形的导入→打开之前已做好粗加工和半精加工的工件，进行实体验证模拟，观察粗加工后毛坯剩余状况，如图 13-77 所示。

(3) 设置刀具

在【刀具设置】对话框中→【(D) 直径】“8”→【(R1) 下半径】“4”→【刀具号】“2”→【确定】(图 13-78)。

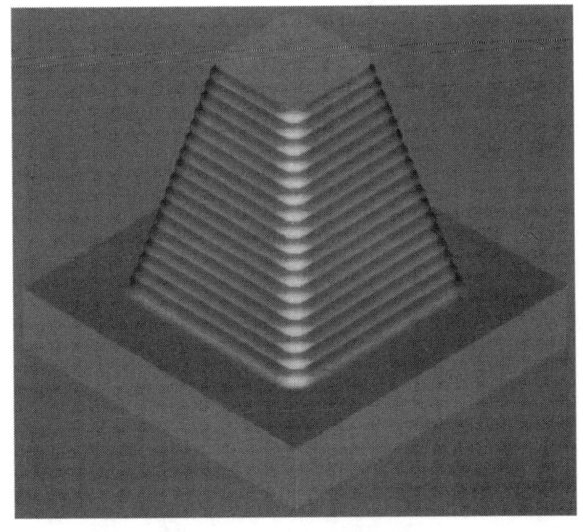

图 13-77　实体验证

图 13-78　设置刀具

13.6.2.2 ϕ8mm 的球刀固定轴曲面轮廓铣精加工曲面

(1) 选择精加工方法

【程序顺序视图】→【创建工序】→弹出【创建工序】对话框→【类型】“mill _ contour”→【工序子类型】“深度轮廓加工”（等高轮廓铣）→【程序】“PROGRAM”→【刀具】“D8R4（铣刀-5 参数）”→【几何体】“WORKPIECE”→【方法】“MILL _ FINISH”→【名称】“jing”→【确定】（图 13-79）。

(2) 选择加工区域

在弹出的【深度轮廓加工】对话框中→【指定切削区域】→选择要加工的陡峭曲面→【确定】（图 13-80）。

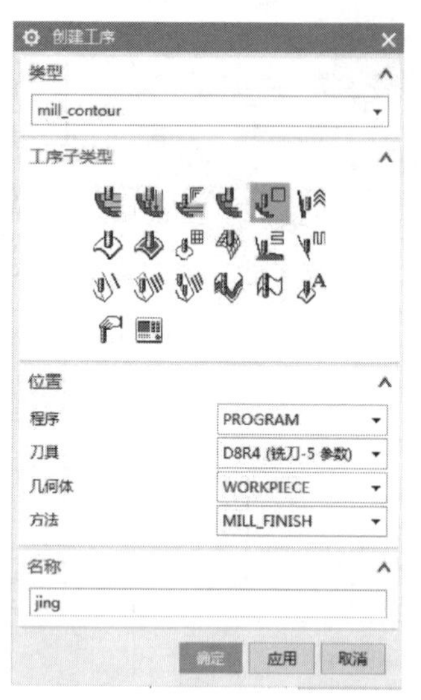

图 13-79 选择精加工方法

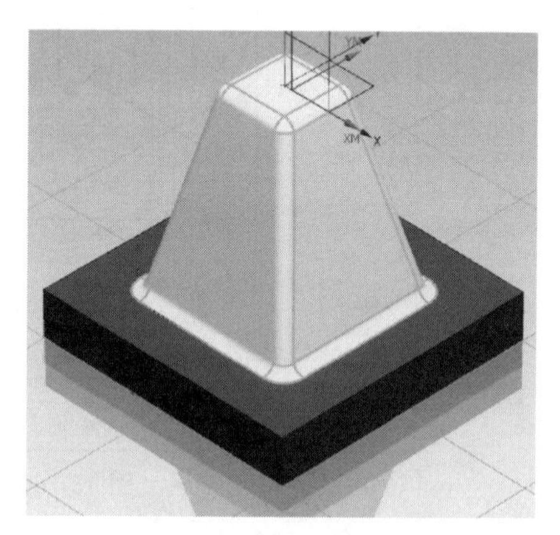

图 13-80 指定切削区域

(3) 设置加工参数

在弹出的【深度轮廓加工】对话框中→【刀轨设置】栏→【最大距离】“0.3”（图 13-81）。

(4) 设置进给率和主轴转速

打开【进给率和速度】对话框→勾选【主轴速度（rpm）】“4000”→【进给率】【切削】“200”→【确定】（图 13-82）。

图 13-81 设置加工参数

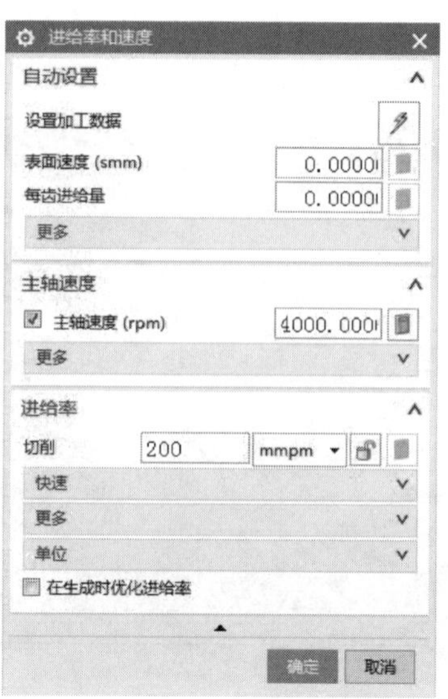

图 13-82 设置进给率和主轴转速

(5) 生成刀具路径

【操作】栏中→点击【生成刀具路径】，生成该步操作的刀具路径（图 13-83）。

13.6.2.3 最终验证模拟

实体切削模拟验证：在左侧目录列表中选择操作→点击【确认刀轨】按钮→在弹出的【刀轨可视化】对话框中→选择【2D 动态】→调整【动画速度】→点击【播放】，如图 13-84 所示。

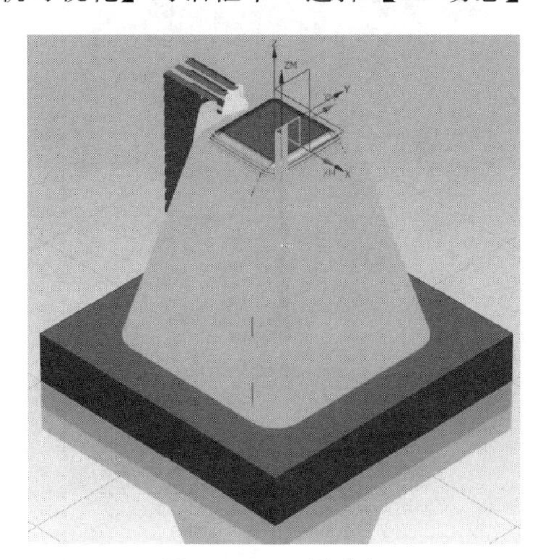

图 13-83 刀具路径

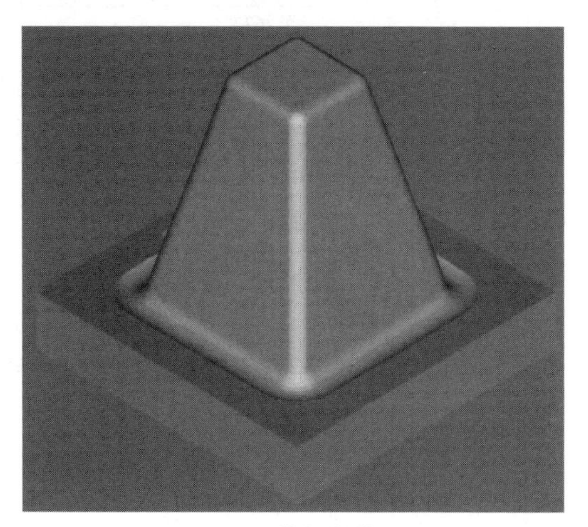

图 13-84 实体切削模拟验证

13.7 数控加工实例——固定镶件的加工

13.7.1 知识提要

通过本实例，掌握数控零件的不同加工方法的配合使用，熟悉关于切削层的调整、倒角的切削方法。

13.7.2 程序编制

13.7.2.1 加工前的工艺分析与准备

(1) 工艺分析

由图 13-85 我们可以看出图形的基本的形状，中间由一连串的孔组成，在中间的靠右侧的区域有一个凸起来的圆弧的形状，四周是一个很薄的带有倒角的薄壁区域，工件底部的类似于底座上也有倒角的区域。

工件尺寸为 175mm×125mm，无尺寸公差要求。尺寸标注完整，轮廓描述清楚。零件材料为已经加工成形的标准铝块，无热处理和硬度要求。

① 用 ϕ10mm 的平底刀型腔铣粗加工；

② 用 ϕ5mm 的平底刀型腔铣半精加工剩余的区域；

③ 用 ϕ5mm 的平底刀型腔铣加工孔；

④ 用 ϕ6mm 的球刀深度轮廓精加工球形曲面的区域；

⑤ 用 ϕ10mm 的 45°倒角刀固定轴曲面轮廓加工第一层的 C2mm 倒角区域；

⑥ 用 ϕ6mm 的 45°倒角刀固定轴曲面轮廓加工第二层的 C2mm 倒角区域；

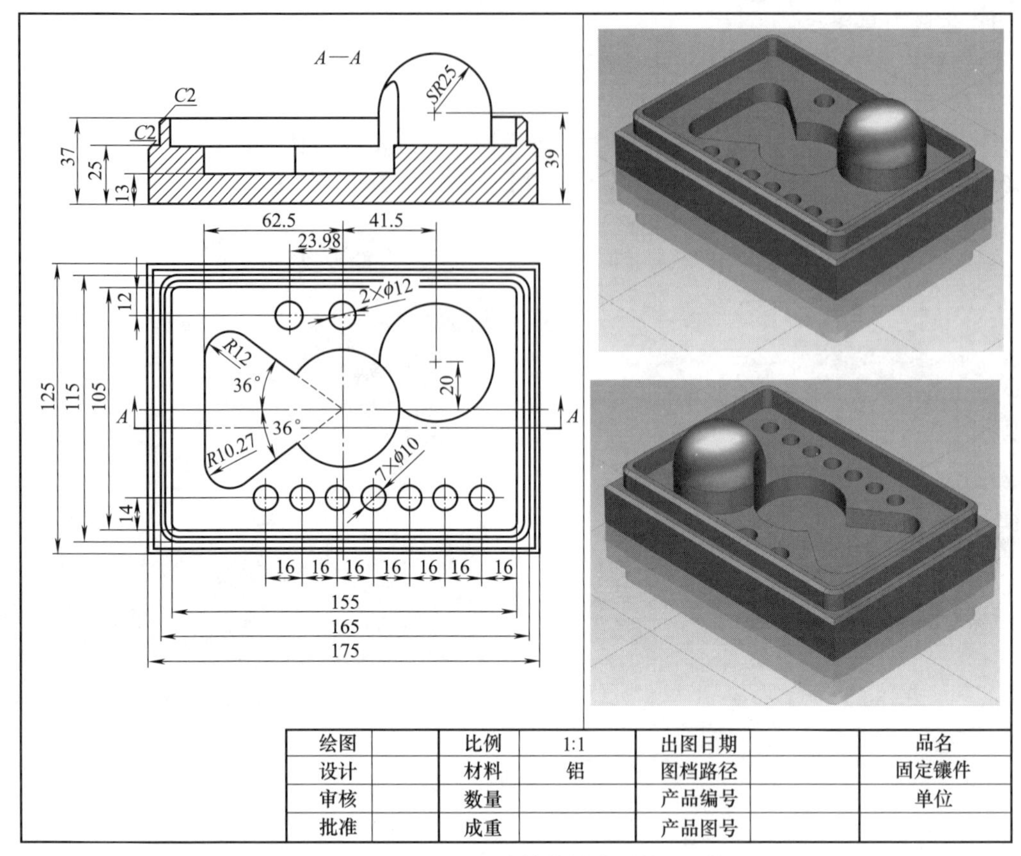

图 13-85　固定镶件模块零件

⑦ 根据加工要求，共需产生 6 次刀具路径。

(2) 绘制辅助图形

进入【建模】模块→【草图】中绘制如图 13-86 所示的圆形，使之作为加工坐标系的原点，完成后的效果，如图 13-87 所示。

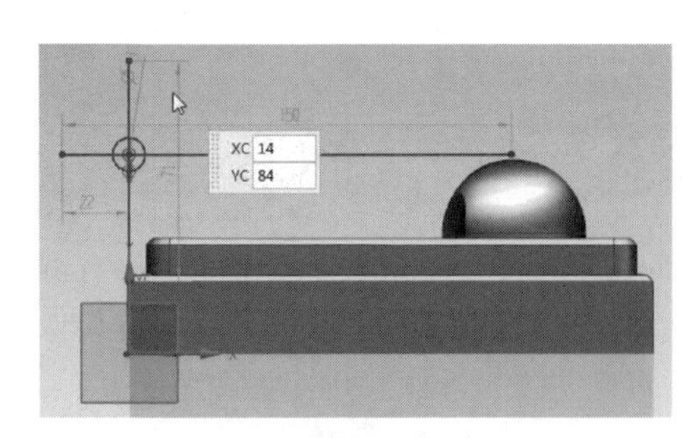

图 13-86　草图中绘制辅助图形

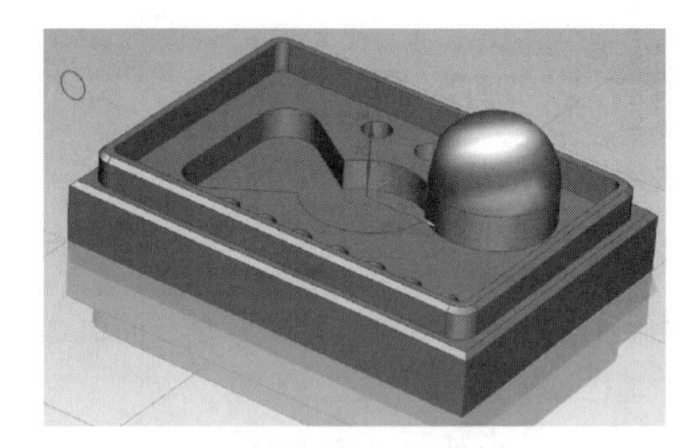

图 13-87　完成后的效果

(3) 进入加工模块

打开【启动】菜单→【加工】，进入加工模块→打开【加工环境】对话框→【CAM 会话配置】“cam _ general”，【要创建的 CAM 组装】“mill _ contour”→【确定】。

(4) 创建刀具

【机床视图】→【创建刀具】→选择“平底刀”→【名称】“D10”→在【刀具设置】→对话框中→【(D) 直径】“10”→【刀具号】“1”→【确定】(图 13-88)。

【创建刀具】→选择“平底刀”→【名称】“D5”→在【刀具设置】对话框中→【（D）直径】“5”→【刀具号】“2”→【确定】（图 13-89）。

【创建刀具】→选择“平底刀”→【名称】“D6R3”→在【刀具设置】对话框中→【（D）直径】“6”→【(R1) 下半径】“3”→【刀具号】“3”→【确定】（图 13-90）。

图 13-88 刀具设置（一）

图 13-89 刀具设置（二）

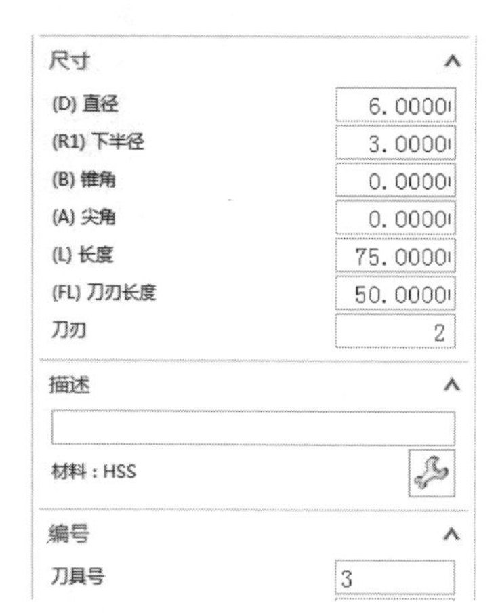

图 13-90 刀具设置（三）

【创建刀具】→【类型】“hole _ making”→选择“倒角刀”→【名称】“D10-45”（表示 ϕ10mm、角度为 45°）→在【刀具设置】对话框中→【(D) 直径】“10”→【（IA）夹角】“90”→【刀具号】“4”→【确定】（图 13-91 和图 13-92）。

【创建刀具】→【类型】“hole _ making”→选择【倒角刀】→【名称】“D6-45”→在【刀具设置】对话框中→【(D) 直径】“6”→【(IA) 夹角】“90”→【刀具号】“5”→【确定】（图 13-93）。

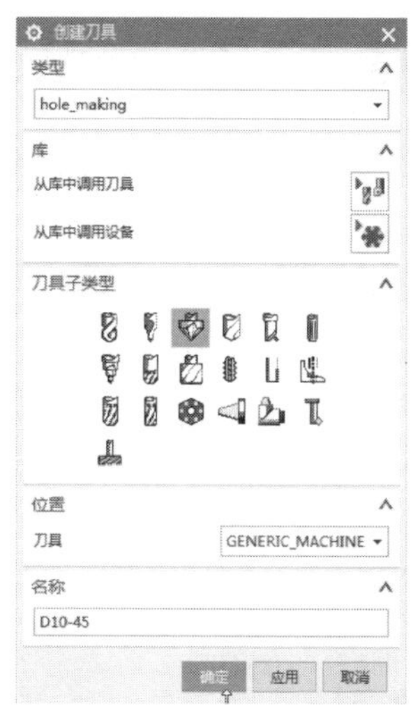

图 13-91 创建刀具

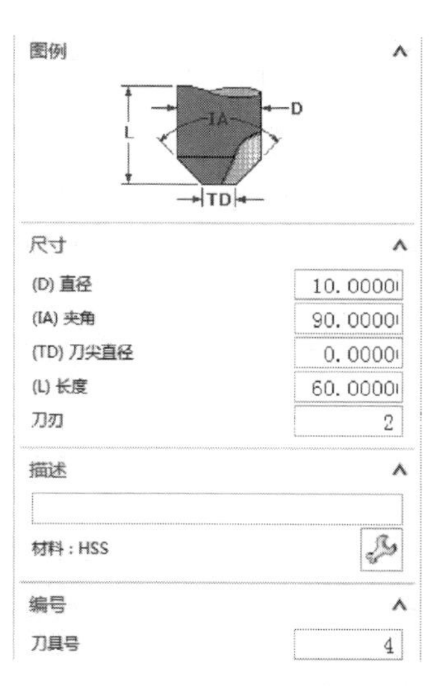

图 13-92 刀具设置（四）

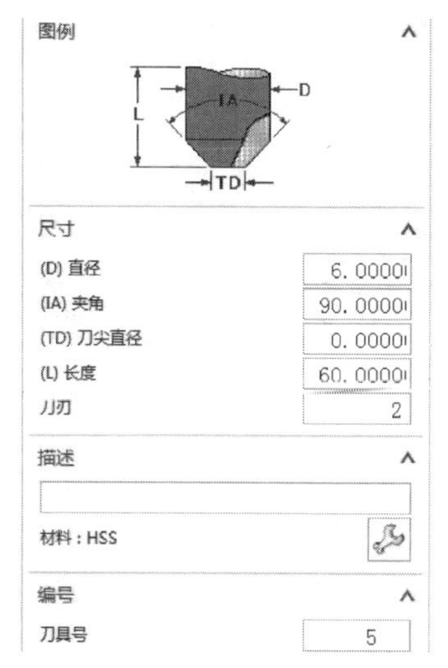

图 13-93 刀具设置（五）

(5) 设置坐标系和创建毛坯

【几何视图】→双击【MCS _ MILL】→【MCS 坐标系】→点击圆心，将加工坐标系移动到圆心位置→设定【安全距离】“2”（图 13-94）。

点击【MCS _ MILL】前的【+】号，双击【WORKPIECE】→在【工件】对话框中→点击【指定部件】按钮→点击工件（图 13-95）。

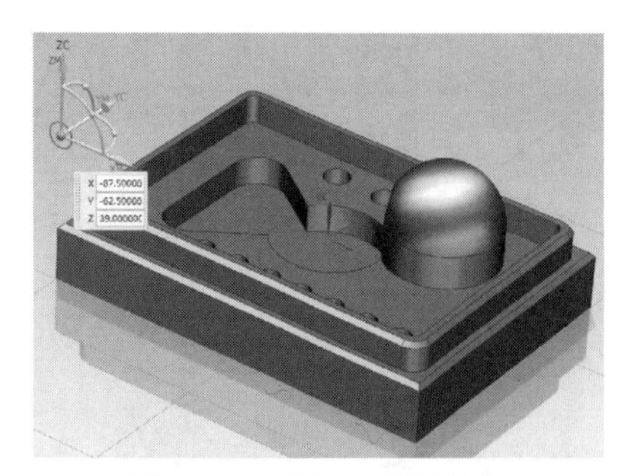
图 13-94 坐标系位置设定

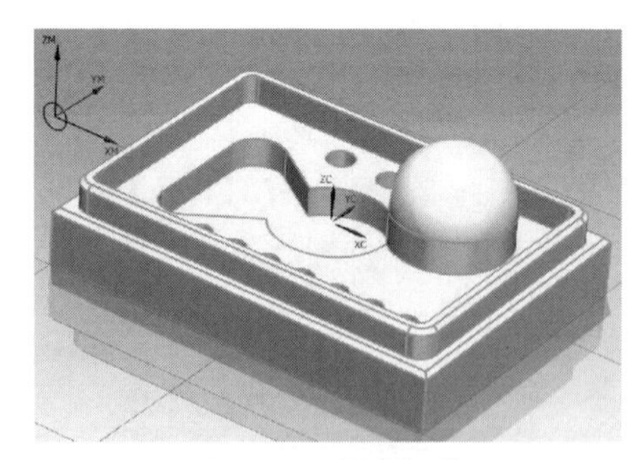
图 13-95 指定部件

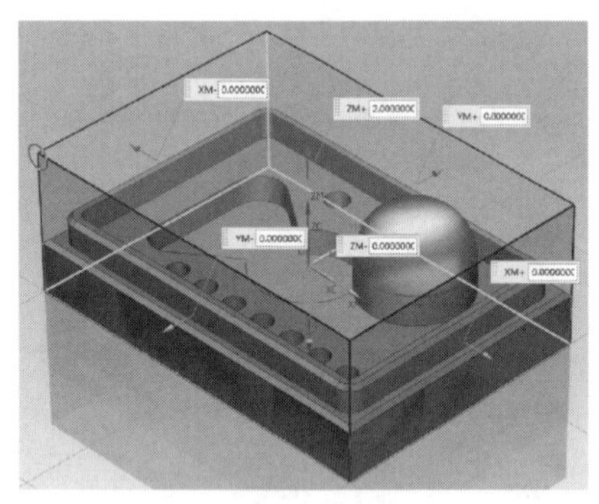
图 13-96 指定毛坯

点击【指定毛坯】按钮→在弹出的【毛坯几何体】对话框中→【类型】→选择“包容块”，设置最小化包容工件的毛坯→设置【ZM＋】值为“2”，毛坯设置的效果如图 13-96 所示→【确定】→【确定】。

13.7.2.2 ϕ10mm 的平底刀型腔铣粗加工

（1）选择粗加工方法

【程序顺序视图】→【创建工序】→弹出【创建工序】对话框→【类型】“mill_contour”→【工序子类型】“型腔铣”→【程序】“PROGRAM”→【刀具】“D10”(铣刀-5 参数)→【几何体】“WORKPIECE”→【方法】“MILL_ROUGH”→【名称】“cu”→【确定】(图 13-97)。

（2）选择加工区域

在弹出的【型腔铣】对话框中→【指定切削区域】→选择要加工的曲面→【确定】(图 13-98)。

（3）设置加工参数

【刀轨设置】栏中→【切削模式】“跟随部件”→【平面直径百分比】“65”→【最大距离】“3”(图 13-99)。

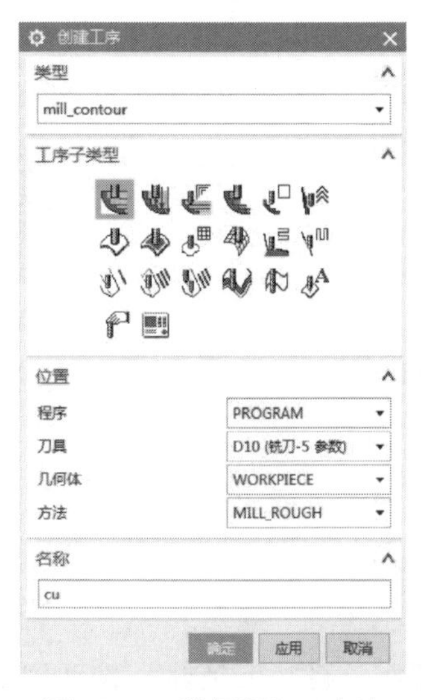

图 13-97 选择粗加工方法

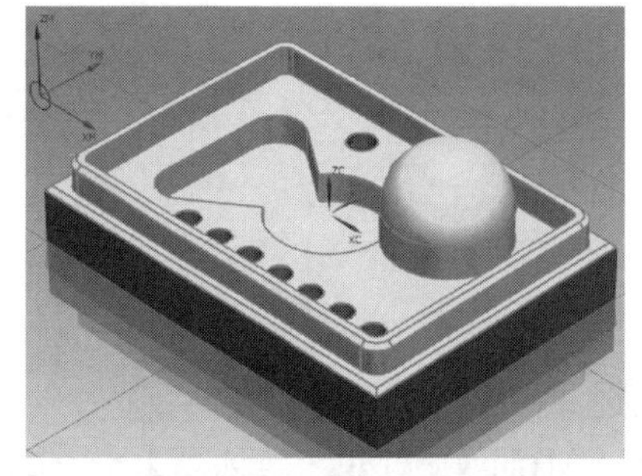
图 13-98 指定切削区域

图 13-99 设置加工参数

（4）设置加工余量

打开【切削参数】对话框→【余量】→【部件侧面余量】“0”→【确定】(图 13-100)。

(5) 设置进给率和主轴转速

打开【进给率和速度】对话框→勾选【主轴速度(rpm)】"2500"→【进给率】【切削】"250"→【确定】(图 13-101)。

(6) 生成刀具路径

【操作】栏中→点击【生成刀具路径】，生成该步操作的刀具路径(图 13-102)。

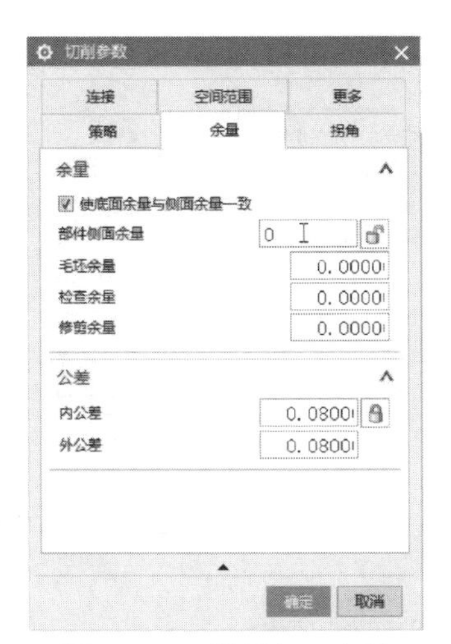

图 13-100 设置加工余量

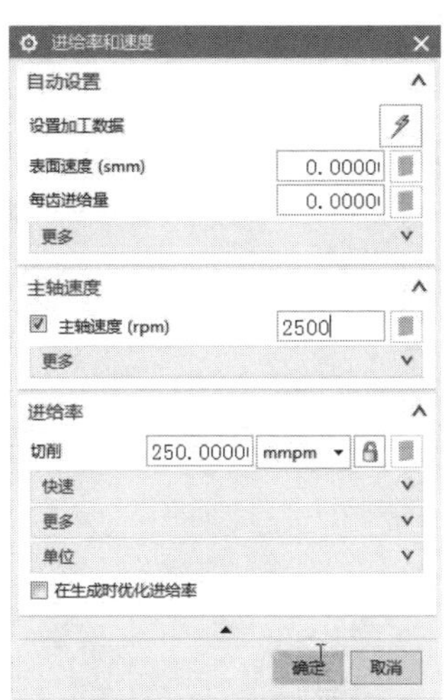

图 13-101 设置进给率和主轴转速

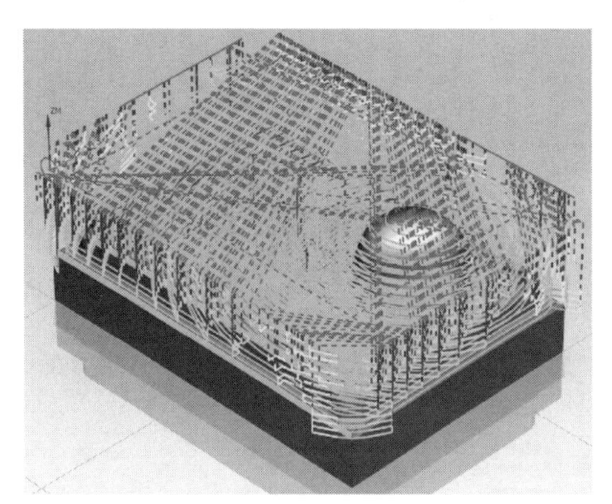

图 13-102 刀具路径

13.7.2.3 ϕ5mm 的型腔铣型腔铣半精加工剩余的区域

(1) 选择半精加工方法

【程序顺序视图】→【创建工序】→弹出【创建工序】对话框→【类型】"mill_contour"→【工序子类型】"型腔铣"→【程序】"PROGRAM"→【刀具】"D5(铣刀-5 参数)"→【几何体】"WORKPIECE"→【方法】"MILL_FINISH"→【名称】"banjing"→【确定】(图 13-103)。

(2) 选择加工区域

在弹出的【型腔铣】对话框中→【指定切削区域】→选择要加工的曲面→【确定】(图 13-104)。

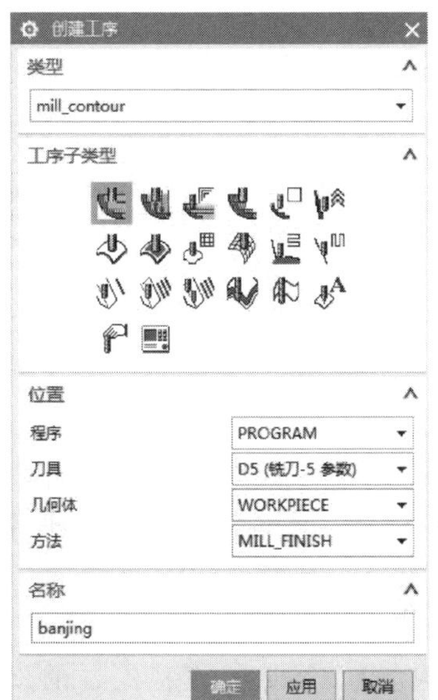

图 13-103 选择半精加工方法

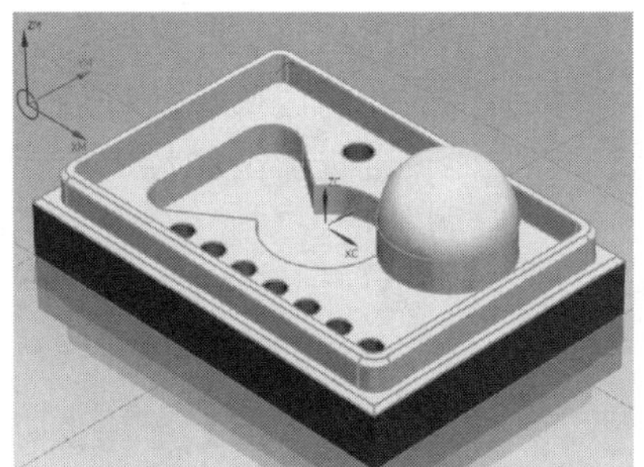

图 13-104 指定切削区域

图 13-105 设置加工参数

(3) 设置加工参数

【刀轨设置】栏中→【切削模式】“跟随部件”→【平面直径百分比】“50”→【最大距离】“1.5”(图 13-105)。

(4) 设置加工余量和空间范围

打开【切削参数】对话框→【余量】，所有均设为“0”→【空间范围】【毛坯】【处理中的工件】“使用基于层的”→【确定】(图 13-106)。

(5) 设置进给率和主轴转速

打开【进给率和速度】对话框→勾选【主轴速度(rpm)】“3000”→【进给率】【切削】“150”→【确定】(图 13-107)。

(6) 生成刀具路径

【操作】栏中→点击【生成刀具路径】，生成该步操作的刀具路径(图 13-108)。

图 13-106 空间范围

图 13-107 设置进给率和主轴转速

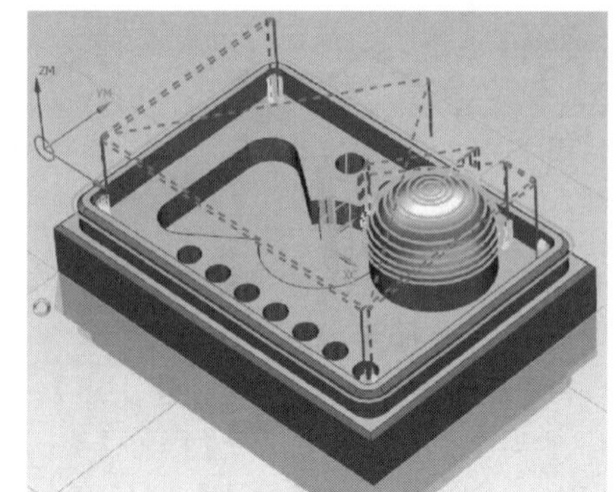

图 13-108 刀具路径

13.7.2.4 ϕ5mm 的平底刀型腔铣加工孔

(1) 选择孔的加工方法

【程序顺序视图】→【创建工序】→弹出【创建工序】对话框→【类型】“mill_contour”→【工序子类型】“型腔铣”→【程序】“PROGRAM”→【刀具】“D5(铣刀-5 参数)”→【几何体】“WORKPIECE”→【方法】“MILL_FINISH”→【名称】“kong”→【确定】(图 13-109)。

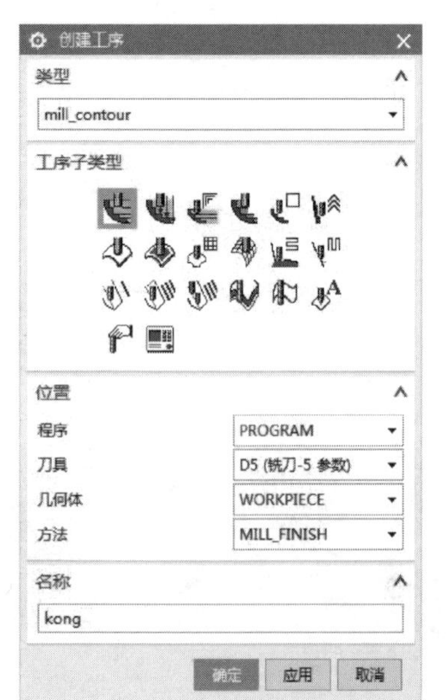

图 13-109 选择孔的加工方法

(2) 选择加工区域

在弹出的【型腔铣】对话框中→【指定切削区域】→选择要加工的孔的内壁→【确定】(图 13-110)。

(3) 设置加工参数

【刀轨设置】栏中→【切削模式】“跟随部件”→【平面直径百分比】“50”→【最大距离】“1.6”(图 13-111)。

(4) 设置切削层

点击【切削层】→【切削层】对话框→【范围 1 的顶部】【选择对象】，拖动 ZC 方向的箭头，至孔加工的初始平面位置（图 13-112 和图 13-113）。

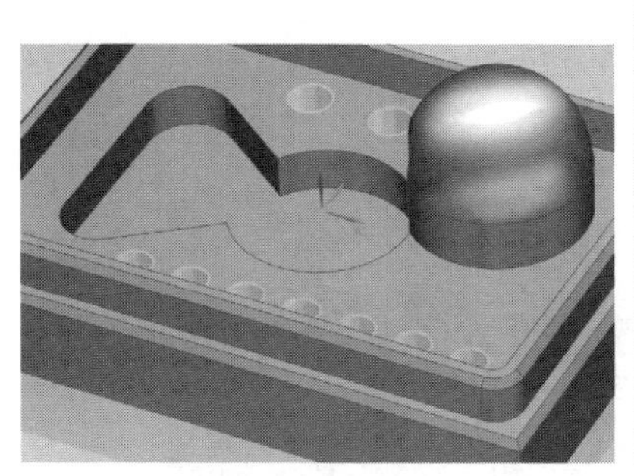

图 13-110　指定切削区域

刀轨设置
方法 MILL_FINISH
切削模式 跟随部件
步距 % 刀具平直
平面直径百分比 50.0000
公共每刀切削深度 恒定
最大距离 1.6 mm
切削层
切削参数
非切削移动
进给率和速度

图 13-111　设置加工参数

图 13-112　设置切削层

(5) 设置加工余量和空间范围

打开【切削参数】对话框→【策略】【切削】【切削顺序】“深度优先”→【确定】（图 13-114）。

(6) 设置进给率和主轴转速

打开【进给率和速度】对话框→勾选【主轴速度（rpm）】“2500”→【进给率】【切削】“150”→【确定】（图 13-115）。

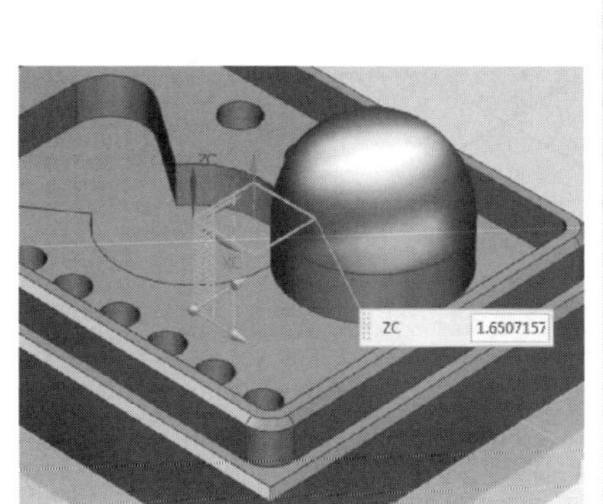

图 13-113　设置后的效果

图 13-114　切削顺序

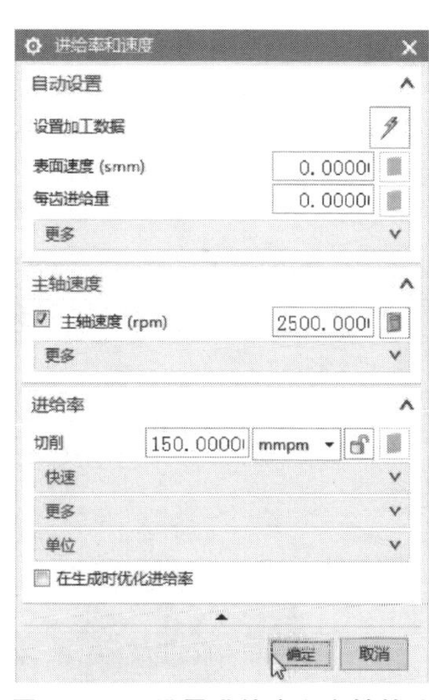

图 13-115　设置进给率和主轴转速

(7) 生成刀具路径

【操作】栏中→点击【生成刀具路径】，生成该步操作的刀具路径（图 13-116）。

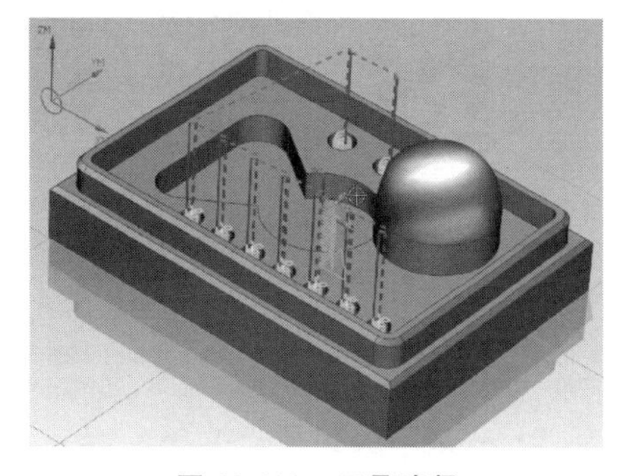

图 13-116　刀具路径

13.7.2.5　ϕ6mm 的球刀固定轴曲面轮廓铣精加工球形曲面的区域

(1) 选择精加工方法

【程序顺序视图】→【创建工序】→弹出【创建工序】对话框→【类型】“mill_contour”→【工序子类型】“固定轴曲面轮廓铣”→【程序】“PROGRAM”→【刀具】“D6R3（铣刀-5 参数）”→【几何体】“WORK-

PIECE”→【方法】“MILL_FINISH”→【名称】“jing-hu”→【确定】（图 13-117）。

(2) 选择加工区域

在弹出的【固定轮廓铣】对话框中→【指定切削区域】→选择要加工圆弧的曲面→【确定】（图 13-118）。

(3) 设置驱动方法及加工参数设置

【驱动方法】栏中→【方法】“螺旋”（图 13-119）。

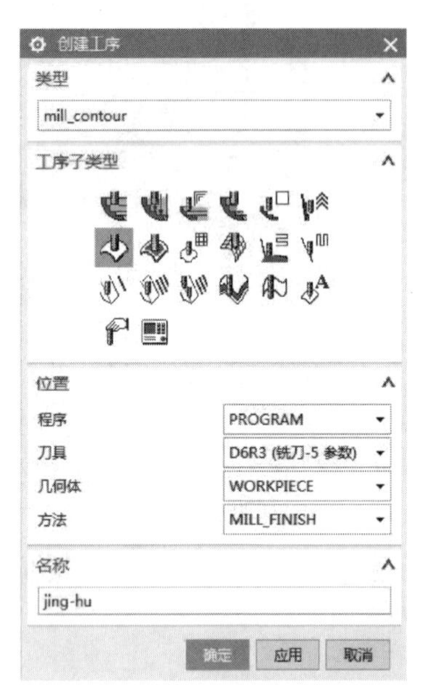

图 13-117 选择精加工方法

图 13-118 指定切削区域

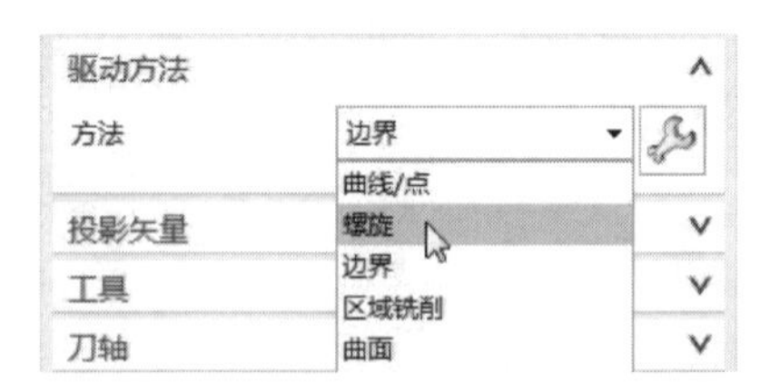

图 13-119 螺旋

在弹出的【螺旋驱动方法】对话框中→【指定点】，指定圆弧的圆心作为螺旋中心（图 13-120）。

【螺旋驱动方法】对话框中→【最大螺旋半径】“30”→【平面直径百分比】“8”→【确定】（图 13-121）。

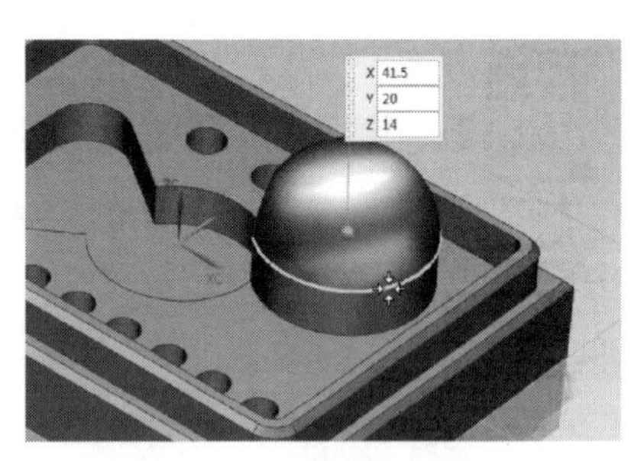

图 13-120 螺旋中心

图 13-121 加工参数设置

(4) 设置进给率和主轴转速

打开【进给率和速度】对话框→勾选【主轴速度（rpm）】“3000”→【进给率】【切削】“150”→【确定】（图 13-122）。

(5) 生成刀具路径

【操作】栏中→点击【生成刀具路径】，生成该步操作的刀具路径（图 13-123）。

13.7.2.6 ϕ10mm 的倒角刀固定轴曲面轮廓加工第一层的 C2mm 倒角区域

(1) 选择精加工方法

【程序顺序视图】→【创建工序】→弹出【创建工序】对话框→【类型】“mill_contour”→【工序子类型】“固定轴曲面轮廓铣”→【程序】“PROGRAM”→【刀具】“D10-45（埋头切削）”→【几何体】“WORKPIECE”→【方法】“MILL_FINISH”→【名称】“jing-dao1”→【确定】(图 13-124)。

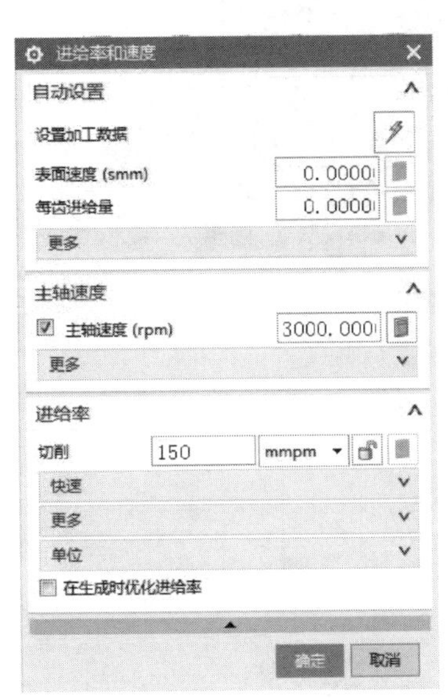

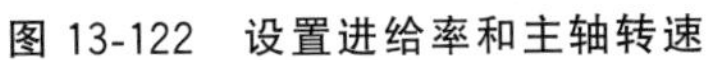

图 13-122 设置进给率和主轴转速

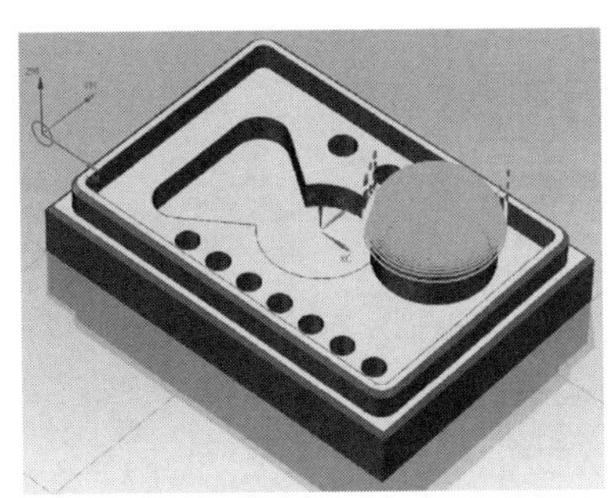

图 13-123 刀具路径

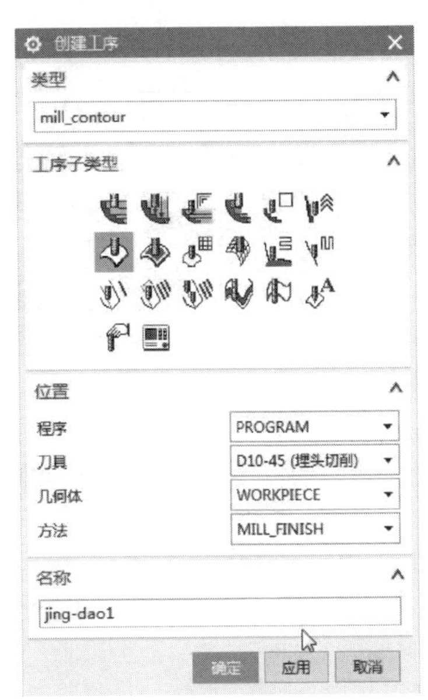

图 13-124 选择精加工方法

(2) 选择加工区域

在弹出的【固定轮廓铣】对话框中→【指定切削区域】→框选上部的曲面→【确定】(图 13-125)。

(3) 设置驱动方法及加工参数设置

【驱动方法】栏中→【方法】“曲线/点”(图 13-126)。

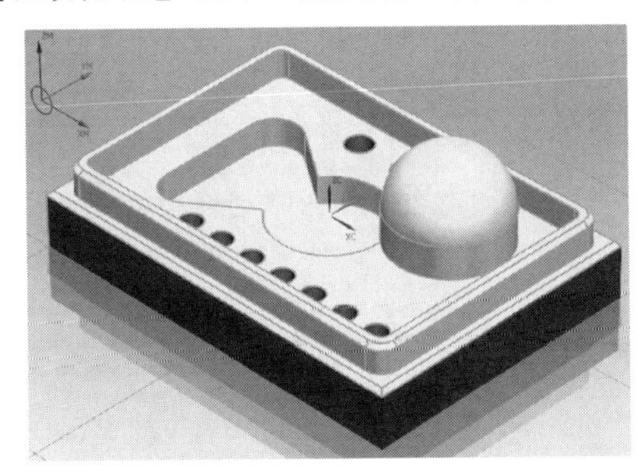

图 13-125 指定切削区域

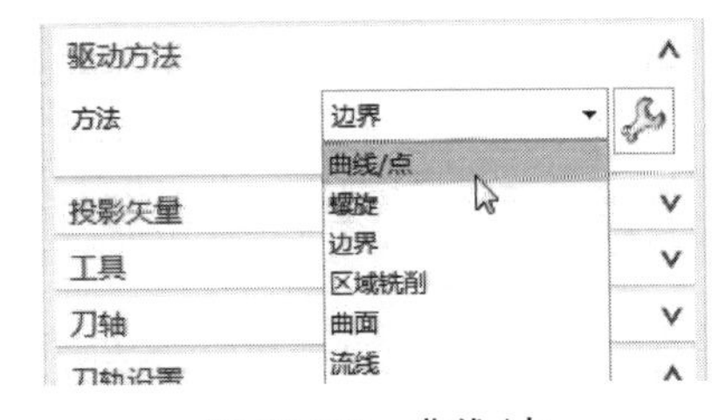

图 13-126 曲线/点

在弹出的【曲线/点驱动方法】对话框中→【驱动几何体】栏中→【选择曲线】，选择第一层倒角的下边缘→【确定】(图 13-127)。

(4) 设置进给率和主轴转速

打开【进给率和速度】对话框→勾选【主轴速度（rpm)】“3000”→【进给率】【切削】“150”→【确定】(图 13-128)。

(5) 生成刀具路径

【操作】栏中→点击【生成刀具路径】，生成该步操作的刀具路径（图 13-129)。

13.7.2.7 ϕ6mm 的倒角刀固定轴曲面轮廓加工第二层的 C2mm 倒角区域

(1) 复制程序

复制已经生成的【JING-DAO1】的程序→右击【粘贴】→【重命名】为【JING-DAO2】（图 13-130 和图 13-131）。

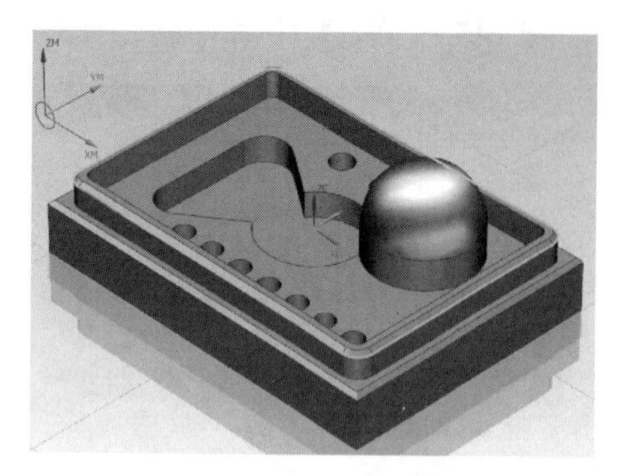

图 13-127 选择曲线

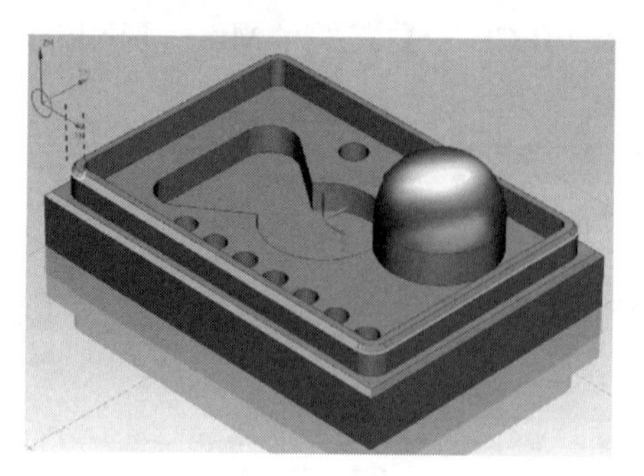

图 13-129 刀具路径

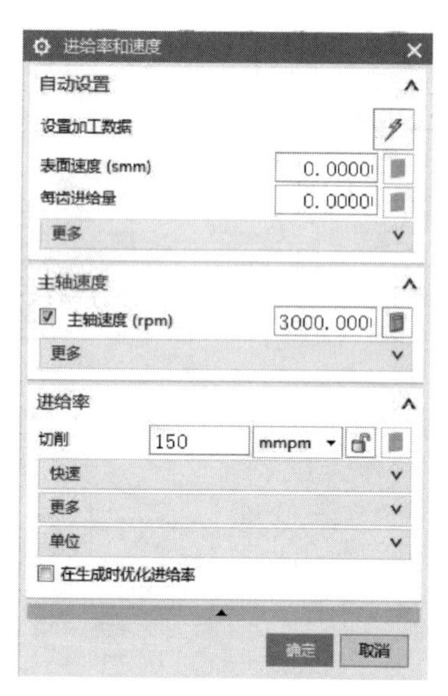

图 13-128 设置进给率和主轴转速

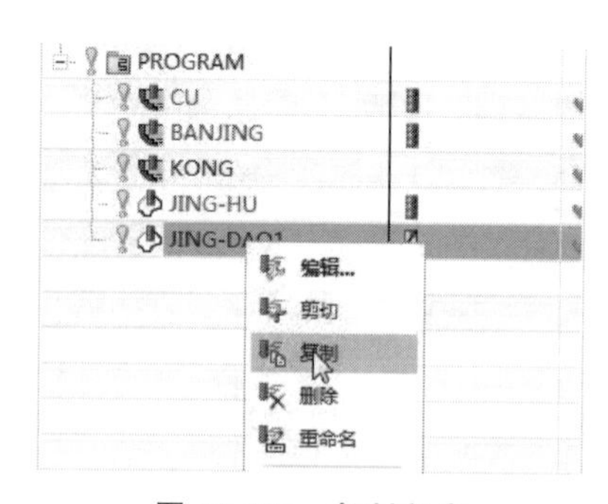

图 13-130 复制程序

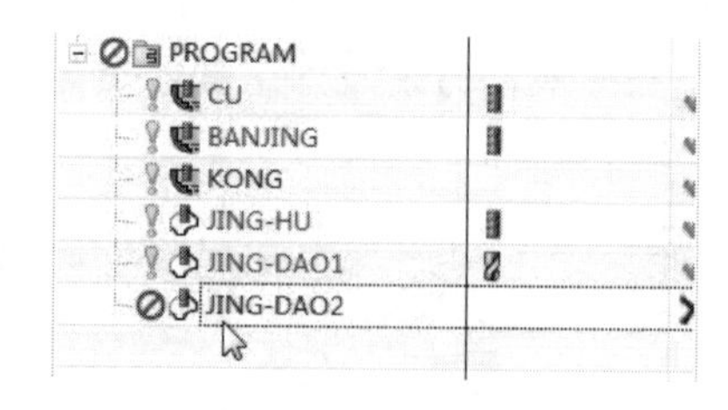

图 13-131 重命名

(2) 设置刀具

双击【JING-DAO2】→在弹出的【固定轮廓铣】对话框中→【工具】【刀具】“D6-45（埋头切削）”（图 13-132）。

(3) 设置驱动方法及加工参数设置

【驱动方法】栏中→【方法】【编辑】（图 13-133）。

图 13-132 设置刀具

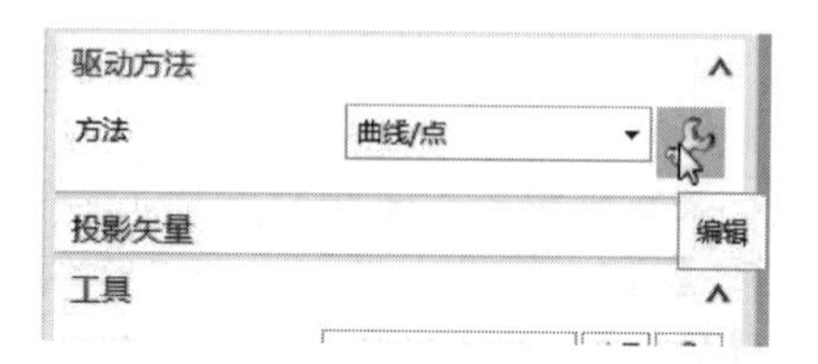

图 13-133 编辑

在弹出的【曲线/点驱动方法】对话框中→【驱动几何体】栏中→【选择曲线】，删除之前的曲线，选择第二层倒角的下边缘→【确定】（图 13-134）。

(4) 生成刀具路径

【操作】栏中→点击【生成刀具路径】，生成该步操作的刀具路径（图 13-135）。

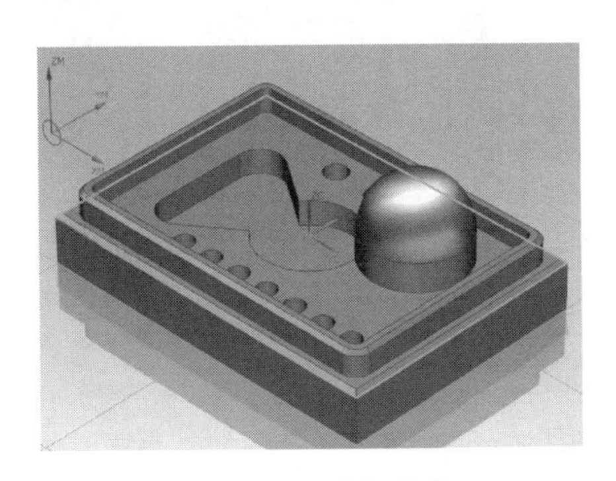

图 13-134 选择曲线

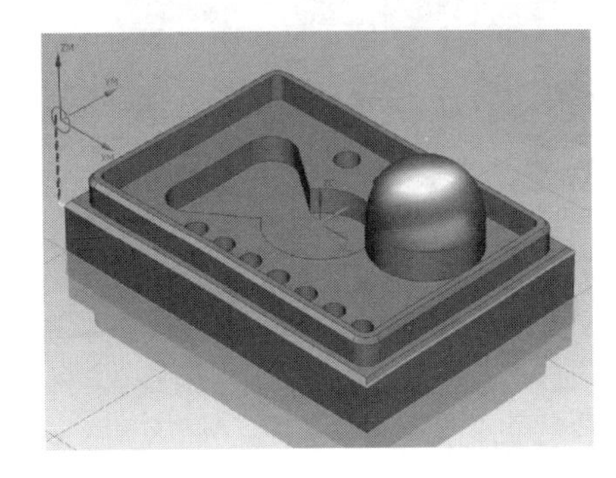

图 13-135 刀具路径

13.7.2.8 最终验证模拟

实体切削模拟验证：在左侧目录列表中选择操作→点击【确认刀轨】按钮→在弹出的【刀轨可视化】对话框中→选择【2D 动态】→调整【动画速度】→点击【播放】。

ϕ10mm 的平底刀型腔铣粗加工如图 13-136 所示。

ϕ5mm 的平底刀型腔铣半精加工剩余的区域如图 13-137 所示。

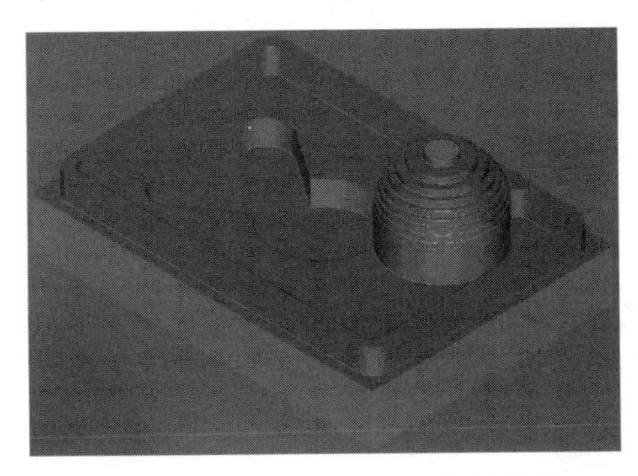

图 13-136 ϕ10mm 的平底刀型腔铣粗加工

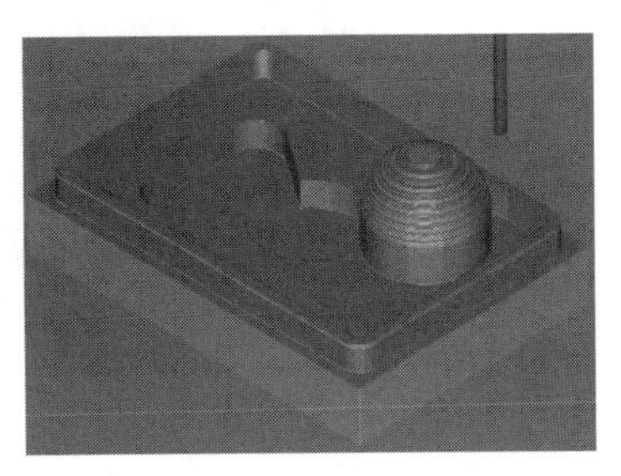

图 13-137 ϕ5mm 的平底刀型腔铣半精加工剩余的区域

ϕ5mm 的平底刀型腔铣加工孔如图 13-138 所示。

ϕ6mm 的球刀固定轴曲面轮廓铣精加工球形曲面的区域如图 13-139 所示。

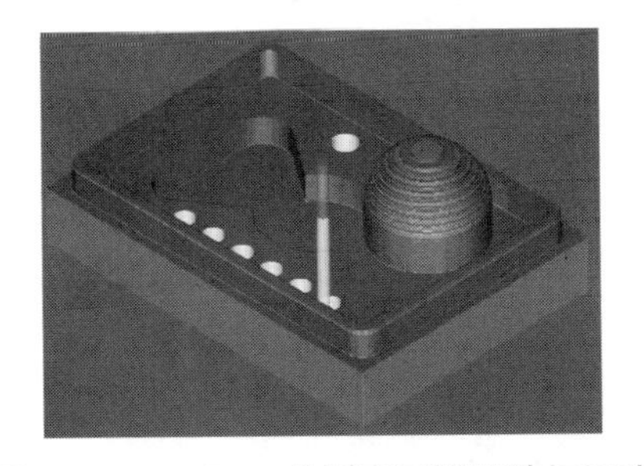

图 13-138 ϕ5mm 的平底刀型腔铣加工孔

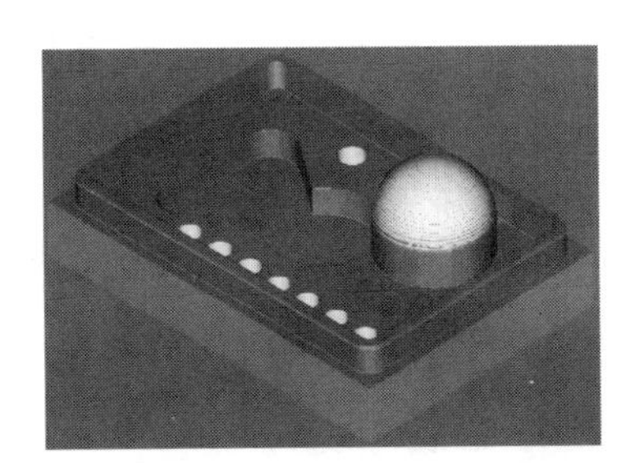

图 13-139 ϕ6mm 的球刀固定轴曲面轮廓铣精加工球形曲面的区域

ϕ6mm 的倒角刀固定轴曲面轮廓加工第一层的 C2mm 倒角区域如图 13-140 所示。

ϕ6mm 的倒角刀固定轴曲面轮廓加工第二层的 C2mm 倒角区域如图 13-141 所示。

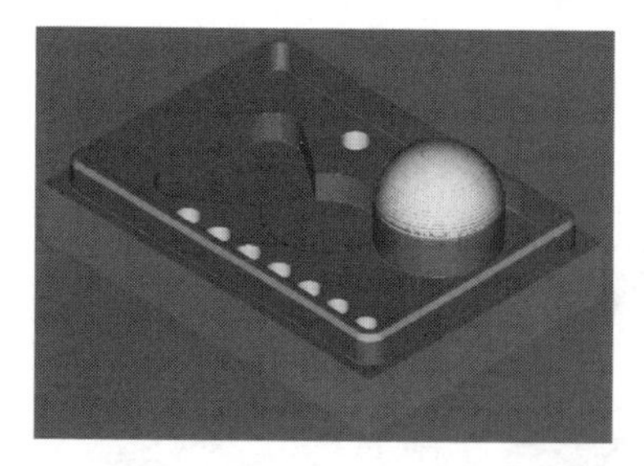

图 13-140　ϕ6mm 的倒角刀固定轴曲面轮廓加工第一层的 C2mm 倒角区域

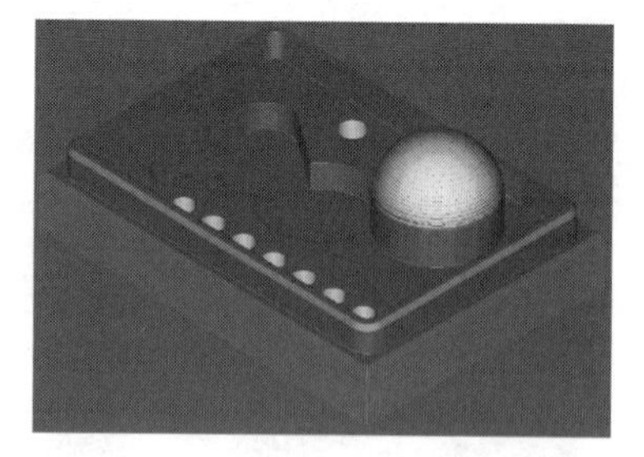

图 13-141　ϕ6mm 的倒角刀固定轴曲面轮廓加工第二层的 C2mm 倒角区域

13.8 模具加工实例——后视镜的加工

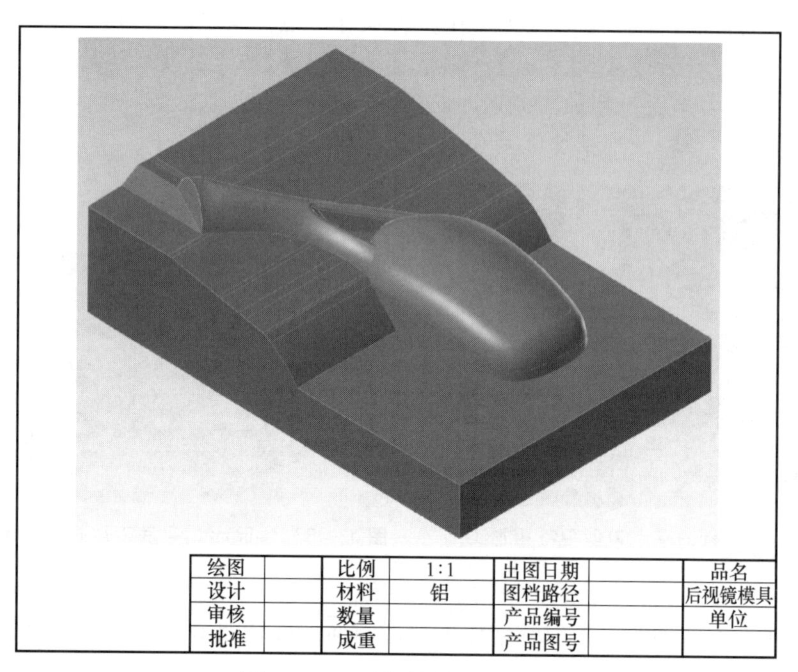

绘图		比例	1:1	出图日期		品名
设计		材料	铝	图档路径		后视镜模具
审核		数量		产品编号		单位
批准		成重		产品图号		

图 13-142　后视镜模具零件图

13.8.1 知识提要

通过本实例，掌握模具零件的不同加工方法的配合使用，熟悉曲面切削范围、残料的去除方法。

13.8.2 程序编制

13.8.2.1 加工前的工艺分析与准备

(1) 工艺分析

由图 13-142 我们可以看出摩托车后视镜图形的基本形状，中间由一连串曲面组成，在边角区域我们采用小的球刀修边。

工件无尺寸公差要求。尺寸标注完整，轮廓描述清楚。零件材料为已经加工成形的标准铝块，无热处理和硬度要求。

① 用 ϕ12mm 的平底刀型腔铣粗加工的开粗操作；

② 用 ϕ12mm 的平底刀型腔铣精加工三个大平面的区域；

③ 用 ϕ8mm 的球刀型腔铣半精加工的操作；

④ 用 ϕ8mm 的球刀固定轴轮廓铣精加工后视镜左侧 Y 向的小曲面；

⑤ 用 ϕ8mm 的球刀固定轴轮廓铣精加工后视镜周围 X 向的大曲面；

⑥ 用 ϕ8mm 的球刀固定轴轮廓精加工后视镜顶部曲面区域；

⑦ 用 ϕ8mm 的球刀深度轮廓精加工后视镜的陡峭曲面区域；

⑧ 用 ϕ2mm 的球刀深度轮廓精加工后视镜的小三角曲面区域；

⑨ 用 ϕ2mm 的球刀清根精加工后视镜剩余的角落曲面区域；

⑩ 根据加工要求，共需产生 9 次刀具路径。

(2) 绘制辅助图形

进入【建模】模块→【草图】中绘制如图 13-143 所示的圆形，使之作为加工坐标系的原点，完成后的效果如图 13-144 所示。

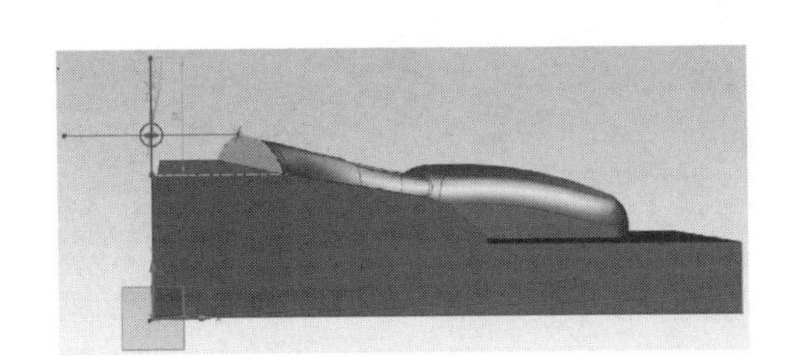

图 13-143 草图中绘制辅助图形

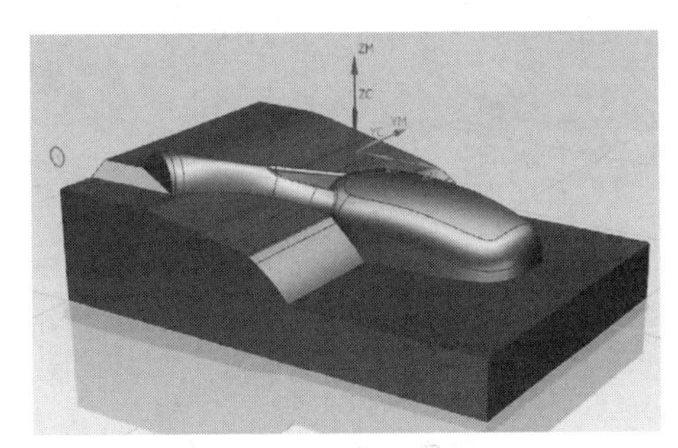

图 13-144 完成后的效果

(3) 进入加工模块

打开【启动】菜单→【加工】，进入加工模块→打开【加工环境】对话框→【CAM 会话配置】“cam_general”，【要创建的 CAM 组装】“mill_contour”→【确定】。

(4) 创建刀具

【机床视图】→【创建刀具】→选择“平底刀”→【名称】“D12”→在【刀具设置】对话框中→【(D) 直径】“12”→【刀具号】“1”→【确定】(图 13-145)。

【创建刀具】→选择“平底刀”→【名称】“D8R4”→在【刀具设置】对话框中→【(D) 直径】“8”→【(R1) 下半径】“4”→【刀具号】“2”→【确定】(图 13-146)。

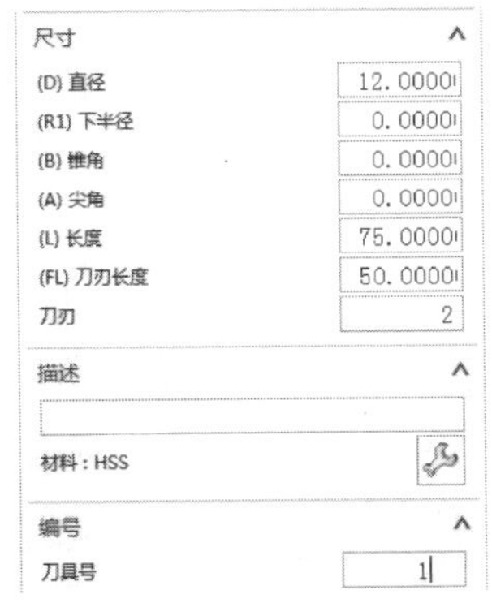

图 13-145 刀具设置（一）

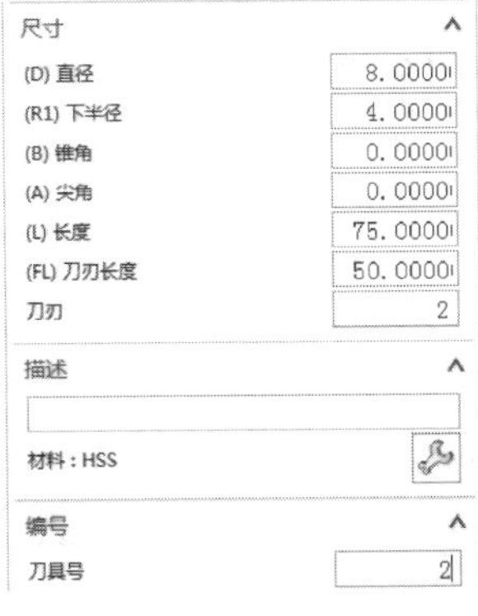

图 13-146 刀具设置（二）

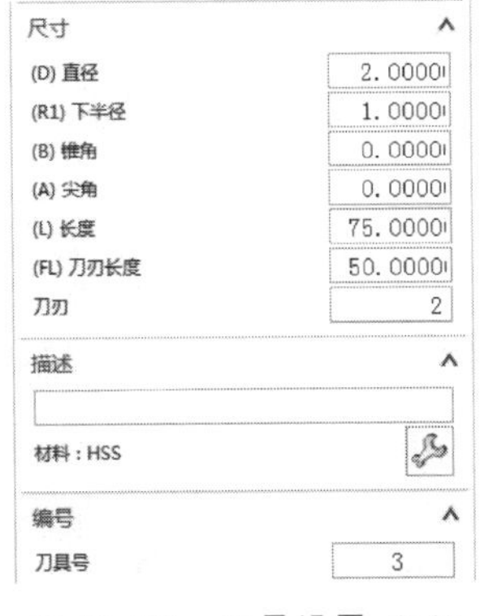

图 13-147 刀具设置（三）

【创建刀具】→选择“平底刀”→【名称】“D2R1”→在【刀具设置】对话框中→【(D) 直径】“2”→【(R1) 下半径】“1”→【刀具号】“3”→【确定】(图 13-147)。

(5) 设置坐标系和创建毛坯

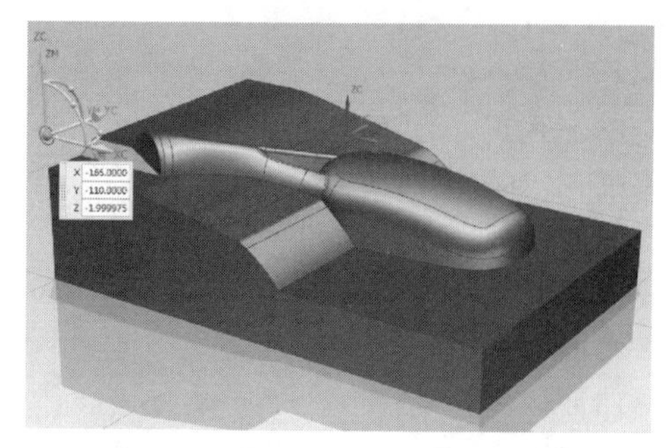

图 13-148　加工坐标系

【几何视图】→双击【MCS_MILL】→【MCS 坐标系】→点击圆心，将加工坐标系移动到圆心位置→设定【安全距离】为“2”(图 13-148)。

点击 MCS _ MILL 前的【+】号，双击【WORKPIECE】→在【工件】对话框中→点击【指定部件】按钮→点击工件（图 13-149）。

点击【指定毛坯】按钮→在弹出的【毛坯几何体】对话框中→【类型】→选择“包容块”，设置最小化包容工件的毛坯→设置【ZM+】值为“2”，毛坯设置的效果如图 13-150 所示→【确定】→【确定】。

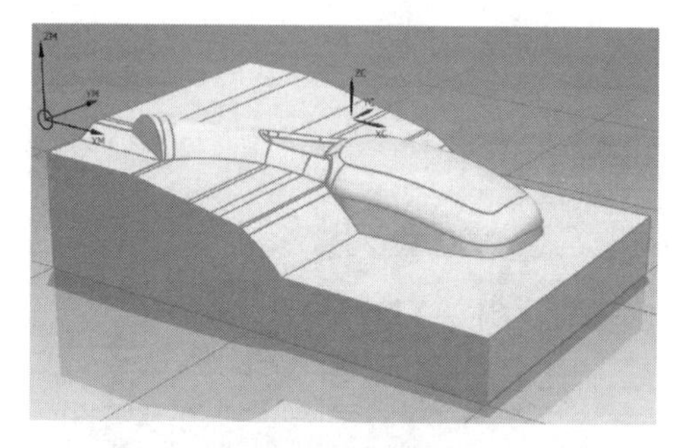

图 13-149　指定部件

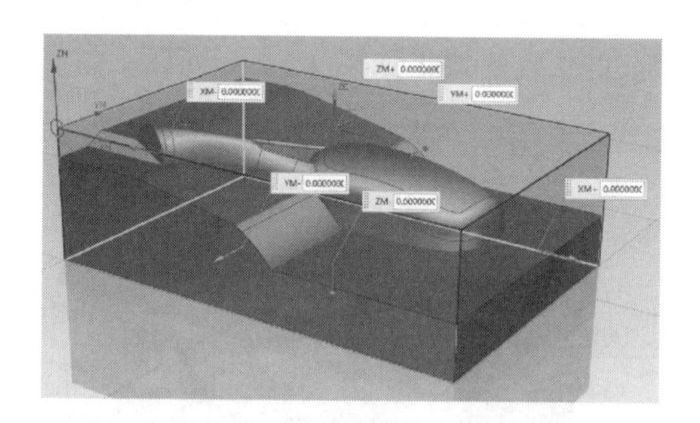

图 13-150　指定毛坯

13.8.2.2　ϕ12mm 的平底刀型腔铣粗加工的开粗操作

(1) 选择粗加工方法

【程序顺序视图】→【创建工序】→弹出【创建工序】对话框→【类型】“mill_contour”→【工序子类型】“型腔铣”→【程序】“PROGRAM”→【刀具】“D20 (铣刀-5 参数)”→【几何体】“WORKPIECE”→【方法】“MILL_ROUGH”→【名称】“cu”→【确定】(图 13-151)。

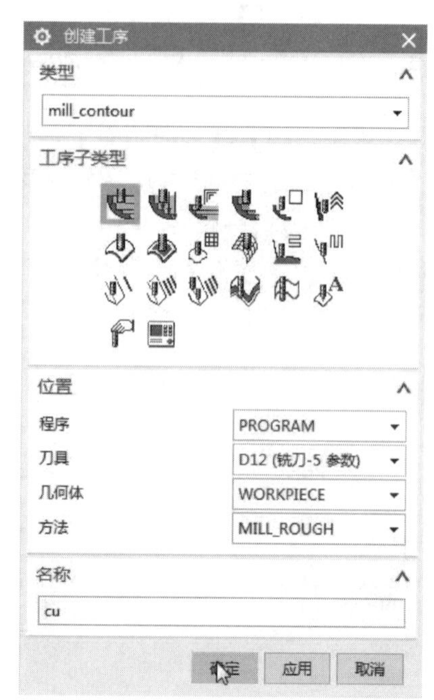

图 13-151　选择粗加工方法

(2) 选择加工区域

在弹出的【型腔铣】对话框中→【指定切削区域】→选择要加工的曲面→【确定】(图 13-152)。

(3) 设置加工参数

【刀轨设置】栏中→【切削模式】“跟随部件”→【平面直径百分比】“60”→【最大距离】“3”(图 13-153)。

(4) 设置加工余量

打开【切削参数】对话框→【余量】→【部件侧面余量】“0.3”→【确定】(图 13-154)。

(5) 设置进给率和主轴转速

打开【进给率和速度】对话框→勾选【主轴速度(rpm)】“2000”→【进给率】【切削】“400”→【确定】(图 13-155)。

(6) 生成刀具路径

【操作】栏中→点击【生成刀具路径】，生成该步操

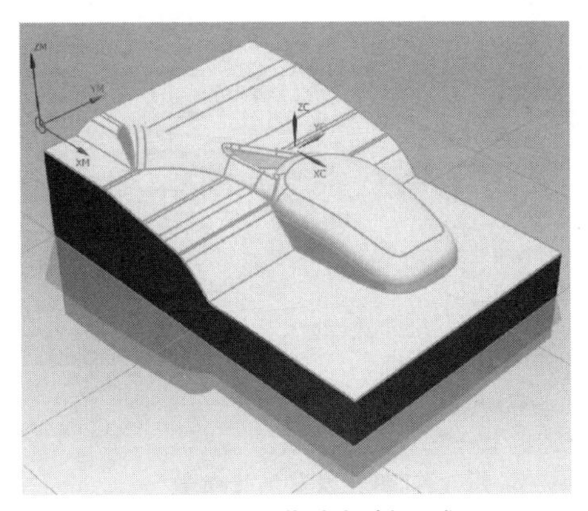

图 13-152　指定切削区域

图 13-153　设置加工参数

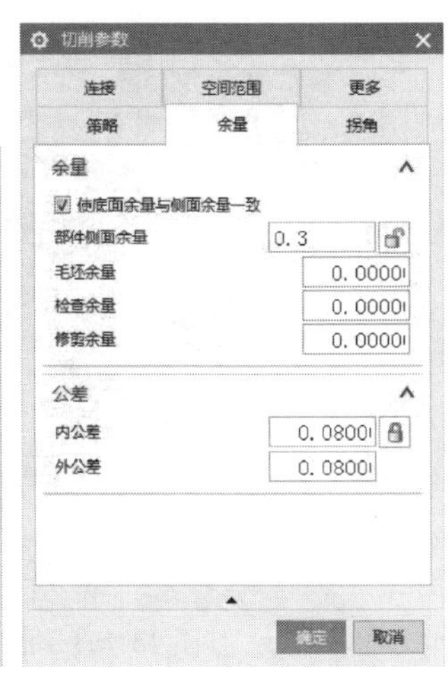

图 13-154　设置加工余量

作的刀具路径（图 13-156）。

图 13-155　设置进给率和主轴转速

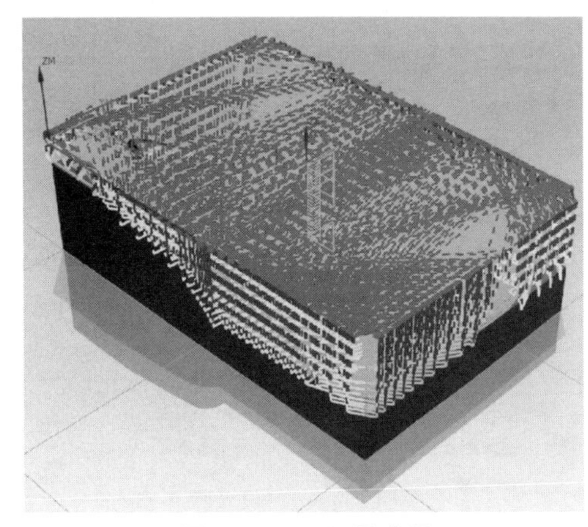

图 13-156　刀具路径

13.8.2.3　ϕ12mm 的平底刀型腔铣精加工三个大平面的区域

(1) 选择精加工方法

【程序顺序视图】→【创建工序】→弹出【创建工序】对话框→【类型】“mill_contour”→【工序子类型】“型腔铣”→【程序】“PROGRAM”→【刀具】“D12（铣刀-5 参数）”→【几何体】“WORKPIECE”→【方法】“MILL_FINISH”→【名称】“jing-ping”→【确定】(图 13-157)。

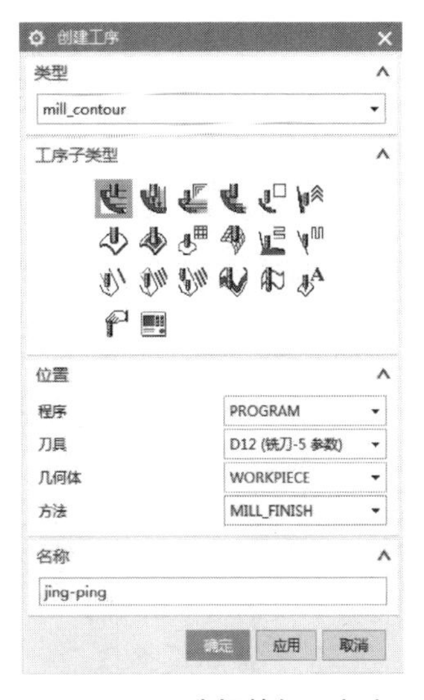

图 13-157　选择精加工方法

(2) 选择加工区域

在弹出的【型腔铣】对话框中→【指定切削区域】→选择要加工的曲面→【确定】(图 13-158)。

(3) 设置加工参数

【刀轨设置】栏中→【切削模式】“跟随部件”→【平面直径百分比】“50”→【最大距离】“1”（图 13-159）。

(4) 设置加工余量和空间范围

打开【切削参数】对话框→【余量】，所有均设为“0”→【空

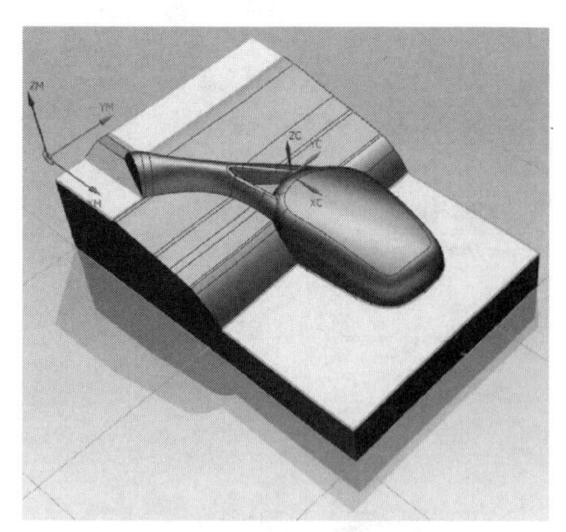

图 13-158 指定切削区域

图 13-159 设置加工参数

间范围】【毛坯】【处理中工件】“使用基于层的”→【确定】(图 13-160)。

(5) 设置进给率和主轴转速

打开【进给率和速度】对话框→勾选【主轴速度(rpm)】“3500”→【进给率】【切削】“250”→【确定】(图 13-161)。

图 13-160 空间范围

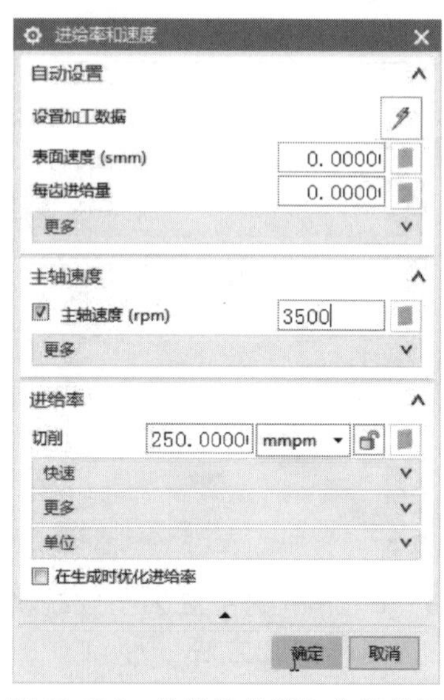

图 13-161 设置进给率和主轴转速

(6) 生成刀具路径

【操作】栏中→点击【生成刀具路径】,生成该步操作的刀具路径(图 13-162)。

13.8.2.4 ϕ8mm 的球刀型腔铣半精加工的操作

(1) 选择精加工方法

【程序顺序视图】→【创建工序】→弹出【创建工序】对话框→【类型】“mill_contour”→【工序子类型】“型腔铣”→【程序】“PROGRAM”→【刀具】“D8R4(铣刀-5 参数)”→【几何体】“WORKPIECE”→【方法】“MILL_FINISH”→【名称】“jing-1”→【确定】(图 13-163)。

(2) 选择加工区域

在弹出的【型腔铣】对话框中→【指定切削区域】→选择要加工的曲面→【确定】(图 13-164)。

(3) 设置加工参数

【刀轨设置】栏中→【切削模式】“跟随部件”→【平面直径百分比】“30”→【最大距离】“1”

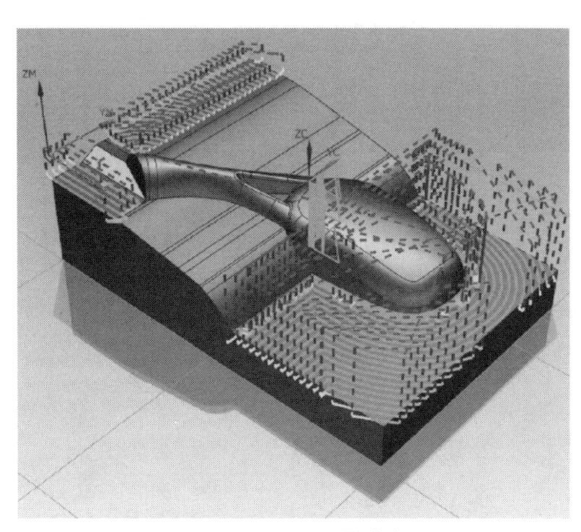

图 13-162 刀具路径

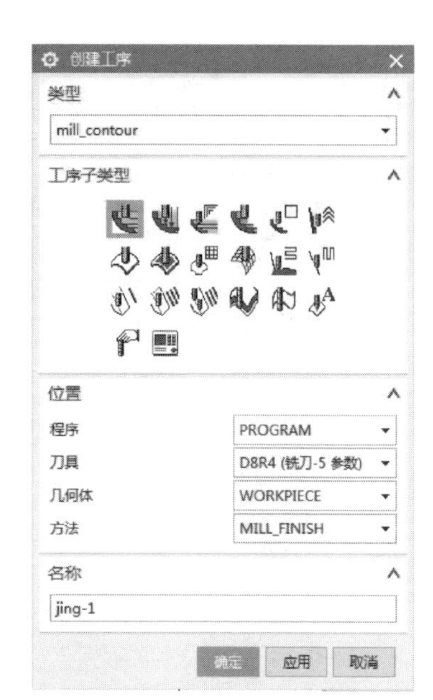

图 13-163 选择精加工方法

（图 13-165）。

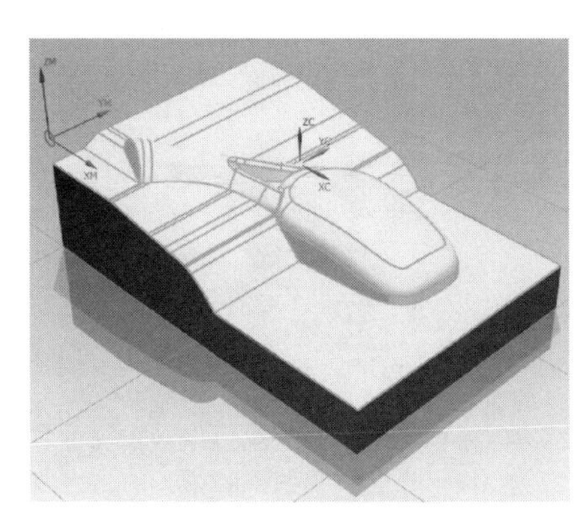

图 13-164 指定切削区域

图 13-165 设置加工参数

(4) 设置加工余量和空间范围

打开【切削参数】对话框→【余量】，所有均设为“0”→【空间范围】【毛坯】【处理中工件】“使用基于层的”→【确定】（图 13-166）。

(5) 设置进给率和主轴转速

打开【进给率和速度】对话框→勾选【主轴速度（rpm）】“3500”→【进给率】【切削】“400”→【确定】（图 13-167）。

(6) 生成刀具路径

【操作】栏中→点击【生成刀具路径】，生成该步操作的刀具路径（图 13-168）。

13.8.2.5 ϕ8mm 的球刀固定轴轮廓铣精加工后视镜左侧 *Y* 向的小曲面

(1) 选择精加工方法

【程序顺序视图】→【创建工序】→弹出【创建工序】对话框→【类型】“mill_contour”→【工序子类型】“固定轴曲面轮廓铣”→【程序】“PROGRAM”→【刀具】“D8R4(铣刀-5 参数)”→【几何体】“WORKPIECE”→【方法】“MILL_FINISH”→【名称】“jing-y”→【确定】（图 13-169）。

图 13-166　空间范围

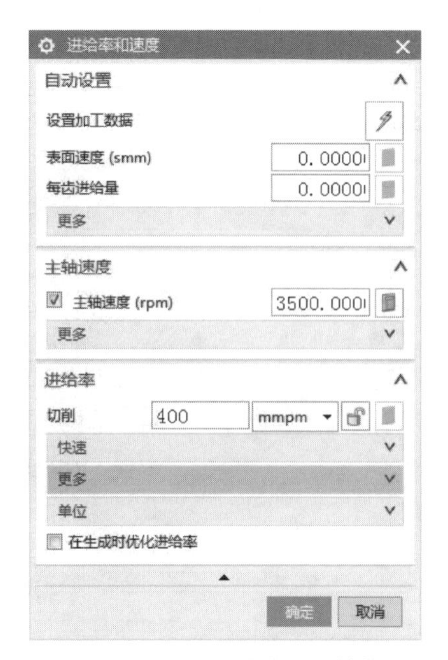

图 13-167　设置进给率和主轴转速

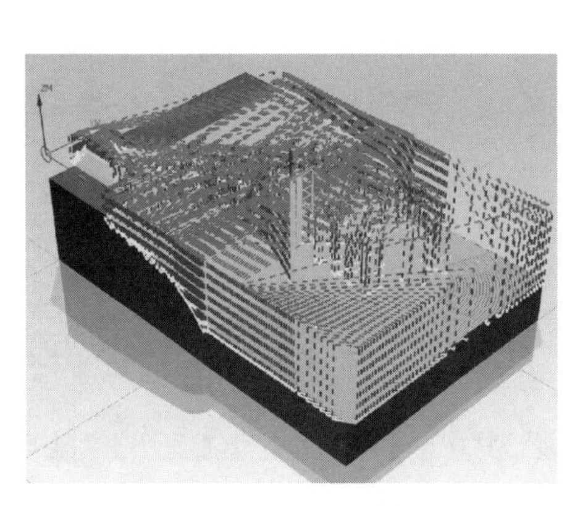

图 13-168　刀具路径

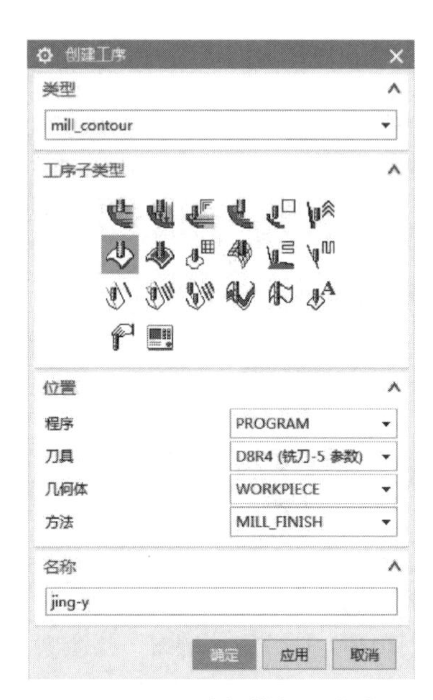

图 13-169　选择精加工方法

(2) 选择加工区域

在弹出的【固定轮廓铣】对话框中→【指定切削区域】→选择要加工的曲面→【确定】(图 13-170)。

(3) 设置驱动方法及加工参数设置

【驱动方法置】栏中→【方法】“区域铣削”(图 13-171)。

在弹出的【区域铣削驱动方法】对话框中→【非陡峭切削模式】“往复”→【平面直径百分比】“5”→【剖切角】“指定”→【与 XC 的夹角】“90”→【确定】(图 13-172)。

(4) 设置进给率和主轴转速

打开【进给率和速度】对话框→勾选【主轴速度 (rpm)】“3500”→【进给率】【切削】

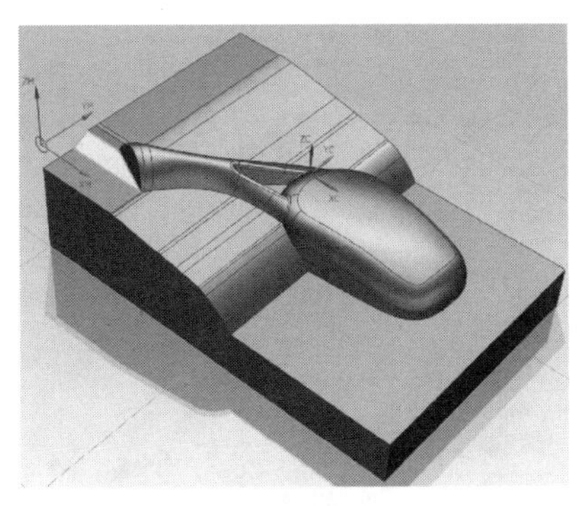

图 13-170 指定切削区域

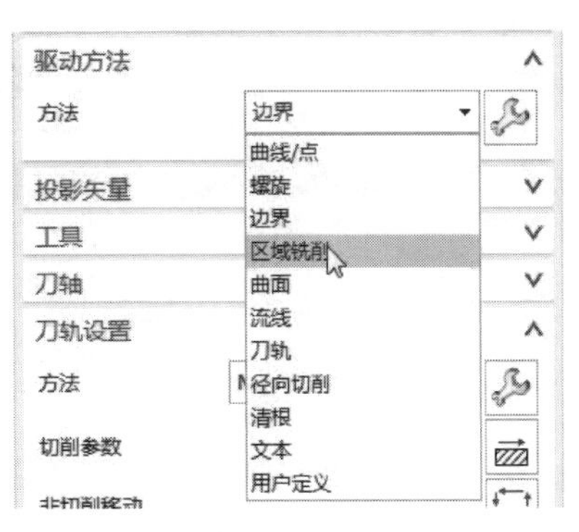

图 13-171 区域铣削

“200”→【确定】(图 13-173)。

驱动设置	
非陡峭切削	
非陡峭切削模式	往复
切削方向	逆铣
步距	% 刀具平直
平面直径百分比	5.0000
步距已应用	在平面上
剖切角	指定
与 XC 的夹角	90
陡峭切削	
陡峭切削模式	单向深度加工
深度切削层	恒定
切削方向	逆铣
深度加工每刀切削深度	0.0000 mm
最小切削长度	50.0000 % 刀具

图 13-172 加工参数设置

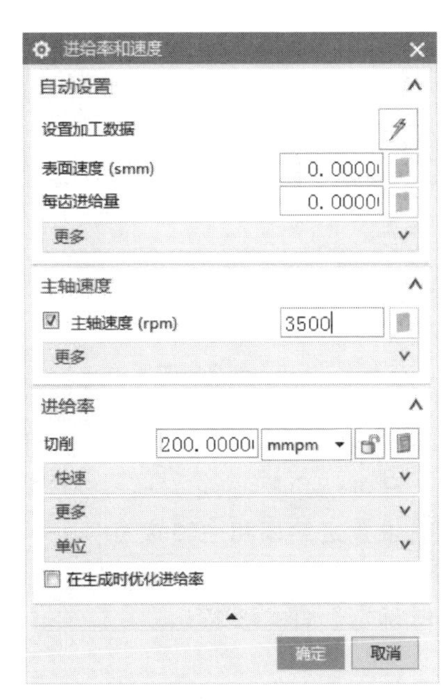

图 13-173 设置进给率和主轴转速

(5) 生成刀具路径

【操作】栏中→点击【生成刀具路径】,生成该步操作的刀具路径(图 13-174)。

13.8.2.6 ϕ8mm 的球刀固定轴轮廓铣精加工后视镜周围 *X* 向的大曲面

(1) 选择精加工方法

【程序顺序视图】→【创建工序】→弹出【创建工序】对话框→【类型】“mill_contour”→【工序子类型】“固定轴曲面轮廓铣”→【程序】“PROGRAM”→【刀具】“D8R4(铣刀-5 参数)”→【几何体】“WORKPIECE”→【方法】“MILL_FINISH”→【名称】“jing-x”→【确定】(图 13-175)。

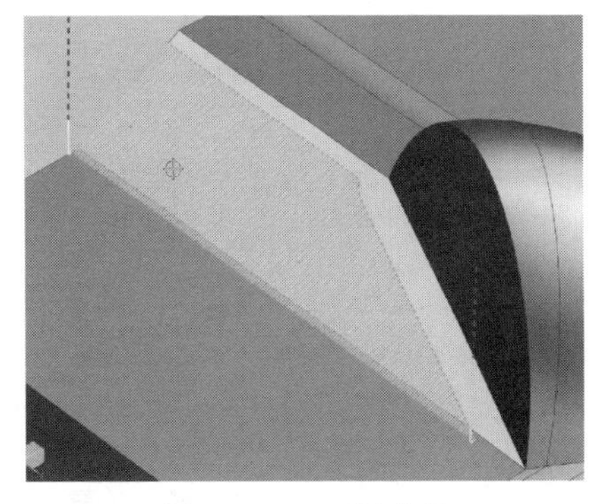

图 13-174 刀具路径

(2) 选择加工区域

在弹出的【固定轮廓铣】对话框中→【指定切削区域】→选择要加工的曲面→【确定】(图 13-176)。

(3) 设置驱动方法及加工参数设置

【驱动方法】栏中→【方法】“区域铣削”(图 13-177)。

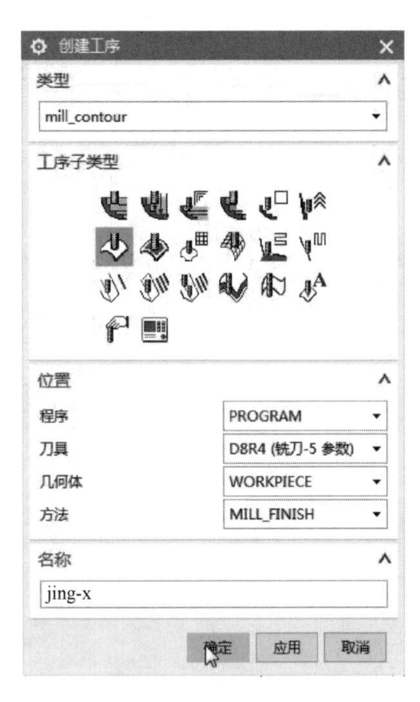

图 13-175 选择精加工方法

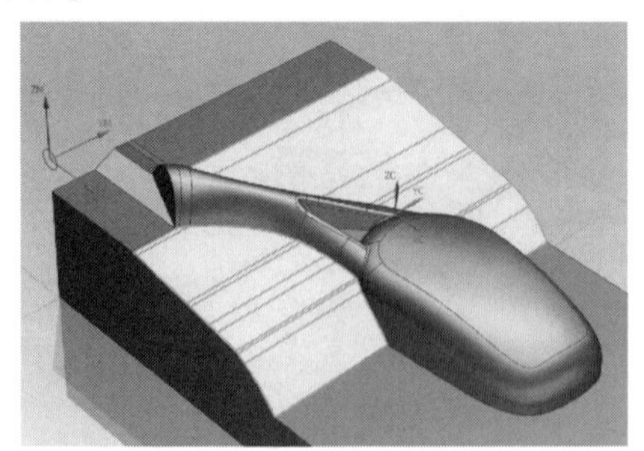

图 13-176 指定切削区域

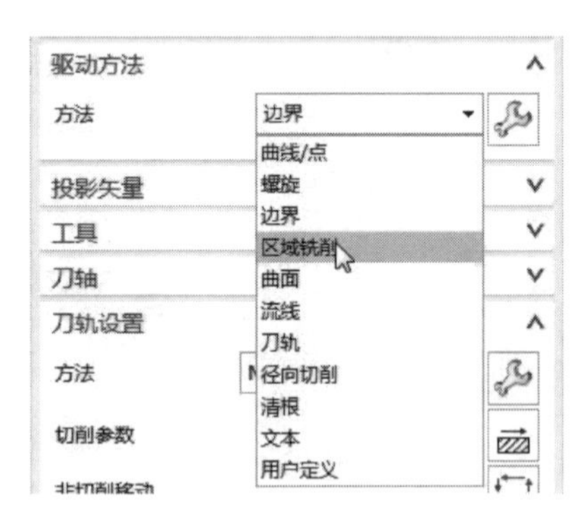

图 13-177 区域铣削

在弹出的【区域铣削驱动方法】对话框中→【非陡峭切削模式】“往复”→【平面直径百分比】“5”→【剖切角】“指定”→【与 XC 的夹角】“0”→【确定】(图 13-178)。

(4) 设置进给率和主轴转速

打开【进给率和速度】对话框→勾选【主轴速度(rpm)】“3500”→【进给率】【切削】“300”→【确定】(图 13-179)。

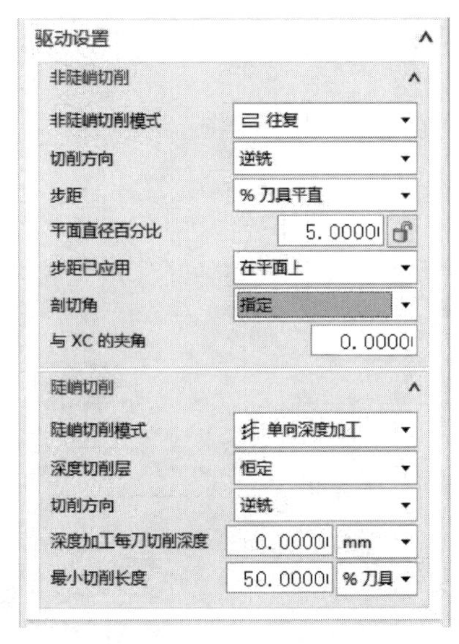

图 13-178 加工参数设置

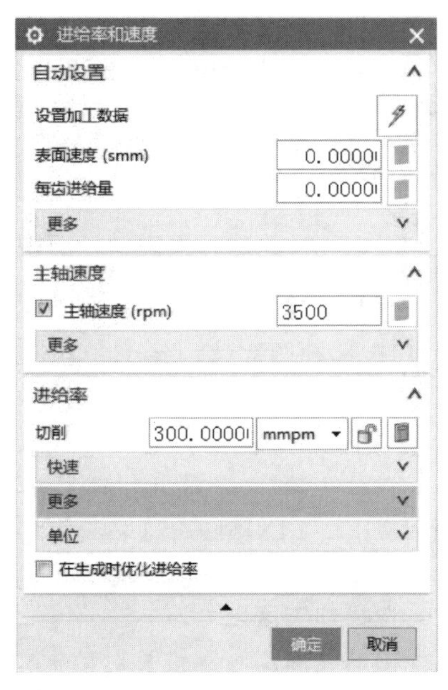

图 13-179 设置进给率和主轴转速

(5) 生成刀具路径

【操作】栏中→点击【生成刀具路径】，生成该步操作的刀具路径（图 13-180）。

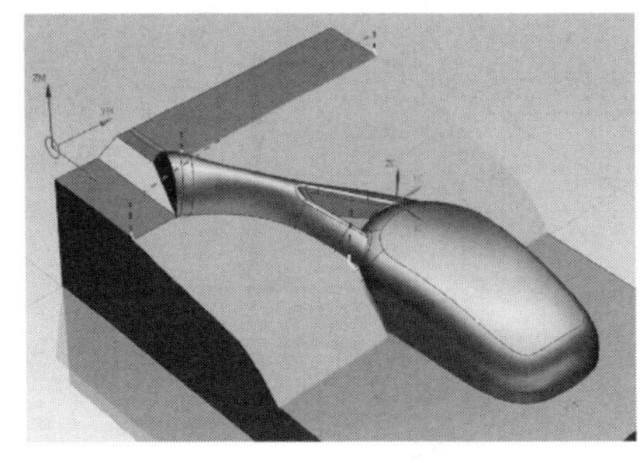
图 13-180　刀具路径

13.8.2.7　ϕ8mm 的球刀固定轴轮廓精加工后视镜顶部曲面区域

(1) 选择精加工方法

【程序顺序视图】→【创建工序】→弹出【创建工序】对话框→【类型】“mill_contour”→【工序子类型】“固定轴曲面轮廓铣”→【程序】“PROGRAM”→【刀具】“D8R4（铣刀-5 参数）”→【几何体】“WORKPIECE”→【方法】“MILL_FINISH”→【名称】“jing-ding”→【确定】（图 13-181）。

(2) 选择加工区域

在弹出的【固定轮廓铣】对话框中→【指定切削区域】→选择要加工的曲面→【确定】（图 13-182）。

(3) 设置驱动方法及加工参数设置

【驱动方法置】栏中→【方法】“区域铣削”（图 13-183）。

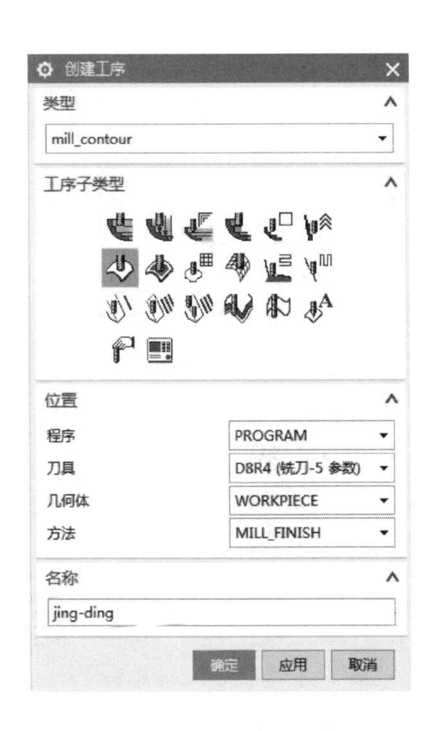

图 13-181　选择精加工方法

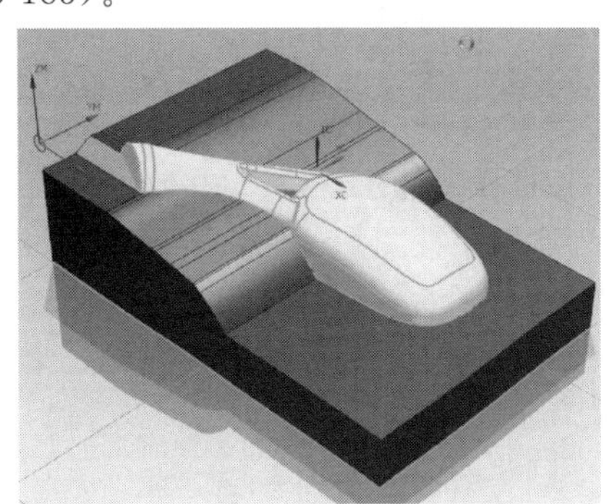
图 13-182　指定切削区域

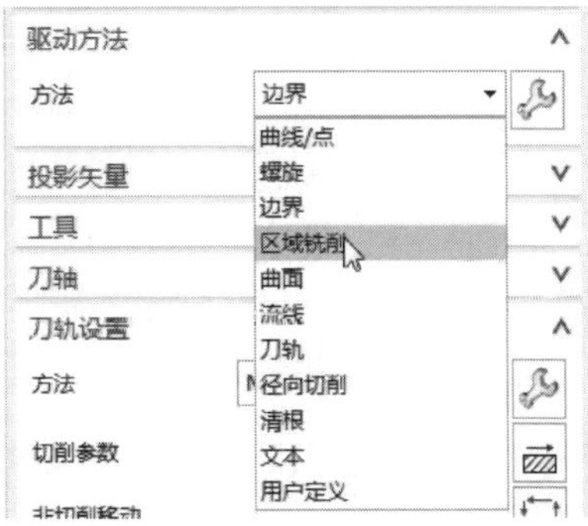

图 13-183　区域铣削

在弹出的【区域铣削驱动方法】对话框中→【陡峭空间范围】【方法】“非陡峭”→【陡峭壁角度】“65”→【非陡峭切削模式】“跟随周边”→【刀路方向】“向外”→【平面直径百分比】“5”→【确定】（图 13-184）。

(4) 设置进给率和主轴转速

打开【进给率和速度】对话框→勾选【主轴速度（rpm）】“3500”→【进给率】【切削】“300”→【确定】（图 13-185）。

图 13-184　加工参数设置

图 13-185　设置进给率和主轴转速

(5) 生成刀具路径

【操作】栏中→点击【生成刀具路径】，生成该步操作的刀具路径（图 13-186）。

13.8.2.8　ϕ8mm 的球刀深度轮廓精加工后视镜的陡峭曲面区域

(1) 选择精加工方法

【程序顺序视图】→【创建工序】→弹出【创建工序】对话框→【类型】“mill_contour”→【工序子类型】“深度轮廓加工”（等高轮廓铣）→【程序】“PROGRAM”→【刀具】“D8R4(铣刀-5参数)”→【几何体】“WORKPIECE”→【方法】“MILL_FINISH”→【名称】“jing-ce”→【确定】（图 13-187）。

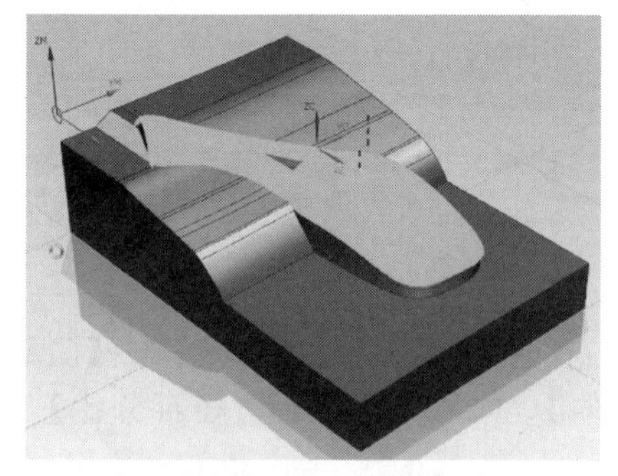

图 13-186　刀具路径

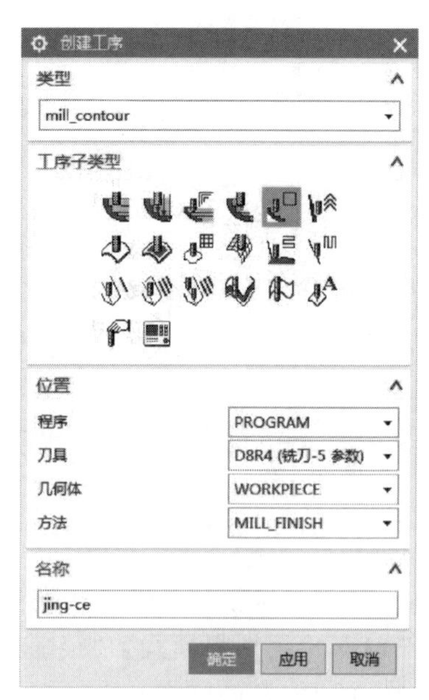

图 13-187　选择精加工方法

(2) 选择加工区域

在弹出的【深度轮廓加工】对话框中→【指定切削区域】→选择要加工的陡峭曲面→【确定】（图 13-188）。

(3) 设置加工参数

在弹出的【深度轮廓加工】对话框中→【刀轨设置】栏→【陡峭空间范围】“仅陡峭的”→【角度】“58”→【最大距离】“0.3”（图 13-189）。

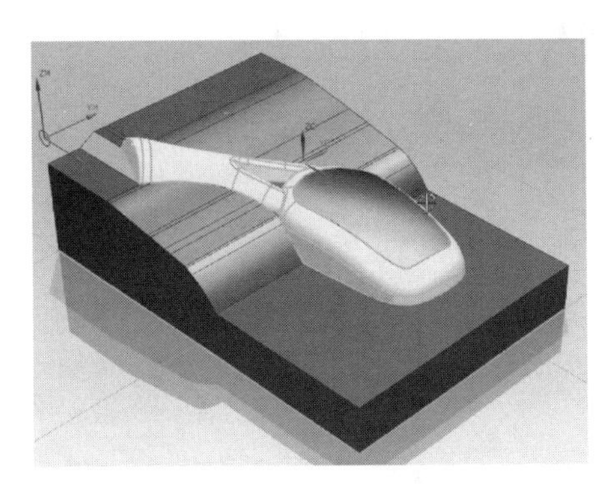

图 13-188　指定切削区域

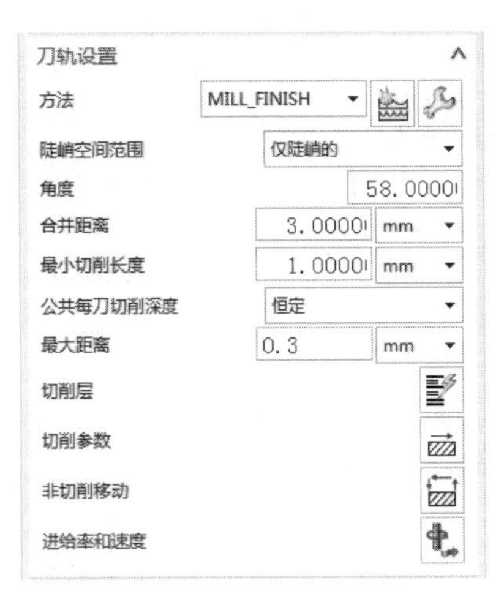

图 13-189　设置加工参数

(4) 设置进给率和主轴转速

打开【进给率和速度】对话框→勾选【主轴速度（rpm）】“3500”→【进给率】【切削】“300”→【确定】（图 13-190）。

(5) 生成刀具路径

【操作】栏中→点击【生成刀具路径】，生成该步操作的刀具路径（图 13-191）。

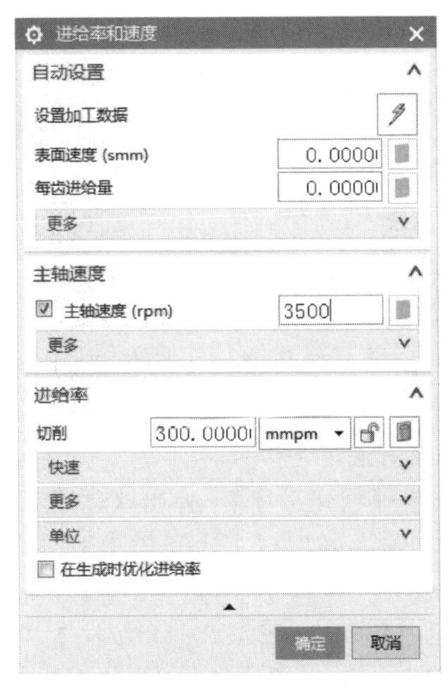

图 13-190　设置进给率和主轴转速

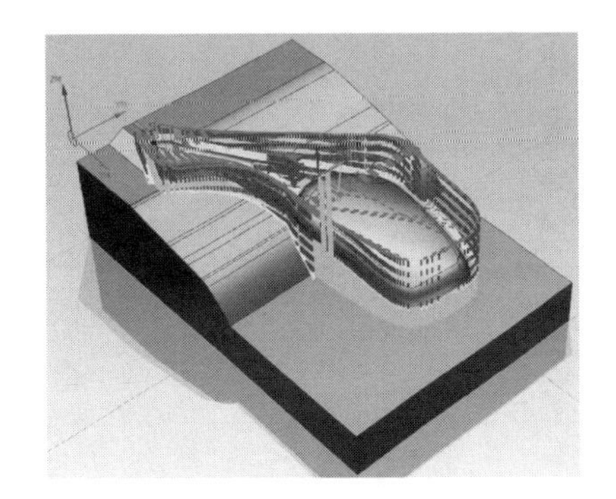

图 13-191　刀具路径

13.8.2.9　ϕ2mm 的球刀深度轮廓精加工后视镜的小三角曲面区域

(1) 选择精加工方法

【程序顺序视图】→【创建工序】→弹出【创建工序】对话框→【类型】“mill_contour”→【工序子类型】“深度轮廓加工”（等高轮廓铣）→【程序】“PROGRAM”→【刀具】“D2R1（铣刀-5

参数)”→【几何体】“WORKPIECE”→【方法】“MILL_FINISH”→【名称】“jing-xiaoce”→【确定】(图 13-192)。

(2) 选择加工区域

在弹出的【深度轮廓加工】对话框中→【指定切削区域】→选择要加工的陡峭曲面→【确定】(图 13-193)。

(3) 设置加工参数

在弹出的【深度轮廓加工】对话框中→【最大距离】“0.3”(图 13-194)。

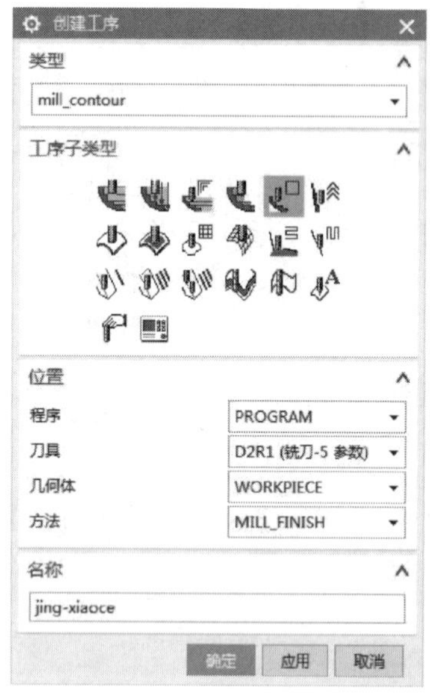

图 13-192 选择精加工方法

图 13-193 指定切削区域

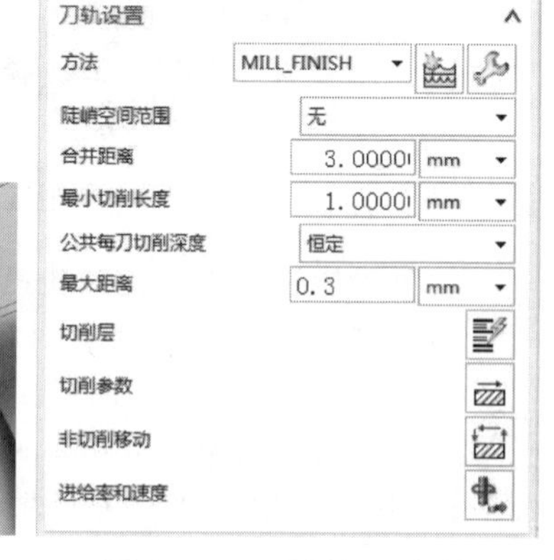

图 13-194 设置加工参数

(4) 设置进给率和主轴转速

打开【进给率和速度】对话框→勾选【主轴速度(rpm)】“3000”→【进给率】【切削】“85”→【确定】(图 13-195)。

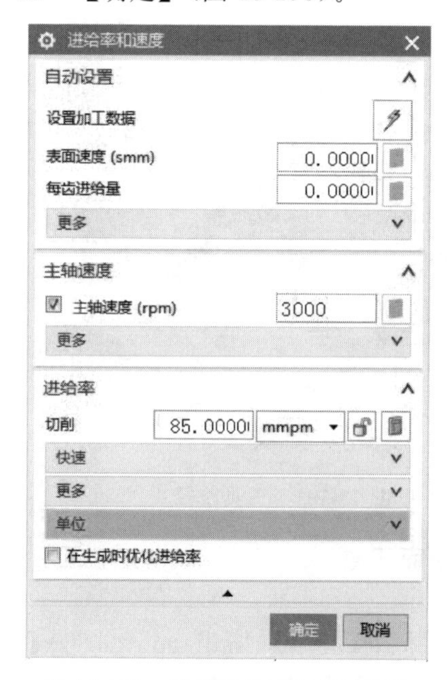

图 13-195 设置进给率和主轴转速

(5) 生成刀具路径

【操作】栏目中→点击【生成刀具路径】,生成该步操作的刀具路径(图 13-196)。

13.8.2.10 ϕ2mm 的球刀清根精加工后视镜剩余的角落曲面区域

(1) 选择精加工方法

【程序顺序视图】→【创建工序】→弹出【创建工序】对话框→【类型】“mill_contour”→【工序子类型】“单刀路清根”→【程序】“PROGRAM”→【刀具】“D2R1(铣刀-5参数)”→【几何体】“WORKPIECE”→【方法】“MILL_FINISH”→【名称】“jing-gen”→【确定】(图 13-197)。

(2) 选择加工区域

在弹出的【深度轮廓加工】对话框中→【指定切削区域】→选择要加工的陡峭曲面→【确定】(图 13-198)。

(3) 生成刀具路径

【操作】栏中→点击【生成刀具路径】,生成该步操作的刀具路径（图 13-199）。

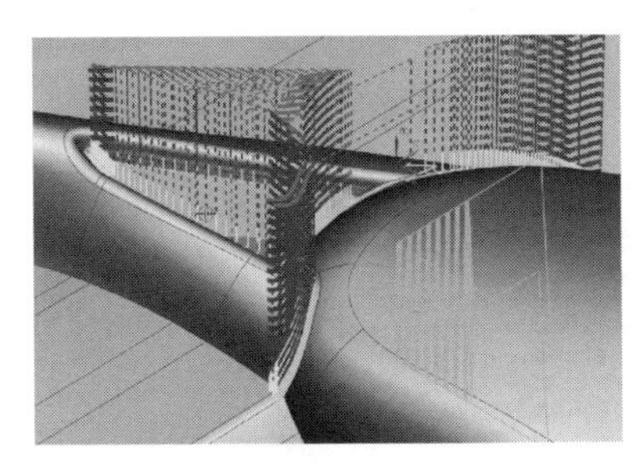

图 13-196 刀具路径

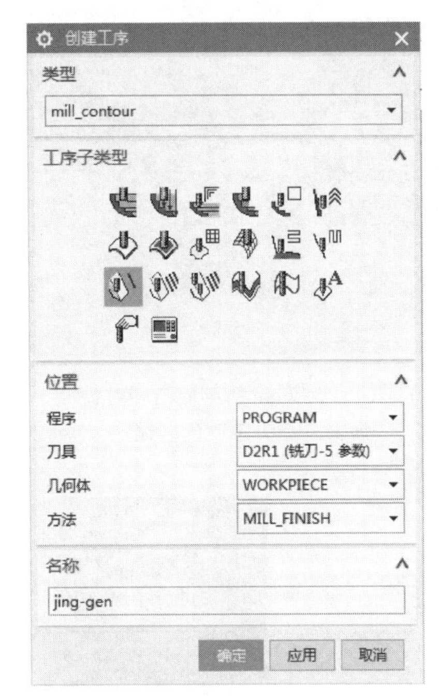

图 13-197 选择精加工方法

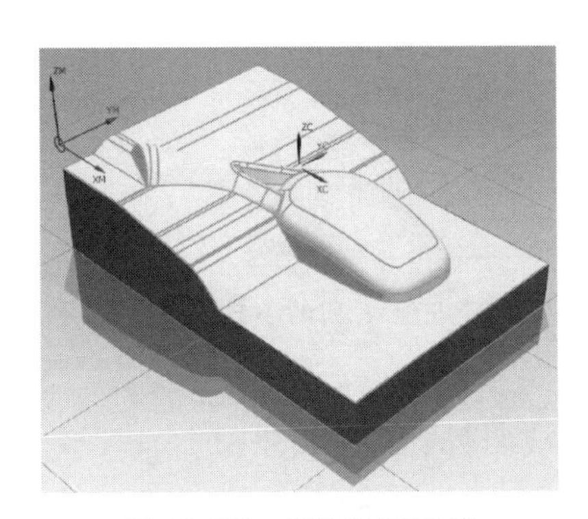

图 13-198 指定切削区域

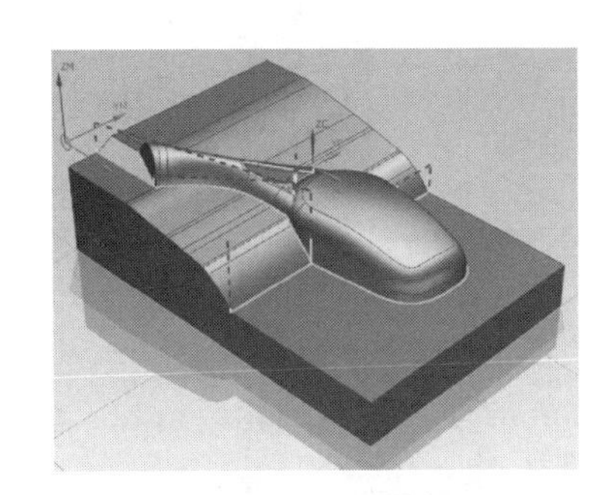

图 13-199 刀具路径

13.8.2.11 最终验证模拟

实体切削模拟验证：在左侧目录列表中选择操作→点击【确认刀轨】按钮→在弹出的【刀轨可视化】对话框中→选择【2D 动态】→调整【动画速度】→点击【播放】。

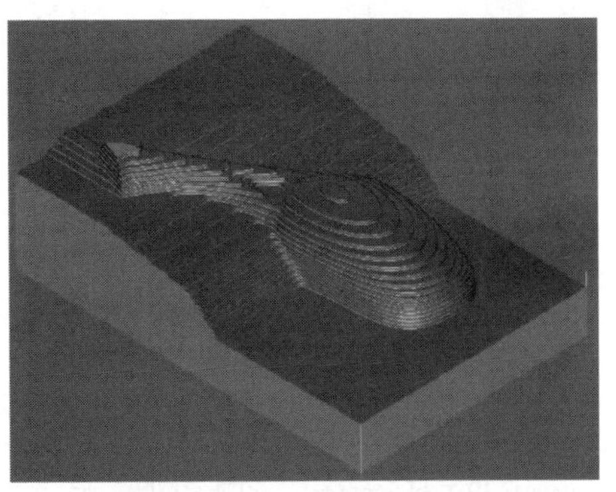

图 13-200 ϕ12mm 的平底刀型腔铣粗加工的开粗操作

ϕ12mm 的平底刀型腔铣粗加工的开粗操作如图 13-200 所示。

ϕ12mm 的平底刀型腔铣精加工三个大平面的区域如图 13-201 所示。

ϕ8mm 的球刀型腔铣半精加工的操作如图 13-202所示。

ϕ8mm 的球刀固定轴轮廓铣精加工后视镜左侧 Y 向的小曲面如图 13-203 所示。

ϕ8mm 的球刀固定轴轮廓铣精加工后视镜周围

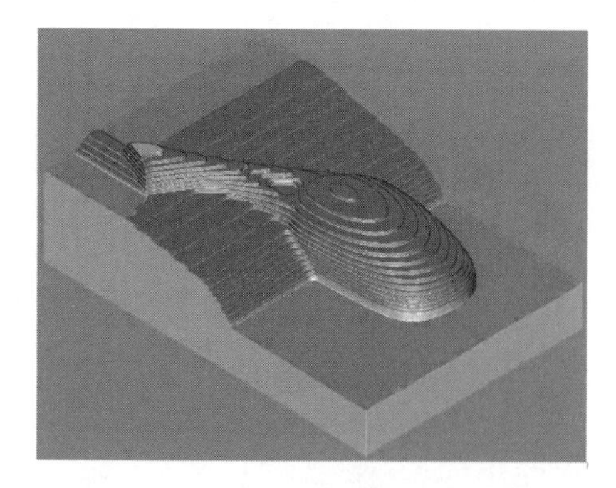

图 13-201 ϕ12mm 的平底刀型腔铣精加工三个大平面的区域

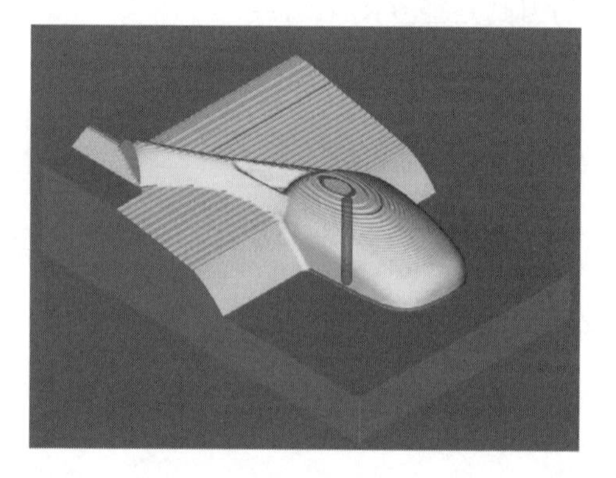

图 13-202 ϕ8mm 的球刀型腔铣半精加工的操作

图 13-203 ϕ8mm 的球刀固定轴轮廓铣精加工后视镜左侧 Y 向的小曲面

X 向的大曲面如图 13-204 所示。

ϕ8mm 的球刀固定轴轮廓精加工后视镜顶部曲面区域如图 13-205 所示。

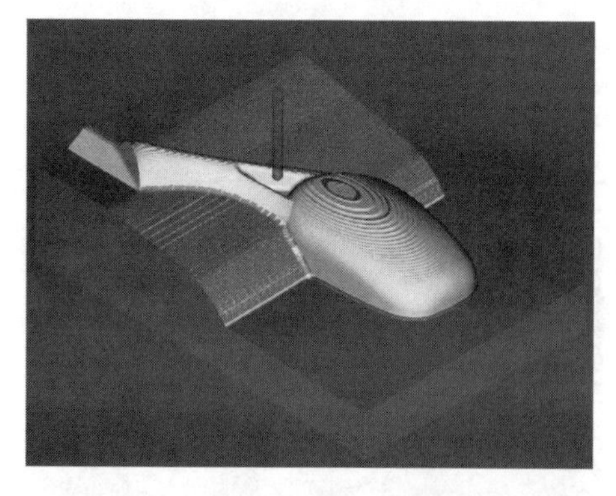

图 13-204 ϕ8mm 的球刀固定轴轮廓铣精加工后视镜周围 X 向的大曲面

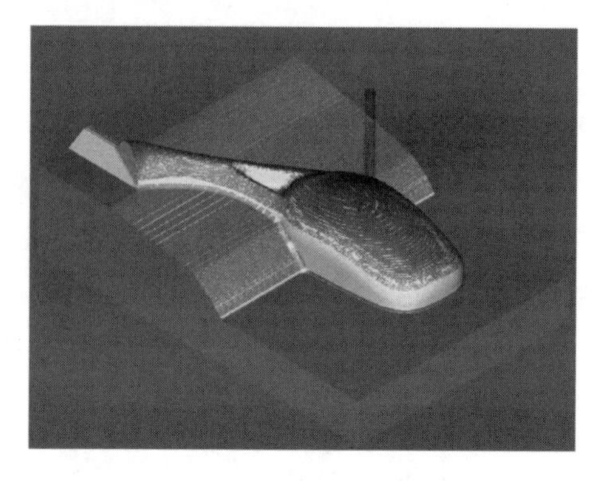

图 13-205 ϕ8mm 的球刀固定轴轮廓精加工后视镜顶部曲面区域

ϕ8mm 的球刀深度轮廓精加工后视镜的陡峭曲面区域如图 13-206 所示。

ϕ2mm 的球刀深度轮廓精加工后视镜的小三角曲面区域如图 13-207 所示。

ϕ2mm 的球刀清根精加工后视镜剩余的角落曲面区域如图 13-208 所示。

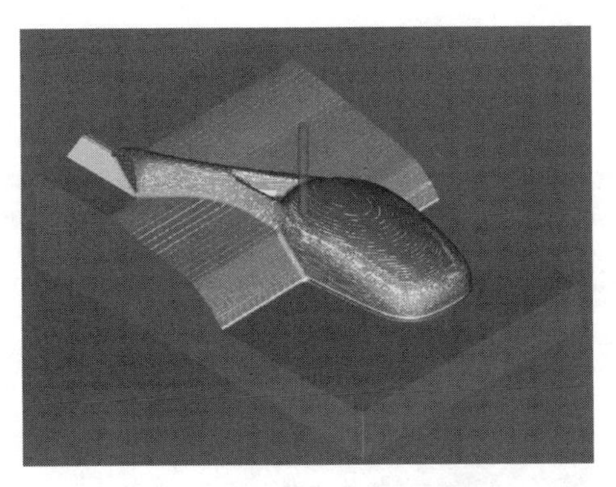

图 13-206　ϕ8mm 的球刀深度轮廓精加工后视镜的陡峭曲面区域

图 13-207　ϕ2mm 的球刀深度轮廓精加工后视镜的小三角曲面区域

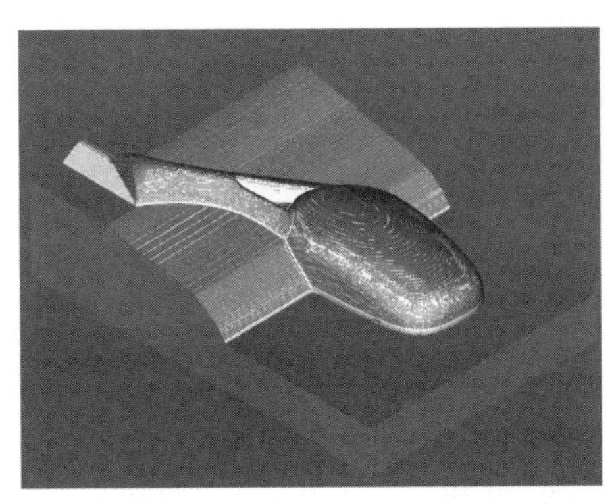

图 13-208　ϕ2mm 的球刀清根精加工后视镜剩余的角落曲面区域

14

第14章　数控机床维修

数控机床是用数字化的代码把零件加工过程中的各种操作和步骤以及刀具与工件之间的相对位移量记录在介质上，送入计算机或数控系统，经过译码运算、处理，控制机床的刀具与工件的相对运动，加工出所需的零件。

数控技术是集计算机技术、自动控制技术、测试技术和机械制造技术为一体的综合性高新技术。它将机械装备的功能、可靠性、效率质量及自动化程度等提高到一个新的水平。数控机床的故障诊断、故障维修在内容、手段和方法上与传统机床有很大区别，具备数控机床故障诊断维修技术是正确使用数控机床的基础。本章重点讲述数控机床的故障、维修的基本知识点，是进行数控机床故障诊断和维修的基础。

14.1　数控机床维修的概述

制造业及制造技术在国家的国民经济发展中具有举足轻重的作用，而反映制造业及制造能力的一个非常重要的指标就是机床的数量和质量。

14.1.1　数控机床维修的意义

数控机床的故障维修是数控机床使用过程中重要的组成部分，也是目前制约数控机床发挥作用的主要因素之一。通常情况下，数控机床生产厂家会加强数控机床故障诊断和维修的能力，可以提高数控机床的可靠性，有利于数控机床的推广和使用。与此同时，数控机床的使用单位也要培养掌握数控机床的故障诊断与维修的技术人员，有利于提高数控机床的加工能力和使用效率。随着数控机床的进一步推广和应用，企业和工厂也越来越迫切地需要培养更多的熟悉和掌握数控机床故障诊断技术的高素质人才。

数控机床是一种过程控制设备。这就要求它在实时控制的每一时刻都准确无误地工作。它是一个复杂的系统，涉及光、电、机、液、计算机等方面，包括数控系统、可编程序控制、伺服系统、测量与检测组成的反馈系统、机床机械、网络通信等部分。数控机床内部各部分联系非常紧密，自动化程度高，运行速度快。大型数控机床往往有成千上万的机械零件和电器部件，无论哪一部分发生故障，都会使数控机床工作失效或部分失效，给生产造成损失，甚至造成停产。机械锈蚀、机械磨损、机械失效，电子元器件老化、插件接触不良、电流电压波动、温度变化、干扰、噪声，软件丢失或本身有隐患、灰尘，操作失误等都可导致数控机床出现故障，甚至是整个设备的停机。在许多行业中，数控机床均处在关键工作岗位的关键工序上，若出现故障后不能及时修复，将直接影响企业的生产率和产品质量，会对生产单位带来巨大的损失。所以熟悉和掌握数控机床的故障诊断与维修技术、及时排除故障是非常重要的。

14.1.2 平均无故障时间

数控机床故障诊断与维修的基本目的就是提高数控设备的可靠性。数控设备的可靠性是指在规定时间内、规定工作条件下维持无故障工作的能力。测量数控设备可靠性的重要指标是平均无故障时间、平均修复时间和平均有效度。

平均无故障时间是指数控机床在使用中两次故障间隔的平均时间；平均修复时间是指数控机床从开始出现故障直至排除故障、恢复正常使用的平均时间；平均有效度是对数控设备正常工作概率进行综合评价的指标，它是指一台可维修数控机床在某一段时间内维持其性能的概率。

$$\text{平均无故障时间}=\frac{\text{总的故障时间}}{\text{故障次数}} \qquad \text{平均有效度}=\frac{\text{平均无故障时间}}{\text{平均无故障时间}+\text{平均维修时间}}$$

因此，数控设备故障诊断与维护的目的就是要做好两个方面：一是做好数控设备的维护工作，尽量延长平均无故障时间；二是提高数控设备的维修效率，尽快恢复使用，以尽量缩短平均修复时间。也就是说从两个方面来保证数控设备有较高的有效度，提高数控设备的开动率。

提高数控机床的可靠性，延长平均无故障时间．是保证数控机床正常使用的重要方面，但是数控机床不可能是一次或几次消耗品，为了提高数控机床的有效度、降低机床使用成本，缩短平均修复时间是至关重要的。因此，提高机床操作人员的机床故障维修能力，是目前数控技术发展的重点问题。

14.1.3 数控机床维修的内容

针对数控机床的组成和结构，我们列出数控机床修理的内容，详见表 14-1。

表 14-1 数控机床修理的内容

<table>
<tr><th>序号</th><th colspan="2">修理名称</th><th>修理内容</th></tr>
<tr><td rowspan="8">1</td><td rowspan="8">定期性计划修理</td><td rowspan="2">大修</td><td>①设备全部解体，修换全部磨损件，全面消除缺陷，恢复设备原有精度、性能和效率，达到出厂标准</td></tr>
<tr><td>②对一些陈旧设备的部分零部件作适当改装，以满足某些工艺上的要求</td></tr>
<tr><td>中修</td><td>有针对性地对设备作局部解体，修换磨损件，恢复并保持设备的精度、性能、效率</td></tr>
<tr><td>小修</td><td>清除设备在使用中造成的局部故障和零件的损伤，保证设备工艺上的要求</td></tr>
<tr><td>二级保养</td><td>以维修恢复其局部精度，达到工艺要求</td></tr>
<tr><td>项修</td><td>针对精、大、稀设备的特点面进行的。针对不同设备存在的主要问题实施部分修理，以满足工艺要求</td></tr>
<tr><td>定期性的工艺检查</td><td>对于重点设备在计划检修和间隔检修中，应进行定期性的精度检查</td></tr>
<tr></tr>
<tr><td rowspan="2">2</td><td rowspan="2">计划外修复</td><td>故障修理</td><td>设备临时损坏的修理</td></tr>
<tr><td>事故修理</td><td>因设备发生事故而进行的修理</td></tr>
</table>

14.1.4 数控机床故障的特点

按照数控机床发生故障频率的高低，数控机床的使用寿命可以分为 3 个阶段，即初始使用期、相对稳定运行期以及寿命终了期，图 14-1 和表 14-2 描述了数控机床故障的三个阶段。

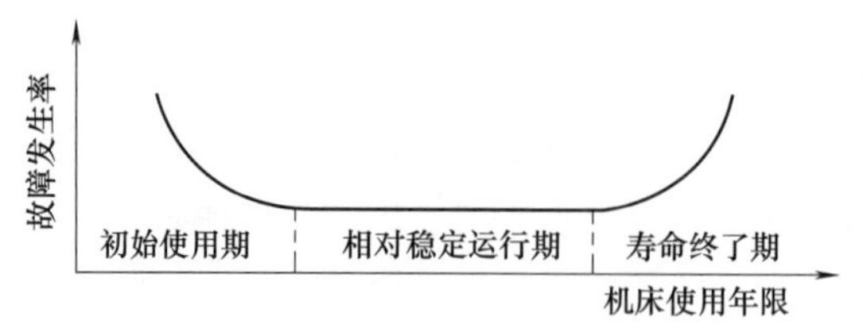

图 14-1 数控机床故障的三个阶段

表 14-2 数控机床故障三个阶段的详细描述

序号	故障特点	详细说明
1	数控机床初始使用期	从整机安装调试后，开始运行半年至一年期间，故障频率较高，一般无规律可循。从机械角度看，在这段时期，主机虽然经过了试生产磨合，但由于零件的加工表面还存在着微观和宏观的几何形状偏差，因此在完全磨合前，表面还较粗糙；部件在装配中还存在着形位误差，在机床使用初期可能引起较大的磨合磨损，使机床相对运动部件之间产生过大间隙。另外，新的混凝土地基的内应力还未达到平衡和稳定，也会使机床产生某些精度偏差。从电气角度看，数控机床控制系统及执行部件使用大量的电子器件，这些元件和装置在制造厂虽然经过严格筛选和整机拷机等处理，但在实际运行时，由于交变负荷及电路开、关的瞬时“浪涌”电流和反电动势等的冲击，使某些元器件经受不起初期冲击，因电流或电压击穿而失效，致使整个设备出现故障。一般来说，在这个时期，电气、液压和气动系统故障发生较多，为此，要加强对机床的监测，定期对机床进行机电调整，以保证设备各种运行参数处于技术规范之内
2	数控机床相对稳定运行期	设备在经历了初期阶段各种电气元件的老化、机械零件的磨合和调整后，开始进入相对稳定的正常运行期，此时各类元器件的故障较为少见，但不排除偶发性故障的产生，所以，在这个时期内要坚持做好设备运行记录，以备排除故障时参考。另外，要坚持每隔 6 个月对设备做一次机电综合检测和校核。这个时期，机电故障发生的概率小，且大多数可以排除。相对稳定运行期较长，一般为 1～10 年
3	数控机床寿命终了期	机床进入寿命终了期后，各类元器件开始加速磨损和老化、故障率开始逐年递增，故障性质属于渐发性和品质性的。例如橡胶件的老化、轴衬和液压缸的磨损、限位开关接触灵敏度以及某些电子元器件品质开始下降等，大多数渐发性故障具有规律性。在这个时期，同样要坚持做好设备运行记录，所发生的故障大多数是可以排除的

14.1.5 数控机床故障的分类

为了便于数控机床的维修诊断，一般按照故障部件、故障性质及故障原因对数控机床的常见故障做如下分类（表 14-3）。

表 14-3 数控机床常见故障分类

序号	分类原则	具体分类	具体说明
1	按故障发生的部件分类	主机故障	数控机床的主机部分主要包括机械、润滑、冷却、排屑、气动与防护等。常见的主机故障有：因机械安装、调试及操作使用不当等原因引起的机械传动故障与导轨运动摩擦过大故障。其表现为噪声大、加工精度低。比如轴向传动链的挠性联轴器松动、主轴振动引起加工精度低、导轨润滑不良以及系统参数设置不当等原因都可以引发以上故障。对于液压、润滑与气动系统的故障现象主要是阻塞管道和密封不严
		电气故障	电气故障又可分为弱电与强电故障。弱电部分主要指 CNC 装置，PLC 控制器显示器以及伺服装置，输入、输出装置等电子电路。常见故障有集成电路芯片、分立元件、插接件等硬件故障和加工程序、系统程序和参数的改变等软件故障。强电部分是指继电器、接触器、开关、电源变压器、电动机、电磁铁、行程开关等电器元件及所组成的电路。这部分故障十分常见

续表

序号	分类原则	具体分类	具体说明
2	按故障性质分类	系统性故障	系统性故障，是指只要满足一定的条件就必然会发生的故障。比如，液压或气压系统的压力升高或降低到一定的值时，就会产生液压或气压报警；当电网电压过高和过低时，系统就会产生电压过高或过低报警；如果在加工时，切削用量选择过大，超过机床负荷，必然产生过载或超温报警，使系统迅速停机
		随机性故障	随机性故障，是指在同样的条件下，偶尔出现一次或两次。这类故障比较难以找到原因，因为要重复出现不太容易，有时很长时间也很难碰到。相对来讲，这类故障往往与机械结构的局部松动、错位，数控系统中部分元件工作特性的漂移、元器件品质下降，以及操作失误与维护不当和工作环境影响有关。例如印刷电路板上的元器件虚焊、继电器触点、各类开关触头污染锈蚀造成的接触不可靠等
3	按故障产生时有无报警分类	有报警显示的故障	在数控系统中有许多指示故障部位的警示灯，如控制操作面板、位置控制印刷线路板、伺服控制单元、主轴单元、电源单元等部位常设有这类警示灯，可根据硬件指示灯的情况很快找到故障部位 现在的数控系统都有较丰富的自诊断功能，上千种的报警信号都可以在显示器上显示出来。这类报警常见的有存储器警示、过热警示、伺服系统警示、超程警示、程序出错警示及过载警示等，这为故障判断和排除提供了极大的帮助。但是需要引起注意的是，有很多情况虽然有报警显示，但是并不是报警的真正原因
		无报警显示的故障	有时候，数控机床没有任何报警显示，但是机床确实是在不正常的状态下。排除这类故障比较困难，需根据故障前后的变化状况来判断
4	按有无破坏性来分类	破坏性故障	指故障发生时会对机床或者操作者造成伤害，如飞车、超程运动等。这类故障发生后，维修人员来维修时，决不能出现第二次伤害
		非破坏性故障	大部分故障属于非破坏性故障，可以通过现象及对这种故障分析、判断，找到原因所在
5	按故障发生的原因分类	数控机床自身故障	由于机床自身的原因引起的，与外部环境没有关系，绝大多数故障属于此类
		数控机床外部引起的故障	由外部原因所造成的，比如外部电压波动太大，温度、湿度过高或过低，粉尘侵入，人为因素等
6	按故障发生的部位	软故障	大都是由于程序编制错误、操作错误或者电磁干扰等偶然因素造成的。经过修改程序或作适当调整后故障即可消除。当首次使用CNC系统时，绝大部分故障都属于这一类。只要认真阅读有关资料，熟悉机器和系统的正确操作方法及编程知识，这类故障是不难排除的
		硬故障	由于数控机床元件损坏而造成的，常需要更换元器件
7	按故障发生的时间	早期故障	早期故障具有两个特征：一是故障率高，二是故障率随时间迅速下降。这一时期的设备故障往往与设计、制造、装配、安装、调试等有关。一旦找准原因加以消除，故障率会很快下降
		偶然故障	故障偶然发生，并常与易损件质量、磨损、维护保养不当、操作失误、环境因素改变等有关。这一时期，若能摸清零件磨损规律和使用寿命，及时发现设备异常情况和征兆，进行有效地维修，将会延长设备使用寿命
		耗损故障	特征是故障率明显上升，故障间隔时间缩短，维修时间和费用显著增加，对生产的影响也日趋严重。这一时期的设备故障与磨损、疲劳、腐蚀、老化的零部件增多、程度加重等因素有关。此时，若能对设备全面检修，更换失效零件，可使故障率重新降下来，使其进入下一个偶然故障期。若此时维修费用太高或设备功能得不到很好恢复，则需要考虑报废、更新设备
8	按故障发生的范围	局部故障	故障只是出现于机床的某个部位、某个部件上，并不影响其他部件的性能，只需对该故障部件进行维修、更换即可
		分布式故障	分布式故障常常有多个相关联的部件，有时可能是控制系统、接口系统、数控系统等共同发生的故障现象，单独处理一个部分难以解决问题，需要仔细分类、分析，判断故障原因，按步骤一步一步解决

续表

序号	分类原则	具体分类	具体说明
9	按故障发生的过程	突然故障	该故障的发生没有先兆，只是突然间出现，没有产生关联的故障现象，修复此故障也不会对以后的机床运行产生不良影响
		渐变故障	渐变故障的发生有一个相互联系的过程，通常是由简单到复杂、由偶然到频繁，如不及时维修，机床将会受到越来越大的影响
10	按干扰故障分类	内部干扰故障	由于系统工艺、结构、线路设计、电源及地线处理不当或元器件性能变化引起内部互相干扰，表现为很强的偶发性和随机性
		外部干扰故障	有极强的偶发性和随机性，往往因工作现场和工作环境有大型用电设备（如附近有电焊机工作产生电弧干扰）而发生的故障
11	按伺服故障分类	控制部分故障	主要是由于过载或散热不良引起的故障
		驱动电动机故障	由于设备工作环境较差，驱动电动机被污染、腐蚀、磨损或烧毁。这类故障是常见的故障，应多加留意，与此相连的检测系统由于受污染和腐蚀，故障率也较高

14.1.6 数控机床维修的要求

(1) 对维修人员的素质要求

维修人员的素质直接决定了维修效率和效果。为了迅速、准确地判断故障原因，并进行及时、有效的处理，恢复机床的动作、功能和精度，作为数控机床的维修人员应具备表 14-4 所示的基本条件。

(2) 对技术资料的要求

技术资料是维修的指南，它在维修工作中起着至关重要的作用。借助于技术资料可以大大提高维修工作的效率与维修的准确率。一般来说，对于重大的数控机床故障维修，在理想状态下，应具备表 14-4 所示的技术资料。

(3) 对工具及备件的要求

合格的维修工具是进行数控机床维修的必备条件。数控机床是精密设备，它对各方面的要求较普通机床高，不同的故障所需要的维修工具亦不尽相同。

表 14-4 所示为数控机床维修对维修人员、技术资料和工具及备件的具体要求。

表 14-4 数控机床维修对维修人员、技术资料和工具及备件的要求

序号	对象	详细说明
1	维修人员	(1)具有较广的知识面 由于数控机床通常是集机械、电气、液压、气动等于一体的加工设备，组成机床的各部分之间具有密切的联系，其中任何一部分发生故障均会影响其他部分的正常工作。数控机床维修的第一步是要根据故障现象尽快判别故障的真正原因与故障部位，这一点既是维修人员必须具备的素质，但同时又对维修人员提出了很高的要求，它要求数控机床维修人员不仅仅要掌握机械、电气两个专业的基础知识和基础理论，而且还应该熟悉机床的结构与设计思想，熟悉数控机床的性能，只有这样，才能迅速找出故障原因，判断故障所在。此外，维修时为了对某些电路与零件进行现场测绘，作为维修人员还应当具备一定的工程制图能力
		(2)善于思考 数控机床的结构复杂，各部分之间的联系紧密，故障涉及面广。而且在有些场合，故障所反映出的现象不一定是产生故障的根本原因。作为维修人员必须从机床的故障现象分析故障产生的过程，针对各种可能产生的原因由表及里，透过现象看本质，迅速找出发生故障的根本原因并予以排除 通俗地讲，数控机床的维修人员从某种意义上说应“多动脑，慎动手”，切忌草率下结论，盲目更换元器件，特别是数控系统的模块以及印刷电路板
		(3)重视总结积累 数控机床的维修速度在很大程度上要依靠平时经验的积累，维修人员遇到过的问题、解决过的故障越多，其维修经验也就越丰富。数控机床虽然种类繁多、系统各异，但其基本的工作过程与原理却是相同的。因此，维修人员在解决了某故障以后，应对维修过程及处理方法进行及时总结、归纳，形成书面记录，以供今后同类故障维修参考。特别是对于自己难以解决、最终由同行技术人员或专家维修解决的问题，尤其应该细心观察、认真记录，以便于提高。如此日积月累，以达到提高自身水平与素质的目的

续表

序号	对象	详细说明
1	维修人员	(4)善于学习 作为数控机床维修人员不仅要注重分析与积累，还应当勤于学习、善于学习。数控机床，尤其是数控系统，其说明书内容通常都较多，有操作、编程、连接、安装调试、维修手册、功能说明、PLC编程等。这些手册、资料少则数十万字，多则上千万字，要全面掌握系统的全部内容绝非一日之功，而在实际维修时通常也不可能有太多的时间对说明书进行全面、系统的学习 因此，作为维修人员要像了解机床、系统的结构那样全面了解系统说明书的结构、内容、范围，并根据实际需要精读某些与维修有关的重点章节，理清思路、把握重点、详略得当，切忌大海捞针、无从下手
		(5)具备外语基础与专业外语基础 虽然目前国内生产数控机床的厂家已经日益增多，但数控机床的关键部分——数控系统还主要依靠进口，其配套的说明书、资料往往使用原文资料，数控系统的报警文本显示亦以外文居多。为了能迅速根据系统的提示与机床说明书中所提供信息确认故障原因、加快维修进程，作为一个维修人员，最好能具备专业外语的阅读能力，提高外语水平，以便分析、处理问题
		(6)能熟练操作机床和使用维修仪器 数控机床的维修离不开实际操作，特别是在维修过程中，维修人员通常要进行一般操作者无法进行的特殊操作方式，如：进行机床参数的设定与调整，通过计算机以及软件联机调试利用PLC编程器监控等。此外，为了分析判断故障原因，维修过程中往往还需要编制相应的加工程序，对机床进行必要的运行试验与工件的试切削。因此，从某种意义上说，一个高水平的维修人员，其操作机床的水平应比操作人员更高，运用编程指令的能力应比编程人员更强
		(7)具有较强的动手能力 动手是维修人员必须具备的素质。但是，对于维修数控机床这样精密、关键的设备，动手必须要有明确的目的、完整的思路、细致的操作。动手前应仔细思考、观察，找准入手点；动手过程中更要做好记录，尤其是对于电气元件的安装位置、导线号、机床参数、调整值等都必须做好明显的标记，以便恢复。维修完成后，应做好收尾工作，如：将机床、系统的罩壳、紧固件安装到位；将电线、电缆整理整齐等
		(8)了解数控机床的禁忌操作 在系统维修时应特别注意：数控系统中的某些模块是需要电池保持参数的，对于这些模块切忌随便插拔；更不可以在不了解元器件的作用的情况下随意调换数控系统、伺服驱动等部件中的器件、设定端子，任意调整电位器位，任意改变设备参数，以避免产生更严重的后果
2	技术资料	(1)数控机床使用说明书 由机床生产厂家编制并随机床提供的随机资料，该说明书通常包括以下与维修有关的内容： ① 机床的操作过程和步骤 ② 机床主要机械传动系统及主要部件的结构原理示意图 ③ 机床的液压、气动、润滑系统图 ④ 机床安装和调整的方法与步骤 ⑤ 机床电气控制原理图 ⑥ 机床使用的特殊功能及其说明等
		(2)数控系统的操作、编程说明书 它是由数控系统生产厂家编制的数控系统使用手册，通常包括以下内容： ① 数控系统的面板说明 ② 数控系统的具体操作步骤(包括手动、自动、试运行等方式的操作步骤，以及程序、参数等的输入、编辑、设置和显示方法) ③ 加工程序以及输入格式、程序的编制方法、各指令的基本格式以及所代表的意义等 在部分系统中它还可能包括系统调试、维修用的大量信息，如：机床参数的说明、报警的显示及处理方法以及系统的连接图等。它是维修数控系统与操作机床中必须参考的技术资料之一
		(3)PLC程序清单 它是机床厂根据机床的具体控制要求设计、编制的机床控制软件，PLC程序中包含了机床动作的执行过程以及执行动作所需的条件，它表明了指令信号、检测元件与执行元件之间的全部逻辑关系。借助PLC程序，维修人员可以迅速找到故障原因，它是数控机床维修过程中使用最多、最重要的资料 在某些系统(如FANUC系统、SIEMENS系统等)中，利用数控系统的显示器可以直接对PLC程序进行动态检测和观察，它为维修提供了极大的便利，因此，在维修中一定要熟练掌握这方面的操作和使用技能

续表

<table>
<tr><th>序号</th><th>对象</th><th colspan="2">详细说明</th></tr>
<tr><td rowspan="6">2</td><td rowspan="6">技术资料</td><td colspan="2">(4)机床参数清单
它是由机床生产厂根据机床的实际情况对数控系统进行的设置与调整。机床参数是系统与机床之间的“桥梁”,它不仅直接决定了系统的配置和功能,而且也关系到机床的动、静态性能和精度,因此也是维修机床的重要依据与参考。在维修时,应随时参考系统“机床参数”的设置情况来调整、维修机床;特别是在更换数控系统模块时,一定要记录机床的原始设置参数,以便机床功能的恢复</td></tr>
<tr><td colspan="2">(5)数控系统的连接说明、功能说明
该资料由数控系统生产厂家编制,通常只提供给机床生产厂家作为设计资料。维修人员可以从机床生产厂家或系统生产、销售部门获得
系统的连接说明、功能说明书不仅包含了比电气原理图更为详细的系统各部分之间连接要求与说明,而且还包括了原理圈中未反映的信号功能描述,是维修数控系统尤其是检查电气接线的重要参考资料</td></tr>
<tr><td colspan="2">(6)伺服驱动系统、主轴驱动系统的使用说明书
它是伺服系统及主轴驱动系统的原理与连接说明书,主要包括伺服、主轴的状态显示与报警显示、驱动器的调试、设定要点,信号、电压、电流的测试点,驱动器设置的参数及意义等方面的内容,可供伺服驱动系统、主轴驱动系统维修参考</td></tr>
<tr><td colspan="2">(7)PLC使用与编程说明
它是机床中所使用的外置或内置式PLC的使用、编程说明书。通过PLC的说明书,维修人员可以通过PLC的功能与指令说明分析、理解PLC程序,并由此详细了解、分析机床的动作过程、动作条件、动作顺序以及各信号之间的逻辑关系,必要时还可以对PLC程序进行部分修改</td></tr>
<tr><td colspan="2">(8)机床主要配套功能部件的说明书与资料
在数控机床上往往会使用较多功能部件,如数控转台、自动换刀装置、润滑与冷却系统排屑器等。对于这些功能部件,其生产厂家一般都提供了较完整的使用说明书,机床生产厂家应将其提供给用户,以便功能部件发生故障时进行参考
以上都是在理想情况下应具备的技术资料,但是实际维修时往往难以做到这一点。因此在必要时,维修人员应通过现场测绘、平时积累等方法完善、整理有关技术资料</td></tr>
<tr><td colspan="2">(9)维修人员对机床维修过程的记录与维修的总结
最理想的情况是:维修人员应对自己所进行的每一步维修都进行详细的记录,不管当时判断是否正确。这样不仅有助于今后进一步维修,而且也有助于维修人员的经验总结与水平的提高</td></tr>
<tr><td rowspan="12">3</td><td rowspan="12">工具及备件</td><td rowspan="5">(1)常用仪表类</td><td>①数字万用表　数字万用表可用于大部分电气参数的准确测量,判别电气元件的性能好坏</td></tr>
<tr><td>②数字转速表　转速表用于测量与调整主轴的转速,通过测量主轴实际转速以及调整系统及驱动器的参数,可以使编程的主轴转速理论值与实际主轴转速值相符。它是主轴维修与调整的测量工具之一</td></tr>
<tr><td>③示波器　示波器用于检测信号的动态波形如脉冲编码器、测速机、光栅的输出波形,伺服驱动、主轴驱动单元的各级输入、输出波形等,其次还可以用于检测开关电源显示器的垂直、水平振荡与扫描电路的波形等</td></tr>
<tr><td>④相序表　相序表主要用于测量三相电源的相序,它是直流伺服驱动、主轴驱动维修的必要测量工具之一</td></tr>
<tr><td>⑤常用的长度测量工具　长度测量工具(如:千分表、百分表等)用于测量机床移动距离、反向间隙值等。通过测量,可以大致判断机床的定位精度、重复定位精度、加工精度等,根据测量值可以调整数控系统的电子齿轮比、反向间隙等主要参数,以恢复机床精度。它是机械部件维修测量的主要检测工具之一</td></tr>
<tr><td rowspan="6">(2)常用工具类</td><td>①电烙铁　它是最常用的焊接工具。一般应采用30W左右的尖头、带接地保护线的内铁式电烙铁,最好使用恒温式电烙铁</td></tr>
<tr><td>②吸锡器　常用的是便携式手动吸锡器,也可采用电动吸锡器</td></tr>
<tr><td>③旋具类　规格齐全的一字与十字旋具各一套。旋具以采用树脂或塑料手柄为宜。为了进行伺服驱动器的调整与装卸,还应配备无感螺丝刀与梅花形六角旋具各一套</td></tr>
<tr><td>④钳类工具　各种规格的斜口钳、尖嘴钳、剥线钳、镊子、压线钳等</td></tr>
<tr><td>⑤扳手类　各种规格的米制、英制内、外六角扳手各一套等</td></tr>
<tr><td>⑥其他　剪刀、吹尘器、卷尺、焊锡丝、松香、酒精、刷子等</td></tr>
<tr><td>(3)常用备件</td><td>数控机床的维修所涉及的元器件、零件众多,备用的元器件不可能全部准备充分、齐全,但是,若维修人员能准备一些最为常见的易损元器件,可以给维修带来很大的方便,有助于迅速处理解决问题。这些元器件包括:二极管、各种规格的电阻(规格应齐全)、常用电位器、常用的晶体三极管等</td></tr>
</table>

14.2 数控机床维修的基本方法

数控机床是用数字化的代码把零件加工过程中的各种操作和步骤以及刀具与工件之间的相对位移量记录在介质上，送入计算机或数控系统，经过译码运算、处理，控制机床的刀具与工件的相对运动，加工出所需的零件。

数控技术是集计算机技术、自动控制技术、测试技术和机械制造技术为一体的综合性高新技术。它将机械装备的功能、可靠性、效率质量及自动化程度等提高到一个新的水平。数控机床的故障诊断、故障维修在内容、手段和方法上与传统机床有很大区别，具备数控机床故障诊断维修技术是正确使用数控机床的基础。本章重点讲述数控机床的故障、维修的基本方法。

14.2.1 数控机床维修的工艺过程

数控系统型号颇多，所产生的故障原因往往比较复杂，这里介绍数控机床出现故障后的一般处理工艺过程，见图 14-2。

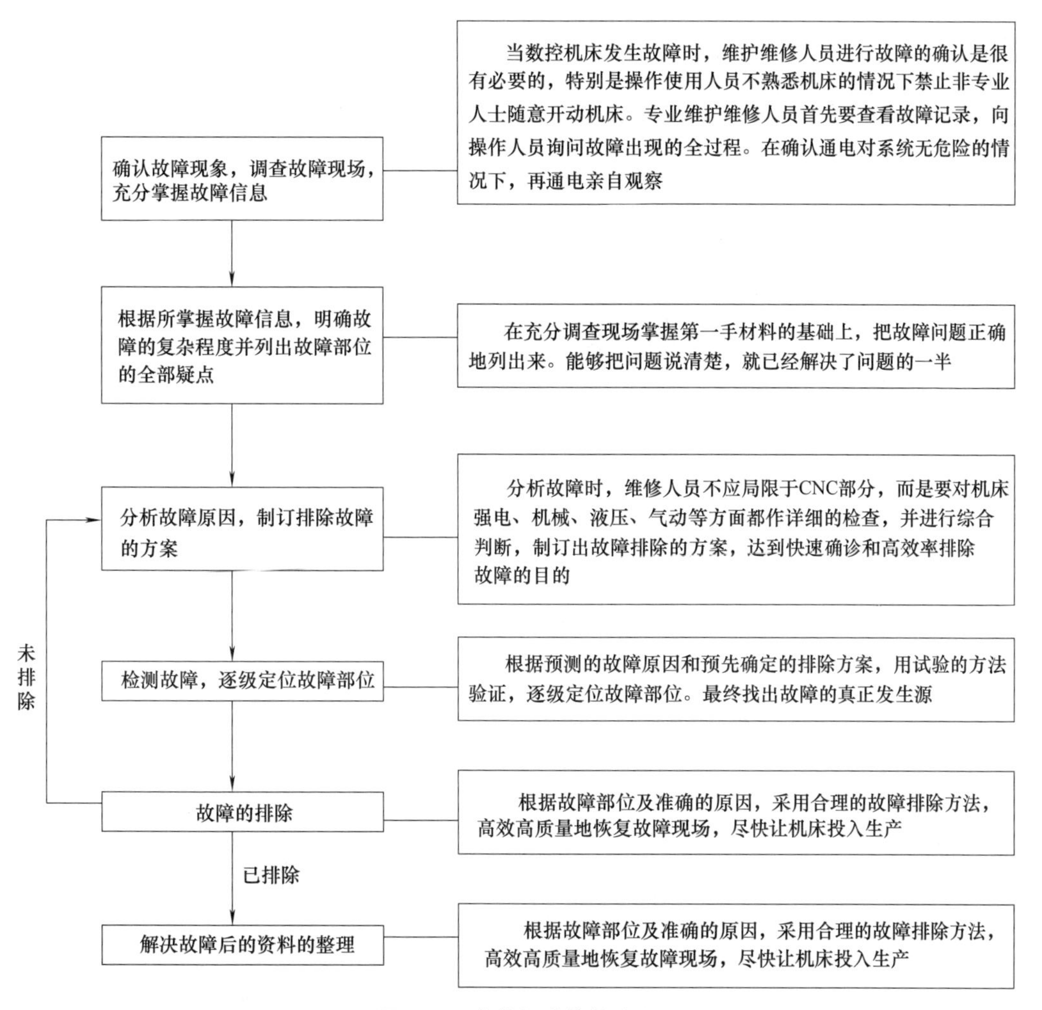

图 14-2 数控机床检修流程

14.2.2 数控机床维修的基本原则

分析故障时，维修人员也不应局限于数控系统部分，而是要对机床强电、机械、液压、气动等方面都作详细的检查，并进行综合判断，达到确诊和最终排除故障的目的。

数控机床的故障复杂，诊断排除比较难，在检测排除数控机床故障时，应遵循以下原则，见表 14-5。

表 14-5 数控机床维修的基本原则

序号	原则	详细说明
1	先安检后通电	确定方案后，对有故障的机床仍要秉着先静后动的原则，先在机床断电的静止状态，通过观察测试、分析，确认为非恶性循环性故障或非破坏性故障后，方可给机床通电，在运行工况下，进行动态的观察、检验和测试，查找故障。然而对恶性的破坏性故障，必须先排除危险后，方可通电，在运行工况下进行动态诊断
2	先软件后硬件	当发生故障的机床通电后，应先检查软件的工作是否仍正常。有些可能是软件的参数丢失或者是操作人员使用方式、操作方法不对而造成的报警或故障。切忌一上来就大拆大卸，以致造成更严重的后果
3	先外部后内部	当数控机床发生故障后，维修人员应先采用望、闻、听、问、摸等方法由外向内逐一检查 数控机床是机械、液压、电气一体化的机床，故其故障的特征必然要从机械、液压、电气这三者综合反映出来。数控机床的检修要求维修人员掌握先外部后内部的原则。即当数控机床发生故障后，维修人员应先采用望、闻、听、问等方法，由外向内逐一进行检查。比如：数控机床中，外部的行程开关、按钮开关、液压气动元件以及印制电路板插头座、边缘接插件与外部或相互之间的连接部位、电控柜插座或端子排这些机电设备之间的连接部位，因其接触不良造成信号传递失灵，是产生数控机床故障的重要因素。此外，由于工业环境中，温度、湿度变化较大，油污或粉尘对元件及线路板的污染、机械的振动等，对于信号传送通道的接插件都将产生严重影响。在检修中重视这些因素，首先检查这些部位就可以迅速排除较多的故障。另外，尽量避免随意地启封、拆卸，不适当的大拆大卸，往往会扩大故障，使机床大伤元气，丧失精度，降低性能
4	先机械后电气	数控机床的故障大部分是机械动作失灵引起的，先检查机械部分是否正常、行程开关是否灵活等，可以达到事半功倍的效果 由于数控机床是一种自动化程度高、技术较复杂的先进机械加工设备。一般来讲，机械故障较易察觉，而数控系统故障的诊断则难度要大些。先机械后电气就是在数控机床的检修中，首先检查机械部分是否正常，行程开关是否灵活，气动、液压部分是否正常等。从经验来看，数控机床的故障中有很大部分是由机械动作失灵引起的。所以，在故障检修之前，首先逐一排除机械性的故障，往往可以达到事半功倍的效果
5	先静后动 （先方案后操作）	维修人员本身应该做到先静后动，不可盲目动手，应先了解情况 维护维修人员碰到机床故障后，先静下心来，考虑出分析方案再动手。维修人员本身要做到先静后动，不可盲目动手，应先询问机床操作人员故障发生的过程及状态，阅读机床说明书、图样资料后，方可动手查找和处理故障。如果上来就碰这敲那连此断彼，徒劳的结果也许尚可容忍，但造成现场破坏导致误判或者引入新的故障导致更大的后果则后患无穷
6	先公用后专用	公用性的问题往往影响全局，而专用性的问题只影响局部 如机床的几个进给轴都不能运动，这时应先检查和排除各轴公用的 CNC、PLC、电源、液压等公用部分的故障，然后再设法排除某轴的局部问题。又如电网或主电源故障是全局性的，因此一般应首先检查电源部分，看看熔丝是否正常、直流电压输出是否正常。总之，只有先解决影响一大片的主要矛盾，局部的、次要的矛盾才有可能迎刃而解
7	先简单后复杂	当出现多种故障相互交织掩盖、一时无从下手时，应先解决容易的问题，后解决难度较大的问题。常常在解决简单故障的过程中，难度大的问题也可能变得容易，或者在排除简易故障时受到启发，对复杂故障的认识更为清晰，从而也有了解决办法
8	先一般后特殊	在排除某一故障时，要先考虑最常见的可能原因，然后再分析很少发生的特殊原因。例如：数控车床 Z 轴回零不准，常常是由于降速挡块位置走动所造成的。一旦出现这一故障，应先检查该挡块位置，在排除这一常见的可能性之后，再检查脉冲编码器、位置控制等环节

总之，在数控机床出现故障后，视故障的难易程度以及故障是否属于常见性故障，合理地采用不同的分析问题和解决问题的方法。

14.2.3 数控机床维修前的现场调查

数控机床发生故障时，为了进行故障诊断，找出产生故障的根本原因，维修人员充分调查故障现场，这是维修人员取得维修第一手材料的一个重要手段。调查故障现场，首先要查看故障记录单；同时应向操作者调查、询问出现故障的全过程，充分了解发生的故障现象以及采取过的措施等。此外，维修人员还应对现场作细致的检查，观察系统的外观和内部各部分是否有异常之处；在确认数控系统通电无危险的情况下方可通电，通电后再观察系统有何异常、显示器显示的报警内容是什么等。表 14-6 详细描述了数控机床维修的现场调查内容。

表 14-6 数控机床维修的现场调查内容

序号	主要内容	具体内容
1	故障的种类	①发生故障时，系统处于何种工作方式，JOG 方式、MDI 方式还是 MEM 方式等 ②系统状态显示，有时系统发生故障却没有报警，此时需要通过诊断画面观察系统处于何种状态。例如是在执行 M、S、T 辅助功能，还是在自动运转？又如系统是处于暂停还是急停，或者系统是处于互锁状态还是倍率为 0%状态 ③定位误差超差情况 ④在显示器上有误报警出现，是何种报警型号？ ⑤刀具轨迹出现误差，此时的速度是否正常？
2	故障的频繁程度	①故障发生的时间，一共发生了几次？是否频繁发生？数控机床旁边其他机械设备工作是否正常？ ②加工同类工件时，发生故障的概率如何？ ③故障是在特定方式下发生的吗？是否与进给速度、换刀方式或与螺纹切削有关？ ④出现故障的程序段 ⑤将该程序段的编程值与系统内的实际值进行比较，确认两者是否有差异，是否是程序输入有误？ ⑥重复出现的故障是否与外界因素有关？
3	外界状况	①环境温度：系统周围环境是否超过允许温度？是否有急剧的温度变化？ ②周围是否有强烈的振动源引起了系统的振动？ ③系统的安装位置检查，出故障时是否受到阳关的直射？ ④切削液、润滑油是否飞溅到了系统柜里？系统柜里是否进水，受到水的浸渍(如暖气漏水等)？ ⑤输入电压调查，输入电源是否有波动？电压值是多少？ ⑥工厂内是否有使用大电流装置？ ⑦近处是否存在干扰源，如吊车场、高频机械、焊接机或电加工机床等？ ⑧附近是否存在修理或调试机床？是否正修或调试强电柜？是否正在修理或调试数控装置？ ⑨附近是否安装了新机床？ ⑩本系统以前是否发生过同样故障？
4	有关操作情况	①经过什么操作之后发生的故障？ ②机床操作方式是否正确？ ③程序内是否包含有增量指令？刀具补偿量是否设定正确？程序段跳过的功能是否使用正确？程序是否提前终了或中断？
5	机床情况	①机床调整状况 ②机床在运输过程中是否发生振动？ ③所用刀具的刀尖是否正常？ ④换刀是否设置了偏移量？ ⑤间隙补偿给得是否恰当？ ⑥机械零件是否随温度变化而变形？ ⑦工件测量是否正确？

续表

序号	主要内容	具体内容
6	运转情况	①在运转过程中是否改变过或调整过运转方式？ ②机床是否处于报警状态？是否已做好运转准备？ ③机床操作面板上的倍率开关是否设定为“0”？ ④机床是否处于锁住状态？ ⑤系统是否处于急停状态？ ⑥系统的熔丝是否烧断？ ⑦机床操作面板上的方式选择开关设定是否正确？进给保持按钮是否按下、处于进给保持状态？
7	机床和系统之间的接线情况	①电缆是否完整无损？特别是在拐弯处是否有破裂损伤？ ②交流电源线和系统内部电缆是否分开安装？ ③电源线和信号线是否分开走线？ ④继电器、电磁铁以及电动机等电磁部件是否装有噪声抑制器？
8	数控装置的外观检查	①机柜：检查破损情况即是否在打开柜门的状态下操作，有无切削液以及切削液粉末进入柜内？过滤器清洁状况是否良好？ ②机柜内部：风扇电机是否正常？控制部分污染程度，有无腐蚀性气体侵入等？ ③存储器的读卡设备、计算机连接接口是否磨损、油污和锈蚀？ ④电源单元：熔丝是否正常？电压是否在允许范围之内？端子板上接线是否紧固？ ⑤电缆：电缆连接器插头是否完全插入、拧紧？系统内部和外部电缆有无伤痕、扭歪等现象？ ⑥印刷电路板：印刷电路板有无缺损？印刷电路板的安装是否牢固，有无歪斜状况？信号电缆插头连接是否正常？连接是否牢固？ ⑦MDI/显示器单元：按钮有无破损？扁平电缆及连接是否正常？ ⑧接地：地线连接是否牢固？屏蔽的连接是否正常？

14.2.4 数控机床维修的基本方法

对于数控机床发生的大多数故障，总体上说可采用下述几种方法来进行故障诊断，见表14-7。

表 14-7 数控机床维修的基本方法

序号	维修方法	具体内容
1	直观法	这是一种最基本、最简单的方法。维修人员通过对故障发生时产生的各种光、声、味等异常现象的观察、检查，可将故障缩小到某个模块，甚至一块印制电路板。但是，它要求维修人员具有丰富的实践经验以及综合判断能力
2	系统自诊断法	充分利用数控系统的自诊断功能，根据 CRT 上显示的报警信息及各模块上的发光二极管等器件的指示，可判断出故障的大致起因。进一步利用系统的自诊断功能，还能显示系统与各部分之间的接口信号状态，找出故障的大致部位，它是故障诊断过程中最常用、有效的方法之一
3	参数检查法	数控系统的机床参数是保证机床正常运行的前提条件，它们直接影响着数控机床的性能 参数通常存放在系统存储器中，一旦电量不足或受到外界的干扰，就可能导致部分参数的丢失或变化，使机床无法正常工作。通过核对、调整参数，有时可以迅速排除故障；特别是对于机床长期不用的情况，参数丢失的现象经常发生，因此，检查和恢复机床参数是维修中行之有效的方法之一。另外，数控机床经过长期运行之后，由于机械运动部件磨损、电气元器件性能变化等原因，也需对有关参数进行重新调整
4	功能测试法	所谓功能测试法是通过功能测试程序检查机床的实际动作、判别故障的一种方法。功能测试可以将系统的功能（如：直线定位、圆弧插补、螺纹切削、固定循环、用户宏程序等），用手工编程方法编制一个功能测试程序，并通过运行测试程序来检查机床执行这些功能的准确性和可靠性，进而判断出故障发生的原因 对于长期不用的数控机床或是机床第一次开机不论动作是否正常，都应使用本方法进行一次检查以判断机床的工作状况

续表

序号	维修方法	具体内容
5	部件交换法	所谓部件交换法，就是在故障范围大致确认且确认外部条件完全正确的情况下，利用同样的印制电路板、模块、集成电路芯片或元器件替换有疑点的部分的方法。部件交换法是一种简单、易行、可靠的方法，也是维修过程中最常用的故障判别方法之一 交换的部件可以是系统的备件，也可以用机床上现有的同类型部件替换。通过部件交换就可以逐一排除故障可能的原因，把故障范围缩小到相应的部件上 必须注意的是：在备件交换之前应仔细检查、确认部件的外部工作情况，在线路中存在短路、过电压等情况时，切不可以轻易更换备件。此外，备件（或交换板）应完好，且与原板的各种设定状态一致 在交换CNC装置的存储器板或CPU板时，通常还要对系统进行某些特定的操作，如存储器的初始化操作等；并重新设定各种参数，否则系统不能正常工作。这些操作步骤应严格按照系统的操作说明书、维修说明书进行
6	测量比较法	制造数控系统的印制电路板时，为了调整和维修的便利，通常都设置有检测用的测量端子。维修人员利用这些检测端子，可以测量、比较正常的印制电路板和有故障的印制电路板之间的电压或波形的差异，进而分析、判断故障原因及故障所在位置 通过测量比较法，有时还可以纠正他人在印制电路板上的调整、设定不当而造成的故障 测量比较法使用的前提是：维修人员应了解或实际测量正确的印制电路板关键部位、易出故障部位的正常电压值、正确的波形，才能进行比较分析，而且这些数据应随时做好记录并作为资料积累
7	原理分析法	这是根据数控系统的组成及工作原理，从原理上分析各点的电平和参数，并利用万用表、示波器或逻辑分析仪等仪器对其进行测量、分析和比较，进而对故障进行系统检查的一种方法。运用这种方法要求维修人员有较高的水平，对整个系统或各部分电路有清楚、深入的了解才能进行。对于其他的故障，也可以通过测绘部分控制线路的方法，通过绘制原理图进行维修。在本书中，提供了部分测绘的原理图，可以供维修参考
8	其他方法	插拔法、电压拉偏法、敲击法、局部升温法等，这些检查方法各有特点，维修人员可以根据不同的故障现象加以灵活应用，以便对故障进行综合分析，逐步缩小故障范围，排除故障

14.3 数控机床维修的实例分析

随着现代经济的快速发展，数控设备已成为我国制造工业的现代化技术装备。CNC（数控机床）是计算机数字控制机床（computer numerical control）的简称，是一种由程序控制的自动化机床。该控制系统能够逻辑地处理具有控制编码或其他符号指令规定的程序，通过计算机将其译码，从而使机床执行规定好了的动作，通过刀具切削将毛坯料加工成半成品或成品零件。因此降低数控系统（CNC）运行中的故障发生率成为生产工作中的重中之重。

本节主要讲述数控系统的故障诊断与维修以及数控系统的故障的构成和基本故障的解决方法，细分软、硬件故障详细阐述，依据原理分析故障，然后列举可能出现的故障，说明解决问题的方法，最后列举实例方法进行说明。

14.3.1 数控系统故障的概述

现代数控系统提供了丰富的PLC（FANUC称为PMC）信号和PLC功能指令，这些丰富的信号和编程指令便于用户编制机床侧PLC控制程序，提高了编程的灵活性。无论是哪种型号的CNC系统都有大量的参数，其中有位型、位轴型、字节型、字节轴型、字型、字轴型、双字型、双字轴型等类型，这些参数设置正确与否直接影响数控机床的使用和其性能的发挥，特别是用户如果能充分掌握和熟悉这些参数，将会使一台数控机床的使用和性能发挥上升到一个新的水平。

(1) 数控系统(CNC)故障诊断的重要性

数控系统也称CNC,是数控机床的控制核心,数控系统的故障直接影响数控机床的正常使用。由于现在数控系统的可靠性越来越高,因此故障率变得越来越低。据统计,数控机床的故障中,数控系统的故障率不到20%。但由于数控系统采用先进的控制技术,技术先进、结构复杂,出现故障后维修难度比较大。

图14-3所示为数控机床故障按电气和主机分类的故障细分示意。

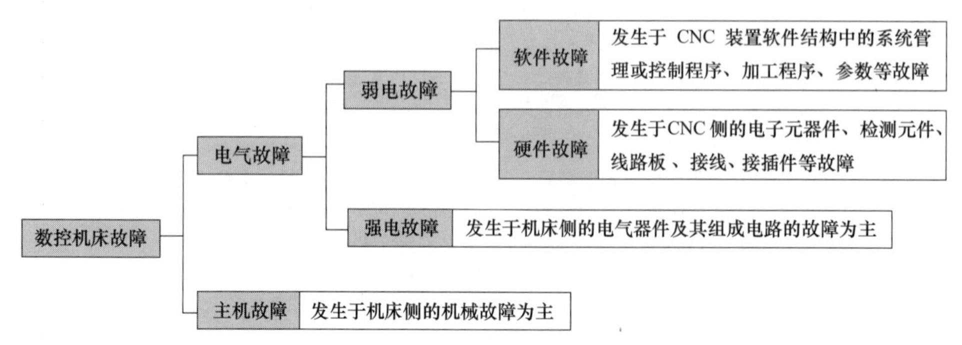

图14-3 数控机床故障按电气和主机分类示意图

由图14-3中可以看出,数控机床的主要故障类型是电气故障,其主要是系统内因所致。据实际现场统计,大约30%的故障来自于机床低压电器。占有较高故障率的故障来自于:检测元件及其电路、复杂的I/O电路、印刷电路板及其元器件。约占5%的“不明故障”起因于被干扰的数字信号(或存储的数据与参数)。约10%的故障起因于监控程序、管理程序以及微程序等造成的软件故障。

另外,新程序或机床调试阶段,操作工失误造成不少软性故障。在实际应用中,经常将涉及操作失误、电磁干扰造成数据或参数混乱归于软性故障。所以,以后分析中也常将故障分成硬件故障和软件故障。实际工作中,硬件故障泛指所有的低压电器、电子元器件及其连接与线路故障。

(2) 数控系统故障特点

数控系统(CNC)的故障有如下特点,见表14-8。

表14-8 数控系统故障特点

序号	数控系统故障特点
1	一种故障现象可以有不同的成因(例如键盘故障、参数设置与开关都存在问题可能)
2	同种成因可以导致不同的故障现象
3	有些故障现象表面是软件故障,而究其成因却有可能是硬件故障或干扰、人为因素所造成的

所以,查阅维修档案与现场调查对于诊断分析是十分重要的。

14.3.2 数控系统(CNC)的软件故障

数控机床运行的过程就是在数控软件的控制下机床的动作过程:完好的硬件和完善的软件以及正确的操作是数控机床能够正常进行工作的必要条件。所以数控机床在出现故障之后,除了硬件控制系统故障之外,还可能是软件系统出现了问题,特别是加工程序的错误、机床数据出现问题或者一些参数没有设置好,使机床不能正常工作。有些软件故障可以由系统自诊断后在CRT上显示报警号、信息或内容;但是有的软件故障(例如多种故障并存现象)必须调用相关状态参数的实时诊断画面来获得信息。

① 数控机床停机故障多数是由软件错误或操作不当引发的。

② 优先检查软件可以避免因拆卸机床而引发的许多麻烦。

软件故障只要将软件内容恢复正常之后就可排除故障，所以软件故障也称为可恢复性故障。

14.3.2.1 软件故障类型

机床数控系统的软件和一般计算机系统的软件一样，主要包括两大部分，即系统软件和应用软件。系统软件包括系统初始化、数据管理、I/O通信、插补运算与补偿计算等内容，此外还包括一些专用的固定子程序。而应用软件则主要是面向具体工艺、由用户编制的零件加工程序。由于系统软件和用户软件本身的特点及所承担的任务存在差异，因此它们的故障表现形式也不尽相同。

(1) 系统软件故障

系统软件包括数控系统的生产厂家研制的启动芯片、基本系统程序、加工循环、测量循环等组成。出于安全和保密的需要，这些程序出厂前被预先写入，构成了具体的系统。这部分软件对于机床生产厂和机床用户读出、复制和恢复都很难。如果因为意外破坏了该部分软件，应注意所使用的机床型号和所使用的软件版本号，及时与数控系统的生产厂家取得联系，要求更换或复制软件。

系统软件的故障往往是由于设计错误而引起的，即在软件设计阶段，由于对系统功能考虑不周，设计目标构思不完整，从而在算法上、定义上或模块衔接上出现缺陷。这些缺陷一旦存在，就不会消失，表现为故障的固有性。在某些运行环境下，这种设计缺陷就可能被激发，形成软件故障，对于这类故障可通过更新软件版本的方法来修正。一般情况下高版本软件与低版本相比除了功能的增加以外，往往还包括对软件缺陷的修正。

(2) 应用软件故障

数控系统的应用软件是由用户编制的零件加工程序。它包括准备功能G代码、辅助功能M代码、主轴功能S代码以及刀具功能T代码等。对于较高档次的系统，还包括图形编程、参数测量等功能。

应用软件故障主要由人为因素产生，带有一定的偶然性和随机性，表现在用户程序设计方面如书写格式上、语法上或程序结构上出现错误。这些错误的产生，主要是由于在编写程序或在程序输入过程中造成的，如未充分了解系统功能或对加工的过程考虑不周等。此外在程序的传送与保存过程中，也有可能使程序的内容发生变化，造成运行时出现故障。这类故障随着操作者对数控系统的不断熟悉可以逐渐减少。

数控系统软件故障通常详细分为以下几类，见表14-9。

表14-9 数控系统（CNC）的软件故障类型

序号	软件故障类型		详细说明
1	系统软件故障	机床参数的问题引起的机床故障	有些机床故障是因为机床刀具补偿参数、R参数等设置的问题引起的。多数情况下，数控系统都会给出报警信息，可以按照报警信息的提示分析检查程序，发现问题后，通过修改参数即可排除故障
		机床数据的问题引起的机床故障	现在的数控系统功能非常强，通过对机床数据的设定，使用相同的数控系统可以控制不同的数控机床。有时因为备用电池工作不可靠或者因系统长期不通电、电磁干扰、操作失误、系统不稳定等，使机床数据丢失或者发生改变，机床不能正常工作，多数情况下，数控系统也会给出报警信息。另外，有一些数据在机床使用一段时间后需要调整，如果不调整，机床也会出现故障，如丝杠反向间隙补偿、伺服轴漂移补偿等
		PLC程序的问题引起的机床故障	有时因为PLC的用户程序没有设计好或者在运行中因为干扰等原因，使用户程序发生变化，这些情况也会使数控机床不正常工作
2	应用软件故障	加工程序问题引起的机床故障	这类故障大部分在调试新编制的加工程序或者修改已存在的加工程序时出现。出现故障时，一般数控系统都会给出报警信息，因此，可以根据报警信息对加工程序进行分析和检查，纠正程序后，故障可排除。这部分故障的诊断与处理见相关章节。还有一部分故障是由于操作人员的误操作或者系统受到电磁干扰等原因，使加工程序发生变化

14.3.2.2 软件故障现象分析

数控系统的常见软件故障现象及其成因，由表14-10可提供参考。该表格分析归纳了常见软件故障现象及其成因。

表14-10 数控系统（CNC）常见的软件故障现象及其成因

<table>
<tr><th rowspan="3">序号</th><th rowspan="3">软件故障现象</th><th colspan="4">故障成因</th></tr>
<tr><th colspan="2">软件故障成因</th><th colspan="2">硬件故障成因</th></tr>
<tr><th>人为/软性成因</th><th>各种干扰</th><th>RAM、电池失电或失效</th><th>器件、线缆、接插件、印刷板故障</th></tr>
<tr><td>1</td><td>操作错误信息</td><td>操作失误</td><td></td><td></td><td></td></tr>
<tr><td>2</td><td>超调</td><td>加/减速或增益参数设置不当</td><td></td><td></td><td></td></tr>
<tr><td>3</td><td>死机或停机</td><td rowspan="5">①参数设置错误或失匹/改写了RAM中的标准控制数据，开关位置错置
②编程错误
③冗长程序的运算出错，死循环，运算中断，写操作I/O的破坏</td><td colspan="2" rowspan="7">①电磁干扰窜入总线导致时序出错
②电网干扰、电磁干扰、辐射干扰窜入RAM，或RAM失效与失电造成RAM中的程序、数据、参数被更改或丢失
③CNC/PLC中机床数据丢失
④系统参数的改变与丢失
⑤系统程序、PLC用户程序的改变与丢失
⑥零件加工程序编程错误</td><td rowspan="7">①屏蔽与接地不良
②电源线连接相序错误
③负反馈接成正反馈
④主板、计算机内熔丝熔断
⑤相关电器如接触器、继电器或接线的接触不良
⑥传感器污染或失效
⑦开关失效
⑧电池充电电路线路中故障、各种接触不良、电池寿命终了或失效</td></tr>
<tr><td>4</td><td>失控</td></tr>
<tr><td>5</td><td>程序中断故障停机</td></tr>
<tr><td>6</td><td>无报警不能运行或报警停机</td></tr>
<tr><td>7</td><td>键盘输入后无相应动作</td></tr>
<tr><td>8</td><td>多种报警并存</td><td></td></tr>
<tr><td>9</td><td>显示“未准备好”</td><td></td></tr>
<tr><td rowspan="2">说明</td><td rowspan="2"></td><td rowspan="2">维修后/新程序的调试阶段/新操作工</td><td>外因：突然停电、周围施工，感性负载</td><td colspan="2">长期闲置后起用的机床或老机床失修</td></tr>
<tr><td>内因：接口电路故障以及屏蔽与接地问题</td><td></td><td>带电测量导致短路或撞车后所造成，是人为因素</td></tr>
</table>

14.3.2.3 干扰及其预防

干扰是造成数控系统“软”故障且容易被忽视的一个重要的方面。消除系统的干扰可以从下述几个方面着手，见表14-11。

表14-11 预防干扰的手段

<table>
<tr><th>序号</th><th>内容</th><th>详细说明</th></tr>
<tr><td>1</td><td>第一方面</td><td>正确连接机床、系统的地线数控机床必须采用一点接地法，切不可为了省事，在机床的各部位就近接地，造成多点接地环流。接地线的规格一定要按系统的规定，导线线径必须足够大。在需要屏蔽的场合，必须采用屏蔽线。屏蔽地必须按系统要求连接，以避免干扰
数控机床对接地的要求通常较高，车间、厂房的进线必须有符合数控机床安装要求的完整接地网络。它是保证数控机床安全、可靠运行的前提条件，必须引起足够的重视</td></tr>
<tr><td>2</td><td>第二方面</td><td>防止强电干扰数控机床强电柜内的接触器、继电器等电磁部件都是干扰源。交流接触器的频繁通/断，交流电动机的频繁启动、停止，主回路与控制回路的布线不合理，都可能使CNC的控制电路产生尖峰脉冲、浪涌电压等干扰，影响系统的正常工作。因此，对电磁干扰必须采取以下措施予以消除：
①在交流接触器线圈的两端、交流电动机的三相输出端上并联RC吸收器
②在直流接触器或直流电磁阀的线圈两端加入续流二极管
③CNC的输入电源线间加入浪涌吸收器与滤波器
④伺服电动机的三相电枢线采用屏蔽线（SIEMENS驱动常用）
通过以上办法一般可有效抑制干扰，但要注意的是：抗干扰器件应尽可能靠近干扰源，其连接线的长度原则上不应大于20cm</td></tr>
</table>

续表

序号	内容	详细说明
3	第三方面	抑制或减小供电线路上的干扰在某些电力不足或频率不稳的场合，电压的冲击、欠压，频率和相位漂移，波形的失真、共模噪声及常模噪声等，将影响系统的正常工作，应尽可能减小线路上的此类干扰 防止供电线路干扰的具体措施一般有以下几点： ①对于电网电压波动较大的地区，应在输入电源上加装电子稳压器 ②线路的容量必须满足机床对电源容量的要求 ③避免数控机床和电火花设备以及频繁启动、停止的大功率设备共用同一干线 ④安装数控机床时应尽可能远离中频炉、高频感应炉等变频设备

14.3.3 数控系统（CNC）的硬件故障

(1) 硬件故障类型

硬件故障是指电子、电器件、印制电路板、电线电缆、接插件等的不正常状态甚至损坏，这是需要修理甚至更换才可排除的故障。通常为了方便起见，将电气器件故障与硬件故障混合在一起，通称为硬件故障。所以，在后面的分析中的硬件故障，是指数控系统中电气与电子器件，线缆、线路板及其接插件、电气装置等的故障。表 14-12 详细描述了硬件故障的成因。

表 14-12 硬件故障的成因

序号	硬件故障类型		详细说明
1	按器件故障的成因	硬性故障	器件功能丧失引起的功能故障，一般采用静态检查，容易查出。其又可以分成可恢复性的和不可恢复性的。器件本身硬性损坏就是一种不可恢复的故障，必须换件。而接触性、移位性、污染性、干扰性（例如散热不良或电磁干扰）以及接线错误等造成的故障是可以修复的
		软性故障	器件的性能故障，即器件的性能参数变化以致部分功能丧失。一般需要动态检查，比较难查。例如传感器的松动、振动与噪声、温升、动态误差大、加工质量差等
2	按发生部位	显示器故障、低压电器故障、传感器故障、总线装置故障、接口装置故障、电源故障、控制器故障、调节器故障、伺服放大器故障等	

在实际生产活动中，不同的条件，将引发不同机理的硬件故障。例如：长期闲置的机床上的接插件接头、熔丝卡座、接地点、接触器或继电器等触点、电池接口等易氧化与腐蚀，引发功能性故障。老机床易引发拖动弯曲电缆的疲劳折断以及含有弹簧的元器件（多见于低压电器中）弹性失效；机械手的传感器、位置开关、编码器、测速发电机等易发生松动移位；存储器电池、光电池、光电阅读器的读带、芯片与集成电路易出现老化寿命问题以及直流电机电刷磨损等；传感器（光栅/光电头/电机整流子/编码器）、低压控制电器的污染；过滤器与风道的堵塞以及伺服驱动单元大功率器件失效造成温升等，既可以是功能性故障又可以是性能故障。新机床或刚维修的机床容易出现接线错误等的软性故障。

(2) 由软件故障引起的硬件故障

机床的实际运行中，有一部分硬件故障是由软件故障而引起的，这些故障一般只要将软件问题解决，硬件故障也就会消失。因此，对于遇到机床数控系统硬件出现了故障的时候要综合地考虑。表 14-13 列出了可能由软件故障导致的硬件故障现象。

表 14-13 列出的故障现象中，有些故障现象表现为硬件不工作或工作不正常，而实际涉及的成因却可能是软性的或参数设置问题。例如，有的是控制开关位置错置的操作失误。控制开关不动作可能是在参数设置中为“0”状态，而有的开关位置正常（例如急停、机床锁住与进给保持开关）可能在参数设置中为“1”状态等。又如，伺服轴电机的高频振动就与电流环增益参数设置有关。再如，超程与不能回零可能是由于软超程参数与参照点设置不当引起的。同样，参数设置的失匹，可以造成机床的许多控制性故障。也就是说，故障机理中的软与硬经常

是“纠缠”在一起，给诊断工作与故障定位带来困难。因此，“先软后硬”，先检查参数设置与相对硬件的实时状态，将有助于判别是软件故障还是硬件故障。其实，“据理析象”就是基于分析、归纳与总结故障现象可能联系到的一切成因（故障机理）。

表 14-13　可能由软件故障导致的硬件故障现象

序号	硬件故障类型		故障现象
1	无信号输出	不动作	显示器不显示
			数控系统不能启动
			数控机床不能运行
		不能启动	轴不动
			程序中断
			故障停机
			刀架不转
			刀架不回落
			工作台不回落
			机械手不能抓刀
		无反应	键盘输入后无相应动作
2	输出不正常	失控	飞车
			超程
			超差
			不能回零
			刀架转而不停
		异常	显示器混乱/不稳
			轴运行不稳
			频繁停机/偶尔停机
			振动与噪声
			加工质量差(如表面振纹)
			欠压/过压
			过流/过热/过载

14.3.4 数控系统故障与维修综述

(1) 经济型数控机床系统故障

以经济型数控车床为例，介绍其常见故障分析与排除方法。故障分析与排除方法如表14-14 所示。

表 14-14　经济型数控车床常见故障分析与排除方法

序号	故障内容	故障原因	排除方法
1	系统开机后，显示器无图像，按键后无任何反映	①220V 交流供电电源异常	恢复正常供电
		②熔丝熔断	更换熔丝
		③开关电源±12V、+5V 直流输出电压异常	更换开关电源
		④显示器机箱与开关电源间连线有虚连	重新插接连线
2	系统工作正常，但显示器无图像或图像混乱	①220V 交流供电电压异常	恢复正常电压
		②显像管灯丝不亮	更换显示器
		③显示器与系统主板间的视频连接不可靠	重新插接连线
3	按键后系统及显示器无响应	①键盘引线与系统主板的插接异常	重新插接面板引出线
		②系统主板故障	调换系统主板
4	系统工作正常，但主轴不工作	①主轴模拟信号输出端与变频器公共地之间无电压输出	高速下测系统主轴模拟信号输出插座引脚的模拟电压值，重新插接连线或更换
		②主轴变频器输出端插座内部连线不可靠，系统输出端主轴正反转，停转脚引线与公共地之间的通、断情况异常	测量其通断情况(测量检查时，须按面板上相应按键)内部重新连接或调换系统主板
		③系统与变频器之间的连线不可靠	外部重新连接

续表

序号	故障内容	故 障 原 因	排 除 方 法
5	系统工作正常，但进给不工作	①进给驱动器供电电压异常	恢复正常供电电压
		②驱动电源指示灯不亮	更换驱动电源
		③系统与驱动器间的连线不可靠	外部重新连线
		④驱动控制信号插座内部连线不可靠，且各输出端电压(5V)异常	内部重新连线
6	系统工作正常，但刀架不工作或换刀不停	①手动检查刀位不正常	更换刀架控制器或刀架内部元件
		②系统与刀架控制器间的连线不可靠	外部重新连线
		③刀架控制信号插座内部连线不可靠且输出端各刀位控制通、断信号异常	内部重新连线或调换对应的控制板
7	不能进行主轴高低挡切换，与 X、Z 轴超程限位失灵	①系统与外部切换开关间的连线不可靠	外部重新连线
		②外部切换开关异常	更换开关(含超程限位开关)
		③外部回答信号插座内部连线不可靠且输入信号异常	内部重新连线或调换控制板
8	系统各部分工作正常，但加工误差大	①X、Z 轴丝杠反向间隙过大	重新调整并确定间隙
		②系统内部间隙预置值(补偿值)不合理	重新设置预置值
		③步进电动机与丝杠轴间传动误差大	重新调整并确定其误差值
9	存入系统的加工程序常丢失	①存储板上的电池失效	更换存储板上的电池
		②存储板断电保护电路有故障	更换存储板
10	程序执行中显示消失，返回监控状态	①控制装置接地松动，在机床周围有强磁场干扰信号(干扰失控)	重新进行良好接地或改善工作环境
		②电网电压波动太大	加装稳压装置
11	步进电动机易被锁死	对应方向步进电动机的功放驱动板上的大功率管被击穿	分析原因，更换损坏元件
12	大功率管经常被击穿	①大功率管质量差或大功率管的推动级中的元件损坏	选用质量好的大功率管或替换已损坏的元件
		②步进电动机线圈释放回路有障碍	检修释放回路，更换损坏元件
		③没有注重控制装置的经常保养	加强对装置的清洁保养，尤其是加工铸铁时
		④机箱过热	保证机箱通风良好
13	某方向的加工尺寸不够稳定，时有失步	对应方向步进电动机的阻尼盘磨损或阻尼盘的螺母松脱	调整步进电动机后端内阻尼盘的螺母，使其松紧合适
14	某方向的电动机剧烈抖动或不能运转	①步进电动机某相的电源断开	修复电动机连线
		②某相的功放、驱动板损坏	修复或更换损坏的功放、驱动板

(2) 全功能型数控机床系统故障

现以 FANUC0i 铣床为例，介绍报警信息不明或无报警信号的常见故障分析与排除方法，见表 14-15。

表 14-15 全功能型数控机床控制系统故障诊断

序号	故障内容	故 障 原 因	排 除 方 法
1	数控系统不能接通电源	①电源变压器无输入(如熔断器熔断等)	检查电源输入或输入单元的熔断器
		②直流工作电压(+5V、+24V)的负载短路	检查各直流工作电压的负载是否短路
		③输入单元已坏	更换
2	电源接通后，显示器无辉度或无画面	①与 CRT 有关的电缆接触不良	重新连线
		②显示器单元输入电压(+24V)异常	检查显示器单元输入电压是否为+24V
		③主机板上有报警信号显示	按报警信息处理
		④无视频信号输入	测试显示器接口板视频信号，若无信号则接口板故障，更换
		⑤显示器单元质量不良	调试或更换

续表

序号	故障内容	故障原因	排除方法
3	显示器无显示，但输入单元报警灯亮	①＋24V电源负载短路	排除短路现象
		②连接单元接口板有故障	更换已损坏的元器件或接口板
4	显示器无显示，机床不能动作，主机板无报警指示	①主机板有故障	更换
		②控制板ROM不良	更换
5	显示器无显示，但手动或自动操作正常	系统控制部分能正常进行插补运算，仅显示部分有故障	更换显示器控制板
6	显示器显示无规律亮斑、线条或符号	①显示器控制板有故障	更换
		②主机板可能有故障	检查报警指示灯情况以确认主机板故障
7	显示器只能显示"NOT READY"，但能用JOG方式移动机床	①有报警号显示	根据报警号处理
		②磁泡存储器工作不正常	按操作说明书对磁泡存储器进行初始化，处理后重新输入系统参数与PC参数
8	显示器显示位置画面，但机床不能执行JOG方式操作	①主机板报警	根据报警号处理
		②系统参数设定有误	检查并重新设定有关参数
9	显示器只能显示位置画面	多为MDI(手动输入方式)控制板故障	更换MDI控制板
10	系统不能自动运转	①系统状态参数设置错误	检查诊断号中的自动方式、启动、保持、复位等信号与M、S、T等指令状态参数设置是否有误
		②连接单元接收器不良	若与连接单元有关诊断号参数不能置"0"，则更换连接单元11
11	机床不能正常返回基准，且产生报警	脉冲编码器的每转信号未输入	检查脉冲编码器、连接电缆、抽头是否断线
			返回基准点的启动点离基准点太近
			脉冲编码器已坏
12	返回基准点系统显示"NOT READY"，无报警	基准点的接触或减速开关失灵	检查、修复或更换
13	机床返回的停止位置与基准点不一致	①减速挡块的长度及安装位置不正确	调整挡块位置；适当增加其长度
		②外界干扰，脉冲编码器电压太低，伺服电动机与机床的联轴器松动	屏蔽线接地，脉冲编码器电缆独立以确保其电缆连接可靠，电缆损耗不大于0.2V，紧固联轴器
		③脉冲编码器不良或主机板不良	更换脉冲编码器或主机板
		④电缆瞬时断线、连接器接触不良，偏置值变化，主机板或速度控制单元不良	焊接电缆接头，更换不良电路板
14	手摇脉冲器不能工作	①系统参数设置错误	检查诊断号中机床互锁信号、伺服断开信号和方式信号是否正确
		②伺服系统故障	若显示器画面随手摇脉冲器变化而机床不动，则为伺服系统故障，排除故障
		③手摇脉冲器或其接口不良	检查主机板，若正常则为手摇脉冲器或其接口不良，更换

14.3.5 加工程序问题引起的机床故障

这类故障大部分在调试新编制的加工程序或者修改已存在的加工程序时出现，机床不能正常运行，这也是我们在生产过程中最常遇见的故障。出现故障时，一般数控系统都可以给出报警信息，因此，可以根据报警信息对加工程序进行分析和检查，纠正程序后故障可排除。有时利用系统单步执行功能，可以准确定位故障点，发现程序错误后修改程序，即可排除故障。

还有一部分故障是由于操作人员的误操作或者系统受到电磁干扰等原因，使加工程序发生变化。

（1）常见的加工程序问题

对于数控机床来说，加工程序无法正常运行是常见故障之一。为了排除这类故障，检修人员除了要了解机床工作原理外，还要了解一些编程知识。下面对加工程序不执行故障的检修进行介绍。表 14-16 详细描述了加工程序问题的故障原因。

表 14-16　加工程序问题的故障原因

序号	故障类型	故障原因	备注
1	语法错误	①程序块的第一个代码不是 N 代码	通常，数控系统都能把这些错误检测出来，并产生报警信息
		②N 代码后的数值超过了数控系统规定的取值范围	
		③N 代码后面出现负数	
		④在数控加工程序中出现不认识的功能代码	
		⑤坐标值代码后的数据超越了机床的行程范围	
		⑥S 代码所设置的主轴转速超过了数控系统规定的取值范围	
		⑦F 代码所设置的主轴转速超过了数控系统规定的取值范围	
		⑧T 代码后的刀具号不合法	
		⑨出现数控系统中未定义的 G 代码（参考数控机床编程说明书）	
		⑩出现数控系统中未定义的 M 代码（参考数控机床编程说明书）	
2	逻辑错误	①在同一数控加工程序中先后出现两个或两个以上的同组 G 代码。数控系统规定，同组 G 代码具有互斥性，同一程序段中不允许出现	例如：在同一程序段中不允许 G01 和 G02 同时出现
		②在同一数控加工程序段中先后出现两个或两个以上的同组 M 代码	例如：在同一程序段中不允许 M03 和 M04 同时出现
		③在同一数控加工程序段先后编入相互矛盾的尺寸代码	
		④违反数控系统规定，在同一数控加工程序段中不允许编入超量的 M 代码	例如：数控系统只允许在一个程序段内最多编入三个 M 代码，但实际却编入了四个或更多，这是不允许的
3	程序问题	在程序编制中未考虑实际生产加工的需求，导致程序加工的步骤繁琐、加工时间冗长，严重影响生产效率	例如：在 FANUC 数控车床加工系统中，在 G71 和 G73 循环均可采用的情况下，尽量采用 G71 循环，以减少加工时间

以上仅仅是数控加工程序诊断过程中可能会遇到的部分错误。在数控加工程序的输入与译码过程中，还可能遇到各种各样的错误，要视具体情况加以诊断和防范。一般情况下，数控系统对数控加工程序字符和数据的诊断是贯穿在译码软件中进行的，并会有相应的提示信息。因此，下面我们对由程序引起的机床故障分析时，会出现有报警信息和无报警两种情况，需要区分对待、认真学习。

（2）加工程序出现问题的故障处理实例

数控机床有时因为误码操作或者系统干扰等原因，使编制好的加工程序发生改变，数控系统通常可以给出报警信息。诊断故障时，可以根据报警信息和故障现象对故障进行分析。下面通过一些实际故障的排除过程，介绍加工程序出现问题的故障诊断和排除方法。

[实例 1] 进给加工速度十分缓慢。

故障设备	FANUC 0i 标准型数控车床
故障现象	数控车床在执行加工指令 G01 时走刀十分缓慢，但执行 G00 时走刀速度正常
故障分析	数控车床走刀速度即进给速度 F，首先经检查机床操作面板的进给倍率开关是否被调至低挡，查看倍率设置为 100%，很正常。再查看程序中的 F 设置，程序中采用 G99“mm/r”（毫米/转）的方式编制进给速度，程序中出现 F0.2、F0.3 等数据，怀疑机床默认设置为 G98“mm/min”（毫米/分钟）的进给设置。经询问其他操作人员、查看机床说明书得知，该机床系统默认 G98 方式，只需将程序稍加修改即可
故障排除	解决方法有两种：①在程序开头加入 G99 指令，即可实现 F0.2、F0.3 等进给速度的正常运行；②将 F 的速度 mm/r 转换为 mm/min 的数值，并替换之（不推荐）
经验总结	数控机床不论是 FANUC 系统还是 SIEMENS 系统，都有一些开机的默认指令，不会跟随上一个程序的指令变化而变化，影响最大的就是 G98 和 G99 指令，此实例中在 G98 方式下执行了 G99 思路的 F 进给速度，只是走刀缓慢，不会导致严重的后果；若是在 G99 的方式下执行了 G98 思路的 F 进给速度，则会产生崩刀、撞刀等严重的生产事故。因此操作人员和编程者熟悉机床默认参数和指令是必需的，也是提高生产效率的重点

[实例 2] 铣刀加工孔孔底不光滑。

故障设备	FANUC 0i 标准型数控车床
故障现象	在用铣刀执行孔加工程序时，孔底不光滑，精度差，并且能明显看到旋转的刀痕
故障分析	出现此类故障，首先考虑刀头的形状是否有磨损或者不平的情况。本题采用 ϕ16mm 铣刀加工孔，经观察铣刀刀头没有磨损，在孔底出现了旋转形状的刀痕，说明刀具加工到孔底处没有充分操作。于是检查程序，发现加工孔的指令“Z-25 F200”之后紧接着就是用“Z2 F800”的退刀，分析后判断为刀具加工到孔底马上抬刀，刀具与孔底没有充分接触，导致有部分残余未加工，底部也就达不到尺寸和粗糙度要求了
故障排除	在加工孔的程序后加入“G04 P1000”，使刀具在孔底暂停一秒钟，再进行抬刀的动作，此问题得到了解决
经验总结	在实际加工过程有些问题是可以通过程序进行修正的，譬如本例，G04 虽为暂停指令，也可以利用其对底面进行光整加工，提高表面精度。此种方法也同样适用于数控车床加工槽的操作

[实例 3] 加工程序不能执行。

故障设备	FANUC 0TC 标准型数控车床
故障现象	数控车床调试加工程序时，出现报警“10 IMPROPER G-CODE”（不当的 G 代码）
故障分析	仔细检查程序后发现程序中出现了 G5 指令，而该系统并没有提供的该 G 代码的功能。经过查看加工图纸和程序得知，该段指令为一圆弧，且只知道中间的过渡点和起点，并不知道半径，由此可以断定，编程者按照 SIEMENS 的指令思路去编程了，而 FANUC 系统中 G5 为默认不指定的空指令，故障即出现于此
故障排除	根据数学关系或者绘图软件计算出圆弧半径，用 G02/ G03 指令去编程
经验总结	此例是一个典型的代码运用不当例子，究其原因，是编程者对 SIEMENS 系统和 FANUC 系统部分指令的混淆所致，想当然地认为编程指令是通用的。在 SIEMENS 系统中，如果不知道圆弧的圆心、半径或张角，但已知圆弧轮廓上三个点的坐标，则可以使用 G5 功能，这也就是在几何绘图中所说三点定圆的原则：“G5 X __ Y __ IX __ JY __;”（X、Y：圆弧终点坐标；IX、JY：圆弧中间点坐标）。因此，在编程之前就必须对所操作的系统的一些常用的指令、系统特点有所了解，避免出现类似问题，影响正常的加工 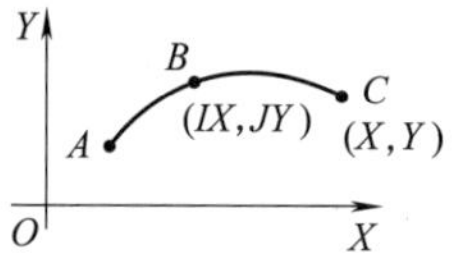

[实例 4] 加工程序不能执行。

故障设备	FANUC 0TC 标准型数控车床
故障现象	在一台 FANUC 0TC 数控车床调试加工程序时，出现报警“22 NO CIRCLE”（没有圆弧），程序停止
故障分析	出现此报警表示在圆弧指令中，没有指定圆弧半径 R 或圆弧的起始点到圆心之间的距离的坐标值 I、J 或 K。因此查看程序中有无圆弧指令输入不全的情况，发现程序中其中一段圆弧加工指令为“G03 X50 Y60 I15”，缺少了 J 值
故障排除	在圆弧指令中补上缺少的指令值，故障即可解决
经验总结	经查看零件图得知，此处圆弧 Y 方向并没有变化，因此 J 值为 0，并不是没有数值，而编程者错误将没有任何变化的 Y 值“J0”省略而导致此问题的产生。由此可见在编程中可以省略的只是系统允许的模态代码，而数值、数据均不在此范围之内

[实例5] 球头工件头部出现异形。

故障设备	FANUC 0i标准型数控车床
故障现象	FANUC 0i标准型数控车床加工一球头零件时，在球头处出现了一个小凸起，即平常所说的“小丁”。图14-4所示为零件图样，图14-5所示为加工出的零件 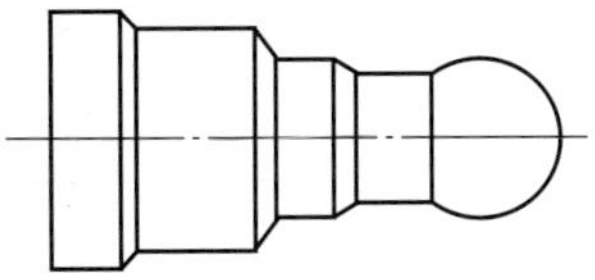 图14-4 零件图样 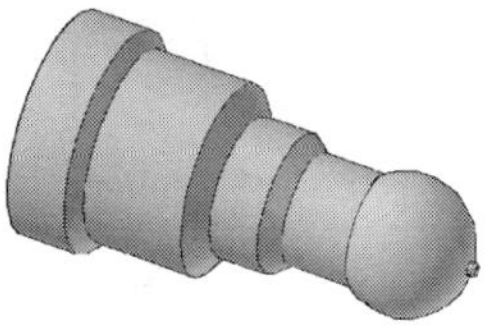 图14-5 加工出的零件 由图14-5中可以看出实际成品球头部分明显不符合加工要求
故障分析	经分析后判断，加工过程中也只是使用了一把外圆车刀加工外圆，故不存在刀具补偿问题。再仔细观察程序，此题加工外圆采用了复合形状粗车循环G73，循环轮廓描述如图14-6所示，由此可以发现在球头部分由于刀具的磨损、对刀的误差和主轴精度的原因，A点位置“小丁”的出现很难避免，因此考虑到增加程序段来实现加工要求，如图14-7所示 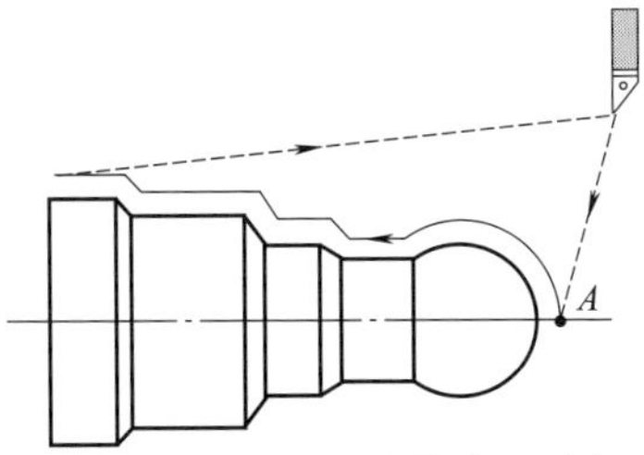 图14-6 G73原程序的走刀路径 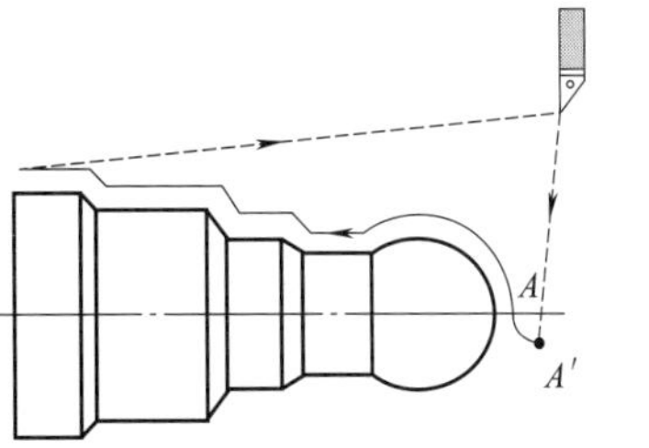 图14-7 G73增加圆弧切入程序的走刀路径
故障排除	如图14-7所示，在球头加工前开头加入圆弧切入的过渡程序即可，如“G00 X−4 Z2”(快速定位到A'点)，然后“G02 X0 Z0 R2”以圆弧走刀切入工件，切入至A点，与球头形状进行相切过渡，即可避免“小丁”的出现
经验总结	此例是典型的实际加工和程序编制配合的误差，编程一般考虑的是完美的生产加工状态，而作为机械加工总会出现磨损、机械损耗导致的误差状况。在实际生产加工中，凡是遇到球头工件，应尽量采用圆弧切入的方式加工，避免加工不到位的情况产生

[实例6] 循环指令默认走刀方式引起刀具干涉。

故障设备	FANUC 0i标准型数控车床
故障现象	数控车床在加工圆弧形状的工件，执行G73指令时产生退刀的干涉，即在每次车削完轮廓时，退刀时总是带到工件突起部分，导致工件和刀尖受损
故障分析	G73指令是复合形状粗车循环，又称为粗车轮廓循环、平行轮廓切削循环。车削时按照轮廓加工的最终路径形状，进行反复循环加工，退刀是按照G00速度走刀，其走刀路线如图14-8～图14-12所示，虚线表示为退刀路径。系统设置G73指令一般有两种退刀方式：①如图14-8所示，加工完成后直接直线退回循环起点(起刀点)；②如图14-9所示，加工完成后，先按45°方向回退至起始点的水平位置，再水平移动到起始点 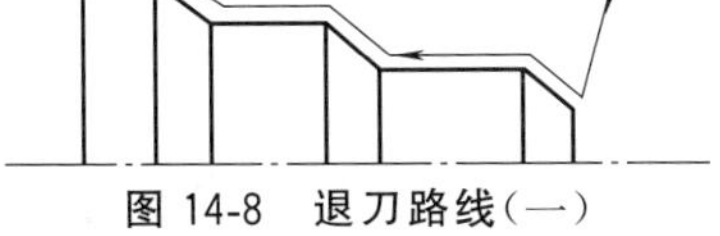 图14-8 退刀路线(一) 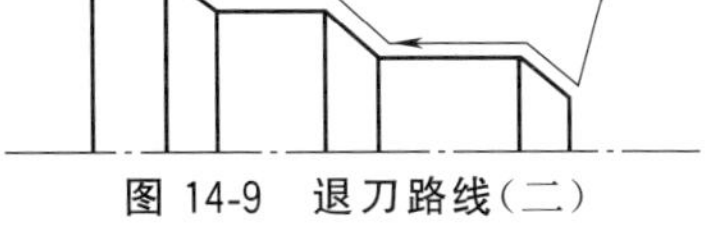 图14-9 退刀路线(二) 本例中，如果机床设置如图14-8所示，则加工突起圆弧的时候容易引起刀具退刀的干涉，如图14-10所示，破坏工件和损坏刀具；如果机床设置如图14-9所示，退刀路线若先按45°退刀则可以避免这种情况，退刀路径如图14-11所示 因此判断出该数控车床G73循环指令退刀采用的是直线退刀的方式，由于加工终点与循环起点的直线没有避开工件，因此退刀时产生了干涉

续表

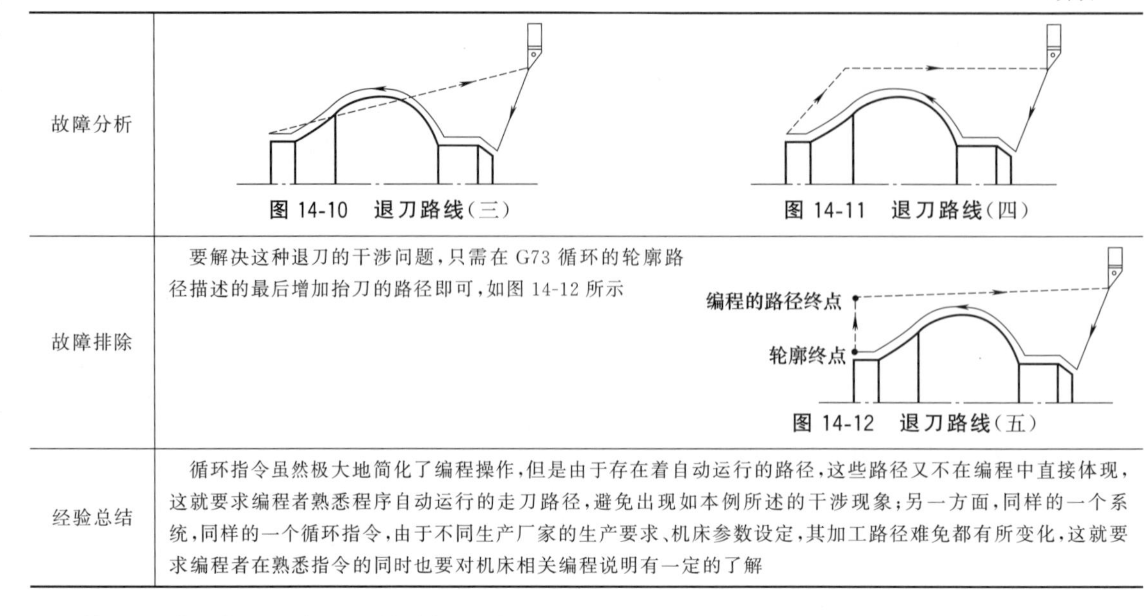

故障分析	图 14-10 退刀路线(三)　图 14-11 退刀路线(四)
故障排除	要解决这种退刀的干涉问题,只需在 G73 循环的轮廓路径描述的最后增加抬刀的路径即可,如图 14-12 所示 编程的路径终点 轮廓终点 图 14-12 退刀路线(五)
经验总结	循环指令虽然极大地简化了编程操作,但是由于存在着自动运行的路径,这些路径又不在编程中直接体现,这就要求编程者熟悉程序自动运行的走刀路径,避免出现如本例所述的干涉现象;另一方面,同样的一个系统,同样的一个循环指令,由于不同生产厂家的生产要求、机床参数设定,其加工路径难免都有所变化,这就要求编程者在熟悉指令的同时也要对机床相关编程说明有一定的了解

[实例 7] 大段的走空刀导致加工时间过长。

故障设备	FANUC 0i 标准型数控车床
故障现象	数控车床在加工内部凹陷的圆弧形状的工件时,执行 G73 指令时产生大段的走空刀现象,导致加工时间大大延长,严重影响生产效率
故障分析	经分析图样(图 14-13)后得知,此例中只有一小部分凹陷的形状,原本程序使用了 G73 循环加工零件,为了照顾最低点,程序每一道走刀加工不到位,这就导致了大量的空刀现象产生,具体每一道走刀如图 14-14 所示,图中灰色区域为毛坯,即待加工区域 图 14-13 零件图样　图 14-14 G73 循环走刀路径图
故障排除	根据本题的图样,采用 G71+G73 的方法,将大大减少加工时间 第一步:G71 加工出除凹陷部分的区域,如图 14-15 所示。第二步:G73 加工出剩余凹陷的区域,如图 14-16 所示。注意:图中只是示意出 G71、G73 循环的粗加工路径,由于 G71 和 G73 循环精加工均是按照轮廓形状进行加工,因此不会出现 G71 粗加工后剩余的锯齿台阶状精加工余量。 图 14-15 G71 加工出除凹陷部分的区域　图 14-16 G73 加工出剩余凹陷的区域

续表

故障排除	这样无论是G71循环还是G73循环，循环的每一层走刀都能充分加工零件，由于减少了走空刀的路径，加工时间大大缩短，有效地提高了生产加工效率
经验总结	G73复合形状粗车循环的加工方法虽然可以保证每一刀都能按照轮廓加工，但由于该循环要保证轮廓最低点的加工，因此，对于外部的轮廓并不能保证每一刀都车到毛坯。考虑到G71外径粗车循环的加工的特性，采用G71循环＋G73循环的方法可以有效节省加工时间。对此例来说，若加工程序用新方法可以节约3min计算，小批量生产200个，就可以节约600min，合计10h了，这对于生产加工型企业是弥足珍贵的。倘若是更大批量的生产，节省的时间将更为可观，因此，在生产过程中，优化程序、在保证加工质量的同时缩短加工时间，是提高生产效率、增加经济效益的关键 另外，在生产加工中，在可以同时采用G71和G73循环的情况下，尽量优先选用G71循环、次之为G71＋G73循环综合运用，再次为G73循环的单独使用

［实例8］ 半径数值误差过大报警。

故障设备	FANUC 0TC标准型数控加工中心
故障现象	数控车床调试加工程序时，出现报警“20 OVER TOLERANCE OF RADIUS”(半径误差过大)
故障分析	观察此题的加工图样，发现报警信息出现在连续加工的圆弧段处，FANUC 0TC系统的20号报警指示在圆弧(G02或G03)中，圆弧起点半径值与圆弧终点半径值的差超过了系统参数设定值的允许值，经初步判断应该是程序中的圆弧的数据有误，导致机床无法处理该圆弧的半径数据。因此，下一步查看半径的数值是否正确，在程序中找到圆弧插补指令，重新计算，发现确实有较大的数据出入
故障排除	经重新计算，输入新的数值后，程序正常运行
经验总结	数控系统的程序报警信息只是对符合报警条件的错误信息进行指出，如本例中因为半径误差过大发生了报警。而在实际生产过程中，多数情况之下数据出错不会达到这种极限值，程序也可以继续加工，编程者对数据的计算、处理，对加工图形的验算、模拟就显得更加重要了

［实例9］ 刀具补偿加工产生干涉。

故障设备	FANUC 0TC标准型数控加工中心
故障现象	该加工中心在执行程序时出现报警“41 INTERFERENCE IN CRC”(CRC干涉)
故障分析	在执行程序时，执行到此程序时停止，用单步功能执行程序，当执行到语句“G02 X40 Y25 R6”时，机床出现报警，程序中断，检查程序没有问题，判断是刀补不当所致，因此只需更改刀补数值即可
故障排除	更改相应刀具的刀补数值后，程序可以正常执行
经验总结	刀具半径补偿功能可以大大简化编程的坐标点计算工作量，使程序简单、明了，但如果使用不当，也很容易引起刀具的干涉、过切、碰撞。为了防止发生以上问题，一般来说，使用刀具半径补偿时，应注意内轮廓。铣内轮廓时，内拐角或内圆角半径小于铣刀直径，容易产生过切状况，因此，用刀具补偿铣内轮廓，最小的半径必须大于或等于铣刀半径(图14-17) 此程序所使用的FANUC 0TC数控加工中心，拥有完善的程序自诊断功能，而对于不具备自诊断功能的简化机床，刀具便会按照程序指定路径产生过切现象了 G42 图14-17 刀具轨迹

14.3.6 操作面板问题引起的机床故障

数控车床的类型和数控系统的种类很多，各生产厂家设计的操作面板也不尽相同，但操作面板中各种旋钮、按钮和键盘上键的基本功能与使用方法基本相同。

(1) 操作面板故障的分类

表14-17详细描述了操作面板的故障。

表14-17 操作面板故障的分类

序号	故障类型	备 注
1	互锁	部分机床开机默认安全互锁启动，需要解开互锁才能执行后续操作
2	破损	按钮破损导致按键按不到位或难以按下

续表

序号	故障类型	备注
3	失灵	按钮内部触点失灵
4	老化	老化出现于使用时间长、环境恶劣的情况下，按钮或旋钮部位氧化、卡死、松动等导致接触不良
5	移位	多出现于旋钮长使用时间后旋转移位、定位不准

(2) 操作面板问题引起的故障处理实例

［实例 1］ 自动方式下无法自动加工。

故障设备	FANUC 0i 标准型数控车床
故障现象	FANUC 0i 标准型数控车床的，机床手动、回参考点动作均正确，在 MDI 方式下执行程序正确，但在自动(MEM)方式下却无法执行自动加工
故障分析	由于机床手动、回参考点、MDI 运行均正常，可以确认系统、驱动器工作正常，CNC 参数设定应无问题。机床在 MDI 方式下运行正常，但在 MEM 方式下不运行，其故障原因一般与系统的操作方式选择有关。通过 CNC 状态诊断确认，经过长时间使用，模式切换的旋钮 MEM 模式处接线脱落，导致无法选定 MEM 工作方式
故障排除	重新连接 MEM 模式的连线后，机床恢复正常工作
经验总结	数控机床的选择方式一般分为两种：旋钮式(图 14-18)和按键式(图 14-19)。一般旋钮式由于长期使用导致机械磨损，容易出现指针对应移位、连线脱落等故障；而按键式则容易出现按钮破损、触点松不开、油污黏合等情况，这就需要区分对待、自己分析了 图 14-18 旋钮式 图 14-19 按键式

［实例 2］ 使能键损坏导致机床无法操作。

故障设备	SIEMENS 802S 系统的数控加工中心
故障现象	该加工中心可以正常开机，但开机后便无法正常做，任何按键都无反应，也无报警指示
故障分析	观察该机床，发现 SIEMENS 802S 系统拥有一套 K 键的功能键，再机床打开后必须开启“K1”的进给使能，才能进行下一步操作。初步检测发现，由于长期使用，该按键经常失灵，导致机床无法正常运行，故将其更换即可
故障排除	更换新的按键，机床可以正常运行
经验总结	SIEMENS 802S 系统与其他数控系统的最大区别在于它多了一套功能按键，即“K 键区”，位于操作面板的右上角，如图 14-20 所示 K1 为进给使能键，机床运行时必须先打开 K4 为刀库中刀具位置变换键 K6 为冷却液开关键 其余的为自定义键 图 14-20 SIEMENS 802S 系统操作面板

[实例3] 进给运动指令不执行。

故障设备	FANUC 0T 系统的数控车床
故障现象	配套 FANUC 0T 系统的数控车床，在自动加工时，按下循环启动键，程序中的 M、S、T 指令正常执行，但运动指令不执行
故障分析	由于程序中的 M、S、T 指令正常执行，机床手动、回参考点工作正常，证明系统、驱动器工作均正常。引起运动指令不执行的原因一般有以下几种：①系统的进给保持信号生效；②轴的进给倍率为零；③坐标轴的互锁信号生效。经检查，本机床的进给保持信号、进给倍率均正确，因此产生问题的原因与坐标轴的互锁信号有关。通过诊断功能，检查系统坐标轴的互锁信号灯并未亮，查看显示器上的系统信号发现此信号为"0"，并未生效，表示互锁已经生效。拆开面板后发现，互锁信号指示灯已经虚焊脱落
故障排除	重新将指示灯后的连接线焊接，故障即得到排除
经验总结	此题出现的问题在机床长时间使用后会频繁出现，而指示灯故障经常使操作者忽略机床的运行状况，而造成判断失误

[实例4] 自动方式下程序不能正常运行。

故障设备	FANUC 11M 系统的加工中心
故障现象	某配套 FANUC 11M 系统的卧式加工中心，机床手动、回参考点动作均正确，但在 MDI、MEM 方式下，程序不能正常运行
故障分析	由于机床手动、回参考点动作正常，因此可以确认系统、驱动器工作正常；由于机床在 MDI、MEM 方式下均不能自动运行程序，因此故障原因应与系统的方式选择、循环启动信号有关。利用系统的诊断功能，逐一检查以上信号的状态，发现方式选择开关正确，但按下循环启动按钮后，系统无输入信号，由此确认，故障是由于系统的循环启动按钮不良引起的。进一步检查发现，该按钮损坏
故障排除	更换按钮后，机床恢复正常
经验总结	由于长时间使用，某些常用按钮会破损、虚焊脱落、油污粘死，因此需在平常使用中注意保养和操作

[实例5] 循环启动灯不灭。

故障设备	FANUC 11M 系统的加工中心
故障现象	某配套 FANUC 11M 系统的卧式加工中心，程序加工完成以后，循环启动指示灯不灭，但是可以进行其他操作
故障分析	由于机床可以正常操作，程序也可正常运行均正常，可以确认系统、驱动器工作正常，开机时，循环启动指示灯并不亮，而在程序加工后循环启动指示灯便不会灭掉，因此判断是循环启动指示灯连线可能短路，拆开面板后发现，指示灯的后部堆积了很厚的油渍，从而导致短路造成循环启动指示灯不灭
故障排除	将循环启动指示灯后部的油渍用无水酒精或松香彻底清理干净后，循环启动指示灯工作正常
经验总结	数控机床堆积污渍、油渍、灰尘都是正常现象，只要平常注意环境卫生和保养即可。通常情况下机油等油类液体并不导电，但如果机油内部杂质(如金属粉末、潮湿粉尘等)太多，还是会导电的

14.3.7 系统死机的故障检修

数控系统简单来说就是一台可以控制数控机床的计算机系统，其故障有与一般计算机共有的故障，又有与其联系数控机床的特殊性。引起数控系统数控系统死机的原因也因此分为软件故障和硬件故障，下面我们将详细地对其进行讲解和分析。

(1) 系统死机故障的分类

表 14-18 详细描述了系统死机的故障。

表 14-18 系统死机的故障分类

序号	故障类型		故障排除	备注
1	软件故障引起的死机	干扰	通过强行启动才能恢复系统运行	屏幕有显示但不能进行其他操作
		参数设定	必须将错误的参数修改正确	
2	硬件故障引起的死机		数控系统因为 CPU 主板、存储器板或者电源等硬件问题导致系统死机，即硬件故障。出现这类故障时，要根据故障现象、系统构成原理来检修，只有将损坏的器件修复或更换已损坏的器件，才能恢复系统的运行	

(2) 系统死机故障处理实例

[实例1] 开机后出现检测画面不运行。

故障设备	FANUC 0TC系统的数控车床
故障现象	数控车床启动系统时,出现检测画面,但不继续运行
故障分析	这种现象似乎是系统受干扰死机,为此首先对电器柜进行检查,发现电机控制中心(简称MCC)的接触器其中一个触点上的电源线电缆接头烧断,接触不良。系统通电后,MCC吸合时可能由于接触问题产生电磁信号,使系统死机
故障排除	将MCC的电源线重新连接好后,机床恢复正常工作
经验总结	数控机床在加工时不断进行换刀、主轴变速、进给变速、切削液启停等操作,这些操作都在不断使电压、电流发生改变,而机床长时间使用后,部分线缆接头也会出现氧化、油污附着的现象,此时就特别容易出现烧线头的情况。因此在日常检修、月检、年检时都需要对接头部分注意观察,遇到问题及时处理

[实例2] 外部数据输入时系统死机。

故障设备	FANUC 0TC系统的加工中心
故障现象	该加工中心欲加工一复杂的曲面箱体零件时,先是用计算机上的UG4.0生成了加工程序,已经进行了程序规格修改并调试好,在使用RS232接口传送至机床时,数控系统死机,计算机传输软件也显示无响应
故障分析	初步检查RS23数据线是否松动、接口是否插紧,经检查一切正常;计算机端的传送程序出现无响应情况,但计算及其他程序可以正常运行,可以排除软件故障;再看程序,由于该程序为加工复杂的曲面箱体零件,程序中经过多次换刀、并有大段曲面的加工程序,而UG生成的程序对于圆弧段的加工多采用微分的方法,使得圆弧被拆分成许多微小的直线进行加工,导致程序冗长。而接收端的机床存储空间有限,无法一次接受这么多的数据,加之发送时间也超长,导致了数控机床段端的系统死机
故障排除	解决此问题的方法一般有两种:①对程序进行优化,在UG的系统设置中设置为圆弧程序段有限,减少微小直线段的数量;②将程序拆分为多段进行传送、加工,即可解决。本例中一般建议采用第二种方法,这样不必对程序进行反复的修改
经验总结	此故障一般出现于国内机床厂家生产的经济型数控机床上,一般来说手工编制数控程序体积并不是很大,而当用UG、MASTERCAM、CAXA等软件进行曲面编程的时候,就会产大量的程序段。而这些经济型的数控机床又没有足够存储空间,便会导致此故障。因此,对于复杂零件的加工,便对程序员提出了更高的要求

[实例3] 热拔插数据线造成系统死机。

故障设备	SIEMENS 802D系统的加工中心
故障现象	在使用RS232接口传送至机床后,拔出接口时有时出现数控系统的死机情况,导致加工中心需要重新启动,但是程序并未丢失,重新对刀后程序也可正确执行
故障分析	由于死机是出现在程序传输之后,数据线的故障可以排除,该故障出现时有时是机床端拔出接头,有时是计算机端拔出接头,特别是在使用笔记本电脑的时候出现概率更大,因此分析,应该是RS232接口直接热拔插所致,即带电情况下惊醒的拔插操作
故障排除	以后在开机情况下,不再对RS232接口进行热拔插操作,此问题再也没有出现
经验总结	RS232接口并不等同于USB接口,RS232接口不支持热拔插操作,RS232接头外端由于数控机床或者计算机接地不良会经常带电,如果长时间对RS232接口电缆进行该操作,很容易造成系统死机,而这种死机并不仅仅针对机床系统,对于计算系统也是一样。如果情况严重,则会烧坏笔记本计算机的主板或烧坏数控机床的RS232接口。因此,在日常生产中,尽量避免对RS232接口电缆进行热拔插操作

[实例4] 散热不良导致系统死机。

故障设备	FANUC 0iTC系统的数控车床
故障现象	在日常使用时,该机床经常在中午和下午时间段出现系统死机的情况,且不论是执行加工程序、手动操作还是机床闲置时
故障分析	根据系统死机出现的时间判断,可能和硬件有关,而每次死机出现故障时间都有一定规律性,因此排除了硬件元器件故障的可能。考虑到该机床放的位置接近窗户、又靠近厂房的南墙,故障出现的时间又在温度较高的中午到下午时段,故而判断故障可能是机柜内部的散热不良所致。打开机柜面板,机柜内温度很高,并且发现电源部分灰尘堆积较厚,而散热风扇明显达不到预定转速

续表

故障排除	清除电源和风扇内的积尘，严重时更换新的的散热风扇，此后该故障再也没有出现过
经验总结	数控机床由于长时间工作，机身内部会产生大量热量，需要通过通风装置排散出去。普通数控机床的环境温度一般要求低于40℃、相对湿度低于80%，而高精度数控机床则要求20℃恒温环境

［实例5］ 机床无规律死机和系统无法正常启动。

故障设备	SIEMENS 3M系统的卧式加工中心
故障现象	某配套SIEMENS 3M系统的立式加工中心，在使用过程中经常无规律地出现"死机"和系统无法正常启动等故障。发生故障后，进行重新开机，有时即可以正常起动，有时需要等待较长的时间才能起动机床，机床正常起动后，又可以恢复正常工作
故障分析	由于该机床只要在正常启动后，即可以正常工作，且正常工作的时间不定，有时可以连续进行数天甚至数周的正常加工，有时却只能工作数小时，甚至几十分钟，故障随机性大，无任何规律可循，此类故障属于比较典型的"软故障" 鉴于机床在正常工作期间，所有的动作、加工精度都满足要求，而且有时可以连续工作较长时间，因此，可以初步判断数控系统本身的组成模块、软件、硬件均无损坏，发生故障的原因主要来自系统外部的电磁干扰或外部电源干扰等
故障排除	根据以上分析，维修时首先对数控系统、机床、车间的接地系统进行了认真的检查，纠正了部分接地不良点；对系统的电缆屏蔽连接以及电缆的布置、安装进行了整理、归类；对系统各模块的安装、连接进行了重新检查与固定等基础性的处理 经过以上处理后，机床在当时经多次试验，均可以正常启动
经验总结	但由于该机床的故障随机性大，产生故障的真正原因并未得到确认，维修时的试验并不代表故障已经被彻底解决，有待于作长时间的运行试验加以验证。而在实际机床运行了较长时间后，经操作者反映，故障的发生频率较原来有所降低，但故障现象仍然存在 根据以上分析，可以基本确定引起机床故障的原因在输入电源部分。对照机床电气原理图检查，系统的直流24V输入使用的是普通的二极管桥式整流电路供电，这样的供电方式在电网干扰较严重的场合，通常难以满足系统对电源的要求。最后，采用了标准的稳压电源取代了系统中的二极管桥式整流电路，机床故障被排除

14.3.8 显示器故障的检修

有时系统启动后屏幕没有显示，原因是显示器有问题。诊断这类故障时，首先看系统启动后各种指示灯是否正常，是否有硬件报警警示。如果指示灯都正常，硬件也没有报警，说明应该是显示器故障。如果对机床特别熟悉，可以在没有显示的情况下执行一些简单的操作，进一步验证显示器的故障。如果是显示器的故障，更换或者维修显示器后，机床就可以正常工作了。

(1) 显示器故障的分类

表14-19详细描述了显示器故障的分类。

表14-19 显示器故障的分类

序号	故障类型	备注
1	软件故障引起的显示器故障	数控系统有时因为备用电池没电等原因使机床数据丢失、混乱，或者因为偶然因素（例如干扰）使系统进入死循环，造成系统启动不了，出现黑屏
2	硬件故障引起的显示器故障	数控系统的显示控制模块、电源模块或者外部电源等出现问题，也会造成机床开机后屏幕没有显示。这时要注意观察故障现象，必要时采用互换法，可以准确定位故障

(2) 显示器故障的维修与诊断

表14-20详细描述了显示器故障的诊断与维修方法。

表 14-20　显示器故障的诊断与维修

序号	故障内容	故障原因	排除方法
1	显示器无显示	①输入电压不正常，系统无法得到正常电压	检查系统的220V电压输入触点，看220V电压是否正常，若正常，则检查220V电源供给回路各元器件是否损坏、各触点接触是否良好，检查外部电压是否稳定
		②电源盒故障，电源盒电压无输出	检查电源盒电压的+5V、+12V、+24V、−12V是否正常，若基本正常，则需将电源盒送厂家维修
		③系统内部元件短路，导致电压不正常	送厂家维修
		④外接循环、暂停线路等短路	检查外部连接或螺纹编码器是否把+5V电压调低，检查其线路对机床大地的绝缘度，检查编码器插头是否进水、进油，造成短路
2	屏幕无任何显示，系统无法启动。	内部显示屏线路接触不良	打开系统盖，将接头重新连接插紧
3	屏幕显示一条水平或垂直的亮线	显示驱动线路的不良	维修时应重点针对显示驱动线路进行检查
4	屏幕左右图像变形		
5	屏幕上下线性不一致，或被压缩，或被扩展		
6	屏幕图像发生倾斜或抖动		
7	屏幕图像不完整	显示其内部视频主板故障	更换视频主板，或直接送厂家维修
8	显示器有光栅，但屏幕无图像		

(3) 显示器故障故障处理实例

［实例1］　显示器黑屏。

故障设备	FANUC 0TC系统的CRT显示器
故障现象	系统启动后，屏幕无显示，面板指示灯正常
故障分析	该机床使用已有5年时间，检查发现显示器有煳味，显像管后部发现炭黑粉末，判断为显示器损坏
故障排除	更换备用显示器，机床恢复正常显示
经验总结	该机床长时间不断电使用，空气环境阴暗、潮湿，因此显示器部分元件老化比较快。对于老式的CRT显像管的显示器，内部都有升压装置，长时间使用导致绝缘性能下降，导致电流、电压过大，易造成击穿、放电、烧板等事故。因此，需要强调的是环境温度和湿度不仅仅是对机床机械部分的要求，而是对整体的要求，对于阴暗潮湿环境要加强通风，必要时安装除湿机

［实例2］　显示器无反应。

故障设备	FANUC 0TC系统的CRT显示器
故障现象	数控车床在长期停用后，重新使用时，启动系统，屏幕没有显示
故障分析	检查启动过程和系统电源都没有问题，检查后备电池，发现已经没电
故障排除	首先更换电池，然后强行启动系统，重新输入数据后，机床恢复正常使用
经验总结	在某些生产厂家数控机床中，后备电池的作用不仅仅用于断电的应急处理，也提供了开机程序的运行作用。本例中，开机程序需要后备电池供电才能启动，这些开机程序包括数控系统的识别、自检、功能匹配等信息，开机时若不载入内存，机床便无法开机

［实例3］　显示器开机后黑屏。

故障设备	SIEMENS 802系统的液晶显示器
故障现象	数控车床开机启动时，屏幕没有显示，系统启动不了

续表

故障分析	观察电源模块ALAM红色报警灯亮,经检查为输入/输出(I/O)接口板出现短路问题
故障排除	接口板维修后,机床恢复了正常工作
经验总结	由于有报警,按照报警进行处理,由外部到内部进行分析判断。先测量输入电压是否正常,再对接口进行检测,最后对机床内部各类板卡进行检查。此类故障多是由于机床长期使用导致板卡老化,加之机床加工时的振动共同作用所致。对出现短路的板卡进行维修或是更换便可以解决故障,另外注重日常保养也是避免此类故障的关键

［实例4］ 显示器不显示并伴随报警。

故障设备	FANUC 0iTC系统的CRT显示器
故障现象	数控车床系统启动后,屏幕没有显示。在系统启动按钮按下后,系统电源上的红色报警灯亮,指示电源故障
故障分析	检查电源没有问题。将系统输入/输出电缆全部拔掉,这时启动系统,显示正常,当插上M1时,系统就启动不了。检查M1信号,发现一块铁屑将机床与刀架开关的电源端子连接,造成短路
故障排除	将铁屑清除掉,并采取防护措施,这时重新开机,机床恢复正常工作
经验总结	这种情况经常出现在数控机床的加工过程中,操作人员没有及时清理位于导轨上的铁屑,导致短路发生。可以说铁屑不仅是导致此类故障发生的原因,也是影响加工质量的重要因素,因此及时清理铁屑是操作者必须养成的一种良好习惯

［实例5］ 显示器闪烁后掉电。

故障设备	FANUC 0iTC系统的CRT显示器
故障现象	这台机床在正常加工中屏幕先闪几下,然后突然掉电,按系统启动按钮,系统可以正常启动,面板上的操作按键也正常,却一个也不亮
故障分析	观察显示屏幕,刀具接触工件的瞬间,屏幕突然发暗闪动,然后马上黑屏。说明故障产生于电源方面,测量显示器的电源模块的电压,没有问题。因此关闭电源对机柜内部进行检查,发现有由数控机床电源供给显示器的连接电缆破皮损坏,使电源线对地短路引起故障
故障排除	对电缆进行防护处理,系统再通电启动,正常工作没有问题
经验总结	通过仔细观察发现,该电源电缆紧靠机柜拐角,长期振动导致固定扎带松动,外皮与机柜内角边缘磨损导致破损,加上机床加工时的振动,导致了显示器的闪烁、黑屏的故障发生。而在机床中大部分电缆的磨损均是松动、磨损所致,对相关器件、设备的保养也包括对线缆、线路的禁锢

14.3.9 系统自动掉电关机故障的检修

数控系统自诊断功能很强，当电源出现短路、电压过低、系统温度过高时，为了保护系统，避免出现没有必要的损坏，系统会自动关机。重新开机时，系统还可以启动，但当检测到问题时，又会立即自动关机。

(1) 系统自动掉电关机故障检修的检修流程

图14-21所示是检修数控系统掉电关机故障的流程。

(2) 系统掉电关机故障处理实例

［实例1］ 按下MDI按钮系统掉电关机。

故障设备	FANUC 0TD系统的数控车床
故障现象	数控车床NC给电后,屏幕正常显示,但一按下机床MDI按钮时,机床的数控系统即动断电。在自动断电后,电源模块上的红色报警灯亮
故障分析	电源报警灯亮指示电源输出有故障,断电检查NC系统及PMC的输入和输出并没有发现问题。根据故障现象分析,问题可能出在PMC输出的负载上,因为机床准备按钮按下后,PMC要有输出。如果输出回路有短路问题,马上就会使控制系统电源电压下降,数控系统检测到后自动关机。对输出回路逐个进行检查后,发现PMC一输出Y48.0控制的继电器的续流二极管短路
故障排除	将这个损坏的续流二极管更换后,机床恢复正常使用
经验总结	由于长时间使用,机床系统内的继电器很容易出现老化、继电器不吸合、短路的情况,而出现这种状况,一般不会伴随很明显直观的故障现象,此时需要用万用表等仪器机型测量排查

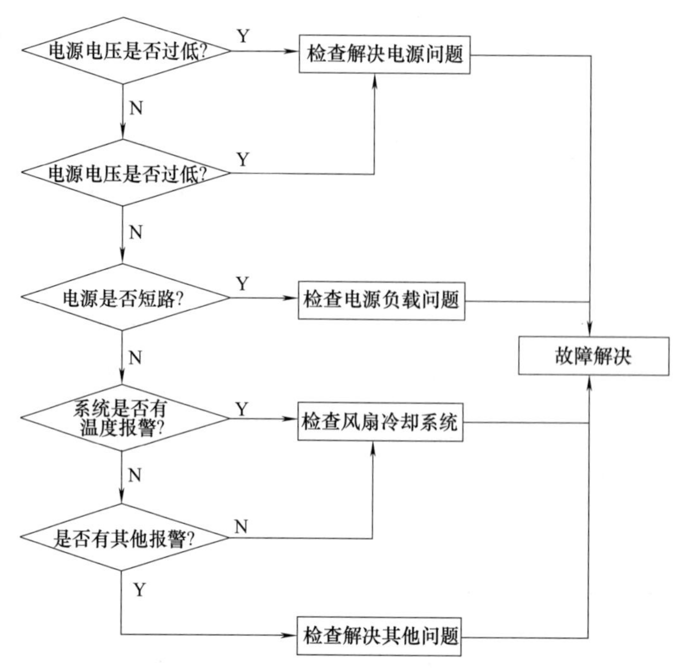

图 14-21 检修数控系统掉电关机故障流程图

［实例 2］ 数控车床频繁掉电关机。

故障设备	FANUC 0TC 系统的数控车床
故障现象	一台做重力粗车切削的数控车床经常自动关机，观察故障现象，在机床开机不进行加工时系统有时就自动关机，重新启动，还可以工作
故障分析	由于该机床做粗车加工，经常使用其做大吃刀量的切削，初步判断为部件松动。经检查机柜部分发现一切正常。再观察系统的电源模块，发现电源指示灯闪动时，系统就关机，对电源模块的输入 220V 电源进行检测，发现电压波动不稳定。根据电路原理图进行检查，发现从 380/220V 电源电压转换变压器的输出电压发生波动，将变压器箱拆开进行检查，发现变压器一相输出端子松动，接触不良
故障排除	重新连接后，机床恢复正常工作
经验总结	在数控机床结构设计中，由于屏蔽干扰和安全使用的需要，经常将强电部分和弱电部分分开设计和安装。在此故障的检修中，先对容易出问题的弱电部分进行检修，再对强电部分进行检查，同时也要考虑到机床的生产习惯而先行判断出振动导致的松动

［实例 3］ 从刀库取刀时经常自动关机。

故障设备	SIEMENS 802D 系统的数控加工中心
故障现象	自动加工时，数控机床在从斗笠式刀库中取刀时经常出现自动关机故障，重新启动后，系统仍可工作
故障分析	此台机床采用的是 802D 系统，用 24V 直流电源供电，当这个电压幅值下降到一定数值时，数控系统就会采取保护措施，迫使数控系统自动切断电源关机。该机床出现这个故障时，这台机床并没有进行切削和进给运动，主轴也停止转动。因为这台机床的这个故障只是在机床在从刀库中取刀有时出现，在不进行取刀时从不出现，所以判断是由于取刀时电源突然电压下降所致 首先对供电电源进行检查。测量所有的 24V 负载，没有发现对地短路或漏电现象。在线检测直流电压的变化，发现取刀时这个电压幅值有个突然降低的现象，只有 19～22V 左右。有时取刀结束后电压马上回升到 24V 左右，有时却突然掉电，导致取刀动作终止。据此认为 24V 整流电源有问题，容量不够，因此只需用交流稳压电源将交流 380V 供电电压提高到 390～400V 左右即可
故障排除	增加一交流稳压电源，将外网输入的交流 380V 电压提高到 390～400V 左右，以保证取刀时电压正常，此故障便再也没有出现
经验总结	由于电源不稳定的原因引起这个故障，那么可以肯定的是这台出故障的数控系统为了保护机床，出现电源电压下降达到系统内定的极限值时就自动关机。如果电压没有下降或下降不多，系统就自动关机，那么不是数控系统有问题，就是必须调整保护部分的设定值。因此，需要对机床的运行的相关说明和参数设置有所了解

［实例 4］ 系统自动关机又开机。

故障设备	FANUC 0iTD 系统的数控机床
故障现象	一台 FANUC 0iTD 系统的数控机床，在使用 3 年多以后，出现了系统自动关机又立刻开机的情况，外部的开关电源已经更换为新的，并且检查确定没有问题
故障分析	出现问题的原因可能有两种：第一种是外网输入的电源不稳定，可能存在着传输线的闪断情况，但是考虑到同一车间内其他机床工作正常，这种原因可以排除；第二种就是系统后面的开关电源到机床系统主板间出现故障。经检查发现主板上的电源线插接头处有大量的氧化现象，其铜插接头已成绿色，并且接头处有油渍，接入的电源线已无法分清颜色了
故障排除	临时的措施为用小刀、小锉或者细砂纸将氧化的铜锈剔除，重新更换一根电源线。如果想彻底解决的话，需将此插接口更换，因为长期使用氧化部分已不仅限于眼力所及范围
经验总结	机床长期使用后，金属部件氧化在所难免，而机床生产中的振动又常常使接口松动，若是氧化部分相接处，则阻值会瞬间增大，导致电压不足，机床又多有自保功能，为防止损坏数控系统，便会自动关机。关机后电压达到了机床启动要求，机床便又自动启动了

［实例 5］ 开机后几秒钟自动关机。

故障设备	FANUC 0i 系统的数控加工中心
故障现象	该加工中心开机故障，按开机键后几秒就自动关机
故障分析	首先判断这种故障和软件系统无关，因为这几秒钟还不足以使其载入。应该是控制机床的那个硬件故障了，开机几秒钟自动关机意味着：①开机过程中某个硬件运行错误，导致关机；②当某个硬件温度过高时，系统保护自动关机 由于此机床开机时间短，还不足以看到开机画面就关机了，说明系统主板已经运行起来了，原因出现在系统程序的载入上。仔细观察后发现存储器部位空气温度过高，触摸存储器，感觉烫手，可以断定问题即出现于此。但是存储器并没有出现烧坏、煳味等现象，应该是存储器内部出现了短路导致电流瞬间过大，引起温度骤升，机床自保而自动关机了
故障排除	此台机床存储器属于插拔式，将其拔下重新安装一块新的存储器，问题得到了解决
经验总结	此故障需要注意两点：第一，存储器是开机必须运行也是首先运行的设备，机床突然关机应从此着手，而其他硬件温度过高导致的系统保护自动关机，一般是在机床运行一段时间后才会出现；第二，存储器在机床内安装一般有插拔式和焊接式两种，插拔式的更换较为简单，焊接式一般有数十个甚至上百个小焊脚焊在系统板上，非专业人员、专业工具无法更换，这种存储器的更换不对机床操作者作要求，出现此问题时需联系厂家进行维修

14.3.10 数控系统存储器故障和检修

存储器是数控系统中的记忆设备，用来存放程序和数据。系统中全部信息，包括输入的原始数据、程序、中间运行结果和最终运行结果都保存在存储器中。它根据控制器指定的位置存入和取出信息。有了存储器，系统才有记忆功能，才能保证正常工作。按用途存储器可分为固态存储器和动态存储器。

固态存储器一般存储在主板的集成块或者电容里，用于存放数控系统中的原始程序、参数等。动态存储器用来存放当前正在执行的数据和程序，但仅用于暂时存放程序和数据，关闭电源或断电，数据会丢失。

现在数控机床在系统上均提供有 PCMCIA 插槽和 RS232 接口，新近的机床上也提供了 USB 接口的功能，通过接口可以进行系统的数据备份，在出现参数故障时，为维修人员快速恢复机床运行提供了极大的便利条件。但是在存储系统数据时，也会出现通信超时、乱码、数据丢失等不正常现象。本学习情境主要是为了熟悉系统的数据备份和操作流程，对在存储数据过程中出现的故障进行分析并及时排除。

(1) 固态存储器和动态存储器存储内容的区别

表 14-21 详细描述了固态存储器和动态存储器存储内容。

表 14-21 固态存储器和动态存储器存储内容

序号	存储器类型	存储内容
1	动态存储器	① 数控系统参数
		② 螺距误差补偿量
		③ PMC/PLC 参数
		④ 刀具补偿数据(补偿量)
		⑤ 宏变量数据(变量值)
		⑥ 加工程序
		⑦ 对话式数据(加工条件、刀具数据等)
		⑧ 操作履历数据
		⑨ 伺服波形诊断数据
		⑩ 最后使用的程序号
		⑪ 切断电源时的机械坐标值
		⑫ 报警履历数据
		⑬ 刀具寿命管理数据
		⑭ 软操作面板的选择状态
		⑮ PMC/PLC 信号解析(分析)数据
		⑯ 其他设定(参数)数据
2	固态存储器	① 数控系统软件
		② 数字伺服软件
		③ PMC/PLC 系统软件
		④ 其他各种数控系统侧控制用软件
		⑤ 维修信息数据
		⑥ PMC/PLC 顺序程序(梯形图程序)
		⑦ 上料器控制用梯形图程序
		⑧ C 语言执行程序
		⑨ 宏执行程序
		⑩ 其他(机床厂的软件)

(2) 数控系统存储器故障处理实例

[实例 1] 输入程序时有时报错。

故障设备	FANUC 0i 系统的数控加工中心
故障现象	由计算机生成的加工程序,往机床传输时有时会出现报警系统通信错误报警
故障分析	该报警为系统数据输入时,出现溢出错误或成帧错误。产生故障的可能原因有系统参数设定与计算机侧设定不符、数据位数设定错误、波特率设定错误、设备规格号不对。经检查没有发现异常,对照计算机侧的传输设定也正常。拆开数控柜发现,存储器部位发热严重,而且堆积了很厚的灰尘,故障可能产生于此
故障排除	清除灰尘,必要时在存储器位置增加风扇散热,此故障再也没有出现
经验总结	由于机床长时间使用,很容易吸附灰尘,特别是当油污和灰尘混合在一起时,一来很容易困难,二来也容易导致元器件短路,需及时清除。对于数控设备的发热量突然变大,除了散热不良的原因之外,设备老化也是重要原因。设备老化导致的直接结果是阻值增大,消耗在元器件上的电能增加,产生的热量也大量增加

[实例 2] 通信接口烧坏。

故障设备	SIEMENS 802S 系统的数控加工中心
故障现象	该数控机床在从外部导入数据时,数据接口发现打火现象,所以立即停止传输,触摸接口发现温度异常升高,并有煳味,此后接口就再也不能使用
故障分析	数控系统和计算机的通信接口烧坏主要是人为原因及使用违规导致的,但是经过仔细检查过后,操作人员操作完全符合规范,排除了人为因素。无意中用手触摸机床外壳时,发现有微电流的触感,怀疑是外壳带电,直接用普通电笔测试确实是外壳有电,因此进一步查看机床电源部分,发现其电源输入地线口不通,也就是机床没有接地
故障排除	重新连接接地线,并固定好接头,故障排除
经验总结	数控机床的外壳不接地而引起的漏电流会导致烧坏通信接口。应在机床侧安装独立的接地体,并用良好的接地体与计算机的外壳连接,就可避免该类故障的发生

［实例 3］ 显示器蓝屏。

故障设备	SIEMENS 802S 系统的数控铣床
故障现象	在外部程序输入完成后，拔下通信电缆时显示器蓝屏，只能重新启动计算机，输入的程序没有丢失
故障分析	经查看通信电缆发现，此电缆线并不支持热拔插，也就是说此电缆线必须在断电的情况下才能执行插拔操作，否则因为电缆线的电流冲击，导致系统存储器中数控紊乱，进而产生蓝屏现象
故障排除	在以后的操作中不再执行带电拔插操作，此故障再也没有出现
经验总结	一般数控机床均不支持带电的热拔插操作，操作者需在开机时起码保证传输电缆两端一端不带电，否则极易导致两端电流的冲突影响数控系统正常工作

［实例 4］ 机床数据丢失。

故障设备	FANUC 0i 系统的数控加工中心
故障现象	该加工中心已运行 5 年，最近老是出现 CRT 显示混乱，重新输入机床数据，机床恢复正常，但停机断电后数小时再启动时，故障现象再一次出现，需要再次输入机床数据才行
故障分析	检查发现原因是存储器板上的电池电压降到下限以下，无法支持存储器的正常工作
故障排除	换电池后重新输入数据后，故障消失
经验总结	根据不同的机床生产厂家的配置，其电池的使用时间长短也各有不同，在购买机床时，尽量避免购买使用纽扣电池的存储器，纽扣电池相对于数控机床的工作环境来说容量偏小，而且安装好也不太能抗振动

［实例 5］ 关机后加工程序无法存储。

故障设备	SIEMENS 802D 系统的数控铣床
故障现象	该 SIEMENS 802D 系统的数控铣床，每次关机后，加工程序无法存储
故障分析	为了确认故障原因，维修时编制了多个加工程序进行试验，发现故障现象均不存在，即：系统本身并无问题。检查操作人员编制的程序，机床全部动作均执行正确无误。因此可以排除程序错误的原因。考虑到 802D 系统的特点，判定程序名出错的可能性较大
故障排除	进一步检查用户加工程序名，并按 802D 对程序名的要求修改后，加工程序即可以保存
经验总结	每一套不同的机床系统都有自己的命名规则，有的时候程序名不正确则无法进行程序输入，而本例中这种可以进行编辑却无法存储的故障并不多见，此处作为例子说明，是为了引以为戒

14.3.11 数控机床主轴的故障与维修

数控机床主轴部件是影响机床加工精度的主要部件，它的回转精度影响工件的加工精度；它的功率大小与回转速度影响加工效率；它的自动变速、准停和换刀等影响机床的自动化程度。

主轴部件出现的故障有主轴运转时发出异常声音、自动调速装置故障、主轴快速运转的精度保持性故障等。

主轴驱动与进给驱动有很大差别。机床主传动的工作运动通常是旋转运动，无需丝杠或其他直线运动装置。然而，主轴驱动要求大功率。主轴电机功率范围一般为 2.2～600kW，并要求在尽可能大的调速范围内保持“恒功率”输出。实际调速范围又远比进给伺服小。

主轴控制系统可以分成直流主轴控制系统与交流主轴控制系统。

(1) 主轴部件常见的故障及排除方法

表 14-22 所示为主轴部件常见的故障及排除方法。

表 14-22 主轴部件常见的故障及排除方法

序号	故障内容	故障原因	排除方法
1	加工精度达不到要求	①机床在运动过程中受到冲击	检查对机床几何精度有影响的各部位特别是导轨副，并按出厂精度要求重新调整或修复
		②机床安装不牢固，装配精度低或有变化	重新安装调平并紧固

续表

序号	故障内容	故障原因	排除方法
2	主轴速度指令无效	①动力线连接错误	检查主轴伺服与电动机之间的连线，确保连线正确
		②CNC模拟量输出(D/A)转换电路故障	用交换法判断是否有故障，更换相应的电路板
		③CNC速度输出模拟量与驱动器连接不良或断线	测量相应信号是否有输出且是否正常，更换指令发送口或更换数控装置
		④主轴器参数设置不当	查看驱动器参数是否正常，依照参数说明书，正确设置参数
		⑤反馈线连接不正常	查看反馈连线，确保反馈连线正确
		⑥反馈信号不正常	检查反馈信号的波形，调整波形至正确或更换编码器
3	切削振动大	①主轴箱和床身连接螺钉松动	恢复精度后并紧固连接螺钉
		②轴承预紧力不够，游隙过大	重新调整、消除轴承游隙，但预紧力不应过大以免损坏轴承
		③轴承预紧螺帽松动使主轴产生窜动	紧固螺帽，确保主轴精度合格
		④轴承拉毛或损坏	更换轴承
		⑤主轴与箱体精度超差	修理主轴或修理箱体使之其配合精度和位置精度达到精度要求
		⑥其他因素	检查刀具或切削工艺问题
		⑦转塔刀架运动部件松动或因压力不够而未卡紧	调整修理
4	主轴噪声大	①主轴部件动平衡不好	重做动平衡
		②齿轮有严重损伤	修理齿面损伤处
		③齿轮啮合间隙大	调整或更换齿轮
		④轴承拉毛或损坏	更换轴承
		⑤传动皮带尺寸长短不一致或皮带松弛、受力不均	调整或更换皮带，不能新旧混用
		⑥齿轮精度差	更换齿轮
		⑦润滑不良	调整润滑油量，保持主轴箱的清洁
		⑧电源缺相或电源电压不正常	检查输入电源接口是否正确，保证输入电压在380V±20V之间
		⑨控制单元上的电源开关设定(50Hz/60Hz切换)错误	设定为正确的工作频率
		⑩伺服单元上的增益电路和颤抖电路调整不好	重新调整伺服单元的相关电路
		⑪ 电流反馈回路未调整好	重新调整电流反馈电路
		⑫ 三相输入的相序不对	重新连接三相电源的接口
		⑬ 电动机轴承故障	更换电动机轴承
		⑭ 主轴负载太大	减少工作负载，提高主轴的润滑效率，使之符合机床主轴承载要求
5	齿轮和轴承损坏	①变挡压力过大，齿轮受冲击产生破损	按液压原理图调整到适当压力和流量
		②变挡机构损坏或固定销脱落	修复或更换零件
		③轴承预紧力过大或无润滑	重新调整预紧力，并使之有充足润滑
6	主轴无变速	①电器变挡信号没有输出	电气人员检查处理
		②压力不够	检测工作压力，若低于额定压力，应调整
		③变挡油缸研损或卡死	修去毛刺和研伤，清洗后重装
		④变挡电磁阀卡死	检修电磁阀并清洗
		⑤变挡油缸拨叉脱落	修复或更换
		⑥变挡油缸窜油或内泄	更换密封圈

续表

序号	故障内容	故障原因	排除方法
6	主轴无变速	⑦变挡复合开关失灵	更换新开关
		⑧CNC参数设置不当	重新设置数控系统参数
		⑨加工程序编程错误	更正引起故障的程序
		⑩D/A转换电路故障	查找数模转换电路故障，更换电路板
		⑪主轴驱动器速度模拟量输入电路故障	查找电路故障源，修复或更换出故障的电路板
7	主轴不转动	①电器主轴转动指令没有输出	电气人员检查处理
		②保护开关没有压合造成失灵	检修压合保护开关或更换
		③卡盘未夹紧工件	调整或修理卡盘
		④变挡复合开关损坏	更换复合开关
		⑤变挡电磁阀体内泄漏	更换电磁阀
		⑥印制电路板太脏	用酒精、松香水等清除积尘
		⑦触发脉冲电路故障，没有脉冲产生	检查相关电路板，无法修复时更换该电路板
		⑧主轴电动机动力线断线或与主轴控制单元连接不良	将断线连接好，并紧固其他连线接口，同时检查主轴单元的主交流接触器是否吸合，用万用表测量动力线电压确保电源输入正常
		⑨高/低挡齿轮切换用的离合器切换不好	检修离合器或更换
		⑩机床负载太大	减小负载至机床允许范围内
		⑪机床未给出主轴旋转信号	检查数控信号传输线是否接触不良，并修复
		⑫机械转动故障引起	检查皮带传动有无断裂或机床是否挂放在空挡
		⑬供给主轴的三相电源缺相	检查电源，接好电源线
		⑭数控系统或变频器控制参数错误	查阅说明书、了解参数并更改
		⑮系统与变频器的线路连接错误	查阅系统与变频器的连线说明书，确保连线正确
		⑯模拟电压输出不正常	用万用表检查系统输出的模拟电压是否正常；检查模拟电压信号线连接是否正确或接触不良，变频器接收的模拟电压是否匹配
		⑰强电控制部分断路或元器件损坏	检查主轴供电线路各触点连接是否可靠，线路是否断路，直流继电器是否损坏，保险管是否烧坏
		⑱变频器参数未调好	变频器内含有控制方式选择，分为变频器面板控制主轴方式、NC系统控制主轴方式等，若不选择NC系统控制方式，则无法用系统控制主轴，修改这一参数；检查相关参数设置是否合理
		⑲电机不转动	检查电源输入是否正常，电动机是否有异味
		⑳机床主轴和电机皮带松动	调紧皮带轮
		㉑机床主轴同步齿形带有裂痕、断裂	更换同步齿形带
		㉒主轴中的拉杆未拉紧夹持刀具的拉钉	检查此敏感元件反馈信号是否到位，重新装好刀具或工件
		㉓系统处于急停状态	检查主轴单元的主交流接触器是否吸合，根据实际情况，解除急停
		㉔机械准备信号断路	排查机械准备信号电路
		㉕正反转信号同时输入	利用PLC监察功能查看相应信号
		㉖无正反转信号	通过PLC监视画面，观察正反转指示信号是否发出，一般为数控装置的输出有问题，排查系统的主轴信号输出端子

续表

序号	故障内容	故障原因	排除方法
7	主轴不转动	㉗ 没有速度控制信号输出	测量输出的信号是否正常
		㉘ 使能信号没有接通	通过 CRT 观察 I/O 状态，分析机床 PLC 梯形图，以确定主轴的启动条件，如润滑、冷却等是否满足；检查外部启动的条件是否符合
		㉙ 主轴驱动装置故障	利用交换法确定是否有故障，更换主轴驱动装置
		㉚ 主轴电动机故障	利用交换法确定是否有故障，更换电动机
8	主轴速度偏差过大	①负荷太大	减小负载至机床允许范围内
		②电流零信号没有输出	检查电源输入是否正常，电源线是否有断线
		③主轴被制动	解除制动
		④反馈连接不良	不启动主轴，用手盘动主轴使主轴电动机以较快速度转起来，估计电动机的实际速度，监视反馈的实际转速，确保反馈连线正确
		⑤反馈装置故障	不启动主轴，用手盘动主轴使主轴电动机以较快速度转起来，估计电动机的实际速度，监视反馈的实际转速，更换反馈装置
		⑥动力线连接不正常	确保动力线连接正确
		⑦动力电压不正常	用万用表或兆欧表检查电动机或动力线是否正常，确保动力线电压正常
		⑧机床切削负荷太大，切削条件恶劣	重新考虑负载条件，减轻负载，调整切削参数
		⑨机械传动系统不良	改善机械传动系统条件
		⑩制动器未松开	查明制动器未松开的原因，确保制动电路正常
		⑪驱动器故障	利用交换法判断是否有故障，更换故障单元
		⑫ 电流调节器控制板故障	
		⑬ 电动机故障	
9	速度达不到最高转速	①励磁电流太大	相应调整励磁电流值，以达到机床工作要求
		②励磁控制回路不动作	检查相关回路，无法修复时更换相关电气装置
		③晶闸管整流部分太脏，造成绝缘能力降低	清除积尘，保证线路板部分的清洁
		④数控程序中设置了主轴限速指令	修改相应的数控程序
10	主轴电动机速度超过额定值	①新机床试用阶段的设置错误	重新调整机床系统参数
		②更换相应的印刷线路板后，所用软件不匹配	需要检查主板上的存储器型号，并设置成匹配的软件系统，必要时需机床厂房人员进行操作
		③印刷线路板故障	更换出故障线路板
11	主轴在加/减速时工作不正	①减速极限电路调整不良	对减速电路进行检查，并恢复成默认值
		②电流反馈回路不良	检查反馈回路信号是否正常
		③加/减速回路时间常数设置不当	按照机床说明书重新设定相关参数
		④传动带连接不良	调整传动带，使之达到工作要求
		⑤电动机/负载间的惯量不匹配	按照机床的负载要求，调整机床的工作负载
		⑥机械传动系统不良	检查传动系统和润滑系统
12	主轴转速不受控制	①所用主板无变频功能	更换带变频功能的主板
		②系统模拟电压无输出或是与变频器连接存在断路	先检查系统有无模拟电压输出，若无，则为系统故障；若有电压，则检查线路是否存在断路
		③系统与变频器连接错误	查阅连接说明书，检查连线
		④系统参数或变频器参数未设置好	打开系统变频参数，调整变频参数

续表

序号	故障内容	故障原因	排除方法
12	主轴转速不受控制	⑤由于系统软件引起的轴转速显示不正确	当变频器从 S500 变至 S800 时，显示仍为 S500，需在编程时使用 G04 延时，有待系统软件改善
		⑥系统中主轴不变速，是编程不当所致	编辑程序时，S、T、M 指令不应编于同程序，而应将 T 指令单独分开于另一段程序编写，否则主轴转速将默认不变。有时 S、T 在同一程序段时转速值显示不变，但实际转速值已发生变化，建议不要将这两个指令共段
13	主轴启动后立即停止	①系统输出脉冲时间不够	调整系统的 M 代码输出时间
		②变频器处于点动状态	参阅变频器的使用说明书，设置好参数
		③主轴线路的控制元器件损坏	检查电路上的各触点接触是否良好，检查直流继电器、交流接触器是否损坏，造成触头不自锁
		④主轴电动机短路，造成热继电器保护	查找短路原因，使热继电器复位
		⑤主轴控制回路没有带自锁电路，而把参数设置为脉冲信号输出，使主轴不能正常运转	将系统控制主轴的启停参数设置为电平控制方式
14	主轴出力不足	①齿形皮带调节过度	在停机状态下，打开保护盖后，可观察调整皮带间隙
		②主轴刚性差	一般为新机床，可能出现此问题
		③主轴电动机故障	若有条件可用交换法测试更换好的电动机
15	发生过流报警	①电流极限设定错误	重新设定机床电流极限参数
		②同步脉冲紊乱	重新启动机床，恢复系统参数的默认值
		③主轴电动机电枢线圈内部短路	检查出短路部分修理，无法修理更换电动机
		④+15V 电源异常	检查弱电部分电源输入/输出是否正常
16	主轴发热	①主轴轴承预紧力过大	调整预紧力
		②轴承研伤或损坏	更换新轴承
		③润滑油脏或有杂质	清洗主轴箱重新换油
		④冷却油泵、冷却管路不畅通	检查主轴冷却系统管路，并修理堵塞部位
		⑤冷却油型号不匹配	按照机床使用说明书中所要求的型号添加冷却油
		⑥主轴皮带过松或者过紧	调整主轴皮带的松紧至合适的程度
		⑦主轴皮带轮的消声槽磨损严重	更换皮带轮，并保证皮带轮的消声槽的匹配
		⑧主轴皮带上太干燥	加入适当的润滑油
		⑨主轴下端末卡刀，装置上端紧密	此故障是由于振动或装配导致的间隙所致，需将卡刀装置调整，使其与主轴下端紧密接触即可
17	主轴频繁正、反转	①热控开关或正反转控制开关故障	更换出故障的开关
		②控制板有故障	检查控制信号是否有短路，控制板是否有油渍、积尘和老化，必要时进行更换
18	主轴冷却油泵不上油	①冷却油泵电源供给不正常	重新连接冷却油泵的电源
		②冷却油泵电机转动不正常	修理并更换冷却油泵的电动机
		③冷却油泵叶片损坏	更换损坏的叶片
19	机床出现掉刀现象，机床抓不住刀	①气泵压力偏低	调节气压泵压力，使其达到工作要求
		②机床主轴气路不畅通	检查故障部位，恢复其正常运行状态
		③气泵漏气	检修气缸活塞及气缸密封件
20	机床主轴松不开刀	①气泵压力过紧	调节气压泵压力，使其达到工作要求
		②生锈运动不灵活松不开刀	
		③机床主轴气路不畅通	检查故障部位，恢复其正常运行状态
		④气泵漏气	检修气缸活塞及气缸密封件
		⑤松、卡刀开关损坏	更换新的松、卡刀开关
		⑥检查气缸是否漏气	检修气缸活塞及气缸密封件

续表

序号	故障内容	故障原因	排除方法
20	机床主轴松不开刀	⑦气缸质量不好	建议用户使用的气泵质量要好，防止气泵的气含水量过大，造成气缸运动性能下降
		⑧检查机床抓刀爪子是否磨损	更换新的抓刀爪子
21	熔丝熔断	①印制电路板不良，电流瞬间过大	更换质量良好的电路板
		②电动机不良	检查电动机是否有短路、运行不稳定情况，维修或者更换电动机
		③输入电源反相	正确连接电源的三相电路
		④输入电源缺相	测量缺相电源缺失部位，重新接线，保证三相电的全路送达
		⑤电源的阻抗太高	检查电路板和主轴设备有无影响电阻值的部位
		⑥熔断器管接触不良	重新安装熔断器，并使其紧固
		⑦电源输入电路中浪涌吸收器损坏	更换新的浪涌接收器
		⑧电源整流桥损坏	更换新的整流桥
		⑨逆变器内的晶闸管损坏，连接不良	更换新的晶闸管，并安装到位
		⑩电动机电枢线短路，电动机电枢线对地短路	检查短路线路，维修故障或者更换电枢，确保没有短路现象
		⑪ 在变频器回路中的熔断器熔断，一般为主轴电动机加速或减速频率太高所致	适当降低机床主轴的加速或减速频率至合理的范围内
22	外界干扰下主轴转速出现随机和无规律性的波动	①屏蔽措施不良	做好设备的屏蔽措施，隔离干扰源
		②主轴转速指令信号受到干扰	
		③反馈信号受到干扰	
		④接地措施不良	检查机床接地的完整性，必要时单独从主轴引线接地

(2) 主轴损坏的机械检修方法

当主轴在使用过程中出现了弯曲、变形等损坏情况时，应立即停止使用，并请专业维修人员进行修理。与上面所讲述的维修不同的是，这里所列举的主轴损坏的维修是机械修理，是对主轴自身进行的物理操作，需由有多年机械修理经验的工程技术人员或机床厂家的生产设计人员进行维修，因此不对一般的机床操作人员和学习者作要求，只需了解即可。

表 14-23 详细描述了主轴损坏的机械检修方法。

表 14-23 主轴损坏的机械检修方法

序号	损坏部位		检修方法	注意事项
1	主轴局部弯曲		在平台上采用光隙法或用划针及百分表找出主轴的最大弯曲部位，采用冷矫直或热矫直方法用光学平直仪等检测	不宜对多处部位弯曲或轴颈部位弯曲进行矫直
2	主轴轴颈部位磨损	滚动轴承的轴颈磨损	采用局部镀铬或金属喷镀后再经修复至原有的轴颈尺寸	对渗碳、淬火的主轴轴颈其最大修磨量不大于 0.5mm；对渗氮、碳氨共渗的主轴轴颈，最大修磨量为 0.2mm，修磨后的表面硬度不应低于 45HRC
		装滚动轴承的轴颈尺寸偏差	修磨轴颈，配换轴承，若轴颈不能减小尺寸，可采用局部镀铬或金属喷镀等工艺恢复尺寸	轴颈修磨后不得小于原尺寸 1mm 采用镀铬或金属喷镀，其镀层不宜超过 0.2mm 对于冲击或振动较大的主轴不宜采用金属喷镀法修复 对于高速旋转的主轴或受冲击的轴颈，不宜用镀铬方法修复

续表

序号	损坏部位	检修方法	注意事项
3	主轴锥孔局部磨损	如锥孔表面有轻微磨损，而锥孔精度在允差范围内，可用研磨法研去毛刺；如精度超差，应在磨床上精磨内锥孔，达到精度要求	修磨的锥孔其端面位移量不得超出下列值：莫氏1号锥度1mm，莫氏2号锥度2mm；莫氏3号锥度3mm；莫氏4号锥度4mm；莫氏5号锥度5mm；莫氏6号锥度6mm

(3) 数控车机主轴系统故障的检修流程

检修数控机床故障的大体思路如图14-22所示。

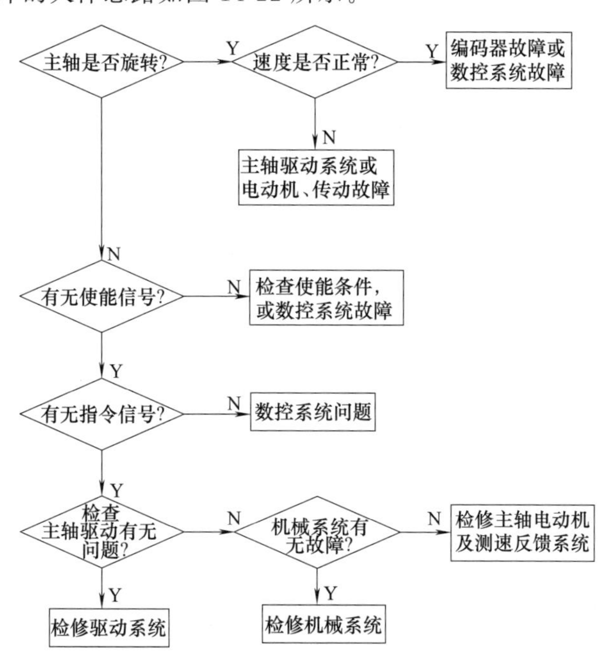

图14-22　数控机床主轴系统故障的检修框图

(4) 主轴通用变频器常见故障诊断与排除

主轴变频器的主要作用就是给主轴调速，实现主轴的无级变速，为了保证驱动器的安全、可靠的运行，在主轴伺服系统出现故障和异常等情况时，设置了较多的保护功能。这些保护功能与主轴驱动器的故障检测和维修密切相关。当驱动器出现故障时，即产生报警信息。主轴控制器的报警，传统的多采用发光二极管或七段数码显示器来指示，新生产的机床则采用了文字或字母报警，使得操作者不必再去查阅说明书对照报警号了，可以直接根据保护功能的情况，分析故障原因。

表14-24详细描述了主轴变频器的保护种类。

表14-24　主轴变频器的保护种类

序号	保护类型	说明
1	接地保护	当伺服驱动器的输出线路以及主轴内部等出现对地短路时，可以通过快速熔断器切断电源，对驱动器进行保护
2	过载保护	当驱动器、负载超过额定值时，安装在内部的热开关或主回路的热继电器将动作，对过载进行保护
3	速度保护	即速度偏差过大报警。当主轴的速度由于某种原因偏离了指令速度且达到一定的误差后，将产生报警，并进行保护
4	电流保护	即瞬时过电流报警。当驱动器中由于内部短路、输出短路等原因产生异常的大电流时，驱动器将发出报警并进行保护

续表

序号	保护类型	说明
5	回路保护	即速度检测回路断线或短路报警。当测速发电动机出现信号断线或短路时，驱动器将产生报警并进行保护
6	超速保护	即速度超过报警。当检测出的主轴转速超过额定值的115%时，驱动器将发出报警并进行保护
7	励磁保护	如果主轴励磁电流过低或无励磁电流，为防止飞车，驱动器将发出故障报警并进行保护
8	短路保护	当主回路发生短路时，驱动器可以通过相应的快速熔断器进行短路保护
9	相序保护	即相序报警。当三相输入电源相序不正确或处于缺相状态时，驱动器将发出报警

(5) 主轴变频器报警说明

驱动器出现保护性的故障时（也称报警），首先通过驱动器自身的指示灯以报警的形式反映出内容，具体说明见表14-25。

表14-25 驱动器报警说明

序号	报警名称	报警时LED显示	动作内容
1	对地短路	对地短路故障	检测到变频器输出电路对地短路时动作（一般为≥30kW）。而对≤22kW变频器发生对地短路时，作为过电流保护动作。此功能只是保护变频器，为保护人身和防止火警事故等，应采用另外的漏电保护继电器或漏电断路器等进行保护
2	过电压	加速时过电压	由于再生电流增加，使主电路直流电压达到过电压检出值（有些变频器为800V DC）时，保护功能动作。但是，如果由变频器输入侧错误地输入控制电路电压值，将不能显示此报警
		减速时过电流	
		恒速时过电流	
3	欠电压	欠电压	电源电压降低等使主电路直流电压低至欠电压检出值（有些变频器为400V DC）以下时，保护功能动作。注意：当电压低至不能维持变频器控制电路电压值时，将不显示报警
4	电源缺相	电源缺相	连接的三相输入电源L1/R、L2/S、L3/T中任何一相缺时，有些变频器能在三相电压不平衡状态下运行，但可能造成某些器件（如主电路整流二极管和主滤波电容器）损坏。这种情况下，变频器会报警和停止运行
5	过热	散热片过热	如内部的冷却风扇发生故障，散热片温度上升，则产生保护动作
		变频器内部过热	如变频器内通风散热不良等，则其内部温度上升，保护功能动作
		制动电阻过热	当采用制动电阻且使用频度过高时，会使其温度上升，为防止制动电阻烧损（有时会有"叭"的很大的爆炸声），保护功能动作
6	外部报警	外部报警	当控制电路端子连接控制单元、制动电阻、外部热继电器等外部设备的报警常闭接点时，按这些节点的信号动作
7	过载	电动机过负载	当电动机所拖动的负载过大使超过电子热继电器的电流超过设定值时，按反时限性进行保护动作
		变频器过负载	此报警一般为变频器主电路半导体元件的温度保护，当变频器输出电流超过过载额定值时保护功能动作
8	通信错误	RS通信错误	当通信时出错，则保护功能动作

(6) 主轴通用变频器常见故障及处理

表14-26详细描述了通用变频器常见故障内容及排除方法。

表14-26 通用变频器常见故障内容及排除方法

序号	故障内容	故障原因	排除方法
1	电动机不运转	①变频器输出端子U、V、W不能提供电源	检查电源是否已提供给端子
			检查运行命令是否有效
			检查RS（复位）功能或自由运行停车功能是否处于开启状态

续表

序号	故障内容	故障原因	排除方法
1	电动机不运转	②负载过重	减轻电动机负载至合理范围
		③任选远程操作器被使用	确保其操作设定正确
2	电动机反转	①输出端子连接不正确	使得电动机的相序与端子连接相对应
		②电动机正反转的相序不正确	
		③控制端子连线不正确	端子 FW 用于正转,RV 用于反转
3	电动机转速不能到达	①如果使用模拟输入,电流或电压为 0 或不足	检查连线
			检查电位器或信号发生器
		②负载太重	减少负载
			重负载激活了过载限定(根据需要不让此过载信号输出)
4	转动不稳定	①负载波动过大	增加电动机容量(变频器及电动机)
		②电源不稳定	解决电源问题
		③该现象只是出现在某一特定频率下	稍微改变输出频率,使用跳频设定将此有问题的频率跳过
5	过流	①加速中过流	检查电动机是否短路或局部短路,输出线绝缘是否良好
			延长加速时间
			检查变频器容量是否太小,若是应增大变频器容量
			减小转矩提升设定值
		②恒速中过流	检查电动机是否短路或局部短路,输出线绝缘是否良好
			检查电动机是否堵转,机械负载是否有突变
			检查变频器容量是否太小,若是应增大变频器容量
			检查电网电压是否有突变
		③减速中或停车时过流	检查输出连线绝缘是否良好,电动机是否有短路现象
			延长减速时间
			更换容量较大的变频器
			检查直流制动量是否太大,若是应减小直流制动量
			机械故障,送厂维修
6	短路	对地短路	检查电动机连线是否有短路
			检查输出线绝缘是否良好
			送修
7	过压	①停车中过压	延长减速时间,或加装刹车电阻,改善电网电压,检查是否有突变电压产生
		②加速中过压	
		③恒速中过压	
		④减速中过压	
8	低压、欠压		检查输入电压是否正常
			检查负载是否突然有突变
			检查是否缺相
9	变频器过热		检查风扇是否堵转,散热片是否有异物
			检查环境温度是否正常
			检查通风空间是否足够,空气是否能对流
10	变频器过载	连续超负载 150% 时间在 1min 以上	检查变频器容量是否太小,若是应加大容量
			检查机械负载是否有卡死现象
			检查 V/F 曲线是否设定不良,若是应重新设定
11	电动机过载	连续超负载 150% 时间在 1min 以上	检查机械负载是否有突变
			检查电动机配用是否太小
			检查电动机发热绝缘是否变差
			检查电压是否波动较大
			检查是否存在缺相
			检查机械负载是否增大
12	电动机过转矩		检查机械负载是否有波动
			检查电动机配置是否偏小

关于表 14-26 所示的情况说明如下。

① 电源电压过高。变频器一般允许电源电压向上波动的范围是＋10%，超过此范围时，就进行保护。

② 降速过快。如果将减速时间设定得太短，在再生制动过程中，制动电阻就来不及将能量放掉，致使直流回路电压过高，形成高电压。

③ 电源电压低于额定值电压 10%。

④ 过电流可分为：

a. 非短路性过电流。可能发生在严重过载或加速过快的情况下。

b. 短路性过电流。可能发生在负载侧短路或负载侧接地的情况下。

另外，如果变频器逆变桥同一桥臂的上、下两晶体管同时导通，就会形成直通。因为变频器在运行时，同一桥臂的上、下两晶体管总是处于交替导通状态，在交替导通的过程中，必须保证只有在一只晶体管完全截止后，另一只晶体管才开始导通。如果由于某种原因，如环境温度过高等，使器件参数发生漂移，就可能导致直通。

(7) 主轴设备故障与维修实例

［实例 1］ 数控铣床，主轴低速时 S 指令无效。

故障设备	FANNC 0i 系统的数控铣床
故障现象	一台配置 FANNC 0i 系统的数控铣床，主轴在低速时（低于 80 r/min）时 S 指令无效，主轴固定以 80 的 r/min 的转速运转
故障分析	由于主轴在低速时固定以 80r/min 的转速运转，首先检查程序，程序中并无主轴最低限速的指令。可能的原因是主轴驱动器以 80 r/min 的转速模拟量输入，或是主轴驱动器控制电路存在不良状况。为了判定故障原因，检查数控系统内部 S 代码信号状态，发现它与 S 指令值一一对应，但测量主轴驱动器的数模转换输出时，发现在 S 代码为 0 时，D/A 转换器虽然无数字输入信号，但其输出仍然为 0.5 V 左右的电压 由于本机床的最高转速为 8000r/min，对照机床说明书，当 D/A 转换器输出电压为 0.5V 左右时，转速应为 80r/min 左右，因此可以判定故障是 D/A 转换器损坏引起的
故障排除	更换同型号的集成电路后，机床恢复正常
经验总结	数模转换器即 D/A 转换器，是一种将二进制数字量形式的离散信号转换成以标准量（或参考量）为基准的模拟量的转换器 最常见的数模转换器是将并行二进制的数字量转换为直流电压或直流电流，它常用作过程控制计算机系统的输出通道，与执行器相连，实现对生产过程的自动控制。数模转换器电路还用在利用反馈技术的模数转换器设计中。用于机床主轴中，D/A 转换器则是作为机床控制系统发出的信号指令的执行通道，与主轴控制部分相关联，进而控制主轴的运动

［实例 2］ 数控车床，主轴停机时停机时间过长。

故障设备	FANUC 0TC 系统的数控车床
故障现象	数控车床在主轴停机时，主轴停机时间变长，无报警显示
故障分析	主轴可以正常运行，只是停机有故障，故判断是主轴的控制系统有问题，因为控制系统负责 S 系列伺服主轴。检查主轴控制系统，拆下控制板，发现板上一只制动电阻烧坏
故障排除	更换新的电阻后，机床故障消失
经验总结	制动电阻是波纹电阻的一种，主要用于变频器控制电机快速停车的机械系统中，负责电机的快速停车和热能消耗 制动电阻由陶瓷管、合金电阻丝和涂层组成。陶瓷管是合金电阻丝的骨架，同时具有散热器的功效；合金电阻丝缠绕在陶瓷管表面上，负责将电机的再生电能转化为热能，通常也是这部分长时间使用后容易损坏；涂层涂在合金电阻丝的表面上，具有耐高温的特性，功用是阻燃 作为平常接触很少的一种电阻，其在主轴控制系统中主要有两种作用： ①制动电阻可以保护主轴变频器不受再生电能的危害。电机在快速停车过程中，由于惯性作用，会产生大量的再生电能，如果不及时消耗掉这部分再生电能，就会直接作用于变频器专用型制动电阻。变频器的电路部分，轻者，变频器会报故障；重者，则会损害变频器 ②保证电电源网络的平稳运行。制动电阻将电机快速制动过程中的再生电能直接转化为热能，这样再生电能就不会反馈到电源电网络中，不会造成电网电压波动，从而起到了保证电源网络的平稳运行的作用

[实例3] 数控车床，主轴只能低速旋转并且有异响。

故障设备	FANUC 0TC系统的数控车床
故障现象	主轴旋转速度只有20r/min左右，并且有异响
故障分析	检查主轴放大器，在放大器上数码管显示有31号报警，指示速度检测信号断开，但检查反馈信号电缆没有问题，更换主轴伺服放大器也没有解决问题。根据主轴电动机的控制原理，在电动机内有一个磁性测速开关作为转速反馈元件，将这个硬件拆下检查，发现由于安装距离过近，将检测头磨坏，说明磁性测速开关损坏
故障排除	更换磁性测速开关，机床恢复正常工作
经验总结	磁性测速开关能准确反映出运动机构的位置和行程，即使用于一般的行程控制，其定位精度、操作频率、使用寿命、安装调整的方便性和对恶劣环境的适用能力是一般机械式行程开关所不能相比的。接近开关具有使用寿命长、工作可靠、重复定位精度高、无机械磨损、无火花、无噪声、抗振能力强等特点

[实例4] 数控车床，主轴跟随换刀一起动作。

故障设备	FANUC 0i系统的数控车床
故障现象	一台刚投入使用不久的数控车床，开机时发现，当机床进行换刀动作时，主轴也随之转动
故障分析	查看机床说明书得知，该机床主轴转速是通过系统输出的模拟电压控制的，根据以往的经验，可能主轴变频器的输入信号受到了干扰，因此，初步确认故障原因与线路有关 为了确认，再次检查了机床的主轴驱动器、刀架控制的原理图与实际接线，可以判定在线路连接、控制上两者相互独立，不存在相互影响 进一步检查主轴变频器的输入模拟量屏蔽电缆布线与屏蔽线连接，发现该电缆的布线位置与屏蔽线均不合理，存在强弱电线路绞线的情况
故障排除	将电缆重新布线并对其进行屏蔽处理(增加保护套、设置专门的屏蔽线槽等)，故障消除
经验总结	强电周围有磁场，如果是强电与弱电距离过近，就会对弱电相关的信号传输产生影响。在实际的机床内部的布线中，必须将强电线路和弱电线路分开排列，必要时增加屏蔽保护套、线槽等

[实例5] 数控车床，主轴高速飞车故障。

故障设备	FANUC 0TD系统的数控车床
故障现象	一台典型的CK6140数控车床，机床主轴为V57直流调速装置，当电源接通时，主轴就高速飞车
故障分析	造成主轴高速飞车的原因有：①装在主轴电动机尾部的测速发电机故障；②励磁回路故障，弱磁电流太小；③速度设定错误 根据以上分析，在停电状态下，用手旋转测速发电机，测速发电机反馈电压正常，在开机瞬间，测量励磁电压也正常。而主轴给定电压测得为14.8V，也属于机床的正常范围，故初步诊断为数控系统主板故障
故障排除	该主板上与给定电压有关的电路较多，除电阻、电容、二极管等常规元件外，还有很多集成电路，不可能对所有的元器件逐一测量，先分析故障大致成因范围，分部检测。但由于给定输出为14.8V，因此怀疑是15V电源通过元件加到了输出上。由于无该数控系统主板的原理图等资料，因此采用最基本的测电阻的方法，从外到里逐个元件测量对15V电源的电阻值。最终发现一电阻块损坏，其输出与15V短接。更换后运行正常
经验总结	当出现故障而又无法判断其具体部位时，先简单思考可能出现的原因，再进行逐一排查。在故障维修中最忌讳遇到困难就放弃、不经思考直接下手

[实例6] 加工中心，主轴无法定位。

故障设备	SIEMENS 802D系统的数控加工中心
故障现象	该加工中心长期进行粗加工，当主轴转速大于300 r/min时，主轴无法定位
故障分析	根据故障情况，分别执行M03 S250、M03 S300、M03 S350、M03 S2000进行测试，发现当主轴转速大于300r/min的时候，机床实际转速产生了偏差并且转速越高偏差越大，并检查主轴电动机实际转速，发现该机床的主轴实际转速与指令值相差很大，故判断引起故障的可能原因是编码器高速特性不良或主轴实际定位速度过高
故障排除	调整主轴驱动器参数，使主轴实际转速与指令值相符后，故障排除，机床恢复正常
经验总结	此例是一个典型的长期使用、参数累积导致误差形成的故障，出现此故障时一般进行逐步修调或者回复默认值即可

14.3.12 自动换刀装置及工作台的故障与维修

对于生产中，一般将刀架、刀库、换刀装置及工作台这些直接加工工件相接触的部位考虑在一起，而刀架、刀库、换刀装置综合成为自动换刀装置，因此，本章讲解的内容即是自动换刀装置和工作台的故障与维修。

(1) 自动换刀装置的维修与调整

为进一步提高数控机床的加工效率，数控机床正向着工件在一台机床上一次装夹即可完成多道工序或全部工序加工的方向发展，因此出现了各种类型的加工中心机床，如车削中心、镗铣加工中心、钻削中心等。这类多工序加工的数控机床在加工过程中要使用多种刀具，因此必须有自动换刀装置，以便选用不同刀具，完成不同工序的加工工艺。自动换刀装置应当具备换刀时间短、刀具重复定位精度高、刀具储备量足够、占地面积小、安全可靠等特性。

各类数控机床的自动换刀装置的结构取决于机床的类型、工艺范围、使用刀具的种类和数量。数控机床常用的自动换刀装置的类型、特点、适用范围如表 14-27 所列。

表 14-27 自动换刀装置类型

序号	类别形式		特 点	适用范围
1	转塔式	回转刀架	多为顺序换刀，换刀时间短结构简单紧凑，容纳刀具较少	各种数控车床，数控车削加工中心
		转塔头	顺序换刀，换刀时间短，刀具主轴都集中在转塔头上，结构紧凑。但刚性较差，刀具主轴数受限制	数控钻、镗、铣床
2	刀库式	刀具与主轴直接换刀	换刀运动集中，运动部件少，但刀库容量受限	各种类型的自动换刀数控机床，尤其是使用回转类刀具的数控镗、铣床类立式、卧式加工中心机床。要根据工艺范围和机床特点，确定刀库容量和自动换刀装置类型
		机械手配合刀库进行换刀	刀库只有选刀运动，机械手进行换刀运动，刀库容量大	

(2) 自动装置常见故障及排除方法

自动机构回转不停或没有回转、有夹紧或没有夹紧、没有切削液等；换刀定位误差过大、机械手夹持刀柄不稳定、机械手运动误差过大等都会造成换刀动作卡住，整机停止工作；刀库中的刀套不能夹紧刀具、刀具从机械手中脱落、机械手无法从主轴和刀库中取出刀具；这些都是刀库及换刀装置易产生的故障。考虑到数控车床的转塔刀架也有常见的一些故障，故列在一起。表 14-28 所示为自动换刀装置常见故障及其诊断方法。

表 14-28 自动换刀装置常见故障及排除方法

序号	故障内容	故 障 原 因	排 除 方 法
1	转塔刀架没有抬起动作	①控制系统无 T 指令输出信号	请电气人员排除
		②抬起电磁铁断线或抬起阀杆卡死	修理或清除污物，更换电磁阀
		③压力不够	检查油箱并重新调整压力
		④抬起液压缸研损或密封圈损坏	修复研损部分或更换密封圈
		⑤与转塔抬起连接的机械部分研损	修复研损部分或更换零件
2	转塔转位速度缓慢或不转位	①无转位信号输出	检查转位继电器，使之吸合
		②转位电磁阀断线或阀杆卡死	修理或更换
		③压力不够	检查液压，调整到额定压力
		④转位速度节流阀卡死	清洗节流阀或更换
		⑤液压泵研损卡死	检修或更换液压泵
		⑥凸轮轴压盖过紧	调整调节螺钉
		⑦抬起液压缸体与转塔平面产生摩擦、研损	松开连接盘进行转位试验；取下连接盘配磨平面轴承下的调整垫，并使相对间隙保持在 0.04mm 之内

续表

序号	故障内容	故障原因	排除方法
2	转塔转位速度缓慢或不转位	⑧安装附具不配套	重新调整附具安装，减少转位冲击
		⑨刀架电动机三相反相或缺相	将刀架电动机线中两条互调或检查外部供电
		⑩系统的正转控制信号TL＋无输出	用万用表测量系统出线端，量度＋24V和TL＋两触点，同时手动换刀，看这两点的输出电压是否有＋24 V，若电压不存在，则为系统故障，需送厂维修或更换相关元器件
		⑪系统的正转控制信号输出正常，但控制信号这一回路存在断路或元件损坏	检查正转控制信号线是否断路，检查这一回路各触点接触是否良好；检查直流继电器或交流接触器是否损坏
		⑫刀架电动机无电源供给	检查刀架电动机电源供给回路是否存在断路，各触点是否接触良好，强电电气元件是否有损坏；检查熔断器是否熔断
		⑬上拉电阻未接入	将刀位输入信号接上2kΩ上拉电阻，若不接此电阻，刀架似乎表现为不转，实际上的动作为先进行正转后立即反转，使刀架看似不动
		⑭机械卡死	手摇使刀架转动，通过松紧程度判断是否卡死，若是，则需拆开刀架，调整机械，加入润滑液
		⑮反锁时间过长造成的机械卡死	在机械上放松刀架，然后通过系统参数调节刀架反转时间
		⑯刀架电动机损坏	拆开刀架电动机，转动刀架，看电动机是否转动，若不转动，再确定线路没问题时，更换刀架电动机
		⑰刀架电动机进水造成电动机短路	烘干电动机，加装防护，做好绝缘措施
3	刀架有时转不到位	①刀架的控制信号受干扰	系统可靠接地，特别注意变频器的接地，接入抗干扰电容
		②刀架内部机械故障，造成有时会卡死	维修刀架，调整机械
4	转塔转位时碰牙	抬起速度或抬起延时时间短	调整抬起延时参数，增加延时时间
5	转塔不到位	①转位盘上的撞块与选位开关松动，使转塔到位时传输信号超期或滞后	拆下护罩，使转塔处于正位状态，重新调整撞块与选位开关的位置并紧固
		②上下连接盘与中心轴花键间隙过大，产生位移偏差大，落下时易碰牙顶，引起不到位	重新调整连接盘与中心轴的位置，间隙过大可更换零件
		③转位凸轮与转位盘间隙大	用塞尺测试滚轮与凸轮，将凸轮调至中间位置，转塔左右窜动量保持在两齿中间，确保落下时顺利咬合；转塔抬起时用手摆，摆动量不超过两齿的1/3
		④凸轮在轴上窜动	调整并紧固固定转位凸轮的螺母
		⑤转位凸轮轴的轴向预紧力过大或有机械干涉，使转塔不到位	重新调整预紧力，排除干涉
6	刀架的每个刀位都转不停	①两计数开关不同时计数或复位开关损坏	调整两个撞块位置及两个计数开关的计数延时，修复复位开关
		②转塔上的24V电源断线	接好电源线
		③系统无＋24V、COM输出	用万用表测量系统出线端，看这两端输出电压是否正常存在，若电压不存在，则为系统故障，需更换主板或送厂维修

续表

序号	故障内容	故 障 原 因	排 除 方 法
6	刀架的每个刀位都转不停	④系统有+24V、COM输出,但与刀架发信盘连接断路;或是+24V对COM地短路	用万用表检查刀架上的+24 V、COM地与系统的接线是否存在断路;检查+24 V是否对COM地短路,将+24 V电压降低
		⑤系统有+24 V、COM输出,连接正常,发信盘的发信电路板上+24V和COM接地网路有断路	发信盘长期处于潮湿环境造成线路氧化断路,用焊锡或导线重新连接
		⑥刀位上+24 V电压低偏,电路上的上拉电阻开路	用万用表测量每个刀位上的电压是否正常,如果偏低,检查上拉电阻,若是开路,则更换上拉电阻
		⑦系统反转控制信号无输出	用万用表测量系统出线端,看这一端的输出电压是否正常或存在,若电压不存在,则为系统故障,需更换主板或送厂维修
		⑧系统有反转信号有输出,但与刀架电动机之间的回路存在问题	检查各中间连线是否存在断路,检查各触点是否接触不良,检查强电柜内直流继电器和交流接触器是否损坏
		⑨刀位电平信号参数未设置好	检查系统参数刀位高电平检测参数是否正常,修改参数
		⑩霍尔元件损坏	在对刀位无断路的情况下,若所对的刀位线有低电平输出,则霍尔元件无损坏,否则需要更换刀架发信盘或其上的霍尔元件。一般四个霍尔元件同时损坏的概率很小
		⑪磁块故障,磁块无磁性或磁性不强	更换磁块或增强磁性,若磁块在刀架抬起时位置太高,则需调整磁块的位置,使磁块对正霍尔元件
7	刀架某一刀位转不停	①此刀位的霍尔元件损坏	确认是哪个刀位使刀架转动不停,在系统上转动该刀位,用万用表测量该刀位信号触点对+24 V触点是否有电压变化,若无变化,则可判定为该刀位霍尔元件损坏,更换发信盘或霍尔元件
		②此刀位信号线断路,造成系统无法检测到刀位的到位信号	检查该刀位信号与系统的连线是否存在断路
		③系统的刀位信号接收电路有问题	在确定该刀位霍尔元件没问题以及该刀位与系统信号连线也没有问题的情况下更换主板
8	输入刀号能转动刀架,直接按换刀键刀架不能转动	①霍尔元件偏离磁块,置于磁块前面。手动键换刀时,刀架刚一转动就检测到刀架的到位信号,然后马上反转刀架	检查刀架发信盘上的霍尔元件是否偏离位置,调整发信盘位置,使霍尔元件对正磁块
		②手动换刀键失灵	更换手动换刀键
9	刀架锁不紧	①发信盘位置没对正	拆开刀架盖,旋动并调整发信盘位置,使刀架的霍尔元件对准磁块,使刀位停在准确位置
		②系统反锁时间不够长	调整系统反锁时间参数
		③机械锁紧机构故障	拆开刀架,调整锁紧机构,检查定位销是否折断
		④刀架刚性达不到标准要求,出现颤动	应刮研前轴瓦,必要时更换刀架
		⑤活动刀架热度高	仔细检查其配合间隙是否符合要求,并细致地加以调整

续表

序号	故障内容	故障原因	排除方法
10	转塔刀重复定位精度差	①液压夹紧力不足	检查压力并调到额定值
		②上下牙盘受冲击，定位松动	重新调整固定
		③两牙盘间有污物或滚针脱落在牙盘中间	清除污物保持转塔清洁，检修更换滚针
		④转塔落下夹紧时有机械干涉（如夹铁屑）	检查排除机械干涉
		⑤夹紧液压缸拉毛或研损	检修拉毛研损部分，更换密封圈
		⑥转塔液压缸拉毛或研损	修理调整压板和楔铁，以0.04mm塞尺塞不进为合格
11	让刀系统失灵或让刀量时大时小	①让刀系统失灵	要清洗液压油路系统，排出空气，使液压油路畅通
		②压力达不到标准要求，工作台浮动，让刀量时大时小	应调整工作台两端压力保持平衡（方法是转动调整螺钉）。同时通过液压缸的调整垫来解决让刀量时大时小的不正常状况
		③液压缸有响声，辊子易破损	应调整弹簧使液压系统压力保持在3MPa以消除响声。对于辊子易破损问题，应先清除液压系统故障，再更换辊子
12	换刀动作卡住，整机停止工作	①换刀定位误差过大	重新修调定位基准点，必要时联系厂家维修
		②机械手夹持刀柄不稳定	检查紧固机械手夹紧装置并增加少许润滑油
		③机械手运动误差过大	用专用起子和板子修调机械手起始位置
13	刀具不能夹紧时	①风泵气压不足	检查增压风泵是否漏气，补足气压
		②刀具卡紧油缸漏油	检修刀具卡紧油缸装置，必要时进行更换
		③刀具松卡弹簧上的螺帽松动	紧固送卡弹簧上的螺母
14	刀具卡紧后不能松开	松锁刀的弹簧压合过紧	旋转松锁刀弹簧上的螺母，使其最大载荷不得超过额定数值
15	刀库中的刀套不能夹紧刀具	①刀套调整螺母、压紧弹簧、卡销错位	检查刀套上的调整螺母，顺时针旋转刀套两边的调整螺母，压紧弹簧，顶紧卡销
		②刀具超重	在保证刀具加工要求的前提下更换轻质量刀具
16	刀套不能拆卸或停留一段时间才能拆卸	①负责拆卸的气压阀压力不动作或压力不足	检查操纵刀套90°拆卸的气阀，看它是否动作，如漏气则需进行检修、更换
		②刀套的转动轴锈蚀	将刀套转动轴拆卸清除锈迹，并涂抹润滑油。无法清除干净的则需更换转动轴
17	刀具从机械手中脱落	刀具重量超重	重新选择在机械手承重范围之内的刀具
18	刀具从机械手中脱落	机械手夹紧销损坏	更换损坏的夹紧销
19	刀具交换时发生掉刀	主轴箱和机械手的换刀点位置产生漂移	重新操作主轴箱，使其回到换刀位置，调整机械手手臂旋出75°气缸杆上的螺栓
20	机械手换刀速度过快或过慢	①换刀快是由于气压太高或节流阀开口过大	降低气泵压力和流量，旋转节流阀至换刀速度合适为止
		②换刀慢是由于气压太低或节流阀开口过小	升高气泵压力和流量，旋转节流阀至换刀速度合适为止
21	机械手在主轴上装不进刀	这时应考虑主轴准停装置失灵或装刀位置不对	应检查主轴的准停装置，并校准检测元件

续表

序号	故障内容	故障原因	排除方法
22	刀库不能转动	①连接电动机轴与蜗杆轴的联轴器松动	按标准要求重新紧固
		②变频器有故障	检查变频器的输入、输出电压是否正常
		③PLC无控制输出，接口板中的继电器失效	更换新的同规格的继电器
		④机械连接过紧或黄油黏涩	对松紧进行调整，涂抹适量的黄油
		⑤电网电压过低(低于370V)	增加稳压电源装置，保证电网供电
23	刀库转动不到位	①电动机转动故障	检修电动机，无法检修的更换新的电动机
		②传动机构有误差	按照机床说明书重新调整传动机构
24	刀库刀套上、下不到位	①装置调整不当或加工误差过大而造成拨叉位置不正确	重新调整
		②限位开关安装不准或调整不当而造成反馈信号错误	对限位开关重新安装并进行调试

(3) 数控机床刀架故障检修流程

数控车床刀架故障是数控车床的常见故障，数控车床都配置工件自动卡盘装置，通常都是由液压系统驱动的，通过PLC程序控制工件卡紧与松开、检测卡紧液压的压力开关及检测卡盘张开和卡紧状态的位置开关，将卡紧状态反馈给PLC，以实现自动控制。熟悉数控刀架的检修流程也是对其他刀架、刀库系统维修的一个有益的帮助等。图14-23所示是数控机床刀架故障检修流程。

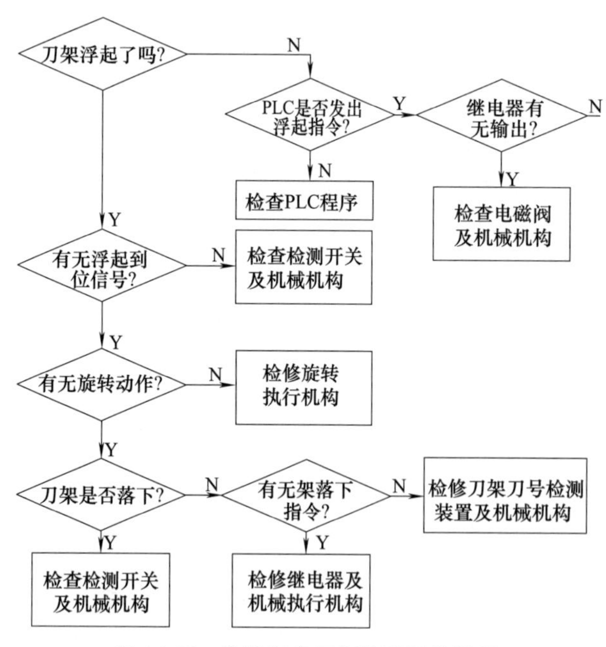

图14-23 数控机床刀架故障检修流程

(4) 工作台的故障与维修

数控机床工作台形式可以有很多种的分类方法。根据形状可以分为圆形数控机床工作台、方形数控机床工作台、长方形数控机床工作台等，其中圆、方形数控机床工作台一般可以360°旋转。但是工作位置还是以0°、90°、180°、270°四个位置为主。长方形数控机床工作台只能前后左右移动而不能转动。一般五轴机和立车是圆形的工作台，卧加是正方形的，立加是长方形的。根据工作台是否运动，可以分为移动数控机床工作台和固定式数控机床工作台。

机床工作台分为开槽工作台、焊接工作台、镗铣床工作台等，数控铣床、加工中心一般采用的T形开槽工作台，即T形槽工作台。T形槽工作台有如下特点，见表14-29。

表 14-29　T形槽工作台的特点

序号	特　点
1	耐潮、耐腐蚀、不用涂油、不生锈、不褪色
2	温度系数最低，基本不受温度影响
3	几乎不用保养，能迅速容易地清洁/擦拭，精度稳定性好
4	一律是最坚硬的面
5	光滑的轴承面，不着土，耐磨，无磁性

T形槽平台主要用于机床加工工作平面使用，上面有孔和T形槽，用来固定工件和清理加工时产生的铁屑。

(5) 平面工作台的常见故障及排除方法

表14-30详细描述了平面工作台的常见故障及排除方法。

表 14-30　平面工作台的常见故障及排除方法

序号	故障现象	故障原因	排除方法
1	工作台换向迟缓及冲击太大	①换向阀体内有卡阻或间隙太小，使阀在体内动作不灵敏	应调整清洗换向阀，除掉脏物和毛刺
		②针形阀构造不标准	可改成三角槽形针阀，扩大调节使用范围
		③滤油器堵塞，使液压降低，换向阀不动作	要使液压保持在0.3～0.5MPa的压力
		④单向阀失效，针形阀节流开口太大	应换掉损坏的钢珠，并使它同盖板上的接触面密合良好
		⑤针形阀孔不同心	可使用三角槽形针阀或将锥形针形阀适当锯短，在盖板阀孔内装入钢珠，使它起节流作用
2	机床开动后，工作台继续动作	①液压油压力太低	应调整到0.7～0.9MPa的压力
		②液压系统油量不够或吸入空气	要将油液加足，并排出系统内空气
		③工作台导轨油量少	应将油压调到规定值
3	工作台移动时有噪声	①油箱内油不干净或油位低吸进空气	应清洗过滤油液，并排出油箱内空气
		②油管间出现相碰现象，产生振动	要使油管之间保持一定的间距
		③过滤器堵塞或进油管损坏，使系统内窜入空气	应仔细检查管路系统，更换损坏零件，清洗过滤器，并排出空气
4	工作台跳动	①导轨间出现了不符合要求的间隙，工作台内形成部分漂移，失掉定心	对导轨进行研磨，使其间隙达到0.005～0.011mm
		②加工时异物进入导轨内部	拆下工作台，清除异物
		③导轨严重缺油	拆下工作台，做深度保养，安装后加足符合要求的润滑油
5	工作台往复动作速度偏差太大	①导轨润滑油量不够	要加足符合要求的润滑油
		②液压缸两端泄漏量不一致或一端油管损坏、接头处漏油、液压缸活塞间隙不符合要求等	对液压管路系统进行检查，更换损坏的管件，拧紧连接部位，调整好活塞与液压缸的间隙
		③活塞拉杆弯曲或活塞与拉杆两者不同心	应进行仔细调整，并使活塞和液压缸的配合间隙保持在0.04～0.06mm的范围内
		④导轨出现单向研损	对导轨进行研磨或者更换

(6) 回转工作台的常见故障及排除方法

表14-31详细描述了回转工作台的常见故障及排除方法。

表 14-31 回转工作台的常见故障及排除方法

序号	故障现象	故障原因	排除方法
1	工作台没有抬起动作	①控制系统没有抬起信号输出	检查控制系统是否有抬起信号输出
		②抬起液压阀卡住没有动作	修理或清除污物，更换液压阀
		③液压压力不够	检查油箱内油是否充足，并重新调整压力
		④抬起液压缸研损或密封损坏	修复研损部位或更换密封圈
		⑤与工作台连接的机械部分研损	修复研损部位或更换零件
2	工作台不转位	①工作台抬起或松开完成信号没有发出	检查信号开关是否失效，更换失效开关
		②控制系统没有转位信号输出	检查控制系统是否有转位信号输出
		③与电动机或齿轮相连的胀紧套松动	检查胀紧套连接情况，拧紧胀紧套压紧螺钉
		④液压转台的转位液压缸研损或密封损坏	修复研损部位或更换密封圈
		⑤液压转台的转位液压阀卡住没有动作	修理或清除污物，更换液压阀
		⑥工作台支承面同转轴及轴承等机械部分研损	修复研损部位或更换新的轴承
3	工作台转位分度不到位，发生顶齿或错齿	①控制系统输入的脉冲数不够	检查系统输入的脉冲数
		②机械传动系统间隙太大	调整机械传动系统间隙，轴向移动蜗杆，或更换齿轮、锁紧胀紧套等
		③液压转台的转位液压缸研损，未转到位	修复研损部位
		④转位液压缸前端的缓冲装置失效，死挡铁松动	修复缓冲装置，拧紧死挡铁螺母
		⑤闭环控制的圆光栅有污物或裂纹	修理或清除污物，或更换圆光栅
4	工作台不夹紧，定位精度差	①控制系统没有输入工作台夹紧信号	检查控制系统是否有夹紧信号输出
		②夹紧液压阀卡住没有动作	修理或清除污物，或更换液压阀
		③液压压力不够	检查油箱内油是否充足，并重新调整压力
		④与工作台相连接的机械部分研损	修复研损部位或更换零件
		⑤上下齿盘受到冲击松动，两齿牙盘间有污物，影响定位精度	重新调整固定 修理或清除污物
		⑥闭环控制的圆光栅有污物或裂纹，影响定位精度	修理或清除污物，或更换圆光栅

(7) 自动换刀装置及工作台故障与维修实例

[实例 1] 电动刀架锁不紧。

故障设备	FANUC 0TD 系统的数控车床
故障现象	该数控车床在最近使用时常出现电动刀架锁不紧的情况，重启后可以正常使用一段时间，又会出现此故障
故障分析	根据故障现象判断，应该是发信盘的故障，发信盘的位置可能没有对正，只需调整其对应位置即可
故障排除	拆开刀架的顶盖，旋动并调整发信盘位置，使刀架的霍尔元件对准磁钢，使刀位停在准确位置
经验总结	霍尔元件是应用霍尔效应的半导体，利用霍尔效应可以设计制成刀位位置信息的传感器，安装在发信盘上，用于控制刀位信息的发射和反馈验证。如果霍尔元件出现故障，常出现的故障现象是刀架无法锁紧、刀位找不到、显示器无刀位信息等

[实例 2] 刀架换刀后锁紧，显示器显示不可换刀。

故障设备	FANUC 0i 系统的数控车床
故障现象	刀架换刀后锁紧，显示器显示不能换刀
故障分析	先确认出故障的刀位，在系统上输入转动该刀位，用万用表量该刀位触点对+24 V 触点是否有变化，发现其电压值一直保持+24V 无变化，因此可判定为该位刀霍尔元件损坏

续表

故障排除	更换霍尔元件,故障得到解决
经验总结	一般刀架上有一个发信盘,来检测每一个刀位的到位信号和夹紧信号。当出现锁紧信号丢失时有可能是以下几种情况引起: ①检查一下是不是信号线松动,在不同的转动周期有时会接触不良 ②检测的接近开关有无松动 ③触发检测的信号体有无松动 ④刀架锁紧机械部位卡住,确实没有锁紧到位 ⑤刀架反转接触器没有吸合,电机没有反转锁紧 当出现故障时对比一下与正常时有何不同,有利于排除故障

［实例3］ 电动刀架转不停,系统无刀位信息。

故障设备	FANUC 0i系统的数控车床
故障现象	电动刀架某一刀位转不停,其余刀位可以转动
故障分析	因为显示器没有到位信息的反馈,所以从信号输出端检查器,检查该刀位信号与系统的连线是否存在断路,造成系统无法检测到位信号
故障排除	正确恢复刀位信号与系统连线,故障排除
经验总结	刀架在数控车床中不仅进行换刀的旋转操作,也进行 X 轴向和 Z 轴向进给运动,因此连线断路也是经常出现的故障,在机床安装、检修时,一般要求在刀架与系统连线的接头处增加一个固定点,防止进给运动时,线头接口处频繁受力而断裂

［实例4］ 刀架连续运转、刀位不停。

故障设备	FANUC 0M系统的数控车床
故障现象	该数控车床开机后手动换刀,刀架连续运转、到位不停
故障分析	由于刀架能够连续运转,因此,机械方面出现故障的可能性较小。把检查重点放在电气方面,检查刀架到位信号是否发出,经检测,信号正常到位,说明发信盘基本功能正常。接着检查发信盘弹性触头是否磨坏,发现弹性触头有氧化现象且不灵活,为了彻底解决故障,先记录此故障,再检测其他部位。查看发信盘地线是否有断路、接触不良或漏接,没有发现问题。因此判断故障是由于发信盘弹性触头磨损导致的
故障排除	更换弹性片触头或重修,故障排除
经验总结	发信盘弹性触头在长期使用后容易出现滞涩、锈蚀的现象,多是油渍、冷却液的沁入导致,平时对刀架多加清理即可

［实例5］ 换刀过程中断并提示机械手故障。

故障设备	SIEMENS 802S系统的数控加工中心
故障现象	该加工中心采用凸轮机械手换刀。换刀过程中,动作中断,发出2035号报警,显示机械手伸出故障
故障分析	根据报警内容,机床是因为无法执行下一步"从主轴和刀库中拔出刀具",而使换刀过程中断并报警。机械手未能伸出完成从主轴和刀库中拔刀动作,产生故障的原因可能有: ①松刀感应开关失灵。在换刀过程中,各动作的完成信号均由感应开关发出,只有上一动作完成后才能进行下一动作。第3步为"主轴松刀",如果感应开关未发信号,则机械手拔刀就不会动作。检查两感应开关,信号正常 ②松刀电磁阀失灵。主轴的松刀,是由电磁阀接通液压缸来完成的。如电磁阀失灵,则液压缸未进油,刀具就松不了;检查主轴的松刀电磁阀,动作均正常 ③松刀液压缸因液压系统压力不够或漏油而不动作,或行程不到位。检查刀库松刀液压缸,动作正常,行程到位;打开主轴箱后罩,检查主轴松刀液压缸,发现已到达松刀位置,油压也正常,液压缸无漏油现象。 ④机械手系统有问题,无法建立起拔刀条件。其原因可能是电动机控制电路有问题。检查电动机控制电路系统,正常 ⑤刀具是靠碟形弹簧通过拉杆和弹簧卡头将刀具柄尾端的拉钉拉紧的。松刀时,液压缸的活塞杆顶压顶杆,顶杆通过空心螺钉推动拉杆,一方面使弹簧卡头松开刀具的拉钉,另一方面又顶动拉钉,使刀具右移而在主轴锥孔中变松

续表

故障排除	拆下松刀液压缸，检查发现这一故障原因是制造装配时空心螺钉的伸出量调整得太小，故松刀液压缸行程到位，而刀具在主轴锥孔中压出不够，刀具无法取出。调整空心螺钉的伸出量，保证在主轴松刀液压缸行程到位后，刀柄在主轴锥孔中的压出量为0.4～0.5mm。经以上调整后，故障排除
经验总结	液压缸是将液压能转变为机械能的、做直线往复运动（或摆动运动）的液压执行元件。它结构简单、工作可靠。用它来实现往复运动时，可免去减速装置，并且没有传动间隙，运动平稳，因此在各种机械的液压系统中得到广泛应用。此例中液压缸本身并没有出现故障，而是压出量不足，产生此问题的原因多是长时间生产活动中的累积误差，更突显月检的必要性了

［实例6］ 机械手换刀过程中主轴不松刀。

故障设备	SIEMENS 802S系统的数控加工中心
故障现象	该加工中心采用凸轮机械手换刀。换刀过程中，主轴不松刀，导致无法换刀
故障分析	根据报警内容，机床无法执行下一步"从主轴和刀库中拔出刀具"，而主轴系统不松刀的原因估计有以下几点： ①刀具尾部拉钉的长度不够，致使液压缸虽已运动到位，而仍未将刀具顶松 ②拉杆尾部空心螺钉位置起了变化，使液压缸行程满足不了松刀的要求 ③顶杆出了问题，已变形或磨损 ④弹簧卡头出故障，不能张开 ⑤主轴装配调整时，刀具移动量调得太小，致使在使用过程中一些综合因素导致不能满足松刀条件 按照以上原因一步步分析，最终发现顶杆由于长时间使用发生了弯曲，致使弹簧卡头也时常不能张开
故障排除	更换新的顶杆和弹簧开头，经过几次调试之后，机械手恢复了正常
经验总结	以凸轮作为驱动机构的凸轮式机械手，它具有结构简单、动作平稳、相位准确、工作节奏快、故障率低、成本低、使用寿命长等独特优点，简化了机器的控制系统，降低了机器的设计与制造成本。在机械手的应用实践中，其用户设定的柔性不是很高，动力输入轴的轴线与机械手臂运动平面之间的夹角是不可以由用户根据具体布局需要选择的，这也是凸轮机械手会出现顶杆弯曲的原因

［实例7］ 回转工作台不落入定位盘内。

故障设备	SIEMENS 802D系统的数控加工中心
故障现象	在机床使用过程中，回转三作台经常在分度后不能落入鼠牙定位盘内，机床停止执行接下来的命令
故障分析	回转工作台在分度后不能落入鼠牙定位盘内，发生顶齿现象，是因为工作台分度不准确所致。工作台分度不准确的原因可能有电气问题和机械问题。首先检查机床电动机和电气控制部分（因此项检查较为容易），机床电气部分正常，则问题出在机械部分，可能是伺服电动机至回转台传动链间隙过大或转动累计间隙过大所致。拆下传动箱，发现齿轮、蜗轮与轴键连接间隙过大，齿轮啮合间隙超差过多
故障排除	经更换齿轮、重新组装，然后精调回转工作台定位块和伺服增益可调电位器后，故障排除
经验总结	鼠牙盘式分度工作台主要由工作台、夹紧油缸及鼠牙盘等零件组成，其端面齿能确保加工中心、CNC数控车床转塔刀架等多工序自动数控机床和其他分度设备的运行精度

14.3.13 进给系统的故障与维修

数控机床的进给传动系统是伺服系统的重要组成部分，它将伺服电动机的旋转运动或直线伺服电动机的直线运动通过机械传动结构转化为执行元件的直线或回转运动。目前，数控机床进给系统中的机械传滚珠丝杠螺母副有导轨灵敏度高和摩擦阻力低等特点。

本章主要讲解进给系统重要部分滚珠丝杠螺母副和导轨的故障与维修。

(1) 滚珠丝杠副的特点

滚珠丝杠是将回转运动转化为直线运动，或将直线运动转化为回转运动的理想的零件。滚珠丝杠由螺杆、螺母和滚珠组成。它的功能是将旋转运动转化成直线运动，这是滚珠螺钉的进一步延伸和发展，这项发展的重要意义就是将轴承从滑动动作变成滚动动作。

由于具有很小的摩擦阻力，滚珠丝杠被广泛应用于各种工业设备和精密仪器，其同时兼具高精度、可逆性和高效率的特点，滚珠丝杠副的特点见表 14-32。

表 14-32 滚珠丝杠副的特点

序号	滚珠丝杠副的特点	说　明
1	与滑动丝杠副相比驱动力矩为其 1/3	由于滚珠丝杠副的丝杠轴与丝杠螺母之间有很多滚珠在作滚动运动，因此能得到较高的运动效率。与过去的滑动丝杠副相比驱动力矩达到其 1/3 以下，即达到同样运动结果所需的动力，在省电方面很有帮助
2	高精度的保证	滚珠丝杠副在研削、组装、检查各工序的工厂环境方面，对温度、湿度进行了严格的控制，使精度得以充分保证
3	微进给可能	滚珠丝杠副由于是利用滚珠运动，因此启动力矩极小，不会出现滑动运动那样的爬行现象，能保证实现精确的微进给
4	无侧隙、刚性高	滚珠丝杠副可以加预压①，由于预压力可使轴向间隙达到负值，进而得到较高的刚性。滚珠丝杠内通过给滚珠加预压力，在实际用于机械装置等时，由于滚珠的斥力可使丝杠螺母部的刚性增强
5	高速进给可能	滚珠丝杠由于运动效率高、发热小，因此可实现高速进给运动

① 预压是预先在其内部施加一个压力，使得滚动体与沟道间为负间隙；是通过采用稍稍加大的钢球，使螺母和丝杠轴沟道内的间隙消除。施加预压旨在消除丝杠空转，以及减少滚动体在受到外部负荷情况下轴向弹性形变所造成的误差（加强整体刚性）。

(2) 滚珠丝杠副故障诊断

表 14-33 详细描述了滚珠丝杠副故障诊断内容及排除方法。

表 14-33 滚珠丝杠副故障诊断内容及排除方法

序号	故障内容	故障原因	排除方法
1	加工件粗糙度高	①机床导轨没有足够的润滑油，使溜板产生爬行	加润滑油排除润滑故障
		②X 轴、Z 轴滚珠丝杠有局部拉毛或研损	更换或修理丝杠
		③丝杠轴承损坏，运动不平稳	更换损坏的轴承
		④伺服电机未调整好，增益过大	调整伺服电机控制系统
2	反向误差大，加工精度不稳定	①X 轴、Z 轴联轴器锥套松动	重新紧固并做打表试验，反复多做几次
		②X 轴、Z 轴滑板配合压板过紧或过松	重新调整修刮，用 0.03mm 塞尺塞不进才合格
		③X 轴、Z 轴滑板配合楔铁调得过紧或过松	重新调整或修刮，使接触率达 70%以上，用 0.03mm 塞尺塞不进才合格
		④滚珠丝杠预紧力过紧或过松	调整预紧力，检查轴向窜动值，误差不得大于 0.01mm
		⑤滚珠丝杠螺母配合与结合面不垂直，结合过松	修调或加垫处理
		⑥丝杠支撑座的轴承预紧力过紧或过松	修理调整
		⑦滚珠丝杠制造误差大或有轴向窜动	间隙可用控制系统自动补偿机能消除，调整丝杠窜动打表测量
		⑧润滑油不足或者没有	调节使各个导轨面均有润滑油为止
		⑨其他机械干涉	排除干涉部位
3	滚珠丝杠在运转中扭矩过大	①两滑板配合压板过紧或研损	重新调整修刮压板，用 0.004mm 塞尺塞不进为合格
		②滚珠丝杠螺母反向器损坏丝杠卡死或轴端螺母预紧力过大	修复或更换丝杠并精心调整
		③丝杠研损	更换
		④伺服电机滚珠丝杠连接不同轴	调整两轴同轴度并紧固连接座
		⑤无润滑油	调整润滑油路
		⑥因机床超程开关失灵造成机械故障	修复
		⑦伺服电机过热报警	检查机械过紧部位并排除

续表

序号	故障内容	故障原因	排除方法
4	丝杠螺母润滑不良	①分油器不分油	检查定量分油器
		②油管堵塞	清除污物使油管畅通
5	滚珠丝杠副噪声	①滚珠丝杠轴承压盖压合不良	调整压盖,使其压紧轴承
		②滚珠丝杠润滑不良	检查分油器和油路,使润滑油充足
		③滚珠产生破损	更换滚珠
		④电动机与丝杠联轴器松动	拧紧联轴器锁紧螺钉
		⑤丝杠支承轴承可能破裂	如轴承破损,则更换新轴承
6	滚珠丝杠不灵活	①轴向预加载荷太大	调整轴向间隙和预加载荷
		②丝杠与导轨不平行	调整丝杠支座位置,使丝杠与导轨平行
		③螺母轴线与导轨不平行	调整螺母座的位置
		④丝杠弯曲变形	校直丝杠
7	滚珠丝杠润滑状况不良	检查各丝杠副润滑情况	用润滑脂润滑的丝杠,需移动工作台,取下罩套,涂上润滑脂

(3) 丝杠副的损坏现象及修理方法

当丝杠在使用过程中出现了机械磨损、弯曲、变形等损坏情况，应立即停止使用，并请专业维修人员进行修理。与上面所讲述的维修不同的是，这里所列举的维修方法是机械修理，是对主轴自身进行的物理操作，需由多年机械修理经验的工程技术人员或机床厂家的生产设计人员进行维修，因此不对一般的机床操作人员和学习者作要求，只需了解即可。表 14-34 详细描述了丝杠副的损坏现象及修理方法。

表 14-34 丝杠副的损坏现象及修理方法

序号	损坏现象	修 理 方 法
1	丝杠螺纹磨损	当梯形螺纹丝杠的磨损不超过齿厚的10%时,可用车深螺纹的方法进行消除,再配换螺母
		调头使用,并采用配车、加套等方法恢复其尺寸与配合关系
		对于磨损量较大的精密丝杠与矩形螺纹丝杠磨损后应换新件
2	丝杠轴颈的磨损	与其他轴颈修复的方法相同。但在车削轴颈时．应与车削螺纹同时进行,以便保持轴颈与螺纹部的同轴度要求
3	丝杠弯曲	锤击法矫直:将弯曲的丝杠放在两等高V形块上,用百分表测出其最高点及弯曲值,然后用锤敲击弯曲最大的凸处进行矫直
		压力矫直:将丝杠弯曲的凸点朝上,用压力机的冲锤轻轻冲击丝杠凸处进行矫直

注：1. 当丝杠弯曲度大于 0.1/1000 时，可用锤击或压力矫直两种方法消除。

2. 丝杠的弯曲度小于 0.1/1000，可采用修磨丝杠，但丝杠大径的减小量不得大于原大径的 5%。

3. 精密丝杠弯曲不允许矫直，但微小弯曲可用修磨方法修正。

4. 若丝杠使用寿命短，应重新选用优质材料，提高丝杠硬度，或更新丝杠。

(4) 导轨的分类

导轨为使机床运动部件按规定的轨迹运动，并支承其重力和所受的载荷而设置的轨道。导轨的截面形状主要有三角形、矩形、燕尾形和圆形等。三角形导轨的导向性好；矩形导轨刚度高；燕尾形导轨结构紧凑；圆形导轨制造方便，但磨损后不易调整。当导轨的防护条件较好，切屑不易堆积其上时，下导轨面常设计成凹形，以便于储油，改善润滑条件；反之则宜设计成凸形。

按照其结构和作用方式一般分为滑动导轨、滚动导轨、静压导轨、卸荷导轨和复合导轨五种。表 14-35 详细描述了导轨的分类。

(5) 导轨的故障与诊断

表 14-36 详细描述了导轨的故障诊断及排除方法。

表 14-35 导轨的分类

序号	导轨类型	详细说明
1	滑动导轨	滑动导轨，是一种作滑动摩擦的普通导轨。滑动导轨的优点是结构简单，使用维护方便；缺点是未形成完全液体摩擦时低速易爬行，磨损大，寿命短，运动精度不稳定。滑动导轨一般用于普通机床和冶金设备上。 为提高导轨的耐磨性，可采用耐磨铸铁，或把铸铁导轨表层淬硬，或采用镶装的淬硬钢导轨。塑料贴面导轨基本上能克服铸铁滑动导轨的上述缺点，使滑动导轨的应用得到了新的发展
2	滚动导轨	滚动直线滑轨是一种滚动导轨，它由钢珠在滑块与滑轨之间作无限滚动循环，使得负载平台能沿着滑轨轻易地以高精度作线性运动，其摩擦因数可降至传统滑动导轨的1/50，使之能轻易地达到微米级的定位精度 滚动导轨摩擦因数小，不易出现爬行，而且耐磨性好，缺点是结构较复杂和抗振性差。滚动导轨常用于高精度机床、数字控制机床和要求实现微量进给的机床中
3	静压导轨	工作原理与静压轴承相同。将具有一定压力的润滑油经节流器输入到导轨面上的油腔，即可形成承载油膜，使导轨面之间处于纯液体摩擦状态 其优点是导轨运动速度的变化对油膜厚度的影响很小；载荷的变化对油膜厚度的影响很小；液体摩擦，摩擦因数仅为0.005左右，油膜抗振性好。其缺点是导轨自身结构比较复杂；需要增加一套供油系统；对润滑油的清洁程度要求很高 其主要应用于精密机床的进给运动和低速运动导轨
4	卸荷导轨	卸荷导轨是利用机械或液压的方式减小导轨面间的压力，但不使运动部件浮起，因而既能保持滑动导轨的优点，又能减小摩擦力和磨损
5	复合导轨	复合导轨是指导轨的主要支承面采用滚动导轨，而主要导向面采用滑动导轨

表 14-36 导轨的故障诊断及排除方法

序号	故障内容	故障原因	排除方法
1	导轨研伤	机床经长期使用，地基与床身水平度有变化，使导轨局部单位面积负荷过大	定期进行机床床身导轨的水平度调整，或修复导轨精度
		长期加工短工件或承受过分集中的负载，使导轨局部磨损严重	注意合理分布短工件的安装位置，避免负荷过分集中
		导轨润滑不良	调整导轨润滑油量，保证润滑油压力
		导轨材质不佳	采用电镀加热自冷淬火对导轨进行处理，导轨上增加锌铝铜合金板，以改善摩擦情况
		刮研质量不符合要求	提高刮研修复的质量
		机床维护不良，导轨里落入脏物	加强机床保养，保护好导轨防护装置
2	导轨上移动部件运动不良或不能移动	导轨面研伤	用180＃砂布修磨机床与导轨面上的研伤
		导轨压板研伤	卸下压板调整压板与导轨间隙
		导轨镶条与导轨间隙太小，调得太紧	松开镶条止退螺钉，调整镶条螺栓，使运动部件运动灵活，保证0.03mm塞尺不得塞入，然后锁紧止退螺钉
3	加工平面在接刀处不平	导轨直线度超差	调整或修刮导轨，公差为0.015/500
		工作台塞铁松动或塞铁弯度太大	调整塞铁间隙，塞铁弯度在自然状态下应小于0.05 mm
		机床水平度差，使导轨发生弯曲	调整机床安装水平度，保证平行度、垂直度误差在0.02/1000之内

(6) 液体静压导轨的调整与维修

液体静压导轨的工作原理与静压轴承相同。将具有一定压力的润滑油经节流器输入到导轨面上的油腔，即可形成承载油膜，使导轨面之间处于纯液体摩擦状态。其优点是导轨运动速度的变化对油膜厚度的影响很小；载荷的变化对油膜厚度的影响很小；液体摩擦，摩擦系数仅为0.005左右；油膜抗振性好。其缺点是导轨自身结构比较复杂；需要增加一套供油系统；对润滑油的清洁程度要求很高。其主要应用于精密机床的进给运动和低速运动导轨。表 14-37 详细描述了液体静压导轨的调整与维修。

表 14-37 液体静压导轨的调整与维修

序号	故障现象	排除方法
1	导轨间隙的调整	静压导轨的油膜刚度与导轨间隙、节流比、供油压力等均有很大的关系。在维修过程中，主要调整好导轨间隙（即油膜厚度）。如果间隙太大，流量就越大，刚度则越小，导轨容易出现漂移；间隙太小，刚度能提高，但对导轨的制造精度，尤其是导轨工作面的几何精度要求更高。导轨的间隙在空载时应调整为： 中小型机床 $h_0=0.01\sim0\ 025$mm 大型机床 $h_0=0.03\sim0.08$mm
2	工作台浮起量均匀性的调整	当工作台浮起后，导轨的间隙往往是不均匀的，除了导轨本身加工精度的影响和弹性影响因素之外，还有承受的载荷不均匀。调整方法如下： ①在工作台的四角点（或更多地方）用千分表测量工作台的浮起量 ②调整毛细管的节流长度或薄膜的节流间隙。对于间隙小的油腔要减小节流阻力，即提高油腔压力，增加油膜厚度。反之则增加节流阻力，减小油膜厚度。通过调整使工作台的浮起量符合规定的间隙值

(7) 导轨修理的原则

导轨在长期使用过程中不可避免地出现机械磨损等情况，针对这些问题均需由多年机械修理经验的工程技术人员或机床厂家的生产设计人员进行维修。在维修之前我们需要先对导轨修理的原则进行一定的了解。表 14-38 详细描述了导轨维修的原则。

表 14-38 导轨维修的原则

序号	导轨修理原则
1	修理导轨面时，一般应以本身不可调的装配孔（如丝杠孔）或未磨损的平面为基准
2	对于不受基准孔或结合面限制的床身导轨，一般应选择刮研量小的或工艺复杂的面为基准
3	对于在导轨面上滑动的另一相配导轨面，只进行配刮，不作单独的精度检验
4	导轨面相互拖研时，应以刚性好的零件为基准来拖研刚性差的零件；另外应以长面为基准拖研短面
5	导轨修理前后，应测出必要的数据并绘制出运动曲线，供修理调整时参考、分析
6	机床导轨面在修理时，必须在自然状态下，放在牢固的基础上，以防止修理过程中的变形或影响测量精度
7	机床导轨面磨损 0.3mm 以上时，一般应先精刨再刮研或在导轨磨上磨削

(8) 导轨面的机械修复方法

表 14-39 详细描述了导轨面修复方法及特点。

表 14-39 导轨面修复方法及特点

序号	修复方祛	特点及适应性
1	导轨面的刮削	精度高，耐磨性好，表面美观且便于储油，但劳动强度大，生产效率低。适用于单件或小批量生产和维修
2	导轨面的精刨	加工生产率高，质量好。一般只要在精度较高的龙门刨床上进行适当调整，即可进行精刨加工，所以中、小型工厂均可采用。精刨生产率可比手工刮削提高 5～7 倍，精刨后表面粗糙度值一般不大于 $Ra0.4\mu m$，而且精刨刀痕方向与导轨运动方向一致，耐磨性好。精刨后的导轨面再刮削出花纹，表面美观又便于储油
3	导轨面的精磨	容易获得较高的尺寸精度、较小的表面粗糙度值、较高的形位精度。磨削加工生产率比手工刮削可提高 5～15 倍，可减轻繁重的体力劳动，缩短修理周期。最适用于淬硬导轨的修理
4	导轨副的配磨	使一对相配的导轨面（如床身导轨面与工作台导轨面）达到接触精度、位置精度及运动要求。配磨能减少甚至不需钳工对导轨面手工刮削，生产效率高，修理周期短
5	导轨面的钎焊塑料填补、胶接	当导轨面局部有深沟或凹痕时，可采用此方法修复。此法经济实用、效果好，适用于机床导轨的一般检修

(9) 进给系统的故障与维修实例分析

[实例 1] 丝杠滞涩导致电机过流报警。

故障设备	FANUC 0TD 系统的数控车床
故障现象	有一台数控车床,经常出现 Z 轴伺服电动机过流报警,并且刀架 Z 方向的移动明显滞涩,从而导致加工出的工件表面光洁度很差
故障分析	这台机床的工作条件比较差,到处是油烟,灰尘也很多。根据故障现象,先从电气方面入手。开始以为是电气故障,因此,调整了一下过流限定值,就好了一些。但不久,Z 轴伺服电动机仍然过度发热,因此故障可能不是由于电机内部引起的。将 Z 轴伺服电动机拆下,发现换向器表面已变色。这时用手扳 Z 轴丝杠,扳不动,整个丝杠上没有任何划痕,螺母扳不动。在这种情况下,只好把整个丝杠拆下,费了很大劲才把螺母拆下。这个螺母中的滚珠是外循环的,在螺母的滚道中有很多油垢,还有类似棉纱头之类的东西,很硬,粘在滚道上,所有的滚珠一动不动。再仔细观察发现丝杠螺母两边的密封装置也损坏了,由损坏处进入很多油垢
故障排除	将丝杠两头的密封装置拆下,对拆卸下来的滚珠逐个测量,并对表面状况进行了观察,没有发现变形与表面有麻点的情况。因此,把内滚道以及回珠器内进行了清洗,并浸泡在煤油中,把那些硬的垢泡软,又用汽油清洗,然后又用四氯化碳清洗机清洗,内表面光亮如初。通过可见部分已知相当好了之后,才涂润滑脂,把滚珠经过精心检查后,逐个送入,然后用两边的调整螺钉来调整螺母的预紧力 把丝杠放好后,检查螺母与丝杠的松紧度正常,才放心安装丝杠以及伺服电动机。最开始几天加工零件有些误差,但比原来好多了。因此,又调整了一下螺母两侧的调整盘,一切恢复正常。在修滚珠丝杠的同时,对伺服电动机做了一些维修工作,清洗了换向器表面,用极细的砂布光整了一下换向器表面,又勾了一下换向器各换向片之间的沟槽
经验总结	由此可见,经常维修螺母两侧的密封装置是非常必要的

[实例 2] 进给传动时出现滚珠丝杠副噪声。

故障设备	FANUC 0i 系统的数控车床
故障现象	在一次加工中,进给传动时出现滚珠丝杠副噪声故障,并且发现丝杠上润滑油有喷溅现象
故障分析	出现噪声故障,先从润滑油方面考虑。经检查,所使用的润滑油很黏稠。但是在询问操作者时得知,在刚添加润滑油时,润滑效果良好,也无黏稠现象出现,因此判断是润滑油质量问题
故障排除	松开并旋出螺母两端的防尘密封圈,在螺母注油孔注入黏度低于 ISO 32 的润滑油(黏度越低越好)清洗螺母,在有效行程内往复行走数次,然后注入黏度介于 ISO 32～ISO 68 之间的润滑油或润滑脂,往复行走数次
经验总结	润滑油是用在各种类型机械上以减少摩擦、保护机械及加工件的液体润滑剂,主要起润滑、冷却、防锈、清洁、密封和缓冲等作用。黏度反映油品的内摩擦力,是表示油品油性和流动性的一项指标。在未加任何功能添加剂的前提下,黏度越大,油膜强度越高,流动性越差。黏度指数表示油品黏度随温度变化的程度。黏度指数越高,表示油品黏度受温度的影响越小,其黏温性能越好,反之越差

[实例 3] 进给传动时出现滚珠丝杠副摩擦声。

故障设备	FANUC 0i 系统的数控车床
故障现象	在一次加工中,进给传动时出现滚珠丝杠副摩擦声音故障,并且发现声音的出现伴随的都是 Z 轴的负方向运动,在正方向运动时几乎没有该声音
故障分析	根据故障现象首先检查润滑油的状况,发现润滑油润滑状况良好,滚珠丝杠也很清洁。仔细考虑出现单方向噪声,应该是出现了磨损所致。首先检查螺杆滚道,用供应商提供的空心套套在轴端,然后慢慢旋出螺母,查看螺母滚珠循环圈两端有无损伤,如果没有,则卸出滚珠,全面查看螺母内部滚道有两处细微长条形的损伤,故障原因即产生于此
故障排除	请专业技术人员对螺母内部滚道进行修补、研磨,重新安装调试,故障排除。如果仍然出现运行问题,则要更换轨道
经验总结	由于此故障可能要拆卸设备,因此尽可能多地检查故障原因,在对滚道进行修理的同时,顺便也对滚珠进行查看,若有磨损、破损的及时进行更换

[实例 4] 重力切削滚珠丝杠副出现噪声。

故障设备	SIEMENS 802D 系统的数控车床
故障现象	该数控车床专门用于重力车削,最近在进行车削时滚珠丝杠处的噪声现象越来越严重

续表

故障分析	根据故障现象，首先按照步骤检查丝杠的润滑情况，润滑情况良好。再检查滚珠丝杠与导向件的平行度，其平行度在机床说明书要求规范之内。再查看丝杠端部的轴承，其安装到位并无异常，但在对其两端轴承安装轴承端的同心度检测时发现跳动较大，丝杠发出噪声的原因即出现于此
故障排除	用校直机校直螺杆，校直之后按照操作规范进行逐步修调，通电试机后，故障得到了解决
经验总结	校直机是针对轴杆类产品在热处理后发生弯曲变形或者安装不到位导致同心度不达标而设计的自动检测校直装置，集机械、电气、液压、气动、计算机测控分析为一体，具有优良技术性能，集中体现在测量精度高、生产节拍快、工件适应能力强等优点，对轴杆类工件的纯圆截面、D形截面以及齿轮或花键的分度圆等部位的径向跳动可实现准确测量 轴类校直，主动回转中心和从动回转中心的顶尖将工件夹持后，顶尖有调速电机驱动旋转，通过工件传到从动回转中心顶尖，同时，与可动支撑相连的测量装置检测工件表面的全跳动量，从动回转中心的光电编码器测量工件表面的全跳动量方向。计算机根据这些数据判断工件最大弯曲位置和方向，发出指令使工件最大弯曲点朝上时工件停止转动，并结合跳动 幅值及设定的参数计算修正量，实现对工件的精确修正。工件夹持与放松、可动支撑位的选择、工件台的移动及冲头快慢速给进等动作均由PLC实现管理

［实例5］ 行程终端出现机械振动故障。

故障设备	FANUC 0i系统的数控加工中心
故障现象	该加工中心运行时，X轴在接近行程终端的过程中产生明显的机械振动，其他轴向运行正常，在机械振动时也无报警信号出现
故障分析	因故障发生时CNC无报警，且在X轴其他区域运动无振动，可以基本确定故障是由于机械传动系统不良引起的。为了进一步确认，维修时拆下伺服电动机与滚珠丝杠之间的弹性联轴器，单独进行电气系统的检查。检查结果表明，电动机运转时无振动现象，从而确认了故障出在机械传动部分 脱开弹性联轴器，用扳手转动滚珠丝杠，检查发现X轴方向工作台在接近行程终端时，感觉到阻力明显增加，证明滚珠丝杠或者导轨的安装与调整存在问题。拆下工作台检查，发现滚珠丝杠与导轨间不平行，使得运动过程中的负载发生急剧变化，产生了机械振动现象
故障排除	检修滚珠丝杠或者导轨的安装，排除故障
经验总结	丝杠和导轨平行度对于机床平稳运行是很重要的，平行度超差会损伤开合螺母的，因为丝杠螺母的间隙较大，丝杠为细长件，刚性较差，容易变形。装配时一般是校正丝杠两端与导轨的距离差控制在合理范围内，螺母能顺利无阻碍的通过就可以。如果用仪表测量，应导轨上放杠杆百分表检测，左右两组螺钉固定调整与导轨垂直面和水平面内的平行

14.3.14 液压系统和气动系统的故障与维修

由于液压系统和气动系统的工作原理类似，因此在此一并讲述。

液压适合于重载，气动适合于轻载；液压对油的要求很高，很娇贵；气动介质为空气，情况比液压油好很多；液压系统要接回油管，气动则将气直接排入大气；气动噪声比液压大，需要另准备气源，而液压系统都带有液压源；液压和气动根据其介质的可压缩性，可针对性地解决各自领域的特殊问题。

简单而言，需要压力小的可以用气动，简单、便宜；需要压力大的就用液压，相对复杂些，价格高点。

(1) 液压系统的故障与维修概述

液压传动系统在数控设备的机械控制与系统调整中占有很重要的位置，它所担任的控制、调整任务仅次于电气系统。液压传动系统被广泛应用到主轴的拉刀、主轴箱齿轮的变挡和主轴轴承的润滑、自动换刀装置、静压导轨、回转工作台及尾座等结构中。一个完整的液压系统由五个部分组成，即动力元件、执行元件、控制元件、辅助元件（附件）和液压油。一个液压系统的好坏取决于系统设计的合理性、系统元件性能的优劣、系统的污染防护和处理。液压传动中由液压泵、液压控制阀、液压执行元件（液压缸和液压马达等）和液压辅件（管道和蓄能器等）组成液压系统。

液压系统使用的液压介质即是液压油，在液压系统中起着能量传递、系统润滑、防腐、防锈、冷却等作用。

(2) 油液污染对机床系统的危害

一个液压系统的好坏不仅取决于系统设计的合理性和系统元件性能的优劣，还因系统的污染防护和处理，系统的污染直接影响液压系统工作的可靠性和元件的使用寿命。据统计，国内外的液压系统故障大约有70%是由污染引起的，因此有必要掌握油污对机床的危害。油液污染对机床系统的危害见表14-40。

表14-40 油液污染对机床系统的危害

序号	维护要点	说明
1	元件的污染磨损	油液中各种污染物引起元件各种形式的磨损，固体颗粒进入运动副间隙中，对零件表面产生切削磨损或疲劳磨损。高速液流中的固体颗粒对元件的表面冲击引起冲蚀磨损。油液中的水和油液氧化变质的生成物对元件产生腐蚀作用。此外，系统的油液中的空气引起气蚀，导致元件表面剥蚀和破坏
2	元件堵塞与卡紧故障	固体颗粒堵塞液压阀的间隙和孔口，引起阀芯阻塞和卡紧，影响工作性能，甚至导致严重的事故
3	加速油液性能的劣化	油液中的水和空气以及热能是油液氧化的主要条件，而油液中的金属微粒对油液的氧化起重要的催化作用，此外，油液中的水和悬浮气泡显著降低了运动副间油膜的强度，使润滑性能降低

(3) 液压系统常见故障及其诊断方法

做好对液压系统的日常维护与定期检查工作，可减少故障发生的次数，但仍然不能完全避免液压系统的故障。这种情况是由液压系统的复杂性所决定的。表14-41所示为液压系统常见故障及其诊断维修方法。

表14-41 液压系统常见故障及其诊断维修方法

序号	故障内容	故障原因	排除方法
1	液压油外漏	①各结合面紧固螺钉、调压螺钉螺母松动或堵塞	紧固相应部件
		②振动	调整机床，减少振源
		③腐蚀	更换腐蚀的管路
		④压差	按照要求调整压力
		⑤温度	保证机床的正常温度
		⑥装配不良	重新进行装配调整到位
		⑦液压元件的质量	选择质量好的元件
		⑧管路的连接	重新对管路接头进行连接，确保其密封面能够紧密接触，且紧固螺母和接头上的螺纹要配合适当，然后再用合适的扳手拧紧，还要防止拧过头而使管接头损坏
		⑨系统的设计	更改设计
		⑩液压缸活塞杆碰伤拉毛	用极细的砂纸或油石修磨；不能修的，更换新件
		⑪液压缸活塞和活塞杆上的密封件磨损与损伤	更换新密封件
		⑫液压缸安装定心不良，活塞杆伸出困难	拆下来检查安装位置是否符合要求
		⑬由于压力调节螺钉过松，压力调节弹簧过松，定子不能偏心	将压力调节螺钉按顺时针方向转动到弹簧被压缩时，再转3～4转，启动油泵、调整压力
		⑭流量调节螺钉调节不正确，定子偏心方向相反	按逆时针方向逐步转动油量调节螺钉
		⑮油泵转速太低、叶片不能甩出	将转速控制在最低转速以上
		⑯油泵转向接反	调转向

续表

序号	故障内容	故障原因	排除方法
1	液压油外漏	⑰油口安装法兰面密封不良	检查相应部位的紧固和密封
		⑱油的黏度过高使叶片在转子槽内运动不灵活	采用规定牌号的油
		⑲油箱内油量不足,吸油管漏出油面而进空气	把油加到规定油位,将滤油器埋入油面下
		⑳吸油管堵塞	清除堵塞物
		㉑进油口漏气	修理更换密封件
		㉒叶片在转子槽内卡死	拆开油泵修理,清除毛刺、重新装配
2	液压油供油量不足	①泵体裂纹与气孔泄漏	泵体出现裂纹需要更换泵体,泵体与泵盖间加入纸垫,紧固各连接处螺钉
		②滤油器有污物,管道不畅通	清除污物,更换油液,保持油液清洁
		③油液黏度太高或油温过高	用20号机械油并选用适合的温度,该20号机械油适合在10～50℃的温度下工作,如果三班工作,应装冷却装置
		④轴向间隙与径向间隙过大	由于齿轮泵的齿轮两侧端面在旋转过程中座圈产生相对运动会造成磨损,因而轴向间隙和径向间隙过大时必须更换零件与轴承
3	异常噪声、振动或压力下降	①油箱油量不足,滤油器露出油面	按规定容量加油
		②吸油管处吸入空气	找出泄漏部位,如管接头、密封圈损伤处、结合面不平或松动,更换修理
		③回油管高出油面,回油时空气被带入油池	保证油位最低时回油管埋入油面下一定深度
		④进油口滤油器容量不足	更换滤油器,进油量应是油泵最大排量的2倍以上
		⑤滤油器局部堵塞	清洗滤油器
		⑥油泵转速过高或油泵接反	按规定方向安装转子
		⑦油泵与电机连接同轴度差	连接不同轴是产生噪声的主要原因,连接处同轴度应在0.05mm之内,更改要求在0.02mm之内
		⑧定子和叶片严重损伤,轴承和轴损坏	更换零件
		⑨泵与其他机械件产生共振	更换缓冲胶垫
		⑩泵体与泵盖的两侧没有加上纸垫产生硬物冲撞	泵体与泵盖间加上纸垫,泵体用金刚砂在平板上研磨使泵体与泵盖平直度不超过0.005mm
		⑪液压元器件的间隙因磨损增大	查找磨损源,增加润滑
		⑫工作油液不清洁,有杂质混入液压元件	更换新的工作油,并保证其清洁
		⑬液压泵的滤油器被污物阻塞不能起滤油作用	用干净的清洗油将滤油器的污物去除
		⑭泵体与泵盖不垂直密封,旋转时吸入空气	紧固泵体与泵盖的连接,不得有泄漏现象
		⑮泵齿轮啮合精度不够	对研齿轮,达到齿轮啮合精度
4	油泵发热油温过高	①油泵工作压力超载	按规定的额定压力工作
		②油泵吸油管和系统回油管靠得太近	调整油管,使工作后的油不直接进入油泵
		③油箱油量不足	按规定加油
		④由于摩擦阻力引起的机械损失或泄漏引起的容积损失	检查机械零件是否有故障,更换零件和密封圈
		⑤压力过高	油的黏度过大,按规定更换

续表

序号	故障内容	故障原因	排除方法
5	油泵运转不正常或有咬死现象	①油泵轴向间隙及径向间隙过小	应更换零件，并调整轴间、径向间隙
		②盖板与轴的同心度不好	更换盖板，使其与轴同心
		③压力阀失灵	检查压力阀弹簧是否失灵、阀体小孔是否被污物堵塞、滑阀和阀体是否失灵，更换弹簧，清除阀体小孔污物或更换滑阀
		④泵轴与电动机联轴器不同心	调整泵轴与电动机机联轴器的同心度，使其不超过 0.20mm
6	系统压力低，工作压力不高，运动部件产生爬行	①泄漏	检查各漏油部位，修理或换件
			检查是否内泄(即从高压腔到低压腔的泄漏)
			检查各管件与接头和阀体泄漏情况，修理或更换
		②压力油路与回油路短接	重新连接油路
		③液压机组本身根本无压力油输入液压系统或压力不足	检查液压机本身有无故障
		④电动机方向反转	重新调整电动机或重接电动机电源
		⑤电动机功率不足	调整电动机设置或更换电动机
		⑥溢流阀调定压力偏低	调整溢流阀压力
		⑦溢流阀的滑阀卡死	将溢流阀拆开清洗并重新组装
		⑧系统管路压力损失太大	更换管路或在允许压力范围内调整溢流阀压力
		⑨液压缸内进入空气或油中有气泡	松开接头，将空气排出
		⑩液压缸活塞杆全长和局部弯曲	活塞杆全长校正直线度≤0.3mm/100mm 或更换活塞
		⑪液压缸缸内锈蚀或拉伤	修磨油缸内表面，严重时更换缸筒
7	尾座顶不紧或不运动	①压力不足	用压力表检查
		②液压缸活塞拉毛或研损	更换或维修
		③密封圈损坏	更换密封圈
		④液压阀断线或卡死	清洗、更换阀体或重新接线
		⑤套筒研损	修理研损部件
8	导轨润滑不良	①分油器堵塞	更换损坏的定量分油器
		②油管破裂或渗漏	修理或更换油管
		③没有气压源	查气动柱塞泵有无堵塞，是否灵活
		④油路堵塞	清除污物，使油路畅通
9	滚珠丝杠润滑不良	①分油管不分油	检查定量分油器
		②油管堵塞	清除污物，使油路畅通

(4) 液压系统维护的要点

表 14-42 详细描述了液压系统维护的要点。

表 14-42 液压系统维护的要点

序号	维护要点	详细说明
1	排除系统内的空气	在首次启动或长期停车以后启动液压泵时，应预先将泵上的调压螺钉松开，然后反复启动液压泵，直至液压泵的空气完全排除，使泵无噪声为止。启动驱动部件时，应使液压缸作多次全行程往复运动并打开液压缸的放气孔，排出空气，直至各部件运动平稳为止
2	系统的压力调整	开动机床后，按系统压力的规定，检查各部分压力，调好后机床才能进行其他工作，各压力数值由压力表读出，不用压力表时，压力表开关转到零位，使压力表处于不工作状态，以保护压力表
3	液压部件的维修	用机床工作时，每3个月清洗一次过滤器，并检查油箱油位，每半年清洗一次油箱；在机床中，大修时检查液压叠加阀组及连接件间各密封圈的磨损情况，并需及时更换

续表

序号	维护要点	详细说明
4	控制油液污染	控制油液污染、保持油液清洁，是确保液压系统正常工作的重要措施。据统计，液压系统的故障有80%是由于油液污染引发的，油液污染还会加速液压元件的磨损
5	控制油液温度	控制液压系统中油液的温升是减少能源消耗、提高系统效率的一个重要环节。一台机床的液压系统，若油温变化范围大，其后果是：影响液压泵的吸油能力及容积效率；系统不正常，压力、速度不稳定，动作不可靠；液压元件内外泄漏增加；加速油液的氧化变质
6	控制液压系统泄漏	控制液压系统泄漏极为重要，因为泄漏和吸空是液压系统常见的故障。要控制泄漏，首先是提高液压元件中零部件的加工精度和元件的装配质量以及管道系统的安装质量；其次是提高密封件的质量，注意密封件的安装使用与定期更换；最后是加强日常维护。液压系统中管接头漏油是经常发生的
7	防止液压系统振动与噪声	振动影响液压件的性能，使螺钉松动、管接头松脱，从而引起漏油，因此，要防止和排除振动现象
8	严格执行日常点检制度	液压系统故障存在着隐蔽性、可变性和难于判断性。因此，应对液压系统的工作状态进行点检，把可能产生的故障现象记录在每日点检维修卡上，使故障排除在萌芽状态，减少故障的发生
9	严格执行定期紧固、清洗、过滤和更换制度	液压设备在工作过程中，由于冲击振动、磨损和污染等因素，使管件松动，金属件和密封件磨损。因此，必须对液压件及油箱等实行定期清洗和维修，对油液、密封件执行定期更换制度

(5) 液压油使用注意要点

表14-43详细描述了液压油使用中的注意要点。

表14-43 液压油使用中的注意要点

序号	注意要点	详细说明
1	不要轻视液压油的黏度变化	液压油黏度理论上随着温度的变化而变化，温度升高黏度降低，温度低黏度升高，但在实际情况中，黏度变化多是由于液压油中掺杂了杂质、液压油发生变质而引起的
2	禁止使用高黏度液压油	高黏度的液压油会使机械部件运动阻力增大，电动机输出功率产生额外损耗，并可导致电动机和运动部件温度升高，影响加工效率
3	不要轻视液压油的氧化对设备的影响	液压油受到空气中的氧的氧化作用后渐渐变质老化，在油中生成油泥，造成产生液压阀和执行机构动作不良或生锈
4	禁止液压油中混入水溶性油剂	使用水溶性切削油的机床设备若在液压装置中混入切削油剂的话，会生成泥浆。泥浆造成故障如下： ①过滤器的堵塞、泵的吸引不良、噪声的产生 ②造成方向切换阀咬死、液压缸黏合、液压泵叶片黏合等的液压动作不良 ③启动时的动作不稳定而导致热机的时间长或机械停机
5	禁止污染液压油	如果油被污染，会造成活塞垫圈或垫片被磨损，引起漏油
6	不许怠慢对液压油进行油温检查	液压油的温度一般以60℃为上限。超过60℃时，每上升10℃，液压油的寿命缩短1/2。这主要是由于高温加速了油的氧化。液压油氧化老化造成油泥的产生，导致叶片黏合、异常动作
7	不许怠慢对液压油进行定期检查	对非常精密的控制机构而言，5～10μm的细微污染物是天敌，即使有效地使用静电净油机，也要定期对计数法污染度进行测量。水分也是液压油的天敌。水分能促进氧化老化、产生生锈，造成异常的磨损
8	不许对液压油中发生的气泡放任不管	对液压油内发生的气泡放任不管的话，会导致液压油的变质、液压泵噪声增大、控制不良，容易引起原因不明的故障。因此发现油箱中有气泡时，必须尽早点检，采取防止对策
9	禁止误选液压油和密封材	各种驱动机构转动部的密封材料如果不适应它的液压油，就会产生种种故障。例如，当在矿物油系列的油中使用苯乙烯橡胶(SBR)时，橡胶膨胀发生漏油，动作变得沉重，动作不良
10	禁止在设备停机时采集油样	停机时，润滑油滞留在油箱内时，油中的异物、水、空气等从油中分离，异物和水被留在了底部，空气则被排放至大气中。在该状态下对油实施分析是有差别的。为了获得正常的油的性状，在运转过程中采集分析用的试样油

续表

序号	注意要点	详细说明
11	禁止从油箱排油孔中提取液压装置的试样油	排油孔是个比较容易滞留污染物质和水分的地方
12	禁止从油箱底部采集试样油	为了不让油箱内的污垢混入，请不要从油箱的底部采集试样用油
13	禁止在室外保管油桶	室外温度温差大，液压油内部容易会发生变质等化学反应，当桶内液压油太满而温度又过高时，容易发生爆裂
14	禁止开着油桶盖	液压油表面与空气接触易发生氧化等变质情况
15	禁止油桶在污染的状态下打开盖子	易产生污染变质，操作前先用湿抹布擦净，再用酒精抹拭一遍后开启盖子

(6) 液压系统的点检与定检

点检是设备维修的基础，通过点检可以把启动系统中存在的问题排除在萌芽状态，还可以为设备维修提供第一手资料，从中可确定修理项目，编制检修计划。表14-44列出了液压设备的点检项目和内容。

表14-44 液压设备的点检项目和内容

序号	点检项目	点检内容
1	油箱液位	应在规定范围内
2	油温	应在规定范围内
3	系统(或回路)压力	压力稳定，并与要求的设定值相一致
4	噪声、振动	无异常噪声和振动
5	行程开关和限位块	紧固螺钉无松动，位置正确
6	漏油	全系统无漏油
7	执行机构的动作	动作平稳，速度符合要求
8	各执行机构的动作循环	按规定程序协调动作
9	系统的联锁功能	按设计要求动作准确
10	液压件安装螺栓、液压管路法兰连接螺栓、管接头	定期紧固：10MPa以上系统，每月一次；10MPa以下系统，每三个月一次
11	蓄能器充气压力检查	每三个月一次，充气压力符合设计要求
12	蓄能器壳体的检验	按压力容器管理的有关规定
13	滤油器及空气滤清器	按滤油器的污染报警指示：一般系统，4～6周定期清洗或更换；处于粉尘等恶劣环境下工作的系统，2周左右定期清洗或更换
14	液压软管	根据设备的工作环境(如温度、振动、冲击等)定期检查更换

(7) 液压系统的拆卸和检修时的注意事项

表14-45详细描述了液压系统的拆卸和检修时的注意事项。

表14-45 液压系统的拆卸和检修时的注意事项

序号	拆卸及检修项目	详细说明
1	液压油的处理	拆卸前，应将液压油排放到干净的油桶内，并盖好桶盖，经过观察或化验，质量没有变化的液压油允许继续使用。取下液压油箱的盖时，必须用塑料板盖好，并用螺钉压紧
2	拆卸前	必须先清除各元件表面黏附的砂土等污物
3	释放回路中残余压力	①在拆卸液压系统以前，必须弄清液压回路内是否有残余的压力。拆卸装有蓄能器的液压系统之前，必须把蓄能器所有能量全部释放。如不了解系统中有无残存压力而盲目行事，可能发生重大事故 ②在拆卸挖掘机、装载机和推土机等液压系统前，必须将挖斗或铲斗放到地面或用支柱支好

续表

序号	拆卸及检修项目	详细说明
4	拆卸步骤	液压系统的拆卸，最好按部件进行。从待修的机械上拆下一个部件，经过性能实验，低于额定指标90%的部件才做进一步分解拆卸，检查修理。操作方法如下： ①拆卸时不能乱敲乱打，以防损坏螺纹和密封表面 ②在拆卸缸时，不应将活塞硬性地从缸筒中打出，以免损坏表面。正确的方法是在拆卸前依靠液压油压力使活塞移动到缸筒的末端，然后进行拆卸 ③拆下零件的螺纹部分和密封面都要用胶布缠好，以防碰伤 ④拆下的小零件要分别装入塑料袋中保存 ⑤没有必要时，不要将多联阀拆成单体
5	拆卸油管	①在拆卸油管时，要及时地作好标签，以防装错位置 ②拆卸下来的油管，要用冲洗设备将管内冲洗干净，然后在两端堵上塑料塞。拆下来的渣压泵、液压马达和阀的孔口，也要用塑料塞塞好，或者用胶布粘盖好。在没有塑料塞时，可以用塑料袋套在管口上，然后用胶纸粘牢。禁止用碎纸、棉纱代替
6	防尘	拆卸修理应在满足防尘要求的专用房间内进行，如在临时性的简易厂房修理元件时，应该用塑料板(布)围成专用的操作室或支帐篷，以防避风沙
7	清洗和防尘设备	修理间应备有塑料板、塑料袋、塑料塞、纸张和棉纱、胶布和胶纸，清洗和冲洗设备，如高压空气和干净的油桶等
8	拆卸工具	应保证齐全和清洁
9	元件存放	应将拆下液压元件保管在专门的柜子或木架上，不得放置在地面上
10	密封材料的选择	材料应具备的条件除了耐油性、耐热性、耐寒性及耐化学药品性等物理性能之外，还要求具有一定的弹性和抗拉强度等力学性能
11	活塞杆的表面处理	一般情况下，活塞杆的表面应镀硬铬，铬层的厚度通常为0.02～0.06mm。对于挖掘机的铲斗回转液压缸等的活塞杆，应先作表面淬火，硬度达到50～60HRC，淬火层深0.5～1mm，然后再镀以硬铬
12	防止密封件挤出或拧扭	由于压力的作用，使密封件从间隙中挤出或拧扭，这就会引起密封件挤裂而漏油；有时还会增加阻力，而不动作。为此需在不受压力的一侧加置挡圈，以防止上述故障的发生
13	认真保护密封件的唇边	唇形密封圈的唇边是保证实现密封关键部位。唇边损伤，也就使密封圈失效，所以在液压系统修理的全过程中，必须认真保护密封件唇边
14	液压元件的焊接	进行局部修理时要注意保护液压元件。当进行焊修时，不能让电流通过液压缸，以免产生火花，引起事故
15	重要液压元件的试验	有承压通道的重要零件，在修理之前，都应进行耐压试验。试验压力为额定压力的1.5倍，保压1min不得有渗漏现象
		高速旋转的液压元件，在修理以后都要进行平衡与动平衡实验
16	密封面的表面粗糙度值要适当	密封面的表面粗糙度是密封技术中的一个重要问题。表面粗糙会出现拉伤，无论采用什么样的密封，都会导致漏油。但表面粗糙度值过小，在 $Ra=0.08\mu m$ 以下时，也会造成完全密封，工作面上形成不了油膜，从而加速了磨耗

(8) 气动系统的故障与维修概述

气动系统与液压系统一样，其目的是为了驱动用于各种不同目的的机械装置。一个气动系统通常包括：气源设备、气源处理元件、压力控制阀、润滑元件、方向控制阀、各类传感器、流量控制阀、气动执行元件以及其他辅助元件。

气动装置的气源容易获得，机床可以不必再单独配置动力源，装置结构简单，工作介质不污染环境，工作速度快和动作频率高，适合于完成频繁启动的辅助工作。其过载时比较安全，不易发生过载损坏机件等事故。气压系统在数控机床中主要用于对工件、刀具定位面（如主轴锥孔）和交换工作台的自动吹屑，清理定位基准面，安全防护门的开关以及刀具、工件的夹紧、放松等。气动系统中的分水滤气器应定期放水，分水滤气器和油雾器还应定期清洗。

数控设备上的气动系统用于换刀时主轴内锥孔的清洁和防护门的开关。有些加工中心依靠气液转换装置实现机械手的动作和主轴松刀。

(9) 气动系统常见故障及其诊断方法

做好对气动系统的日常维护与定期检查工作，可减少故障发生的次数，但仍然不能完全避免气系统的故障。表 14-46 所示为气动系统常见故障及其诊断维修方法。

表 14-46 气动系统常见故障及其诊断维修方法

序号	故障内容	故障原因	排除方法
1	气缸的泄漏	①密封圈损坏	更换密封圈
		②密封圈压缩量大或膨胀变形	
		③润滑不良	加润滑油
		④气缸中进入杂质、粉尘	清除杂质，并检查气缸有无破口
		⑤减压阀阀座有伤痕或阀座橡胶有剥离	修复阀座、更换阀座橡胶
2	输出力不足，动作不平稳	①活塞杆偏心或有损伤	重新安装活塞杆使之不受偏心负荷
		②缸筒内表面有锈蚀或缺陷	修复气缸
		③进入了冷凝水杂质	检查过滤器有无毛病，不好用要更换
		④活塞或活塞杆卡住	重新调整活塞和活塞杆
		⑤调节螺钉损坏	更换新的螺钉
3	缓冲效果不好以及外载造成的气缸损伤	①气缸速度太快	调节气缸工作速度
		②偏心负载或冲击负载等引起的活塞杆折断等	避免偏心载荷和冲击载荷加在活塞杆上，在外部或回路中设置缓冲机构
		③缓冲部分密封圈损坏或性能差	更换缓冲装置调节螺钉或其密封圈
4	二次压力升高	减压阀调压弹簧损坏	更换新的调压弹簧
5	压降很大（流量不足）	①阀体中进入灰尘	清除灰尘，检查密封装置
		②减压阀阀座橡胶有老化、剥离	修复阀座、更换阀座橡胶
6	异常振动	①活塞导向部分摩擦阻力大	清理活塞及其周围区域，减少摩擦源
		②减压阀阀体接触面有伤痕	研磨阀体或更换减压阀
		③溢流阀压力上升速度慢，阀放出流量过多引起振动	调节溢流阀流量，使之达到正常工作要求
		④密封圈压缩量大或膨胀变形	更换密封圈
		⑤尘埃或油污等被卡在滑动部分或阀座上	清除油污和灰尘
		⑥弹簧卡住或损坏	更换新的弹簧
		⑦节流阀阀杆或阀座有损伤	修复损伤部位，无法修复的更换新的
7	压力虽已上升但不溢流	溢流阀内部混入杂质或异物，将孔堵塞或将阀的移动零件卡死	注意清洗阀内部，微调溢流量使其与压力上升速度相匹配
8	压力未超过设定值却溢流		
9	节流阀不能换向	①润滑不良	加润滑油
		②滑动阻力和始动摩擦力大	提高电源电压，提高先导操作压力

(10) 气动系统维护的要点

表 14-47 详细描述了气动系统维护的要点。

(11) 气动系统的点检项目及内容

表 14-48 详细描述了气动系统的点检项目及内容。

表 14-47 气动系统维护的要点

序号	维护要点	说明
1	保证供给压缩空气清洁	压缩空气中通常都含有水分、油分和粉尘等杂质。水分会使管道、阀和气缸腐蚀；油分会使橡胶、塑料和密封材料变质；粉尘造成阀体动作失灵。选用合适的过滤器，可以清除压缩空气中的杂质。使用过滤器时应及时排除积存的液体，否则，当积存液体接近挡水板时，气流仍可将积存物卷起

续表

序号	维护要点	说明
2	保证空气中含有适量的润滑油	大多数气动执行元件和控制元件都要求适度的润滑。如果润滑不良将会发生以下故障: ①由于摩擦阻力增大而造成气缸推力不足,阀芯动作失灵 ②由于密封材料的磨损而造成空气泄漏 ③由于生锈造成元件的损伤及动作失灵 润滑的方法一般采用油雾器进行喷雾润滑,油雾器一般安装在过滤器和减压阀之后;油雾器的供油量一般不宜过多,通常每 $10m^3$ 的自由空气供 1mL 的油量(40~50 滴油)。检查润滑是否良好的一个方法是:找一张清洁的白纸放在换向阀的排气口附近,如果在阀工作 3~4 个循环后,白纸上只有很淡的斑点,就表明润滑是良好的
3	保持气动系统的密封性	漏气不仅增加能量的消耗,也会导致供气压力的下降,甚至造成气动元件工作失常。严重的漏气在气动系统停止运行时,由漏气引起的响声很容易发现;轻微的漏气则利用仪表或用涂抹肥皂水的办法进行检查
4	保证气动元件中运动零件的灵敏性	从空气压缩机排出的压缩空气中,包含有粒度为 0.01~0.08μm 的压缩机油微粒,在排气温度为 120~220℃的高温下,这些油粒会快速氧化,氧化后油粒颜色变深,黏性增大,并逐步由液态固化成油泥。这种微米级以下的颗粒一般过滤器无法滤除。当它们进入到换向阀后,便附着在阀芯上,使阀的灵敏度逐步降低,甚至出现动作失灵。为了清除油泥,保证灵敏度,可在气动系统的过滤器之后安装油雾分离器,将油泥分离出来。此外,定期清洗换向阀也可以保证阀的灵敏度
5	保证气动装置工作压力和运动速度	调节工作压力时,压力表应当工作可靠,读数准确。减压阀与节流阀调节好后,必须紧固调压阀盖或锁紧螺母,防止松动

表 14-48　气动系统的点检项目及内容

序号	点检项目	点检内容	备注
1	冷凝水	冷凝水的排放,一般应当在气动装置运行之前进行。但是当夜间温度低于 0℃时,为防止冷凝水冻结,气动装置运行结束后,就应开启放水阀门将冷凝水排放	管路系统
2	润滑油	补充润滑油时,要检查油雾器中油的质量和滴油量是否符合要求。此外,点检还应包括检查供气压力是否正常、有无漏气现象等	
3	气缸	①活塞杆与端盖之间是否漏气 ②活塞杆是否划伤、变形 ③管接头、配管是否松动、损伤 ④气缸动作时有无异常声音 ⑤缓冲效果是否合乎要求	气动元件
4	电磁阀	①电磁阀外壳温度是否过高 ②电磁阀动作时,阀芯工作是否正常 ③气缸行程到末端时,通过检查阀的排气口是否有漏气来确诊电磁阀是否漏气 ④紧固螺栓及管接头是否松动 ⑤电压是否正常,电线有无损伤 ⑥通过检查排气口是否被油润湿或排气是否会在白纸上留下油雾斑点,来判断润滑是否正常	
5	油雾器	①油杯内油量是否足够,润滑油是否变色、浑浊,油杯底部是否沉积有灰尘和水 ②滴油量是否适当	
6	减压阀	①压力表读数是否在规定范围内 ②调压阀盖或锁紧螺母是否锁紧 ③有无漏气	
7	过滤器	①储水杯中是否积存冷凝水 ②滤芯是否应该清洗或更换 ③冷凝水排放阀动作是否可靠	
8	安全阀及压力继电器	①在调定压力下动作是否可靠 ②校验合格后,是否有铅封或锁紧 ③电线是否损伤,绝缘是否合格	

(12)液压和气动系统的故障与维修检修实例

[实例1] 液压泵压力输出不足。

故障设备	FANUC 0i加工中心
故障现象	该加工中心的工作台运动时明显感觉动力不足,于是更换了电机,但故障仍然没有排除
故障分析	由于电机是新更换的,因此从液压系统方面考虑,查看压力表,发现压力表数值在机床工作时发生向下10%的抖动现象而有时压力表会突然失压,判断可能是保压电磁阀的故障。拆线电磁阀后发现阀芯上面有挤压痕迹,故障可能产生于此;另继续考虑压力不足的问题,检查液压缸,结果发现液压缸密封圈也有磨损,故需要一并解决这两个故障
故障排除	首先对保压用电磁阀的挤压痕迹进行修复,无法修复的更换新的电磁阀,同时更换液压缸的密封圈
经验总结	在液压系统中,电磁阀常常用来调整液压油的方向、流量和速度,起到控制的作用。而压力不足很大一部分原因来自于密封性能不好,两者共同作用形成了本题出现的故障

[实例2] 液压泵噪声大的故障维修。

故障设备	FANUC 0i加工中心
故障现象	该加工中心在机床大修后发现机床启动后液压泵噪声特别大。在机床大修前,液压泵启动声音较小,而在维修后液压泵反而噪声变大了
故障分析	根据故障现象分析,产生原因可能是液压系统某处管路堵塞、液压泵损坏等,因此,拆开液压油管和液压泵,发现泵和油管均正常。在拆的过程中,偶然发现液压油黏度特别高,核对机床使用说明书,发现液压油牌号不正确,故障时正值冬天,从而使液压泵噪声变大
故障排除	更换液压油后,机床故障排除
经验总结	液压油的牌号就是指40℃时的运动黏度,通用型机床工业用液压油是由精制深度较高的中性基础油加抗氧和防锈添加剂制成的,该液压油按40℃运动黏度可分为15、22、32、46、68、100六个牌号,不同牌号的液压油黏度不同。当液压油牌号选择错误的时候会导致液压泵工作异常、机械运动不畅等故障

[实例3] 加工时出现液压不够的报警。

故障设备	SIEMENS802 S数控车床
故障现象	开机时正常,只要加工几个零件后,就会报警,提示液压不够,然后机器就自动关闭了。如果不加工零件,只运行预热机床的程序,就不会报警
故障分析	既然报警提示液压油不够,那就添加液压油。没有加工时,液压部分没有全部工作,当正常加工,液压部分全部投入运行,所需油量就会增多,原油料就不够而产生报警。如果加满了油,那可能是油位检测器不良或线路不良
故障排除	更换传感器,故障得以排除
经验总结	系统出现液压不够的情况有多种原因,除了传感器的原因,溢流阀调整不当泄压、液压泵磨损漏失、过滤器脏堵、油路通径不够、液压油不够、油路有空气都会导致液压不够

[实例4] 液压卡盘不动作。

故障设备	FANUC 0i数控车床
故障现象	此台数控车床,液压缸是新换的,进油管与出油管都是通的,但是卡盘始终不动作,其工作指示灯灯也是亮的
故障分析	按照器故障原因进行分析,先检查压力表,压力显示有微小的抖动,但是在加工过程中,应属正常的工作范围。再查看液压缸,由于是新换的设备,液压缸质量方面问题可以排除。仔细检查发现其密封圈并未压实,在强行安装时反倒使得密封圈被压坏,不时有窜油的情况发生
故障排除	更换新的密封圈,并按照要求安装到位,故障得以排除
经验总结	在液压气动系统及各种机械设备和元器件经常使用的是O形橡胶密封圈,在规定的压力、温度以及不同的液体和气体介质中,于静止或运动状态下起密封作用,具体来说密封圈应起到防油、防水、防腐、密封气体和防止泄漏的作用

[实例5] 液压卡盘无法正常装夹。

故障设备	FANUC 0TD数控车床
故障现象	FANUC 0TD的数控车床,在开机后发现液压站发出异响,液压卡盘无法正常装夹

续表

故障分析	经现场观察，发现机床开机启动液压泵后即产生异响，而液压站输出部分无液压油输出，因此，可断定产生异响的原因出在液压站上，而产生该故障的原因大多为以下几点： ①液压站油箱内液压油太少，导致液压泵因缺油而产生空转 ②液压站油箱内液压油由于长久未换，污物进入油中，导致液压油黏度太高而产生异响 ③由于液压站输出油管某处堵塞，产生液压冲击，发出声响 ④液压泵与液压电动机连接处产生松动，而发出声响 ⑤液压泵损坏 ⑥液压电动机轴承损坏 检查后，发现在液压泵启动后，液压泵出口处压力为"0"。油箱内油位处于正常位置，液压油还是比较干净的，因此，可以排除以上第①、②、③点。进一步拆下液压泵检查，发现液压泵为叶片泵，叶片泵正常，液压电动机转动正常，因此，可排除以上第⑤、⑥两点。而该泵与液压电动机连接的联轴器为尼龙齿式联轴器，由于该机床使用时间较长，液压站的输出压力调得太高，导致联轴器的啮合齿损坏，因此当液压电动机旋转时，联轴器不能很好地传递转矩，从而产生异响
故障排除	更换该联轴器，调整压力站压力后，通电试机，机床恢复正常
经验总结	本题的故障看似是联轴器故障，实际上是液压站压力调整问题，在更换新的联轴器之后如果不及时调整液压站压力，时间一长还是会出现此故障。由此可见，数控机床的维修，有时不仅仅是对故障部件的修理，而是一个综合考虑的系统过程

14.3.15 润滑系统的故障与维修

机床润滑系统在机床整机中占有十分重要的位置，其设计、调试和维修保养对于提高机床加工精度、延长机床使用寿命等都有着十分重要的作用。现代机床导轨、丝杆等滑动副的润滑，基本上都是采用集中润滑系统。集中润滑系统是由一个液压泵提供一定排量、一定压力的润滑油，为系统中所有的主、次油路上的分流器供油，而由分流器将油按所需油量分配到各润滑点，同时，由控制器完成润滑时间、次数的监控和故障报警以及停机等功能，以实现自动润滑的目的。集中润滑系统的特点是定时、定量、准确、效率高，使用方便可靠，有利于延长机器寿命，保障使用性能。

(1) 润滑系统的故障与维修概述

数控机床的润滑系统主要包括对机床导轨、传动齿轮、滚珠丝杠及主轴箱等的润滑，润滑泵内的过滤器需定期清洗、更换，一般每年应更换一次。

所有加工中心都使用自动润滑单元用于机床导轨、滚珠丝杠等的润滑。操作人员应每周定期加油一次，找出耗油量的规律，发现供油减少时，应及时通知维修工检修；操作者应随时注意显示器上的运动轴监控画面，发现电流增大等异常现象时，及时通知维修工维修。操作人员每年应进行一次润滑油分配装置的检查，发现油路堵塞或漏油等故障时应及时疏通或修复。

有些加工中心的主轴轴承和旋转工作台的润滑也使用自动润滑单元，有的则单独润滑。对这些润滑部位，也应注意维护保养。

(2) 数控机床润滑的特点

正是由于机床的量大面广、品种繁多的设备，其结构特点、加工精度、自动化程度、工况条件及使用环境条件有很大差异，对润滑系统和使用的润滑剂有不同的要求，因此，先对数控机床润滑剂的特点做一个详细的了解。表 14-49 详细描述了数控机床润滑的特点。

表 14-49 数控机床润滑的特点

序号	润滑的特点	说明
1	润滑的对象为典型机械零部件，标准化、通用化、系列化程度高	例如滑动轴承、滚动轴承、齿轮、蜗轮副、滚动及滑动导轨、螺旋传动副（丝杠螺母副）、离合器、液压系统、凸轮等等，润滑情况各不相同

续表

序号	润滑的特点	说　明
2	润滑对象的使用环境条件比较严格	机床通常安装在室内环境中使用，夏季环境温度最高为40℃，冬季气温低于0℃时多采取供暖方式，使环境温度高于5～10℃。高精度机床要求恒温空调环境，一般在20℃左右。但由于不少机床的精度要求和自动化程度较高，对润滑油的黏度、抗氧化性（使用寿命）和油的清洁度的要求较严格
3	机床的工况条件对润滑要求的变化性	不同类型的不同规格尺寸的机床，甚至在同一种机床上由于加工件的情况不同，工况条件有很大不同，对润滑的要求也有所不同。例如高速内圆磨床的砂轮主轴轴承与重型机床的重载、低速主轴轴承对润滑方法和润滑剂的要求有很大不同，前者需要使用油雾或油/气润滑系统润滑，使用较低黏度的润滑油；而后者则需用油浴或压力循环润滑系统润滑，使用较高黏度的油品
4	润滑油品与润滑冷却液、橡胶密封件、油漆材料等的适应性	在大多数机床上使用了润滑冷却液，在润滑油中，常常由于混入冷却液而使油品乳化及变质、机件生锈等，使橡胶密封件膨胀变形，使零件表面油漆涂层产生气泡、剥落。因此应考虑油品与润滑冷却液、橡胶密封件、油漆材料的适应性，防止漏油等。特别是随着机床自动化程度的提高，在一些自动化和数控机床上使用了润滑/冷却通用油，既可作润滑油，也可作为润滑冷却液使用

(3) 数控机床常用的润滑方法

数控机床有多种润滑方法，不同的润滑方法效果有所差异，而由此所引发的润滑系统的故障也多种多样，先行了解不同的润滑方法显得尤为必要，见表14-50。

表14-50　数控机床常用的润滑方法

序号	润滑方法	详细说明
1	手工加油润滑	由人手将润滑油或润滑脂加到摩擦部位，用于轻载、低速或间歇工作的摩擦副。如普通机床的导轨、挂轮及滚子链（注油润滑）、齿形链（刷油润滑）、滚动轴承及滚珠丝杠副（涂脂润滑）等
2	滴油润滑	润滑油靠自重（通常用针阀滴油杯）滴入摩擦部位，用于数量不多、易于接近的摩擦副，如需定量供油的滚动轴承、不重要的滑动轴承（圆周速度<4～5m/s，轻载）、链条、滚珠丝杠副、圆周速度<5m/s的片式摩擦离合器等
3	油绳润滑	利用浸入油中的油绳毛细管作用或利用回转轴形成的负压进行自吸润滑，用于中、低速齿轮，需油量不大的滑动轴承，装在立轴上的中速、轻载滚动轴承等
4	油垫润滑	利用浸入油中的油垫毛细管作用或利用回转轴形成的负压进行自吸润滑，用于圆周速度<4m/s的滑动轴承等
5	自吸润滑	利用回转轴形成的负压进行自吸润滑，用于圆周速度>3m/s、轴承间歇<0.01mm的精密机床主轴滑动轴承
6	离心润滑	在离心力的作用下，润滑油沿着圆锥形表面连续地流向润滑点，用于装在立轴上的滚动轴承
7	油浴润滑	摩擦面的一部分或全部浸在润滑油内运转，用于中、低速摩擦副，如圆周速度<12～14m/s的闭式齿轮；圆周速度<10m/s的蜗杆、链条、滚动轴承；圆周速度<12～14m/s的滑动轴承；圆周速度<2m/s的片式摩擦离合器等
8	油环润滑	使转动零件从油池中通过，将油带到或激溅到润滑部位，用于载荷平稳、转速为100～2000r/min的滑动轴承
9	飞溅润滑	使转动零件从油池中通过，将油带到或激溅到润滑部位，用于闭式齿轮、易于溅到油的滚动轴承、高速运转的滑动轴承、滚子链、片式摩擦离合器等
10	刮板润滑	使转动零件从油池中通过，将油带到或激溅到润滑部位，用于低速（30r/min）滑动轴承
11	滚轮润滑	使转动零件从油池中通过，将油带到或激溅到润滑部位，用于导轨
12	喷射润滑	用油泵使高压油经喷嘴射入润滑部位，用于高速旋转的滚动轴承
13	手动泵压油润滑	利用手动泵间歇地将润滑油送入摩擦表面，用过的润滑油一般不再回收循环使用，用于需油量少、加油频率低的导轨等
14	压力循环润滑	使用油泵将压力油送到各摩擦部位，用过的油返回油箱，经冷却、过滤后供循环使用，用于高速、重载或精密摩擦副的润滑，如滚动轴承、滑动轴承、滚子链和齿形链等
15	自动定时定量润滑	用油泵将润滑油抽起，并使其经定量阀周期地送入各润滑部位，用于数控机床等自动化程度较高的机床上的导轨等

续表

序号	润滑方法	详细说明
16	油雾润滑	利用压缩空气使润滑油从喷嘴喷出，将其雾化后再送入摩擦表面，并使其在饱和状态下析出，让摩擦表面黏附上薄层油膜，起润滑作用并兼起冷却作用，可大幅度地降低摩擦副的温度。用于高速、轻载的中小型滚动轴承、高速回转的滚珠丝杠、齿形链、闭式齿轮、导轨等。一般用于密闭的腔室，使油雾不易跑掉

(4) 润滑系统常见故障及其诊断方法

润滑系统并不像液压系统、进给传动系统、伺服系统那样有复杂的电气结构。表14-51所示为润滑系统常见故障及其诊断维修方法。

表14-51 润滑系统常见故障及其诊断维修方法

序号	故障内容	故障原因	排除方法
1	润滑泵压力不足	①油箱空	向油箱内补油，启动润滑循环，直到各润滑点注油正常
		②润滑脂内有气泡	启动润滑循环，松开安全阀与主管路的连接，直到润滑脂中没有气泡
		③泵芯的进油口被堵塞	取出泵芯，检查泵芯进油口的杂物并清理
		④泵芯磨损	更换泵芯
		⑤泵芯的单向阀失效或堵塞	更换或清洗泵芯
2	递进式分配器下游管路堵塞	①分配器堵塞	更换分配器或按照手册清理
		②分配器到润滑点的管路堵塞或轴承堵塞	清理管路的堵塞或检查并清理轴承
3	泵运行，但是注油器不动作	①系统压力低	确保泵的气压或液压压力设置正确
			主管有泄漏，检查并排除泄漏
			注油器磨损或损坏，修理或更换注油器
		②油箱空	向油箱内补油
		③泵或主管路内有空气	对泵或主管路进行排气
4	泵运行，只有部分注油器动作	①系统压力低	增加系统压力，并检查离泵最远处的注油器的压力
		②油箱空	向油箱内补油
		③泵或主管路内有空气	对泵或主管路进行排气
		④系统没有完全卸压	在间歇时间内检查系统压力，保证系统压力低到足够所有注油器再循环
		⑤系统上安装了错误类型的注油器	确保所有注油器都是正确的

(5) 润滑系统故障与维修实例

[实例1] 加工表面粗糙度不理想。

故障设备	SIEMENS 802D系统的数控车床
故障现象	该数控车床加工外圆时，发现工件表面粗糙度达不到预定的精度要求
故障分析	首先检查刀架的驱动部分，并未发现异常，仔细观察加工状况，发现刀架在Z向进给时刀架移动并不顺畅，导轨上的润滑油已经部分出现干涸情况；再观察机床下方，已经形成一大滩的润滑油积液了，应该是润滑管路发生破裂。将刀架卸下检查，发现刀架下方为滚珠丝杠提供润滑油的油管发生脆变破裂
故障排除	更换润滑油油管，在系统启动前先在丝杠上面涂刷润滑油，再启动试机，运行加工程序测试，工件达到了加工要求
经验总结	注意：虽然更换了油管，但是在系统启动时润滑油不可能马上送达各个部位，这时需要手动为需要预先润滑的部位加油

[实例 2] 润滑油损耗大。

故障设备	FANUC 0i 系统的数控加工中心
故障现象	该加工中心在加工过程中，发现集中润滑站的润滑油损耗大，隔 1 天就要向润滑站加油，切削液中明显混入大量润滑油
故障分析	由机床说明书中得知，该加工中心采用容积式润滑系统。这一故障产生以后，开始认为是润滑时间间隔太短，润滑电动机启动频繁，润滑过多，导致集中润滑站的润滑油损耗大。将润滑电动机启动时间间隔由 12min 改为 30min 后，集中润滑站的润滑油损耗有所改善，但是油损耗仍很大。故又集中注意力查找润滑管路问题，润滑管路完好并无漏油，但发现 Y 轴丝杠螺母润滑油特别多，拧下该轴丝杠螺母润滑计量件，检查发现计量件中的 Y 形密封圈破损
故障排除	换上新的润滑计量件后，故障排除
经验总结	在数控系统中，机床润滑泵配件计量件与连接体组合一起使用。计量件起到的作用类似于接头，将总的润滑油通过每一个计量件分送出去，计量件与连接体的简单组合如图 14-24 所示，下方为主油路，通过上面的四个计量件分送出去 图 14-24 计量件与连接体的简单组合

[实例 3] 液压泵噪声大的故障维修。

故障设备	FANUC 0TD 系统的数控车床
故障现象	该数控车床开机后短时间内只有少数润滑油加入机床，之后便不再往机床内加油
故障分析	根据故障现象首先查看压力表，压力表上油压正常，说明润滑泵有润滑油输出，且油量充足，顺着油管检查，并未发现油管断裂破损情况。继续检查集滤器，发现集滤器堵塞导致润滑油无法正常输出
故障排除	清理集滤器的堵塞物，机床润滑系统正常供应润滑油
经验总结	集滤器又称机油滤芯。为减小数控机床件相对运动机件之间的摩擦阻力，减轻零件的磨损，机油被不断输送到各运动机件的摩擦表面，形成润滑油膜，进行润滑。机油中本身含有一定量的胶质、杂质、水分和添加剂。同时在机床工作过程中，金属磨屑的带入、空气中杂物的进入、机油氧化物的产生，使得机油中的杂物逐渐增多。若机油不经过滤清，直接进入润滑油路，就会将机油中含有的杂物带入到运动副的摩擦表面，加速零件的磨损，缩短发动机的使用寿命。机油滤清器的作用是滤除机油中的杂物、胶质和水分，向各润滑部位输送清洁的机油 由于机油本身黏度大，机油中杂物含量较高，为提高滤清效率，机油滤清器一般有三级，分别为机油集滤器、机油粗滤器和机油细滤器。集滤器装在机油泵前油底壳中，一般采用金属滤网式。机油粗滤器装在机油泵后面，和主油道串联，主要有金属刮片式、锯末滤芯式、微孔滤纸式几种，现在主要采用微孔滤纸式。机油细滤器装在机油泵后和主油道并联，主要有微孔滤纸式和转子式两种。转子式机油细滤器采用离心式滤清，没有滤芯，有效地解决了机油的通过性和滤清效率之间的矛盾

[实例 4] 液压泵噪声大的故障维修。

故障设备	FANUC 0TD 系统的加工中心
故障现象	该数控车床新更换了润滑油，开机数分钟后发现润滑油的油压过高
故障分析	根据故障现象分析，首先查看润滑泵的压力，并无异常，而且润滑油的输出平稳均匀，气调压阀的设置也在正常工作范围之内。再观察到机床上的润滑油时，发现润滑油的机油黏度过高，有时在导轨上成片地吸附
故障排除	重新更换黏度低的润滑油，此故障再也没有出现
经验总结	润滑油黏度高，导致油的摩擦系数增大，润滑油迅速温度升高，进而降低油压影响润滑效能。而当机床停工休息时，黏度高的润滑油也极易与床身上的污渍结合，凝结成块，从而影响机床的进给运动

［实例 5］ 导轨润滑不足。

故障设备	FANUC 0i 系统的加工中心
故障现象	FANUC 0i 加工中心 Y 轴导轨润滑不足
故障分析	该加工中心采用单线阻尼式润滑系统。故障产生以后，开始认为是润滑时间间隔太长，导致 Y 轴润滑不足。将润滑电动机启动时间间隔由 15min 改为 10min，Y 轴导轨润滑有所改善，但是油量仍不理想。故又集中注意力查找润滑管路问题，润滑管路完好；拧下 Y 轴导轨润滑计量件，检查发现计量件中的小孔堵塞
故障排除	清洗计量件后，故障排除
经验总结	由于计量件一般接近于润滑泵端，因此出现堵塞的情况并不多见，顶多也是轻微地堵塞。如果在机床运行中发现计量件出现频繁堵塞的情况，则需要注意观察液压泵是不是有异物进入了

14.3.16 伺服系统的故障与维修

数控机床的伺服进给系统取代了传统机床的机械传动，这是数控机床的重要特征之一。伺服系统是指以机械位置或角度作为控制对象的自动控制系统。在数控机床中，伺服系统主要指各坐标轴进给驱动的位置控制系统。伺服系统接受来自数控系统的进给脉冲，经变换和放大，来驱动各加工坐标轴按指令脉冲运动。这些轴有的带动工作台，有的带动刀架，通过几个坐标轴的综合联动，使刀具相对于工件产生各种复杂的机械运动，加工出所要求的复杂形状工件。

在这里先对伺服系统的专用词作下解释：速度环和位置环，就是我们在前面几章所讲述的速度反馈装置和位置反馈装置，为了配合伺服系统的开环、闭环系统的讲解，在此章中采用速度环和位置环的名称，以区别于数控机床其他部分的速度反馈装置和位置反馈装置的称呼。

(1) 伺服系统的故障与检修

伺服系统出现的故障，占数控机床总故障的 1/3。所以，熟悉伺服系统典型的故障类型、现象，掌握不同故障现象的正确诊断分析思路，合理应用所学的诊断方法是十分重要的。

当伺服系统故障涉及 PLC（FANUC 称 PMC）的控制模块的时候，通常情况下系统显示器上会显示出报警号，维修时只需根据报警提示进行即可，维修的建议和方法在机床配套的说

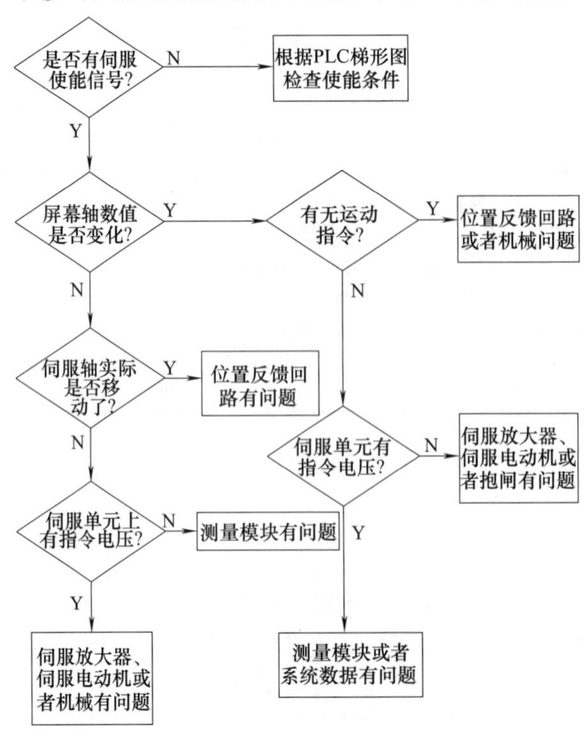

图 14-25 诊断数控机床伺服故障的流程图

明书中有详细阐述，在此不再赘述。但是，除了显示器可以显示报警号的故障外，还有部分故障在显示器上不一定能予以显示或不能予以指明具体的故障原因，这就需要具体问题具体分析了。本节按照伺服系统的构成和故障的种类，对伺服系统的故障与检修进行讲解。

(2) 伺服系统的检修流程图

根据伺服系统的构成，伺服系统的故障可分为伺服控制单元的故障、位置反馈部分的故障、伺服电动机的故障和其他故障，图14-25是诊断数控机床伺服故障的流程图。

(3) 进给伺服系统出现故障与维修

当进给伺服系统出现故障时，通常有3种表现方式：一是在显示器或操作面板上显示报警内容或报警信息；二是在进给伺服驱动单元上用报警灯或数码管显示驱动单元的故障；三是进给运动不正常，但无任何报警信息。进给伺服系统常见的故障如下，见表14-52。

表14-52 进给伺服系统的原因、检查和处理方法

序号	故障现象	故障原因	处理方法
1	超程	①进给运动超过由软件设定的软限位或由限位开关决定的硬限位	根据数控系统说明书，即可排除故障
		②急停开关故障与限位装置冲突	调整线限位装置，避免冲突
2	过载	①进给运动的负载过大	查明负载原因，适当减少负载
		②频繁正、反向运动	减少换向运动次数
		③进给传动链润滑状态不良	增加润滑油输出量
3	爬行	①加速段或低速进给时，一般是由于进给传动链的润滑状态不良、伺服系统增益过低及外加负载过大等因素所致	调整润滑系统，减小负载并保证伺服系统增益
		②伺服电动机和滚珠丝杠连接用的联轴器松动或联轴器本身的缺陷或滚珠丝杠转动和伺服电动机的转动不同步，从而使进给运动忽快忽慢，产生爬行现象	调整联轴器
4	窜动	①测速信号不稳定，如测速装置故障	修理测速装置
		②测速反馈信号干扰等	做好线路的屏蔽工作
		③速度控制信号不稳定或受到干扰	做好线路的屏蔽工作
		④接线端子接触不良，如螺钉松动	紧固螺钉，必要时焊锡
		⑤在由正向运动转向反向运动的瞬间，一般是由于进给传动链的反向间隙或伺服系统增益过大所致	调整伺服系统增益，调整进给传动链的反向间隙

(4) 机床失控故障与维修

机床失控指的是机床在开机时或工作过程中突然改变速度、改变位置的情况，如伺服启动时突然冲击，工作台停止时突然向某一方向快速运动，正常加工过程中突然加速等。该故障的原因、检查和处理方法见表14-53。

表14-53 机床失控的原因、检查和处理方法

序号	故障现象	故障原因	处理方法
1	突发性的机床失控	①位置传感器或速度传感器的信号反相	检查连线，检查位置、速度环是否为正反馈，改正连线
		②电动机或位置编码器故障	检查机床设定，重新进行正确的连接
		③主板、速度控制单元故障	更换印制电路板
2	达到特定速度时机床失控	速度指令给得不正确	检查程序和速度环
3	用电高峰时出现机床失控	电源板有故障而引起的逻辑混乱	检修、更换电源板

(5) 机床振动故障与维修

机床振动指的是机床在移动时或停止时的振荡、运动时的爬行、正常加工过程中的运动不

稳等。该故障的原因、检查和处理方法见表 14-54。

表 14-54 机床振动的原因、检查和处理方法

序号	故障现象	故障原因	处理方法
1	机床停止时，有关进给轴振动	①相关电位器发出的高频脉动信号异常	检查高频脉动信号并观察其波形及振幅，若不符合要求应调节有关电位器
		②速度环的补偿功能不合适	检查伺服放大器速度环的补偿功能。若不合适，应调节补偿用电位器
		③编码盘的轴、联轴器、齿轮松动	检查位置检测用编码盘的轴、联轴器、齿轮是否啮合良好、有无松动现象，若有问题应予以修复
2	机床运行有摆动现象，并伴随异响声音	①测速发电机换向器表面污损、不光滑	及时进行清理油污，并保证换向器表面光滑
		②测速发电机电刷与换向器间接触松脱	重新修整电刷与换向器接触部位
		③伺服放大部分速度环的电位器设置超出机床承载范围	重新调整速度环的相关电位器
		④位置检测器与联轴器间的装配有松动	将松动部位清理干净后，重新装配
		⑤检测器来的反馈信号异常	检查由位置检测器来的反馈信号的波形及 D/A 转换后的波形幅度。若有问题，应进行修理或更换
3	机床运行时产生振动	①位置控制系统参数设定错误	对照系统参数说明检查原因，设定正确的参数
		②速度控制单元设定错误	对照速度控制单元说明或根据机床厂提供的设定单检查设定，正确设定速度控制单元
		③机床、检测器、电动机不良，插补精度差或检测增益设定太高	可能是检测增益设定太高： 检查与振动周期同步的部分，并找到不良部分，更换或维修不良部分；调整或检测增益
		④机床和速度单元的匹配不良	检查振动周期是否为几十赫兹至几百赫兹，改变设定，更换或重新调整伺服单元
		⑤速度控制单元控制板不良	检查速度控制单元每部分波形或更换控制单元控制板，改变设定，更换控制单元控制板

(6) 定位精度差和加工精度差的故障与维修

机床定位精度差和加工精度差的故障可以分为定位超调、单脉冲的进给精度差、定位点精度不好、圆弧插补加工的圆度差等情况。该故障的原因、检查和处理方法见表 14-55。

表 14-55 定位精度差和加工精度差的故障的原因、检查和处理方法

序号	故障现象	故障原因	处理方法
1	超调	①加/减速时间设定过小	检测电动机启、制动电流是否已经饱和，延长加、减速时间设定
		②电动机与机床的连接部分刚性差或连接不牢固	检查故障是否可以通过减小位置环增益改善，减小位置环增益或提高机床的刚性
2	单脉冲精度差	①机械传动系统存在爬行或松动	检查机械部件的安装精度与定位精度，调整机床机械传动系统
		②伺服系统的增益不足	调整速度控制单元板上的 RVI(顺时针旋转 2～3 刻度)，提高位置环、速度环增益

续表

序号	故障现象	故障原因	处理方法
3	定位精度不良	①机械传动系统存在爬行或松动	检查机械部件的安装精度与定位精度，调整机床机械传动系统
		②位置控制单元不良	更换位置控制单元板(主板)，更换不良板
		③位置检测器件(编码器、光栅)不良	检测位置检测器件(编码器、光栅)，更换不良的位置检测器件(编码器、光栅)
		④位置环的增益或速度环的低频增益太低	提高位置环增益，调整速度换低频增益
		⑤位置环或速度环的零点平衡调整不合理	重新调整零点平衡
		⑥速度控制单元控制板不良	维修、更换不良板
		⑦滑板运行时的阻力太大	增加润滑油，必要时研磨滑板
		⑧机械传动部分有反向间隙	调整间隙，使其达到合理范围
		⑨由于接地、屏蔽不好或电缆布线不合理，而使速度指令信号渗入噪声干扰和偏移	做好接地、屏蔽措施
4	圆弧插补加工的圆度差	①需要根据不同情况进行故障分析	测量不圆度，检查轴向上是否变形，45°方向上是否成椭圆，若轴向变形，则见第②项；若45°方向上成椭圆，则见下面的第③和第④项
		②机床反向间隙大、定位精度差	测量各轴的定位精度与反向间隙，调整机床，进行定位精度、反向间隙的补偿
		③位置环增益设定不良	调整位置环增益以消除各轴间的增益差
		④各插补轴的检测增益设定不良	调整检测增益
		⑤感应同步器或旋转变压器的接口板调整不良	检查接口板，重新调整接口板
		⑥丝杠间隙或传动系统间隙	调整间隙或改变间隙补偿值
5	零件加工表面粗糙	①测速发电机换向器的表面不光滑	应修整或更换
		②测速发电机换向电刷老化	应修整或更换
		③高频脉冲波形的振幅、频率异常	进行适当地调整
		④切削条件并不合理，刀尖有损坏	改变加工状态或更换刀具
		⑤位置检测信号的振幅异常	进行必要的调整
		⑥机床产生振动状况	检查机床水平状态是否符合要求、机床的地基是否有振动、主轴旋转时机床是否振动等，进行必要的调整

(7) 返回机床参考点的故障与维修

当数控机床回参考点出现故障时，首先应由简单到复杂进行全面检查。先检查原点减速挡块是否松动、减速开关固定是否牢固、开关是否损坏，若无问题，应进一步用千分表或激光测量仪检查机械相对位置的漂移量、检查减速开关位置与原点之间的位置关系，再检查伺服电动机每转的运动量、指令倍率比及检测倍乘比，然后检查回原点快速进给速度的参数设置及接近原点的减速速度的参数设置。

数控机床回参考点不稳定，不但会直接影响零件加工精度，对于加工中心机床还会影响到自动换刀。根据经验，数控机床回参考点出现的故障大多出现在机床侧，以硬件故障居多，但随着机床元器件的老化，软故障也时有发生，在此介绍几种常见的数控机床回参考点故障及其对策。表14-56详细描述了返回机床参考点的故障原因、检查和处理方法。

(8) 电动机的故障与维修

伺服电动机不转，数控系统至进给驱动单元除了速度控制信号外还有使能控制信号，一般为

表 14-56 返回机床参考点的故障原因、检查和处理方法

序号	故障现象	故障原因	处理方法
1	返回参考点时出现偏差，距参考点位置 1 个栅格	①减速挡块位置不正确	用诊断功能监视减速信号，并记下参考点位置与减速信号起作用那点的位置，这两点之间的距离应该等于电动机转一圈时机床所走的距离的一半
		②减速挡块太短	按机床维修说明书中叙述的方法，计算减速挡块的长度，安装新的挡块
		③回零开关损坏	更换此电气开关
2	回参考点后，原点漂移或参考点发生螺距偏移：参考点发生单个螺距偏移	①减速开关与减速挡块安装不合理，使减速信号与零脉冲信号相隔距离过近	调整减速开关或者挡块的位置，使机床轴开始减速的位置大概处在一个栅距或者一个螺距的中间位置
		②机械安装不到位	调整机械部分
	回参考点后，原点漂移或参考点发生螺距偏移：参考点发生多个螺距偏移	①参考点减速信号不良	检查减速信号，接触是否良好
		②减速挡块固定不良引起寻找零脉冲的初始点发生了漂移	重新固定减速挡块
		③零脉冲不良	对码盘进行清洗
3	系统开机回不了机床参考点、回参考点不到位	①系统参数设置错误	重新设置系统参数
		②零脉冲不良，回零时找不到零脉冲	清洗或更换编码器
		③减速开关损坏或短路	维修或者更换减速开关
		④数控系统控制检测放大的线路板出错	更换线路板
		⑤导轨平等度、导轨与压板面平行度、导轨与丝杠的平等度超差	重新调整平等度
		⑥当采用全闭环控制时光栅尺沾了油污	清洗光栅尺
4	找不到零点或回机床参考点时超程	①回参考点位置调整不当引起的故障，减速挡块距离限位开关过短	调整减速挡块位置
		②零脉冲不良引起的故障，回零时找不到零脉冲	对编码器进行清洗或更换
		③减速开关损坏或短路	维修或者更换减速开关
		④数控系统控制检测放大的线路板出错	更换线路板
		⑤导轨平等度、导轨与压板面平行度、导轨与丝杠的平等度超差	重新调整平等度
		⑥当采用全闭环控制时光栅尺沾了油污	清洗光栅尺
5	回机床参考点的位置随机性变化	①滚珠丝杆间隙增大	修滚珠丝杠螺母调整垫片
		②干扰	消除干扰：位置编码器的反馈信号线用屏蔽线，位置编码器的反馈信号线与电动机的动力线分开走线
		③位置编码器的供电电压太低	检查编码器供电电压，改善供电电压
		④电动机与机械的联轴器松动	紧固联轴器
		⑤位置编码器不良	更换位置编码器，并观察更换后的偏差，看故障是否消除
		⑥电动机代码输入错，电动机力矩小	开机后可以听到电动机“嗡嗡”响声，正确输入电动机代码，重新进行伺服的初始化
		⑦扭矩过小或伺服调节不良，跟踪误差过大	调节伺服参数，改变其运动特性
		⑧回参考点计数器容量设置错误	重新计算并设置参考点计数器的容量，特别是在精度达到 0.1μm 的系统里，更要按照说明书仔细计算
		⑨伺服控制板或伺服接口模块不良	更换伺服控制板或接口模块
		⑩零脉冲不良	对编码器进行清洗或更换

DC+24V 继电器线圈电压。检查数控系统是否有速度控制信号输出；检查使能信号是否接通，通过显示器观察 I/O 状态，分析机床 PLC 梯形图（或流程图），以确定进给轴的启动条件，如润滑、冷却等是否满足；对带电磁制动的伺服电动机，应检查电磁制动是否释放。表 14-57 所示为电动机的故障原因、检查和处理方法。

表 14-57 电动机的故障原因、检查和处理方法

序号	故障现象	故障原因	处理方法
1	通电后电动机不能转动，但无异响，也无异味和冒烟	①电源未通（至少两相未通）	检查电源回路开关，熔丝、接线盒处是否有断点，修复
		②熔丝熔断（至少两相熔断）	检查熔丝型号、熔断原因，换新熔丝
		③过流继电器调得过小	调节继电器整定值与电动机配合
		④控制设备接线错误	改正接线
2	通电后电动机不转，然后熔丝烧断	①缺一相电源，或定子线圈一相反接	检查刀闸是否有一相未合好，或电源回路是否有一相断线；消除反接故障
		②定子绕组相间短路	查出短路点，予以修复
		③定子绕组接地	消除接地
		④定子绕组接线错误	查出误接，予以更正
		⑤熔丝截面过小	更换熔丝
		⑥电源线短路或接地	消除接地点
3	通电后电动机不转有“嗡嗡”声	①定、转子绕组有断路（一相断线）或电源一相失电	查明断点予以修复
		②绕组引出线始末端接错或绕组内部接反	检查绕组极性；判断绕组末端是否正确
		③电源回路接点松动，接触电阻大	紧固松动的接线螺钉，用万用表判断各接头是否假接，予以修复
		④电动机负载过大或转子卡住	减载或查出并消除机械故障
		⑤电源电压过低	检查是否把规定的接法误接、是否由于电源导线过细使压降过大，予以纠正
		⑥小型电动机装配太紧或轴承内油脂过硬	重新装配使之灵活；更换合格油脂
		⑦轴承卡住	修复轴承
4	电动机启动困难，额定负载时，电动机转速低于额定转速较多	①电源电压过低	测量电源电压，设法改善
		②电动机线误接	纠正接法
		③笼型转子开焊或断裂	检查开焊和断点并修复
		④修复电动机绕组时增加匝数过多	恢复正确匝数
		⑤定转子局部线圈错接、接反	查出误接处，予以改正
		⑥电动机过载	减载
5	电动机空载电流不平衡，三相相差大	①重绕时，定子三相绕组匝数不相等	重新绕制定了绕组
		②绕组首尾端接错	检查并纠正
		③电源电压不平衡	测量电源电压，设法消除不平衡
		④绕组存在匝间短路、线圈反接等故障	消除绕组故障
6	电动机空载，过负载时，电流表指针不稳、摆动	①笼型转子导条开焊或断条	查出断条予以修复或更换转子
		②绕线型转子故障（一相断路）或电刷、集电环短路装置接触不良	检查绕线型转子回路并加以修复
7	电动机空载电流平衡，但数值大	①修复时，定子绕组匝数减少过多	重绕定子绕组，恢复正确匝数
		②电源电压过高	设法恢复额定电压
		③电动机连线误接	改接连线
		④电动机装配中，转子装反，使定子铁芯未对齐，有效长度减短	重新装配
		⑤气隙过大或不均匀	更换新转子或调整气隙
		⑥大修拆除旧绕组时，使用热拆法不当，使铁芯烧损	检修铁芯或重新计算绕组，适当增加匝数

续表

序号	故障现象	故障原因	处理方法
8	电动机运行时响声不正常,有异响	①转子与定子绝缘纸或槽楔相擦	修剪绝缘,削低槽楔
		②轴承磨损或油内有砂粒等异物	更换轴承或清洗轴承
		③定转子铁芯松动	检修定、转子铁芯
		④轴承缺油	加油
		⑤风道填塞或风扇摩擦风罩	清理风道;重新安装风罩
		⑥定转子铁芯相擦	消除擦痕,必要时车小转子
		⑦电源电压过高或不平衡	检查并调整电源电压
		⑧定子绕组错接或短路	消除定子绕组故障
9	运行中电动机振动较大	①由于磨损轴承间隙过大	检修轴承,必要时更换
		②气隙不均匀	调整气隙,使之均匀
		③转子不平衡	校正转子动平衡
		④转轴弯曲	校直转轴
		⑤铁芯变形或松动	校正重叠铁芯
		⑥联轴器(皮带轮)中心未校正	重新校正,使之符合规定
		⑦风扇不平衡	检修风扇,校正平衡,纠正其几何形状
		⑧机壳或基础强度不够	进行加固
		⑨电动机地脚螺钉松动	紧固地脚螺钉
		⑩笼型转子开焊断路;绕线转子断路;定子绕组故障	修复转子绕组;修复定子绕组
10	轴承过热	①润滑脂过多或过少	按规定加润滑脂,应在容积的1/3～2/3之间
		②油质不好,含有杂质	更换清洁的润滑油脂
		③轴承与轴颈或端盖配合不当,过松或过紧	过松可用黏结剂修复,过紧应车、磨轴颈或端盖内孔,使之适合
		④轴承内孔偏心,与轴相擦	修理轴承盖,消除擦点
		⑤电动机端盖或轴承盖未装平	重新装配
		⑥电动机与负载间联轴器未校正,或皮带过紧	重新校正,调整皮带张力
		⑦轴承间隙过大或过小	更换新轴承
		⑧电动机轴弯曲	校正电动机轴或更换转子
11	电动机过热甚至冒烟	①电源电压过高,使铁芯发热大大增加	降低电源电压,如调整供电变压器分接头
		②电源电压过低,电动机又带额定负载运行,电流过大使绕组发热	提高电源电压或换粗供电导线
		③修理拆除绕组时,采用热拆法不当,烧伤铁芯	检修铁芯,排除故障
		④定、转子铁芯相擦	消除擦点(调整气隙或锉、车转子)
		⑤电动机过载或频繁启动	减载;按规定次数控制启动
		⑥笼型转子断条	检查并消除转子绕组故障
		⑦电动机缺相,两相运行	恢复三相运行
		⑧重绕后定子绕组浸漆不充分	采用二次浸漆及真空浸漆工艺
		⑨环境温度高电动机表面污垢多,或通风道堵塞	清洗电动机,改善环境温度,采用降温措施
		⑩电动机风扇故障,通风不良;定子绕组故障(相间、匝间短路;定子绕组内部连接错误)	检查并修复风扇,必要时更换;检修定子绕组,消除故障

(9) 伺服系统的故障与检修实例

[实例 1] 编码器经常损坏。

故障设备	FANUC 0i系统的数控加工中心
故障现象	该加工中心经常进行强力切削，但是伺服电动机编码器经常损坏，该伺服电机功率2.2kW。更换伺服电动机后用了一个星期左右又无法正常使用，故障和原来一样。再次更换伺服电动机，又是将近一个星期又坏，故障一样
故障分析	故障现象都是伺服电动机的光电编码器损坏，考虑到该机床经常进行强力切削，振动较一般机床要大，一般来讲，如果伺服电机工作在振动很大的工作场合，采用光电编码器就不太适合了，很容易在强振动情况下损害。在这种场合下，最好选用旋转编码器
故障排除	联系加床生产厂家，将光电编码器更换为旋转编码器，并且调整机床的安装，避免过大振动，此故障排除
经验总结	旋转编码器和光电编码器都是用来测量转速的装置，而旋转编码器也有光电旋转编码器。该编码器通过光电转换，可将输出轴的角位移、角速度等机械量转换成相应的电脉冲以数字量输出。虽然说旋转编码器较光电编码器更抗振，但也是相对的。无论是何种编码器，加在旋转编码器上的振动，往往会成为误脉冲发生的原因。因此，应对设置场所、安装场所加以注意。每转发生的脉冲数越多，旋转槽圆盘的槽孔间隔越窄，越易受到振动的影响。在低速旋转或停止时，加在轴或本体上的振动使旋转槽圆盘抖动，可能会发生误脉冲。在伺服驱动方面，这种故障会影响位置控制精度，造成停止和移动中位置偏差量超差，甚至刚一开机即产生伺服系统过载报警，请特别注意

[实例2] 回参考点时出现停止位置漂移。

故障设备	FANUC 0i系统的数控车床
故障现象	该机床能够执行返回参考点操作，回参考点绿灯亮，但返回参考点时出现停止位置漂移，且没有报警产生
故障分析	该机床开机后首次手动回参考点时，偏离参考点一个或几个栅格距离，以后每次进行回参考点操作所偏离的距离是一定的。一般造成这种故障的原因是减速挡块位置不正确；减速挡块的长度太短或参考点用的接近开关的位置不当
故障排除	重新调整减速挡块位置，，根据现场情况，将减速挡块放开位置与编码器“零脉冲”位置移动半个挡块位置，故障得到了排除
经验总结	该故障一般在机床首次安装调试后或大修后发生，可通过调整减速挡块的位置或接近开关的位置来解决，或者通过调整回参考点快速进给速度、快速进给时间常数来解决

[实例3] 换刀时出现超时。

故障设备	FANUC 0iTC系统的数控加工中心
故障现象	该机床换刀时经常出现超时。具体情况为MDI状态下2、3、6、7、10、11工位这六把刀都会换刀超时，下面的程序不再运行。手动都会换刀，伺服驱动器也显示刀号
故障分析	MDI时1、4、5、8、9、12号刀正常，编码器电缆在使用中的线都校验了，都通，屏蔽线与插头的梯形金属相连并带有100V左右的交流电压，但其容量极小，另外，驱动器到PMC的信号电缆由于其插孔直径小，数量多还没校验。3个接近开关——零位、放松到位、锁紧到位。编码器电缆插头10孔、9线，1、2进电机，3～8进编码器，9屏蔽。由于系统没有报警信息，一般不会是伺服编码器的故障，因此从驱动器到机床的信号线上检查。信号线并无破裂、拉伤的情况，但是该信号线在电机端与电源线捆扎在一起，用钳形表测量捆扎在一起的线路有电流通过并且流量很大，很可能是信号线被电源线干扰导致了此故障
故障排除	将信号线与电源线分开固定，并对信号线和电源线都做好屏蔽措施，此故障得到了解决
经验总结	钳形表又称作钳流表，是集电流互感器与电流表于一身的仪表。由电流互感器和电流表组合而成。电流互感器的铁芯在捏紧扳手时可以张开；被测电流所通过的导线可以不必切断就穿过铁芯张开的缺口，当放开扳手后铁芯闭合。穿过铁芯的被测电路导线就成为电流互感器的一次线圈，其中通过电流便在二次线圈中感应出电流，从而使二次线圈相连接的电流表有指示——测出被测线路的电流 钳形表最初是通过用来测量交流电流的，但是现在万用表有的功能它也都有，可以测量交直流电压、电流、电容容量、二极管、三极管、电阻、温度、频率等等

[实例4] 伺服电机异常。

故障设备	FANUC 0TD 系统的数控车床
故障现象	该数控车床在大修后，机床开机调试时伺服电机不动，重新启动主轴有超速、飞车的现象，再次重启机床，伺服电机一通电，显示器就报警显示过载
故障分析	根据故障现象分析伺服电机不动可能是电源未接到位，简单查看后发现电源已经由主电源箱送达电机。但是机床出现飞车的现象，可能是伺服电机三相接错了，此时用万用表进行测量，发现相序的确是接反的
故障排除	重新连接电源线，保证相序正确，故障排除
经验总结	如果不确定是不是接错的话可以任意交换两相试试，如果电机装在机床上，最好把电机拆下来放在地方通电试验。若相序接错了，短期通电对伺服电机和伺服驱动器是没有什么影响的

［实例 5］ 回参考点时出现停止位置漂移。

故障设备	FANUC 0TD 系统的数控车床
故障现象	该数控车床机床能够执行返回参考点操作，回参考点绿灯亮，但返回参考点时出现停止位置漂移，且没有报警产生
故障分析	偏离参考点任意位置，即偏离一个随机值或出现微小偏移，且每次进行回参考点操作所偏离的距离不等。这种故障可考虑下列因素并实施相应对策： ①外界干扰，如电缆屏蔽层接地不良，脉冲编码器的信号线与强电电缆靠得太近 ②脉冲编码器或光栅尺用的电源电压太低(低于 4.75 V)或有故障 ③速度控制单元控制板不良；进给轴与伺服电动机之间的联轴器松动 ④电缆连接器接触不良或电缆损坏 按照上述的步骤，首先检查电缆线、强弱电路，并未发现有缠绕、紧挨着的情况。继续检查脉冲编码器，发现脉冲编码器上聚集了不少油灰，这可能是故障的原因
故障排除	将脉冲编码器拆下，清除灰尘，再安装上，故障得到解决。如果脉冲编码器上出现黏性比较大的油污，就必须更换一个新的了
经验总结	数控机床发生这类故障对生产来说影响巨大，因为对于进行批量加工生产的数控机床，若机床每天所进行的回参考点操作所定位的位置不稳定，则机床加工时的工件坐标系会随每次进行同参考点操作参考点的漂移而产生漂移，机床所加工的批量零部件尺寸精度会出现不一致现象，而且极易造成批量废品

15

第15章　数控机床的管理及维护

数控机床和传统机床相比，虽然在结构和控制上有根本区别，但维修管理及维护内容在许多方面与传统机床仍是共同的。如必须坚持设备使用上的定人、定机、定岗制度；开展岗位培训，严禁无证操作；严格执行设备点检和定期、定级保养制度；对维修者实行派工卡，认真做好故障现象、原因和维修的记录，建立完整的维修档案；建立维修协作网，开展专家诊断系统工作等。本章只介绍数控机床与传统机床在不同方面的维修管理及维护内容。

15.1　数控机床维护与管理的意义与项目

15.1.1　数控机床的维护与管理的意义

由前面数控机床工作原理可知，高效地加工出高质量的合格产品是最终目的。而产品的合格加工，是指加工误差在许可的范围内。如何来减小和控制加工误差，一直是数控机床加工中的重要问题。因此，我们有必要了解数控机床的加工误差是如何形成的。

由图15-1可见，数控机床加工误差由三大部分组成：主机空间误差、工件及夹具系统位置误差与刀具系统位置误差。

主机空间误差与承载变形误差以及热变形有关。其中，承载变形误差与安装条件有关，而热变形与工作环境温度有关。同样，在刀具与工件系统中也存在热变形问题。所以，机床安装是否满足要求、机床工作环境温度的大幅波动、冷却与润滑系统是否正常维护等，将直接影响加工精度。伺服系统的位移误差也直接与机床安装和调试精度有关。传动元件的制造与安装精度不良以及传动部件的磨损等，致使出现传动中的失衡、不同轴或不对中、间隙过大、松动等，将导致机床振动与噪声过大；以及润滑不良或导轨间隙不当造成的爬行等现象，均会影响加工精度。显然，位置检测元件的相对位移以及位置检测系统的测量误差必将直接影响加工精度。同样，刀具与工件的安装以及刀具调整也存在误差问题。误差过大或刀具磨损过大等，会造成刀颤动或弹性变形，严重影响加工精度。

一台数控设备的正常运行与加工精度的保证，涉及其是否具有先天条件与后天条件的保

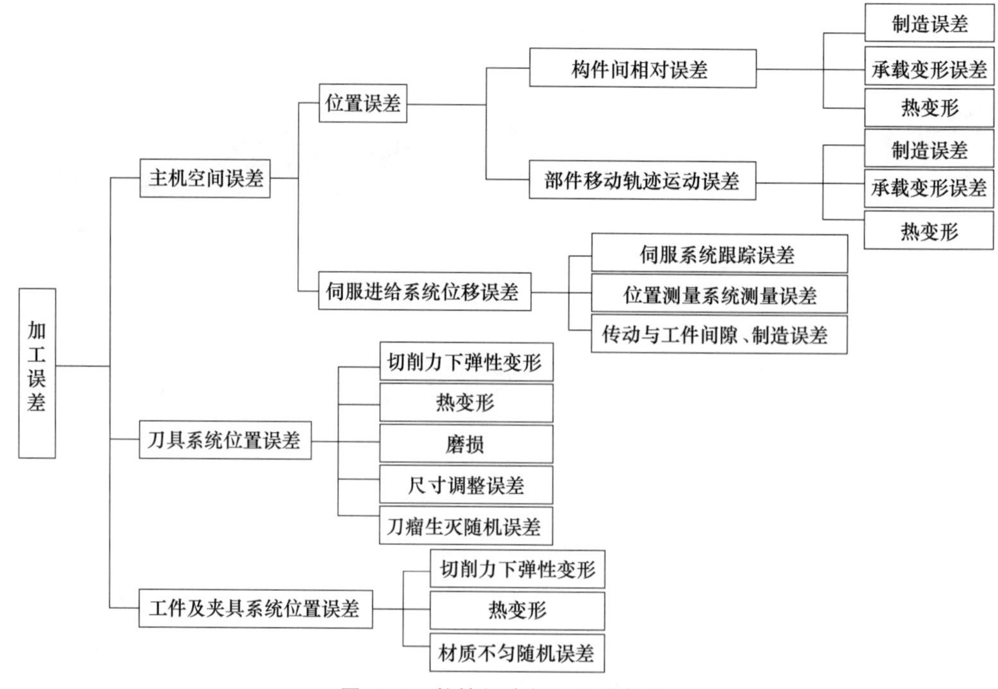

图 15-1 数控机床加工误差构成

证。良好的设计与制造是其先天条件。而包装、运输、开箱验收、安装、调试与验收、正常使用乃至日常维护与管理等等，则是关系到设备运行效果、效率与寿命的大事，所以，它们是数控设备的后天条件。那么，一台数控机床运行不正常或出现加工精度问题，就不能仅就眼前现象分析，而应该追根寻源，分析它是否是一个健康生产物，其所有的活动经历是否满足正常要求条件，它是否是在足够的“关爱”环境与条件下工作的。

因此，数控机床的维护与管理是一项系统工程。它包括从设备的购买、运输、验收、使用直到报废，一生全过程的维护与管理。

15.1.2 数控机床维护的项目

维护与管理一切做法的目的，就是消除故障的隐患与保证机床精度，表 15-1 详细描述了数控机床的维护项目。

表 15-1 数控机床的维护项目

序号	项目		维护要求
1	机械部件的维护	主传动链的维护	熟悉数控机床主传动链的结构、性能和主轴调整方法，严禁超性能使用。出现不正常现象时，应立即停机排除故障。使用带传动的主轴系统，需定期调整主轴传动带的松紧程度，防止因带打滑造成的丢转现象。注意观察主轴箱温度，检查主轴润滑恒温油箱，调节温度范围，防止各种杂质进入油箱，及时补充油量。每年更换一次润滑油，并清洗过滤器。经常检查压缩空气气压，调整到标准要求值，气压足够才能使主轴锥孔中的切屑和灰尘清理干净，保持主轴与刀柄连接部位的清洁。主轴中刀具夹紧装置长时间使用后，会产生间隙，影响刀具的夹紧，需及时调整液压缸活塞的位移量。对于采用液压系统平衡主轴箱重量的结构，需定期观察液压系统的压力，油压低于要求值时要及时调整。对于使用液压拨叉变速的主传动系统，必须在主轴停机后或低转速(2r/min)时变速。每年对主轴润滑恒温油箱中的润滑油更换一次，并清洗过滤器。每年清理润滑油箱底一次，并更换液压泵滤油器。每天检查主轴润滑恒温油箱，使其油量充足，工作正常。防止各种杂质进入润滑油箱，保持油液清洁。经常检查轴端及各处密封，防止润滑油液的泄漏
		滚珠丝杠螺母副的维护	定期检查、调整丝杠螺母副的轴向间隙，保证反向传动精度和轴向刚度。定期检查丝杠支承与床身的连接是否有松动以及支承轴承是否损坏。如有以上问题，要及时紧固松动部位，更换支承轴承。采用润滑脂润滑的滚珠丝杠，每半年清洗一次丝杠上的旧润滑脂，换上新的润滑脂。对于用润滑油润滑的滚珠丝杠，每次机床工作前加油一次。注意避免硬质灰尘或切屑进入丝杠防护罩和工作中碰击防护罩，防护装置一有损坏要及时更换

续表

序号	项目		维护要求
1	机械部件的维护	刀库及换刀机械手的维护	用手动方式往刀库上装刀时,要确保装到位、装牢靠,检查刀座上的锁紧是否可靠。严禁把超重、超长的刀具装入刀库,防止在机械手换刀时掉刀或刀具与工件、夹具等发生碰撞。采用顺序选刀方式须注意刀具放置在刀库上的顺序是否正确。其他选刀方式也要注意所换刀具号是否与所需刀具一致,防止换错刀具导致事故发生。注意保持刀具刀柄和刀套的清洁。经常检查刀库的回零位置是否正确,检查机床主轴回换刀点位置是否到位,并及时调整,否则不能完成换刀动作。开机时,应选使刀库和机械手空运行,检查各部分工作是否正常,特别是各行程开关和电磁阀能否正常动作。检查机械手液压系统的压力是否正常,刀具在机械手上锁紧是否可靠,发现不正常应及时处理
		导轨副的维护	定期调整压板的间隙;定期调整镶条间隙;定期对导轨进行预紧;定期对导轨进行润滑;定期检查导轨的防护
2	液压系统的维护		定期对油箱内的油液进行取样化验,检查油液质量,定期过滤或更换油液。定期检查冷却器和加热器的工作性能,控制液压系统中油液的温度在标准要求内。定期检查更换密封件,防止液压系统泄漏。防止液压系统振动与产生噪声。定期检查清洗或更换液压件、滤芯,定期检查清洗油箱和管路。严格执行日常点检制度,检查系统的泄漏、噪声、振动、压力、温度等是否正常,将故障排除在萌芽状态
3	气动系统的维护		选用合适的过滤器、清除压缩空气中的杂质和水分。注意检查系统中油雾器的供油量,保证空气中含有适量的润滑油来润滑气动元件,防止生锈、磨损造成空气泄漏和元件动作失灵。定期检查更换密封件,保持系统的密封性。注意调节工作压力,保证气动装置具有合适的工作压力和运动速度。定期检查、清洗或更换气动元件、滤芯
4	直流伺服电动机的维护		在数控系统处于断电状态且电动机已经完全冷却的情况下进行检查。取下橡胶刷帽,用螺钉旋具拧下刷盖取出电刷。测量电刷长度,如FANUC直流伺服电动机的电刷由10mm磨损到小于5mm时,必须更换同型号的新电刷。仔细检查电刷的弧形接触面是否有深沟或裂痕,以及电刷弹簧上有无打火痕迹。如有上述现象,则要考虑电动机的工作条件是否过分恶劣或电动机本身是否有问题。用不含金属粉末及水分的压缩空气导入装电刷的刷握孔,吹净粘在刷握孔壁上的炭粉末。如果难以吹净,可用螺钉螺具尖轻轻清理,直至孔壁全部干净为止,注意不要碰到换向器表面。重新装上电刷,拧紧刷盖。如果更换了新电刷,应使电动机空运行跑合一段时间,以使电刷表面和换向器表面相吻合
5	数控系统日常维护		机床电气柜的散热通风。通常安装于电气柜门上的热交换器或轴流风扇,能使电气柜的内外空气进行循环,促使电气柜内的发热装置或元器件进行散热。应定期检查电气柜上的热交换器或轴流风扇的工作状况,检查风道是否堵塞。否则会引起柜内温度过高而使系统不能可靠运行,甚至引起过热报警
			尽量少开电气柜门,以免加工车间飘浮的灰尘、油雾和金属粉末落在电气柜上,造成元器件间绝缘电阻下降,从而出现故障。故除了定期维护和维修外,平时应尽量少开电气控制柜门
			每天检查数控柜、电气柜。看各电气柜的冷却风扇工作是否正常,风道过滤网是否堵塞。如果工作不正常或过滤器灰尘过多,会引起柜内温度过高而使系统不能可靠工作,甚至引起过热报警。一般来说,每半年或每三个月应检查清理一次,具体应视车间环境状况而定
			控制介质输入/输出装置的定期维护。CNC系统参数、零件程序等数据都可通过它输入到CNC系统的寄存器中。如果有污物,将会使读入的信息出现错误。故应定期对关键部件进行清洁
			支持电池的定期更换。数控系统存储参数用的存储器采用CMOS器件,其存储的内容在数控系统断电期间靠支持电池供电保持。在一般情况下,即使电池尚未消耗完,也应每年更换一次,以确保系统能正常工作。电池的更换应在CNC系统通电状态下进行
			备用印制电路板的定期通电。对于已经购置的备用印制线路板,应定期装到CNC系统上通电运行。实践证明,印制线路板长期不用易出故障
			数控系统长期不用时的保养。系统长期不用是不可取的。数控系统处在长期闲置的情况下,要经常给系统通电。在机床锁住不动的情况下让系统空运行。空气湿度较大的梅雨季节尤其要注意。在空气湿度较大的地区,经常通电是减少故障的一个有效措施。数控机床闲置不用达半年以上,应将电刷从直流电动机中取出,以免由于化学作用使换向器表面腐蚀,引起换向性能变坏,甚至损坏整台电动机

续表

序号	项目		维护要求
6	位置检测元器件的维护	光栅的维护	防污。切削液在使用过程中会产生轻微结晶，这种结晶在扫描头上形成一层薄膜且透光性差，不易清除，故在选用切削液时要慎重。加工过程中，切削液的压力不要太大，流量不要过大，以免形成大量的水雾进入光栅。光栅最好通入低压压缩空气(10^5Pa左右)，以免扫描头运动时形成的负压把污物吸入光栅。压缩空气必须净化，滤芯应保持清洁并定期更换。光栅上的污物可以用脱脂棉蘸无水酒精轻轻擦除
			防振。光栅拆装时要用静力，不能用硬物敲击，以免引起光学元件的损坏
		光电脉冲编码器的维护	防污。污染容易造成信号丢失
			防振。振动容易使编码器内的紧固件松动脱落，造成内部电源短路
			防连接松动。连接松动会影响位置控制精度。连接松动还会引起进给运动的不稳定，影响交流伺服电动机的换向控制，从而引起机床的振动
		感应同步器的维护	保持定尺和滑尺相对平行。定尺固定螺栓不得超过尺面，调整间隙在0.09～0.15mm为宜。不要损坏定尺表面耐切削液涂层和滑尺表面一层带绝缘层的铝箔，否则会腐蚀厚度较小的电解铜箔。接线时要分清滑尺的正弦绕组和余弦绕组
		旋转变压器的维护	接线时应分清定子绕组和转子绕组；电刷磨损到一定程度后要更换
		磁栅尺的维护	不能将磁性膜刮坏；防止铁屑和油污落在磁性标尺和磁头上；要用脱脂棉蘸酒精轻轻地擦其表面；不能用力拆装和撞击磁性标尺和磁头，否则会使磁性减弱或使磁场紊乱；接线时要分清磁头上的励磁绕组和输出绕组，前者绕在磁路截面尺寸较小的横臂上，后者绕在磁路截面尺寸较大的竖杆上

15.2 数控机床的使用条件

在机床制造厂提供的数控机床安装使用指南中，对数控机床的使用提出了明确的要求，如数控机床运行的环境温度、湿度、海拔高度、供电指标、接地要求、振动等。数控机床属于高精度的加工设备，其控制精度一般都能够达到0.01mm以内，有些数控机床的控制精度更高，甚至达到纳米级的精度等级。机床制造厂在生产数控机床以及进行精度调整时，都是基于数控机床标准的检测条件进行的，如生产车间必须保证一定的温度和湿度。金属材料对温度变化的反应将影响数控机床的定位精度。数控机床的用户要想达到数控机床的标定精度指标，就必须满足数控机床安装调试手册中定义的基本工作条件，否则数控机床的设计精度指标在生产现场是难以达到的。

数控机床必须工作在一定的条件下，也就是说，必须满足一定的使用要求。使用要求一般可以分成电源要求、工作温度要求、工作湿度要求、位置环境要求和海拔高度要求等五个方面。表15-2详细描述了数控机床的使用条件。

表15-2 数控机床的使用条件

序号	要求	详细说明		
1	电源	电压的相对稳定	在允许的范围内波动，例如，380V±10%。否则需要配备稳压电源	
		频率稳定与波形畸变小	例如，50Hz±1Hz，要求不与高频电感设备共用一条电源线	
		电源相序	按要求正规排序	
		电源线与熔丝	按要求，应满足总供电容量(例如：15kV·A)与机床匹配。完好的电源电缆线与接头，良好的接插	
		可靠的接地保护	例如，接地电阻<0.4Ω，导线截面积>6mm²	
2	工作温度	机床类别	普通数控机床	高精度数控机床
		环境温度	<40℃	20℃恒温室
3	工作湿度	机对湿度	<80%不结露	<80%不结露

续表

序号	要求	详细说明
4	位置环境	具有防振沟或远离振源、远离高频电感设备
		无直接日照与热辐射
		洁净的空气：无导电粉尘、盐雾、油雾；无腐蚀性气体；无易爆气体；无尘埃
		周围足够的活动空间
		坚实牢固的基础（安装留有电缆管道、预留地脚螺栓、预埋件位置、用垫块与螺栓调水平等）
5	海拔高度	允许的海拔高度一般低于1000m，当超过这个指标时，伺服驱动系统的输出功率将有所下降，因而会影响加工的效果

15.2.1 数控机床对电源的要求

电源是数控机床正常工作的最重要的指标之一。没有一个稳定可靠的三相电源，数控机床稳定可靠的运行是得不到保证的。数控机床的动力来自伺服驱动器，然而伺服驱动器又是很强的干扰源，其装置不仅可能会对电气柜中的电气部件产生干扰，而且其在工作中会同时对三相电源产生高次谐波干扰。当用户的生产现场有多台数控机床工作时，数控机床对供电电源产生的干扰可能会影响其他数控机床的正常运行，特别是对于采用大功率伺服驱动装置的数控机床如大功率伺服电机或大功率伺服主轴，在工作中会产生非常强的电源干扰。防止伺服系统电源干扰的措施是在数控机床的电气柜中，在三相主开关与伺服驱动器的电源进线之间配置电源滤波器。用户在订购数控机床时，可根据生产现场的情况向机床制造厂提出配置电源滤波器的要求。生产车间现场电网品质的好坏不仅取决于生产现场的供电设备，更重要的是取决于生产现场的用电设备。只有减小或消除每台数控机床对电网产生的高次谐波干扰，才能保证整个生产现场所有的数控机床正常稳定运行，避免由于不必要的停机而造成的经济损失。越来越多的用户已经逐渐认识到生产现场供电电源的品质对生产的影响。

15.2.2 数控机床环境温度

数控机床工作的环境温度是有一定限制的，一般环境温度不得超出0～40℃的范围。当数控机床工作的生产现场的温度超过数控机床规定的运行范围时，一方面无法达到数控机床的精度指标，另一方面也会导致数控机床的电气故障，造成电气部件损坏。为保证数控机床在环境温度较高的生产现场可以稳定可靠地运行，机床制造厂采取了相应的措施。许多数控机床的电气柜配备了工业空调，对电气柜中的驱动器等发热部件产生的热量进行冷却。由于采用空调冷却，使得电气柜的内部和外部的温差很大，因此在湿度较高的环境中也可能导致数控机床的故障，甚至导致电气部件的损坏。如果数控机床电气柜的密封性能不好，那么在数控机床断电后，空气中的水分子将在数控系统部件的元器件上产生凝结。当数控机床再次上电时，由于水的导电性，数控机床中各种电气部件上的露水可能会导致电气柜中元器件的短路损坏，特别是高电压部件。因此，在高温高湿地区使用数控机床的用户要特别注意环境可能对数控机床造成的影响，避免或减少数控机床停机导致的经济损失。所以，为数控机床的工作现场提供一个良好的环境是必要的，例如，将数控机床安放在恒温车间中进行加工生产。

15.2.3 数控机床环境湿度

当数控机床工作在高湿环境中时，应尽可能减少机床断电的次数。数控机床断电的主要目的有两个：一是安全，二是节能。数控机床耗能最高的部件是伺服驱动器，其他部件如数控系统的显示屏、输入输出模块等，需要的功率都非常小，只要断开驱动器的职能信号，整个数控机床的能源消耗并不高。因此，在高湿度环境中工作的数控机床可以只断掉伺服系统的电源，机床制造厂对于销往高湿度地区的数控机床还可以选配电气柜的加热器，用于排除电气部件上凝结的露水。在消除凝结的露水后，才能接通数控系统和驱动系统的电源。

15.2.4 数控机床位置环境要求

与数控机床使用的环境温度指标相同，数控机床对工作现场的地基以及数控机床在工作现场的安装调试也会影响数控机床的动态特性和加工精度。假如数控机床的工作现场地基不坚固，或者导轨的水平度没有达到要求. 数控机床的动态性将会受到影响。数控机床在高加速度或高伺服增益设定情况下可能出现振动，从而不能保证加工的高精度。另外，对于高精度的数控机床，如果工作现场的地基与车间外的地面环境之间没有任何隔振措施，车间外面的振源也会影响机床的精度，例如，车间外道路上重型运输车辆产生的振动将直接影响加工的精度。

15.2.5 数控机床对海拔高度的要求

数控机床工作地允许的海拔高度一般低于1000m，当超过这个指标时，伺服驱动系统的输出功率将有所下降，因而会影响加工的效果。如果一台数控机床准备在高原地区使用，那么在做电气系统配置时一定要考虑到高原环境的特点，选择伺服电机时功率指标要适当增大，以保证在高海拔的工作现场数控机床的驱动系统可以提供足够的功率。

15.3 数控机床管理的内容和方法

15.3.1 数控设备管理的主要内容

数控机床的管理是一项系统工程，包含从数控机床的选用及安装、调试、验收等前期管理，到数控机床的使用、维护保养、故障检测及修理、改造更新等使用管理，以及设备报废的全过程。

在数控机床的管理上，不能将普通机床的管理方法移植到数控机床上。应根据企业的生产发展及经营目标，通过一系列技术、经济组织措施及科学方法来进行。在其具体运用上，可视企业购买及使用数控机床的情况，选择按阶段进行。

对于模具企业来说，数控机床的拥有是企业的竞争实力体现，最大限度地利用数控设备，对企业提高效率和竞争力都是十分有益的。企业不能只注意数控设备的利用率和最佳功能，还必须重视设备的保养与维修，它是直接影响数控设备能否长期正常运转的关键。为保持数控设备完好的技术状态，使其充分发挥效用，数控机床都应建立安全操作规程、维护保养规程、维修规程，这些规程可在传统机床相应规程的基础上增加数控机床的特点要求来制定。在设备基础管理和技术管理工作上应该注意以下几个方面，见表15-3。

表15-3 数控设备管理的主要内容

序号	内容	详细说明
1	健全设备管理机构	制造部门应该设立数控设备与维修岗位，承担车间数控设备的管理和维修工作。聘用一些具有丰富经验的专业技师和具有很强专业化知识、责任心并有一定实际工作能力的机械、电气工程师，专门负责数控设备日常管理维护工作
2	制定和健全规章制度	针对数控机床的特点，逐步制定相应的管理制度，例如数控设备管理制度、数控设备的安全操作规程、数控设备的操作使用规程、数控设备的技术管理办法、数控设备的维修保养规程等，这样使设备管理更加规范化和系统化
3	建立完善的设备档案	建立数控设备维护档案及交接班记录，将数控设备的运行情况及故障情况详细记录，特别是对设备发生故障的时间、部位、原因、解决方法和解决过程予以详细的记录和存档，以便在今后的操作、维修工作中参考借鉴

续表

序号	内　　容	详 细 说 明
4	加强数控设备的验收	为确保新设备的质量，加强设备安装调试和验收工作，尤其是设备验收这一环节，对涉及机床重要性能、精度的指标严格把关，对照合同、技术协议、国际和国内有关标准及验收大纲规定的项目逐项检查。机床调试完成后，利用RS232接口对机床参数进行数据传输作为备用，以防机床文件（参数）丢失
5	加强维修队伍建设	数控设备是集机、电、液（气）、光于一身的高技术产品，技术含量高，操作和维修难度大。所以，必须建立一支高素质的维修队伍以适应设备维修的需要。采取利用设备安装调试和内部办学习班等多种形式对数控设备的操作、维修、编程和管理人员进行设备操作技术和维修保养技术培训
6	建立专业维修组织和维修协作网	数控机床是机电一体化高技术产品，单一技术的设备修理人员难以胜任数控机床的修理工作。数控机床一旦出现故障，一些企业往往请外国专家上门诊断修理，不但加重了企业负担，还延误了生产。因此，有一定数量数控机床的企业应建立专业化的维修机构，如数控设备维修站或维修中心。中心由具有机电一体化知识及较高素质的人员负责，维修人员应由电气工程师、机械工程师、机修钳工等组成。企业领导应保证维修人员的积极性，提供业务培训的便利条件，保持维修人员队伍的稳定。为了更好地开展工作，对维修站、维修中心要配备必需的技术手册、工具器具及测试仪器如示波器、逻辑分析仪、在线测试仪、噪声及振动监测仪等，以提高动态监测及诊断技术 目前，国内数控机床千差万别，硬件、软件配置不尽相同，这就给维修带来很大的困难。建立维修协作网，特别是尽量与使用同类数控机床的单位建立友好联系，在资料的收集、备件的调剂、维修经验的交流，人员的相互支援上互通有无，取长补短、大力协作，对数控机床的使用和维修能起到很好的推动作用
7	选择合理的维修方式	设备维修方式可以分为事后维修、预防维修、改善维修、预知维修或状态监测维修、维修预防（无维修设计）等。选择最佳的维修方式，是要用最少的费用取得最好的修理效果。如果从修理费用、停产损失、维修组织工作和修理效果等方面去衡量，每一种维修方式都有它的优点和缺点 现代数控机床除了实现刀具自动交换、工件自动交换和自动测量补偿，还具有自动监测、自动诊断的功能。对数控机床的维修，可以选择预知维修或状态监测维修的方式。这是一种以设备状态为基础的预防维修，在设计上广泛采用监测系统，在维修上采用高级诊断技术，根据状态监视和诊断技术提供的信息，判断设备的异常，预知设备故障，在故障发生前进行适当维修。这种维修方式由于维修时机掌握得及时，设备零件的寿命可以得到充分利用，避免过修和欠修，是一种最合理的维修方式，适用于数控机床这样的重点、关键设备
8	备件国产化	进口数控机床由于维修服务及备件供应不及时而影响生产的情况时有发生。向国外购买备件，价格十分昂贵，购销渠道也不畅通。因此除建立一些备件服务中心外，应抓紧备件国产化工作。要总结备件国产化的工作经验，实现备件替代的标准化，积极测绘仿制关键备件，组织协作攻关

15.3.2 数控机床管理方法

数控机床的管理，可根据企业购买及使用数控机床的具体情况及所处阶段选择不同的管理方法，见表15-4。

表15-4　数控机床管理方法

序号	内　　容	详 细 说 明
1	使用初期阶段	在数控机床使用初期，企业一般尚无成熟的管理办法，亦缺少使用经验，编程、操作均不成熟，维修技术亦很欠缺。在此状况下，可由车间管理数控机床，通过重复培养技术骨干，由骨干带动工人，并维持较长时间的技术人员与工人合作的关系，针对本企业典型零件，进行工艺设计、编程等技术工作，保证首件试切成功，同时让工艺文件、程序归档，从而做好数控机床的应用和管理工作
2	使用一阶段后	当企业数控机床数量逐渐增多，应用技术亦有一定的积累时，数控机床可采用专业管理、集中使用的方法。将数控机床集中于数控工段或者数控车间，工艺技术准备归工艺部门负责。生产管理由厂部统一平衡和调度，在数控车间无其他普通机床的情况下，数控车间可只承担协作工序
3	使用成熟阶段	当企业使用数控机床较长时间，数控类型、数量较多，辅助设施齐全，应用技术成熟，技术力量较强的时候，可以在数控车间配备适当数量的普通机床，使数控车间扩大成封闭的独立车间，具备独立生产完整产品、零件的能力。必要时，可利用计算机管理机床、刀具，使机床开动率较高，技术、经济性均较高

无论哪个阶段的管理，都必须建立各项规章制度。如：建立定人、定机、定岗制度，进行岗位培训，禁止无证操作；根据机床特点，制定各项操作、维修和安全规程；机床保修每次要有内容、方法、时间、部位、参加人员等详细记录；故障维修亦要有记录故障现象、原因分析、排除方法，说明隐含问题及使用备件情况；对于机床保养、维护用的各类备品、配件应做好采购、管理工作；机床技术资料出借、保管应有详细登记等。

15.4 数控机床点检管理

在设备使用过程中，为了提高、维持生产设备的原有性能，通过人的感官或者借助工具、仪器，按照预先设定的周期和方法，对设备上的规定部位（点）进行有无异常的预防性周密检查，以使设备的隐患和缺陷能够得到早期发现、早期预防、早期处理，这样的设备检查称为点检。

点检管理一般涵盖以下四个环节：①指定点检标准和点检计划；②按计划和标准实施点检和修理工程；③检查实施结果，进行实绩分析；④在实绩分析的基础上制订措施，自主改进。

下面就数控机床的生产活动讲述机床的点检流程、内容和注意事项。

15.4.1 数控机床点检管理流程

由于数控机床集机、电、液、气等技术为一体，因此对它的维护要有科学的管理，有目的地制定出相应的规章制度。对维护过程中发现的故障隐患应及时清除，避免停机待修，从而延长设备平均无故障时间，提高机床的利用率。机床点检是数控机床维护的有效办法。图 15-2 是数控机床点检管理流程图，简单概述了点检管理在数控维修中的功能和作用。

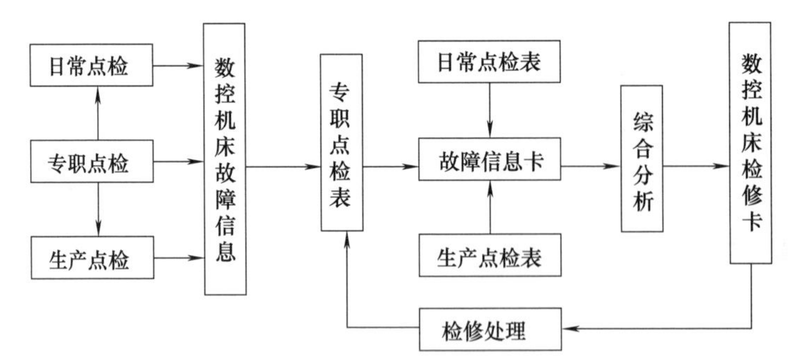

图 15-2 数控机床点检管理流程图

15.4.2 数控机床设备点检的内容

以点检为基础的设备维修，是日本在引进美国的预防维修制的基础上发展起来的一种点检管理制度。点检就是按有关维护文件的规定，对设备进行定点、定时的检查和维护。其优点是可以把出现的故障和性能的劣化消灭在萌芽状态，防止过修或欠修；缺点是定期点检工作量大。这种在设备运行阶段以点检为核心的现代维修管理体系，能达到降低故障率和维修费用、提高维修效率的目的。我国自 20 世纪 80 年代初引进日本的设备点检定修制，把设备操作者、维修人员和技术管理人员有机地组织起来，按照规定的检查标准和技术要求，对设备可能出现问题的部位，定人、定点、定量、定期、定法地进行检查、维修和管理，保证了设备持续、稳定地运行，促进了生产发展和经营效益的提高。

数控机床的点检，是开展状态监测和故障诊断工作的基础，主要包括下列内容，见表15-5。

表 15-5　数控机床设备点检的内容

序号	内容	说　明
1	定点	首先要确定一台数控机床有多少个维护点，科学地分析这台设备，找准可能发生故障的部位。只要把这些维护点“看住”，有了故障就会及时发现
2	定标	对每个维护点要逐个制定标准，例如间隙、温度、压力、流量、松紧度等等，都要有明确的数量标准，只要不超过规定标准就不算故障
3	定期	多长时间检查一次，要定出检查周期。有的点可能每班要检查几次，有的点可能一个或几个月检查一次，要根据具体情况确定
4	定项	每个维护点检查哪些项目也要有明确规定。每个点可能检查一项，也可能检查几项
5	定人	由谁进行检查，是操作者、维修人员还是技术人员，应根据检查的部位和技术精度要求，落实到人
6	定法	怎样检查也要有规定，是人工观察还是用仪器测量，是采用普通仪器还是精密仪器
7	检查	检查的环境、步骤要有规定，是在生产运行中检查，还是停机检查；是解体检查，还是不解体检查
8	记录	检查要详细做记录，并按规定格式填写清楚。要填写检查数据及其与规定标准的差值、判定印象、处理意见，检查者要签名并注明检查时间
9	处理	检查中间能处理和调整的要及时处理和调整，并将处理结果记入处理记录。没有能力或没有条件处理的，要及时报告有关人员，安排处理。但任何人、任何时间处理都要填写处理记录
10	分析	检查记录和处理记录都要定期进行系统分析，找出薄弱“维护点”，即故障率高的点或损失大的环节，提出意见，交设计人员进行改进设计

15.4.3　数控机床设备点检的周期

数控机床的点检可分为日常点检和专职点检两个层次。日常点检负责对机床的一般部件进行点检，处理和检查机床在运行过程中出现的故障，由机床操作人员进行。专职点检负责对机床的关键部位和重要部件按周期进行重点点检和设备状态监测与故障诊断，制定点检计划，做好诊断记录，分析维修结果，提出改善设备维护管理的建议，由专职维修人员进行。数控机床的点检作为一项工作制度，必须认真执行并持之以恒，只有这样才能保证机床的正常运行。为便于操作，数控机床的点检内容可以列成简明扼要的表格，见表 15-6。

表 15-6　数控机床设备点检的周期

序号	检查周期	检查部位	检查要求
1	每天	导轨润滑油箱	检查油标、油量，及时添加润滑油，润滑泵能定时启动及停止
2	每天	X、Y、Z 轴向导轨面	清除切屑及脏物，检查润滑油是否充分、导轨面有无划伤损坏
3	每天	压缩空气气源压力	检查气动控制系统压力是否在正常范围内
4	每天	气源自动分水滤水器和自动空气干燥器	及时清理分水器中滤出的水分，保证自动空气干燥器工作正常
5	每天	气液转换器和增压器油面	发现油面不够时及时补充油
6	每天	主轴润滑恒温油箱	工作正常，油量充足并调节温度范围
7	每天	机床液压系统	油箱、液压泵无异常噪声，压力表指示正常。管路及各接头无泄漏，工作油面高度正常
8	每天	液压平衡系统	平衡压力指示正常，快速移动时平衡阀工作正常
9	每天	CNC 的输入/输出单元	如读卡、链接设备接口清洁，结构良好
10	每天	各种电气柜散热通风装置	各电气柜冷却风扇工作正常，风道过滤网无堵塞
11	每天	各种防护装置	导轨、机床防护罩等应无松动、泄漏
12	每半年	滚珠丝杠	清洗丝杠上旧的润滑脂，涂上新的油脂
13	每半年	液压油路	清洗溢流阀、减压阀、滤油器及油箱箱底，更换或过滤液压油
14	每半年	主轴润滑恒温油箱	清洗过滤器，更换润滑脂
15	每年	检查并更换直流伺服电动机炭刷	检查换向器表面，吹净炭粉，去除毛刺，更换长度过短的电刷，并应在跑合后使用

续表

序号	检查周期	检查部位	检查要求
16	每年	润滑液压泵，清洗滤油器	清理润滑油池底，更换滤油器
17	不定期	检查各轴轨道上镶条、压紧滚轮松紧状态	按机床说明书调整
18	不定期	冷却水箱	检查液面高度，切削液太脏时须更换并清理水箱底部，经常清洗过滤器
19	不定期	排屑器	经常清理切屑，检查有无卡住
20	不定期	清理废油池	及时取走滤油池中废油，以免外溢
21	不定期	调整主轴驱动带松紧	按机床说明书调整

15.4.4 数控机床的非生产点检

表 15-7 详细描述了数控机床的非生产点检。

表 15-7 数控机床的非生产点检

序号	项目			点检
1	日常点检要点	数控车床	接通电源前	检查切削液、液压油、润滑油的油量是否充足；检查工具、检测仪器等是否已准备好；检查切屑槽内的切屑是否已清理干净
			接通电源后	检查操作盘上的各指示灯是否正常，各按钮、开关是否处于正确位置；检查 CRT 显示屏上是否有报警显示。若有问题应及时予以处理；检查液压装置的压力表是否指示在所要求的范围内；检查各控制箱的冷却风扇是否正常运转；检查刀具是否正确夹紧在刀夹上，刀夹与回转刀台是否可靠夹紧，刀具是否有损；若机床带有导套、夹簧，应确认其调整是否合适
			机床运转后	运转中，主轴、滑板处是否有异常噪声；有无与平常不同的异常现象，如声音、温度异常以及裂纹、气味等
		加工中心		从工作台、基座等处清除污物和灰尘；擦去机床表面上的润滑油、切削液和切屑。清除没有罩盖的滑动表面上的一切东西；擦净丝杠的暴露部位。清理、检查所有限位开关、接近开关及其周围表面。检查各润滑油箱及主轴润滑油箱的油面，使其保持在合理的油面上。确认各刀具在其应有的位置上更换。确保空气滤杯内的水完全排出。检查液压泵的压力是否符合要求。检查机床主液压系统是否漏油。检查切削液软管及液面，清理管内及切削液槽内的切屑等脏物。确保操作面板上所有指示灯为正常显示。检查各坐标轴是否处在原点上。检查主轴端面、刀夹及其他配件是否有毛刺、破裂或损坏现象
2	月检查要点	数控车床		检查主轴的运转情况。主轴以最高转速一半左右的转速旋转 30min，用手触摸壳体部分，若感觉温度适中即为正常。以此了解主轴轴承的工作情况 检查 X、Z 轴的滚珠丝杠，若有污垢，应清理干净。若表面干燥，应涂润滑脂 检查 X、Z 轴超程限位开关、各急停开关是否动作正常。可用手按压行程开关的滑动轮，若 CRT 上有超程报警显示，说明限位开关正常。顺便将各接近开关擦拭干净 检查刀台的回转头、中心锥齿轮的润滑状态是否良好，齿面是否有伤痕等 检查导套内孔状况，看是否有裂纹、毛刺，导套前面盖帽内是否积存切屑 检查切削液槽内是否积存切屑 检查液压装置，如压力表的动作状态、液压管路是否有损坏，各管接头是否有松动或漏油现象等 检查润滑油装置，如润滑油泵的排油量是否合乎要求，润滑油管路是否损坏，管接头是否松动、漏油等
		加工中心		清理电气控制箱内部，使其保持干净。校准工作台及床身基准的水平，必要时调整垫铁，拧紧螺母。清洗空气滤网，必要时予以更换。检查液压装置、管路及接头，确保无松动、无磨损。清理导轨滑动面上的刮垢板。检查各电磁阀、行程开关、接近开关，确保它们能正确工作。检查液压箱内的滤油器，必要时予以清洗。检查各电缆及接线端子是否接触良好。确保各联锁装置、时间继电器、继电器能正确工作，必要时予以修理或更换。确保数控装置能正确工作

续表

序号	项目			点检
3	半年检查要点	数控车床	主轴的检查	主轴孔的振摆。将千分表测头嵌入卡盘套筒的内壁，然后轻轻地将主轴旋转一周，指针的摆动量小于出厂时精度检查表的允许值即可；检查主轴传动用V带的张力及磨损情况；检查编码盘用同步带的张力及磨损情况
			刀台的检查	主要看换刀时其换位动作的平顺性，以刀台夹紧、松开时无冲击为好
			导套装置的检查	主轴以最高转速的一半运转30min，用手触摸壳体部分无异常发热及噪声为好。此外用手沿轴向拉导套，检查其间隙是否过大
			加工装置的检查	检查主轴分度用齿轮系的间隙。以规定的分度位置沿回转方向摇动主轴，以检查其间隙，若间隙过大应进行调整；检查刀具主轴驱动电动机侧的齿轮润滑状态，若表面干燥应涂敷润滑脂
			润滑泵的检查	检查润滑泵装置浮子开关的动作状况。可从润滑泵装置中抽出润滑油，看浮子落至警戒线以下时是否有报警指示，以判断浮子开关的好坏
			伺服电动机的检查	检查直流伺服系统的直流电动机。若换向器表面脏，应用白布蘸酒精予以清洗；若表面粗糙，用细金相砂纸予以修整；当电刷长度为10mm以下时，予以更换
			接插件的检查	检查各插头、插座、电缆及各继电器的触点是否接触良好。检查各印制电路板是否干净。检查主电源变压器、各电动机的绝缘电阻应在1MΩ以上
			断电检查	检查断电后保存机床参数、工作程序用的后备电池的电压值，根据具体情况予以更换
		加工中心		清理电气控制箱内部，使其保持干净；更换液压装置内的液压油及润滑装置内的润滑油；检查各电动机轴承是否有噪声，必要时予以更换；检查机床的各有关精度；检查所有各电气部件及继电器等是否可靠工作；测量各进给轴的反向间隙，必要时予以调整或进行补偿；检查各伺服电动机的电刷及换向器的表面。必要时予以修整或更换；检查一个试验程序的完整运转情况
4	不定期点检	液压系统		各液压阀、液压缸及管子接头处是否有外漏；液压泵或液压马达运转时是否有异常噪声等现象；液压缸移动时工作是否正常平稳；液压系统的各测压点压力是否在规定的范围内，压力是否稳定；油液的温度是否在允许的范围内；液压系统工作时有无高频振动；电气控制或撞块（凸轮）控制的换向阀工作是否灵敏可靠；油箱内的油量是否在油标刻线范围内；行程开关或限位挡块的位置是否有变动；液压系统手动或自动工作循环时是否有异常现象；对油箱内的油液进行取样化验，检查油液质量，定期过滤或更换油液；检查蓄能器工作性能；检查冷却器和加热器的工作性能；检查和紧固重要部位的螺钉、螺母、接头和法兰螺钉；检查更换密封件；检查、清洗或更换液压件；检查、清洗或更换滤芯；检查清洗油箱和管道
		气动系统	元件名称	点检内容
			气缸	活塞杆与端盖之间是否漏气；活塞杆是否划伤、变形；管接头、配管是否松动、损伤；气缸动作时有无异常声音；缓冲效果是否合乎要求
			电磁阀	电磁阀外壳温度是否过高；电磁阀动作时，阀芯工作是否正常；气缸行程到末端时，通过检查阀的排气口是否有漏气来确诊电磁阀是否漏气；紧固螺栓及管接头是否松动；电压是否正常，电线是否有损伤；通过检查排气口是否被油润湿或排气是否会在白纸上留下油雾斑点来判断润滑是否正常
			油雾器	油杯内油量是否足够，润滑油是否变色、混浊；油杯底部是否沉积有灰尘和水；滴油量是否适当
			管路系统	冷凝水的排放，一般应当在气动装置运行之前进行。温度低于0℃时，为防止冷凝水冻结，气动装置运行结束后，就应开启放水阀门将冷凝水排出

15.5 数控机床实用点检表

设备点检表是由操作者每班负责对使用的设备进行前期检查，反映具体状态的记录性文件，是指导设备修理的重要前提，是让设备修理从处理故障转换为提前预防的关键步骤。

从点检的要求和内容上看，机床的点检卡为每日必填。通过每天的巡检，预先发现机床的潜在故障和威胁，尽早进行处理，把事故发生率降为最低。

15.5.1 数控车床日常点检卡

表 15-8 详细描述了机加工车间数控车床日常点检卡。

表 15-8 机加工车间数控车床日常点检卡

设备名称：		设备型号：		设备编号：		日期：	年 月 周	
序号	点检部位及内容	点检时间及记录						
		一	二	三	四	五	六	日
1	检查电源电压是否正常(380V±38V)							
2	卡盘内、刀链刀套或刀架内有无铁屑							
3	工作导轨上有无铁屑							
4	导轨面、丝杠、操纵杆表面是否有拉伤、研伤现象							
5	是否有零件缺损							
6	散热排风或空调系统是否正常							
7	控制室内有无异常声响、有无异味							
8	早班暖机 5min(各轴往复移动，刀塔回转运动)							
9	NC 操作面板确认							
10	手轮运动是否正常							
11	排屑装置是否到位、排屑孔是否堵塞							
12	花盘卡爪漏油检查							
13	地面漏油确认							
14	导轨润滑装置工作是否正常，必要时添加润滑油							
15	液压泵站内液压油是否在油标规定范围内							
16	液压泵站内油温表是否在规定范围内(＜60℃)							
17	液压泵站油压是否为 4～5MPa							
18	气动装置输出压力是否为 0.5MPa，有无漏气现象							
19	油冷却系统油位是否在游标规定范围内							
20	油冷却系统油温显示是否在设定温度范围内(20～30℃)							
21	机床防溅护板动作是否灵活密封是否良好							
22	冷却液和切削输送机装置是否正常							
23	切屑时螺旋输送机排屑是否正常							
24	主轴系统声音是否正常							
25	主轴正反转及刹车是否正常							
26	刀库(或刀架)旋转时声音是否正常							
27	尾坐运行是否顺畅							
28	X 轴、Z 轴是否可以正常返回参考点							
29	液压系统有无漏油现象							
30	检查气动三联件气路润滑油液位，必要时添加润滑油							
点检人员签名								
导轨润滑油：		气路润滑油：			油压单位：			
点检工作由每天 □白班 □夜班 负责		记录符号：	完好√ 异常△ 当场修好○ 待修×					

15.5.2 加工中心日常点检卡

表 15-9 详细描述了机加工车间加工中心日常点检卡。

表 15-9 机加工车间加工中心日常点检卡

<table>
<tr><td>设备名称：</td><td></td><td colspan="2">设备型号：</td><td colspan="2">设备编号：</td><td colspan="3">日期：</td><td colspan="2">年 月 周</td></tr>
<tr><td rowspan="2">序号</td><td rowspan="2">点检部位及内容</td><td colspan="7">点检时间及记录</td></tr>
<tr><td>一</td><td>二</td><td>三</td><td>四</td><td>五</td><td>六</td><td>日</td></tr>
<tr><td>1</td><td>检查电源电压是否正常(380V±38V)</td><td></td><td></td><td></td><td></td><td></td><td></td><td></td></tr>
<tr><td>2</td><td>主轴内、刀链刀套或刀架内有无铁屑</td><td></td><td></td><td></td><td></td><td></td><td></td><td></td></tr>
<tr><td>3</td><td>工作台面、工作台四周有无铁屑</td><td></td><td></td><td></td><td></td><td></td><td></td><td></td></tr>
<tr><td>4</td><td>刀库内有无铁屑</td><td></td><td></td><td></td><td></td><td></td><td></td><td></td></tr>
<tr><td>5</td><td>待工作刀具上是否黏附异物</td><td></td><td></td><td></td><td></td><td></td><td></td><td></td></tr>
<tr><td>6</td><td>工作台及导轨面、丝杠、操纵杆表面是否拉伤、研伤</td><td></td><td></td><td></td><td></td><td></td><td></td><td></td></tr>
<tr><td>7</td><td>是否有零件缺损</td><td></td><td></td><td></td><td></td><td></td><td></td><td></td></tr>
<tr><td>8</td><td>早班暖机 5min(各轴往复移动测试)</td><td></td><td></td><td></td><td></td><td></td><td></td><td></td></tr>
<tr><td>9</td><td>散热排风或空调系统是否正常</td><td></td><td></td><td></td><td></td><td></td><td></td><td></td></tr>
<tr><td>10</td><td>NC 操作面板确认</td><td></td><td></td><td></td><td></td><td></td><td></td><td></td></tr>
<tr><td>11</td><td>手轮运动是否正常</td><td></td><td></td><td></td><td></td><td></td><td></td><td></td></tr>
<tr><td>12</td><td>排屑装置是否到位，排屑孔是否堵塞</td><td></td><td></td><td></td><td></td><td></td><td></td><td></td></tr>
<tr><td>13</td><td>导轨润滑装置工作是否正常，必要时添加润滑油</td><td></td><td></td><td></td><td></td><td></td><td></td><td></td></tr>
<tr><td>14</td><td>液压泵站内液压油是否在油标规定范围内</td><td></td><td></td><td></td><td></td><td></td><td></td><td></td></tr>
<tr><td>15</td><td>液压泵站内油温表是否在规定范围内(<60℃)</td><td></td><td></td><td></td><td></td><td></td><td></td><td></td></tr>
<tr><td>16</td><td>液压泵站油压是否为 4～5MPa</td><td></td><td></td><td></td><td></td><td></td><td></td><td></td></tr>
<tr><td>17</td><td>气动装置输出压力是否为 0.5MPa，有无漏气现象</td><td></td><td></td><td></td><td></td><td></td><td></td><td></td></tr>
<tr><td>18</td><td>油冷却系统油位是否在游标规定范围内</td><td></td><td></td><td></td><td></td><td></td><td></td><td></td></tr>
<tr><td>19</td><td>油冷却系统油温显示是否在设定温度范围内(20～30℃)</td><td></td><td></td><td></td><td></td><td></td><td></td><td></td></tr>
<tr><td>20</td><td>机床防溅护板动作是否灵活密封是否良好</td><td></td><td></td><td></td><td></td><td></td><td></td><td></td></tr>
<tr><td>21</td><td>冷却液和切削输送机装置是否正常</td><td></td><td></td><td></td><td></td><td></td><td></td><td></td></tr>
<tr><td>22</td><td>切屑时螺旋输送机排屑是否正常</td><td></td><td></td><td></td><td></td><td></td><td></td><td></td></tr>
<tr><td>23</td><td>主轴系统声音是否正常</td><td></td><td></td><td></td><td></td><td></td><td></td><td></td></tr>
<tr><td>24</td><td>主轴系统松拉刀时动作是否正常</td><td></td><td></td><td></td><td></td><td></td><td></td><td></td></tr>
<tr><td>25</td><td>主轴正反转及刹车是否正常</td><td></td><td></td><td></td><td></td><td></td><td></td><td></td></tr>
<tr><td>26</td><td>脚踏开关是否松动、开裂</td><td></td><td></td><td></td><td></td><td></td><td></td><td></td></tr>
<tr><td>27</td><td>交换工作台换台时动作是否正常</td><td></td><td></td><td></td><td></td><td></td><td></td><td></td></tr>
<tr><td>28</td><td>刀库旋转时声音是否正常</td><td></td><td></td><td></td><td></td><td></td><td></td><td></td></tr>
<tr><td>29</td><td>手臂抓刀时动作是否到位</td><td></td><td></td><td></td><td></td><td></td><td></td><td></td></tr>
<tr><td>30</td><td>X 轴、Y 轴、Z 轴、B 轴是否可以正常返回参考点</td><td></td><td></td><td></td><td></td><td></td><td></td><td></td></tr>
<tr><td>31</td><td>液压系统有无漏油现象</td><td></td><td></td><td></td><td></td><td></td><td></td><td></td></tr>
<tr><td>32</td><td>检查气动三联件气路润滑油液位，必要时添加润滑油</td><td></td><td></td><td></td><td></td><td></td><td></td><td></td></tr>
<tr><td colspan="2">点检人员签名</td><td></td><td></td><td></td><td></td><td></td><td></td><td></td></tr>
<tr><td>导轨润滑油：</td><td></td><td colspan="2">气路润滑油：</td><td colspan="2"></td><td colspan="2">油压单位：</td><td colspan="3"></td></tr>
<tr><td colspan="2">点检工作由每天 □白班 □夜班 负责</td><td colspan="2">记录符号：</td><td colspan="7">完好√ 异常△ 当场修好○ 待修×</td></tr>
</table>

附录

附录一　FANUC机床指令一览表

(1) FANUC 数控系统的准备功能 G 代码

G 代码	组别	用于数控车的功能	用于数控铣的功能	附注
G00	01	快速定位	相同	模态
G01	01	直线插补	相同	模态
G02	01	顺时针方向圆弧插补	相同	模态
G03	01	逆时针方向圆弧插补	相同	模态
G04	00	暂停	相同	非模态
G10	00	数据设置	相同	模态
G11	00	数据设置取消	相同	模态
G17	16	XY 平面选择	相同	模态
G18	16	ZX 平面选择	相同	模态
G19	16	YZ 平面选择	相同	模态
G20	06	英制	相同	模态
G21	06	米制	相同	模态
G22	09	行程检查开关打开	相同	模态
G23	09	行程检查开关关闭	相同	模态
G25	08	主轴速度波动检查打开	相同	模态
G26	08	主轴速度波动检查关闭	相同	模态
G27	00	参考点返回检查	相同	非模态
G28	00	参考点返回	相同	非模态
G30	00	第 2 参考点返回	—	非模态
G31	00	跳步功能	相同	非模态
G32	01	螺纹切削	—	模态
G36	00	X 向自动刀具补偿	—	非模态
G37	00	Z 向自动刀具补偿	—	非模态
G40	07	刀尖补偿取消	刀具半径补偿取消	模态
G41	07	刀尖左补偿	刀具半径左补偿	模态
G42	07	刀尖右补偿	刀具半径右补偿	模态
G43	17	—	刀具长度正补偿	模态
G44	17	—	刀具长度负补偿	模态
G49	17	—	刀具长度补偿取消	模态
G50	00	工件坐标原点设置,最大主轴速度设置	—	非模态
G52	00	局部坐标系设置	相同	非模态
G53	00	机床坐标系设置	相同	非模态

续表

G代码	组别	用于数控车的功能	用于数控铣的功能	附注
G54	14	第1工件坐标系设置	相同	模态
G55	14	第2工件坐标系设置	相同	模态
G56	14	第3工件坐标系设置	相同	模态
G57	14	第4工件坐标系设置	相同	模态
G58	14	第5工件坐标系设置	相同	模态
G59	14	第6工件坐标系设置	相同	模态
G65	00	宏程序调用	相同	非模态
G66	12	宏程序调用模态	相同	模态
G67	12	宏程序调用取消	相同	模态
G68	04	双刀架镜像打开	—	非模态
G69	04	双刀架镜像关闭	—	非模态
G70	01	精车循环	—	非模态
G71	01	外圆/内孔粗车循环	—	非模态
G72	01	端面粗车循环	—	非模态
G73	01	复合形状粗车循环	高速深孔钻孔循环	非模态
G74	01	镗孔循环	左旋攻螺纹循环	非模态
G75	01	切槽循环(复合螺纹切削循环)	—	非模态
G76	01	螺纹车削多次循环	精镗循环	非模态
G80	01	固定循环注销	相同	模态
G81	01	—	钻孔循环	模态
G82	01	—	钻孔循环	模态
G83	01	端面钻孔循环	深孔钻孔循环	模态
G84	01	端面攻螺纹循环	攻螺纹循环	模态
G85	01	—	粗镗循环	模态
G86	01	端面镗孔循环	镗孔循环	模态
G87	01	侧面钻孔循环	背镗孔循环	模态
G88	01	侧面攻螺纹循环	—	模态
G89	01	侧面镗孔循环	镗孔循环	模态
G90		外径/内径车削循环	绝对尺寸	模态
G91		—	增量尺寸	模态
G92		单次螺纹车削循环(简单螺纹循环)	工件坐标原点设置	
G94	01	端面车削循环	—	模态
G96	02	恒表面速度设置(开始)	—	模态
G97	02	恒表面速度设置(取消)	—	模态
G98	05	每分钟进给	—	模态
G99	05	每转进给	—	模态

（2）FANUC数控系统的准备功能M代码

M代码	用于数控车的功能	用于数控铣的功能	附注
M00	程序停止	相同	非模态
M01	计划停止	相同	非模态
M02	程序结束	相同	非模态
M03	主轴顺时针旋转	相同	模态
M04	主轴逆时针旋转	相同	模态
M05	主轴停止	相同	模态
M06	—	换刀	非模态
M08	切削液开	相同	模态
M09	切削液关	相同	模态
M10	接料器前进	—	模态
M11	接料器退回	—	模态
M13	1号压缩空气吹管打开	—	模态

续表

M代码	用于数控车的功能	用于数控铣的功能	附注
M14	2号压缩空气吹管打开	—	模态
M15	压缩空气吹管关闭	—	模态
M17	2轴变换	—	模态
M18	3轴变换	—	模态
M19	主轴定向	—	模态
M20	自动上料器工作	—	模态
M30	程序结束并返回	相同	非模态
M31	互锁旁路	相同	非模态
M38	右中心架夹紧	—	模态
M39	右中心架松开	—	模态
M50	棒送料器夹紧并送进	—	模态
M51	棒送料器松开并退回	—	模态
M52	自动门打开	相同	模态
M53	自动门关闭	相同	模态
M58	左中心架夹紧	—	模态
M59	左中心架松开	—	模态
M68	液压卡盘夹紧	—	模态
M69	液压卡盘松开	—	模态
M74	错误检测功能打开	相同	模态
M75	错误检测功能关闭	相同	模态
M78	尾架套筒送进	—	模态
M79	尾架套筒退回	—	模态
M88	主轴低压夹紧	—	模态
M89	主轴高压夹紧	—	模态
M90	主轴松开	—	模态
M98	子程序调用	相同	模态
M99	子程序调用返回	相同	模态

注：在FANUC系统中，其准备功能M代码有些是保留代码，不同机床系统或不同厂家可自行定义。如M10、M11代码，可设定为第4轴夹紧、松开，尾座控制前进、后退，进料器前进、返回等多种功能，具体这些指令如何控制何种操作，必须参照机床配套说明书。

附录二　FANUC机床报警信息及处理

(1) 控制器的故障诊断

STATUS	ALARM	含　义
0000	—	电源未接通
1111	—	电源接通的初始化状态(CPU 尚未运行)
1011	—	等待子 CPU 的回答(ID 设定)
0011	—	检测子 CPU 的回答(ID 设定完成)
1101	—	FANUC 总线初始化
0101	—	PMC 初始化完成
1001	—	全部 CPU 配置完成
1110	—	PMC 完成初始化运行
0110	—	等待数字伺服初始化
1000	—	CNC 完成全部初始化，进入运行状态
0100	110	RAM 奇偶校验出错(主板、伺服驱动器或附加 CPU 板)
0100	011	伺服驱动器监控报警(WATCH DOG)
0100	010	CNC 存在报警
1111	010	CNC 未运行
1111	011	
1111	110	
1111	111	
1100	000	基本 SRAM 出错

(2) 伺服驱动器的故障诊断

数码管显示	含　义	备　注
—	速度控制单元未准备好	
0	速度控制单元准备好	
1	风机单元报警	
2	速度控制单元＋5V 欠电压报警	
5	直流母线欠电压报警	主回路断路器跳闸
8	L 轴电动机过电流	一轴或二、三轴单元的第一轴
9	M 轴电动机过电流	二、三轴单元的第二轴
A	N 轴电动机过电流	二、三轴单元的第三轴
b	L/M 轴电动机同时过电流	

续表

数码管显示	含　义	备　注
C	M/N 轴电动机同时过电流	
d	L/N 轴电动机同时过电流	
E	L/M/N 轴电动机同时过电流	
8.	L 轴的 IPM 模块过热、过流、控制电压低	一轴或二、三轴单元的第一轴
9.	M 轴的 IPM 模块过热、过流、控制电压低	二、三轴单元的第二轴
A.	N 轴的 IPM 模块过热、过流、控制电压低	二、三轴单元的第三轴
b.	L/M 轴的 IPM 模块同时过热、过流、控制电压低	
C.	M/N 轴的 IPM 模块同时过热、过流、控制电压低	
d.	L/N 轴的 IPM 模块同时过热、过流、控制电压低	
E.	L/M/N 轴的 IPM 模块同时过热、过流、控制电压低	

(3) 主轴驱动器的故障诊断

PIL	ALM	ERR	号码	内　容	故障处理
0	0	0	—	控制电源未输入	
0	—	—	—	控制电源已输入	
1	1	0	A0 A	程序不能正常启动 SPM 控制 PCB 上的 ROM 系统错误，或者硬件异常	①更换 SPM 控制印刷板上的 ROM ②更换 SPM 控制印刷板
1	1	0	A1	在 SPM 控制回路 CPU 的外围电路上检查出了异常	更换 SPM 控制印刷板
1	1	0	01	线圈内的温度控制器动作了。电动机内部超过了规定温度。连续在额定值以上使用或者是冷却异常	①确认周围温度和负载状况 ②当风扇停止时，更换风扇
1	1	0	02	电动机的速度不能跟从指令速度，电动机负载转矩过大。参数 4082 中的加速度时间不足。	①确认切削条件后减少负载 ②修改参数 4082
1	1	0	03	PSM 准备好(显示“00”)时，SPM 中 DC 回路电源不足。SPM 内部的 DC 回路熔丝断了。(电源不良或电动机短路)JX1A/JX1B 连接电缆异常	①更换 SPM 单元 ②检查电动机绝缘状态 ③更换接口电缆
1	1	0	04	检查出 PSM 电源缺相(PSM 显示 5 报警)	检查 PSM 输入电源状态
1	1	0	07	电动机速度超过了额定转速 115%。主轴在位置控制方式时，位置偏差量积存超过极限值(主轴同步时 SER、SRV 为 OFF 等)	确认顺序上是否错(主轴不能在旋转状态指令主轴同步等)
1	1	0	09	功率晶体管冷却用散热器的温度异常升高	①改善散热器的冷却状况 ②当散热器冷却风扇停止时更换 SPM 单元
1	1	0	11	检查出 PSM DC 回路过电压(PSM 报警显示 7)，PSM 选型错误(超过了 PSM 的最大输出规格)	①确认 PSM 的选定 ②确认输入电源电压和电动机减速时的电源变动。当超过了 AC253V(200V 系)、AC530V(400V 系)时，改善电源阻抗
1	1	0	12	电动机输出电流过大，电动机固有参数与电动机型号不同，电动机绝缘不良	①检查电动机绝缘状态 ②确认主轴参数 ③更换 SPM 单元
1	1	0	15	主轴切换输出切换时的切换顺序异常。切换用的 MC 的接点状态确认信号和指令不一致	①确认、修改梯形图顺序 ②更换用于切换的 MC
1	1	0	16	检测出 SPM 控制回路部件异常(外部数据 RAM 异常)	更换 SPM 控制印刷板
1	1	0	18	检测出 SPM 控制回路部件异常(程序 ROM 数据异常)	更换 SPM 控制印刷板
1	1	0	19	检测出 SPM 部件异常(U 相电流检测回路初始值异常)	更换 SPM 单元

续表

PIL	ALM	ERR	号码	内　容	故障处理
1	1	0	20	检测出 SPM 部件异常(V 相电流检测回路初始值异常)	更换 SPM 单元
1	1	0	24	检测出 CNC 电源 OFF(通常为 OFF 或电缆断线),检测出与 CNC 通信数据异常	①使 CNC 和主轴间电缆远离动力线 ②更换电缆
1	1	0	26	Cs 轮廓控制用电动机检测信号(插头 JY5)的振幅异常(电缆没连接,调整不良等)	①更换电缆 ②再调整前置放大器
1	1	0	27	①主轴位置编码器(插头 JY5)的信号异常 ②MZ、BZ 传感器的信号振幅(插头 JY2)异常(电缆没连接,参数设定等)	①更换电缆 ②再调整 BZ 传感器信号
1	1	0	28	Cs 轮廓控制用位置检测信号(插头 JY5)异常(电缆未接,调整不良)	①更换电缆 ②再调整前置放大器
1	1	0	29	在一段连接时间内,有过大负载(在励磁状态下电动机抱轴时也发生)	确认和修改负载状态
1	1	0	30	在 PSM 主回路上检测出过电流(PSM 报警显示 1)。电源不平衡。PSM 选型错(超出 PSM 最大输出规格)	确认和修改电源电压
1	1	0	31	不能按电动机指令速度旋转(旋转指令,一直在 SST 电平以下)。速度检测信号异常	①确认和修改负载状态 ②更换电动机传感器的电缆(JY2 或 JY5)
1	1	0	32	检测出 SPM 控制电路的部件异常(串行传送 LST 异常)	更换 SPM 控制印刷板
1	1	0	33	放大器内部的电磁接触器 ON 时,电源回路的直流电源电压没有充分地充电(缺相、充电电阻不良等)	①确认和修改电源电压 ②更换 SPM 单元
1	1	0	34	设定了超过允许值的参数	参照参数说明书进行修改,不知道号码时,连接主轴检查板,确认显示参数
1	1	0	35	设定了超过允许值的齿轮比数据	参照参数说明书,修改参数
1	1	0	36	错误计数器溢出了	确认位置增益的值是否过大,并修正
1	1	0	37	速度检测器的脉冲数的参数设定不正确	参照参数说明书,修改参数。
1	1	0	39	Cs 轮廓控制时,检测出一转信号和 AB 相脉冲数的关系不正确	①调整前置放大器的一转信号 ②确定电缆的屏蔽状态 ③更换电缆
1	1	0	40	Cs 轮廓控制时,不发生一转信号	①调整前置放大器的一转信号 ②确定电缆的屏蔽状态 ③更换电缆
1	1	0	41	①主轴位置编码器(插头 JY4)的一转信号异常 ②MZ、BZ 传感器一转信号(连接器 JY2)异常 ③参数设定错	①确认和修改参数 ②更换电缆 ③再调整 BZ 传感器的信号
1	1	0	42	①主轴位置编码器(插头 JY4)的一转信号断线 ②MZ、BZ 传感器一转信号(连接器 JY2)断线	①更换电缆 ②再调整 BZ 传感器的信号
1	1	0	43	在 SPM Type3 中差速位置编码器信号(连接器 JY8)异常	更换电缆
1	1	0	44	检测出 SPM 控制回路部件异常(A/D 转换器异常)	更换 SPM 控制印刷板
1	1	0	46	螺纹切削动作时,检测出了相当于 41 号报警的故障	①确认和修改参数 ②更换电缆 ③再调整 BZ 传感器的信号

续表

PIL	ALM	ERR	号码	内　　容	故障处理
1	1	0	47	①主轴位置编码器(连接器)的A/B相信号异常 ②MZ、BZ传感器的A/B相信号(连接器JY2)异常。A/B相和一转信号的关系不正确(脉冲间隔不一致)	①更换电缆 ②再调整BZ传感器的信号 ③改善电缆配置(接近电源线处)
1	1	0	49	在差速方式下,转换后的速度值超过了允许值	确认计算值是否超过了电动机最高转速
1	1	0	50	在主轴同步控制中,速度指令计算值超过了允许值(主轴旋转指令乘以齿轮比,计算电动机速度)	确认计算值是否超过了电动机最高转速
1	1	0	51	输入电压低(PSM报警显示4),瞬间停电、MC接触不良	①确认和修正电源电压 ②更换MC
1	1	0	52	检测出NC间接口的异常(ITB信号的停止)	①更换SPM控制印刷板 ②更换CNC侧的主轴接口P、C、B
1	1	0	53	检测出NC间接口的异常(ITB信号的停止)	①更换SPM控制印刷板 ②更换CNC侧的主轴接口P、C、B
1	1	0	56	SPM控制回路的冷却风扇不动作	更换SPM单元
1	1	0	57	再生电阻过负载(PSMR报警显示8);检测出热控制器动作或短时间过负载;检测出再生电阻断线或电阻值异常	①降低加减速功耗 ②确认冷却条件(外围湿度) ③冷却风扇停止时,更换电阻 ④电阻值异常时更换再生电阻
1	1	0	58	PSM的散热器的温度异常高(PSM报警显示3)	①检测PSM的冷却状况 ②更换PSM单元
1	1	0	59	PSM内部冷却风扇停止动作(PSM报警显示2)	更换PSM单元
1	0	1	01	ESP及MRDY(机械准备好信号)没有输入但却输入了SFR(正转信号)/SRV(反转信号)/ORCM(定向指令)	请确认ESP、MRDY的顺序(请注意MRDY信号的使用。不使用的参数设定No.4001#0)
1	0	1	02	装有高分辨率磁传感器的主轴电动机(No.4001#6,5=0,1),速度检测器参数设定错误	请确认主轴电动机速度检测器的参数(No.4011#2,1,0)
1	0	1	03	装有高分辨率磁传感器的设定(No.4001#5=1)或装有α传感器的Cs轮廓控制功能的设定不是(No.4018#4=1),但输入了Cs轮廓控制,此时电动机不能励磁	请确认Cs轮廓控制用检测器的参数(No.4001#5,No.4018#4)
1	0	1	04	使用位置编码器的信号不是(No.4001#2=1),但输入了伺服方式(刚性攻螺纹、主轴定位)主轴同步控制指令。此时电动机不能励磁	请确认位置编码器信号的参数(No.4001#2)
1	0	1	05	没有设定选择定向,却输入了定向指令(ORCM)	请确认定向的软件选择
1	0	1	06	没有设定选择输出切换,却选择了低速线圈(RCH=1)	请确认主轴输出切换软件的选择及动力线状态信号(RCH)
1	0	1	07	虽然指令了Cs轮廓控制方式,但SFR/SRV没有输入	请确认顺序(CON,SFR,SRV)
1	0	1	08	指令了伺服方式(刚性攻螺纹、主轴定位),但没有输入SFR/SRV	请确认顺序(SFR,SRV)
1	0	1	09	指令了主轴同步控制方式,但没有输入SFR/SRV	请确认顺序(SPSYC,SFR,SRV)

PIL	ALM	ERR	号码	内　容	故障处理
1	0	1	10	在Cs轮廓控制方式中，又指令了其他运行方式(伺服方式、主轴同步控制、定位)	在Cs轮廓控制指令中，请不要指令其他运行方式；解除Cs轮廓控制指令之后再指令其他方式
1	0	1	11	伺服方式(刚性攻螺纹、主轴定位)，指令了其他运行方式(Cs轮廓控制、主轴同步控制、定位)	在伺服指令中，请不要指令其他运行方式；解除伺服指令之后再指令其他方式
1	0	1	12	在主轴同步控制中，指令了其他了其他运行方式(Cs轮廓控制、伺服方式、定位)	在主轴同步控制指令中，请不要指令其他运行方式；解除主轴同步控制指令之后再指令其他方式
1	0	1	13	在定向指令中，指令了其他运行方式(Cs轮廓控制、伺服方式、同步控制)	在定向指令中，请不要指令其他运行方式；在解除定向指令之后再指令其他方式
1	0	1	14	同时输入了SFR信号和SRV信号	请输入SFR/SRV两信号中的一个信号
1	0	1	15	具有差速方式功能的参数设定(No. 4000＃5=1)时，指令了Cs轴轮廓控制	请确认参数(No. 4000＃5)是设定和PMC信号
1	0	1	16	参数设定上是无差速方式功能(No. 4000＃5=0)，但输入了差速方式指令(DEFMD)	请确认参数(No. 4000＃5)的设定和PMC信号(ORCM)
1	0	1	17	速度检测器设定的参数(No. 4011＃2，1，0)不合适(无该速度检测器)	请确认参数(No. 4011＃2)的设定和PMC信号(ORCM)
1	0	1	18	按不使用位置编码器设定的参数(No. 4001＃2=0)，却输入了位置编码器方式的定向指令(OECMA)	请确认参数(No. 4001＃2)的设定和PMC信号(ORCM)
1	0	1	19	在磁传感器方式定向中，指令了其他运行方式	在定向指令中，不要指令其他运行方式；在解除定向指令之后再指令其他方式
1	0	1	20	设定了自从属运行方式功能的参数(No. 4014＃5=1)，并设定了使用高分辨率磁传感器(No. 4001＃5=1)，或设定了用α传感器的Cs轮廓控制功能(No. 4018＃4=1)，以上不能同时设定	请确认参数(No. 4001＃5，No. 4014＃5，No. 4018＃4)的设定
1	0	1	21	在位置控制(伺服方式，定向等)动作中，输入了从属运行方式指令(SLV)	从属运行方式(SLV)请在通常运行方式状态中输入
1	0	1	22	从属运行方式中(SLVS=1)输入了位置控制指令(伺服方式，定向等)	位置控制指令请在通常运行方式状态输入
1	0	1	23	在参数设定上没有从属运行方式功能(No. 4014＃5=0)，却输入了从属运行方式指令(SLV)	请确认参数(No. 4014＃5)的设定和PMC信号
1	0	1	24	最初用增量指令(INCMD=1)进行定向，接着又输入了从属运行方式指令(SLV)	请确认PMC信号(INCMD)。最初请用绝对指令进行定向
1	0	1	25	不是SPM4型主轴放大器，却设定了α传感器的Cs轮廓控制功能(No. 4081＃4=1)	请确认主轴放大器规格和参数(No. 4081＃4)

(4) 电源部分的故障诊断

PIL	ALM	ERR	号码	含　义	原因及处理方法
0	0	0	—	控制电源未输入	
1	0	0	—	控制电源已输入	
1	1	0	—	电源模块未准备好(MCC OFF)	紧停信号被输入
1	1	0	00	电源模块已准备好(MCC ON)	正常工作状态
1	1	0	01	主回路IPM检测错误	① IGBT或IPM不良 ②输入电阻器不匹配

续表

PIL	ALM	ERR	号码	含　　义	原因及处理方法
1	1	0	02	风机不转	①风机不良 ②风机连接错误
1	1	0	03	电源模块过热	①风机不良 ②模块污染引起散热不良 ③长时间过载
1	1	0	04	直流母线电压过低	①输入电压过低 ②输入电压存在短时间下降 ③主回路缺相或断路器断开
1	1	0	05	主回路直流母线电容不能在规定的时间内充电	①电源模块容量不足 ②直流母线存在短路 ③充电限流电阻不良
1	1	0	06	输入电源不正常	电源缺相
1	1	0	07	直流母线过电压或过电流	①再生制动能量太大 ②输入电源阻抗过高 ③再生制动电路故障 ④ IGBT 或 IPM 不良

(5) 程序错误报警信息

号码	故障源	信　　息	含　　义	处理方法
000	程序/操作	PLEASE TURN OFF POWER	输入了要求切断电源的参数	应切断电源
001	程序/操作	TH PARITY ALARM	TH 报警(输入了带有奇偶性错误的字符)	应修改程序或纸带
002	程序/操作	TV PARITY ALARM	TV 报警(一个程序段内的字符为奇数),只有在设定画面上的 TV 校验为“1”时,才产生报警	
003	程序/操作	TOO MANY DIGITS	输入了超过允许值的数据,按操作说明书的最大指令值	修改数据
004	程序/操作	ADDRESS NOT FOUND	程序开头无地址,只输入了数值或符号	修改程序
005	程序/操作	NO DATA AFTER ADDRESS	地址后没有紧随相应的数据,而输入了地址 EOB 代码	修改程序
006	程序/操作	ILLEGAL USE OF NEGATIVE SIGN	符号“-”(负)输入错误(在不能使用“-”符号的地址后输入了该符号,或输入了两个或两个以上的“-”)	修改程序
007	程序/操作	ILLEGAL USE OF DECIMAL POINT	小数点“.”输入错误。如地址之后紧接着输入了小数点,或输入了两个小数点,均会产生本报警	修改地址
009	程序/操作	ILLEGAL ADDRESS INPUT	在有意义的信息区输入了不可用的地址	修改程序
010	程序/操作	IMPROPER G-CODE	指定了一个不能用的 G 代码或针对某个没有提供的功能指定了某个 G 代码	修改程序
011	程序/操作	NO FEEDRATE COMMANDED	没有指定切削进给速度,或进给速度指令不合格	修改程序
014	程序/操作	OT COMMAND G95	没有螺纹切削/同步进给功能指令了同步	修改程序
015	程序/操作	TOOL MANY AXESCOMMAND	指定的移动坐标轴数超过了联动轴数	修改程序
020	程序/操作	OVER TOLERANCE OF RADIUS	在圆弧插补(G02 或 G03)中,圆弧始点半径值与圆弧终点半径值的差超过了 3410 号参数的设定值	修改程序

续表

号码	故障源	信　息	含　义	处理方法
021	程序/操作	ILLEGAL PLANE AXES COMMANDED	在圆弧插补中，指令了不在指定平面(G17、G18、G19)的轴	修改程序
022	程序/操作	NO CIRCLE	在圆弧插补指令中，没有指定圆弧半径 R 或圆弧的起始点到圆心之间的距离的坐标值 I、J 或 K	
025	程序/操作	CANNOT COMMAND F0 IN G02/G03	在圆弧插补中，用 F1 一位数进给指令了 F0(快速进给)	修改程序
027	程序/操作	NO AXES COMMANDED IN G43/G44	在刀具长度补偿 C 中，在 G43 和 G44 的程序段，没有指定轴；在刀具长度补偿 C 中，在没有取消补偿状态下，又对其他轴进行补偿	修改程序
028	程序/操作	ILLEGAL PLANE SELECT	在平面选择指令中，同一方向上指令了两个或更多的坐标轴	修改程序
029	程序/操作	ILLEGAL OFFSET VALUE	用 H 代码选择的偏置量的值太大	修改程序
030	程序/操作	ILLEGAL OFFSET NUMMBER	用 D/H 代码指令的刀具半径补偿、刀具长度补偿的偏置号过大	修改程序
031	程序/操作	ILLEGAL P COMMAND IN G10	在程序输入偏置量(G10)中，指定偏置量的 P 值太大，或者没有指定 P 值	修改程序
032	程序/操作	ILLEGAL OFFSET VALUE IN G10	偏置量程序输入(G10)或用系统变量写偏置量时，指定的偏置量过大	修改程序
033	程序/操作	NO SOLUTION AT CRC	刀具 R 补偿 C 的交点计算中，没有求到交点	修改程序
034	程序/操作	NO CIRC ALLOWED IN STUP/EXT BLK	刀具半径补偿 C 中，在 G02/G03 方式下进行起刀或取消刀补	修改程序
036	程序/操作	CAN NOT COMMANDED G31	刀具半径补偿方式中，指令了 G31 跳步切削	修改程序
037	程序/操作	CAN NOT CHANGE PLANE IN CRC	刀具半径补偿 C 中，切换了补偿平面(G17、G18、G19)	修改程序
038	程序/操作	INTERFERENCE IN CIRCULAR BLOCK	刀具半径补偿 C 中，圆弧的始点或终点一致，可能产生过切	修改程序
041	程序/操作	INTERFERENCE IN CRC	刀具半径补偿 C 中，可能产生过切；在刀具半径补偿方式中，辅助功能、暂停指令等不移动的程序段连续指令两个以上	修改程序
042	程序/操作	G48/G45 NOT ALLOWED IN CRC	在刀具半径补偿方式中，指令了刀具位置补偿(G45～G48)	修改程序
044	程序/操作	G27-G30 NOT ALLOWEN IN FIXED	在固定循环方式中，指令了 G27～G30	修改程序
046	程序/操作	ILLEGAL REFENCE RETURN CONNAND	在返回第 2、3、4 参考点指令中，指令了非 P2、P3、P4 指令	修改程序
050	程序/操作	CHF/CNR NOT ALLOWED IN THRD BLK	在螺纹切削程序段中，指令了任意角度的倒角、拐角 R	修改程序
051	程序/操作	MIDDING MOVE AFTER CHF/CNR	任意角度的倒角、拐角 R 程序段的下个程序段是移动或移动量不合适	修改程序
052	程序/操作	CODE IN NOT G01 AFTER CHF/CNR	在指令任意角度的倒角、拐角 R 程序段的下一个程序段，不是 G01、G02、G03 的程序段	修改程序
053	程序/操作	TOO MANY ADDRESS COMMANDS	在没有任意角度的倒角、拐角 R 功能的系统中，指令了逗号“，”；或者在任意角度的倒角、拐角 R 指令中，逗号“，”之后不是 R、C 指令	修改程序

续表

号码	故障源	信　息	含　义	处理方法
055	程序/操作	MISSING MOVE VALUE IN CHF/CNR	在任意角度倒角、拐角R的程序段中指定的移动量比例角、拐角R的量还小	修改程序
058	程序/操作	END POINT NOT FOUND	任意角度倒角、拐角R中，指令了选择平面以外的轴	修改程序
059	程序/操作	PROGRAM NUMBER NOT FOUND	在外部程序号检索中，没有发现指定的程序号；或者检索了后台编辑中的程序号	确认程序号和外部信号；或者终止后台编辑操作
060	程序/操作	EQUENCE NUMBER NOT FOUND	指定的顺序号在顺序号检索中未找到	确认顺序号
070	程序/操作	NO PROGRAM SPACE IN MENORY	存储器的存储量不够	删除各种不必要的程序并再执行一次程序登录
071	程序/操作	DATA NOT FOUND	没有发现检索的地址数据，或者在程序号检索中没有找到指定的程序号	再次确认要检索的数据
072	程序/操作	TOO MANY PROGRAMS	登录的程序数超过了200个	删除不要的程序，再次登录
073	程序/操作	PROGRAM NUMBER ALREADY IN USE	要登录的程序号与已登录的程序号相同	变更程序号或删除旧的程序号后再次登录
074	程序/操作	ILLEGAL PROGRAM NUMBER	程序号不在1～9999之内	修改程序号
075	程序/操作	PROTECT	登录了被保护的程序号	修改程序号
076	程序/操作	ADDRESS NOT DEFINED	在包括M98、G65或G66Z指令的程序中，没有指定地址P(程序号)	修改程序
077	程序/操作	SUB PROGRAM NESTING ERROR	调用5重子程序	修改程序
078	程序/操作	NUMBER NOT FOUND	M98、M99、G65或G66的程序段中的地址P指定的程序号或顺序号未找到，或者GOTO语句指定的顺序号未找到，或调用了正在被后台编辑的程序	修改程序或终止后台编辑操作
079	程序/操作	PROGRAM VERIFY ERROR	在存储器与程序校对中，存储器中的某个程序与外部I/O设备中读入的不一致	检查存储器中的程序以及外部设备中的程序
080	程序/操作	G37 ARRIVAL SIGNAL NOT ASSERTED	在刀具长度自动测量功能(G37)中，在参数6254(e值)设定的区域内，测量位置到达信号(XAE，YAE，ZAE)没有变为ON	设定或操作错误
081	程序/操作	OFFSET NUMBER NOT FOUND G37	在刀具长度自动补偿功能中，没有指令H代码，而只指定了刀具长度自动测量(G37)	修改程序
082	程序/操作	H-CODE NOT ALLOWED G37	在刀具长度自动测量功能中，在同一程序段指令了H代码和刀具长度自动测量(G37)	修改程序
083	程序/操作	ILLEGAL AXIS COMMAND IN G37	在刀长自动测量功能(G37)中，轴指定错误，或者移动指令是增量指令	修改程序
085	程序/操作	COMMUNICATION ERROR	用阅读机/穿孔机接口进行数据读入时，出现溢出错误、奇偶错误或成帧错误	可能是输入的数据位数不吻合，或波特率的设定、设备的规格不对
086	程序/操作	DR SIGNAL OFF	用阅读机/穿孔机接口进行数据输入时，I/O设备的动作准备信号(DR)断开	可能是I/O设备电源没有接通，电缆断线或印刷电路板出故障

续表

号码	故障源	信　息	含　义	处理方法
087	程序/操作	BUFFER OVER FLOW	用阅读机/穿孔机接口进行数据读入时，虽然指定了读入停止，但超过了10个字符后输入仍未停止	I/O设备或印刷电路板出故障
090	程序/操作	REDERENCE RETURN INCOMPLETE	由于起始点离参考点太近，或速度太低，而不能正常进行参考点返回	把起始点移到离参考点足够远的距离后，再进行参考点返回操作；或提高返回参考点的速度，再进行参考点返回
091	程序/操作	REDERENCE RETURN INCOMPLETE	自动运行暂停时，不能进行手动返回参考点	
092	程序/操作	AXES NOT ON THE REFERENCE POINT	在返回参考点检测(G27)中，被指定的轴没有返回参考点	需确定程序内容
094	程序/操作	PTYPE NOT ALLOWEN(COORD CHG)	程序再启动中不能指令P型(自动运行中断后，又进行了坐标系设定)	按照操作说明书，重新进行正确的操作
095	程序/操作	PTYPE NOT ALLOWEN(EXT OFS CHG)	程序再启动中不能指令P型(自动运行中断后，变更了外部工件偏置量)	按照操作说明书，重新进行正确的操作
096	程序/操作	PTYPE NOT ALLOWEN(WRK OFS CHG)	程序再启动中不能指令P型(自动运行中断后，变更了工件偏置量)	按照操作说明书，重新进行正确的操作
097	程序/操作	PTYPE NOT ALLOWEN (AUTO EXEC)	程序再启动中不能指令P型(接通电源后，紧急停止后，或P/S报警094～097的复位后，一次也没有进行自动运行)	请进行自动运行
098	程序/操作	G28 FOUND IN SEQUENCE RETURN	电源接通后，或紧急停止后一次也没有返回参考点	指令程序在启动、检索中发现了G28，进行返回参考点
099	程序/操作	MDI EXEC NOT ALLOWED AFT SEARCH	在程序再启动中、检索结束后进行轴移动之前，用MDI进行了移动指令	应先进行轴移动，不能介入MDI运行
100	程序/操作	PARAMETER WRITE ENABLE	参数设定画面，PWE(参数可写入)被定为“1”	请设为“0”，再使系统复位
101	程序/操作	PLEASE CLEAR MENORY	用程序编辑改写存储器时，出现了电源断电	当此报警发生时，同时按下[PROG]和[RESET]键，只删除编辑中的程序，报警被解除后，请再次登陆编辑中的程序
109	程序/操作	FORMAT ERROR IN G08	G08后面的P值不是0、1或没有指令	修改程序
110	程序/操作	DATA OVERFLOW	固定小数点显示的数据的绝对值超过了允许范围	修改程序
111	程序/操作	ALCULATED DATA OVERFLOW	宏程序功能的宏程序命令的运算结果超出了允许范围($-10^{47}\sim-10^{-29}$，0，$10^{-29}\sim10^{47}$)	修改程序
112	程序/操作	DIVIDED BY ZERO	除数为“0”(包括tan90°)	修改程序
113	程序/操作	IMPROPER COMMAND	指定了用户宏程序不能使用的功能	修改程序
114	程序/操作	FORMAT ERROR IN MACRO	(公式)以外的格式错误	修改程序
115	程序/操作	ILLEGAL VARIABLE NUMBER	用户宏程序中指定了没有定义的值作为变量号	修改程序

续表

号码	故障源	信　　息	含　　义	处理方法
116	程序/操作	WRITE PROTECTED VARLABLE	赋值语句的左侧是禁止输入的变量	修改程序
118	程序/操作	PARENTHESIS NESTING ERROR	括号的嵌套次数已超过了上限值(5重)	修改程序
119	程序/操作	ILLEGAL ARGUMENT	SQRT的自变量是负值,或者BCD的自变量是负值,BIN自变量的各位为0～9以外的值	修改程序
122	程序/操作	FOUR FOLD MACRO MODALCALL	宏程序模态调出,指定为4重	修改程序
123	程序/操作	CAN NOT USE MARCO COMMAND IN DNC	在DNC运转中,使用了宏程序控制指令	修改程序
124	程序/操作	MISSING END STATEMENT	DO-END语句不是一一对应的	修改程序
125	程序/操作	FORMAT ERROR IN MARCO	(公式)的格式不对	修改程序
126	程序/操作	ILLEGALLOOP NUMBER	在DO*n*中,*n*的值不在1～3中	修改程序
127	程序/操作	NC MARCO STATEMENT IN SAME BLOCK	NC命令与宏指令混用	修改程序
128	程序/操作	ILLEGAL MARCO SEQUENCE NUMBER	在GOTO *n* 中,*n*不在0～9999的范围之内,或者没有找到转移点的顺序号	修改程序
129	程序/操作	ILLEGAL ARGUMENT ADDRESS	在自变量赋值中,使用了不允许的地址	修改程序
130	程序/操作	ILLEGAL AXIS OPERATION	PMC对CNC控制的轴给出了轴控制指令,反之,CNC对PMC控制的轴给出了轴控制指令	修改程序
131	程序/操作	TOO MANY EXTERNAL ALARM MESSAGE	外部报警信息中,发生了5个以上的报警	从PMC梯形图中找原因
132	程序/操作	ALARM NUMBER NOT FOUND	外部报警信息中没有对应的报警号	检查PMC梯形图
133	程序/操作	ILLEGAL DATA IN EXT ALARM	外部报警信息或外部操作信息中,小分区数据有错误	检查PMC梯形图
135	程序/操作	ILLEGAL ANGLE COMMAND	分度工作台定位角度指令了非最小角度的整数倍的值	修改程序
136	程序/操作	ILLEGAL AXIS COMMAND	在分度工作台分度功能中,与B轴同时指令了其他轴	修改程序
137	程序/操作	M-CODE & MOVE CMD IN SAME BLK	在有关主轴分度的M代码的程序段给出了其他轴的移动指令	修改程序
139	程序/操作	CAN NOT CHANGE PMC CONTROL AXIS	PMC轴控制中,指令了轴选择	修改程序
141	程序/操作	CAN NOT COMMAND G51 IN CRC	在刀具补偿方式中,指令了G51(比例缩放有效)	修改程序
142	程序/操作	ILLEGAL SCALE RATE	指令的比例缩放倍率值在1～999999之外	请修正比例缩放倍率值(G51 Pp…;或参数5411,5412)
143	程序/操作	SCALED MOTION DATA OVERFLOW	比例缩放的结果、移动量、坐标值、圆弧半径等超过了最大指令值	请参照操作说明书附录"指令范围一览表"修改程序或比例缩放倍率

续表

号码	故障源	信　息	含　义	处理方法
144	程序/操作	ILLEGAL PLANE SELECTED	坐标旋转平面与圆弧或刀具补偿C平面必须一致	修改程序
148	程序/操作	ILLEGAL STTING DATA	自动拐角倍率的减速比超过了角度允许设定值的范围	修改参数1710～1714的设定值
149	程序/操作	FORMAT ERRORIN G10L3	在扩展刀具寿命计数器的设定中，指令了Q1、Q2、P1、P2以外的形式	修改程序
150	程序/操作	ILLEGAL TOOL GROUP NUMBER	刀具组号超出了允许的最大值	修改程序
151	程序/操作	TOOL GROUP NUMBER NOT FORMAT	在加工过程中，没有设定指定刀的组号	修改程序或参数设定值
152	程序/操作	NO SPACE FOR TOOL ENTRY	1组内的刀具数量超过了可以登录的最大值	修改刀具数的设定值
153	程序/操作	T-CODE NOT FOUND	在刀具寿命数据登陆时，在应指定T代码的程序段没有指定T代码	修改程序
154	程序/操作	NOT USING TOOL IN LIFE GROP	在没有指令刀具组时，却指令了H99或D99	修改程序
155	程序/操作	ILLEGAL T-CODE IN M06	在加工程序中，M06程序段的T代码与现在使用的组不对应	修改程序
156	程序/操作	P/L COMMAND MOT FOUND	在设定刀具组的程序开头时，没有指令P/L	修改程序
157	程序/操作	TOO MANY TOOL GROUPS	设定刀具组数超过了允许的最大值	（参照参数6800＃0和＃1）修改程序
158	程序/操作	ILLEGAL TOOL LIFE DATA	设定的寿命值太大	修改设定值
159	程序/操作	TOOL DATA SETTING INCOMPLETE	执行设定程序时，电源断了	请再次设定
190	程序/操作	ILLEGAL AXIS SELECT	恒定线速度切削过程中，轴指定错误；（参照参数3770的设定）指定的P轴超出指定范围	修改程序
194	程序/操作	SPINDLE COMMAND IN SYNCHRO-MODE	串行主轴控制中，指令了轮廓控制方式或者主轴定位（Cs轴控制）和刚性攻螺纹方式	修改程序以便事先解除同步控制方式
195	程序/操作	MODE CHANGE ERROR	串行主轴控制中，切换为轮廓控制方式或者主轴定位（Cs轴控制）和刚性攻螺纹方式以及主轴控制方式（主轴转速控制）时，不能正常完成（对NC来的切换指令，有关主轴控制单元切换的响应发生了异常。本报警不是操作错误，此种状态下若继续运行是危险的，故作为P/S报警）	
197	程序/操作	C-AXIS COMMANDED IN SPINDLE MODE	CON信号（DEG＝G027.7）为OFF时，程序指令了沿Cs轴的移动	从PMC梯形图查找CON信号不接通的原因
199	程序/操作	MARCO WORD UNDEFINED	使用了未定义的宏语句	修改用户宏程序
200	程序/操作	ILLEGAL CODE COMMAND	刚性攻螺纹中的S值超出了允许范围，或没指令	修改程序
201	程序/操作	FEEDRATE NOT FOUND IN RIGID TAP	刚性攻螺纹中，没有指令F值	修改程序
202	程序/操作	POSITION LSIOVERFLOW	刚性攻螺纹中主轴分配值过大（系统错）	

续表

号码	故障源	信　　息	含　　义	处理方法
203	程序/操作	PROGRAM MISS AT RIGID TAPPING	刚性攻螺纹中M代码(M29)或S指令位置不对	修改程序
204	程序/操作	ILLEGAL AXIS OPERATION	刚性攻螺纹中在刚性攻螺纹M代码(M29)和M系的G84或G74(T系的G84或G88)的程序段间，指令了轴移动	修改程序
205	程序/操作	RIGID MODE DISIGNAL OFF	刚性攻螺纹中存在刚性攻螺纹M代码(M29)，但当执行M系的G84或G74(T系的G84或G88)的程序段时，刚性方式的DI信号(DNG=G061.0)没有成为ON状态	从PMC梯形图查DI信号不为ON的原因
206	程序/操作	CAN NOT CHANGE PLANE(GIGID TAP)	刚性攻螺纹中，指令了平面切换	修改程序
210	程序/操作	CAN NOT COMMAND M198/M199	在程序运行中，执行了M198、M199，或者DNC运行中执行了M198。在复合型固定循环的小型加工中中断宏程序而执行M99	修改程序
211	程序/操作	G31(HIGH)NOT ALLOWED IN G99	选择高速跳步时，在跳转指令中，指令了G31	修改程序
212	程序/操作	ILLEGAL PLANE SELECT	在含有附加轴的平面中，指令了任意角度、拐角R	修改程序
213	程序/操作	ILLEGAL COMMAND IN SYNCHRO-MODE	在同步(简易同步控制)运行中，发生以下异常： ①对于从动轴，在程序中指令了移动 ②对于从动轴指令了JOG进给/手轮进给/增量进给 ③电源接通后不进行手动返回参考点就指令了自动返回参考点 ④主动轴和从动轴的位置偏差量超过参数(No.8313)中的设定值	
214	程序/操作	ILLEGAL COMMAND IN SYNCHRO-MODE	在同步控制中，执行了坐标系设定或位移型刀具补偿	修改程序
221	程序/操作	ILLEGAL COMMAND IN SYNCHR-MODE	同时进行多边形加工同步运行和Cs轴控制	修改程序
224	程序/操作	RETURN TO REFERENCE POINT	自动运行开始以前没有返回参考点(只在参数1005#0为0时)	请运行返回参考点操作
231	程序/操作	ILLEGAL FORMAT IN G10 OR L50	在用程序输入参数时。指令格式有以下错误： ①没有输入地址N或R ②输入了不存在的参数号 ③轴号过大 ④有轴型参数，但没有指令轴号 ⑤没有轴型参数，但指令轴号	修改程序
233	程序/操作	DEVICE BUSY	当要使用某一与RS232C接口连接设备时，其他的用户正在使用它	
239	程序/操作	BP/S ALARM	用控制外部I/O单元功能，正进行穿孔时，进行了后台编辑操作	
240	程序/操作	BP/S ALARM	MDI操作时，进行了后台编辑	
253	程序/操作	G05 IS NOT AVAILABLE	在预读控制方式中(G08P1)，指令了高速远程的二进制输入运行G05	

(6) 伺服报警

号码	故障源	信 息	含 义	处 理 方 法
400	数字伺服	SERVO ALARM : n-TH AXIS OVERLOAD	n 轴(1～4 轴)出现过载信号	详细内容参照诊断号 200、201
401	数字伺服	SERVO ALARM :n-TH AXIS VRDY OFF	n 轴(1～4 轴)的伺服放大器的准备信号 DRDY 为 OFF	使 DRDY 为 ON
404	数字伺服	SERVO ALARM :n-TH AXIS VRDY ON	轴控制模块的准备信号(MCON)为 OFF,而伺服放大器的准备信号(DRDY)为 ON。或者电源接通时 MCON 为 OFF,但 DRDY 仍是 ON	请确认伺服接口模块和伺服放大器的连接
405	数字伺服	SERVO ALARM: ZERO POINT RETURN FAVLT	位置控制系统异常,由于返回参考点时 NC 内部或伺服系统异常,可能不能正确返回参考点	应重新用手动返回参考点
407	数字伺服	SERVO ALARM:EXCESS ERROR	在简易同步控制运行中,出现以下异常: ①同步轴的位置偏差量超过了参数(No. 8314)上设定的值 ②同步轴的最大补偿量超过了参数(No. 8325)上设定的值	
409	数字伺服	TORQUALM:EXCESS ERROR	伺服电动机出现了异常负载,或 Cs 方式中主轴电动机出现了异常负载	
410	数字伺服	SERVO ALARM :n-TH AXIS-EXCESS ERROR	发生了以下异常: ① n 轴停止中的位置偏差量的值超过了参数(No. 1829)上设定的值 ②简易同步控制中,同步时的最大补偿量超过了参数(No. 8325)上设定的值 此报警只发生在从动轴	
411	数字伺服	SERVO ALARM :n-TH AXIS-EXCESS ERROR	n 轴(1～4 轴)移动中的位置偏差量大于设定值	需要设定参数(No. 1828)上各轴的限制量
413	数字伺服	SERVO ALARM :n-TH AXIS-LSI OVERFLOW	n 轴(1～4 轴)的误差寄存器的内容超出$\pm 2^{31}$的范围	这种错误通常是因各种设定错误造成的
414	数字伺服	SERVO ALARM :n-TH AXIS-DETECTION RELATED ERRO	n 轴(1～4 轴)的数字伺服系统异常	详细内容参照诊断号 200、201、204
415	数字伺服	SERVO ALARM :n-TH AXIS-EXCESS SHIFT	在 n 轴(1～4 轴)指令了大于 511875 检测单位/s 的速度	此错误是因 CMR 的设定错误造成的
416	数字伺服	SERVO ALARM :n-TH AXIS-DISCONNECTION	n 轴(1～4 轴)的脉冲编码器的位置检测系统异常(断线报警)	详细内容参照诊断号 200、201
417	数字伺服	SERVO ALARM :n-TH AXIS-PARAMETER INCORRECT	当 n 轴(1～4 轴)满足以下任一条件时,出现本报警(数字伺服报警): ①电动机型号参数(No. 2020)的设定值在指定范围之外 ②电动机旋转方向参数(No. 2022)是没有设定正确的值(111 或−111) ③在电动机每抓的位置反馈脉冲数参数(No. 2023)上设定了 0 以下的错误数据 ④在电动机每转的位置反馈脉冲数(No. 2024)上设定了 0 以下的错误数据 ⑤参数(No. 2084、2085)上没有设定柔性进给齿轮比 ⑥参数(No. 1023)(伺服轴号数)上设定了 1～4 控制轴数的范围外的值(只有 3 轴,而设定了 4 轴)或者设定了不连续的值 ⑦ PMC 轴控制的转矩控制中,参数设定错误(转矩常数的参数为 0)	

续表

号码	故障源	信息	含义	处理方法
420	数字伺服	SYNC TORQUE:EXCESS ERROR	简易同步控制中，主动轴与从动轴转矩指令差超过了参数设定值(No. 2031)。此报警只发生在主动轴上	
421	数字伺服	EXCESS ER(D):EXCESS ERROR	使用双位置反馈功能时，半闭环的误差与全闭环的误差之差值过大	请确认双位置变换系数(参数 No. 2078、No. 2079)的设定值
422	数字伺服	EXCESS ER(D):SPEED ERROR	在 PMC 轴的转矩控制中，速度超出了允许的速度	
423	数字伺服	EXCESS ER(D):EXCESS ERROR	在 PMC 轴控制的转矩控制中，超过了有参数设定的允许移动累计值	

(7) 超程报警

号码	故障源	信息	含义
500	超程	OVER TRAVEL :+n	超过了 n 轴的正向存储行程检查Ⅰ的范围(参数 1320 或 1326)
501	超程	OVER TRAVEL:−n	超过了 n 轴的负向存储行程检查Ⅰ的范围(参数 1321 或 1327)
502	超程	OVER TRAVEL :+n	超过了 n 轴的正向存储行程检查Ⅱ的范围(参数 1322)
503	超程	OVER TRAVEL :−n	超过了 n 轴的负向存储行程检查Ⅱ的范围(参数 1324)
506	超程	OVER TRAVEL :+n	超过了 n 轴的正向的硬件 OT
507	超程	OVER TRAVEL :−n	超过了 n 轴的负向的硬件 OT

(8) PMC 报警

号码	故障源	信息	含义	处理方法
1	PMC	ADDRESS BIT NOTHING	没有设定继电器/线圈的地址	请设定地址
2	PMC	FUNCTION NOT FOUND	没有输入号码的功能指令	
3	PMC	COM FUNCTION MISSING	功能指令 COM/(SUB9)的使用方法错，COM 和 COME(SUB29)不对应	
4	PMC	EDIT BUFFER OVER	编辑用的缓冲区无空区	请把编辑中 NET(网)缩小
5	PMC	END FUNCTION MISSING	没有 END1、END2 的功能命令。END1、END2 是错误级，END1、END2 的顺序不对	
6	PMC	ERROR NET FOUND	网络错误	
7	PMC	ILLEGAL FUNCTION NO.	检索了错误的功能指令号	
8	PMC	FUNCTION LINE ILLEGAL	功能指令的连接不正确	
9	PMC	HORIZON TAL LINE ILLEGAL	没有编制指令行的水平线	
10	PMC	ILLEGAL NETS CLEARED	在梯形图编辑画面时，因电源被关断，编辑中的指令行被清除	
11	PMC	ILLEGAL OPERATION	操作不正确，只输入了【INPUT】键，地址数据输入错；显示功能指令的空间不够，故功能指令不能完成	
12	PMC	SYMBOL UNDEFINED	输入的符号没有定义	
13	PMC	INPUT INVALID	输入数据错误。输入了 COPY、INSLIN、C-UP、C-DOWN 等非法数值的内容。线圈上没有指令的输入地址，数据表上指定了不正确的字符	

续表

号码	故障源	信息	含义	处理方法
14	PMC	NET TOO LARGE	输入的指令行大于编辑缓冲器的容量	减少编辑中的指令行
15	PMC	JUMP FUNCTION MISSING	功能指令JMP(SUB10)的使用方法错。JMP和JMPR(SUB30)不对应	
16	PMC	LADDER BROKEN	梯形图不良(坏了)	
17	PMC	LADDER ILLEGAL	梯形图不正确	
18	PMC	IMPOSSIBLE WRITE	试图在ROM中编辑梯形图	
19	PMC	OBJECT BUFFER OVER	顺序程序地址充满了	减少梯形图
20	PMC	PARAMETER	没有功能指令的参数	
21	PMC	PLEASE COMPLETE NET	梯形图中发现错误的指令行	修改指令行后继续操作
22	PMC	PLEASE KEY IN SUB NO	请输入功能指令号	当没有输入功能指令号时,请再一次按软键【FUNC】
23	PMC	PROGRAM MODULE NOTHING	在没有调试用RAM,也没有顺序程序用ROM的情况下,却试图进行程序编辑	
24	PMC	RELAY COIL FORBIT	存在不需要的继电器或线圈	
25	PMC	RELAY OR COIL NOTHING	继电器或线圈不足	
26	PMC	PLEASE CLEAR ALL	为顺序程序不可修复的状态	请全清
27	PMC	SYMBOL DATA DUPLICATE	同一符号名在其他地方定义了	
28	PMC	COMMENT DATA OVERFLOW	注释数据区充满了	减少注释数据
29	PMC	SYMBOL DATA OVERFLOW	符号数据区充满了	减少符号数
30	PMC	VERTICAL LINE ILLEGAL	指令行纵线不正确	
31	PMC	MESSAGE DATA OVERFLOW	信息数据区充满了	减少信息数据
32	PMC	IST LEVER EXXCUTE TIME OVER	梯形第1级程序太长,使第1级不能按时执行	减少第1级梯形图程序

(9) 过热报警

号码	故障源	信息	含义	处理方法
700	过热	OVERIHEAT:CONTROL UNIT	这是控制部分的过热	请检查风扇的动作并对空气过滤网进行清扫
701	过热	OVERHEATFAN:MOTOR	控制部上部的风扇过热	请检查风扇电动机的动作,如有问题请更换风扇
704	过热	OVERHEAT:SPINDLE	坚持主轴波动时,出现主轴过热:	①如果是重切割,请减轻切削条件 ②检查刀具是否很钝了 ③主轴放大器不良

(10) 系统报警

号码	故障源	信息	含义	处理方法
900	系统	ROM PARTTY	F-ROM模块中存储的CNC,宏程序数字伺服等的ROM文件(控制软件)的奇偶错误。F-ROM模块不良	检查F-ROM模块
910	系统	DRAM PARITY(HIGH)	DRAM奇偶错误。主板不良	检查主板
911	系统	DRAM PARITY(HIGH)		

续表

号码	故障源	信　息	含　义	处理方法
912	系统	SRAM PARITY(LOW)	SRAM 奇偶错误	请清除存储器，再发生时，要更换 FROM&RAM 模块或者存储 & 主轴模块。在这些操作后，应再重新设定参数等全部数据
913	系统	SRAM PARITY(HIGH)		
920	系统	SERVO ALARM(1/2 AXIS)	这是伺服报警(第 1/2 轴)，出现了监控报警或伺服模块内 RAM 奇偶错误	请更换主板上的伺服控制模块
921	系统	SERVO ALARM(3/4 AXIS)	这是伺服报警(第 3/4 轴)，出现了监控报警或伺服模块内 RAM 奇偶错误	请更换主板上的伺服控制模块
924	系统	SERVO MODULE SETTNG ERROR	没有安装数字伺服模块	请检查主板上的伺服控制模块的安装状态
930	系统	CPU INTERRUPT	CPU 报警非正常中断。主板不良	检查主板
940	系统	PCB ERROR	PCB 的 ID 错误。主板或存储模块不良	检查主板或存储模块
950	系统	PMC SYSTEM ALARM	PMC 发生了异常。主板上的 PMC 控制模块、RAM 模块不良	检查主板上的 PMC 控制模块和 RAM 模块
960	系统	DC24V POWER OFF	DV24V 输入电源异常	检查电源
971	系统	NMIOCCRRED IN SLC	连接 I/O 单元的接口发生了报警	请检查主板上 PMC 控制模块和 I/O 单元的连接，另外要检查 I/O 单元的电源是否接通，接口模块是否不良
973	系统	MON MASK IN TERRUPT	发生了原因不明的 NMT。可能是电源板、主板不良，或者干扰造成的错误动作	检查电源板、主板不良，是否有干扰
974	系统	BUS ERROR	数据总线错。主板不良	检查主板

附录三　数控刀具标准

1. 中国刀具标准

JB/T 2494—2006	《小模数齿轮滚刀》
JB/T 3095—2006	《小模数直齿插齿刀》
JB/T 3869—1999	《可调节手用铰刀》
JB/T 3912—2013	《高速钢刀具蒸气处理、氧氮化质量检验》
JB/T 4103—2006	《剃前齿轮滚刀》
JB/T 5217—2006	《丝锥寿命试验方法》
JB/T 5613—2006	《小径定心矩形花键拉刀》
JB/T 5614—2006	《锯片铣刀、螺钉槽铣刀寿命试验方法》
JB/T 6357—2006	《圆推刀》
JB/T 6358—2006	《带可换导柱可转位平底锪钻》
JB/T 6567—2006	《刀具摩擦焊接质量要求和评定方法》
JB/T 6568—2006	《拉刀切削性能综合评定方法》
JB/T 7426—2006	《硬质合金可调节浮动铰刀》
JB/T 7427—2006	《滚子链和套筒链链轮滚刀》
JB/T 7428—2006	《挤压丝锥》
JB/T 7654—2006	《整体硬质合金小模数齿轮滚刀》
JB/T 7953—2010	《镶齿三面刃铣刀》
JB/T 7954—2013	《镶齿套式面铣刀》
JB/T 7955—2010	《镶齿三面刃铣刀和套式面铣刀用高速钢刀齿》
JB/T 7962—2010	《圆拉刀技术条件》
JB/T 7967—2010	《渐开线内花键插齿刀型式和尺寸》
JB/T 7969—2011	《拉刀术语》
JB/T 8345—2011	《弧齿锥齿轮铣刀 1∶24 圆锥孔尺寸及公差》
JB/T 8363.1—2012	《沉孔可转位刀片用紧固螺钉　第 1 部分:头部内六角花形的型式和尺寸》
JB/T 8363.2—2012	《沉孔可转位刀片用紧固螺钉　第 2 部分:技术规范》
JB/T 8364.1—2010	《60°圆锥管螺纹刀具第 1 部分:60°圆锥管螺纹圆板牙》
JB/T 8364.2—2010	《60°圆锥管螺纹刀具第 2 部分:60°圆锥管螺纹丝锥》
JB/T 8364.3—2010	《60°圆锥管螺纹刀具第 3 部分:60°圆锥管螺纹丝锥技术规范》
JB/T 8364.4—2010	《60°圆锥管螺纹刀具第 4 部分:60°圆锥管螺纹搓丝板》
JB/T 8364.5—2010	《60°圆锥管螺纹刀具第 5 部分:60°圆锥管螺纹滚丝轮》
JB/T 8366—1996	《螺钉槽铣刀》
JB/T 8368.1—1996	《电锤钻》

续表

JB/T 8368.2—1996	《套式电锤钻》
JB/T 8369—2012	《冲击锤和电锤钻用硬质合金刀片》
JB/T 8824.1—2012	《统一螺纹刀具第1部分:丝锥》
JB/T 8824.2—2012	《统一螺纹刀具第2部分:丝锥螺纹公差》
JB/T 8824.3—2012	《统一螺纹刀具第3部分:丝锥技术条件》
JB/T 8824.4—2012	《统一螺纹刀具第4部分:螺母丝锥》
JB/T 8824.5—2012	《统一螺纹刀具第5部分:圆板牙》
JB/T 8824.6—2012	《统一螺纹刀具第6部分:搓丝板》
JB/T 8824.7—2012	《统一螺纹刀具第7部分:滚丝轮》
JB/T 8825.1—2011	《惠氏螺纹刀具第1部分:丝锥》
JB/T 8825.2—2011	《惠氏螺纹刀具第2部分:丝锥螺纹公差》
JB/T 8825.3—2011	《惠氏螺纹刀具第3部分:丝锥技术条件》
JB/T 8825.4—2011	《惠氏螺纹刀具第4部分:螺母丝锥》
JB/T 8825.5—2011	《惠氏螺纹刀具第5部分:圆板牙》
JB/T 8825.6—2011	《惠氏螺纹刀具第6部分:搓丝板》
JB/T 8825.7—2011	《惠氏螺纹刀具第7部分:滚丝轮》
JB/T 9986—2013	《工具热处理金相检验》
JB/T 9990.1—2011	《直齿锥齿轮精刨刀第1部分:型式和尺寸》
JB/T 9990.2—2011	《直齿锥齿轮精刨刀第2部分:技术条件》
JB/T 9991—2013	《电镀金刚石铰刀》
JB/T 9992—2011	《矩形花键拉刀技术条件》
JB/T 9993—2011	《带侧面齿键槽拉刀》
JB/T 9999—2013	《55°圆锥管螺纹搓丝板》
JB/T10000—2013	《55°圆锥管螺纹滚丝轮》
JB/T 10002—2013	《长直柄麻花钻》
JB/T 10003—2013	《1∶50锥孔锥柄麻花钻》
JB/T 10004—2013	《硬质合金刮削齿轮滚刀技术条件》
JB/T 10231.1—2015	《刀具产品检测方法第1部分:通则》
JB/T 10231.2—2015	《刀具产品检测方法第2部分:麻花钻》
JB/T 10231.3—2015	《刀具产品检测方法第3部分:立铣刀》
JB/T 10231.4—2015	《刀具产品检测方法第4部分:丝锥》
JB/T 10231.5—2016	《刀具产品检测方法第5部分:齿轮滚刀》
JB/T 10231.6—2016	《刀具产品检测方法第6部分:插齿刀》
JB/T 10231.7—2016	《刀具产品检测方法第7部分:圆拉刀》
JB/T 10231.8—2016	《刀具产品检测方法第8部分:板牙》
JB/T 10231.9—2016	《刀具产品检测方法第9部分:铰刀》
JB/T 10231.10—2017	《刀具产品检测方法第10部分:锪钻》
JB/T 10231.11—2017	《刀具产品检测方法第11部分:扩孔钻》
JB/T 10231.12—2017	《刀具产品检测方法第12部分:三面刃铣刀》
JB/T 10231.13—2017	《刀具产品检测方法第13部分:锯片铣刀》
JB/T 10231.14—2017	《刀具产品检测方法第14部分:键槽铣刀》
JB/T 10231.15—2002	《刀具产品检测方法第15部分:可转位三面刃铣刀》
JB/T 10231.16—2002	《刀具产品检测方法第16部分:可转位面铣刀》
JB/T 10231.17—2002	《刀具产品检测方法第17部分:可转位立铣刀》
JB/T 10231.18—2002	《刀具产品检测方法第18部分:可转位车刀》
JB/T 10231.19—2002	《刀具产品检测方法第19部分:键槽拉刀》
JB/T 10231.20—2002	《刀具产品检测方法第20部分:矩形花键拉刀》
JB/T 10231.21—2006	《刀具产品检测方法第21部分:旋转和旋转冲击式硬质合金建工钻》
JB/T 10231.22—2006	《刀具产品检测方法第22部分:搓丝板》
JB/T 10231.23—2006	《刀具产品检测方法第23部分:滚丝轮》
JB/T 10231.24—2006	《刀具产品检测方法第24部分:机用锯条》

JB/T 10231.25—2006	《刀具产品检测方法第25部分:金属切割带锯条》
JB/T 10231.26—2006	《刀具产品检测方法第26部分:高速钢车刀条》
JB/T 10231.27—2006	《刀具产品检测方法第27部分:中心钻》
JB/T 10232.1—2015	《成套螺纹工具第1部分:型式和尺寸》
JB/T 10232.2—2015	《成套螺纹工具第2部分:技术条件》
JB/T 10643—2006	《成套麻花钻》
JB/T 10719—2007	《焊接聚晶金刚石或立方氮化硼槽刀》
JB/T 10720—2007	《焊接聚晶金刚石或立方氮化硼车刀》
JB/T 10721—2007	《焊接聚晶金刚石或立方氮化硼铰刀》
JB/T 10722—2007	《焊接聚晶金刚石或立方氮化硼立铣刀》
JB/T 10723—2007	《焊接聚晶金刚石或立方氮化硼镗刀》
JB/T 10724—2007	《金刚石或立方氮化硼珩磨条技术要求》
JB/T 10725—2007	《天然金刚石车刀》
JB/T 54881—1999	《手用丝锥产品质量分等》

2. 国际刀具标准（综合类、车削、铣削、钻削、铰削、锯削、螺纹刀具）

(1) 刀具综合类

标准代号	标准名称
ISO 513—2004	《切削加工用硬切削材料的用途——切屑形式大组和用途小组的分类代号》
ISO 3002/1—1982	《切削和磨削加工的基本参数 第一部分：刀具工作部分的几何参数 通用术语、基准坐标系、刀具角度和工作角度、断屑器》
ISO 3002/1—1982/ADM1—1992	《补充1:有关刀具的螺旋方向和切削方向》
ISO 3002/2—1982	《切削和磨削加工的基本参数 第二部分:刀具工作部分的几何参数 有关刀具角度和工作角度的通用换算公式》
ISO 3002/3—1984	《切削和磨削加工的基本参数 第三部分：切削中的几何参数和运动参数》
ISO 3002/4—1984	《切削和磨削加工的基本参数 第四部分：力、能和功率》
ISO 3002/5—1989	《切削和磨削加工的基本参数 第五部分:砂轮磨削的工艺基本术语》
ISO 11054—1993	《切削刀具 高速钢的分类代号》
ISO/TR 11255—1994	《切削加工用硬切削材料的用途——ISO 513的补充信息》

(2) 车削刀具

标准代号	标准名称
ISO 241—1994	《车刀和刨刀的刀杆 截面形状和尺寸》
ISO 243—1975	《硬质合金车刀 外表面车刀》
ISO 504—1975	《硬质合金车刀 代号和标志》
ISO 514—1975	《硬质合金车刀 内表面车刀》
ISO 3286—1976	《单刃刀具 刀尖圆弧半径》
ISO 3685—1993	《单刃车削刀具的寿命试验》
ISO 5421—1977	《磨制高速钢刀条》
ISO 5608—1995	《装可转位刀片的车刀和仿形车刀的刀杆和刀夹 代号》
ISO 5609—1998	《装可转位刀片的镗刀杆 尺寸》
ISO 5610—1998	《装可转位刀片的车刀和仿形车刀的刀杆 尺寸》
ISO 5611—1995	《装可转位刀片的A型刀夹 尺寸》
ISO 6261—1995	《装可转位刀片的(圆柱柄刀杆)镗刀杆 代号》
ISO 10889/1—1997	《直柄刀夹 第一部分:直柄、定位孔交货技术条件》
ISO 10889/2—1997	《直柄刀夹 第二部分:特殊结构刀夹的A型柄》
ISO 10889/3—1997	《直柄刀夹 第三部分:带矩形径向刀座的B型刀夹》
ISO 10889/4—1997	《直柄刀夹 第四部分:带矩形轴向刀座的C型刀夹》
ISO 10889/5—1997	《直柄刀夹 第五部分:带两个以上矩形刀座的D型刀夹》

续表

标准代号	标 准 名 称
ISO 10889/6—1997	《直柄刀夹 第六部分:带圆形刀座的 E 型刀夹》
ISO 10889/7—1997	《直柄刀夹 第七部分:带锥形刀座的 F 型刀夹》
ISO 10889/8—1997	《直柄刀夹 第八部分:附件 Z 型》

(3) 铣削刀具

标 准 代 号	标 准 名 称
ISO 1641/1—2003	《立铣刀和键槽铣刀 第一部分:直柄铣刀》
ISO 1641/2—1978	《立铣刀和键槽铣刀 第二部分:莫氏锥柄铣刀》
ISO 1641/3—2003	《立铣刀和键槽铣刀 第三部分:7/24 锥柄铣刀》
ISO 2296—1972	《金属用细齿和粗齿锯片铣刀 米制系列》
ISO 2584—1972	《直孔平键传动的圆柱形铣刀 米制系列》
ISO 2585—1972	《直孔平键传动的槽铣刀 米制系列》
ISO 2586—1985	《直孔端键传动的套式立铣刀 米制系列》
ISO 2587—1972	《直孔平键传动的三面刃铣刀 米制系列》
ISO 2940/1—1974	《装在 7/24 锥柄定心刀杆上的铣刀 配合尺寸 定心刀杆》
ISO 2940/2—1974	《装在 7/24 锥柄心轴上的镶齿套式面铣刀》
ISO 3337—2000	《直柄和莫氏锥柄 T 型槽铣刀》
ISO 3338/1—1996	《铣刀直柄 第一部分:普通直柄的尺寸》
ISO 3338/2—2000	《铣刀直柄 第二部分: 削平型直柄的尺寸》
ISO 3338/4—1996	《铣刀直柄 第四部分: 螺纹柄的尺寸》
ISO 3855—1977	《铣刀 名词术语》
ISO 3855—1977/Coa1:1996	《铣刀——技术勘误 1》
ISO 3859—2000	《直柄反燕尾槽铣刀和直柄燕尾槽铣刀》
ISO 3860—1976	《平键传动的直孔铣刀 具有固定齿形的成形》
ISO 3940—1977	《铣刀直柄锥形模具铣刀》
ISO 6108—1978	《直孔平键传动的对称双角铣刀》
ISO 6262/1—1982	《装可转位刀片的立铣刀 第一部分:削平型直柄立铣刀》
ISO 6262/2—1982	《装可转位刀片的立铣刀 第二部分:莫氏锥柄立铣刀》
ISO 6462—1983	《装可转位刀片的面铣刀 尺寸》
ISO 6986—1983	《装可转位刀片的三面刃 (槽) 铣刀 尺寸》
ISO 7755/1—1984	《硬质合金去毛刺铣刀 第一部分:通用技术条件》
ISO 7755/2—1984	《硬质合金去毛刺铣刀 第二部分: 圆柱形铣刀(A 型)》
ISO 7755/3—1984	《硬质合金去毛刺铣刀 第三部分:圆柱形球头铣刀(C 型)》
ISO 7755/4—1984	《硬质合金去毛刺铣刀 第四部分:球形铣刀(D 型)》
ISO 7755/5—1984	《硬质合金去毛刺铣刀 第五部分:椭圆形铣刀(E 型)》
ISO 7755/6—1984	《硬质合金去毛刺铣刀 第六部分:弧形球头铣刀(F 型)》
ISO 7755/7—1984	《硬质合金去毛刺铣刀 第七部分:弧形尖头铣刀(G 型)》
ISO 7755/8—1984	《硬质合金去毛刺铣刀 第八部分:火炬形铣刀(H 型)》
ISO 7755/9—1984	《硬质合金去毛刺铣刀 第九部分:60°和 90°圆锥弧形铣刀(J 和 K 型)》
ISO 7755/10—1984	《硬质合金去毛刺铣刀 第十部分: 锥形球头铣刀(L 型)》
ISO 7755/11—1984	《硬质合金去毛刺铣刀 第十一部分:锥形尖头铣刀(M 型)》
ISO 7755/12—1984	《硬质合金去毛刺铣刀 第十二部分:倒锥形铣刀(N 型)》
ISO 8688/1—1989	《铣刀的寿命试验 第一部分:面铣刀》
ISO 8688/2—1989	《铣刀的寿命试验 第二部分:立铣刀》
ISO 10145/1—1993	《焊接硬质合金螺旋齿立铣刀 第一部分:直柄立铣刀的尺寸》
ISO 10145/2—1993	《焊接硬质合金螺旋齿立铣刀 第二部分:7/24 锥柄立铣刀的尺寸》
ISO 10911—1994	《整体硬质合金直柄立铣刀 尺寸》
ISO 11529/1—1998	《铣刀的代号 第一部分: 整体或镶片结构的带柄立铣刀》
ISO 11529/2—1998	《铣刀的代号 第二部分:装可转位刀片的带柄、带孔铣刀》
ISO 12197—1996	《半圆键槽铣刀 尺寸》
ISO 15641—2001	《高速机床用铣刀 安全要求》

(4) 钻削刀具

标准代号	标准名称
ISO 235—1980	《直柄（通用系列和短系列）麻花钻和莫氏锥柄麻花钻》
ISO 235—1980/Cor1:1996	《直柄（通用系列和短系列）麻花钻和莫氏锥柄麻花钻——技术勘误 1》
ISO 494—1975	《直柄麻花钻 长系列》
ISO 866—1975	《不带护锥的中心钻 A 型》
ISO 2306—1972	《攻丝前钻孔用钻头》
ISO 2540—1972	《带护锥的中心钻 B 型》
ISO 2541—1972	《弧型中心钻 R 型》
ISO 3291—1995	《超长型莫氏锥柄麻花钻》
ISO 3292—1995	《加长型直柄麻花钻》
ISO 3293—1975	《60°、90°和 120°莫氏锥柄锪钻》
ISO 3294—1975	《60°、90°和 120°直柄锪钻》
ISO 3314—1975	《端键传动带锥孔（锥度 1∶30）的套式扩孔钻》
ISO 3438—2003	《攻丝前钻孔用莫氏锥柄阶梯麻花钻》
ISO 3439—2003	《攻丝前钻孔用直柄阶梯麻花钻》
ISO 4204—1977	《带可换导柱莫氏锥柄 90°锥面锪钻》
ISO 4205—1991	《带导柱直柄 90°锥面锪钻》
ISO 4206—1991	《带导柱直柄平底锪钻》
ISO 4207—1977	《带可换导柱莫氏锥柄平底锪钻》
ISO 5419—1982	《麻花钻——术语、定义和型式》
ISO 5419—1982/Cor1:1996	《麻花钻——术语、定义和型式——技术勘误 1》
ISO 5468—1992	《镶硬质合金刀片的旋转冲击式建工钻 尺寸》
ISO 7079—1981	《直柄扩孔钻和莫氏锥柄扩孔钻》
ISO 9766—1990	《镶可转位刀片的钻头 削平直柄的圆柱柄》
ISO 10898—1992	《定心钻》
ISO 10899—1996	《两槽高速钢麻花钻 技术规范》

(5) 铰削刀具

标准代号	标准名称
ISO 236/1—1976	《手用铰刀》
ISO 236/2—1976	《莫氏锥柄长刃机用铰刀》
ISO 521—1975	《直柄和莫氏锥柄机用铰刀》
ISO 522—1975	《铰刀专用公差》
ISO 2238—1972	《机用桥梁铰刀》
ISO 2250—1972	《直柄和莫氏锥柄的莫氏圆锥和米制圆锥精铰刀》
ISO 2402—1972	《端键传动带锥孔（锥度 1∶30）的套式铰刀及套式铰刀用心杆》
ISO 3465—1975	《手用锥度销子铰刀》
ISO 3466—1975	《直柄机用锥度销子铰刀》
ISO 3467—1975	《莫氏锥柄机用锥度销子铰刀》
ISO 5420—1983	《铰刀 术语、定义和型式》

(6) 锯削刀具

标准代号	标准名称
ISO2336/1—1996	锯条 第一部分:手用锯条的尺寸
ISO2336/2—1996	锯条 第二部分:机用锯条的尺寸
ISO 2924—1973	金属冷切用整体圆锯和镶片圆锯——传动部分的互换尺寸圆锯的直径范围 224～2240mm
ISO4875/1—1978	金属切割带锯条 第一部分:定义和名词术语
ISO4875/2—1978	金属切割带锯条 第二部分:基本尺寸和公差
ISO 4875/3—1978	金属切割带锯条 第三部分:各型锯条的特性

(7) 螺纹刀具

标准代号	标 准 名 称
ISO 529—1993	《机用短丝锥和手用丝锥》
ISO 2283—2000	《公称直径从 M3 到 M24 和 1/8 英寸至 1 英寸的长柄机用丝锥》
ISO 2283—1972/A1—1977	《公称直径从 M3 到 M24 和 1/8 英寸至 1 英寸的长柄机用丝锥修改 1》
ISO 2284—1987	《圆柱和圆锥形管螺纹用手用丝锥一般尺寸和标志》
ISO 2568—1988	《手用和机用圆板牙及手用板牙架》
ISO 2857—1973	《公差为 4H 至 8H 和 4G 至 6G 的粗、细牙 ISO 米制螺纹用磨牙丝锥 螺纹部分的制造公差》
ISO 2857—1973/ADM1—1984	《公差为 4H 至 8H 和 4G 至 6G 的粗、细牙 ISO 米制螺纹用磨牙丝锥 螺纹部分的制造公差补充件 1》
ISO 2857—1973/ADM2—1986	《公差为 4H 至 8H 和 4G 至 6G 的粗、细牙 ISO 米制螺纹用磨牙丝锥 螺纹部分的制造公差补充件 2》
ISO 2857—1973/cor1:1990	《技术勘误 1》
ISO 4230—1987	《圆锥管螺纹手用和机用圆板牙 R 系列》
ISO 4231—1987	《圆柱管螺纹手用和机用圆板牙 G 系列》
ISO 5967—1981	《丝锥 主要型式的名称和术语》
ISO 5968—1981	《圆板牙 名词术语》
ISO 5969—1979	《管螺纹 G 系列和 RP 系列用磨牙丝锥 螺纹部分的公差》
ISO 5969—1979/cor1:1991	《管螺纹 G 系列和 RP 系列用磨牙丝锥 螺纹部分的公差 技术勘误 1》
ISO 7226—1988	《六方板牙》
ISO 8051—1999	《公称直径为 M3～M10 的长柄丝锥 粗柄带颈丝锥》
ISO 8830—1991	《高速钢磨牙机用丝锥 技术条件》

参考文献

[1] 刘蔡保. 数控车床编程与操作. 北京：化学工业出版社，2009.

[2] 刘蔡保. 数控铣床（加工中心）编程与操作. 北京：化学工业出版社，2011.

[3] 刘蔡保. 数控机床故障诊断与维修. 北京：化学工业出版社，2012.

[4] 刘蔡保. UG NX8.0 数控编程与操作. 北京：化学工业出版社，2016.

[5] FANUC 0i Mate TC 系统车床编程详解. 北京发那克机电有限公司.

[6] FANUC 0i Mate TC 操作说明书. 北京发那克机电有限公司.

[7] 郭士义. 数控机床故障诊断与维修. 北京：中央广播电视大学出版社，2006.

[8] 娄斌超. 数控维修电工职业技能训练教程. 北京：高等教育出版社，2008.

[9] 胡学明. 数控机床电气维修 1100 例. 北京：机械工业出版社，2011.

[10] 劳动和社会保障部中国就业培训技术指导中心，全国职业培训教学工作指导委员会机电专业委员会. 现代数控维修. 北京：中央广播电视大学出版社，2004.

[11] 王希波. 数控维修识图与公差测量. 北京：中国劳动和社会保障出版社 2010.

[12] 崔兆华. 数控机床电气控制与维修. 济南：山东科学技术出版社，2009.

[13] 李志兴. 数控设备与维修技术. 北京：中国电力出版社，2008.

[14] 卢斌. 数控机床及其使用维修. 北京：机械工业出版社，2010.

[15] 张志军. 数控机床故障诊断与维修. 北京：北京理工大学出版社，2010.

[16] 周晓宏. 数控维修电工实用技能. 北京：中国电力出版社，2008.

[17] 邓三鹏. 数控机床结构及维修. 北京：国防工业出版社，2008.

[18] 张萍. 数控系统运行与维修. 北京：中国水利水电出版社，2010.

[19] 张思弟，贺暑新. 数控编程加工技术. 北京：化学工业出版社，2005.

[20] 任国兴. 数控技术. 北京机械工业出版社，2006.

[21] 龚中华. 数控技术. 北京：机械工业出版社，2005.

[22] 苏宏志. 数控加工刀具及其选用技术. 北京：机械工业出版社，2014.

[23] 王爱玲，曾志强，郭荣生，等. 数控机床结构及应用. 第二版. 北京：机械工业出版社，2013.

[24] 冯志刚. FANUC 系统数控宏程序编程实例. 北京：化学工业出版社，2013.

[25] 杜军. 数控宏程序编程手册. 北京：化学工业出版社，2014.

[26] 沙莉. 机床夹具设计. 北京：北京理工大学出版社，2012.

[27] 王卫兵. 高速加工数控编程技术. 北京：机械工业出版社，2013.